JN305447

近代福岡県漁業史

1878-1950

三井田恒博 編著

海鳥社

福岡の豊かな海と川づくりの記録

このたび、三井田恒博氏の労作『近代福岡県漁業史』が刊行されるに当たり、心からお慶びを申すとともに、ここに推薦の辞を述べる。

さきに、福岡県は水産試験場の近代化に努め、再構築を機に、機構改革の中心として水産海洋技術センターを新設し、その初代所長に本書の著者・三井田恒博氏が就任された。これを機に、三井田さんを中心に、関係者の協力のもと、明治三十一（一八九八）年以来の水産試験場の調査研究の歩みを纏めることを企画し、膨大な関係資料を集積し、これをもとに平成十一年、『福岡県水産試験研究機関百年史』という貴重な図書が刊行された。

この間、三井田さんは専門とする技術系の資料の他に、漁業一般の県関係の資料を記録・整理されて、その中から明治・大正・昭和の三代にわたる漁業制度——漁民組織と漁業秩序（第一編）、漁業税制（第二編）、漁業の発展と漁民運動（第三編）、朝鮮海出漁（第四編）について、福岡県漁業史として纏めている。私としても、福岡県の漁業に半世紀にわたって関係してきた者として、興味深い記録を発見し、漁業調整から漁場管理、漁業振興に関与した事項について、よくぞここまでと思う労作となっており、そのご苦労に感銘している。

さらに、本書には年表および漁業権漁場に関する付表・付図が添えられており、近代における福岡県漁業の総括書と言えるもので、漁業と歴史に関心のある方々にとって貴重な図書であり、是非一読して手許に置かれることをお奨めする。

福岡県の漁業者は、対馬暖流の洗う外海の筑前海、瀬戸内海の浅海の豊前海、干潟特有の有明海の海面および筑後川などの河川や大小の溜池の内水面を漁場とし、加えて東海・黄海さらには日本海へも出漁し、父祖伝来の生業に励み、豊かな海と川づくりにも努めており、わが国西南の拠点水産県となっている。

しかし近年、漁業生産の減少、漁業者の高齢化と後継者の減少、市民の魚ばなれ、魚価の低迷、漁業資材と燃油の高騰と、漁家経営は厳しい状態にある。栽培漁業、水産資源管理、乱獲防止および水界の環境改善などの漁業振興策に加えて、平成十三年に新たに水産基本法が制定され、持続的な生産向上が目指されている。これを契機に、県内の水産行政機構も各種漁業団体組織も大改革が推進され、近代的な漁業生産方式が確立されねばならない。

このようなときに、故(ふる)きを温(たず)ねて新しきを知る（「温故知新」）の視点から、近代の漁業の足跡、先達の活動の実態を取り纏めた本書が新たに出版されることは、誠に時宜を得たことである。

終わりに、この『近代福岡県漁業史』は、先人の海と川と漁への執念と感謝の歴史であり、過去は未来に繋がるものとして、重要な指針となり情報源になるものと思われ、改めて記念図書として推薦する。

平成十七年十一月

（財）福岡県筑前海沿岸漁業振興協会会長
九州大学名誉教授
塚原　博

日本漁業史研究のための貴重な資料

地球の三分の二は海である。四面を海に囲まれたわが国は、古来海洋国といわれ、軍艦・商船・漁船が戦前、七つの海で活躍した。

だが、第二次世界大戦において敗戦国となると共に、戦前の実績はすべて崩壊し、戦勝国の占領政策の下で再建の余儀なきに至った。敗戦を契機とする漁業制度改革は、戦後諸改革の一環として行われた。その集中的表現が新漁業法の制定である。

ところで旧漁業法は、地租改正から遅れること三十年、また同改正法は明治四十三年に制定された。明治維新政府による地租改正が明治初期に実施されてから約四十年、漸く漁業法が制定されたのであるが、封建制時代の漁場利用がほぼそのまま近代法に衣替えされたものであった。

維新以後、海面官有宣言、組合準則、遠洋（遠征）漁業奨励法など新しい政策がなされなかったわけではないが、殖産興業・富国強兵策に重心が置かれ、農業に比較しても水産業政策は傍流に置かれたのである。それは国政の重点が近代化とくに重化学工業の発展に置かれたからでもある。

とはいえ水産業もそれなりの展開をみせ、とくに大正末期からは漁船の動力化が進み、沖合さらに遠洋へと進出したのであったが、わが国は日中戦争から第二次世界大戦へ突入し、敗戦により水産業は壊滅的打撃を受けたのである。

戦後の漁業制度改革は、農地制度改革と共に民主主義を根幹として、漁業協同組合を中心とし、漁業権行使は委員会方式と大臣・知事による許可制度が採用されることになった。世界冷戦構造の下で、わが国鉱工業は急速に拡大発展し、水産業も近代技術の導入による発展、沿岸から沖合へさらに遠洋へと急速に発展したのであるが、国内資源の枯渇（養殖業の展開）、第三世界各国の台頭と自国資源保護と所有自覚により、国連提案の大陸棚条約や領海一二カイリ・経済水域二〇〇カイリ説を前提にした改革が必然性をもつに至った。

筆者は水産経済論を専攻する者であるが、これが学問として確立したのは、せいぜい半世紀前である。水産科学も同様と思う。現在、個別的専門研究も必要であるが、とくに農業や水産業研究では、地域性・国際性・学際性が不可欠となっている。そのような視点から本書を評価したいがため、冗漫すぎるとは思ったが、敢えてわが国の漁業史を明治期から述べた。

本書は、長年にわたる主に行政関係資料に基づいて整理されたもので、自然科学研究者よりもむしろ社会経済学研究者の方にとって教示されるところが多いと思われる。

本書の最大の特徴は、第一に、漁業制度と漁業税制においては、原資料をもとに国政と地方行政との対応関係を明示したことであり、これによって福岡県の水産行政が明確になったことである。第二に、厖大な収集資料を「原資料を必要以上に加工しないで載せる」ことに努めた点、第三に、漁業税制とくに地方税制を取りあげたこと、第四に、すでに述べたように、水産業の社会経済学研究は戦前では殆どなく、せいぜい水産史や図解・説明書があるくらいで、戦後に本格的研究が開始されたと言っていいくらいだ。しかも各県史では取り上げられているが、林業と共に農業を補完する程度である。その意味で、今後の研究を補完する意義は大きい。

更に、長年にわたる資料収集の努力と自費出版への決意、さらに千ページに及ぶ大冊、これは福岡県関係者のみならず、水産経済や水産史研究を志す人にとって強力な助太刀となるであろう。著者・三井田氏の漁業に対する熱意に動かされ、筆者は老骨に鞭打って推薦のことばを書くことを引き受けたのである。

本書の第一編は制度問題である。明治維新後、「海面官有宣言」、「沖は入会、磯は根付」がそのまま再生された。徳川時代の税の中心は米であり、水産物は「小物成」として雑税にすぎなかった。

ところで経済の分析は、まず漁業制度の分析から始める。制度は封建領主や政府（国）・県・市町村が住民を統治し税収を確保するシステムである。制度の民主的運営が不可欠なのは言うまでもないことだ。政府は現在、団体を利用しているが、政府からみれば統治し易さというメリットがある。今日の漁協合併にしても、漁民のメリット優先が不可欠であろうが、行政の簡素化という政府にとっては手間の省けるメリットの方が大きいのではないか、という疑問は残る。

第二編の漁業税制について、著者は連続的資料入手が契機になったと述べている。漁業税は既述の如く、雑税として取り扱われ、税の本流ではない。著者は六期に分類して資料を提供している。徳川期もそうであったが、明治期以降でも国家財政収入が減少し支出が拡大するにつれ、課税対象が拡大し、増税が進む。社会的需要は拡大する傾向が強く、重税は民衆の反発を招き社会不安を増大する。そこで債券利用などにより金融機関などを通じ消化をはかる。国民所得の半分が国債であることを知る人は少ない。というわけで、漁業税の変遷をたどれば、その時代の政治経済状況、漁業状況を推測することも可能である。その意味でも、第二編の〝なまの資料〟は貴重である。

第三編の「漁民」という言葉は、一般に農民に対応して使われている。農民には自作（自営）と小作農民（地主の被用者）があり、漁民にも自営漁民と被用漁民（漁夫・漁業労働者）がある。遠洋・沖合漁業の盛期には、漁業特有の賃金制度といわれる歩合制をめぐる紛争が多かったが、現在では最低賃金保障制プラス出来高・能率給を加味した制度が定着している。集団出来高制・利益配分制と言う人もいる。ここで問題となっているのは、沿岸漁民が中心であり、著者が言うように、資本対沿岸漁民、資本主義とくに産業発展による「水質汚濁」、「埋立」などによる漁場喪失に対する反対運動である。現在では、単なる埋立のみではなく「家庭廃水」、「都市化進展」による漁場汚染、資源枯渇、更に大きく環境問題として漁民のみならず市民との連携による運動へと発展し、漁民自らも漁獲制限はもちろん、水源涵養林造成のための植林運動へと展開し、漁民運動の中身も変わってきた。

第四編は、朝鮮海への出漁を扱っている。日本資本主義のアジア進出の一環として国により奨励された韓海出漁は、西日本の沿岸と類似性があり、西日本各県漁民は季節的出漁、移住漁業に駆り出されたが、殆どが失敗に終わった。大洋漁業は田畑まで所有し、漁夫を雇用して莫大な利益をあげ、水産巨大資本形成の基礎をなしたといわれている。

近年、日本の漁業生産力が低下し、輸入水産物が国内生産物を超える状況にあり、韓国・中国・東南アジア諸国からの単なる輸入のみならず有形無形の進出がみられ、成否不明のものも多い。過去の韓海出漁の様相は現代に多くの教示を与えるものと思う。

さて、以上見た如く、各四編バラバラの集成と思われるが、筆者の立場からすれば、日本漁業史的にも、将来を考える上で貴重な資料となるべきものが多い。望蜀の感かもしれないが、各県に著者のような研究者・行政マンが居り、資料の散逸を防ぎ、保存・公刊して下されば、後進の研究者に与える影響ははかり知れないほど絶大と思う。期待を込めて推薦のことばとする。

平成十七年十二月

九州大学名誉教授

中楯　興

まえがき

本書は、明治・大正・昭和にかけての福岡県漁業史を取り扱ったものである。福岡県庁に水産技術職員として奉職し、試験研究・行政業務に従事してきた筆者は、業務遂行上あるいは漁業の現状分析を進める上で、近代期以後における福岡県漁業の変遷を総括的に整理した史料、史書の必要性を常日頃から痛感していた。

近代期における日本漁業の発展は、世界に類のない、ダイナミックにして波乱に富む独特の歴史であったといわれる。近代日本漁業史に関してはかなりの刊行書が見られるが、近代福岡県漁業史と言えるものは見当たらない。近代期以後における福岡県沿岸漁業、漁村に関する主な刊行物には左のようなものがあり、いずれも貴重な文献であるが、首題に該当するものではない。

福岡県勧業課『福岡県漁業誌　第一～四編・付図・付録』（明治十一年刊、昭和五十七年復刻出版）、筑豊漁業組合「漁場区域査定書」（明治二十五年）、福岡県水産試験場「福岡県漁村調査報告・漁業基本調査　第一報」（大正五年）、筑豊水産組合編『筑豊沿海志』（大正六年刊、昭和五十一年復刻出版）、福岡県水産試験場「福岡県漁具調査報告・漁業基本調査第二報」（大正八年）、福岡県水産試験場「福岡県水産要覧　第一輯・法規集」（大正十五年）、福岡県水産試験場「福岡県発動機付漁船の現況」（昭和三年）、福岡県水産課「福岡県漁村調査」（昭和四年）、福岡県水産課「福岡県の水産」（昭和四年）、福岡県内務部「福岡県水産概観」（昭和六年）、同「福岡県水産概観」（昭和八年）、筑豊漁業組合連合会「玄海専用漁業権及入漁権総覧」（昭和九年）、福岡県内務部「福岡県水産概観」（昭和十二年）、福岡県水産課「漁村基礎調査」（昭和二十五年）、福岡県水産課ほか「福岡県水産事情」（昭和二十七年）、（財）福岡県筑前海沿岸漁業振興協会『福岡市漁村史』（平成十年）、福岡県水産海洋技術センター『福岡県水産試験研究機関百年史』（平成十一年）。

筆者は県庁退職後、福岡県水産試験場の創設百周年記念誌『福岡県水産試験研究機関百年史』に編纂委員の一人として携わり、関係文献・資料の収集・整理と本文の執筆を分担した。

百年史は平成十一年三月に上梓することができたが、これを契機として『近代福岡県漁業史』の執筆に取り組むこととなった。近代期における福岡県沿岸漁業の歴史を不明のままほうむってはならないという使命感を持ちつつも、資料を発掘し、整理・分析し、成文化する作業は予想以上に困難であり、いたずらに年数のみを費やした。

本書を改めて通覧してみて、不十分な内容であることは認めざるを得ない。とはいえ、首題のような体系づけた刊行書が皆無のなかでは、漁業関係者、行政・試験研究担当者および福岡県の歴史や漁業に興味を持たれている方に少しでもお役に立つであろうことを期待し、敢えて刊行することとした。

福岡県の陸域・海域

近代期における福岡県漁業施策は、(1)国の漁業政策、(2)近世期を通して形成されてきた地域漁浦・漁業実態、の二要素の絡み合いのなかで展開されてきたと言えよう。特に明治初期においては、県は独自の裁量権限を持って漁業政策を執行する主体であったが、明治政府が漁業政策の統一的確立を図るにつれて、国の漁業政策を浸透させる媒介としての役割が重要となっていった。

以後、漁業政策は「国－県－漁村（漁民組織）」という構造的社会関係のなかで展開されていったのであるが、それは常に上位から一方的に流れるだけでなく、下位からも建議、陳情および諮問に対する答申という方法で影響力を及ぼした。しかし、昭和の準戦時、戦時へと進むにつれて、上位からの一方的な押しつけ政策となっていった。このような動きは、本書の随所でうかがい知ることができよう。

本書は第一編「漁業制度――漁民組織と漁業秩序」、第二編「漁業税制」、第三編「漁業の発展と漁民運動」、第四編「朝鮮海出漁」、「年表」および「付表」、「付図」（別添）で構成されている。

第一編は、国の漁業制度に関する政策に対応して、福岡県下の漁民組織、漁場利用の秩序方策がどのように展開されてきたかを明らかにした。第二編は、地方税としての漁業税が国、県の法的整備とともにどのように改正されてきたかを具体的に明らかにした。第三編は、福岡県における漁業実態と漁場を守る漁民運動について述べた。また特に、筑後川専用漁業権の設定をめぐって、流域住民の反対運動および対漁民との紛議問題を取り上げた。第四編は、国の朝鮮海出漁奨励政策に基づき、県が執った諸施策および福岡県漁民の出漁実態を明らかにした。

年表は、「福岡県の漁業関連事項」、「全国の漁業関連事項」および「政治・経済・社会」を対比的に整理した。特に福岡県沿岸漁業に関する事項については、多くの情報を載せるよう努めた。

付表、付図は主に漁業権漁場に関する資料であるが、本文に入り難いものをここに収めた。

本書で使用した文献、資料は福岡県立図書館、福岡県議会図書室、福岡県民情報センター、福岡県漁業調整委員会事務局、福岡県水産海洋技術センター図書室、福岡県農業総合試験場図書室、九州大学石炭資料研究センター図書室、福岡市総合図書館、国立国会図書館および県内漁業系統団体などを通して入手したものである。収集に際しては、特に福岡県立図書館郷土資料室・新聞資料室、福岡県議会事務局図書室の担当者にはお世話になった。なお、資料引用にあたっては適宜抜粋し、常用漢字を使用、かなづかいなどを整理した。

水産技術者の先輩である奥田大典氏には、古文書の解読を快く引き受けていただいた。九州大学名誉教授の塚原博・中楯興両先生にはご助言とともに推薦文までも賜った。そのほか、水産技術のかつての仲間や現職の方々からもご協力やご声援をいただき、出版に際しては海鳥社の皆さんにお世話になった。ここに心からお礼を申し上げる次第である。

三井田恒博

近代福岡県漁業史◉目次

第一編　漁業制度——漁民組織と漁業秩序

第十一章　戦後の漁業制度改革……290

第二編　漁業税制

第三編　漁業の発展と漁民運動

第四編　朝鮮海出漁

＊　　＊

別添付図（二丁）

付図１　福岡県成立以前の藩領地と浦
付図２　筑豊沿海漁場区域画定図　明治二十四年十二月
付図３　玄海専用漁業権漁場連絡図　大正二年五月
付図４　玄海専用漁業権漁場連絡図　昭和八年五月

第一編　漁業制度

――漁民組織と漁業秩序

【中扉写真】

筑前海は、対馬暖流の流路に当たり、海底は緩やかで多くの天然礁が分布し、各種回遊資源に恵まれている。沿岸域では磯漁場が分布するとともに、博多湾、唐津湾などの内湾もあり、地先定着性資源にも恵まれている。

（福岡県水産海洋技術センター提供）

第一章　明治以前の漁業制度

明治以降の沿岸漁業と漁村社会の原形は江戸時代に形成された。明治以降においては、その原形がいかに継承され、いかに変化してきたかの歴史であるといってもよかった。漁業が名実ともに一つの産業として発達したのは江戸時代に入ってのことであるが、これに伴って各藩の漁業制度も成立していった。

元来、漁業生産においては、漁場の占有利用をめぐり漁民相互間の協力と規制を必要とすることが多かった。それは漁業生産における労働の場が流動的な水域であり、さらに漁獲対象となる魚類の移動性が大きく、漁場が個々の漁民間に細分され得ないのが一般的であったからである。この特徴は漁場や漁獲対象の特性のほかに漁撈のための漁具漁法の特性にも依拠していた。

漁業が発達し、漁場域が拡大していけば、漁場占有利用をめぐっては近接浦間の対立関係が発生しやすく、新たな対応を求められたのである。そして対抗と協調の精神を基に、地域特性に応じた独自の漁業制度が成立していったと考えられる。

藩によって差異はあるが、各藩の漁業制度が確立したのは一般に江戸時代の初期に属するといわれる。江戸時代には未だ全国共通の漁業制度に関する基準が確立したわけではなく、当然のことながら藩によって異なっていた。ただ一般原則としては、寛保元（一七四一）年の律令要略に記載されている「山野海川入会」が共通的な特徴であったといわれる。その主な内容は次のようなものである。

一、漁猟入会場は、国境之無差別
一、入海は両方之中央限之漁猟場たる例あり
一、村並之猟場は、村境を沖え見通、猟場之境たり

一、磯猟は地付根付次第也、沖は入会　（以下略）

すなわち地付漁場は単独または複合の浦単位の入会利用（共同使用）関係をかたちづくり、沖合漁場は自由な入会利用となっていた。地付と沖合の漁場境は、漁場の形状・水深、海岸よりの距離、使用漁具、漁獲物の種類などによって決まった。

さて当時の福岡県域における漁業制度についてみると、地域特性や漁場特性の異なる筑前、豊前、有明筑後の三海域ではそれぞれ独自の展開をみせた。筑前海は対馬海峡の外海に面し、最も広い漁場域に恵まれており、漁業の発達は比較的顕著であった。それに対応して漁業制度も確立され、その内容は律令要略のそれに近いものであった。『筑豊沿海志』は筑前海域における漁業制度について左のように記述している。

我筑豊漁業界に於ける、藩政時代の状況を稽うるに、筑前国は糸島郡を除くの外総て黒田藩に属し、豊前国（響灘沿海）は皆小笠原藩の所領たりしを以て、沿海地は元より海面の所領権は概ね藩主の支配に帰したり。而して漁民は一定の海面を使用するを得て安穏に其生計を営み、田園を耕すものを岡分と呼ぶに対して、漁業を営むものを浦分又は浜分と称へ来れり。

当時藩庁の行政機関には執政（家老）、浦奉行、浦大庄屋、浦庄屋あり、以て漁業に関する諸般の政務を執行せり。而して各浦に於る漁場区域は今日の如く漁業の種類によらず、全く海面を区劃して其領分を定めたり。即ち沿海の地形により一様ならざるも、概ね沖合三里以内を以て各浦の漁場とし、其沖合は都て共同漁場となせるが故に、筑前の如きは遠く沖島、小呂島及烏帽子島に至り、最も広大なる領海区域を有したりき。従つて此区域内に於ては漂流船の取扱等一切の事変も亦浦民之を担任せり。而して漁業の開発は一に漁民の自由に属し、唯大敷網、地曳網に限り、藩庁より免許を与ふるに非ざれば、新に開業することを得ざるの規定なりき。且つ甲乙入漁の場合には、互に歩一金の受渡をなせり。若しまた漁場の紛争を生ずるときは、浦庄屋及浦大庄屋、之が調停をなすと雖も、往々浦奉行の裁判を仰ぐことあり、かゝる場合には、浦奉行は意見を具して藩庁に訴へ、其判決によりて指令書の下付をなす例なりき。

制度の簡易なること此の如くなれども、当時の漁民は甚だ醇朴なりし故、能く藩庁の命令を遵守し、上下能く相融和せり。されば今日の如く、漁業税を納むることなく、唯漁民の義務としては長崎港・海防守衛の為に藩兵派遣の都度、其徴発に応じ水夫役として出動をなし、且つ海参、干鮑の献納及御菜銀を納めたるに過ぎず。

以上は福岡藩の制度を記せしものなれども、小倉藩の如きも亦これと大同小異なり。当時小倉藩には、各浦に一定の漁株なるものありしを以て、今日の制度の如く随時之を許可せしものにあらず、従つて漁業免許を下付せしこともなかりき。また水族の蕃殖保護に関しては、単に現今、魚付林と称する海辺の山林を総て上り山と唱へて、之が伐採を禁ぜしのみ。而して漁業の取締には船奉行一人、浦奉行三人、手代数人、浦庄屋、方頭及漁人頭等を置きて其任に当らしめたり。漁民の義務としては、各浦に一定の船株あり、其船株に応じて御菜米代の上納をなし、藩主江戸参勤交代の時は各浦より水夫即ち舟子を出して、公務に服せしむこと、なれり。斯く公務に服する故、其報酬として漁民の公役を免ぜられたるなり。

尚ほ糸島郡の内に公領、対州領、中津領ありしが（付図1）、漁業上に於ける制度は上記二藩と大差なければ特に之を載せず。

以上、黒田藩領における漁場制度は「各浦の地先漁場区域は区劃して其領分を定め」、「概ね沖合三里以内を各浦の漁場とし、沖合を共同漁場とする」、「漁業の開発は漁民の自由に属し、大敷網・地曳網に限り藩庁の免許を必要とする」、「入漁の場合には歩一金の受渡をなす」と明確な内容となっている。また「漁民は甚だ醇朴で藩庁の命令に遵守し相融和せしが、漁場紛争を生じたときは庄屋が調停するが、往々浦奉行の裁判を仰ぐことあり」とあるように、漁場紛争が頻発していたことをうかがわせる。寛永十七（一六四〇）年に津屋崎浦・勝浦浜間で生じた漁場紛争事件は有名である。

豊前海は瀬戸内海の西端に位置し、筑前海に比べて漁業、漁村の発展が遅く、浦持漁場の形成が未熟であった。「築上郡志・上巻」は当時の豊前海における漁場区域と漁場制度について左のように記している。

北は長門国干珠島、東は豊前国姫島を見通し、その線より西南沿海域を以て漁場となし、久しく之を慣例としたり。慶長五年（一六〇〇）、細川氏豊前に入りてより、農商猟漁其他の規定を設けられたるも、久しき戦乱の後を承けて政令未だ完備せず。寛永九年（一六三二）、小笠原氏更に国を領し、細川氏の政務を継ぎて稍欠を補ひ、更に享保二年（一七一七）、奥平氏の中津に治する。其間一家一統の施政方針を以て一国一円の規定法則を設け、未だ郡を限らず、都て慣例に基き、漁場共同の制とし、若し新規の漁具を用うることあれば、双方の熟議たるべし云々。

以上からうかがわれるように、小倉藩領内漁場に限らず小倉、中津両藩間漁場においても相互入会の共同利用が基本であったようである。漁業紛争事件は江戸初期～中期の小倉藩領内漁場では、目立った事件は起きていない。

しかし小倉、中津両藩間の境界漁場においては、築上郡志に「両藩の漁民等漁業を争ひ、藩庁の協定纏らずして終に幕府の裁断を仰ぎたること二再なり」とあるように、江戸末期になって頻発するようになった。安政二（一八五五）年に宇島漁民、中津藩領今津漁民間のコショウダイ網漁をめぐる紛争は、安政四年に幕府評定所の採決により一件落着するのであるが、この事件の特徴は新規に登場した大型網漁とこれに反発する既存小漁との争いであった。

また同時期の安政二年には、八屋浦から「小祝浦の者引越しに相なり、難渋の段先年御嘆申し上げ候」（「御用方日記」友枝文書）と、八屋浦の漁場へ宇島漁民（小祝浦からの引越者）が入り込み、水揚げの減少を来したので、宇島漁民は小祝浦漁場で漁をするように訴えられる事件が発生した。

以上の記述から、江戸末期の豊前海においては、漁業の発達により近接浦間の対立が目立つようになり、従来からの「漁場入会の制」が徐々に崩れ、各浦が地先漁場の専有漁業権を主張する機運が強くなってきたことをうかがわせる。

有明筑後海は有明海の北奥部に位置し、大きな干満差、激しい潮流そして筑後川、矢部川等が流入するとともに広大な干潟域が広がる。当海域は生産性の高い漁場で、古来から多くの恵みを与えてきたが、狭い漁場の割に漁民が多いために漁場紛争は発生しやすかった。『柳川市史・別編・新柳川明証図会』、『大和町史・通史編上巻』の記述を基に当海域の領有、利用をめぐる争いについて要約する。

中世には、有明海北部は筑後地方の有力神社のひとつであった鷹尾神社の「神領」とされていた。具体的には同社から肥前国竹崎観音までを繋ぐ線と、同じく肥後国高瀬を繋ぐ線の内側が「鷹尾の海」であり、同社が支配していた村々の漁場とされていたようである。それ以前、鷹尾神社が創設されたと伝えられる九世紀後半までは、漁場境界がなく、無秩序な漁がおこなわれていたという。

また「筑後柳河御領旧記の内干潟の本説写」（宝暦九年＝一七五九写、柳川古文書館収蔵）には、左のような記事がみられる。

　肥前の内竹崎と申候所は柳川より拾三里これ有候由申候、竹崎に観音堂これ有候。丑寅の柱は、筑後の内にて修理の刻はこの前は筑後の内高尾村より柱建申候、去年も修理これ有に付、柱代高尾村より出し申候。しかれば干潟は残らず筑後の内にて御座候事。

竹崎の観音堂とは、佐賀県太良町竹崎島の観世音寺のことである。柳川藩は、観世音寺の建築や修理費を領内の高尾村あるいは藩より出していることを理由に、筑後川・矢部川河口海域の干潟の領有権を主張していたのである。「正保二（一六四五）年柳川藩絵図」によれば、大和地先に「鷹尾之内長洲」・「鷹尾之内大洲」・「鷹尾之内荒洲」・「鷹尾之内高洲」・「鷹尾之内強盗洲」の五海洲があり、これらは「鷹尾（鷹尾神社・鷹尾村）」に帰属するとされていた。これを肥前の漁民が全面的に容認してきたかと云えば、必ずそうとは云えないようであった。

江戸時代になると、「海洲」の帰属をめぐり、柳河・佐賀藩の間で争論が頻発した。特に「羽瀬」をめぐる争いは激しかったようで、相手が設置した「羽瀬」を勝手に撤去したり、口論・喧嘩が絶えなかったようである。その都度、両藩間の折衝があったことは間違いない。

しかし元禄期（一六八八～）以降は、両藩の間では目立った紛争は発生していない。「筑後川河口付近図（柳河藩立花家文書）」や「肥前・柳河領羽瀬場絵図（吉原文書）」に描かれている筑後川河口絵図には、両藩の漁民が互いに共存して「羽瀬」を設置している状況がわかる。

また『三池郡誌』には左のように、江戸時代末には沿海漁民が藩より公認された「地先専有漁場」を有していたことを示す記述がある。

　由来岬、唐船、手鎌、横須の田隈組沿海各村は、一般に耕地少なく人口多く、農業のみを以て活計を補うの必要切なるを以て、上記の漁村は約百年前（一八二〇年代）より地先の潟地は、該村限り漁業をなし、他郡村よりの来漁者は拒絶の慣例となっている。これは海札米と称し、年々米一石五升六合を柳河藩庁に納めていた。尚黒崎開、三里村早米来も岬村等と同様地先潟地の漁猟は村限り専漁をなしていた。

このような地先干潟漁場の専有化は、右記の二地区に限らず、全沿海地区にわたって設定されていたものと思われる。つまり江戸時代末期の筑後海における漁場制度を要約すれば、沿海干潟域は地先村の専有漁場、沖合域は入会漁場とし、なかでも場を固定的に占有する「羽瀬」については特に藩の免許を必要としたのであろう。

さらに有明海にそそぐ筑後川の河口域においても、久留米藩と佐賀藩の間で境界や漁業権をめぐる論争や紛争が頻発した。特に文化年間（一八〇四～一七）には、両藩の漁民が乱闘、殺傷事件を起こした。

もともと、筑後川河口域では柳河藩と佐賀藩の漁民に入会漁業権が認められていた。ところが、久留米藩の漁民は元来、自分達は柳河藩（田中吉政・忠政による筑後一円支配）に属していたのであり、所属する藩が久留米藩（元和六年＝一六二〇、有馬豊の入封）に変わっただけで、漁業権は存続しているはずだと主張していた。

文化十二（一八一五）年、佐賀藩漁民達に五人の漁民を殺害された久留米藩は、この事件を幕府に提訴した。幕府役人が下向し、最終的には柳河藩の調停の結果、柳河藩、佐賀藩の漁民は筑後川河口域でおこなう漁業は「本漁」、久留米藩の漁民は「入漁」という形で区別した上で、和議が成立した。つまり筑後川河口域における漁業は、柳河藩が領有権を持ち、佐賀藩は入漁権を持ち、久留米藩は入漁慣行を持っていることとなったのである。

筑後川漁場紛争については、「佐嘉・久留米両藩の筑後川漁場論争（郷土研究・筑後、第六巻・第一号）・昭和十三年」に詳しい。

第二章　福岡県の成立と水産施策

慶応三（一八六七）年十月の大政奉還、同年十二月の王政復古のクーデターを経て、明治新政府が成立した。慶応四（明治元＝一八六八）年一月に始まる戊辰戦争は、新政府軍の勝利によって明治政府の地位は確立した。さらに政府は明治二年版籍奉還の出願を命令し、明治四年七月、廃藩置県を断行した。これによって藩体制は完全に払拭され、中央集権的な統一国家形成の画期となった。

明治四年七月当時、現在の福岡県域には、筑前に福岡、秋月の二藩、筑後に久留米、柳川、三池の三藩、豊前に豊津、千束、中津の三藩と、怡土郡内に対馬（厳原）藩、中津藩の飛地などがあったので、結局は福岡から中津までの八県と、怡土郡内に厳原、中津両県の管地が新たにおかれることになった（付図1参照）。同年十一月には、筑前地域が福岡県に、筑後地域が三潴県に、豊前地域が小倉県に統合された。明治九年四月には、小倉県が福岡県に併合され、さらに同年八月には、三潴県のうちの筑後一円が福岡県にはいり、福岡県から下毛、宇佐の両郡が大分県に割譲されて、今日の福岡県域が確立した。その変遷は表一－1でみるとおりである。この間、士族反乱、筑前竹槍一揆などが勃発し、県内の世情は混乱をきわめていた。福岡県が成立すると、明治四年九月福岡県職制を定めて、書記、郡政、監察、刑法、聴訟、庶務、祭祀、治農、学校の九掛をおいたが、同年には朝令暮改ともいうべく、めまぐるしい組織の改変があった。

政府は、県職制が府県によってまちまちになっているのを全国的に統一するために、県治条例（明治四年太政官達）を定めた。この条例の県治職制によると、県庁の事務は次の四課となした。

庶務課：「社寺貫属戸籍並ニ人畜ノ数ヲ検査シ、郡長里正ノ勤惰ヲ察シ、官省進達府県往復ノ文書ヲ案シ、学校ノ事務及郡長里正戸長等外使部等ノ進退ヲ掌ル

聴訟課：県内ノ訴訟ヲ審聴シ、其情ヲ盡シ長官ニ具陳シ、及県内ヲ監視シ罪人ヲ処置シ捕亡ノ事ヲ掌ル

表一―1　福岡県の成立過程

幕末	版籍奉還（明二・六・一七）	廃藩置県（明四・七・一四）	（明四・一一・一四）	（明九・四・一八）	（明九・八・二一）
福岡藩（筑前国内五二万石）	福岡藩	福岡県	福岡県 筑前国一円	福岡県 筑前国一円 豊前国一円	福岡県 筑前国一円 筑後国一円 豊前国 企救郡 田川郡 京都郡 仲津郡 築城郡 上毛郡 豊前国下毛郡・宇佐郡は大分県へ、肥前国六郡（三郡は既に移県ずみ）長崎県へ割属
秋月藩（筑前国内五万石）	秋月藩（明二・六・一九）	秋月県			
対馬府中藩（筑前国怡土郡内）	府中藩	厳原県管地			
幕府御領（筑前国怡土郡内、明一閏四・二　日田県管地）		伊万里県管地（明四・九・四）			
中津藩領（筑前国内怡土郡内）	中津藩管地	中津県管地			
中津藩（豊前・豊後国内一〇万石）	中津藩	中津県	小倉県 豊前国一円		
小倉藩（豊前国内一五万石）	香春藩	豊津県			
小倉藩地山口藩領（豊前国企救郡）	日田県管地（明二・八・二）				
小倉新田藩（豊前国上毛郡内一万石）	千束藩（明二・六・二七）	千束県			
久留米藩（筑後国内二一万石）	久留米藩	久留米県	三潴県 筑後国一円	三潴県 筑後国一円 肥前国九郡（佐賀県）	
柳河藩（筑後国内一一万石）	柳河藩（明二・六・二四）	柳河県			
下手渡藩（筑後・陸奥国内一万石）	三池藩（明二・六・二四）	三池県			
柳河藩御料預（筑後国三池郡内）	長崎県管地（明二・六・二〇）				

租税課：正租雑税ヲ収メ豊凶ヲ検シ、及開墾通船培植漁猟山林堤防営繕社倉等ノ事ヲ掌ル

出納課：歳入歳出ヲ計リ金穀ヲ大蔵省ニ納メ、公廨用度ノ計算ヲ明ニシ、及官員官禄旅費堤防営繕等一切ノ費用ヲ掌ル

つづいて、政府は明治八年十一月太政官達第二〇三号で、従来の県治条例を廃し、新たに府県職制並事務章程を定めた。この府県職制に基づいて、福岡県では九年一月達を出し、第一課（庶務）、第二課（勧業）、第三課（租税）、第四課（警保）、第五課（学務）、第六課（出納）の六課となした。このうち、第二課別名勧業課独立の趣旨は「民産ヲ増益シ国家富饒ノ基礎ヲ立ツニアリ」で、その所掌業務は動植物、諸製造業、商務、鉱山、博物、博覧、授産の七部門であった。それまでの勧業業務が租税課で扱われていたこともあって、課税のためと誤解される向きもあったようで、勧業課の独立はこれら業務を円滑ならしめたことは疑いない。

さらに九年四月に福岡県に小倉県が、つづいて八月に三潴県が合併され、一つの福岡県となるに及んで諸業務が繁雑さを加えたので十年に県職制章程を改正し、十一年三月から第二課は土木、地理部門を合併して勧業、土木、地理の三科で構成した。なお勧業科の所管に公園、諸会社、民畜の部門を追加するとともに、各郡に一名あて勧業掛を設置して諸務を掌理することとした。これで福岡県の勧業組織はようやく一応整ったといえる。

各郡に設置した勧業掛はどのようなものであったか、福岡県公報からみてみよう。県は十一年十一月福岡県布達乙第一七五号により「勧業掛条例」を公布したが、その目的、選出方法は「第一条　物産ヲ興シ民産ヲ厚スルハ国家ノ基礎方今ノ急務タレバ一般人民ノ公益ヲ起スヲ目的トシ郡区長所轄部内ニ各一名宛勧業掛ヲ設置シ勧業誘導之レガ率先タラシメントス其人ヲ選挙スルヤ其郡区内本籍ノ人ヲシテ郡区内ノ公票ヲ以テ定ムルモノトス」であり、任期三年間（第三条）、吏員ノ兼務ヲ許サズ（第四条）、年給六拾円支給（第十一条）となっている。また県は十二年二月福岡県発乙第三〇号で各郡区宛に「勧業掛集会心得」を発しているが、そのねらいは「第一条　勧業集会ハ物産ヲ興シ民産ヲ厚スルノ目途ニシテ一般人民ヲ勧奨誘導スルノ順序ヲ議スルノ会ニシテ管内ヲ三組ニ分テ其組合内ニ於テ郡区順番ヲ以テ四季ニ勧業掛ヲ各地方ニ会ス之ヲ小集会トス又春秋二季ヲ以テ一般勧業掛ヲ県庁ニ会ス之ヲ大集会トス、小集会組合ハ第一組合・筑前国、第二組合・筑後国、第三組合・豊前国」であった。以上の勧業掛条例、勧業掛集会心得に基づいて勧業集会が開催されることになるが、福岡県第二回勧業年報に「興産殖産ニ係ル創始ノ事件ハ勧業大小集会ノ意見ヲ取リ、着手スルモノニシテ即

チ此ノ議案（勧業費）ノ如キモ又大小集会ノ意見ニ出ルモノナリ」とあり、当時の勧業施策上、勧業集会が重要な役割を果たしていたことをうかがわせる。また、同報には「明治十一年以降ニ水産ヲ講ス」とあり、水産問題も取り上げられていたことがわかる。

このように県は行政組織を整えていくなかで、十二年二月に勧業試験場を開設、翌十三年に農学所を付設し、二十年三月まで勧業試験場兼農学校として存続した。これによって主要産業である農業を対象とした勧業施策遂行のための行政組織とともに技術的試験研究・指導体制をもほぼ整備したが、水産業はその対象外におかれていた。水産業に関する試験項目が取り上げられるようになったのは、二十年四月に再発足した勧業試験場になってからのことである。ちなみに福岡県水産試験場が独立開場したのは明治三十一年四月一日からである。

福岡県第四回勧業年報（明治十四年度）によれば、勧業課事務沿革（明治四〜十四年度）を以下のように記述しているが、県の勧業施策方針と経緯を把握するうえで興味深い。

本県勧業施務ノ創設ハ明治四年、廃藩置県府県職制条例ヲ制定セラル、時ニアリ、而シテ勧業ノ事務ハ租税課ノ一部ニ属セリ、故ニ其事蹟ノ如キ今日ヨリ之ヲ顧ルトキハ寥々トシテ指明スベキモノナシ。其後同八年府県職制条例ノ改正後、同九年ニ至リ更ニ勧業ノ一課ヲ置ク。其管理スル所ノ要領タル民産ヲ増益シ国家富饒ノ基礎ヲ立ツルニアリ、其細目ノ重モナルモノヲ挙グレバ植物、工業、漁業、開墾、牧場、町村貯蓄等ノ事ニシテ勧業課ノ体面少シク備ヘタリト云フ可シ。同年小倉県、三潴県ヲ合併ス。同十年府県職制章程ヲ改正セラレ勧業課ヲ第二課ト改称ス。茲ニ於テ本課ノ事務ハ時勢ト共ニ進歩拡張シテ稍ヤ精密ニ至ル。同十三年ニ至リ土木、地理ヲ本課ニ合併シ第二課ヲ分チテ勧業、土木、地理ノ三科トス（中略）。

本年、農商務省新置ノ旨趣タルヤ蓋従来勧業ノ順序区々ノ方法ニヨリ干渉抜苗ノ弊アルヲ去リ法規制例ニ拠リ人民自奮ノ事業ヲ保護スルノ意ナルカ。本県ノ従来以テ主義トスル所ノモノモ亦此ニ外ナラズト雖、其施務ノ順序経綸秩序ニ至リテハ又少シク変更セザル可ラザルモノアリ。故ニ本年五月勧業課ノ組織ヲ変改シ、農務、工商、土木、山林、駅逓ノ五科トス。今其ノ分科ノ目ヲ挙グレバ、農務ニ水陸物産、農学校、授産、獣医取締、家畜病予防、勧業会議、勧業報告（中略）ニ係ルモノナリ。

本課創置ノ始メニ逆リ今日ニ至ルノ経歴ヲ回顧スレバ已ニ十一年間ノ星霜ニシテ今試ニ之ヲ大区別スルトキハ、前陳明治四年本課ノ起リヨリ同八年迄ヲ第一期トス、抑当期中勧業ノ経歴タルヤ其主義一定セザルヲ以テ桑茶栽培或ハ諸製造品等新珍民益ト認ムルモノハ直接間接ノ別ナク孜々奨励スルヲ以テ当然ノコト、為セリ。同八年府県職制改正後、同九年勧業課新置ヨリ同十一年ノ始メニ至ルヲ第二期トス、当期ハ則新ニ一課ノ体面ヲ備ヘ其主義ノ如キモ稍進歩シ漸次奨励ノ順序ヲ得、事業モ又之ニ随テ進マント欲シ而シテ此二期間ハ勧業ニ属スルノ資タル県令ノ特権ニ在ルヲ以テ尚未ダ干渉抜苗ノ弊ナキニ非ザルモ起業自由便利ナリ、故ニ其功ヲ奏スルモノモ亦少シトセズ。同十一年上期ヨリ本年（十四年）上期ニ至ルヲ第三期トス、此三期中ハ郡区町村ノ制並ニ県町村会ノ法ヲ発令セラル、ニ至リ、理事議政ノ権限全ク分別スルニ随ヒ事務ハ大ニ其狭隘ヲ覚ヘ活機ヲ失フノ歎ナキニアラズト雖其勧業ノ主義方向ニ至リテハ、又大ニ進歩シ殖産事業講究ノ理論ハ天下ノ輿論ニ副ヒ各地方ニハ篤志ノ者勃然トシテ輩出シ実業随テ起リ本県勧業ノ順序稍其緒ニ就クモノノ如シ。斯ノ如ク其経歴ヲ掲ゲ来ルトキハ第三期ハ已ニ既往ニ属スルコトタリ。抑勧業ノ事タル法規制例ニ拠ルモノ少シ、而シテ其範囲汎々際涯ナシ。蓋其事業ノ挙ルト否ラザルトハ其人ニアリ、一概ニ論ズ可キニアラザルナリ。然レドモ孜々汲々軽忽ニ其進路ヲ求レバ、或ハ干渉ニ流レ却テ人民ノ事業上ニ妨碍ヲ生ズルノ弊アリ、放任ニ偏スルトキハ人民開進歩ノ度遅々其機ヲ失フノ恐レアリ。故ニ両者ノ中間ヲ航シ干セズ偏セザルハ当路者ノ秘訣ニシテ農商務省十四年乙第五号、同第一号ノ旨趣モ蓋爰ニアラン歟。本県ニ於テハ既夙ニ之ヲ察シ政務業務ノ区別ヲ正クシ人民ノ自ラ起ルヲ待チテ之ヲ保護スルト人民ヲシテ自ラ奮起セシム可キ元気ヲ示授スルヲ以テ先務トス。

さらに、同第五回勧業年報（明治十五年度）には、十二～十五年度の勧業費が、県会での可決、否決費目別に記されている。この短期間内で、事業項目、費はいちじるしく変化しており、発足当初における県勧業施策の試行錯誤的な取組み振りがうかがえる。

本題ノ費ハ本県勧業奨励ノ資本ニシテ、此費額ノ多寡ハ勧業事業ノ奨励消長ニ顕然影響スルモノナリ。世上、概シテ資本有ルモノハ事業ヲ興シ、無キモノハ手ヲ空クスルヤ普通ノ理ナリ。然ドモ勧業奨励ノ順序ハ一個人ノ事業ノ如クナラザル処有リ故ニ、強イ資本ヲ要セザルモノナリ。其費用ナルモノハ、人心ヲ奨励シ事物ヲ興起スル手足活動ノ要ニ供スルナリ。本県勧業ノ主義ハ、前題沿革中ニ詳ニスル如ク猥リニ人民ノ私権ニ干渉セズ、眼前浮華ノ事物ヲ求メズ。土宜ノ良産業ヲ講ジ将来ノ民権ヲ図ルニ在リ。

然ルニ前回年報ニ報ズル如ク時勢ノ進歩、人意ノ発達スル今日ノ如ク快速ナルハナシ。試ニ事物経歴ノ痕跡ト各自思想ノ推移ヲ回顧セリ。五年ノ昔ト今日トハ別世界、異人種ノ感ナキ能ハザル可シ。夫レ如斯進歩ノ気運ニ際シ殖産興業ノ事ニ従フ当路者ノ任重且難ト云フ可シ。宜シク現在ノ実況ヲ詳ニシ過去ノ経歴ヲ顧ミ、未来ノ利害得失ヲ講究セズンバ有ル可ラズ。今ヤ府県会ノ設ケアリ、年々勧業費ノ予算ヲ講ズルコト、ナレリ。一県事業ノ弛張ハ県会ニ在リト云フモ、過昔ハ非ザル可シ夫然リ。然レバ其議事ハ則百万人民ノ休戚ニ関スルヤ論ヲ俟タズ。勧業事業ノ如キハ最モ実業ニ直接ノモノ多ク、此進否ハ本県ノ貧福ニ関ス豈経忽ニシテ可ナランヤ。故ニ百年ノ福因ヲ爰ニ求メズンバ有ル可ラズ。然ルニ社会ノ実況ハ概テ高尚ノ論理ニ進ミ、随テ実ヲ軽ンズルノ弊ナキニシモアラザルニ似タリ。冀クハ更ニ其実体ヲ鑑ミ永遠ノ経済ニ着意シ殖産興業ノ事ヲ講究センコトヲ。即本県勧業ノ経歴ハ前題沿革事蹟表、勧業費年度比較表ニヨリ其概況ヲ考察シ、且ツ其事業ノ消長盛衰ハ本報中各表題ニ参照セバ本県三国ノ実況想像スルニ足ル可シ。

表一－2　福岡県勧業費の年度別比較（明治十二～十五年度）

県会可決費目	十二年度	十三年度	十四年度	十五年度	増減事故
勧業試験場費	三、七五二円九七銭	四、三三三円〇〇銭	四、八二〇円〇〇銭	三、三七七円〇〇銭	試験場変ジテ十三年度ヨリ農学校トナル
勧業掛諸費	二、三三四円二〇銭				十三年度以来之ヲ廃ス
勧業諸書費	三〇〇円〇〇銭				十三年度ヨリ勧業常費ニ入
諸運搬費	五〇〇円〇〇銭				右同断
勧業予備費	五〇〇円〇〇銭				十三年度ヨリ之ヲ廃ス
博物館費	一、〇二〇円六七銭	六九〇円〇〇銭			十四年度ヨリ勧業義社ニ貸付ス
繭買上及養蚕費	二、八〇〇円〇〇銭				十二年度ハ生徒費ヲ混入繭買上費ハ一時操替ナリ
第二回博覧会費		二、六五三円〇〇銭			十二、十四、十五年度

費目	十二年度	十三年度	十四年度	十五年度	事故
					ナシ
釆蠟共進会費		三〇〇円〇〇銭			右同断
養蚕及養蚕生徒費		五七〇円〇〇銭	一、一五〇円〇〇銭	六五三円〇〇銭	十四年度製糸教師雇入ニ付其金額増ス
勧業常費		二、五〇〇円〇〇銭	三、二八六円〇〇銭	三、七六六円〇〇銭	十三年度ヨリ常費ノ目ヲ設ズ
聯合共進会費				五〇〇円〇〇銭	前後ナシ
水産博覧会費				七六〇円〇〇銭	右同断
獣医講習所及派遣生徒費				七三七円〇〇銭	右同断
合　計	一一、二〇七円八四銭	一一、〇三六円〇〇銭	九、二五六円〇〇銭	九、七九三円〇〇銭	
県会否決費目	十二年度	十三年度	十四年度	十五年度	事　故
綿作改良費	一八一円〇〇銭				十五年度ハ否決費目ナシ
農漁及諸職業調費	二、四七四円〇〇銭				
製糖改良費	一、〇三一円二〇銭				
輸出入調査費	四五〇円〇〇銭				
博覧会開催費	九、二四〇円〇〇銭				
櫨樹製蠟改良費	二〇〇円〇〇銭				
藍作及試験費	五〇二円〇〇銭				
勧業掛諸費		一、六二〇円〇〇銭			
共進会費			三〇〇円〇〇銭		

この当時、水産施策に関しては基礎資料を得るための実態調査が主体であり、その着手状況が同第四回勧業年報に次のように記述されている。

本県明治十一年以来、水産調査ノ事ニ論及シ、十二年水産誌編纂ノ草稿ヲ起シ、捕魚採藻ノ方法、図解等ノコトニ着手シ、加フルニ水産額統計及製品等ノコトニ着手セントス。然ルニ水産統計ノ如キハ従来其方法漠トシテ求ム可キノ基礎ナキヲ以テ、延テ十三年十二月ニ至リ漸ク調査着手ノ事ニ決シ、十四年ニ至リ沿海各郡ニ調査ノ順序ヲ設ントスル際、恰モ好シ、内務省乙第二号達「水産重要ノコト」及農商務省甲第三号達「水産博覧会ノコト」有リ故ニ彌該調査ノ計画ナリ。同年五月之ヲ各郡区ニ達シ調査セシム。然レドモ此ノ統計及ビ漁業方法ノ如キハ其実ヲ得ル最モ難シ、容易ニ速成整頓ス可カラザルノ状情有リテ、両種ノ調査、本年中ニ全ク落成ヲ告ゲズト雖モ、其調査ノ目的ハ第一漁業方策、第二魚図並解説、第三水産製法並ニ統計ノ部分ニシテ、明治十五年中ノ落成ヲ期ス。依テ爰ニ調査着手ノ端緒ヲ掲ゲテ第五回年報ニ其奏功ヲ俟ツモノナリ。

福岡県が明治前期（十〜十五年度）において実施した主な水産施策事業は以下のとおりであった。

明治十年度：「捕魚採藻営業税之儀」布達、「福岡県漁業誌」編纂着手

十一年度：「福岡県漁業誌」調査の一部としての「漁業名目表（漁業種類別漁期一覧）」作成、「福岡県三国産物（含海産物）輸出内訳表」作成

十二年度：「福岡県漁業誌」調査の一部として、捕魚採藻の方法・図解等の作成、「福岡県物産誌（含海産物）」編纂

十三年度：「水産産額統計及製品調査」計画

十四年度：「水産産額統計及製品調査」開始、「福岡県各津湾輸出入品並船舶出入表」作成、「三国郡区別物産表（普通、特有）」作成

十五年度：「福岡県水産物（魚種別）価格表（十一〜十三年）」作成

第三章　明治初期の漁業制度

第一節　漁業警察法期

青塚繁志氏によれば、明治政府の漁業制度に関する政策は、⑴明治初期の漁業警察法期、⑵八年の海面借区制期、⑶九年以後の地方取締規則期、⑷十九年からの漁業組合準則期、を経てやがて近代的統一法典としての三十四年漁業法期に継承されるとしている。本章では、この青塚氏の考えに依拠しながら、福岡県漁業政策の展開過程を明らかにしたい。

わが国では、維新直後から八年海面借区制布告に至る間は、統一的な漁業行政立法ないし漁場秩序法規はほとんど存在しない。すなわち封建的生産関係と漁業生産力との矛盾はすでに封建的漁場支配から私的漁場支配への移行を要請していたにかかわらず、政府はなお漁場制度に関する統一的見解や政策をもちえず、初期財産法に比すべき近代的漁場法秩序は行政法規としても民事法規としても確立しえなかった。むしろ、一般的な社会秩序維持としての応急的な「雑犯律」や「各地方違式詿違条例」等の刑事法令によって動揺する漁場秩序を保持しようとした。すなわち、漁場秩序の維持は一般司法警察機能による治安維持、私有財産保護の一環として、明治元年「雑犯律」違式の条に始まり、その統一は六年「各地方違式詿違条例」制定によってなされた。これは十三年の旧刑法「違警罪目」にひきつがれる。

明治六年七月十九日太政官布告第二五六号で地方違式詿違条例が布告された。「各地方違式詿違条例別冊ノ通被定候条此旨布告候事、但地方ノ便宜ニ依リ斟酌増減ノ廉ハ警保寮へ可伺出、且条例掲示ノ儀モ同寮ノ指揮ヲ可受事」とあり、布告がそのまま地方に適用になったわけではなく、地方の実情に応じた施行が認められた。また施行時期についても、県の実情によることにしていた。七年三月の太政官指令にもとづいて布達された内務省達乙第二五号は、そのことを明らかにしている。これによると、「風俗習慣ヲ変更スルハ甚至難ノ事件」であるから「一概況ニ」施行すれば「自然人民ノ苦情怨嗟ヲ醸ス」ことになるから「可成懇切説諭シ」、「漸次施行ノ積ヲ以テ」、「宜敷時勢人情ノ適度斟酌ノ上」実施するように達している。

福岡県域においては、三潴県が六年五月布達で触示し、直ちに県庁所在地の久留米および元支庁所在地の柳河で実施、十月には全面的に管内で実施した。三潴県の違式詿違条例は四四箇条からなっており条文の数はかなり少ない。ここでは漁業関係に関する罪目は見当たらない。小倉県では、六年九月に太政官布告の条例を、原文のまま達している。その後、太政官布告の改正があるたびにそのまま区戸長に流しているところをみると、小倉県では太政官布告に手を加えることなく実施していたようである。

一方、当時の福岡県では、太政官布告の地方違式詿違条例に若干の変更を加えて、「福岡県違式詿違条例」を制定し、七年八月十二日管区長あてに「違式条例ハ来ル十月一日ヨリ施行セラルニ付、若シ犯則ノ者ハ邏卒取押ヘ或ハ事ニ依リ直ニ屯所へ呼出シ候儀有之候条為心得相達シ置候也」と布達した。また条例を掲示するとともに「官員及ビ邏卒等巡回ノ節掲示布告等遅速ヲ吟味シ或ハ督促スル等可有之候事」と布告して、官員邏卒に掲示の仕方を監督させた。このように条例の周知徹底を図ったが、長年の風習が一片の布告で改善されるものではなかった。

明治七年九月二十七日　本県達

違式詿違条例来ル十月一日ヨリ発行ノ筈ニ候処、未ダ管下人民熟知不致向モ有之、万一教諭不行届ヨリシテ犯則ニ陥リ候テハ実以テ愍然ノ至ニ付、右期限ヲ猶予シ十一月一日ヨリ発行致シ候条、猶一層遂勘弁、強テ自カラ謹誡シ淳美ノ風俗ニ帰着候様人々可心掛候、此段小前末々迄無洩可触示候也

十月一日実施のところを一カ月延期して、その間にさらに周知徹底を期した。ところがその実施期日の十一月一日を半月も過ぎた十一月十四日になって突然、内務省に伺いの筋があることを理由として無期延期した。福岡県違式詿違条例がいつから実施されたかは知ることはできないが、この条例と現実の住民の意識との間にギャップがあって実施できなかった事情をうかがい知ることができるのである。

七年に制定された福岡県違式詿違条例は六六箇条からなっていたが、九年十二月八日、豊前・筑後を除く福岡県におい

て、さらに条例の改正があり、全文一〇二箇条となった。これはさらに十年一月八日に五箇条追加になり一〇七箇条となった。改正条例は翌十年三月一日から施行を予定していたが、延期になって七月一日から実施された。布告された九年十二月といえば、小倉県・三潴県が福岡県に合併になり、今日の福岡県が成立した後のことになる。

もともと違式詿違条例は軽犯罪取締りのための規則であり、違式とは有意犯で罪の重いもので、詿違とは無意犯で罪の軽いものである。福岡県違式詿違条例における漁業に関する罪目をあげると次表のようになる。

表一－3　福岡県違式詿違条例における漁業関係罪目

項目	明治七年八月布達	明治九年十二月布達
刑罰	第一条　違式ノ罪ヲ犯ス者ハ七五銭ヨリ少ナカラズ一五〇銭ヨリ多カラザル贖金ヲ追徴ス 第二条　詿違ノ罪ヲ犯ス者ハ六銭二厘五毛ヨリ少ナカラズ一二銭五厘ヨリ多カラザル贖金ヲ追徴ス 第三条　違式詿違式ノ罪ヲ犯シ無力ノ者ハ実決スルコト左ノ如シ 一　違式　笞罪　十ヨリ少カラズ二十ヨリ多カラズ 一　詿違　拘留　一日ヨリ少カラズ二日ヨリ多カラズ 但シ二罪トモ適宜懲役ニ換フ 第四条　違式幷ニ詿違ノ罪ニヨリ取上グベキ物品ハ贖金ヲ科スルノ外別ニ没収ノ申渡シヲ為スベシ 第五条　違式詿違ノ犯シ人ニ損失ヲ蒙ラシムル時ハ先ヅ其損失ニ当ル贖金ヲ出サシメ後ニ贖金ヲ命ズベシ	一　違式　懲役八日ヨリ少カラズ十五日ヨリ多カラズ 一　詿違　拘留半日ヨリ少カラズ七日ヨリ多カラズ 第六条　違式ノ罪目ヲ犯スト雖モ情状軽キ者ハ減等シテ詿違ノ贖金ヲ追徴シ詿違ノ罪目ヲ犯スト雖モ重キハ加等シテ違式ノ贖金ヲ追徴スベシ其犯ス処極メテ軽キハ止メ呵責シテ放免スルコトアルベシ
違式罪目	第一八条　毒薬幷ニ激烈気物ヲ用ヒ魚鳥ヲ捕フル者 第二六条　他人ノ繋舟ヲ無断棹シ遊ブ者	第二三条　他人持場ノ海藻類ヲ断リナク刈採ル者 第二四条　他人ノ持場又ハ免許ナキ場所ニ魚簗ヲ設ル者 第二五条　毒薬並ニ激烈気物ヲ用ヒ鳥魚ヲ捕フル者 第四〇条　他人ノ繋舟ヲ断リナク棹シ遊ブ者

註違罪目	
第四六条　雑魚乾場ニ妨害ヲナス者 第四七条　海苔乾場ニ妨害ヲナス者 第四八条　他人ノ魚簗等ニ妨害ヲナス者	第六四条　雑魚乾場ニ妨害ヲナス者 第六五条　海苔乾場ニ妨害ヲナス者 第六六条　他人ノ魚簗ニ妨害ヲナス者 第八三条　他人ノ曝網ニ妨害ヲナス者 第八四条　他人ノ海苔棚内へ断リナク舟ヲ棹シ入ルル者 第八七条　橋柱ニ舟筏ヲ繋グ者

青塚氏は、地方違式詿違条例のなかには漁場秩序法として近代法治国家の罪刑法定思想の萌芽がみられると評価している。すなわち「他人の持場」、「他人の魚簗」、「他人の海苔棚」、「無官許場所での魚簗の禁止」等の排他的支配概念は、用語としては前期からの継承であり、内容においても不正確なものであるが、漁場私有化の容認と官許的海面官有思想の形成への転回点を示すものといえるとし、この意味で維新直後の司法制度の近代化が漁業部門にも及ぼされたと解するのが正当である、と述べている。

明治十三年七月、太政官布告第三六号「刑法」が新たに制定された。違式詿違罪目はその「刑法違警罪目」のなかに組み込まれ、その罪目は地方の実情に応じて制定することが認められた。福岡県ではこれを受けて、同十四年十二月二十二日、福岡県警甲第一二二号「福岡県違警罪目ヲ制定シ、翌十五年一月一日ヨリ施行ス」を告示した。漁業関係罪目は次のようなものであった。

第三条　左ノ諸件ヲ犯シタル者ハ一日以上三日以下ノ拘留ニ処シ、又ハ二十銭以上一円二十五銭以下ノ科料ニ処ス

八　他人ノ漁猟場ニ妨害ヲナシタル者

九　水車、水礁等ニ妨害ヲナシタル者

十　官ノ免許ヲ受ケザル場所又ハ他人ノ持場ニ於テ漁猟シタル者

明治維新直後、封建的漁場秩序を継承した新政府がまず一般社会秩序維持策の一部として漁業、漁村秩序の現状維持をはかろうとした意図は、理解できるとしても、地方違式詿違条例、刑法がどの程度、具体的に漁村に浸透したかは疑問である。「他人の漁場」、「自分の漁場」が未だ法的に明示できず、藩政時代の慣行を踏襲する段階においては、これらは現

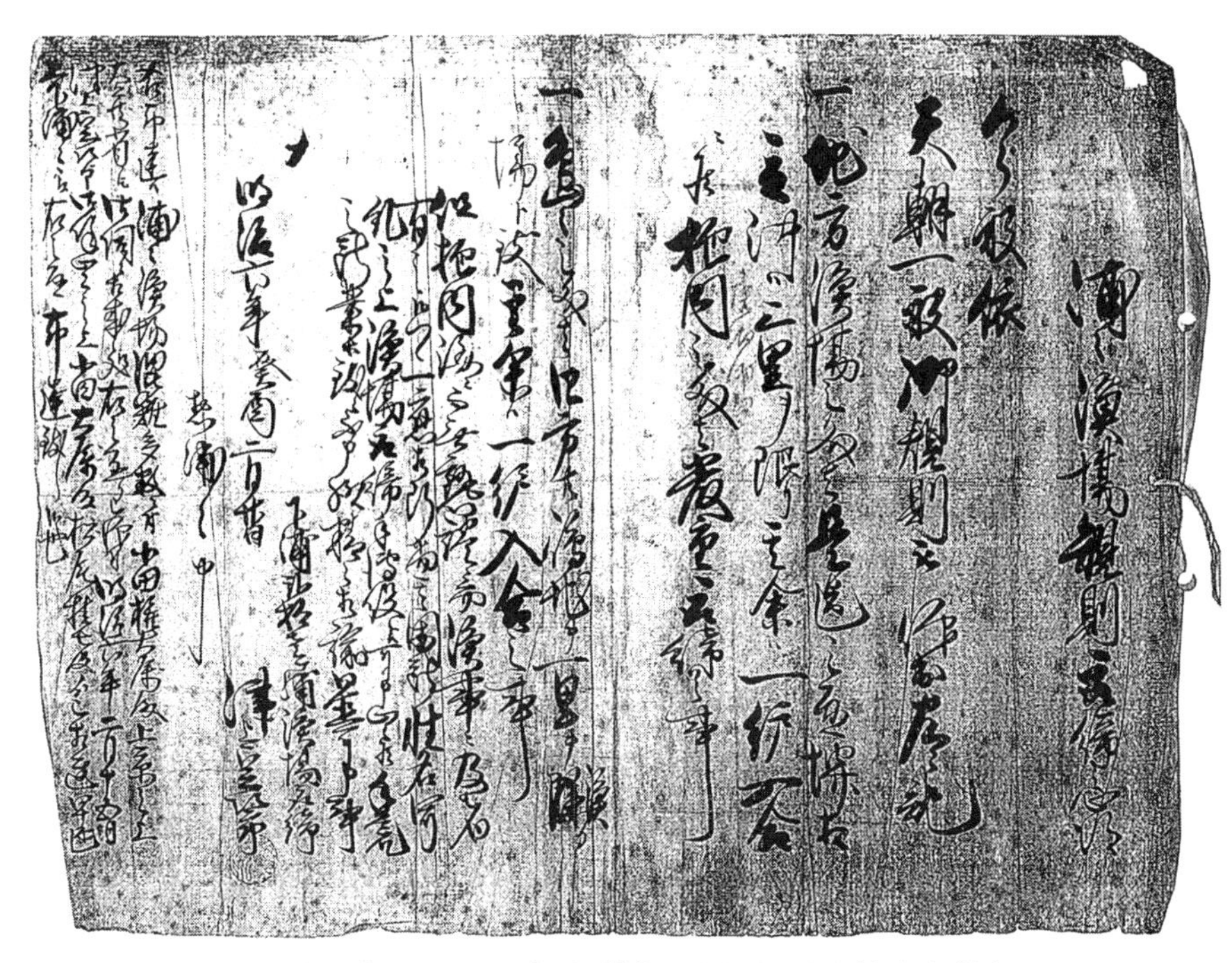
明治６年２月20日布達「浦々漁場規則取締之心得」
（福岡市漁業協同組合唐泊支所提供）

実に発生する漁場、漁業紛争の解決に対処できるものではなかった。

藩政時代からの慣行に基づく漁業秩序がともすれば崩れようとするなかで、地方では別途にその維持対策に乗り出すところもあった。当時の旧福岡県においては左の文書「浦々漁場規則取締之心得」からうかがわれるように、独自に漁業秩序の維持に努めていたのである。なお本文書は福岡市漁協唐泊支所に保存されているものであり、同支所のご好意により使用させていただいた。

浦々漁場規則取締之心得

今般依天朝一般御規則被仰出左ニ施

一　地方漁場之義ハ是迄之通、堺相立、沖ハ三里ヲ限リ、其余ハ一律入合ニ候、抱内之義ハ厳重取締候事

一　島々之義ハ四方共嶋地中一里ヲ漁場ト致、其余ハ一律入合之事

但抱内海ニテ無熟證ニテ漁事ニ及者有之候ハバ一応相断、尚其国別姓名聞糾之上、漁場取締手伝役江可申正候、手荒之所業等致不申様精々相諭置可申事

〆

明治六年癸酉二月廿日

下浦弐拾壱ケ浦漁場取締

津上定次郎　印

惣浦々中

右布達ハ浦々漁場混雑多数ニ付、小田権右衛門殿上京ノ上大蔵省江御伺ニ相成候処、右之通リ被仰付、明治六年二月十五日、津上定次郎御呼置之上、小田権右衛門殿、松尾挂七殿ヨリ被相達、早速上下浦々江右之通布達致シ候也

以上が本文書の内容であるが、この漁場規則の主旨は藩政時代の慣行「浦間の堺を明確にし、沖合三里以内を各浦の専有漁場、以沖を入会漁場とする」、「島浦は島周辺一里以内を専有漁場、以外を入会漁場とする」を基本とし、漁業取締については「専有漁場内では各浦に任せて、その心得」を述べている。また、本文は県担当官の小田権右衛門が大蔵省の御伺いを経たうえで、下浦漁場取締・津上定次郎に相達し、それを受けて同名で各浦に布達したものであることが分かる。さらに、下浦地区と同様に上浦地区においても同布達がなされたことが記されている。黒田藩「浦役所定」の貞享二（一六八五）年の項に「浦々の宗旨改は上浦・下浦の二帳に分けて作成すること」とあることから（『福岡県史・近世史料編・福岡藩浦方(一)』）、当時の浦行政区域は上浦、下浦に分けられ、それぞれにはまとめ役的な機構をも持たせていたと考えられるが、今回の文書に記されている上浦、下浦は藩政時代のそれを継承したものであろう。博多湾を境に東側を上浦、西側を下浦と称したようである。

また、旧福岡県の漁業法度に関する告示として、次の二件を「福岡県史稿・制度之部」のなかに見出すことができる。

(1)明治五年一月十日自今川々諸漁毎季入札払トナシ従来ノ風習ヲ一変ス仍テ告示セリ

〔本県達〕自今川々諸漁一季限入札ヲ以テ指免候条従来無年限ハ勿論年限等ニテ定受持ノ儀ハ悉皆廃止候事

(2)明治五年一月□日　鮑魚（アワビ）ノ売買ヲ禁ズ

〔本県達〕鮑魚ノ儀ハ人命ヲ損害致シ候物ニ付自今売買トモ堅ク禁止候事

但売買等致候者於有之ハ此度御沙汰ノ次第モ可有之事

前者は従来の風習を一変して「川諸漁ハ一季限入札」とすることを公示し、後者は「アワビは人命ヲ損害致ス物ニ付、売買ヲ禁止ス」を公示したものである。この背景、意図等が明確ではないが、これらが実際に施行され、所期の成果をあげ得たかは疑問である。長年の慣行が一つの県達によって一変するとは思われないからである。

第二節　海面官有宣言、海面借区制と福岡県下の動き

明治政府が漁場制度について、統一的な再編に着手するのは明治八年以降である。維新期の漁場制度は、藩政期を通じて発達した漁場占有利用関係をめぐる漁民間の関係すなわち旧慣を基調とし、その上に立って明治政府が強い統轄を行う形態をとったが、その過程で若干の曲折があった。

明治八年二月二十日、太政官布告第二三号「従来雑税ト称スルハ旧慣ニ因リ区々ノ収税ニテ軽重有無不平均ニ付別紙税目ノ分本年一月一日ヨリ相廃シ候尤右ノ内追テ一般ニ課税スベキ分モ可有之候得共差向収税無之テハ営業取締差支候類ハ当分地方ニ於テ改テ収税ノ筈ニ候条此旨布告候事　但従前官有地借用右代料トシテ米金相納候分ハ是迄ノ通可相心得事」をもって税目一、五五三に及ぶ雑税の廃止が行われた。これは従来区々であった収税を統一するための第一の措置であった。この雑税を廃止することの根底には、漁場政策面からは、それまで漁業税を納めることにより安堵されていた漁場占有利用権の一時的消滅と、明治政府のもとでの新しい発生という考え方が潜んでいた。福岡県地方税沿革には「同令ニ基キ福岡県、三潴県、小倉県管下ニ於テ県税則ヲ制定セリ」とあり、明治八年六月、福岡県布達第一九四号をもって新漁業税則（漁具別税額）が定められている。

政府は太政官布告第二三号の考え方をさらに強く打ち出した。いわゆる海面官有宣言、海面借区制である。

明治八年十二月十九日、太政官布告第一九五号「従来人民ニ於テ海面ヲ区画シ捕魚採藻等ノ為メ所用致居候者モ有之候処右ハ固ヨリ官有ニシテ本年二月第二三号布告以後ハ所用ノ権無之候条従前ノ通所用致度者ハ前文布告但書ニ準ジ借用ノ儀其管轄庁ヘ可願出此旨布告候事」

明治八年十二月十九日、太政官達第二一五号「捕魚採藻ノ為メ海面所用ノ儀ニ付今般第一九五号ヲ以テ布告候ニ付テハ右借用願出候者ハ調査ノ上差許其都度内務省ヘ可届出此旨相達候事但是迄当分ノ税収致来候分ハ其税額ヲ以借用料ニ引直シ可申事」

この二つの太政官布告・達は次のような主要点を骨子としたものである。

(1)借区制布告の対象は「捕魚採藻等ノタメ」、「海面ヲ区画シ所用」する権利であること、すなわち内水面および独占排他的所用を伴わない海面漁業は除外されたこと
(2)雑税廃止布告以後は、それ以前の一切の独占排他的な海面所用権は消滅したこと、すなわち旧封建的漁場支配権は選択的に残存または廃止されたものではなく、悪弊の有無にかかわらず同質のものとして画一的に処理されたこと
(3)以後の海面区画「所有」は「借用」を願出て、新たな官による「差許」を得なければならないこと
(4)この布告による「借用」とは、雑税廃止布告但書にある「従前官有地借用右代料トシテ米金相納候分ハ是迄ノ通可相心得事」の趣旨、すなわち「固ヨリ官有」である海面を借用することであり、当然のその代料としての「借用料」を上納すべきであること
(5)借用願が出された場合は、管轄庁は「調査ノ上」差許するのであって、旧所用権の継承でないことは勿論、先規等にかかわりなく許可権限は管轄庁である地方府県にあること、すなわち権利発生要件はかかって官の許可にあること
(6)「借区差許」の全国的監督官庁は内務省であること
(7)借用料の基準は、従来収税実績のある漁場ではそれを引直した額としたこと
借区制布告は、「区画」を明確にすることを要求し、それを新しい中央権力によって「調査ノ上差許」することになったが、このことは非近代的な封建的漁場支配権形成の否認であり、近代国家による権利関係明確化を指向していたともいえよう。しかしこの太政官布告・達が新しい漁場占有権を許可すべき相手方を明確にしていなかったために、全国的に多くの漁場出願や漁場紛争が引き起こされた。これらの漁業出願や漁場紛争が府県庁当局を悩ましたのは相当なものであったと思われ、旧来の権利者に与えた不安も少なくなかったであろう。明治九年七月、太政官達第七四号によって、漁業取締りを「可成従来ノ慣習ニ従フ」よう明確化していったのは、以上のような事情を反映した結果とみられる。

明治九年七月十八日、太政官達第七四号「明治八年十二月第二一五号ヲ以テ捕魚採藻ノ為メ海面所用ノ儀ニ付相達置候処詮議ノ次第有之右但書取消シ候条以来各地方ニ於テ適宜府県税ヲ賦シ営業取締ハ可成従来ノ慣習ニ従ヒ処分可致此旨相達候事」。この第七四号は、前年官達第二一五号の但書「海面借区制」を取消し、以後は地方において適宜府県税を賦課するように指示した。また漁業取締も「可成従来ノ慣習ニ従フ」ことにしたが、最も重要な海面官有の線はくずさなかった。

海面官有による強い漁場統轄は、第一に漁業調整上の必要からであるとするのは、当時の漁業の実情から推定できる。当時の漁業はその技術的制約から沿岸域のわく内に極限せざるをえなかった。このため漁場の狭隘化問題が深刻になり始め、漁業生産は頭打ち・伸び悩み状態に入っていたと思われる。当然、漁業紛争は頻発し、漁業調整をいかに円滑にするかが重要な課題となっていたと思われる。しかし、これに対して未だ有効な手段を持ち得なかったのは当然のことである。

当時の福岡県下の状況について、『筑豊沿海志』は以下のように記述している。「明治維新後、廃藩置県に際し四民平等となり、百度一変、法制俄に緻密を加へたるも主として眼前陸上の施設に傾き、渺茫たる海面の事に至つては自ら放棄の姿となり、随つて自由営業の風潮大に起りて、狡猾の徒は他管の漁夫漁舟を雇入れ、濫獲以て一時の暴利を壟断せんと試み、また同業漁民、相互に旧来の区域を無視して、紛議百出、弊風四方に起り、殆ど収拾すべからざるに至る、是に於て、政府当局大に観る所あり、明治八年十二月十九日、太政官第一九五号布告を以て『漁業は従来の慣行により海面拝借願すべし』との法令を発せられたり、之が立法の本旨は、漁業界の弊風を一掃せんことを期したるや明かなるも、其免許出願に際し、甲乙両浦に於ける陸上の境界が従来一定の地点あるに拘らず、沖合の見通等に我田引水的理由を付して、海面を区画し、或は既に之が免許を得たるものも尠からず、されば漁民救済の法令も却て紛議の種を発生するの因となれるを以て、太政官は更に『海面拝借に及ばず、漁業は専ら従来の慣行と人民相互の結約とを践行し勝手に営むべし』との布達をなしたり、是より漁民の意向は自然に慣行の貴重なるを悟り、浦島の地勢により漁場に広狭あるを以て、狭きは他浦の区域に侵入の慣行を作為せんとし、広きは之が防禦に意を専らにし、沿海到る所に、また新なる紛議を醸生し、漁場の秩序為に大に乱れ、延いては其裁決を求めて始審に控訴に官署を煩すものすら出て来り、漁業界の風潮転た惨憺を極むるを観て、本県知事は明治十七年十二月二十六日、更に沿海漁業組合設置準則なるものを発布せり、蓋し漁業社会の秩序を恢復し、水産保護の効果を得せしめんが為に外ならず」

福岡県では明治九年の太政官布達第七四号に基づき、明治十年八月十八日、福岡県布達第一一六号「捕魚採藻営業之儀ハ追々更正之筈ニテ去ル明治八年一月以降廃止致居候処当明治十年七月ヨリ営業税徴収之筈ニ候条営業者之者ハ別紙県税則付録ニ照準出願可致此旨布達候事」を発し、捕魚採藻業を特定した県税則付録を公布した。税則付録には「第一条　捕魚採藻ヲ営業スルモノハ兼テ願済ノ漁場ニ限ルベシ」、「第二条　右業ヲ営マントスル者ハ第七条ノ書式ニ因リ出願之上鑑札下渡スベシ」とあり、捕魚採藻業は出願し鑑札を受けて営業が可能であり、それは願済の漁場に限るとしている。つまり、海面借区制の取消による「漁場拝借願」の廃止に代えて、「漁業願」の提出を義務付けたことになる。福岡県が海面借区制廃止を沿海各部区宛に通達したのは、明治十一年十二月二十日のことである。「従来捕魚採藻ノ為メ海面ヲ区画シ拝借願候処自今以後該営業ニ限リ海面所用願出ニ及バズ候条専ラ旧来ノ慣習ト人民相互ノ結約トヲ践行シ勝手ニ営業可致此旨更ニ布達候事但既ニ漁場願済ノ分ト雖モ本文ニ準ジ一切取消候条海中ニ柵ヲ結ビ或ハ木竹ヲ植ヘ該区域ヲ占有シテ捕魚採藻スル如キ区界判然タルモノハ更ニ拝借可願出事」

太政官達第二一五号に基づく福岡県浦の「漁場拝借願」資料としては、筆者の知る限りでは、「明治九年、脇田浦の漁場拝借願」、「同十年、奈多浦の漁場拝借願」、「同十一年、玄界島浦の漁場拝借願」、「同十一年、平松浦の漁業網願」が残存しているが、ここでは奈多浦の分を以下に紹介する。

漁　場　拝　借　願

筑前国粕屋郡　奈多村

一　海面反別六百五十八町九反七畝二十歩

右ハ今般海面区画漁場拝借之儀ニ付御達ノ趣拝承然ニ右場所之儀者従来営業仕来候場所ニ付此度更ニ拝借被仰付度尤税納之儀者御定之通上納可仕別紙図面〔省略〕添奉願候也

第二大区粕屋郡奈多村　漁人惣代

明治十年七月

今林代右衛門
今林　茂　六
今林七右衛門
今林　与　吉
浜崎　栄　助
浜崎　貞　平
浜崎久左衛門
保長　今林　貞　七
保長　羽岡　砿　望

前条之通相違無之候也

戸長　吉村　発　与

書面願之通粗及詮議候条従来之慣行ニ依リ鰯蛸貝漁ニ限リ入会漁ト相心得営業可願出事

明治十年九月二十一日

福岡県令　渡　辺　清　殿

第三節　漁業組合準則期

一　福岡県沿海漁業組合設置準則の公布と漁業組合の誕生

明治政府は、その成立当初から、全国画一的な漁業政策を貫徹していたわけではない。明治九年の太政官第七四号布達から明治十九年の国の漁業組合準則が布達されるまでの間は、全国統一的な漁業法規を欠如したまま、漁業税賦課および漁業の振興、取締が各府県に委任され、地域的特質を伴った漁業施策が府県レベルにおいて独自に行われてきた。その結果、各府県における漁業施策は地域的特質に規定され、地域的多様性を抱え込まざるを得なかった。その一方、全国レベルでみれば、近代的漁場法秩序形成への準備過程でもあったといえる。

青塚氏によれば、明治十四年以降のデフレ期における漁業の特徴は、「沿岸漁場の狭隘化、魚族の減少、漁民層分解の激化、その結果としての中世的農奴主経営の崩壊」であり、「効率の高い漁業の進出に対する旧漁業者との紛争、小漁業者同志の紛争」が全国的規模で展開されていたのである。政府はこの事態に対処するために直接的な行政方針として次の水族蕃殖保護を妨げる漁業規制に関する通達を発した。

明治十四年一月二十日、内務省達乙第二号「水産ノ盛殖ヲ謀ルハ国家経済ノ要務ニ候処置県以降往々旧慣ヲ変易シテ捕魚其宜ヲ失シ為之水族ノ蕃殖ヲ妨ゲ巨多ノ障碍ヲ生ジ候類不少哉ニ相聞候ニ付篤ト実地取調ノ上一層漁業ヲ保護シ水産ノ盛殖ニ注意可致此旨相達候事」

明治十五年三月二十二日、農商務省達第五号「近来沿海ニ於テ鮑等捕獲ノ為メ潜水器械ヲ使用スル者有之趣相聞候処右ハ使用適度ヲ過ルトキハ介種蕃殖上ニ妨害ヲ来スベキモノニ付篤ク注意ヲ加ヘ適宜取締ノ方法取調当省ヘ可伺出此旨相達候事」

内務省達乙第二号は「置県以来往々旧慣ヲ変易シテ捕魚其宜シキヲ失シ」ているから、水産盛殖のための注意を喚起した。農商務省達第五号は「鮑等捕獲ノ為メ潜水器械使用ニ関スル件」を公布し、「使用適度ヲ過ルトキハ介種蕃殖上妨害ヲ来ス」潜水期間使用を取締るよう府県に取調方を命じた。

福岡県における漁業規制取締に関する通達は、明治十七年六月三日、県令布達「ウタセ網漁業ノ儀ハ詮議ノ次第有之自今禁止ス」に始まる。第十一回福岡県勧業年報に「ウタセ網ハ漁業上凶悪ノ器械タルヲ以テ過ル明治十七年之ヲ禁止セシ」とある。次に明治十五年農商務省達第五号に基づき、同十七年十二月十二日、福岡県布達第九二号「潜水器械使用取締規則左之通相定メ来明治十八年一月一日ヨリ施行ス」を公布した。その内容は左の通りである。

潜水器械取締規則

第一条　潜水器械ヲ使用シ漁業セント欲スルモノハ関係漁村浦ノ承諾書並ニ該漁場ノ図面ヲ添ヘ出願スベシ　但営業者ト其浦漁業者トノ間ニ制限ヲ設ケ又ハ収利配分等ノ約定ヲナスモノハ其写ヲ添フベシ

第二条　潜水器械ヲ所持スル他管ノモノト協同シ又ハ他管ノモノニテ之ヲ使用セント欲スルモノハ総テ本則ヲ遵守スベシ

第三条　営業期限ハ許可ヲ受ケタル日ヨリ満一ケ年トス　但満期ニ至リ尚継業セント欲スルモノハ更ニ出願許可ヲ受クベシ

第四条　営業者ハ左ノ制限ヲ遵守スベシ

一　鮑貝ハ竪長四寸（曲尺）以内ノ稚貝ヲ捕獲スルヲ禁ズ

一　瀬戸貝ハ竪長四寸（曲尺）以内ノ稚貝ヲ捕獲スルヲ禁ズ

一　鮑貝分子ノ季節（毎年九月）中捕獲スルヲ禁ズ

第五条　沈没船捜索ノ為メ潜水器械ヲ使用セント欲スルモノハ日数ヲ定メ関係漁村ノ承諾書及ビ使用場ノ図面ヲ添ヘ所管郡区役所ヘ届ケ出ヅベシ

> 第六条　営業期限内ト雖モ水産蕃殖上妨害アルト見認ムルトキハ其営業ヲ禁止スルコトアルベシ

筑前海の蜑漁は鐘崎浦、弘浦等で古来より活発に行われ特に有名であるが、『筑豊沿海志』によれば、明治十年頃より水中眼鏡を使用したという。明治十年代後半には潜水器械が使用され始め、資源濫獲が危惧されていたのであろう。

以上の福岡県二通達は、当時の漁業実態から差し当たり具体的に対処すべき規制措置であったと思われるが、注目すべきは、国に先駆けて県が取組んだ漁業組合創設の動きである。

福岡県下ではすでに明治十年代半ばに漁業組合設立の動きがみられている。明治十六年、第六回福岡県勧業年報のなかに、遠賀郡八ケ村漁業組合設置と題して、その設立の経緯と漁業取締規約が記載されている。設立について「郡下西北極端ハ沿海ナレバ其村十中七八ハ海産ヲ以テ生活ヲ営メリ故ニ水産ノ業ヲ興起セント欲シ勧奨ノ手続ヲ設ケント希図セシニ山鹿村林次敏外有志数名ノ発起ニテ漁業組合ノ設置ヲ企テ数回ノ協議ヲ経テ終ニ規約相整ヒ又現今該規約ニ拠リ協同一致シ同業ノ便利ヲ謀レリ」とあり、この漁業組合の設立は現業者の自主的運動によってなされ、行政の指導によってなされたものではないことをうかがわせている。また当時、漁業組合設立の認可制度は存在していなかったが、県勧業年報に記載されていることからみても、県はこれを好意的に受けとめていたとみられる。その規約の冒頭に「第一条　本郡八ケ村漁事ニ関スル事件ノ公益ヲ規図シ又其有害ノ取締ヲ為シ到底水産ノ蕃殖ヲ図ルヲ目的トス」とある。この漁業組合が実際にどの程度まで組織化され、機能したか判然とはしないが、県に大きなインパクトを与えたことは疑いないであろう。

福岡県が初めて漁業組織制度に関する規則を公布したのは、明治十七年十二月二十六日付、無号布達による「沿海漁業組合設置準則」であり、国の漁業組合準則が制定される明治十九年以前のことである。第七回福岡県勧業年報は沿海漁業組合設置準則の制定に関連して以下のように記している。

> 沿海ノコトタルヤ河川ト其趣ヲ異ニシ、筑後筑前豊前三ケ国ニ渉リ魚虫ノ種類ヨリ漁具漁法ノ如キモ甚ダ異同アリ、河川ト斉シク其保護方法ヲ実施スベカラズト雖モ其実理ニ至ラバ大小広狭ノ違アルノミニテ不良漁具ヲ改良シ又ハ之ヲ廃止シ其蕃滋ヲ図ルニ外ナラザレバ之ヲ輿論ニ取ルノ方法ヲ図リ、即チ筑前国沿海ヲ第一、豊前国沿海ヲ第二、筑後国沿海ヲ第三連合区ト定メ其連合区内ニ於テ従来ノ習慣又ハ江湾ノ景況等ニ依リ組合ヲ設ケ、毎組頭取壱名、取締役数名ヲ置キ其利害ノ組内ニ関スルモノハ組会ニ評議セシメ、其連合区内ニ関スルモノハ連合会ニ評議セシメ該議決ニ依リ改良又ハ廃止スベキ漁具漁法ノ如キハ県庁ノ認可ヲ得テ執行セシムルモノトシ、一ニ規約法ヲ以テ之ヲ検制ス

ルノ趣旨ニ拠リ即チ漁業組合設置準則ヲ制定シ、主省経伺ノ上、十二月ヲ以テ之ヲ実施セリ、明春ヲ期シ其緒ニ就カシムルノ見込ミナリ。

また、大日本水産会報告第三六号はこの準則制定の背景として「福岡県ニ於テハ旧藩ノ時ニ在リテハ水産保護漁業取締方法等アリシガ故ニ、水族減耗ノ患ナカリシモ、維新以降藩政解弛スルニ従ヒ酷捕濫漁ノ弊ヲ生ジ輓近ニ至リテハ水族ノ欠乏ヲ告ゲ、漁民ニ於テモ漸ク感悟スル所アリ、或ハ漁業集談会ヲ開キ保護及ビ取締方法ヲ謀リシモ其効ヲ見ルニ至ラザルヨリ官ノ庇陰ヲ切望スルノ情況ナルヲ以……」と記している。以上の記述からうかがわれるように、藩政期の慣行を基本とした漁業秩序は次第に機能しなくなり、新たな漁業秩序を確立する必要に迫られ、その担い手としての漁業組合の設立がまず急務であったのであろう。当時、すでに国の漁業組合準則の制定を検討していたであろう農商務省の了承を得ている。県は沿海郡区あてに「水産保護ノ為メ漁業組合設置準則左ノ通相定候条自今沿海ニ於テ漁業ヲ営ムモノハ左ニ準拠シ組合ヲ設置スベシ」を布達し、漁業組合の設置を義務付けた。本準則が意図した漁業組合の構成および役割は以下の各条項から知ることができる。当準則の中で「漁業取締」の字句は第七条第一項「頭取ハ組内漁業上ノ取締ヲナスベシ」にみられるが、第一一条の評議事項をみると、漁業取締調整的役割のほかに収額統計、移植蕃殖、製造改良、漁民保護などの役割も付与されている。漁業取締の面からみれば焦点が不明確であるという感はするものの、逆にこの時期すでに漁業組合の役割を漁業振興という広汎な視点からとらえている点で注目したい。ともあれ、国に先駆けて漁業組合が誕生することになったのである。

第一条　本県内沿海ニ於テ漁業ヲ営マント欲スルモノハ此準則ニ基キ組合区域内ニ於テ組合ヲ設置シ規約相立テ県庁ノ認可ヲ受クベシ　但シ遊漁ハ此限リニ非ズ

第二条　連合区域ヲ定ムル左ノ如シ　但シ便宜数区ニ分ツヲ得ル

第一連合区　筑前国沿海　但怡土・志摩・早良・粕屋・宗像・遠賀六郡並ニ福岡区

第二連合区　豊前国沿海　但企救・京都・仲津・築城・上毛五郡

第三連合区　筑後国沿海　但三池・山門・三瀦三郡

第三条　組合設置ハ江湾ノ景況又ハ従来漁場ノ慣習等ニ依リ一町村又ハ数町村漁業者ノ連合ヲ以テ成ルモノトス

第七条　頭取以下ノ役員及ビ年番頭取ノ職務ハ概ネ左ノ如シ

第一項　頭取ハ其組合ヲ統括シ組合ノ事ヲ総理シ取締ヲ指揮シ組内漁業上ノ取締ヲナスベシ

第一一条　各会ニ於テ評議スベキ項目ヲ示ス概ネ左ノ如シ

第一項　在来ノ漁具漁法ノ改良ニ関スル事

第二項　新規ナル漁具漁法ヲ行フニ当リ一般ノ利害ニ関スル事

第三項　魚児ヲ虜捕シ魚卵ヲ傷害スル漁具漁法ヲ改良シ又ハ之ヲ廃止スル事

第四項　水族（魚虫貝類）ノ産卵若シクハ群集スル場所ヲ見立テ蕃殖場ヲ設置スル事

第五項　水族（魚虫貝類）ノ産卵季節ヲ図リ休漁又ハ其他ノ方法ヲ設クル事

第六項　水族ノ棲息スル藻莽ヲ蕃滋セシムル事

第七項　海岸ノ樹木ヲ保護シ水族ヲ誘致スル事

第八項　毎年収額ヲ統計シ水産ノ盛衰増減スル理由ヲ探求スル事

第九項　地形地味ヲ審査シ水生動植物ヲ移植シ又ハ固有物類ノ蕃殖ニ関スル事

第一〇項　捕採物（魚虫又ハ海苔ノ類）ノ製造ヲ改良シ販路ヲ海外ニ拡張スル事

第一一項　貧困漁者ヲ保護シ産業ニ就カシムル事

この準則公布に対応して、県下の漁業界は迅速に組合設立に向かって動いている。『筑豊沿海志』は筑前国沿海漁業組合の創設に関して以下のように記す。「本県知事は漁業界の風潮転た惨憺を極むるを観て、明治十七年十二月二十六日、沿海漁業組合設置準則なるものを発布せり。蓋し漁業社会の秩序を恢復し、水産保護の効果を得せしめんが為に外ならず。本準則の発布は我漁業社会に於て宛然大旱の雲霓を望むが如く、乃ち明治十八年一月を期し沿海漁業組合の組織に着手したり。然るに、従来の漁民の外、新に漁業を営まんとして往々加入を望むものあり、これ等を如何に処分すべきやを審議討論し、遂に旧来の漁民、即ち藩主より漁業を許可せられたるものを以て本体とし、新に加入せんとするものは其行為を精査して後に決することとし、更に日時を定めて各浦漁民総代を便宜の地に会し種々協議の上、其筋の許可を得て筑前国沿海漁業規約の成立を告げしは実に明治十八年四月二日なりき。即ち筑前国沿海を一連合区とし、其区域を四組に分ち、毎組頭取一名宛、各浦に取締一名宛及連合会に総頭取一名を置けり。此時本部の事務所を福岡市下対馬小路又の八十九番地に設置したり」。また第八回福岡県勧業年報は沿海漁業組合創設について記している。「明治十七年十二月、沿海漁業組合設置準則ヲ発布セラレシヨリ、山門・三潴・三池ノ三郡沿海漁業組合ヲ設ケ、務メテ水族ノ蕃殖ヲ謀リ、且ツ矢部川ノ幹流、山門郡ノ中央ヲ貫流シ、之ニ生育スル鮎魚亦僅少ナラズ、沿川各郡ノ漁業者申合ヲ以テ矢部川漁業組合ヲ組織シ、県令第二〇号、第二一号布達ニ基キ周年及季節禁漁場ヲ設ケ専ラ水産蕃殖ノ為メ保護ノ方法ヲ設置セリ」、「水産ヲ調査シ水産保護ヲ講ゼシハ明治十一年以来ノ事ニシテ同十七年ニ至リ、号外布達ヲ以テ沿海漁業組合設置準則ヲ発布シ、相尋テ十八年、矢部川漁業取締方法及同年七月、千歳川漁業取締方法ヲ発布シタリ、故ニ沿海ニ於テハ三国共漁業組合整頓、矢部川同上、千歳川ハ其規約稍ヤ整フト雖モ佐賀及大分両県ノ関係者有リ、本年中認可ヲ与フルニ至ラズト雖モ最早近キニ整頓スベシ、夫レ水産ノ事タル従来漠トシテ之ヲ講ズルモノナシ、今ヤ幸ニ漁民ノ感情、酷捕乱漁ハ漁業上ノ弊害ナルコトヲ悟ルニ至リシテ、以テ河海禁漁場、稚魚漁業ノ制限、水族蕃殖試験場等ヲ設置シテ官民其効用ヲ信ズル処アリ、自今水産保護ノ方針ヲ違ヘズ蕃殖ニ意ヲ用ユルニ至ラバ、河海ノ水族挙テ食フ可ラザルノ盛況ヲ見ル難キニアラザルベシ」。

以上の記述から、筑前、豊前、筑後三国沿海漁業組合は準則に基づき明治十八年には設立され、矢部川漁業組合、千歳川（筑後川）漁業組合もそれぞれの漁業取締に関する布達に基づき設立されたことがわかる。

矢部川・星野川に対しては、県は明治十八年三月四日付、第二〇号「矢部川（上妻・下妻・山門三郡ニ係ル）星野川（生葉・上妻二郡ニ係ル）水産蕃殖保護方法ヲ設置ス　但本年ニ限リ来三月十日ヨリ実施ス」を布達し、漁場区域位置、禁漁場位置（終年・季節）、禁止漁具漁法を定めている。さらに同日付、第二一号「今般矢部川（上妻・下妻・山門三郡ニ限ル）星野川（生葉・上妻二郡ニ限ル）水産保護方法布達候ニ付テハ自今官許ヲ得該川ニ於テ漁業ヲ営マント欲スルモノハ従来営業ノモノト雖モ組合ヲ設ケ漁業取締並蕃殖ニ関スル規約ヲ設ケ県庁ノ認可ヲ受クベシ　但組合外ノモノハ遊漁ヲ許スト雖モ寄セ川ノ節支障セル漁事ヲ行フベカラズ」を布達し、漁業組合の設置を義務付けた。第二〇、二一号布達に基づき、最終的には矢部川・星野川漁業組合として設立されたようである。

千歳川に対しても、県は明治十八年七月十三日付、第六二号「千歳川（筑前国筑後国肥前国ニ係ル）水産蕃殖ノ為メ左ノ通保護方法ヲ設置シ本年八月一日ヨリ施行ス」を布達し、漁場区域位置、禁漁場位置（終年・季節）、禁止漁具漁法を定めている。さらに同日付、第六三号「今般千歳川（筑前国・豊前国・筑後国）ニ係ル水産保護方法布達ニ付テハ自今該川ニ於テ漁業ヲ為サント欲スルモノハ従来営業ノモノト雖モ組合ヲ設ケ漁業取締並蕃殖ニ関スル規約ヲ結ビ県庁ノ認可ヲ受クベシ　但佐賀県沿川漁民ト連合候義ト相心得ベシ」を布達し、佐賀県漁民との連合を視野に入れた漁業組合の設置を義務づけた。千歳川漁業組合は明治十九年には設立されたが、福岡県漁民単独の構成であったようである。

明治十九年の第九回福岡県勧業年報には「水産保護ノ方法ハ県下三国ノ沿海及千歳川、矢部川等ハ悉ク組合ヲ設ケ保護法、漸次其緒ニ就キ且ツ禁漁場ノ位置モ先ヅ適当ヲ得タルモノノ如シ、依テ本年ハ保護上、漁業関係県ト連合ヲ計画シ且ツ濫売濫獲ノ弊ヲ除却セン為メ漁業商会ナルモノヲ開設セシモ未ダ其緒ニ就カズシテ之ヲ中止セリ然レドモ自今ハ此等ノ計画ヲ講究拡張セント欲セリ」とあり、県の企図した漁業組合設置がほぼ完了し、今後、隣接県との連携強化の方針を示唆している。

さて、福岡県下の漁業組合組織体制は一応、整備されたが、これはあくまでも慣行的漁場秩序の自主的取締団体であり、当時の慣行制漁場政策の当然の帰結であった。このような動きは福岡県に限らず、全国的にそれぞれ地域的特質を伴った漁場秩序政策が独自に展開されてきたのは当然であった。農商務省は管轄官庁の立場から各府県の漁業取締施策の施行状況を把握する目的で、明治十八年六月九日、農商務省達第二三号「水産上取締ノ儀ハ概ネ旧慣ニ拠ルト雖モ交渉府県及ビ各地方利害ノ権衡最モ精査ヲ要スベキモノニ付右ニ関スル布達ハ其事由ヲ具シ当省へ経伺ノ上施行スベキ儀ト心得可シ此旨相達候事」を各府県に命じている。これは明らかに拡大する漁場紛争が漁場旧慣のみをもってしては解決し得ず、動揺する漁場統制政策の苦悩を示すものでもあった。各府県で独自に展開されてきた漁業取締施策の地域的特質を克服し、全国統一的な漁業法規を制定することは時代の強い要請となり、まず明治十九年、国の漁業組合準則が制定されたのである。

二　国の漁業組合準則の公布と福岡県下の漁業組合

この期は十九年漁業組合準則による漁場取締自治組織の統一的整備と、府県漁業取締規則の法的整備が進められ、明治三十四年の近代法的漁場秩序整備への準備過程であった。

政府は明治十九年五月六日、農商務省令第七号「漁業組合準則左ノ通リ相定ム依テ此準則ニ基キ組合ヲ設置セシメ其規約認可ノ上当省へ届出ベシ」を各県に命じた。その内容は左の通りである。

漁業組合準則

第一条　漁業（水産動植物採捕ヲ併称ス）ニ従事スルモノハ適宜区画ヲ定メ組合ヲ設ケ規約ヲ作リ管轄庁ノ認可ヲ請フベシ　但漁者僅少ニシテ他ノ漁場ニ関係セザル地ハ管轄庁ノ見込ヲ以テ組合ヲ要セザルコトアルベシ

第二条　組合ハ営業ノ弊害ヲ矯正シ利益ヲ増進スルヲ目途トスベシ
第三条　組合ハ左ノ二類トス
　第一類　捕魚採藻（遠洋漁業若クハ大地引網・捕鯨・鯡漁・昆布採収類）各其種類ニ従ヒ特ニ組合ヲナスモノ
　第二類　河海湖沼沿岸ノ地区ニ於テ各種ノ漁業ヲ混同シテ組合ヲナスモノ
第四条　前条第二類ノ漁業ニシテ漁場ノ相連帯スルモノハ必ズ一組合トナスベシ
第五条　組合ノ規約ニ掲グベキ事項ハ左ノ如シ
　一　組合ノ名称及事務所ノ位置
　二　組合ノ目的
　三　役員選挙法及権限
　四　会議ニ関スル規程
　五　加入者及退去者ニ関スル規程
　六　違約者処分ノ方法
　七　費用ノ徴収及賦課法
　八　捕魚採藻ノ季節ヲ定ムル事
　九　漁具漁法及採藻ノ制限ヲ定ムル事
　一〇　漁場区域ニ関スル事
　一一　前各項ノ外組合ニ於テ必要トナス事項
第六条　組合ハ規約ヲ更正シ若クハ其組合ヲ分立合併セントスルトキハ管轄庁ノ認可ヲ請フベシ
第七条　組合ハ連合会ヲ設ケ其規約ヲ作リ若クハ之ヲ更正セントスルトキハ管轄庁ノ認可ヲ請フベシ
第八条　二府県以上ニ渉ル組合及連合会ノ規約ハ交渉管轄庁ヲ経テ農商務省ノ認可ヲ請フベシ　但規約ヲ更正シ若クハ其組合ヲ分立合併セントスルトキモ亦本条ニ準ズベシ
第九条　二府県以上ニ渉ル組合ハ便宜ノ地ニ事務所本部ヲ設ケ其他ハ毎府県事務所支部ヲ置クベシ　但支部ハ組合ノ事情ニ依リ其必要ナラザル場合ニ於テハ之ヲ置カザルヲ得

政府にとっては、漁場占有利用関係を適正円滑に統轄することが重要な課題であり、そのためには隣接町村間の調整が肝要であった。つまり漁業準則組合の最大の目的が、隣接町村間あるいはより広域の漁場占有利用関係の適正化、円滑化にあったことは、地域別組合の場合、「漁場ノ相連帯スルモノハ必ズ一組合トナスベシ」とあることや業種別組合はもとより地域別組合においても、一般に組合の区域が複数の町村を含む広い地域であったことなどから、おおよそ推定できる。この点準則組合は、明治三十四年以後の漁業法に規定された漁業組合とは異なっていた。このように準則組合の第一の目的が町村間の漁業調整にあったことは明らかであるが、その背景には資源保護に対する強い要請があったことは疑いない。

漁業組合準則公布の直後、政府は十九年六月三十日、農商務省訓令第九号「魚児介苗其他未成長ノ苔藻等濫リニ之ヲ捕採セザル様各地ノ状況ニ従ヒ適宜之ガ制限ヲ立ツベシ　但明治十八年当省第二三号達ニ拠リ経伺ノ上施行スベキ儀ト心得ベシ」を発して、採捕制限を立てるよう各府県に命令した。漁業組合の整備確立と相まって一層資源保護政策を強化したのである。従来のように単なる通牒訓令の類では、進行する漁場紛争や資源乱獲を防止することは不可能であり、漁業組合準則以後は公益的制限とともに資源保護的見地からの技術的制限の直接干渉にあった。かくて各府県独自の漁業取締体制は第二期に入るのであるが、二十年十二月二十八日、農商務省訓令第一九号「明治十八年当省第二三号達廃止ス」を発した。この第二三号の内容は「水産上取締ノ儀ハ交渉府県及ビ各地方利害ノ権衡最モ精査ヲ要スベキモノニ付布達ニ際シ当省ヘ経伺ノ上施行スベシ」というものであった。この廃止の根拠は、「組合準則の施行後一年以上を経過し、漁業利害の調整が組合内部や組合間によってなされるようになった以上、これに関する布達やその経伺は必要なくなった」と判断されたためであろう。

さて福岡県では、国の漁業組合準則公布の約半年後に十七年沿海漁業組合設置準則を廃止し、新たに漁業組合準則を制定した。明治十九年十一月十七日、福岡県令第三五号「漁業組合準則並付則左ノ通リ定ム　但明治十七年十二月二十六日無号布達ヲ廃ス」を発した。これは当然、国の漁業組合準則を意識したものであったが、県の独自性も組込まれてある。基本的に異なるのは第一、二条である。

第一条　漁業（水産ノ動植物ヲ併称ス）及水産製造（乾腊塩蔵等ヲ云フ）ニ従事スルモノハ本則ニ依リ区画ヲ定メ組合及連合会ヲ設ケ規約ヲ作リ県庁ノ認可ヲ受クベシ

第二条　組合ハ左ノ二類トス

第一類　河海沿岸ノ地区ニ於テ各種ノ漁業ヲ混同シテ組合ヲナスモノ
第二類　殊別ノ漁業及其製造等（例ヘバ捕鯨、板屋介漁またハ魚油、魚蠟、肥料等ノ類）種類ニ依リ特ニ県庁ヨリ指示シ組合ヲナサシムルモノ　但第一類ノ組合ニ対シ支障セル漁事ヲナスヲ得ズ
第三条　組合ハ営業上ノ弊害ヲ矯正シ利益ヲ増進スルヲ目的トスベシ

この規約のなかでは、漁業調整・資源保護に加えて、水産物の製造法等の改良が目標とされ、在来の沿河海漁業組合や特殊漁業組合（捕鯨・板屋介漁等）のほかに、水産製造組合が掲げられている。第十一回福岡県勧業年報には「明治十九年農商務省第七号漁業組合準則ハ単ニ漁業者ノ組合ヲ必要トシ其製造者ハ之ヲ覆束スルノ限リニ非ザルトノ主意ナルニ本県ニ於テハ製造者ヲ混同組合ハシムル必要アルヲ以テ爾来主局往復ノ末主務大臣ノ裁可ヲ経テ両業者混同組合ノ準則ヲ発布セリ」とあり、県が製造組合を加えるのに積極的であったことが分かる。県は水産物の製造法の改良、粗製濫造の防止、荷造りの改良、販路の拡大など、商工業の同業組合的なものを意図したのであろうが、実際には製造組合の設立はなされなかったようである。

当時の海産物製造業の問題点や組織化について以下の記述がある。第十三回福岡県勧業年報によれば「海産物製造ノ改良ヲ謀ルハ今日ノ急務ナルモ海産仲買人及問屋等ニ於テハ一時ノ奇利ヲ図ラントシ其荷造ヲ為スニ際シ、粗悪ノ品ハ内部ニ包蔵シ稍ヤ良好ノ品ヲ以テ外部ノ装飾ニ充テ所謂精粗混淆其真価ヲ低落シ積年ノ弊習言フニ忍ビザルモノアリ、故ニ偶々製造改良ノ事ヲ計ルモノアルモ其利益ハ他ノ仲買人若クハ問屋等ヲ潤スニ止ルヨリ粗製濫造ノ弊相競フテ行レ救護ノ方法ヲ講ズルト雖モ、他ニ其術ナキヨリ筑豊漁業連合組合ニ於テハ問屋及仲買人等ヲ網羅シ一ノ商会ヲ福岡博多ニ設置シ専ラ其荷物ヲ取扱フモノトシ漁業組合役員之ヲ監督シ漸次其弊害ヲ矯正スルノ方法ヲ規約セリ、然レドモ其創設僅カニ明治二十三年二月ニ係リ履蹟未ダ夥多ナラザルニヨリ充分ノ効果ヲ見ズト雖モ、関係者其規約ヲ恪守シ監督其宜キヲ得バ漸次改良ノ緒ニ就キ積弊ヲ掃攘スベキヲ信ズ」とある。また福陵新報（明治二十四年三月一日）は蟶介輸出会社設置と題して記述している。「県下筑後沿海にては従来蟶介夥多産出し明治六、七年頃より始めて清国へ販路を開き同十三年より以来年々輸出し来りたる一年の平均価格は凡そ十万円以上に達せり、然るに近時に至り粗製濫輸の弊を生じ将来商運の隆替に関するより地方の有志者は予て之れを憂ひ居たるが、今般此弊を矯正する為め種々協議の末一の会社を起し一株金二十円の二百五十株即ち五千円の資本を募集し先づ此資金にて該蟶介の製品を一手に購ひ集め支那漢口の花楼街なる楽善堂支店

内へ委託販売所を設け集品を直に該所に送り販売する事に評決したる由にて会社設置の願書も既に其筋へ差出したりとぞ、斯の如く一手にて精品のみ輸出すること、なれば内は益々精製改良の緒に就くべく外は愈々販路を加ふべしといふ」。

次に十九年準則と十七年準則との内容について対比してみよう。十九年準則は第一～一二条と付則から成り、内容的には十七年準則のそれに修正を加えたものとなっている。

第一条　組合区画ハ漁場ノ連帯若クハ江湾ノ景況ニ依リ之ヲ定ムベシ　但時宜ニ依リ県庁ニ於テ之ヲ定ムルコトアルベシ

第二条　連合区画ハ概ネ左ノ如ク之ヲ定ムベシ　但河川連合区画ハ流域ニ依リ之ヲ定ムベシ

第一連合区　筑前国沿海

第二連合区　豊前国沿海

第三連合区　筑後国沿海

以上のように沿海漁業組合については変わっていないが、「時宜ニヨリ県庁ニ於テ定ムルコトアルベシ」、「河川連合区画ハ流域ニ依リ定ムベシ」が追加されており、県が漁業組合間の区画についての決定権をもったこと、新たに河川漁業組合の設置が本準則に盛り込まれたことが挙げられよう。また組合の目的とする事項は左の第一〇条の通りであるが、十七年準則内容と比較すると、十七年の「貧困漁者ヲ保護シ産業ニ就カシムル」を除く以外の十項目はすべて十九年準則のなかに盛り込まれている。加えて、十九年準則には「禁漁場ノ設置ヲ必要トスルトキハ県庁ニ上申スルヲ得」、「貯蓄方法ヲ設ケ組合営業ノ鞏固ヲ図ル事」、「漁場ノ紛紜ニ関スル事」が追加されており、漁場紛争、資源乱獲防止対策の強化や組合経営基盤の強化を意図していることがうかがわれる。

第一〇条　会議ニ於テ議スベキモノハ左ノ項目ニ限ルモノトス

一　水族（魚虫介ノ類）ノ稚児ヲ虐捕シ卵鮞ヲ障害シ又ハ公利ヲ障碍スル漁具漁法ニ関スル事

二　新規ナル漁具漁法ヲ使用スルニ当リ一般ノ利害ニ関スル事

三　水族ノ産卵季節ヲ図リ休漁又ハ保護スル事

四　水族ノ産卵若クハ群集スル場所ヲ見立テ蕃殖場ヲ設クル事　但禁漁場ノ設置ヲ必要トスルトキハ県庁ニ上申スルヲ得

五　水族ノ棲息スル藻草ヲ蕃滋セシムル方法ニ関スル事
六　毎年収額ヲ統計シ水産ノ盛衰増減スル理由ヲ取調ブル事
七　地形地味ヲ審査シ水産動植物ヲ移植シ又ハ固有物類ノ蕃殖ニ関スル事
八　河海岸樹木ヲ植栽シ繁茂ノ方法ヲ図リ水族ヲ保護スル事
九　捕採物（魚虫介又ハ海苔ノ類）ノ製造ヲ改良シ販路ヲ拡張スル事
一〇　貯蓄方法ヲ設ケ組合営業ノ鞏固ヲ図ル事
一一　漁場ノ紛紜等ニ関スル事　但官庁ノ処分ニ係ルモノハ此限ニ非ズ
一二　組合及連合区内ニ係ル費用ノ徴収及賦課法ニ関スル事

県は十九年準則公布後に、明治十九年十二月三日、福岡県告示第四一号「本年県令第三五号但書之旨モ有之候得共既ニ組合ヲ設ケ規約ヲ結ビ認可ヲ受ケ該県令ニ抵触セザルモノハ従前ノ儘継続履行スベシ」および明治二十一年三月十二日、福岡県令第四一号「漁業組合設置ノ漁場ニ於テ従来ノ慣行ニ依リ漁業（水産ノ動植物採捕ヲ併称ス）ヲ営ムモノハ本県内外人ヲ問ハズ其地組合規約ニ遵フベシ、漁業組合設置ノ漁場ニ於テ遊楽若自用ノ為メ捕魚採貝又ハ採藻ヲ為サント欲スルモノハ其地組合規約ニ定メタル制限或ハ禁停ノ事項ヲ犯スベカラズ」を発し、十九年準則施行に際しての環境整備をおこなっている。さらに第四一号の内容は、明治二十四年五月十一日、県令第三九号「漁業組合設置ノ漁場ニ於テ従来ノ慣行ニ依リ漁業（水産ノ動植物採捕ヲ併称ス）ヲ為サントスル者総ベテ其地組合ニ於テ定メタル規約ニ遵フベシ　但明治二十一年県令第四一号ハ廃止ス」により簡潔明瞭化した。

ところで、十九年準則に基づく福岡県下の漁業組合はどのようなものであったのであろうか。農商務省農務局「水産業諸組合要領」によれば、明治二十五年六月現在、福岡県下では二カ村以上の区域にわたるものが五組合あった、と記されている。これらはおそらく十七年準則により結成された、筑前、豊前、筑後各国沿海漁業連合組合および千歳川漁業組合、矢部川・星野川漁業組合をそれぞれ引き継いだものであり、明治二十六年現在のこれら漁業組合の名称、構成は左のようなものであったと思われる。

筑豊沿海漁業組合

第一組（門司・大里・長浜・平松・藍島・馬島）

第二組（戸畑・若松・脇ノ浦・脇田・岩屋・柏原・山家・芦屋・波津）
第三組（鐘崎・地ノ島・大島・神湊・勝浦・津屋崎・福間・新宮・奈多・相島）
第四組（志賀島・弘・箱崎・伊崎・姪浜・浜崎・今津・唐泊・西ノ浦・野北・小呂島・玄界島・残島・博多大浜四丁目・旧船手組〔土手町・荒戸〕）
第五組（芥屋・姫島・岐志・新町・久我・船越・加布里・片山・深江・福井・吉井・鹿家）

豊前沿海漁業組合連合会

第一組（田野浦・柄杓田・今津・恒見・曾根新田・苅田・浜町・蓑島・沓尾・長井・稲童）
第二組（八津田・椎田・西角田・松江・八屋・宇島・三毛門・東吉富）

筑後沿海漁業組合連合会

三瀦郡漁業組合（青木・三又・大川・川口・久間田・浜武・大野島）
山門郡漁業組合（沖端・西宮永・東宮永・両開・塩塚・中島）
三池郡漁業組合（江ノ浦・開・三浦・大牟田・諏訪・早米来）

千歳川漁業組合

千歳川第一区（浮羽・朝倉・三井三郡）
千歳川第二区（久留米市、御井・御原・山本三郡）

矢部川・星野川漁業組合

矢部川区（上妻・下妻・山門・三瀦四郡）
星野川区（生葉・上妻二郡）

このなかで筑前国沿海漁業連合組合が筑豊沿海漁業組合に変更されているが、その経緯については以下の記録からわかる。第十一回福岡県勧業年報は「筑前国沿海漁業連合組合ハ当初ハ六郡一区（怡土、志摩、早良、粕屋、宗像、遠賀、福岡一区）ヲ以テ組織セシガ豊前国企救郡門司以西ハ江湾ノ形勢、玄海洋ニ隣接シ其漁業者タル相離ルベカラザルノ関係アリテ追々両々連合スル必要ヲ感覚シ連合会議ニ於テ之ヲ可決セシニ付認可ヲ与ヘタリ」と記しており、『筑豊沿海志』には「明治二十年九月二十日に至り筑前国沿海漁業連合組合に於て、豊前国企救郡沿海漁業組合第一類を本連合組合に加入せしむることに決し、同年九月二十八日其筋の認可を得、始めて筑前国沿海豊前国門司以西漁業組合連合会（通称、筑豊漁業組合連合会）を組織したり、さらに明治二十六年五月二十一日、本連合会を筑豊沿海漁業組合と改称し、同三十年六月二日、漁業組合の廃合を行ひしにより、従来五十二浦なりしもの、四十六浦に減じたり。即ち合併せしは岐志新町、久我船越、深江片山、福井吉井、今津浜崎の五箇所にして、廃止せし分は博多一箇所なり」とある。このように筑豊沿海漁業組合は、第一組を編入した一時期に連合会を名乗ったが、二十六年には組合名に復帰した。また、十九年準則による組合の再発足以後、同組合は管下筑前海域における新たな漁場秩序の基本となる漁場区域査定書の作成に努めてきた。その経緯は『筑豊沿海志』の次の記述から知ることができる。

明治二十年九月二十八日、筑前国沿海浦々漁場区域判別実地調査手続書に対し、其筋の認可ありたり。豊前部を含む本手続書の認可を得るや、先づ漁場区域及び入会等の慣行を明瞭にし、進んで沖合に至りては都て入会となすを至当とするの査定方針を確立し、各浦より調査委員を選出し、爰に始めて調査会なるものを開きたり。而も漠然たる海面のことなれば、甲乙丙丁各其所見を異にし、甲者は乙者の入漁は慣行にあらずして盗漁なりと拒み、乙者は甲者が慣行を蔑如して任意に之を拒絶すと反駁し、種々なる苦情続出して調停の道将に杜絶せんとすること、其幾何なるを知らざりき。然りと雖ども当事者は、不折不撓の精神を以て其衝に当り、処理宜しきを得たるにより二三の難事を除くの外は、概ね明治二十二年中を以て確定を告げ、翌二十三年全部の査定を完結して本県知事に申請し、同二十四年六月に至り、之が認可を得、同年十二月より之を実行するに至れり。是に於てか積年の紛紜漸く平穏に帰し、漁民一同始めて安堵の思をなし、専心漁業に従事することを得るに至りたり。此間本連合会が尽瘁（じんすい）活動したるの労力は、決して尋常一様のことに非ず。然れば則ち漁場の査定なるものは、特筆大書すべきの一大事蹟たらずんばあらざるなり。

この漁場区域査定書は明治二十四年十二月十四日、県指令乙第一一九三号をもって認可された（付図2参照）。そして筑豊漁業組合規約が制定され、筑豊漁業組合水産製造物取扱規定、筑豊漁業組合取締規定も制定された。筑豊漁業組合規約には「第一条　明治十九年県令第三五号ノ趣旨ヲ奉ジ漁業者、製造者、組合規約ヲ結ビ県庁ノ認可ヲ得テ施行ス」とあり、組合の議すべき項目は十九年県準則の内容とほぼ同様である。この筑豊漁業組合規約は明治二十六年五月三十一日、県指令第五八九号により新たに認可されている。これら資料は、漁場査定書が奈多文書に、一連の規約・規定が山坂文書にそれぞれ残されている。その後、筑豊漁業組合は明治二十六年に組織改革をめぐって一時分裂の危機に見舞われるが、関係者の努力によりそれを乗り越えている。その事件の経過については、同年四～六月の福岡日日新聞、福陵新報に掲載されている。

筑豊漁業組合が第一～五組を包括した一組合として活動してきたのに対して、豊前、筑後沿海漁業組合連合会は管下組合の連合体であったようである。それは、明治二十七年五月十八日、告示第四六号「筑後沿海三潴郡漁業組合規約更正認可」、明治二十九年五月二十八日、告示第七六号「豊前沿海漁業組合第二組規約更正認可」のあることからうかがわれる。

また「福陵新報」（明治二十四年八月十五日）には、筑後沿海の山門郡漁業組合に関して「山門郡両開村、東宮永村、西宮永村三村の漁業者は農事の余暇に出漁する位にて、沖端村の如き日々漁業に従事するものとは大に其事情を殊にし、且つ近来有明海に於ける佐賀県との交渉事件ありて組合の費用中々多く、農業片手の漁業者に在ては到底其負担に堪へがたしとて、今度三村漁業者総代生麻幾三郎外十九名より、沖端村と分離し三村にて一の組合を設けたき旨其筋へ出願したり」との記事がある。その後、どのような経緯をたどったかは不明であるが、組合の結成、運営がすべて順調にいったわけではないことをうかがわせている。ともあれ筑後沿海漁業組合連合会は明治三十一年一月二十九日、告示第一六号により組合規約改正を行い、「第二条　本組合ハ筑後沿海各漁業組合ヲ以テ組織シ有明海漁業組合ト称ス」とともに、水産保護繁殖を図るための禁止事項、罰則、入漁規定等を定め、組織体制は次第に充実の方向をたどっていった。

他方、豊前沿海に目を転じると、筑前、有明沿海とは異なった展開をみせた。すなわち明治三十二年に豊前沿海漁業組合連合会組織を解消し、隣接の大分県関係漁村と連合した「豊海漁業組合」を新設したのである。その経緯は「九州日報」（明治三十二年八月二十四日）に詳しいが、それを抜粋して左に記す。

今回新設せられたる豊海漁業組合の組織に付ては、豊前沿海漁業組合第二組頭取小畑兵三郎氏年来非常尽力する所尠からず、同氏は昨年九月頭取就任以来一層奔走の労を取り、大分県下各漁村の重立つ者には間接直接に交渉し談判漸く纏まらんとするを見るや、本年四月大分県に於て関西府県水産談話会の会場を好機とし、大分へ出張し大分県下漁業組合長と種々協議の上、大分県下へ組合本部を設置する条件を以て組合の合同を計り、即ち大分県会議事堂に於て大分福岡両県県官及び農商務参事官、大日本水産会幹事等立会の上、協定書を認め双方調印の上、先般下毛郡中津町にて組合会を開設し規約を議定し尋で農商務省より認可あり、本月十三日より十七日まで細則其他組合役員等を選挙議決せし次第なり、当時の協定書は左の如し。

而して右に付ては東吉富村大字小犬丸、大字小祝は最も大関係（山国川を境とし大分、福岡県界の）を有するを以て、本月二十一日小畑氏は右豊海漁業組合組織手続及び組合規約の説明等を漁民に説明する為め同村へ出張せしが、同村百余戸の漁民老若男女の出席するもの百五十余名にして午前九時より十二時に至る演説を聞き、同地漁民は豊海漁業組合万歳、東吉富村万歳、小畑頭取万歳を唱へて退散せり。

協　定　書

明治三十二年八月七日大分県県会議事堂に於て福岡大分両県紛議漁業事件に付調和協議のため両県組合長並に両県庁主任官会合、農商務省参事官立会の上左の事項を協定す

⑴両県を一組合となすこと
⑵組合区域、大分県西国東郡岬以西福岡県企救郡部崎以東とす
⑶本部は下毛郡中津町に、支部は大分県下へ三ケ所、福岡県下に二ケ所設置すること
⑷組合議員は毎支部より三名づつ選別すること
⑸組合長、支部長は議員選挙を以て定むること
⑹漁場は従来協定に従ふこと
⑺両県組合組織委員は議員と同事を以て選別すること
⑻県組合成立に至る迄は両県庁に於て周旋すること

以上七項は両県庁及び両組合長協力其実行を期すること

明治三十二年八月七日、大分県県会議事堂に於て正本二通を作り各一通宛を所持し謄本一通宛を農商務省参事官に差出す

福岡県豊前沿海漁業組合頭取　小畑兵三郎
大分県西国東郡宇佐郡下毛郡漁業組合長　今角　長賀
大分県内務部第五課長技手　竹田拡次郎
大分県内務部第五課主任技手　三浦　覚一
福岡県内務部第五課技手　榊原　与作

立会人　農商務省参事官　　松崎　寿三
大日本水産会幹事　　長谷川貞雄

豊海漁業組合は、両県間の漁業紛争を解決し、漁業調整を図ることを目的として設立されたものであり、その実現のために福岡県側が積極的に働きかけをしていたことがわかる。その協定には両県および農商務省、大日本水産会の担当官が立会っており、行政の支持を受けていたこともわかる。明治三十二年九月一日、福岡県告示第一七七号「本年七月七日付ヲ以テ農商務大臣ノ認可ヲ与ヘラレタル豊海漁業組合規約中組合員外ノモノニ関スル条項左ノ如シ　但該規約ハ九月一日ヨリ実施シ豊前沿海第一、第二漁業組合規約ハ同日ヨリ消滅ス」が公布された。規約は六五条項から成っているが、組合の地区範囲、構成については左の規約第一～三条の通りであり、漁業秩序を図るための措置としては、慣行に依拠しつつ禁止漁具漁法、漁業種別禁止期間、入漁条件等が定められている。

第一条　本組合ハ明治十九年農商務省令第七号漁業組合準則ニ基キ大分県西国東郡岬村以西福岡県企救郡東郷村字部岬以東漁業者ヲ以テ組織ス、此規約ニ於テ漁業者ト称スルハ魚介苔藻等凡テ海産動植物ノ捕獲ヲ営業トスル者ヲ云フ

第二条　本組合ハ豊海漁業組合ト称シ本部事務所ハ大分県下毛郡中津町ニ設置ス

第三条　本組合ハ左ノ五支部ヲ設ケ支部長所在ノ地ニ其事務所ヲ置ク

第一支部　西国東郡　第二支部　宇佐郡　第三支部　下毛郡　第四支部　築上郡　第五支部　京都郡及企救郡東郷村以東

第五条　本組合地区内ニ住居シ組合漁場ニ於テ漁業ヲ為ス者ハ組合ニ加入スルモノトス

以上、豊海漁業組合は大方の支持と期待をもって発足したが、最も東端に位置する「田ノ浦」は、当初から参画していない。もともと地先海域で小規模漁業を行っている当浦にとっては、広域にわたる豊海漁業組合に加入する意義はなかったのであろう。県は明治三十二年七月四日付で田ノ浦漁業組合規約を認可している。さて、豊海漁業組合がその後、どのような経過をたどったか触れておこう。当組合は発足後一年を待たずして、分裂の危機に見舞われるのである。「九州日報」は豊海漁業組合紛議事件と題して左の内容を報道した。

福岡県と大分県との関係に係る豊海漁業組合に一大紛議を醸し一部分の分離を唱へし為め遂に全組合の解散を見ん

とせしも、幸に当局者に於て尽力の結果調停を見るに至りたり、今該紛議事件の始末を報道せんに、元来豊海漁業組合なるものは兼て本県と大分県との漁民間に紛議ある彼の両県の境を貫流せる山国川の下なる入会漁場を円滑に纏めんが為め当局者は素より当業者間に於て多年計画の末漸くにして昨年五月頃始めて其組合の設置を見るに至りたるものなり、而して同組合を分つて五支部となし、即ち大分県西国東郡を第一支部、宇佐郡を第二支部、下毛郡を第三支部とし、福岡県築上郡を第四支部、京都郡及び企救郡（田ノ浦丈けを除く）を以て第五支部としたり、然るに該組合は三十三年度経費予算其他の件に付き本月五日を以て大分県中津町なる下毛郡役所楼上に於て会議は開かれたるが、兼て創立の一要件なる本県企救郡田ノ浦を該組合に編入するに付ては昨年農商務省より不認可となりたるを以て、第五支部に於ては地理上の関係、経費の負担等に於て寧ろ該組合より分離するの得策なるを認め今回之を提出したり、是れ該組合に於て端なくも一大紛議を醸したる次第にして、第五支部が斯く分離問題を提出するや大分県の西国東郡の如きも地理上の関係等を以て同じく分離を希望し延て組合全体の解散を唱道するに至り、議論百出甲論乙駁実に紛擾を極めたりしが、臨席の両県主務官、下毛郡長並関係各書記等は種々調停に尽力斡旋し、協議に協議を重ね交渉に交渉を加へ日夜奔走尽力の末、去る十日午後七時に至り双方協定済となり、左の条項を決定して茲に閉会を告げたりと云ふ、故に今回は右の大問題の為め組合経費の予算の如きは田ノ浦編入認可の如何に付きて再び会議を開き審議することゝし他の議定する処もなかりしと云ふ。

(1)豊海漁業組合本部の経費は各支部に於て負担するものとす、但五分の一を第五支部の負担とす

(2)第一、二、三、四各支部経費は共通経費とし、第五支部に限り該支部限りの経済とす

(3)第五支部には支部会議員若干名を置くこと、但費用は其支部に於て支弁するものとす

(4)本部組合長と支部長の職務権限は本規約及処務規定通実行すること

(5)従来慣行ある入漁船は其関係支部内の許可を得て入漁するものとす、但第五支部に限るものとす

(6)第五支部に於て生じたる紛議、其他の事故に依り本部役員の出張を乞ふときは是に要する実費は該支部の負担とす

(7)田ノ浦編入認可の上は以上の各項を遵守すること

(8)田ノ浦編入不認可の時は第五支部の分離を是認すること

(9)第五支部分離の後は第四支部の去就は勝手たるべし

（「九州日報」明治三十三年四月十四日）

その後、支部長会開催等、関係者の協議は続けられたが、どのような決着をみたか明らかでない。「福岡日日新聞」（明治三十四年一月十七日）は豊海漁業組合紛議決着と題して「豊海漁業組合第一、二、三、四組支部間に於ける漁場紛議事件に就いては旧漁当業代表者等中津町に会合の上種々協議結果、各支部に対する契約を協定し夫々制裁を設け互に侵害せざることになしたりと云ふ」と記しているが、これは漁場紛議の件であり、第五支部の去来については触れていない。いずれにしろ明治三十四年の漁業法公布を契機として豊海漁業組合に限らず、全国的に漁業組合組織の再編成期に入るのである。

河川漁業組合の動向についても触れておこう。筑後川を挟んで佐賀県と接する千歳川漁業組合二区は、佐賀県関係三郡とで筑後川漁業組合会を組織していたことが次の記事によりわかる。すなわち「福陵新報」（明治二十四年二月二十九日）は「千歳川第二区即ち本県御井、御原、山本三郡及久留米市と佐賀県基肄、養父、三根三郡から成る筑後川漁業組合会にては、今後の稚鮎漁業の解放の事其他現今の規約中に於て、実際に差支の廉の更正の為め、来る三月四日久留米市にて同組合の総集会を開く由なり」と報じている。

「福岡日日新聞」（明治二十七年三月二十八日）は千歳川漁業組合第三区設置と題して「去る十三日佐賀県関係郡村及び関係郡役所主任、三瀦郡役所主任、三瀦郡漁業者総代等は大川町に会合し、漁業者総代会を開き満場一致を以て連合組合設置の事を可決したりと、規約等は不日、農商務大臣の認可を出願すべしと」を報じている。これは第二区よりもさらに河口に近い水域を対象としたものであるが、後日、認可されたようである。それは次の「九州日報」（明治三十四年五月一日）の「千歳川漁業組合第三区に於て立干網を使用するもの五、六名あり、同網は魚族の如何を問はず漁獲するものにして、浜先き潟地を立切り一回二、三百斤余を漁獲することあり、元来川は海と異なり漁場の狭少なるに右の如き漁網を使用するが為め近年魚族著しく減少し沿岸多数の漁民は一方ならず困難を極め居り、此儘打過ぎなば使用者は益々増加すると共に魚族は愈々減少すべければとて、該網の使用禁止を組合頭取森無三四、同元副頭取横田弘道両氏より知事に出願する処あり、県庁にては目下取調中の由」から推定される。

また那珂川漁業組合が設立されているが、「九州日報」は左のように報じている。

筑紫郡那珂川漁業組合は去る二十九年県令第二五号漁業取締規則に基き魚族の繁殖を計る為め組織したるものにて客年五月中規約認可を受け爾来之を実施し来れり、然るに同県令第四条は単に沿海に於ける遊楽自用の者に対する制裁法にして河川に適用すべきものにあらず、従て河川の漁業組合に於ては之に用うるに相当の取締法を規定し以て遊楽自用者の乱漁を防ぐの必要あるを認め、該組合規約中改正認可の義を曩に県知事に伺出でしに、県庁に於ては之を不穏当なりとし認可を与へられざりき、尤も県庁に於て別に県令を以て相当規定を設くるの必要を認め、目下詮議中の由なれは該組合は其改訂の時期を俟ち、当分の間、同組合規約を停止すべき事に決議したりと云ふ。

（「九州日報」明治三十一年十二月二十四日）

三　大日本水産会福岡支会の設立、活動

これまで準則に基づく漁業組合について述べてきたが、本項ではそれらとは異なる水産有識者による組織、大日本水産会について触れておきたい。大日本水産会は、当初は漁業者の組織というよりは、日本漁業を憂えるいわゆる識者の組織であったとみられる。本会創立の発起人六名は、明治十四年九月その主旨と会則を起草し、やがて賛同者数十名を得たが、肝心の漁業者の賛同は得られなかった。その後、水産諮問会、水産談話会を通しての説明等により、間もなく百余名の賛同者を得た。そして同年十二月十七日に創立総会を開くに至った。

大日本水産会創立の主旨をみると、⑴広大な漁場と資源をもつ水産の産額がおよそ一億五千万円に過ぎないことを遺憾としてその振興を訴え、⑵フランスの例をあげて「水産ノ事業ハ又海兵ヲ練習セシムルノ捷径タリ」とし、四周環海のわが国では海軍の軍備が必要だから、フランスの方法にならって漁夫に補助金を交付すべきであり、それらを実現するために官民協和広く周知を集め、水産の改良進歩を図らなければならないと述べている。また会則の目的は「各地各人共同親昵シテ汎ク水産上ノ経験智識ヲ交換シ、専ラ水産ノ蕃殖改良ヲ謀ル」ことであった。そのための手段として、会員の通信・論説・質疑答議などを編纂して「大日本水産会報告」とし、毎月一回会員に頒布することにした。

同会が明治二十八年に発行した「大日本水産会成蹟」から全国、九州、福岡県の会員数をみると、順調な増加がみられる。

表一―4　大日本水産会会員数の推移（人）

	明治一六年	同一九	同二三	同二八
全国	四七一	七五九	一、三〇一	三、五五七
九州	二五	六三	一〇七	四二六
福岡県	三	一〇	二一	一〇六

（大日本水産会「大日本水産会成蹟」より）

同会福岡県会員数は明治二十八年に一〇六名と大幅に増加したが、その翌二十九年に同会福岡支会の発会式が行われている。「福陵新報」は次のように報じている。

大日本水産会福岡支会の発会式は四月二十九日午前十時より水茶屋集成館に於て挙行せり、来会者は本会総裁小松宮殿下代理幹事長田中芳太郎氏、金子農商務次官、福岡支会長岩村知事、緒方書記官、山田参事官、支会幹事長渡辺檀氏、土岐糸島郡長、郡嘉穂郡長、樋口朝倉郡長其他各郡市書記及び県下漁業組合員、榊原技手、田原技手、常置委員等数百名にして博多音楽隊の奏楽始まり一同着席するや支会長岩村知事の挨拶あり、終りて田中本会幹事長は小松総裁宮殿下の代理として祝詞を朗読し次に支会長岩村知事答辞を述べ夫より二三の祝詞朗読あり、終りて金子農商務次官、田中幹事長は交々水産上に関する演説をなし是にて式全く終り、水茶屋松島屋の宴席に移りたるが松島屋にては園遊会の催しある筈なりしも、朝来雨天なりしを以て室内に於て立食の饗応あり、一同歓を尽して散会せしは午後四時なりき、左に田中幹事長の祝詞及び岩村支会長の答詞を掲ぐ。

祝　詞

大日本水産会幹事長田中芳男は今日、本会会頭小松宮殿下の御代理として福岡県支会発会式に臨むの栄を得たり、謹て殿下の令旨を奉じ今日の盛典を祝せんとする、抑も水産の業たる近年進歩に趣きたるを以て大に旧来の面目を一新したる事蹟は多しと雖ども尚ほ前途多望ありと云わざるを得ず、本会に於て之を勧誘奨励を務むる茲に年あり又各地に於て支会を設け益々之が拡張を図るに至る、而して当県下有志者熱心尽力により爰に支会を創立せられ水産上の利益を企図せんとするは国家の為め最も慶賀すべき事とす、聊か一言を述べ発会を祝すと云爾。

大日本水産会幹事長　正四位勲二等　田中芳男

答　詞

水産事業の前途広遠にして是が拡張を要するは敢て弁を俟たず今や県下有志者の大日本水産会員たる者既に二百有余名に達し爰に相図りて支会を設けるに際し小松総裁殿下の優渥なる令旨を以て御代理として田中幹事長発会式に臨るゝを得たるは本会の幸栄何ぞ焉に過ぎんや、高俊等盛意を服膺し爾後益々勤勉努力し誓って斯業の隆盛を図らんとす、謹で答す。

大日本水産会福岡支会長　従三位勲三等　岩村高俊

（「福陵新報」明治二十九年四月三十日）

以上の報道にみられるように、同発会式は水産関係者に限らず県下政官財界の要人が出席して盛大に挙行されており、支会長には知事が就任している。

大日本水産会福岡支会規則、同施行細則は山坂文書に残されているが、その施行細則によれば、目的、業務は左のように記されている。

第一条　当会ハ水産上ノ改良発達及販路ノ拡張ヲ図リ当局又ハ当事者ノ羽翼若クハ木鐸タルヲ以テ目的トス

第二条　前条ノ目的ヲ達セン為メ左ノ業務ヲ執行ス

一　通信、応答

一　調査、試験

一　建議及ビ諮問ノ答申

第三条　通信応答ハ水産上ニ関スル各地ノ通信論説ニシテ水産上ニ有益ナリト認ムルモノアルトキハ之ヲ会員ニ報告シ又会員ヨリ水産上ニ付質疑アルトキハ之レニ応答スルモノトス　但会員外ノ質疑ニ対シテモ亦同ジ

第四条　調査試験ハ漁業慣行、漁業経済、漁業統計、漁場並ニ製造及ビ販路等ノ調査ヲ為シ又漁具漁法、養殖、移殖、製造等ノ方法ヲ稽査シ其ノ実行ヲ期スルモノトス

第五条　建議及ビ諮問ノ答申ハ水産業ノ利害ニ就キ当会ノ意見ハ之ヲ官庁並ニ議会等ニ建議シ又官庁ノ諮問アルトキハ之レニ答申シ以テ水産上ノ輿論ヲ代表シ当路ノ施政ヲ翼賛スルモノトス

同会は華々しく大きな役割を背負って発足したが、その事業が容易に軌道に乗るわけにはいかなかった。その状況は「福岡日日新聞」の記事からうかがわれる。

抑当支会は設立日浅ふして未だ事業に着手せず、荏苒今日に至るも時勢の趨勢と会頭宮殿下の令旨に答ふるも我々会員は誓ふて当支会を維持するの義務は職として尽さゞるを得ず、然りと雖も之を維持するには必ず経費の出所を求めざるを得ず之を求むるの方法一にして足らざるも、先づ明治三十年度は当支会か社会に対し当支会の社会に有益なるを知得せしむるを急務とす、既に社会が当支会を有益と認むる以上は経費の出所は順処に及ばざる可し、故に明治三十年度は左の経費の出所を請求して当支会が有益なる効果を顕はさんとす。

第一　農事試験場にある水産部分の試験は総て当支会に嘱托せられ従て之に要する費用概略五百円を県会に補助を

求め以て該試験の費用に充つ可し

第二　当支会の既得の会費百円なるも支会が明治三十年に要する当費は概略四百円と見做し内百円を既得金より控除するときは三百円の不足を生ず、此不足は漁業組合諸君の義損として差出されんことを会は全体より勧誘す可し

第三　当支会は全体を以て入会者を誘導し既得の全員を増加す可し

右の三方法を以て明治三十年を経過するときは必ず社会の信用を得るは信じて疑なかる可し、果して然らば漸次拡張して諸君が国家に尽すの義務は効果明なる可しと信る故に会員諸君此論を賛成せられ以て当支会を維持せんと欲す、謹て鄙見を述て之を会員諸君に建白す。

明治二十九年八月七日

福岡支会員　河村幸雄

福岡支会大集会議長　河村幸雄殿

（「福岡日日新聞」明治二十九年八月七日）

当支会の業務とされるうち、通信・応答、調査・試験は、その組織体制からみても執行できず、実際には建議や諮問に対する答申に限定せざるを得なかったようである。まず二十九、三十年度に水産試験場設置の大会決議を行い、三十年七月六日に水産試験場設置の建議を知事に提出した。そして福岡県水産試験場は全国二番目の明治三十一年四月一日付で発足するが、その原動力として同支会が果たした役割は大きかったと思われる。その後の同会で取り上げた議事件目は、水産銀行設立、漁業税法、水産品評会開設、打瀬網漁、漁獲競争会開設、水難救護会設立、捕鯨業企画の勧誘、漁業奨励補助費下付規程の適否、漁業法・水産会法の適否等の多岐にわたっている。当時の水産業界のオピニオンリーダーとして大きな影響力を発揮してきたことは疑いない。

四　福岡県水産協会、水産会設立の動き

前項で大日本水産会福岡支会の設立について述べてきたが、これに先立つ明治二十六年に、大日本水産会の福岡県版ともいうべき福岡県水産協会の創立が提起された。発起人には筑豊漁業組合の頭取黒木太郎、副頭取占部文蔵・藤田藤太も名を揃えており、その設立にあたっては、後述記事の冒頭に「県庁にては県下に完全なる水産会の設立されんことを望み

追々奨励する所ありしが」と記されているように、行政の後押しがあったことは間違いない。本協会規則案によれば、目的は「県下水産業の改良発達を図ること」であり、業務は、(1)通信報告、(2)集会講話、(3)水産上に係る諸調査及試験、(4)水産上に関する意見の建議及諮問の答申であった。この内容は大日本水産会福岡支会規則施行細則のものとほぼ同様であった。福岡県水産協会の発起と内容に関して、「福陵新報」は左のように報じている。

本県庁にては兼て県下に完全なる水産会の設立されんことを望み追々奨励する所ありしが今度山崎宗三郎、柴田儀平、石蔵保之助、黒木太郎、占部文蔵、藤田藤太の諸氏発起者となり、県下三国漁業組合の同意を得て福岡県水産協会なるものを組織することゝなり、来十三日、福岡市に於て発起会を開き当日は山田本県参事官を始め主任官、主任郡市書記も臨席する筈なりといふ、同会創立の旨趣書幷に規則草案は左のごとし。

福岡県水産協会創立旨趣

水産業の本邦国富上に於る本邦国権上に於る至大至重の関係を有するは近時漸く世人の認識する所となれり、是に於て乎、大日本水産会の組織と為り水産調査所の創設となり北海密猟防禦の問題となり遠洋漁場の探検となり其他各府県に於て斯業に係る協会の団結と為り共進会の開催となり、今や水産なる鐘声は殖産界の昏睡を攪破して海帝国の新富源は正に其宝庫を開かんとするの秋に向へり、顧るに我福岡の県沿海一百里甚短なりとせず且魚鱗介藻其天与の富豊なるにも拘らず斯業の進歩極て遅々として動もすれば他府県の後に瞠若たらんとするの感あり、是れ独り県下実業者の為め惜むべきのみにあらず実に一県の為めに惜むべきなり否や寧ろ本邦の為めに長嘆せずんばあらず、本協会の此際に奮起する豈に偶然ならんや、本協会果して何事を為さんとするか、協会は県下実業者の益友として其の与論を集合発表するの機関たるべし、協会は当路施政者の顧問として其制度施設の利害を就替すべし、協会は各府県の水産会と気脈を通じて互に智識を交換すべし、協会は本業に係り目下の急務に属する各種の調査と試験に従事すべし協会の任務実に斯の如くなり嗟此重大の任務を負ふて茲に九州の北頭を喚起したる協会は能く其任務を完ふして異日福岡県水産協会なる旗幟の全邦の仰視せらるゝと否とは実に県下有志諸君の賛否如何に係れり嗟、此県下五万余の憐れむべき漁業者なる者をして其の沈淪の境遇より一歩を転ぜしむると否とは又諸君の賛否如何に係れり、敢て本会創立の旨趣を告げ以て県下志士の一顧を煩はす若夫れ本会規則の詳なるは別に定むる規則書に就て諒知焉。

福岡県水産協会規則草案

第一条　名　称

第一項　本会は福岡県水産協会と称す

第二条　目　的

第二項　本会は県下水産業の改良発達を図るを以て目的とす

第三条　業　務

第三項　本会は其目的を達せんが為め左の業務を執行す

一　通信報告

二　集会講話

三　水産上に係る諸調査及試験

四　水産上に関する意見の建議及諮問の答申

第四項　通信報告は水産上に関し会員の通信論説質疑応答及水産上有益なる事項を編纂するものにして隔月一回会員に頒布すべし

第五項　集会講話は小集及大会の二種を設け小集は二月毎に一回を開き水産上の講究をなし大会は一年毎に一回を開き併て規則更訂役員選挙会計報告其他本会に関する重要事件を議決す

第六項　水産上に係る諸調査及び試験は漁業慣行、漁業経済、漁業統計及び漁場等の調査並びに水産物養殖、漁撈、製造及販売の試験を為すものとす

第七項　水産上に関する意見の建議及諮問の答申は県下水産業の利害に就き本会の意見は之を官庁幷議会等に建議し、又官庁若くは議会より諮問の件は之に本会の意見を答申し、以て県下水産上の意見を代表し当路の施政を翼賛するものとす（以下省略）

（「福陵新報」明治二十六年十一月十日）

福岡県水産協会の発起式は十一月十三日の予定であったが、その後どのように展開されたのか不明である。おそらく、創設をみたものの実質的活動はほとんど行われていなかったものと思われる。その後の経過について、「福岡日日新聞」は左のように報じている。

今回福岡県水産協会と梅津懋氏等の思立ち居たる西海水産会とは合併して福岡県水産会と称すること、なりたり、

其目的は県下三ケ国水産業の改良発達を図るに在り役員を左の如く定めたり。

幹事長・楠原正三、幹事・津田守彦、榊原与作、黒木太郎、梅津懋、小野新路、不破国雄

夫より左の議案に付きて議し⑴、⑵の両項は県庁若しくは県会に建議することに決し、他は総べて原案どおり可決したりと。

⑴揚繰網若しくは巾着網の試験を県庁若しくは県会に請願する事

⑵右に付漁法使用伝習として実業者派遣の議に付漁業組合を誘導する事

⑶九州連合水産集談会開設運動に関する事

⑷九州水産試験場設置運動に関する事

⑸九州連合漁業博覧会開設運動に関する事

⑹小呂島築港及沖の島船揚場設置に関する事

（「福岡日日新聞」明治二十七年六月二十一日）

つまり福岡県水産協会は別途に設立を企画していた西海水産会と合併して、福岡県水産会として再出発することとなったのである。幹事には県役職員、筑豊漁業組合の黒木頭取、西海水産会発起人梅津懋などが就任し、評議員には県会議員の藤金作（筑前）、野田卯太郎（筑後）、福江角太郎（豊前）が加わっていた。役員、評議員の顔触れからみても、県下の行政諸施策に及ぼす影響力は大きかったであろう。現に本水産会の設立総会において、水産業に関する重要案件が提起されていた。

その後の福岡県水産会の活動は不明であるが、その組織は存続され、明治二十九年四月に発会した大日本水産会福岡支会に引き継がれていったものと思われる。福岡県水産会の設立以後の明治二十八年には福岡県の大日本水産会会員数は一〇六名と急増したが、これは福岡県水産会会員が大幅に加入したことによるものと思われる。福岡県水産協会の創設当時、すでに大日本水産会への加入が意識されていたかどうかは別にして、その後の関係者の尽力によって大日本水産会福岡支会発会式を容易かつ盛大に開催することができたのであろう。

第四節　福岡県における水産保護法、漁業取締規則の制定

明治十九年漁業組合準則公布以後、福岡県は漁業組合の設立整備と相まって資源保護施策および漁業組合の行う漁業取締に対する法的な補充整備を進めた。十九年以降、県が定めた水産保護法、取締規則等は左の通りである。

明治十九年十一月、県令第三〇号「矢部川支流辺春川・飯江川水産保護法制定」
明治十九年十一月、県令第三一号「矢部川・星野川水産保護法更正」
明治十九年十一月、県令第三三号「潜水器械取締規則追加」
明治二十一年三月、県令第四一号「従来ノ慣行ニ依ル漁業ハ其地組合規約ヲ遵守スベシ、遊楽自用ノ採魚貝藻モ同様」
明治二十四年五月、県令第三九号「従来ノ慣行ニ依ル漁業ハ其地組合規約ヲ遵守スベシ」
明治二十五年九月、県令第六六号「矢部川・星野川水産保護法改定」
明治二十六年五月、県令第二七号「矢部川・星野川水産保護法更正」
明治二十七年十一月、県令第六二号「千歳川漁業取締規則制定」
明治二十八年七月、県令第四〇号「筑後沿海における貝類採捕禁止期間制定」
明治二十九年三月、県令第二五号「福岡県漁業取締規則制定、明治十七年六月布達、同二十四年県令第三九号及同二十八年県令第四〇号廃止」
明治三十年三月、県令第一六号「漁業取締規則追加」
明治三十一年七月、県令第三六号「漁業取締規則改正、明治二十七年県令第六二号廃止」
明治三十三年二月、県令第一〇号「漁業取締規則修正追加」
明治三十三年六月、県令第五一号「漁業取締規則改正」
明治三十四年五月、県令第二七号「漁業取締規則追加」

このうち、福岡県が初めて制定した二十九年県令第二五号「福岡県漁業取締規則」の内容は左の通りである。

福岡県漁業取締規則（明治二十九年三月七日公布）

第一条　此規則ニ於テ漁業ト称スルハ水産動植物ノ採捕ヲ為スヲ云ヒ又組合ト称スルハ漁業組合準則ニ依リ規約ヲ設ケ県庁ノ認可ヲ得テ施行スルモノヲ云フ

第二条　漁場区域ハ特定ノ外総テ地方ノ慣行ニ依ルベシ

第三条　漁具漁法等ノ制限禁止ニ係ル地方ノ慣行ハ総テ組合規約ニ規定スベシ

第四条　遊楽若クハ自用ノ為メ沿海ニ於テ使用スベキ捕具ハ竿釣及投網ニ限ルベシ

第五条　組合設置ノ漁場ニ於テ漁業ヲ為スモノハ第六条ニ定メタルモノ、外本籍寄留ヲ問ハズ其地組合ニ加入シ経費ヲ負担スベシ

第六条　組合設置ノ漁場ニ於テ遊楽若クハ自用ノ為メ漁業ヲ為スモノ又ハ従来慣行ニ依リ入会漁ヲ為スモノハ其地組合規約ニ定メタル制限禁止ノ事項ヲ遵守スベシ

第七条　組合経費ノ収支予算ハ組合会ノ決議ニヨリ県庁ノ認可ヲ受クベシ又其決算ハ組合会ノ承認ヲ経テ県庁ニ報告スベシ

第八条　其地組合ニ慣行ナキ漁具漁法ヲ用ヒテ漁業ヲ為サントスルモノハ其方法ヲ明記シ当該組合頭取ヲ経テ出願許可ヲ受クベシ　但組合頭取ハ願書ヲ受ケタル日ヨリ十五日以内ニ意見書ヲ付シ差出スベシ

第九条　前条ニヨリ許可シタル漁具漁法ト雖公益上有害ト認ムルトキハ許可ノ指令ヲ取消ス事アルベシ

第一〇条　左ノ事項ハ之ヲ禁止ス

一　帆引網（ウタセ）漁

二　毎年十一月一日ヨリ翌年三月三十一日ニ至ル間筑後国沿海ニ於テ蟶貝ヲ採取スル事　但其年生育ノ分ハ翌年八月ニ至ル間

三　毎年三月十五日ヨリ六月三十日ニ至ル間筑後国沿海ニ於テ牡蠣ヲ採取スル事

四　毎年五月一日ヨリ九月三十日ニ至ル間筑後国沿海ニ於テ玉珧貝（タイラギ）及みろく貝ヲ採取スル事

五　毎年五月一日ヨリ十月三十一日ニ至ル間筑後国沿海ニ於テ烏貝ヲ採取スル事

六　魚族ノ蕃殖ニ有害ナル物質（椒皮、山茶花、油滓、石灰、白灰、柿渋、煙草茎、其他ノ毒物）ヲ以テ捕魚スル事

七　潟羽瀬漁

第一一条　第四条第五条第六条第十条ニ違背シタルモノハ一日以上三日以下ノ拘留又ハ弐拾銭以上壱円弐拾五銭以下ノ科料ニ処ス

本規則は明治三十〜三十四年間に五回の改正、追加がなされたが、それらの改定後の漁業取締規則は三十四年漁業法公布直前のものであり、旧慣を基準とした最後の規則であった。それを左に示す。

福岡県漁業取締規則（明治三十四年五月一日改正後）

第一条　此規則ニ於テ漁業ト称スルハ水産動植物ノ採捕ヲ為スヲ云ヒ又組合ト称スルハ漁業組合準則ニ依リ規約ヲ設ケ県庁ノ認可ヲ得テ施行スルモノヲ云フ

第二条　漁場区域ハ特定ノ外総テ地方ノ慣行ニ依ルベシ

第三条　漁具漁法等ノ制限禁止ニ係ル地方ノ慣行ハ総テ組合規約ニ規定スベシ

第四条　遊楽若クハ自用ノ為メ沿海ニ於テ使用スベキ捕漁具ハ竿釣及投網ニ限リ又漁業組合設置ノ河川ニ於テハ河岸ヨリ竿釣漁ヲナスニ限リ其他ノ漁具ヲ使用スルヲ得ズ

第五条　組合設置ノ漁場ニ於テ漁業ヲ為スモノハ第六条ニ定メタルモノ、外本籍寄留ヲ問ハズ其地組合ニ加入シ経費ヲ負担スベシ

第六条　組合設置ノ漁場ニ於テ遊楽若クハ自用ノ為メ漁業ヲ為スモノ又ハ従来慣行ニ依リ入会漁ヲ為スモノハ其地組合規約ニ定メタル制限禁止ノ事項ヲ遵守スベシ

第七条　組合経費ノ収支予算ハ組合会ノ決議ニヨリ県庁ノ認可ヲ受クベシ又其決算ハ組合会ノ承認ヲ経テ県庁ニ報告スベシ

第八条　其地組合ニ慣行ナキ漁具漁法ヲ用ヒテ漁業ヲ為サントスルモノハ其方法ヲ明記シ当該組合頭取ヲ経テ出願許可ヲ受クベシ　但組合頭取ハ願書ヲ受ケタル日ヨリ十五日以内ニ意見書ヲ付シ差出スベシ

第九条　前条ニヨリ許可シタル漁具漁法ト雖公益上有害ト認ムルトキハ許可ノ指令ヲ取消ス事アルベシ

第一〇条　左ノ事項ハ之ヲ禁止ス
一　帆引網（ウタセ）漁
二　筑後国沿海ニ於テ発生ヨリ三年目以下ノ鯉貝ヲ三年目ニ相当スル年ノ三月三十一日迄ノ間ニ採取スル事但養殖用ノ為県庁ノ許可ヲ受ケ採取スルモノハ此限リニアラズ
三　筑後国沿海ニ於テ発生ヨリ三年目以上ノ烏貝ヲ毎年十月一日ヨリ翌年三月三十一日迄ノ間ニ採取スル事
四　毎年五月一日ヨリ九月三十日ニ至ル間筑後国沿海ニ於テ王珧（タイラギ）貝及みろく貝ヲ採取スル事
五　毎年五月一日ヨリ十月三十一日ニ至ル間筑後国沿海ニ於テ烏貝ヲ採取スル事
六　魚族ノ蕃殖ニ有害ナル物質（椒皮、山茶花、油滓、石灰、白灰、柿渋、煙草茎、其他ノ毒物）ヲ以テ捕魚スル事
七　潟羽瀬漁
八　毎年一月十五日ヨリ五月三十一日ニ至ル間那珂川尻渡場ヨリ筑紫郡岩戸村大字山田井手ニ到ル那珂川本流及派流博多川ニ於テ竿釣漁ヲ除ク他ノ漁事ヲ為ス事
九　毎年一月十五日ヨリ六月三十日ニ至ル間筑紫郡岩戸村山田井手ヨリ仝郡南畑村大字一ノ瀬釣垂橋ニ到ル那珂川本流ニ於テ竿釣漁ヲ除ク他ノ漁事ヲ為ス事
一〇　明治三十三年七月一日ヨリ以後筑紫郡南畑村大字市ノ瀬釣垂橋ヨリ水源ニ至ル那珂川本流ニ於テ竿釣漁ヲ除ク他ノ漁事ヲ為ス事
一一　毎年二月十五日ヨリ六月三十日ニ至ル間、室見川及其支流八丁川ニ於テ江切漁、白魚梁及竿釣漁ヲ除ク他ノ漁事ヲ為ス事
一二　毎年二月十五日ヨリ十月三十一日ニ至ル間、早良郡入部村大字西入部大井手橋ヨリ椿橋ニ至ル室見川流域及其支流八丁川口ヨリ上流□崎井手ニ到ル間ニ於テ漁事ヲナス事
一三　左記ノ箇所ニ於テ漁事ヲ為ス事
那珂川本流中筑紫郡岩戸村大字別所西熊井手ヨリ上流三百間及仝村大字山田井手ヨリ上流二百間室見川本流中早良郡原村大字小田部浜井手二百間下ヨリ同郡壱岐村大字橋本乙井手ニ至ル間

一四　左記ノ河川ニ於テ白魚漁及江切漁ヲ除ク外魚類ノ通路ヲ遮断スル立網梁又ハ筌ヲ使用スル事那珂川本流及派流博多川、室見川本流及支流八丁川

一五　室見川本流及支流八丁川ニ於テ鵜漁ヲナス事

一六　毎年一月十五日ヨリ六月三十日ニ至ル間、那珂川、室見川及其支派流ニ於テ広サ二間、深サ二尺以上ノ魚路ヲ開カズシテ水車堰又ハ白魚漁堰ヲ築造スル事

一七　毎年六月三十日以前ニ於テ其年発生ノ鰻児（のぼり児）ヲ捕獲スル事

但養殖種用ノ為県庁ノ許可ヲ受ケ捕獲スルモノハ此限リニアラズ

第一一条　第四条第五条第六条第十条ニ違背シタルモノハ一日以上三日以下ノ拘留又ハ弐拾銭以上壱円弐拾五銭以下ノ科料ニ処ス

以上の本規則をみると、単に公益、資源保護の名のもとに制限禁止を加えたものではなく、現実の漁業形態に対応して制定されたものであることがわかる。県は、今まで、水産保護法や漁業組合規約の認可に当たって指導してきた実績に加えて、本規則の制定、改正に際しても漁業者の意見を聴取してきたことがわかる。これらの内容は慣行遵守を基本とするものであった。

全国的にみると、各府県の漁業形態に対応してそれぞれの漁業制限禁止制度が設けられてきたが、農商務省はそれらの実態を十分に把握していなかったようである。農商務省は、府県規則の放任的傾向の是正と将来への中央的統一を意図して、明治二十八年十月二十六日、農商務省訓令第一四号「漁業取締及漁業組合規則其他水産動植物ノ蕃殖保護等ニ関スル命令ハ自今本大臣ヘ経伺ノ上施行スベシ　但従前発布ニ係ル命令ノ改正又ハ廃止ヲナサントスルトキモ本文ニ準ズベシ」と指示した。この考えは三十四年漁業法に強調、継承されるところとなる。

第四章　旧漁業法の成立と漁業制度の樹立

第一節　旧漁業法の公布と漁業組合

一　旧漁業法成立の経緯

漁業組合準則に基づき行われてきた、各府県が独自の基準をもって漁業を取締ることは、漁業に関する権利義務の関係を確立するという点からしても、漁業に関する取締を統一するという点からしても、種々遺憾とする問題が多く、統一的漁業法典の制定を要望する声は高まってきた。

明治二十四年、当時の農商務大臣陸奥宗光は、水産者会合の席上で「漁業上立法の要旨」を公表したが、当時の当局の決意をうかがうことができる。

本邦四面皆海にして水族饒多、其水産の本邦経済に至大の関係を有するは多言を俟たずして明ならん、是を以て政府は数年来漁業法制定に従事し、以て益々富裕なる水産の発達を図らんとす、然るに此の如き法律を制定せんとするに当り、第一講究を要するものは従来我国に於ける漁業に関する習慣なりとす、維新以来旧幕及諸藩の漁業に関する制度を見るに、固より一定の法律あることなく、唯各地種々の習慣法の如きものありて、僅かに漁業を管理したるに過ぎず、而て是等種々の習慣の中には、或は魚族蕃殖を目的とせしものあり、或は漁業の課税を主眼とせるものあり、或は隣藩漁民の侵入を防拒する為めに設けたるものありて、其間利害互にありと雖、慣行の久しき漁民往々之に安ずるものなきにあらず今日の法理上相許す限りは之を参酌せざるを得ず。

然りと雖右の習慣法なるものは各地既に区々にして一定の標準なきのみならず、其目的とし主眼としたる所亦各相異にして之を一律に網羅すべからざるものあり、旧幕及諸藩が此等の習慣法を行うに方り如何なる手段を用いたるか、一方に於ては非常の検束をなし其甚しきに至ては其犯則者に対し厳罰を以て之を罰するものあるに拘はらず、一方に於ては保護優渥某々の漁具は官府より支給する如きものありて恩威並行して此習慣を養成したり、然るに維新以来制度一変し上来云うが如き恩威並行の政略を執ることを得ず、例えば漁民往々習慣を相侵すあるも其刑自ら定限あり之を超越するの罰を施すを得ず、又財政の規律或る一種の人民に限り特別の保護を与ふるを許さざるものあり、故に今茲に漁業法を制定するに於て従来各地に行われたる習慣は可成丈け採用せざるべからずと雖、一概に之を拘束せらるゝを得ざるものあるべし、況や人事益々複雑に進みて漁業の紛争日に多かるべく、漁業上学術日に益々進歩し来り水族漸く減少するの恐れあるに於てをや。

是故に漁業法を制定せんと欲するの要旨は、従来の習慣を参酌し、一方に於ては漁民の利益を保護し、一方に於ては水族の蕃殖を図るにあるなり。（後略）

この要旨には、旧漁業法、明治漁業法を通じて一貫した主張をみることができる。すなわち、二つの点が強く主張されている。第一は、旧慣が「其間利害互にありと雖も、慣行の久しき漁民往々之に安するものなきにあらず」と、慣行は漁民にとって必要であることを肯定している。したがって「法理上相許す限り」は慣行を軸にして、「近代的」な立法を行うという主張である。第二は、しかし「維新以来制度一変」したから、一概に慣行には拘束されない。国家の法として統一した立法を行うということである。この二点に漁業法の基本的性格があったのは明らかである。それは中央集権国家としての統一体制を漁業、漁民にも実現するためのものであった。

明治二十六年第五回帝国議会に村田保が初めて漁業法を提出するが、本議会にかけられることなく廃案となった。これがきっかけとなって、第一次政府案が明治三十二年議会に、第二次政府案が同三十三年議会にそれぞれ提出されたが、いずれも否決されてしまった。幾多の曲折を経て、第三次政府案が同三十四年第十五回帝国議会において可決され、同三十四年四月十二日、法律第三四号をもって公布されるに至った。同法はその後、明治四十三年に全面改正されたので、現在では旧漁業法と称されている。

この漁業法が成立するまでの間には、当然、各府県においても論議され、国に対して意見、修正案も提出された。福岡県でもその例外ではなく、その一例を、左の「福岡日日新聞」記事にみることができる。すなわち三十二年十二月の大日本水産会福岡支会臨時大会において、全国漁業組合連合大会に提出する福岡県案を審議した内容である。

議案の梗概

(1)　漁業法修正の件

該法は軽々観過すべからず、其骨子は①漁権、②水族の蕃殖保護、③漁場紛議の処置、④漁業組合の改善監督等に係る事項を規程せり、而して其一たる漁権に就ては容易に革新を図り難きを以て従来の慣行に拠るの外なきが如しと雖も、其二たる水族蕃殖保護の方法に就ては少しく異見なき能はず、今法案に拠るときは地方官に於て従来行い来りたる職権を確実に明示し地方官をして水産蕃殖保護方法を設けしむるの趣旨に外ならざるが如し、果して然らば法案実施の暁に於ても従来に比し格別の差異あるを認めず今日迄地方官の蕃殖保護に係る施設を見るに何れも重要なる魚族の保護は隣県と利害を異する点ありて実行するを得ずして他に関係を及さざる管内一小部分の些事に就て制禁するに過ぎず、随て其効果は更に見るべき者少し、故に之等の遺憾なからしめん為め地方官には海魚族を除き貝藻其他不移動性の水族淡水産の蕃殖保護及普通水産事業上取締の任に当らしめ、海魚族の蕃殖保護に就ては漁場連帯せる処を画して海区を設け、海区毎に相当の保護法を主省より命令し其命令の運用は海区毎に漁業監督署を設置して是が任に当らしめ、尚其監督署には漁業調査の事業を兼業せしむるを要す、此海区は大約、西海区（熊本、長崎、佐賀、福岡、山口の内瀬戸内海に面する部分を除く）、瀬戸内海区、南海区（沖縄、鹿児島、宮崎、四国南海岸以東神奈川県の一部）、東南海区（神奈川県の一部及其以東青森県の一部迄）、北海区（青森県の一部及以西島根県に至る）、東北海区（北海道）の六区に分ち、又漁業監督署は主省の直轄として署長一名、監督官及監督官補五、六名、其他の職員二、三名を置かんとす、即水族蕃殖保護の完全を期せん為め此趣旨を以て法案中に修正を加へ、猶ほ三たる漁業紛議の措置に就きては県外に関連する紛議事件を地方官に取扱はしむるの結果は保護に過ぎ公平を失し紛議を増大ならしむるの弊ありとす、故に管内の紛議は地方官に裁断せしむるは差支なしと雖、二府県以上に係る紛議は直に前項漁業監督署をして調査を遂行せしめ其調査に依て主省より裁断を与ふるが若くは監督署に於て一応の裁決を与へしむるを得策とす、又た其四たる漁業組合の改善監督に就ては相当の保護を与へざるべからす、現に農会に向ては相当の保護を与ふるの実例あるを以て漁業組合に対するも之と同様の保護を与ふるを必要とす、故に此保護を加へん為めに漁業組合に関する規程は法案中より削除し単独に漁業組合法の制定を希望するなり。

(2)　水産会法制定に関する件

漁業法案中漁業組合を改善監督するのあるも尚農会と同一の保護を与ふる為め別に単独法律の制定を必要とす、爰に水産会法と称するは漁業組合水産会改名して県、郡（若くは連合郡）、島、町村（若くは連合町村）に至る系統的に水産会を組織し、県水産会に対し国庫の補助を仰ぐことを得べき法律の制定を希望する者にして、本件に就ては昨年大集会に於て決議の結果本年本会の大集会問題に提出したるも異論者ありて延期の不幸を見るに至りたり、而して異論の要旨は現漁業法案中漁業組合に関する規程あるを以て別に水産会法を制定するは矛盾の嫌ありとし或は水産会の組織成立せば漁業組合と同一の経営を為すべきを以て両者間衝突の憂ひありと云ふにあり、然るに水産会法制定せば無論漁業法中矛盾の箇所修正すべく又水産会は漁業組合の改名にして両者を存続するものにあらざるを以て衝突を生ずることなし。

右二件は明年一月東京に開会の全国漁業組合連合大会に出席する本県代表者より漁業法案修正意見として付帯提出し、大体に於て賛成を得ば実行上幾分の変更は譲歩せんとす、尚前件の細密の方法は連合会の賛成を得たる上、委員に付托して之を設け主省にも充分なる交渉を遂げ飽迄遂行を期せんとす。

（「福岡日日新聞」明治三十二年十二月十六日）

この主な主張は資源保護、漁場紛争等の調整問題は隣接県間にわたるものが重大であるから、国が担当すべきであり、全国を六海区にわけてそれぞれに監督署を置くべし、であった。隣接県との漁業調整問題に苦労していた、福岡県の意見である。また水産会法制定の必要性を述べているが、その意図および漁業組合と水産会との関係が判然としない。

さて翌三十三年一月に開催された全国漁業組合大会の結果が、「九州日報」に報じられている。

過日来東京に於て開催したる全国漁業組合大会に就きては本県下より黒木太郎、占部文蔵及び榊原技師、吉田粕屋郡長の四氏上京出席せしが、同会の重要問題たる漁業法案は殆ど旧慣を打破したるものにして其要領たる未だ公然発表するの場合に至らざれども、牧水産局長が同会に臨み談話するところに依るも本県の如きは其利害得失容易ならざるものありし為め、右上京の諸氏は大に東西に奔走するところあり、為めに良々奏効に近きたる由にて去る十二日左の如く決議したりと云ふ、尚案は一昨十六日頃貴族院へ提出せられたる筈なりと。
(1)当局者に於て新に専用漁業権を与ふる場合に於ては関係組合意見を聞く事
(2)従来設置の漁業は之を存続するの方針を採るべき事
(3)定設漁業、区画漁業の外特別慣行あるものは其出願に由り漁業区域の許可を与ふるものとす
(4)漁業組合は法人組織とし一府県に及し統一する組合を設くる事、但関係数府県に渉るものは其区域に由り組合を設くる事を得
(5)漁業組合補助法案を農会法に倣ひ水産同志会より議会へ提出する事
(6)漁業者の権利伸暢に関する事
(7)全国漁業組合会を組織する事
(8)漁港設置に付国庫より補助の法案を同志会より議会へ提出する事

（「九州日報」明治三十三年一月十八日）

以上の論述からうかがわれるように、わが国最初の統一的漁業法典の制定にあたって、官民関係者が費やした尽力は莫大なものであった。

二　旧漁業法の成立とその施行準備

明治三十四年四月十二日、法律第三四号「朕帝国議会ノ協賛ヲ経タル漁業法ヲ裁可シ茲ニ之ヲ公布セシム」により旧漁業法は成立した。旧漁業法は全三十六カ条から成り、その骨子は次の通りである。

(1)漁業法の適用範囲（一～二条）
(2)漁業免許（三～六条）
(3)漁業権処分（七条）
(4)免許の制限・停止・取消（八～九条）
(5)漁場の標識（一〇～一二条）
(6)水族の保護・漁業および工作物取締命令（一三～一七条）
(7)漁業組合（一八～二一条）

(8)水産組合（二二条）
(9)訴訟・行政訴訟（二三～二五条）
(10)罰則（二六～三〇条）
(11)付則（三一～三五条）

右のうち、漁業権の種類、性格について掲げると、次の通りである。

第三条　漁具ヲ定置シ又ハ水面ヲ区画シテ漁業ヲ為スノ権利ヲ得ムトスル者ハ行政官庁ノ免許ヲ受クベシ其ノ免許ヲ受クベキ漁業ノ種類ハ主務大臣之ヲ指定ス

前項ノ外主務大臣ニ於テ免許ヲ必要ト認ムル漁業ノ種類ハ命令ヲ以テ之ヲ定ム

第四条　前条ノ漁業ヲ除クノ外漁業ノ種類ニ拘ラズ水面ヲ専用シテ漁業ヲ為スノ権利ヲ得ムトスル者ハ行政官庁ノ免許ヲ受クベシ

行政官庁ハ漁業ノ種類ヲ限定シテ免許ヲ与フルコトヲ得

第五条　前条ノ免許ハ漁業組合ニ於テ其ノ地先水面ヲ専用セムトスル場合ヲ除クノ外従来ノ慣行アルニ非ザレバ之ヲ与ヘズ

これによると、漁業権を免許漁業権と専用漁業権の二種に分け、免許漁業権については漁具・漁法によって、具体的に内容を決定し、専用漁業権は組合のみ与える地先専用と、慣行によって免許する慣行専用とに分類している。

次に紛争の場合の調停方式については以下のように規定している。

第一九条　漁業組合ハ漁業権ノ享有及行使ニ付権利ヲ有シ義務ヲ負フ　但シ自ラ漁業ヲ為スコトヲ得ズ

第二〇条　漁業組合ニ於テ其地先水面ノ専用ノ免許ヲ受ケタルトキハ組合規約ノ定ムル所ニ依リ組合員ヲシテ漁業ヲ為サシムベシ

第二三条　漁業免許ヲ拒否セラレタル者其ノ処分ニ不服ナルトキハ訴訟ヲ提起スルコトヲ得

前項ノ処分ニ依リ違法ニ権利ヲ障害セラレタリトスルトキハ行政訴訟ヲ提起スルコトヲ得

第二四条　漁業免許ノ違法許可ニ依リ権利ヲ障害セラレタリトスル者ハ行政訴訟ヲ提起スルコトヲ得

第二七条　漁場ノ区域其ノ他漁業権ノ範囲ニ付漁業権者ノ間ニ争アルトキハ関係者ヨリ許否ノ権アル行政官庁ニ裁決

ヲ申請スルコトヲ得

前項ノ裁決ニ依リ違法ニ権利ヲ障害セラレタリトスル申請者又ハ争議ノ相手方ハ行政訴訟ヲ提起スルコトヲ得

つまり、専用漁業権については、まず漁業組合に権利を与え、その行使方法は組合の規約において守らせ、それが違法または既得権の障害であると認めたときは、行政訴訟によって決める。さらに一切の漁業権の免許について不服あるときは行政訴訟に、その漁業権の区域および漁業種類、制限条件等について不服のあるときは行政官庁に裁定をまかせ、行政官庁の裁決に不服あるときは行政訴訟にまかせる。以上のように、漁業権の種類、紛争の裁決方式は具体的になった。特に、漁業組合に漁業調整の第一次的義務を負わせることを第一九〜二〇条に明確に規定したのは、本法の著しい進歩であった。また、従来問題になっていた慣行についても、定置・区画・特別の漁業権に入るものはこれに包括させ、水面専用は第五条によって地先水面専用と独立に免許するように措置した。

漁業法が明治二十六年、村田保によって提案されてより旧漁業法が成立した明治三十四年まで、一貫して問題となった点は二つある。第一は、漁業権の法的性格についてであった。公権なのか私権なのか、物権なのかそうでないのか。これは議会でも論議されてきたが、旧漁業法では明確にされないままであった。

第二は、慣行漁業・慣行漁場の処分方法をめぐってである。村田案から政府第三次案まで、提案者は必ず慣行を尊重することを主張している。しかるに審議の過程において、絶えずその慣行を保障する条文が不明確であるという質問が集中している。一口に慣行といっても、その内容はきわめて複雑であって、魚種・漁法・漁場区域等につき、その一つ一つが独立してあるいは包括して、文字通り徳川期からの慣行がある。また、明治以降の漁業の発展の結果、古い慣行がやぶられて、明治以降の新しい慣行が力づくででき上っているところもある。このような千差万別、かつ曖昧な慣行を処理することは技術的にみても困難であった。慣行漁業を重視すると述べながら、法的になんらの規定を設け得なかったことは、慣行漁業の処理の困難さを物語っているといえよう。

さて、本漁業法は明治三十五年七月一日より施行することとなったが、それを前にして国、府県ともに準備に追われることになる。まず、国は明治三十四年六月二十日、勅令第一三六号「漁業法施行準備ニ関スル事務ヲ掌理セシムル為農商務省ニ臨時左ノ職員ヲ置キ水産局ニ属セシム、技師：専任四人、属：専任二人、技手：専任六人」を公布して農商務省水産局内の専任スタッフの整備を進めた。さらに同日、勅令第一三七号「府県知事ハ漁業法施行準備ニ関スル事務ヲ掌理セシムル為漁業法施行準備費予算定額内ニ於テ臨時属及技手ヲ置クコトヲ得、前項職員ノ定員ハ各府県ヲ通シテ五十五人トシ其ノ配置ハ農商務大臣之ヲ定ム」を発して、府県に五十五人の専任職員を配置することとなった。この勅令に基づいて、福岡県では専任職員の選定に入ったことが、「福岡日日新聞」に左のように報じられている。

今回勅令を以て府県知事は漁業法施行準備に関する事務を掌理せしむる為め、漁業法施行準備費予算定額内に於て臨時属及技手を置くことを得るのみならず、主務大臣は本県知事に対し右準備官一名を選定して至急上申すべき旨の通牒に接したるに付き、目下選定中の由。

（「福岡日日新聞」明治三十四年六月二十七日）

今般勅令を以て漁業法施行準備に関する府県臨時職員設置の件を発布したるが、右は従来我国の漁業制度は慣習に放任せられ居るを以て、諸般の事項、各地方区に渉り頗る錯綜を極むるものあるを以て、法律施行上円満の結果を収め漁政の整理上違算なきを期せんには、予め各地の実況に就き篤に調査を遂げ、以て適応の施設を為さゞるべからざるより、今回臨時職員設置の詮議ありたる次第なりと、尚漁業法施行準備に関する諸般の調査に関しては水産局長より局員を派遣して協議する筈なりと云う。

（「福岡日日新聞」明治三十四年六月二十八日）

この末尾に、福岡県へは「漁業法施行準備に関する諸般の調査に関して、局員を派遣して協議する筈なり」と記されているが、その行動予定とそれに対する福岡県側の思惑が「福岡日日新聞」に左のようにみられる。

漁業法実施前調査の必要あり、農商務省より岸上理学博士外二名九州に向け出張する由は既に報じたるが、博士の一行は来る八月十三日頃本県に着し、着の上は主任、郡書記及各漁業組合長を招集して諮問する所あり、又県下各浦をも巡回せんと、右に付き当業者は今よりその準備覚悟を要するもの尠なからず、幸に玄海沖の漁業場に就ては去る二十四年迄に当業者に於て精細の調査を遂げたるものありて沖の島より三里向うまでは本県当業者の漁場区域として既に判明し他県人の故障（異議）を容れざるが、有明海の佐賀県に接する漁業場は彼我の漁業区域錯綜し旧藩の頃より佐賀藩漁業者の魚納を為したるものあれば、我当業者も亦佐賀藩に魚納せる事実もあり殆ど其区域判明し居らざるため、漁業期に際すれば今尚両県当業者の紛議絶へず、去れば漁業法実施の暁には勢い両者の衝突を現し、裁定を待つに至る事は免れざるべし、又豊前沖に係る区域も充分判明せりというべからずして現に打瀬網に就ての紛議は屢々起り新法実施の上果して現在の如く我県漁業者の主張する区域を保持し得べきか多少の証拠なきにあらざるも、果して漁業法に対する裁定に打勝ち得べきか未だ保証すべからず、去れば沿岸三里の区域を以て甘んずれば兎も角進んで沖合に出漁し以て大に漁益を増進せんと欲せば、就れも区域の争よりは実地漁業術の進歩を図り公共区域に於て実利上の勝利を期すること寧ろ緊急事なりと。（「福岡日日新聞」明治三十四年七月二十四日）

一方、農商務省は漁業法施行規則等の制定に先立ち、各府県における漁業に関する諸情報（慣行、許認可、操業実態、取締規約・規定等）や要望を総合的に把握することを目的として、調査を進めていた。「福岡日日新聞」は「漁業法実施に対する調査」と題して左のように報じている。

漁業法施行細則制定に先立ち、農商務省水産局にては各吏員を六道に部署して派遣し、該法実施に付最も困難を感ずる漁業の慣行旧習及漁場の区域、漁業の種類等其他実際の状況に関し綿密周到なる調査を為さしむるに付大日本水産連合会にても予てより該法実施に対する実地調査中なりしが、今回更に連合団体及枢要なる各地組合等に向て左記の事項及び施行細則制定の希望に関し調査を委嘱したり。

⑴調査事項

①明治八年太政官布告以後、漁業の慣行ある者は慣行として認定せられ別に水面使用認可の手続をなさゞりしものと否らざる漁業の種類

②漁具及場所に依り許可、特許、認可又は聞届を受くべき漁業

③特に許可、特許、認可又は聞届を受くべき漁業

④漁業者の数及其資格を定め許可、特許、認可又は聞届を受くべき漁業

右三項に関する現行漁業の種類、場所、期節、年期

⑤公有水面使用免許に依れる現行漁業の種類及其使用料

⑥慣行の漁場を有する町村又は漁村、沼、浦及個人若くは団体幷に漁場の区域、漁業の種類

⑦下稼を為さしむる慣行ある漁業の種類及下稼の方法幷に其料金の定め方

⑧慣行を有する入会の漁場に関し契約中合若くは其慣習

⑨漁業の許可、特許、認可、又は聞届を受くべき其手続

⑩免許漁業の許可を下級行政庁に委任せらるゝもの、種類

⑪免許出願書に出願者以外副書するもの、有無及副書者異議ある場合に於ける実際の手続方法

⑫免許を得たる後に於て出願事項に異動を生したる時の手続
⑬府県の命令及組合規約に定むる漁具、漁法、漁場、期節、種類、寸法等の割合、禁止の事項
⑭蕃殖、保護、取締の為め漁業組合規約又は申合せ等に関する規定
⑮漁業と他の事業とに関する取締規定又は府県令
⑯漁業者及水産製造者幷に兼業者の各総数其割合

(2)漁業法施行細則制定に関する希望

①漁業法第三条、第四条の規定に依り指定を要する定置漁業、区画漁業、特別免許の必要ある漁業、地水面専門漁業種類に関する希望
②漁業法の規定に依り免許漁業に指定すべき漁業の外取締を要すべき漁業の種類
③免許漁業出願手続に関する希望
④漁業法に於て規定せる漁業組合と水産組合とを両立せしむるに就て起るべき実際の利害
⑤漁業組合の規定を制定せらるゝに就ての希望（漁業法第二十一条）
⑥漁業に関する免許料は国税とするか将た単に免許料とするや其可否幷に利害

（「福岡日日新聞」明治三十四年八月九日）

右のように、調査内容は多岐にわたり膨大であったから、農商務省の岸上博士一行の来県は本調査の事前打合せ程度であったと思われる。福岡県における漁業法実施準備調査は明治三十四年十月から翌年二月にかけて実施されている。その経緯を「福岡日日新聞」記事から知ることができる。

(1)漁業法実施準備上に関する漁具、漁法及其他制限禁止事項等調査として予て各地方巡回調査中なりし鈴木本県技手は調査の都合に依り一昨日二十九日一応帰庁したり、此の調査の状況を聞くに各地方に於て異名同種の漁具あり、又構造使用法に於て僅少の差異あるのみにて漁具の名称を異にせるもの等あるを以て、今甲に対し制限禁止を与ふる時は従て亦乙も禁止制限せざるべからざるものあり、然るに本県に於て今後例へ漁具漁法等に制限禁止を設け厳重取締を励行するも、自然隣県に於て同種或は類似の漁具漁法等に対し禁止制限を設けず依然使用せしむることありては、制裁の不均一を失し不利益尠からざれば是等に就ては関係ある隣県と充分交渉を要すべく、之が利害得失に就ては精

密調査を遂るにあらざれば確定し難し、然して現行漁業取締規則中の制限禁止に関する事項は実際行はれ難く各地之を犯しつゝある実況にて殆んど有名無実の状態なれば、是亦此際充分調査考究の上、漁業法の実施と同時に改正の必要あり、為に鈴木技手及委員は不日再び各方面に向け出張の予定なりと云ふ。

（「福岡日日新聞」明治三十四年十月二十一日）

(2)本県にては漁業法実施に関し県令を以て制定すべき漁具、漁法、漁場、漁期等の禁止制限事項に就き目下調査中なるが、尚各漁業組合区域に於て此際、水産蕃殖保護場制定すべき必要ある禁止制限事項は来る二月十五日迄夫々取調べ県庁へ申報する筈なる由。

（「福岡日日新聞」明治三十五年一月二十九日）

(3)同法実施準備調査として去る六日より豊前地方に向け出発したる古賀四課長、鈴木技手は大分県境界に於ける山国川尻高浜以北築上、京都、企救等の三郡沿海を経て柄杓田に至る迄の二十有余の各漁村浦に就き種々調査をなし傍ら漁場区域等実地を踏査し、去る十四日を以て一先づ予定せる豊前沿海の調査を終り、鈴木技手は昨日帰庁し直に宗像地島に向い山脇農商務技師一行と共に出発したるが、豊前各沿海漁村浦調査中は各郡主任、書記関係町村長、漁業取締及総代諸氏立会調査をなし、殊に豊海漁業組合第四支部長小畑兵三郎、同第五支部長西頭鎌吉両氏の如きは同一行の為めに尽力したりと。

（「福岡日日新聞」明治三十五年二月十六日）

(4)同法実施準備に関する筑前東部の調査に従事せる榊原水産試験場長一行に別れ、安河内四課属及大野同場技手は来る二十日より西部糸島、早良両郡沿海漁村浦に就き左記日割の通り巡視調査に従事し、二十九日頃粕屋郡志賀島に於て榊原場長一行と会合する予定なりと、二月二十日：糸島郡深江・吉井・福井、二十一日：加布里、二十二日：船越・久我、二十三日：芥屋・岐志・新町、二十四日：野北、二十五、六日：宮浦・唐浦・西浦・玄海、二十七日：今津・今宿、二十八日：早良郡姪浜・残島、右は調査を取急ぎの必要ある為め日割を変更したるものなりと、また筑後沿海漁業浦の取調は今十九日より鈴木技手、中村四課属の両氏にて左の日割の通り調査に従事する由、二月十九日より二十日迄：三瀦郡、二十一、二日：山門郡、二十三、四日：三池郡。

（「福岡日日新聞」明治三十五年二月十九日）

(5)門司田の浦より筑前東部粕屋郡に至る各沿海漁村浦漁業慣行其他に関する調査委員榊原水産試験場長一行の取調は、昨日を以て終了し、又筑前西部糸島、早良郡同上に関する安河内四課属一行の調査は、明一日を以て早良郡姪浜に於て終了する筈、右に付来る二日頃より各方面調査委員は取調上に関する打合会を県庁内に於て開会する由。

（「福岡日日新聞」明治三十五年二月二十八日）

本調査報告は明治三十四度内に農商務省へ提出されたものと思われる。これら内容は膨大な量にのぼり、当時の福岡県の漁業を知るうえできわめて貴重な資料であったと思われるが、残念ながら現存していないようである。

三　漁業法施行規則の公布

明治三十五年五月十七日、農商務省令第七号をもって漁業法施行規則が発布され、旧漁業法施行日と同様の明治三十五年七月一日に施行されることとなった。この規則は全七五条から成り、その骨子は次の通りである。

第一章　総則（一～二〇条）
第二章　漁業免許（二一～三七条）
第三章　漁業権登録（三八～五〇条）
第四章　蕃殖保護及漁業取締（五一～六一条）
第五章　裁決（六二～六四条）
第六章　罰則（六五～六六条）
付　則（六七～七五条）

このうち、主として漁業法第三条に規定する漁業の種類を決めたものとしては、第一～第四条に規定されている。

第一条　本則ニ於テ定置漁業ト称スルハ漁具ヲ定置シテ為ス漁業ヲ謂ヒ、区画漁業ト称スルハ水面ヲ区画シテ為ス漁業ヲ謂ヒ、特別漁業ト称スルハ漁業法第三条第二項ニ依リ主務大臣ニ於テ免許ヲ必要ト認ムル漁業ヲ謂ヒ、専用漁業ト称スルハ定置漁業、区画漁業及特別漁業ニ非ズシテ水面ヲ専用シテ為ス漁業ヲ謂フ

第二条　定置漁業ノ種類左ノ如シ

一　敷網及垣網又ハ敷網ヲ土俵若ハ碇等ヲ以テ一定ノ水面ニ敷設スルモノ（台網類漁業）
二　落網、上網及垣網若ハ碇等ヲ以テ一定ノ水面ニ敷設スルモノ（落網類漁業）
三　側網及垣網ヲ碇、土俵若ハ支柱等ヲ以テ一定ノ水面ニ敷設スルモノ（桝網類漁業）
四　曲網及垣網又ハ刺網ヲ一定ノ水面ニ敷設スルモノ（建網類漁業）

五　垣網ヲ土俵若ハ碇等ヲ以テ一定ノ水面ニ敷設スルモノ（出網類漁業）
六　嚢網又ハ立回網ヲ支柱若ハ碇等ヲ以テ一定ノ水面ニ建設若ハ敷設スルモノ（張網類漁業）
七　一定ノ水面ニ支柱ヲ以テ簀若ハ網ヲ建設シ又ハ竹、木、石堤等ヲ建設シテ陥穽ノ装置若ハ魚堰ヲ設クルモノ（魞簗類漁業）

第三条　区画漁業ノ種類左ノ如シ
一　一定ノ区域内ニ於テ瓦、石、竹、木等ヲ沈設シ又ハ「ヒビ」ヲ建設シテ為ス養殖業（第一種）
二　土、石、竹、木等ノ囲障ニ依リ限界セラレタル一定ノ区域内ニ於テ為ス養殖業（第二種）
三　前二号ノ外一定ノ区域内ニ於テ為ス養殖業（第三種）

第四条　特別漁業ノ種類左ノ如シ
一　一定ノ網場又ハ捕獲場ヲ有スル鯨漁業（第一種）
二　一定ノ追込場ヲ有スル海豚漁業（第二種）
三　一定ノ曳揚場ヲ有スル地曳網、地漕網漁業（第三種）
四　一定ノ曳寄場ヲ有スル船曳網漁業（第四種）
五　一定ノ網場ヲ有スル嚢待網漁業（第五種）
六　一定ノ網場ヲ有スル敷網漁業（第六種）
七　一定ノ水面ニ於テ飼付ヲ為ス漁業（第七種）
八　一定ノ水面ニ漬場ヲ設クル鰡漁業（第八種）
九　一定ノ水面ニ築磯ヲ設クル漁業（第九種）

第六条　本則ニ於テ漁場ト称スルハ定置漁業ニ在リテハ漁具ヲ建設シ又ハ敷設スル区域ヲ謂ヒ、区画漁業ニ在リテハ区画スル区域ヲ謂ヒ、専用漁業ニ在リテハ専用スル区域ヲ謂ヒ、特別漁業中第一種ノ漁業ニ在リテハ網場又ハ捕獲場ノ区域ヲ謂ヒ、第二種ノ漁業ニ在リテハ追込場ノ区域ヲ謂ヒ、第三種及第四種ノ漁業ニ在リテハ網ノ使用区域ヲ謂ヒ、第五種及第六種ノ漁業ニ在リテハ網場ノ区域ヲ謂ヒ、第七種ノ漁業ニ在リテハ飼付ヲ為ス区域ヲ謂ヒ、第八種ノ漁業ニ在リテハ漬場ノ区域ヲ謂ヒ、第九種ノ漁業ニ在リテハ築磯ノ区域ヲ謂フ以上によれば、定置漁業は七種、区画漁業は三種、特別漁業は九種に分けられ、別に専用漁業がある。この分類方法は、明治漁業法にもそのまま受け継がれ、戦後の漁業制度改革まで存続した。また、これら漁業の出願、申請、届出については、左のように規定された。

第一四条　漁業ニ関スル出願、申請及届出ハ漁場ヲ管轄スル地方長官ニ之ヲ為スベシ、但シ左ノ各号ノ一ニ該当スル場合ニ於テハ農商務大臣ニ之ヲ為スベシ

一　専用漁業ニ関スルトキ

二　二以上ノ地方長官ノ管轄ニ属スル漁場ニ於ケル漁業ニ関スルトキ

三　漁場ヲ管轄スル地方長官明確ナラザル漁業ニ関スルトキ

前項第二号又ハ第三号ニ該当スル場合ニ於テハ主務大臣ハ管轄地方長官ヲ指定スルコトヲ得

漁業法第一三条に規定した「水産動植物ノ蕃殖保護又ハ漁業取締ノ為」に左の条項が定められた。

第五一条　水産動物ヲ疲憊若ハ斃死セシムベキ有毒物又ハ爆発物ヲ使用シテ水産動物ヲ採捕スルコトヲ得ズ、但シ捕鯨ノ為メ爆発物ヲ使用スルトキハ此ノ限ニ在ラズ

第五四条　遡河魚類ノ通路ヲ遮断シテ漁業ヲ為ストキハ地方長官ノ定ムル所ニ依リ魚道ヲ開通スベシ

第五五条　定置漁業及特別漁業ニ関シテハ行政官庁ハ漁場取締ノ為命令ヲ以テ保護区域ヲ設クルコトヲ得

保護区域内ニ於テ漁業ノ妨害トナルベキ行為ノ禁止又ハ制限ハ命令ヲ以テ之ヲ定ム

地方長官前二項ノ命令ヲ発スルトキハ農商務大臣ノ認可ヲ受クベシ

第五六条　左ニ掲ゲタル漁業ハ其ノ漁業ヲ為ス水面ヲ管轄スル地方長官ノ許可ヲ受クルニ非ザレバ之ヲ為スコトヲ得ズ

一　藻手繰網漁業

二　藻打瀬網漁業

三　藻曳網漁業

四　潜水器漁業

五　空釣縄漁業

前項漁業ノ地方名称ハ地方長官之ヲ告示スベシ

地方長官第一項ノ漁業ヲ許可シタルトキハ鑑札ヲ下付スベシ

右の蓄殖保護、漁業取締のほか、漁業法第二四、二五条に規定した行政訴訟に対する裁決および罰則に関する条項が設けられている。そのほか付則に、漁業免許出願の期限が示されている。

第七一条　独立シタル区ヲ為サザル浜、浦、漁村又ハ漁業者ノ部落ニシテ従来ノ慣行ニ因リ漁業免許ヲ受ケムトスルトキハ漁業組合ヲ組織シテ本則施行ノ日ヨリ一箇年以内ニ出願スベシ

すなわち、漁業免許の出願期間は漁業法施行後、一箇年以内の明治三十六年六月三十日までと限定されたのである。かくて、わが国の漁業制度は、ここに決定、発足したのである。

四　漁業組合規則の公布

漁業法施行規則公布と時を同じくして、旧漁業法第二一条に基づき、明治三十五年五月十七日、農商務省令第八号をもって漁業組合規則が公布された。その構成は左の通りである。

第一章　総則（第一～五条）
第二章　組合ノ設置（第六～一四条）
第三章　組合ノ管理（第一五～三六条）
第四章　組合ノ会計（第三七～四七条）
第五章　組合員ノ加入、脱退及違約処分（第四八～五一号）
第六章　組合ノ解散及清算（第五二～六〇条）
第七章　組合ノ監督（第六一～六四号）
第八章　罰則（第六五～六六号）
付　則（第六七～六八号）

この規則に示されている漁業組合とはいかなるものであるのか、この点について明らかにする。まず規則第三条において、「組合ノ地区ハ重複ヲスルコトヲ得ズ」と規定し、一地区一組合に限定した。その理由は、漁村の親和・秩序の維持

のためであった。地区＝漁村の範囲、漁業権＝漁村の物的生産基盤、漁業組合＝漁村の構成員、以上の三つを一体のものとした。その意図は、国会での政府委員の説明のように「従来ノ漁業者部落ノ共同関係ヲ保存スル為」であって、そのためには地区・漁業権・漁業組合の三位一体が必要であったのである。その一つが欠けても、従来の漁業者部落は維持できなくなるのである。

組合の事業については、第一〇条で、組合の規約に記載すべきことを定めているが、これによると、目的、名称、地区および事務所の位置、組合員の加入脱退、役員、会議、会計、違約者処分、存立の時期または解散の時期などについて各々定め、事業らしいのは左の七、八項のみである。

七　漁業権ノ享有行使及之ニ対スル組合員ノ漁業ニ関スル規定

八　組合員ノ遭難救恤ニ関スル事項ヲ定メタルトキハ之ニ関スル規定

すなわち漁業組合は、漁業権の享有行使、組合員の漁業調整、遭難救恤以外の活動は禁止されていた。経済事業は一切できない仕組み、つまり漁業権管理組合たるべきことが、ここに指示されていた。

組合の運営について、規則は、総会が最高決議機関であり、理事・監事は総会において選任さるべきことを規定している。理事が運営の責任者になることは当然として、第三五、三六条に次のような規定がある。

第三五条　総会ガ決議ヲ為サズ又ハ為スコト能ハザルトキハ理事ハ事情ヲ具シテ地方長官ノ指揮ヲ請フベシ

前項ノ場合ニ於テハ地方長官ハ総会ノ決議ニ代ルベキ命令ヲ為スコトヲ得

第三六条　総会ノ決議法令若ハ規約ニ違背シ又ハ組合員共同ノ利益ヲ害スト認ムルトキハ理事ハ其ノ執行ヲ停止シ地方長官ノ指揮ヲ請フベシ

この規定によると、総会で決議された事項でも理事の判断一つで総会の決議執行を停止して、地方長官に事情を説明し、その指揮を受けて事を決することができるわけである。官僚指導型の原型がここに定まったと云えよう。それは次の条項でさらに明確化されている。

第六三条　組合ノ行為法令又ハ規約ニ違背シ其ノ他公益ヲ害スルト認ムルトキハ監督官庁ハ総会ノ決議若ハ組合ノ行為ノ取消、役員若ハ清算人ノ解任又ハ組合ノ解散ヲ命ズルコトヲ得

右の漁業権管理組合、官僚指導型組合の特徴は、政府が示した漁業組合模範規約（甲、乙案）に一層明らかである。ま

ず甲案の全体構成を示す。乙案には左のうち、「組合員ノ遭難救恤」、「解散」の章が除外されている。

第一章　総則（第一～五条）
第二章　組合員ノ加入及脱退（第六～九条）
第三章　理事監事及事務員（第一〇～一五条）
第四章　会議（第一六～二二条）
第五章　会計（第二三～三〇条）
第六章　漁業権ノ享有行使及漁業方法（第三一～三五条）
第七章　組合員ノ遭難救恤（第三六～四〇条）
第八章　違背者処分（第四一～四二条）
第九章　解散（第四三条）

この規則のうち、「理事監事及事務員」に関する規定において、意図している官僚指導が貫徹し易いようになっている。すなわち規約甲案では理事三名、監事二名としており、乙案では共に一名としている。執行部は少数精鋭主義であるわけだが、ここで、少数精鋭主義の意味を考えてみる。前述の規則によると、理事の権限はきわめて強く、総会の決議事項でも理事の判断で、これを無効として地方長官の指示に変えることができるのだから、一種の専制主義ともなる。しかも規約第一三条では理事は名誉職であるから、生活の困らない漁村の富裕な層、つまり網元層から選出されざるを得ない仕組みになっている。これを地方長官の指揮監督のもとに置く。このような組合の執行体制が、この規約の意図するところである。このことは、その会計組織にも明確に示される。規約によると収入役一名を置くのであるが、その収入役は身元保証金を提出せねばならないことになっている。組合の財産、資金を預かるから当然であるにしても、金のあるもの、つまり漁村の支配者から選任されることは論をまたない。

以上による旧漁業法における漁業組合の性格とねらいは明らかであろう。それは、旧漁村＝「むら」の共同体を固定化するために組合を組織させ、それを漁業権の管理主体とし、一切の経済事業を拒絶することによって経済事業面からの資本の影響を排除し、共同体の解体を阻止するというものであった。

五　水産組合規則の公布

漁業組合規則は、漁業組合を漁業権管理組合と規定した。しかし元来、漁業、漁村は生産の基盤として漁業権を有するとともに、一方では個々の漁民は漁獲物を加工、販売し、資材を購入、資金を借り入れる等の経済行為を行う。漁業権の行使とこのような経済行為とが結合して生きた漁村が存在する。漁業組合を漁業権管理組合と規定した以上、経済行為機能を除外せざるを得ず、経済団体たる水産組合が別途、規定される必然性があった。漁業組合と水産組合との最も大きな差は、前者は漁業権管理主体であり、後者は経済団体である。旧漁業法では次のように規定している。

第二二条　漁業者又ハ水産動植物ノ製造若ハ販売ヲ業トスル者ハ水産業ノ改良発達及水産動植物ノ蕃殖保護其ノ他水産業ニ関シ共同ノ利益ヲ図ル為メ水産組合ヲ設置スルコトヲ得

水産組合ニ関シテハ重要物産同業組合法ノ規定ヲ準用ス　但シ同法中農商務大臣ニ属スル職権ハ主務大臣之ヲ行フ

すなわち水産組合は漁民、加工業者、魚商人などの組織するもので、それらが共同の利益を図るための経済団体である。水産組合規則は、漁業組合規則と同日に農商務省令第九号をもって公布された。この規則は第一～八条から成るが、主な条項は左の通りである。

第一条　本則ニ於テ水産組合又ハ水産組合連合会ト称スルハ漁業法第二二条ニ依リ設置スル組合又ハ連合会ヲ謂フ

第二条　組合及連合会ニハ漁業法及本則ニ別段ノ規定アルモノヲ除クノ外重要物産同業組合法施行規則ノ規定ヲ準用ス

第三条　組合又ハ連合会ノ名称ニハ其ノ地区ノ名称及水産組合又ハ水産組合連合会ナル文字ヲ付スベシ

水産組合又ハ水産組合連合会ニ非ズシテ其ノ名称中ニ水産組合又ハ水産組合連合会ナル文字ヲ付スルコトヲ得ズ

但シ外国領海水産組合法ニ依ル組合又ハ連合会ハ此ノ限ニ在ラズ

第四条　組合又ハ連合会ハ漁業権ヲ享有行使スルコトヲ得ズ

水産組合は経済団体であるから、漁業権の享有を禁止している。また、連合会の設立を認め（漁業組合は認めていない）、その地区範囲を広くとっており、漁業組合の市町村以内と明確な差がある。また同業組合法によると、その第四条において強制加入を規定している。この点も加入脱退の自由を原則とする漁業組合と異なる。なお水産組合は、必ずしも設立する必要はなく、設立は自由である。

農商務省は水産組合模範定款を公表しているが、その構成は左の通りである。

第一章　規則（第一～七条）
第二章　組合員の加入及脱退（第八～一一条）
第三章　組合員の権利義務（第一二～一三条）
第四章　役員及事務員（第一四～二〇条）
第五章　会議（第二一～三四条）
第六章　会計（第三五～三七条）
第七章　業務（第三八～五六条）
第八章　違背者処分（第五七～五八条）
第九章　定款の変更（第五九条）
第一〇章　解散（第六〇条）

この定款第二条により、水産組合の業務を次のように定めている。

(1)漁業及製造の調査指導に関する事項
(2)製品の検査に関する事項
(3)水産動植物の蕃殖保護に関する事項
(4)販路の調査に関する事項
(5)紛議調停に関する事項
(6)共進会及品評会の開催に関する事項
(7)博覧会、共進会及品評会の出品に関する事項

右によると水産組合は、調査・検査および博覧会・共進会・品評会などを行う機関として組織されていることを知る。技術の改良進歩と情報交換のための組織体でもあったわけである。

六　福岡県下の漁業組合、水産組合

漁業組合規則によって規定される組合は、漁業調整単位としての漁業権管理主体であって、経済事業を行う漁民集団としての方向を指向してなかった。この意味では組合準則時代の漁業組合と目的に差異はないと云えるだろう。しかし、準則時代の漁業組合が、漁場占有利用関係の適正円滑化を目的として、つまり漁業調整の単位と規定づけられながらも、全国的にみて、地域の実情に応じて同業組合的な色彩も持つものもあったことは疑いない。

もう一度、福岡県の場合を振り返ってみよう。国の準則制定に先駆けて、明治十七年に公布された福岡県の沿海漁業組合設置準則には、その目的として、漁業の利害調整、水産資源の蕃殖保護を主としながらも、捕採物の製造改良、販路拡張等もうたわれている。また、国の準則に基づき制定された十九年福岡県漁業組合準則においても、製造改良、販路拡張のほかに、「貯蓄方法ヲ設ケ組合営業ノ鞏固ヲ図ル事」が加えられている。つまり福岡県では、漁業調整を第一の目的としながらも、当時の県下の情勢から、ある程度の経済事業を容認する姿勢があったと思われる。十九年準則後の福岡県下における漁業組合は、筑前国沿海連合漁業組合、豊前沿海漁業組合連合会、筑後沿海漁業組合連合会、千歳川漁業組合、矢部川・星野川漁業組合の五組合であったことはすでに述べてきた通りである。このうち、筑前国沿海漁業組合は二十年九月に筑前国沿海豊前国門司以西漁業組合連合会、二十六年五月に筑豊沿海漁業組合（通称、筑豊漁業組合）と改称されてきた。他の四組合が漁場調整機関にとどまっていたのに対して、筑豊漁業組合は漁場調整機能のほかに初期的な経済事業への取組もおこなってきたようである。二十四年県認可の筑豊漁業組合規約によれば、組合の構成員は漁業者、製造者で構成され、組合で議すべき項目の中に「捕採物ノ製造改良及販路拡張並ニ貯蓄方法ニ関スル事」、「組合ニ係ル費用徴収賦課法ニ関スル事」、「組合維持ニ属スル基本財産処分ニ関スル事」、「組合諸般業務ニ関スル事」があげられている。また、筑豊漁業組合水産製造物取扱規定（二十四年認可）も定められている。

さて漁業組合規則、水産組合規則が公布された明治三十五年五月十七日以降、福岡県においては、新体制づくりに向けて動き始める。その状況を当時の新聞記事から追ってみよう。まず「福岡日日新聞」は筑前海漁業法実施準備協議会と題して次のように報道している。

本県漁業法実施準備協議会は昨日（二十七日）午前十時より東中洲共進館に於て開会せり、出席者は県庁より片田

第四課長、榊原水産技師、古賀、安河内、入江の三属、鈴木主任技手及び筑豊漁業組合即ち旧門司以西糸島郡深江浦に至る沿海各漁村浦取締及び総代並此等関係の頭取、郡市役所主任書記、町村長等百七十名にして、片田四課長会長席に着き左の協議を付議し榊原技師より右協議案に付詳細なる説明を為し夫より質問会を開きしに質問中々盛にして午後四時散会せり、尚二十八日は午前九時より開会し各委員の意見を討議する筈にて会期は明二十九日迄の予定なりと聞く。

協議事項

(1)漁業組合積立金は漁業組合規則第四十六条に定めたるの外毎年度組合予算に於て別に積立金の目を設け組合戸数に対し一戸に付二円乃至五円に当るべき総金額を毎年度予算に積立すること

(2)前項積立金の額は組合規約に記載し其年限は十ケ年とすること

(3)積立金は公債若くは地方債を買得し又は郵便貯金とするの外、銀行預け入は可成農工銀行に限ること

(4)漁業組合設置の地区は町村の区域に依らず現在各浦漁業者住居の区域に依り之を定むること

(5)漁業組合より出願すべき専用漁業免許は地先に依らず総て慣行にて出願すること

(6)慣行を証すべき事実は猶正確に調査し美濃紙を用ひ速に三通を浄書し置くこと、但図面及願書は不日雛形発表の上速に調製すること

(7)漁業組合の会議には別に評議員等を設けざる規則の精神なれども便宜の為内部にて総会に出席すべき人名を定め置くは差支へなかるべきこと

(8)組合理事の人員は可成三名以内に止むること

(9)数浦共有に属せる漁場の専用漁業免許出願に付ては関係各組合理事相協議し其中より代表者一名を設け出願の手続を取行はしむること

(10)水産組合設置の区域は現今の筑豊漁業組合全部を一水産組合の区域とし本県内全部を連合水産組合とする

①漁業組合模範定款起草委員を選挙すること

②水産組合模範定款起草委員を選挙すること

③漁業免許出願取調委員を選挙すること

二十八日も引続き午前十時より共進館に於て開会したり、出席員畧前日の通り、片田四課長欠席に付榊原技師会長席に着き先づ協議事項(1)に付各組合会員の意見を徴せり、第一、第二、第三組合は直に原案に賛成し、第四組合は二、三浦異議の模様なりしも結局協議の末原案に賛成すること丶なり、第五組は未だ意見を発表せざるも多分賛成するに至るべしとなり。

協議(2)～(9)項は種々の意見ありしも結局原案に可決せり。

協議(10)項の水産組合設置区域変更に関しては賛成反対各議論ありたり、然れ共漁業法実施に関しては種々県外に関係の事件もあり大団結を要するものありとて有志は頗る苦慮する処ありしが、結局委員を選定して本日迄に調査せしむることとなり左の委員を選定したり。

調査委員：中村種之助（第一組合）、同人（門司、小倉、企救）、石橋田之助（第三組合）、寺田源三郎（第四組合）、谷口利吉（第五組合）、太田種次郎（宗像郡）、山崎親次郎（粕屋郡）、結城源六（福岡市）、西嶋与四郎（早良郡）、占部友太郎（糸島郡）、未定（第二組合、遠賀郡）

又協議(10)項中の漁業組合模範定款起草委員及漁業免許出願取調委員の選挙に付ても委員付託に決し、其委員には各組合頭取即ち第一組合は中村、第二組合は亀津、第三組合は占部、第四組合は待井、第五組合は藤田の五氏を選定し午後四時散会せり、因に本日にて今回の協議事項を終了する筈の由。

二十九日も引続き午前十時より共進館に於て開会したり、出席員畧前日の通り、榊原技師例に依り会長席に着き前日委員付託となり居れる協議事項中第(10)項の筑豊漁業組合を一団体と為すの調査に付第一、三、四、五（二区欠席）の四組を代表し太田種次郎氏より大体原案を賛成することに委員調査の上決定せし旨を報道せり、尚同項の水産業組合模範定款編成の件に付ては現在の各組頭取に委任する事に決し、夫より本県の漁具名称は各地区々なりしを以て今回の漁業法実施に際し一定する事に決し、漁具類名称の文字亦た従来地方に依り一定せざりしを以て爾来は総て平仮名を使用する事に決定し、午後一時に協議事項全く議了して閉会せり、因に水産業組合定款起草及漁業組合模範定款起草、漁業免許出願取調に関する委員会は不日開会の上調査起草の筈也。

（「福岡日日新聞」明治三十五年五月二十八～三十日）

豊前海区においては、まず大分県と連合していた豊海漁業組合総会を開催して、同組合解散を決議することから始まる。

そして豊前海漁業法実施準備協議会が六月六日に開催されたが、その協議事項は筑前海区の場合と同様であった。また筑後沿海漁業法実施準備協議会は五月三十一日に開催された。以上の記述にみられるように、行政指導で進められたのであるが、県は沿海各郡市長に漁業法実施に就いて左の通牒を発している。

七月一日以降漁業法実施に就ては漁業組合及水産組合の組織変更其他漁業免許出願等の準備に関しては郡市町村長に於て種々注意し居れるが、元来該漁業法実施に伴ふ組合の諸準備の如きは利害の関係重大なるのみならず又極めて手数を要するもの多きを以て到底当業者のみに放任し置く時は之れが準備の完成を期し難き場合あるべきに付、此際右準備上細大となく毫も遺漏なき様、各町村長をして尽力せしめられ度特に沿海町村長に対し右の旨趣訓示方を谷口内務部長より沿海各郡市長に通牒したりと。

（「福岡日日新聞」明治三十五年七月四日）

新漁業組織の発足に向けて、その作業は行政指導の下で進められたのであるが、漁業組合の単位となる各浦においても、比較的順調に行われたようである。それは、漁業秩序、組合運営等について、準則時代に積み上げてきた実績があったこと、ならびに旧漁業法の施行が発布後一年程度の余裕期間をとったことによるものであろう。各浦にとって、漁業組合の設置が漁業存続の絶対条件であるから、積極的に取り組んだことであろう。当時の状況を知るものとして、「唐泊漁業組合設置廻文」を紹介しよう。ここには、漁業組合の設置区域、漁業権の内容・行使、組合参加の同意表示の項目があり、発起人九名、参加同意者一一〇名の署名がなされている。

唐泊漁業組合設置廻文

福岡県糸島郡北嵜村大字宮ノ浦唐泊浦ニ於テ今般漁業組合設置ノ筈デ有之候ニ付左ノ各項御了知之上御同意相成候様致度明治三十五年農商務省令第八号漁業組合規則第六条及第七条ニ依此段得貴意候也

一　漁業組合ヲ設置スル地区

福岡県糸島郡北崎村大字宮ノ浦東字唐泊浦ヨリ西ノ字宮浦ニ至ル漁業者住居ノ区域ヲ以テ組合地区ト為ス

二　享有行使セムトスル漁業権

（漁業権内容）

(1)ぼら網、さはら網、たひ網、大敷網、いは志地曳網、こ乃志ろ巻網、こ乃志ろ曲網、さば焚寄網、さば揚繰網、やす巻網、手繰網、曳網、壺網、たつく里網、いか曳網、かなぎ網、瀬引網、くち網、さよ里網、きびなご網、ふか底刺網、ぶ里巾着網、あんこふ網、帆立貝漕網、ほけ網、たひ二艘張網、打瀬網、あ志たつく里地曳網、さはら流受網、あご流網、あご曳網、いわ志巾着網、いつさぎ網、く志ら網、たつく里沖取網、ゐひ漕網、釣漁、長縄、瀬縄、ゐひ縄、さんま網、瀬建網、貝漁、海藻（わかめ、おご、とりかぶ、てんぐさ、乃里、ひじき、おきうと、そふめん乃里）、海鼠、銛漁、竿釣漁、投網、いか釣、ゆるか網、すゞき追掛網、潜水器

(2)定置漁業：台網類漁業、大敷

(3)桝網類漁業：桝網、壺網、こ乃志ろ曲網、いか曲網

(4)特別水面専用漁業権

第一種・く志ら網　第二種・いるか網　第三種・地曳、たひ網

(5)共有水面専用漁業権

①浜崎浦ト唐泊浦共有ニ属スル水面専用漁業、漁業権第一ニ同ジ

②東ハ山口県西ハ佐賀県壱岐ニ境シ、沖合ハ小呂島及沖ノ島各沖合ヲ去ルコト五里以内、元筑豊漁業組合各浦専用漁場以外組合共有水面専用漁業、漁業権第一ニ同ジ

③唐泊浦外七箇浦共有ニ属スル水面専用漁業：さわら巻網、さわら流網、手繰網、ぼら網、こ之志ろ巻網、さば網、釣漁、長縄、かなぎ網、建網、やす巻網、いか曳網

(6)入合漁業権

①玄界島専用漁場内ニ、手繰網、長縄、釣漁、あご網、さば網、たひ網、かなぎ網、時曳、ゐび網漁入合

②西浦専用漁場内ニ、手繰網、長縄、釣漁、時曳、引縄、あご流網、たひ網、かなぎ網漁入合

③野北専用漁場内ニ、釣漁、手繰網漁入合漁業

④志賀島専用漁場内ニ、釣漁、引縄、時曳、手繰網漁入合

⑤弘専用漁場内ニ、かなぎ網、曳網、釣漁、手繰網、いわし揚繰網漁入合

⑥姫島外十二箇浦共有漁場内ニ、手繰網漁入合

⑦残島専用漁場内ニ、さわら巻網、さわら流網、ぼら巻網、こ乃志ろ巻網、いわし揚繰網、かなぎ網、釣漁、ぐち曳、手繰網漁入合

（漁業権行使）

(1)水面専用漁業権ニ依ル漁業ハ組合員各自ニ又ハ共同シテ之ヲ為スモノトス

(2)左ノ漁業ハ総会ノ決議ヲ定ムモノトス但シ場合ニ依リ組合員ニアラザル者ニ漁業権ヲ貸附スルコトヲ得ル大敷網、桝網、壺網、貝藻漁、海鼠漁

(3)ぼら巻網、地曳網、いわし揚繰網ハ既定ノ網数ヨリ増加スルコトヲ得ズ但シ場合ニ依リ総会ガ必要ト認メタルトキハ此限ニ非ズ

(4)定置漁業及特別漁業ハ総会ニ於テ定メタル漁業者間ノ抽選ノ順序ニ依リ漁業ヲ為ス但シ地曳網、たひ網ハ従来ニ仕来ニ由リ漁業ナスモノトス

(5)組合ノ中宮浦漁具ノ成限ハ従来ノ約定ニ依ルモノトス

(6)組合員ノ中同一ノ漁業者ハ便宜ノ為メ其漁業ヲ組織スルコトヲ得ル但シ漁業権ニ於テ設ケアル漁業方法順序其他ノ申合ハ組長ニ届出ズベシ

(7)仕来ノ漁具行使ヲ中止シ又ハ網株ヲ売買シタルトキハ其都度組長ニ届出ズベシ

(8)共有水面専用漁場及入合漁場ニ於ケル漁業権ノ行使及漁業ノ方法ハ該当権利者間ニ於テ別ニ定メタル規約ニ依リ之ヲ為スモノトス

三　同意表示ノ方法及期間

同意者ハ宛名ノ下ニ同意ノ二字ヲ記シ捺印アリタシ期間ハ廻文到達ノ日限リトス　但廻文到達ノ際直ニ賛否ヲ決シ難キ向ハ其翌月限リ発起人ヘ回答アルベシ

福岡県糸島郡北崎村大字宮浦内唐泊浦

発起人　原田種美

榎田与三郎

高田甚七

板谷栄次郎

板谷岩吉

板谷好松
津上由五郎
宮崎滝三郎
千原藤右衛門

明治三十五年七月十日

以下漁業者（組合参加者）一一〇名の記名あり。

以上のような経緯を経て、福岡県下の漁業組合、水産組合はほぼ明治三十六年七月までには設立認可された。

表一－5　旧漁業法に基づき認可された漁業組合、水産組合

漁業組合名	設立認可年月	事務所位置	区域
（筑前海区）			
旧門司　漁業組合	明治三五年　八月	門司市大字門司	門司市大字門司
大　里　〃	〃　九月	企救郡柳ケ浦村	企救郡柳ケ浦村大里
長浜浦　〃	〃　八月	小倉市長浜浦	小倉市大字京町西八企救郡足立村大字砂津
平松浦　〃	〃　八月	小倉市平松浦	小倉市大字平松東八同市鋳物師町、西八企救郡板櫃村
戸畑浦　〃	〃　八月	遠賀郡戸畑町	遠賀郡戸畑町大字戸畑
若松町　〃	〃　八月	遠賀郡若松町	遠賀郡若松町大字若松浦
馬　島　〃	〃　九月	企救郡板櫃村	企救郡板櫃村馬島
藍　島　〃	〃　九月	企救郡板櫃村	企救郡板櫃村大字藍島
脇ノ浦　〃	〃　九月	遠賀郡洞北村	遠賀郡洞北村大字小竹
脇田浦　〃	〃　九月	遠賀郡洞北村	遠賀郡洞北村安屋
岩屋浦　〃	〃　一二月	遠賀郡江川村	遠賀郡江川村大字有毛
山鹿浦　〃	〃　九月	遠賀郡山鹿村	遠賀郡山鹿村大字浦区

柏原浦	〃	〃	九月	遠賀郡山鹿村	遠賀郡山鹿村大字柏原村
芦屋浦	〃	〃	九月	遠賀郡芦屋町	遠賀郡芦屋町東ハ市場、西ハ浜崎
波津浦	〃	〃	八月	遠賀郡岡県村	遠賀郡岡県村大字波津
鐘崎浦	〃	〃	九月	宗像郡岬村	宗像郡岬村大字鐘崎ノ内北ハ京泊、南ハ上人境
地島浦	〃	〃	九月	宗像郡岬村	宗像郡岬村大字地島
大島浦	〃	〃	一〇月	宗像郡大島村	宗像郡大島村
神湊浦	〃	〃	一〇月	宗像郡神湊村	宗像郡神湊村大字神湊
勝浦浜	〃	〃	八月	宗像郡勝浦村	宗像郡勝浦村大字勝浦
津屋崎浦	〃	三六年	三月	宗像郡津屋崎町	宗像郡津屋崎町ノ内西小路町、北本町、浜町、魚町、船津町
福間浦	〃	三五年	八月	宗像郡下西郷村	宗像郡下西郷村東ハ中町、北ハ字北町、南ハ字南町
新宮浦	〃	〃	八月	粕屋郡新宮村	粕屋郡新宮村大字新宮全部
相島浦	〃	〃	八月	粕屋郡新宮村	粕屋郡新宮村大字相島全部
奈多浦	〃	〃	八月	粕屋郡和白村	粕屋郡和白村大字奈多
志賀島浦	〃	〃	八月	粕屋郡志賀島村	粕屋郡志賀島村
弘　浦	〃	〃	八月	粕屋郡志賀島村	粕屋郡志賀島村大字弘浦
箱崎浦	〃	〃	八月	粕屋郡箱崎町	粕屋郡箱崎町大字箱崎
福　岡	〃	〃	八月	福岡市土手町	福岡市ノ内下浜口町以西、小姓町以北、西湊町以東各町
伊崎浦	〃	〃	八月	福岡市伊崎浦	福岡市伊崎浦南ハ金竜寺川尻ヨリ荒津山下海岸
姪浜浦	〃	〃	九月	早良郡姪浜町	早良郡姪浜町字西網屋、東町
浜崎今津浦	〃	〃	一一月	糸島郡今津村	糸島郡今津村大字浜崎ノ内東ハ浜崎、西ハ今津
残島浦	〃	〃	八月	早良郡残島村	早良郡残島村
玄海島	〃	〃	一一月	糸島郡北崎村	糸島郡北崎村大字玄海島
小呂島浦	〃	三六年	三月	糸島郡北崎村	糸島郡北崎村大字小呂島

唐泊浦　〃	〃　一月	糸島郡北崎村	糸島郡北崎村大字宮浦東ハ唐泊浦、西ハ宮浦
西ノ浦　〃	三五年一一月	糸島郡北崎村	糸島郡北崎村大字西ノ浦
野北浦　〃	〃　九月	糸島郡野北村	糸島郡野北村
芥屋浦　〃	〃　九月	糸島郡芥屋村	糸島郡芥屋村大字芥屋
姫　島　〃	〃　一二月	糸島郡芥屋村	糸島郡芥屋村大字姫島
岐志新町浦　〃	〃　一二月	糸島郡芥屋村	糸島郡芥屋村
小富士村　〃	三六年　一月	糸島郡小富士村	糸島郡小富士村大字久家浦及船越浦
加布里浦　〃	三五年一二月	糸島郡加布里村	糸島郡加布里村
深江片山浦　〃	〃　九月	糸島郡深江村	糸島郡深江村大字深江及大字片山
福吉浦　〃	三六年　五月	糸島郡福吉村	糸島郡福吉村大字福井ノ内自大入至福吉橋
鹿家浦　〃	三五年一二月	糸島郡福吉村	糸島郡福吉村
（有明海区）			
大野島村漁業組合	明治三六年　七月	三潴郡大野島村	三潴郡大野島村
青木村　〃	〃　六月	三潴郡青木村	三潴郡青木村
三又村　〃	〃　六月	三潴郡三又村	三潴郡三又村
大川町　〃	〃　六月	三潴郡大川町	三潴郡大川町
川口村　〃	〃　一一月	三潴郡川口村	三潴郡川口村
浜武村　〃	三五年一一月	三潴郡浜武村	三潴郡浜武村
久間田村　〃	〃　一一月	三潴郡久間田村	三潴郡久間田村
沖　端　〃	〃　九月	山門郡沖端村	山門郡沖端村
両開村　〃	〃　九月	山門郡両開村	山門郡両開村
西宮永村　〃	〃　一〇月	山門郡西宮永村	山門郡西宮永村
場内村　〃	〃　一〇月	山門郡場内村	山門郡場内村

東宮永村　〃	〃　一〇月	山門郡東宮永村	山門郡東宮永村
有明村　〃	三六年　一月	山門郡有明村	山門郡有明村
塩塚村　〃	三五年　九月	山門郡塩塚村	山門郡塩塚村
江ノ浦　〃	三六年　六月	三池郡江ノ浦村	三池郡江ノ浦村大字江浦東ハ池尻、西ハ徳島、南ハ江浦、北ハ徳島
開　村　〃	〃　六月	三池郡開村	三池郡開村ノ内東ハ大字新開、西ハ永治、北ハ黒埼、南ハ魚繋
大牟田　〃	〃　六月	三池郡大牟田町	三池郡大牟田町南ハ西原、東ハ原屋敷、西ハ磯松原
横　須　〃	〃　六月	三池郡大牟田町	三池郡大牟田町大字横須
唐　岬　〃	〃　六月	三池郡手鎌村	三池郡手鎌村大字唐船東ハ辻、南ハ塩浜、北ハ岬、西ハ唐船
手鎌浦　〃	〃　六月	三池郡手鎌村	三池郡手鎌村大字手鎌南ハ道面、北ハ北町、東ハ安入寺、西ハ南友
諏　訪　〃	〃　五月	三池郡三川村	三池郡三川村大字川尻諏訪
早米ケ浦　〃	三五年一〇月	三池郡三川村	三池郡三川村大字三里ノ内東ハ内畑、西ハ磯
（豊前海区）			
田野浦　漁業組合	明治三五年　八月	門司市田野浦	門司市大字田野浦
柄杓田浦　〃	〃　八月	企救郡東郷村	企救郡東郷村大字柄杓田、白野
今津浦　〃	三六年　七月	企救郡松ケ江村	企救郡松ケ江村南ハ自恒見、北ハ至伊川
恒見浦　〃	三五年一二月	企救郡松ケ江村	企救郡松ケ江村
松ケ江浦　〃	三七年　八月	企救郡松ケ江村	企救郡松ケ江村大字恒見、今津（今津浦、恒見浦合併）
曾根新田　〃	三五年　八月	企救郡朽網村	企救郡朽網村大字曾根新田
苅田浦　〃	〃　一一月	京都郡苅田村	京都郡苅田村大字苅田、松山
浜町浦　〃	〃　一一月	京都郡苅田村	京都郡苅田村大字浜町、馬場
蓑島村　〃	〃　一二月	京都郡蓑島村	京都郡蓑島村
沓尾浦　〃	〃　一二月	京都郡今元村	京都郡今元村大字沓尾
長井浦　〃	〃　一一月	京都郡仲津村	京都郡仲津村大字長井

稲童浦　〃	三六年　二月	京都郡仲津村	京都郡仲津村大字稲童東ハ松原、西ハ石並
八津田村　〃	三五年一二月	築上郡八津田村	築上郡八津田村東ハ大字宇留津、西ハ八津田
椎田浦　〃	三六年　二月	築上郡椎田町	築上郡西角田村大字上リ松、八津田村大字宇津留界
西角田浦　〃	三五年一一月	築上郡西角田村	築上郡西角田村大字西浜、上リ松、石堂、有安
松江浦　〃	〃　九月	築上郡角田村	築上郡角田村大字松枝東ハ読川、西ハ大字松本
八屋浦　〃	〃　一二月	築上郡八屋町	築上郡八屋町大字八屋
宇島浦　〃	〃　一一月	築上郡宇島町	築上郡宇島、長、室木、亀、岩、長者、八千代、千代、泉大福各町
三毛門村　〃	三六年　五月	築上郡三毛門村	築上郡三毛門村東ハ大字三毛門、西ハ沓川
東吉富村　〃	〃　五月	築上郡東吉富村	築上郡東吉富村東ハ山田川、西ハ界木
（内水面）			
二川村漁業組合	明治三九年　七月	八女郡二川村	八女郡二川村大字江口、四ケ所、富久、若菜

水産組合名	設立認可年月	事務所位置	区　域
筑　豊　水産組合	明治三五年一一月	福岡市下対馬小路	福岡市、糸島・早良・粕屋・宗像・遠賀郡各浦及企救郡内板櫃柳浦、小倉市内平松・長浜、門司市内旧門司
豊　前　〃	〃　八月	築上郡宇島町	門司市田野浦以東ノ企救郡、京都郡、築上郡
有明海　〃	〃　九月	山門郡沖端村	三潴、山門、三池ノ三郡、大牟田市
三潴郡筑後川本流及支流　〃	三六年　四月	三潴郡川口村	三潴郡鳥飼、安武、大善寺、三潴、城島、青木、三又、川口、大野島、久間田各村及大川町

（「農商務省水産組合要覧」・「第二四回福岡県勧業年報」・「明治四十年福岡県統計書（第三編　勧業）」による）

新漁業組合は、浦を地区単位とし、漁業権管理団体として発足した。しかし、すでに述べたように、漁業管理の基本となる漁場境界、専用・共有・入漁関係、漁業行使等のルールづくりには、浦相互間の協議によるところも然ることながら、当時の各沿海漁業組合連合会の指導性によるところが最も大きかったと云えよう。現に、新漁業組織の協議はまず各沿海漁業組合連合会において取り上げられ、そこで方針が決められている。つまり、今後とも新漁業組合を統括指導する連合会は必要不可欠であったにもかかわらず、旧漁業法では新漁業組合連合会の設立を認めていなかったのである。このような視点から、筑豊漁業組合が筑豊水産組合へ衣替えした経緯と結果についてみよう。

曩に農商務省水産局が調査したる漁業組合模範規約の各項孰れも我が筑豊漁業組合の各浦に於て果して適用施行せらるべきや否に就き同組会員中の黒木太郎、占部文蔵、藤田藤太、亀津亀太郎、中村種之助、待井清秀の各頭取は昨四日より今五日まで県庁内にて同規約の各項に就き詳細に討究せる由。漁業組合模範規約の草案は昨日（五日）脱稿となり今日より引続き水産組合模範規約の草案に着手する筈なりと。（「福岡日日新聞」明治三十五年六月五、六日）

筑豊漁業組合連合会並に協議会は今般筑豊水産組合組織其他規約及経常費予算議定の為め去二十七日午前十時より県会議事堂に於て開会せり、出席員は各漁業組合理事五十四名、県庁より榊原水産技師、古賀、安河内県属、鈴木主任技手臨場し、黒木太郎氏会長席に着き従来の筑豊漁業組合会を新法に基き筑豊水産組合に組織変更の件を討議に付せしに議論頗る激しく、遠賀郡漁業組合理事は一時意見衝突の為め水産組合に加入せずとまで反対せるも、県庁当局者其他重立たる有志の仲裁あり昨日までは尚専ら交渉中にて之れが為め議事の進行を中止せるが、其他の各郡組合は折合付き協議会に於て水産組合規約の大体を可決し二読会に於て修正を加へ其後三読会は前記遠賀郡漁業組合員との交渉の為め中止し居れり、又同協議会は一昨日午前午後共開会し提案の一なる共有漁業規約は委員付託に決し、昨日は水産組合経常費予算の質問会を開き第二読会は規約確定後議することゝなり、尚、共有専用漁業規約委員は一の修正案を作り昨日報告せり、因に同会は本日も午前九時より開会し総ての議案を議了し閉会の筈なりと。

（「福岡日日新聞」明治三十五年九月三十日）

以上の記述にみられるように、筑豊漁業組合頭取会で各浦の新漁業組合規約、水産組合規約の草案が作成され、連合会、協議会に付議されている。そして筑豊水産組合への組織変更について紛糾したものの、結果的に決着をみたことが読み取れるのである。また、筑豊五十二ケ浦（四十六新漁業組合）共有専用漁場の取得、行使方法に関する規約も決められている。さて、筑豊水産組合は明治三十五年十一月に認可されるが、当組合がどのような性格を持つものであったかを、同組合規約と国の模範規約とを対比しながら検討してみよう。筑豊水産組合規約の主要な条項を左に抜粋する。

第一条　本組合は水産業改良発達及水産動植物の蕃殖其の他組合員共同の利益を図るを以て目的とす

第二条　本組合の業務左の如し

一　漁撈及製造の調査指導に関する事項

二　製品の検査に関する事項

三　水産動植物の蕃殖保護に関する事項

四　販路の調査に関する事項

五　紛議調停に関する事項

六　共進会及品評会の開設に関する事項

七　博覧会、共進会、品評会の出品に関する事項

第三条　本組合は筑豊水産組合と称す

第四条　組合事務所は福岡市博多下対馬小路又の八十九番地に設置す

第五条　本組合の地区は福岡県糸嶋郡、早良郡、粕屋郡、福岡市、宗像郡、遠賀郡沿海浦嶋及び企救郡の内板櫃、柳浦、小倉市の内平松、長浜及門司市の内門司の各漁業組合設置地区内に依る

第六条　本組合は前条地区内に於ける漁業者を以て組織す

第一四条　本組合に左の役員を置く

一　組長一名　　一　副組長五名　　一　評議員八名

第一八条　本組合の役員は名誉職とす

第二一条　会議は総会及役員会の二種とす

総会は漁業組合地区内代表者を以て組織す

役員会は正副組長並評議員を以て組織す

第二三条　総会代表者は各漁業組合地区内一名とす

評議員の選挙区及員数を定むること左の如し
第一区　議員一名
浦名：門司、大里、長浜、平松、藍嶋、馬嶋
第二区　議員一名
浦名：戸畑、若松、脇ノ浦、脇田、岩屋、山鹿、芦屋、波津、柏原
第三区　議員二名
浦名：地ノ嶋、大嶋、神港、勝浦浜、鐘崎、津屋崎、福間、新宮、奈多、相嶋
第四区　議員二名
浦名：志賀嶋、弘、箱崎、伊崎、姪ノ浜、浜崎、今津、唐泊、西ノ浦、野北、小呂嶋、玄海嶋、残嶋、博多大浜、旧船手（土手町荒戸）
第五区　議員二名
浦名：芥屋、姫嶋、岐志、新町、久家、船越、加布里、片山、深江、福井、吉井、鹿家

第一条の目的、第二条の業務内容は、全く模範規約と同様である。大きな違いは、模範規約の第六条「本組合員は地区内に於ける漁業者、製造業者、販売業者を以て組織す」とあるのに対して、本規約第六条では「製造業者、販売業者」が削除されていることである。つまり、筑豊水産組合は漁業者の集団、すなわち漁業組合の連合組織体を意図していたことがわかる。第二三条に示すように、構成地区は第一～五区に分けられており、これは準則時代と変わっていない。また、模範規約にうたわれている第三九～四七条の製品検査に関する条項は全部削除されており、本規約では第三六条で「本組合に於て行うべき製品の改良方法は必要に応じ別に之を定む」としている。第二条の業務をみる限り、筑豊水産組合は技術の改良進歩と情報交換のための組織体であったが、最も重要な役割は漁業権管理主体となった各漁業組合を統括し、総合的漁業調整、指導を行うことにあったと思われる。それは、左の筑豊水産組合理事会規約から読み取れる。

第一条　本会は豊前国旧門司浦以西筑前国糸島郡鹿家浦に至る沿海四十六ケ浦漁業組合理事を以て組織し漁業上相互の利害に関する事件に付相共に提携講究し其平和発達を図るを以て目的とす
第九条　本会に要する費用は毎年予算を以て之を定め各組合の負担とす

第一〇条　本会に於て決議の事項は各組合確守実行するものとす

第一一条　本会は第一条の目的を達する為め左の区域に拠り支会を設置す但支会長は本会の幹事之を兼任するものとす

第一支会　門司、大里、長浜、平松、馬島、藍島、戸畑、若松、脇ノ浦、脇田、岩屋、柏原、山鹿、芦屋、波津

第二支会　鐘崎、地島、大島、神湊、勝浦、津屋崎、福間、相島、新宮、奈多

第三支会　箱崎、志賀、弘、福岡、姪浜、残島、伊崎

第四支会　唐泊、玄海、小呂、今津浜崎、西浦、野北、芥屋、岐志新町、久家船越、加布里、深江片山、姫島、福井、鹿家

旧漁業法では新漁業組合連合会の設立を認めていないため、かつての筑豊漁業組合は、連合会設立が認められている水産組合規則に依拠して筑豊水産組合に衣替えをしたと云えよう。しかも、水産組合規則で加入すべきものとし、しかもかつて加入していた製造業者等を除外している。実質的に漁業組合連合会となったのである。一方、有明海水産組合、豊前水産組合については、資料不十分のため明確ではないが、基本的には各海区における漁業組合で組織する連合体であったことは疑いない。しかし筑豊水産組合が漁業者だけの構成となったのに対して、両水産組合では漁業者のほかに製造業者、販売業者も含まれている。水産組合規則に準拠していたと云えよう。しかし事業内容については明確ではない。「九州日報」に両水産組合に関する記事が掲載されているので紹介しておこう。

⑴今三十七年度に於ける有明海水産組合の施設経営すべき事業の種類を聞くに

①対清貿易ノ主要物品たる乾蟶貝製造の改良試験を為すこと

②ミロク灰貝並に蟶貝養殖の保護蕃殖を図ること

③漁具漁法を精密に調査し共に生物適応の分類を実行すること

④水産共進会出品選抜並に出品を補助すること

⑤遠海漁業殊に朝鮮海出漁を保護奨励すること

等にして其経費は組合より一千二百七十円を支出し県費より六百円の補助を受くること、なりし由、此他尚ほ施設経営すべきもの多々なれども創業日浅く余儀なく比較的急施を要せざるものは次年度に繰延しと也。

（「九州日報」明治三十七年三月一日）

(2)去る二十五日豊前水産組合協議員会に於ける決議事項左の如し
①三十七、八年度中に於て豊前水産組合各団体より出漁船十艘を朝鮮海に出漁移住せしむること奨励の件
②右出漁船に対しては補助金千五百円を交付するの件
③打瀬網漁業上取締の件
④打瀬網目に関し其筋に上申の件
⑤其他遠洋漁業者救恤賞与に関する件

（「九州日報」明治三十七年十一月二十九日）

以上、海区別水産組合の成立とともに、福岡県水産組合設置の動きのあったことが、「九州日報」（明治三十七年五月八日）に掲載されている。「去る三日京都郡行橋町に於て豊前水産組合通常総会を開き、三十七年度経費予算を議定し、次で筑豊、有明海、豊前の三水産組合を連合して福岡県水産組合を組織することに付き協議したるが、満場一致を以て可決したり、依て小畑兵三郎氏外三名を委員に選定して、右連合組織のことを他水産組合に交渉せしむること〻せり、因に記す、筑豊水産組合は既に連合組織のことは可決し居るを以て、今は有明海水産組合に交渉する運び居れりと」。しかし、その後の経緯は不明であるが、県連合会の設立をみるのは大正三年に入ってからであった。

第二節　福岡県における専用漁業権免許をめぐる動き

一　漁業権免許出願の準備

漁業権の確保は漁民にとって最大の関心事であった。漁業施行規則第一四条によって、定置漁業（七種）、区画漁業（三種）についてては地方長官へ、特別漁業（九種）、専用漁業については農商務大臣へそれぞれ提出することとなったが、これら願書を提出する側にとっても受理する側にとっても、初めての経験であり、その関係書類の作成、審査に要したエネルギーは膨大なものであったと思われる。福岡県は、明治三十五年十月十二日、告示第三三五号「漁業ニ関スル出願申

請及届出手続左ノ通リ定ム」を発した。これは第一～一二条から成るが、その主な内容は左の通りである。

第一条　漁業法施行規則ノ規定ニ拠リ本県知事ニ差出スベキ出願申請及届出ハ其漁場ノ属スル地ノ町村役場郡市役所ヲ経由スベシ、地元町村及郡市不明ナルトキハ其理由ヲ付シ直接当庁ニ之ヲ提出スルコトヲ得

第二条　漁業免許ニ関シ農商務大臣ニ提出スル願書図面其他ノ書面ハ其副本一通ヲ調製シ当庁ニ之ヲ差出スベシ

第三条　漁業法施行規則ノ規定ニ依リ本県知事へ差出スベキ願書申請書及届書ハ別紙第一号乃至第二十四号書式ニ拠ルベシ

第四条　従来ノ旧慣ナクシテ漁業法施行規則第二条第七号、第三条第一号及第二号ニ該当スルモノ及総テ工作物等ヲ施設シ漁業ヲ為サントスルモノハ其免許出願ト同時ニ明治三十四年県令第三二号第三条ニ依リ水面使用願書ヲ差出スベシ

第五条　前記記載ノ如ク水面ヲ限界セザルモノト雖特定ノ行為ヲ施スモノハ明治三十四年県令第三二号第四条ニ依リ出願許可ヲ受クベキモノトス

第六条　漁業ノ為メニスル水面使用ノ免許権ヲ漁業権ト共ニ相続譲渡共有又ハ貸付スル場合ニ於テハ漁業権異動登録申請ノ書式ニ準ジ相続人又ハ当事者双方ヨリ之ヲ本県知事ニ届出ヅベシ

第七条　漁業ノ為メ河川法ヲ施シタル河川又ハ河川法ニ準用シタル河川ニ於テ工作物ヲ施設シ又ハ占用ヲ為ス等ノ場合ハ漁業免許出願ト同時ニ各其法令ニ依リ出願許可ヲ受クベシ

第八条　本手続ニ依リ漁業免許ヲ出願スル者ニシテ従来其漁業ヲ為シタル旧慣アルモノハ其事実ヲ証スヘキ書類ヲ添付スベシ

第三条に規定する願書、申請書、届書は第一～二四号書式と多岐にわたるが、最も基本となる第一号書式の定置（区画、特別）漁業免許願書は左の通りである。

（第一号書式）

定置漁業（区画漁業、特別漁業）免許願書

一　漁業ノ種類及名称　　何々

一　漁獲物ノ種類　　何々

一　漁業時期　　　　　　何月何日ヨリ何月何日マデ
一　免許期間　　　　　　明治何年何月何日ヨリ何年何月何日マデ何ケ年間
前記ノ通定置（区画、特別）漁業（慣行ニ因ルモノハ此処ヘ「慣行ニ因リ」ノ五字挿入）免許相受度別紙漁場図及
関係書類相添此段相願候也

福岡県何郡市何町村
何浦漁業組合長
出願者　氏　　名　印

福岡県知事宛

漁業免許出願のうち、県知事が認可する定置、区画漁業については比較的問題は少なかったが、農商務大臣が認可する特に専用漁業については、慣行の有無、漁場境界の確定の難しさに加えて、全国におよぶ件数の多さのため、県、国の作業は容易でなかったと思われる。専用漁業免許出願について、福岡県では農商務省と交渉して、その出願書式を統一簡明化したことが「福岡日日新聞」（明治三十六年一月二十二日）に次のように記載されている。

目下県下より専用漁業免許を出願せるもの頗る多数に上り居れるが、其書式区々に別れ判明ならざる点尠からざるより当局にては今般主務省と交渉の上左記の通り様式を決定したりと。

一　漁場の位置及区域　　別紙漁場図の通
一　何網　何魚　（何月何日より何月何日まで）又は（昼夜）
一　何釣　何魚　　同　前
一　何採取（何藻何貝）　同　前
一　免許期間　　何　年
前記の通地先水面専用漁業の免許相受度別紙漁場図及関係書類相添此段相願候也（以下県告示の通）。

福岡県下では、漁業免許出願の期限である明治三十六年六月末日までには、新たな漁業組合の設立を終了させるとともに漁業免許出願書を提出することになったが、その準備に追われている様子が左の新聞記事にみられる。

(1)有明海専用漁業出願に関する山門、三瀦、三池三郡主任、書記及漁業組合総代諸氏は昨日来福県庁に出頭して書記

官に面会し今回四課長及主任技手諸氏と打合をなしたりと。

（「福岡日日新聞」明治三十六年四月三日）

(2)宗像郡鐘崎以西粕屋郡奈多に到る十ケ浦漁業組合の漁業権共同漁場に関し願書整理等の為め本日午前九時より博多川端明治館に於て右各浦組合の理事協議会を開く由。

（「九州日報」明治三十六年五月九日）

(3)地曳網にして一定の引揚場なく或る区域内随時何処にても曳揚をなす漁場あり、是等は特別漁業第三種に該当せざるものとし専用漁業として出願するも差支なきや否やを本県より水産局長に問合せたるに差支なき旨回答ありたる由。

（「九州日報」明治三十六年五月二十四日）

(4)山門郡有明、三潴郡川口、山門郡塩塚の三漁業組合は今般各々臨時総会を開き、熊本県玉名郡飽託郡、宇土郡沿海各町村と両県往来漁業特約証により権利義務に関する入漁登録申請に関し協議したるが右は申請することに決定したりと。

（「九州日報」明治三十六年六月二日）

(5)糸島郡沿海各漁業組合は来る十五日まで漁業免許申請書を認め大字加布里に集会して一応郡役所の下調を受くる筈。

（「九州日報」明治三十六年六月六日）

(6)昨年七月実施せられたる漁業法により従来の慣行を以て専用、定置、特別並に入漁の権利を得んとするものは本月末日までに免許出願せざれば其慣行の権利は消滅して再び収得すること能はざる都合なり、漁業に於ては重大の関係あるべきを以て右等有権者は此際期日を失せず出願すること肝要なり。

（「九州日報」明治三十六年六月七日）

(7)築上郡東吉富村より門司市田の浦迄の専用漁業出願は海面図を始め一切の関係書類悉皆整頓せしを以て、昨二十一日各組合理事は行橋町に集会し、小畑水産組合長より説明する処あり、満場異議なかりしより主務省へ進達に決せり。

（「九州日報」明治三十六年六月二十五日）

そして、県、国への漁業免許の出願状況について、新聞は次のように報じている。

(8)本県に於て三十六年一月以降去る六月末日までの間に漁業免許を出願せるもの丶内、既に県庁より主務省に進達して免許を得たるもの並に進達中のものを除き、現在県庁に受理したるま丶処分未済に属し居るもの丶種類別願書数は次の如くなり。慣行専用漁業・八四件、定置漁業・六五六件、区画漁業・一〇二件、特別漁業・一〇九件、慣行入漁申請・一二六件、契約入漁申請・四件

（「九州日報」明治三十六年七月八日）

(9)昨年七月一日より漁業法実施せられたるについては当業者は同法により漁場図を添えて漁業免許出願をなすことな

るが、漁場図の調製に当り中には従来争議中にありて漁場境界の決定せざるもの、如きは何れも自己の主張通りに区画しあり、各漁村の境界さえ区々錯雑にして曲直の鑑別つかざるもの多きより、過般水産局の官吏、関西地方一、二県に出張して事実の調査及び測量をなしたるが、各地方庁も又何れも一定の連絡漁場図なきため頗る決定に困難を来し益々該漁場図編成の急務を感じたりという。

（「福岡日日新聞」明治三十六年十一月十八日）

⑽目下農商務省に於て受理したる専用漁業出願数は地先水面専用漁業出願、慣行による専用漁業出願、入漁捕捉申請等を併せ一万件に上り、今日迄の官報にて発布したる者あれども既に認可したる者は僅かに二百件に過ぎざるが、農商務省は多くの技師を出張せしめ其出願に対する三分の二以上の実地調査を終りたれば漸次許可を進行せしむべしと。

（「福岡日日新聞」、明治三十九年九月二十三日）

農商務省は、膨大な漁業免許出願数とその内容不備を前にして、各府県に対して新たに次の「漁業出願処分について通牒」を発している。

各地方に於ては漁業法第三条に該当する漁業の出願に対し、未だ許否の処分を了せざるもの及び今後新に出願するもの少からざるべきが、其漁場にして同法第四条専用漁業の漁場内に存する場合に在りては、其漁業の実質如何により交互性質相容れず、又は往々彼比利害の調和し難きものあり、右等の場合に於ける両者出願事件の処分上に付ては篤と其関係を審らかにし適切妥当の措置を為すにあらざれば、為めに一方慣行に因る漁業の権利を傷害し若くは後来に争議の因を貽すの虞なきを保せず、然るに両者事件の主管各自相異なるより或は其処分の結果に於て彼是支吾杆格を見るに於ては、甚だ不都合に付農商務省に於ては右第四条漁業の出願に関しては最も慎重の取扱に出づべきを以て、県庁に於ても第三条の漁業出願にして右の如き関係を有するものに付ては其処分上一層注意し事宜に依ては水産局に予じめ打合せられたき旨、牧水産局長より本県知事に通牒ありたり。

（「九州日報」明治三十九年二月十日）

以上の経緯を経て、各種漁業免許の出願は明治三十八年度末でほぼ終了し、福岡県下では四十年度から本格的に現地調査、調整に入るのであるが、国や県がこれに費やした時間とエネルギーは大変なものであった。漁業者にとっては、専用漁業認可の前提として、隣接県との漁場境界や入漁条件を確定することが最重要課題であった。

二　農商務省技師の専用漁業権免許調査

農商務省調査官は明治三十七、三十九年に、他県調査の合間に、福岡県に立ち寄って予備調査を行っているが、本格的調査は明治四十年になってから行われた。福岡県は、農商務省調査官が明治四十年六月中旬に来県し、専用漁業免許願に対する調査を行うに際して、沿海各郡市長あてに、次の通牒を発した。

専用漁業調査に付注意

①調査は便宜の地に根拠を定め天候を見計ひ付近離島の調査を先にすること
②天候の都合により離島に渡航し難きときは本土の調査を為すこと
③離島の調査と共に其往復航路に当る山見法に依る対景図の照合を為すこと
④漁業組合理事は組合規約、認可書、役員、慣行の証拠書類、慣行調査書、最近年度の予算決算書類、組合名簿等組合に関する書類を携帯し指定地に出頭すること
⑤理事は出願漁業に精通せる当業者二、三名（出願漁業尠ければ一、二名にても宜し）を同行すること
⑥共同出願又は入漁関係ある場合には関係者を集合せしむること
⑦漁場の境界が市町村界に該当する場合には其関係市町村吏員は其調査に立会すること
⑧前項調査の際には市町村図及市町村界付近の字図等を携帯すること
⑨漁場実測の振合は左の如し

第一方法

甲地を出発し乙地との界を測量するには甲地の船を用ひ右境界には乙地の者立会すること

右界より乙地の船にて丙地との界に至る此界には丙地の船を出すこと

右の通順送りと為すこと

第二方法

関係組合申合の上予め測量船を定め甲地を発し漸次乙、丙、丁と測量し此間同一船を用ゆること、而して関係立会者も船にて同行すること尤も途中便宜の地にて待受くるも支障なし

⑩陸地の境界（基点）にして顕著なる物体なき所には旗其他の目標を建つること

現場に至る境界不明の為め多くの時間を費せしは、次の界に待せあるものに時間の狂ひを生じ不都合を来すべきに

付、特に予め注意を願ふべきこと。

（「九州日報」明治四十年六月七日）

福岡県における農商務省調査団熊木技師一行の行動を新聞記事で追ってみると、左の通りである。

⑴過日来専用漁業及入漁調査として来県せる熊木農商務技師の一行は去る十五日糸島郡野北、芥屋、岐志、新町、翌日は姫島、小富士浦の専用漁業調査をなし、十七日は該地方に於ける入漁調査をなして同日深江に引移れるが、其後の調査予定を聞くに十八、十九日は深江、片山、加布里、福吉、鹿家の専用漁業と入漁との調査をなし十九日午後一応帰福の筈、而して二十日唐泊浦に赴き同地を根拠として二十一日は唐泊、玄界、西ノ浦、二十二日は今津浜崎、小呂島の専用漁業、二十三日は以上各町の入漁調査、二十四日は粕屋郡西戸崎に引移り同地方の専用及入漁の調査をなすべし、二十五日は弘、志賀の専用漁業及志賀、奈多の境界調査、二十六日午後に新宮に赴く、二十七日は奈多、新宮、相島の専用漁業調査、二十八日は津屋崎以西五ケ浦共同専用漁業調査。

以上は既に確定の日割なるが尚其以後の日割予定は以下の如くなるも或は変更するやも知るべからずとなり、八月二日より五日迄は宗像郡の残り全部の調査、同十日より沖合調査、十五日頃は佐賀県と福岡県との入会漁場境界調査。

（「九州日報」明治四十年七月二十、二十一日）

⑵熊木農商務技師は目下調査中に属する本県専用漁業区調査に就て以下の如く語れり、「今回の調査は前後約六十日間の予定で、夏期海上の穏なる時候を利用して務めて外海の調査を主とするのです、先づ佐賀県境より宗像郡迄位に止め、遠賀郡より豊前沿海は更に秋季七十日許の予定で出張の筈です、此専用漁業区域は今回の調査により将来の権利が確定すると云ふので尠からず悶着が起るのです、けれども福岡県は余程此の弊が少ない、と云ふのは明治八年太政官の布告で藩政以来の慣行を破り税を課して借区を許すこととなつたので何地の漁浦にても自己の地先のみならず、他所の地先迄も借区すると云ふこととなつたので同一海面を甲乙丙の各漁村が相争ふと云ふ弊が生じて翌九年此借区の布告は取消すことになつた様です、此時各地とも藩政時代の慣行を破壊して稍複雑の関係を造つたのです、然るに福岡県にては其後二十四年に於て全く之を一洗して殆んど藩政当時の境界を定め慣行を持続したる為め、今日に於ては是と云ふ紛糾問題を生ぜんのは珍しい所です、けれども境界と云ふのは矢張り曖昧なるを免れないで、境界の或一点は確立してるにも拘らず何方に向つて其線を引くかと云ふことは不明なのが少くない、それから本県では各漁浦共地先八町を区域としてるが、其外面は五箇若くは八箇組合で持ち、其又外海は三十六箇組合で持つと云ふ様なことが

あるのです、こんなに沖の沖となると自然他県との境界問題が起つて来るが、さて県の行政区域をと調べて見ると、随分区域外に渉りて相争ひつつあることがある、福岡県と佐賀県との間にも互に隣県の領海を犯して漁業の認可を与へてある様に思はれる、山口県との関係も多少紛糾してるかも知れないが、而し斯んなことは案外解決は容易でせう」。

（「福岡日日新聞」明治四十年七月二十二日）

(3)予てより来県、専用漁業の調査中なる熊木技師の一行は、一昨日より更に二手に分れ、熊木技師、増田属、南部技手の一行には本県より城島属同行し、寺尾技手には本県より吉村技手同行して左記日割の通り引続き調査する由。熊木技師の一行——四日：宗像・遠賀両郡境界を調査し地島を経て神湊着、五日：神湊発大島往復、六日：神湊発博多着、七日：博多発唐泊着、八〜十四日：唐泊を根拠として玄界島・小呂島・烏帽子島沖合調査、十五日：佐賀・福岡両県境界調査。寺尾技手の一行——五、六日：大島専用漁業調査、七〜九日：大島沖合調査、十〜十二日：相島沖合調査、十三〜十七日：志賀島沖合調査及弘浦専用漁業調査。

（「九州日報」明治四十年八月六日）

(4)有明海地方の専用漁業調査中なりし熊木農商務技師は昨日を以て三池郡の調査を終り、本日より遠賀郡芦屋町を根拠とし波津浦より脇ノ浦に至る専用漁業調査をなす由、佐賀県との有明海関係調査は同県より吏員を派遣出来たれば一旦中止し来月上旬調査のことに延期したり。

（「九州日報」明治四十年十月一日）

(5)遠賀郡芦屋町を根拠として調査中なりし熊木農商務技師の一行は一昨日までに沖合境界等を除く外、同郡内の調査を終へしを以て午後小倉に赴き同技師、増田属及び本県城島属は同市鳥町高尾屋に於て該地方各浦の調査を始め、南部、寺尾両技手及び本県吉村技手は関門汽船会社の汽船硯海丸に乗込み本日より門司以西宗像郡大島に至る沖合境界調査に着手の筈なり、又た福岡、山口両県漁場境界調査は樫谷農商務技師、山口県下調査の際全く終了するに至らざりしを以て今回小倉方面調査後引続き調査の筈にて、其交渉期日及び場所は目下熊木技師より山口県に交渉中なるが、多分来る十一、二日頃より小倉市に於て開始するに至るべき見込なり、因に博多湾方面の内海調査は右終了後に延期されたり。

（「九州日報」明治四十年十月八日）

(6)漁業区域調査の為め出張中の熊木農商務技師は山口、福岡両県属、関係市町村吏員と共に門司より港務部及門司水上警察署の小蒸気船に分乗し福岡県藍の島付近より山口県沖合にかけ漁区の調査を為せり。

（「九州日報」明治四十年十月十二日）

(7)熊木農商務技師、本県徳永商工課長一行は有明海に於ける三池、山門、三潴三郡の漁業紛議問題協定の為め長崎より直行の予定なりしが、長崎に於て打合の都合に依り右紛議調停問題の着手を後廻しとすることに変更し、本県対大分県との漁業境界実測未済に係る分の調査をなし、来る四日旧門司、田の浦等の対山口県との境界調査を了し、五日より三池、山門、三潴三郡の漁業紛議問題の協定に従事し、八日来福、糸島郡唐泊浦対粕屋郡志賀島浦の入漁問題の協定をなし、帰京の途に就く予定なり、右に就き熊木技師は昨日長崎より宇島に向け直行し、増田農商務属外二名は一昨夜来来福、昨日吉村本県技手と同車宇島に向へり。

（「九州日報」明治四十年十二月三日）

以上は農商務省調査団の行動であるが、彼らは県下各海域、浦における実地調査を精力的に行うとともに、調停にも積極的に乗り出していたことがわかる。この農商務省の調査、調停を契機に県下の筑前、豊前、有明三海区における隣接県との漁場境界、入漁問題は解決の方向へ動き出すが、これらの協議が締結され、免許認可を受けるまでには未だ紆余曲折を経なければならなかった。

三　筑前海区における共有専用漁業権免許に係わる隣接県との協議、協定

筑豊漁業組合連合会が明治二十四年十二月に作成した県知事認可「筑豊沿海漁業組合各浦漁場区域画定図」（付図2参照）は、各浦、島地先周辺の専用漁場区域と沖合共有入会漁場区域とから成り立っており、当海域漁場利用の基盤となっていた。これが漁業法による新たな専用漁業権免許出願の根拠となった。四十六ケ浦漁業者代表は明治三十六年六月二十八日、知事経由で農商務大臣あてに「慣行ニ因ル共有専用漁業免許願」を慣行事実陳述書を添付して提出した。県知事は明治三十六年十月二十三日、それを農商務大臣に進達した。その内容は左の通りである。

県四第三八〇〇号

管下宗像郡岬村鐘崎浦漁業組合外四十五組合ヨリ慣行ニ因ル専用漁業免許出願候ニ付取調候処其慣行ノ事実ハ付属陳述書ノ通リニシテ漁業権取得ニ関シ各組合総会ニ於テ制規ノ決議ヲナシ該決議ニ対シ認可ヲ与ヘタル儀モ相違無之候条御免許相成度別願書進達此段副申候也

明治三十六年十月二十三日

福岡県知事　河島　醇

農商務大臣　清　浦　奎　吾　殿

慣行ニ因ル共有専用漁業免許願

一　漁場ノ位置及区域　別紙図面ノ通（省略）

一　漁業ノ種類、捕獲物、時期

漁業の種類、方法	捕獲物ノ種類	漁業時期
鯛配縄	鯛、小鯛	自一月　至十二月
鰤配縄	鰤	自一月　至十二月
鱶配縄	鱶	自八月　至五月
鮪配縄	しび	自九月　至二月
はいを配縄	はいを	自九月　至三月
はしろ配縄	はしろ鯛	自一月　至十二月
ふく配縄	ふく	自十月　至三月
鯛二艘張網	鯛、小鯛	自一月　至十二月
浜底刺網	かれい、かいめ、こち、鯛、のうさば、めかり、ふか	自一月　至十二月
鰆流網	鰆	自三月　至十二月
鯖、鰺焚寄網	鯖、鰺	自五月　至十一月
かなぎ網	かなぎ	自一月　至七月
手繰網	小鯛、かます、小鯛子、きすご	自一月　至十二月
まびき釣	まびき	自六月　至十一月
しび流網	しび	自五月　至十二月
打瀬網	雑魚	自一月　至十二月
しばり網	鯛、鰆、鰤	自四月　至十二月
一本釣	鯛、瀬魚	自一月　至十二月

あご流網	あご	自五月　至八月
鰮刺網	いわし	自十月　至八月
あぶ網	あぶ	自十月　至二月
揚繰網	いわし	自二月　至八月
板屋貝漕	板屋貝	自二月　至十二月
いか釣	いか	自五月　至三月
引縄	鰤、鰆、鮪、鰹	自八月　至四月
いか柴漬	いか	自二月　至六月
鯖釣	鯖、鯵、ゐそ	自五月　至十二月
さんま網	さんま	自十月　至二月

一　免許期間　二十年

前記ノ通リ従来ノ慣行ニヨリ共有専用漁業免許相受度別紙漁場図〔省略〕及関係書類相添此段相願候也

出願者四十六人

代表者　占部文蔵

明治三十六年六月二十八日

農商務大臣男爵　清浦奎吾殿

（別紙）

慣行事実陳述書

筑前国沿海各浦島ニ於ケル漁業ノ因襲ヲ稽スレハ、遠クハ官幣大社宗像宮ノ垂跡ノ歴史孤島沖ノ島ニ赫々タルト、近クハ糸島郡小呂島孤島ニ同郡西ノ浦漁民ヲ移住セシメ漁業ヲ開発シ、往古前二島ヲ界シ以テ筑前国領海トシ、所謂古来専用漁業トシテ沿海ノ漁民営業為シ来リシハ地形上枢要密接ノ関係ヲ有スル実ニ蓋フベカラザル事実ニ属シ候、又抑モ藩主黒田家所領トナルニ及ビ、当時藩政機関トシテ農商漁民ノ別ヲ明ニシ郡奉行、町奉行、浦奉行ノ三職ヲ置カレ、漁民ハ其ノ浦奉行ノ支配下ニ隷属シ因襲ノ久シキ専ラ漁業ヲ以テ生活ヲ為セシガ、黒田藩ハ旧幕政中、外国船舶出入長崎港ノ国防ヲ担任セラレ（当時壱岐御番ト称ス）、多数ノ藩船、長崎港ニ往復シ且其ノ繋船中ニ在リテモ、各浦漁業者ハ凡テ水夫役ヲ相勤メタルヲ以テ、領海全部（小呂島、沖ノ島以内ヲ以テ領海トス）其漁場ヲ専用シタル既往事実上ノ慣行ハ勿論現ニ実業罷在候処、去ル明治十三年ノ頃ニ至リ太政官ノ布達ヲ以テ漁業ハ慣習ト結約ニヨリ営業致旨布告セラレ、其後時勢ノ変遷ニ伴ヒ将来其ノ慣行ノ紊乱センコトヲ憂慮シ、明治十八年ニ漁業組合ヲ設立シ漁場ノ維持取締ヲ講ジ、同二十二年ニ至リ各漁村浦専用及入会ノ慣行上諸般ノ査定方針ヲ定メ調査ニ着手シ、殆ンド三年間ノ日子ヲ要シ同二十四年ニ至リ全ク決定結了ヲ告ゲタルヲ以テ同年六月知事ノ認可ヲ申請シ、同年十二月十日付ヲ以テ認可ヲ与ヘラレタリ、即チ別紙慣行証明書第一号書面ト図面ノ通リニ候、其他慣行ノ事実ヲ左ニ陳述致候。

明治二十年中、福岡市梅津懋ナル者、旧藩船手組ト結合シ水産会社創立ヲ廃止シ其呼称掲スル所、渡船具ヲ改良シ遠洋漁業ヲ開発セシメ、他府県下漁船二百艘雇入条件ヲ以テ水産会社創立ノ認可ヲ申請ス、其ノ素志ハ我等往昔ノ専用スル処ノ漁場区域内ニ於テ他県下漁業者ニ営マシメ捕獲魚代ノ歩金ヲ収メントスル目的ニ外ナキヲ知得シ、我漁業組合ハ専用漁場侵漁ノ紊乱ヲ憂慮シ、別紙第二号証明書ノ通リ出願シ、当時知事ハ事実詮議ノ上梅津懋ヨリ請書ヲ徴セラレタリ、其ノ請書中筑豊漁業組合慣行漁場ナル佐賀県、福岡県トノ漁業区域ハ肥前、筑前国境タル字包石ヨリノ沖ハ名島見渡（泉瀬）ヲ包囲シ、小呂島ヨリ沖ノ島各以外五里ヲ離レ筑前国遠賀郡白島ニ至ル其以内区域ニ於テ漁業ヲ為致不申ト明言セリ、以テ見ルモ当事ノ福岡県知事ハ慣行漁業区域ヲ公認セラレタルモノニテ、本願漁場区域慣行ノ明ナル事実ニ候。

佐賀県東松浦郡浜崎浦ハ福岡県糸島郡福吉浦ト接近シタル漁村ナリ、去ル明治二十三年一月二十日慣行事実陳述証明書第三号証ノ通リ、其漁村区域境字包石ヨリ沖名島見渡シ其以東（本願共同専用漁場）ニ於テカナギ網十七艘三ケ年間ノ入漁示談ヲ受ケ、料金二百五十円ニテ契約シ入漁セシメタル事実ニ徴スルモ、本願ノ慣行専用区域判明ナリトス、明治二十八年三月山口県豊浦郡神玉村大字矢玉浦漁業組合壮大下浦仙六、筑木喜三郎ト元筑豊漁業組合総頭取黒木太郎代理同組合第二組頭取亀津亀太郎ト契約別紙第四証明書ノ通ニシテ、其漁場区域ヲ示スル豊前国白洲ト筑前国白島トノ間、中央ニ至リ夫ヨリ筑前国宗像郡大島村地内沖ノ島ヲ見渡シヲ境トシ付属図面ノ通ニシテ入漁ノ示談ヲ容レ、料金其種ニ依リ漁船一艘ニ付金五十銭以上四円以下ノ範囲ヲ定メ契約ヲ為シタリ。

明治三十四年二月山口県大島郡水産業組合長代理副組合長友沢伊助ト当元筑豊漁業組合第二組頭取亀津亀太郎ト入

漁ノ示談ニ依リ別紙第五号証明書ノ通リ、一ヶ年入漁ノ料金漁船一艘金七円以上十円以下ヲ以テ契約ス、其ノ区域ハ前第四号証ノ通ニ付之ヲ略ス。

本願慣行漁業ノ免許出願区域ニ対シ異議ヲ唱フルモノナキハ勿論、何人モ公認スル所実ニ蓋フベカラザル事実ニシテ慣行ノ明瞭ナル証ヲ証明スルモノナリ。

本願免許出願ニ係ル慣行漁業及区域証明ノ為メ別紙第六号証トシテ、付属証書第十二号ヲ以テ本区域ニ対シ他人ガ公認セシ事実ヲ明ニセントス、既往他人ガ該区域ニ侵漁セシ誤リ証書第一号ヨリ第二号ヲ以テ証明ス、又タ入漁ノ示談ニヨリ漁船一艘ニ付一ヶ年金十五円ヲ以テ入漁約束セシモノ第三号ヨリ第七号ヲ以テ証明ス、又区域内ニ於テ慢ニ意儘ニ入漁為差ザルノ契約ヲ為シタルモノ第八号ヨリ第十二号マデヲ以テ山口県、佐賀県ニ対スル証書其ノ一ヲ添付シ従来慣行ノ事蹟ヲ証明スルモノナリ。

前陳ノ事実ニ徴シ慣行ノ確実ナルコト明ナリトス、即チ本願区域ニ対スル漁場査定ノ当時其ノ局ニ当リタル元筑豊漁業組合総頭取黒木太郎ヲシテ証明セシメ早老右ノ通陳述候也。

福岡県本願四十六ケ漁業組合出願者
代表者　占部文蔵　印

前書陳述ノ通リ慣行ノ事実相違無之ヲ証明ス
元筑豊漁業組合総頭取　黒木太郎　印

玄海専用漁業権出願の明治三十六年六月から、それが認可を受ける大正二年五月まで、福岡県と隣接の山口、佐賀両県との間に長期にわたって協議、調停が続けられることになる。その全般的顚末については、『筑豊沿海志』に左のように要約されている。

明治三十六年三月、本県筑豊四十六ケ浦漁業組合は、豊前門司以西、筑前糸島郡鹿家浦に至る、共同専用漁業権取得方法並に取得後の漁業権行使方法に関する締結規約書を作成し、各浦漁業組合長は一同之に連署し、同年六月二十八日、願書を農商務大臣に提出したり。而して大正二年、漁業権獲得に至るの間、種々の困難と妨害とに遭逢せしも、就中山口、佐賀二県との交渉最も重事たり。明治三十九年七月二日、山口、福岡両県関係漁場の件につき、農商務省は樫谷技師を派遣し、両県当局者及び営業者を立会せしめ、互に主張せし区域線を実査し、之が協定書を作らしめたり。然るに、其後屢々意見の衝突を来し、かば、明治四十二年十二月五日、之が解決の為め農商務省は、また熊木技師を特派し切に之が調停の道を講ぜしめしに、両県は其勧告に従ひて互に譲歩妥結したり。之と同時に他の一方には、佐賀、福岡二県、漁場区域の交渉事件あり、二県互に其主張を異にし、容易に一致を見る能はざりしも、是れまた農商務省特派の熊木技師、実地調査の結果、互に歩を譲りて妥協成立し、大正二年五月三日に至り、農商務省は筑豊四十六ケ浦に対し、玄海専用漁業及び玄海沖合に散在せる瀬方専用漁業の免許を与へたり。かくてこれ等専用漁業権の行使一切を、漁業組合理事会の決議に基き、本組合に委任すること、なり、茲に多年の宿望始めて貫徹することを得。

以上は福岡県側の記録であるが、さらに他県側からの顚末記録や協定内容を加えて、詳細に整理してみたい。まず山口県との交渉の経緯について取り上げる。『山口県豊浦郡水産史』には、両県間における交渉、協定の顚末が詳細に記載されているが、以下ではその交渉顚末の要約と協定内容を紹介する。山口県との協議内容の中心は入漁条件（入漁の区域・漁業種・隻数・入漁料）で、漁場境界問題は取り上げられていなかったようである。

(1)福岡県四十六ケ浦島漁業組合連合出願専用漁場入漁協定始末書

明治三十六年以来、本県各郡市各漁業組合ノ懸案タリシ福岡県四十六ケ浦島漁業組合出願専用漁業問題ハ昨明治四十四年十一月三十日農商務技師熊木治平氏ト福岡市ニ会見シ、同年十二月三日第一回ノ調査ヲ結了シ、同年十二月本県萩町ニ於テ第二回ノ会見ヲ遂ゲ、本県漁業組合ノ旗幟ヲ鮮明ニシ、本県及福岡県トノ会見妥結ヲ遂グベキヲ熊木氏ニ約セリ、其後月ヲ閲スル七ケ月、別紙本県内務部長ノ通牒トナリ、明治四十五年七月十九日ヨリ萩町ニ本郡大津及阿武ノ三郡漁業組合代表者集合シ各郡意見ヲ交換シ、熊木氏ノ来萩ヲ待受ケタリ、二十一日熊木氏来萩セルモ、福岡県ヨリ代表者参着ナク、遷延二十四日ニ至ル同日午後代表者筑豊水産組合長占部文蔵外三名来萩セリ、越エテ翌二十五日各郡ヨリ提出セル入会慣行調書ニ依リ福岡県代表者ヨリ第一回覚書ヲ提出セリ、即日三郡協議ノ結果第一回復答ヲ提出セリ、爾後覚書ヲ交換スルコト五回、両県主張間隔遠クシテ握手スルニ至ラズ、二十九日下関会見ヲ期シテ協定スルコトトセリ、二十九日ヨリ三十一日ニ至ル三日間ニ於テ覚書ヲ交換スルコト二回、意見ヲ交換セルコト一回、三十一日夜ニ入リテ協定シ、大正元年八月一日協定書ヲ交換スルニ至リ、福岡県漁業組合連合出願専用漁場ニ対シ入漁権設定ヲ保留スルヲ得テ約十ケ年間、山口、福岡両県ニ横タハレル宿題ヲ解決スルヲ得タリ。

(2)入漁協定書

福岡県遠賀郡白島ヨリ糸島郡ニ至ル沖合未処分漁場ニ於テ筑豊四十六ケ浦島漁業組合ト山口県豊浦郡各町村浦島漁業組合トノ間ニ入漁ノ協定ヲ為スコト左ノ如シ。

①入漁区域ハ既免許専用漁場ヨリ二海里以外ノ海面（沖島ハ専用漁場以外）トス、但沖島周囲ノ専用漁場内ニ於ケル餌料釣ハ別ニ大島浦漁業組合ト協定スルモノトス

②入漁ノ種類ハ左ノ如シ

鯛延縄、鱶延縄、鰤延縄、柔魚釣、鯵鯖釣漁業ノ五種トス

③入漁料ハ入漁船一艘ニ付一ケ年金一円五十銭トス

④漁業時期ハ専用漁業権ノ通リ

⑤入漁料ハ入漁各町村浦島漁業組合ニ於テ取纒メ入漁前ニ筑豊水産組合本部事務所ニ送付シ、筑豊水産組合ハ直チニ入漁旗及入漁証票ヲ交付スルモノトス

⑥本契約ハ筑豊四十六ケ組合ニ於テ専用漁業ノ免許ヲ受ケタル日ヨリ効力ヲ生ズルモノトス

本協定ヲ証スル為メ正本五通ヲ作成シ、内三通ハ監督官庁ニ提出シ二通ハ本契約当事者ニ於テ各一通宛所持ス

大正元年七月三十一日

山口県豊浦郡王司村、長府村、彦島、垢田浦、安岡浦、吉見浦、永田浦、吉母浦、蓋井島、室津浦、涌田浦、松谷浦、小串浦、湯玉浦、二見浦、矢玉浦、和久浦、特牛浦、肥中浦、島戸浦、阿川浦、粟野浦、角島ノ二十三漁業組合

協定交渉委員

山口県豊浦郡矢玉浦漁業組合理事　瀬尾七太郎　印
同県同郡　湯玉浦漁業組合理事　山本増三郎　印
同県同郡　彦島漁業組合長　富田恒祐　印
同県同郡　安岡浦漁業組合理事　内山清吉　印
同県同郡　吉見浦漁業組合理事　永岡谷次郎　印
同県同郡　吉母浦漁業組合監事　小西又一　印

同県同郡　　小串浦漁業組合員　　　　　徳見甚助　印
福岡県宗像郡津屋崎町津屋崎浦漁業組合外四十五ケ浦漁業組合
入漁協定委員筑豊水産組合長　　　　　　占部文蔵　印
同副組長兼第三支部箱崎浦漁業組合理事　山崎親次郎　印
同第一支部長脇田浦漁業組合理事　　　　亀津亀太郎　印
同第二支部長　　　　　　　　　　　　　大島貞次郎　印
同第四支部長唐泊浦漁業組合理事　　　　原田種美　印
同第一支部委員山鹿浦漁業組合理事　　　井上喜次郎　印
同第二支部委員神湊漁業組合理事　　　　磯部又三郎　印
同第三支部委員伊崎浦漁業組合理事　　　川島吉兵衛　印
同第四支部委員西ノ浦漁業組合理事　　　柴田六太郎　印

立会人

農商務技師　　　　　　　熊木治平　印
福岡県技手兼属　　　　　吉村清　印
山口県技手　　　　　　　河野光三　印
山口県豊浦郡水産技手　　楠美一陽　印

玄海共有専用漁業権免許に係わる山口県との協議内容は、入漁条件が中心であったのに対して、佐賀県との間では、両県漁場境界と入漁問題があった。特に漁場境界を特定することはきわめて困難な作業であったが、この問題解決なくしては、入漁条件の協議さらには協定にまでこぎ着けることは不可能であった。まず、漁場境界問題は、明治四十年七月、農商務省熊木技師の来県によって再燃するが、交渉は当初、不調を繰り返しも、熊木技師の調停によって妥結し、漁場協定書を締結するに至るのである。その経緯を新聞記事で追ってみる。

(1)客月二十三日より三十日まで本県糸島郡福吉村に於て交渉中なりし福岡、佐賀両県漁場境界調停の不調となりたることは既報の如くなるが、今其内容を聞くに、福岡県に於ては小早川隆景が名島城主となりたる当時陸地の境界を定むるに際し現今の壱州名島は当時無名の嶋なりしに、之を名島と命名し筑肥両国境たる包石より右名島見渡線を以て筑前国領海と定めたる。以来文政年間日田代官へも其旨届出たることあり、維新後も佐賀県漁業者と入漁契約を為すときも該見渡線を以て境界となし来れるが、佐賀県に於ては土井大炊守に届出たる所によれば、鹿家浦串崎鼻より姫島見渡以西を以て唐津領海とせるが如き事蹟あり、其間天保十二年より嘉永六年に亙り八ケ年間、福岡、対馬、唐津の三藩間に於て交渉したることあるも決定するに至らず、明治二十四年中、安場男爵が本県知事たる際、同二十六年に亙り交渉したるも佐賀県に於て協定の延期を申込みたるまゝとなり居れるものにして、今回漁業法実施に際しては、佐賀県に於ては慣行に依る専用漁業出願の期日を失したるを以て、包石より神集島と姫島との中央見渡線を以て境界とし、淵上外十ケ組合の共同地先専用漁場として本年二月に至り出願したるを以て、結局右中央線と名島見渡線との間競願となれるにより、競願地を以て双互の入会漁場とせんとする説ありしも、佐賀県に於ては中央見渡線以東に幾部分の入会漁場を設けんことを主張したる為め再三協定案を変更し、其間、黒木筑豊水産組合長、原東西松浦水産組合長、松尾・小嶋両県会議員其他関係町村長等も大に之が妥協に勉めたりしも遂に不調に帰したる次第なりと云う。

（「九州日報」明治四十年十一月三日）

(2)福岡、佐賀両県の玄海漁場問題は熊木農商務技師の調停により今回芽出度解決を告げたり、同問題につきては熊木技師再三調停を試みしも不調に終りし折柄、有明海に於る問題解決したれば、同技師も是非調停すべき希望あり、両県の主任県属、有明海問題の際会合して是又た落着せしむべしとの意を互ひに漏したれば、去る二十三日唐津海浜院に熊木技師及び両県主任県属を始め、本県より黒木筑豊水産組合長、小嶋、松尾両県会議員、各浦組合理事、佐賀県より原東西松浦水産組合長及び各浦組合理事等、約六十四名会合して交渉を開始せしが、二十五日将に不調に終らんとせしも両県幹部の人々は之を遺憾とし更に妥協問題を提出し、合議の結果、二十六日午前四時迄に調停成り、同日調停書を作成し午後は両県の来会者懇親会を開きて和気靄々の裡に散会せり、両県当初の主張及び協約条件左の如し。

両県の主張

福岡県：糸島郡福吉村大字鹿家包石より壱州名島を見渡す一線は安政、嘉永年間よりの両県漁場境界たり

佐賀県：同上包石より糸島郡姫島と佐賀県神集島に亙る線の中央を見て引ける一線を両県漁場境界と云ふに在り

協約成立条件

糸島郡福吉村大字鹿家包石より壱州名島に至る線と包石より糸島郡烏帽子島に亙る線の間は陸岸より四百八十間の海面を鹿家専用漁場とし佐賀県より無償入漁を許すこと

右包石より名島に至る線の四百八十間の尖端より名島と同島東なる上泉瀬との中央に至る線、包石より烏帽子島に亙る線及び同線と糸島郡姫島と佐賀県神集島に至る線の交叉点より名島と上泉瀬の中点に至る線を以て描ける不等辺四角形を両県共同漁場とし、内包石より姫島と神集島の中央点に至る線と包石より烏帽子島に亙る線の間は佐賀県より或協定の網に限り限定入漁を許すこと。

（「九州日報」明治四十年十一月二十九日）

(3)玄海両県漁場協定書締結

協　定　書

福岡県糸島郡鹿家浦漁業組合外七ケ組合と佐賀県東松浦郡淵上浦漁業組合外十一組合との間に於ける係争漁場に付将来平和を旨とし本協約を締結す

第一条　本協約に於て甲者とは福岡県糸島郡鹿家漁業組合、福吉浦漁業組合、深江片山浦漁業組合、小富士漁業組合、加布里浦漁業組合、岐志新町浦漁業組合、芥屋浦漁業組合、姫島浦漁業組合の八箇組合を総称し、乙者とは佐賀県東松浦郡淵上浦漁業組合、浜崎漁業組合、鏡浦漁業組合、満嶋村漁業組合、唐津町漁業組合、妙見浦漁業組合、唐房浦漁業組合、相賀浦漁業組合、湊浜漁業組合、神集島漁業組合、屋形石漁業組合の十二箇組合を総称す

第二条　甲者の専用漁場の境界線は左の如し「包石基点より烏帽子島の灯台見通線を姫島の西端と神集島の東端とを連絡したる直線まで引たる線と其線の末端より上和泉の島頂上と中名島の頂上との中央見通線との以東」但し沖の境界は鹿家漁業組合外七ケ組合共同出願専用漁場の沖の境界線までとす（別紙図面〔省略〕の通り）

第三条　乙者の専用漁場境界線左の如し「包石基点より中名島の頂上見通し線以西」、但し沖の境界は鹿家浦漁業組合七ケ組合共同出願専用漁場北西角とす土器崎との見通線までとす（別紙図面〔省略〕の通り）

第四条　甲乙両者共同専用漁場の区域左の如し、但し第二条に定むる甲者の専用漁場の境界線と第三条に定むる乙者の専用漁場の境界線と鹿家浦漁業組合外七ケ組合共同出願専用漁場の沖の境界線とを以て囲まれたる区域内にして包石基点より四百八十間以内を除く（別紙図面〔省略〕の通り）、但し包石基点より姫島の西端と神集島の東端の中央見通線以東に於て乙者の行ふ漁業の種類は建網（瀬底刺網、浜底刺網を含む）、手繰網、五智網、延縄各種、

一本釣及小釣各種に限るものとす

第五条　包石基点より四百八十間以内は鹿家浦漁業組合と福吉浦漁業組合との共同専用漁場とす

第六条　前条の漁場区域内は介類、海藻以外の漁業に付乙者の無償入漁を認諾するものとす

第七条　乙者より甲者の専用漁場中全部の漁業に付無償無条件にて入漁する区域左の如し

「第二条に定むる甲者の専用漁場の境界線と包石基点より姫島の西端と神集島との東端との中央見通線とを以て囲まれたる区域内（別紙図面〔省略〕の通り）

第八条　鹿家浦漁業組合外七ヶ組合共同出願専用漁場及鹿家浦漁業組合、福吉浦漁業組合共同出願専用漁場中海岸朔望満潮線より四百八十間以外に乙者の無償入漁をなす漁業の種類及義務条件左の如し

一　建網（瀬底刺網、浜底刺網を含む）、手繰網、五智網、二艘手繰網一名、二艘五智網

右漁者の義務条件「特別漁業の免許を受けたる鯛地漕網及船曳葛網の漁場並に其付属具たる威縄の使用区域内は其免許漁期中入漁を避くる事」

一　延縄各種一本釣及小釣各種、右入漁者の義務条件「免許を受けたる定置網漁業及特別漁業の妨害を為さざること」

第九条　淵上浦漁業組合外十一ヶ組合共同出願専用漁場中海岸朔望満潮線より五百間以外の甲者の無償入漁をなす漁業の種類及義務条件は前条に同じ

第一〇条　甲乙両者の共同専用漁場の公課金の分担及漁場取締に付ては別に之を協定するものとす

右協約の成立を証する為め本書五通を作成し、農商務大臣、福岡県知事、佐賀県知事各一通宛提供し、甲乙両者に代表者を各一通宛保管す。

明治四十年十一月二十五日

佐賀県東松浦郡境村字虹松原海浜院に於て之を作成す

福岡県糸島郡漁業組合理事　協定委員　市丸宗次郎　外七名

立会人　福岡県商工課長　徳永勲美

同県糸島郡長　原田種臣

同県属　城島春次郎　外八名
佐賀県東松浦郡湍上浦漁業組合監事　協定委員　常吉彦一郎　外四名
立会人
佐賀県商工課長　福地　栄
同県東松浦郡第一課長　永江景徳
同県属　常吉太郎　外七名

付帯定約

一　共同漁場内には関係組合員の利害を保護する為当該組合員外の入漁することを禁ず、其取締は各組合之に任ずるものとす、但組合員外の者をして入漁せしめ料金を徴収するを以て利益ありと認むるときは双方協議の上之を定め其収入金は之を平等に分配するものとす
二　関係組合に於て取締人を設くるときは其費用は平等に分担す
三　第一項に違背し又は他組合員の入漁を幇助する等の行為をなし共同の利益を害したるものは各自過怠金として金五円以上百円以下の範囲内にて相互の組合に於て協定徴収するものとす

本県及佐賀県に於て旧藩政時代より百余年間結んで解けざりし係争事件も茲に円満の解決を見るに至り、彼我当業者も始めて愁眉を開き、同二十六日海浜院に於て両県当業者四十余名会同し、熊木農商務技師及徳永福岡、福地佐賀の両県商工課長を正賓として懇親会を開き、和気靄々の間に万歳を連呼して散会を告げたりと、又二十七、八の両日は佐賀市に於て協約書調印及製図に着手し、二十八日に於て総ての手続完了し、徳永商工課長は同日帰庁せり、尚ほ目下上京中の寺原知事よりも徳永課長に対し「協約の成立を賀し併せて其の労を謝す」との公電を寄せられたりとのことなり、之を要するに多年両県の間に結んで解けざりし玄海洋の漁場問題は遂に今回を以て全く解決し、今より両県の漁業者は安意其業に就くを得て彼我共に将来漁業上の利益を増進せんとす、喜ぶべき事共なり。

（「九州日報」・「福岡日日新聞」明治四十年十二月一日）

以上のように漁場境界問題は決着したが、次は入漁問題であった。両県では何回となく協議を行ってきたが、解決するに至らず、解決の糸口をみたのは明治四十三年十一月、協定がなされたのは大正元年八月であった。

(4)福岡県糸島郡芥屋、岐志、姫島、小富士、深江、片山、福吉、鹿家の各浦漁業組合の各専用漁場及其沖合に於ける

前八ケ浦漁業組合共有専用漁場に対し、佐賀県東松浦郡浜崎、淵上、妙見、満島、湊浜、唐房、呼子等の七漁業組合よりの入漁の問題に関しては、熊木農商務技師は去る一日より之が調査をなすべく糸島郡福吉村吉井へ来着し、福岡、佐賀両県関係者を会同し種々協定中なりしが、該入漁問題は古来紛擾に紛擾を重たることさえありし困難事件なりしかば、容易に解決せず談判交渉殆んど四昼夜に渉り双方譲歩の結果、一昨四日午後七時に至り、漸く全部円満に解決を告ぐるに至り、立会の為め臨席したる吉村福岡県技手は昨日帰来、熊木農商務技師は昨日熊本県八代方面に向け出発、本日福岡県小倉に於て遠賀郡以東に関する入漁問題に就き調査する筈なりと。

（「福岡日日新聞」明治四十三年十一月六日）

(5)去二十三日来、連日連夜両県当局委員が肥前唐津で交渉を重ね居たる福岡、佐賀両県沖合漁場協定は二十七日大島福岡県事務官出張し徹宵最後の協定を試みたる結果、愈々一昨日午後協定成立したるが、内容条件左の如し

玄界島より烏帽子島に至る間の沖合未処分専用漁場に於ける入海漁業事件に付、福岡県筑豊四十六ケ漁業組合と佐賀県東松浦郡十八ケ漁業組合との間に協立する処左の如し（但し福岡関係組合を甲とし佐賀県同上を乙とす）

第一　甲より出願中の未処分専用漁場（四十六ケ組合漁場及び瀬方漁場を云ふ）中糸島郡仏崎鼻より小呂島頂上見通線以西は左の条件を付し甲乙共同にて免許を受くる事

①仏崎鼻・烏帽子灯台見通線と烏帽子灯台より長間瀬の頂上見通線と既許専用漁場の沖合境界線を以て囲まれたる区域内は乙の内、洲の上浦、相賀、藤岡、館石、小堤（目下呼子漁業組合より分離申請中）、波土浦、串浦、加唐島の八ケ漁業組合のものは入会操業をなす事を得ざるものとす

②乙が姫島の頂上より小呂島頂上見通線以東に於て操業し得るは、鯛延縄、鰤同、鱶同、一本釣、ハタ釣、柔魚釣の六種とす

③甲乙組合員中入海入漁操業し得る者は、其の組合区域内に一戸を構へて家族的生活をなす戸主又は家族に限る事

第二　前項漁業中、甲と山口県下漁業各組合との間に締結せる入漁契約は乙に於て之を承認し、此の入漁料は甲の所得とす、爾後入漁の契約を締結する場合は甲乙会議の上決定するものとす

第三　未処分の専用漁場（四十六ケ組合共同漁場及び瀬方漁場を云ふ）中、玄界島の頂上見通線と大島の両端より小

呂島に至るの線と既許専用漁場の境界線とを以て囲まれたる区域内は左の条件を付して乙の内、鼻崎、満島、妙見、唐房浦、湊浜、神集島、呼子、山川島、加唐島、名護屋の十ケ組合は無償入漁を甲に於て承認す

①鯛延縄、鰤同、鱶同、一本釣、ハタ釣、柔魚釣の六種とし其漁獲物種類及び漁業時期は本権の通りとす

②入漁し得べき者の資格は其地区内に住する組合員の戸主又は家族たるは同じ

（「九州日報」大正元年八月二十九日）

以上、山口・佐賀両県との漁場境界、入漁に関する協定に至る経緯をみてきたが、その結果、玄海沖合共同専用業権免許は左のように認可された。

農商務省告示第一六五号

大正二年五月三日左記専用漁業ヲ二十箇年ノ期間ヲ以テ免許シ旧免許漁業原簿ニ登録セリ

大正二年五月八日　　農商務大臣　山本達雄

免許番号	漁業権者	漁場ノ位置	漁業ノ種類	条件又ハ制限
第四二六九号	福岡県糸島郡北崎村大字宮浦唐泊浦漁業組合外十二組合	福岡県糸島郡北崎村北西沖合（見付曾根ヨリ下リ瀬ニ至ル間）	いさき地曳網、蝦漕網、磯建網、鯛延縄、磯魚延縄、鯛一本釣、鰤一本釣、鯖一本釣、いさき一本釣、磯魚一本釣、柔魚釣	隣接山口、佐賀県関係組合トノ間ニ締結シタル協定事項ノ遵守（一～六項）
第四二七〇号	福岡県粕屋郡箱崎町大字箱崎浦漁業組合外十二組合	福岡県糸島郡玄界島ノ沖合（鏡山合セヨリ下ノ原瀬ニ至ル間）	第四二六九号ト同ジ	同右（一～九項）
第四二七一号	福岡県宗像郡津屋崎町大字津屋崎浦漁業組合外二十一組合	福岡県粕屋郡相島ノ沖合（国ノ守網代）	いさき地曳網、蝦漕網、磯魚延縄、鯛一本釣、鰤一本釣、鯖一本釣、いさき一本釣、磯建網、鯛延縄、磯魚一本釣、柔魚釣、鮑漁、蠑螺漁、貽介	隣接山口県関係組合トノ間ニ締結シタル協定ノ遵守（一～五項）

第四二七二号	福岡県宗像郡津屋崎町大字津屋崎浦漁業組合外九組合	福岡県宗像郡大島ノ北西沖合（吉井岳合セノ瀬ヨリ地ノ廃曾根ニ至ル間）	第四二六九号ト同ジ	隣接山口、佐賀県関係組合トノ間ニ締結シタル協定事項ノ遵守（一〜九項）
第四二七三号	福岡県宗像郡津屋崎町大字津屋崎浦漁業組合外十八組合	福岡県宗像郡大島ノ北西沖合（沖ノ長次兵衛瀬ヨリ北曾根ニ至ル間）	第四二六九号ト同ジ	隣接山口県関係組合トノ間ニ締結シタル協定ノ遵守（一〜八項）
第四二七四号	福岡県遠賀郡洞北村大字安屋脇田浦漁業組合外八組合	福岡県遠賀郡白島ノ北西沖合（六郎瀬ヨリ浅曾根ニ至ル間）	蝦漕網、鯛延縄、鰤延縄、磯魚延縄、鯛一本釣、鰤一本釣、鯖一本釣、いさき一本釣、磯魚一本釣、柔魚釣、狗母魚一本釣	同右（一〜八項）
第四二七五号	福岡県宗像郡津屋崎町大字津屋崎浦漁業組合外四十五組合	福岡県糸島郡ノ大戸鼻ヨリ遠賀郡ノ白島ニ至ル間ノ沖合	鯖焚入敷網、玉筋魚房丈網、吾智網、蝦漕網、板屋介漕網、磯建網、浜建網、いさき地曳網、鯛二双五智網、河豚延縄、磯魚延縄、鯛一本釣、鰤一本釣、鯖一本釣、鯛延縄、鰤延縄、鱶延縄、いさき一本釣、磯魚一本釣、柔魚釣	漁業ノ漁場区域制限（一〜二項）隣接山口、佐賀県関係組合トノ間ニ締結シタル協定事項ノ遵守（三〜十三項）
第四二七六号	福岡県宗像郡津屋崎町大字津屋崎浦漁業組合外六十三組合	福岡県糸島郡ノ大戸鼻ヨリ包石ニ至ル間ノ沖合	いさき地曳網、五智網、蝦漕網、板屋介漕網、磯建網、浜建網、鯛延縄、鰤延縄、鱶延縄、鯛二艘五智網、磯魚延縄、鯛一本釣、鰤一本釣、鯖一本釣、いさき一本釣、磯魚一本釣、柔魚釣	漁業ノ漁場区域制限（一〜二項）隣接山口県関係組合トノ間ニ締結シタル協定事項ノ遵守等（四〜十二項）

筑豊水産組合は以上の免許された沖合共有専用漁業のほかに各浦専用漁業をも含めた『玄海専用漁業権及入漁権総覧（大正二年版）』を編纂刊行した（付図3参照）。以後二十年間にわたって、定置、区画漁業を除く多くの漁業の漁場行使

は、これを基準になされてきた。

しかし二十年後の昭和八年の期間更新に際して改訂を行い、新たに『玄海専用漁業権及入漁権総覧（昭和八年版）』を刊行した（付図4参照）。この総覧の序に、昭和八年の改訂に至るまでの経緯と改訂の内容を左のように記述している。

我が筑豊沿海漁村にありては、夙に漁業組合連合会を組織し、史に拠り慣行に従い各漁浦の専用漁区及び沖合共有の大漁区を決定し、明治二十四年時の知事安場保和氏の許可を得て、一糸乱れず互いに其の分を守り隣浦連々相依り相扶け、爾来十年を経て明治三十四年漁業法の発布せらるるに至り直ちにこれを基礎として出願する事となせり。然れどもこれを法規に照らし、国法に基く権利として出願する事となりては部内各浦の主張必ずしも一致せず、加ふるに隣接各県との交渉煩雑を極め、百難具さに到りたりと雖とも我等の先人は刻苦精励して終に其の所願を大成したり。爾来二十ケ年を経て期間更新の要あるに及び、更に時代の進運と法規の変遷に伴う出願方法とを研鑽し、沖合大海区を除く以外は、各浦の実際に徴し或は地先専用に変更し或は地先と慣行権の両者に分割専用せしめ、然らざるものは総て慣行に依りて出願せしむる事と為せり。

而して沖合共有大漁場は、当初出願に際し、先人苦心の存する所として各地方に分割せられ、更に之を包括して寸分の隙なく之を専用したるものなれども、其の実質と権利の表面とに於て矛盾する所あり、他年葛藤の因をなす虞あるにより、更新に先だちこれを其母体たり将また権利の実際運用者たる筑豊漁業組合連合会に譲渡せしめ、斯くて名実相伴い永遠に平和を維持すべく計画を樹て、二年余の歳月を費し、法定の手続を終えて、昭和六年七月十八日付を以て登録を完了し、引続き更新手続に移り昭和八年五月を以て其一切を終了し、ここに永代不動の共有漁業権を設定したり。

四　豊前海区における共有専用漁業権免許に係わる隣接県との協議、協定

明治三十五年六月、漁業法実施準備に関する豊前海漁業協議会において、共有専用漁業免許出願に関して協議され、出願作業を行うことが決められた。明治三十六年六月二十五日付「九州日報」は、「築上郡東吉富村より門司市田の浦迄の専用漁業出願は海面図を始め一切の関係書類悉皆整頓せしを以て、昨二十一日、各組合理事は行橋町に集会し、小畑水産組合長より説明する処あり、満場異議なかりしより主務省へ出願するに決せり」と報じている。

豊前海区の場合、大分県とはかつて豊海漁業組合を結成していた関係もあって、福岡、大分両県間の漁場境界等に関する協議は紛議することなく、協約に至ったようである。新聞は左のように報道している。

福岡、大分両県漁場区域境界実地測量の為め出張したる熊木農商務技師一行は去る一日築上郡宇嶋町に着し翌二日より着手、両県官及郡書記並に漁業組合代表等立会の上種々交渉を重ねたる結果、双方委員は右協定により農商務大臣へ提出すべき付帯協約書に調印し、去る四日を以て決了したるが、熊木技師一行は門司市田ノ浦検査未定の場所測量の為同日出発す。

付帯協約書

本協定書中山口県厚狭郡宇部村字御崎とは別紙図面の甲点を指し、同郡須恵村字本山の両突端の中央とは別紙図面〔省略〕の乙点を指す、右甲乙両基に対する漁場境界線の方位は陸地測量部刊行五万分の一図に拠り決定方を農商務大臣に申請すること

別紙図面〔省略〕は陸地測量部刊行五万分の一の陸図に拠る。

福岡県築上郡東吉富浦漁業組合理事　矢頭　軍司
福岡県築上郡宇嶋浦漁業組合理事　光沖弥一郎
福岡県門司市以東東吉富浦以西漁業組合理事会長　小畑兵三郎
大分県下毛郡中津町小祝漁業組合理事　角　文次郎
大分県西国東郡呉崎漁業組合理事　和田浦之助
大分県宇佐郡長洲町漁業組合理事　樺田彦兵衛
大分県下毛郡大江村漁業組合理事　今角　長賀

（「福岡日日新聞」・「九州日報」明治四十年十二月六日）

一方、山口県間との漁場境界、入漁条件についても、特に紛議なく協定がなされたようである。「福岡日日新聞」は左のように報じている。

福岡県門司市田野浦漁業組合及山口県豊浦郡長府村漁業組合は従来の慣行により両組合専用漁場入漁の協定を為すべく、田野浦組合よりは組合長笠石平三郎氏以下理事二名、監事一名、当業者二名、長府組合よりは理事中林静二氏

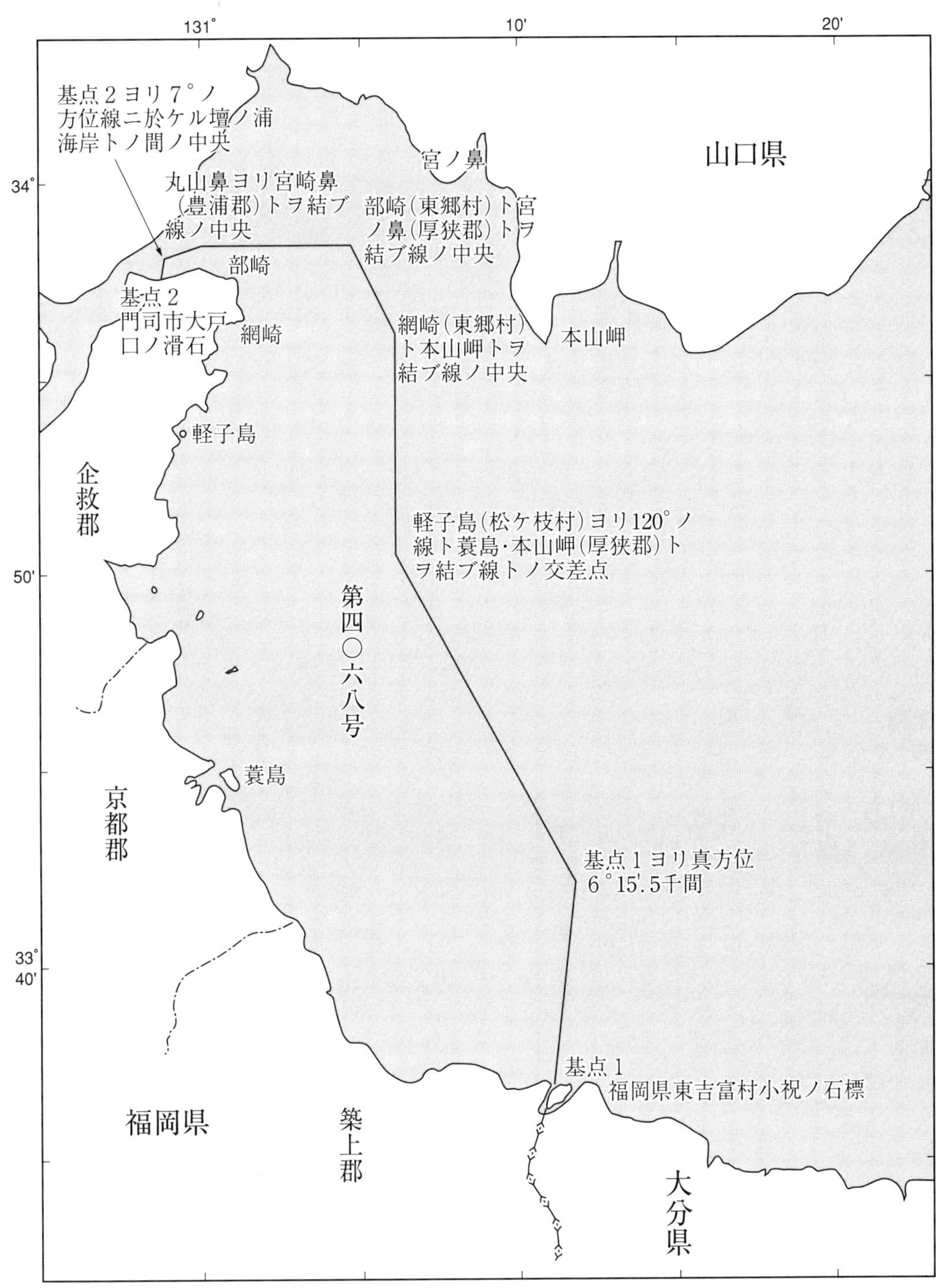

図Ｉ－１　豊前海共有専用漁業権漁場図（明治44年９月）

以下監事一名、当業者二名を出し、豊前水産組合長小畑兵三郎、門司市役所勧業係主任書記古賀勝次郎、豊浦郡水産技手楠美一陽三氏の立会にて去る十日より長府に於て協議中なりしが、元来田野浦組合の専用漁場に就ては目下豊前水産組合の十八ケ浦共同にて農商務省に対し専用漁場の許可申請中にして、既に詮議済となり三月迄には其筋の許可ある筈なるが、長府組合専用漁場は昨年二月十六日付を以て許可あり来月十五日にて期限満了するを以て、交渉を急ぎたる次第にして両組合利害の関係上交渉頗る困難なりしも、結局十二日夜一時協定調印を了したり。

（「福岡日日新聞」明治四十四年一月十四日）

そして豊前海全域にわたる共有専用漁業権は以下のように、明治四十四年九月、農商務省告示第五一二号で認可された（図Ⅰ－1参照）。同時に隣接大分県における共有専用漁業権も大分県西国東郡呉崎村漁業組合外二十六組合に対して免許番号第四〇六七号（大分県東国東、西国東郡界ヨリ大分、福岡県界ニ至ル間ノ地先）で認可された。

農商務省告示第五一二号

明治四十四年八月三十一日左記専用漁業ヲ二十箇年ノ期間ヲ以テ免許シ旧免許漁業原簿ニ登録セリ

明治四十四年九月八日

農商務大臣　男爵　牧野伸顕

免許番号	漁業権者	漁場ノ位置	漁業ノ種類	条件又ハ制限
第四〇六八号	福岡県築上郡宇島町宇島浦漁業組合外十七組合	福岡、大分県界ヨリ福岡県門司市大戸口ノ滑石ニ至ル間ノ地先	繰網、あみ受曳網、受張網、雑魚歩行曳網、烏賊巣曳網、狗母魚手繰網、鱚手繰網、手繰網、鯔囲刺網、海鯽建網、磯建網、藻建網、雑魚底建網、鰆流網、𩹉流網、さっぱ流網、船打投網、あみ歩行押網、鯛延縄、海鯽延縄、鱸延縄、あぶらめ延縄、鱵延縄、あなご延縄、河豚延縄、めばる延縄、蛸壺、飯蛸貝縄、鯛一本釣、海鯽一本釣、鱸一本釣、めばる一本釣、鱚一本釣、石首魚一本釣、あなご一本釣、鯒一本釣、鰈一本釣、さっぱ掛釣、河豚	(1)𩹉流網外十一種漁業ノ専用区域ハ軽子島北端ヨリ百二十六度ノ方位線ニ限ル (2)狗母魚手繰網外十六種漁業ノ専用区域ハ部岬ヨリ山口県満珠島ノ東端見通線以西ニ限ル (3)手繰網ノ専用区域ハ漁場図中黒線区域

			掛釣、烏賊釣、蛸釣、蟹一本釣、海鼠漁、牡蠣漁、蛤漁、馬珂介漁、さるぼう漁、蜊漁、汐吹介漁、海蘿漁、いぎす漁、於胡采漁、海苔漁、おきうと漁、みる漁、青海苔漁、和布漁	内ニ限ル

その後、さらに大正三年、地先海域内をほぼ南北二区域に分割して共有専用漁業権免許（八漁業種の追加と漁期延長）の追加申請がなされ、認可された。

農商務省告示第一六七号

大正三年五月二十一日左記専用漁業ヲ二十箇年ノ期間ヲ以テ免許ス

大正三年六月一日　　農商務大臣　子爵　大浦兼武

免許番号	漁業権者	漁場ノ位置	漁業ノ種類	条件又ハ制限
第四三七二号	福岡県築上郡宇島町大字宇島二百十一番地、宇島浦漁業組合外七組合	福岡県築上郡ノ地先	鯛縛網、鯛揚繰網、五智網、鯒建網、さっぱ流網、せいご建網、蛸壺、飯蛸貝縄	稲童浦、長井浦、沓尾浦、蓑島浦、浜町浦、苅田浦、曾根新田、松ケ江浦各漁業組合員ノ入漁ヲ拒ムベカラズ
第四三七三号	福岡県京都郡苅田村大字苅田二千三十九番地、苅田浦漁業組合外七組合	福岡県企救郡松ケ江村カルコ島ヨリ以南、京都郡築上郡界ニ至ル間ノ地先	鯛縛網、鯛揚繰網、五智網、鯒建網、さっぱ流網、せいご建網、蛸壺、飯蛸貝縄	東吉富浦、三毛門浦、宇島浦、八屋浦、松江浦、西角田浦、椎田浦、八津田各漁業組合員ノ入漁ヲ拒ムベカラズ

五　有明海区における共有専用漁業権免許に係わる隣接県との協議、協定

明治三十五年五月、漁業法実施準備に関する筑後沿海漁業協議会において、共有専用漁業権免許出願が決議され、その作業に取り組むこととなった。有明海専用漁業権の免許申請は明治三十六年六月になされた。そして、隣接県との漁場境界、入漁に関する協議が始まるが、まず熊本県間で進められた。熊本県との協議は、次の新聞記事からうかがわれるように、比較的円滑に行われたようである。

熊本県対福岡県漁業境界線確定調査は熊木農商務技師、熊本県主任官、玉名郡十二ケ浦漁業組合代表者、本県城島三部属及関係当業者立会、一昨日円満の協定を遂げたり、其概要を挙ぐれば熊本、福岡両県は四ツ山境界石標より佐賀県藤津郡竹崎島見通と決定し、干潟は明治五年七月七日を以て旧白川県と三潴県との間に於て協定したる本滋湖境界を以て其境にすることに決定し、双方契約書の交換を了し円満に局を結びたるが、両県の入漁契約は相互の入漁登録申請書に相互署名し又は承諾書を与へ従来の通り互に往来入漁し得ることに協定済となりたり、該関係地方は玉名、飽託、宇土、三潴、山門、三池の六郡なり。

（「福岡日日新聞」明治三十九年十二月五日）

問題は佐賀県との交渉であった。佐賀県とは、古来幾度となく漁場紛争を重ねてきており、漁場境界、入漁協定は予想通り困難をきわめたが、農商務省熊木技師を始め両県担当者の努力によって妥結、協定に至るのである。その経緯を新聞記事で追ってみよう。

(1)本県山田内務部長、国府保安課長、徳永商工課長が筑後有明海に於ける本県と佐賀県との漁場境界視察として一昨日出張したることは既報の如くなるが、其際、東三池、坂本山門、松崎三潴の三郡長は右漁場に関係ある漁業組合役員以下重もなる当業者と共に一行の来客を待受け居たり、郡長以下の関係者は口を揃へて事情を具し或は書類を供へて事実を証明する所ありて、佐賀県の不法を訴へて止まざりしが、山田部長等は一々詳細に之を聴取り最も憤慨の念に堪えざるもの丶如かりしが、兎に角実地を踏査するの必要ありとなし直に実地を調査する所ありたり、尚ほ来る十三日までには熊木農商務技師が実地に出張して双方関係者立会の上最後の調査をなす都合なれば夫れまでに本県当業者は尚ほ重ねて十二分の調査を遂げ彼れ佐賀県をして、うもすも言はしめざる丈けの材料を蒐集せしむること丶して一同一先引上げ内務部長の一行は同夜帰福したり

元来同海に於ける両県の紛擾は今に始めぬことにして同海たる古来両県の入会漁場所謂慣行漁場として経過し来れり、左れば漁業法発布に付ては之が実施後一ケ年以内にそれぞれ専用漁場の出願をなさざるべからざるを以て、本県にては既に其期間内に相当出願の手続を了し居るにも拘はらず佐賀県にては右出願の期日を失し居るのみならず理不尽にも同県会は得手勝手なる境界を確定し剰へ県令を発して漁業者に対する制裁を設けたり、故に元々本県漁民が我が領域なりと信じて出漁し居る区域が若し彼れ佐賀県勝手の領海にありたる場合はヤレ侵入だのヤレ県令違犯だのとて漁具を差押ゆるやら追っ払ふやら乱暴狼藉を極められ、本県漁民は已むなく這々の体にて逃げ帰らざる始末にして、佐賀県の当局者も当局者なれば漁民も漁民、随分念の入った乱暴にて現に本県の漁民にして是等の災厄に遭ひ其不法に堪え兼ね其筋に訴願を提起せるものも数名ありと、兎に角速かに解決せざれば由々しき大事を惹起せんも計り難く事実果して然らんには此際大に佐賀県の反省を望まざるべからずと云へり。（「九州日報」明治四十年十一月十日）

⑵去る十三日より県下三潴郡大川町に於て交渉中なりし佐賀、福岡両県に関する有明海漁業境界協定問題の成行に就ては去る二十日協定書を交換したることは取敢ず報ぜしが、今其顚末を掲げんに、同海の漁業境界問題に就ては古来幾多の紛争を重ね或は血の雨を降らし、文政年間の如きは佐賀、柳川藩の間に争論を惹起し久留米藩主より仲裁の労を執りたることあり、明治維新後に於て岸良県令、安場、岩崎、岩村の各知事、直接佐賀県知事との間に交渉する所ありしに拘らず、其結果は遂に不調に帰したり、今回熊木農商務技師来県調査に着手せんとするや、香川佐賀県知事、山田福岡県内務部長以下両県当局者及関係当業者は実地に就き調査に従事したる位の問題なりしが、去る十三日熊木技師一行が実地の視察をなすや、先づ第一着に両県官民感情の融和を図る為め関係者の大懇親会を開き、熊木技師、佐賀県福地商工課長、福岡県徳永商工課長との間に熟議を遂げ熊木技師より協定案を提出したり、其要に依れば千歳川（筑後川）口より温泉岳一等三角見渡線を以て両県の漁場境界とし其東西は相互漁業の種類に依り有償入漁を為すことに熟議提案したる結果、境界線丈は漸く之を承認すること丶なりたるも、入漁料金は相互の意見に甚しき県隔を生じ到底妥協の見込なきにより、更に熊木技師に於て千歳川中央より竹崎見通と同所より三角岳見通との間を以て相互無償入漁場とし其他を有償入漁場とするの提案は両県共容易に決定せず、一時は既に不調に終らん有様なりしが、更に両県当局者間に於て懇談熟議する所あり、熊木技師の如きは極力之れが妥協の成立に努めたる結果、辛うじて十七日に至り両県の意見の一致を見るに至り、十八日は双方より協定案起草委員を選出し同時に両県関係者の懇親会を

開きて意思の疎通を図り、十九日契約書の調製を告げ、二十日を以て両県関係者の調印を終り互に之を交換し茲に初めて協定成立したり、該協約書の要領左の如し。

有明海に面する佐賀、福岡両県下漁業者の間に於ける古来の紛議を一掃し将来の平和を旨として専用漁業及入漁の件に付茲に本契約を締結す。

佐賀、福岡両県専用漁業の漁場境界を定むること左の如し。

①筑後川の河口の中央（佐賀県佐賀郡大詫間村字元治搦の南東角「五番荒子の元」と福岡県三潴郡久間田村大字七ツ家字永松の南西角「永松荒子の元等」連結したる直線の中央）を以て基点とし、右基点より長崎県南高来郡温泉岳の頂上一等三角点を見通したる直線

②佐賀、福岡両県間に於て入漁する漁業の種類左の如し

○佐賀県より福岡県の専用漁場に入漁する漁業の種類

八田網、大網、はだら網、小繰網、按鱇網一切、バッシャ網、建網（方言三尺網）、カシ網一切、江切網、地曳網、組曳網、横曳網、底曳網、袋網、船打投網、手押網、蜘蛛手網、待網、歩行押網、タブ網、歩行投網、鰻掻、貝採、潟漁

○福岡県より佐賀県の専用漁場に入漁する漁業の種類

建網及江切網を除く外前項に同し

③入漁料の種類は左の如し

各種貝類採一人一年間には金二円、但十五歳未満六十歳以上のもの及女子は一人一年間七十銭

鰻掻一艘一ケ年間に付二円

八田網一統一ケ年間に付二円

大網（中繰）、ハタラ繰網、小繰網一統一ケ年間に付一円

按鱇網一切及バッシャ網一艘一ケ年間に付一円

建網（建干）一組一ケ年間に付一円

カシ網一切一艘一ケ年間に付七十五銭

江切網一統一ケ年間に付七十五銭
地曳、組曳、横曳、底曳各一統一ケ年間に付五十銭
袋網（一名綟子網）及船打投網一艘一ケ年間に付五十銭
手押網、蜘蛛手網、待網（一名三角網）、歩行押網、タブ網、歩行投網一艘又は一人一ケ年間に付十五銭、潟漁（ムツ釣、ムツ堀、穴蛸堀、シャク堀、餌虫堀、穴沙魚堀、ワラスボ搔、同堀、目冠者採、鰻搔）等一人一ケ年間に付十五銭

④一人にて網漁業（各種の網漁）二種以上入漁するときは其内入漁料最高額の一に付之を支払ひ他は免除せらる丶ものとす
⑤一人にて潟漁業（各種貝類採、鰻搔潟漁）二種以上入漁するときは其内入漁料最高額の一に付之を支払ひ他は免除せらる丶ものとす
⑥一人にて網漁業と潟漁業と入漁するときは両種とも入漁料を支払ふものとす
⑦入漁料は毎年十二月末日迄に其翌年度分総額を其県を代表する漁業組合又は其組合より通知したるものに之を交付するものとす、但臨時入漁者の入漁料は其入漁前に之を交付するものとす

尚ほ右の契約書は農商務大臣、佐賀、福岡両県知事に一通宛を提出し、両県代表者亦一通宛を保管すべき都合なりと云ふ。

（「福岡日日新聞」・「九州日報」明治四十年十一月二十二日）

(3)有明海に於ける福岡、佐賀両県専用漁場境界は昨年十一月両県の協定成立したるが、之が境界標建設上に関し去る十一、二の両日三潴郡会議事堂に於て両県委員及び両県主任官、関係郡書記等立会協議したる要項左の如し。

①海面に於ける標木は基点より専用漁場境界線並に東西無償入漁漁場境界の三線に各三本宛建設し其時期は本年冬季前とす
②標木は長六間末口五寸の松材を用ひ中央の専用境界線の分は赤、西の入漁線の分は黒色の防腐剤を塗る
③筑後川口両岸の基点即ち佐賀県佐賀郡大詫間村字元治搦の南頭角五富荒籠の下、福岡県三潴郡久間田大字七ツ家字長松の南西角（長松兎籠の下）の二ケ所に石材を以て境界標を建設すること、此標石には協約の大要及び協約当時の関係吏員の氏名を刻むこと。

（「九州日報」明治四十一年九月十五日）

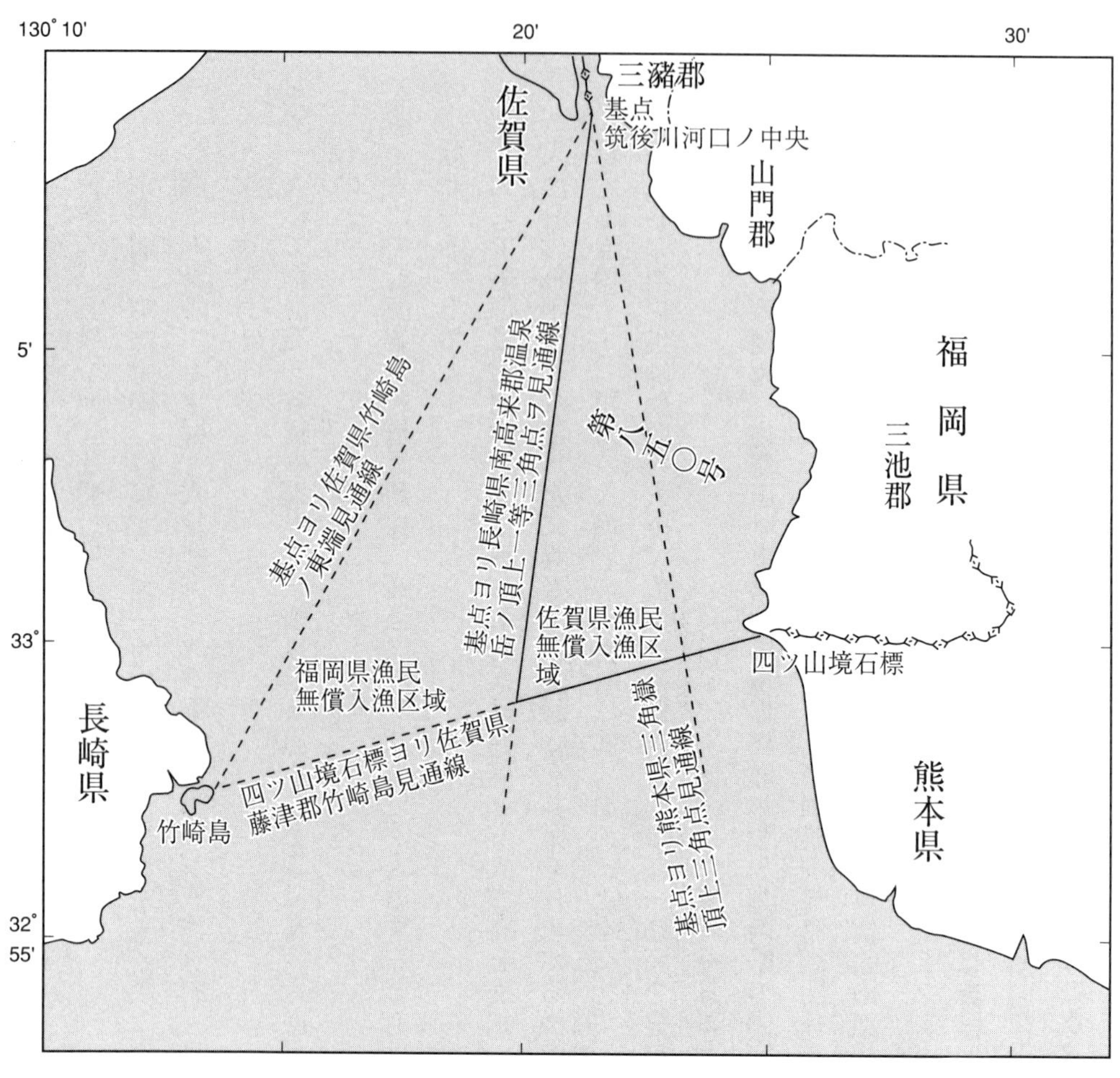

図Ⅰ－2　有明海共有専用漁業権漁場図（明治41年6月）

(4)有明海に於ける佐賀、福岡両県漁場境界標木建設は昨日を以て全部終了したる筈なり、而して筑後川洲口の両岸（福岡県は三潴郡久間田村、佐賀県は佐賀郡大詫間村）に建設すべき漁場碑標は不日建設に着手の筈にして来月上旬に竣工式を挙行する趣なり。

（「九州日報」明治四十二年三月九日）

さて、隣接する熊本、佐賀県との漁場境界、入漁協定の経緯について述べてきたが、このほか当海域には県内の三池、山門両郡間の漁場境界問題が存在したが、これも農商務省、県および両郡長の調停により、明治四十年十二月に協約を締結するに至ったのである。そして、福岡県海域の専用漁業権は明治四十一年六月、農商務省告示第一四三号で左のように認可された（図Ⅰ－2参照）。また同時に佐賀、熊本両県海域の専用漁業権も認可された。

有明海佐賀福岡両県漁場境界標・基点第１号。明治42年３月，
三瀦郡久間田村（現・柳川市大字七ツ家字永松の南西角）建。
（福岡県水産海洋技術センター・有明海研究所提供）

農商務省告示第一四三号

明治四十一年六月九日左記専用漁業権ヲ二十箇年ノ期間ヲ以テ免許シ免許原簿ニ登録セリ

明治四十一年六月十三日　　農商務大臣　松岡康毅

免許番号	漁業権者	漁場ノ位置	漁業ノ種類	条件又ハ制限
第八五〇号	福岡県山門郡沖端村大字沖端、沖端漁業組合代表	福岡県三池郡三川村ノ四ッ山ヨリ筑後川ニ至ル間ノ地先	繰網（まかせ網）、はだら繰網、小繰網、潟曳網、歩行曳網（組曳網）、荒目鮟鱇網、蝦鮟鱇網、あみ鮟鱇網、張網、鰡刺網、鱅刺網、船打投網、歩行投網、手押網、歩行押網、後掻網、四手網、鰻掻漁、鰻手捕漁、沙魚歩行掘漁、わらすぼ歩行捕漁、蛸歩行捕漁、しやこ歩行捕漁、蟹歩行捕漁、むつごろう漁、辛螺漁、玉珧漁、牡蠣漁、蟶漁、海茸介漁、みろくかい漁、灰介漁、蛤漁、うばかい漁、蜊漁、からすかい漁、女冠者漁	(1)既ニ免許ヲ受ケタル嚢羽瀬漁業及簀巻羽瀬漁業ヲ妨グベカラズ (2)蟶養殖業ノ為官庁許可ヲ受ケ稚蟶ヲ採取スルモノヲ拒ムベカラズ (3)辛螺、玉珧、牡蠣、蟶、海茸介、みろくかい、灰介、蛤、うばかい、蜊、からすかい及女冠者漁業ノ専用区域ハ三池郡開村大字黒崎開字三十丁ノ樋管ヨリ二百六十度二十分ノ方位線以北ニ限ル (4)三池港ノ外港ニ於テハ船舶ノ碇泊又ハ航行ヲ妨ゲザル様操業スベシ

第八五一号	福岡県三池郡開村、開村漁業組合	福岡県三池郡開村大字黒崎開ノ三十丁樋管ヨリ水門ニ至ル間ノ地先	牡蠣漁、蟶漁	蟶養殖業ノ為官庁ノ許可ヲ受ケ稚蟶ヲ採取スルモノヲ拒ムベカラズ
第八五二号	福岡県三池郡銀水村大字唐船、唐岬漁業組合	福岡県三池郡銀水村大字唐船及岬ノ地先	辛螺漁、つべたかい漁、玉珧漁、牡蠣漁、蟶漁、海茸介漁、みろくかい漁、うばかい漁、蜊漁、からすかい漁、女冠者漁	蟶養殖業ノ為官庁ノ許可ヲ受ケ稚蟶ヲ採取スルモノヲ拒ムベカラズ
第八五三号	福岡県三池郡銀水村大字手鎌、手鎌漁業組合代表	福岡県三池郡大牟田町大字横須及銀水村大字手鎌ノ地先	辛螺漁、つべたかい漁、玉珧漁、牡蠣漁、蟶漁、みろくかい漁、うばかい漁、蜊漁、からすかい漁、女冠者漁	蟶養殖業ノ為官庁ノ許可ヲ受ケ稚蟶ヲ採取スルモノヲ拒ムベカラズ
第八五四号	福岡県三池郡大牟田町大字大牟田、大牟田漁業組合代表	福岡県三池郡大牟田町大字大牟田及三川村ノ姫島以北ノ地先	辛螺漁、玉珧漁、牡蠣漁、蟶漁、みろくかい漁、うばかい漁、蜊漁、からすかい漁、女冠者漁	蟶養殖業ノ為官庁ノ許可ヲ受ケ稚蟶ヲ採取スルモノヲ拒ムベカラズ
第八五五号	福岡県三池郡三川村大字三里、早米ケ浦漁業組合	福岡県三池郡三川村ノ姫島以南ノ地先	玉珧漁、蟶漁、みろくかい漁、うばかい漁、蜊漁、からすかい漁、つべたかい漁	蟶養殖業ノ為官庁ノ許可ヲ受ケ稚蟶ヲ採取スルモノヲ拒ムベカラズ

以上の記述は主として福岡県側からの記録であるが、佐賀県側からの記録も紹介しておこう。佐賀県『川副町誌』によれば、現在、川副町大詫間元治搦に石碑があり、その碑文には左のように記されているという。

有明海ニ於ケル佐賀、福岡両県ノ漁場ハ古来曾テ一定ノ境界ナルモノナク両県ノ漁民ハ互ニ自説ヲ主張シ紛争常ニ絶エザルヲ以テ、関係官民之ヲ憂ヒ屢々之ガ協定ニ力メタリシモ事毎ニ成ラズシテ止ミタリキ。既ニシテ明治三十五年漁業法ノ公布セラルルヤ両県ノ漁民ハ組合ヲ組織シ、従来主張セル区域ニ依リ各専用漁業ノ免許ヲ農商務大臣ニ申請セリ。同省ハ之ガ処分ニ先ダチ境界ヲ一定スルノ必要ヲ認メ、技師熊木治平ヲ派シテ境界画定ノ事ニ当ラシメラル。依テ、両県官民ハ熊木技師ヲ介シテ合同協議ヲ重ネ、遂ニ明治四十年十一月十九日ヲ以テ、筑後川口ノ中央即佐賀県佐賀郡大詫間村字元治搦ノ南東ノ角五番荒子ノ元ト福岡県三潴郡久間田村大字七ツ家字永松ノ南西角永松荒子ノ元トノ中心ヲ起点ト定メ、該基点ヨリ長崎県温泉嶽ノ頂上一等三角点ヲ見通シタル直線ヲ両県専用漁場ノ境界線トシ、マタ該基点ヨリ熊本県三角嶽頂上三角点見通線以西及該基点ヨリ佐賀県竹崎島ノ東端見通線以東ヲ無償入漁場トナスコトニ協定セリ。是ニ於テ久シク両県ノ間ニ蟠マリタル漁場ノ葛藤始メテ解決ヲ見ルニ至レリ。因テ其顛末ヲ概記シ以テ後世ニ告グ。

明治四十二年四月二十日建之

六　川茸漁業の専用漁業権免許

川茸漁業とはスイゼンジノリ（淡水産藍藻類）養殖業のことであり、本漁業の歴史は古く、現在にまで引き継がれ就業されている。本漁業の沿革を箇条書きで簡単に整理しておこう。

(1)宝暦十三（一七六三）年三月、秋月藩御用商人遠藤幸左衛門共易が下座郡屋永村で清澄な川に生育している藻（里人は蛙子藻といった）を採って製品化を試みたが成功せず。

(2)安永七（一七七八）年二月、再び試みたが精製に至らず。

(3)天明八（一七八八）年八月、共易の養子喜三右衛門共氏は先代発案の製法を確立すべく、町奉行に川茸精製の許可を得、ついに川茸養殖法から製品仕上の工程までを完成す。

(4)寛政五（一七九三）年正月、初製品のノリ十枚を藩主に献上す、藩主之を賞し賜うに「寿泉苔」の名を以てし、其の川の名を「黄金川」と称せしむ。

(5)文化三（一八〇六）年、藩主より川茸漁業営業に対する無税の許可を得る。

(6)文政十一（一八二八）年、喜三右衛門共氏死に臨み寿泉苔の製法及び子孫保護の訓戒数十条を遺言す。

(7)天保十三（一八四二）年、旧藩主より幕府に寿泉苔を献上し、其後毎年貢献するの例となれり、之に因りて二人扶持の加増を受ける。

(8)安政三（一八五六）年二月、藩主より川茸採取及び販売を特許せられ、永年の証を賜う。
(9)安政五（一八五八）年、川茸を糖製した製品を開発し「翠雲華」と名付ける。
(10)明治八（一八七五）年、京都博覧会に出品し、有功銅賞牌を賜う。
(11)明治十（一八七七）年十月、川茸仕立場（養殖漁場）五ケ年間拝借願御聞置相成る。
(12)明治十（一八七七）年、内国勧業博覧会に出品し褒状を賜う。
(13)明治十四（一八八一）年、内国勧業博覧会に出品し四等賞牌を賜う。
(14)明治十五（一八八二）年、明治十五年度漁業税規則から課税対象となり、「筑前国下座郡屋永村川茸川川茸採（戸数ニ拘ラズ川ニ依リ課ス）年税金三拾円」となり、「川茸ヲ採取セントスルモノハ県庁へ願出許可ヲ受クベシ」となる。
(15)明治十六年（一八八三）、東京水産博覧会に出品し四等賞牌を賜う。

明治三十四年旧漁業法、漁業法施行規則に基づき、川茸漁業に対する専用漁業権の免許申請がなされた。海面漁業がその認可に際して漁場境界、入漁条件などの特定のために長期間を要したのに比べると、川茸漁業にはそのような問題はなく比較的早い段階で左のように認可された。

農商務省告示第一一〇号

明治四十二年三月十七日左記専用漁業を二十箇年ノ期間ヲ以テ免許シ免許原簿ニ登録セリ

明治四十二年三月二十九日　　農商務大臣　男爵　大浦兼武

川　茸　漁　業　　川茸
免許番号　　第一八五二号
漁場ノ位置　　福岡県朝倉郡金川村大字屋永ノ地先
漁業権者ノ代表　　福岡県朝倉郡金川村大字屋永二九四九番地　遠藤近太郎

第三節　福岡県漁業取締規則の大改正

明治三十五年の旧漁業法、旧漁業法施行規則の施行に伴い、福岡県は同三十六年七月、漁業取締規則の大改正を行った。同十九年漁業組合準則に基づき明治二十九年三月に初めて制定された同規則は、「第二条　漁場区域ハ特定ノ外総テ地方ノ慣行ニ依ルベシ」、「第三条　漁具漁法等ノ制限禁止ニ係ル地方ノ慣行ハ総テ組合規約ニ規定スベシ」を基本とし、禁止事項は七項目に過ぎなかった。その後、数次の改正を経たが、今大改正前の三十四年五月改正規則では、二十九年規則の第二、三条の慣行条項がそのまま踏襲され、禁止事項は十七項目に増えていた。

今改正規則は第一～二三条から成っているが、従来の慣行重視により漁業秩序の維持を図ろうとする方針から、水産動植物の蕃殖保護と漁業取締強化の方針を打ち出したとみることができる。主な内容は許可漁業に対する措置（第一、二条）、漁業行使における禁止・制限措置（第三～一四条）、禁止区における標識設置（第一七、一八条）および違反に対する罰則（第一九～二一条）などで構成されている。つまり漁業の発達と資源漁場利用の高度化、多様化に対応して、より強力な行政指導によって新しい漁業秩序の確立を図ろうとするものであった。

明治三十六年七月三日福岡県令第三二号

明治二十九年本県令第二五号漁業取締規則左ノ通リ改正ス

漁業取締規則

第一条　漁業法施行規則第五六号ニ依リ鑑札ヲ受ケタル漁業者鑑札ヲ亡失シ又ハ毀損シタルトキハ其事由ヲ具シ再下付ヲ申請シ又漁業ヲ廃業シタルトキハ三十日以内ニ県知事ニ届出鑑札ヲ返納スベシ

第二条　前条ノ鑑札ハ相続、譲渡、共有、質入又ハ貸付スルコトヲ得ズ

第三条　左ニ掲グル水産動植物ハ之ヲ採捕シ又ハ販売スルコトヲ得ズ

一　殻長二寸以下ノ蝗

一　殻長三分以下ノ鮑

一　殻長二寸以下ノ螺蠑
一　殻長五寸以下ノ玉珧貝
一　腹甲長三寸以下ノ蟹
一　ほんだわら（がる藻又ハがら藻或ハしめ藻トモ云フ）流レ藻ヲ包含セズ
第四条　左ニ掲グル水産動植物ハ毎種定ムル期間内ニ之ヲ採捕シ又ハ販売スルコトヲ得ズ　但本文期間外ニ於テ採捕シタルモノ、製品ハ此限リニアラズ

一　鯉　十月一日ヨリ翌年三月三十一日迄
一　鮑　十月一日ヨリ十二月三十一日迄
一　鳥貝、みろく貝　五月一日ヨリ九月三十日迄
一　海茸　五月一日ヨリ十月三十一日迄
一　蠣　四月一日ヨリ八月三十一日迄
一　玉珧貝　五月一日ヨリ十月三十一日迄
一　蛤、乳母貝、女冠者貝　五月一日ヨリ十月三十一日迄
一　海鼠　七月一日ヨリ十月三十一日迄
一　鯛児（まだい児及ちだい児ヲ含ム、ごち或ハにがり又ハ小鯛児トモ云フ、体長二寸以下）
一月一日ヨリ六月三十日迄
一　鰺児　一月一日ヨリ六月三十日迄
一　鰮児（俗ニしらす）　一月一日ヨリ四月十五日迄
一　かなぎ　十一月一日ヨリ十二月三十一日迄
一　□児（上リ児）　一月一日ヨリ五月三十一日迄
一　鮎　一月一日ヨリ五月三十一日迄
一　鰻児（上リ児）　一月一日ヨリ四月三十日迄
一　鯉（千年川ニ限ル）　四月一日ヨリ六月三十日迄

第五条　左ニ掲グル漁具及漁法ハ之ヲ禁止ス
一　潟羽瀬
一　鯉抱業
一　鵜使漁但千歳川筋三井郡大堰村大字三川床島堰以上ハ此限ニ非ラズ
一　千年川流域内ニ於ケル建切網、建干網、江切網、手押按康網
一　千年川、矢部川、星野川流域内ニ於ケルぬくめ漁、炬火漁、筌漁、竿攩漁
一　那珂川筋筑紫郡南畑村大字市ノ瀬釣垂橋ヨリ水源マデノ間ニ於ケル投網漁、叩キ網漁、竿追攩漁、筌漁
一　同川筋福岡市那珂川尻ヨリ筑紫郡南畑村大字市ノ瀬釣垂橋ニ至ル那珂川本流及派流博多川全部ニ於テ二月十五日ヨリ六月三十日迄ノ投網漁、叩キ網漁、建切曳網漁、竿追攩漁、筌漁、瀬替漁
一　室見川及其支流八丁川全部ニ於テ二月十五日ヨリ六月三十日迄ノ投網漁、叩キ網漁、建切曳網漁、竿追攩漁、筌漁、瀬替漁

第六条　漁具漁法及漁期ニ関シ制限ヲ設クルコト左ノ如シ
一　空鱝掛釣及鱝延釣ハ六月十五日ヨリ七月十五日迄ノ間之ヲ為スベカラズ
一　飯蛸魚貝及飯蛸魚延縄ハ五月一日ヨリ八月三十一日迄ノ間之ヲ使用スベカラズ
一　石干見、笹干見ハ簀ノ目幅三歩以下ノモノヲ使用スベカラズ
一　縫切網、建干網、江切網ハ網目一寸以下、打瀬網ハ網目八分以下ノモノヲ用フベカラズ
一　小鯛児こち網ハ網目九分以下ノモノヲ用フベカラズ
一　ばつさり網、ばり曳網ハ一月一日ヨリ四月三十日迄ノ間之ヲ使用シ及網目九分以下ノモノヲ用フベカラズ

第七条　潜水器ヲ使用シ鮑、海鼠ノ漁業ヲ為シタル場所ハ次年ノ漁業時期ヨリ三ケ年経過ノ後ニアラザレバ之ヲ使用シテ同一ノ漁業ヲナスコトヲ得ズ

第八条　左記ノ場所ニ於テハ各記載ノ期間一切漁業ヲ禁止ス
終年禁漁区
筑後川筋

一　朝倉郡朝倉村大字山田恵蘇ノ宿山堰ヨリ浮羽郡江南村大字橋田乞食江湖刎迄
二　三井郡大堰村大字三川床島堰下鬼殺淵
三　同郡大城村大字塚島乙吉荒子ヨリ字東裏畑百六番荒子迄
四　同郡節村大字合川字淵ノ上長荒子ヨリ同村大字小森野高野薬師木迄
五　三豬郡鳥飼村大字大石旧番所荒子ヨリ綿打川尻ニ至ル迄
六　対岸佐賀締佐賀郡徳富村那珂島頭ヨリ三豬郡三又村大字向島若津港上荒子迄

星野川筋

一　八女郡星野村字長尾宇野添淵
二　同郡横山村大字横山字落合前田堰ヨリ上流百五十間
三　同郡川崎村大字長野サヤノ神淵

矢部川筋

一　八女郡大淵村大字大淵砂原淵
二　同郡木屋村大字木屋長淵
三　同郡豊岡村大字湯辺川及光友村大字田形ニ係ル字釜屋淵ヨリ字惣川内堰迄
四　同郡古川村大字北長川字西境瀬ヨリ下妻村大字尾島字東古賀原瀬迄及古川村大字北長田松永川尻ヨリ両郡井手迄

飯江川筋

一　三池郡飯江村大字舞鶴字梅ケ淵上ノ渡瀬ヨリ梅ケ淵下堰迄
二　同郡同村大字舞鶴字大井手ヨリ字クラノウシロ瀬迄

那珂川筋

一　筑紫郡安徳村大字仲字日佐井手ヨリ上流百五十間迄

室見川筋

一　早良郡原村大字小田部浜井手二百間下ヨリ同郡壱岐村大字橋本乙井手迄

期節禁漁区

筑後川筋

一　三井郡大堰村大字三川字角屋敷鳥飼渡場（対岸浮羽郡柴刈村字八幡大久保渡場）ヨリ八幡川原村下迄

二　同郡金島村大字金島字米出荒子ヨリ新川瀬口迄

右九月二十日ヨリ十月十日迄禁漁

矢部川筋

一　八女郡三河村大字矢原及同郡北山村大字北山ニ係ル手付淵

右七月一日ヨリ九月三十日迄禁漁

二　同郡下妻村大字津島及山門郡本郷村大字本郷ニ係ル字下道正淵

三　山門郡本郷村大字本郷字三本松側

右八月十五日ヨリ十月三十一日迄禁漁

四　同郡同村大字同字松原堰下ヨリ同郡川沿村大字高柳字一本杉刎迄

右二月一日ヨリ五月十日迄禁漁

那珂川筋

一　筑紫郡住吉村大字簑島簑島橋ヨリ上流三百間迄

右九月一日ヨリ十月十五日迄禁漁

室見川筋

一　早良郡入部村大字東入部大井手橋ヨリ椿橋ニ至ル室見川流域及其支流八丁川口ヨリ上流熊崎井手迄

右二月十五日ヨリ十月三十一日迄禁漁

第九条　遡河魚類ノ通路ヲ遮断シテ為ス漁業ハ河川流幅ノ五分ノ一以上ノ魚道ヲ開通スベシ

前項ノ外更ニ魚道開通ノ方法ヲ指定スルコトアルベシ

第一〇条　養殖学術研究其他特別ノ理由ニ依リ第三条乃至第八条ノ禁止制限ニ拘ハラズ水産動植物ノ採捕ヲ為サントスルモノハ別ニ定ムル所ノ書式ニ依リ県知事ニ申請許可ヲ受クベシ

前項ニ依リ許可ヲ受ケタルモノハ其採捕又ハ養殖着手ノ年月日及採捕、養殖ノ物名並其終年月日ヲ其都度県知事ニ届出ベシ

第一一条　漁業者ニアラザルモノハ左ニ掲グル漁具又ハ漁法以外ニ於テ水産動植物ヲ採捕スルコトヲ得ズ

一　徒歩竿釣
二　同手釣
三　同投網
四　自家用具及採藻
五　攩網桶漬

第一二条　定置漁業及特別漁業ニ関シ保護区域ヲ設クルコト左ノ如シ

定置漁業

一　台網類　魚道二百間網、後五十間、沖合百間
二　桝網類　周囲百間
三　建網類　周囲六十間
四　出網類　周囲六十間
五　張網類　周囲六十間
六　魞簗類　魚道百間

特別漁業

一　第六種漁業　周囲百間
二　第八種漁業　周囲百間
三　第九種漁業　周囲五十間

第一三条　前条各保護区域内ニ於テハ其漁業中之ト同一ノ漁獲物ヲ目的トスル他ノ漁具漁法ヲ用ヒ又ハ漁獲物ノ通路ヲ遮断シ若ハ之ヲ散逸セシムベキ他ノ漁具漁法ヲ用フルコトヲ得ズ

第一四条　第一二条ノ保護区域外ニアリテモ台網類ハ既免許ヲ受ケタル網ノ保護区域外ヨリ二百間以上ヲ距テタル場

所ニアラザレバ新規ノ出願ヲ免許セズ

漁業ノ種類及地勢、海況等ニ依リ前項ノ制限距離及保護区域内ニ於テ特ニ免許スルコトアルベシ

第一五条　定置漁業ノ免許ヲ出願セントスルモノニシテ五町以内ニ他ノ定置漁業アルトキハ左右或ハ前後ニ於ケル各最近ノ漁場ヲ出願図面ニ加ヘ且其間数ヲ記入スベシ

第一六条　区画漁業ノ免許ヲ出願セントスルモノハ養殖ノ設備及方法並ニ近傍区画漁場トノ距離ヲ記載シタル書面ヲ願書ニ添付スベシ

第一七条　禁漁区ノ標示ハ左ノ雛形ニ依リ其区域ノ隅角ニ之ヲ建設ス　但標木ハ大サ五寸角以上高サ水面又ハ地上ヨリ五尺以上トス

表

（一面）
此部分赤也
→禁漁区
従是何方位何間
時期ヲ定メタルモノハ
自何月何日・至何月何日

（二面）
此部分赤也
←
禁漁区従是何方位何間
種類ヲ定メタルモノハ
何禁漁区トス

裏

（三面）
年
月
日

（四面）
福
岡
県

第一八条　漁場ノ標識ヲ建設シタルトキハ郡市役所ニ届出検査ヲ受クベシ

漁場ノ標識ニハ左ノ事項ヲ記載スベシ

一　漁業ノ種類

二　漁場ノ区域

三　漁業権者ノ住所氏名又ハ名称

第一九条　本則第三条、第四条、第五条、第六条、第七条、第一三条ニ違背シタルモノハ拾円以下ノ罰金ニ処シ尚獲物ヲ没収スルコトアルベシ

第二〇条　第一一条、第一八条第一項ニ違背シタルモノハ壱円九拾五銭以下ノ科料又ハ二日以下ノ拘留ニ処ス
第二一条　使用入漁夫其他ノ従業者ノ所為ハ漁業者ノ行為ト看做シテ前二個条ノ罰則ハ之ヲ其漁業者ニ適用ス
第二二条　第五条ノ禁止ノ漁具漁法中鵜使漁ノ禁止及第六条ノ漁具構造ニ付テノ制限ハ明治三十七年四月一日ヨリ施行ス
第二三条　明治三十五年本県告示第一八七号漁業名称ノ件及同年本県告示第二三九号、第二七七号、第三〇九号、三十六年本県告示第一一七号漁業組合設置認可名称区域ノ件並同年本県第三三五号漁業免許出願申請及届出手続ニ関スル本県布達告示県令ハ本則施行ノ日ヨリ之ヲ廃止ス　（「九州日報」・「福岡日日新聞」明治三十六年七月三日）

本規則は、以後、三度にわたり次のような一部改正がなされた。

(1)明治三十七年七月七日　福岡県令第三三号
明治三十六年七月福岡県令第三二号漁業取締規則中左ノ通リ改正ス
第一条ノ二　打瀬網漁業ヲ為サントスル者ハ知事ニ願出テ鑑札ヲ受クベシ
前項ノ鑑札ヲ亡失毀損シ又ハ其漁業ヲ廃止シタルトキハ前条ニ依ルベシ
第一条ノ三　前条ノ漁業者漁業ヲ為ストキハ鑑札ヲ携帯スベシ
第二条中「前条」トアルヲ「第一条及第一条ノ二」ト改ム
第六条第四項中「打瀬網ハ網目八分以下」ノ十字ヲ削リ本条末ニ左ノ一号ヲ加フ
一　打瀬網ハ網目八分以下ノモノ及四月二十一日ヨリ五月二十日マデ並八月二十一日ヨリ九月二十日マデノ間之ヲ使用スベカラズ
第一九条「本則」ノ下ニ「第一条ノ二第一項」ノ八字ヲ加フ
第二〇条「第十一条」ノ上ニ「第一条又ハ第一条二第二項ニ違反シ鑑札ヲ返納セザルモノ第一条ノ三」の三十二字ヲ加フ
（「九州日報」明治三十七年七月七日）

(2)明治四十一年六月十二日福岡県令第二八号
明治三十六年福岡県令第三二号漁業取締規則第四条中左ノ通リ改正ス
一　鯛児　一月一日ヨリ六月三十日迄トアルヲ「一月一日ヨリ五月三十一日迄」ト改ム

一　鰺児　　一月一日ヨリ六月三十日迄トアルヲ「一月一日ヨリ五月三十一日迄」ト改ム
一　鰮児　　一月一日ヨリ四月十五日迄トアルヲ「一月一日ヨリ三月三十一日迄」ト改ム
一　かなぎ　十一月一日ヨリ十二月三十一日迄トアルヲ「十一月一日ヨリ十二月十五日迄」ト改ム
（「九州日報」明治四十一年六月十二日）

(3)明治四十三年七月十四日福岡県令第二三号
　本県漁業取締規則第一条ノ二ヲ左ノ通リ改正ス
第一条ノ二　打瀬網又ハ揚繰網漁業ヲ為サントスル者ハ知事ニ願出鑑札ヲ受クベシ　但シ門司市門司崎以西糸島郡福吉村大字鹿家字包石ニ至ル沿海ニ於ケル揚繰網漁業ノ許可ハ明治四十三年六月以前ニ操業シタル者ニシテ慣行アル漁場ニ限ル
　前項ノ鑑札ヲ亡失毀損シ又ハ其漁業ヲ廃止シタルトキハ前条ニ依ルベシ
　つまり、明治三十七年の改正により「打瀬網漁業が許可によって操業可能となった」こと、明治四十一年改正により「鯛・鰺・鰮児、かなぎの採捕禁止期間が短縮された」こと、明治四十三年の改正により「打瀬網に加えて揚繰網漁業が許可により操業可能となった」ことであった。

第五章　明治漁業法の制定と漁業制度の改正

第一節　明治漁業法、漁業組合令の公布

一　明治漁業法改正の主旨

明治漁業法は明治四十三年四月二十日、法律第五八号をもって公布された。明治三十四年制定の旧漁業法を改正し、明治漁業法を制定したのは、漁業の資本主義的発達に伴い、近代的な法体系に仕立て上げるものであった。条項は七三カ条から成っており、その主旨は次の三点に要約される。

第一は、漁業金融の道を開くために、左のような規定を設けた。

(1)漁業権を物権とみなして、土地に関する規定を準用する（第七条）。

(2)水面使用に関する権利義務は、漁業権の処分とともに移転させる（第一一条）。旧法では、新たに漁業権を行使するものは別途水面使用の許可を申請せねばならず手続きが煩雑であったが、この手続きを簡略化しようとするものであった。

(3)行政官庁において、必要ありと認めるときは、漁業権免許に当たって制限・条件を付すことができるようにした（第二一条）。

(4)漁業権の取消は有償でなければできないようにした（第二七条）。但し公益上、特別な事情のあるときは、この限り

でない（第二四条）。かかる規定の改正は、漁業権が物権とみなされる当然の帰結である。

(5)漁業権を物権とした結果、漁業権登録の規定を設け、効力を明確にした（第二六条）。

(6)入漁権の性格を明確にした（第一三条）。旧漁業法では、入漁権についてはなんらの定めがなく、入漁はほとんどが慣行入漁であった。したがって旧法第五条に「行政官庁ハ其ノ慣行ニ因リ漁場ノ区域及漁業ノ種類ヲ定メ之ヲ免許ス」とあったから、慣行入漁は専用漁業権として当然免許されていた。こうした理解のもとに入漁の規程は必要なかったが、十年たった明治四十年代になると、新しい入会関係が形成され、たとえば契約によって入漁することも現れてきた。こうした変化に加えて、漁業権を物権とみなした以上、漁業権の一種である入漁権も明確に規定されねばならなかった。

第二には、漁業組合を経済団体とすることであって（第四三条）、漁村のブルジョア的進化に対応するものであった。そして漁業組合連合会を設置することができることとなった（第四四条）。

第三には、警察法規として体裁を整えたことであり、一方において捕鯨業・トロール漁業などの取締規則の根拠法とさせるとともに、他方に漁業監督制度を充実しかつ罰則規程を厳しくした。

明治四十三年十一月十一日、勅令第四二八号「漁業法ハ明治四十四年四月一日ヨリ之ヲ施行ス」となる。また、明治漁業法の施行に対応して、明治四十三年十一月十二日、農商務省令第二五号で漁業法施行規則が改正された。

二　漁業組合令の特徴、改正点

明治四十三年十一月十一日、勅令第四二九号「漁業組合令」が発布された。この漁業組合令は、昭和八年の抜本的改正が行われるまで、わが国漁業組合の基本法として存続した。その特徴は、官僚の指導性の貫徹である。すなわち、明治漁業法では次のように定めている。

第四七条　行政官庁ハ何時ニテモ漁業組合又ハ漁業組合連合会ノ事業ニ関スル報告ヲ徴シ、事業ニ付認可ヲ受ケシメ、事業及財産ノ状況ヲ検査シ其ノ他監督上必要ナル命令ヲ発シ又ハ処分ヲ為スコトヲ得

第四八条　漁業組合又ハ漁業組合連合会ノ決議若ハ役員ノ行為ニシテ法令、行政官庁ノ命令若ハ規約ニ違反シ又ハ公益ヲ害シ若ハ害スルノ虞アリト認ムルトキハ行政官庁ハ左ノ処分ヲ為スコトヲ得

一　決議ノ取消
二　役員ノ解職
三　組合又ハ連合会ノ解散

右によれば、漁業組合は官庁の監督下にあり、たとえ漁民の総意を反映した総会の決議であっても、取消・解職・解散を命ずることができるわけである。まさに、官僚指導型組合というべきものであった。

漁業組合令が、前漁業組合規則と大きく異なる改正点は、共同の施設をなし得るようになったこと、連合会の設立を認めたこと、組合地区の範囲を拡大したこと、加入脱退の自由を認めたことである。以下に、この四点について若干検討を加えておこう。

(1) 共同施設事業

漁業組合令第一二条で「規約ニハ左ノ事項ヲ記載スベシ」として、その第一一項に「共同施設事業ニ執行ニ関スル規定」と述べている。共同施設事業とは何かという点について、明治四十四年二月、農商務省訓令第一号で左のように各地方庁に通達している。

道庁府県

漁業組合及漁業組合連合会の共同施設事業に関する件

漁業組合及び漁業組合連合会の共同施設事項に付ては組合の性質及組織に鑑み大要左の標準に依り各漁村の状況に応じて実行し得べき適切なる事項を先にし、其施設の多岐に渉るの弊を戒め苟も過誤なきを期し漸進以て完全の域に達せしむるの方針を執り、周到なる監督の下に漁村をして堅実なる発達を遂げしめん事を期すべし。

第一　施設事項の概目左の如し

一　漁港、波止場、船揚場、乾場、魚揚場、生洲、貯氷場、其他共同施設に必要なる営造物の設置に関する事
二　人工漁礁の築設其他漁場の利用に関する事
三　魚付林其他漁業に関し必要なる森林の保護及設置に関する事
四　暴風雨警報に関する事
五　遭難救助及遺族救済に関する事

六　漁獲物又は漁獲物製品の共同販売に関する事
七　漁獲物の共同製造に関する事
八　餌料其他漁撈及漁獲物製造に要する原料又は物品の共同販売に関する事
九　漁獲物、漁獲物製品、飼料其他の共同運搬に関する事
一〇　漁業資本の供給に関する事
一一　貯金の奨励に関する事
一二　組合員の訓育及啓発に関する事
第二　遭難救助及遺族救済に関する方法を設くるときは之に要する基金の積立、支出及補充に関する方法を定めしむべし
第三　共同販売に就ては組合は魚揚其他組合員の漁獲物又は其製品を共同に販売するに必要なる設備を設け及販売人と買入人との仲介を為すを以て旨とすべし
第四　歩戻其他の方法に依る販売又は買入に関する奨励方法は組合員を鼓舞する為必要なりと雖之を為すには常に明確なる表示を用ひ可成は各月末毎に之れを算定表示し少なくとも年二回は必ず之れをなさしむる事を要す、歩戻金其他は之を受くべき者の名義を以て可成各自の貯金たらしむべき方法を執らしむべし
第五　共同製造に就ては組合は共同に使用すべき製造所又は製造用器具を設備し之を組合員に使用せしむるを要旨とすべし
第六　漁業資本の供給を為すには組合は組合共同貯金其他組合の資産を以て之れに充て必要なるときは当組合の借入金を以て之に充てしむべきも事業の程度及組合員の信用勤勉に注意し資金回収には確実なる方法を採らしむべし
第七　売上高の幾分の取纏其他の方法に依り組合員の貯金を奨励且つ実行せしむる事は必要なりと雖も其貯金は組合にて之を預らず直に組合員の名義を以て郵便貯金、銀行其他確実なる預り主に預入れしむべし
第八　漁業組合又は漁業組合連合会の起債を起す事の認可を与へたる時は起債を為す事由、起債金額及償却の方法を記載し直に之を報告すべし

右の通り、きわめて広範囲にわたる事業種目と執行上の注意事項が述べられているが、勿論、当時の組合がこれらのす

べてを営んでいたわけではなく、比較的取り組まれていたものは共同販売事業と遭難救恤の二種目であった。

(2)漁業組合連合会

海が一連のものである限り、一定区域に漁業権を設定して漁業権を行使するにしても、その影響は他地区にもおよばざるを得ない。かくて、漁村相互の間に入漁関係が発生し、調整の方法、機関が創生されてくる。つまり漁村の連合体ともいうべきものが現れてくる。漁業が発達すればするほど、こうした連合体は必要となってくる。

旧漁業において、漁業組合連合会に関する規定はなかったが、各地の漁村には、相互の連絡機関として、あるいは広い漁場の調整機関として、それぞれの実態に応じて連合会が作られていた。明治漁業法において、連合会の規定を設けたのは、右のような実態に対応してであった。全国的にみて、設立された連合会の実態に関する資料は僅少であって、詳細にみることはできないが、その多くは漁業権入漁権の保全、漁場の保護に業務の中心があった。

(3)地区範囲の拡大

漁業組合規則では、漁業組合の地区範囲は浦・浜・部落というように狭少な範囲であった。しかし、組合令によると、第九条で「但シ組合ノ地区タルベキ区域ガ二部落以上ニ亙ルトキ」と述べ、拡大した地区の設立を許している。これらは、明治末期に漁船も大型化して入会関係が拡大したこと、および元来漁場が広いので、浦・浜では漁場を律し切れない部分が現れてきたことによると思われる。このように漁場の変動、漁村の変化に対応できるよう、第二一条で「組合ノ地区ヲ拡張又ハ縮小」また第五一～五四条で組合の合併・分割を規定するなど、地区の変更や組合組織の拡大、縮小を可能とさせるようにした。

(4)加入脱退の自由

漁業組合規則では、組合の設立は自由であっても、一度組合が設立されたらその地区の漁民は強制的に加入させられていた。しかし組合令によると、第四五条で組合への加入権はあっても、加入を強制することはできない。また、組合に加入しようとする場合、漁業組合は正当な理由なく加入に困難な条件、たとえば莫大な加入金を徴収するような条件をつけて、加入を拒絶することはできない。このように加入の権利があり、それを自由に行使できるのであるが、脱退については条件をつけている。第四八条で脱退は事業年度の終りにのみ許している。

以上、漁業組合に関する改正点を列挙したが、農商務省が意図した漁業組合像とは如何なるものであったかについて触れておきたい。明治四十四年の訓令第一号では、漁業組合が共同施設事業の事業主体としてそれを営むことが禁止されていないにせよ、第三～七の内容からうかがわれるように、漁業組合の購販売事業では組合員の活動に対する仲介的、補助的機能を果たさせる位置に制約しており、また信用事業を行ない得なかったのである。このことは、行政上の方針として漁業組合機能の中枢を漁業権管理に置き、共同施設事業は補助的位置に置いたことを意味するわけである。これは出資制度が認められていない漁業組合の共同施設事業に対する必然的位置づけであり、昭和八年の改正による出資制度に基づく漁業組合の協同組合としての経済事業主体の確立と大きく異なるところである。

法制度上このような必然的制約がある一面、この改正の意図するところは、漁業組合を名実ともに漁村の中心としようとするところにあった。大正三年、農商務省水産局刊行「第二次漁業組合範例」の初めに次のように述べられている。「明治四十三年法律第五八号改正漁業法ハ『漁業組合ハ漁業権若ハ入漁権ヲ取得シ、又ハ漁業権ノ貸付ヲ受ケ組合員ノ漁業ニ関スル共同ノ施設ヲ為スヲ目的トス』ト規定シ、漁業組合ヲシテ名実共ニ漁村ノ中心タラシムルヲ期セリ」。このように農商務省は漁業組合を漁村の中心として発達させることを企図していたことは明らかであるが、その中心とは仲介的、補助的な協同事業を行うことにあり、当時の未発達な状況からの必然的帰結であったと云えよう。

さらに農商務省は、漁業組合が中核となって漁村の改善、漁業の発達を図るには、組合運営にあたる役員の適任者をいかに選任するかが重要であり、また役員に対する指導養成が必須であるとして、大正三年二月十七日、農商務省第七九四号により左の「漁業組合役員指導ニ関スル件」を各府県に依命通牒した。

漁村ノ改善ヲ期シ漁業ノ発達ヲ図ルハ一ニ漁業組合ノ活動ニ待タザルベラズ、而シテ組合ノ活動ハ組合員ノ和衷協同ニ基因スルコト当然ノ次第ニ候ヘ共就中、組合役員ハ其主脳ニシテ組合ノ運用ハ一ニ之ニ懸ルヲ以テ之レガ適任ヲ得ルハ最モ重要事ニ付、其選任等ニ当リ大ニ注意ヲ与フルノ要アルト共ニ一面ニ於テハ宜シク役員ヲ指導養成スルノ必要有之候ニ付、適当ノ時期ニ於テ時々理事又ハ監事ヲ招集シ、凡ソ左記事項ニ関シ講究セシメラレ度、此場合ニ於テハ成ル可ク当庁係員並ニ水産試験場員等派遣可致候ニ付予メ御照会相成度。

(1)漁民訓育方法ニ関スル件
(2)漁業ニ関スル諸法規研究ノ件
(3)組合事務取扱ニ関スル件

⑷組合共同施設事業ニ関スル件
⑸組合基金ノ積立並其利用方法ニ関スル件
⑹組合員貯蓄奨励ニ関スル件
⑺専用漁場魚介藻ノ蕃殖保護ニ関スル件
⑻漁撈、養殖又ハ製造方法改良ニ関スル件
⑼漁獲物販売ノ方法改善ニ関スル件

第二節　明治漁業法、漁業組合令施行に伴う福岡県下の動き

一　県の漁業組合施策と漁業組合

明治漁業法、漁業組合令は明治四十四年四月一日から施行することとなったが、福岡県は同年三月十六日、訓令第八号「改正漁業法に関する件」を県下関係郡市あてに発した。その内容は左の通りである。

改正漁業法は来る四月一日より実施せらるゝこととなれり、抑々本法改正の要旨は漁業発達の情勢に応じ漁業者の権利を確保し、資金融通の途を開き、以て益々水産業をして健全なる発達を遂げしめんとするに在り、即ち漁業者の権利を確保する為登記に代るべき登録の制度を設け、其登録を以て第三者に対抗するの要件と為し漁業権を抵当権及先取特権の目的と為すことを得せしめ、以て資金融通の便を与へ、又漁業組合の組織及其の施設事業の範囲を広め且つ其の連合会の設立を認め、共に之を法人と為し勧業銀行又は農工銀行等より無抵当貸付を受くるの途を開かれたるは、実に水産業の前途に光明を与へられたるものと謂はざるべからず、然れども法制如何に完全なるも漁業者又は漁業組合等の実態に於て堅実を欠き信用を保持するに足らざらんか、法は徒に空文たるに熄まんのみ、此の機に於て宜しく改正法規の意義を了得せしめ周密に指導監督を加へ、以て其の実効を奏するを期し各漁村の情況に応じ左記の共同施設事項を実行し、漸進以て完成の域に達せしめんことを努めらるべし。

第一　施設事項の概目

一　漁港、波止場、船揚場、乾場、魚揚場、生洲、貯氷場、其他共同施設に必要なる営造物の設置に関する事
二　人工漁礁の築設其他漁場の利用に関する事
三　魚付林其他漁業に関し必要なる森林の保護及設置に関する事
四　暴風雨警報に関する事
五　遭難救助及遺族救済に関する事
六　漁獲物又は漁獲物製品の共同販売に関する事
七　漁獲物の共同製造に関する事
八　餌料其他漁撈及漁獲物製造に要する原料又は物品の共同購買に関する事
九　漁獲物、漁獲物製品、餌料其他の共同運搬に関する事
一〇　漁業資本の供給に関する事
一一　貯金の奨励に関する事
一二　組合員の訓育及啓発に関する事

第二　遭難救助及遺族救済に関する方法を設くるときは之に要する基金の積立支出及補充に関する方法を定むる事

第三　共同販売に付ては組合は魚揚場其他組合員の漁獲物又は其の製品を共同に販売するに必要なる設備を設け及販売人と買入人との仲介を為す事

第四　歩戻其他の方法に依る販売又は買入に関する奨励方法は組合員を鼓舞する為め必要なりと雖之を為すには常に明確なる表示を用ひ可成は各月末に之を算定表示し少くとも年二回は必ず之を為さしむること、歩戻金其他は之を受くべき者の名義を以て可成各自の貯金たらしむべき方法を執らしむる事

第五　共同製造に付ては組合は共同に使用すべき製造所又は製造用器具を設備し之を組合員に使用せしむる事

第六　漁業資本の供給を為すには組合は組合共同貯金其他組合の資産を以て之に充て必要なるときは尚組合の借入金を以て之に充てしむるべきも事業の程度及組合員の信用勤勉に注意し資金回収に付確実なる方法を採らしむる事

第七　売上高の幾分の取纏其他の方法に依り組合員の貯金を奨励且つ実行せしむることは必要なりと雖、其の貯金は

組合にて之を預らず直に組合員の名義を以て郵便貯金、銀行其他確実なる預り主に預入れしむる事

以上のように、改正漁業法の実施に際して共同施設事業の実行に遺憾なきよう、各郡市が指導監督に努められんことを通牒した。施設事業の内容（第一～七）は農商務省訓令第一号「漁業組合及び漁業組合連合会の共同施設事項」と全く同一であるが、農商務省訓令にみられた第八「漁業組合又は漁業組合連合会の起債」に関する項目は削除されている。県では、当初、漁業組合の起債による共同施設事業に対しては、積極的でなかったのかも知れない。

さらに、県は明治四十四年八月三日、訓令第三二号をもって「漁業組合及漁業組合連合会監督規程」を発した。

第一条　漁業組合令第三六条第二項ノ報告アリタルトキハ郡市長ハ遅滞ナク之ヲ調査シ其ノ状況ヲ詳報スベシ

第二条　組合又ハ連合会ヨリ漁業組合令第二〇条第一項第二号第六号第九号第一二号ノ認可申請書第二五条第四項ノ届出若ハ第四三条ノ報告書ヲ提出シタルトキ又ハ組合ヨリ漁業組合令第三二条第三項ノ認可申請書ノ提出若ハ第五〇条ノ申請アリタルトキハ郡市長ハ其ノ当否ヲ調査シ意見ヲ副申スベシ

第三条　組合又ハ連合会ニ於テ漁業組合令第三八条第三項ニ依リ仮理事選任ノ必要アルトキハ郡市長ハ適当ナル人物ヲ選定シ知事ニ内申スベシ

第四条　郡市長ハ毎年一回以上組合ノ状況ヲ検査シ之ヲ知事ニ報告スベシ

前項ノ報告書ニハ左ノ事項ヲ記載スベシ

一　業務執行ノ状況

二　役員及事務員執務ノ状況

三　加入及脱退者ノ数並其ノ事由

四　金銭物品ノ出納及保管ノ状況

五　帳簿及書類ノ整否

六　各号ノ外必要ト認ムル事項

第五条　郡市町村長ニ於テ組合ノ行為ニ対シ意見アルトキハ町村長ハ郡長ニ郡市長ハ知事ニ之ヲ上申スベシ

第六条　郡長ニ於テ組合監督上必要ナル施設ヲ為シタルトキハ直ニ知事ニ報告スベシ

この監督規程は、漁業法第四七条「行政官庁ハ何時ニテモ漁業組合又ハ漁業組合連合会ノ事業ニ関スル報告ヲ徴シ、事

業ニ付認可ヲ受ケシメ事業及財産ノ状況ヲ検査シ其ノ他監督上必要ナル命令ヲ発シ又ハ処分ヲ為スコトヲ得」により定められたものと思われる。行政官庁による指導監督が強化されていくのである。

しかし設立後十年間を経過したとは云え、漁業権管理主体であった漁業組合にとって、仲介的、補助的機能とはいえ協同諸事業団体としての組合経営が適切に行われるわけはなかった。県の指導監督にもかかわらず、思惑通りにはいかなかった様子が左の新聞報道からうかがうことができる。

(1)福岡県にては、客年三月漁業法改正の要旨及組合施設事業に関し訓令第八号を発し、沿海郡市長に対し指導監督を加へたる筈なるが、組合をして改正要旨に従ひ確実に其効果を収め得せしむることは頗る難事に属し、組合に於て能く同法の精神を了得し且従来馴致せる弊風を一洗し平素勤倹貯蓄の美風を養成し、以て内資金の充実を図る外、信用の昂進に努めしむるは最も緊にして之が監督に就ては特に注意を払ふべき事柄なるに拘らず、尚成績不良にして全く基金の積立をなさざる組合あり、現在県下を通して八十三組合中、基金の総額は四万一千三百一円余にして一組合平均五百円余に過ぎずして、間には一厘の蓄積なきもの或は二千円余の基金を貯蓄せるものあり、何れも区々にして統一を欠けるは組合の発展上遺憾の至りたれば、組合規約の如き去四月を以て全部変更の認可を終へ、事業年度も歴年に改めたる結果、昨今明年度経費予算編成時期、切迫の折柄なれば、此際規約の定むる所に拠り各種の積立金は必ず之を予算に編入計上することゝし、同時に組合事業の施設経営等に関しては今後一層指導監督を加ふべき旨各沿海郡市長に対し通牒を発したり。

（「福岡日日新聞」大正元年十一月二十六日）

(2)福岡県にては、県下水産業の発展を期すると共に各漁村の改良進歩を図るの趣旨を以て、直接其の衝に当れる各漁業組合に対して、夙に内部の改善を促し之を鞭撻する為め、屢々県当局に於て事務並に会計の検査を行ひ指導監督に努め来りしが、奈何せん組合員の思潮尚未だ向上せず兎角に完全の実を挙げざるのみならず、動もすれば組合員中に如何はしき行動を敢てし、延いて組合事業を阻害せんとする虞あるものあり、而かも組合の大勢を以て他府県の夫れに比すれは寧ろ劣るとも優るなきの現状を呈し居り、遺憾尠からざるを以て県当局は此際組合の大々的刷新を期せんことを企劃し、今回組合内に於ける事業の振合並に会計上に付最も厳格なる検査を施行することゝせり、若し其際不法行為を発見することあらば仮借なく検挙して一々之が処分を断行するの方針なる由にて、先づ第一着手として来る三日を以て箱崎浦漁業組合を臨検し引続き暫時各組合に及ぼすべき都合なりと云ふ。

（「九州日報」大正二年十一月三日）

⑶福岡県下各漁業組合中に於て、動もすれば内部に種々の弊害続出し延いて斯業の発展向上を阻害せんとする虞あり、県当局は此際各漁業組合の業務並に会計を調査して其の弊害を指摘し、之を除却して以て一層業務の改善刷新を期せん方針なることは既報の如くにして、過般来一、二の組合に就き調査する所ありしに、今は之を全組合に及ぼすの必要なるを感じ乃ち主務課の天野属は宗像・糸島両郡を、杉江技手は企救・京都・築上の三郡を、吉村技手は遠賀・粕屋両郡を担当して、天野、杉江両氏は十七日より、吉村氏は二十六日より夫々出張して厳重なる検査を行ふべし。

（「九州日報」大正二年十一月十六日）

⑷福岡県当局が漁業組合の刷新を期せんとし、係員を各漁業組合に就かしめ、業務の状態並に会計諸帳簿の調査を為さしめつゝあることは既報の如し、今回粕屋郡志賀、弘、遠賀郡戸畑・若松・脇田・脇の浦の各漁業組合に臨検したる吉村技手は語って曰く、右検査に付ては予め県庁より通知し居たるを以て、大体に於ては諸帳簿の記入等夫々整理を為し居りしも、尚ほ巨細に調査すれは未だ多少の欠点を発見すべく就中、組合の収入上に於て之が根帳の備付なき為め、収入の明瞭ならざる点ありて之に対し極めて調査の面倒を感じたり、元来組合の収入なるものは年期契約に依って貸付する漁業料あり、若くは一時の入札に依って定むる漁業料もあり、又或は不定の入漁料等もあるなど兎角に収入の根本に於て複雑なるものあり、従って収入の明瞭を期すること、最も困難なると同時に又最も之が必要を感ずる次第なるを以て、要は此等の根帳を備付け併せて領収簿を備付けて精確に収入を明記し、尚ほ同時に支出の点をも明確に記入し置かざるべからず、又漁業組合が積立金を利用して組合員に対し漁業資金の貸付を為すは、固より適切のことなりとは云へ、動もすれば組合員に於て右貸付を受けたる資金を共有金の分配を受けたるが如く考へ居るものありて、為めに之が回収に頗る困難を感じ居る傾きあり、不心得も甚だしきことにて若し之が回収を緩にせんか、折角の積立金も遂に分配に了らしむるの嫌ひなき能はざるを以て、組合理事者たるものは宜しく此等の点に付ても十分の監督を為すの要あるべし云々。

（「九州日報」大正二年十二月七日）

以上の記事にもみられるように、漁業組合積立金の運用において、特に問題となったのは貸付資金の回収不能に陥ったものが多かったことである。県は大正三年一月、内務部長名で沿海各郡市長あてに次のような「漁業組合漁業資金貸付ニ関スル通牒」を発している。

漁業組合ガ組合積立金ヲ利用シテ組合員ニ漁業ノ資金トシテ貸付ヲ為スハ固ヨリ適当ノ施設ニシテ、之ヲ従来漁業者ガ仕込金トシテ魚問屋又ハ魚市場等ヨリ拘束ヲ受クルニ比シ其便利実ニ大ナルモノアレバ、組合員タルモノハ奮テ組合積立金ノ増殖ニ努メテ資金融通ノ便利ヲ収メ、以テ漁業ノ発展ニ資セザルベラズ、然ルニ従来該資金貸付ノ結果ヲ見ルニ組合員往々ニシテ借入金ノ償還ヲ怠リ或ハ不払ニ帰スル者等アルハ、組合ノ発展上誠ニ痛歎ニ堪ヘザル次第ナルガ、此等ニ対シテハ組合規約又ハ貸付規定ニ遵ヒ厳重処分スベキハ勿論ナルガ、尚理事ハ貸付ヲ為スニ当リ周密ニ其人物ヲ調へ、苟モ信用ナキ者又ハ支払怠慢ノ虞アル者ニハ断ジテ貸付ヲナサズ、又貸付ヲ為スモノニ対シテモ身元確実ニシテ信用アル保証人ヲシテ保証書ヲ提出セシメ、貸付金ノ回収ハ期限通リニ厳行シ、苟モ積立金ニ欠損ヲ生ゼシムルガ如キ事ナキ様、各漁業組合ニ示達方ヲ通牒ス。

このように、県は組合積立金の適切利用を指導しながらも、常に組合積立基金の蓄積を重点指導項目として奨励してきた。その情況を左の記事から知ることができる。

(1)本県にては、遠洋出漁の奨励と共に各漁浦に於ける基金の増殖方法に関してもこれが積立を鼓舞しつゝありしが、当業者も万一に対する非常基金並に事業拡張費として積立を為す方に傾き、当業者も常に之れを奨励勧誘の結果、最近の調査に依れば玄海洋に於ける基金所有組合四十四に対し一万一千八百八十三円、有明海十三組合に対し四千二百七円、豊前海十三組合に対し四千三百三十四円、合計七十組合に対し二万四百二十四円に達し、之を前年に比較すれば基金を有する組合七組、基金三千七百三十三円を増加し、一浦平均二百九十四円に当り前年の平均額百九十四円に比すれば百円以上を増したり。

（「福岡日日新聞」・「九州日報」明治四十年二月十五日）

(2)本県下漁業組合の基金蓄積は漁村の維持発展上最も必要なれば、県当局に於ては大に之が奨励に努めたる結果、基金を蓄積するもの七十四組合に達し、全く基金を有せざるもの十三組のみとなれり、而して昨年四月現在の積金総額は二万八千八百二十四円、九月現在は三万七十二円にして半年間に千二百四十八円を増加せり、内最も基金の多額なるは三池郡大牟田組合の二千百四十二円、粕屋郡奈多組合の二千百一円、企救郡柄杓田組合の千七百二十六円、京都郡苅田組合の千五百九十五円なるが、右基金総額を七十四組合に割当平均すれば一組合四百六円に当れり、又基金を蓄積せざる組合の多きは三瀦、三池、築上の三郡なり。

（「福岡日日新聞」明治四十二年四月十六日）

(3)漁村の維持改善を図り漁業の改良発展を期せんと欲せば、必ず先づ其基金若くは各種事業に対する資金の蓄積増殖に努むるを以て其根本要素となさざるべからず、福岡県当局に於ては従来該方針に則り漁業組合及其団体に対し指導監督を加へたる結果、之を昔日に比すれば大に其面目を改新したるもの尠しとせず、而して大正五年十二月末現在に於ける各組合の積立金を見るに、組合数八十二組合に対し其金額七万五千十五円で組合基金六万四千八百九十七円、事業費一万二百八十一円に達し、年を追ふて是等必要の資力の増進せるを見る、之を前年末現在に比すれば一万二千百七十一円を増加せり、斯くの如き趨勢を以て利子其他を尚一層蓄積して之れが増殖に努力せば漁村の鞏固発展を期待する上に於て容易の業なるべし。

（「福岡日日新聞」・「九州日報」大正六年六月二十日）

以上、県の指導もあって、漁業組合の基金総額は表にみられるように次第に増加傾向となり、積立基金が皆無という組合は減少していった。

表一―6　漁業組合積立基金の推移

年度末現在	筑前地区 組合数	筑前地区 有基金数	筑前地区 基金額 円	豊前地区 組合数	豊前地区 有基金数	豊前地区 基金額 円	有明地区 組合数	有明地区 有基金数	有明地区 基金額 円	合計 組合数	合計 有基金数	合計 基金額 円
明治三八	四六	三七	七、三五四	一八	一〇	二、一三七	二二	七	三、七七三	八六	五四	一三、二六三
三九	四六	四四	一一、八八三	一八	一三	四、三三四	二二	一三	四、二〇七	八六	七〇	二〇、四二四
四一	四六	四五	一八、七二〇	一八	一五	六、八四三	二三	一四	四、五〇九	八七	七四	三〇、〇七二
四二	四六	四五	二〇、九七八	一八	一六	八、六四一	二三	一四	四、五五二	八七	七五	三四、一七一
四三	四六	四五	二二、五二〇	一八	一七	一〇、三〇四	二三	一五	五、一一四	八七	七七	三七、九三八
四四	四二	四一	二三、三九七	二二	二二	一二、六三〇	二三	一九	五、三〇五	八七	八二	四一、三三二
大正　元	四二	四一	二五、八九九	二二	二二	一三、六三七	二三	一九	五、三四九	八七	八二	四四、八八五
二	四二	四一	二七、七九六	二二	二二	一五、五九二	二三	一九	四、九五六	八七	八二	四八、三四四
五	四二	四一	四七、〇一五	二二	二二	二二、一四一	二三	一八	五、八〇〇	八七	八二	七五、〇一五

註(1)企救郡（大里・馬島・藍島）、門司市（旧門司）分は、明治四十三年までは筑前地区に、明治四十四年以降は豊前地区に入っている。内水面分（八女郡二川村漁業組合）は除外。
(2)資料の出所は「福岡日日新聞」、「九州日報」による。

改正漁業法施行以後における各漁業組合経営の実態について整理しておきたい。福岡県水産試験場は大正二〜五年に県下全漁村を対象として漁業就業、漁業組合経営等の実態調査を行っている。その中から漁業組合に関する項目（組合員数・積立基金・年間経費・経費徴収方法・事業）を一覧表にして示した。

表一－7　漁業組合経営の実態（大正二〜五年調査）

組合名	組合員数	積立金	収支	経費徴収（除予算剰余金積立）	組合事業
（筑前）	人	円	円		
鹿家浦	二二	一七九・七五	一一三・三一	戸別割、漁場使用料（大敷網・カナギ網）、フノリ入札料	防波堤築造
福吉浦	八七	八四七・九八	二五九・五五	戸別割、漁場使用料（大敷網）、魚市場寄付	海難救護、防波堤築造、＊共同漁業経営（鰯揚繰網・瀬掛網）
深江片山浦	七五	一〇六・〇〇	三六〇・〇〇	魚問屋口銭	防砂堤築造、＊共同漁業経営（鰯揚繰網・鰮網）
加布里浦	四〇	四六二・八五	三〇〇・〇〇	水揚高ノ一分、漁場使用料（桝網・田作網・地曳網・鰯地曳網）	海難救護
小富士浦	一二〇	一、〇〇〇・〇〇	七三〇・〇〇	水揚高ノ一分、入漁料、漁場使用料（大敷網）、魚市場寄付	海難救護、防波堤築造、組合員ノ納税業務、＊共同漁業経営（鰯揚繰網・鰮網・鰆網）
岐志新町浦	一〇五	四五八・四四	三〇九・〇〇	水揚高ノ二分、入漁料	海難救護、防波堤築造、専用漁場ノ取締、＊共同漁業経営（鰯揚繰網・鯛地漕網・鰮網・ヤズ網・鰯刺網）
芥屋浦	七〇	二三〇・三七	二六〇・〇〇	戸別割、漁場使用料	海難救護、防波堤築造、＊共同漁業経営（鰯揚繰網）
姫島浦	四四	五〇九・〇六	二七〇・〇〇	戸別割、漁場使用料（大敷網・大謀網）、フノリ収益	防波堤、海難救護、＊共同漁業経営（大敷網・ヤズ網・カマス網）

野北浦	八六	一、二七三・八〇	記載なし	水揚高ノ五分、戸別均等割、アワビ漁場入漁料	防波堤築造、海難救護、＊共同漁業経営（鰯揚繰網・鯛地漕網・鰮網）
西ノ浦	一五三	八〇〇・五〇	五〇〇・〇〇	水揚高ノ三分、戸別均等割、入漁料（カナギ網）	防波堤築造、海難救護、水産製品共同販売、＊共同漁業経営（鰯揚繰網・ヤズ網・地曳網・鯛網・鯛巾着網）
唐泊浦	八四	一九四・〇五	四〇〇・〇〇	戸別割、水揚高ノ一～二分、入漁料、ワカメ漁場入札料	網干場造成、防波堤築造、水産製品共同販売、＊共同漁業経営（鰯揚繰網・鰆網・コノシロ網・ヤズ網・ボラ網・鯖網）
玄界島	一〇三	三二八・五六	四五〇・〇〇	戸別割、水揚高ノ三～五分、漁場使用料、入漁料	防波堤築造、物品共同購入、漁獲物共同運搬、組合漁業経営（鰮巻網）、＊共同漁業経営（鰯揚繰網・鯛網）
小呂島	二六	一〇五・〇〇	八〇・〇〇	人頭割（一戸二人以上八半額増）、漁場使用料（アワビ漁）	漁獲物共同運搬、＊共同漁業経営（鯛地漕網・シイラ旋網）
浜崎今津浦	四〇	三三五・二〇	二五〇・〇〇	水揚高ノ一分、入漁料	海難救護、＊共同漁業経営（鰯揚繰網・鰮網）
姪浜浦	七三	六六九・五六	一、〇〇〇・〇〇	水揚高ノ三分、戸別割	共同網干場管理、＊共同漁業経営（鰯揚繰網・鰮網）
残島浦	七七	七二四・一三	三一九・五四	水揚高ノ二分、戸別割、漁場使用料（大敷網）	海難救助
伊崎浦	五二	三五七・三五	二二四・七五	漁業等級割（一～四等）、戸別割、漁場使用料（壺網・遊漁者）	海難救助
福岡	一〇九	一、七二四・二一	二三六・六八	戸別割、入漁料	――
箱崎浦	一〇七	六三五・七五	五六〇・〇〇	漁業等級割（一～四等）、入漁料、漁場使用料（定置網）	＊共同漁業経営（鰮網）

奈多浦	一九八	二、三三七・九三	四、一六七・四〇	水揚高ノ二分、乾魚売上高ノ一分、戸別割、漁場使用料、共同販売利益	共同販売、砂防堤築造、水難救護、＊共同漁業経営（鰯揚繰網・鯛網・ヤズ網・地曳網）
志賀島浦	一三五	二、〇五一・四二	一、四七五・〇五	水揚高ノ一分、戸別割、漁場使用料（大敷網）	漁獲物共同運搬、水難救護、防波堤築造、＊共同漁業経営（鰯揚繰網・鯛網）
弘浦	五六	三〇六・一九	四二〇・〇〇	水揚高ノ一分、戸別割、入漁料、若布漁磯止後ノ採取料	漁獲物共同運搬、水難救護、＊共同漁業経営（鰯揚繰網・鯛巾着網）
新宮浦	八一	記載なし	記載なし	水揚高ノ二分、漁場使用料（大敷網）	海難救護、＊共同漁業経営（鰯揚繰網・鯛網・鰮網）
相ノ島浦	一〇六	記載なし	記載なし	カナギ、鰯漁水揚高ノ一・五分、入漁料	海難救護、防波堤築造、カナギ加工販売（老人ノ共同事業）、＊共同漁業経営（鰯揚繰網・鯛網）
福間浦	五三	記載なし	記載なし	水揚高ノ二・九分	海難救護、＊共同漁業経営（鰯揚繰網・鰯地漕網）
津屋崎浦	一四五	記載なし	記載なし	水揚高ノ二分、漁場使用料（大敷網）	海難救護
勝浦浜	五二	四〇〇・〇〇	六〇〇・〇〇	水揚高ノ三分、製造物売上二分、漁場使用料（大敷網）、入漁料	海難救護、＊共同漁業経営（鯛網・鰯揚繰網・鰮網）
神湊浦	一〇二	記載なし	記載なし	水揚高ノ二・五分、製造物売上一分	海難救護
大島浦	一五〇	記載なし	記載なし	水揚高ノ二・五分、漁場使用料（大敷網）、入漁料	海難救護、漁獲物共同運搬（委託）、＊共同漁業経営（鯛網）
鐘崎浦	一五五	記載なし	記載なし	水揚高ノ二・五分	海難救護、＊共同漁業経営（鯛網・地曳網・鰮網）
地ノ島浦	八六	記載なし	記載なし	水揚高ノ二・五分、漁場使用料（大敷網・大謀網）、入漁料	海難救護

波津浦	七五	記載なし	記載なし	戸別割、人頭割、入漁料	海難救護、防波堤築造、＊共同漁業経営（鯛網・鰯揚繰網・鰮網・鰯刺網）
芦屋浦	二七	記載なし	記載なし	水揚高ノ一・三分、外ニ釣漁四分、網漁二分、漁業料（遊漁者）	海難救護
山鹿浦	二三	記載なし	記載なし	等級割、入漁料	―
柏原浦	六三	記載なし	記載なし	人頭割、漁業等級割、入漁料	―
岩屋浦	四八	記載なし	記載なし	水揚高ノ一分、戸別均等割、人頭割、入漁料	海難救護、防波堤修築、＊共同漁業経営（鰯刺網・鰯地曳網）
脇田浦	六八	記載なし	記載なし	水揚高ノ一分、漁場使用料（大敷網）、共同販売利益ノ半分	漁獲物共同販売
脇ノ浦	七九	記載なし	記載なし	水揚高ノ一分、漁場使用料（大敷網）	漁獲物共同販売、＊共同漁業経営（鯛網・鰮網）
戸畑浦	六三	記載なし	記載なし	―	＊戸畑・若松両組合ノ共同漁業経営（鰮網・鰯地曳網・飛魚旋網・桝網）
若松	五八	記載なし	記載なし	―	
平松浦	一二三	記載なし	記載なし	入漁料、魚市場ヨリ定額	海難救護、防波堤築造、＊共同漁業経営（鰯刺網）
長浜浦	二五七	記載なし	記載なし	戸別割、漁船割、魚市場ヨリ定額	海難救護、波止場築造、＊共同漁業経営（鰯刺網）
馬島	八	記載なし	記載なし	戸別割、漁場使用料（大敷網）	―
藍島	二四	記載なし	記載なし	戸別割、入漁料、漁場使用料（大敷網）	海難救護、＊共同漁業経営（鯛網）
大里浦	五〇	記載なし	記載なし	入漁料、漁業料（年定額）、日本製糖会社ヨリ年額	海難救護

旧門司浦	四二	記載なし	記載なし	漁業料、船揚場料、沈没石炭採取定額	＊共同漁業経営（鰯刺網）
（豊前）					
田野浦	五九	四七〇・〇〇	三六〇・〇〇	戸別割、人頭割、漁場使用料、水面使用料（船修繕等）	—
柄杓田浦	二三〇	二五〇・〇〇	九七〇・〇〇	漁場使用料（桝網）、入漁料	海難救護、＊共同漁業経営（鯛縛網・鰡網・二艘繰網・打瀬網）
松ケ江（恒見・今津浦）	二二〇	一、三五〇・〇〇	三八〇・〇〇	水揚高ノ一分、漁場使用料（桝網）	海難救護、貝類養殖・鰡建干網共同経営（恒見・苅田・曾根新田、＊共同漁業経営（鰡網・徒歩曳網・二艘繰網）
曾根新田浦	三五	二三二・〇〇	一八〇・〇〇	漁場使用料（桝網・石かま）	貝類養殖・鰡建干網共同経営（恒見・苅田・曾根新田）
苅田浦	一五七	三、七〇〇・〇〇	一、七五〇・〇〇	漁場使用料（桝網）	貝類養殖・鰡建干網共同経営（恒見・苅田・曾根新田）、＊共同漁業経営（鰡網・鯛縛網・二艘繰網）
浜町浦	五〇	一、九〇〇・〇〇	二七五・〇〇	漁場使用料（桝網）	—
簑島浦	一四六	一、四〇九・〇〇	一、〇七七・〇〇	漁場使用料（桝網）、寄留打瀬網水揚高ノ五分（魚市場寄付）	海難救護、漁戸税ノ代納
沓尾浦	八八	三三一・〇〇	五九〇・〇〇	漁場使用料（桝網・白魚簗）、寄留打瀬網水揚高ノ五分（魚市場寄付）、蝦舎ノ寄付	—
長井浦	二五	二九三・〇〇	三二〇・〇〇	漁場使用料（桝網）	貝類養殖
稲童浦	四八	一八一・〇〇	一四五・〇〇	戸別割、漁場使用料（桝網・石干見）、蝦舎・桝網業者ノ寄付	—

八津田浦	三六	八〇・〇〇	一二五・〇〇	戸別割、漁場使用料（桝網・石干見・鰡旋刺網）	＊共同漁業経営（鰡網）
椎田浦	六三	一五二・〇〇	二六三・〇〇	漁場使用料（桝網）	＊共同漁業経営（鰡網）
西角田村	一四	三八・〇〇	五三・〇〇	漁場使用料（桝網等）	―
松江浦	四二	二七三・〇〇	二〇九・〇〇	戸別割、漁場使用料（桝網・打瀬網）、共同販売利益	漁獲物共同販売事業、蛤養殖
八屋浦	一一〇	二、六〇〇・〇〇	七〇〇・〇〇	漁場使用料（桝網・建干網）、魚市場・蝦舎ノ寄付	＊共同漁業経営（鰡網）
宇島浦	一四〇	一、二〇〇・〇〇	三、六〇〇・〇〇	漁場使用料（桝網・建干網）、共同販売利益、蝦舎ノ寄付	漁獲物共同販売事業、＊共同漁業経営（鯛縛網・二艘繰網・鰡網・カラト網・建干網）
三毛門村	一九	一七・〇〇	三三・〇〇	戸別割、漁場使用料（石干見・笹干見・採藻・採貝・建干網）	＊共同漁業経営（建干網）
東吉富村	一一〇	一〇〇・〇〇	三〇〇・〇〇	戸別割、漁場使用料（石干見・建干網・打瀬網）、魚市場・蝦舎ノ寄付	海難救護
（有明）					
三叉青木村	一五九	四二・〇〇	二〇〇・〇〇	戸別等級割（専業一等・専業二等・兼業一等・兼業二等）	―
大川町	一一〇	五三・〇〇	三一六・〇〇	戸別等級割（一～三等）、遊漁料	―
川口村	二二〇	七・七三	二三八・〇〇	人頭割（一戸二人以上ハ一人ヲ全額トシ他ハ半額）、遊漁料、漁場使用料（養殖場）	貝類養殖場管理、海難救護
久間田村	一〇六	六・〇〇	八九・〇〇	人頭割（一戸二人以上ハ一・五人分）、漁場使用料	貝類養殖場管理
浜武村	四二〇	六六四・九二	一六〇・〇〇	人頭均等割、漁場使用料	貝類養殖場管理、海難救護

大野島村	一〇〇	記載なし	一二〇・〇〇	人頭割（一戸二人以上ハ一人ヲ全額トシ他ハ半額）、漁場使用料	貝類養殖場管理
沖端村	六五一	六三三・〇〇	四二六・〇〇	人頭等級割（一～七等）、漁場使用料、遊漁料	貝類養殖場管理
西宮永村	九九	二二〇・〇〇	七〇・〇〇	人頭均等割、漁場使用料	貝類養殖場管理
東宮永村	一〇九	二五〇・〇〇	八〇・〇〇	村費補助、人頭均等割、漁場使用料	貝類養殖場管理
両開村	六一三	四四八・〇〇	三五〇・〇〇	漁業等級割（一～四等）	貝類養殖場管理
塩塚村	五〇	八〇・〇〇	三〇・〇〇	人頭均等割	貝類養殖場管理
中島村	八〇七	四六三・〇〇	四四五・〇〇	漁業等級割（一～四等）、遊漁料	貝類養殖場管理
江浦	一五三	一二五・〇〇	一〇〇・〇〇	戸別割	海難救護
開村	一一二	七五・〇〇	一〇〇・〇〇	戸別割、漁場使用料、遊漁料、村費補助	貝類養殖場管理、海難救護
三浦（横須外）	六二六	二七・〇〇	三五〇・〇〇	漁業等級割（一～四等）、遊漁料	—
大牟田	二七四	二、四六〇・〇〇	二一〇・〇〇	戸別割、入漁料、遊漁料、三井ノ埋立賠償金	—
諏訪	五〇	一四三・〇〇	一三〇・〇〇	戸別割、漁業等級割、遊漁料、三井ノ埋立賠償金	—
早米ケ浦	一八五	三七・〇〇	一二三・〇〇	漁業等級割、入漁料	—

註(1)＊共同漁業経営は、組合事業とは区別されているが、組合が関わっていたものがかなりあったと思われる。
(2)資料は「福岡県漁村調査報告・第一報」による。

組合員数は筑前三万八〇〇人、豊前一五九二人、有明四八四四人、合計一万二三六人に達する。改正漁業法により組合員の加入、脱退は認められたとは云え、漁業に従事する者は規則の如何に拘らず、自主的に組合に加入していたようである。一組合の組合員数は組合によって大きな差があるが、特に農主漁従の有明地区ではきわめて多い。比較的専業漁家の多い筑前、豊前地区では、漁業組合が漁村地域の生活の中核体としての役割を果たしていたと思われる。基金積立、経費は組合事業の取組如何にかかわってくるが、組合間格差があり、総じて低いものが多い。経費徴収方法は戸別割、人頭割、水揚高割、漁業等級割、漁場使用料、入漁料、遊漁料、補助、寄付、賠償等の組合せにより千差万別である。組合事業は海区によって明らかに相違が認められる。漁船漁業が中心の筑前海区では、漁場管理主体のほかに海難救護事業をほとんどが取り入れており、防波堤築造、漁獲物の共同運搬、共同販売や漁業経営にも取り組んでいるところがみられる。豊前海区においては、海難救護、漁獲物共同販売、共同漁業経営に取り組んでいるところもあるが、漁場管理主体のものが半数以上を占める。有明海区は一部で海難救護事業に取り組んでいる以外は、漁場管理主体にとどまっている。そのほか、組合員に対する漁業資金融資等の経済事業も一部で行われていたようであるが、この調査では不明である。

大正三年、農商務省水産局「漁業組合範例（第二次）」によれば、福岡県の模範事例組合として、宇ノ島、玄界島、野北浦の三漁業組合があげられている。これら組合事業の模範とすべき内容を以下に紹介しよう。

(1)宇島漁業組合の事業及事務整理

本組合共同販売事業ハ大正元年五月低利資金千円、大正二年三月低利資金千五百円ヲ借入レ、同年四月九日ヨリ之ヲ開始シ、同年中ノ売上高二万二千七百九十円三十九銭七厘ニシテ、仲買歩戻ヲ控除シ組合収入千六百二円七十四銭ニ達シ、本年ハ去ル六月迄ニ於テ千四百三十七円五十四銭七厘ヲ収入セリ。而シテ共同販売開始前ハ魚仲買ニ於テ魚類ヲ遠ク田川郡（山間部）方面へ送リ該地方ノ魚市場ニ於ケル相場ノ仕切ヲ得テ初テ魚価ヲ知ルノ状況ナリシガ、販売所開始以来ハ即日当業者之ヲ知リ且ツ其ノ翌日ハ必ズ代金ヲ受取ルコトヲ得ルノミナラズ、魚価ハ約三割ノ騰貴ヲ見漁業者ノ利益尠カラズ、又従来漁業者ハ漁期ノ代ル毎ニ多クハ前期ノ漁具ヲ魚問屋或ハ質屋等ニ高利入質シ新漁具ヲ調フルノ有様ナリシガ、販売所開設以来ハ一方漁業資金ノ融通ヲ行ヒ、無利息貸与シ毎日ノ漁獲物売上金ヨリ漸次引去リ、苦痛ヲ感ゼシメズ債務ヲ終ヘシムルノ便益ヲ与ヘツヽアリ。現在ノ貸付金額八百円ナリ。

理事大島浩ハ目下宇島町長ナルヲ以テ、組合ノ諸帳簿及書類ノ整理等ハ能ク行届ケリ、組合経費ハ共同販売開始前ハ魚市場ニ於ケル売上歩金及組合員特種漁業料（桝網及沖建網）ヲ以テ支弁来リシニ、滞納勝ニシテ経費支出上困難ナリシモ、共同販売開設以来ハ毎日売上金ヨリ控除収入スルヲ以テ滞納者ナシ。

(2)玄界島漁業組合の事務整理及事業

諸帳簿及書類ノ取扱等ハ能ク整理セラレ又組合経費ハ毎年四百円以内ナルガ、之ガ分賦ハ組合員特種漁業料、入漁料及戸別割ナルガ収益上困難ヲ感ゼズ。

本島民ノ多クハ従来遊惰放逸ニシテ少許ノ畑ヲ耕スノ外僅カニ捕魚採藻ヲ為スノミニシテ茅舎弊屋ニ住シ、悪習行ハレ極メテ憐ムベキ状態ナリシガ、明治八年本組合現理事・寺田源三郎総代ニ挙ゲラル、ヤ専ラ民風ノ改善ニ勉メ、組合ノタメ拮据経営シ以テ今日ニ及ビ遂ニ模範的組合タルニ至ルハ全ク同人ノ指導経営ノ宜シキヲ得タルニ基因ス。今其ノ経歴ヲ略叙スレバ左ノ如シ（省略）。

(3)野北浦漁業組合の事業及事務整理

現在ノ基金千二百八十円八十四銭、遭難救恤資金十七円七十銭ナリ。明治三十一年浦持トシテ鰯揚繰網一張リヲ製シ、大正元年ニ至リ一張ヲ増製シ二張ヲ組合共同網トシテ組合員ヲ二組ニ分チ、一ケ年ノ収穫ヲ各別ニ仕訳シ年末ニ合算シ其ノ利益ヲ平等ニ分配ス、一ケ年ノ漁獲高金一万五千円乃至二万円ニ達ス。

事務ハ一名ノ事務員ヲ置キ諸帳簿及書類ヲ整理セシメ、組合経費ハ入漁料ノ外組合員負担トシ、四月、十月ノ二期ニ徴収セルモ滞納者ナシ。

本浦漁業者ノ妻女ハ其部分競ツテ生魚行商ヲ営ミ又農事ニ従ヒ甚ダ勤勉ナリ、随テ生計上困難スルモノ殆ンド能ク組合内良ク融和一致セリ。

二　福岡県水産組合連合会の設立

明治四十三年漁業法改正に至る経緯は、すでに述べてきたところであるが、その改正点の一つとして、漁業組合連合会規定を新たに加えたことは、漁業組合の活動を漁業組合連合会組織を作ることによって、さらに活発にしようとする行政の意図に基づくものであった。この明治漁業法および漁業組合令が施行されたのは、明治四十三年十一月であるから、府県段階における作業は早くとも四十四年に入ってからであったと考えられる。漁業法改正に基づく福岡県下の行政、漁業組合の動向については前項で述べてきた。

本項では、旧漁業法により改組した筑豊、豊前、有明海各水産組合が漁業法改正後、どのような動きをみせたのか、そして福岡県水産組合連合会が設立するに至った経緯について述べてみたい。まず県下水産組合に関する動きは、明治四十四年、有明海水産組合解散の件から始まるが、行政の指導によって改めて連合会組織化に向けて動き出すのである。それを左の新聞記事から知ることができる。

(1)有明海水産組合は四十二年度決算報告及び組合解散決議の為、明十日午前九時より山門郡柳河町字細工町龍徳院に於て組合会を開く由にて、県庁主任官臨席方を石川組合長より昨日申請したり、同組合が解散せんとしたることは一再ならざりしも既に十数年来の歴史を有するのみならず有明海の水産業を一層発展せしめんとするの今日、格別の理由もなく俄かに解散するが如きは斯業の為め遺憾なりとして県当局の注意もあり漸く思止まりたる次第なるに、又々解散風を吹かすに至りしは深き理由の存在する為めにもあらんか、左りとて遺憾のことなりと云ふ、右に付某当局者は語りて曰く、元来有明海の専用漁場は三潴、山門、三池三郡に於ける各漁業組合の共有漁場にして改正漁業法実施の暁には其漁権を持続し行使する上に於て漁業組合の連合会を組織するの必要あるべし、而して之が組織を見たる上は従来有明海水産組合に於て行ひ来りし事業の全部又は幾分を同連合会に於て行使するも差支へなきのみならず、此の場合に於て若し有明海水産組合にして持続の必要なしとせば其時に於て始めて解散するも決して遅しとせざるべし、要するに同組合が未だ継承者を出さざる今日に於て俄かに解散を決議するは尚早々免れざるべし云々。

（「九州日報」明治四十四年二月九日）

(2)去る十一日山門郡役所内に於て同郡及び三潴、三池二郡の水産主任会同を催し、県庁より志村技手臨席して有明海水産組合改善に関して協議したり、其結果同海に於ける共同専用漁業及び入漁権並に養殖業等に関しては何れも漁業組合連合会の事業に待つの適切なるを感じ此際右連合会を組織することゝし、之が規約書を本月末までに吉村技手の手に於て起草の上関係三郡に回送し、八月十日までに三郡とも当該組合の意見を纏め、以て連合会創立会を開くことに決定したり、右に付水産組合改善に対しては右漁業組合連合会成立の暁、徐ろに講究することになりし由。

（「九州日報」大正二年七月十五日）

(3)筑後有明海漁業組合連合会組織に関し、過日山門、三池、三潴三郡の主任書記及び県当局者、会同協議の結果、右連合会規約草案方を県当局吉村技手に委嘱し、爾来同技手に於て之が起草中なりしが、昨日脱稿したるを以て直ちに右の三郡役所に向け回送し各郡役所は不日関係の各漁業組合に対し夫々意見を徴したる上、遅くも十日前後には連合会の創立総会を開くに至るべしと。

（「九州日報」大正二年八月一日）

(4)福岡県には筑豊、豊前、有明海の三水産組合ありて何れも割拠の姿なるが、而かも有明海水産組合は真に有名無実にして何等施すべきことなく殆んど廃絶同様とも云ふべく、県当局に於ては有明海組合を復活して右三組合を鼎立せしむると同時に一層組合の活動を促し、而して三組合を連合して全県統一の水産機関を組織し以て本県の水産業をして益々発展せしむるの計画をなし、先づ第一着手として有明海水産組合の復活と其の経営方法に付協議をすること丶し来る三十一日午前十時山門郡役所内に三瀦、山門、三池の各郡に於ける各漁業組合の理事を会同し、県庁より主任官を派遣し協定する筈なり。

（「九州日報」大正三年七月二十三日）

(5)福岡県下筑後の三瀦、山門、三池三郡の漁業協議会は去る七月三十日、山門郡役所に於て三郡主任書記会、同問題の概要に就き審議を遂げ一切の原案を整へ三十一日、十八ケ浦漁業組合理事会に提出して解決したり。

（「九州日報」大正三年八月六日）

改正漁業法施行後、三年以上を経過して有明海水産組合は改めて再出発することとなったが、本組合がなぜ有名無実に至ったのか、また新たな体制について、「九州日報」は、樋口水産試験場長の談話として左のように報じている。

明治三十七、八年頃蟶養殖の勃興に伴ひ、之を乾製して支那輸出品とするもの多く之れが粗製濫造を防止する手段として検査を為すの必要を生じたる結果、重要物産同業組合法に準じたる水産組合設立の必要を感じ、茲に有明海水産組合なるものを組織し筑後三郡を通じて其団体を構成したるに、其後蟶貝の死滅に連れ組合唯一の財源たる検査手数料の収入を欠くに至りたり、元来組織の根本が乾貝検査に存したる当然の成り行として遂に組合をして有名無実に終らしめ一時解散の仮議決をなしたることあり、斯くては折角の利益団体を失ふ理なるを以て、県当局は飽迄之が存続を希望し交渉の結果、識らず識らず無意味の程に今日迄推移し来りたる次第なり、然るに漁業組合連合会を組織して之に代ふべき議論起り、一時該議論が相当の勢力を占むるに至りたるも、元来製造家の手に依り製造されたる製品を漁業組合が検査する如きは頗る不条理なるのみならず、連合組合の範囲は徹頭徹尾、漁業組合の範囲を脱すること能はず、随て其の業務の範囲も自から局限せられ活動を期する上に於ても亦不便尠からず、之に反し水産組合は一般の水産業者を網羅したる利益機関なるを以て将来の関係を顧慮し比較研究すれば、益々水産組合の利益を発見せらるゝのみならず現に組合としては形態を存立し居る以上は寧水産組合を改善復活し、漁業権に関する問題は別に水産組合主催となり理事会を開くべき方針を以て協閣の結果組合復活を決定し、尚従来の定款は大部分改正し、正副組長の外に一郡一支部としたる支部長を置き別に一郡一名宛の評議員を設け、議員の数は従来山門郡が其大部分を占めたるも斯くては公平を失するを以て一漁業組合毎に一名宛選出することゝし、豊前組合の例に慣ひ組合長即ち之が議員たるべき内場協議を遂げ、茲に完全に水産組合の組織を改善し得たるを以て、直に正副組合長の選挙を行ひたる結果、組長に戸川山門郡長、副長に十時三瀦郡庶務課長を選出し、支部長としては各郡の庶務課長に嘱託することにて本問題を解決したり。

（「九州日報」大正三年八月六日）

有明海水産組合に関する情報が比較的多いのに対して、筑豊、豊前水産組合に関するものは少ない。筑豊水産組合は元々漁業者だけで構成されており、漁業法改正後も漁業組合連合会に改称することなく、水産組合の名称を踏襲している。豊前海区においては、大正元年十二月に豊前地区十八漁業組合で構成する「豊前海漁業組合連合会」が発足し、その事務所を京都郡苅田村に設置した。漁業者、製造業者、販売業者で構成する従来の豊前水産組合（事務所：築上郡宇ノ島町）と共存することとなったが、その経緯については不明である。

さて有明海水産組合が復活発足したことによって、福岡県水産組合連合会の設立は動き出したのである。

福岡県下の各水産組合は従来各海区に独立し居りて、未だ県下を通じたる統一機関なく、従って意思の代表機関並に事業の共同機関を欠き極めて不便を感じ居たるが、過般有明海水産組合の復活せられたるを機として筑豊水産組合主催となり、来る九月二十三日午前九時より県庁内に於て之が連合会の創立総会を開くことに決定し、樋口筑豊水産組合長より各水産組合に対し右創立委員二名宛選定出席方を通牒したり、同連合会に加入すべき組合は筑豊水産、豊前水産、有明海水産、筑後川本支流水産の四組合にして、創立総会に付議すべき事項は定款及び役員の選挙、県費補助申請、経費の賦課徴収方法等なりと。

（「九州日報」大正三年九月十九日）

福岡県水産組合連合会は大正三年十月に設立認可を得て、その事務所を県庁内に置いた。大正四年四月に開催された本連合会定時総会の模様を左に紹介しておこう。

福岡県水産組合連合会定時総会は四月六日午後二時より博多商業会議所に於て開会、代議員及評議員全部出席、長野会長議長席に着き、先づ定款第一一条役員の被選挙資格改正を付議し原案通り可決、次で役員の選挙の結果、会長に長野幹、副会長樋口邦彦、評議員和田又八郎、山崎親次郎、戸川槌次郎、亀津亀太郎の諸氏何れも重任、之れにて閉会、今七日は会場を県庁内会議室に変更し午前十時より開く筈なるが、議案は大正四年度経費予算にして其の総額千百二十一円、之れを前年度に比すれば七百三十一円の増額なるが、前年度は十月よりの経費にして創立当初なれば事業もなかりしも、四年度は一年中の経費及び船匠講習会又は会報の発行等新事業の計画されたる結果斯く増加を示せるなりと。

（「福岡日日新聞」大正四年四月七日）

第三節　福岡県漁業取締規則の大改正

旧漁業法施行に伴って、福岡県漁業取締規則は明治三十六年七月、県令第三二号によって大改正され、その後、明治漁業法施行までに三度の一部改正がなされてきた。しかし、漁具漁法の発展によって、操業実態が変わり、認知すべき漁業種や逆に禁止制限すべき漁具漁法が出てきたため、県は明治漁業法施行を契機に漁業取締規則の大改正を行った。

明治四十四年九月十四日福岡県令第四〇号

明治三十六年七月福岡県令第三二号漁業取締規則左ノ通改正ス

福岡県漁業取締規則

第一条　左ニ掲グル漁業ヲ為サントスル者ハ許可ヲ受クベシ　但シ専用漁業権ニ依リテ為ス場合ハ此ノ限ニ在ラズ

縛網漁業

巾着網漁業

揚繰網漁業

打瀬網漁業

鰮刺網漁業

流網漁業（げんしき網ヲ含ム）　但シ筑前沿海ヲ除ク

河流ヲ遮断スル筌漁業（定置漁業ニ該当セザルモノ）
建干網（方言江切網、張切網ヲ含ム）漁業（定置漁業ニ該当セザルモノ）
鵜使漁業
第二条　前条ノ願書ニハ左ノ事項ヲ記載スベシ
一　漁業ノ名称
一　漁場ノ位置及区域
一　漁獲物ノ種類
一　漁業ノ時期
一　許可期間
第三条　漁業ニ関スル出願申請又ハ届出ノ書類ハ漁業登録令ニ依ル場合ノ外漁場ヲ管轄スル町村役場及郡市役所ヲ経由スベシ
漁場ノ管轄ガ二町村以上ニ跨ルトキ又ハ不明ナルトキハ住所地ノ町村役場、郡市役所ヲ経由スベシ　但シ本県内ニ住所ヲ有セザル者ハ直ニ知事ニ差出スベシ
第四条　漁業ニ関スル出願申請又ハ届出ヲ農商務大臣ニ差出ス場合ハ別ニ其ノ副本一通ヲ知事ニ差出スベシ
第五条　漁業許可ノ期間ハ十ケ年以内ニ於テ之ヲ定ム
第六条　許可期間満了後引続キ漁業ヲ為サントスル者ハ期間満了ノ日ヨリ三十日前ニ更新ノ申請ヲ為スベシ
前項ノ申請ヲ為シタル者ハ許否ノ処分ヲ受クルマデ仍其ノ漁業ヲ為スコトヲ得　但シ市町村長ノ証明書ヲ携帯スベシ
第七条　漁業ヲ許可シタルトキハ鑑札ヲ下付ス
本則ニ依リ許可ヲ受ケタル者漁業ヲ為ストキハ鑑札ヲ携帯スベシ
第八条　鑑札ヲ亡失シ又ハ毀損シタルトキハ其ノ事由ヲ具シ再渡又ハ書換ヲ申請スベシ
漁業ヲ廃止シタルトキハ三十日以内ニ届出テ鑑札ヲ返納スベシ
第九条　漁業ノ許可ヲ受ケタル者住所又ハ氏名ヲ変更シタルトキハ三十日以内ニ鑑札ノ書換ヲ申請スベシ

第一〇条　鑑札ノ書換又ハ再下付申請中ノ者ニシテ漁業ヲ為サントスルトキハ市町村長ノ証明書ヲ携帯スベシ

第一一条　鑑札ハ相続、譲渡、質入又ハ貸付スルコトヲ得ズ

第一二条　水産動植物ノ蕃殖保護又ハ漁業取締其ノ他公益上必要アルトキハ漁業ノ許可ヲ制限シ停止シ又ハ取消スコトアルベシ

本則又ハ漁業ニ関スル他ノ法令ノ規定ニ違反シタルトキ亦前項ニ同ジ

第一三条　第二条、第五条、第六条、第八条乃至第一二条及第六条第二項但書第八条乃至第一一条ニ関スル罰則ノ規定ハ漁業法施行規則第五〇条ノ漁業ニ之ヲ準用ス

第一四条　漁業ノ免許ヲ出願スルニ当リ其ノ漁場ヨリ三百間以内ニ他ノ免許漁業アル場合ハ定置漁業、特別漁業ニアリテハ相互ノ関係ヲ明記シタル書面ヲ区画漁業ニアリテハ其ノ計画書ヲ添付スベシ

第一五条　定置漁業及特別漁業ニ関シ保護区域ヲ設クルコト左ノ如シ

第一　定置漁業

一　台網類　魚道二百間、網後五十間、沖合百間

二　建網類　漁場ノ周囲六十間

三　桝網類　漁場ノ周囲百間

四　出網類　漁場ノ周囲六十間

五　張網類　漁場ノ周囲六十間

六　魞簗類　魚道百間

第二　特別漁業

一　第六種漁業　漁場ノ周囲百間

二　第八種漁業　漁場ノ周囲百間

三　第九種漁業　漁場ノ周囲五十間

第一六条　前条各保護区域内ニ於テハ其ノ漁業中之ト同種ノ魚類ヲ目的トスル他ノ漁業行為又ハ魚類ノ通路ヲ遮断シ若クハ之ヲ散逸セシメ又ハ之ヲ他ニ誘致スベキ行為ヲナスコトヲ得ズ　但シ免許ヲ受ケタル漁業ニ対シテハ其ノ漁

業ニ特ニ制限ヲ付スルニアラザレバ本条ノ規定ヲ適用セズ
第一七条　第一五条ノ保護区域外ト雖モ其ノ区域ヨリ二百間以上ヲ距テタル場所ニアラザレバ新規ノ出願ヲ免許セズ但シ漁業ノ種類、地勢、海況其ノ他特別ノ事情ニ依リ支障ナシト認ムルトキハ本条ノ制限以内又ハ保護区域内ニ於テモ免許スルコトアルベシ
第一八条　特別漁業中鯛地漕網漁業ノ網代ハ其ノ周囲一海里以内ヲ保護区域トシ其ノ漁業中ハ左ノ行為ヲ為スコトヲ得ズ　但シ網代ノ位置ハ之ヲ告示ス
一　縛網、鯛巾着網、打瀬網又ハ釣漁
二　威縄ノ使用ニ妨害ヲ与フベキ漁業
第一九条　漁場ノ標識ヲ建設シタルトキハ郡市役所ニ届出テ検査ヲ受クベシ
漁場ノ標識ニハ左ノ事項ヲ記載スベシ
一　漁業種類
二　漁場ノ区域
三　漁業権者ノ住所及氏名又ハ名称
第二〇条　漁業ヲ廃止シ又ハ免許若ハ許可ノ期間満了シタルトキハ二十日以内ニ漁場ニ施設シタル工作物又ハ漁具ヲ撤去スベシ　但シ期間更新申請中ノモノハ此ノ限ニ在ラズ
漁業ノ免許又ハ許可ヲ取消サレタル場合亦前項ニ同ジ
已ムヲ得ザル事由ニ因リ前二項ノ期間内ニ撤去シ難キ場合ハ許可ヲ受クベシ
第二一条　左ニ掲グル水産動植物ハ之ヲ採捕シ所持シ又ハ販売スルコトヲ得ズ
一　殻長二寸以下ノ蟶
一　殻長三寸五分以下ノ鮑
一　殻長二寸以下ノ螺蠑
一　殻長五寸以下ノ玉珧貝
一　ほんだわら（一名がる藻、がら藻又ハしめ藻）但流藻ハ包含セズ

第二二条　左ニ掲グル水産動物ハ各期間内ニ之ヲ採捕シ所持シ又ハ販売スルコトヲ得ズ
一　蟶　十月一日ヨリ十二月三十一日迄
一　鮑　十月一日ヨリ十二月三十一日迄
一　玉珧貝、海茸　五月一日ヨリ九月三十日迄
一　牡蠣　四月一日ヨリ八月三十一日迄
一　蛤、乳母貝（潮吹貝）、女冠者、からす貝、みろく貝、蜊貝　五月一日ヨリ九月三十日迄
一　海鼠　四月一日ヨリ七月三十一日迄
一　鰮児（一名しらす）　一月一日ヨリ三月三十一日迄
一　玉筋魚　十一月一日ヨリ十二月十五日迄
一　鰡児（朱口児ヲ含ム）但シ当歳魚ニ限ル　三月一日ヨリ六月三十日迄
一　鱸児（せいご）但シ当歳魚ニ限ル　三月一日ヨリ六月三十日迄
一　鮎児　一月一日ヨリ五月三十一日迄
一　鰻児　三月一日ヨリ五月三十一日迄
一　鯉但シ筑後川ニ限ル　四月一日ヨリ六月三十日迄
一　えのは（いわな）　十月一日ヨリ十一月十五日迄
一　飯蛸但シ有明海ニ限ル　八月一日ヨリ十一月三十日迄

第二三条　左記ノ漁業ハ各期間内之ヲ禁ズ
一　鱝空釣縄漁　六月十五日ヨリ七月十五日迄
二　飯蛸貝縄漁　五月一日ヨリ八月三十一日迄
三　打瀬網漁　三月一日ヨリ五月三十一日迄
四　ばり曳網、ばっさり網漁　一月一日ヨリ四月三十日迄
五　浜堰漁　一月一日ヨリ七月三十一日迄

第二四条　左ニ掲グル漁具及漁法ハ之ヲ禁止ス

一　潜水器漁
一　潟羽瀬
一　鯉抱漁
一　筑後川筋三井郡大堰村床島堰以上以外ノ鵜使漁
一　有明海ニ於ケル建切網類（支柱又ハ錨等ヲ用ヒ建設スルモノ）但シ百間網丈ケ三尺未満ハ此ノ限ニ在ラズ
一　有明海ニ注グ中島川、塩塚川、沖端川各河川流末澪筋ニ於ケル蟶貝ノ採捕漁
一　筑後川流域内（支流又ハ派流ハ本川ニ接続セル点ヨリ十町以内）ニ於ケル建切網、建干網、江切網、手押網、鮟鱇網、河流ヲ遮断スル筌漁
一　矢部川、星野川流域（支流又ハ派流ハ其ノ本川ニ接続セル点ヨリ十町以内）ニ於ケル簗漁、火光ヲ利用スル漁業、河流ヲ遮断スル筌漁及網筌（筌ノ状ヲ為ス網）、竿追擹漁、瀬替漁
一　那珂川本流及派流博多川全部並室見川及其ノ支流八丁川全部ニ於テハ二月十五日ヨリ六月三十日迄投網漁、叩キ網漁、建切曳網漁、江切網、竿追擹漁、筌漁、瀬替漁、簗漁（室見川ニ於ケル白魚簗ヲ除ク）

第二五条　左記漁具ノ使用ヲ禁止ス
一　網目一寸以下ノ建干網、建切網
二　網目九分以下ノ小鯛児ごち網、ばり曳網、ばっさり網
三　網目八分以下ノ打瀬網
四　簀目幅三分以下ノ石干見、笹干見

第二六条　左記ノ場所ヲ禁漁区トシ一切ノ漁業ヲ禁止ス
筑後川筋
一　朝倉郡朝倉町大字山田恵蘇ノ宿山田堰ヨリ浮羽郡江南村大字橘田乞食江湖剜迄
二　三井郡大堰村大字三川床島堰下鬼殺淵
三　同郡大城村大字塚島乙吉荒子ヨリ字東裏畑百六番荒子迄
四　同郡節原村大字合川字淵ノ上長荒子ヨリ同村大字小森野高野薬師木迄

星野川筋
一　八女郡星野村大字長尾字野添淵
二　同郡川崎村大字長野及大字山内ニ係ルサヤノ神淵
矢部川筋
一　八女郡大淵村大字大淵砂原淵
二　同郡木屋村大字木屋長淵
三　同郡豊岡村大字湯辺田及光友村大字田形ニ係ル字釜屋淵ヨリ字惣川内堰迄
那珂川筋
一　筑紫郡安徳寺村大字仲字日佐井手ヨリ上流三百五十間迄
室見川筋
一　早良郡原村大字小田部浜井手二百間下ヨリ同郡壱岐村大字橋本乙井迄
第二七条　左記ノ場所ヲ禁漁区トシ各期間内一切ノ漁業ヲ禁止ス
筑後川筋
一　三井郡大淵村大字三川字角屋敷鳥飼渡場（対岸浮羽郡柴刈村字八幡、大久保渡場）ヨリ八幡川原刎下迄
二　同郡金島村大字金島米出荒子ヨリ新川瀬口迄
矢部川筋
一　八女郡三川村大字矢原及同郡北山字山下並山門郡東山村大字広瀬ニ係ル手付淵
二　同郡古川村大字北長田字西境瀬ヨリ上流六十間
三　同郡水田村大字津島及山門郡瀬高町大字本郷鉄橋ヨリ松原堰迄
四　山門郡瀬高町大字本郷字三本松刎　九月一日ヨリ十月十五日迄
五　山門郡瀬高町大字本郷字三本松ヨリ同郡瀬高町大字高柳字一本杉刎迄　二月一日ヨリ六月三十日迄
第二八条　前条筑後川筋第一号、第二号及矢部川筋第一号乃至第四号ノ区域内ニ於テハ九月一日ヨリ十二月三十日迄水平面以下ノ砂礫ノ採取ヲ禁止ス

第二九条　禁漁区ノ標示ハ左ノ雛形ニ依リ其ノ区域ノ隅角ニ之ヲ建設ス

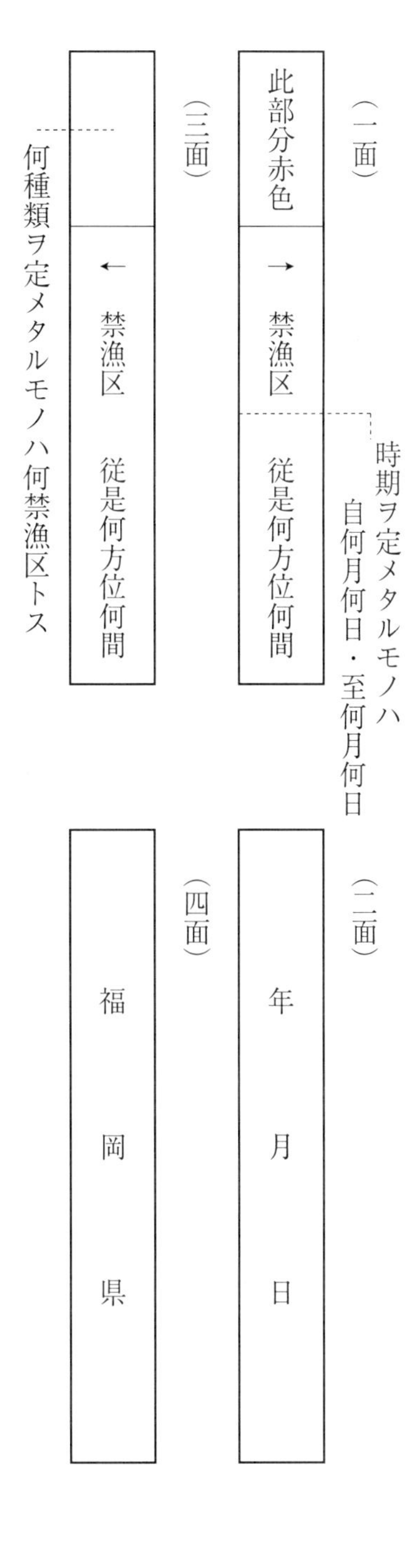

第三〇条　遡河魚類ノ通路ヲ遮断シテ為ス漁業ハ河川流幅ノ五分ノ一以上ノ魚道ヲ開通スベシ

前項ノ外特ニ魚道開通ノ方法ヲ指定スルコトアルベシ

第三一条　養殖又ハ学術研究其ノ他特別ノ理由ニ依リ第二一条ノ禁止又ハ制限ニ拘ハラズ水産動植物ノ採捕ヲ為サントスル者ハ其ノ目的、種類、数量、採捕ノ方法、時期及場所ヲ明記シ許可ヲ受クベシ

前項ニヨリ許可ヲ受ケタル者ハ其ノ着手ノ年月日及採捕、養殖ノ種類、数量並終了年月日ヲ其ノ都度知事ニ届出ベシ

第三二条　漁業者ニ非ザル者ハ左ニ掲グル漁具又ハ漁法ニ依ルノ外水産動植物ヲ採捕スルコトヲ得ズ

一　徒歩竿釣
二　徒歩手釣
三　徒歩投網
四　徒歩魚介藻ノ採取
五　攩網、桶漬、笊漬

六　蜘蛛手網（一名四ッ手網）
七　ばら、掬ひしょふけ
八　筌
九　牢器
一〇　鰻籠、鰻筒
一一　叉手網

第三三条　第一六条、第一八条、第二一条乃至第二五条及第二八条規定ヲ犯シタル者ハ五拾円以下ノ罰金ニ処ス
第三四条　第一条、第二〇条第一項、第二項、第三一条第一項及第三二条ノ規定ヲ犯シタル者ハ五拾円以下ノ罰金又ハ科料ニ処ス
第三五条　第六条第二項但書、第七条第二項、第八条乃至第一一条、第一九条第一項及第三一条第二項ノ規定ヲ犯シタル者ハ科料ニ処ス

付　則

第三六条　本則ハ明治四十四年九月二十一日ヨリ施行ス
第三七条　本則施行前ニ許可ヲ受ケタル潜水器漁業者ハ明治四十五年十二月三十一日迄仍其ノ漁業ヲ為スコトヲ得
第三八条　本則ニ依リ許可ヲ要スルニ至リタル漁業ノ漁業者ニシテ本則施行前ヨリ引続キ営業シタル者ハ本則施行後三十日以内ニ許可ヲ出願スルトキハ其ノ許可ニ至ルマデノ間尚従前ノ例ニ依リ漁業ヲ為スコトヲ得

本取締規則は、許可漁業に関する事項（第一～一三条）、免許漁業に関する事項（第一四～二〇条）、禁止制限事項（第二一～三二条）、罰則事項（第三三～三五条）および付則（第三六～三八条）で構成されている。前明治三十六年改正の規則と対比して、本規則で最も大きく変わった点は免許漁業（定置、特別、区画、専用）以外に許可漁業として、第一条に規定された九漁業種が認知されたことである。これら漁業種は専用漁業権のなかに含まれているものもあるが、慣行・地先専用漁業権漁業としてではなく、許可漁業として操業が可能となったのである。つまり、第一二条「水産動植物ノ蕃殖保護又ハ漁業取締其ノ他公益上必要アルトキハ漁業ノ許可ヲ制限シ停止シ又ハ取消スコトアルベシ」の前提条件はあっても、第二条の「漁業名称、漁場区域、漁獲物、漁期、許可期間」を定めて許可されることとなったのである。免許漁業

の項では大幅な変更はみられない。

禁止、制限の項では緩和されたもの、逆に追加されたものがみられるが、注目すべき点は、禁止漁業漁法として新たに潜水器漁が追加されたことである。潜水器漁については、三十六年改正では、第七条「潜水器ヲ使用シ鮑、海鼠ノ漁業ヲ為シタル場所ハ次年ノ漁業時期ヨリ三ケ年経過ノ後ニアラザレバ之ヲ使用シテ同一ノ漁業ヲ為スコトヲ得ズ」であったが、今改正で禁止漁となったのである。そのほか、注目される点としては、第二八条で筑後川および矢部川のすべての漁業を禁止している区域内において砂礫採取を禁止していることである。水産資源の蕃殖保護を目的としたものと思われるが、この措置は漁業者以外の砂礫採取業者等にも影響を及ぼすものであった。

その一方で、漁業者以外の者が水産動植物を採捕できる漁具漁法は、三十六年改正時の五種から今改正では十一種に拡大緩和されている（第三二条）。また罰則規定では、罰金が拾円以下から五拾円以下へと大幅に増額されたが、漁具漁獲物の没収、拘留の項が削除されている。

本規則は、昭和十三年三月福岡県令第八号の大改正がなされるまで、一部改正はなされたものの約三十年間にわたって存続された。

第六章　水産会制度の整備と福岡県水産団体の動向

第一節　水産会法の成立

水産会法の制定については、すでに明治末期より各地水産組合・同連合会・大日本水産会から要望されてきたところである。明治四十年二月の全国水産業者大会において、大日本水産会よりの提案「農会法と同じく水産会法の発布あらんことを政府に建議し及貴衆両院に請願すること」が可決されており、また、全国水産大会、関西九州府県連合水産集談会、帝国水産連合会、水産同志倶楽部の大会においても決議されてきた。水産会制定の要望は、水産組合組織の維持強化を国家の承認のもとで保障を受けながら、水産組合に依拠する水産業界の意志を統一し、国政に反映しようとするもので、まさしく農会法の水産業界版であった。

他方、水産当局においても、系統的水産組織をつくって、政策意志を徹底させることに反対であるはずがなかった。しかし水産業は、一面、地先水面利用、占有関係を基盤とする地域的結合をもつとともに、反面、漁船動力化による生産力構造の変化は地先水面利用漁場利用の枠を離れた経済再生産を形成しており、農会のごとく、行政区域により系統組織を結成するには困難な点が内在していた。大正三年における水産組合の組織状況とその展開をみると、各府県では水産組合は組織されてはいるが、郡、市の段階では水産組合も組織されていない地方が多く、その組織化は大正期でも進展するものではなかった。また水産組合の経営内容は、府県勧業費からの補助金に依存しながら、水産知識・技術・政策の啓蒙・普及をたかだか行う程度で、それすらも行わない有名無実のものが多数あり、会費の滞納者も多い状態であった。したがって水産組合の代表者が帝国水産連合会で、水産会法の制定、あるいは経費の強制徴収を決議したことは、一つには水産組合のそのような状態を法的強制力によって改めようとしていたと考えられるのである。また水産会法の制定要求は、それまでの大日本水産会、あるいは帝国水産連合会の活動から推察しうるように、水産業における資本主義の発展を基礎として、その発展の制度的条件を組織的運動によって整えることをも目的としていた。

大正十年二月十九日、第四四帝国議会に水産会法が提出された。その提案理由を整理してみると、水産業が国民の保健的食料品、輸出品を生産し、国民経済的という認識にたって、一朝有事の場合の自給という考えからみて、魚族保護をしなければならない。それは一片の行政官庁の命令でなされるものではなく、当業者の自覚発奮にまたなければならない。その機会を与えるものが水産会組織であり、また「官庁に対して当業者の志望を達成せしめ、一面行政官庁の立てた国策を当業者に徹底せしむると云う手段」として必要である、と考えていた。すなわち水産会法制定の意図には、水産当局者にとっては、水産会を「行政官庁の別働隊のような働きをさせたい」というところがあった。したがって組織としては、郡市の行政区域を地区とする郡市水産会を単位として、道府県水産会、帝国水産会と行政地域に応じて組織するのが適切であるとした。

さて水産会法は農会法を基礎としながら、特徴的な点は、会員が漁業者に限らず、水産物製造業者、水産物の取引、保管業者も含めていること、したがって水産組合と構成員の上では同一であること、農会では認めていなかった会費の強制徴収を法文化したこと、および朝鮮・台湾・樺太・関東州等における水産会に準ずる法人も会員とすることができる点である。特に問題となった主な点は強制徴収規定を水産会に認めること、および水産会と水産組合との関係であった。

水産組合に関しては明治四十三年の漁業法改正において、旧漁業法中の第二二条でのみ規定されていた水産組合規定を大きく改正して、第五一～五四条までその規定にあて、その改正では、水産組合が成立したときには、該当地区内で組合員の資格をもつものはすべて当該組合に加入したものと見做すという当然加入規定と、連合会規定を設けたのである。改正漁業法中に当然加入の公法人的水産組合規定を設けたことは、水産会法制定要求に対する妥協とみられるのであり、改正漁業法では、農会のような水産会を認める意図が含まれていたと考えられる。しかし組合規定の大部分は同業組合法を準用することとしており、この点からみれば、水産組合は同業組合の性質をもつものであった。したがって漁業法施行規則では、水産組合に関しなんらの規定を設けず全く別個に水産組合規則が制定され、それは同業組合法の改正にともなって大正五年六月に改正されるのである。

しかし漁業法中の水産組合に関する規定は、水産会的法人の性格を認めるものであり、設立された水産組合の大部分が水産会類似のものであったことから、水産会法制定にあたり、水産会に準ずる水産組合を水産会に移行させ整理することには問題がなく、水産会の付則で「本法施行ノ際、現ニ存スル水産組合及水産組合連合会ハ命令ノ定ムル所ニ依リ農商務大臣ノ認可ヲ受ケ本法ニ依ル水産会ト為スコトヲ得」ということで解決されたのである。ただこれにともない、貴族院委員会で、公法人たる水産会が成立する以上、公法人的な水産組合規定を整理して漁業法を改正すべし、との意見が出された。だが残りの会期切迫のため、漁業法改正の検討を約して水産会法は大正十年三月十六日に貴族院本会議を通過成立した。

大正十年四月九日、法律第四〇号「水産会法」が公布され、大正十年六月三日、勅令第二六〇号により水産会法は大正十年六月十五日から施行されることとなった。さらに同年六月三日、勅令第二六一号「水産会法第二六条ニ依ル異議ノ申立、訴願及行政訴訟ニ関スル件」、同年六月四日、農商務省令第一七号「水産会法施行規則」および同日、農商務省令第一八号「水産会補助交付規則」が公布される。

成立した水産会法では、第一条に水産会の目的を「水産業ノ改良発達ヲ図ル」ことと規定し、第二条では水産会を法人と規定し、第三条で「水産会ハ営利事業ヲ為スコトヲ得ズ」とすることによって、水産会が公益法人であることを示し、第四条では政府が予算の範囲内で補助金を交付することを定め、第五、六条で行政官庁に対して権利義務を明らかにする。すなわち水産会は水産業に関して建議することができるが、行政官庁の諮問に答申しなければならない（第五条）。そして行政官庁は、水産会に関する報告書の提出と水産業に関する事項の調査を命ずることができるのである（第六条）。このような水産会法の成立は、水産業組織を大きく変化させていったのである。

第二節　水産会法施行に伴う福岡県水産団体の動き

一　福岡県における水産会の設立

水産会法は大正十年六月十五日より施行され、以後水産会の設立が全国的に動き始めた。施行に当たって、農商務省は六月二十八日に以下の次官通牒を発している。まず会費強制徴収に関しては、「苟モ苛酷ニ渉リ又ハ公平ヲ失スルガ如キ弊ヲ生ゼザラシムルト共ニ会員中特ニ負担能力ノ乏シキモノニ付テハ其ノ程度ニ応ジ会費ノ減免ニ関シ適当ノ措置ヲ執ラシムル等強制徴収ノ濫用ニ陥ラザル様致度」と注意を与え、水産組合の水産会への改組については、「水産組合又ハ水産組合連合会中一定ノ地区ヲ基礎トシ広ク水産業者ヲ網羅シ一般的ニ水産業ノ改良発達ヲ目的トスルモノハ特別ノ事情ナキ限リ可成此際水産会ト為サシムル方針ヲ以テ御指導相成候様」と指令した。

さて福岡県は水産会設立に向けて早速検討を始めているが、大正十年十月十一日の「九州日報」は「福岡県下に於ては先般来、水産会法に依る水産会設立に関し関係者間に於て協議中であったが、愈々設立の方針の下に目下会員資格に就て調査中である。而して本年十一月末に郡市水産会を設立し、其の上十一月末迄に県水産会設立の運びに至るであらうとの事である。同会の組織は従来の県農会と同様のものであるが、販売業者をも加ふる点で農会よりも規模の大きな処がある」と報じている。しかし予定どおりには進展せず、同十一年五月九日の「福岡日日新聞」は、その様子を、全国水産試験場長会議に上京してきた金近場長の談話として載せている。「四月二十四日、帝国水産会の発会式があったが、本県は遂に会期までには創立する事が出来ず、無資格者の為出席しなかった。九州では熊本県だけ出席したやうであった。何分本県は漁業組合連合会の性質を有する水産組合で漁業権を確有しているので、急に水産会を設置する気にならなかったのである。然し水産業に於ける各種の諮問、調査機関が起り共同販売魚類の輸出検査等を水産会で協定陳情する事になれば、その仲間に這入って置く事は必要な事であり、何れ豊前地方及有明海には水産会が早く出来る予定である」

大正十一〜十二年は県下水産会の設立に向けた協議および設立がなされた時期である。これらに関する新聞報道を左にみることができる。

⑴予て計画中の小倉市、門司市及び企救郡の一部を区域とする水産会設立に関し、十七日小倉市役所に関係官庁主任会合し、登記人選定の件、会則、創立後の経費予算其他の件を付議したが、発起人三十名以上、六月五日頃迄に全部確定する予定である。而して発起人確定の上は直に発起人会を開き各種の協議をなしたる後、六月下旬までに会員全部を招集して総会を開催し、茲に同会の設立を見る次第であるが、設立後直に何等かの事業に着手する事は経費其他の関係上不可能であるから漸次各種の事業に着手する計画であると。　（「福岡日日新聞」大正十一年五月十八日）

⑵福岡県の水産会法による郡市水産会は、水産組合及水産研究会の発達に依り寧ろその必要なしとの理由もあり旁々創立の機が熟しなかったが、各県の続々成立し、且帝国水産会が今後の水産一般の利害問題に連関して中央政府との折衝頻発する為め是非設立する必要を認むる事となり、寄々協議中の処各郡市にては左記の如く進捗し、従って県水産会も漸次創立を見るであらう。

①築上、京都両郡及企救郡の一部を地区とする北豊前水産会は既に手続終了、目下認可申請中

②門司、小倉両市及企救郡の一部を以て区域とする北豊水産会は数回の集会を重ね手続進捗せるにより近日成立の筈

③八女郡は矢部川に生ずる鮎漁多く会員たる資格者八百六十八名、二川村養魚者十八名其他にて、会員千名以上に達し沿岸同様水産会設立を認め、七月二日午前十時より福島町公会堂に於て愈々総代会を開き設立の筈

④福岡市地方に於ては博多湾関係地区を一体とするが適当なりとの意見にて去る十五日集会を開き設立決定、但粕屋郡の一部を合するや否や目下協議中

⑤宗像郡は六月二十三日福間町花屋にて支部会開催、設立手続、地区其他を協議、此際速に成立する事に決したが従来の筑豊水産支部区域に依るか粕屋郡に属する新宮、相島、奈多浦の向背決せず、本月中に解決予定

⑥糸島郡は本月末迄に設立の協議をなす筈にて準備中

⑦有明海沿岸の郡部水産会は設立可決、会員資格調査及其他の準備中である。

（「福岡日日新聞」大正十一年七月一日）

⑶昨年水産会法発布せられ、全国二十余府県は県水産会を組織し、帝国水産会亦最近成立を告げた。福岡県に於ても

郡市水産会、県水産会の設立に付奨励中であるが、各種事情の為め未だ成立していない。然し各地共、同会組織の機運は次第に進み、豊前一円が豊前水産会の設立を企て主務省に認可申請の手続中であるのを始めとして、八女郡亦本月八日付を以て県に対し八女郡水産会設立認可を提出した。同県に於ける郡市水産会は是が嚆矢で不日認可ある筈である。尚筑豊沿海各郡市に於ても十月迄には夫々其郡市水産会の組織を完成する予定で然る上、県水産会が成立する段取であると。

（「福岡日日新聞」大正十一年八月十三日）

(4) 大正十年六月より施行された水産会法による水産会はその後全国各地に組織せられ、福岡県も目下筑豊水産会外六水産会設立され、近く県連合会設立の計画中で県水産課では着々其の準備を進めている。然るに此の水産会は従来設けられて居た水産組合と略其目的、組織を一にしているので水産会設立の後は水産組合の必要なしと唱ふる者があり、反対に水産会は当該官庁の指揮命令に依って諸般の事業を行ふもので言はば天下り的のものであるから水産業者の真の自治組織たる水産組合は飽く迄存続せしめざるべからずと主張するものがあり、過般東京市に於て開催せられた全国水産組合連合会の席上でも此の問題は当面の緊急事として議論の中心となった。福岡県下でも存廃二様の論者があり、十四日午前十一時半より第二公会堂に於て開催せられた魚市場水産組合総会に於て第三支部長礒部氏より左の如き建議書が提出せられた。

建　議　書

昨年四月、法律第六〇号水産会法発布の結果、各郡市に於て嘗に郡市水産会設立の筈に有之候処、此の郡市水産会の会員は魚市場業者及共同販売所も加入するものに有之候。然るに従来本県には福岡県魚市場業水産組合あり、此組合も業者を以て組織のものにして之等は両者に加入を要し候、而して両者の目的とする処は大に異る点有之候得共、同一の点も有之候。近来の出費多端の折柄幾重にも費用を負担することは当業者の大に苦痛とする処なるにより、後者を解散し前者に於て出来得る丈けの事を施行致度希望候。右支部の決議を以て茲に建議仕候也。

之に対して出席者の意見も亦甲論乙駁終結する所を知らぬ有様であったが、結局暫時保留する事に決定した。此問題は独り本県のみならず水産関係者の間に重要問題として懸案となるであらうと思はれる。

（「九州日報」大正十二年三月十五日）

以上のような業界の動きのなかで、大正十一年十二月福岡県会において、水産会設立の見通しとその予算措置について次の質疑応答がなされている。

○（四十一番・田中幾太郎）水産会設置ニ付イテ御尋ネスル、水産会法規則ガ発布ニナリ其ニ基ヅキ本年即チ大正十二年ニハ福岡県水産会ガ設置サレルト信ジルガ、然ルニ予算ノ補助項目ニハ水産会ニ対スル経費ガ見受ケラレナイガ、其ハ如何ナル次第ナノカ御伺ヒシタイ。

○（参与員・石垣倉治）水産会設立補助ノ件デアルガ、農商務省ノ方針ハ県ニ一本部、ソレカラ各郡市ヲ単位ニ支部ヲ置クト云フノガ大体ノ骨子デアル、併シナガラ本県デハ従前カラ水産組合ナルモノガ筑豊、豊前、有明方面デ五箇所設置サレテ居ル、其水産組合ハ今回設ケヤウトスル水産会ノ趣旨ト実質的ニハ違ハナイノデアル、従ツテ新タニ郡市別ニ設立スルコトハ困難デアルノデ現状ヲ基ニシテ、豊前方面デハ水産組合ヲ以テ其レヲ水産会トシ、筑豊方面デハ現在デモ五箇所ニ分レテ居ルノデ此五箇所ヲ単位トシテ一ツノ水産会トナシ、有明方面デモ同様ナ考ヘデアル、現在、豊前方面デハ水産会ガ新設ニナツテ居ルガ其他ハ漸ク発起人会ヲ開ク段階ニアリ、況ヤ県連合水産会ノ設立ハ何等ノ運ビニ至ツテ居ナイノデアル、其ノヤウナ状況カラ水産会ノ補助金計上ヲ致シテナイ、併シナガラ以前ニ水産組合連合会ニ対スル補助金ヲ設ケテ居ルノデ若シ連合水産会ガ出来タトシテモ其レヲ充テル予定デアル、新設サレタ状況ニ照シテ相当ノ途ヲ講ズル考ヘデアル。

福岡県水産会は大正十二年に設立されることになったが、その経緯および従来水産組合の存廃問題については左の新聞報道から知ることができる。

(1)福岡県水産組合連合会総会は十五日、福岡県第二公会堂に於て開会、金近副会長及評議員、代議員等出席し、先づ連合会存廃問題に就て審議し、郡市水産会を総合せる県水産会設立の暁は円満解散する事とし、之に関する手続は評議員会に一任し、次で其解散迄の経費予算を可決し、大正十年度経費決算及事業報告を承認して散会したが、現今該連合会は筑豊水産、県魚市水産、豊前水産、有明水産の各連合会団体を網羅して居るが、解散後は筑豊水産及豊前水産は各自漁業組合連合会として存続し、県魚市水産も独立継続し、有明水産のみ解散するだらうと。

（「福岡日日新聞」大正十二年四月十七日）

(2)福岡県水産会第一回総会は十六日午前十時、福岡市橋口町海容館に於て開催、博多湾水産会代表者吉村清氏委員長席に着き、役員選挙、予算編成に其他の打合せを為し、正午閉会、役員左の如し、

会長　沢田牛麿　　副会長　石垣倉治・樋口邦彦　　評議員　吉村清・谷川要造・浦野岩吉・岩松徳太郎・亀津亀太郎・磯部又三郎・檜崎顕三　　帝国水産会議員　樋口邦彦　　同予備議員　和田又八郎

午後三時から福岡県第一公会堂に於て発会式を挙行、吉村氏開会の辞を述べ引続き同氏の福岡県水産会設立経過報告あり、沢田福岡県知事告辞の後、久世福岡市長来賓を代表して祝詞を述べ、吉村清氏の答辞ありて、午後五時閉会、六時から料亭那珂川にて祝宴を開いたが近来にない盛会であった。　（「福岡日日新聞」大正十二年七月十七日）

⑶筑豊水産組合は三日、福岡市記念館に於て総会を開き、解散決議をなし引続き筑豊四十六ケ浦漁業組合連合会を創立して定款を議し、四日午前八時よりは正副会長各一名、理事八名、幹事五名の役員選挙を行ひ、大正十二年度連合会経費予算三千六百円を審議し、午後二時閉会した。会長には樋口邦彦氏当選した。

（「福岡日日新聞」大正十二年九月六日）

⑷福岡県魚市場業水産組合は十八日午後一時より第二公会堂に於て総会開催、出席者六十五名、樋口組合長議長席に着き左の各案を付議、午後五時散会した。

①大正十一年度収支決算報告の件
②同年度追加予算の件
③同年度事務報告の件
④大正十二年度収支予算更正の件
⑤積立金現在高報告の件
⑥大正十三年度収支予算の件
⑦経費賦課徴収に関する件
⑧魚市場行為取締に関し本県刑事に建議の件
⑨本組合将来方針に関する件
⑩役員改選の件
⑪仲買承認未済に関する件

右の内第⑨号議案は、昨年の総会で水産会法の実施に伴ひ郡市水産会が成立して取引業者も之に加入する事となつたから寧ろ本組合を開放して其事業一切を水産会に移しては如何との宗像郡支部より建議、懸案のまゝ持越されたもので、昨日の総会でも賛否両論に分れ空前の大緊張を見せたが、小会議に移し協議した結果、現行水産会法の規定には魚市場水産組合の目的と手段の全部を包容すること不可能なるを以て、他日水産会法が改正せられて同業組合及水産組合の事業全部を包容するに至るまで本組合を存続する事に決した。他の問題は格別の波瀾もなく、⑩号議案の役員は左の通り決定した。

組長　樋口邦彦　副組長　長浦三代吉・池貝辰次郎　評議員　浦野岩吉・田中幾太郎・磯部又八郎・津田孫右衛門・野上善右衛門・楢崎顕三・森常太郎・泉千二・寺坂勝右衛門・寺岡兵五郎

（「九州日報」大正十三年三月二十日）

最終的に福岡県下の水産組合、水産会、漁業組合連合会がどのような設立、存廃をたどったかを整理しておこう。まず筑前地区においては、筑豊水産組合は筑豊漁業組合連合会と筑豊各郡市水産会とに分離されたが、筑豊漁業組合連合会は沿岸漁業者の団体で管下四十六漁業組合で構成され、大正十二年九月に設立された。水産会については、まず、郡市単位の北豊、東筑、宗像、博多湾、糸島五水産会が大正十一年九月から十二年二月の間に設立された。そして大正十五年一月に五郡市水産会が合併して筑豊水産会が誕生したのである。また筑豊水産会の設立以後、別途に地域漁場利用の円滑化を目的として、西唐、宗像両漁業組合連合会が設立された。

豊前地区においては、すでに豊前海漁業組合連合会は管下二十漁業組合で組織され、大正元年十二月に結成された。そして豊前水産会が設立される大正十一年十二月までは豊前水産組合と豊前海漁業組合連合会とが併存していたが、豊前水産組合から豊前水産会への改組により、豊前水産会と豊前海漁業組合連合会との二本立となった。

有明地区においては、大正十五年十一月に有明海水産組合が消滅し、有明水産会と有明海漁業組合連合会とが同時に誕生したのである。

このようにして、筑豊・豊前・有明海各水産組合は消滅し、それにともなって福岡県水産組合連合会も消滅した。県下で水産組合として、設立、存続したのは業種別に特化したもので、福岡県魚市場業水産組合、福岡県遠洋底曳水産組合、福岡県乾蝦製造業水産組合、福岡蒲鉾製造水産組合、有明海缶詰業水産組合、有明海海苔養殖水産組合、久留米蒲鉾製造水産組合、久留米魚類仲買業水産組合であった。

内水面では、従来の三潴郡筑後川本流及支流水産組合は、河口地区を除外し、大正八年一月、改めて三潴郡筑後川水産組合として再発足した。また八女郡水産会が大正十一年十月に発足しているが、これは矢部川・星野川流域における漁業関係者で構成されたものと考えられるが、明治三十九年に矢部川・星野川流域を対象に設立された二川村漁業組合との関係は不明である。

大正十二年五月、福岡県水産組合連合会が消滅し福岡県水産会が発足したが、当初の県水産会は筑前地区五郡市水産会、豊前水産会、八女郡水産会および有明海、魚市場業、三潴郡筑後川各水産組合で構成される変則的なものであった。大正十五年になって、筑豊、有明各水産会が設立されたことによって正常な水産会体制に整備された。また指摘しておきたいのは、筑前、豊前、有明各海区で漁業組合連合会が設立されたにもかかわらず、県全体の漁業組合連合会が設立されなかった点である。それは憶測の域を出ないが、元来、福岡県の三海域は海域環境特性、漁業形態が異なっているため、漁場管理主体の立場から県全体にわたり具体的に議論すべき共通課題はほとんどなく、かつ県水産会が設立された以上、敢えて県漁業組合連合会を立ち上げる必要はなかったのであろう。また負担金の節約もその一要因であったと思われる。

表一―8　福岡県における水産組合、水産会、漁業組合連合会（明治末期～昭和初期）

組合名	設立認可年月	事務所位置	区域	備考
（県全域）				
福岡県水産組合連合会	大正三年一〇月	福岡県庁内	福岡県一円	福岡県水産会へ移行
福岡県魚市場業水産組合	大正六年一〇月	福岡県庁内	福岡県一円	
福岡県水産会	大正一二年五月	福岡県庁内	福岡県一円	
福岡県遠洋底曳網水産組合	昭和六年一一月	福岡県庁内、戸畑市（昭和九年～）	福岡県一円	
福岡県乾蝦製造業水産組合	昭和一〇年二月	築上郡八屋町	福岡県一円	
（筑前地区）				
筑豊水産組合	明治三五年一一月	福岡市下対馬小路	糸島郡～門司市旧門司	筑豊漁業組合連合会へ移行
若松戸畑漁業組合連合会	大正元年一〇月	若松市	若松・戸畑漁業組合	

北豊水産会	大正一一年九月	小倉市役所内	門司・小倉・企救郡一部	筑豊水産会に統一合併
東筑水産会	大正一一年一二月	遠賀郡役所内	若松・遠賀・八幡	筑豊水産会に統一合併
糸島水産会	大正一一年一二月	糸島郡役所内	糸島郡一円	筑豊水産会に統一合併
博多湾水産会	大正一一年一二月	粕屋郡箱崎町	早良・福岡・粕屋	筑豊水産会に統一合併
宗像郡水産会	大正一二年二月	宗像郡役所内	宗像郡一円	筑豊水産会に統一合併
筑豊漁業組合連合会	大正一二年九月	福岡市新大工町	糸島郡～門司市旧門司	
筑豊漁業組合連合会	大正一五年一月	福岡市新大工町	筑豊沿海各漁業組合	筑豊水産会へ業務一部移行
筑豊水産会	大正一五年一月	福岡県庁内	糸島郡～門司市旧門司	
西唐漁業組合連合会	大正一五年八月	糸島郡北崎村	北崎村西ノ浦・唐泊漁業組合	
宗像漁業組合連合会	昭和三年七月	宗像郡東郷村	宗像郡一円の漁業組合	
福岡蒲鉾製造水産組合	昭和六年五月	県水産試験場内	福岡・早良・筑紫・粕屋	
（豊前地区）				
豊前水産組合	明治三五年八月	築上郡宇ノ島町	門司市田野浦～築上郡小祝	豊前水産会へ移行
豊前海漁業組合連合会	大正元年一二月	京都郡苅田村	豊前沿海各漁業組合	
豊前水産会	大正一一年一二月	京都郡苅田村	門司市田野浦～築上郡小祝	
（筑後地区）				
有明海水産組合	明治三五年九月	山門郡沖端村	三潴・山門・三池	有明水産会へ移行
有明漁業組合連合会	大正一五年一一月	山門郡柳河町	筑後沿海各漁業組合	
有明水産会	大正一五年一一月	山門郡沖端村	三潴・山門・三池・大牟田	
有明海缶詰業水産組合	昭和二年八月	山門郡沖端村	山門郡一円	
有明海苔養殖水産組合	昭和四年九月	大牟田市大正町	大牟田・三池	
久留米蒲鉾製造水産組合	昭和六年五月	久留米市役所内	久留米市	
久留米魚類仲買業水産組合	昭和九年一〇月	久留米市役所内	久留米市	

（内水面）				
三潴郡筑後川本流及支流水産組合	明治三六年四月	三潴郡川口村	鳥飼・安武・大善寺・三潴・城島・青木・三又・大川・川口・大野島・久間田の町村	三潴郡筑後川水産組合に再編成
三潴郡筑後川水産組合	大正八年一月	三潴郡青木村	安武・大善寺・三潴・城島・青木・三又村	
八女水産会	大正一一年一〇月	八女郡上妻村	八女郡一円	

（「福岡県統計書・勧業編」による）

二　福岡県水産会の活動

福岡県水産会は大正十二年五月二十四日、創立総会を開催し、正式に発足した。翌日の「九州日報」は左のように報じている。

福岡県では既設郡市水産組合七団体を基礎として福岡県水産会を組織するに決し、今二十四日午前十一時から　第二県公会堂に於て創立総会開会、郡商工課長、金近水産試験場長を始め関係職員一同列席、和田又八郎氏議長席に就き、「福岡県水産会々則」、「福岡県水産会創立費償却方法」並に各種協議事項を付議し全部議案を可決したが、同会の業務は大要左の如く決定して居る。

(1)漁業、製造及び養殖の調査並指導に関する事項
(2)水産動植物の蕃殖保護に関する事項
(3)共進会、博覧会及び品評会等の開設出品に関する事項
(4)移住及遠洋漁業奨励に関する事項
(5)水産物取引の改善、販路の拡張、調査に関する事項
(6)仲買人取締及水産物取引業者間の連絡に関する事項
(7)水産物荷造運送及取扱上に於ける取締に関する事項

(8)紛争調停に関する事項
(9)金融関係の審査並改善に関する事項
(10)功労者表彰に関する事項
(11)講演講習其他水産教育に関する事項
(12)其他本会の目的を達するに必要なる事項

水産会法第一条「水産会ハ水産業ノ改良発達ヲ図ルヲ目的トス」とあるように、行政、調査試験機関が担当する業務までも含めた幅広いものであった。

福岡県水産会の設立早々、大正十二年五月末、山口県水産会主催の島根、山口、福岡、佐賀、長崎、朝鮮一道五県からなる玄界灘水産集談会第一回総会が開催された。同会会則の制定、汽船底曳網漁業取締規則の改正並に取締に関する件などが論議された。そして今後、同会は毎年一回開催されることが決まる。（「九州日報」大正十二年五月二十五日）

ところで県水産会、郡市水産会の活動経費は、会員負担金および国庫、県費からの補助金であった。県水産会は県会などに補助費、水産施設費を陳情しているが、「福岡日日新聞」は左のように報じている。

福岡県水産会は県農会と共に特定法律の下に系統的に組織せられた同県二大産業団体であるが、近時農村振興の与論高唱せられ、県でも明年度予算には小農保護施設費を計上して居るに拘らず、一方漁村振興の声は更に聞へないのは世態の偏顧変調で水陸両者の産業は併進するが至当である。殊に水産会は創立以来日浅く基礎未だ鞏固でないから一層助長の必要がある。夫れには補助し施設す可き事項多々あるが、就中左記事項は最も緊要なるものであるから是非明年度から実現せられ度いと県水産会及郡市水産会から県参事会及県会に詳細の陳情書を提出し、県会に対しては目的貫徹の為め大々的運動を試みると意気込んで居る。陳情の要項左の如し。

(1)県会に於て本会及郡市水産会補助増額せられ度し（県会提案補助額県水産会分五九〇円、同郡市水産会分一、一六三円、陳情書の希望補助額県水産会分三、二四八円、郡市水産会分四、六五四円）
(2)県水産技術員設置及増員
(3)矢部川、星野川に河川漁業取締巡査常置
(4)水産に関する勧業補助費中漁船建造及石油発動機購入補助を増額し且つ補助事項を拡張され度し

（「福岡日日新聞」大正十二年十二月二日）

さらに福岡県水産会は翌大正十三年度には県知事あてに三建議書を提出している。「福岡日日新聞」は左のように報じている。

福岡県水産会は曩の総合決議に基き二十一日、福岡県知事宛左記の三建議書を提出した。

(1)県立師範学校及県立実業補習学校職員養成所に水産科加設の件

福岡県は瀬戸内海、玄界洋、有明海の三海区を有し沿岸線延長百二十里、漁夫五万、漁獲高千万円に達し、沿岸郡市の数は十七に及び、淡水漁業も相当にあって北九州の一大消費地を控へて居るので将来漁業の発展は期して待つ可きである。然るに教育を以て天下に鳴る県であり乍ら、いまだ水産教育に一指を染ていないのは偏頗不公平も甚だしと云ふ可く、本水産業の振興せざる原因も此教育施設の絶無に帰する点尠くない。勿論、水産教育の普及方法に付ては幾多の道程があるだらうが、実行最も容易にして且つ効果の顕著なるは水産業の素養ある教育者を沿海小学校に配置し、水産業者の子弟に対して斯業の概念と大勢の赴く処を習得せしめ、依て以て其根本を培養するが第一である。其教育者養成の手段として明大正十四年度より県立師範学校実業学科及び県立補習学校教員養成所学科に水産科を加設し、水産教育施設の一端を実現せられ度い。

(2)沿海小学校に対し水産補習教育普及の件

直接水産業の振興方法としては試験、調査、指導又は講習、講話等幾多の方法があって、現に本県では試験場を設け相当施設して居るが、現業者の大多数は頭脳空疎で科学的根底を有せす、加ふるに因襲に囚はれがちで是を時勢に順応せしむる事は多大の努力を要し、而かも往々困難なる事情があり、されば是等の子弟に水産学の概念を授け知能の最も発達しつゝ時代に向上心を注入するが最も効果が多い。然るに沿海小学校に於ける補習教育は甚だ貧弱にして相当設備ある学校は殆ど絶無の現状であるから速かに之が普及充実に対し遺憾なき方法を講ぜられ度い。

(3)矢部、星野両川取締巡査を常置の件

沿海の漁業取締に就ては玄海丸、沖島丸、英彦丸三隻の取締船があるに拘らず、河川漁業に対しては未だ特殊の取締施設がないのは遺憾である。殊に八女郡には矢部、星野両川があって、其漁業の為め郡水産会へ組織され魚児の放流又は保護蕃殖上幾多の施設を試み鋭意水産増殖に努めて居る処、心なき遊漁者の為濫獲されるので取締巡査を配置され度い。

（「福岡日日新聞」大正十三年七月二十二日）

また大正十四年度は福岡県水産集談会が新設された点で注目される。本集談会は、県下水産関係諸団体代表が年一回一堂に会して、水産業振興に関する県諮問事項に対して答申するとともに、各団体が水産諸問題を提出し論議する場であるが、その主催を福岡県水産会が担っていくことになった。第一回福岡県水産集談会は大正十四年七月十五、六日に開催された。その議題が「九州日報」に掲載されているので、多少長くなるが、当時の県下水産業が抱える諸問題を把握するうえで有意義と思われるので以下に記す。

第一回福岡県水産集談会は十五日午前十時より福岡県第一公会堂に於て開会、柴田会長の告辞、知事訓示にて正午休憩、午後一時再開、樋口副会長を議長に推し左記の議事に入ったが、十六日引続き開会の筈

◎県諮問事項

(1)本県水産業の改良発達を企図すべき方法如何

(2)漁村の現状に鑑み漁業組合として施設すべき事項如何

(3)魚市場（共同販売所を含む）の改善発達に関し最良の方法如何

◎提出問題

(1)福岡県水産会提出

①師範学校及実業教員養成所に水産科加設方を本県知事に建議の件

②漁業者の智識向上に関し適当の施設方を本県知事に建議の件

③公共の用に供する海浜地再調査方を本県知事に建議の件

④沿海小学校に対し水産補習教育を普及せしめらるゝ様本県知事に建議の件

⑤政府の漁村振興方策と対応して本県の漁村振興方策樹立方を本県知事に建議の件

⑥漁業組合の共同販売所施設奨励及指導方を本県知事に建議の件

⑦魚市場の整理充実に関し本県知事に建議の件

⑧水産行政機関の拡充充実に関し本県知事に建議の件

(2)筑豊漁業組合連合会提出

①漁業組合の共同施設事業に対し県費補助の範囲を拡張せらる、様本県知事に請願の件
②漁業組合の船入場、船曳場施設又は改築に関し県費補助の途を開かれんことを本県知事に請願の件
③快速力を有する不正漁業監視船建造方を本県知事に建議の件
④漁業の機械化に対し県費補助増額方を本県知事に請願の件
⑤魚類の販売機関を充実し取引の確実を期待すべく本県魚市場規則改正方を本県知事に建議の件
⑥水産課を特設し行政及指導奨励上遺憾なきを期せらる、様本県知事に建議の件
⑦機船底曳網漁業に対する新規許可を絶対に禁止し併せて三十屯以下機船の更新継続不許可方を本県知事に建議の件
⑧機船底曳網漁業違反者に対する行政処分を励行し併せて主要魚市場所在地に於ける無許可機船の検察励行方を本県知事に建議の件

(3)糸島郡水産会提出
①水産行政機関の拡張並に水産試験場に於ける当業者指導に関し本県知事に建議の件
②沿海水産補習教育の充実普及に関し本県知事に建議の件
③郡役所廃止後経費水産技術員配置に関し本県知事に請願の件

(4)糸島郡十四ケ浦漁業組合提出
①漁業組合の船入場（防波堤を含む）船曳場施設又は改築に関し経費補助の途を開かれむことを本県知事に請願の件
②不正漁業の絶滅に関し本県知事に建議の件
③県費水産奨励補助費の増額並に拡張に関し本県知事に請願の件
④本県魚市場規則改正方を本県知事に建議の件
⑤水産課の設置に関し本県知事に建議の件
⑥小呂島に避難港設置に付本県知事に請願の件

(5)粕屋郡奈多浦漁業組合提出

①機船底曳網新規許可停止及該漁業更新継続不許可方を本県知事に建議の件
②漁業組合船曳場施設に関し県費補助の途を開かれむことを本県知事に請願の件
(6)粕屋郡弘浦漁業組合提出
①志賀島弘浦防波堤県営移管の件
(7)宗像郡水産会提出
①鯛餌料研究所並大羽鰮利用研究所設置を其筋に要望する件
②優良組合に対し県より表彰の途を啓かれむとすることを要望する件
③漁業違犯船に対しては行政処分を徹底的にせられたきこと
④漁業取締の徹底を期するため沿海出漁者に対して違犯船を発見し其犯罪を構成の暁には県水産会又は連合会より相当賞与の途を啓かしむことを要望するの件
⑤漁業組合、漁業組合連合会、水産会の如き水産団体が漁業取締船の借入、購入費に対し相当の補助金を交付せられたきこと
⑥共同施設奨励費中魚類共同運搬事業に対し補助の途を啓かれたきこと
⑦地先専用漁業権を区域制度に改正せられたきこと
⑧漁村漁業に影響を及ぼす恐ある新規漁業に対しては関係水産会に諮問の上許否せられむことを建議の件
⑨支那に輸出する魚貝類製造品直接取引に関し最確実なる方法を知悉する為調査員派遣方を県及農林省へ建議の件
(8)宗像郡福間浦漁業組合提出
①漁業組合に於て施設する船入場、船揚場、防波堤の改築、浚渫等の工事に対し県費補助の途を開かれむことを本県知事に請願の件
②機関船及機関等に対する県費補助額は其費額の十分ノ三と局限せられむことを本県知事に建議の件
(9)宗像郡地島浦漁業組合提出
①漁業組合に於て施設する船入場、船揚場、防波堤及其改築、浚渫等の工事に対し県費補助の途を拓かれる事を

本県知事に建議の件
②県水産業奨励補助金増額方を本県知事に建議の件
③機船底曳網漁業取締徹底方を本県知事に建議の件
(10)豊前海漁業組合連合会提出
①本県水産課の独立を県当局に要望する件
②豊前海干潟利用に付適当の方策を講ぜられむことを要望する件
③水産金融機関設置方を県水産会に要望するの件
(11)築上郡宇島浦漁業組合提出
①小学校教員講習に水産補習教育の普及並に巡査教習所へ水産科加設の件
②内海機船底曳網取締に関する件
③空釣縄漁の絶対禁止の件
④漁業取締の件
⑤専用漁業権を区域本位又は水族本位に改正の件
⑥尋常高等小学校へ水産実業補習科設置方の件
(12)八女郡水産会提出
①八女郡水産会圏域内の矢部川筋、星野川筋一円に対し河川漁業取締巡査常置に関し本県知事に請願の件
②魚道新設及び改築施設方を本県知事に請願の件
③漁業取締規則中第三二条改正方を本県知事に建議の件
(13)有明海水産組合提出
①有明海に対し漁業取締船建造配置方を本県知事に請願の件
②有明海方面に水産技術員設置方を本県知事に請願の件
(14)筑後川水産組合提出
①漁業取締規則第二四条第五項中の建切網を削除すること

②有明海の漁業取締を一層厳重に励行すること

⒂福岡県魚市場業水産組合提出

①本県魚市場規則改正方を本県知事に建議の件、本規則改正には左記各項を網羅せられむことを望む。

○魚市場の位置は一地区一市場主義たること

○右方針決定に伴ひ其の位置を指定せられたきこと

○市場仲買人を知事の許可制とすること

○手数料及歩戻高を統一すること

○販売方法を競売となし羅符牒を統一すること

○帳簿及仕切書記載方を一定とすること

○魚市場類似の行為を取締る方法を設けられたきこと

②魚市場設置及移転に付ては既設権保護の為適当の当業者団体に意見諮問ある様本県知事に建議の件

⒃福岡県魚市場業水産組合第七部提出

①本県魚市場取締規則を改正して一地区一市場制となし其地区は県の指定に依る様本県知事に建議の件

⒄東筑水産会提出

①新規製造品の共同施設事業に対しては相当補助の途を啓かれたし

②船溜、波止場の建設、増設、復旧に対しては町村、組合の事業たるを問はず相当補助の途を啓かれたし

③漁業取締の徹底を期せられたし

（「九州日報」大正十四年七月十六日）

以上のように水産集談会は第一回ということもあって、きわめて多くの議題が提出された。県からは「水産業の改良発達の方策如何」、「漁業組合に対する施設事業如何」、「魚市場の改善発達の方策如何」の三件が諮問されており、これらが当時の水産行政の重点課題であったことがわかる。また、各会からは総六十五件の議題が提出されているが、その主なものは「漁業組合に対する共同施設事業の充実」十五件、「漁業取締の強化」十五件、「魚市場の改善、充実」六件、「水産行政、試験指導機関の充実」六件、「漁業権・漁業許可に関するもの」六件、「水産教育の充実」五件となっており、県諮問の内容とほぼ対応するものであった。

福岡県水産会は第一回福岡県水産集談会にみられるように、県内業界の主導的役割をはたしていくことになったが、対外的にも県内水産業界の代表として活動していった。大正十五年一月に開催された全国水産大会に県代表として出席したが、その内容を「九州日報」は報じている。

東京市に於て来る十八日より二十二日まで開催する全国水産会及び全国水産大会へ福岡県水産会よりは、樋口水産会長、浦野岩吉、岩松徳太郎氏出席するが、同会へ福岡県水産会よりの提出問題は左の通りである。

⑴農林省名改正の件

⑵機船底曳網漁業に関する件（主務大臣へ建議、貴衆両院へ請願）

①トロール取締規則に準拠し現行規程の改正

②現在地方長官の処分事項を主務大臣の所管に移すこと

③三十屯未満機船底曳網漁船を禁止

④船数の制限

⑤処分事項を漁業法中に移すこと

⑥禁止区域の拡張

⑶瀬戸内海漁業取締規則改正

⑷海面に於ける行政区域制定の件

⑸魚市場法制定の件

（「九州日報」大正十五年一月十三日）

以後、福岡県水産集談会は本水産会の主催で毎年開催され、第一一回（昭和十一年）まで続いたことが確認できる。本会は時宜の水産諸課題、行政施策への提言をなし、県諮問に対する答申をおこなった。

大正十五年四月十三日、福岡県水産会総会が開催され、そこで第六五議案「大正十五年度事業方法の件」が左の通り可決されている。

⑴技術指導：技手一名を常置し講話、指導其他技術に関する事務に従事せしむ

⑵調査：直に本県に適用し得べき事業種類を選定し会員中の熟練家を実地に派遣し調査研究を遂げ、将来之を実地に応用せしむべき計画なり。本年度の予定以下の如し。調査員二名を選定し、愛知県に於ける内海漁業を習ひ、兵庫、

徳島二県に於ける沿岸漁業を研究せしむ

(3)新聞紙発行：毎月一回以上知識の啓発及水産会の状況周知と漁村の文化教育を目的として本会機関新聞紙を発刊配布し講習、講話の足らざるを補ひ併せて会員知識の向上と事業の改善勃興とを期せむとす、発刊部数毎月千六百部

(4)講習、講話：左記三項に分ち之を実施せむとす

①近時、小型発動機の勃興に伴ひ一層漁業の機械化を奨励する為め漁村の子弟に対し発動機取扱方法の実際的講習を施し、直に運転に従事すべき伎倆を養成す、講師は付近製作所より招聘すべき予定なり

②沿海小学校に於ける補習教育の普及と向上とを図る為め沿岸適当の地一ケ所に於て本講習を実施す、講師は本県及郡市水産技術者に嘱託する予定なり

③農林省及本県に講師派遣を乞ひ福岡市に於て漁業組合に関する諸般の講習を実施す

(5)諸会合：県下水産集談会を主催する外全国水産大会出席者二名に対し一人当り百円の投機旅費を支給す

(6)水産会補助：郡市水産会に対し本会所定の補助規定に基き事業奨励の為め予算の範囲内に於て補助金を交付し其の発達を促進せしむ

（「九州日報」大正十五年四月十四日）

また同年八月三十日、県知事に対して左の各件について建議書を提出し、実行方を要望している。

(1)師範学校及実業教員養成所に水産学科加設の件、(2)巡査教習所に水産法規加設の件、(3)本県水産読本編纂の件、(4)沿海適当の地に水産試験場出張所（筑前・豊前・有明）増設の件、(5)水産試験場内容充実の件、(6)沖合漁業試験施行の件、(7)打瀬網漁業操業区域制限の件、(8)漁業組合基金運用の件、(9)船溜船揚場新設、修築、浚渫に対し県費補助の件、(10)簡易保険金貸付継続の件、(11)県外出漁奨励補助の件、(12)快速力監視船建造の件、(13)水産課独立の件

（「福岡日日新聞」大正十五年八月三十一日）

以上みてきたように、福岡県水産会は組織体制の整備とともに、特に大正十五年以降、県下水産業界の代表機関として指導的役割をはたしていった。

第七章　沿岸漁業、漁業組合に対する補助金政策

第一節　国の漁業組合施策

国の漁業組合施策として、大正七年に漁業組合事業奨励費が予算に初めて計上され、疲弊漁村への副業奨励施策が進められたが、これ以後、漁業組合を漁村の中心に据えるための具体的施策を模索し始めてきた。

その一つである漁業組合の漁業自営の考え方は、すでに大正中期において地方の水産行政担当者から出されてきており、大正八、九年の省内水産事務協議会でその方向は示された。昭和八年の漁業法改正における漁業組合漁業自営の基本方針はすでにこの時期にかためられていたといえる。

さらに大正十二年の事務協議会に対して、「沿岸漁業の枢軸を握れる」漁業組合の改善発達を促すべき方策が諮問され、おおよそ次のような答申を得ている。すなわち漁業組合の発達改善のために、漁業組合が漁業に限定されない経済的施設をなしうるようにすること、漁業の自営の途をひらくこと、零細組合を整理統合しうるようにし、専用漁業権を漁場利用本位に改めること等が答申されたが、漁業組合の産業組合化、すなわち出資制度を採り入れ、経済事業体とすることの意向は打ち出されてはいなかった。また漁業組合の発達のために漁業組合中央会を設置することも、漁業組合中央会でする事業はすべて帝国水産会で行いうるという理由から、その必要は認められなかった。これに対し漁業者側からは漁業組合大会を通じて、中央会設置運動がおこってくるのである。

以上のように水産当局には、漁業組合を発達させて漁村の維持を図ろうとする意図があったことは、この諮問からうか

がえるところであるが、零細漁民の経済的再生産を確保する政策は、政策比重としては軽かった。

漁業組合施策面から画期をなすものは大正十四年の漁業共同施設奨励規則の制定であろう。大正十四年六月二十六日で公布されたこの規則は、第一次大戦後の恐慌に動揺する自作・小作農民層救済を目的とする農村振興費予算計上にともない、その一部が漁業部門にも奨励金として支出されるようになることによって制定されたものであるが、副業奨励費とは異なり、漁業組合事業に対し、独自の予算を計上して補助金を与えるようになった点で画期をなすものといえる。

明治四十三年の漁業法改正によって、漁業組合は低利資金融資対象としての法的位置が与えられたが、事業主体としては漁業組合は認められていなかった。これに対し奨励規則は漁業組合が共同施設事業を主体的に営むことを法的に認めたという点、さらに遠洋漁業奨励法以来、水産資本、資本制漁業の発達条件の整備を図ってきた水産財政政策に、小漁維持的補助金政策を加えるにいたった点で画期的といえる。さらに漁業組合政策の面からは、四十三年改正以来の啓蒙、普及政策段階から、経済事業主体としての漁業組合の補助金政策段階に移行した点で、画期的政策と性格づけられるものであり、これ以降、漁村疲弊の防止、漁家経済の維持を目的とする予算措置をともなう政策が重要な柱となって展開されながら、漁民層の分解が進行するのである。

さて漁業共同施設奨励規則では、第一条で奨励対象となる設備を次のように規定している。(1)船揚及船溜設備、(2)水産物ノ販売設備、(3)水産物ノ製造、加工及処理設備、(4)貯蔵設備、(5)漁船及漁具設備、(6)水産物ノ運搬設備、(7)水産物ノ養殖設備、(8)漁船救難設備、である。これらの設備に対して、奨励金を毎年度予算の範囲で交付するのであるが、交付を受けることができるものは、(1)漁業組合または漁業組合連合会、(2)水産会法により設立した水産会、(3)水産組合または水産組合連合会、(4)産業組合または産業組合連合会、(5)市町村またはこれに準ずべきものであった。この交付を受くべき者については、大正十五年一月十六日、水第一一五号の水産局長発各地方長官宛通牒、「漁業共同施設奨励ニ関スル件」において、明確に漁業組合中心主義の奨励方針を打出している。

漁村振興に対する補助金政策が施行されるようになった翌大正十五年四月の全国水産主任官会議では、河川魚族の蕃殖保護の施設、沿岸魚族の蕃殖保護上現在の機船底曳網漁業禁止区域の当否ならびに機船底曳網漁業を農林大臣の許可とすることの可否など、沿岸・内陸漁業資源保護問題が水質汚濁防止の件とともに諮問、協議されている。これは、同年四月二十四日発布された水産増殖奨励規則とならんで、沿岸漁業問題への水産政策上の傾斜を示すものであった。そしてこの会議では、さらに沿岸漁業の改良助長の方法が諮問されており、その答申では⑴漁船の改良普及、⑵漁具の改良普及、⑶副漁具の改良普及、⑷漁法の改良普及、⑸出稼・移民漁業の奨励、⑹指導監督・調査試験並びに設計検査、以上の各項の奨励が政府に要望されている。

このように大正末期に、沿岸漁業の振興策が水産当局において固められてくるのであるが、それには漁業能率を上昇させて、経営難に対処するような生産力向上の視点が導入されていることが注目される。漁業組合の共同施設事業を奨励して漁村を維持する施策とならんで、漁村・漁業組合を構成する漁家の漁業生産力上昇を政策に導入するという、「小漁保護」的政策視点が貫かれてくる。共同施設奨励における小型漁船・漁具の奨励がそれであり、とくに小型漁船の動力化が沿岸漁業奨励の一課題となってくる。昭和四年には共同施設奨励費からの船揚・船溜修築費補助のみではなく、漁港修築奨励費中に小漁港修築を加え、また四、五年に共同施設のみでなく経営奨励金をも支出するに至った。

第二節　福岡県の漁業奨励施策

大正七年、国家予算の中に漁港修築奨励費、漁業組合事業奨励費等の補助費が計上されて以後、国の補助金政策は拡大・充実していくが、それまでは府県勧業費からの補助金が代位していた。当時、府県補助金の主なものは漁港調査修築費と漁業奨励費であった。

本節では、福岡県における水産業に対する奨励補助事業の経緯について、設立当初から振り返ってみよう。最初に「漁業奨励補助費下付規程」が制定、施行されたのは明治三十年四月である。この時代は明治十九年組合準則による漁業組合の組織体制は確立し、漁業取締規則は制定されており、漁業生産活動は未だ慣行を基本としていたが、生産力の向上、拡大は官民ともに大命題であった。主な内容は左のように、県内漁場では漁具漁法・製造法・養殖法の伝習のための補助であり、他は遠洋、特に朝鮮沿海出漁への補助であった。

明治三十年三月九日、県令第一二号「漁業奨励補助費下付規程」

①漁法・製造法・養殖法ノ伝習ノタメ組合若クハ一町村浦以上ノ団体ニ於テ他府県ニ実業者ヲ派遣スルトキハ、十

円以上五十円以下ノ補助金ヲ下付ス（第二条）

②組合若クハ一町村浦以上ノ団体ニ於テ水産業伝習教師ヲ聘用スルトキハ、十円以上五十円以下ノ補助金ヲ下付ス（第三条）

③台湾・朝鮮・シベリア地方ニ出漁スルモノニハ、船一隻若クハ漁業団体一組ニ対シ五十円以上二百円以下ノ補助金ヲ下付ス（第四条）

④明治三十年四月一日ヨリ施行ス

明治三十三年二月二十八日、県令第一八号「漁業奨励補助下付規程ノ改正追加」

①規程第三条ヲ削除ス

②第四条ヲ第二条ニ繰上ゲ左ノ一項ヲ追加ス

前項出漁ノ目的ニ依リ幅九尺以上ノ釣漁船ヲ新調シタルモノニハ其造船費ニ対シ三割以下ノ補助金ヲ下付ス

③同第二条ノ次ニ左ノ一ケ条ヲ設ク

遠洋漁業者ニ斯業ノ改善発達ヲ図ル為メ本庁ノ認可ヲ得テ出漁組合ヲ設クルトキハ経費ノ多少ニ応ジ相当ノ補助金ヲ下付ス

この改正では朝鮮海出漁奨励のために、漁船建造費および韓海出漁通漁組合設置費に対する補助が新たに追加された。明治三十八年四月、漁業奨励補助下付規程は廃止され、新たに「水産業奨励補助規程」が制定された。ここでは県内漁場での漁具漁法・製造法・養殖法の伝習補助は残ったものの、遠洋・朝鮮沿海出漁に対する補助が主体となった。各乗組員数規模別、漁船建造費、移住出漁、調査、組合事務、漁具改良に対する補助等その対象範囲が拡大された。この時期の補助規程は朝鮮沿海出漁を重点的に奨励したものとなっている。

明治三十八年四月五日、県令第九号「水産業奨励補助規程」

①本県在籍者ニシテ県内ニ住居シ三ケ年以上引続キ漁業ニ従事セル者又ハ県内ノ漁業組合若クハ水産組合ハ、補助金ノ下付ヲ出願スルコトヲ得（第一条）

②遠洋（支那・シベリア・台湾・沖縄・南洋諸島）又ハ韓国沿海ニ出漁スル者ハ左ニ準シ補助ス

○乗組員四人以下漁船一艘ニ付　金十五円以内

○乗組員六人以下漁船一艘ニ付　金十七円以内
○乗組人八人以下漁船一艘ニ付　金二十円以内
○乗組員九人以上ハ一人ヲ増ス毎ニ一円以内ヲ加フ（第二条）
③第二条ノ出漁ニ供スル左ノ構造ニ準ジ漁船又ハ母船ノ建造費ノ三分ノ一以内ヲ補助ス
○肩幅（胴張）　六尺以上
○棚板用材　仕上一寸二分以上
○敷板用材　仕上二寸五分以上
○船倉（デッキ張）　三ケ所以上（第三条）
④第二条ニ該当セル者ニシテ家族ヲ伴ヒ五ケ年以上滞留ノ目的ヲ以テ漁船二艘（二家族）以上同時ニ同一場所ニ出漁スル者ハ、漁船一艘（一家族）毎ニ第二条補助金ノ四倍以内ヲ補助ス（第四条）
⑤漁業組合ニ於テ第二条ニ於ケル海面ノ漁業ヲ調査スル為調査員ヲ派遣スルモノハ、一人ニ付金二十円以内ヲ補助ス（第五条）
⑥漁業組合ニ於テ漁撈・製造・養殖ノ技術ヲ伝習セシムル為他府県又ハ海外ニ練習員ヲ派遣スルモノハ一人ニ付金二十円以内ヲ補助ス（第六条）
⑦遠洋漁業ヲ奨励スル為県下各水産組合共同シ其事務ヲ取扱フモノハ金五百円以内ヲ補助ス（第七条）
⑧遠洋漁業ニ供スル為特ニ漁具ヲ改良シ其効果著シキモノト認ムルトキハ第二条又ハ第四条ノ補助金額ヲ増加スルコトアルベシ（第八条）

明治四十二年四月、水産業奨励補助規程は改正され、県内水産業に対する奨励補助は無くなり、海外漁業出漁奨励に対しても朝鮮・関東州沿海への移住出漁、漁船建造費補助のみに縮小された。

明治四十二年四月二十二日、県令第一四号「水産業奨励補助規程」

①本県在籍者ニシテ県内ニ居住シ引続キ三ケ年以上漁業ニ従事セル者ニ対シ毎年度予算ノ範囲内ニ於テ補助金ヲ下付ス（第一条）
②朝鮮海・関東州沿海ニ家族ヲ伴ヒ五ケ年以上居住ノ準備ヲ為シ出漁セントスル者ニハ一戸ニ対シ五十円以上七十

円以内ヲ補助ス（第二条）

③朝鮮海・関東州沿海ニ出漁スル為左ノ構造ニ依リ漁船又ハ母船ヲ建造スル者ハ、其費額ノ三分ノ一以内ヲ補助ス

○肩幅（胴梁）　七尺以上

○棚板用材　厚サ仕上一寸二分以上

○敷板用材　厚サ仕上二寸五分以上

○船倉　三ケ所以上（第三条）

大正四年八月、水産業奨励補助規程は改正され、その補助対象が変わった。朝鮮・関東州沿海への出漁補助が無くなり、補助主体は沖合漁業に従事する漁船建造費補助が主体となった。さらに注目されたのは、漁業組合、同連合会が行う共同施設事業（磯掃除、築磯）に対する補助が新設されたことであった。県の振興奨励事業が沿岸漁業に重点を置く方針に転換しつつあったことをうかがわせる。

大正四年八月六日、県令第二二号「水産業奨励補助規程」

①補助金ヲ受クルコトヲ得べキ者ハ左ノ一ニ該当スル者ニ限ル

○本県内ニ本籍及住所ヲ有シ引続キ三箇年以上漁業ニ従事セル者

○本県内ニ地区ヲ有スル漁業組合、漁業組合連合会（第二条）

②補助金ハ左ノ各号ノ一ニ該当スルモノニ限リ其ノ費額ノ三分ノ一以内ヲ交付ス

○沖合漁業ニ従事シ又ハ従事セシムル目的ヲ以テ左ノ構造ニ依リ漁船又ハ母船ヲ新造シタルモノヲ購入ス者

イ　釣漁業ニ使用スル漁船ニ在リテハ幅（肩幅ヲ云フ以下之ニ倣フ）六尺五寸以上母船又ハ網漁業ニ使用スル漁船ニ在リテハ幅八尺以上タルコト

ロ　幅八尺未満ノ漁船ニ在リテハ肋骨五本、幅八尺以上ノ漁船又ハ母船ニ在リテハ肋骨七本以上ヲ取付クルコト

ハ　舳材ト敷トハ根曲材ヲ以テ接合スルコト、根曲材ハ各材ニ二本以上ノ敲釘又ハ打込釘ヲ施スニ足ル各腕ヲ有セシムルコト

ニ　戸立ト敷トハ根曲材ヲ以テ接合シ各材ニ敲釘二本宛ヲ配置シテ固着スルコト

ホ　戸立ノ内縁側ニハ肋骨ヲ取付ケ敲釘ヲ一尺以内ニ配置シテ固着シ上下棚板ハ敲釘及打込釘ヲ以テ該肋骨ト固着スルコト

ヘ　幅八尺未満ノ漁船ニ在リテハ船首ニ肘材一挺ヲ取付ケ、幅八尺以上ノ漁船ニ在リテハ前期肘材ノ外船尾ニ水平肘材ヲ取付クルコト、肘材ハ敲釘又ハ打込釘ヲ各腕ニ二本宛配置シテ固着スルコト

ト　船ノ長ノ二分ノ一以上水密甲板ヲ張リ詰ムルコト、但シ漁業ノ種類ニ依リ操業上不便トスルモノニ在リテハ三分ノ一迄短縮スルコトヲ得

チ　各甲板ノ両端ニハ支水隔壁ヲ設ケ此ニ肋骨ヲ取付ケ棚板ト支水隔壁トノ固着ヲ完全ニスルコト

リ　船ノ長、幅、深ハ左ノ割合ヲ以テ最大限度トス

長ト深　十三倍未満
長ト幅　五倍未満
幅ト深　三倍未満

○漁業組合若ハ漁業組合連合会ニ於テ其ノ共同施設事業トシテ介藻類ノ蕃殖又ハ魚類誘致ノ目的ヲ以テ磯掃除又ハ築磯ヲ為ストキ（第三条）

さらに大正九年十二月、本補助規程は改正された。ここでは漁船に加えて機関の購入費が補助対象となった。また共同施設事業として磯掃除・投石・餇付・築瀬・養殖上必要と認めるものが補助対象となった。さらに製造業改良の目的をもつ乾燥機・圧搾機・製缶機等の購入費補助も新規に対象となった。

大正九年十二月十六日、県令第五五号「水産業奨励補助規程」

①本規程ニ依リ補助金ヲ受クルコトヲ得ベキ者ハ左ノ各号ノ一ニ該当スル者ニ限ル

○本県内ニ一箇年以上住所ヲ有シ水産業ニ従事スル者

○本県内ニ地区ヲ有スル漁業組合、漁業組合連合会、水産組合又ハ水産組合連合会（第二条）

②補助金ハ左ニ該当スル場合ニ限リ其ノ費額ノ三分ノ一以内ヲ交付ス

○漁業ニ従事シ又ハ従事セシムル目的ヲ以テ別ニ定ムル構造（＊）ニ依リ総屯数二十屯未満ノ漁船ヲ新造シ若ハ新造シタルモノヲ購入スルトキ及漁船ニ据付クル為機関ヲ購入スルトキ

○魚介藻ノ蕃殖誘致ノ目的ヲ以テ磯掃除、投石、飼付、築瀬又ハ養殖上特ニ必要ト認ムル事業ヲ為ストキ

○製造業改良ノ目的ヲ以テ乾燥機、圧搾機、製缶機ヲ購入シ又ハ改良竈若ハ冷蔵庫ヲ築設スルトキ（第三条）

＊水産業奨励補助規程第三条第一号ニ依ル漁船構造ニ関スル告示（大正九年十二月十六日、告示第七〇一号）

以上のように、水産業奨励補助事業は各時代における水産業の要請に対応して、その内容を変化させながら継続されてきた。明治後期、大正期の沿岸漁業発展に果たした役割は大きかったと思われる。本奨励補助事業の成果をうかがわせる報道が左のようにみられる。

(1)福岡県にては水産業奨励補助規程に依り県下の漁船製造者に対し船価の三分の一以内の金額を補助し居れるが、其結果、船数の増加を来し大正七年度にて長さ六尺乃至八尺の小型漁船六千百余隻に達し、現在は更に数百隻の増加を来したるべく察せらる。次に大型漁船は同年度に十三艘に過ぎざりしに昨秋以来急に増加し、現に十八屯二十五馬力位のもの十隻、注文中のもの三十隻を算するに至れり。発動機漁船の斯く増加せるは漁場拡張の結果にして対州、壱州、五嶋沖は県下漁民の活躍場となりつゝあり、然るに近時の物価騰貴に依り小型船にても千円以上を要し大型船に至りては船体三、四千円内外、石油又はガソリンの発動機四、五千円、合計一万円内外の費額を要し、船価三分一以内を限度とする県費補助を従って事実上低減さるゝを免れず、併し之にも拘らず大小漁船続々建造されつゝあるは県漁業将来の発展を予示するものなるべし。

（「福岡日日新聞」大正九年三月二十六日）

(2)福岡県下の水産業は漸次発展の域に向ひつゝあり、昨年度の成績は漁獲物価格三百七十五万余円、製造物価格百六十六万円に上り、本年は年度進行中にて不明なるも、之より数割を増加すべきは明かなり。県にては本年度に六千三百円の水産業奨励費を計上し一面漁船漁撈及び漁業の指導を為すと共に各種海産物の試験を行ひつゝあり、又当業者の自治的機関も発達し本年度各種組合の予算は合計一万九千二百円に及べり、而して其内訳は魚市場組合二千六百円、筑豊水産組合五千七十五円、有明海水産組合三百円、豊前海水産組合一万千円、筑後川水産組合二百円なり。

（「福岡日日新聞」大正九年三月二十八日）

大正十三年七月に開催された県下漁業組合長協議会において、県の諮問「本県水産業の現状に鑑み最も発達を企図すべき事項如何」に対して、その答申の一事項として「水産業奨励補助規程の改正及県費補助増額」を挙げている。本事業に対する水産関係者の期待は大きかったのである。やがて大正十四年、国の漁業共同施設奨励規則施行によって、県の補助

事業の大部分は国の補助事業に組み込まれていった。

ところで福岡県は大正末期に「漁業改善資金低利貸付」に着手している。資料が少ないので詳述できないが、県では共同施設事業をさらに推進するために、県の利子補給による低利資金を組合等に貸付けるものであり、最初に着手した融資事業として意義があると思われるので左に挙げておく。

(1)福岡県の漁業者数は五万余人に達しその組合数は八十六組合であるが、これ等漁業家の福利増進は各種共同施設に俟つ事が多い。然るに県下漁村には現下幾多の緊急を要する各種の共同施設が必要とされて居るに拘らず、組合に於ては資金薄弱のため未だに放任されて居るので、県では今回簡易保険金十万円を借入れ右の施設費として低利貸付をなす事に決し、農林省の交付する漁村共同施設奨励補助費と相俟つて漁村の振興を図る事となつた。

（「九州日報」大正十五年六月六日）

(2)筑豊漁業組合連合会は六日正午より博多商業会議所に於て漁業組合長協議会を催し、福岡県が今回年利六分五厘の低資十万円を借入れ是を年利五分四厘（差額一分一厘は県費にて補給）を以て漁業組合に漁業資金として転貸するのに就て、其貸付方針、取扱ひ手続き等の詳細を県当局より聴取し併せて貸付方法を県より漁業組合直接とする様決議の上請願する筈。

（「福岡日日新聞」大正十五年九月二日）

(3)福岡県水産会の要望「簡易保険金貸付継続の件」について、県では漁業組合共同施設助成の為め本年度に於て十万円を起債し、是を近日中に組合に転貸する事になつているが、将来も継続実行せられたいと要望した。

（「福岡日日新聞」大正十五年八月三十一日）

(4)福岡県会における低利資金融資についての質疑応答

○（四十四番・中村堅太郎）低利資金十万円ヲ漁業組合ニ貸付ケテ戴クコトニナツテ居ルガ、此ノ資金ハ直接漁業組合ニ貸与セラレズシテ町村ヲ経テ貸付ラレテ居ル実情デアル、漁業組合ハ市町村ノ了解ガナケレバ借入レルコトガ出来ナイノデアル、漁業組合ニ直接貸付ケルヤウニシテ戴キタイト思フ、県ハ漁業組合ガ基礎薄弱デ信用ガナク町村ハ信用ガ厚イトデモ考ヘラレルナラバ飛ンデモナイ間違デアル、漁業組合ノ内情ハ市町村ヨリ寧ロ県当局ガ詳シイノデアル、反面デハ漁業組合ガ危険デアルカラ市町村ニ責任転嫁シテ居ルノデハナイカト勘グラレルノデアル、願クバ直接漁業組合連合会ニ貸与セラル、方針ニ変更サレルヤウニ希望シ、当局ノ意見ヲ御伺ヒシタイ

○（参与員・金近義之助）低利資金ヲ市町村ヲ経ズシテ直接漁業組合ニ貸与シタラ何ウカト云フ御質問デアルガ、之ハ原則トシテ市町村ヲ第一トシテ居ルガ、特別ノ事情ガアル場合ニハ直接漁業組合ニ貸与スルコトニナッテ居ルノデアル、現ニ昨年度ニ於テハ遠賀郡ノ漁業組合ニ直接貸与シタ例モアルノデ、只今ノ処之デ別ニ差支ヘハナイヤウニ考ヘテ居ル、今後モ資金ノ運用ヲ円滑ニシタイト考ヘル

（昭和二年度福岡県会会議録）

「九州日報」は「漸次疲弊する福岡県の漁業」と題して論じているが、この中で県が支出してきた奨励補助額および県の漁船建造費補助五カ年計画を記載しているので、それらを左に紹介しておこう。

県に於ても従来水産振興の為めに漁船建造、共同施設、加工、養殖等に対し補助奨励し来り、その大正四年度より大正十四年度に至るまでの補助額を見ると、組合、個人を通じ築瀬、築礁、磯掃除、飼付、改良竈、製缶機、缶詰機に対し、四年度六三一円、五年度七〇〇円、六年度七〇〇円、七年度九九七円、八年度より十年度に至る各年度毎一二〇〇円、十一年度一四〇〇円、十二年度二九四〇円、十三年度二六四六円、十四年度一一六〇円、都合一万四千七百七十四円を交付した。造船費に対しても大正四年度より同十四年度に至る間、補助船数九百八十九隻に対し七万六千四百九十九円を交付し、尚昭和二年度より五ケ年計画を以て漁船建造補助費を以下の通り決めて居る。

年次	漁船数	船価	補助額
昭和二年度	六一隻	一、二八五円	七、八四〇円
三	六一	同	七、八四〇
四	六〇	同	七、七一〇
五	六〇	同	七、七一〇
六	六〇	同	七、七一〇
計	三〇二		三八、八一〇

又発動機購入補助として三馬力以上二十馬力までに対して交付する計画である。

年次	機関数	補助額
昭和二年度	五七隻	五、三一〇円
三	五七	五、三一〇

四	五六	五、〇四〇
五	五六	五、〇四〇
六	五六	五、〇四〇
計	二八二	二五、七二〇

資金の融通の為めに大正元年度より農林省低利資金の融資を受けて利用して来たが、その額僅少のため大正十五年度よりは簡易保険金積立金より十万円を借受け利子の補給を行ひ、漁業組合共同施設事業資金に転貸する事となつた。

（「九州日報」昭和二年六月七～九日）

第三節　福岡県下の漁業組合

福岡県では明治末期から水産業奨励補助政策を押し進めてきたし、国では大正期に漁業組合事業奨励事業に着手し、大正末期には漁業共同施設奨励規則、水産増殖奨励規則を制定して漁業組合に対する振興政策に取り組んできた。その結果、福岡県下の漁業組合は個別格差はあるものの、総体としては徐々に充実、発展の方向をたどってきたといえよう。

しかし日本資本主義経済は第一次世界大戦の反動恐慌の道を歩むことになる。大正九年に株式市場の恐慌として現れ、同十二年の関東大震災がさらに日本経済のはらむ矛盾を一層深めることとなり、ついに昭和二年の大金融恐慌となった。昭和恐慌による漁業界の不況は深刻の度を強めていった。

この期の福岡県における漁業、漁業組合の状況についてみよう。「九州日報」は、すでにこの期に不景気の波が寄せ、漁業界へもその影響が出始めていることを左のように報じている（要約）。

不景気風の影響は漁業界にも大分手ひどく食い込んでいる。福岡県の如きは大正八年度には年四百万円の漁獲高を上げ、全県下の市場取扱高に至っては実に九百万円に達していたが、今春三月以来財界変調の大波を食った計りでなく、全国一般に豊漁続き、殊に朝鮮鯖の時季に入ってこれが又豊漁の為め魚価はズッと低落した。朝鮮鯖が一尾僅か五銭から八銭と云う安値を見せ、カナガシラの如きは値が出ないので肥料に使うと云う惨めな時さえあった。福岡県の漁業は最近発動機船が非常に発達して今日では既に四十隻の多数に上り、尚続々増加傾向にある。発動機船と云っても肩幅十二尺、十七、八屯の船で船長共乗組員七人位のものであるから、これを作って出漁するまでには一万円からの資本を要するが、それでも昨年は非常な勢いを以て増加した。何しろ一時は発動機船一ケ月の漁獲高四千四、五百円に上り経費千二百円を差引いても三千円は確実に純利を見た事さえあったので、これに対する投資者が非常に多くなったのである。処が此暴落で魚は捕れても金にならぬ、四十隻の発動機船中三分の一は事業中止の已むなきに至り残り三分ノ二も辛うじて収支が償わず兎に角継続はしているけれど新しく計画中のものはすべて中止し、造船中のものなどは少からぬ損失も省ず解約をすると云う有様である。尤も漁獲の魚類がも少し上物だとまだ値も見せるが、漁場が沖ノ島から対州、壱岐、山口県の沖合と云う方面に限定されて居る関係上、万寿鯛を主としてカナガシラ、小鱶類等の底魚であるから近海漁業に圧倒されて居る。

発動機船の此の惨状に比べると各浦々の普通の漁夫達はまだ大した打撃は受けていない。鯛其他の上物を漁って市場に送って居るのであるから値は幾分安くはなったが、生活などまだ呑気な点がある。併し貯蓄心に乏しい彼等の事であるから此の上不景気の圧迫を受けたら矢張り可なりの苦労を見るに違いない。其他近頃大分発達を見せて来た缶詰事業の如きも殆ど屏息してしまって目も当てられぬ。是が救済策としては、今の処景気の持直しと朝鮮鯖漁期の終るを待って幾分の息がつかるゝ様になるより外に仕方がなく、迚も積極的の救済法などはないと云われて居る。

（「九州日報」大正九年六月二十五日）

大正十一～昭和二年における漁業組合の経費総額、積立基金額を表一－9に示した。明治末～大正初期のそれに比べると、いずれも著しく増加してきたものの、経済規模が拡大したこの期において、漁業組合に期待される活動経費・基金額としては十分といえるものではなかった。不況の影響を受けて、経費総額は増減している。「九州日報」は、福岡県下の漁村、漁業組合の不振に関する記事をのせているが、それを左に要約する。

福岡県の漁村は、貧富の差少く生活程度はまあまあだが、漁業資本家極めて少く、従って漁業に対する投資も尠い。共同漁業はあるが、名のみで振わず、漁業は小規模で大型漁船無く、漁業の機械化と沖合漁業者少く、専用漁場の如きにも入漁料を得て他県人の経営に委し、且つ漁場の良好な為め他県人の侵略に悩まされ違反船に対する取締を県に要望するのみで策も無く、漁民の生活状態は漸次悲観す可き道程を辿って、窮乏の淵に進んで居る。最近の水産業従事者は五万二千六百十人、一万四百七戸であり、これ等の組織する漁業組合数は沿海八十三組合（筑前海四十六組合、豊前海十九組合、有明海十八組合）と河川其他に関係するもの筑後部の三組合、都合八十六組合あり、経費総額三十七万千四百五十一円（一組合当り四千三百十九円）、積立金三十一万八千六百四十六円（一組合当り三千九百三十七円）を以て共同施設事業、共同販売所設置、養殖上の施設、漁業資金貸付等漁村振興を劃する唯一の機関として活動して居るが、指導奨励に緊要な最近智識を有する中心人物の少きに苦しんで居る向きが多い。

県水産業の不振の原因を約言すると、漁業組合の不振が根本原因とも謂う可く、その組合不振の一因は県の指導が適当を欠いて居り、組合理事に人材少く一般漁民の教育及び自覚の点に遺憾の点ある事等である。次いでは完全の漁港無く、取引方法不良等が資金難を招来し、科学的の漁法を採用する事の無いと云うに帰して居る。県に於ても従来水産振興の為めには漁船建造、共同施設、加工、養殖等に対し補助奨励し来りしが、その額僅少と言わざるを得ない。

（「九州日報」昭和二年六月七～九日）

表一—9　漁業組合の経費、積立基金

地区	筑前地区			豊前地区			有明地区			合計		
年度	組合	経費 円	積立基金 円	組合	経費 円	積立基金 円	組合	経費 円	積立基金 円	組合	経費 円	積立基金 円
大正一一	四二	—	一七万〇〇一三	二三	—	三万五〇六一	二〇	—	七五四一	八五	一八万三七七九	二二万二六一五
一二	四二	一〇万九二六八	二〇万二四四四	二三	五万五〇〇二	四万五〇〇〇	二〇	七七〇五	一万一七〇六	八五	一七万一九七五	二五万九一五〇
一三	四四	一三万〇五五五	二三万八三三七	二一	五万五三三二	五万二七六八	二〇	六九四一	一万一八〇二	八五	一九万二八二八	三〇万二九〇七
昭和元		—	—		—	—		—	—	八五	三七万一〇〇〇	三一万八〇〇〇
二	四六	一三万二一七四	二四万〇〇四四	一九	六万九〇三五	六万八四四五	一八	九一二〇	一万三七八〇	八三	二二万〇三二九	三三万二二六九

註(1)大正一一、一二年度は藍島・馬島・大里・旧門司分が豊前地区に、大正一三年度は大里・旧門司分が豊前地区に入っている。
(2)内水面分（八女郡二川村漁業組合）は除外してある。
(3)大正一一～昭和元年資料は「福岡日日新聞」・「九州日報」、昭和二年資料は福岡県漁村調査による。

福岡県は福岡県漁村調査（昭和二年末現在）を実施しているが、この中から漁業組合に関する項目（組合員数・年間経費・積立基金・負債・施設事業・共同経営）を表一－10にまとめた。

表一－10　漁業組合経営の実態（昭和二年度末）

組合名	組合員数	経費	積立金	負債	施設事業	共同経営
（筑前）	人	円	円	円		
鹿家浦	二二	四六三	三六六	—		鮃刺網（六名）
福吉浦	七二	五九〇	九〇七	—		鰮地曳網（四〇名）
深江片山浦	五五	一、一四五	八七七	一、三三一	漁船漁具貸付	鰮揚繰網（二〇名）、鰮網付（一〇名）
加布里浦	五二	一、〇二八	四、八〇五	—		小型発動機船（二〇名）、石油共同購入（一一隻）鯖揚繰網（二〇名）
小富士浦	一一三	二、〇七五	一、九九三	—		
岐志新町浦	一〇七	一、四五八	五、八七二	—		鰮揚繰網（組合全員）、鯖揚繰網（組合全員）
芥屋浦	五九	五九七	一、二四六	—	磯掃除（布海羅養殖）	鰮揚繰網（組合全員）、鰮地曳網（組合全員）
姫島浦	五〇	六五三	二、〇八八	—	築磯、防波堤修築	大敷網（組合全員）
野北浦	一〇一	七、一八五	二、四五〇	五、三〇〇	共同販売所、共同運搬船	鰮揚繰網、鯛地漕網
西ノ浦	一四五	九、一八一	一、〇五六	一九、〇〇〇	共同販売所、共同運搬船	鰮揚繰網（二組）、鯛地漕網（一組）
唐泊浦	八〇	八、六一五	九二〇	—	共同運搬船（西ノ浦連合）、磯掃除	鰮揚繰網（二組）、鯆旋網（一組）
玄界島	一〇一	二、六七二	三、一四六	—	共同運搬船、磯掃除、築磯	鰮揚繰網（二組）、鯛地漕網（二組）、鯖揚繰網（一組）
小呂島	二三	三二七	三七〇	—	共同運搬船、磯掃除	いさき旋網（三組）、鰤曲建網（三組）
浜崎今津浦	四一	八八三	三、五〇三	—		鰮飼付（組合全員）
姪浜浦	六二	三、七七六	一三、三〇二	二、五〇〇	共同網干場、築磯（残島と共同）	鰮旋網（一組）、鰮揚繰網（一組）、共同製造（一ケ所）
残島浦	五九	三、九五七	二、五七〇	二、〇〇〇	磯掃除、築磯（姪浜と共同）	鰮飼付（組合全員）

伊崎浦	六〇	八六〇	七八	—		
福岡	一一一	一、六八一	五、七四九	—		鰡飼付
箱崎浦	一五四	一、二二一	二三、五九八	—		
奈多浦	二一二	二、二三六	八、九三一	二、六七三	共同販売所、蜊養殖	江切網（組合全員）、地曳網（六組）、鰮刺網（六組）、飛魚旋網（八名）、鰡旋網（一組）、魬曲網（六組）
志賀島浦	一三〇	五、五九九	四八、一三六	六、〇〇〇	共同運搬船、共同販売、共同金庫、漁業資金貸付	鯛地漕網（三組）
弘浦	五六	一、七九〇	一、五六四	五、五〇〇	共同購入、共同貯金、築磯	鰮揚繰網（二組）、地曳網（一組）
新宮浦	五九	七、五八〇	四、六〇四	二、五〇〇	共同販売所、築磯、水難救済	鰮揚繰網（二組）、鯛地漕網（四組）、千尋網（四組）
相ノ島浦	一〇六	九〇九	八、九九五	—		鰺揚繰網（四組）
福間浦	四六	六〇七	六八八	三、〇〇〇	共同販売所、砂止防波堤、築磯	鰮揚繰網（二組）
津屋崎浦	一三二	四、六〇七	六、八三六	—	共同販売	蝦曳網（三〇名）、鰺網（六〇名）、鯛地漕網（五〇名）
勝浦浜	五四	一、三〇〇	四、四八〇	二、〇〇〇	共同販売、漁業資金貸付、波止場浚渫、築磯	地曳網（三組）、千尋網（二組）、揚繰網（一組）、鯛地曳網（二組）
神湊浦	九六	二、四〇二	二、四一五	七、四五六	船溜修築、遭難救済	縫切網（一五名）
大島浦	一三四	三、一一五	四、七一七	—	海羅磯掃除	鰮揚繰網（一〇名）
鐘崎浦	一三〇	一三、三三一	一〇二	—	共同販売	鯛地漕網（二組）
地ノ島浦	七八	四、〇四四	一〇、一〇二	一、一八八	漁業資金貸付、防波堤修築、磯掃除、共同運搬補助、治療費・簡易生命保険補助	鯛地漕網（二組）
波津浦	六八	一、九二三	五、八七五	—	築磯、磯掃除、船溜修築	千尋網（一組）、鯛地漕網（二組）、鰡旋網（二組）
芦屋浦	四三	一、三六一	二、四三二	—	漁船建造補助、漁業取締、遭難救済	鯛地漕網（三六名）
山鹿浦	二〇	三六六	三二四	—		
柏原浦	四六	七九九	一、四八五	—	遭難救済	鰡飼付（組合全員）

岩屋浦	四五	一二、四〇二	二一九	一一、九三七	船溜修繕、磯掃除	
脇田浦	五六	二、〇五〇	一、七五六	—		鯛地漕網（一組）
脇ノ浦	八二	三、一〇六	八二五	四、三七七	共同販売	鯛地漕網（一組）
戸畑浦	六二	四、七八七	一一、九二四	—	海苔養殖	鰮飼付（一〇名）
若松	六七	三、七三〇	二三、一九九	—		鰮飼付（組合全員）
平松浦	一六四	一、四五〇	八、八八六	—		
長浜浦	二六〇	二、六〇九	二、四八一	—		
馬島	一〇	二三三	四二八	—		鰮旋刺網（一組）、鰮地曳網（一組）
藍島	二九	四一六	二七五	—	共同運搬、遭難救済	
大里浦	三五	三四九	二三九	—		
旧門司	四四	七〇六	三、二三〇	—		
計	三、七三一	一三一、一七四	二四〇、〇四四	七六、七六二		
（豊前）						
田野浦	五九	九六八	一、六五五	—		
柄杓田浦	二〇四	一八、二八七	五、〇三六	—	共同販売所	鰮旋建網（六名）、地曳網（五名）
今津浦	三九	七四五	一、八五一	—	共同販売所	
恒見浦	九六	九、三五七	二、三二三	—		鰮繰網（四〇名）
曾根新田	八三	一、七五四	九五〇	二、一四三	共同販売所	鰮旋建網（一四名）
苅田浦	一一六	九、六二九	一二、〇三一	—	共同販売所、遭難救済、漁業取締	
浜町浦	三八	一、四七五	四、一八七	—	共同販売所、遭難救済、漁業資金補助	
蓑島浦	一五三	一一、五一一	一七、五九六	—	共同販売所、簡易保険、漁業調査取締	蝦製造（二名）
沓尾浦	九五	四、六二一	四、九八六	—	共同販売所	鰮旋建網（二八名）
長井浦	二九	一、八四四	一、九六六	—		
稲童浦	五三	一、一二六	一、二九七	—		鰮旋建網（三〇名）

八津田浦	二〇	一二四	一八〇	―	共同販売所、漁業資金貸付	
椎田浦	八一	三七七	一、四〇五	―		鰡旋建網（二組）
西角田村	一七	一三四	二六一	―		
松江浦	三八	一〇六	三二七	―		
八屋浦	八六	二、七二八	七、二〇八	―	蝦蓄養場貸付	鯛縛網（二組）
宇島浦	一二八	二、七六三	二、三六六	三八一	共同販売所、水難救護、漁業取締	鰡飼付（組合全員）、鰡旋建網（一組）
三毛門村	二〇	七四	一、三三九	―		
東吉富村	一〇五	一、四一二	一、四八一	―		鰡旋建網（一組）
計	一、四六〇	六九、〇三五	六八、四四五	二、五二四		
（有明）						
三又青木村	一四九	二七九	一一五	―	漁業取締	蛤養殖（一五名）
大川町	一八〇	五一八	三四六	二、三〇六	遭難救済、漁業取締、船溜照明	
川口村	二四二	九七七	九〇九	四、七三七	牡蠣種苗共同販売、遭難救済、漁業取締	大網（一五名）、小繰網（一五名）
久間田村	三二七	二八九	一一九	―	遭難救済、漁業取締	
浜武村	三七三	一八六	五二三	―	遭難救済	
大野島村	一九八	二六〇	二〇一	―	遭難救済、漁業取締	
沖端村	四八五	八一四	一、三三一	―	共同販売所、遭難救済、漁業取締、航路標識	大網（一二名）
西宮永村	六六	四三	一九二	―		
東宮永村	六〇	五二	三〇八	―		
両開村	四八七	六七五	四七五	―		
塩塚	六〇	六五	一六三	―		
有明	九九五	一、四八四	二、〇八八	―		
大牟田	三二〇	一、三五七	四、一六八	―		

江ノ浦	一二七	二九一	二八六	—		
開村	一一六	八八	一四九	—		
三浦	六四〇	六六七	一、六四〇	—		
諏訪	二四一	七七八	四九五	—		
早米ケ浦	一九六	二九七	二七二	—		
計	五、二六二	九、一二〇	一三、七八〇	七、〇四三		
総計	一〇、四五三	二一〇、三一九	三三二、二六九	八六、三一九		

（福岡県漁村調査による）

組合員数は筑前三七三一人、豊前一四六〇人、有明五二六二人、合計一万〇四五三人である。これを大正初期のそれと比べると、筑前七〇人減、豊前一三〇人減、有明四二〇人増、合計二二〇人増となっている。つまり漁業者は筑前、豊前の漁船漁業地域で減少し、採貝主体で海苔養殖が伸びてきた有明地域では増加している。また全般に専業漁家が減り兼業漁家が増えており、当時の経済不況も影響したのであろう。組合経費、積立基金は大正初期に比べてかなり増加したとはいえ、県全体の一組合当たり金額は、経費二五三四円、基金三八三円に過ぎない。これを地区別にみると、一組合当たり経費は筑前二八九三円、豊前三六三三円、有明五〇七円となり、同基金は筑前五二一八円、豊前三六〇二円、有明五〇七円である。このように地区別格差は大きく、かつ組合間格差も大きい。組合共同施設事業の取組についても、海区によって相違がみられる。筑前海区では、六〇％強がこの事業に取組んでおり、その内容は共同販売所、共同運搬船、防波堤・波止場　船溜等の修築、築磯、磯掃除、遭難救済等であり、一部では共同金庫、漁業資金貸付等の信用事業に着手しているところもみられる。豊前海区では、半数程度が取組んでおり、その主なものは共同販売所であり、遭難救済、漁業取締等もみられる。有明海区では、四〇％弱しか取組んでおらず、しかも漁業取締、海難救済が主体であり、共同販売所の取組は一組合にすぎない。

事業の進展にともなって、漁業組合の負債がある程度増えるのは止むをえないことであろう。県全体の漁業組合負債額は大正十一年度末八万一四〇五円、同十三年度末五万三三八円、昭和二年度末八万六三二九円で推移しており、この間では特に急増してはいない。しかしその後の経済不況の激化によって漁村負債は急速に膨れあがるのである。「福岡日日新聞」は、「借金攻めの県下漁村」と題して次のような記事をのせている。

働けど働けどわが暮し楽にならざり、とは県下の漁村にもよくあてはまる。一般的の財界不況に拠ることは勿論であるが、加へて魚族の減少、漁獲物値段の低落など漁業者の懐中を寂しくしている。県下漁村の借金を調査してみると、先づ各漁業組合に於ける組合員の負債は、宗像九四、八四五円、築上二〇、四六二円、京都二九、九一三円、若松三五、六四四円、早良一七、五六八円、粕屋四〇、六六九円、小倉四、〇〇〇円、糸島九五、五六六円、計三十四万二千六百六十八円余となつて居り、此等の筑前、豊前海の組合の外に有明海沿岸組合の負債を加へるならば、如何に漁民が借金に苦しんでいるかが判るであらう。

次に県下でも最も底力のある漁村に於ける借金状態をみるに、相島一一六、〇〇〇円、玄界島九九、〇〇〇円、加布里六〇、〇〇〇円、岩屋一七、〇〇〇円、計二十九万二千余円となつて居て、その大部分は頼母子により、残部が個人、信用組合、低利資金による借金となつている。而して之が使途はその大半は漁業資金として発動機船其他漁船漁具の調達に当られ、生計用其他に使はれているものは少い。依つて漁船の買入値段をみれば、相島等で用ふる大型漁船即ち十八屯級、三十馬力位のもので四、五千円、一般の三屯級、六馬力程度で千円乃至千五百円前後である。右の如く漁村は過重なる借金に苦しんでいるので県当局としても之が救済策として魚族の繁殖、密漁船の取締等に依て漁村経済の立直しを劃している。

（「福岡日日新聞」昭和六年十一月八日）

以上のような漁村負債は福岡県下だけの問題でなく、全国的なものであった。漁村負債整理問題を契機として、漁業組合制度の改正が新たな視点から取り上げられていくのである。

第八章　漁業法改正と漁業組合制度の拡充

第一節　漁業組合中央会の設立

昭和二年五月、福岡市で開催された第四回漁業組合大会において漁業組合中央会の設立が決定された。この過程においては、当時水産界を二分していた帝国水産会と大日本水産会とが漁業法改正をめぐって意見対立をなしていたが、漁業組合中央会の設立問題に対しては昭和二年三月、共同の声明を発して和解し、実現をみるに至ったのである。この件について、「九州日報」は左のような記事を掲載している。

(1)全国漁業者の大同団結成る

全国各漁業組合の相互連絡及び漁村発展上唯一の統一機関となるべき漁業組合中央会設立の議は、第三回全国漁業組合大会に於て決議せられた。爾来設立世話人に依りこれが準備にかかり先般その成案を得た。今四、五両日、第四回全国漁業組合大会が福岡市に於て開催せられるのを機とし、その前日の三日午前十一時より県第一公会堂にて設立協議会に引続き創立総会を開催した。此日の来会者は村上帝国水産会長、伊谷大日本水産会副会長其他、北海道及び二府（東京、大阪）、三十三県漁業組合代表者等百余名に達した。定刻、樋口福岡県水産会副会長は設立世話人を代表して以下の如く漁業組合中央会設立の趣旨を述べた。

「漁業組合及漁業組合連合会は漁村の振興を促進し当業者の福利を増進せしめんが為めに漁業法の規定したる所にて、爾来其他施設経営に就て官民共に研究を怠らずと雖も、今尚其成績の見るべきもの少なきは甚だ遺憾とする所である。而して此重要なる機関が十分なる機能を発揮し得ざるは其の原因一にして足らずと雖も、主として之を連絡統一して総合意思を暢達し共通なる事業を遂行するの機関を欠くに在り、是漁業組合統一機関設置の急務なる所以である。現行漁業法は時代に順応するの必要より今や其の改正の途にあるを以て、当局に於ても実際の事情と輿論の趨勢とに鑑み改正漁業法中へ漁業組合の統一機関に関する規定を設けらるべきを信ずれども、此際当業者自ら進んで之を設置し、其機関実現の活動を開始することは最も時宜を得たるの事なりと信ずる。此統一機関設置せられんか、組合相互の連絡に便するは勿論、金融、保険、衛生等凡そ多数協力に依るに非ざれば達成し難き問題も解決するに難からざるべし。又組合の改善発達を阻害すべき諸原因は容易に之れを排除することを得ると信ずる。是を以て同士相謀り、茲に漁業中央組合会を組織し以て叙上の必要に応ぜんとするものである。」

尚ほその経過報告をなす処あり。次いで大分県代表の動議により樋口氏を議長に推し、直に設立協議会に入り会則案その他の案を議場に諮る。大分県代表は「一府県一代表者が出席して居り、既に中央会設立の議は決定的のものに就き協議会の必要を認めない。本議長を設立総会の議長として直ちに総会へ移りたい」と主張し、満場一致之れに賛し、数分間休憩後再開、設立総会に移る。高知県代表は会の予算の件その他に就き質問し、愛媛県代表は「帝国水産会、大日本水産会のある今日、本会の設立は屋上屋を架する感が無いでも無いので、本会は漁業者のみの輿論機関として進みたい」と希望し、大分県代表は「愛媛県代表の説の如く我国には二水産会あり、本会の設立に依り屋上屋の感があるが、右二者は漁業者のみならず水産物販売業者その他、時に利害相反する団体の結合であるから、その主張の上に於て徹底を欠ぐ事がある。漁業者そのもののみ生存保護を講ずる上に於て漁業組合中央会の設立は焦眉の念に迫られて居る」と主張すれば、満場拍手を以て力強く賛成した。茲に全国三千七百二十七の組合を以てする漁業者の大団結は成る。時に零時半、昼食の為め少憩午後一時半再開、会則案の審議に入つたが、愛媛県代表の動議成立に依り、議長指名に依る各府県二名宛の委員会に審議付託の事に決し、別室にて委員会を開いた。この間、伊谷大日本水産会副会長の「金融」に関する講演があつた。

（「九州日報」昭和二年五月四日）

⑵統一された全国漁業組合、会則及び役員を決定

全国漁業組合中央会は三日、福岡市県第一公会堂にて創立総会を開催し、其の成立を見た事は昨朝刊所報の通りであるが、尚ほ委員会に於て審議中の会則案及び左記役員を決定し、愈々全国三千七百余の漁業組合は茲に統一され、

漁村振興の為め一段の活躍を期する事となつた。
○役員：理事長・樋口邦彦、常務理事・橋本淑人、富田恒祐、片山七兵衛、森敬作、菅原兵治郎
○理事：宮城県階上村漁業組合理事菅原兵治郎、岩手県箱崎漁業組合理事小林弘三、神奈川県須賀漁業組合理事遠藤醇、東京府葛西浦漁業組合橋本淑人、静岡県焼津漁業組合理事片山七兵衛、愛知県下之一色漁業組合理事森敬作、千葉県和田漁業組合理事武津為世、岡山県朝日漁業組合理事小橋広衛、山口県彦島町漁業組合理事富田恒祐、香川県蒲吉漁業組合理事八木敬治、徳島県日和佐漁業組合理事由岐玄次郎、愛媛県漁業組合連合会長西村兵太郎、石川県中ノ島漁業組合理事青山憲三、新潟県押上漁業組合理事中村又七郎、福岡県筑豊漁業組合連合会長樋口邦彦、佐賀県大託間村漁業組合長西原藤二郎、長崎県大島村漁業組合理事平松弥五右衛門、鹿児島県内ノ浦村漁業組合理事久木元喜七郎、大分県北海部郡漁業組合連合会長芥川藤四郎
○監事：北海道網走漁業組合理事野坂良吉、茨城県湊漁業組合理事黒沢長七、広島県漁業組合連合会長奥久登、福井県浜地漁業組合理事佐藤三左衛門、宮崎県門川漁業組合理事日高実三郎

（「九州日報」昭和二年五月五日）

(3)全国漁業組合大会、中央会理事付託の決議事項

福岡市に於て開催中の全国漁業組合第四回大会は前日に引続き五日午前十時三十五分、東亜博覧会大会場にて開催した。樋口福岡県水産会副会長、開会を宣し、第一日に於て委員会付託となつて居た各府県提出案に対する委員会の左記決議案を委員長大分県代表より報告すると共にその実行方を漁業組合中央会常務理事に於て取計らふ事に致し度いと諮れば、是の賛成動議成立して可決確定した。斯くて二日間に亙る大会は樋口福岡県水産会副会長の閉会の辞にて午前十一時半終了した。決議事項は三十四項目（省略）。

（「九州日報」昭和二年五月六日）

漁業組合中央会会則における目的および事業は次のとおりである。

第一条　本会ハ漁業組合及漁業組合連合会ノ改良発達及之ガ連絡ヲ図ルヲ以テ目的トス

第四条　本会ニ於テ行フ事業左ノ如シ

一　漁業組合及漁業組合連合会ニ関スル諸般ノ事項ヲ講究シ其ノ発達ヲ図ルコト
二　漁業組合及漁業組合連合会ノ連絡ヲ図リ且ツ事業執行上ノ便宜ヲ与ヘ並之レガ斡旋ヲ為スコト
三　漁業組合及漁業組合連合会ニ関スル講習会講話並大会開催

四　漁業組合中央金庫ノ成立ヲ促進シ之ガ利用ノ円滑ヲ図ルコト
五　漁業労働問題ノ調査研究並之ニ関スル争議ノ調停ヲ為スコト
六　模範組合及模範事業ノ紹介ヲ為スコト
七　其ノ他本会ノ目的ヲ達成スルニ必要ナリト認ムル事項
第五条　本会ハ漁業組合及漁業組合連合会ヲ以テ会員トス
第六条　水産ニ関シ学識経験若クハ功労アル者ハ理事会ノ推薦ニ依リ名誉会員ト為スコトヲ得

かくして、第四回全国漁業組合大会以後、漁業組合大会は中央会の主導の下に漁業法改正運動を推進してゆくのである。しかし漁業法の改正の行われる前後には中央会の活動は衰えており、昭和九年十月第八回大会の開催以来開かれることはなかった。これに替わる機関として、全国漁業組合協会（連合会）の設立準備が、昭和十二年に入って進められていったのである。

第二節　昭和八年の漁業法改正

漁業法改正の検討は、すでに大正末期から水産当局の事務段階で始められていた。大正十四年に漁業法改正の調査立案が着手され、約一年後第一次草案が作成されたが、挫折の運命に陥った。その後も修正草案が出されるが、中絶の止むなきに至る等の紆余曲折をえて、昭和七年十二月以降、漁業法改正の詰めは急速に進められた模様である。すなわち「水産局の首脳部及び幹部の交替と共に四度び漁業法改正案を企画し、水産会関係者方面の熱心なる要望と共に漁業組合制度の改正を中心として漁業法の一部改正を断行せんとするの機運に立到ったのである」。そして昭和八年第六四回帝国議会に漁業法の一部改正が上程され、貴衆両院の協賛を経て三月二十八日に公布をみた。

その改正の要点は次のとおりである。

(1)漁業組合の目的として新に組合員の経済の発達に必要な共同施設を行い得るようにしたこと
(2)特定の経済行為を行う漁業組合は、出資制度をとりうるようにし、出資制度をとらないで漁業協同組合と同種の事

業を行う漁業組合は、無限または保証責任組織によることとしたこと
(3)漁業協同組合には漁業者ではない者も加入しうるようにしたこと
(4)漁業協同組合に漁村の状況によって漁業自営の途をひらいたこと
(5)漁業組合の共同施設の利用を員外にも認めたこと
(6)漁業組合連合会は責任組織をとる漁業組合と連合会によって構成されることとし、その組織は有限または保証責任の二通りとしたこと

これで明らかなように、この改正点において(1)、(2)、(4)のように水産業界から多年要望されていた点は容れられ、漁業協同組合員資格も大幅に拡張された。またこの改正では第四三条の二項で漁業組合が行うことのできる事業が以下のように列記されている。すなわち、「①水産動植物ノ蕃殖保護其ノ他漁場ノ利用ニ関スル施設、②船溜り・船着場・漁礁其ノ他組合員ノ漁業ニ必要ナル設備ノ設置、③組合員ノ漁獲物其ノ他ノ生産物ノ加工・保蔵・運搬又ハ販売ニ関スル施設、④組合員ノ漁業又ハ其ノ経済ノ発達ニ必要ナル物又ハ資金ノ供給ニ関スル施設、⑤組合員ノ遭難救恤ニ関スル施設、⑥前各号ニ掲グルモノノ外組合ノ目的ヲ達成スルニ必要ナル施設」となっている。この事業規定は、明治四十四年二月の農商務省訓令第一号「漁業組合及漁業組合連合会ノ共同施設事項ニ関スル訓令ノ件」および大正十四年の「漁業共同施設奨励規則」に盛り込まれている奨励設備に関するものを網羅して法律に明示したものである。

ここで留意すべき点は、第一に、事業を行いうるものという規定が与えられることによって、法的に経済主体となりうるようになったことである。元々、漁業共同施設事業主体は実質的には漁業組合であったが、出資制度をとらず経済事業主体として活動することには、法的にも実体的にも制約があったのに対して、八年の改正により経済事業主体としての漁業組合が法的に確立されたのである。

第二は、第四三条第五、六項の組合組織規定では産業組合法に準じたものとなっているにも拘らず、漁業協同組合が行える事業から信用事業が除かれている点である。元々、帝国水産会をはじめとする諸団体の漁業法改正要求では、漁業組合中央会が法的に認められること、漁業組合中央金庫の設立および漁業組合が信用事業を行い得ることであり、これらが漁業金融円滑化の要となると考えられていた。信用事業が除かれたことは、漁業法改正に対する反対論への妥協ともみられる。すなわち、この改正に先だって昭和七年に改正された産業組合法では、農業組合等の小組合を法人として産業組合

加入の途を開いたのであり、漁業組合も組合として産業組合に加入でき、中央金庫からの融資も受けられることを根拠として信用事業が除かれたのである。また、漁業協同組合の事業状況を眺めてから、信用事業の兼営を考えるべきという慎重論も潜んでいたようである。

とはいえ、この改正は漁業組合制度上画期的改正であったといえよう。すなわち本質的に漁業権管理主体であった漁業組合に、経済事業主体となりうる途を開いたことである。その契機としては水産諸団体の運動、昭和恐慌があったにせよ、その基底をなしたのは、小型漁船の動力化による生産力の上昇に基づく小生産者の社会的形成であり、商品生産者としての経済的維持・再生産の条件、すなわち船溜・小漁港の整備、販売・購買事業、冷蔵庫利用、融資等を漁業組合によって確保しようとする小生産者の運動によるものであった。

第三節　漁業組合の拡充強化の動き

昭和八年三月、漁業法が改正されて以降、同年五月法律第五六号をもって水産会法が公布され、続いて六月には農林省令第一二号で漁業共同施設奨励規則が改正された。改正奨励規則は漁業用品の貯蔵設備・船納屋・漁具納屋にも奨励金を交付しうるように奨励対象を拡大している。ちなみに、この規則は三回にわたり改正されているが、いずれも奨励範囲を拡大したもので、十年四月の改正では、事業費にも奨励金を交付することとし、設備では共同出荷・燃油槽を加えた。十一年四月の改正では、水産冷蔵奨励規則の廃止にともなってこれを共同施設奨励に引継ぎ、奨励額を一〇分の四から五以内に引き上げており、十二年四月の改正では、漁礁・給水設備をも奨励することとした。かくして補助金制度は定着、拡充されていった。

一方、改正漁業法の施行はなかなか実現されなかったが、その理由は漁業法関係付属法令の改正に手間どったためといわれる。漁業法は勅令第二三一号で昭和九年八月一日より施行されることとなった。同時に勅令第二三二号「漁業組合令改正」、勅令第二三四号「漁業法第四三条ノ八ノ規定ニ依リ漁業協同組合ノ自ラ営ム漁業ニ関スル件」、農林省令第一八号「漁業協同組合ノ自ラ営ム漁業ノ許可ニ関スル件」が公布、施行されることとなった。

さらに昭和九年八月一日、農林次官通達「漁業組合制度改正ニ関スル件」を各地方長官へ発したが、そこで改正の目的を次のように記述している。「漁業組合ニ関スル制度ニ付重要ナル改正ヲ加ヘラレタルハ漁業組合ノ機能ヲ充実スルト共ニ之ニ応ジテ其ノ組織ヲ整ヘ真ニ隣保共助ノ精神ヲ基調トスル漁村ノ中枢経済機関タラシメ以テ漁村ノ経済更生ヲ徹底セシメントスル趣旨ニ有之候而シテ漁業組合ヲシテ其ノ機能ヲ発揮セシメ組合本来ノ使命ノ達成ニ遺憾ナキヲ期セシムルガ為ニハ組合員ノ自醒奮起ト理事者ノ真摯ナル努力ニ俟ツベキコト勿論ナリト雖モ又地方庁ノ充分ナル指導督励ニ依リ組合事業ノ円滑ナル遂行ヲ図リ其ノ経営ニ過誤ナカラシムルコト真ニ緊要ト被認候仍テ貴官ニ於テハ克ク本改正ノ趣旨ヲ体シ特ニ左記事項ニ御留意ノ上貴官下関係方面ニ之ガ趣旨ヲ徹底セシムルト共ニ適切ナル指導監督ヲ加ヘ本改正ノ目的達成上遺憾ナキヲ期セラレ度依命此段及通牒候」。そして、この留意事項として、購買販売・資金供給事業を行う漁業組合は、なるべく出資させて無限または保証責任とする協同組合に改組する方針を打ち出している。

昭和十年五月に開催された水産事務協議会において、漁業組合組織設定促進に関する件が協議され、ここで漁業協同組合への具体的方策が示された。この中で重要なことは、三カ年計画を樹立して経済的施設を実行している組合全部の改組を図ろうとしたことであった。各道府県は、この方針に基づいて改組に着手したのである。

昭和十一年五月までに、全国で七八六組合の改組をみているが、これは当初の予定には達しないものであった。同年六月の道府県水産事務協議会において、漁業組合拡充三カ年計画の遂行上障害とされる事項が報告されている。四十府県で、障碍ありと報告され、その理由として最も多かったものは、①組合員の貧困により出資能力がないこと：十八県、②専門事務員の不足：十七県、③組合の零細性：十五県、④役員の指導力不足：十五県、⑤産業組合との競合：九県、⑥副業者多数のため協同意識不足：九県が主なものであり、その他漁業権をめぐる紛争、組合の内紛、販売事業の不振等があげられている。

このような漁業組合の協同組合への改組の困難な事情にもかかわらず、準戦時体制に突入した情勢のもとで、国家経済統制の系統機関として、漁業組合の改組は上から推進され、同時に金融面からの改組が準備されたのである。

「福岡日日新聞」は「全国における漁業組合改組の進捗状況」と題して次のような記事をのせている。

漁村に於ける中小漁業者は、最近農林省の助成指導の下に経済的機関として産業組合を組織し、その集団的協同活動の特質を利用して販売、購買利用の合理化、信用の拡張等、経済状態の改善に努力しつゝある。他方漁業者の他の協同組合である漁業組合もまた従来の機能を整備拡張し、新たなる経済的活動を樹立するため昭和八年三月改正の漁業法により従来の漁業組合を改組し出資制度及び責任制度を有する漁業協同組合及び無限、保証の責任制度を有する組合に改組することによつて漁業組合として経済行為を行ひ且つ連合会の構成員たり得ること、なつた。以来漁業組合の改組は着々進行して、十一年九月末現在で全国漁業組合総数四千組合中九百七十一組合、即ち二四%余が改組されるに至つた。然るに漁業組合連合会の改組設立は保証責任組織の連合会が北海道に僅かに三連合会設立されただけで、その成績は極めて不良である。改組された漁業組合を責任制度別に示すと次の如くである（本年九月末現在）。

○漁業協同組合

責任別	組合数	比率（%）
有限責任	六九	七・一
保証責任	五二四	五四・○
無限責任	二八○	二八・八

○非出資責任組合

責任別	組合数	比率（%）
保証責任	七五	七・七
無限責任	二三	二・四
総　計	九七一	一○○・○

即ち改組組合の約九割は漁業協同組合に改組され、而も漁業協同組合のうち無限責任と保証責任が全改組組合の八割三分を占めていることは、漁業組合が経済行為を行ふ基礎の強化として各方面から期待されている。

（「福岡日日新聞」昭和十一年十一月二十五日）

さて国は昭和十年より漁業組合組織設定三カ年計画を樹立し、改組促進運動を進めてきたが、その結果をみると、初年度は七八一組合を予定しながら、改組したものは三一三組合であった。第二年度は計画は八五二組合に対し、九六二組合が改組された。その後昭和十四年一月末までに改組を完了した組合数は二〇八四で、計画総数三九九六の半数に過ぎなかった。

第四節　福岡県下の漁業協同組合改組への動き

福岡県は国の方針に基づいて漁業組合改組に着手した。まず昭和九年度通常福岡県会において、前田幸三郎議員の質疑「漁業法ノ改正ニ伴ヒ漁業組合ハ出資制度ガ導入サレ、産業組合制度ト同様ニ漁業協同組合制度ヲ設ケ得ルヤウニナッタガ、今後ノ県ノ取組如何」に対して、小栗一雄知事は「漁業振興ノ面カラ協同組合ハ必要デアルノデ積極的ニ努力スル」と答弁している。そして漁業協同組合への改組は農山漁村経済更生運動三カ年計画（昭和十〜十二年度）に盛り込まれ、県の主導で進められた。その動きを新聞記事で追ってみよう。

(1)「協同漁業組合と産業組合は対立せぬ」県水産課が組合と懇談会

衰微の一路を辿る沿岸漁業の復興を図るため、福岡県水産課では県下八十六の漁業組合に対し専ら改正漁業法による漁業協同組合の設立を勧奨することになつた。これによって従来漁業権の維持のみに捉はれていた旧制漁業組合員へ新たに資金の貸付、共同施設、共同出荷、販売などの経済行為をなさしめ、組合事業の活動延いては県水産業の発展を促す計画である。偶々、改正漁業法に基づく漁業協同組合が産業組合と事業遂行上において対立するものではないかとの疑念が一般漁業組合員及び産業組合関係者の中に濃厚となり、これに対する県水産課の態度方針は頗る注目されていたところ、県当局では両者の相互関係が絶対に対立するものでなく、寧ろ協調連絡をとるべきであるとの方針に立つて将来の漁業組合の指導に当ることに決した。即ち問題とされていた疑点は

①改正漁業法による漁業協同組合が経済行為をなす以上、旧制漁業組合と違つて産業組合に加入出来ぬのではないか

②若し法制上加入を認められぬ際には、漁業協同組合の経済行為が単なる申込金貸付に止まり、貯金事業を取扱ふものでないため融資について資金の行詰が早晩招来するのではないか

③さうすれば寧ろ旧制のまゝ漁業組合を改組せぬ方がよいのではないか

これらの疑惑について県水産課では次のやうな解釈を以て指導方針を明かにし、十四日糸島郡前原町を皮切に全県

に亙つて催す県当局と漁業組合との懇談会において説明することになつた。
①漁業協同組合も漁業組合の一種と認めて個人の形で産業組合に加入出来る
②依つて漁業組合によつて漁業権を維持し産業組合員として資金の融資及び預金の取扱ひが出来る
③漁業協同組合が組合員の出資によつて組織されても、巨額の資金を得ることは先づ不可能だから県当局としては寧ろ全漁業組合が産業組合へ加入して経済行為を活発にすることを奨励する

（「福岡日日新聞」昭和十年六月十四日）

⑵資金難が改組問題の障害

県水産課では漁村経済更生の根本的対策として本年度より三ケ年計画を以て現在の漁業組合を改正漁業法による漁業協同組合に改組し、組合員に対して資金の貸付、共同運搬、共同漁具購入、共同販売を行つて、窮乏漁村に更生の曙光をもたらさんと計画し、県でも之が組織に助成しつゝある。現在、漁業協同組合を設立したものは僅かに五組合で、県で設立予定の八十組合の一割にも満たない。こゝでも資金難が改組問題の障害となつて居り、最近頻々と紛糾を生じつゝある工場悪水による漁場荒廃と相俟って漁村経済更生に一抹の暗影を投じている。

（「九州日報」昭和十年七月十七日）

⑶漁業組合改組協議会開催

福岡県における農山漁村経済更生運動は漸く本格的となり頓に熱を加へて来た折柄、県では十九日農山漁村経済更生に関して二会議を開催した。一は農村工業奨励計画を樹てゝ之が経済復興を策せんとし、他は改正漁業法による県下全漁業組合の改組を企てゝ全面的に窮乏漁村の蘇生を図らんとするもので、何れも農山漁村経済更生に課せられた宿題である。

漁業組合改組協議会は午前十時県庁新会議室で開催された。十一年度に改組さるべき対象の伊崎浦、奈多浦、福岡、箱崎浦、姪浜浦、玄界島、唐泊浦、弘浦、志賀島浦、相島浦、西ノ浦、新宮浦、残島浦、野北浦十四漁業組合の組合長、理事等五十名、県より上山水産課長、馬場、河野水産技師が出席した。先づ課長より新漁業法に則る組織設定の手続きに付て説明あり、続いて配給改善に関して県の奨励方針を説明し、正午閉会した。奨励の事業計画を示せば大体左の如し。

①漁獲物配給改善助成計画：漁獲物の販売、処理を容易ならしめ之が配給の改善を図り漁家収入の増加に努むるため、漁業者団体の共同出荷所及簡易貯蔵設備、共同加工処理設備、配給用トラック、配給船等の普及を奨励すると共に共同出荷事業奨励のため専任職員を設置し、之等の経営に関して助成をなす。即ち毎年左記事業の助成を行ひその設備事業費に対して二分の一の補助をなすこと。共同出荷所二五箇所、簡易貯蔵設備一〇箇所、共同加工処理設備一二箇所、配給用トラック一〇台、配給船二隻、共同出荷事業奨励三二件

②漁業用品配給改善助成：漁業生産費の最重要部分を占むる燃料油及漁業上重要なる餌料の供給を改善して漁業生産費の低下を図るため、漁業団体において設置する貯油槽、餌料の蓄養設備の普及助成を行ふため毎年下記事業に対し二分の一の補助をなすこと。二〇屯入貯油槽三五箇、餌料蓄養設備一〇箇所

（「九州日報」昭和十年八月二十日）

(4)三年計画で漁業組合を改組、福岡県水産課が協議会

疲弊に喘ぐ漁業者を経済的に更生させるため県水産課ではさきに三ケ年計画をもつて県下八十余漁業組合の産業組合的な漁業協同組合への改組を計画し、之が設立に努力したが、現在、新漁業組合法による協同組合として更生したものは僅か五、六組合を数ふるのみである。

県では二十日県午前十一時より県庁新館会議室に県下漁業組合組織設定協議会を開催した。本省より石川事務官、戸島嘱託、県より上山水産課長、馬場主事及び県下漁業組合長並に理事約百二十名が出席した。直に改正漁業法に基づいて県下漁業組合八十六を三ケ年計画で改組し、漁村更生に邁進することを申し合せた。本年度中に左の十四組合の改組を行ふことを決め、散会した。

筑前：加布里浦、小富士浦、岐志新町浦、芥屋浦、姫島、野北浦、唐泊浦、西ノ浦、姪浜浦、弘浦、津屋崎浦

豊前：苅田浦、浜町浦

有明：沖端浦

（「九州日報」昭和十年十月八、二十一日）

(5)漁業組合の組織改善へ

福岡県下の漁業組合は全部で八十六組合あり、そのうち河川および溝渠を根拠とし、または半農半漁の程度に過ぎぬ二十組合を除いた後の六十六組合は漁業法および漁業組合法の改正に伴ひ組織変更によつて、組合の漁業または経

済の発達に必要な共同施設を行ふことになつている。目下それぞれその手続き中であるが、すでに十五日までに組織変更の手続きを終り認可されたものは、八屋浦、浜崎今津浦、浜町浦、弘浦、加布里浦、津屋崎浦の六組合である。目下農林省と組織変更の打合せ中のものに小富士浦、岐志新町浦、芥屋浦、野北浦、苅田浦、今津浦（企救郡）、姫島の七組合があり、東吉富、福岡の二組合もすでに総会を終り近く認可申請の手続をとる予定。

これら新組合の事業は船溜、築磯の共同修築、漁船、漁具の貸付、資金貸付、共同運搬などとなつているが、そのうちでも既に組織変更の手続きを終つた弘浦の如きは浴場の共同経営から購買販売事業、信用事業まで一切を組合の手で行つている。県では今年中に残り三十組合の組織変更を行ひ、更に連合会を組織して県下二万漁民の福利増進のために種々の施設を行ふ意向のやうである。

（「福岡日日新聞」昭和十一年一月十六日）

(6)改正漁業法に依つて改組した二十二組合の現況

貧乏の一路を辿つていた福岡県下の漁村が改正漁業法に依る漁業組合の改組を行ったため着々、その息を吹き返し明朗な経営更生が達成されている。

改正漁業法、厳密に云へば漁業組合令改正（漁業協同組合への改組）は昭和九年七月に五ケ年の猶予期間を設けて公布され、この期間に従来の漁業組合を同法に基く組合に改組さると共にこれまで漁業権のみを認むるに過ぎなかつた漁業組合へ金融事業および漁獲物の共同販売、漁具の共同購入、共同養殖等の自営事業を行はせ、専らその経済行為により沈衰した漁業者に経営の立直りを策したものであつた。

ところで、三面に海を繞らし多数の水産業者を擁する本県では同法による組織改正を県下八十六漁業組合に勧奨し、講習会或ひは懇談会によりこれが実施をせまつていたが、既に改組を行つた二十二組合については漸次その経営に効果を示している。玄海に面する弘浦、浜崎今津浦、野北浦及び豊前海の八屋浦、浜町浦の各組合では鮑、いせえび、蛤などの放養事業を営んで年間各組合とも三万円以上の収益をあげ、また、糸島郡小富士浦では共同出荷に年間魚価一割の値上りを招き、その他各組合とも魚類の蓄養事業で相当の収益をおさめていると云ふのである。これにつき県では改正法の威力百パーセントとして大いに喜び、九日はこの旨を農林省に報告したが、他の組合に対してもこれを好適の実例として改組方の勧奨をなすことになつた。なほ組織改正を行つた二十二組合の実情は左の通りである。

組合名	組合員	出資金（円）	組合名	組合員	出資金（円）	組合名	組合員	出資金（円）
（筑前地区）			残島浦	四六	九二〇	（豊前地区）		
加布里浦	五二	五二〇	小呂島浦	三六	五二〇	今津浦	四二	二、〇〇〇
深江浦	九〇	一、八〇〇	弘　浦	五六	一、一二〇	恒見浦	一〇三	三、〇九〇
小富士浦	一〇七	二、一四〇	奈多浦	一一八	四、〇〇〇	苅田浦	一〇四	三、一二〇
岐志新町浦	一〇七	二、一四〇	新宮浦	七二	一、四四〇	浜町浦	二八	三、三六〇
姫島浦	五〇	一、〇〇〇	津屋崎浦	一〇九	二、七〇〇	蓑島浦	一二四	三、七二〇
野北浦	一〇六	二、一二〇	波津浦	五〇	一、〇〇〇	沓尾浦	一〇〇	三、〇〇〇
浜崎今津浦	四九	九八〇	藍島浦	三六	二、一六〇	八屋浦	七七	二、三一〇

（「福岡日日新聞」昭和十一年六月十日）

(7)漁業組合の更生、五十組合が改組認可

衰退の一路を辿る県下漁業者の更生をめざして、県では専ら改正漁業組合法による漁業協同組合への改組を勧奨していたが、十二日までに既に改組目標六十三組合のうち五十組合が認可され、いよいよ全面的更生の第一歩を踏み出した。よつて県でもこの業者自身の自覚を非常に喜び、まづ連合会の結成準備に着手した。この改正法による漁業協同組合によつて今まで全然埒外に置かれていた組合の経済活動が認められ、海産物の加工とともに販売事業にも乗出し、さらに最も期待されるのは現在漁業者の憂鬱となつている負債二百五十八万円の解消である。

かくて県漁業者の明朗なる再出発と同時に恰も来月二十日は県水産課独立十周年に当るので、この機会に更に一層の漁業振興計画を樹つるべく組合役職員大会を開催して具体策の作成に衆知を集めるはずである。

（「福岡日日新聞」昭和十二年六月十三日）

(8)福岡県の漁業協同組合運動

県では昨年八月、漁業組合及び同連合会の強化拡充計画を立て、まづ自己資金の充実、未加入漁家の解消、組合員貯金の蓄積など時局下国策機関としての使命達成に努めて来たが、十二月末までに実行した各組合と同連合会の実績

を調査した結果、漁業協同組合の出資総額は七十二万五千五百円、一組合員平均出資額は百円以上で従来の四倍、組合員加入数は二百四十八人で総数九千九百六十人となり、組合員の貯金高は五十万円に達して非常な躍進ぶりを示している。また県漁連の出資金も三十万円に上り、漁業協同組合運動の基礎確立を示している。

（「福岡日日新聞」昭和十六年二月十四日）

以上、福岡県下の漁業協同組合改組の動きについて述べてきた。県は八十六漁業組合（筑前四十五組合、豊前十八組合、有明十八組合、内水面五組合）のうち六十三組合を改組目標に置き、官民ともにその実現に努力し、その結果、十八年末では、ほとんどの組合は保証責任漁業協同組合へ改組された。それとともに、弱小組合の統合も進められた。しかし、ようやく漁業協同組合の体制を整えつつあるなかで、戦時の国策遂行のための水産業団体組織の再編が強行されることとなり、協同組合組織は破滅の道をたどったのである。

第五節　福岡県漁業組合連合会の設立

明治四十三年漁業法改正以来、全国的に府県連合会の設立が進められるが、大正十年水産会法の成立によって府県水産会に改組してゆくものが多く、大正十二年には府県連合会は六に減少した。すでに述べてきたように、福岡県水産組合連合会は大正三年に設立され、大正十二年五月に福岡県水産会に改組された。一方、福岡県漁業組合連合会は、漁業組合から漁業協同組合への改組が進められるなかで検討され、昭和十三年三月に設立された。

まず県は、昭和十一年七月、福岡県水産会主催第十一回福岡県水産集談会に「漁業組合連合会組織に関する件」について諮問した。これに対して水産会は同年八月二十九日、左のような答申案を提出した。

漁業組合連合会組織に関する件（答申）

①地区：漁業組合連合会は県単位の組織を理想とするが、筑前、豊前、有明と三区海それぞれ特徴を有しているため当初より県単位にすることは困難である。むしろ既設三連合会を基礎として改正法による三連合会を組織せしめ徐々に併合統一を妥当とす

②責任：保証責任組織を可とす
③事業種類：販売事業を中心に購買事業、製氷事業等を行ふ
④出資一口の金額並に総口数：単位組合では従来の如く一口二十円乃至三十円程度と見られるので連合会の出資は一口二百円が至当で総口数は筑豊二百五十口、豊前百口、有明二十五口が至当である

（「福岡日日新聞」昭和十一年八月三十日）

県は当初から県一円を地区とする漁業組合連合会の設立に向けて動き出すが、その過程で反対もあり、必ずしも円滑に進展したわけではなかった。その経緯を左の新聞記事で追ってみよう。

⑴県一円を地区の漁業組合連合会結成、三月に創立総会開催

起ち遅れた漁村振興のために改組せられた漁業組合を打つて一丸とし、従来の海区別等連合会より有機的な活動を行ひ得る連合会を組織させるため、昨年十二月二十八日第一回の関係者打合会の決定に基づき、二十日午前十時から県庁会議室で漁業組合連合会組織に関する協議会が開催された。各海区別委員、豊前海区五名、筑前海区六名、有明海区三名の外、県水産会、県水産課員等約三十名出席し協議の結果、福岡県漁業組合連合会は福岡県一円を地区とし本年三月中に創立総会を開いて、四月からは連合会として経済行為を行ふと云ふことに決定した。同会は差し当り改組の実現して居る単位組合四十を以て組織し、将来には六十組合になる予定である。従来の海区連合会は解消し、漁業権の主体を連合会から単位組合に復帰させ、漁業用具、燃料等の共同購入、資金貸付の外事業目的としては共同販売に及ぶこと丶なつている。当分筑前海区では魚市場との摩擦を防ぐため共同出荷に止め、其の他の海区関係では共同販売も行ふこと丶なる予定である。生産、販売等の合理化を大組合経済組織によつて実現し、疲弊漁村の更生を期するものとして大いに期待されるに至つた。

（「福岡日日新聞」昭和十二年一月二十一日）

⑵県単位の改組に猛烈な反対起る、連合会統一の前途に暗雲

福岡県では従来、筑前、豊前、有明の三海区に独立して活動して来た漁業組合連合会を合併、遅くとも三月頃迄には県単位の一連合会に統一すべく之が準備に着手しているが、この組織変更が直接県下十三万漁業者の経済生活に甚大な影響を有するにも拘らず、組合若しくは連合会等にその可否を諮らなかつたため、最近に至つて猛烈な反対に逢ひ、成行きはすこぶる注目されている。

即ち「当業者側は漁業組合連合会の県単位化は本省の方針とは云へ、本県の如きは有明、豊前、筑前の三海区、全くその趣きを異にして居り、連合会の改組後は必然経済行為をなさねばならず、この場合、三海区沿岸漁業者の利害相反するもの尠くないので円満な事業運営は到底不可能である」と主張し、各三連合会の改組こそ先決問題なりとして県当局の計画に対し反対を表明するに至つたものである。このため江藤筑豊漁連会長は上京して本省に統一不可能の事情を説明、諒解を得て二日帰博した。更に四日、県当局に当業者側の反対の意向を伝へて交渉するところであつた。県当局の出様如何では相当紛糾は免かれないものと見られている。（「福岡日日新聞」昭和十二年二月五日）

⑶県単位の漁組連合会見合せ

漁業組合連合会の改組を機会に県単位の一連合会に統一せんとした福岡県当局は、当業者の猛烈な反対を受け、研究を続けていたが、県単位の統一は当業者の主張通り各海区業者間に利害相反するもの尠くないことが判明するに至つたので、遂に当初の計画を変更して海区別新連合会の結成を急がせ、県単位の統一は三連合会の結成後に更めて考究することゝなつた。六日、本省に対して諒解を求めるところあつた。しかし現在の豊前、有明、筑前の三海区連合会中、新連合会を組織すべき改組単位組合はまだ頗る僅少で、有明、豊前海区の如きは各三組合に過ぎないので、差当り新組織の連合会は筑前海区のみとなる訳である。（「福岡日日新聞」昭和十二年二月七日）

⑷県単位か海区別か、県漁連産みの悩み

更生戦線に遅ればせ乍ら参加した漁村振興更生に対し、県水産課では更生根本策として県一円を地区とする県漁業組合連合会を設立させ、同連合会をして最も有効適切なる経済行為を行はしめる計画を樹て三月中に創立総会を開くと云ふ処まで進んで居た。処が県水産会側から経済行為を営むとしても本県の如き有明、豊前、筑前の三海に面して経済事情も全くこれを異にして居るから海区別に連合会を結成し、然る後に県連合会を組織すべしとの抗議を申し立てた。県水産課では農林省に連合会設立に関する本省の方針につき指示を仰いだ処、二十二日、大体に於いて農林省では県全体を地区とする連合会設立の方針であり、海区別の支部を設けるとしても同支部に於いては将来に変更し得ない様な特殊権限等を認めないと云ふ建前にある旨を水産局当局より回答して来た。県水産課は従来の県地区漁連創立の方針に、新に筑前、豊前、有明三海区支部を設け、県漁連の経済行為の代行処理を行はしめることによつて関係方面の特殊性を尊重し、且つ県漁連全体の活動統制を企図することになつた。しかし相当、関係方面の利害対立もあり、県漁連の生れ出る迄には今後なほ幾回かの陣痛を見るものとされ、成行が注目せられて居る。

（「福岡日日新聞」昭和十二年二月二十三日）

(5)県単位の漁組連合会を協議

農林省の方針による県単位の漁業組合連合会問題は豊前、筑前、有明海各連合会がそれぞれ利害を異にするため中々纏らず、県でも手を焼いていたが、製氷、販売統制、漁具、漁油、網の共同購入を行ひ、事業の発展をはかるためには強力な県連合会を必要とするので、本月、各組合首脳部を招き県協議会を開いた上五月頃には是非設立を実現すべく意気込んでいる。しかし一方、製氷組合、魚市場、購販組合との抗争摩擦も予想されるので、これが緩和方法についても目下考慮中である。

（「九州日報」昭和十二年三月十二日）

(6)連合会組織の難関、製氷と魚介共販で一波瀾

漁業組合にも経済行為をなさしめるため制定された所謂改正漁業法に基く漁業協同組合は、漸次従来の県下八十六組合を改組して現在四十六組合を数へるに至つた。これによつて県下を一丸とする連合会を設立すべく目下、委員の手により立案中であるが、この連合会の誕生と同時に疲弊漁家の更生を図る各種経済事業を計画中のところ、偶々県当局と組合側幹部との間に意見の相違を生じ、これを繞つて一波瀾が予想されて来た。

即ち組合側としては改正漁業法の精神に則り新設連合会においては、先づ漁業者の経済行為による福利を第一義として、①自家製氷事業、②魚介共同販売事業、③漁業油共同購入事業、の三つを実施すべく県に打合せた。これに対して、郡山県経済部長は漁業油の共同購入は認めるも、他の二つの事業に対しては他産業団体との摩擦を惧れて真正面より反対の意を表明し、この間の意見に根本的対立をみるに至つた。しかし組合側では在来原始漁業に類していた漁業を一躍合理的近代事業にまで引上げるには、県連合会としては或程度の経済事業を営むより外に途はなく、改正漁業組合の根本精神も又そこに存するとて県当局の意向に反してでもこれが貫徹すべき決意を固めた。来月八、九日頃に連合会設立委員会を開いて右の対策を協議するが、飽くまで県当局がこの計画を阻止する時には県下の漁民大会を開いてまで抗争する覚悟である。今後の成行は頗る注目されて来た。（「福岡日日新聞」昭和十二年八月二十七日）

(7)漁業組合連合会、県下二海区で結成か

改正漁業法による県単位の漁業組合の結成は主務省の勧奨事項でもあり、自主的経済更生事業遂行の見地からも、

さきに福岡県下の有明、豊前、筑前の三海区代表委員会では、一致してこれが実現促進に乗出すことに一応大局的に決定した。さて結成後に於いて開始すべき経済事業の利害得失を思へば、各海区の経済力、漁業状態、地理的関係などによつて一致せざる点も生ずる懸念があるので、寄々協議の結果、差当り一海区又は二海区単位の漁業組合連合会を組織してはとの意見も有力となつた。江藤県水産会長、田村同幹事は過日上京し、此の点につき主務省当局の意向を確め、十五日帰任した。その結果、主務省では原則としては県単位を必須要件とするが、特に福岡県下の実情は其処まで行つていないとみるから、一定の猶予期間を置いて差当り二海区単位の漁連結成を認めることに話がついた。今後、関係者では之に従つて一意善処することゝなつた。

なほ、漁連結成後に開始すべき経済事業としては、内湾漁業の有明海区は別として、豊前海区では漁獲物の共同販売を緊要とみるに反し、筑前海区では外海漁業を主とする関係上、製氷事業、鉱油貯蔵事業等を必要となしているので、此処等で両者の利害一致をみざるものとされる。

（「福岡日日新聞」昭和十二年十月十六日）

(8)県漁連結成の意見纏らず

主務省、県当局、漁業者の意見が改正漁業法による漁連結成をめぐり交々喰ひ違つている。福岡県では八日午前十一時から同県下海区代表委員を同県水産試験場に招き長時間協議をかさねたが、議論一致しなかつた。結局、各海区別で懇談会を催し態度決定の上、近く更に委員会を再開することゝなつた。なほ筑前海区では来る十五日午前十時から県教育会館で協議会を催す筈である。

（「福岡日日新聞」昭和十二年十一月十日）

(9)福岡県単一漁連、満場一致にて成立

改正漁業法に基く懸案の福岡県単一漁業組合連合会結成会は十六日午後一時から同県庁会議室で開かれた。出席者は県当局、各海区代表委員等約二十名である。先づ数次、結成委員会で研究したる顚末につき経過報告あった後、満場一致で単一漁連結成を決議し、引続き規約原案の付議決議し、会長は山崎美太郎氏に決定した。なほ同連合会結成の事業計画は左の如く販売、購買、金融の三事業を漸次経営することゝなつている。

①販売事業

主として鮮魚の共同販売を行ひ、取扱高約十万円程度のものにして手数料を一割とし純収年三、二〇〇円程度の見込み。

②購買事業

○油類：県下全般に於て漁業者の油消費量は約三十万円なるも連合会設立後の取扱見込量は約三分ノ一即ち十万円位。設立後は主に購買事業とはせず、斡旋事業の程度に止むるものとし斡旋手数料は二分、此の収入二、〇〇〇円位の見込。尚将来は購買事業として直接各組合に配給する計画である。

○製氷：一日八〇屯の生産能力を有する設備として迅速廉価に配給し、魚類価格の維持を図る目的である。充当生産原価は三・六五でこれを四・〇〇にて売却の予定で、年生産高二四、〇〇〇屯、屯当り利益〇・三五、此の収入八、四〇〇円の見込み。

○漁船用発動機：斡旋事業として五馬力（六〇〇円）位のものを年三〇台斡旋する予定で此の金額一八、〇〇〇円、斡旋手数料三分として五四〇円の収入見込み。

○餌料：県下に於て五万円位（主として鯛縄）を使用するので連合会設立後の取扱見込金額約五分ノ一の一万円程度にして諸経費を差引き三分位即ち三〇〇円位の収入見込み。

○漁具、材料、漁網、染料縄等：これ等は全県下漁業者使用金高は五〇万円位なるも連合会設立後は約十万円位取扱見込高を有し、諸経費を差引三分、此の収入三、〇〇〇円位の予定。

③資金貸付事業本事業は全く独立したる一事業とせず、販売代金仮渡の程度の貸付事業とし、約十万円の短期融資をなし日歩三銭とし二〇〇日分、此の利息六〇〇〇円位の利子収入ある見込みである。

（「福岡日日新聞」昭和十二年十二月十七日）

⑽陣痛の一年半を経て県漁連愈よ誕生

一年半の生みの悩みを続けた県漁業組合連合会は七日付を以て赤松知事が設立を認可し、玆に県下四十九漁業組合、組合員四万五千六十三人を含む漁業者の大きな経済団体が出来上つた。保証責任の福岡県漁業組合連合会は山崎美太郎氏を代表とし、近く第一回通常総会を開き、理事十名、監事三名を選任し、設立登記を行ふことゝなつた。同連合会の事業地区は県一円で、主たる事務所は福岡市天神町、従たる事務所は京都郡行橋町、山門郡沖端村の二ケ所に置き、問題となつて居た海区別漁連関係も解消し、販売、購買及び資金貸付の事業を行ふことゝなつた。出資口数は百七十三口、一口五百円で資金総額八万六千五百円である。将来には十五万円まで出資することになつて居り、所属組合より出資一口に対し千円の保証金を出し保証金総額は十七万三千円となる。事業内容としては、販売事業は当分の間年間三十万円を限度とする漁獲物共販を行ひ、トラック等の設備を完備して消費地に手数料五分程度で共同出荷を行ふ計画である。購買事業では油、餌料、網地漁具の共同購入をなし、使用氷の購入に関しては事情の如何により年間四千五百屯の製氷を計画し、並に貯氷を実施する予定である。資金貸付については日歩二銭とし販売代金より回収する方針である。県下の漁業者打つて一丸となつた強力な経済行為をすることが出来る連合会に盛り立て、次いで全国漁業組合連合会に参加すること丶なつて居る。全漁連、中金への参加打合のため七日夜、鵜野県水産課長が急遽上京する等漁業関係の活発な活動が開始せらるるに至つた。

（「福岡日日新聞」昭和十三年三月八日）

以上の経緯を経て、福岡県漁業組合連合会は昭和十三年三月七日に設立認可されたが、漁業界では必ずしも県一円連合会の設置には積極的であったわけではなく、国の基本方針と県の主導によるところが大きかった。同連合会には早速、製氷工場、漁船発動機関修理工場、燃料タンク、船舶修理工場の新設が立案され、実施されていったのである。それは次の新聞記事から知ることができる。

⑴待望の製氷工場が近く許可

漁村更生にいそしむ本県の水産業者から久しく待望されていた、県漁業組合連合会を事業主体とする製氷工場の設置問題が時局の響きを受けて急速に進展、近く本省から許可指令を発せらる丶運びとなつた。

同工場は政府より六万円の補助を受け総額十一万円をもつて福岡市に建設される予定である。日産十五屯、年間の生産総額四千五百屯に対し、現在漁家の年間需要七千五百屯をみたして自給自足の域に達するにはまだまだ相当の距離はあるが、従来魚類保蔵用氷を悉く市場に仰いでいたのに較べて漁村の利潤を確保するところ極めて大なるものがある。即ち最近に於ける氷の市価は一角一円四十銭の屯当り二十一円の高値を伝へられているのに対し、漁連経営の製氷工場にては屯当り六円見当をもつて売買すること丶なるべく、同工場の竣成操業は業界より多大の期待を寄せられている。ゆくゆくは組合員外利用も出来ることにならう。

（「福岡日日新聞」昭和十三年六月十八日）

⑵製氷工場を新設、明春三、四月に操業予定

改正漁業組合法による既設組合の改組計画が着々進捗するに伴ひ、同法の眼目たる経済事業の着手計画が九州各県で伝へられているが、福岡県下でも同県漁業組合連合会が製氷事業、燃油事業を相次いで開始すべく目下着々実施計

画を進めている。そのうち製氷事業に対しては既に主務省の漁業経営施設費逓減補助五万四千七百円を得て総予算十一万円を以て目下福岡市に製氷工場新設工事中である。

同工場は敷地七百坪、総建坪二百四坪、日産能力十五屯、年産四千五百屯に上るもので、同県漁業関係者の総需要概算に対して僅々約一割三分見当の供給がなされるものである。同漁連収支予定では、一屯六円弱みで大体供給可能のこと丶なつている。なほ同工場の竣成は年度内の予定で、操業開始は三、四月頃になるものとみられている。

（「福岡日日新聞」昭和十三年十二月十五日）

(3)漁船発動機関修理工場の新設計画

漁船発動機関修理工場は福岡県下には相当数存するが、船主が之に関する知識が欠如せるため徒らに高価な修理費を支払ひ、漁業者の犠牲を多大ならしめている現状にある。之を憂慮した同県漁業組合連合会では、今回主務省の漁業経営費逓減施設費補助約八千円を仰ぎ、取あへず約一万余円を以て同漁連経営「漁船発動機関修理工場」を設置することに決し、目下建設地物色中である。但し有力候補地としては同県京都郡蓑島村があげられており、多分これに決定すること大体確実である。同工場敷地面積は約一百五十坪、建坪五十坪とし、一月中旬着工、二ケ月後に完成予定である。之が修理能力は漁連所属会員のもの丶大部分を処理し得るに足る計画となつているが、将来は必要に応じて更に拡張するものである。

（「福岡日日新聞」昭和十四年一月十日）

(4)製氷工場建設と燃料タンク、船舶修理工場の設置計画

福岡県漁業組合連合会では自営自益の下に福岡市職人町海岸埋立地に十三万五千円を投じ製氷工場を建設し、更に加布里及び神ノ湊の二ケ所に一万五千円で三十トン入りの燃料タンク二個を設置、大牟田港付近に十万円を以て船舶修理工場を設置すべく計画している。

（「福岡日日新聞」昭和十四年三月二日）

(5)県漁業組合連合会の製氷工場完成

漁村の福利増進のため十余万円の工費をもつて県漁業組合連合会が昨年末より福岡市伊崎浦に建設工事を進めていた製氷工場はこの程漸く完成し、需要期を前にいよいよ近く操業を開始することになつた。同工場の製氷能力は一日十五屯、年間生産額四千五百屯に達する見込みである。これにより従来市場に高価な漁業用氷を求めていた県下の漁業組合は極めて低廉に自家製氷を手に入れることが出来るわけで、夏の氷販売戦線に大きな異変を齎ることになるだ

らう。

（「福岡日日新聞」昭和十四年六月十八日）

県は連合会の施設整備を進めるとともに、その経営基盤の強化に努めてきたが、その一端を左の記事からうかがうことができる。

県では昨年八月、漁業組合及び同連合会の強化拡充計画を立て、まづ自己資金の充実、未加入漁家の解消、組合員貯金の蓄積など時局下国策機関としての使命達成に努めて来たが、十二月末までに実行した各組合と同連合会の実績を調査した結果、左の通りである。漁業協同組合の出資総額は七十二万五千五百円、一組合員平均出資額は百円以上で従来の四倍、組合員加入数は二百四十八人で総数九千九百六十人となり、組合員の貯金高は五十万円に達して非常な躍進ぶりを示している。また県漁連の出資金も三十万円に上り、漁業協同組合運動の基礎確立を示している。

（「福岡日日新聞」昭和十六年二月十四日）

しかし時局の準戦時、戦時体制へと進行するに伴い、新しく誕生した県漁業組合連合会は水産業界再編成の波にのみ込まれていくのである。

第六節　昭和十三年の漁業法改正と全国漁業組合連合会の設立

地方の漁業組合連合会が設立されるなかで、全国的な漁業組合の中央機関を結成する動きが強まってくる。この中央機関設立の動きは、組合運動の推進力としての中央機関の必要性から生まれてきたのである。すでに漁業組合中央会は昭和二年に結成され、全国漁業組合大会を指導してきたが、昭和八年漁業法の改正が行われる前後には中央会の活動は衰えていた。したがって漁業組合の全国的中央機関を新たに設立しなければならない事情にあった。

このような機関として、全国漁業組合協会（連合会）の設立準備が、昭和十二年に入って進められてくる。昭和十二年七月十五日に設立準備委員会を開催し、趣意書を決定するとともに、各府県より二名前後の設立世話人を委嘱し、九月中を目途として活動を開始した。この設立趣意書の一部を紹介すると、次のとおりであった。

「コレ吾人ガ全国漁業組合協会ヲ組織シ、漁業組合運動ノ白熱化ヲ図リ漁業組合制度ト其ノ運用ノ強化ヲ叫ビ自由潑剌タル活動ニより、漸ク呱々ノ声ヲ揚ゲタル漁業組合ノ経済的発達ニ努力シ三百万漁民ノ匡救ト累積セル漁村問題ノ解決ニ邁進セント欲スル所以ナリ。希クバ斯業ノ発達ト漁村ノ将来ト関心ヲ有セラルル大分ノ諸氏ノ吾人ノ微衷ノ有スル所ヲ翼賛セラレ、進ンデ本協会ニ加入サレンコトヲ」

全国漁業組合協会創立総会は同年八月二十五日に開かれ、定款案・予算案・運動方針等が審議され、役員が選出された。これは国水産当局の承認と援助の下で設立されたことは明らかである。水産当局が全国漁業組合協会の設立を図って、漁業組合および同連合会の改組を促進しようとした意図は、金融問題と関係があったものとみられる。

昭和八年漁業法改正以後も帝国水産会・大日本水産会は、漁業独自の金融機関である漁業組合中央金庫の設置を要望してきた。しかし農林省は、漁業金融の整備は認めるとしても、産業組合中央金庫やあるいは昭和十一年に設立をみた商工中央金庫と比し、漁業組合の規模・事業量の小さいことから、独立の金庫を設置するのは困難であるとの見解をとっていた。すなわち農漁業が一つの金庫を構成し、産業組合中央金庫の余裕金を漁業金融に用いることが、より合理的であるという考えをとっていた。昭和十二年六月に開かれた帝国水産会主催の道府県水産協議会の席上、農林省は漁業組合中央金庫問題に対し当局の方針を明らかにした。それは漁業組合・県漁連を直接産業組合中央金庫に加入させる案を準備中であるというのであったが、協議会でもこれを承服した。さらにこの決定に従って、帝国水産会、大日本水産会共催の水産金融問題実行委員会が七月十五日開催され、満場一致でこの案を支持した。

昭和十三年三月の道府県水産主任官事務協議会の席上、山中漁政課長は次の注意事項を与えた。

(1)漁業協同組合改組に関する件

①漁業協同組合への組織変更を促進すること

②組合資力充実を図ること

③改組促進計画を樹立すること

④改組に当り地区、組合員数等を考慮し適当に合併せしむること

(2)漁業組合の貯金受入に関する件

(3)漁業組合連合会の拡充に関する件

(4)産業組合中央金庫に対する出資引受に関する件

水産当局はこのように産業組合中央金庫への加入の途を開くため、漁連、漁業組合の改組促進手段として全国漁業組合協会の設立と運動を援助したものと考えられるが、同時に戦時経済統制のための、中央系統機関の必要性がますます増大してきた事情も加わっていた。

かくして昭和十三年三月までにほぼ全漁連の設立が終わる見通しが立った段階で、漁業法改正案が、水産当局の意図どおり上程され、三月十八日法律第一三号として公布された。また産業組合中央金庫法の改正も行われ、三月二十六日法律第一四号として公布された。この改正により漁業法第四三条第二項四は「組合員ノ漁業又ハ其ノ経済ノ発達ニ必要ナル物若クハ資金ノ供給又ハ組合員ノ貯金ノ受入ニ関スル施設」となり、また同時に漁業法第四四条三も「道府県ヲ区域トスル漁業組合連合会ハ規約ノ定ムル所ニヨリ所属ノ組合又ハ連合会ニ対シ手形ノ割引ヲ為スコトヲ得」と改められたのである。

昭和十三年六月の水産事務協議会では、漁業組合の活動促進に関する件が協議され、「速ニ全国漁業組合連合会ノ結成ニ努ムルコト」、「全国漁業組合連合会ノ事業ハ漁業用燃油ノ購買施設、水産製品ノ販売施設、漁獲物ノ共同出荷ヲ主トシ道府県漁業組合連合会ト緊密ナル連絡ヲ執ラシムルコト」が決定され、全国漁業組合連合会設立の動きが上から促進されてくるのである。その際、全漁連を漁業組合中央会にすることは一つの常識であったが、政府の方針により圧し潰されることになった。その理由は、全漁連も相当期間、政府の手厚い財的補償なしには独り歩きは出来ぬことであった。したがって中央会にも補助金を支出することは財政的に不可能であり、全漁連に中央会的役割を兼ねさせることになった。

昭和十三年八月九、十日に、全国漁業組合連合会設置協議会が開催され、設立趣意書・設立要項・規約案が決定された。さらに昭和十三年十月二十七日、全漁連設立総会が開催され、ここに漁業組合系統組織の完成をみた。すなわち、昭和八年の漁業法改正により経済事業体としての漁業組合への制度的転換の方向は、昭和十三年漁業法改正により預貯金受入れという信用事業の兼営が認められることにより制度的完成をみたのである。しかしそれに応ずる系統組織の整備は、戦争遂行のための統制機関としてその設立が促進された面もあり、かかるものとして活動するよう性格づけられていた。そしてその組織も、戦争の激化とともに再び編成替えを迫られてくるのである。

第九章　福岡県漁業取締規則の改正

第一節　大正十五年から昭和十年までの規則一部改正

福岡県漁業取締規則は明治四十四年九月の大改正以後、昭和十三年三月の大改正までの間に、延六回の一部改正がなされた。その経緯と内容を以下に記す。

(1)大正十五年四月八日、福岡県令第二一号

第一五条第一項第一号定置漁業一、台網類ノ下「魚道二百間網後五十間、沖合百間」ヲ削リ次ノ「イ、ロ」ヲ加フ

「イ　鰤大敷網、大謀網ノ周囲二百間、垣網ノ前面五百間、後面百間、但シ両口ノ場合ハ垣網ノ左右各五百間　ロ其他ノ大敷網、大謀網ノ周囲百間、垣網ノ前面二百間、後面五十間、但シ両口ノ場合ハ垣網ノ左右各二百間」

第一五条第一項第二号特別漁業一、第六種漁業ノ次ニ

「二　第七種漁業　イ　鰤飼付　　漁場ノ周囲二百間
　　　　　　　　　ロ　其他ノ飼付　漁場ノ周囲百間」

ヲ加へ以下順次番号ヲ繰下ク

第二四条第一項第八号末尾「瀬替漁」ノ下ニ「桶漬笊漬牢器」ヲ加フ

第二四条第一項第九号ニ次ノ一号ヲ加フ

「室見川ニ於テ白魚ノ採捕ニ使用スル攩網、四手網、叉手網、掬網等ニシテ其ノ網又ハ網口ノ径三尺ヲ超ユルモノ

若ハ袖網ヲ付スルモノ」
第三三条ヲ左ノ通リ改ム
第一条、第一六条、第一八条、第二一条乃至第二五条及第二七条ノ規定ヲ犯シタル者ハ拘留又ハ科料ニ処ス
前項ノ場合ニ於テハ犯人ノ所有シ又ハ所持スル漁具及漁獲物ノ全部又ハ一部ヲ没収スルコトアルベシ但シ前記物件ノ全部又ハ一部ヲ没収シ能ハザル場合ニ於テハ其ノ価額ヲ追徴ス
第三四条中「第二〇条第一項、第二項」ノ次ニ「第二八条」ヲ加フ

付　則

本令ハ発布ノ日ヨリ施行ス

大正十五年四月の規則改正の特徴は、新たに台頭してきた漁具漁法に対する措置と罰則の強化であった。主な改正点は左の通りである。

①定置漁業の台網類を「鰤大敷網・大謀網」と「其他ノ大敷網・大謀網」とに区分し、それぞれに新たな保護区域を設けたこと
②特別漁業のなかに、新たに「第七種漁業（鰤飼付、其他飼付）」を加え、保護区域を設けたこと
③矢部川・星野川流域における禁止漁具漁法の対象に「桶漬�漬牢器」を新たに加えたこと
④室見川における白魚採捕する漁具は簗漁以外禁止となったこと
⑤罰則の適用範囲拡大と強化

(2)昭和二年五月十九日、福岡県令第五八号
福岡県漁業取締規則中左ノ通改正シ公布ノ日ヨリ施行ス
第二六条第一項中「一切ノ漁業」ヲ「一切ノ水産動植物ノ採捕」ニ改ム
同項那珂川筋第一号ノ次ニ左ノ第二項ヲ加フ
「二　福岡市須崎裏町博軌電車鉄橋ヨリ上流同市住吉橋上方十間迄但シ餌料ノ用ニ供スルあなじゃこ又ハえむしハ此限ニ在ラズ」

同項那珂川筋ノ次ニ左ノ二項ヲ加フ

「新川筋（那珂川支流）

一　福岡市西中洲那珂川分岐点ヨリ上流同市春吉町新橋上方十間迄但シ餌料ノ用ニ供スルあなじゃこ又ハえむしハ此限ニ在ラズ

石堂川筋

一　福岡市旧柳町博軌電車鉄橋ヨリ上流同市上辻ノ堂町省線汽車鉄橋迄但シ餌料ノ用ニ供スルあなじゃこ又ハえむしハ此限ニ在ラズ」

第二七号第一項中「一切ノ漁業」ヲ「一切ノ水産動植物ノ採捕」ニ改ム

昭和二年五月の規則改正の特徴は、河川の操業禁止区を新設し、かつ禁止基準を「一切ノ漁業」から「一切ノ水産動植物ノ採捕」へと厳しくした点である。禁止基準を厳しくした理由は、当時、「水中に電流を通じてなす漁法」が横行し、河川の魚族蕃殖保護上問題となったためにこの対策として、また今後いかなる漁具漁法が出てくるやも知れぬことを考慮してなされたものであった。

(3)昭和二年九月二十七日、福岡県令第九一号

福岡県漁業取締規則中左ノ通リ改正シ公布ノ日ヨリ施行ス

第二二条第一五号ノ次ニ左ノ一項ヲ加フ

「一　いだ（うぐい）　三月十五日ヨリ五月十五日迄」

第二六条第三項星野川筋第二号ノ次ニ

「三　同郡星野村大字西田及北河内大字久木原字半沢ウド淵」ヲ加フ

同条第四項矢部川筋第三号ノ次ニ

「四　同郡矢部村大字北矢部字鶴ノ上鶴ノ堰ヨリ上流百五十間迄

広川筋

一　八女郡下広川村大字藤田字岩淵藤田水車堰ヨリ上流百二十間迄」ヲ加フ

同条第六項室見川筋第一号ノ次ニ
「多々良川筋
一　粕屋郡大川村大字戸原字大地津屋井手ヨリ上流同村大字江辻字向河原鉄橋迄
岩岳川筋
一　築上郡岩屋村大字大河内字小久保天和井堰ヨリ上流百十間迄」ヲ加ヘ第四項矢部川筋第三号中「係ル字釜屋淵
ヲ「係ル釜屋橋」ニ改ム
第二七条第二項筑後川筋第二項ノ次ニ「九月一日ヨリ十月十五日迄」ヲ加ヘ第三項矢部川筋中「右九月一日ヨリ十月
十五日迄」ヲ「右九月一日ヨリ十月十五日迄」ニ改メ第五号中「右二月一日ヨリ六月三十日迄」ノ次ニ
「六　八女郡矢部村大字北矢部字鶴ノ上鶴ノ堰堤ヨリ下流五十間迄
右四月一日ヨリ七月十五日迄
七　八女郡豊岡村大字北田本字内ノ域及串毛村大字土窪字込野井堰上方十間ヨリ下流込野渡リ瀬迄（対岸豊岡村大
字湯辺田字河原）
右四月一日ヨリ七月十五日迄
沖ノ端川筋
一　山門郡三橋村大字磯鳥字石林六双橋ヨリ下流百間迄（磯鳥堰除水路ヲモ含ム）
那珂川筋
一　筑紫郡那珂村大字竹下竹下堰上方十間ヨリ下流百八十間迄（水車用水路ヲモ含ム）
右二月一日ヨリ五月三十一日迄」ヲ加フ

昭和二年九月の規則改正に関して、「福岡日日新聞」は次のように報じている。

福岡県では今回禁漁区十ケ所を新設し其れに伴つて県漁業取締規則を改正する事となり、山本農林大臣の認可申請中の処、九月三日認可に指令があつたので両三日中に公布する筈である。今回の禁漁区新設は、①近来毒物又は精巧の漁具を以て酷漁酷獲する傾がある事、②灌漑及水車用の井堰が従来は木石等で粗造されて居たのが近時は混擬土を以て改修された為め溯河魚類たる鮎、鰻及び蟹、イダ等が登り得ない事、③神社仏閣付近に於ては古来より宗教的、迷信的に禁漁せられて居たのが近時濫獲せらるゝ事、④旧藩時代、藩主の漁場は一般の漁獲を禁止せられて居たのが廃藩の為め自然解放となつた事、等に依る魚族の減少滅亡を保護するため其禁漁を復活したのが主である。新設禁漁区は次の通りである。

岩岳川（区間の記述省略、以下同様）、多々良川、星野川二区間、矢部川、広川の六ケ所は一年中一切の水産動植物の採捕が禁止となつた。矢部川二ケ所、沖ノ端川、那珂川の四ケ所は期間禁採捕となつた。

尚イダ（うぐい）に就ては従来禁止期間の設定が無かつたが、是は桜イダと云つて桜時には生殖の為め多数群をなして遊泳をなして多漁獲され資源枯渇の恐れがあるので、其産卵期を保護する為め三月十五日より五月十五日迄採捕を禁止する事になつた。

以上十ケ所の禁漁区新設に依り福岡県内の禁漁区域は既設二十一ケ所と通算して三十一ケ所となつた。

（「福岡日日新聞」昭和二年九月八日）

(4)昭和四年五月三十日、福岡県令第二五号

福岡県漁業取締規則中左ノ通改正シ公布ノ日ヨリ施行ス

第二六条　那珂川筋第二号中「博軌電車鉄橋ヨリ」ヲ「須崎橋二間下ヨリ」ニ石堂川筋第一号中「博軌電車橋ヨリ」ヲ「千鳥橋二間下ヨリ」ニ改ム

昭和四年五月の規則改正点は、一切の水産動植物の採捕禁止区域を那珂川、石堂川の二カ所で一部拡大されたことである。

(5)昭和七年九月一日、福岡県令第四四号

福岡県漁業取締規則中左ノ通改正シ公布ノ日ヨリ施行ス

第一条第一項中「鰮刺網漁業」ヲ「鰮流刺網漁業」ニ改ム

建干網ノ次ニ左ノ漁業ヲ加フ

焚入敷網漁業（但シ特別漁業ニ該当セザルモノ）

鯛網曳網漁業（但シ特別漁業ニ該当セザルモノ）

鯛二艘曳底曳網漁業（機船底曳網漁業ニ該当セザルモノ）
螺旋推進器ヲ備フル最大幅員二・五メートル（約八尺三寸）未満ノ船舶ニ依リテナス貝桁網漁業、海鼠桁網漁業及
烏賊巣曳網漁業（一名烏賊柴漬漁業）
第一五条第一項第一号定置網漁業一、ノ次ニ左ノ一号ヲ加フ
一ノ二、落網類漁場ノ周囲百間
第二一条第一項玉珧貝ノ次ニ左ノ一号ヲ加フ
一　鰡児（当歳魚）但今津内湾ニ限ル
第二二条第一項中鯉ノ次ニ左ノ一号ヲ加ヘ
一　亀但シ三潴郡地内灌漑用水堀ニ限ル四月一日ヨリ十一月三十日迄
飯蛸ヲ左ノ通改ム
一　飯蛸　有明海　八月一日ヨリ十一月三十日迄
博多湾　七月一日ヨリ八月三十一日迄
第二三条第一項第二号中「飯蛸貝縄業」ヲ「飯蛸貝縄業（壺竹筒焼物等ヲ用フモノヲ含ム）」ニ改ム
第二四条第一項末尾ニ左ノ一号ヲ加フ
一　福岡市今川ヨリ粕屋郡和白村西戸崎鼻見通線以東ニ於ケル雑魚地曳網、但シ西戸崎三本松間（免許第二七五八号専用漁場）ニ限リ九月一日ヨリ同月三十日迄ヲ除外ス
第二六条第一項中那珂川筋一、ノ次ニ左ノ四ケ所ヲ加フ
一ノ二筑紫郡岩戸村大字別所井尻堰ヨリ上流椿堰迄
一ノ三同郡同村大字山田一ノ堰ヨリ上流馬乗岩ノ頂上ヲ通過スル東西線迄
一ノ四同郡同村大字西隈ヨリ上流三百五十間迄
一ノ五同郡同村大字山田裂田溝中ノ一ノ堰用水取入口ヨリ下流裂田神社裏岩ノ頂上ヲ通過スル南北線迄
那珂川筋ノ次ニ左ノ一川ヲ加フ
宝満川筋

一　筑紫郡御笠村大字本導寺御笠村発電所取入口堰堤ヨリ上流四百間
二　同郡同村大字吉木上ノ川原第三堰堤ヨリ上流同字松本堰堤迄
三　同郡同村大字阿志岐疫神淵堰堤ヨリ上流上橋迄
四　同郡同村大字坂ノ下第十号堰堤ヨリ上流上島橋迄、但禁漁期間ヲ昭和九年六月三十日迄トス
岩岳川筋ノ次ニ左ノ二川ヲ加フ
城井川筋
一　築上郡城井村大字宇鳥入口飛橋ヨリ上流六十五間迄
二　同郡同村大字櫟原字中川原篠尾堰ヨリ上流三百五十間迄
三　同郡同村大字寒田字寺ノ川長淵堰下流三十間ヨリ上流四百八十間迄
四　同郡同村大字本庄葉山田小堰下流三間より上流四十間迄
犀川筋
一　京都郡犀川村大字崎山下方堰ノ上流十間ヨリ火渡堰ノ下流十間迄
二　同郡同村大字大村大村橋ヨリ上流十間及生立橋ヨリ下流十間
第二七条中「五、山門郡瀬高町大字本郷三本松刎ヨリ同郡瀬高町大字高柳字一本杉刎迄」ヲ削除ス
付則中左ノ通追加ス
第三六条ノ一
従前ノ規則ニ依リ鰮刺網漁業ノ許可ヲ受ケタルモノハ本則第一条中鰮流刺網漁業ノ許可ヲ受ケタルモノト看做ス、但シ許可ノ期間ハ許可ノ時ヨリ之ヲ起算ス
第三六条ノ二
本令施行前ヨリ本則第一条中焚入敷網漁業、鯛船曳網漁業、鯛二艘曳底曳網漁業、螺旋推進器ヲ備フル最大幅員二・五メートル未満ノ船舶ニ依リテナス貝桁網漁業、海鼠桁網漁業及烏賊巣曳網漁業（一名烏賊柴漬漁業）ヲ為ス者ハ本令施行後二ケ月内ニ限リ本則ニ依リ許可ヲ受ケザルモ仍其ノ漁業ヲ為スコトヲ得、前項ノ漁業者カ前項ノ期間内ニ許可ヲ出願シタルトキハ其ノ許否ノ処分ヲ受クル迄ノ間亦前項ニ同ジ

昭和七年九月の規則改正に関して、「福岡日日新聞」は左のように報じている。

県水産課では先般来、県下水産業の振興を図るため漁業取締規則の改正を思ひ立ち案を練りつゝあつたが、愈々最近の県公報で発表、即日実施の運びとなつた。その大要を示せば大体左の如きものである。

①福岡市今川橋から西戸崎を見通す博多湾東半分の雑魚の地曳網を禁止する。但し西戸崎・三本松間に限り九月一日から三十日迄を除外する。之は博多湾内の「このしろ」其他の雑魚を保護して増殖を図らんとするものである。

②三瀦郡地内の灌漑用水堀（約八百町歩）の亀漁獲を四月一日から十一月三十日迄禁止する。

③鰡児（当歳魚）を今津内湾に限り漁獲を禁止する。即ち今津湾は鰡の湧泉とさへ云はれ博多湾は勿論玄海一帯の鰡の発祥地であるので之を保護せんとするものである。

④従来の禁漁場の外に筑紫郡那珂川筋に四ケ所、筑紫郡宝満川筋四ケ所、筑上郡城井川四ケ所、京都郡犀川筋二ケ所、都合十四ケ所の期節禁漁場を新設し、従来禁漁場であつた山門郡瀬高町本郷三本刎から同郡高柳一本杉刎迄は削除する事になつた。

⑤従来有明海では八月一日から十一月三十日迄飯蛸の漁獲を禁じていたが、更に釣の餌を増殖する意味から博多湾に於て七月一日から八月三十一日迄を禁止期間とする事になつた。

⑥最近、発動機船が出来てから筑前海で随時随所に於て新漁法に依る網漁が実施されており、之がため在来の漁民に脅威を与へているので、焚入敷網、鯛網曳網を許可の対象とし、新しく変化した鯛網等は削除した。

⑦貝桁網漁業、海鼠桁網漁業、烏賊巣曳網漁業、鯛二艘底曳網漁業は先般制定の機船底曳網漁業取締規則では除外放任されたが、之は漁民が困るので今回許可漁業として漁業取締規則中に編入される事になつた。

（「福岡日日新聞」昭和七年八月三十日）

(6)昭和十年六月二十五日、福岡県令第三三号

福岡県漁業取締規則中左ノ通改正シ公布ノ日ヨリ之ヲ施行ス

第三三条第一項ヲ左ノ如ク改ム

第一条、第一六条、第一八条又ハ第二一条乃至第二五条ノ規程ヲ犯シタル者ハ五拾円以下ノ罰金若ハ科料又ハ拘留ニ処ス

この改正では、罰則を「五拾円以下ノ罰金」から「五拾円以下ノ罰金若ハ科料又ハ拘留」と厳しくし、その対象に許可漁業禁止違反（第一条）を加え、筑後川筋・矢部川筋の砂礫採取禁止違反（第二八条）を除外した。

第二節　昭和十三年の福岡県漁業取締規則大改正

福岡県漁業取締規則は明治二十九年三月に制定されて以来、第一次（明治三十六年七月）、第二次（明治四十四年九月）の大改正を経て、昭和十三年三月の第三次大改正に至るのである。第三次改正は一年以上前から検討されてきたが、第二次改正以後、二十数年間を経過しており、すでに述べた通り、その間延六回の一部改正がなされてきた。第三次規則改正の根拠は、変化した漁業実態や漁業生物資源状態との適合を図るとともに、改正される瀬戸内海漁業取締規則（農林省令第四七号、昭和十三年施行）との整合を図る必要性からであった。県は大幅な規則改正に踏み切らざるを得なかったのである。当時の新聞は以下のように報じている。

(1)海岸線百二十里に余る水産県福岡は玄界灘、瀬戸内海、有明海に面し、水産総額一千七百万円に達し、県当局の漁村振興策の潮に乗って近く経済行為を主目的とする漁業組合連合会創立の機運に向ひ、更に十二年度からは漁港改修、船溜増設等あり茲に一大飛躍を見んとする形勢となつて居る。これに反して漁業取締規則は明治四十四年の県令を以て公布せられたもので、その後数回、一部改正が行はれただけで、取締規則全般に互つて現在では陳腐の感がある。許可漁業の範囲にも既に存在せぬものがあつたり、保護区域事項にも改正を要するものがあり、鰡児（いなご）、鮎児、鰻児の定義についても再検討の上新しく決定の必要があり、禁漁期間、禁漁区域等も取締規則に記載せられて居る従来のものとは現実には相当相違して居る処があるなど大改正を必要とする。県水産課では速かに実地調査を行ひ新年度迄には漁業取締規則を全面的に改正し、現実に即した取締を実施することに決し、着々と改正事項の研究を進めるに至つた。二十余年眠つて居た漁業取締規則も愈々時代に目覚めさせられて、一新的改正が試みられることになつた訳で改正の報に全県の水産関係者六万五千名の関心があつめられて居る。

（「福岡日日新聞」昭和十二年二月六日）

(2)漁村方面には最近各浦間に繋争が頻発し、県当局の頭をいためているが、この繋争は多く専用漁業権に原因をもつて居り、而も経済更生運動の進行につれて一層発生発展するものと見られる。福岡県では愈々この専用漁業権の画期的改正を断行し、漁村更生に拍車をかけること丶なつた。即ち、専用漁業権は漁村各浦を保護する目的で設定されたもので海面を区劃限定し、且つその限界内における漁撈方法に制限を設けているが、最近漁具の目覚しい発達と一般漁業事情の変化は却つてこの保護政策として設けられた専用漁業権中漁撈方法の制限を桎梏化してしまひ更生運動のブレーキとなつている。糸島郡野北浦における鯛網問題を始め絶えず漁村間又各浦間に問題を惹起する原因となつている。県では繋争原因を排除し、問題の惹起を未然に防止するため一大英断をもつて専用漁業権中から漁撈方法の制限を撤廃し、漁場区劃の単一権利のみを認むること丶なつたものである。

尚この改正は県が先般研究中の全般的漁業規則の改正と同時に行ふはずであるが、実現の暁には漁民達は一定漁場内で最も効果的な漁具を駆使出来るので沿岸漁業の不振は解消するものと頗る期待されている。

（「福岡日日新聞」昭和十二年六月二十日）

(3)三月一日から瀬戸内海漁業取締規則が実施せられる為に本県の漁業取締規則の改正が僅か三日間で申請認可といふ超スピードで愈々一日から公布実施された。明治四十四年から約三十年間放置されて居ただけに根本的改正が加へられた。条文は三十四条から四十二条に増加され、内容に於いては全く新しく改められるに至つた。

（「福岡日日新聞」昭和十三年三月二日）

昭和十三年三月一日、福岡県令第八号

福岡県漁業取締規則左ノ通定ム

福岡県漁業取締規則

第一条　左ニ掲グル漁業ハ知事ノ許可ヲ受クルニ非ザレバ之ヲ為スコトヲ得ズ　但シ専用漁業権又ハ入漁権ニ依リテ為ス場合ハ此ノ限ニ在ラズ

一　縛網漁業

二　巾着網漁業

三　揚繰網漁業
四　打瀬網漁業
五　囲刺網漁業
六　流網漁業（げんじき網漁業及鰮流網漁業ヲ含ム）
七　河流ヲ遮断シテ為ス筌漁業（定置漁業ニ該当セザルモノ）
八　建干網漁業（江切網漁業及建切網漁業ヲ含ム）（定置漁業ニ該当セザルモノ）
九　焚入敷網漁業（特別漁業ニ該当セザルモノ）
一〇　地曳網漁業（特別漁業ニ該当セザルモノ）
一一　船曳網漁業（特別漁業ニ該当セザルモノ）
一二　浜堰漁業
一三　鵜飼漁業

前項第一号乃至第四号、第六号、第一〇号及第一一号ノ漁業ハ瀬戸内海漁業取締規則ニ依ル瀬戸内海ニ於テ為スモノヲ除ク

第二条　漁業（漁業法施行規則第五〇条第一項、瀬戸内海漁業取締規則第七条第一項及第一〇条並ニ前条ニ掲グル漁業ヲ謂フ、以下ニ倣フ）ノ許可ヲ受ケントスル者ハ左ニ事項ヲ記載シタル願書ヲ提出スベシ

一　漁業ノ名称
二　漁業ノ場所
三　漁獲物ノ種類
四　漁業ノ時期
五　許可期間

瀬戸内海漁業取締規則第七条第一項ノ許可申請書ニハ前項各号ニ掲グル事項ノ外機船ノ隻数ヲ記載スベシ

第三条　漁業ノ許可ノ期間ハ十年以内トス

前項ノ許可期間ハ漁業者ノ申請ニ依リ之ヲ更新スルコトヲ得

第四条　許可期間ノ更新ノ許可ヲ受ケントスル者ハ期間満了ノ日ヨリ二月前ニ之ヲ申請スベシ
第五条　漁業ヲ許可シタルトキハ第六条ノ場合ヲ除クノ外様式第一号ノ漁業許可鑑札ヲ下付ス
漁業ノ許可ヲ受ケタル者其ノ漁業ヲ為ストキハ漁業許可鑑札ヲ携帯スベシ
第六条　瀬戸内海漁業取締規則第七条第一項ノ漁業ヲ許可シタルトキハ様式第二号ノ漁業許可鑑札及機船毎ニ様式第三号ノ機船番号票ヲ下付ス　但シ既ニ機船番号証票ヲ下付シタル機船ニ付テハ第九条ニ規定スル再下付ノ場合ヲ除キ機船番号証票ヲ下付セズ
前項ノ機船番号証票ハ許可ヲ受ケタル漁業ニ使用スル機船ノ船首材ノ両側ニ固着スベシ　但シ機船番号証票ノ再下付申請中ノ者ハ市町村長ノ証明書ヲ携帯スベシ
第七条　漁業ノ許可ヲ受ケタル者第二条第二号乃至第四号ノ事項ヲ変更セントスルトキハ其ノ事由ヲ具シ漁業許可鑑札ヲ添付シ許可ヲ受クベシ
第八条　左ノ各号ノ一ニ該当スルトキハ其ノ事由ヲ具シ三十日以内ニ亡失ノ場合ヲ除クノ外漁業許可鑑札ヲ添付シ其ノ再下付又ハ書換ヲ申請スベシ
一　漁業許可鑑札ヲ亡失シタルトキ
二　漁業許可鑑札ヲ毀損シタルトキ
三　住所、氏名又ハ法人ニ在リテハ其ノ名称ニ変更アリタルトキ
第九条　左ノ各号ノ一ニ該当スルトキハ其ノ事由ヲ具シ七日以内ニ亡失ノ場合ヲ除クノ外機船番号証票ヲ添ヘ其ノ再下付ヲ申請スベシ
一　機船番号証票ノ文字不明トナリタルトキ
二　機船番号証票ヲ亡失又ハ毀損シタルトキ
第一〇条　漁業許可鑑札ノ書換又ハ再下付申請中ノ者ニシテ漁業ヲ為サントスルトキハ市町村長ノ証明書ヲ携帯スベシ
第一一条　左ノ各号ノ一ニ該当スルトキハ其ノ事由ヲ具シ三十日以内ニ漁業許可鑑札ヲ返納スベシ
瀬戸内海漁業取締規則第七条第一項ノ漁業ノ許可ヲ受ケタル者ノ機船番号証票ニ付亦同ジ

一　漁業ヲ廃止シタルトキ
二　許可期間ノ満了其ノ他許可ノ効力消滅シタルトキ
第一二条　漁業許可鑑札又ハ機船番号証票ハ之ヲ相続、譲渡、質入若ハ貸付スルコトヲ得ズ
第一三条　漁業ニ関スル出願、申請又ハ届出ノ書類ハ漁業登録令ニ依ルモノヲ除クノ外漁場ヲ管轄スル市町村長ヲ経由スベシ
漁場ノ管轄二市町村以上ニ亙ルトキ又ハ不明ナルトキハ住所地ノ市町村長ヲ経由スベシ
本県内ニ住所ヲ有セザル者ニ在リテハ前二項ノ規定ニ拘ハラズ直接知事ニ提出スルコトヲ得
第一四条　漁業ニ関スル出願、申請又ハ届出ノ書類ヲ農林大臣ニ提出スル場合別ニ副本一通ヲ知事ニ提出スベシ
第一五条　左ノ各号ノ一ニ該当スルトキハ許可シタル漁業ヲ制限シ又ハ許可ヲ取消スルコトヲ得
一　水産動植物ノ蕃殖保護又ハ漁業取締其ノ他公益上必要アリト認ムルトキ
二　本則又ハ漁業ニ関スル他ノ法令若ハ之ニ基キテ発スル命令ニ違反シタルトキ
三　許可ノ条件ニ違反シタルトキ
第一六条　水産動植物ニ有害ナル虞アル物ヲ遺棄シ又ハ水産動植物ニ有害ナル虞アル物ヲ漏泄シ若ハ漏泄スル虞アル物ヲ放置スル者ニ付テハ之ガ除害ニ必要ナル設備ヲ命ジ又ハ除外設備ノ変更ヲ命ズルコトヲ得
第一七条　瀬戸内海漁業取締規則第七条第一項ノ漁業ノ許可ヲ受ケタル者機船ニ依ル漁業以外ノ漁業ヲ其ノ機船ニ依リ為サントスルトキハ螺旋推進器ヲ撤去スベシ
第一八条　定置漁業及特別漁業ニ関シ保護区域ヲ設クルコト左ノ如シ
一　定置漁業台網類漁業及落網類漁業　敷網ノ周囲百米及片口ノ場合ハ前面五百米、両口ノ場合ハ垣網ノ左右各五百米
二　定置漁業桝網類漁業　側網ノ周囲五十米、垣網ノ左右各百米
三　定置漁業建網類漁業　漁場ノ周囲百米
四　定置漁業出網類漁業　漁場ノ周囲百米
五　定置漁業張網類漁業　漁場ノ周囲百米

六　定置漁業魞簗類漁業　　　　　漁場ノ前面百米、後面二十米
七　特別漁業第六種漁業　　　　　漁場ノ周囲二百米
八　特別漁業第七種漁業　　　　　鰤飼付ハ漁場ノ周囲四百米、其ノ他ノ飼付ハ漁場ノ周囲二百米
九　特別漁業第八種漁業　　　　　漁場ノ周囲二百米
一〇　特別漁業第九種漁業　　　　漁場ノ周囲百米　但シ漁場ノ標識ヲ設ケタル場合ニ限ル
第一九条　前条ノ保護区域内ニ於テハ其ノ漁業中之ト同種ノ魚類ヲ目的トスル他ノ漁業行為又ハ魚類ノ通路ヲ遮断シ若ハ之ヲ散逸セシメ又ハ之ヲ他ニ誘致スベキ行為ヲ為スコトヲ得ズ　但シ漁業権又ハ入漁権ニ依リテ為ス場合ハ此ノ限ニ在ラズ
第二〇条　漁業ノ免許ヲ受ケタル者漁場標識ヲ建設セントスルトキハ之ニ左ノ事項ヲ記載スベシ
一　免許年月日及免許番号
二　漁業権存続期間
三　漁業種類及名称
四　漁場ノ位置及区域
五　漁業期間
六　漁業権者ノ住所氏名又ハ法人ニ在リテハ名称
前項ノ漁場標識ヲ建設シタルトキハ其ノ漁場ヲ管轄スル市町村長ニ届出デ其ノ検査ヲ受クベシ
第二一条　漁業ヲ廃止シ又ハ免許若ハ許可ノ効力消滅シタルトキハ二十日以内ニ漁場ニ施設シタル工作物又ハ漁具ヲ撤去スベシ但シ免許又ハ許可ノ期間ノ更新ヲ申請中ノモノハ此ノ限ニ在ラズ
前項ノ期間内ニ撤去シ難キ場合ハ其ノ事由ヲ具シ知事ノ認可ヲ受クベシ
第二二条　左ノ掲グル水産動物ハ之ヲ採捕シ又ハ採捕シタルモノヲ所持シ若ハ販売スルコトヲ得ズ
一　あげまき　　　　殻長六粴未満ノモノ
二　あわび　　　　　殻長十粴未満ノモノ
三　さざえ　　　　　殻長六粴未満ノモノ

四　たひらぎ　　　殼長十五糎未満ノモノ
五　ぼら　　　　　全長十糎未満ノモノ
六　うなぎ　　　　全長二十糎未満ノモノ
第二三条　左ニ掲グル水産動植物ハ各其ノ下ニ記載スル期間之ヲ採捕シ又ハ採捕シタルモノヲ所持シ若ハ販売スルコトヲ得ズ
一　あわび　　　　　十月一日ヨリ十二月三十一日迄
二　たひらぎ　　　　六月一日ヨリ九月三十日迄
三　はまぐり　　　　六月一日ヨリ八月三十一日迄
四　もがひ（みろくがひ）　六月一日ヨリ八月三十一日迄
五　からすがひ　　　六月一日ヨリ九月三十日迄
六　なまこ　　　　　四月一日ヨリ七月三十一日迄
七　あゆ　　　　　　一月一日ヨリ五月三十一日迄
八　いわし児（しらす）　一月一日ヨリ三月三十一日迄
九　すっぽん　　　　四月一日ヨリ十一月三十日迄
一〇　えのは（やまめ）　十月一日ヨリ十一月三十日迄
一一　いいだこ（但シ博多湾ニ限ル）　七月一日ヨリ八月二十日迄
一二　ほんだわら（但シ流藻ヲ除ク）　一月一日ヨリ八月三十一日迄
第二四条　左ニ掲グル漁具又ハ漁法ニ依リ水産動物ヲ採捕スルコトヲ得ズ
一　潟羽瀬
二　瓶漬
三　水中ニ電流ヲ通シテ為ス漁法
四　網目三糎未満ノ建干網（建切網ヲ含ム）
五　簀目幅九粍未満ノ石干見、笹干見

六　鵜飼　但シ三井郡大堰村床島堰ヨリ上流ノ筑後川ヲ除ク
七　長百八十米網丈九十糎以上ノ建干網（建切網ヲ含ム）　但シ有明海ニ限ル
第二五条　左ニ掲グル漁具又ハ漁法ニ依リ各其ノ下ニ記載スル期間水産動物ヲ採捕スルコトヲ得ズ
一　打瀬網　三月一日ヨリ五月三十一日迄
二　地曳網福岡市今川ヨリ粕屋郡志賀島村西戸崎鼻見通線以東ノ博多湾ニ於テ使用スルモノ　一月一日ヨリ十二月三十一日迄　但シ西戸崎鼻ヨリ三本松ニ至ル免許第三七五八号専用漁業権ノ漁場ニ於テハ九月一日ヨリ同月三十日迄此ノ限ニ在ラズ
三　投網、叩キ網、建切網、江切網、竿追攩網、筌、瀬替、簗（室見川ニ於ケル白魚簗ヲ除ク）那珂川及其ノ支流、室見川其ノ支流八丁川ニ於ケルモノ　二月十五日ヨリ六月三十日迄
四　えひ空釣縄　六月十五日ヨリ七月十五日迄
第二六条　左ニ掲グル場所ニ於テハ各其ノ下ニ記載スル漁具又ハ漁法ニ依リ水産動物ヲ採捕スルコトヲ得ズ
一　筑後川及其ノ支流（本流ヨリ一千百米迄ノ間）　建干網（建切網ヲ含ム）、手押網、鮟鱇網、河流ヲ遮断スル筌
二　矢部川、星野川及各其ノ支流（本流ヨリ五百米迄ノ間）　簗、火光ヲ応用スル漁法、堰筌、竿追攩網、瀬替、桶漬、笊漬、ヘラ追、牢器
三　室見川　白魚ノ採捕ニ使用スル攩網、四手網、叉手網、掬網ニシテ其ノ網又ハ網口ノ径九十糎ヲ超ユルモノ若ハ袖網ヲ付スルモノ
第二七条　左ニ掲グル場所ヲ禁漁区トシ水産動植物ノ採捕ヲ禁止ス
一　筑後川筋　朝倉郡朝倉村大字恵蘇ノ宿山田堰ヨリ浮羽郡江南村大字橘田乞食江湖刎迄
二　筑後川筋　三井郡大堰村大字三川床島堰下鬼殺淵
三　筑後川筋　三井郡大城村大字塚島乙吉荒子ヨリ字東裏畑百六番荒子迄
四　筑後川筋　久留米市大字合川字淵ノ上長荒子ヨリ大字小森野高野薬師木迄
五　星野川筋　八女郡川崎村大字長野及大字山内ニ係ルサヤノ神淵
六　星野川筋　八女郡星野村大字東山コウモリ岩淵

七　星野川筋　八女郡星野村大字西田及北河内村大字久木原字半沢ウド淵
八　矢部川筋　八女郡矢部村大字北矢部字間ノ津留間ニ津留堰ヨリ上流樅鶴川分岐点迄
九　矢部川筋　八女郡大淵村大字大淵砂原淵
一〇　矢部川筋　八女郡木屋村大字木屋長淵及長淵堰堤ノ下流六十米迄
一一　矢部川筋　八女郡豊岡村大字湯辺田釜屋橋ヨリ字惣川内堰ノ下流六十米迄
一二　広川筋　八女郡下広川村大字藤田字岩淵藤田水車堰ヨリ上流二百二十米迄
一三　辺春川筋　八女郡光友村大字兼松兼松橋ヨリ上流字谷川多々良橋迄
一四　豊満川筋　筑紫郡御笠村大字本尊寺御笠村発電所取入堰堤ヨリ上流七百三十米迄
一五　豊満川筋　筑紫郡御笠村大字吉木字上ノ原第三堰堤ヨリ上流字西坂部梅ノ木堰迄
一六　新川筋（那珂川支流）福岡市西中洲那珂川分岐点ヨリ上流同市春吉町新橋上流二十米迄　但シ漁業用ノあなじやこ及えむしノ採捕ハ此ノ限ニ在ラズ
一七　那珂川筋　筑紫郡岩戸村大字西隈西隈堰ヨリ上流六百四十米迄
一八　那珂川筋　筑紫郡安徳村大字仲字日佐井手ヨリ上流六百四十米迄
一九　那珂川筋　筑紫郡那珂村大字竹下竹下堰堤上方二十米ヨリ下流三百三十米迄（水車用水路ヲ含ム）
二〇　那珂川筋　福岡市大字老司老司堰堤ノ上方二十米ヨリ下流警弥郷橋下方百五十米迄
二一　那珂川筋　福岡市須崎裏町須崎橋五米下ヨリ上流住吉町住吉橋上方二十米迄　但シ漁業用餌料ノあなじやこ及えむしノ採捕ハ此ノ限ニ在ラズ
二二　石堂川筋　福岡市旧柳町千鳥橋五米下ヨリ上流辻ノ堂町省線汽車鉄橋迄　但シ漁業用餌料ノあなじやこ及えむしノ採捕ハ此ノ限ニ在ラズ
二三　室見川筋　福岡市大字庄屋室見川堰ノ三百三十米下ヨリ早良郡壱岐村大字橋本乙井手迄
二四　篠栗川筋　粕屋郡篠栗町大字篠栗字金川町大井手咳堤ヨリ上流字城戸二瀬川ノ合流点迄
二五　宇美川筋　粕屋郡宇美町宇美橋下方堰堤ヨリ上流博多湾鉄道鉄橋上方堰堤迄
二六　紫川筋　小倉市大字上南方光堰ノ上方三百六十米ヨリ下流大字蒲生字岩鼻岩鼻堰迄

二七　犀川筋　京都郡犀川村大字崎山下方堰ノ上流二十米ヨリ火渡堰ノ下方二十米迄
二八　犀川筋　京都郡犀川村大字大村大村橋ノ上方二十米ヨリ生立橋ノ下方二十米迄
二九　城井川筋　築上郡上城井村大字寒田字寺ノ川長淵堰下方六十米ヨリ上流八百七十米迄
三〇　城井川筋　築上郡上城井村大字櫟原字中川原篠尾堰ヨリ上流六百四十米迄
三一　岩岳川筋　築上郡岩屋村大字篠瀬カタ淵ヨリ上流大字鳥井畑字丈ケ岡恐淵迄及大字鳥井畑フナ石淵迄
三二　岩岳川筋　築上郡岩屋村大字岩屋字枝川内奥畑渡ヨリ上流大山祇神社裏淵迄

第二八条　左ノ場所ヲ禁漁区トシ各其ノ下ニ記載スル期間水産動植物ノ採捕ヲ禁止ス

一　筑後川筋　三井郡大堰村大字三川字角屋敷島飼渡場（対岸浮羽郡紫刈村字八幡大久保渡場）ヨリ八幡川原剣下迄　九月一日ヨリ十月十五日迄
二　筑後川筋　三井郡金島村大字金島米出荒子ヨリ新川瀬口迄　九月一日ヨリ十月十五日迄
三　矢部川筋　八女郡矢部村大字矢部字鶴ノ上鶴ノ堰堤ヨリ上流二百八十米下流百米迄　四月一日ヨリ七月三十一日迄
四　矢部川筋　八女郡豊岡村大字田本字内ノ城及串毛村大字土窪字込野込野井堰上方二十米ヨリ下流込野渡場迄（対岸豊岡村大字湯辺田字河原）　四月一日ヨリ七月十五日迄
五　矢部川筋　八女郡三河村大字矢原及北山村字山下並山門郡東山村大字広瀬ニ係ル手付淵及支流分岐点ヨリ上流百米迄　九月一日ヨリ十月三十一日迄
六　矢部川筋　八女郡古川村大字北長田字西境瀬松永川合流点ヨリ上流二百七十米迄　九月一日ヨリ十月三十一日迄
七　矢部川筋　八女郡水田村大字津島及山門郡瀬高町大字本郷鉄橋ヨリ松原堰迄　九月一日ヨリ十月三十一日迄
八　矢部川筋　山門郡瀬高町大字本郷字三本松剣ノ上流及下流各百米迄　二月一日ヨリ五月三十一日迄
九　矢部川筋　八女郡上妻村大字津ノ江花宗堰ヨリ下流辺春川合流点迄　二月一日ヨリ五月三十一日迄
一〇　沖端川筋　山門郡三橋村大字磯鳥字石林三豬用水路取入口ヨリ下流同用水余水路口迄　二月一日ヨリ五月

三十一日迄

第二九条　前条第一号、第二号、第五号乃至第七号ノ区域内ニ於テハ九月一日ヨリ十二月三十一日迄平水面以下ノ砂礫ノ採取ヲ禁止ス

第三〇条　禁漁区ノ標識ハ別ニ定ムル様式ニ依リ其ノ区域ノ隅角ニ之ヲ建設ス

第三一条　遡河魚類ノ通路ヲ遮断シテ漁業ヲ為ス者ハ河川流幅ノ五分ノ一以上ノ幅員ノ魚道ヲ開通スベシ魚道ノ位置又ハ開通ノ方法適当ナラズト認ムルトキハ知事ハ其ノ変更ヲ命ズルコトヲ得

第三二条　養殖又ハ学術研究其ノ他特別ノ理由ニ依リ本則其ノ他漁業ニ関スル法令ニ於テ禁止若ハ制限シタル水産動植物ヲ採捕シ又ハ禁止制限シタル漁具若ハ漁法ニ依リ水産動植物ヲ採捕セントスル者ハ左ノ事項ヲ記載シ知事ノ許可ヲ受クベシ

一　採捕ノ目的
二　採捕スベキ水産動植物ノ種類及数量
三　採捕ノ場所
四　採捕ノ時期
五　採捕ニ使用スル漁具及採捕ノ方法
六　採捕ニ従事スル者ノ数

前項ノ規定ニ依リ許可シタルトキハ様式第四号ノ許可証ヲ下付ス

第一項ノ許可ヲ受ケタル者採捕ニ従事スルトキハ許可証ヲ携帯スベシ

第三三条　漁業者ニ非ザル者ハ左ニ掲グル漁具又ハ漁法ニ依ルノ外水産動植物ヲ採捕スルコトヲ得ズ

一　船ニ依ラザル竿釣、手釣、投網
二　漁具ヲ使用セザル魚介藻ノ採取
三　桶漬、笊漬
四　四ツ手網、蜘蛛手網
五　笊（ばら、掬ひしようけヲ含ム）

六　筌（鰻籠ヲ含ム）
七　牢器
八　鰻筒
九　叉手網、攩網
第三四条　第一条第一項、第二十二条乃至第二十六条ノ規定ニ違反シタル者又ハ第十六条ニ依ル命令ニ違反シタル者ハ五十円以下ノ罰金若ハ科料又ハ拘留ニ処ス
前項ノ場合ニ於テハ犯人ノ所有シ又ハ所持スル漁具及漁獲物ノ全部又ハ一部ヲ没収スルコトヲ得　但シ前記物件ノ全部又ハ一部ヲ没収シ能ハザル場合ニ於テハ其ノ価格ヲ追徴ス
第三五条　第五条第二項、第六条第二項、第七条乃至第九条、第一一条、第一二条、第一九条、第二〇条第二項、第二一条、第二九条、第三二条、第三三条ノ規定ニ違反シタル者又ハ第三一条第二項ノ命令ニ違反シタル者ハ科料ニ処ス

附　則

第一条　本令ハ昭和十三年三月一日ヨリ之ヲ施行ス
第二条　明治四十四年九月福岡県令第四〇号ハ之ヲ廃止ス
第三条　本令施行前旧規則ノ規定ニ依リ漁業ノ許可ヲ受ケタル者ハ瀬戸内海漁業取締規則附則第三条ノ場合ヲ除クノ外本令ニ依リ漁業ノ許可ヲ受ケタル者ト看做ス　但シ鰛流刺網漁業ノ許可ヲ受ケタル者ハ本令ニ依ル流網漁業、鯛船曳網漁業ヲ受ケタル者ハ本令ニ依ル船曳網漁業、鵜使漁業ノ許可ヲ受ケタル者ハ本令ニ依ル鵜飼漁業ノ許可ヲ受ケタル者ト看做ス　但シ許可ノ期間ハ之ヲ変更セズ
第四条　本令施行前旧規則ノ規定ニ依リ下付シタル鑑札ハ本令ニ依リ之ヲ下付シタルモノト看做ス　但シ瀬戸内海漁業漁業取締規則附則第三条ノ漁業ヲ為ス者ハ本令施行ノ日ヨリ二月以内ニ漁業許可鑑札ノ書換ヲ申請スベシ
第五条　本令施行ノ際本令ニ依リ新ニ許可ヲ要スルニ至リタル漁業ヲ本令施行前ヨリ為ス者ハ本令施行後二月以内ニ限リ本令ニ依ル許可ヲ受ケザルモ仍従前ノ例ニ依リ漁業ヲ為スコトヲ得
前項漁業者ガ前項ノ期間内ニ当該漁業ノ許可ヲ出願シタルトキハ其ノ許否ノ処分ヲ受クル迄ノ間亦前項ニ同ジ

本取締規則は、許可漁業に関する事項（第一～一七条）、免許漁業に関する事項（第一八～二一条）、禁止制限事項（第二二～三三条）、罰則事項（第三四～三五条）および付則（第一～五条）で構成されており、第二次（明治四十四年）改正のものと比べると、許可漁業に関する事項が増え、免許漁業に関する事項が減っている。主な改正点は、許可漁業においては、許可対象漁業種が九種から十三種に増加したこと、許可漁業の制限・取消該当項目として「許可の条件違反」が追加されたことである。免許漁業においては、定置、特別漁業の保護区域がメートル単位で表示し直されているが、従来の保護区域外の保護措置が撤廃されている。禁止制限事項では、従来のように体長制限、禁止期間、禁止区域、禁止漁具漁法等多方面から制限措置が設けられているが、内容的には現実に対応した改正がなされるとともに、全般的に沿岸域、河川域における制限がより厳しくなっている。例えば、第二次改正では、河川における水産動物採捕の周年禁止が十一区域、期間禁止が七区域であったのに対して、今回の改正後では周年禁止三十二区域、期間禁止十区域と大幅に増加している。また罰則規定では、罰金・科料・拘留のほかに「漁具、漁獲物ノ没収スルコトヲ得　但シ没収シ能ハザル場合其価格ヲ追徴ス」が追加されている。

第十章　戦時下における漁業の統制強化

第一節　漁業経済の統制

一　国の施策

昭和十二年七月の蘆溝橋事件をきっかけとして、日本は長期的な準戦時、戦争経済に突入することになった。戦争は常に多量なる物資の消耗と人材の投入を伴う。準戦時体制はそれに必要なる物財の強行的生産と輸入物資の貯蔵、すなわち軍需用物資と競合する物財の市場流出を、徐々に制限する経済政策を中心として展開された。この政策は、国際収支の適合・生産力の拡充・物資需給の予測および調節を、財政経済の三原則として遂行されたが、その重点は軍需用物財を中心に展開された。このような経済政策の方向においては、漁業にも影響を与えないはずはなかった。

漁業生産に要する資材の多くは輸入物資であって、軍需と競合する部面も少なくない。したがって物資需給の調整、国際収支の均衡の面からの制約を受けつつ、漁業生産の拡大を図らなければならないという矛盾の中において、漁業活動は営まれたのである。

昭和十二年に漁船用石油の輸入税免税措置は廃止され、マニラ麻漁網鋼統制規則が施行され、翌十三年には綿糸配給統制規則、揮発油販売取締規則、石油統制令が相ついで公布された。そして国家総動員法が同年五月に発動されることによって、戦時統制がすべての産業に対して、体系的に強化されることになった。この国家総動員法は、文字通り、国のすべてをあげて戦争目的を達成するため、議会の審議を経ることなく国家権力の発動により人的物的資源の統制運用を行いうることとなった。

国民はこの戦争を「聖戦」として、あらゆる困苦欠乏に耐えながらも、生産力拡充のために勤勉と「尽忠奉国」を強いられていく。漁業の面では、漁船の新造が減少し、燃料は十三年頃から不足してくる。あらゆる資材が十四〜十五年の間に統制され使用量が極度に制限される。船と資材の不足のうえに漁夫の応召、軍需工場への流出によって漁業従事者が極度に減少していく。

十五年九月、日本は貿易、軍事外交上の劣勢を補強するために、独伊と三国同盟を結びこれを枢軸国と称したが、これは英米その他反枢軸国と完全な対立を意味し、米国は日米通商条約を破棄して対日輸出入政策を強化してくる。これが日米開戦の動機となって、十六年十二月、太平洋戦争が勃発する。日本は輸出人をもっぱらアジアに限定して亜細亜ブロックを打ち立てようとし、武力を前提とした八紘一宇という神がかり的な大東亜共栄圏の構想が生まれてくるのである。無謀な帝国主義戦争は八年間も続けられ、日本は国力のすべてを消耗し尽して崩壊する。

ところで、戦時の慢性的インフレ体質の状況下において、水産政策の視点は一般物価の上昇あるいは物資の欠乏と、漁業生産力拡充との相剋の根本的解決策におく余裕をもたず、政府は時局の進展に伴って糊塗的な法令を濫発してきたのである。

昭和十四年：価格等統制令、水産用灯油軽油の配給割当要綱、農林水産物及び農林水産用品販売取締規則、石油配給統制規則、国家総動員法に基づく価格等統制令、農村漁村用生産資材配給統制要綱

昭和十五年：生鮮食料品の配給並に配給統制に関する応急対策要綱、漁網綱配給統制規則、水産物缶詰販売制限規則、価格統制令により食用塩魚介類公正価格設定、生鮮魚介類出荷統制施設助成規則、食用生産魚介類販売価格設定、魚油配給統制規則

昭和十六年：国家総動員法に基づく生活必需物資統制令による生鮮魚介配給統制規則

昭和十七年：水産物配給統制規則、水産統制令

昭和十八年：生鮮食料品価格対策要綱、食料増産応急対策要綱、重油・揮発油・ガソリン切符制施行

昭和十九年：水産物配給統制規則

昭和二十年：重要水産物生産令、同施行規則、同施行規則による対象漁業の指定

以上の法令は、当初から総合的に計画されたものはなく、戦争の発展拡大につれて発動されたものであり、時局に即応した生産力の拡大や漁村生産の安定に活用できるものはきわめて少なかった。

二　準戦時下における福岡県の漁業増産対策と水産物統制

昭和十二年八月、政府は国民精神総動員実施要綱を決定して、国民精神総動員運動を開始したが、これは日中戦争に国民を動員するための銃後における官製の国民運動であった。国民精神総動員中央連盟を頂点に、福岡県でも「福岡県総動員実行委員会」がおかれ、神社への参拝、出征兵士の歓送迎、勤労奉仕などが奨励され、生活の簡素化、物資の節約などが呼びかけられた。また昭和十二年福岡県会では、「暴支膺懲に日夜奮闘せらるる皇軍将兵に対し銃後国民として誠に感激の至りに堪えず」の感謝決議を行っている。時局の名のもとに国民生活を規制しようとする社会的圧力は、日支戦争下において急速に強まっていった。昭和十三年三月、国家総動員法が公布され、日本経済は全面的な統制経済にはいった。

当時の福岡県下漁業界の動きをみよう。昭和十二年八月、福岡県漁民愛国献金運動が県水産課の提唱で実施されたが、それを左の記事で知ることができる。

(1)漁民の愛国献金運動に一万三千人の漁業組合員が参加

県水産課の提唱による漁民の愛国献金運動は愈々具体化し、各漁業組合毎に本月中に取纏めることゝなつた。その方法は旧盆休み前後の休みを一日割いて出漁し、その漁獲高を以て充当せんとするもので、八十六組合所属の一万三千人が参加の筈である。

（「九州日報」昭和十二年八月十一日）

(2)男々し、漁村奮然起つ

歓呼の声に送られてわが精鋭は暴支膺懲の征途へと上る、燦たる剣光帽影、遠ざかり行く軍靴の響き、あゝ銃後はただ一途に沸きたち、赤心はひたすらに昂揚するばかりだ。これを反映する本社へ寄託の献金は五日午後四時までに累計五十七万九千八百余円に達した。この日は福岡県下漁業組合が千二百九十三円二十一銭を寄託した。

その内訳は筑前七百二十三円、豊前三百二十円、有明二百五十円二十一銭である。

（「福岡日日新聞」昭和十二年十月六日）

さらに県は左のような水産物生産拡充五カ年計画を公表するとともに、長期耐戦に際しての漁業者意識の昂揚、応召軍人遺家族に対する奉仕、燃料その他需要品の節約、水産増産計画等に関する漁業者懇談会を県下九カ所で開催した。

福岡県水産物の生産拡充五ケ年計画

農林水産物の改良増産は色々な意味で最も緊要だとあつて、福岡県水産当局では同県増産五ケ年計画を進めていたが、此のほど完成した。それによれば、大体左記の方針により現在の水産漁獲物年額二千二百余万円、水産製造物三百五十余万円をそれぞれ五ケ年間にその倍額程度までの生産拡充を期せんとするものである。

(1)共同施設事業の奨励

①漁業者の協力精神涵養、②船溜、築磯、磯掃除、船溜浚渫作業等の奨励、③漁獲物販売の合理化、④漁業用品の共購、⑤蓄養場の整備、⑥共同作業及加工場の完備

(2)漁村指導機関の拡充

①水産試験場の拡充整備、②水産試験場豊前分場設置、③漁業組合指導専任職員設置

(3)県外出漁の奨励

①朝鮮海、熊本方面に於ける鰆流網漁業の奨励、②五島方面に於ける鯛延縄漁業の奨励、③長崎、大分方面に於けるフグ延縄漁業の奨励

(4)沿岸漁業の調整

(5)養殖事業の拡充

①水産試験場の拡充整備、②豊前海に於ける水産試験場分場の新設、③適種種苗の移殖奨励、④種苗発生地の保護、⑤海苔養殖の拡充改善、⑥外敵駆除奨励、⑦内水面の利用奨励

(6)漁具漁法の改善

①動力漁船の奨励、②実業教師の招聘、③ラインホラー設備奨励

(7)其他

①漁村更生認識の高調、②講習講話会開催、③生産改善施設、④副業奨励

（「福岡日日新聞」昭和十二年十一月十八日）

その一方で、漁業用重油の免税制度廃止にともなう燃油の値上りは必至となり、漁業生産活動に支障を与えるようになった。県ではその対策として左のような関係者協議会を開いているが、この問題は絶対量の不足によるものである以上、根本的解決はありえなかった。

福岡県水産課では県下の漁業組合長並に沿岸町村長百三十名を十七日午後一時半、県教育会館に集め、揮発油並に石油の消費節約の協議会を開いた。そこで、今後は予め警察に申請し切符を受け取つて、それで油を購入する事に決定した。これで漁業用の油も切符なしでは購入不可能となつたわけである。尚ほ左記の条項に関しても油の節約を強化して国策の線の合一する筈である。

①電気着火式にて揮発油使用（軽油を使用し得るもの）のものは、この際軽油を使用せしむること
②始動用揮発油に於いても可成取纏め購入券を使用せしむること
③将来沿岸小漁船に対しては動力を使用せしめざること
④機関士講習その他に依り機関士の技術を向上せしめ石油の無駄排除をなすこと
⑤五屯未満の船舶は船舶台帳の如き拠る処なきため調査困難なるも孵組合等に付詳細調査の上、石油規正の件周知せしめられたきこと

（「九州日報」昭和十三年三月十八日）

昭和十三年四月の国家総動員法発令と前後して漁業用物資の配給統制規則、石油統制令が公布され、漁業への影響は次第に深刻となっていく。漁業用物資統制に対して、県下では諸々の対策がなされたが、その一部を左の新聞記事で知ることができる。

石油、綿糸、麻等の国家統制対応策について福岡県下各漁業組合は県水産課の指導の下に、それぞれ実際的具体案を考究中である。先般の漁業組合長会議に於て共同漁業の徹底化を図ることゝなつたが、石油対策については従来各漁業が個々に出漁していたのを、一艘が他の二、三艘を曳引するといふが如き合理化を図る方針で、これがため速力の低減もあるわけであるが、時局柄我慢すべきであるとしている。一方、網の原料たる綿糸、麻の統制強化については大体保存法を考究する筈で、豊前部に於ては煮沸によつて耐久性を強大ならしむる為に使用染料、煮沸法等の講習会を行ふことゝなつた。

この外、県水産課では如上の物資統制及び応召者輩出のため稼働者少く、結局婦女子にも換労出来るが如き沿岸漁

業を奨励すること、なり、魚礁設置を大いに助成する方針で、経費不足の分については補助を与へるべく考究中である。

（「九州日報」昭和十三年七月二十日）

漁業用物資の統制強化に対する対策として、物資の節約、代用品の開発試験、配給供給の陳情、漁具保存施設に対する県費補助などが取り組まれたが、それらの抜本的効果はみられるはずもなかった。漁業生産の落ち込みは当然の帰結であった。昭和十四年度通常県会において、山崎美太郎県議は水産施策の関連質問のなかで、「本県ハ全国デモ有数ノ水産県トシテ年産七百万円以上ノ水揚ヲ有シテ居リ、三面ニ豊富ナル漁場ヲ控ヘテ居ルガ、近年ノ動向ヲ見ルト、金額ハ変ラナイケレドモ、ソレハ価格ノ関係ニ依ルモノデ実際ノ漁獲量ハ従前ノ約二分ノ一ニ減ジテ居ルノデアル。之ヲ追補スニハ県当局ノ開発指導ニ依ル処ガ大キイト思フガ、現在ノ予算上デハ水産ニ対シテハ放任的ナ措置デアリ、水産行政ニ対スル基本計画ガナイト思フ。本県水産行政ニ対スル計画、信念ガアツタラ御伺ヒシタイ」と質問した。これに対して、県当局はその状況を認めつつ、水産振興協議会において最善の努力をしたいと、答弁するにとどまっている。

農林省は戦時水産物確保のために漁業計画生産を実施すべく、十六年度にその予算化を図るために総合生産計画の基礎資料を提出するよう各府県に求めた。福岡県は農林省の指示にしたがって、明年度水産物生産目標を提出しているが、その概要を新聞記事でみることができる。

(1)農林省、漁業の計画生産化に乗出す

漁業生産資材の中、主なるものは輸入に俟たねばならず、一方漁業生産の実状は漁業者各個人の自由企業であるため俄に計画実現は企図出来難いことであるが、農林省では戦時水産物確保のため漁業計画生産を実施すべく凡そ三十万円の予算を計上、大蔵省に提出中である。水産局では予算の査定を待たず、全国的に漁業組合、水産会若くは水産組合を計画団体として水産漁業者の漁業生産を統合計画せしめ、資材、労力の活用、経営の合理化を図らしめると共に生産目標、生産方法を府県を通して農林省に報告せしめ、綜合生産計画作成の基礎を作ること、なつた。右計画生産実施の範囲は内地沿岸、沖合及び北洋、南洋等の遠洋漁業は勿論、河川、湖沼等の漁業をも包含するものである。又生産計画の主体は内地漁業と海外漁業の二系統として、内地漁業は漁業組合連合会で計画を作成すること、なり、差当り昭和十六年四月一日より十七年三月三十一日までの生産計画を各府県で十一月中にまとめて農林省に提出せしめることになつている。農林省はこの生産計画に基き重要水産の需要量に従つて綜合生産計画を樹て、道府県又は水産組合に資材及び生産量の割当を行ひ、道府県又は水産組合は更に漁業組合、水産会或は水産組合員に生産をそれぞれ分担せしめんとするものである。漁業生産の国家的統制を実現するものとして注目されている。

（「福岡日日新聞」昭和十五年十一月十九日）

(2)福岡県の明年度水産物生産目標

銃後漁村の限られた労力と資材を有効に活用し「海の幸」の生産増加をはかるため農林省では物動計画とも睨み合せ、必需水産物の生産計画をたて関係水産機関の協力を得て実効を期すことになつた。生産県であり消費県である福岡県では、これに呼応、県下八十五漁業組合から各組合別に確実な明年度生産予定数量を始め漁業の種類、漁期、漁場、操業日数、同時間、漁船、資材、燃料などに関する報告を求め、本県明年度漁業計画の輪郭を作り、本省に報告した。本省ではさらに検討を加へ、重点主義による綜合計画を定め、各府県に一名づつの専任技術員を配置し実行をはかることになつた。県下組合報告を集計した明年度水産物の生産目標の主なるものは次のやうである。（以下省略）

（「九州日報」昭和十五年十二月十九日）

しかし、以上のような水産物生産目標は机上計画に過ぎず、漁業生産の激落は当然の成り行きであった。すでに、太平洋戦争勃発を前にして、水産物絶対量の不足は決定的となり、水産施策は水産物価格、配給統制にその重点を移せざるをえなくなった。まず福岡県下における水産物の価格統制の経緯を以下に記す。

(1)福岡県、海産・乾物等三百種に協定価格を設定

福岡県では海産、乾物類約三百種の協定価格を関係組合からの申請により設定、今十二日から実施すること丶なつた。九・一八物価に比し全般的に九分見当の値上りである。

（「九州日報」昭和十五年四月十二日）

(2)昭和十六年一月十五日　福岡県告示第四五号

価格等統制令第七条ノ規定ニ依リ福岡県ニ於ケル左記物品ノ販売価格左ノ通指定ス

生鮮魚介類販売価格表、六〇種（省略）

(3)昭和十六年二月八日福岡県告示第一七八号

価格等統制令第七条ノ規定ニ依リ福岡県ニ於ケル鰻ノ販売価格左ノ通指定ス

鰻販売価格（省略）

(4)昭和十六年九月九日　福岡県告示第一二七三号
価格等統制令第七条ノ規定ニ依リ福岡県ニ於ケル食用生鮮魚介類ノ最高販売価格左ノ通指定シ昭和十六年九月十日ヨリ之ヲ施行ス
昭和十六年一月十五日付福岡県告示第四五号ノ指定ハ之ヲ取消ス
食用生鮮魚介類最高販売価格、一四〇種（省略）

(5)昭和十六年十一月十五日　福岡県告示第一六四二号
価格等統制令第七条ノ規定ニ依リ福岡県ニ於ケル食用生産魚介類ノ最高販売価格左ノ通指定シ即日施行ス
昭和十六年九月九日付福岡県告示第一二七三号ノ指定ハ之ヲ廃止ス
食用生鮮魚介類最高販売価格、約一五〇種（省略）

水産物供給量の不足は如何ともしがたく、短期間のなかで販売価格の基準を朝令暮改的に変えざるをえなかったのである。以上のような販売価格指定に基づく統制のほかに、国はより強度な配給統制に踏み切った。昭和十六年四月一日、農林省令第一四号「生活必需物資統制令ニ基キ鮮魚介配給統制規則定ム」を発した。この主旨は「農林大臣が指定した陸揚地、集荷場に鮮魚介の搬入を義務付け、そこでの鮮魚介出荷計画（出荷先・数量・時期等）を定めることやそれらの変更を命じることを可能とした」のであった。これに基づいて、福岡県下ではどのような状況、動きがなされたかについて、「福岡日日新聞」は左のように報じている。

強度な生鮮魚介配給統制、七月十五日から実行

この七、八、九の三日間、福岡県では農林省の係官を迎へて西日本関係代表を集めて生鮮魚介配給統制実施に関する大評定を開いた。去る四月一日公布された生鮮魚介配給統制規則にて指定された「関門消費地区」に対する水産物配給機構並びに運営の基本要綱を協議した。この決定に則り来る十五日から強度の生鮮魚介配給統制は実行され、従来の自由主義機構は根本的な変革を見ること、なつた。既に早く魚介類に対しても相当広汎な公定価格制が布かれているから旧来の自由市場はその限りに於てなくなつているとも云へる。それにしても今度の強度統制実行の上は、市場はあつてもセリ市は消滅し市場業務は唯場屋の管理と出荷配給計画の遂行と而して共同出荷、共同荷受に関する手数料の清算分配事務をとる純粋な事務所となり、仲買人等も結局一定手数料と月給制に立つ純事務員と変らうといふ

のだから正にこれも時代である。無論一時に全部がかやうな断層的変貌を遂げるのではなく、旧自由市場的運営も暫くは統制の範囲外として残存するのだが、必需品の確保が戦時下の最重要命題であり、魚介類が日本人に不可欠の食料であり栄養源である限り、統制の程度、範囲は拡がり深まりこそすれ軽減される憂ひはない。この強度生鮮魚介統制の内容について見やう。

去る四月一日公布された鮮魚介配給統制規則に基き全国で百十二箇所の陸揚地と四区域の消費地域が指定された。云ふまでもなく、戦時下の必要に基き生産者から消費者の手にわたるまでの魚の流れを全面的に統制し、少い魚を公平に配給しようといふのがこの統制の狙ひである。九州地方ではただ一箇所、消費のもつとも旺盛な関門消費地区が指定された。範囲は下関、北九州五市、福岡、直方、飯塚、伊田である。関門地区内の指定陸揚地は戸畑と下関で、関門地区で消費する魚は大部分この二つの陸揚地から送られる。このほか指定されていない博多やその他長崎、佐賀、宮崎など各県下のこれまで実績のある各指定陸揚地からも送られてくる。指定陸揚地では指定集荷場の開設者と県係官からなる出荷組合を設ける。例へば戸畑鮮魚出荷統制組合の役員は、組合長竹谷県経済部長、副組合長林日水九州営業所長、小河戸畑魚市場代表、専務理事丸地日水九州営業所営業課長で、以下理事、参与などとなつている。この組合で指定消費地向け、自県内向け、消費地区以外の県外向けの三本建ての出荷計画をたて、農林省の認可を受けたうへ出荷組合が指図して計画とほりの共同出荷をする。

一方消費地区には配給統制協会が設けられる。関門消費地区の魚類配給統制協会の役員は会長本間知事、副会長伊東林兼専務、同林日水九州営業所長、専務理事中村茂氏以下理事、参与などとなつている。出荷組合が共同出荷したものはこの配給協会が一手に荷受けして配給地区内に公平に配給するわけである。陸揚地に上った魚類は全部出荷組合の手を経て共同出荷し、また消費地区内の各市場でも将来買受人（小売人）の商業組合をつくらせて荷割りを統制する方針なのでこれまでのやうに「セリ」をする余地は全くなくなるわけだ。

この統制は指定陸揚地に陸揚げされた鮮魚に対して行はれるもので、陸揚げされるまでのものには及ばない。生産者はどこに陸揚げしようと勝手だが、五屯以上の船舶が荷揚げの関係で寄港せんとする場合はその港の所属地長官に届け出ねばならぬことになつているので、どこに揚げても揚がつた鮮魚の数量は分かり、それに応じて統制が加へられるので消費地区に必要なだけの数量は確保できるわけである。

また指定消費地区以外の地域に対しても近く福岡県鮮魚介配給統制規則を設け指定地区に準じた方法で配給統制を布くことになつている。同時に決まつた七十八種の鮮魚介類公定価格のほか残り全部にも近く公定価格が決められると云ふわけである。

統制計画の大要は以上の如くで、これによつて計画的な共同出荷、共同荷受、而してその配分が実施されること、なるのだが、出荷組合、配給統制協会各々の内部構成なりその運用なりは具体的にどう定められるか、構成員の問題は先づ解決するとして更に手数料率の問題も時局柄、公益優先原則に則り決せられるとして各構成員の出荷、荷受配給の比率をどう決めるか、一市場だけをとつても数千人を数へる仲買人、小売商の割当配給制を如何に運用するか、貯蔵を許さぬ生ものを気紛れな需要にどう臨機応変的に適合させるか、漁業と云ふものは余りにも気紛れ千万な天候次第の水ものである、等前途に予想される困難は甚だ多く、強度統制は甚だ複雑なものにならざるを得ぬ。しかし凡ては時局の要請だ。魚類の流れが正しい軌道に乗つて消費者の手許まで不公平なく配分されるまで、あらゆる困難は官と云はず配給業者と云はず、消費者も亦気ばやな愚痴を謹んで、あらゆる困難は断じて克服されなければならぬのだ。

（「福岡日日新聞」昭和十六年七月十六日）

以上の記事からうかがわれるように、水産物の統制価格、配給施策が円滑に施行され、成果をあげるはずはなかった。しかし戦時下に入っても、さらに販売価格の基準は乱発的に変えられ、配給統制は強化されていったのである

三　戦時下における福岡県の漁業増産対策

昭和十六年十二月八日、わが国は太平洋戦争に突入する。福岡県では、すでに昭和十五年十一月に各政党県本部が解散合流し大政翼賛会福岡県支部を発足させていたが、戦争勃発と同時に福岡で翼賛九州大会が開催され、戦意昂揚がはかられた。福岡県会では次のような「聖戦達成」決議がいずれも満場一致で行われている。

(1)昭和十六年度通常県会

「支那事変ヲ完遂シ東亜共栄圏ヲ確立スルハ帝国確固不動ノ国是ナリ此ノ使命ヲ妨害スル国家群ニ対シテハ断乎之ヲ排撃スベキナリ我福岡三百万県民ハ愈々其ノ職域ニ挺身奉公如何ナル困苦欠乏ニモ堪ヘ得ル決戦態勢ヲ堅持セリ本県会ハ時局ヲ担当日夜輔弼ノ大任ニ在ル内閣総理大臣ニ対シ聖業達成ノ為勇往邁進セラレムコトヲ決議ス」

(2)昭和十七年度通常県会
「米英ヲ撃滅シ皇道ヲ世界ニ宣布スルハ今次聖戦ノ真義ナリ、我ガ福岡三百万県民ハ時艱ヲ克服シ一致結束大東亜戦完勝ニ邁進シ以テ聖慮ニ副ヒ奉ラムコトヲ期ス
本県会ハ日夜輔弼ノ大任ニアル内閣総理大臣並ニ陸海軍大臣ニ対シ聖業達成ノ為愈々勇往邁進セラレムコトヲ望ム、右決議ス」
(3)昭和十九年度通常県会
「米英ヲ撃滅シ万邦ヲシテ各々其ノ処ヲ得セシメ道義ニ基ク世界新秩序ヲ建設スルハ我ガ肇国ノ大理想ニシテ亦大東亜共同ノ目的ナリ、然ルニ敵米英ハ之ヲ阻止シ緒戦ノ惨敗ト領土ノ喪失ニ狼狽茲ニ一大反撃ヲ以テ我ニ抗スルアリ、我ガ福岡三百二十万県民ハ克ク今次聖戦ノ意義ヲ解シ一致団結雄渾ナル作戦ニ即応スルタメノ不抜ノ国内態勢確立ニ協力シ大東亜戦完勝ニ猛進以テ聖慮ニ副ヒ奉ラムコトヲ期ス
本県会ハ時局ヲ担当日夜輔弼ノ大任ニ在ル内閣総理大臣並ニ臺閣諸公ニ対シ聖業達成ノ為益々勇往邁進セラレンコトヲ望ム、右決議ス」

さて、戦時における水産施策の重点は、漁業増産と食用魚介類の適正・円滑な配給・価格統制を実施することであった。本項では福岡県の漁業増産対策について概観してみたい。

まず政府は戦争開始を前にして、昭和十六年十月三日の閣議で次のような魚介藻類増産対策施策を決定した。

臨戦下食糧問題の根本的解決を期する政府は先に閣議で従来の米麦、澱粉含有の重要食糧農産物に加へ蛋白及び脂肪の給源確保を目指す緊急食糧対策を樹立した。その第一歩として去る三日の閣議では明年三月迄に三百四十万余円の予算で左のような非常時水産科学の粋を動員し、魚介類増産に水産日本の総進軍を敢行することになつた。以下はその全貌である。

①漁法転換奨励：石油の消費を一層規正するため従来の石油使用の漁撈方法を動力のいらない漁法へ転換する。即ち鰤の巻網等は流し網に変へ、鯛の延縄なども鯖の巻網に転換させ、少い石油で漁獲の大量生産を目指し、手漕船を奨励する。

②木炭瓦斯発生装置助成：現在陸上輸送に大きな役割を果している木炭を海上の漁船にも取入れ、世界最初の木炭動

力漁船四千隻を登場させる。

③小型漁船の帆船化：これも石油の消費規正を強化するためで約八百隻の発動機船を帆船に改変する。

④養魚誘蛾灯の普及：従来の誘蛾灯は石油を使用していたが、紫外線その他人間には不可避の特殊光線を利用した誘蛾灯約二千六百灯を各養魚場に普及させる。この誘蛾灯によつて集められた農産物の害虫を直接魚の飼料に供給する。

⑤魚族築磯施設：全国海岸に石、木その他を投げ込み集魚築磯を造つて簡単に漁獲をあげるやうにする施設で、全国で魚類のもの一〇五、蝦類一五、海鼠三〇を新設する。

⑥内湾漁場耕耘助成：トラクターによる干潟の開墾方法を全国二十府県に実施し、約六千町歩の開墾を行ふ。

⑦磯焼の荒廃漁場の更生：岩面搔破によつて海底の雑草を除去し、てんぐさ、布のり、鹿尾菜、岩海苔など海の幸の増殖に拍車をかける。これは北海道を始め全国三十府県に実施、総面積は一千八百町歩見込みである。

⑧集魚灯の電化：現在各漁業組合で集魚灯を利用しているガス、石油を電力に転換するため全国に集魚灯の充電所五十ケ所を設置、一層集魚の効果をあげる。

⑨放流稚魚増産助成：これは主として鯉、わかさぎを中心として鯉の親四万五千尾、わかさぎの卵一千七百億粒を全国各養魚場に放流する。

⑩草魚移殖放流助成：雑草飼料を非常に好み生育の早い草魚（鯉に似た大陸魚）約四万五千尾を支那各地から輸入し全国各河川湖沼池等に放流する。

（「福岡日日新聞」昭和十六年十月六日）

この政府の方針を受け、福岡県は左の魚介増産対策を打ち出した。

臨戦下食糧問題の根本的解決を期して、政府では明年三月迄に三百三十四万円の予算で漁法転換奨励、木炭瓦斯発生装置など非常時水産科学の粋を動員し、魚介増産に水産日本の総進軍を敢行することになつた。福岡県水産課、水産試験場では全国に魁け二十万円の予算を計上し、海に河川に干潟にあらゆる水域を利用した臨戦漁法を立案し、その具体的準備を着々進めているが、以下がその全貌である。

①内水面の利用：これは主として淡水魚特に鯉の増産で、県では十四、五万円を投じて一億粒の鯉卵を孵化させ、二千五百万乃至三千万の一、二寸位の鯉児を育成し、これを河川、湖沼、堀、水田等に放流する。そして一ケ年に二

百万乃至二百五十万尾の増産を図るもので、県下には河川を除いた内水面だけでも八千町歩余に達しているので養鯉による海産魚類減の補給として大いに期待される。

②有明海の干潟利用：全干潟一億万坪を有する有明海岸は干潟としては全国随一で福岡県下の分は二千万坪に達するので、これに介類中最も増産に適するアサリ貝の養殖を図るものである。二千坪の中現在アサリ貝適地としての未開墾地は六百万坪に達するので、これに大々的養殖を図り肉類不足による動物性蛋白質を補給しやうとするものである。

③木炭瓦斯発生装置奨励：油不足による出漁を補ふため既に政府では計画の木炭船四千隻のうち五十隻、七千五百円の補助が本県に割当られているので、県水産課では全国に魁け試験木炭船を設計中で、これは十一月中に完成、試験完了次第五十隻を早急に改造する。

④築磯の奨励：網、ロープ類の不足のため従来の地引網等に代る大漁方法として魚族を集めるための築磯増設を奨励、釣利用による生産拡充を図る。

（「福岡日日新聞」昭和十六年十月七日）

昭和十六年度通常県会において、知事は水産関係予算について「漁業用石油其ノ他各種資材ノ規制強化並ニ労力不足等ニ依ル生産減少ヲ補ヒ、且ツデキル限リノ手段トシテ、魚礁施設費五千円、烏賊増産施設費四千円、蜊増産施設費三万四百十二円、鯉増産施設費八万八千四百二十円ヲ夫々助成スルコト、シ、淡水魚増産ヲ目的ニ餌料不足ヲ補フタメ天然餌料聚集用トシテ紫外線誘蛾灯ヲ設置セシメ、之ニ対シテ二百円ノ助成費ヲ計上シタ」と説明している。しかし昭和十七年度通常県会では、知事は水産関係予算に関しては「県民食料確保ノタメ又蛋白給源トシテ生鮮魚介類生産ノ維持拡大ヲ図ルノ要大デアルガ、漁業用石油其他資材ノ規制強化並ニ労力不足等ニ依リ生産力低下ノ虞ガアルノデ漁業経営ノ合理化ヲ策シ、出来ル限リノ増産ヲ図ルコト、シ」と言及するにとどまっている。

昭和十八年六月四日、閣議で食料増産応急対策要綱が決定発表されたが、そのなかで水産物増産対策措置を打ち出した。

①溜池、湖沼、河川などにおける未利用水面における鯉、鮒、泥鰌などの孵化放流水域などを拡充し淡水魚の増産をはかること

②大衆向海産多獲魚類の孵化放流施設を拡充するとともに未利用浅海面の開発による海藻類の増産をはかること

③無動力漁船の操業促進の方途を講ずること

（「西日本新聞」昭和十八年六月五日）

また福岡県では左の昭和十九年度漁業増産対策を決定した。

①魚礁増設：来年度は筑前海に五ケ所、豊前海に二ケ所、合計七ケ所に新魚礁を設置する。資材不足の折柄「木の枝、ざかご」などの有合せ資材でつくる。

②鰯の人工孵化：鰯の好棲息地である筑前海において、まだ試みたことのない鰯人工孵化を実施する。その施設整備の準備はすでに進んでいる。来年度中に十億尾を孵化させこのうち少くとも五億尾を漁獲しやうといふ計画である。

③共同曳船の建造：機関用油不足のため休漁している漁船を有効に活用することを目的に、対策研究の結果、これらの舟を漁場まで曳いて行く大型曳船を使用することを考案した。県費補助で水産業会に二隻建造させることにした。これが出来れば石炭船の向ふを張る「漁船列車」が出現し、一隻の油で幾艘もの漁船が移動出来るわけである。

④海底開墾：前年度から行つている耕運機による海底掻きは底土の若返りに非常な効果をあげているので、来年はこれを有明海の遠浅海底で使用し大いに貝類の発生、成長を促さうといふものである。

（「西日本新聞」昭和十八年十二月十九日）

昭和十九年度通常県会において、知事は二十年度水産関係予算について次のように説明している。

生鮮食料確保ニ付テハ、国民生活ノ現況ニ鑑ミ特段ノ措置ヲ必要トスルノデ、先ニ福岡青果物統制株式会社及ビ福岡県魚類統制株式会社ノ設立ヲ見タガ、県モ之ニ対シ本年度追加予算ニ依リ各五拾万円ノ出資ヲ致シテ積極的ニ之ガ推進ヲ図ツタ所デアル。水産関係ニ付テハ、鯉増産費ヲ拾八万五千円、草魚移殖費ヲ壱万七千余円、魚礁及魚巣施設ヲ壱万九千円夫々増額ヲ致シ、且県内外ニ亙ル主要生産地ニ職員ヲ設置スルコト、シ弐万余円ヲ経上致シ、入荷ノ便宜ヲ図ルコト、シタ。別ニ漁業油ノ製造ニ付テ研究中デアル。又別ニ漁業用燃料対策費九千六百円ヲ計上シタ。

増産施設費	四〇八、四三五円
魚礁施設費補助	二〇、〇〇〇円
魚巣施設費補助	八、〇〇〇円
貝類増産施設費	四〇、〇〇〇円
漁場開墾施設費	四、〇〇〇円
海苔及海草類増産奨励費	一〇、〇〇〇円

鯉増産費　二五五、〇〇〇円
鮎増産費　七、五八五円
草魚移殖費　三七、八〇〇円
計画生産実施奨励費　一三、〇〇〇円
漁業用燃料対策費　九、六〇〇円
漁業増産促進施設費　三、四五〇円

一方、国はさらに漁業増産の統制強化を図るため、昭和二十年三月十日、勅令第八八号「重要水産物生産令」、同日農商省令第九号「重要水産物生産令施行規則」および三月三十日、農商省告示第二〇八号「重要水産物生産令施行規則第一条第一項第二号に依る対象漁業の指定」を公布した。その主旨は戦時水産要員、戦時基幹漁船および重点対象漁業を指定し、それらの統制管理を通して重要水産物の生産確保を図ろうとするものであった。福岡県では、この規則に基づき福岡県の対象漁業を左のように指定している。

昭和二十年六月十六日　福岡県告示第四六四号

重要水産物生産令施行規則第一条第一項第三号ノ規定ニ依リ左ノ通指定ス

○カナギ房丈網漁業　○機船底曳網漁業　○五智網漁業　○鯛網漁業　○打瀬網漁業
○烏賊曲網建網漁業　○桝網漁業　○地曳網漁業　○鯛延縄漁業　○柔魚釣漁業
○鯛一本釣漁業　○各種一本釣漁業　○羽瀬漁業　○蟹烏賊籠漁業　○蛸壺漁業
○採貝漁業　○貝類養殖業

指定された漁業種は当時の福岡県の主要漁業であったが、これらのほとんどはすでに十分に出漁できる状態にはなかったと思われる。増産計画などは机上の空論にすぎなかった。

戦況は悪化の一途をたどった。昭和十九年六月、北九州に福岡県初の空襲があり、さらに同年七月、サイパン島が陥落すると同島から飛来する米軍機により、県内の主要都市は度重なる空襲をうけることになった。昭和二十年は、六月二十九日福岡市、同二十九日門司市、七月二十六日大牟田市、八月八日八幡・若松・戸畑市、同十一日久留米市と大規模な空襲をうけ、県内の各都市は焦土と化した。そして八月十五日に敗戦を迎えたのである。

四　戦時下における福岡県の水産物統制

水産物統制は適正価格で円滑に配給することであり、その施策は戦時に入ってさらに強力に進められた。しかし、その一環として指定する食用水産物の公定価格設定は左のように相変わらず朝令暮改的に変更せざるをえなかった。

(1)昭和十七年二月十七日　福岡県告示第二〇四号

昭和十六年十一月十五日付福岡県告示第一六四二号指定ニ係ル食用生鮮魚介類最高販売価格中左ノ通追加ス新ニ食用生鮮魚介類二十七種ヲ追加シ、其ノ最高販売価格ヲ指定ス（省略）

(2)昭和十八年三月二十三日　福岡県告示第三〇三号

昭和十六年十一月福岡県告示第一六四二号（食用生鮮魚介類最高販売価格指定ノ件）中左ノ通改正ス

①沿海町村最高販売価格ノ末尾ニ「くじら類」ヲ加フ（省略）

②消費地区最高販売価格ノ末尾ニ「くじら類」ヲ加フ（省略）

(3)昭和十八年四月二十三日　福岡県告示第四七三号

昭和十六年十一月福岡県告示第一六四二号（食用生鮮魚介類最高販売価格指定ノ件）中左ノ通改正シ昭和十八年四月二十六日ヨリ之ヲ施行ス

①沿海町村最高販売価格中ぶり、れんこだい、まあぢ（あおあぢ）、えそ、かながしら、まいわしノ行ヲ改ム（省略）

②消費地区最高販売価格中まぐろ、以下約三十種（省略）ノ行ヲ左ノ如ク改ム（以下省略）

(4)昭和十八年七月八日　福岡県告示第八二二号

昭和十六年十一月福岡県告示第一六四二号（食用生鮮魚介類最高販売価格指定ノ件）中左ノ通改正シ昭和十八年七月五日ヨリ之ヲ適用ス

昭和十六年二月福岡県告示第一七八号（食用鰻ノ最高販売価格指定ノ件）ハ昭和十八年七月七日限之ヲ廃止ス

①沿海町村最高販売価格中「あゆ」、「どぜう」、「こい」、「ふな」、「はぜ類」、「うぐひ」、「公魚」ノ行ヲ削ル

②消費地区最高販売価格中「あゆ」、「どぜう」、「こい」、「ふな」、「はぜ類」、「うぐひ」、「公魚」ノ行ヲ削ル

(5)昭和十九年四月八日　福岡県告示第三九四号

価格等統制令第七条ノ規定ニ依リ食用冷凍魚介類ノ小売業者最高販売価格左ノ通之ヲ指定ス
昭和十五年四月福岡県告示第三二一号（冷凍メキシコ蝦ノ販売価格指定）、昭和十五年八月福岡県告示第七三九号（大正冷凍無頭えびノ協定価格認可）、昭和十七年十一月福岡県告示第一六三四号（冷凍黄白黄金かれひノドレス物ノ最高販売価格指定）ハ之ヲ廃止ス

(6)昭和十九年五月九日　福岡県告示第五三七号
食用冷凍魚介類ノ小売業者最高販売価格（省略）
価格等統制令第七条ノ規定ニ依リ福岡県ニ於ケル食用生鮮魚介類ノ最高販売価格左ノ通指定シ昭和十九年五月十日ヨリ之ヲ廃止ス
食用生鮮魚介類最高販売価格（省略）

(7)昭和十九年六月十五日　福岡県告示第七〇六号
価格等統制令第七条ノ規定ニ依リ福岡県ニ於ケル左記物品（食用いわし製品等）最高販売価格左ノ通リ指定ス
食用いわし製品等ノ最高販売価格（省略）

(8)昭和十九年七月八日　福岡県告示第八五八号
昭和十九年四月福岡県告示第三九四号（食用冷凍魚介類ノ小売業者最高販売価格指定ノ件）中左ノ通改正ス
にしん、まぐろ・かじき類等最高販売価格（省略）

(9)昭和十九年八月二十四日　福岡県告示第一〇五八号
昭和十六年十一月福岡県告示第一六四二号（食用生鮮魚介類ノ最高販売価格）中左ノ通改正ス
消費町村、消費地区最高販売価格（省略）

(10)昭和十九年九月三十日　福岡県告示第一一九四号
価格等統制令第七号ノ規定ニ依リ食用生鮮魚介類ノ最高販売価格左ノ通指定シ告示ノ日ヨリ之ヲ施行ス
昭和十六年十一月福岡県告示第一六四二号及昭和十九年五月福岡県告示第五三七号ハ昭和十九年九月三十日ヲ以テ之ヲ廃止ス
食用生鮮魚介類最高販売価格（省略）

⑾昭和十九年十一月七日　福岡県告示第一三三〇号

昭和十九年九月福岡県告示第一一九四号（食用生鮮魚介類ノ最高販売価格指定ノ件）中左ノ通改正ス

製造用原料価格（省略）

⑿昭和十九年十二月二十六日　福岡県告示第一五〇二号

価格等統制令第七条規定ニ依リ福岡県ニ於ケル「食用いわし」製品ノ最高販売価格左ノ通指定シ昭和十九年六月福岡県告示第七〇六号ハ之ヲ廃止ス

食用いわし製品最高販売価格（省略）

⒀昭和二十年一月十三日　福岡県告示第二九号

昭和十九年九月福岡県告示第一一九四号（食用生鮮魚介類ノ最高販売価格ノ件）中左ノ通改正ス

くじら肉類最高販売価格（省略）

このような公定価格制度を行政権力により実施しても需給のバランスが崩れるならば、どのような形でか高騰を続けるのは、必然的現象である。公定価格施策のなかには、魚種別銘柄別に価格基準は決められても、品質の問題にまで細かな規制を加えることはできない。いわんや生鮮水産物価格決定の重要な因子の一つは新鮮度いかんにおかれるのが、旧来の取引慣習である。それが考慮の外におかれるとなるならば、商品は消費地にまで運賃諸掛りをかけて輸送することなく、鮮度に応じて売れる生産地付近において消化されるのは当然の成行であった。水産物の流れは官定軌道には必ずしも乗らず、闇取引・闇相場が実現した。この現象は生産供給量が減少するに比例して顕著となり、漁港では公然の出来事となり、大都市においても一般家庭に出回らない新鮮な高級魚が、料亭等においては公然と食膳に供されていた。水産物は公定価格と闇価格の二重形成において流通したのである。

一方、配給統制施策についてみる。昭和十六年四月、鮮魚介配給統制規則が公布されたが、戦時下の昭和十七年一月七日、農林省令第一号でさらに強度な統制力をもつ「水産物配給統制規則」が公布、即施行された。それは「農林大臣又ハ地方長官ハ水産物ノ統制上必要アリト認ムルトキハ関係団体ニ対シ、水産物ノ生産、譲渡、譲受、寄託、保有、移動、保管、使用又ハ消費ニ関シテ命ジ又ハ、制限、禁止ヲ為スコトヲ得」というもので、食用水産物についてはどのような行政措置も可能となったのである。

福岡県では、この規則に基づき水産物販売状況の全県一斉取締りを実施した。「福岡日日新聞」は左に報じている。

　新春早々公布された水産物配給統制規則の主旨徹底を期して、県経済保安課では近く全県的に水産物販売状況の一斉取締を大規模に断行すること丶なつた。最近魚介類の需給関係は生産地その他状況から著しく不円滑に陥り、統制の網を潜らうとする各種加工品まで市場に続出して規格統制を攪乱する傾向にある。これらに断固鉄鎚を下して戦時下国民生活の台所を明朗化させやうとするものである。その見地から今回の取締は海産魚介のみでなく河川湖沼産の淡水魚類にまで及し、加工品も乾物、漬物、佃煮類まで範囲を拡大し、いやしくも水産物である以上は徹底的な統制配給の機構にのせようと場合によつては峻烈苛烈を極むる取締をも断行する方針である。同時に業者に対しては配給統制規則の実施と併行して企業合同、共同販売制をも準備せしむるやう指導すること丶なつている。

（「福岡日日新聞」昭和十七年一月二十七日）

　鮮魚介配給統制規則の主目的は、生産者から消費者の手にわたるまでの魚の流れを全面的に統制し、少ない魚を公平に配給しようとするものであった。福岡県では国の統制規則を補完するため、昭和十七年十一月十二日、福岡県令第一一九号「福岡県鮮魚介配給統制規則」を公布した。これは国の統制規則で指定された消費地域、消費市場以外の所を県の指定消費地域、消費市場として補完し、全県下に鮮魚介配給統制網をしこうとするものであった。「西日本新聞」はこの件について左のように報じている。

　鮮魚介配給統制規則を全県下に実施農林省の鮮魚介配給統制規則によつて門司、小倉、若松、戸畑、八幡、飯塚、直方、田川、嘉穂、鞍手、遠賀、福岡、粕屋、筑紫、早良の八市七郡と宗像郡赤間町が本省の消費地区に指定され、北九州魚類配給協会から一元的な計画配給が行はれることになつた。県ではさらに鮮魚配給の整備強化を図るため本省指定地区以外の全県下に適用する県鮮魚介配給統制規則を設定し、十三日から実施した。これによつて全県下にわたる鮮魚介類の配給統制が完備し、事務所を福岡市に置き達林県経済部長を組合長とする県魚類配給組合が荷受組合となり計画配給を行ふので、県指定消費地区内の十四市場と二十五共販所を消費市場に指定した。指定地区と指定市場を結びつけ指定地以外から指定市場への持込みは五貫以上の販売を、また指定市場外からの買受けは三貫以上は何れも特別の事由で知事の許可を受けた場合を除いて禁止し、業者の買出しを封じてあるから一般家庭は勿論農村方面へも新らしい魚が出回る仕組みである。

（「西日本新聞」昭和十七年十一月十四日）

県鮮魚介配給統制規則の施行によって生産者から小売業者までの鮮魚計画配給体制は一応整備されることになったが、小売業者から消費者への末端配給機構をどう整備するかが問題として残った。県は鮮魚末端計画配給（登録配給制）試験を昭和十八年に福岡市春吉校区で実施したが、結局うまくいかなかった。

当時の春吉校区では三十五町内会に消費者二万人が居住し、これに対する鮮魚商が十五名であった。一方、市場に集荷された鮮魚は軍部用、業務用、一般消費者用の三つに分けられていたが、五貫目以下は一般行商人に行商を許可している関係上、行商用の鮮魚は主として業務用に流れており、ほとんど一般家庭へは回ってこない状況にあった。そこで登録配給制試験というのは、市場から消費者用の鮮魚配給量を直接、春吉校区三十五町内に分割配分し、さらに各町内はそれを傘下の各隣組毎にリンク制によって分配し、さらに各隣組は順番を決めて、各隣組員に今日は誰、明日は誰という具合に順送りに鮮魚を買ってもらうという仕組みである。隣組員は自分の好みの鮮魚を自分の順番が回ってきた日に自由に買い求めることができる。この仕組みによって、時間と労力のかかる不経済な行列買いが解消し、平等な配給がなされるというものであった。

その後、登録配給制は一部地区で実施されたものの県下全体に普及させるまでには至らなかった。末端の登録配給制がほとんど機能しないのであるから、全体の配給機構は構想倒れに終わった。闇相場・闇取引は横行し、一般消費者の行列買いは続いた。

昭和十九年県会において、「県民ハ鮮魚食料品ノ円滑適正ナ配給ヲ求メテ居ル、具体的ナ対策如何」の質問に対して、県当局は「主務省ノ方針ハ県下一本ノ配給機構ニスベキデアルト云ツテ居ル、只今、北九州デ若松ヲ除イタ四市ガ一本ニナツテ居ルガ、今後ハ県下一本ノ配給機構ニスルコトヲ目標デ進メテ行キタイ」と答弁するにとどまっている。

また政府は、都市圏住民への魚類の計画的配給を目的として、全国大都市消費地域の七府県に魚類統制株式会社を設立させたが、そのなかに福岡県も対象となった。福岡県では政府の指示に従って、昭和十九年十月一日から福岡県魚類統制株式会社を発足させた。そのため、鮮魚の出荷配給体制は魚類統制株式会社と従来の水産物出荷配給組合との二本建となり、かえって混乱を助長させたようである。県会で、この件は取り上げられたが、県当局は「此ノ整備ニ付テハ更ニ研究シテ両者ガ歩調ヲトルヤウニシテ往キタイ」と答弁している。

水産物統制の目的「消費者に適正価格で円滑に配給すること」は不可能であった。そして敗戦を迎えた。

第二節　水産業団体法の成立と漁業組織の再編

一　水産業団体法成立の背景と経緯

太平洋戦争の二年目にあたる昭和十七年には、わが国はすでに深刻な決戦的様相をしめしていた。不足がちの資材・資金・労力をもって戦時下必須の生産力の拡充を実現するためには、既存の設備、資材の有効適切な利用を図り、資金・労力を節約し、かつ企業そのものの能率的な運営を期することが当面の課題であった。

そのためにはすでに一部の特殊企業について進められてきた企業の整備統合を、全面的におし進める必要があった。昭和十七年に発令された主なものに、企業整備令・金融事業整備令・水産統制令・海運統制令改正・金融団体統制令があり、さらに十八年には行政官庁職権委議令などの勅令が施行され、企業整備の根拠法令がだいたい出揃うことになった。

漁業および関連水産団体の統合問題は急速に解決を迫られていた。全漁連は昭和十六年十月九、十日に地方漁連会長会議を開催し、時局の当面する諸問題を審議して、いくつかの決議を採択しているが、その核心は次の決議のなかに表現されている。

漁業生産計画委員会決議

現下高度国家建設下に於て最緊要なる要務は生産増強と国民生活の安定とにあるは多言を要せず、漁業組合系統団体に課せられたる国家的任務も亦然りとす。殊に我が水産業を観るに漁業生産額の大部分は沿岸漁村民の生産なるを稽ふるときに於て生産者団体たる漁業組合の責務や洵に重し。茲に本省方針に則り生産増強に対する計画実行方針を左記の如く定め四千漁業組合は協力一致一心同体となり、生産を中枢的任務とする自主的機関としての職務を発揮し以て国家目的達成に副はむとす。

(1) 趣旨

臨戦体制下に於て漁村に課せられたる国家目的達成のため全国各漁業組合は其の地区内に於ける青壮年を中心

としたる水産物増産報国隊を結成し以て生産力拡充具現に先駆挺身せしめ職域奉公の誠を致さんとす

⑵事業

①軍需水産物の確保供出

②貯蔵水産食品の確保

③政府の漁業生産計画への協力

④その他漁業生産力拡充に必要な事項

⑶実行方法

全漁連内に実行委員会を設け直ちに具体的事項の決定をなし、地方漁連を通じて全国の漁業組合に趣旨の徹底を図ること

時局の要請に応えるための漁業組合系統の内部的事情は、右の決議に明らかなようにかたまっている。翌十七年四月には帝国水産会、全国漁業組合連合会および大日本水産会の三会によって「水産団体総合要綱試案」が作成され、新統合団体の基本方針を、①公益的性格の特殊法人とすること、②水産団体はその独自性に鑑み農林団体に対し独立の地位を保有せしむること、③総合的指導性を強化し、生産拡充を期せしむること、④漁村をして人的資源の涵養基地たるを期せしむることと、系統水産会と系統漁業組合を一元的に統合して全国団体・道府県団体・市町村団体の三段階に整備し、これらの団体はいずれも当然加入を建前とすること、を骨子としたものであった。

以上の経過からみると、水産団体の統合は下からの要請のようにみえるが、実際は国策への順応という至上命令的なものであることは、水産団体の場合も例外ではない。他の側面からみれば、系統機関の団体統合のねらいは、燃油、資材および鮮魚介の配給機関としての自己を確立することでもあった。

昭和十七年十一月二十四日の閣議において、農林業団体統合関係法律案要綱が決定され、第八一議会に提出することになった。そのなかの水産業団体に関する部分を抜粋すると次のとおりである。

水産業団体

第一　本法ニ依リ設立スル水産業団体ハ中央水産業会、道府県水産業会、漁業会及製造業会トスルコト

第二　目的及事業

水産業団体ハ水産業ニ関スル国策ノ協力機関トシ、中央水産業会、道府県水産業会及製造業会ハ水産業ノ整備発達ヲ図ルタメ指導事業及経済事業ヲ併セ行ヒ、漁業会ハ両事業ヲ併セ行ヒ得ルモノタルコト

第三　組織

一　水産業団体ハ漁業組合及水産会ノ系統団体、水産物製造業ノ団体等ヲ統合整備シテ組織スルコト

二　水産業団体ハ全国、道府県又ハ市町村若ハ其ノ一部ノ区域ニ依ルコト、但シ特別ノ漁業会及製造業会ニ在リテハ道府県又ハ全国ノ区域ニ依ルコト

三　中央水産業会ハ道府県水産業会並ニ全国ヲ地区トスル漁業会及製造業会ヲ以テ、道府県水産業会ハ当該府県ノ区域ヲ超エザル区域ヲ地区トスル漁業会及製造業会ヲ以テ、製造業会ハ地区内ノ水産物製造業者ヲ以テ、漁業会ハ地区内ノ漁業者ヲ以テ組織スルコト

第四　経理

水産業団体ハ経費及出資ノ両制度ヲ併セ採リ得ルモノトスルコト、但シ漁業会ニ在リテハ経費制度ノミノモノヲ認ムルコト

第五　機関

一　水産業団体ノ役員ハ原則トシテ当該団体ノ推薦シタル者ニ付行政官庁之ヲ任命シ又ハ認可スルノ制度ヲ採ルコト

二　団体ニ総会又ハ之ニ代ルベキ総代会ヲ置クコト、総会又ハ総代会ハ議決機関トスルコト

第六　監督

行政官庁ハ水産業ノ特質及団体ノ使命ニ鑑ミ、事業等ノ施行命令、役員ノ解任、業務停止、解散等ノ命令、会員以外ノ者ニ対スル水産業統制施設ノ服従命令、其ノ他必要ナル指導監督ヲ行ヒ以テ其ノ適正ナル運営ヲ為サシムルニ遺憾ナキヲ期スルコト

第七　其ノ他

一　本法施行ニ関シ必要ナル罰則ノ規定等ヲ設クルコト

二　水産業団体ノ統合ニ伴ヒ関係諸法律ノ廃止、其ノ他必要ナル改正ヲ為スコト

以上は水産業団体法の骨子となるべき要綱である。この要綱にも明らかなように、水産業団体法の仕組みは、在来の漁業組合系統の機構をそのまま踏襲しているようにみえるが、団体理念には根本的な相違がある。それはもはや団体を構成する組織員の意思による運営という概念はなく、役員の任命、運営監督権が行政庁に移行するという、国家目的優先規定で貫かれている。水産業団体法の意図するところは、①戦時国家の要請に即して水産食料品の増産を達成すること、②その生産物資の計画配分を時局の要請に順応して円滑化すること、③戦時経済下における人的動員に対応した新体制的漁村の確立に挺身することの三点に要約されていると云えるであろう。

水産業団体法案は昭和十八年一月三十日第八九通常議会に、農業団体法案と同時に提出され、二月二十日の本会議で可決されるまで、衆議院においては十四回の委員会が開かれ、そのうち五回の質疑応答の後、付帯決議をつけて可決された。当時の新聞は左のように報じている。

　衆議院農業団体法案委員会は二十日午後一時四十分開会、成島勇（千葉）、青山憲三（石川）両氏より農業団体法案ならびに水産業団体法案の取扱方法に関し、左の附帯決議をそれぞれ両法案に付して政府原案通り可決すべきを適当と認める旨提議あり、討論採決の結果満場一致をもつて可決した。よつて井野農相は附帯決議に対し、あくまでもその趣旨を尊重しこれが実現に努力する旨を述べ二時散会した。両法案は直ちに本会議に緊急上程し満場一致で衆議院を通過、貴族院に送付された。

附帯決議

○農業団体法案

政府は農業団体の重要使命に鑑みて速かに農業関係国策会社等に対し徹底的整備を断行しその業務を農業団体に移譲せしむべし

○水産業団体法案

本法第九条の漁業の定義中「営利の目的を以て」の字句は皇国漁業の本質と時局の要請とに鑑み妥協ならずと認め、政府は漁業法第一条とともに速かにこれが改正の措置をなすべし

農相は同法案実施運用上の問題に対し以下の如く答弁した。「水産団体の使命たる計画生産達成のため、必要なる事項に関しては政府は各般の施策を講じてこれが実現をはからんとするもので、水産団体をして資材の配給および生

産物の集荷を一元的に行はしめ、これと重複する国策会社などの事業を委譲せしめることに関してはよくその機能を勘案し、各種の資材または生産物のそれぞれの具体的実状に応じて適切なる方策をとりたい」

（「西日本新聞」昭和十八年二月二十一日）

昭和十八年三月十日法律第四七号「水産業団体法」は公布され、同年九月九日勅令第七〇五号「水産業団体施行令」、同日勅令第七〇六号「水産業団体登記令」、九月十日省令第六七号「水産業団体施行規則」等も公布された。水産業団体法が公布されて五カ月以上も経過して、関係勅令、省令は公布されたが、その遅延した原因は水産業団体の強権的設立に対する物資配給機構の抵抗にあったとみなされる。それはまた農林・商工両省の対立でもあった。ともあれ、数次にわたる水産業団体の再編問題は、水産業団体法の施行によってついに終止符を打ち、水産業団体法に基づく中央水産業会は、関係団体を吸収しつつ、系統組織の統制力を強化していくのである。

二　福岡県下における漁業組織の再編

戦時の国策遂行のため水産団体組織の再編が強行された。それはまず上部機関が先に成立し、その指導の下に下部組織が設立されるという変則的なものであった。水産業団体法が施行されるや、まず昭和十八年九月十七日に中央水産業会が設立され、十月以降、農林大臣から任命された各道府県水産会設立委員によって各道府県水産会ならびに漁業組合連合会の解散命令がなされ、同時に道府県水産業会の設立手続きがとられた。

福岡県水産業会の設立については、次の一連の新聞記事によってその経緯、役員および業務内容などを知ることができる。

(1)二万漁民が大同団結、県水産業会の発足準備進む

十一日施行された水産業団体法に基き県下約二万漁民の大同団結がいよいよ近く実現し、県水産業会およびその傘下の単位漁業会が発足することとなつた。県水産業会に統合される既存団体は指導統制機関である帝国水産会系の県水産会および豊前・筑前・有明地区各都市水産会、経済行為団体である全漁連系の県漁連の五つである。県漁連傘下の単位漁業協同組合八十四をはじめ非所属の漁業組合十一、河川漁業組合二（筑後川、矢部川）、淡水漁業組合二（八女郡一川、三潴郡蛭池）は全部漁業会に改組されて県水産業会に出資、加入する。その場合、組合の地域別統合

は強制はしないが、若干は自主的に行はれる模様である。

さらに蒲鉾、佃煮など製造加工組合をも包含するが、また県養魚組合連合会や糸島沿岸鰯巾着網などの特殊漁業を全国一本の特殊組合にするか県単位に吸収するかはまだはつきりせず、近く中央から指示される筈である。

（「西日本新聞」昭和十八年九月十六日）

(2)地方水産業会の設立命令、福岡など十県

水産業団体法に基く水産業団体の統合整備については、さきに九月十七日中央水産業会の設立を見たが、農林省では引続き地方水産業団体の統制整備を進めるため、先ず福島、茨城、石川、福井、愛知、兵庫、岡山、香川、徳島、福岡の十県に水産業会を設立せしめることとなり、二十七日、農林大臣より設立委員を任命すると共に被統合団体たる県漁業組合連合会、県水産会および都市水産会に対しそれぞれ解散命令を発した。右各県の水産業会は遅くも十一月中には設立を完了し新発足する予定である。なほ右十県以外の道府県についても目下準備をとり進めているので引続き設立に着手する。

なほ福岡県における設立委員ならびに解散の受命法人は左の通り。福岡県の設立委員：青柳秀夫（県経済部長）、梶木武平（県漁連会長、県水会長）、木村延一（県漁連専務理事）、江藤広三郎（県漁連理事）、安部秀一（県漁連理事）、山崎嘉市（県漁連理事）、立石仲平（県漁連理事）、大海藤作（県漁連理事）、山田一（有明海水産会長）、山本安次郎（沖端漁組長）、斉藤弥十郎（沓尾漁組長）、添田雷四郎（県会議員）、樋口邦彦（元水試場長）、畑山四男美（福岡市長）、奥田譲（九大農学部長）、田中源太郎（県翼賛会事務局長）

解散を受けたる受命法人：福岡県水産会、保証責任福岡県漁業組合連合会、筑豊水産会、豊前水産会、有明水産会、八女郡水産会

（「西日本新聞」昭和十八年十月二十八日）

(3)県水産業会の誕生と主事業

漁協、水産会など福岡県下の水産業団体を一丸とする福岡県水産業会創立総会は十一日午前十時から県庁で開かれた。関係団体の役職員、組合員代表、設立委員のほか県から吉田知事、大津水産課長、農林省水産局黒河内属ら七十余名が出席した。国民儀礼の後、互選の結果、団長に県漁連会長兼水産会長梶木武平氏を決定、設立委員長添田雷四郎氏から設立経過報告があつて議事に入つた。会則を制定し、事業計画と本年十一月から来年三月までの予算収入十

万九千余円、支出九万八千余円を決定、ついで役員選任に移り議長指名で会長梶木武平、副会長県漁連専務田村延一、理事糸島郡前原町山崎嘉市以下十二名、監事門司市細石伴内以下三名を決定した。福岡市の県漁連に事務所、豊前水産会と有明水産会に出張所を設けて事業を行ふことにして散会した。

水産業の整備発達をめざし県下各水産団体を統合して十一日誕生した県水産業会は新たな機構のもとに水産業の指導奨励、調査研究、業者の指導教育、統制、生産強化、魚介類の加工、保蔵、運搬、販売、会員に対する資材配給など水産業の全般にわたる各種事業を行ふが、そのうち主なるものを挙げると左の通りである。

まづ販売事業は重要水産物を受託販売、販売斡旋の方法で出荷事業と緊密に連繋して統制の完璧を期するが、共同販売事業は福岡魚配給株式会社にその経営を受託する。次に集荷事業は重要水産物の偏在を是正し円滑な配給をはかるため、県下枢要の地に集荷所を設け一元的に集荷し、地元消費のほかは統制ある荷割り出荷を行ふ。その取扱品は鮮魚介、塩干魚介、藻類で本年度の取扱高二百五十万円の見込みである。購買事業は生産を確保するため産業用資材のほか事情の許す限り一般消費資材も取扱ひ共同購入を原則とし、綿漁網、燃油類、漁具などを本年度中に八十万円を扱ふ。さらに製氷事業は既設の福岡市下洲崎町、山門郡沖端村と築上郡宇島町の三ケ所に製氷工場を経営する。

（「西日本新聞」昭和十八年十一月十二日）

⑷県水産業会に正式認可

県下三万の沿海漁業者を一丸として去る十一日創立した県水産業会では二十日正式認可を得たので、二十二日午前十時から本部事務所に全所員を集めて梶木会長から初訓示を行ひ、それぞれ辞令が交付された。水産報国への活発な発足を遂げたが、本部機構は総務、業務の二部制とし、総務部長に副会長田村延一氏（兼任）、業務部長に理事河野光三氏、また豊前（行橋）支所長に参事斉藤弥十郎氏、有明（山門郡沖端）出張所長に参事平木喜久蔵氏を任命した。評議員は目下梶木会長のもとで銓衡中で近く選任の模様である。なほ二十六日には初の役員会ならびに指導員会を開き、今後の運営その他につき協議する。

（「西日本新聞」昭和十八年十一月二十三日）

福岡県水産業会は昭和十八年十一月二十日に認可を受け、同年十二月六日に設立登記を終わり、正式に発足した。そして翌年三月以降には、漁業会設立に向けた動きが表面化する。水産業団体法によれば、漁業会は左の手続きを経て認可されることになった。

(1)行政官庁漁業会ヲ設立スル為必要アルト認ムルトキハ設立委員ヲ命ジ漁業会ノ設立ニ関スル事務ヲ処理セシム（第八八条）

(2)行政官庁前条ノ規定ニ依リ設立委員ヲ命ジタルトキハ当該漁業会ノ地区タルベキ区域ヲ地区トスル漁業組合ニ対シ其ノ解散ヲ命ズ（第八九条）

(3)設立委員ハ遅滞ナク前条ノ漁業組合ノ組合員及会員タル資格ヲ有スル者ノ総会ヲ招集シ其ノ議決ヲ経テ会則、漁業組合ノ出資ニ対スル漁業会ノ出資ノ引当其ノ他設立ニ必要ナル事項ヲ定メ行政官庁ノ認可ヲ受クベシ（第九〇条）

福岡県下の漁業組合は、昭和十九年三月末より五月末にかけて解散命令を受けて解散し、漁業会に再編された。表一－11は福岡県公報より対象組合、解散年月日等の告示内容を整理したものであるが、解散命令を受けた組合は筑前海区四十三組合、豊前海区十七組合、有明海区十四組合、河川二組合、合計七十六組合となっている。昭和二年末、福岡県漁村調査によれば、漁業組合数は筑前四十六組合、豊前十九組合、有明十八組合であり、今回と比較すると、筑前では鹿家浦・脇ノ浦・若松浦三組合、豊前では三毛門浦一組合、有明では塩塚・江ノ浦・開村三組合が削除されている。おそらく鹿家浦・三毛門浦・塩塚・江ノ浦・開村の小組合はすでに解散命令を受ける以前に合併等により消滅していたものと推定される。問題は、脇ノ浦・若松浦両組合がなぜ告示に掲載されていないかである。単なる記載上のミスかも知れないが、疑問点として指摘しておきたい。

さて解散命令を受けた漁業組合は、日数をおかずに漁業会設立の認可を受けて漁業会として再発足するが、その手順は左の福岡市漁業協同組合小呂島支所蔵の資料から知ることができる。

(1)一九条経第四九六ノ二号

小呂島漁業協同組合

水産業団体法第八九条ノ規定ニ依リ小呂島漁業協同組合ニ対シ解散ヲ命ズ

昭和十九年三月三十一日

福岡県知事　吉田　茂

(2)一九条経水第六六四号

小呂島漁業会設立委員長　楢崎彦四郎

昭和十九年四月十六日付申請小呂島漁業会設立ノ件認可ス

昭和十九年四月三十日

福岡県知事　吉田　茂

(3)（命令書）

楢崎　彦四郎

小呂島漁業会会長ヲ命ズ

昭和十九年四月三十日

福　岡　県

(4)（命令書）

小　田　倉　吉

小呂島漁業会理事ヲ命ズ

昭和十九年四月三十日

小呂島漁業会会長　楢崎彦四郎

表一―11　水産業団体法第八九条に基づく漁業組合の解散命令状況

告示年月日	告示番号	命令年月日	対象組合
昭和一九年四月　一日	第三五五号	昭和一九年三月二九日	保証責任箱崎浦漁業協同組合、保証責任姪浜浦漁業協同組合
四月　六日	第三八一号	三月三一日	保証責任長浜浦漁業協同組合、保証責任平松浦漁業協同組合、保証責任馬島漁業協同組合、保証責任藍島漁業協同組合、保証責任曾根新田漁業協同組合、保証責任沖端漁業協同組合、保証責任有明漁業協同組合、保証責任西宮永村漁業協同組合
四月　六日	第三八三号	四月　一日	保証責任柄杓田浦漁業協同組合、保証責任今津浦漁業協同組合、保証責任恒見浦漁業協同組合、保証責任田之浦漁業協同組合
四月　八日	第三九二号	三月三一日	保証責任加布里浦漁業協同組合、保証責任深江村漁業協同組合、保証責任福吉村漁業協

			同組合、保証責任野北浦漁業協同組合、保証責任芥屋浦漁業協同組合、保証責任岐志新町浦漁業協同組合、保証責任姫島漁業協同組合、保証責任小富士村漁業協同組合、保証責任西浦漁業協同組合、保証責任唐泊浦漁業協同組合、保証責任玄海島漁業協同組合、無限責任小呂島漁業協同組合、保証責任川口村漁業協同組合、保証責任久間田村漁業協同組合、保証責任浜武村漁業協同組合、保証責任大野島村漁業協同組合、有限責任大川町漁業協同組合、有限責任三又青木村漁業組合、保証責任宇島浦漁業協同組合、保証責任西角田漁業協同組合、保証責任沓尾浦漁業協同組合、保証責任浜町浦漁業協同組合
四月　八日	第三九九号	四月　一日	保証責任岩屋浦漁業協同組合、保証責任脇田浦漁業協同組合
四月一一日	第四〇二号	三月三一日	保証責任志賀島浦漁業協同組合、保証責任弘浦漁業協同組合、保証責任新宮浦漁業協同組合、保証責任相島浦漁業協同組合、保証責任奈多浦漁業協同組合
四月一一日	第四〇三号	四月　四日	保証責任柏原浦漁業協同組合、保証責任芦屋浦漁業協同組合、保証責任波津浦漁業協同組合
四月一五日	第四二九号	四月一一日	保証責任福岡漁業協同組合
五月　二日	第五〇五号	三月三一日	保証責任福間浦漁業協同組合、保証責任津屋崎漁業協同組合、保証責任勝浦浜漁業協同組合、保証責任地島漁業協同組合、保証責任鐘崎漁業協同組合、保証責任神湊漁業協同組合、保証責任大島漁業協同組合
五月　六日	第五一八号	四月三〇日	保証責任浜崎今津浦漁業協同組合、保証責任伊崎浦漁業協同組合、保証責任残島漁業協同組合、保証責任苅田漁業協同組合、保証責任長井浦漁業協同組合、保証責任蓑島浦漁業協同組合、保証責任稲童浦漁業協同組合
五月　九日	第五三五号	四月三〇日	保証責任両開村漁業協同組合、保証責任東宮永村漁業協同組合
五月一三日	第五五五号	五月一〇日	三浦漁業組合、大牟田漁業組合、諏訪漁業組合、早米ケ浦漁業組合
五月一三日	第五六二号	四月三〇日	保証責任東吉富漁業協同組合、保証責任松江浦漁業協同組合、保証責任椎田浦漁業協同組合、保証責任八津田浦漁業協同組合、保証責任八屋浦漁業協同組合
五月一八日	第五九二号	五月一〇日	矢部川漁業組合
五月二五日	第六一八号	五月一七日	保証責任戸畑浦漁業協同組合
五月二七日	第六二七号	五月一九日	筑後川漁業組合
六月　八日	第六六七号	五月三一日	保証責任大里浦漁業協同組合、旧門司漁業組合

（「福岡県公報」による）

漁業会は、国策に即応する役割を負わされて誕生した組織であり、行政の末端機構である市町村とは、密接な一体性が確立されていなければならない。そのために漁業会の地区を市町村の範囲に拡大すべきはずであったが、福岡県の場合、従来の漁村の伝統に基づいて組織されてきた漁業組合地区と基本的に変わっていない。また福岡県では、製造業会は設立されていない。

県は、昭和二十年一月十五日、県令第五号により従来の漁業組合施行細則を廃止し、水産業団体法施行細則を制定した。これによって、県内における水産業団体の法体制整備は完了した。

福岡県水産業会は漁業組合連合会の資産ならびに債権・債務および各種事業の一切を継承し、さらに物資配給事業まで吸収し、県下漁業会を傘下に収めて、沿岸漁業に関連する統制機関として活動することになった。それらの活動内容については把握できていないが、実際には漁業生産の低下、漁業用資材の逼迫、施設回転率の悪化などの厳しい現実が、水産業会の前に立ちふさがっていたと思われる。いかに下部組織の漁業会を督促して生産力を維持し、かつ配給の円滑化を図ろうとしても、崩壊過程をたどりつつある戦時局の下では、順調に進むはずはなかった。

第十一章　戦後の漁業制度改革

第一節　水産物配給統制

戦時中の鮮魚介配給統制は昭和十六年以来行われてきたが、政府は終戦に伴う食料不安のなかでこの統制がかえって鮮魚介の市場出荷の大きな阻害になっていると判断し、二十年九月その統制撤廃を決定した。ところがGHQはこれに対して九月二十二日付の指令第三号をもって、日本国政府は、供給不足の主要商品の公正な分配を保証するために、これら物資の厳重な割当計画を設定しかつ維持すべき義務を負うこと、つまり魚および野菜の統制は継続されなければならないと指示した。したがって形式的には戦時中の統制はなお存続したが、実態としてはすでに機能は喪失していた。

このような経過を経て、政府は鮮魚出回り促進のために価格および配給について全面的な統制解除に踏み切った。昭和二十年十一月二十八日、農林司法省令第一号「水産統制令規則ハ之ヲ廃止ス、昭和二十年十二月一日ヨリ之ヲ施行ス」が発せられた。この統制撤廃に伴って自由販売店、露天商などが急激に増加した。しかし絶対量において不足していた供給の状態では著しい価格の高騰をもたらし、一般庶民には手も届かぬ状況を呈し、かえって市場はまったくの混乱に陥るという結果を招来した。「魚よこせ大会」、「魚よこせデモ」等が各地で行われたのも当然のことであった。

政府は統制撤廃によるこの混乱をみて直ちに再統制を決意し、撤廃四カ月後にして、昭和二十一年三月十五日、勅令第一四五号「水産物統制令」を公布して統制を再開した。この統制は戦時中の統制とは異なり、公定価格に違反しなければ産地との取引は自由とし、これによって出回りを円滑にすることをねらったものであった。

福岡県では国の水産物統制令に基づいて、二十一年六月一日付で県令第四四号「福岡県水産物統制規則」を制定するとともに、告示第三三四号「水産物統制令第三条及第七条並に福岡県水産物統制規則第三条に依り、陸揚地・出荷機関・配給地域荷受機関等を指定する」、告示第三三五号「魚類配給管理委員会規程を定め公布の日からこれを施行する」を発した。さらに同日付、福岡県経済・警察両部長名で各地方事務所・市町村長宛に水第六六三号「水産物統制規則施行に関する件」を通牒した。これら内容を紹介することによって、県が県下における水産物統制をどのように実施しようとしていたかをみよう。

福岡県告示第三三四号によれば、陸揚地、出荷機関、配給地域荷受機関を次のように定めている。

一、指定陸揚地　福岡市、戸畑市

二、指定出荷機関　福岡県魚類統制株式会社、福岡水産業会

三、配給地域及指定荷受機関

指定配給地域	水産物の種類	指定荷受機関
福岡市（含粕屋、宗像、早良、筑紫各郡）	鮮魚介	福岡魚類統制株式会社
大牟田市、久留米市	同	同
門司市、小倉市、戸畑市	同	同
八幡市、若松市	同	同
田川市（含田川郡）	同	同
飯塚市（含嘉穂郡）	同	同
直方市（含鞍手郡）	同	同
遠賀郡	同	同
右地域を除く一円	同	福岡県水産業会
福岡県一円	鯨肉	福岡県鯨肉荷受組合
同	塩乾魚介藻類	福岡魚類統制株式会社、福岡県水産業会
同	乾海苔、焼海苔	福岡県海苔荷受組合

同	昆布加工品	福岡県昆布加工業統制組合
同	佃煮	福岡県佃煮業統制組合
同	鰹節	福岡県食料品配給統制組合
同	寒天原藻	福岡県寒天オキウト製造業組合
同	錬製品	福岡県錬製品統制組合

また告示第三三五号「魚類配給管理委員会規程」によれば、その目的は「鮮魚介の公正且民主的配給を実施し、配給機関の公的性格を確立し、物価秩序の維持を図り、消費経済の自治的管理をなし、以て県民生活の安定を図るために県並びに各市及地方事務所に魚類配給管理委員会を設置するもの（第一条）」である。委員会の職務は、⑴鮮魚介の集荷並びに配給機関の行う集荷及び配給業務の指導監督並びに不正摘発に関する事項、⑵鮮魚介の公定販売価格の維持に関する事項、⑶鮮魚介の生産並びに集荷上の隘路打開協力に関する事項、⑷水産物統制法令の遵奉督励並びに消費者の指導に関する事項（第二条）である。

さらに県通牒の水第六六三号の内容は「最近水産物の需給状況に鑑みて食料緊急措置令第九条の規定に基いて制定された水産物統制令に依って今般福岡県水産物統制規則制定せられ六月一日から施行されることになった。就いては左記事項特に御留意の上同規則の適切な運用によって水産物の集荷の増強並びに配給の適正円滑に遺憾ない様にせられたい」というものであり、留意事項は⑴統制品目、⑵統制実施地域、⑶出荷機能の整備、⑷集荷の確保、⑸配給方法、⑹末端配給機関の整備、⑺荷受及び配給監督、⑻一般周知方法、⑼報告、という広範囲におよんでいる。

このような行政的措置にもかかわらず、水産物供給絶対量の不足は如何とも仕難く、正規の市場に魚は姿をみせず、もっぱらヤミ価格で取引される自由市場、露天商、料理店、飲食店に回り、正規の配給ルートに乗ったものはまったく僅かしかなかった。二十二年一月十六日、「西日本新聞」は「九日以来、県には一匹の魚も入らない。県は物価事務局の指令どおり公定価格を厳守し、わずかに県外ものに対して運賃として四割加算で買い込んでいたが、年末から魚争奪が激化し、公定価格を守っていた本県には折角港に入った船の分までも関西を始め他県に横取りされてしまうのだ。県水産課ではその実情は分かっているが、物価事務局が価格を抑えているのでどうにもならぬと、暗に価格の引上げを望んでいる。一方、物価事務局では、取引値の引上げを許可すれば追っかけあいになって切りがない。さしずめ本県産のものだけは他県に逃さないように何とか手をうちたい」（要約）と報じている。

このような状況であったため、統制実施後わずか数カ月で早くも統制撤廃、自治統制、あるいは公定価格の引上げなどの声が激しくなった。これに対して政府は、この物価混乱の時期に水産物についてのみ価格撤廃を考えることは非常に危険であるとし、統制は撤廃せずとしながら、公定価格の引上げ、配給機構の改善を図ることにより統制の目的を達すべく努力することとした。政府が二十二年四月に鮮魚介配給統制要綱を決定し、指定消費地と荷受機関の指定、登録店舗の指定、漁業等資材、燃料のリンク制採用等を行ったのも、統制の堅持強化によって水産物需給の混乱を回避しようとしたものであった。なお鮮魚分のみならず加工水産物についても統制を強化することとし、二十二年七月、加工水産物配給統制規則を公布した。また二十二年八月、従来の水産物統制令を廃止した。

これら国の措置に対応して、福岡県では二十二年五月、県令第六六号「福岡県鮮魚介配給規則」、告示第二〇五号「鮮魚介類の販売価格の統制額指定」および同年九月、告示第四〇四号「加工水産物配給規則の規定による指定事項」を発するとともに、規則第一一号により「福岡県水産物統制規則」を廃止した。

告示第二〇五号「統制額指定」は同年七月、告示第三三一号で改正され、さらに同年十月、告示第四六五号で再度改正された。これら統制額指定の内容を告示第三三一号でみると、鮮魚を一～十四級、介類を約六十品目に区分し、それぞれに四地区（沿海町村、甲、乙、丙地域）別に「卸売業者販売価格の統制額」、「小売業者販売価格の統制額」を定めたもので、きわめて複雑多岐にわたっている。これがスムーズに現場に取り入れられたとは思えない。

二十二年十二月十五日、全国一斉に生鮮食料品ヤミ行為取締が行われたが、その様子を翌日の「西日本新聞」は「従来の取締りを一段と強化してヤミ行為を徹底的に撲滅する生鮮食料品の取締りは十五日から全国一斉に開始されたが、業者ははやくも何時も使う開店休業戦術の挙に出てきた。福岡市内の風景では、いつもなら生きのいいフグ、鯛などが並ぶ業台も、大根、白菜、ごぼうなどが並ぶ店先も一夜あけるとみえるのは板ばかりの寂れかただ。これに引きかえ、人だかりで景気がいいのは牛肉屋、鶏肉屋だけだ。乾物屋も、魚の加工品とあってこれも同じく開店休業状態」と報じている。そして二十二日には福岡市東公園で「魚菜を与えよ」市民大会が開催され、その決議文が県知事、福岡市長に手交された。

第六回福岡県議会（二十二年十二月）でもこの生鮮食料品統制強化の問題が取り上げられ、活発な論議がなされるとともに次のような決議案が緊急動議として提出され成立した。「十二月十五日以降実施された統制強化により、生鮮食料品は市場から全くその姿を消し、県民の大多数は正月を目前に控えて、生活に極度の不安を感じている。これは全く事前の対策不十分の結果にして、県民を代表する議会はこれを黙視するに忍びず、ここに統制強化に協力し生鮮食料品の緊急確保を図り、以て県民の生活安定を図らんとし、次の諸方策を強力に実施せられんことを決議す。一、水産魚介類と水産加工品の確保に関して、①県内産鮮魚類を県内に優先配給すること、②水産行政に対する地方の権限を強化すること、③沿海鮮魚類の価格を改訂すること、④生産資材の公定価格配給を確保すること」

二十三年になると、生鮮食料品の配給不足はしだいに解消する方向をたどる。「西日本新聞」は魚、野菜配給状況についての世論調査を行い、その結果を左のように報じている。

昨年十二月、生鮮食料品の取締りと配給制度が強化されて以来半年を経たが、はたして順調な歩みをたどっているだろうか。その当初、魚菜類は一斉に姿を消しヤミ値は高騰し「買えない、食えない」と非難の声が高かったが、最近ではようやく落ち着きをみせ始め、ヤミ撲滅政策も一応成功を収めつつあるかにみえる。本社では生鮮食料品の配給実態と今後の希望をさぐるため、九州、島根、山口の九県下人口五万人以上の三十都市にわたって千六百六十一名の対象者を選び聞取調査を行った。

○第一問：生鮮食料品の家庭配給についてどう思うか

A、大体順調に行われている　四五・五％

B、順調でない　四八・六

C、答えられない　五・九

○第二問：配給量だけで足りるか

A、足りない　七〇・八％

B、足りる　八・一

C、答えられない　二一・一

○第三問：配給量の不足はどうして補っているか

A、ヤミ市場から　三六・七％

B、買い出し　一三・〇

C、行商人から　二〇・八
D、肉、カマボコなどで間に合せ　一三・五
E、その他　一六・〇

○第四問：配給品の鮮度について

A、新鮮である　一〇・二％
B、普通　五二・四
C、悪い　三七・四

○第五問：今後の希望事項

A、現状でよい　七・九％
B、もっと取締を強化せよ　三五・五
C、魚類の撤廃枠を少し広げよ　二六・七
D、全部自由販売にせよ　二五・六
E、答えられない　四・三

（「西日本新聞」昭和二十三年六月十四日）

二十三年後半になると、漁業生産の増大と輸送、流通条件が改善され、また相次ぐ公定価格の引上げからヤミ価格は低下し、都市への入荷量は激増した。八月頃には押しつけ配給に対する消費者の取引拒否や公定価格割れ現象が相次いで発生した。また小売商まで便乗して卸売価格をたたく状態が生じたりして、統制方式の全面的再検討が問題となった。

政府は統制撤廃の方向に動き始めた。二十四年十月、新しく省令第九九号「生鮮水産物配給規則」および省令第一〇〇号「加工水産物配給規則」が制定され、①従来三三品目一六五種の鮮魚介を統制していたものを一八品目五九種の重大大衆魚のみに縮小し、②配給面では割当配給品、一般配給品、自由品に区分けし、消費者が自由に買える方式に変更した。福岡県でも、二十四年十月、「福岡県鮮魚介配給規則（二十二年県令第六六号）」を廃止するとともに、規則第九二号「福岡県生鮮水産物配給施行細則」および規則第九三号「福岡県加工水産物配給施行細則」を制定し、統制緩和の方向を打ち出した。

このようにして終戦直後の混乱から始まり、試行錯誤を繰り返しつつ配給統制の体制を整備してきたが、昭和二十五年

四月一日に水産物の統制を全面的に廃止するに至った。それは何よりも漁業生産が急速に回復し、市場に魚介類が豊富に出回るようになったことによるものであった。

第二節　水産業団体組織の解体経過

一　水産業団体法の一部改正

戦後、ＧＨＱの相次ぐ民主化指令を受けて日本政府は大わらわの状態であったが、漁業においても、戦時に編成された諸機構の改廃に当らなければならなかった。最初の漁業民主化の指令は、戦時中から引き継がれてきた「水産業団体法」に関する戦時国策遂行上の諸規定を将来の憲法改正後の新制度が発足するまでの間、部分的に修正することであった。昭和二十年十二月二十二日、「水産業団体法中改正法律案要綱」を公表した。その方針は「水産業団体の民主化を図り系統水産業団体の活発なる自主的活動を促して以て漁業者の福利増進並に食料の確保に寄与せしむものとす」であり、要綱の主な内容は左のようなものである。

⑴水産業団体の役員に関する行政官庁の任命または認可制度を廃止して、新たに役員としての理事監事は総会においてこれを選任すること

⑵水産業団体の会長の単独代表制を改めるとともに、現行役員制度についても所要の改正をすること

⑶水産業団体に対する現行の行政官庁の権限を次のように廃止または改正すること

①行政官庁の命令による水産業団体の強制設立に関する規定はこれを廃止すること

②水産業団体の統制規定に対する服従命令、役員の解任処分等に関する行政官庁の権限を廃止し、行政官庁は法令違反、公益侵害等の場合に限って役員の改選を命じ得るものとすること

③付帯事業の開始、賦課金の賦課徴収方法改正に関する決議等に関する行政官庁の認可を廃止すること

二十一年一月二十三日、勅令第三四号「水産業団体法中改正法律」が公布され、翌日には農林次官通達第水六七号「水

産業団体法中改正法律施行ニ関スル件」および水産局長通達第水一一五号「水産業団体ノ指導ニ関スル件」が発せられた。

この改正は二十一年一月二十五日より施行されることになったが、次官通達によると、水産業団体の理事の選任は次の期間中に必ず完了することとなっている。

漁業会及製造業会

二十一年一月一日より二十一年二月二十八日まで

道府県水産業会

二十一年三月一日より二十一年三月二十日まで

中央水産業会

二十一年三月二十日より二十一年四月十日まで

この結果、全国二九八五の団体中約八八％（二五七一団体）が選挙を行い、その結果は一六八〇団体（約六五％）では旧会長が再任されたという。

二　水産業団体の整理に関する法律の公布・施行

昭和二十三年十二月十五日、法律第二四三号「水産業協同組合法の制定に伴う水産業団体の整理等に関する法律」が公布された。この内容は、第一に旧来の水産業団体を規制する水産業団体法を廃止するとともに、現存する漁業会等の水産業団体は本法施行後八カ月を期限として解散することを規定している（第一条）。ただし特例として漁業権および入漁権等をもっている漁業会は、漁業権制度がその後改正されることが予定されているため、期限後においても漁業権の整理が終るまでは解散されず、これら権利の管理に必要な事業を継続する。ただし、漁業権の管理以外の事業は認められないことになっている。また、行政庁は八カ月の期間内であっても必要があると認めた場合には、いつでも水産業団体の解散を命ずることができるとした。

水産庁は、漁業会解散後の漁業会が行うことができる漁業権管理事業（第一条第四項）について、二十四年十月十四日付で「水産業協同組合法の制定に伴う水産業団体の整理等に関する法律第一条第四項の解釈（十月十五日以降の漁業会の事業）に関する件」という通牒を各県知事あてに出し、漁業権等の管理についての政府の考え方を示した。これは十月十五日以降に漁業会がなにをなしうるかを明確にする必要があったからである。

整理に関する法律の第二は、水産業団体の財産処分の制限の規定である。旧水産業団体は、統制団体とはいえ多年の組合運動の結果、蓄積された資産を多くもち、かつ沿岸漁業にとって欠くべからざる施設も多数あった。したがってこれら共同利用施設の帰属いかんでは、新しい漁協の発足に重大な影響を与えるので、資産処分を拘束する必要があったのである。

水産業団体の資産処分の制限については、これより先、二十二年九月十日付の農林省令第七三号をもって、水産業団体の財産の散逸の防止を図った。すなわち、水産業団体は行政庁の許可を受けなければその資産の処分をしてはならない。ただし、通常の業務として行う場合は例外とされていた。そして、この規定を効果あらしめるため、水産業団体は二十二年九月九日現在の財産目録を同年十月九日までに行政庁に提出しなければならないという内容であった。その後、この省令は農林省令第七八号（十月六日）をもって改正され、行政庁の許可を受けなければ、役員、職員に対する給料、手当、賞与等の定期的給与および慰労金、退職金等の臨時的給与の増額をすることが禁止された。また、水産業団体は、現に保有する一切の文書を破棄したり、事務所から移転することを禁止されたのである。

これらの省令の規定は、水産業協同組合法の制定に伴う水産業団体の整理等に関する法律の施行とともに、包括的に本法に引き継がれることになった。すなわち、水産業団体の資産処分は、従来どおり行政庁の認可がなければ行ってはならないし、この規定に違反した処分は無効という強い規定も本法に織り込んであった。これら規定のねらいは、水産業団体の資産ができるだけ新しい協同組合へ移転することを前提としていたことはいうまでもない（第二条）。

整理に関する法律の第三は、水産業団体の財産の分配に関する規定である。つまり、分配は各組合に対して、その持分に応じて平等に行われなければならないとし（第四条）、分配にあたっては財産分割の方法による場合（第五～九条）と資産の譲渡または債務の引渡の方法による場合（第一〇～一一条）があり、それぞれについての分配方法について詳細に規定している。いずれの場合においても、行政庁の認可が必要とされた。

整理に関する法律の第四は、水産業団体の解散の手続きの規定である（第一二条）。すでに閉鎖機関に指定されている中央水産会は別として、それ以外の水産業団体は法律施行後二カ月以内に総会を招集し、解散準備総会を開かなくてはならない。そして解散準備総会においては、理事または清算人は会員に対して水協法および本法について詳細に説明することが義務づけられている（第一三条第二項）。また、その総会において資産処理委員会の委員を選挙し、その委員に資産の処理に当らせる。すなわち理事または清算人は、資産処理委員会の意見を聞き、これに従わなければならない（第一三条第五、六項）。

以上が水産業協同組合法の制定に伴う水産業団体の整理等に関する法律の主な内容であるが、この法律も水協法と同じく昭和二十二年十二月十五日に公布され、施行期日は水産業協同組合法の施行等に関する政令（二十四年二月十一日）第一条によって水協法の施行期日である二月十五日と同じとされた。

次いで、昭和二十四年二月十二日、農林省令第八号をもって「水産業協同組合法の制定に伴う水産業団体の整理等に関する法律施行規則」が制定され、従前の水産業団体法施行規則（昭和十八年、農林省令第六七号）が廃止された。

さて、水産業団体の解散状況であるが、水産庁協同組合課調べによると、法律で規定している解散準備総会の最終期日である二十四年四月十四日現在においては、全国では三一一九団体中の二五三〇団体（約八一％）が、福岡県では八二団体中五七団体（約七〇％）が解散準備総会を終了している。その後、解散準備総会は順次行われ、二十五年九月三十日現在においては、全国で三一〇七団体が、福岡県で八〇団体が総会を終えた。

第三節　水産業協同組合法の公布・施行

一　水産業協同組合法の成立と特徴

漁業組合が漁業権所有の主体であるがゆえに、水産業の団体制度の改正は漁業制度の改正とは密接不可分であった。昭和二十年以降に発表された、日本漁民組合、全国漁村青年同盟、北海道漁業制度改革委員会、中央水産業会などの民間団体およびGHQ、政府の漁業制度改革案の方向は、いずれも両者を不可分のものとして取り上げている。これら各案は、長い期間にわたって漁業組合の漁業権管理団体として育成強化、それとともに組合の経済基盤の強化の方針に沿って、両者の総合つまり漁業組合による漁業権所有と漁業自営を標榜しているのが特徴である。

ＧＨＱの方向に沿って、政府は漁業制度改革の第一次案を二十二年一月十七日に作成した。その主要点は次の三点である。

(1)漁業権は全て組合有とする。そのため、個人有漁業権は二年以内に漁業協同組合に強制的に譲渡させる。さらに、その二年後に漁業権の全面整理を行う。

(2)専用漁業権は「慣行」と「地先」の区分を廃止し、入漁権も組合間の入漁協定が成立したものに限ることにする。従来の漁業権にあった私権的性格のものを排除して公的性格を強める。

(3)漁業権の管理、運営、漁場の総合的利用と漁業紛争調整の民主的機構として漁業調整委員会を設置する。漁業権の免許、変更その他重要な行政処分は委員会に対してその意見を聞かなければならないことにする。

この政府の第一次案はすぐにも国会を通過するものと考えられた。ところが、これが対日理事会で事態は思わざる方向に発展した。この第一次案がソ連案に基本的に一致していることが分かったため、ＧＨＱから秘密ディレクティブにより拒否されたのである。漁業制度改革は長引くことになり、このため水産業協同組合法案は漁業法と切り離して別個に成立を図らねばならなくなった。

水産庁は二十二年六月中旬、「現行漁業権制度の改革の構想」をまとめ、ＧＨＱの要求を一部受入れた形での第二次案を作成した。この案は外部に発表されず、ＧＨＱの了解もとれないまま次の第三次案に移っていく。第二次案がＧＨＱの了承するところとならなかったのは、漁民公会が専用漁業権のみでなく、あらゆる漁業権をも所有できるとした点が実質的に組合所有と同じでないかとみられたためである。

水産業協同組合法については、第一次案に基づいてＧＨＱと水産局との接渉が続けられ、現行法である第三次案が二十二年十二月に作成された。この段階で主として問題となったのは、漁業権と漁協との関係のほかに、系統の全国的組織、府県連合段階での信用事業と経済事業との兼営問題、生産の共同化に関しての生産組合の取扱いであった。

水産業協同組合法の要綱（第二次案）は二十三年七月に水産庁から発表され、同年十一月、第三回臨時国会に「水産業協同組合法案」として、「水産業協同組合法の制定に伴う水産業団体の整理に関する法律案」、「漁業権等臨時措置法」とともに提出された。本水協法案はほとんど無修正のまま十一月二十七日に両院を通過した。法案が無修正に通過したのは、この法案が問題がなかったということではなく、新しい法律がないために系統組織が混乱しており、片時も放置できなくなっていたためである。

水産業協同組合法は昭和二十三年十二月十五日に公布され、次いで二十四年二月十一日、水産業協同組合法等の施行等に関する政令（政令第四七号）が公布され、その第一条によって施行期日が二月十五日に定められた。また、水産庁は法の施行に先立ち、二十四年二月四日付をもって各県知事あてに「水産業協同組合の設立運動に関する件」という通牒を出し、新しく組織されるべき水協組が、真に民主的な手続きで行われるよう指導した。さらに、政令の施行に伴って、農林省は三月十五日付で「水産業協同組合関係法律の施行に関する件」という農林次官通牒を各県知事あてに出した。次官通牒は水協法が漁民および加工業者の自主的な協同組織の発達を企図し、水産業の生産量の増大と漁民および加工業者の地位の向上を図るための基本施策であるばかりでなく、漁村の民主化に重大な関係をもっていることを強調し、具体的には次の諸点の配慮を各県知事に要請した。

(1)水産業協同組合関係事務体制の強化整備

新しい水協組の設立および健全なる運営を期するため、地方庁内でこれが事務体制を整備することが先ず必要である。

(2)水産業協同組合関係法令の普及徹底

地方庁は自らの責任において水産業協同組合関係法令の普及徹底を図らなければならないが、民間団体の普及宣伝活動に対しては中立的立場をとるべきである。

(3)水協組の設立

水協組の設立は、漁民または加工業者の自由なる意志によって下からなされるべきであって、地方庁は漁民および加工業者の自主性を害しない程度で助長を図るべきである。

(4)水産業団体の解体

旧水産業団体の財産の分割または譲渡の認可にあたっては、漁村の基本財産ともいうべきこれら財産の散逸を防ぎ、漁民のためになる健全な組合の育成に資するよう考慮すること。

(5)水協組と水産業団体の事業の調整

水協組と水産業団体の事業の重複、事業の中断を避け、国民経済に対する混乱を防止するため次の点に留意する。

①組合または連合会が事業を始めたときは、水産業団体がこれと同種の事業を行うことは避けること。

②連合会がいまだ事業を行わないときは、組合は必要に応じ旧来の都道府県水産業会または製造業会の事業の員外利用をすることができる。

③組合が十分な活動を開始できるようになったときは、水産業協同組合法の制定に伴う水産業団体の整理に関する法律施行後八カ月以内の漁業会存続期間中であっても、地方庁は必要に応じて漁業会の事業を停止する等の措置をとる。

以上が次官通牒の内容であるが、水産庁はこれら法令等の施行を待って水協法の普及宣伝と水協組の育成活動を開始したのである。

最後に、新しく誕生する「漁業協同組合」と旧来の「漁業会」との法制上の相違点を次表で整理しておこう。

表一―12　漁業協同組合と漁業会との法的比較

事項	漁業協同組合	漁業会
目的	漁民及び水産業加工業者の協同組織の発達を促進し、もってその経済的社会的地位の向上と水産業の生産力の増進とを図り、国民経済の発達を期すること（水協法第一条）	漁業の整備発達を図り且つ漁業権若しくは入漁権を取得し又は漁業権の貸付を受け、会員の漁業及び経済の発達に必要なる事業を行うこと（団体法第一条）
組合の種類	(1)漁業協同組合、漁業生産組合、漁業協同組合連合会 (2)水産加工業協同組合、水産業加工業協同組合連合会（水協法第二条）	(1)漁業会、道府県水産業会 (2)製造業会中央水産業会（団体法第一条）
事業	信用事業、購買事業、販売事業、利用事業、教育事業、団体協約の締結、倉荷証券の発行 漁業権の一部及び入漁権の保有、一定条件の下に漁業経営（水協法第一一条、漁業法第一六条、第一七条、第二〇条）	漁業の指導奨励及び統制其他漁業の整備発達に関する施設 漁業権、入漁権の保有借受、漁業自営（団体法第一二条）
地区	地区は定款で定め、法令で制限しない。但し業種組合の地区は市町村の地区をこえること（水協法第一八条、第三二条）	市町村又は漁業者の部落（団体法第一四条）

組合員	正組合員資格は地区内に住所を有し、且つ年間三十日から九十日までの間で定款で定める日数以上漁業を営み又は従事する漁民 地区が市町村地区をこえる組合は、組合員資格を特定の業種に限ることができる 準組合員として加工業者の一部、漁業生産組合、正組合員の資格のない漁民の加入を認める （水協法第一八条）	会員には漁業経営者、漁業権者其他も承認加入会員として認める （団体法第一五条）
議決権及び選挙権	正組合員資格は一個の議決権及び役員の選挙権をもつ 準組合員にはこれを認めない これらの権利は代理人又は書面で行使することができる （水協法第二一条）	議決権一人一個 （団体法第二二条） 役員は総会において選任する （団体法第二七条）
出資及び責任	出資、非出資の二制とする 出資は現物でもよい 責任は有限責任 （水協法第一九条）	出資制のみ 有限責任 （団体法第三八条）
加入及び脱退	自由加入 六十日の予告期間をもって脱退できる （水協法第二五条、二六条）	当然加入が原則 当然会員は自由意志による脱退ができる （団体法第二〇条）
役員の改選	定款の定めるところにより総会において正組合員がこれを選挙する 理事の定数の少なくとも四分の三以上は正組合員でなければならない （水協法第三四条）	(1)総会において特別議決により解任 （団体法施行令第一七条） (2)改選命令 （団体法第四七条）
	総代会は正組合員二百名以上の組合で設けることができる。 総代会の定数は五十人以上でなければならない 総代会は次の議決事項（①定款の変更、②組合の解散又は	会員数が百人以上の漁業会には、総代会を設けることができる （団体法施行規則第一八条） 漁業者で非ざるものの総代員数は総代総数の五分の一以内

総代会	合併、③組合員の除名、④漁業権又はこれに関する物権の設定・得喪又は変更）を除き総会に代り議決することができる （水協法第五〇条、第五二条）	とす （団体法施行規則第一九条） 総代会は次の議決事項（①会則の変更、②訴訟の提起又は和解、③団体法第一三条により自から漁業をなすこと、④会長、副会長、理事の推薦又は監事の選任、解任、⑤統制規程の設定、変更、廃止、⑥合併、解散）を除き、総会に代り議決することができる （団体法施行令第一六条、第一七条及び団体施行規則第一七条）
設立手続	(1)二十人以上の漁民が発起人となり目論見書を作り公告する (2)設立準備会を開催し、定款作成の基本となるべき事項及び定款作成委員（二十人以上）を定める (3)創立総会を開催し、組合員資格を有する設立同意者の半数以上が出席し、全議決権の三分の二以上で決する (4)設立認可申請 （水協法第五九条～第六三条）	(1)会員足る資格を有する者が発起人となり、会員足る資格を有する者の三分の二以上の同意を得る (2)創立総会の開催 (3)設立の認可申請 （団体法第一七条）
行政認可権に対する制限	(1)設立の認可申請に対して行政庁は、設立手続、定款又は事業計画の内容が法令又は法令に基いてする行政庁の処分に違反する場合以外は認可しなければならない (2)申請受理の日から二カ月以内に認可又は不認可の通知を発しなかったときは認可したものとみなされる （水協法第六四条、第六五条）	制限なし
行政庁の監督権の範囲	(1)報告の聴取 (2)事務、会計の検査 (3)検査の結果、組合に対して必要な措置をとる (4)目的外の事業を行った場合等においてする解散命令 (5)十分の一以上の組合員の請求による議決、選挙、当選の取消 (6)公益違反の専属利用契約の取消 （水協法第一二二条～第一二六条）	(1)事業命令（団体法第四一条） (2)監督上必要な命令又は処分（同法第四三条） (3)臨検、検査（同法第四四条） (4)理事なきときの事務管掌（同法第四五条） (5)決議、役員の行為が法令に基いてする処分若しくは会則に違反し又は公益に害したときは決議を取消し若しくは役員の改選を命じ、業務の停止又は解散を命ずることができる（同法第四七条）

二　福岡県における漁業協同組合の設立

水産庁は水産業協同組合法の施行に先立ち、各道府県知事に対して表一－13で示すような一連の「水協組の設立に関する指導通達」を発した。すなわち、昭和二十四年二月四日付「水産業協同組合の設立運動に関する件」により、新しく組織されるべき水協組が、真に民主的な手続きで行われるよう指導した。

さらに、四月七日付「漁業協同組合連合会および水産加工業協同組合連合会の設立に関する件」を出し、連合会は水協法二以上の組合をもって組織できるようになっているが、連合会が下から民主的に設立されるため、ならびに事業経営の健全なる基礎を確立するため、一部少数の組合によって連合会が組織されることのないよう要望した。そしてそのため、連合会の設立は、単位組合の設立が一応完了すると目される六月末までは厳にこれを抑制するよう積極的に指導することを呼びかけた。

また、水協組の設立、運営に関して、漁業協同組合および水産加工業協同組合の模範定款例を策定し、各県あてに通達した。これら模範例は、その後一部修正されたが、その後の水協組運営の憲法ともいうべきものとなった。

八月二十六日付「水産業協同組合の設立指導について」を出し、水協組の設立が進まない原因の一つに行政庁の消極的な指導態度があるとして、勧案事項を指導した。

ついで九月十九日付「漁業協同組合連合会の設立に対する行政庁の態度に関する件」を出した。その内容は次のとおりである。「漁業協同組合連合会については、道府県によっては必要な指導の範囲を越えて強制しているところもあるが、一府県に作られるべき連合会の数については不当に干渉をしてはならない。しかし、これがため水協組設立に関する行政庁の指導が消極的にならないよう、ことに都道県水産業会が十月十五日に解散することによって空白期間の生ずることのないよう指導されたい」

漁業会等旧水産業団体の解散のタイムリミットである十月十五日をひかえ、全国的に、その後水協組の設立は順調に進み、水産業団体の法定解散月であった十月から十一月にかけて、おおよその組織づくりは完成した。

表一―13　水産業協同組合設立に関する水産庁長官から各県知事あての通達（昭和二十四年）

通達名	内容の主旨
昭和二四・二・四 二四水五九七号 「水産業協同組合の設立運動に関する件」	(1)リーフレット「水産業協同組合のいろは」が漁民に配布されて、漁民が新法律の規程に精通するに至り、水産業団体解散準備総会が済むまでは、行政官公吏若しくは水産業団体の役員が、水産業協同組合の設立運動に関与しないよう、この旨周知徹底されたい。 (2)あくまで漁民の自主的発意に基き、設立及び運営を助長するよう指導に努めなければならないが、その設立に個別的に干渉するようなことは厳に避けるべきである。 (3)一部には新協同組合を単なる看板のぬりかえに終らす意図をもって、設立を強行せんとする動きがあるが、かかる動きに対して厳にこれを抑制するよう、積極的に指導願いたい。
昭和二四・四・七 二四水二三二六号 「漁業協同組合連合会及び水産加工業協同組合連合会の設立に関する件」	(1)漁業協同組合連合会及び水産加工業協同組合は、法律上、二以上の組合をもって設立し得ることとなっているが、連合会が下より民主的に設立されるため並びにその事業経営の健全なる基礎を確立するためには、一部少数の単位組合でなく可及的多数の単位組合がこれに参加することが必要である。 (2)したがって、連合会の設立は、単位組合の設立が全般的となるまで抑制する必要があるので、一応六月末まではこれを抑制するよう積極的に指導を願いたい。
昭和二四・八・二六 二四水一二一八二号 「水産業協同組合の設立指導について」	(1)水産業協同組合設立の状況をみるに、遅々として進まぬところもあり、その原因の一つは行政庁における消極的な指導に基因する場合もある。左記事項含みの上、指導上過誤のないよう配慮されたい。 (2)本年四月七日付をもって連合会設立抑制の通牒を出したが、これは単位組合をも抑制しようとしたものではない。 (3)水産業会の多くは、半身不随の状態にあるので、可及的速かに解体することを希望する。漁業会においても十月十五日以後は、漁業権管理以外の事業はできない。 (4)水産業団体の財産は、水産業協同組合へという指導方針があり、資産が水産業協同組合以外へ散逸することは好ましくない。 (5)水産業団体は、法の許す範囲内においてでき得る限り速やかに解体を完了し、民主的な水産業協同組合が設立されることが望ましい。 (6)連合会は、単位組合の設立が全般的となってから設立されることは望ましいが、抑制期間も経過しており、諸般の事情は一刻も早く設立されることを要請している。 (7)以上の諸点から、日和見的、傍観的態度を捨てて設立を促進し、水産業団体の資産の分散を防止されたい。

昭和二四・九・一九 二四水五七二六号 「漁業協同組合連合会設立に対する行政庁の態度に関する件」	(1)一府県に作らるべき連合会の数については、漁民の自由な意思に委ね、不当な干渉の行われぬよう関係係官にも厳に注意を喚起されたい。 (2)これは市町村に作られるべき単位組合についても同様である。 (3)但し、これがため協同組合の設立に関する行政庁の指導が消極的とならざるよう、殊に連合会の遅延は、道府県水産会が来る十月十五日に解散することによって空白期間を招来することのないよう活発なる指導を願いたい。

福岡県では水産課内に組合係を新設し、新組合の設立促進や指導にあたった。福岡県下における漁業協同組合の設立登記は昭和二十四年五月から始まり、以後しだいに増加し、同年十一月末にはほぼ終了した。設立組合数は筑前海区四十四組合、豊前海区二十組合、有明海区二十五組合、内水面三組合、合計九十二組合であった。「昭和二十七年版・福岡県水産事情」は当時の漁業協同組合の設立状況について次のように述べている。

本県八十一漁業会は、漁業会解散準備総会開催法定期日である昭和二十四年四月十四日より、法定解散日（漁業権保有漁業会については経済行為停止日）である同年十月十五日までの間にほぼ解散し、新たに漁業協同組合として設立され登記を完了したのであるが、かつての漁業会の専制的性格から、長年鬱積していた不平不満は民主主義的協同組合の設立にあたって感情を交織させ、部落単位の経済組織である基本観念を押し流し、同一部落が細分割されて協同組合を結成する状態となった。経済事業を中心とする出資組織が八十一漁業会から九十二協同組合となったことはこの証左である。然しながら、もともとこれらの協同組合は零細漁民の結集力によって経済行為を営む組織であって、削減された力が組合運営を支えることは到底困難なことであった。数ケ月後、これらの組合は当然帰着すべきところに帰着した。新設合併四組合、合併議決三組合、さらに合併の気運が醸成されつつあるところ四組合の状態であったが、結局、筑前海区四十四組合、豊前海区十九組合、有明海区二十四組合、内水面三組合、合計九十組合に落ち着いた（昭和二十六年二月十五日現在）。

さて、組合は出来上がったものの、その中身たるや、これからというものが多かった。昭和二十五年一月現在における一組合あたりの組合員数は、筑前海区で正組合員三〇～三一三名、準組合員〇～一五九名、豊前海区で正二四～二一八名、準〇～五〇名、有明海区で正一〇～五三七名、準〇～一七〇名、内水面で二〇四～七一六名、準〇～四四六名であり、ばらつきが目立つ。一組合の出資金は、筑前海区で〇・五〜一一五万円、豊前海区で一・六〜三九・七万円、有明海区で二・二〜五三・一万円、内水面で七〜四四万円であり、組合間格差が大きい。また、組合員貯金が皆無というところが、筑前海区で二十七組合（六一％）、豊前海区で二十七組合（七〇％）、有明海区で二十三組合（九二％）、内水面三組合（一〇〇％）という状態であった。前出の「福岡県水産事情」は左のように記述している。

水産業協同組合法に基いて漁業生産単位の協同組織化を促進し、もって漁業者の経済的、社会的地位の向上と生産力の増進を図る目的の下に、民主的漁業協同組合が設立され、一応形式的骨組だけは完了した。しかし戦後経済の混乱による魚価の下落、資材の高騰、運転資金の枯渇等、客観的に劣悪な経済条件下に運営はきわめて困難な状態にある。これが対策として、水産課組合係を強化して指導面の充実を図り、各種の組合事業を促進するためモデル組合を指定して重点的に指導し、その優れた点を全組合に紹介すると共に、組合員の社会意識の昂揚を期して教育事業を促進し、且貯蓄心を向上せしむるため、漁業手形制度の利用を図って対外的信用度を高むる等、積極的指導に当っている。

福岡県下の単位組合の設立は、二十五年一月をもって終了するが、次は県漁業協同組合連合会を立ち上げることであった。県は単位組合の設立見通しが立った時点で、連合会を設立すべく動き出した。まず、「県一本連合会」を意図し、二十四年九月に福岡県漁業協同組合連合会設立準備会を発足させ、漁村代表の発起人三十二名が選出された。準備会では「地区は県一円とすること」に決定したが、正式な発起人は有明地区代表者を除く、二十二名となった。「福岡県水産事情」は次のように記述している。

県下一円を地区とする福岡県漁業協同組合連合会が発足したのであるが、筑前、豊前地区の漁撈中心の漁業形態に比して、採貝を主とする有明地区の組合からは、その経営内容でも異ったものがあり、相互に相利し相通ずる扶助関係が少いとの理由で、独立が主張された。各方面の努力に拘らず、遂に別途、有明海漁業協同組合連合会の設立をみるに至ったのである。このほかに、有明海区の一漁業会（大和漁業会）が五組合（皿垣開、有明、山門羽瀬、大和、大和中島）に分裂し、その有していた資産処分についての妥結が得られず、その施設の管理と魚市場経営とを主目的とする、大和村漁業協同組合連合会が設立された。

つまり、福岡県下では、主に筑前、豊前海区の組合で構成される福岡県漁業協同組合連合会が二十四年十二月一日に、有明海区の組合で構成される福岡県有明海漁業協同組合連合会が二十五年二月一日に、そして大和村漁業協同組合連合会が二十五年八月にそれぞれ設立認可を受けた。次に、県は単位組合の信用事業を育成強化し、漁村の経済自立を図るため、その中核となる信用漁業協同組合連合会の設立に乗り出した。二十五年十一月に結成促進発起人会（十名）が結成され、福岡県信用漁業協同組合連合会は二十六年七月三十一日に設立認可を受けた。以上の経緯により、新制度に基づく福岡県下の漁民団体組織は、その骨格づくりを一応、完了したのである。

なお、内水面漁業協同組合連合会の設立は海区漁連よりも遅れ、二十九年五月十一日に設立認可を受け、同年六月十四日に設立登記を完了した。

表一―14　福岡県下における漁業協同組合の形成状況（昭和二十五年一月現在）

漁業協同組合名	設立登記年月日（昭和）	漁家数（戸）	組合員数			理事数	出資金		借入金（万円）	組合員貯蓄額（万円）
			正	準	計		口数	総額（万円）		
筑前海区										
福吉	二四・八・二三	一〇四	一四七	〇	一四七	一一	一四七	一四・七	三二七・九	八〇・〇
深江	〃一〇・二七	一三〇	一一〇	八	一一八	六	二三六	二・八	八三・七	〇
加布里	〃一〇・一〇	八五	八四	一	八五	七	一六九	八・五	一八〇・〇	〇
小冨士	〃一一・四	一五四	二一三	〇	二一三	五	一五四	七・七	四〇・一	七二・一
岐志新町	〃一一・一一	一四〇	一三四	六	一四〇	六	一四〇	七〇・〇	二一〇・〇	〇
芥屋	〃一一・四	八七	六八	一九	八七	七	八七	四・四	〇	〇
姫島	〃九・二四	六〇	六〇	〇	六〇	五	一二〇	六・〇	三・〇	〇・六
野北	〃一〇・二〇	一三〇	一八〇	一	一八一	五	三〇五	一五・三	八四八・〇	〇
西ノ浦	〃一〇・一二	一七一	一六八	九一	二五九	五	五一八	二五・九	八二〇・〇	四七・五
唐泊	〃九・二八	一二七	一二七	〇	一二七	五	一二七	一二七	〇	一九一・四
小呂島	〃六・五	六八	六八	〇	六八	五	一二〇	〇・六	〇	〇
玄界島	〃九・三〇	一四八	一三四	一四〇	二七四	七	一三四	八・一	一〇〇・〇	〇・五
浜崎今津	〃一〇・一三	一五四	一二一	六七	一八八	八	四七〇	二三・五	二〇・〇	八〇・四
能古	〃一二・二	五五	五五	一	五六	五	六四	三・二	〇	五・六
姪浜	〃一一・九	九一	九八	一	九九	五	九一九	四六・〇	〇	一二・三

伊崎	〃	一〇・二七	六二	六三	〇	六三	五	一二六	六・三	〇	〇
福岡	〃	六・二四	六五	六〇	五	六五	五	三〇二	一五・一	〇	〇
箱崎	〃	一〇・一〇	一七三	一七三	〇	一七三	五	一七三	一〇・四	一〇〇・〇	三・四
奈多	〃	九・一七	一八〇	一三〇	一五九	二八九	五	一、七三八	八六・九	二六・〇	〇
志賀島	〃	五・一五	二〇六	一九五	二七	二二二	五	一、一五〇	一一五・〇	九九〇・〇	〇
弘	〃	九・二六	五七	八四	二一	一〇五	五	四二〇	四二・〇	一二五・〇	五九・二
新宮	〃	七・一五	六六	六二	四	六六	五	六四〇	一二・八	四〇・〇	〇
相島	〃	八・二八	二〇八	二六四	〇	二六四	六	二六四	二六・四	九四七・〇	三二・四
福間	〃	九・一三	六〇	八四	〇	八四	五	一八八	九・四	〇	〇
津屋崎	〃	一一・八	一二一	一五一	一六	一六七	七	一六八	八・四	八〇・〇	〇
勝浦	〃	一〇・一〇	八〇	七九	一〇	八九	五	二五七	二・六	四三〇・〇	〇
神湊	〃	九・三	八五	八五	二	八七	五	五七〇	二八・五	一二・〇	〇
大島	〃	七・八	二六三	三一三	〇	三一三	七	三六三	一八・一	一、六〇〇・〇	七四五・三
鐘崎	〃	九・一九	一七一	一七六	五	一八一	六	四六六	二三・三	四八・〇	九七・四
地島	〃	八・二二	八三	八三	〇	八三	七	八三	四・二	三・〇	〇
波津	〃	一〇・七	七八	七八	三三	一一一	五	七八	七・八	〇	〇
芦屋	〃	一〇・五	五二	五一	一	五二	五	一、〇三〇	五一・五	一二〇・〇	〇
柏原	〃	一〇・二四	一〇〇	九三	〇	九三	五	九三〇	四六・五	二五〇・〇	〇
岩屋	〃	一〇・二三	七四	七四	〇	七四	五	七四	三・七	〇	〇
脇田	〃	一〇・一〇	七四	五九	一五	七四	五	七四	三・七	一〇〇・〇	一・六
脇ノ浦	〃	一〇・二一	五〇	五〇	〇	五〇	五	八九〇	四四・五	〇	三・〇
若松	〃	一〇・一三	三一	二九	二	三一	六	六二〇	三一・〇	〇	〇
戸畑	〃	一一・四	二六	二六	〇	二六	五	一〇	〇・五	〇	〇
平松	〃	九・二八	四八	四八	〇	四八	五	九六〇	四八・〇	〇	一・三
長浜	〃	一一・四	一五〇	一七〇	〇	一七〇	七	一、三六八	六八・四	〇	〇
馬島	〃	一一・二	一三	二六	〇	二六	五	五二〇	二六・〇	〇	〇
藍島	〃	一〇・二八	六〇	五二	八	六〇	五	一、一二〇	五六・〇	一〇〇・〇	〇
大里	〃	一一・四	四〇	四一	〇	四一	五	四〇	二・〇	〇	〇
旧門司	〃	一一・四	三〇	三〇	〇	三〇	五	三〇	一・五	〇	〇

小計		四、四一〇	四、五九六	六四三	五、二三九	二四八		一、〇四九・九	七、五九三・七	一、四三四・〇
豊前海区										
田野浦	二四・九・一三	六一	六一	〇	六一	五	一二二	六・一	〇	〇
柄杓田	〃一〇・一一	一五五	一五六	〇	一五六	七	一五六	七・八	一四〇・〇	〇・七
今津	〃一〇・一	五一	四七	四	五一	五	五一	一・六	四五・〇	〇
恒見	〃九・二七	七〇	七二	〇	七二	七	七二	三・六	三二・七	〇
曾根新田	〃一〇・一五	一二〇	一七〇	〇	一七〇	六	一七〇	八・五	四四・〇	〇
苅田	〃八・二七	五三	五三	五〇	一〇三	四	一五六	七・八	三〇・〇	〇
浜町	〃七・七	五五	六一	一六	七七	七	三三三	一六・七	四〇・〇	〇・六
沓尾	〃九・二四	七五	四四	一	四五	六	七五	三・八	四三・〇	一五・〇
簑島	〃八・一五	一五二	一三八	二七	一六五	五	五二五	二六・三	一〇〇・〇	五五・二
長井	〃七・二二	五六	六〇	〇	六〇	五	一四八	七・四	二〇・〇	〇
稲童	〃六・六	二五	四二	〇	四二	五	二一〇	一〇・五	四〇・〇	〇
稲童第一	〃七・五	一七	二八	〇	二八	五	一四〇	七・〇	三・九	〇
西八田	〃九・二二	四九	四九	〇	四九	五	一七五	八・八	三一・〇	〇
八津田	〃一〇・一	二〇	二四	〇	二四	五	一六〇	八・〇	一二・〇	〇
椎田	〃九・一	九八	一五四	六	一六〇	五	二二三	一一・二	一〇三・〇	一三五・〇
西角田	〃九・二四	四二	五八	〇	五八	六	五六八	二四・〇	〇	〇
松江	〃九・一〇	五〇	五〇	二	五二	五	一四七	七・四	一〇・〇	〇
八屋	〃九・二一	四九	五六	四〇	九六	五	九六	九・六	三七・〇	〇
宇島	〃八・三〇	一一二	一六一	九	一七〇	一〇	七九四	三九・七	一一〇・〇	七一・〇
吉富	〃九・二四	一〇〇	二一八	二六	二四四	九	九三七	一一・九	三〇・〇	〇
小計		一、四一〇	一、七〇二	一八一	一、八八三	一一七		二二七・七	八七一・六	二七七・五
有明海区										
三又青木	二四・一一・二四	二三二	二四〇	〇	二四〇	五	二四〇	四・八	〇	〇
大川	〃七・一五	三五	六八	〇	六八	五	六八	三・四	〇	〇
大野島	二五・一・一四	三四三	一七三	一七〇	三四三	五	三四三	六・九	三〇・〇	〇
上新田	二四・一一・一四	四七	八九	〇	八九	六	八九	四・五	〇	〇
川口村三条野	〃一二・九	四三	五〇	二四	七四	六	六二	六・二	〇	〇

下新田	〃一一・一九	七七	一一五	四	一一九	七	一一九	六・〇	〇	〇
久間田	二五・一一・一四	一六七	一三九	二九	一六八	一五	一六八	八・四	〇	〇
浜武	二四・一一・一一	四三二	四七三	八四	五五七	五	五五七	一六・七	〇	〇
沖端	〃七・八	三三七	五三七	〇	五三七	五	五三一	五三・一	六〇・〇	八一・八
両開村中央	〃八・三〇	三〇〇	三〇〇	四	三〇四	一〇	三〇〇	一五・〇	〇	〇
両開村東部	〃九・六	一〇三	一〇三	〇	一〇三	七	一〇三	五・二	〇	〇
西宮永	〃八・三〇	一一〇	七一	五三	一二四	七	一二四	六・二	〇	〇
東宮永	〃九・三	五六	三九	一七	五六	七	五六	二・八	〇	〇
皿垣開	〃八・二二	一七四	一二七	四七	一七四	五	一七四	八・七	〇	〇
有明	〃六・二三	一二八	二一九	〇	二一九	五	二三五	二三・五	〇	〇
山門羽瀬	〃九・六	一一	一一	〇	一一	六	二九	一四・五	〇	〇
大和	〃九・一〇	三〇九	四二五	一四	四三九	七	四三九	四三・九	四〇・〇	〇
大和中島	〃九・二〇	一八一	一五七	四八	二〇五	七	二五七	一二・九	〇	〇
江浦	〃七・七	二九	一〇	一九	二九	五	二〇	四・〇	〇	二・〇
開	二五・一一・二〇	一五〇	一四九	三	一五二	七	一五〇	七・五	〇	〇
三浦	二四・八・一三	二八三	二〇七	七七	二八四	六	二八四	五・七	〇	〇
三池	〃六・一五	四三七	三六一	八二	四四三	八	四四三	三二・二	〇	〇
大牟田	〃七・四	八八	九〇	八	九八	五	八八	四・四	〇	〇
三里	〃七・六	六三	三五	二九	六四	六	一二〇	三・六	〇	〇
早米ケ浦	〃七・二三	九三	四一	五二	九三	五	九三	二・三	〇	〇
小計		四、二二八	四、二二九	七六四	四、九九三	一六二		二九二・四	一三〇・〇	八三・八
海区合計		一〇、〇四八	一〇、五二七	一、五八八	一二、一二五	五二七		一、五七〇・〇	八、五九五・三	一、七九五・三
内水面 筑後川	二四・一〇・一一	二〇四	二〇四	〇	二〇四	九	二〇四	一〇・二	〇	〇
下筑後川	〃二・一	二〇三	七一六	一五四	八七〇	一六	二、二〇〇	四四・〇	〇	〇
矢部川	〃一一・二二	六〇〇	二一五	四四六	六六一	八	七〇四	七・〇	〇	〇
小計		一、〇〇七	一、一三五	六〇〇	一、七三五	三三	三、一〇八	六一・二	〇	〇

（福岡県漁村基礎調査）

表一―15　福岡県における漁業協同組合連合会（昭和二十六年度末現在）

連合会名	設立登記年月日	会員数	出資口数	出資総額（千円）
福岡県漁業協同組合連合会（糸島、宗像、北九州、豊前支所）	昭和二五・一・一	六九	一、三七二	一六、七七〇
福岡県有明海漁業協同組合連合会	＊二五・二・一	二二	一七九	八九五
福岡県大和村漁業協同組合連合会	二五・九・四	五	五〇	一〇〇
福岡県信用漁業協同組合連合会	二六・九・二七	七八	一〇〇	五〇〇
		八六	四、五六二	二二、八一〇（二十七年度末）

＊設立認可年月日

第四節　漁業法の制定と施行

一　漁業法の成立

終戦後、農地改革の進展に伴い、農業とともに封建的色彩の濃い漁業においてもその改革が強く要請されるに至り、この要請に応えるため漁業生産に関する基本的制度を改革し、国民経済の一環としての漁業の民主化ならびに生産力の発展を図るために漁業制度改革が実施された。政府は、水産局に企画室を設けて漁業制度改革に関して立案を進めていたのであるが、漁業権の実態把握が不充分で漁業権を誰に与えるかの問題が決定困難であったこと、それにＧＨＱの対日管理政策の変化や国内政治情勢の変化もあって、政府案は昭和二十二年の第一次案から、第二次、第三次と変遷をかさね、第四次案が第五国会に提出されるまで、実に四年の歳月を経たのであった。

第一次案は、漁業協同組合を中心に自主的な漁場管理を考えており、沿岸漁業における生産力発展と漁村の民主化という課題を、漁民生産組織の助長、それによる漁場の綜合利用で解決しようとするものであった。これは当初のＧＨＱ勧告の線に沿ったものであり、中央水産業会の考え方にも似ており、勤労漁民の要求とも一致するものであった。しかし、これに対して、任意加入の漁業協同組合に地先水面の独占的な権利である専用漁業権を与えるのは、一部の漁民組織に全村的権利を与えることになり不合理であり、また、漁業権を現在の経営者にも与える途を開くべきであるという反対論が出た。結局、第一次案はＧＨＱの拒否にあって廃案となった。

第二次案は、任意加入の漁業協同組合が全漁業権をもつことは不合理だという論に対して考えられた案であり、漁村民主化、漁場管理方式としては第一次案と根本的に異なるものではなかったといえる。むしろ相違点は、専用漁業権以外の漁業権の個人有、会社有を認めている点にあり、そしてその何れに免許するかは漁業調整委員会の判断に委ねるというものであった。しかし、この案も漁業権を協同組合有の形を採らないで改革すべしというＧＨＱの要請と、現体制の維持を主張する個人漁業権者の動きによって否定された。

ＧＨＱは漁業法改正の遅いのを不満としていたが、水産庁は八月に第三次案をまとめた。この第三次案ではＧＨＱの自営者優先の強い圧力のもとに、漁場開放主義の方向をとり専用漁業権の縮小の方向に進むのである。その結果、第三次案では専用漁業権が縮小され、かつ自営者優先の原則が貫かれ、漁業権の個人所有が多くなる。漁業権の組合への全的集中が否定され、個人有が多くなるので、漁業権については全面的に切替時に補償したうえで、改めて地代部分は免許料、許可料として徴収すべしというのである。第二次案段階で免許料、許可料を漁業災害保障と増殖の事業基金として考え出されたが、第三次案では補償金が加わり、これを資金化して沿岸漁業の生産共同化推進の中核として結びつけられて構想されたのである。つまり、水産局は漁業権の組合集中の方向がＧＨＱの厚い壁にあって動きがとれなくなるや、ＧＨＱの意向に沿いながらも別の道によって沿岸漁村の立ち直りを策そうとしたのである。さらに、第三次案で新しく導入されたのは、漁業権免許の優先順位と適格性であった。漁業権が専用漁業権以外について、自営者優先の原則が貫かれるならば、優先順位、適格性の基準を明らかにすることは必然の道であり、この件では、水産局とＧＨＱとの間で細かいやりとりが続いた。また、自営者優先の原則に関連して漁業権の物権的性格をどのように意義付けるかが問題となった。ＧＨＱと水産局とのやりとりの結果、漁業権の物権的性格の容認、賃貸の禁止までは決めたが、譲渡性と担保性については漁業権ごとに多少の扱いを変えることで決着した。以上のような経緯の後、第三次案はＧＨＱによって承認され、二十三年九月の閣議に提出されたが、一部の閣僚の反対で了解されるところとならなかった。

第三次案が閣議で否決されるや、水産局はそれまで公表を差し止められていた案を公表し、制度改革の意味を関係漁民に周知徹底せしめることとし、係官を現地に派遣して説明会、討論会を開催するとともに、第四次案の作成に取りかかった。第三次案の修正を余儀なくされた水産当局は、二十四年二月、全国水産関係官を招き協議を重ね、同年四月、共同漁業権の内容の拡充、漁協の優先等を中心とする修正点を公表し世論に訴えた。これが第四次案である。この案と第三次案との異なる主な内容は表一－16で整理してあるが、両者の基本的性格は異なることがない。

第四次案は二十四年四月五日の閣議にかけられて、直ちに第五国会に提出されたが、継続審議となり、第六国会に持ちこまれた。十月から開かれた第六国会においても漁業法の審議は難行した。このため、水産委員会内に小委員会が設けられ修正案を作成した。この小委員会案なるものは第六国会のまぎわに水産委員会で議決されたが、GHQの了解を得られなかった。このため、与党の民自党は二十八日に至って突如として、参議院の水産委員会の修正案に切りかえて国会に提出し、これが二十九日に衆議院を、三十日に参議院を通過した。

昭和二十四年十二月十五日、法律第二六七号「漁業法」が公布され、明治漁業法（明治四十三年法律第五八号）は廃止された。また同日付、法律第二六八号「漁業法施行法」も公布された。

表一－16　漁業法各改正案（主として漁業権制度）の内容と成否

事項	主な内容	成否
第一次案 「漁業法の一部を改正する法律案要項」 昭和二二・一・七、公表	(1)漁場の綜合的利用と漁業紛争の調整を図る民主的機構として漁業者、学識経験者を以て構成する漁業調整委員会を設置する。 (2)漁業権は地区漁業協同組合と同連合会のみに与えることにする。 (3)漁業権について「土地ニ関スル規定ノ準用」はするが、その物権的性格をうすくする。すなわち、漁業権の存続期間の更新制度をやめ、漁業権の賃貸、譲渡、転貸、差押えは原則として禁止し、抵当権、先取特権の目的とすることができないようにする。 (4)入漁権は設定行為に因るもののみとし、漁協の間しか認めない。 (5)内水面漁業の漁業権は原則として、増殖を行うものでなければ免許しないこと。	第一次はGHQ内部の水産部限りの審査を経たもので、専任部局（GS）は関与していなかったことに加え、ソ連案と基本的に符合していたことが分かり、GHQの態度は一変した。 GHQは秘密ディレ

	(6)改正漁業法施行後二年以内に組合有以外の漁業権を組合に強制移転せしめるとともに、四年以内に既存のすべての漁業権を一斉に消滅させ、漁業調整委員会の意見をきいて新規に免許すること。	クティブという形で命令を発し、第一次案を拒否する。
第二次案 「現行漁業権制度の改革の構想」 昭和二二・六・一七、公表	(1)現在の漁業権の全面的再割当、旧漁業権者に対しては補償を行わない。 (2)新漁業権の内容 ①物権と見なし土地に関する規定を準用するが、漁業権の譲渡、差押への禁止、抵当権、先取得権、漁業財産抵当の目的とすることができない。また、漁民公会保有の漁業権を除き、他は賃貸借を禁止する。漁業権の存続期間の更新は廃止する。 ②専用漁業権は漁民公会以外に免許を行わない。専用漁業権以外の漁業権はその漁業権を現実に行使する個人、会社又は漁業経営組合に免許する。但し漁民公会のみは自ら経営しないが、専用漁業権以外の漁業権の免許をうけることができる。 ③専用漁業権の地先と慣行の区別は廃止する。 ④入漁権は契約によらしめる。 (3)漁業調整機構 ○村（市・町）漁業委員会：漁民公会より互選された委員、村会議員より互選された委員で構成される。委員会の権限はつぎの三つである。 ①村の地先水面の漁業権の免許、変更その他の処分の申請に関し、第一次経由機関として意見書を付すること。 ②地先水面における漁民と非漁民の間の紛争を調整すること。 ③地先水面の漁業に関し公益上の必要がある場合、行政庁に対し意見書を提出すること。 ○漁業調整委員会：漁場の綜合利用、紛争の調整のための民主的機関で、漁民および漁業に関する学識経験者で構成する。漁業権の免許、変更、漁業取締等について行政庁の諮問に答え、または勧告を行う。委員会は地域の大いさにより、海区、連合、中央の三段階に分れる。 (4)全国を八大海区に分かち、それぞれ漁政庁をおく。 (5)漁民公会をおく。 ①公法人で営利事業は営めない。 ②市町村又は部落を区域とする。その区域内の漁民は当然加入となる。	ＧＨＱはその骨子が依然漁業権の組合有方式が貫かれていることから不満の意を表し、実証的現地調査を実施した。 その結果、ＧＨＱは(1)専用漁業権の内容（縮小の方向での検討）、(2)旧漁業権の全廃に伴う補償、(3)漁業権等の免許等の適格性、優先順位、の三点について、再検討を命じた。

	③地先水面の専用漁業権を保有するが、専用漁業権以外の漁業権又は入漁権も保有することができ、それらの権利の具体的な行使細目を会員の総意に基いて内部的に取決める。 ④漁業紛争の調停を行う。 ⑤漁業経営上不可欠な「土地又はその定着物」使用の、又は買取を所有者に対し請求することができる。 (6)内水面漁業には漁業権を設定せず、所定の許可料を国に払い許可を受ければ漁業を行えるものとする。国はこの許可料で積極的に内水面の増殖事業を行う。 (7)漁場を独占的に使用することにより生ずる超過利潤の一部を免許料の形で国が徴収して、これを財源とした定置漁業のごとき不安定な漁業における災害保険を実施したり、沿岸の増殖事業その他水産公共施設の財源に当てる。	
第三次案 「漁業制度改革法案」 昭和二三・一〇、新聞に公表（二三・一〇・一七付、西日本新聞より収録）	(1)沿岸漁場の全面的整理 ①現行漁業権は新法施行後二年以内に政令の定める期日に一律に消滅させ、同時に計画的に新漁業権の免許を行う。 ②漁場整理によって消滅する漁業権者に対しては、政府は一定の補償金を支払う。補償金は都道府県ごとに漁業権補償委員会の定める補償計画によって交付される。 ③補償金は三十年以内に償還すべき政府発行の漁業権証券をもって交付し、その財源は漁業者の免許料、漁業の許可料、内水面の料金に求める。 (2)漁業権および入漁権（現行制度との主な相違点） ①漁業権の種類と存続期間：定置漁業権は従来の二十年から五年とし、区画漁業権は現行どおり、根付漁業権（海そう、貝類）は十年とする。専用漁業権の中から魚類を除く。 ②更新制度は廃止するが、区画漁業権のみは存続期間の延長を認める。 ③漁業権は物権と見なし土地に関する規定を準用するが、貸付けることができない。 ④定置漁業権と区画漁業権は抵当権の目的とすることができるが、その場合競落人は免許の適格性を有するものに限られる。 ⑤区画漁業権以外の漁業権は移転したり差押えることができない。区画漁業権を移転する場合その相手方は免許の適格者をもつものに限られる。 ⑥漁業権の免許は都道府県知事が漁業調整委員会の意見をきいて法律の定める	水産庁はGHQと何回となく折衝し、第三次案の承認を得た。 本案は二十三年九月、閣議に提出されたが、一部の閣僚の反対で了解されるところとならず、国会に上程されるに至らなかった。 反対の理由は次の諸点であった。 (1)漁業権が消滅するため、これと一体をなしていた漁業財団や漁業権の担保がついていた社債の価値が低落すること。 (2)沿岸漁業においても会社経営を認めること。 漁業権の消滅によって

	適格性と優先順位によって行う。 (3) 漁業調整委員会および中央漁業調整審議会 　漁場の綜合的高度利用と漁業に関する紛争調整をはかる民主的な機構として漁業調整委員会および中央漁業調整審議会を設置する。その調整委員会の種類は市町村漁業調整委員会、海区漁業調整委員会、連合会区漁業調整委員会とする。 (4) 内水面漁業については特殊規定を制定する。 　①区画漁業権以外の漁業の免許は行わない。そして内水面においては、料金を政府に納めなければ水産動植物の採捕または養殖をすることができない。 　②内水面漁場管理委員会を都道府県に設置し、水産物の採捕、増殖に関する事項を処理せしめる。 (5) 漁業権再配分の優先順位を生産漁民や民主的な漁民団体におくが、漁業慣行や漁業に生計を依存するなどの事情により例外的な規定を設けるなど、漁業の特殊性を考慮する。	会社経営の解散を来さないようにすること。 (3) 新法における漁業権の譲渡、抵当権の制限は水産金融の円滑化を阻害する。 (4) 指定遠洋漁業の許可の再審査により許可を取り消された者に対する補償、とくにその者に融資している債権者の保護を考えること。
第四次案 「第三次案の改正案」 昭和二四・四、公表	(1) 専用漁業権に代わり、新たに「共同漁業権」を設け、漁業の性質上団体的規制を不可欠とする漁業を包括せしめる。 (2) 共同漁業権は一定の条件を備えた漁協またはその連合会に限り（第一種共同漁業権＝根付漁業のみは旧慣ある市町村等も適格性ある）免許し、団体の内部規制により組合員が各自漁業を営み得る途を開き、同時に員外漁民の保護を講ずる。 (3) カキ養殖および内水面における魚類養殖業を内容とする区画漁業権についてもひび建養殖業と同様一定の条件を備えた漁協またはその連合会が自営でなくても管理し得るものとする。 (4) 湖沼においても共同漁業権を設定し得る。 (5) 定置漁業権の優先順位は、第一次優先を漁協またはこれに準ずる漁民団体の自営、第二次優先を漁業生産組合的なものに与える。 (6) 市町村漁業調整委員会は設置しない。 (7) 漁業権の補償基準年度を昭和二十二年八月一日から昭和二十三年七月三十一日までとする。 （『漁業基本対策史料』第一巻、『水産業協同組合制度史』第三巻）	第四次案は二十四年四月五日の閣議にかけられて、直ちに第五国会に提出された。 　しかし、第五国会では継続審議になり、第六国会に持ち込まれたが、ここでも審議は難行した。衆議院水産部会小委員会で修正案が提示されたが、ＧＨＱの了解は得られなかった。突如として、参議院水産委員会修正案が出され、これが衆、参議院を通過した。

二　新漁業法の性格

新漁業法の審議において、革新党が反対したのは、漁業法が漁業面から資本主義の方向に道を開いたという点であり、保守党が反対したのは、漁業法が漁民の団結力の如何によっては従来の漁村ボス、有力者を排除し、漁業権の組合集中を可能ならしめるという点である。このため、第六回国会衆議院の本会議で「ごまかしの、そして零細漁民を犠牲にして資本家を擁護するもの」（共産党議員）と攻撃され、他方では「この案は農林省あたりにおられる共産党の方々が立案したものでないかとさえ思われる」（民主党議員）と皮肉られたのである。

漁業法の基本的性格は、漁業権所有の自営者優先を打ち出した点、専用漁業権を縮小して許可漁業を増やした点、さらに沖合・遠洋漁業等では現状の継続を認めた点など、資本家的な上からの方向であることは明瞭である。しかし、漁業調整委員会システムをとり、これに広範な権限を与えたことにより、調整委員会の運営いかんによっては漁業権の組合集中もまた不可能ではなかったのである。

このことは改革当事者がもっとも苦心したところであった。ＧＨＱの圧力に押されながら上からの道をとりながら必死に下からの道の可能性を残そうとしたのであり、その夢を新法施行後二カ年における漁民の自覚に期待をかけたのである。次の文はこれを明確に物語っている。「制度改革は上から問題を解決して与えてくれるものでなく、解決するために問題を提起し道を開いたのであり、それを解決し得るのは漁民の意識と力しかないことが理解され、その制度改革の成否を握る調整委員会は漁民の意識と力なくしては勝ち得ないことが納得されて、委員会の選挙を通じてその度ごとに漁民の意識が高揚され、組織化されることが期待されるのである」（水産庁経済課：漁業制度の改革）。

「西日本新聞」は社説「新漁業法施行に際して」において、左のように論じている。

懸案の新漁業法は去る十四日施行された。今後一年間に漁業権の切替えに必要な一切の準備を終り、次の一年間に切替の事務を実施し、一年後には全国の漁村は新しい漁業秩序のもとに再出発することになる。

四月に漁業権補償委員と中央漁業調整審議会委員の選任、それから七月までに海区漁業調整委員会委員選挙資格の調査を終り、八月に委員の選挙、九月には漁業権補償計画、十二月には漁場計画の作成を完了する。来年一月に漁場別の免許料を確定し漁場計画を公示、二月に新漁業権についての免許申請、漁業権補償事務を開始、三月には適格性、優先順位の審査を開始し、六月頃までには新漁業権者を事実上決定する。八月には漁業権の第一次切替が始まり、旧漁業権者に証券が交付され、十月に免許料の徴収が開始される。十二月の第二次に次いで二十七年三月末までに第三次の切替えを完了する。

この漁業制度の改革にはいろいろな問題点がある。まず漁業権免許についての自営者原則である。例えば定置漁業権については、一つの定置漁業権に対し二つ以上の適格性のある出願者があった場合は、第一に漁業協同組合、第二に生産組合、第三に個人または会社の順序で免許することになっているが、定置漁業は相当大きな資金、資材を必要とするので、国家的裏付けがない限り協同組合の現状ではその自営は困難である。もし組合の自営ができないとすれば、その権利は組合から取り上げられて個人や会社に与えられることが多くなろう。例え組合自営の型をとったにしても、金融的に組合外の資本家に支配されることもあり得よう。

次にこの改革にあたって漁場計画、漁場調整など最も大きな権限と機能をもたされている海区漁業調整委員会は階層選挙でなく、延選挙の方式がとられているために、零細な働く漁民の代表が委員に選ばれることを難しくするきらいがある。そうなれば共同漁業権の内容から浮魚がはずされたことと相まって、沿岸漁場に対する沖合の許可漁業の侵漁が合法化されることにならないとも限らない。

さらに旧漁業権者への補償は証券による二十五年賦償還であるのに対し、新漁業権者の免許料、許可料は現金で毎年漁獲高の平均三・七％を徴収することになるので、急激に窮乏化に向っている現在の漁民にとって、軽視できぬ負担になることは間違いあるまい。

以上のようにみてくると、今後とられるべき対策は自ずと明らかである。海区漁業調整委員会を徹底的に民主化してこの改革を真に漁民的なものにすることと、国家的見地からする沿岸漁民の保護育成である。前者については最近、府県庁で主旨徹底の会合を開いている程度だが、その主旨をわきまえ、関心を寄せているのは、いわゆる指導者や少数の組合幹部で、肝心の漁民大衆はほとんど無関心である。そしてこれら漁民大衆の心を占めているのは、ただ目の前の税金だけといった悲惨な状態である。これではいかなる改革も、新しい制度も漁民大衆の受けつけるところとはならないであろう。主旨徹底の宣伝も結構である。しかしその前に国家の保護育成が先行しなければならないことが痛感される。

なお有明海区のように隣県相互の間に歴史的な紛争の絶えないようなところでは、漁業権の改廃について第三者としての国家権力の介入が強く望まれている。民主的に選挙された海区漁業調整委員会でも収拾できないとすれば、それもやむを得ないであろう。このような特殊事情には、事情の許す限り実情に即した改革が行われるよう特別の措置を講じて、漁村の民主化と生産力の発展という狙いを、できるだけ忠実に貫き通すだけの工夫が必要であろう。

（「西日本新聞」昭和二十五年三月十八日）

以上、新漁業制度の実施にあたっての諸課題を総括的に記述している。かくして、改革の舞台は各府県に移り展開されることになるのである。

第五節　水産資源保護法の公布

水産業協同組合法（昭和二十三年公布）、漁業法（昭和二十四年公布）に引き続き、水産資源の保護に関する法律として、昭和二十五年五月十日、法律第七一号「水産資源枯渇防止法」が公布された。この法律目的は「将来にわたって最高の漁獲率を維持するため、水産資源の枯渇を防止すること」とし、その内容は「許可漁船の定数化」と「枯渇するおそれのある水産資源に対する調査」を主な柱とするものであり、水産資源の増殖をめざした「保護培養」の考えは入っていなかった。枯渇防止法は同年五月二十日から施行され、戦後の占領下における以西底びき網漁業の減船の法的裏付けとなったが、翌年には廃止され、水産資源保護法へと継承された。水産資源保護法は、ＧＨＱの資源保護法制の整備の勧告を受けて立案制定されたもので、二十六年十二月十七日、法律第三一号により公布された。

漁業法が主として漁場利用の秩序の観点に立つ法律であるのに対し、水産資源保護法は水産資源の保護の観点に立っている。以後、わが国の漁業管理政策は、漁業法と水産資源保護法を根幹として基本的な枠組が作られることになった。

水産資源保護法は水産動植物の採捕制限のような漁業活動の規制に関する規定のほか、水産資源の保護培養に関する諸規定を含んでいる。それらの主な内容を左に要約する。

まず同法には、水産資源の保護培養のために必要と認めるときは、水産動植物の採捕の制限・禁止、販売、所持の制限

・禁止、漁具、漁船に関する制限・禁止、水産動植物に有害な水質汚濁の制限・禁止、水産動植物の保護培養に必要な物の採取などの制限・禁止、水産動植物の移殖に関する制限・禁止など、省令、規則の制定権を農林水産大臣または都府県知事に与えている。この一部は漁業法においても、同様に省令、規則を定め得ることとなっている。後述の福岡県漁業調整規則は、以上の水産資源保護法第四条と漁業法第六五条に根拠をおいて制定されている。

漁法の制限としては、爆発物による水産動植物の採捕の禁止（除海獣捕獲）、有毒物を使用しての水産動植物の採捕の禁止を規定している。

また水産資源の保護の必要があるときは、省令により大臣許可漁業につき、漁業種類別、水域別に漁船隻数の最高限度（定数）を定めることができる。さらに許可漁業について、漁業種類別、魚種別、水域別にその漁業による年間漁獲量の限度をこえて漁獲しないよう措置すべきことを勧告できることとしている。

水産資源の保護培養に関して、その第一は保護水面制度である。産卵場、稚魚の生育に適しているなどの水面で、水産資源の保護培養のために必要な措置を講ずべき水面として、知事の申請に基づいて大臣が保護水面を指定する。保護水面の管理者は原則として知事であり、知事は増殖すべき水産動植物の種類と増殖方法など、採捕を制限、禁止する水産動植物の種類と制限、禁止の内容、漁船、漁具の制限、禁止の内容を含んだ管理計画を定めなければならない。保護水面内で埋立、浚渫などの工事を行おうとするときは管理者の許可を要するなどの規定を設け、保護水面が水産資源の保護培養の機能を維持させるための規制措置がとられている。

第二は遡河魚類の保護培養の措置であり、サケ・マスの国営の人工ふ化放流を義務づけ、内水面でのサケ・マスの採捕を禁止している。

第六節　福岡県における漁業制度改革

一　三海区漁業調整委員会の発足

漁業調整委員会は新制度の中核をなすものである。漁業調整委員会は漁業権の免許、許可に大きな権限を持っているばかりでなく、調整委員会指示の形式で海区の綜合的高度利用という立場から採捕制限、漁業権・入漁権の行使方法、許可漁業の操業方法の是正、漁場紛争の防止・解決等のために具体的な事情に応じて指示を与える強い権限を持っている。漁業権だけでなく許可、自由漁業に対しても漁業調整上必要があれば、広く指示することができる。特に新漁業法の施行直後には、従来の漁業権を一斉に消滅せしめて、新しく漁場を再配分するに際して、委員会制度に依存するところがきわめて大きかったのである。

漁業調整委員会の権限は以上のように強いものであったが、その権限が強ければ強いほど、委員の選出方法や地区のあり方に対する危惧は各方面から表明されていた。「西日本新聞」は社説「漁調委選挙に際して」において、左のように論じている。

十五日に行われる最初の海区漁業調整委員会選挙は、五日に立候補届出を締切った。西日本各県の状態をみても、立候補者数は定員一ぱいか、あるいはそれを超えてもすれすれのものが圧倒的である。これで選挙を行っても、それは表面だけのことであって、事実上当選者はすでに決まっており、選挙は無投票と同じだといっても言い過ぎではないであろう。

立候補者の顔ぶれは、市町村議会議員、漁業協同組合幹部、以前これらの職にあったもの、あるいは企業としての漁業経営者がその大部分である。また、熊本県では県漁連が候補者を推薦し、地盤協定まで指示しようとして県から警告を受けたというような事実が何よりもその間の事情を物語っている。つまり、働く漁民の立場に立って漁場秩序の確立をはかるべき漁業調整委員会がそれとは必ずしも利害を等しくしない、あるいは逆の立場にさえある人々によって占められようとしている、ということである。

なぜこのような状態になったかについては、選挙規定が現実から遊離している点を指摘せずにはいられない。周知のとおりこの選挙は農地委員のような階層選挙でなく、延選挙である。委員になれば勢い家事はお留守にならざるをえないのに、手当その他の点で、国家はその生活を保障してくれない。一方、現在の有力階層は選挙に深い関心を示して着々準備を終えてきたのに、漁民大衆は漁業制度の改革についてほとんど知らされていないという有様である。こういう条件のもとで選挙が行われれば、現実の支配関係を法で確認する、伝統的な支配階層の私的な支配を、公的な機関による支配に置きかえることになりかねない。事前に気づかわれていたことが現実にはっきりとした姿をとってきたといえる。

だからといって、なげやりになってはいけない。現実は現実として率直にこれを認めることが、改革への起動力である、そういう意味で、この選挙のもつ意義は大きい。

この選挙を意義あらしめるためには、委員会についての理解が第一であろう。委員会は漁民代表委員七名、学識経験委員二名、公益代表委員一名からなり、府県知事の諮問機関として漁業権を免許し、漁業を許可し、漁業調整について指示し、入漁権の設定・変更・消滅、あるいは土地、土地の定着物の使用について認定する。知事は委員会の意見具申なしには何ごともなしえないことになっているから、諮問機関といっても、事実上は議決機関といえる。つまり、漁業権が誰に免許されるか、許可が誰になされるか、漁場は誰にどのように利用させるか、といった今日の漁民にとって最大の関心事であり、死活の問題がすべてこの委員会で決められるのである。誰が委員会を支配するかは直ちに現実の漁民生活にひびく。それを漁民大衆の総意で決める機会がこの選挙である。

候補者はすでに決まった。選びうる幅は狭い。しかしそのなかでも、漁民大衆に理解の深いもの、その立場に立ってものをいうべき公正な意見の持主ということに目安をおいて、そうでない人々と判別することは、そう難しいことではない。狭いながらぎりぎりまでその判別をしなければならない。

また、団体の役職員や経営者は全部漁村における封建性の支柱であるとは限らない。そう考えることは、むしろ危険でさえある。とくに企業としての発展が遅れている九州の沿岸漁業においては、ボスといわれる人々も実は、漁船の二、三隻、網の二、三張を持っているに過ぎない、という実情に思い至るならば、その危険な理由が納得されるであろうし、またそこにわずかではあるが、漁業民主化への期待もつながるのである。

（「西日本新聞」昭和二十五年八月七日）

以上は初めての漁業調整委員会の漁民代表委員選挙を前にした、「西日本新聞」社説の内容であるが、新しくスタートする漁業調整委員会制度に対する期待と委員選挙における危惧、問題点を指摘している。そこで、これより若干溯って、福岡県における筑前、豊前、有明三海区漁業調整委員会委員選挙の経緯、結果について述べてみよう。

委員の選挙権、被選挙権資格者は海区に住所または事業所をもち、一年のうち九十日以上漁船を使って漁業を営むもの、または漁業者のために漁船を使用して行う水産動植物の採捕もしくは養殖に従事するものである。選挙人名簿は六月十日現在で七月十日までに調整し、同十五日から縦覧、八月十日に確定する。有権者数は三月中旬現在、筑前海区八三一四名、豊前海区一三七八名、有明海区五〇八八名であったが（「西日本新聞」）、最終的な数は不明である。おそらく、これらの数を若干上回った程度であったと推定される。

さて、福岡県選挙管理委員会委員長は昭和二十五年七月十六日付「筑前海区、豊前海区、有明海区漁業調整委員会委員一般選挙を次のように行う。○投票を行うべき期日：昭和二十五年八月十五日　○選挙すべき委員数：各七名」を告示し、また同日付で各海区漁業調整委員選挙における選挙長を選任した。

選挙は予定どおり実施され、その結果、当選者は八月十七日付で告示された。筑前では八名が立候補し、そのなかでは沿岸漁民代表でない日本水産株式会社（トロール漁業経営、法人）が立候補し注目されたが、明らかに沿岸漁民の地盤割調整が功を奏して沿岸漁民代表七名が全員当選した。豊前では十二名が立候補したが、そのうち一名が立候補を辞退し、十一名で選挙を争った。その結果は地盤割調整がなされたことをうかがわせるものであった。有明では十二名が立候補し、途中で二名が辞退したので、十名で争った。当選者は山門、三潴両郡出身者のみで占められ、大牟田地区からは選出されていない。三海区の当選者全体をみると、漁連会長二名、漁協組合長十四名、漁協理事・顧問五名で、すべて福岡県では漁民代表委員は漁協役員によって占められたのである。これら漁民代表委員に学識、公益委員がそれぞれ加わって福岡県三海区漁業調整委員会が発足することとなった。

「西日本新聞」は社説「漁調委の運営に望む」と題して、西日本地区における漁民代表委員の選挙結果を踏まえて、それを批評し今後の課題について左のように論じている。

初の海区漁業調整委員の選挙は終った。新たに選びだされた各海区七名の漁民委員と、いま知事の手もとで選考中の学識経験委員二名、公益代表委員一名の選任をまって、各府県とも来月はじめ初の会合をひらき、漁業権補償計画の樹立を皮切りにいよいよ本格的な活動を開始することになる。

選挙の結果は事前に予想されていたとおり、各海区とも漁業協同組合役職員――実はその大部分が旧漁業会の幹部である――が圧倒的多数を占め、真に漁民的立場にあると思われるものの当選者は数えるほどしかない。ただし、西日本地方における例外的な結果としては、大分県下四海区の定員二十八名のうち二十二名までが漁業専業者で占められ組合幹部はわずか一名、あとは市議会議員と漁業との兼業者というのがある。これは福岡県筑前海区における、九州地方でただ一人の法人候補である日本水産の落選とともに注目に値する。

たとえ部分的な例外はあったにせよ、一般的傾向としては予想どおり伝統的支配層の勝利に終ったので、法の求める漁業制度の改革が、その過程においてゆがめられるおそれも多分にあるといわねばならない。それだけに同委員会のこんごの運営については委員の自責自戒はもとより、漁民大衆の、ことのほか深い関心が寄せられなければならないわけである。

委員諸君は、よくいわれる名誉や権勢、あるいは個人的な利害を離れて、何よりもまず自らのおかれた立場を厳しく自覚してもらいたい。立候補したときの動機はいかようであったにせよ、いま占めている委員の地位は漁業制度を改革する適任者として、それぞれ数千名の漁民の信託によって与えられたものである。それら漁民のもとめるものが、大衆として食えるように漁場を再編成すること、つまり漁業制度の漁民的改革にあることは、いうまでもない。この信託にこたえることが、委員の任務のすべてである。かつてわれわれは、漁協組の役職員の全部が全部、いわゆるボスとはかぎらないことを指摘した。これらの人々はボスであるよりも前に、その海区の実態に精通した、実務者であり、経験者である。また地方によっては古くから残っている民主的な慣行がある。これらの人々が前述の自覚に徹すれば、そうした知識、経験あるいは慣行は新しい漁場秩序を打ちたてるうえに、得難いプラスになろう。

なお漁民の要求は、そのおくれた意識のために、地域的なあるいは目前の利害にのみとらわれたものがあるかも知れない。そうした素朴な、ゆがめられた要求を正しい方向にむかせることも、委員の軽視できない任務の一つである。そのさい当然問題になる漁業の経営形態については、その基本的な方向は生産部門の協同化と経営の多角化にあることを、ここに指摘しておきたい。

つぎに、漁民大衆の委員会の運営にたいする関心であるが、このための道はすでに開かれている。委員会の会議はいっさい公開で、会長は議事録を作成しこれを一般の縦覧に供しなければならないので、大衆がその労をいとわさえしなければ委員会はヤミ取引はできず、漁民はその意思を委員会にそのまま反映することができる。また委員は自分や同居の親族に直接関係のある事件については、議事にあずかることができないし、委員にもし漁民の意思に反する言動があった場合は、有権者総数の三分の一の連署をもって都道府県選挙管理委員会にたいし、その委員の解職を請求することができる。委員会はその要旨を公表して有権者の投票をもとめ、過半数の同意があれば解職が実現する。

この点では法は選挙についての不備を、運営の面で救済しているともいえる。委員も、それを選んだ漁民も、以上についての理解と自覚を深め、この画期的な漁業制度の改革にあやまりなきを期したいものである。

（「西日本新聞」昭和二十五年八月十九日）

さて、福岡県筑前、豊前、有明三海区漁業調整委員会は、新制度の中核として大きな期待をもって発足したが、そのほかに次の各連合海区漁業調整委員会が時期を待たずに設置された。福岡県連合海区漁業調整委員会は筑前、豊前、有明三海区に共通する漁業調整や漁業調整規則の制定、改廃等に関する事項を処理するために設置された。また隣接県との漁業調整を図るために、筑前海域では筑肥連合海区漁業調整委員会、響灘連合海区漁業調整委員会が、豊前海域では周防灘三県連合海区漁業調整委員会が、有明海域では有明海四県連合海区漁業調整委員会がそれぞれ発足した。また全国レベルでは、新漁業法の施行に関する重要事項を審議するために中央漁業調整審議会が設置され、瀬戸内海においては、内海を一つの単位として各般の漁業問題の調整を図るために瀬戸内海連合海区漁業調整委員会が設置された。さらに福岡県に直接関係するものとして、時期は遅れるが、漁業法の一部改正により昭和三十七年九月、福岡県西浦岬から壱岐を囲み、長崎県津崎鼻に至る福岡、佐賀、長崎三県地先海域の漁業調整を図るために玄海連合海区漁業調整委員会が設置された。

表一―17　第一回海区漁業調整委員会委員の選出状況（昭和二十五年）

氏名	生年月日（年齢）	職業・役職	党派	住所
筑前海区漁業調整委員会				
漁民代表				
当選　板矢　博	明二二・五・一八（六一歳）	大島漁協顧問	無所属	宗像郡大島村
〃　大住　実	明二六・三・一二（五七歳）	脇田漁協組合長	民主党	若松市大字安屋字脇田
〃　土井良丈夫	明三八・八・六（四五歳）	岐志新町漁協組合長	無所属	糸島郡芥屋村大字岐志
〃　中島甚右衛門	明三三・九・五（五〇歳）	志賀島漁協組合長	無所属	粕屋郡志賀島村大字志賀島
〃　北崎清吉	明二一・七・一五（六二歳）	唐泊漁協組合長	無所属	糸島郡北崎村大字宮浦
〃　太田清作	明四〇・六・一〇（四三歳）	姪浜漁協組合長	無所属	福岡市姪浜町
〃　穐野金次	明二〇・八・四（六三歳）	旧門司漁協組合長	無所属	門司市旧門司
落選　日本水産株式会社		漁業経営		戸畑市汐井崎開
知事選任				
学識　相川広秋		大学教授		
〃　徳島岩吉		会社社長		
公益　鎌田　穣		元県庁職員		
豊前海区漁業調整委員会				
漁民代表				
当選　恵良春二	明二七・三・一五（五六歳）	曾根新田漁協組合長	無所属	小倉市大字曾根新田
〃　馬場藤松	明一八・一一・二一（六五歳）	柄杓田漁協組合長	無所属	門司市大字柄杓田
〃　福島弥七郎	明三一・二・二九（五二歳）	蓑島漁協組合長	無所属	京都郡蓑島村
〃　木下勝次	明二七・二・一八（五六歳）	苅田漁協組合長	無所属	京都郡苅田町大字苅田
〃　山本十郎	明二四・一・二三（五九歳）	吉富漁協組合長	無所属	築上郡吉富町大字小犬丸
〃　井上小市	明三四・四・二四（四九歳）	椎田漁協理事	無所属	築上郡椎田町大字湊
〃　鵜島寿市	明三六・五・三〇（四七歳）	宇島漁協理事	無所属	築上郡八屋町大字宇島
落選　川田　峻	明四一・一・一〇（四二歳）	漁協理事	無所属	門司市大字恒見
〃　山田卯三郎	大四・七・一七（三五歳）	漁業	無所属	京都郡今元村大字沓尾
〃　松下末太郎	明二九・八・二二（五四歳）	漁業	無所属	門司市大字恒見
〃　広江季晴	大二・三・五（三七歳）	漁業	無所属	門司市大字恒見

区分	氏名	生年月日（年齢）	職業	党派	住所
辞退	川辺弥八郎	明二六・一・二二（五七歳）	漁業	無所属	築上郡吉富町大字小犬丸
知事選任 学識	今吉一作		村長		
〃	斉藤弥十郎		県漁連豊前支所長		
公益	友枝宗達		著述業、元新聞記者		
有明海区漁業調整委員会					
漁民代表 当選	古賀栄吉	明二四・三・一（五九歳）	有明海漁連会長	無所属	山門郡沖端村大字矢留
〃	木下米吉	明二八・一〇・一六（五四歳）	両開漁協組合長	無所属	山門郡両開村大字両開
〃	坂本高義	大五・一一・一五（三三歳）	川口漁協理事	無所属	三潴郡川口村大字新田
〃	西田清	大二・三・二四（三七歳）	大和漁協組合長	無所属	山門郡大和村大字中島
〃	古賀清治	明三一・七・八（五二歳）	大川漁協組合長	無所属	三潴郡大川町大字小保丸
〃	黒田泉	大四・五・五（三五歳）	大和村漁連会長	無所属	山門郡大和村大字中島
〃	椛島喜治	大五・一・二六（三四歳）	浜武漁協理事	無所属	三潴郡昭代村大字南浜武
落選	蓮尾初五郎	明一四・二・一三（六九歳）	海苔養殖業	無所属	大牟田市本町
〃	平河力松	明二四・一・二（五九歳）	漁協組合長	無所属	山門郡大和村大字中島
〃	武末松太郎	明二八・四・一五（五五歳）	漁業	無所属	山門郡大和村大字明野
辞退	妻夫木佐一	明二五・一・二（五八歳）	漁業	無所属	三潴郡昭代村大字吉原
〃	田中久一	明二四・一一・一四（五八歳）	漁業	無所属	三潴郡大野島村
知事選任 学識	古賀慶蔵		村長		
〃	馬場友次郎		元県庁職員		
公益	坂井又雄		市議会議長		

表一－18　連合海区漁業調整委員会の設立

委員会名	設立年月	構成	任務
福岡県連合海区漁業調整委員会	昭和二六年二月	筑前、豊前、有明各海区漁調委員三名、計九名	県下三海区に共通する漁業の調整や漁業調整規則の制定、改廃等に関する事項を処理するため、漁業法第一〇五条四項の規定により設置された。 主な任務としては、⑴漁場計画作成方針の統一協調、⑵漁業調整規則の制定、改廃に対する知事の諮問、答申、意見具申、⑶その他、漁業調整施策に対する意見具申
筑肥連合海区漁業調整委員会	昭和二六年二月	福岡、佐賀両県海区漁調委員各五名、計一〇名	筑前海区と松浦海区との漁場境界線の設定および境界周辺海域における漁業調整を図るために設置された。しいら漬、浮敷網等の入漁問題の協議。
響灘連合海区漁業調整委員会	昭和二六年四月	福岡、山口両県各海区漁調委員四名、計八名	筑前海区と山口県日本海海区との漁場境界線の設定および境界周辺海域における漁業調整を図るために設置された。しいら漬、浮敷網等の入漁問題の調整。
周防灘三県連合海区漁業調整委員会	昭和二五年一二月	福岡、山口、大分三県各海区漁調委員五名、計一五名	周防灘海域における各県海区間の漁場境界線の設定および当海域の漁業調整を図るために設置された。いかかご、小型機船底曳網等の調整問題の調整。
有明海四県連合海区漁業調整委員会	昭和二五年一二月	福岡、佐賀、熊本、長崎四県各海区漁調委員二名、計八名	有明海域における各県海区間の漁場境界線の設定および当海域の漁業調整を図るために設置された。

二　福岡県内水面漁場管理委員会の設置

明治漁業法では、内水面については、海と異なっている特質をあまり考えずに、海と同様の規定により規律していた。しかし、内水面は増殖して始めてその資源も維持されるのであるから、新法では増殖事業を積極的に展開するため海面と異なる規定を設けた。内水面についての当初の構想は漁業権でなく、国が直接、入漁料をとって、増殖を自から行う方針をとったが、民間の強い反対があった。つまり、実際問題として入漁料の取り立ては難しく、国の増殖実施も技術的に無理で、組合で行う方が適しているので、漁業権は組合に与えるべきだというのである。また、管理も漁業権があってこそできるというのである。

このため、内水面においては漁協を内水面管理団体とし、これに第五種共同漁業権を免許し、内水面の管理増殖を行わせることにした。新法によると、その内水面において水産動植物の増殖をする場合でなければ漁業権を免許しない。また、都道府県知事は内水面漁場管理委員会の意見を聞き、免許をうけた者に増殖義務を命ずることができるようになっている。

政府は内水面漁業を管理する機構として、都道府県ごとに内水面漁場管理委員会を設置し、採捕および増殖に関する事項を処理させることにした。これは海面の漁業調整委員会とほぼ同じ役割を果たすものである。

福岡県は昭和二十五年十二月一日、福岡県内水面漁場管理委員会を発足させた。当委員会は全県下の内水面漁場の管理と民主的漁業秩序を確立するために川、湖沼、池における漁業権の設定、改廃および漁業者、遊漁者との調整を図る機関である。知事が全委員を任命し、それは学識経験者と漁業者、遊漁者、公益各代表者十名で構成されている。第一期（二十五年十二月一日〜二十七年十一月三十日）の委員は厳谷那珂彦（会長）、中村正記、内田恵太郎、田中弘、馬渡虎雄、畑友行、荒巻渚三郎、三苫義雄、安永英男、弥斐左登志であった。

三　旧漁業権の補償と漁業権証券の資金化

漁業制度改革は漁業権制度の根本的な改革であり、そのために旧漁業権を一旦、全部消滅させ、漁場利用関係を白紙にもどしたうえで、新しい漁場秩序を作りあげるということであった。

昭和二十六年八月二日、福岡県告示第五二四号「漁業法施行法第一条第二項に基く漁業権の消滅時期の指定に関する政令（第一四八号）の規定により、漁業権の消滅時期を指定する」を発し、大部分の専用、特別、区画、定置各漁業権の消滅時期を昭和二十六年九月一日とし、残りのものについては昭和二十七年一月一日と指定した。この告示時期は、各海区における新漁場計画が告示された直後であった。これによって、県下の旧漁業権は完全に消滅することとなった。

さて、旧漁業権に対しては、それが消滅させられる代償として補償することがあった。漁業法施行法（昭和二十四年法律第二六六八号）第九条は「政府は、漁業権又はこれを目的とする入漁権、賃借権、若しくは使用貸借による借主の権利（以下漁業権等と総称する）を第一条の規定による漁業権の消滅の時に有している者に対して、この法律に定めるところにより補償金を交付する」と規定し、また、第一〇条は「補償金の交付は、漁業補償委員会が補償すべき漁業権ごとに定める漁業権等補償計画に従ってしなければならない」とされていた。そこで漁業制度改革の基礎固めとして、漁業権補償委員の選任、漁業権等の補償金の算定方法の決定、補償計画の作成、各漁業権ごとの補償金額の決定、各都道府県ごとの補償金額の割当等の諸準備が強力に進められた。

福岡県では、昭和二十五年十月に福岡県漁業権補償委員会が設立され、補償計画の作業が開始された。委員会の構成は、知事の選任による漁民代表七名、学識経験者三名、計十名であった。補償の対象となるものは、旧漁業法による漁業権（専用、定置、特別、区画各漁業権）、入漁権および賃借権であり、各権利ごとの算出基準にしたがって補償金が左のように決定された。

漁業権名	件数	補償金額（千円）
定置	五六六	三九、三七四
特別	八四	八、〇五二
区画	六四	四六、九二八
専用	九三	三七一、八五九
入漁及賃借	六七九	一二、一〇〇
海面計	一、四八六	四七八、三一三
内水面	一〇六	六、四〇〇
合計	一、五九二	四八四、七一三

この補償金は全国総額一七〇億円と概算され、当時の漁業界、水産庁はこの補償金をよりよい条件で漁民のために支払われるよう配慮した。この場合、全額現金一時払いが最も望ましいものであったが、当時の種々の事情から漁業権証券買上償還方式となった。この漁業権証券の実際上の総額は一八一億円余となり、このうち漁業会に交付され、漁業協同組合に帰属した額高は一四七億円で、これら証券の資金化は昭和二十七年三月一日から開始され、二十九年八月三十一日で打切られた。漁業権証券の資金化の全国的概要を年度別にみると、次のとおりである。

(1)　第一次（昭和二十六年度）

計画的に資金化を図るために各県に資金化協議会が設置された。また、証券の分散防止、農林中金による証券の一括受領と保護預りの措置がとられ、一五〇億円の証券が農林中金に集中され、計画的な資金化が行われた。

(2) 第二次（昭和二十七年度）

第二次計画は、昭和二十八年二月以降実施され、第一次分とは異なり、漁連、信漁連の証券増資分、中小漁業者の金融難打開を図り、融資を促進させるための中小漁業融資保証法に基づき、都道府県に設置された漁業信用基金協会に対する証券増資分に重点をおいた買上げが実施された。

(3) 第三次（昭和二十八、二十九年度）

第三次計画においては、すでに第二次で一部実施をみた漁協系統における貯蓄の増強および系統機関である漁連、信漁連の一層の資本充実を図ることに重点をおいて、二五億円の資金化計画を立て、その承認を大蔵当局に対し要求したが、了承を得ることができなかった。たまたま、系統機関特に農林中金が二十八年の災害に多額の復旧資金を融資した結果、資金繰りが極度にひっぱくしたため、この需要のために一二億五千万円の国債整理基金特別会計による買上償還が認められた。買上償還は二十九年八月末で打ち切られ、また、従来の資金化枠の残額も同時に打ち切られた。

福岡県においても、全国的な動きの一環として漁業権証券の資金化作業が進められた。昭和二十六年九月十一日、告示第六〇三号により「福岡県漁業権証券資金化協議会規程」が制定された。その目的は「漁業権証券が消費方面に消費されることを防止し、これを漁業制度改革に伴う経営の合理化に必要な資金として資金化するため（第一条）」であった。その役割は知事の諮問に応じて次の事項を調査審議し、意見を述べることであった（第二条）。

(1) 漁業協同組合等（漁業生産組合及び漁業者を含む）の樹立した漁業権証券資金化計画並びにこれに基く具体的施設計画

(2) 漁業協同組合等の保有する漁業権証券の具体的資金化の方法

(3) 漁業権証券の散逸防止に関する事項

(4) その他漁業権証券資金化促進に関する重要な事項

また、この協議会は福岡県議会議長、県議会水産常任委員長、農林中央金庫福岡支所長、日本銀行福岡支店長、福岡銀行代表者、福岡県漁業協同組合連合会長、有明海漁業協同組合連合会長、当該連合会会長が推薦する役員三名、福岡県信

用漁業協同連合会会長が推薦する役員三名、福岡県漁業権補償委員会会長、北九州財務局理財部長、福岡県経済部長の十六名で組織された。以上の構成からも、行政当局の漁業権証券資金化計画の実行に対する並々ならぬ意欲を感ずることができる。その背景には、左のような現場の風潮があり、そのまま放置すれば資金の散逸する恐れがあり、結局、上からの改革に頼らざるを得ないことを、当局は十分に認識していたのであろう。

二十七年五月十六日の「西日本新聞」は、漁業権証券の使途に関連して次のように報じている。「漁業権証券の使途いかんが漁業制度の改革の活殺権をにぎっているといえる。しかし、旧漁業会役員のなかには『補償金は旧漁業会が所有していた漁業権に交付されたもので、新漁協に与えられたのではないから一応個人に配分すべきだ』といっているものがあるが、現場ではこれに同調する人は多い。革新的な漁業制度のあり方に不満と批判をもっているものがあり、これが漁業制度の民主化を必要以上に阻む恐れのあることを指摘しておきたい」

福岡県における最終的な漁業権証券資金の流れについての資料は得ていないが、これが、その後の漁業経営の経済的裏付けとなり、また漁業金融の途を開いたことは疑いないところである。

なお、旧漁業権補償の財源とする新漁業に対する免許料、許可料の徴収は、一カ年限りで廃止となった。この廃止は、漁民の「漁業免許可料徴収制度の撤廃運動」による政治力が効を奏した結果であった。

四　新漁業権漁場の免許

新漁業法の施行によって、旧漁業権の一斉消滅を行い、改めて新漁業権を免許することとなった。旧漁業権と新漁業権との関係を概括的に整理すると表一－19のようになる。新漁業法によって、今までの漁業権の種類すなわち、専用、定置、区画および特別漁業権の分類を廃して、共同、定置、区画漁業権の三つに分類されることになった。新しく設けられた共同漁業権は、一定地区の漁民が一定の水面を共同に利用して営む漁業権で、その対象は海藻、貝類、小型定置および従来専用漁業権にあった定着性のものを含めることとなり、第一～五種に分類された。定置漁業権は、身網の設置水深が二七メートル以上の大規模な定置漁業を営むものであり、福岡県下には存在しない。区画漁業権は水産動植物の養殖業を営む漁業権で、区画の仕方により三種に分類される。また従来専用漁業権に含められていた浮魚漁業は、漁業経営を効果的に促進するため許可漁業として扱われるようになった。

表一―19　明治漁業法による旧漁業権と新漁業法による漁業権等との関係

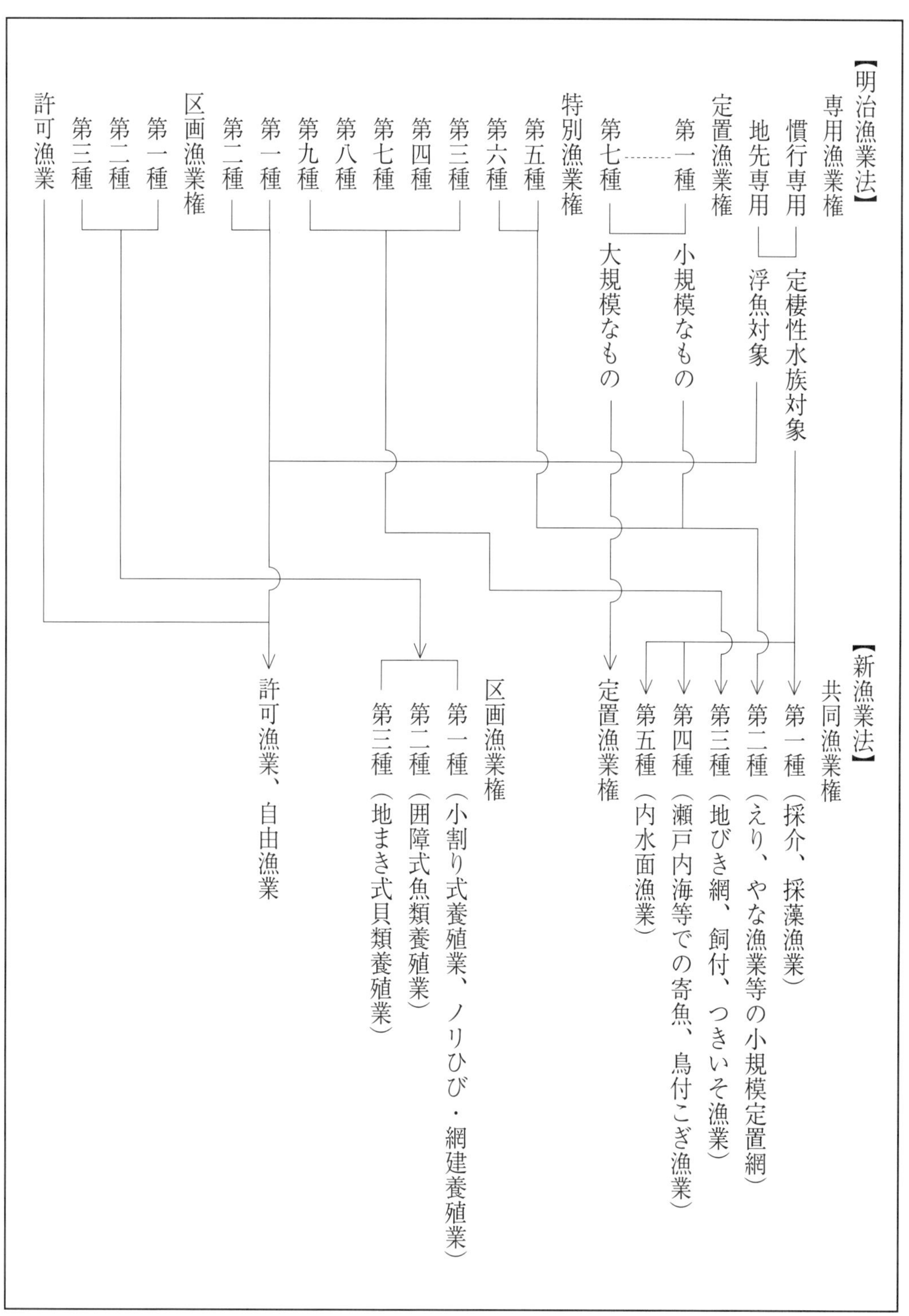

これら漁業権漁場計画の樹立・施行は県行政・各海区漁業調整委員会および内水面漁場管理委員会に課せられた、早急に取組むべき最大の課題であった。まず、福岡県では昭和二十五年十月、福岡県漁業制度改革推進協議会を発足させた。この協議会は筑前、豊前、有明三海区漁業調整委員会委員三十名、補償委員会委員十名、内水面漁場管理委員会委員十名、合計五十名で構成され、その目的は漁場計画樹立に対する基本方針を確認するとともに、作業を円滑に進めるための連絡会議でもあった。

漁場計画の作成作業は、各海区、内水面それぞれ個別に県行政、委員会が中心となって開始された。漁場計画は、県が素案を作成し、委員会の意見を求めて決定するのが法の建前であったが、近代期以降の漁業制度の大改革であり、官民一体となって取組まなければ到底なし得ないものであった。いずれの海区、内水面ともに県と委員会が合同してこれに当たった。また、各海区では調整委員以外に、必要に応じて専門委員を選任している。

漁場計画の樹立、施行の手順は次のようなものであった。①基本方針の提示と漁協、地元地区に漁場計画案（希望）の提出を求める。②提出された漁場計画案を参考にし、さらに隣接県との漁場境界を調整を図った上で、全体の漁場計画（素案）を作成する。③全体の漁場計画素案を基に、公聴会を開催する。④公聴会の結果を基に地元間の調整を図り、最終的な全体漁場計画を作成する。⑤その漁場計画を県公報で告示し、漁業権免許の申請を求める。⑥申請結果を審査し、漁業権免許の内容を公示する。

以上の手順で進められたものの、どの海区においてもことは円滑には進展せず、現場から多くの反発や反対があった。その主な争点は隣接地区間の漁業権漁場境界の確定問題であり、隣接県との漁場境界確定の問題であった。前者では、特に筑前海区の共同、区画漁業権漁場確定の際に顕著にみられた。後者は当然のことながら、三海区ともに生じたが、特に有明海区における佐賀県との漁場紛議は、両県の話合いでは合意するに至らず、水産庁の調停により漸く妥結するのである。筑前海区の紛議経過は「筑前海区漁業調整委員会史」に記録されており、有明海区の紛議経過は金田禎之著「漁業紛争の戦後史」に詳しい。各海区、内水面ごとに、それぞれ異なった展開をみせた、漁業権漁場の計画樹立から免許に至るまでの経緯を各海区ごとに箇条書きに整理しておく。

【筑前海区における漁業権漁場免許に至るまでの経緯】

(1)二十五年九月十三日：筑前海区漁業調整委員会発足、漁場計画作成基本方針の検討始まる。
(2)二十五年十月二十二日：委員会内に漁場計画作成のために漁業専門委員六名（共同漁業権三名、区画漁業権一名、許可漁業一名、自由漁業一名）を置く。
(3)二十六年一〜二月：共同漁業権漁場計画の樹立方針を示し、各漁協に漁場計画を提出させる。
○基本方針
①共同漁業権の内容となる漁業種、許可漁業、自由漁業および禁止漁業の分類
②一つの漁業権漁場の単位
③沖出しの範囲
(4)二十六年二月九日：筑肥連合海区漁業調整委員会（福岡、佐賀両県海区）発足。二十七年七月に両海区の漁場境界を決定。
(5)二十六年二月二十六日：各漁協提出の漁場計画案を参考に共同漁業権漁場計画素案（五七件）を作成す。
○作成方針
①一つの漁業権の範囲は、原則として一市町村とする。
②第一種から第三種共同漁業を含めた総合の共同漁業権とする。
③沖出しの範囲は、原則として七〇〇メートルとする。
④湾内や一衣帯水をなす海域はなるべく一つの漁業権にまとめ、その地区の共同の漁業権とする。
⑤共同漁業権の外側にある浅瀬、沖合のはなれ瀬および小島などは地先の漁業権と切離して設定する。
(6)二十六年三月八〜十八日：海区を七地区に分け、漁場計画に関する公聴会を開催。
(7)二十六年三月中旬〜：公聴会意見の検討、漁場計画素案の修正および現地調査、意見調整。
(8)二十六年三月二十三日：海区における海面と内水面との境界設定協議および現地調査開始。
(9)二十六年四月八日：響灘連合海区漁業調整委員会（福岡・山口両県海区）発足。同年四月に両海区の漁場境界を決定。
(10)二十六年五月九〜十五日：海区を六地区に分け、許可漁業実態調査。
(11)二十六年五月旬〜六月中旬：区画漁業権設定希望現地調査。

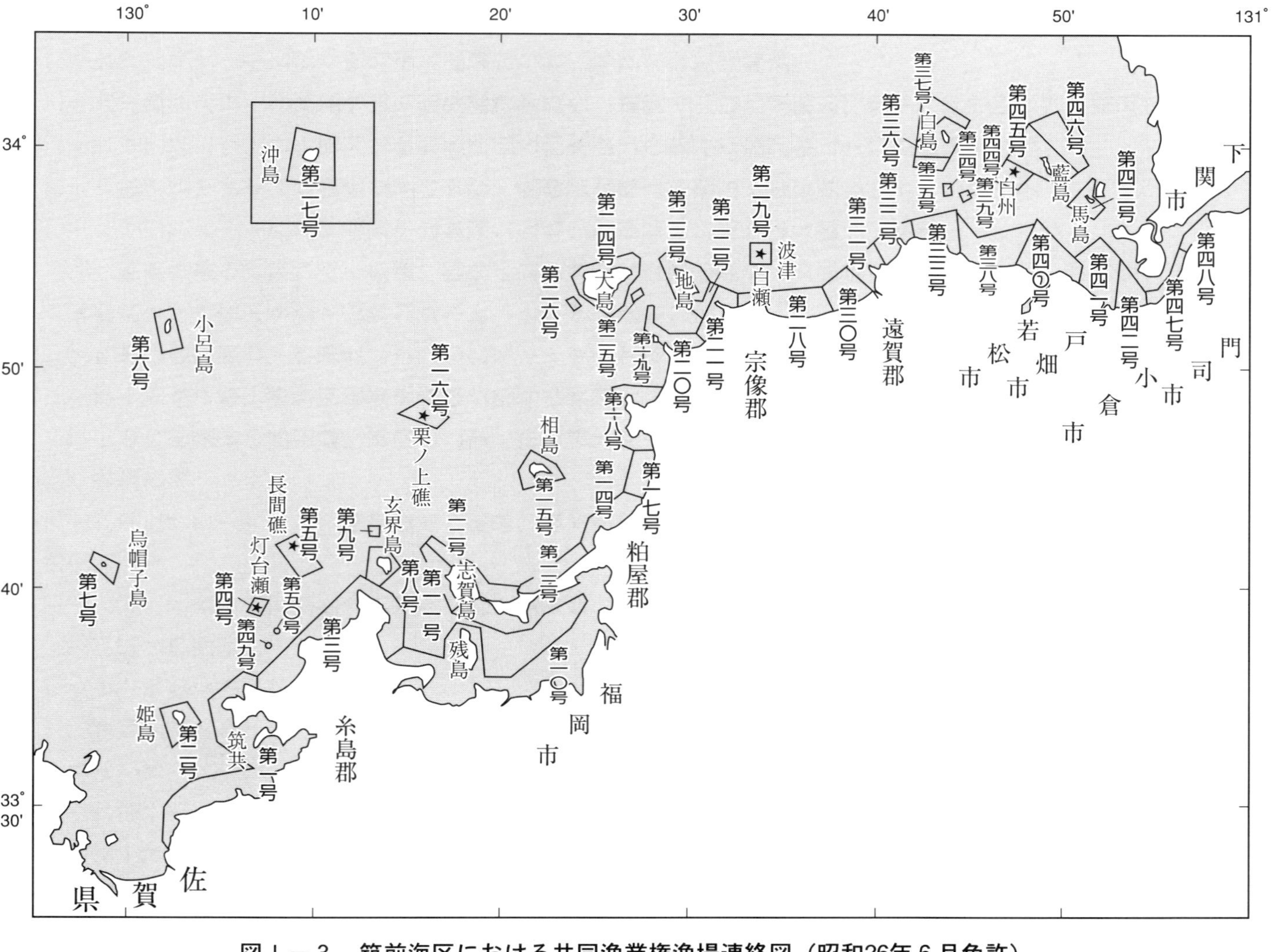

図Ⅰ－3　筑前海区における共同漁業権漁場連絡図（昭和26年6月免許）

(12)二十六年六月三十日：県告示第四四二号「漁業法第一一条第四項の規定により、筑前海区の共同漁業権及び区画漁業権の漁場ごとに免許の内容となる事項、申請期間及び関係地区（地先地区）を次の通り定める」。共同漁業権五〇件（筑共第一～五〇号）、区画漁業権二七件（筑区第一～二七号）、申請期間は二十六年七月一日～同年八月十日。

(13)二十六年七月：筑前海区漁業制度改革推進協議会を発足させる。制度改革の協力機関として、管下市町村長、漁業協同組合長、漁調委員会長で構成。

(14)二十六年七月十六～十九日：漁業権免許申請手続講習会開催。

(15)二十六年七月二十九日：共同漁業権漁場計画一部改正の公聴会開催。

(16)二十六年八月二、三日：入漁権設定および許可漁業の実態調査。

(17)二十六年八月九日：県告示第五四二号「県告示第四四二号に基く共同、区画漁業権の免許内容の一部改正」

(18)二十六年九月六日：県告示第五九七号「昭和二十六年六月三十日付福岡県告示第四四二号に基く筑前海区の共同漁業権及び区画漁業権は昭和二十六年九月一日付で免許した」。共同漁業権五〇件（筑共第一～五〇号）、区画漁業権二七件（筑区第一～二七号）。

(19)二十七年六月十二日：県告示第三四五号「共同漁業権の変更免許」筑共第一三、一四、二一、二九、三二、四五号。

(20)二十七年九月二十日：県告示第五五九号「共同漁業権の変更免許」筑共第四二号。

(21)二十七年十月二十三日：県告示第六三三号「漁業法第一一条第一項の規定に基き、区画漁業権の免許の内容となる事項、地元地区及び申請期間を定める」。筑区第二八号、申請期間は公示の日から十日間。

(22)二十七年十一月二十五日：県告示第六八四号「昭和二十七年福岡県告示第六三三号に基く区画漁業権は、昭和二十七年十一月二十五日付で免許した」。区画漁業権一件（筑区第二八号）。

(23)二十九年八月二十三日：県告示第七一一号「漁業法第一一条第四項の規定に基き、区画漁業権の免許の内容となる事項、地元地区及び申請期間を定める」。筑区第二九～三四号、申請期間は公示の日から十日間。

(24)二十九年十月十九日：県告示第八六〇号「昭和二十九年福岡県告示第七一一号に基く区画漁業権は、昭和二十九年十月十日付で免許した」。区画漁業権六件（筑区第二九～三四号）。

【豊前海区における漁業権漁場免許に至るまでの経緯】

(1)二十五年九月十三日：豊前海区漁業調整委員会発足。
(2)二十五年九月二十日：漁場計画作成のために漁業専門委員を互選により選出。
(3)二十五年十月内：海区内を五地区に分け、新漁業法の講習および各漁協提出の漁場計画様式の提示。
(4)二十五年十一月二十二日：共同、区画漁業権漁場計画大綱および許可、自由漁業種目の検討開始。
(5)二十五年十二月～二十六年三月：各漁協提出の漁場計画の検討、漁場計画（最終案）の作成。
(6)二十六年三月中旬：漁場計画に関する公聴会開催。
(7)二十六年三月～：大分県との漁場境界問題は協議開始せしも、解決を見ず、継続協議となる。
(8)二十六年四月十三日：福岡、山口両県間の漁場計画の境界問題は、調整会議の結果、協定成立す。
(9)二十六年七月八日：共同、区画漁業権漁場計画は、大分県との漁場境界問題を残して、一応の決定を見る。
(10)二十六年七月十日：県告示第四七三号「漁業法第一一条第四項の規定により、豊前海区の共同漁業権及び区画漁業権の漁場ごとに免許の内容となる事項、申請期間及び関係地区（地元地区）を次の通り定める」。共同漁業権二件（豊共第一、二号）、区画漁業権五件（豊区第一～五号）、申請期間は二十六年七月十日～八月十日。
(11)二十六年七月十三日：大分県との漁場境界問題は、三県連合海区漁業調整委員会で県担当当局に一任することで合意す。同年八月、三県担当官会議において漁場境界線、入漁問題は決着をみる。
(12)二十六年八月九日：県告示第五四二号「県告示第四七三号に基く共同、区画漁業権の免許内容の一部改正」。
(13)二十六年八月二十九日：県告示第四七三号に係る共同、区画漁業権免許申請者に対する審査の結果、適格性ありと認定する。
(14)二十六年九月六日：県告示第五九七号「昭和二十六年七月十日付福岡県告示第四七三号に基く豊前海区の共同漁業権及び区画漁業権は昭和二十六年九月一日付で免許した」。共同漁業権二件（豊共第一～二号）、区画漁業権五件（豊区第一～五号）。
(15)二十七年四月五日：県告示第一九五号「共同漁業権の変更免許」豊共第一号。
(16)二十七年七月二十四日：県告示第四三九号「漁業法第一一条第一項の規定により、豊前海区の区画漁業権の免許の内

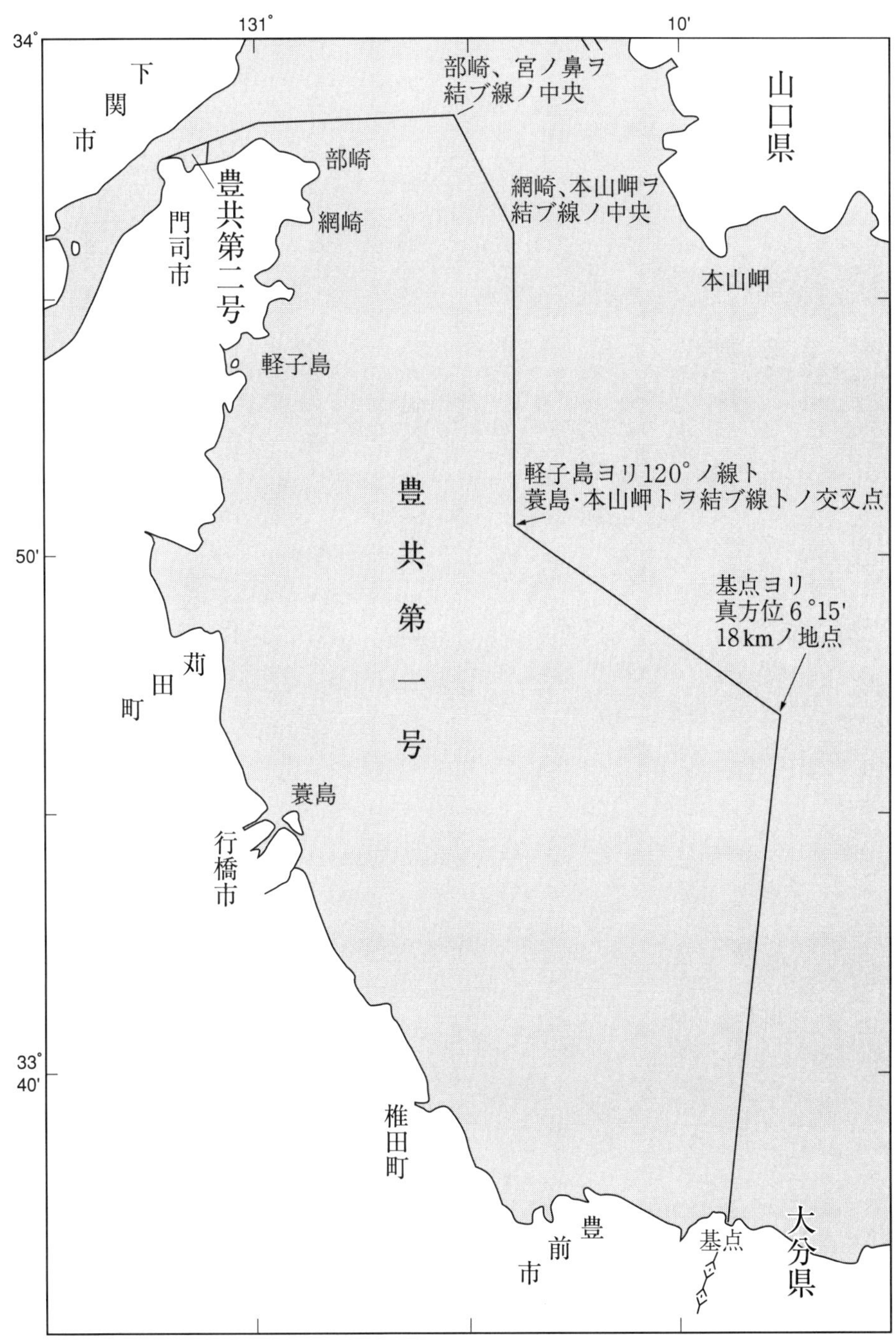

図Ｉ－４　豊前海区における共同漁業権漁場連絡図（昭和26年７月免許）

容となる事項、申請期間及び地元地区を次のとおり定めたから、同法第一一条第四項の規定に基き告示する」。区画漁業権一件（豊区第六号）、申請期間は告示から十日間。

⒄二十七年九月二日：県告示第五二三号「豊共第一号内容の一部変更を免許す」。

⒅二十七年九月二日：県告示第五二四号「昭和二十七年第四三九号に基く豊前海区の区画漁業権を九月一日付で免許した」。区画漁業権一件（豊区第六号）。

⒆二十九年八月二十三日：県告示第七一一号「漁業法第一一条第四項の規定に基き、区画漁業権の免許の内容となる事項、地元地区及び申請期間を定める」。区画漁業権五件（豊区第七～一一号）、申請期間は公示の日から十日間。

⒇二十九年十月十九日：県告示第八六〇号「昭和二十九年福岡県告示第七一一号に基く区画漁業権は、昭和二十九年十月十日付で免許した」。区画漁業権五件（豊区第七～一一号）。

【有明海区における漁業権漁場免許に至るまでの経緯】

⑴二十五年九月十三日：有明海区漁業調整委員会発足、漁業制度改革推進スケジュール協議。

⑵二十五年十一月四日：有明海区漁業改革促進協議会設立。

⑶二十五年十二月～二十六年二月：各漁協より漁場計画案の提出。

⑷二十六年三月五～十日：調整委員現地調査

⑸二十六年三月～：佐賀県との漁場境界、入漁問題について協議開始。

⑹二十六年三月十三日：内水面漁場管理委員会と河川・海面境界問題について協議開始。

⑺二十六年三月二十二日：漁場計画大綱案決定。

⑻二十六年三月二十八日：佐賀県との漁場境界問題の解決を待っていては、漁場計画樹立に支障をきたすので、独自に当計画樹立に向けて作業を進めることを確認す。

⑼二十六年四月一～二日：区画漁業権漁場計画に関する公聴会を四地区に分けて開催。

⑽二十六年四～六月：佐賀県との漁場境界問題は協議すれども解決せず。佐賀県は筑後川河口中央より竹崎見通線を主張、福岡県は同点より多良岳見通線を主張。

⑾二十六年五月三十日：佐賀県が「筑後川河口中央から雲仙岳への見通線を境界とする共同漁業権漁場計画」を公示す。
⑿二十六年六月十九日：福岡、佐賀連合海区漁業調整委員会で、佐賀県漁場計画の取消を求めるも話合いつかず。
⒀二十六年六月二十三日：両県連調委員会の小委員会で協議せしも、不調に終わる。
⒁二十六年七月二〜七日：区画漁業権漁場の現地調査実施。
⒂二十六年七月六日：有明海四県連合海区漁業調整委員会で漁場境界問題は協議せしも、結論出ず。
⒃二十六年七月二十三日：佐賀県との漁場境界線が整わない場合でも、福岡県は国の裁定をあおぎ「多良岳見通線」で告示することを県当局、委員会で合意す。
⒄二十六年七月二十六日：四県連合海区漁業調整委員会において、調停案提示されるも不調に終わる。
⒅二十六年八月一日：福岡、佐賀両県知事の直接会談で、漁場境界問題は話合いせしも、妥結に至らず。
⒆二十六年八月二日：県告示第五二六号「漁業法第一一条第四項の規定により、有明海区の共同漁業権の漁場ごとに、免許の内容となる事項、申請期間及び関係地区を次の通り定める」。有共第一号の設定。
○有共第一号漁場の区域：甲イ、イロ、ロ乙の三直線と甲乙間の最大高潮時海岸線で囲まれた区域
甲：筑後川導流堤突端標石
乙：福岡・熊本両県界四ツ山の標石
イ：甲基点から多良岳頂上見通線上最大高潮時海面の中央
ロ：乙基点から佐賀県藤津郡大浦村竹崎島西南端見通線の中央
⒇二十六年八月二日：県告諭第一号「福岡県知事名：今次漁業制度改革にあたり、有明海区における従来の佐賀、福岡両県の境界線を改革の本旨に即応した適正妥当な境界線に改むべく、あらゆる関係機関を通じて協議を重ねてきたが、遂に円満な妥結を見るに至らず、両県それぞれ独自の漁場計画を公示したので、漁場計画は当然一部重複することとなった。本問題については、今後とも円満妥結に努力を続ける考えであるから、有明海区漁民各位にあっては、自重自戒、漁場における不幸な事態の発生の回避に万全を期せられんことを切に望む」。
(21)二十六年八月三日〜：福岡県（議会、行政、海区委員会）では、漁場境界問題については農林大臣の査定を待つほかはないとの結論に達し、農林大臣・中央漁業調整審議会・水産庁・衆参両院の水産常任委員会に陳情す。

㉒二十六年八月十五日：水産庁長官より両県知事に通達文書を発す。その内容は次の三項目である。
①告示した漁業計画の中で重複している区域は、両県ともこの区域に現存する旧漁業権は、九月一日消滅の告示より除く（切換延期）。
②漁業計画の告示を両県とも至急変更し、問題の海域の漁場を除外する。
③前項の措置が取られ、告示が徹底する日まで、さしあたって問題の漁場には免許申請はしない。
㉓二十六年八月二十三日：福岡、佐賀両県水産行政当局のみで、水産庁長官文書内容について協議し、「第一、二項は現状においては変更できない、第三項は査定が終るまで免許しない」との結論に達する。
㉔二十六年八月二十七日：漁場境界問題等について、両県協議会を開催する予定であったが、佐賀県側の漁業調整委員が欠席したため流会となる。
㉕二十六年八月二十九日：福岡、佐賀両県水産行政当局（部長、課長）の協議結果、協定書が交わされた。その協定書の内容は福岡県に不利であり、しかも協定書自体が漁業法第一一条に規定する漁業調整委員会への意見を聴くという手続きを経ていないものであった。その協定書の内容とは「①旧法に基く有明海区漁業権消滅に関する告示、②新法に基く有明海区の漁場計画に関する告示、の取消しであり、本県が多良岳を見通した線を境界として告示した新漁場計画を取消し、現在福岡県が不合理であると主張する雲仙岳を見通した、旧来の境界線を生かす結果になるものであった」。
㉖二十六年八月三十日：県議会水産常任委員会は、両県行政の協議を遺憾として有明海区漁調委長あてに「昨二十九日における両県当局の協定書は、議会としては容認するところにあらず、その態度は軟弱にして遺憾なり、新告示（昭和二十六年県告示第五二六号）の線を堅持せられるべくよろしく善処願いたい」の電報を発す。
㉗二十六年九月一日：有明海区漁調委長より県議会水産常任委員会あてに、「両県当局間の協定書について調整委員会で検討した結果、これを承認しないことに決定した」との返信あり。
㉘二十六年九月二日：議会水産常任委員会、行政、調整委員会の三者会議を開き、「今後かくの如き状態を起さぬよう、三者一体となって取組むこと」を確認す。
㉙二十六年九月三～七日：水産庁調整第一課技官が現地に赴き、佐賀、福岡両県漁民の陳情を受け、各現地調査を行う。

(30)二十六年十月五日：福岡、佐賀両県関係者（知事・部長・県議会議員・漁業調整委員等）は、島原南風荘において農林省水産庁次長の立会いのもとで「両県の漁場計画樹立方針に関する覚書」を交わす。
(31)二十六年十月十日：有明海区と内水面との境界問題は、県の調停により解決す、両区域間の漁業協定成立。
(32)二十六年十一月中旬：水産庁は覚書に基づいて両県から漁場計画を提出させたが、「天然稚貝の発生するところは区画漁業権は設定しない」という覚書の主旨に基づく漁場の判断が両県で異なった。佐賀県は区画漁業権（第三種貝類養殖業）とし、福岡県は共同漁業権として計画された。
(33)二十六年十二月前半：漁場計画の調整を図るため、水産庁を中心として両県は十二月五日より十五日まで連日話合いは持たれたが、区画漁業より除外する天然稚貝の多量に発生する地域について、三者の意見は一致をみず、遂に物別れとなる。
(34)二十七年一月前半：水産庁等に対して、両県が漁場計画に関してそれぞれ主張する陳情書を提出する。
(35)二十七年二月十四～十六日：水産庁が両県の漁場計画に対する経過ならびに内容をそれぞれ聴取し、かきひび建・かき地蒔養殖の漁場については一応両者の意見一致の見通しを得る。
(36)二十七年二月十八日：水産庁漁政部長が両県の部長、課長、漁調委会長を招集し、調停案を示し回答を求める。
(37)二十七年二月二十日：水産庁が両県回答案を踏まえ、両県知事、県会議員、漁調委員等を招集し、具体的に調整した結果、意見の一致、不一致点が明確となった。水産庁は両県に対して白紙委任するか、しないかについて、二十一日午後七時までに回答するように申し渡した。さらに調整を進め、午後八時二〇分に至り、一応妥結点を見出すに至る。
(38)二十七年二月二十一日：知事・部長・県議会議員・漁業調整委員等の福岡、佐賀両県関係者は、島原南風荘において農林省漁政部長の立会いのもとで「両県の漁場計画樹立に関する協定書」を成立させ、それに基づき「両県の漁場計画樹立に関する協定付属書（二十三日）」を結ぶに至った。協定書の内容は、①農林大臣の管轄する海域の範囲、②共同漁業に関する事項、③区画漁業に関する事項、④許可漁業に関する事項であった。このうち、①については「農林大臣の管轄する海域は、筑後川川口中央と三角岳頂上とを結ぶ線、筑後川川口中央と雲仙岳一等三角点を結ぶ線（甲線）及び福岡県・熊本県境と竹崎島西南端を結ぶ線（乙線）の三直線によって囲まれた海域及び筑後川川口中央と竹崎鼻を結ぶ線、同線上竹崎鼻より千メートル北の点と甲、乙線交点とを結ぶ線（丙点）及び甲線によって囲まれ

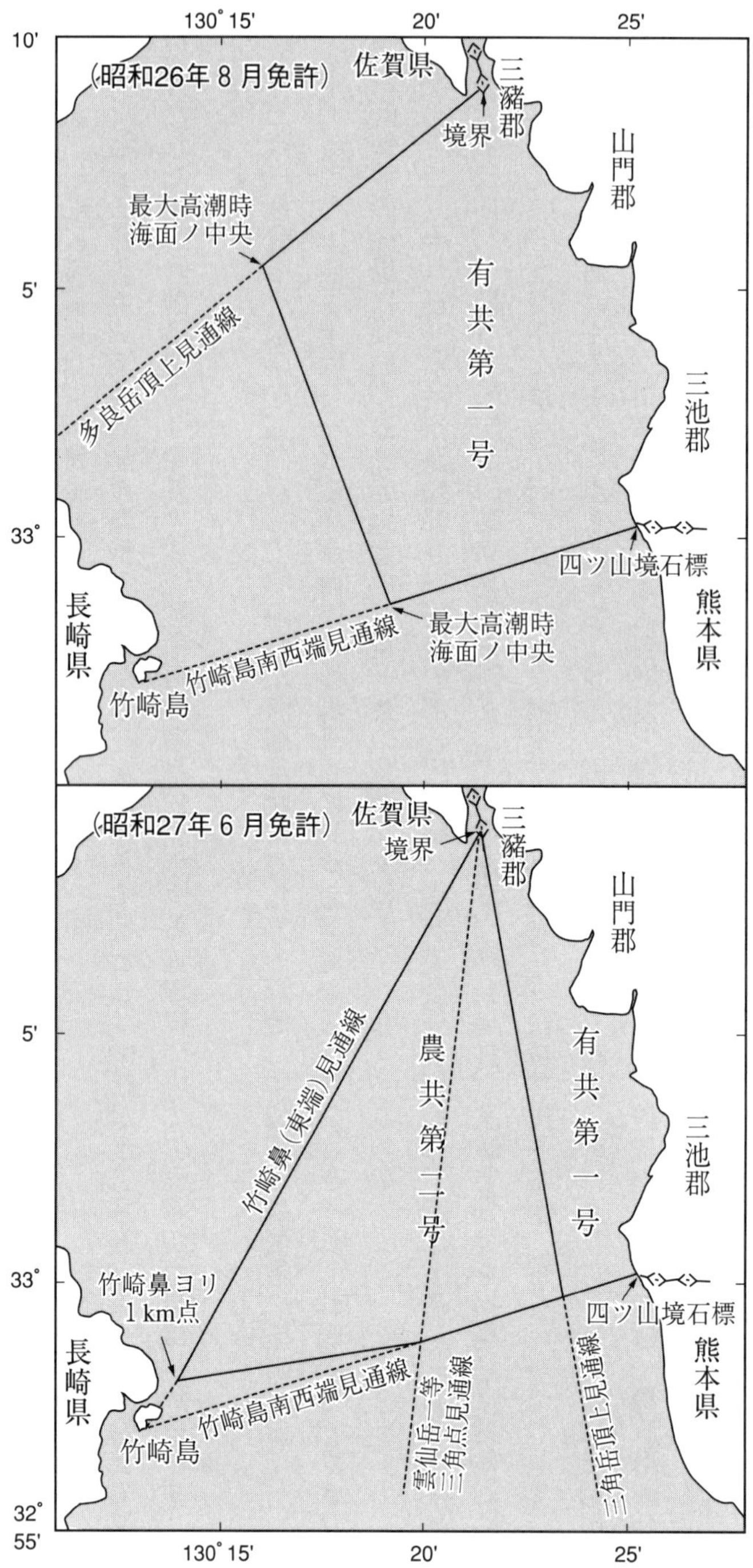

図Ⅰ－５　有明海区における共同漁業権漁場連絡図

た海域とする」であった。

(39)二十七年四月二十五日：農林省告示第一六一号「漁業法第一一条第一項及び第一三六条の規定に基き、共同漁業及び区画漁業の免許の内容となる事項、関係地区、地元地区及び申請期間を定める」。共同漁業権一件（農共第二号）、区画漁業権一八件（農区第一～一八号）、申請期間は公示の日から五日間。

(40)二十七年五月一日：福岡県大牟田市に水産庁有明海漁業調整事務所を設置し、同海の漁業調整を行うこととなる。

(41)二十七年五月二十九日：県告示第三二四号「昭和二十六年福岡県告示第五二六号（有明海区の共同漁業権の免許の内容となる事項、申請期間及び関係地区）の全部を改正する」。有共第一号、申請期間は告示から十日間。漁場の範囲は、筑後川川口中央から熊本県三角岳頂上見通線、福岡・熊本両県境から竹崎島南西端見通線及び福岡県海岸線で囲まれた区域。

(42)二十七年六月二十八日：県告示第三八五号「昭和二十七年福岡県告示第三二四号に基く有明海区の共同漁業権を免許した」。共同漁業権一件（有共第一号）。

(43)二十七年七月四日：農林省告示第二九五号「共同漁業権及び区画漁業権を免許した」。共同漁業権一件（農共第二号）、区画漁業権一七件（農区第一～一六号、一八号）。

(44)二十七年十一月十一日：県告示第六五六号「漁業法第一一条第一項の規定に基き、有明海区の区画漁業権の免許の内容となる事項、地元地区及び申請期間を定める」。区画漁業権二八件（有区第一～二八号）、申請期間は公示の日から十日間。

(45)二十七年十二月六日：県告示第七〇五号「県告示第六五六号の一部改正」。有区第一一号における地元地区に追加、有区第八、九、一一号の免許期間延期。

(46)二十七年十二月二十三日：県告示第七七〇号「県告示第六五六号に基く有明海区の区画漁業権は、昭和二十七年十二月二十三日付で免許した」。区画漁業権二五件（有区第一～二八号の中、第八、九、一一号を除く）。

(47)二十七年十二月二十七日：県告示第七八〇号「県告示第六五六号及び第七〇五号に基く有明海区の区画漁業権は、昭和二十七年十二月二十七日付で免許した」。区画漁業権三件（有区第八、九、一一号）。

(48)二十八年十月十三日：県告示第六二九号「漁業法第一一条第一項の規定に基き、有明海区の区画漁業権の免許の内容となる事項、地元地区及び申請期間を定める」。区画漁業権一八件（有区第二九～四六号）、申請期間は告示の日から十日間。

(49)二十八年十一月五日：県告示第六九六号「昭和二十八年福岡県告示第六二九号に基く有明海区の区画漁業権は、昭和二十八年十月三十日付で免許した」。区画漁業権一八件（有区第二九～四六号）。

(50)二十九年十月二十一日：県告示第八七六号「漁業法第一一条第四項の規定に基き、区画漁業権の免許の内容となる事項、地元地区及び申請期間を定める」。区画漁業権二五件（有区第二九～五三号）、申請期間は公示の日から十日間。

(51)三十年十月二十七日：県告示第九七七号「漁業法第一一条第四項の規定に基き、区画漁業権の免許の内容となる事項、地元地区及び申請期間を定める」。区画漁業権二五件（有区第二九～五三号）。

(52)三十年十一月八日：県告示第一〇一〇号「昭和三十年福岡県告示第九七七号に基く、有明海区の区画漁業権は、昭和三十年十月三十一日付で免許した」。区画漁業権二五件（有区第二九～五三号）。

(53)三十年十一月八日：県告示第一〇一四号「漁業法第二二条第二項の規定に基き、昭和三十年福岡県告示第九七七号の一部を変更する」。区画漁業権一七件（有区第二九～三四、三六、三九～四五、五三号の内容変更、五四、五五号の追加）。

(54)三十年十一月二十四日：県告示第一〇五七号「昭和三十年福岡県告示第一〇一四号に基く有明海区の区画漁業権は、昭和三十年十一月十日付で免許した」。区画漁業権一七件（有区第二九～三四、三六、三九～四五、五三～五五号）。

【内水面における漁業権漁場免許に至るまでの経緯】

(1)二十五年十二月：福岡県内水面漁場管理委員会発足。

(2)二十六年七月三十一日：県告示第五二〇号「漁業法第一一条第四項の規定に基き内水面の共同漁業権の漁場毎に免許の内容となる事項、申請期間及び関係地区を定める」。共同漁業権二一件、申請期間は昭和二十六年八月一日から同月二十日まで。

(3)二十六年十月十三日：県告示第七一六号「昭和二十六年福岡県告示第五二〇号に定める内水共同漁業権について、昭和二十六年九月一日付で免許した」。共同漁業権一四件（内共第一～一四号）。

(4)二十六年十月十八日：県告示第七二八号「漁業法第七二条の規定により、内水面における第一種共同漁業、第二種共同漁業、第三種共同漁業、第五種共同漁業及び第二種区画漁業の免許を受けたものは、当該漁場に漁場の標識を建設しなければならない」。漁場の標識は一二センチメートル角以上の大きさとし、一・五メートルの高さに建設し、そこに免許番号・漁業の種類・漁場の区域・漁業権者の住所氏名・漁業時期・免許年月日・漁業権の存続期間を記載する。

(5)二十六年十二月一日：県告示第八三四号「漁業法第一一条第四項の規定により内水面の共同漁業権及び区画漁業権の漁場毎に免許の内容となる事項、申請期間及び関係地区を定める」。共同漁業権二件、申請期間は昭和二十七年十二月十日から同月二十日まで、区画漁業権一七六件、申請期間は昭和二十六年十二月十日から同月二十五日まで。

(6)二十七年一月一日：県告示第一号「昭和二十六年十二月一日福岡県告示第八三四号に基く内水面共同漁業権及び区画漁業権は、昭和二十七年一月一日付で免許する」。共同漁業権一件（内共第一五号）、区画漁業権六三件（内区第一～六三号）。

(7)二十七年三月一日：県告示第一一二号「漁業法第一一条第四項の規定に基き、昭和二十六年福岡県告示第五二〇号及び同第八三四号漁場計画の一部を改正する」。

①第五二〇号の改正：筑後川水系漁場計画・共同漁業権二件、矢部川及び沖端川水系漁場計画・共同漁業権一件、矢部川水系漁場計画・共同漁業権一件の変更

②第八三四号の改正：区画漁業権計画中の存続期間、申請期間の変更

(8)二十七年三月十五日：県告示第一三〇号「昭和二十七年福岡県告示第一一二号に基く内水面共同漁業権及び区画漁業権は、昭和二十七年三月十五日付で免許する」。共同漁業権四件（内共第一六～一九号）、区画漁業権一〇件（内区第六四～七三号）。

(9)二十七年六月十二日：県告示第三五〇号「昭和二十六年福岡県告示第八三四号の一部を改正する」。区画漁業権計画中の存続期間、申請期間の変更。

(10)二十七年六月十二日：県告示第三五一号「漁業法第一一条第四項の規定に基き、内水面の共同漁業権及び区画漁業権の免許の内容となる事項、申請期間及び関係地区（地元地区）を定める」。共同漁業権八件、区画漁業権二四件、申

請期間は昭和二十七年六月十六日から同月三十日まで。

⑾二十七年七月八日：県告示第四一八号「昭和二十六年福岡県告示第八三四号並びに昭和二十七年福岡県告示第三五〇号及び第三五一号に基く内水面共同漁業権及び区画漁業権は、昭和二十七年七月五日付で免許した」。共同漁業権八件（内共第二〇～二七号）、区画漁業権二三件（内区第七四～九六号）。

⑿二十七年九月二日：県告示第五二六号「昭和二十六年福岡県告示第八三四号、昭和二十七年福岡県告示第三五〇号及び同第三五一号に基く内水面区画漁業権は昭和二十七年九月一日付で免許した」。区画漁業権三件（内区第九七～九九号）

⒀二十九年三月九日：県告示第二〇九号「漁業法第一一条第四項の規定に基き、内水面の共同漁業権及び区画漁業権の免許内容となる事項、申請期間及び関係地区を定める」。共同漁業権三件、申請期間は昭和二十九年三月二十日まで。区画漁業権六件、申請期間は昭和二十九年三月二十日まで。

以上の経緯を経て、第一次漁業権免許の作業は一応終了した。これら漁業権免許の一覧を付表4～7で示す。筑前海区では、共同漁業権五〇件（筑共第一～五〇号）、区画漁業権三四件（筑区第一～三四号）が免許された。共同漁業権は主として各漁協ごとに設定され、その内容は第一種（定着性種）、第二種（建網類など）、第三種（地びき網など）と多種多様である。このほか第三種のなかには、ぶり飼付（小呂島、大島）、ぼら飼付（若松、平松）、築磯（野北、脇田）などもみられている。区画漁業権は発展初期にあった第一種・のりひび建養殖（博多湾、加布里湾）が主体である。

豊前海区では、共同漁業権二件（豊区第一、二号）、区画漁業権一一件（豊区第一～一一号）が免許された。共同漁業権は豊前沿岸のほぼ全域を占める豊共第一号（一九漁協共有）と門司地先の豊共第二号（柄杓田、田ノ浦漁協）に分けられる。豊共第一号は第一種（なまこほか二〇種）、第二種（雑魚桝網ほか八種）、第三種（いわし地びき網ほか六種）と多種多様である。区画漁業権はすべて第一種・のりひび建養殖となっている。

有明海区においては、佐賀県との漁場境界問題が両県間協議では解決に至らず農林省の仲介により決着したが、その結果、両県海域間に農林省管轄海域（海の天領）が生じた。これを基にして漁業権は、共同漁業権二件（有共第一号、農共第二号）、区画漁業権六五件（農区第四、五、七、九、一一、一三～一六、一八号、有区第一～五五号）が免許された。

共同漁業権の内容は、第一種（あさりほか二〇種）、第二種（竹羽瀬ほか七種）、第三種（がたびき網）からなっている。区画漁業権は第一種（かきひび建養殖）、第一種（のりひび建養殖）、第三種（あさり、あげまき養殖）に分かれて免許されているが、そのなかでも発展途上ののりひび建養殖（有区第一四～五五号）が主体である。のりひび建養殖は有明海漁連が一括免許を受ける方式をとっており、それは現在にまで引き継がれている。

内水面においては、計画段階で提示された漁業権件数は、共同漁業権三四件、区画漁業権二〇四件の多きに及んだが、実際には共同漁業権二七件（内共第一～二七号）、区画漁業権九九件（内区第一～九九号）が免許された。共同漁業権は県内の主要河川や用水堀に設定され、その多様な環境特性に対応して、内容は第一種（しじみ、餌虫）、第二種（四手網、刺網、梁、筌など）、第五種（こい、あゆなど）と多岐におよんでいる。区画漁業権は大部分が溜池に設定され、その内容は第二種（こい、ふな養殖）が主体であるが、そのほか、第一種（すいぜんじのり養殖・朝倉郡黄金川）、第二種（ぼら養殖、うなぎ養殖、しおまねき養殖）、第三種（しじみ養殖）などもみられている。

第七節　福岡県漁業調整規則等の制定

一　福岡県漁業取締規則の一部改正による運用

終戦直後の漁村経済は、戦時の荒廃から立ち直れない状況にあり、漁村人口の急増、生産量の停滞、魚価の低迷などによって苦境に追い込まれていた。また生産現場では新漁具漁法の出現、悪質操業などによって漁場利用秩序は乱れ、これに対処すべき新たな漁業法規が要求されていた。しかしその根拠法となる新漁業法などは未だ制定されておらず、それまでの間、府県では従来の各府県漁業取締規則に基づいて対処せざるを得なかった。福岡県でも当面、福岡県漁業取締規則（昭和十三年県令第八号）の一部改正によって暫定的に対処してきた。

昭和二十三年三月、福岡県規則第一二号「福岡県漁業取締規則一部改正」が公布された。改正は二点あり、第一点は、第一五、一六、三一条の各末尾のそれぞれに一項目（「」内）が加えられたことである。

第一五条　左ノ各号ノ一ニ該当スルトキハ許可シタル漁業ヲ制限シ停止シ又ハ許可ヲ取消スコトヲ得
一　水産動植物ノ蕃殖保護又ハ漁業取締其ノ他公益上必要アリト認ムルトキ
二　本則又ハ漁業ニ関スル他ノ法令若ハ之ニ基キテ発スル命令ニ違反シタルトキ
三　許可ノ条件ニ違反シタルトキ
「前項ノ制限又ハ停止ニ違反シテ漁業ヲ為スコトヲ得ズ」
第一六条　水産動植物ニ有害ナル虞アル物ヲ遺棄シ又ハ水産動植物ニ有害ナル虞アル物ヲ漏泄シ若ハ漏泄スル虞アル物ヲ放置スル者ニ付テハ之ガ除害ニ必要ナル設備ヲ命ジ又ハ除外設備ノ変更ヲ命ズルコトヲ得
「前項ノ命令ニ違反シテ有害ナル虞アル物ヲ遺棄シ又ハ漏泄スベカラズ」
第三一条　溯河魚類ノ通路ヲ遮断シテ漁業ヲ為ス者ハ河川流幅ノ五分ノ一以上ノ幅員ノ魚道ヲ開通スベシ魚道ノ位置又ハ開通ノ方法適当ナラズト認ムルトキハ知事ハ其ノ変更ヲ命ズルコトヲ得
「前項ノ命令ニ違反シテ漁業ヲ為スコトヲ得ズ」

以上のように「違反シテ漁業ヲ為スコトヲ得ズ」、「有害物ノ遺棄、漏泄スベカラズ」と禁止命令事項を明確に打ち出したのである。これに対応した罰則規定が新たに設けられた訳ではないが、その意図は漁業取締上の行政指導をより強力に進めるために、その根拠を明示したものと思われる。

改正の第二点は、罰則条項である第三四、三五条の全体削除である。その理由は罰金（五十円以下）など実情に合わない事項があり、全般的な再検討のために一時的に削除したものと思われる。罰則条項のない規則は二十五年改正まで続いた。

昭和二十五年三月十四日、漁業法が施行されることとなったが、福岡県ではこれに対応して、同日付、福岡県規則第一五号「福岡県漁業取締規則（昭和十三年福岡県令第八号）は漁業法第六五条に基いて制定したものとみなす」を発するとともに、県規則一六号「福岡県漁業取締規則の一部改正」を行った。その主な改正点は、罰則条項の第三四、三五条の復活であった。

第三四条　第一条第一項、第一五条第二項、第二二条乃至第二六条ノ規定ニ違反シタ者又ハ第一六ニ依ル命令ニ違反シタル者ハ、六箇月以下ノ懲役、一万円以下ノ罰金、拘留又ハ科料ニ処ス前項ノ場合ニ於テハ犯人ノ所有シ、又ハ所持スル漁獲物、製品、漁船、漁具等ノ全部又ハ一部ヲ没収スルコトヲ得、但シ前記物件ノ全部又ハ一部ヲ没収シ能ハザルトキハ、其ノ価格ヲ追徴スルコトヲ得

第三五条　第五条第二項、第六条第二項、第七条乃至第九条、第一一条、第一二条、第一九条、第二〇条第二項、第二一条、第二九条、第三一条第一項、第三二条、第三三条ノ規定ニ違反シタル者、又ハ第三一条第二項ノ命令ニ違反シタル者ハ科料ニ処ス

福岡県漁業取締規則は以上の改正によって一応整備されたが、新漁業法に基づく福岡県漁業調整規則、福岡県内水面漁業調整規則が制定されるまでの暫定的なものであった。

二　福岡県漁業調整規則の制定

昭和二十六年九月一日、福岡県規則第六四号「漁業法第六五条の規定により、福岡県漁業調整規則を制定する」が公布され、同日から施行されるとともに、福岡県漁業取締規則（昭和十三年福岡県令第八号公布、昭和二十五年規則第一五号改正）は廃止された。

この漁業調整規則と旧取締規則との内容を対比しながら、新規則の特徴をみよう。新規則は新漁業法の精神に則り、かつ当時の福岡県漁業の実態を反映したものであったことは間違いない。まず目的については、旧規則では規定条項がないのに対して、新規則では「第一条：海面における水産動植物の繁殖保護、漁業取締その他漁業調整に関し必要な事項を規定しもって漁業秩序の確立を期することを目的とする」と規定している。すなわち、旧規則が目的を繁殖保護、漁業取締としたのに対して、新規則では繁殖保護、漁業取締、漁業調整により最終目標である漁業秩序を確立しようとするものであった。

また新規則の第一の特徴として、許可漁業に関する条項が多いことである。明治漁業法では専用漁業権漁業が漁船漁業の主体となっていたのに対して、新漁業法では許可漁業が主体となったのであるから、当然のことであった。規則第四、五条に規定する許可漁業種は、当時の主な漁船漁業が全て含まれている。これら許可漁業に対しては、操業上の制限、許可条件、許可定数、許可の変更取消、操業停止等が規定され、より厳しい規制措置が加えられることとなった。その反面、これら処置、処分に対しては漁業調整委員会の意見を聞くことを義務付けており、漁業調整面を重視している。

第二の特徴は主に繁殖保護を目的として、有害物の遺棄漏せつ禁止、採捕・販売等の禁止期間、全長制限、禁止漁具漁法、操業期間制限、電気設備制限等が設けられていることである。これらは旧規則でもみられているが、漁具漁法の進歩によってより厳しくなっている。

第三の特徴として、漁業取締上、罰則の強化があげられる。漁業取締現場において、船舶に対する碇泊命令および検査、船長等の乗組禁止命令、停船命令等の措置が可能となった。罰則は罪状に応じて、六カ月以下の懲役、一万円以下の罰金、拘留若しくは科料に処し、又は併科する。さらに漁獲物、製品、漁船及び漁具を没収又はその価額を追徴することができるというものであった。

表一―20　福岡県漁業調整規則と福岡県漁業取締規則との比較

事項	福岡県漁業調整規則（昭和二十六年公布）	福岡県漁業取締規則（昭和十三年公布）
目的	第一条：海面における水産動植物の繁殖保護、漁業取締その他漁業調整に関し必要な事項を規定しもって漁業秩序の確立を期する。	なし
許可漁業種	(1)知事許可漁業（第四条）：浮刺網、流刺網、まき刺網、浮敷網、底敷網、引寄網（除動力底びき網）、引廻網（無動力）、無嚢まき網、有嚢まき網、突棒、空釣なわ、延なわ（たい、はも、ふぐ、ちぬ対象）、撒餌釣（ぼら、ちぬ、すずき対象）、潜水器（除有明海） (2)共同漁業権の該当漁業であり、かつ知事許可を必要とするもの（第五条）：底刺網、曲網、房丈網、桝網、落網、ひさご網、小敷網、大敷網、大謀網、あんこう網、羽瀬、石干見、地びき網、地こぎ網、手繰網、飼付、つきいそ、しいら漬、いかかご、江切網、うなぎ柴漬	(1)知事許可漁業であるが、専用漁業権又は入漁権に依る場合は除外となる（第一条）：縛網、巾着網、揚繰網、打瀬網、囲刺網、流網（含げんじき網、いわし流刺網）、建干網（含江切網、建切網）、焚入敷網、地曳網、船曳網
許可の制限、条件	第一一条：知事は漁業調整上、その他必要と認めるときは、許可するにあたり、制限又は条件を付すことができる。	なし
漁業許可の定数	第一六条：知事は水産動植物の繁殖保護、漁業取締その他漁業調整上必要と認めるときは、第四、五条の許可漁業につき、	なし

	種類別、地区別に許可定数を定めることができる。その場合、あらかじめ漁業調整委員会の意見をきくものとする。	
許可又は起業認可をしない場合	第二〇条：左の各号に該当する場合は、漁業の許可又は起業の認可をしない。 ①法令を遵守しないなど適格性を有する者でない場合 ②同種の漁業許可が不当に集中となる場合 ③漁業調整上その他必要があると認める場合 あらかじめ漁業調整委員会の意見をきくものとする。	なし
許可の変更、取消、操業停止	第二五条：漁業の許可を受けた後に、適格性を有する者でなくなったときは、知事は許可を取り消すものとする。 漁業の許可を受けた者が規則に違反したときは、知事は許可の内容を変更し若しくは制限し、操業を停止し又は取り消すことができる。 知事は処分するときは、漁業調整委員会の意見をきくものとする。	第一五条：左の各号に該当するときは許可した漁業を制限し停止し又は許可を取り消すことを得る。 ①水産動植物の蕃殖保護、漁業取締その他公益上必要ありと認めたとき ②法令若しくは之に基づく命令に違反したとき ③許可の条件に違反したとき
有害物の遺棄漏せつの禁止	第三一条：水産動植物に有害な物を遺棄し又は漏せつする虞があるものを放置してはならない。 知事は前項の規定に違反する虞がある場合において、水産動植物の繁殖保護上害があると認めるときは、その者に対して除害に必要な設備の設置を命じ又は既に設けた除害設備の変更を命ずることができる。	第一六条：水産動植物に有害の虞ある物を遺棄し又は漏泄し若しくは漏泄する虞ある物を放置する者に対して、之が除害に必要な設備を命じ又は除害設備の変更を命ずることができる。
採捕、販売等の禁止期間	第三三条：あゆ、ほんだわら、なまこ、いせえび、あこやがい、はまぐり、もがい、からすがい、たいらぎ、いいだこ、あわび、あげまき、いたやがい	第二三条：あわび、たいらぎ、はまぐり、もがい、からすがい、なまこ、あゆ、いわししらす、いいだこ、ほんだわら
採捕、販売等の全長制限	第三四条：あげまき、あわび、さざえ、たいらぎ、ぼら、あさり、もがい、むつごろう、うなぎ	第二二条：あげまき、あわび、さざえ、たいらぎ、ぼら、うなぎ
禁止漁具漁法	第三五条：①空釣こぎ（含文鎮こぎ、掛縄こぎ）、②ぼら囲刺網（有明海）、③あば網、④集魚灯利用漁（除筑前海）、⑤火光利用銛突、⑥むつごろうひき網、⑦狩込式建網、⑧潟羽瀬、	第二四条：①潟羽瀬、②瓶漬、③水中電流漁、④網目三センチ未満の建干網・建切網、⑤簀目幅九ミリ未満の石干見・笹干見、⑥長百八〇メートル網

	⑨建干網、⑩油いか餌料の釣延縄、⑪潜水器（有明海）、⑫沖縄式追込網、⑬まんが利用漁、⑭水中電流漁、⑮簀目一・五センチ以下の石干見、笹干見	丈九〇センチ以上の建干網・建切網（有明海）
操業期間制限	第三六条：たい沖取網、たい地こぎ網、打瀬網、空釣縄	第二五条：打瀬網、地びき網、えい空釣縄
電気設備制限	第三七条：敷網、まき網、一本釣	なし
非漁民が可能な漁具漁法	第三九条：①竿釣及び手釣（船非使用）、②たも網・叉手網・四手網・蜘蛛手網、③投網（船非使用）、④やず・剝具、⑤徒手による採捕採取	第三三条：①竿釣・手釣・投網（船非使用）、②徒手による採取、③桶漬・笊漬、④四手網・蜘蛛手網、⑤笊、⑥筌（含うなぎ籠）、⑦牢器、⑧うなぎ筒、⑨叉手網・たも網
漁業取締上の措置	船舶に対する碇泊命令及び検査（第四一条）、船長等の乗組禁止命令（第四二条）、停船命令（第四三条）が可能	なし
罰　則	罪状に応じて、六箇月以下の懲役、一万円以下の罰金、拘留若しくは科料に処し、又は併科する（第四五、四六条）。漁獲物、製品、漁船及び漁具を没収又はその価格を追徴することができる（第四七条）。	(1)昭和一三年制定時：五十円以下の罰金若しくは科料又は拘留に処す。漁具及び漁獲物の没収又はその価額を追徴するを得（第三四、三五条）。 (2)昭和二五年改正時：六箇月以下の懲役、一万円以下の罰金、拘留又は科料に処す。漁船、漁具、漁獲物の没収又はその価額を追徴することを得（第三四、三五条）。

本調整規則はその後、延七回にわたって一部改正がなされた。その主な改正点を以下に要約する。

(1)昭和二十七年三月十三日、福岡県規則第一三号

①第四条（漁業の許可）：「有嚢まき網漁業」を削除、「引寄網漁業（動力船を使用する底びき網漁業及び瀬戸内海機船底びき網を除く）」に改訂、「無嚢まき網漁業」を「まき網漁業（大型まき網、指定中型まき網漁業及び中型まき網漁業を除く）」に改訂、「潜水器漁業」に改訂

②第五条（共同漁業に該当する漁業の特例）：「房丈網漁業」を削除、「手繰網漁業」を「船びき網漁業（無動力漁船に限る）」に改訂

③第三五条（漁業の禁止）:「潜水器漁業（有明海におけるものに限る）」を削除し「爪付だお網」を新設
④第四一条:「無許可船に対する漁ろう装置の陸揚命令等」を追加

(2)昭和二十八年十二月二十六日、福岡県規則第一〇四号
①第一条（目的）:「この規則は漁業法第六五条及び水産資源保護法第四条の規定に基き、海面における水産動植物の繁殖保護、漁業取締その他漁業調整に関し必要な事項を規定し、もって漁業秩序の確立を期することを目的とする」に改訂
②第五条（共同漁業に該当する漁業の特例）:「建干網漁業（有明海に限る）」、「あば網漁業」を追加
③第三二条（公共の用に供しない水面に対する法の規定の適用）:この条項を削除
④第三三条（禁止期間）:「あげまき」を削除、「しらえび（豊前海に限る）」を追加
⑤第三四条（全長等の制限）:「はまぐり」を追加
⑥第三五条（漁業の禁止）:「あば網漁業」、「むつごろうひき網」、「水中に電流を通じてする漁業」を削除、「爪付だお漁業（爪付だお船びき網を含む）を追加
⑦第三六条（操業期間の禁止）:「たい沖取網漁業、たい地こぎ網漁業、空釣なわ漁業」禁止期間の変更、「雑魚桝網漁業、むつごろうひき網漁業」の禁止期間を設定

(3)昭和二十九年六月十二日、福岡県規則第三九号
①第三六条の二:「保護水面（有明海）」を新設

(4)昭和三十四年一月二十日、福岡県規則第四号
①第二条（申請又は届出の経由機関）:この内容を改訂
②第四条（漁業の許可）:「浮刺網、流刺網、まき刺網、浮敷網、底敷網、火光利用すくい網、房丈網、たい沖取網、一双吾智網、二双吾智網、底びき網（動力船を使用しないものに限る）、まき網（大型、指定及び中型まき網漁業を除く）、空釣（有明海におけるものに限る）、空釣なわ（筑前海におけるものに限る）、延なわ（瀬戸内海において、動力船を使用して、たい、はも、ふぐ及びちぬを採捕するものに限る）、撒餌釣（瀬戸内海において、動力船を使用して、ぼら、ちぬ及びすずきを採捕するものに限る）、潜水器、おちのり（固定漁具を使用するものに限る）

各漁業」に改訂
③第三三条（禁止期間）：「あかがい」を追加
④第三四条（全長等の制限）：「あかがい」を追加
⑤第三五条（漁業の禁止）：「空釣こぎ（文鎮こぎ及び掛なわこぎを含む）、ぼら囲刺網（有明海におけるものに限る）、集魚灯を利用する漁法（筑前海におけるものに限る）、火光を利用する銛突、狩込式底刺網、潟羽瀬、建干網（突建網及び建切網を含み、有明海におけるものに限る）、長柄じょれん船びき、沖縄式追込網、たいらぎ掻き、簀目一・五センチ以下の石干見及び笹干見、三重網を使用する底刺網（網丈二メートル以下のものを除く）、空釣なわ（筑前海におけるものに限る）、まんがを利用する曳網（貝を採捕する場合を除く）、干潟えび掻き」に改訂
⑥第三六条の三：「のりひび建養殖のひび周囲十メートル以内でのおちのり採取禁止」を追加
⑦第三七条（電気設備の制限）：「総設備容量の範囲」、「火船の数の範囲」を改訂
(5)昭和三十四年十一月十二日、福岡県規則第五六号
①第三六条の二（保護水面）：この項を削除
(6)昭和三十五年六月九日、福岡県規則第五五号
①漁業許可に係わる様式（第一～六号）の変更
(7)昭和三十八年二月一日、福岡県規則第八号
①第四条（漁業の許可）：「浮刺網、流刺網、まき刺網、浮敷網、底敷網、火光利用すくい網、房丈網、たい沖取網、一双吾智網、二双吾智網、底びき網（動力船を使用しないものに限る）、まき網（総トン数五トン未満の船舶を使用するものに限る）、空釣（有明海におけるものに限る）、空釣なわ（筑前海におけるものに限る）、延縄（瀬戸内海において、動力船を使用して、たい、はも、ふぐ及びちぬを採捕するもの）、撒餌釣（瀬戸内海において、動力船を使用して、ぼら、ちぬ及びすずきを採捕するもの）、潜水器、おちのり（固定漁具を使用するもの）、底刺網、曲刺網、桝網、落網、ひさご網、小敷網、大敷網、大謀網、あんこう網、羽瀬網、石干見（石がま、笹干見を含む）、地びき網、地こぎ網、船びき網（無動力船に限る）、飼付、つきいそ、しいら漬、いかかご、江切網、うなぎ柴漬、建干網（有明海におけるものに限る）、あば網各漁業」に改訂

②第五条（共同漁業に該当する漁業の特例）：この項を削除

以上の経緯を経て、昭和四十三年十一月十九日、福岡県規則第六四号で新たな福岡県漁業調整規則が公布され、同時に従来の同規則（昭和二十六年規則第六四号）および後述の福岡県小型機船底びき網漁業調整規則（昭和二十七年規則第一六号）は廃止された。新規則は、従来の同規則と小型機船底びき網漁業調整規則とを合体したものとなり、以後、福岡県における海面漁業の秩序を図るための基本法として、一部改正を伴いながら維持・運用されていった。

三　福岡県内水面漁業調整規則の制定

昭和二十六年九月一日、福岡県規則第六五号「漁業法第六五条の規定により、福岡県内水面漁業調整規則を制定する」が公布され、同日施行された。従来の漁業取締規則は内水面、海面両漁業を対象としたものであったが、今回、内水面漁業のみを対象とした独自規則が誕生したのである。

同規則の目的は、海面と同様に「内水面における水産動植物の繁殖保護、漁業取締その他漁業調整に関し必要な事項を規定しもって漁業秩序を確立することを目的とする」というものである。内水面における水産資源は、漁獲圧によって敏感に影響を受けるので、より慎重な資源、漁業管理を必要とする。本規則では、諸側面から規制措置がとられている。

許可漁業は流刺網、鵜飼漁、囲刺網、げんしき網、浜堰漁、やな漁、地引網で、これらは内水面漁業のなかでは漁獲性能の高いものである。したがって許可に際しては操業の制限、条件を付すこと、許可定数を定めること、許可しない場合もあり得ること、さらに許可の変更、取消、操業停止もできることが明記され、漁業規制の強化を打ち出している。その一方で、内水面漁場管理委員会の意見を聞くことを義務づけ、行政側の独走とならないように牽制している。

禁止漁業としては従来の慣行を基に、潟羽瀬、建干網（含建切網、江切網）、瓶漬漁（含桶漬漁）、水通中電流漁、火光利用漁（除鵜飼漁、火振網、刺網、さよりすくい網、筑後川下流域の鉾突漁）を指定している。

そのほか、主要種を対象とした採捕、販売の禁止期間や全長制限措置がとられている。さらに全漁業の周年禁止区域、全漁業の期間禁止区域、特定漁業の周年禁止区域、特定漁業の期間禁止区域など、漁場の資源生態分布、漁業実態に応じて諸々な規制措置がとられている。また資源の生息環境保護の立場から、有害物の遺棄漏せつの禁止、砂れきの採取禁止がうたわれている。

表一－21　福岡県内水面漁業調整規則と福岡県漁業取締規則との比較

事　項	福岡県内水面漁業調整規則（昭和二十六年公布）	福岡県漁業取締規則（昭和十三年公布）
目　的	第一条：内水面における水産動植物の繁殖保護、漁業取締その他漁業調整に関し必要な事項を規定しもって漁業秩序の確立を期する。	なし
許可漁業種	(1)知事許可漁業（第四条）：流刺網、鵜飼漁、囲刺網、げんしき網、浜堰漁 (2)共同漁業権の該当漁業であり、かつ知事許可を必要とするもの（第五条）：やな漁（含しらうおやな漁）、地引網	(1)知事許可漁業、但し専用漁業権又は入漁権に依る場合は除外となる（第一条）：囲刺網、げんじき網、河流を遮断してなす筌漁、地引網、鵜飼漁
許可の制限、条件	第一一条：知事は漁業調整上、その他必要があると認めるときは、許可にあたり制限又は条件を付すことができる。	なし
漁業許可の定数	第一六条：知事は水産動植物の繁殖保護、漁業取締その他漁業調整上必要と認めるときは、第四、五条の許可漁業につき、種類別、地区別に許可定数を定めることができる。その際、あらかじめ内水面漁場管理委員会の意見をきくものとする。	なし
許可又は起業認可をしない場合	第二〇条：左の各号に該当する場合は、漁業の許可又は起業の認可をしない。 ①法令を遵守しないなど適格性を有する者でない場合 ②同種の漁業許可が不当に集中となる場合 ③漁業調整上その他必要があると認める場合 あらかじめ内水面漁場管理委員会の意見をきくものとする。	なし
許可の変更、取消、操業停止	第二三条：漁業の許可を受けた後に、適格性を有する者でなくなったときは、知事は許可を取り消すものとする。 漁業の許可を受けた者が規則に違反したときは、知事は許可の内容を変更し若しくは制限し、操業を停止し又は取り消すことができる。 知事は処分するときは、内水面漁場管理委員会の意見をきくものとする。	第一五条：左の各号に該当するときは許可した漁業を制限し停止し又は許可を取り消すことを得る。 ①水産動植物の蕃殖保護、漁業取締その他公益上必要ありと認めたとき ②法令若しくは之に基づく命令に違反したとき ③許可の条件に違反したとき

有害物の遺棄漏せつの禁止	第二九条：水産動植物に有害な物を遺棄し又は漏せつする虞があるものを放置してはならない。 知事は前項の規定に違反する虞がある場合において、水産動植物の繁殖保護上害があると認めるときは、その者に対して除害に必要な設備の設置を命じ又は既に設けた除害設備の変更を命ずることができる。	第一六条：水産動植物に有害の虞ある物を遺棄し又は漏泄し若しくは漏泄する虞ある物を放置する者に対して、之が除害に必要な設備を命じ又は除害設備の変更を命ずることができる。
採捕、販売等の禁止期間	第三一条：あゆ、すっぽん、うぐい、こい、ふな、食用かえる、やまめ、おいかわ	第一三条：あゆ、すっぽん、やまめ
採捕、販売等の全長制限	第三二条：こい、ふな、ぼら、かまつか、すずき、うなぎ、しじみ、うぐい、すっぽん、食用かえる	第一二条：ぼら、うなぎ
禁止漁業	第三三条：①潟羽瀬、②建干網（含建切網、江切網）、③瓶漬漁（含桶漬漁）、④水中電流漁、⑤火光利用漁（除鵜飼漁、火振網、刺網、さよりすくい網、筑後川下流域の銛突漁）	第一四条：①潟羽瀬、②瓶漬、③水中電流漁、④網目三センチ未満の建干網・建切網、④鵜飼漁（除筑後川の床島堰上流域）
河川別周年禁止漁具漁法	第三四条 (1)筑後川及びその支流：手押網、川あんこう網、河流を遮断する網又は筌、水中銛、がぶりだし、とばせ網 (2)矢部川、星野川及びその支流：河流を遮断する筌、逆筌、竿追たも網、瀬替漁、ざる漬漁、へら追又はほろう筌漁	第二六条 (1)筑後川水系：建干網、手押網、あんこう網、河流を遮断する筌漁 (2)矢部川、星野川水系：やな漁、火光利用漁、堰筌漁、竿追たも網、瀬替漁、桶漬漁、笊漬漁、へら追漁、牢器漁 (3)室見川：しろうお採捕たも網、四手網、叉手網、網口経九〇センチ以上及び袖網を付したたも網
期間禁止の漁具漁法	第三五条：こい抱漁、水中銛	第二五条：投網、叩き網、建切網、江切網、竿追たも網、筌漁、瀬替漁、やな漁（除室見川しろうおやな漁）
周年禁止区域	第三六条：①矢部川水系—八区域、②筑後川水系—五区域、③今川水系—二区域、④遠賀川水系—一区域	第二七条：①筑後川水系—三区域、②星野川水系—三区域、③矢部川水系—四区域、④広川—一区域、⑤辺春川—一区域、⑥宝満川水—二区域、⑦那珂川水系—六区域、⑧石堂川—一区域、⑨室見川—

		一区域、⑩篠栗川－一区域、⑪宇美川－一区域、⑫紫川－一区域、⑬犀川－二区域、⑭城井川－二区域、⑮岩嶽川－二区域
期間禁止区域	第三七条：①矢部川水系－七区域、筑後川水系－六区域	第二八条：①筑後川水系－二区域、②矢部川水系－七区域、沖端川－一区域
特定河川の期間禁止漁具漁法	第三八条：那珂川、室見川、紫川では、投網、叩き網、竿追たも網、筌漁、瀬替漁を期間禁止する。	なし
砂れきの採取禁止	第四〇条：禁止区域内（第三五、三六条）では、砂れきを採取してはならない。但し、知事が内水面漁場管理委員会に諮り、特に必要と認めた場合はこの限りでない。	第二九条：筑後川、矢部川水系の特定区域においては、期間を定めて平水面以下の砂れきの採取を禁止する。
非漁民が可能な漁具漁法	第四一条：①竿釣及び手釣（船非使用）、②四手網（含蜘蛛手網）、③叉手網及びたも網、④ざる、⑤筌、⑥牢筌、⑦うなぎ筒、⑧徒手による採捕	第三三条：①竿釣・手釣・投網（船非使用）、②徒手による採取、③桶漬・笊漬、④四手網・蜘蛛手網、⑤笊、⑥筌（含うなぎ籠）、⑦牢器、⑧うなぎ筒、⑨叉手網・たも網
罰則	罪状に応じて、六箇月以下の懲役、一万円以下の罰金、拘留若しくは科料に処し、又は併科する（第四四条）。漁獲物、製品、漁船及び漁具を没収又はその価格を追徴することができる（第四六条）。	(1)昭和一三年制定時：五十円以下の罰金若しくは科料又は拘留に処す。漁具及び漁獲物の没収又はその価額を追徴するを得（第三四、三五条）。 (2)昭和二五年改正時：六箇月以下の懲役、一万円以下の罰金、拘留又は科料に処す。漁船、漁具、漁獲物の没収又はその価額を追徴することを得（第三四、三五条）。

罰則は海面漁業と同様に、罪状に応じて、六カ月以下の懲役、一万円以下の罰金、拘留もしくは科料に処し、または併科する。さらに漁獲物、製品、漁船及び漁具を没収又はその価額を追徴することができるというものであった。

一方、内水面漁業は古来から地域の一般住民にとっては遊漁や手近な食料魚類の獲得手段として、密接にかかわってきており、これを無視するわけにはいかない。非漁民が可能な漁具漁法として、竿釣及び手釣（船非使用）、四手網（含蜘蛛手網）、叉手網およびたも網、ざる、筌、牢筌、うなぎ筒、徒手による採捕があげられている。

この内水面漁業調整規則は二十六年に施行されて以降、諸々の改正を経ながら、現在まで引き続き運用されてきた。昭和三十年代までに改正された主な内容を左に要約する。

⑴昭和二十八年十二月二十六日、福岡県規則第一〇五号

①第一条（目的）：「この規則は、漁業法第六五号及び水産資源保護法第四条の規定に基き、内水面における水産動植物の繁殖保護、漁業取締、その他漁業制度に関し必要な事項を規定しもって漁業秩序の確立を期することを目的とする」に改訂

②第三二条（全長等の制限）：「おいかわ、全長三センチ以下」を追加

③第三四条（漁具漁法の禁止）：「網漁具を使用して水産動植物を採捕する場合、網目は一・五センチ以上でなければならない」を追加

④第三六条（禁止区域）：「矢部川、遠賀川各水系における禁止区域」を改訂、「室見川水系内に禁止区域」を新設

⑤第三七条（水産動植物採捕の水域別禁止期間）：「矢部川、筑後川水系における区域」変更、「遠賀川、室見川水系内に水域別禁止期間」を新設

⑵昭和三十二年五月四日、福岡県規則第二三号

①第四条（漁業の許可）：「浜堰を囲網」に改訂、「河川をしゃ断して行う筌漁業」を追加

②第三一条（禁止期間）：「あゆ漁における筑後川、矢部川の特例措置」を削除、「おいかわの禁止期間」を変更

③第三三条（漁業禁止）：「浜堰」を追加

④第三四条（漁具漁法の禁止）：「県内全河川を対象に、竿追たも網・瀬替・ざる漬・へら追・ふな牢うけ・水中鉄砲を禁止措置」を新設

⑤第三五条（漁具漁法別禁止期間）：「鯉抱き、水中ほこ」を削除、「潜水器の禁止期間、十一月一日から七月二十一日まで」を新設

⑥第三六条（禁止区域）：「那珂川、紫川、岩岳川、祓川、城井川各水系に禁止区域」を新設

⑦第三七条（水産動植物採捕の水域別禁止期間）：「那珂川、祓川、城井川各水系内に禁止期間」を新設

⑧第四〇条（砂れきの採取禁止等）：左のように改訂、追加
「第三六条及び第三七条の区域においては、砂れきを採取してはならない。但し、知事が内水面漁場管理委員会にはかり、特に必要と認めた場合又は河川法（明治二十九年法律第七一号）第六条に規定する河川管理者又はその委託を受けた者が河川管理のため砂れきを採取する場合は、この限りでない」に改訂
2　前項に規定する区域を除く免許漁業の漁場内で、知事が魚類の繁殖保護上特に必要と認めて指定する区域において、岩礁を破砕し、又は砂れき若しくは岩石を採取しようとする場合は、河川管理者が、河川管理のため岩礁を破砕する等の場合を除き知事の許可を受けなければならない。
3　河川管理者は、前二項の区域において河川管理のため砂れきを採取する等の場合は、関係漁業権者の意見をきかなければならない。
4　知事は、第二項の区域を指定しようとするときは、あらかじめ内水面漁場管理委員会の意見をきかなければならない。
5　第二項の許可を受けようとする者は、関係漁業権者の同意を得なければならない」を追加
⑨第四一条：（魚類の通路をしゃ断して行う漁業の制限）、「魚類の通路をしゃ断し、定置して行うやな漁及びうけ類似漁業は、河川の幅の五分の一以上の魚道を開通しなければならない」を新設
(3)昭和三十五年五月十七日、福岡県規則第四六号
①第三六条（禁止区域）：あゆの項備考欄に「筑後川においては一月一日から五月十九日まで」を追加
②第三六条（禁止区域）：「室見川水系の区域」を変更
(4)昭和三十五年六月九日、福岡県規則第五六号
①漁業許可に係わる様式（第一～五号）を改訂
(5)昭和三十八年二月一日、福岡県規則第九号
①第四条（漁業の許可）：「七、やな漁業（しろうおやな漁業を含む）、八、地引網漁業」を追加
①第五条（共同漁業に該当する漁業の特例）：この項「やな漁業（含しろうおやな漁業）、地引網漁業」を削除

四　小型機船底びき網漁業の整理と福岡県小型機船底びき網漁業調整規則の制定

戦後、昭和二十年代後半においては、インフレーション収束、漁村恐慌の過程のなかで、漁業者は極度に操業を強化し、漁獲量をあげることに狂奔せざるを得ない立場に置かれていた。その結果、漁業紛争、違反操業が全国的規模で起こった。その一つに「瀬戸内海漁場における底びき網を主体とする諸種禁止漁業の横行」があり、特に瀬戸内海の機船底びき網漁船三万六千六百隻の減船問題が重大な課題であった。

当時の福岡県における小型底びき網漁業の着業状況を、福岡県水産課刊「漁村基礎調査（昭和二十四年）」よりみると、筑前海区ではえび漕網二九二統、うち特に問題であった博多湾では一〇二統あり、豊前海区では打瀬網一六九統、えび漕網二九六統の多数を数えていた。これ以外に、豊前海区では打瀬網漁業の他県からの入漁船五七統が加わっていた。豊前海、博多湾のような狭い漁場においては、当然のことながら過剰漁獲努力の状態に陥っていた。福岡県では、この小型底びき網漁業の増加による資源の濫獲問題と漁業秩序面への悪影響に危機感をもっていた。

水産庁は、昭和二十五年当初から瀬戸内海における小型底びき網漁業に対して、「ある程度減船して資源に見合った隻数にし、それを合法化し、秩序の上にのせよう」の方針で、関係漁民や各県の同意を得て実態調査に着手した。一方では、「小型機船底びき網漁業処理要項案」を発表して、その趣旨を普及し、関係漁民の世論を喚起することに努めるとともに、批判を求めていた。しかし、この整理は至難であった。戦時、戦後にかけて、食料危機緩和のため小型底びき網の操業を黙認し、あるいは秘かに推奨さえしていたものを一朝にして逆転させる政策をとったのである。

昭和二十六年二月、ＧＨＱは「日本沿岸漁民の直面している経済的危機とその解決策としての五ポイント計画」の勧告をなし、その第一ポイントとして「濫獲漁業の今後の拡張を停止し、漁獲操業度に所要の逓減を行うこと、小型底びき網漁業の現状は特に危殆に瀕している」をあげている。五ポイント計画のうち、きわだって推進された政策は底びき網の減船であり、特に小型機船底びき網がその対象となったことはいうまでもない。

昭和二十七年三月、農林省告示第八三号「漁業法に基き、許可することができる瀬戸内海機船底びき網漁業の船舶の隻数、合計トン数及び合計馬力数の最高限度」が発せられ、各府県合計隻数は、ひき船非使用三五〇隻、ひき船使用一〇四隻となり、福岡県隻数はいずれも〇隻と決められた。さらに同年四月、法律第七七号「小型機船底びき網漁業整理特別措置法」が制定され、二十七年三月の現有勢力三万五七三五隻、約一〇万トン基準にして、三十年度までに減船整理を完了することとなった。その残存目標は二万七八三〇隻、六万七七七四トンであり、そのための補助金交付も決められた。

福岡県では、積極的に小型底びき網漁業の減船に乗り出した。まず、昭和二十八年九月、告示第五九三号「小型機船底びき網漁業整理特別措置法による整理すべき船舶指定」を発し、二十八年度において整理する船舶として、朝日丸（苅田漁協）、東長丸・公栄丸・第二豊漁丸（蓑島漁協）、双葉丸（吉富漁協）の五隻が指定された。これを皮切りに減船施策を進めた。「昭和三十年福岡県政白書」によれば、豊前海と博多湾における小型底びき網漁船三〇二隻を整理したという。そして被整理者の救済策として、転換資金の五割が国庫より補助されることになったが、県でもこの転換事業の円滑と被整理者の救済を目的として県費をもって国庫補助を補ってきたという。

水産庁は小型機船底びき網漁業の減船整理を進めるとともに、その操業秩序を図るために、昭和二十七年三月十日、農林省令第六号「小型機船底びき網漁業取締規則」を公布した。本規則は当該漁業の分類、禁止海域、禁止期間、禁止漁具漁法、取締措置、罰則などを示したもので、各府県取締規則を制定する際の基準となった。

福岡県では、昭和二十七年三月二十二日、規則第一六号「福岡県小型機船底びき網漁業調整規則」を公布した。この規則は「漁業法その他漁業に関する法令とあいまって小型機船底びき網漁業の調整を図り、あわせて漁業秩序の確立を期すること（第一条）」であった。

当該漁業の分類および地方名称（第四条）は左のとおりである。

(1)手繰第一種漁業（網口開口装置を有しない網具を使用して行う手繰漁業）――機船手繰網、手引網、いか巣びき網
(2)手繰第二種漁業（ビームを有する網具を使用して行う手繰漁業）――えび漕網、漕網
(3)手繰第三種漁業（桁を有する網具を使用して行う手繰漁業）――貝桁網、なまこ桁網
(4)手繰第四種漁業（前二号に掲げる二種の網具を使用して行う手繰漁業）
(5)打瀬第一種漁業（網口開口装置を有しない網具を使用して行う打瀬漁業）――打瀬網
(6)打瀬第二種漁業（ビームを有する網具を使用して行う打瀬漁業）――打瀬網
(7)打瀬第三種漁業（桁を有する網具を使用して行う打瀬漁業）
(8)打瀬第四種漁業（前三号に掲げる網具の二種以上を使用して行う打瀬漁業）

(9)その他の小型機船底びき網漁業（前各号に掲げるもの以外の小型機船底びき網漁業）漁業種類別の禁止海域（第二六条）は左表のとおりである。

漁業の種類	海域
すべての小型機船底びき網漁業	イ　門司市部崎灯台 ロ　山口県下関市満珠島頂上 右のイ、ロの二点を結んだ直線以内の瀬戸内海における福岡県海域 イ　門司市部崎灯台 ロ　山口県下関市満珠島頂上と門司市部崎灯台とを結んだ直線の延長線と、門司市津村島頂上と築上郡八屋町宇島灯台とを結んだ直線との交叉点 ハ　門司市津村島頂上と築上郡八屋町宇島灯台とを結んだ直線と、築上郡八津田村西八津田北東端と大分県中津市中津灯台とを結んだ直線との交叉点 ニ　築上郡八津田村西八津田北東端と大分県中津市中津灯台とを結んだ直線と、築上郡吉富町大字高浜京泊護岸土木石標と大分県中津市小祝築港突堤突端とを結んだ直線の中央から六度十五分（真方位）の直線との交叉点 ホ　築上郡吉富町大字高浜京泊護岸土木石標と大分県中津市小祝築港突堤突端とを結んだ直線の中央 右のイ、ロ、ハ、ニ、及びホの五点を順次に結んだ四直線と護岸に囲まれた海域
手繰第一種漁業（いか巣びき網漁業を除く）	イ　山口県蓋井島灯台 ロ　宗像郡沖ノ島灯台 ハ　長崎県壱岐郡若宮灯台 右のイ、ロ及びハの三点を順次に結んだ二直線以内の海域のうち福岡県海域
手繰第二種漁業	イ　粕屋郡志賀島漁港北側防波堤突端 ロ　粕屋郡志賀島村虎島 ハ　福岡市残島土手崎岬 ニ　福岡市残島最南端 ホ　糸島郡北崎村小机島南端 ヘ　糸島郡北崎村西浦岬 右のイ、ロ及びハの三点を順次結んだ二直線と、ニ、ホ及びヘの三点を順次結んだ二直線と、護岸とによ

	って囲まれた海域 イ　糸島郡小富士村船越鷺ノ首南端 ロ　糸島郡深江村大崎南端 右の二点を結んだ直線と護岸とによって囲まれた海域

漁業種類別の禁止期間（第二七条）は左表のようである。

漁業の許可および起業認可の諸条件、漁業取締上の措置、罰則などは、福岡県漁業調整規則のそれと同様の内容である。

漁業の種類	禁止期間
手繰第一種漁業	九月一日から九月二十日まで
打瀬第一種漁業 手繰第二種漁業 打瀬第二種漁業	二月一日から六月十日まで 九月一日から九月二十日まで
手繰第三種漁業	二月一日から十月三十一日まで

本規則は、昭和四十三年十一月、新たに制定された「福岡県漁業調整規則」のなかに組み込まれ、廃止されるのであるが、その間に延三回の一部改正がなされた。これらの改正点を左に要約しておく。

⑴昭和二十八年十二月二十六日、福岡県規則第一〇三号

①第二七条（禁止期間）：「表中の禁止期間の一部」改訂

②第二七条二項（漁業の禁止）：「有明海においては手繰第一種漁業のうち手引網漁業以外の小型機船底びき網漁業は営んではならない」を追加

③第二七条三項（漁具の積載禁止）：「左に掲げる漁具は、船舶に積み込んではならない。

一滑走装置を備えた桁

二網口開口板」を追加

④第三二条（罰則）:「第二七条二、三項を罰則の対象」に追加

(2)昭和三十四年二月十日、福岡県規則第八号

①第四条（小型機船底びき網漁業の地方名称）:表中の「手繰第二種漁業に自家用釣餌料用えび漕網漁業」追加

②第二六条（禁止海域）:表を次のように改める。

漁業の種類	海域
すべての小型機船底びき網漁業（有明海における手繰第一種漁業のうち手引網漁業を除く）	イ　門司市部崎灯台 ロ　山口県下関市満珠島頂上 右のイ及びロの二点を結んだ直線以西の瀬戸内海における福岡県海域
	イ　門司市部崎灯台 ロ　門司市部崎灯台と山口県下関市満珠島頂上とを結んだ直線の中央 ハ　門司市部崎灯台から真方位百二十七度、二千五百九十メートルの点 ニ　門司市部崎灯台から真方位百七十三度、一万三百六十メートルの点 ホ　ハと京都郡苅田町神島灯台とを結んだ直線と、門司市津村島頂上と豊前市宇島灯台とを結んだ直線との交叉点 ヘ　門司市津村島頂上と豊前市宇島灯台とを結んだ直線と、築上郡椎田町西八田北東端と大分県中津市中津灯台とを結んだ直線との交叉点 ト　築上郡椎田町西八津田北東端と大分県中津市中津灯台とを結んだ直線と、築上郡吉富町大字小祝京泊護岸土木石標と大分県中津市小祝築港突堤とを結んだ直線の中央から真方位六度十五分の線との交叉点 チ　築上郡吉富町大字小祝京泊護岸土木石標と大分県中津市小祝築港突堤とを結んだ直線の中央 リ　築上郡吉富町大字小祝京泊護岸土木石標 右のイ、ロ、ハ、ニ、ホ、ヘ、ト、チ及びリの九点を順次に結んだ八直線と陸岸とによって囲まれた海域 有明海のうち福岡県海域
手繰第一種漁業（いか巣びき網	イ　山口県蓋井島灯台 ロ　宗像郡沖ノ島灯台

漁業を除く）	ハ　長崎県壱岐郡若宮町灯台 右のイ、ロ及びハの三点を順次に結んだ二直線以内の海域のうち福岡県海域
手繰第三種漁業	イ　粕屋郡志賀島漁港西防波堤突堤 ロ　粕屋郡志賀島虎島頂上 ハ　福岡市能古島土手崎 ニ　福岡市能古島最南端 ホ　糸島郡北崎村小机島南端 ヘ　糸島郡北崎村西浦岬 右のイ、ロ及びハの三点を順次に結んだ二直線と、ニ、ホ及びヘの三点を順次に結んだ二直線と、陸岸とによって囲まれた海域
	イ　糸島郡志摩村鷺の首南端 ロ　糸島郡二丈町大崎北端 右のイ及びロを結んだ直線と陸岸とによって囲まれた海域

③第二七条（禁止期間）：表を次のように改める。

漁業の種類	禁止期間
手繰第一種漁業	九月一日から九月二十日まで
打瀬第一種漁業 手繰第二種漁業 打瀬第二種漁業	三月一日から六月十日まで（豊前市宇島灯台から真方位六度十五分以東の海域にあっては、三月一日から五月三十一日まで）及び九月一日から九月三十日まで
手繰第三種漁業	三月一日から十一月三十日まで

(3) 昭和三十五年六月九日、福岡県規則第五七号

①漁業許可に係わる様式（第一～一〇号）の改訂

第二編　漁業税制

【中扉写真】

有明海は日本最大といわれる潮位差があり、大潮時には湾奥部で最大六メートルに達する。潮が引くと広大な干潟が出現する。福岡県海域では、筑後川などの河川によって豊富な栄養塩が運ばれ、最適なのり養殖漁場や各種貝類漁場が形成されている。

（福岡県水産海洋技術センター・有明海研究所提供）

第一章　明治初期の漁業税制

藩政時代の踏襲

第一節　国の地方財政・税制に対する制度的措置

「明治維新ノ始メ各藩ノ制度改革更正シタルモノ枚挙ニ遑アラズ、就中租税ノ制タル封建割拠ノ際ハ各地藩幣ノ貧富ニヨリテ徴課ノ制度差異軽重アリ万機一途ニ出ルニ及ビ一日モ速カニ之レガ改正ヲ要スルハ論ヲ待タザル所ニシテ」（福岡県地方税沿革）と記されているように、明治初期の各藩租税制度はきわめて不統一な状態にあり、税制改革は明治政府にとって緊急の政策課題であった。しかし、政治基盤の不安定や国内情勢から、税法の旧慣据置政策を採らざるを得なかった。「福岡県地方税沿革」は当時の福岡県域の状況について左のように記している。

明治ノ初メ旧幕領ニ府又ハ県ヲ置キ、別ニ藩官制アリテ各藩庁ヲ置ク。筑前国ニ福岡・秋月、豊前国ニ香春（後豊津ト称ス）・千束、筑後国ニ久留米・柳河・三池ノ藩治アリ（旧来筑前国ニ中津・厳原ノ幕府領アリ、豊前国ニ中津・厳原・島原ノ幕府領アリ、筑後国ニ幕府領等アリ、共ニ各県藩ニ隷スレドモ僅ニ其一部分ニ過ギザレバ之ヲ省ク）、後周年ナラズシテ版籍返上ノ令アリ、然レドモ尚ホ藩主之レガ知事トナリ租税ノ制依然旧ニ依リテ各藩ノ随意施行スル所タリ。

明治元年太政官布告「租法ハ旧慣」、明治四年官達「租税ハ建国ノ基本」により税法は幾分徴税権に制限があるものの旧制によっていた。このような税法の旧慣据置政策によって、一般の漁業関係税はそのまま封建的貢納の形で、明治八年太政官布告「雑税廃止」に至るまで継続された。さらに明治九年太政官布達「適宜府県税ヲ賦シ営業取締ハ可成従来ノ慣される。

たのである。この間における新政府の税制、漁業関係税に対する方針、措置の経過は、以下の一連の布告、布達から推定

習ニ従ヒ処分可致」によって、福岡県では漁業を対象とした県税則付録を定め、ここに近代的漁業税制への過渡期を迎え

⑴明治元年八月七日　布達六一二号「租法ハ旧慣」

諸国税法之儀其土風ヲ篤ト不相弁、新法相立テハ却テ人情ニ戻リ候間先一両年ハ旧慣ニ仍リ可申、若苛法弊習又ハ無余儀事件等有之候ハバ一応会計官へ伺之上処置可有之事

⑵明治四年一月二十五日　太政官達「租税ハ建国ノ基本、税制改廃ニハ全テ伺立テヨ」

租税ハ建国ノ基本ニシテ民心ノ向背ニ関係候至重ノ事件ニ付追テ海内一般ノ法則可被相達候間藩々ニ於テ新ニ改革増減ノ儀総テ伺ノ上可取計事

⑶明治四年七月十四日　太政官布告「配藩置県諭告」

今般藩ヲ廃シ県ヲ置キシニヨリ、租税ハ一般ノ法則ニ改ムベシト雖モ、因襲ノ久シキ一時ニ改正セバ却テ民情ニ悖ラン、因テ本年ハ悉皆旧慣ニ仍ルベシ

⑷明治四年八月五日　布告三九五号「船税規則」

船税規則第五則で艀漁船は石数にかかわらず各藩で適宜徴収することとし、商船五〇石以上のみ中央統制の対象となる。

⑸明治六年一月二十日　太政官布達第二四号「旧慣据置、改正ハ調査ノ上伺出事」

各地方旧来ノ税法昨壬申一ケ年ハ旧慣ニ据置追テ改正可致条件ハ本年ニ至リ伺出候様大蔵省ヨリ相達置候向ハ調査ノ上当六月限取調主務ノ官員持参同省租税寮へ可伺出自然右時機ニ後レ申立候分ハ本年ノ改正ニ難相立候条此旨相心得無遅滞調査可致事

⑹明治六年七月二十八日　太政官布告第二七二号「地租改正条例」

今般地租改正ニ付旧来田畑貢納ノ法ハ悉皆相廃シ更ニ地券調査相済次第土地ノ代価ニ随ヒ百分ノ三ヲ以テ地租ト可相定旨被仰出候条改正ノ旨趣別紙条例ノ通可相心得且従前官片並郡村入費等地所ニ課シ取立来候分ハ總テ地価ニ賦課可致尤其金高ハ本税金ノ三分一ヨリ超過スベカラズ候此旨布告候事

(7)明治七年二月十八日　太政官布告第二一号「艀漁船並海川小回船等船税規則」
明治四年辛未八月船税規則中艀漁船等ノ類ハ追テ一般ノ税規確定可相成旨相達置候処各地方有税無税或ハ寛苛軽重有之不平均ニ付今般別冊ノ通相定来ル明治八年一月一日ヨリ施行候条此旨布告候事
艀漁船並海川小回船等船税規則
第一則
一　各府県管下之人民所有ノ艀漁船並海川小回シ船等之類ハ来ル明治八年以後検査ノ上焼印ヲ標シ候筈ニ付本年十二月中迄ニ管轄庁へ申立検印相受ケ可申事
第二則
一　艀漁船並川船ハ積石之多少ヲ問ハズ其他五十石未満海船之類壱艘毎ニ舳梁ヨリ艫梁迄之延長間数ニ応ジ左之通年々四月中迄ニ税金相納可申事
但曲尺六尺ヲ以壱間トシ間ニ不満端数ハ切捨候事
一　舳梁ヨリ艫梁マデ長三間迄ハ壱ケ年税金弐拾銭以上長壱間ヲ加ル毎ニ拾五銭ヅツヲ増加納税可致事
船税は国税として統一され、①漁船検査（刻印）実施、②納税基準は三間に付き年額二十銭などが定められた。
(8)明治七年二月　大蔵省達第一七号「艀漁船並海川小回船等船税規則細則」
従前漁猟又ハ船積稼等致シ候者漁猟又ハ船役米等之名義ヲ以テ営業税之中工船税ヲ籠メ上納致シ来候分今般船税ノ分別廉ニ相立漁業税其ノ他共多少可賦課分有之候ハ、其見込詳細取調租税寮へ可申之事
(9)明治七年十一月七日　太政官布告第一二〇号
明治六年三月第一一四号布告地所名称区分左ノ通改定候条此旨布告候事（関係分ノミ記載）
官有地
第三種　地券ヲ発セズ地租ヲ課セズ区入費ヲ賦セザルヲ法トス　但人民ノ願ニヨリ右地所ヲ貸渡ス時ハ其間借地料及ビ区入費ヲ賦スベシ
一　山岳丘陵林藪原野河海湖沼池沢溝渠堤塘道路田畑屋敷等其他民有地ニアラザルモノ
(10)明治八年二月二十日　太政官布告第二三号「雑税廃止」

従来雑税ト称スルハ旧慣ニ因リ区々ノ収税ニテ軽重有無不平均ニ付別紙税目ノ分本年一月一日ヨリ相廃シ候尤右ノ内追テ一般ニ課税スベキ分モ可有之候得共差向収税無之テハ営業取締差支候類ハ当分地方ニ於テ改テ収税ノ筈ニ候条此旨布告候事

但従前官有地借用右代料トシテ米金相納候分ハ是迄ノ通可相心得事

⑾明治八年六月十八日　太政官達第一〇五号

本年二月第二三号ヲ以テ従来ノ雑税ヲ廃シ差向営業取締差支候類ハ当分地方ニ於テ収税ノ筈ニ候旨及布告候処右収税ノ儀ハ総テ大蔵省へ可伺出此旨相達候事

⑿明治八年八月二十二日　太政官達第一四六号

明治七年十一月第一二〇号布告ヲ以地所名称区分改定民有地ニアラザル池沼溝渠等ハ官有地第三種ニ編入候ニ付テハ耕地ノ養水溜池及ビ井溝等ノ儀ハ従前ノ通水掛リ地民ニ所用セシメ耕作一途ニ相用候分ニ限リ別ニ借地料区入費等賦課ニ不及候尤右地内ニ生ズル水草魚亀等取入利益トナスモノ其場所故障無之差許候節ハ相当借地料等収入候儀ト相心得内務省へ可申出此旨相達候事

⒀明治八年九月八日　太政官布告第一四〇号「従来ノ租税賦金ヲ国税府県税ノ二款ニ分ツ」

従来ノ租税賦金ヲ国税府県税ノ二款ニ分テ左ノ通処分候条此旨布告候事

国税

全国一般へ賦課スベキ分ニシテ大蔵省ニ収入シ国費ニ供スルモノヲ云

府県税

現今賦金ト称シ収入スル諸税及本年二月第二三号布告地方収税ノ類ニシテ其地方ノ費用ニ供スルモノヲ云但賦課ノ方法及費用ノ目途ハ地方官ニ於テ取調大蔵省ノ許可ヲ得テ施行スルモノトス

⒁明治八年十二月十九日　太政官布告第一九五号「捕魚採藻ノタメ海面借用望ノ者願出方」

従来人民ニ於テ海面ヲ区画シ捕魚採藻等ノ為所用致居候者モ有之候処右ハ固ヨリ官有ニシテ本年二月第二三号布告以後ハ所用ノ権無之候条従前ノ通所用致度者ハ前文布告但書ニ準ジ借用ノ儀其管轄庁へ可願出此旨布告候事

⒂明治八年十二月　太政官達第二一五号

捕魚採藻ノ為海面所用ノ儀ニ付今般第一九五号ヲ以テ布告候ニ付テハ右借用願出候者ハ調査ノ上差許シ其都度内務省へ可届出此旨相達候事

但是迄当分ノ収税致来候分ハ其税額ヲ以借用料ニ引直シ可申事

(16)明治九年七月十八日　太政官達第七四号「捕魚採藻者ニ府県税ヲ賦シ営業取締ノ件」

明治八年十二月第二一五号ヲ以捕魚採藻ノタメ海面所用ノ儀ニ付相達置候処詮議ノ次第有之右但書取消シ候条以来各地ニ於テ適宜府県税ヲ賦シ営業取締リハ可成従来ノ慣習ニ従ヒ処分可致此旨相達候事

(17)明治九年十月三日　内務省達乙第一一六号「捕魚採藻ノタメ湖川及池沼所用差許方」

捕魚採藻ノ為メ海面所用之儀ニ付本年第七四号ヲ以沿海府県へ公達ノ旨モ有之付テハ湖川ト雖モ総テ海面ニ準ジ処分可致其他官有ニ属スル池沼ハ人民ノ願ニ因リ他ニ無障碍分ハ明治七年当省乙第五五号達ニ照準各種ノ名儀ヲ以借用料収入所用可差許積相心得当省へ可申出此旨相達候事

第二節　福岡県の漁業関係税

一　旧慣租法

明治四年の太政官布告「廃藩置県論告」に基づき、福岡県は第一〜四次の分合を経て、明治九年に現在の県域が最終的に確定したが、政府の税法旧慣据置政策によって、一般の漁業関係税はそのまま封建的貢納の形で、明治八年太政官布告「雑税廃止」に至るまで継続された。「福岡県史稿・制度租法・上」によれば、明治四〜七年における漁業関係税の旧藩別租法は左のようなものであった。

(1)旧福岡藩所轄地租法

〔営業〕

○川々漁運上‥定税無之一年限リ入札ヲ以受漁免許スルコトナレバ年々異同アレバ掲示ス

○大網漁：大敷網鰯網ヲ大網漁ト唱ヘ網壱張ニ付永壱貫丈ヲ収納ス
○中網漁：鯛網鰤網地引網ヲ中網漁トシテ網壱張ニ付永六百文ヅツ収納ス
○小網漁：カナギ網建網諸網ヲ小網漁トシ網壱張ニ付永三百文ヅツ収納ス
○大釣漁：長縄漁ヲ大釣漁トシ船壱艇乗組ニ付一ケ年ニ永三百文ヅツ収納ス
○中釣漁：鰤緒並一本釣ヲ中ノ釣漁トシ船壱艇乗組ニ付一ケ年ニ永弐百文ヅツ収納ス
○小釣漁：諸釣漁ヲ小釣漁トシ一ケ年ニ永百文ヅツ収納ス

〔雑〕

○五拾石以下小舟運上：漁舟伝道舟ハ永五拾文宛収納ス

(2)旧秋月藩所轄地租法

〔営業〕

○川茸運上：下座郡屋永村小川筋ニ川茸ヲ生ズ右製主ヨリ税金トシテ金弐拾両ヲ納ム

〔雑〕

○鮎川運上：川筋村々ヨリ定額ニテ総高米九斗三升ヲ納ム前同所原由不詳

(3)旧中津藩所轄地租法

〔営業〕

○白魚運上：村々異同有之銀弐匁ヨリ拾六匁ニ至ル
○鮎川運上：村々川々ニヨリ税員不一定且年々投票ナレド同川ニテモ年々異同有リ税員掲載相成ス
○漁方運上：鰯網鯛網其外諸漁共網数ニ掛ケ収納最夫々異同有之税員不一定
○乾鰯運上：毎年九月ヨリ翌八月迄ノ乾鰯売立高壱石ニ付銀壱匁宛収納ス

〔雑〕

○船役米：五拾石以上ノ舩ハ百石ニ付米壱斗宛ノ割ヲ以収納ス其以下ノ船ハ無税最福井浦丈ハ旧伊万里県所轄入合ニ付同県ノ税法ニ随ヒ六拾石以上ノ船ハ拾石ニ付壱斗宛其以下ハ拾石ニ付五升宛ノ割ヲ以テ古来収納致来レリ

○船印運上：五拾石以上ノ船ハ一ケ年ニ銀壱匁宛以下ハ銀五分宛船鑑札料トシテ収納ス

(4)旧伊万里藩所轄地租法

〔営業〕

○川運上：村々収納最不同アリ永壱文ヨリ百五拾七文ニ至ル

○漁方運上：漁業ノ品ニヨリ夫々税員不同アリ其額不一定

〔雑〕

○船印運上：鑑札料トシテ船壱艇ニ付銀五分宛収納ス

(5)旧久留米藩所轄地租法

〔雑〕

○産物運上（代金ヲ以テ収納仕来ル分）：鮎運上等

(6)旧柳河藩所轄地租法

〔営業〕

○貝類漁札：銭五百七十六文

〔雑〕

○鰻搔札：船札ハ銭三百六十文元結札ハ壱艇ニ付銭二貫百六十文

○漁船札：銭一貫百五十二文

(7)旧三池藩、旧豊津藩所轄地には漁業関係租税見当たらず

以上のような旧藩別租法は明治七年まで踏襲されたが、この間に、明治四年官達「新ニ改革増減ノ儀総テ伺ノ上可取計事」に基づき、左のような「旧慣租法方改正見込書」、「川漁税更正之儀」を大蔵省へ稟議している。

(1)明治五年四月二十日、旧福岡藩の旧慣租法方改正見込書ヲ大蔵省へ稟議セリ

○川々漁運上：定税無之年々一年限リ入札ヲ以テ受漁差許儀ニ付年々不同有之候

○五拾石以下小船運上：漁舟伝道船ハ永五拾文宛散渡船村肥船小伝間船ト唱ヘ分ハ永弐拾文宛市中近傍之小船ハ永弐拾四文宛上荷船二拾五石以上ヲ大上々荷船ト唱拾石ニ付永弐拾文宛弐拾五石以下ヲ中上荷船ト唱一艘ニ付永五

拾文宛ニテ収納致来候右船税御規則御達ニ随ヒ見込相伺置候通三拾石以上五拾石不満商船幷上荷船川舟之類永二百文漁舟弐拾石以上三拾石ニ不満分永百文弐拾石不満以下之小漁舟或ハ田肥積舟等ハ永五拾文ノ税則ヲ以テ向後致収納度候然ルニ当県下於浦々漁場ヲ区分シ産業相営居候漁夫共旧来船税ハ収納候得共漁事ニ付テハ全無税ヨリ間々煩敷次第モ有之ニ付向後漁場ノ区分ヲ厳ニシ嶋々ハ周囲三里以内地方浦々ハ地先三里以内ヲ以テ其嶋浦ノ分割ト定メ其以外ハ懇庶共漁事ヲ許シ可免除テハ則二重税ニ相成ニ付漁船丈ハ船税可廃止方ト見込申候

○大敷網鰮網ヲ大網漁トシ網壱帳ニ付一ケ年永壱貫文宛

○鯛網鰤網地引網ヲ中網トシ網壱張ニ付一ケ年永六百文宛

○カナキ網建網其他諸網漁ヲ小網漁トシ網壱張ニ付永三百文宛

○長縄漁ヲ大釣漁トシ船壱艘乗組ニ付一ケ年三百文宛

○鰤ノ緒幷ニ壱本釣ヲ中ノ釣漁トシ船壱艘乗組ニ付一ケ年永二百文宛

○右ノ外諸釣漁ヲ小釣漁トシ一ケ年ニ永百文宛

(2)明治五年六月十八日、旧伊万里藩の旧慣租法方改正見込書ヲ大蔵省へ稟議セリ

○白魚運上・鮎川運上∴銀二匁或ハ十六匁箇所ニヨリ別アリ旧前ハ入札ニテ受領漁之由ニ候処魚減少ニヨリ引受人無之ニ付間ニハ村弁ニテ引受候モ有之候

○漁方運上∴鰮網鯛網其外諸漁トモ網数ニ掛ケ収納夫レ品ニヨリ不同有之候

○乾鰮運上∴毎年九月ヨリ翌八月迄ノ乾鰮売立商壱石ニ付銀壱匁宛収納ス

○船役米∴五拾石以上ノ船ハ百石ニ付米一斗宛ノ割ヲ以テ収納ス其以下ノ船ハ無税尤福井浦丈ハ旧伊万里県所割入合ニ付同県税法ニ従ヒ六拾石以上ノ船ハ拾石ニ付一斗宛其以下ハ拾石ニ付五升宛ノ割ヲ以テ古来収納致来レリ

○船印運上∴五拾石以上ノ船ハ一ケ年ニ銀壱匁宛以下ハ銀五匁宛船鑑札料トシテ収納ス

(3)明治七年三月十三日、三潴川漁税更正之儀ヲ大蔵省へ稟議セリ

当管内川漁税之儀旧県中ト川庄屋之之差配ニテ甲之地先ヨリ乙之地迄受刈受堀杯ト唱ヘ頗ル束縛之取扱殊ニ税金或ハ現物納類有之不体裁ニ付川庄屋税則変更之儀ハ伺之上可取計処去ル癸酉年五月参与水原久雄出京留守中前権参与早田景慶七等出仕審永発叔適宜ヲ以テ書面之通致更正不都合ニ付候得共其効ヨリ漁者共へ鑑札相渡四民勝手次第漁業為

致税金取立居候儀ニ付書面之通御聞届被下度此段相伺候也

二　近代的漁業税制への過渡期

明治初期漁業税制は、第二期として近代的漁業税制への過渡期を迎える。明治八年二月の太政官布告第二三号「雑税廃止」がその第一歩であるが、これは旧慣による雑税を廃止し税制確立までは「営業取締差支候類ハ当分地方ニ於テ改テ収税ノ筈」とし、また官有地使用については「是迄ノ通」借用右代料（借地料）を納入すべきことを示達している。しかし、同年六月には太政官達第一〇五号によって「本年二月第二三号ヲ以テ従来ノ雑税ヲ廃シ、差向営業取締差支候類ハ当分地方ニ於テ収税ノ筈ニ候旨布告候処、右収税ノ儀ハ総テ大蔵省へ可伺出此旨相達候事」として地方漁業収税は大蔵省管轄であることを明示した。その地方収税は、直ちに行われた同年九月布告第一四〇号「国税府県税制」によって一般漁業税は府県税として、その賦課方法等は大蔵省管轄であることを布達している。つまり、明治初期の漁業税制は、⑴国税としての舟税、⑵府県税としての一般漁業税、⑶官有地代料としての借地料、の三種に分かれ、次第に近代的税制の性格をあらわしてきた。

明治八年太政官布告「雑税廃止」に基づき、当時の福岡、三潴、小倉各県では当面の措置として「県税則」を制定している。福岡県についてみると、明治八年六月第一九四号「県税則」を布達しているが、このなかで漁業税（筑前海区）については、川漁は従前通り、海面漁では二十一種の網漁に対して網一張当たり課税（五十銭〜一円五十銭）、三種の釣・縄に対して一艘当たり課税（十〜五十銭）を規定した。内訳は、大敷網・鰯網・鰡網・鱅網・鰺網・鯱（トビウオ）網・鮁（ヤズ）網・カナギ網・田作網・魦（ハゼ）網・鰆網・カマス網・鰤網・鯛網・地引網が一円五十銭、鮲（イナダ）網・タナゴ網・鰀（ハヤ）網・手繰網・鰒（フグ）網・建網が五十銭、長縄（延縄）漁が五十銭、鰤ノ緒（曳縄）漁が三十銭、小釣漁が十銭である。

明治九年に現在の県域をもつ第四次福岡県が成立する。「明治九年四月ニ小倉県ヲ同年八月ニ三潴県ヲ福岡県ニ隷属セシム、此時宇佐・下毛ノ二郡ヲ大分県ニ分属ス、是レヨリ本県県税及ビ県ニ属スル民費ノ制漸ク一定シテ稍々見ルベキモノアルニ至ル、且ツ県内各区ヨリ正副区長ノ内一名ヲ招集シテ県会ヲ組織シ県費ノ収支ヲ諮議セラル」（福岡県地方税制沿革）と記されている。

さらに、明治九年七月太政官達第七四号「明治八年十二月第二一五号ヲ以テ捕魚採藻ノ為海面所用ノ儀ニ付相達置候処詮議ノ次第有之右但書（＊是迄当分ノ収税致来候分ハ其税額ヲ以テ借用料ニ引直シ可申事）取消シ候条以来各地ニ於テ適宜府県税ヲ賦シ営業取締ハ可成従来ノ慣習ニ従ヒ処分可成此旨相達候事」に基づき、福岡県では明治十年八月甲第一一六号「捕魚採藻ノ儀ハ追々更正ノ筈ニテ去ル明治八年一月以来廃止致居候処当明治十年七月ヨリ更ニ営業税徴収ノ筈ニ候条営業ノ者ハ別紙県税則付録ニ照準出願可致此旨布達候事」を公布し、県税則付録を定めた。この付録は漁業を対象としたものであり、それは左のとおりである。

縣税則付録

第一条

捕魚採藻ヲ営業スルモノハ兼テ願済ノ漁場ニ限ルベシ

第二条

右業ヲ営マントスル者ハ第七条ノ書式ニ因リ出願之上鑑札下渡スベシ

第三条

捕魚税ハ壱人壱己ヨリ徴収スルモノニ非ズ各浦現業ノ網数ニ課シ其利潤ノ多寡ニ因テ等級ヲ定ム其等級ハ三等以上ニ置クヲ法トス

但利潤ニ因テ等級ヲ定ムルハ仮令バ芦屋浦ニテハ飛魚網ヲ一等トシ奈多浦ニテ鰯網ヲ一等トスルガ如キ茲ナリ

第四条

等級ヲ定ムルニハ一浦ヨリ惣代三名ヲ公選シ本則第三条ノ趣意ヲ以之レヲ定ムベシ

第五条

本則第十条ノ規則ニ照準毎戸左之看板ヲ表出スベシ

第何号
何　捕魚
等　鮑取　営業
藻取

第六条
鮑採藻採釣漁投網税ハ壱戸ヨリ課シ其等級ハ四等以下ニ置クヲ法トス
但釣漁ハ丘釣ヲ除ク網亦之レニ準ズ
第七条
願書式
（漁　業　願）
一　何等何網幾張　或ハ鮑取藻取釣魚投網
右営業仕度候間御鑑札御下渡被下度尤御規則之儀ハ厳重遵守可仕依之此段奉願候也
第何大区何小区何郡何村　何ノ誰　印
年　月　日
福岡県令　某　殿
前書之通相違無之候也
戸　長　何ノ誰　印
（廃　業　届）
一　何等何網幾張　或ハ鮑取藻取釣魚投網
右廃業仕度候間御鑑札相添此段御届仕候也
第何大区何小区何郡何村　何ノ誰　印
年　月　日

福岡県令　某　殿

戸　長　　何ノ誰

右之外本則ニ準拠スベキ事

税　額

金壱円五十銭　　一等級
金壱円　　　　　二等級
金五拾銭　　　　三等級
金三拾銭　　　　四等級
金拾銭　　　　　五等級

さらに県はこの県税則付録第七条の漁業願様式を新しい様式に切り替えるよう布達した。その主旨は整理の便宜上、同一取調期間ごとにまとめて出願せよというものであった。

明治十年八月十八日　福岡県布達甲第一一八号

諸漁業願県税付録第七条願書式之通出願可致筈之処今回ハ為便利別紙雛形之通取調期限ヲ不愆出願可致此旨布達候事

漁業願

一　一等鯛網　幾張　　第何大区何小区何郡何村　何ノ誰
一　二等鰺網　幾張　　同　区　同　村　何ノ誰
　　　　　　　　　　　　　　　　　　　組合持
　　　　　　　　　　　　　　　　　　　何ノ誰
一　三等鰯網　幾張　　同　区　同　村　何ノ誰
一　四等鮑取、投網　　同　区　同　村　何ノ誰
一　五等釣漁　　　　　同　区　同　村　何ノ誰

右営業仕度候間御鑑札御下渡被下度尤御規則之儀ハ厳重遵守可仕依之此段奉願候也

年　月　日

第何大区何小区総代　何ノ誰　印
〇〇総代　何ノ誰　印

福岡県令　殿

戸　長　何ノ誰　印

前書之通相違無之候也

この時期は未だ漁業税徴収規則と漁場取締規則とが未分化の状態であり、これは明治十年代後半まで持ち越された。明治十一年、国は第一九号「地方税規則」、第三九号「地方税中営業税雑種税ノ種類及ヒ制限相定」を布告したが、第三九号の中で、地方税は営業税、雑種税、漁業税採藻税及び戸数割に分離されている。漁業税採藻税については「漁業税採藻税ハ各地従来ノ慣例ニ依リ之ヲ徴収スベシ若シ其例規ヲ改正シ又ハ新法ヲ創設セントスルモノハ府県知事県令ヨリ内務大蔵両郷へ稟議スベシ（第三条）」とあり、慣例的徴収法は継承されていた。

福岡県では明治十年に県会が初めて開催され、地方税規則が議定された（選挙選出議員による第一回県会は明治十二年三月に開催）。「明治十年二月本県甲第二八号ヲ以テ県会仮規則ヲ布達シ、一大区内民選議員三名宛ヲ出サシメ県会ヲ開テ県費ノ賦課徴収ヲ議定セシム。蓋シ人民ノ財政ニ参与スルノ嚆矢ナランカ、後朞年ナラズシテ府県会規則ヲ制定シ且ツ明治十一年七月第一九号布告ヲ以テ地方税規則ヲ発布セラル。実ニ地方分権ノ制漸ク進歩シ人民財政ノ権利、公法上ニ顕ハル、ニ至レルモノナリ」（福岡県地方税制沿革）とある。明治十一年の漁業税採藻税は明治十年甲第一一六号「県税則」が適用され、それは同十二年まで継続されたとみられる。

第二章　明治十一年地方税規則公布以降　近代化第一次改革

第一節　地方税規則の公布

明治十一年地方税規則の公布実施は、我が国地方財政制度にとって特記すべき改革であった。この改革でもっとも重要な点は、府県財政と区町村財政とをそれぞれ独立させたことである。すなわち、地方財政を府県財政と区町村財政とに分け、府県費は地方税をもって支出し、区町村財政は協議費をもって支出すべきものとした。これによって地方財政の制度は形式的には顕著な進歩を遂げたものといえる。

この地方税規則においては、従来の民費中から区町村に関するものを除き、これに従来の賦金を加えたものを地方税とし、地租（五分の一以内の制限を付す）、営業税、雑種税および戸数税の三種とした。営業税、雑種税については、その賦課の公平を期すために課率に制限を付し、さらに同年十二月には布告第三九号をもってその種類および制限に関する規定を公布した。すなわち、営業税を五種、雑種税を三十二種とし、各府県はこれらの中から適当に選択採用できるようにするほか、営業税は三類に、雑種税は十四類にそれぞれ分けて各類ごとに一定の制限を設けた。

地方税規則は単に税制を規定したにとどまらず、地方においては地方税支出の費途をも規定し、規定以外の費目を必要とする場合は、特に政府の裁定を受けさせることとした。この地方税規則は単に地方税の規定のみならず、事実上地方財政制度を定めたものということができる。地方財政制度は一応この改革によって、税制とともに近代国家の地方財政の態をなすに至り、その後は明治二十一年、同二十三年における地方制度の確立に伴う改革までは、概ねこれを基礎として改正が行われる程度であった。

　その後、経済界の実情に伴う諸改正ならびに中央財政における制度の発達に応じて、会計制度も大いに明確となり、わが国の地方財政制度はこの十年間に第一次の発達を遂げたということができる。

表二―1　明治十一年地方税規則による地方税制一覧

税目		制限税率	適要
地方税（府県税）	地租（地価割）	地租　五分の一	明治十一年太政官達無号により税目を地価割と称する。
	営業税		
	第一類	金十五円	
	諸会社及び諸卸売商		
	第二類	金十円	
	諸仲買商		
	第三類	金五円	
	諸小売商及び雑商（但し国税あるもの除く）		府知事県令は、府県回の決議を以て営業税及び雑種税の法定類目中において賦課するものを取捨することができる。
	雑種税		
	船（明治七年第二二号布告艀漁船云々の分）	国税の半額	漁業税採藻税は、各地従来の慣例により徴収するが、府県会の決議を経て府知事県令より内務、大蔵両卿に具状し、政府の裁可を受けて其例規を改正し、または新法を創設することができる。
	車（馬車、人力車、荷積馬車、其他荷積車類）	国税の半額	
	諸市場演劇其他諸興行並遊覧所	上り高百分の五	
	諸遊戯所（玉突、弓射的、吹矢の類）	一年金二十円	
	料理屋　待合茶屋	一年金十二円	
	遊船宿　芝居茶屋　人寄席	一年金十二円	
	質屋　両替屋　回漕店	一年金十五円	
	古着　古金　古道具類商	一年金十円	戸数割の賦課限度については、制限なく、賦課方法は各府県の議定に一任され、各府県は従来の慣行によって区町村に

旅籠屋　諸飲食店	一年金十円	配付課税とし、其の配付基準は殆んど戸数によるが、中には資力を加味し、前年度の直接国、府県税額と前年度始めに於ける戸数割納税義務者数とにより配付するものもある。区町村は其の配付額を所謂見立割なる綜合資力を標準として課税する。
湯屋　理髪床　雇人請宿	一年金五円	
遊芸師匠遊芸稼人　相撲	一年金十二円	
俳優	一年金六十円	
幇間　芸妓	一年金四十二円	
水車	一年金五円	
乗馬（自用渡世共）	一年一頭に付金一円	
屠牛	一頭に付金五十銭	
漁業税採藻税		
戸数割		
区町村協議費		各町村限り及び区限りの入費は、地方税によらずその区内町村内人民の協議費による。

第二節　福岡県の漁業関係税

一　明治十三年度漁業関係税

わが国の地方財政、税制制度は明治十一年地方税規則の公布によって近代化へ踏み出したが、漁業税制は同十三年度に大改正を迎える。

国は明治十三年四月第一七号「明治十一年十二月第三九号布告地方税中営業税雑種税ノ種類及ビ制限左ノ通改正候条此旨布告候事」を布告し、その中で漁業税採藻税については「漁業税採藻税ハ各地従来ノ慣例ニ依リ徴収スベシ若シ其例規ヲ改正シ又ハ新法ヲ創設セントスルモノハ府県会ノ決議ヲ経テ府知事県令ヨリ内務大蔵両卿ニ具状シ政府ノ裁可ヲ受クベシ」と改正した。つまり、「慣例ニ依リ徴収スベシ」は変わっていないが、例規改正や新法創設に際しては「内務大蔵両卿へ稟議スベシ」から「府県会ノ決議ヲ経テ内務大蔵両卿ニ具状シ政府ノ裁可ヲ受クベシ」に変わっている。

福岡県は、明治十三年度漁業税規則の改正を前提にして、同十二年に二つの基礎調査を実施した。一つは一月二十四日、丙第八号により「漁業並採藻税之儀ニ付至急取調之筋有之候条旧藩々ニ於テ従来徴税之方法及ビ慣例之義ハ漁獲高ニ課セルカ又ハ漁舟並網等ニ課セシカ」について、詳細に取り調べ来月十日までに回答するように各郡区に求めている。もう一つは、明治十二年十一月十日に沿海郡区あてに漁業実態調査について布達している。すなわち、「各浦魚漁ノ種類漁獲高等左ノ雛形ニ倣ヒ精密ニ取調可差出右ニ付テハ主任ノ官吏出張協議可為致儀モ有之候条此旨相達候事」と述べ、調査方法、様式が左のように示されている。

漁業調

何郡何村何浦

名称	何網	何縄
一個ノ漁獲	何斤又ハ何石	仝
漁獲代価	金何程	仝
仝一斤或一石ノ価	(斤・石) 金何程	仝
網縄拵代	金何程	仝
網ノ耐保	何ケ年	仝
網数	幾張	縄ノ数ヲ可記

調査ノ方法

一　此調ハ一浦或ハ一村毎ニ雛形ノ如ク取調ブベシ

一　引網建網手繰網鯛網鰯網其他右ニ類似スル網及ビ長縄ノ類ハ該浦ニ於テ用フル所ノモノハ有税無税ヲ論ゼズ雛形ニ倣ヒ一種毎ニ取調ブベシ

但投網釣漁ハ取調ブルニ不及

一　一種ノ網ニツキ大小アルモノハ随テ其漁獲高多少アルベキ理ナレドモ実際決シテ然ルモノニ非ズ然レドモ若シ其差違ノ判然スルモノアラバ其網数ノ最多ナル例ヘバ五拾尋ノ網五張リニシテ四拾五尋ノ網拾張リアルトキハ四拾五尋ノ網ニ就テ一個ノ漁獲高等ヲ記シ網数ハ大小合セテ拾五張ト記スベシ

一　漁獲高ハ毎年季節毎ニ漁スルモノハ其漁獲高容易ニ見積リ得ベシト雖ドモ鰯網ノ如キハ浦ニ寄リ全ク漁セザル事

モアレバ右等ハ数年漁獲ノ平均或ハ平年ノ見積ヲ立ツベシ

一　漁獲高ハ最モ確実ヲ要スルヲ以テ精密ニ取調ベ網親或ハ問屋等アリテ帳簿等ニ就キ調査セラル、モノハ其帳簿等ニ渉リ精密ニ取調ブベシ

但問屋網親等ノ帳簿ニ就キ取調タルモノハ其旨別段書面ヲ添フベシ

一　網代金ハ最初網ヲ作ルトキ網ノミニ係ル代金ニシテ諸道具船代且修復代渋引料等ハ加算ス可カラズ

一　網ノ耐保ハ何年保ツカ製作ノ年ヨリ使用セラル、迄ノ年数ナルガ鰯網ノ如キハ使用セザル年モアルベケレバ其年ハ之レヲ省キ全ク保ツベキ年数ヲ記スベシ

そして、県は十三年七月丙第六六号「明治十年当庁甲第一一六布達漁業税採藻税ハ本年県会ノ決議ヲ以テ明治十三年度ヨリ改正施行ノ筈ニ付本月徴収スベキ税金ハ右改正規則相違候上徴収可致此旨相達候事」を郡区あてに布達し、さらに同年十月甲第一二八号「明治十年甲第一一六号県税則付録相廃シ更ニ漁業税規則別紙之通相定メ明治十三年七月一日ヨリ施行候条此旨布達候事、但本年前半年度税金ノ儀ハ十一月十五日限可相納事」を布達した。ここに、本漁業税規則の制定により初めて福岡県の漁業税体系が明確化された。これは徴税規則であり、「営業者ハ看板ニ検印ヲ受ケ戸外ニ掲グベシ（第五条）」とあり、漁場取締りの意図は完全に無くなったわけではないが、次第にうすめられてきている。徴税規則と漁場取締りとは分化しつつあるものの完全とはいえず、この状況は明治十五年度まで継続される。以下に漁業税規則を示そう。

福岡県甲第一二八号布達

明治十年甲第一一六号県税則付録相廃シ更ニ漁業税規則別紙之通相定メ明治十三年度十三年七月一日ヨリ施行候条此旨布達候事　但本年前半年度税金ノ儀ハ十一月十五日限可相納事

明治十三年十月八日　　福岡県令　渡辺清

漁業税規則

第一条　漁業税ハ八等ニ分チ各村各種ノ税額ヲ定メ之レヲ課ス其目左ノ如シ

但網漁ハ網数ニ長縄漁ハ縄数ニ羽瀬石干見漁ハ箇所ニ拠リ課税ス

漁業税目表

等級＼地名	宗像郡 大島	鐘崎	津屋崎	下西郷	神ノ湊	勝浦
壱等 年税金 四円		鰯網		鰯網	鰯網	鰯網
弐等 年税金 三円	鰤網 カナギ網		大敷網			
参等 年税金 二円五十銭	鯛網 鰯網 地引網					
四等 年税金 二円		鯛網 カナギ網	鰯網	鯛網 鰩網		田作網
五等 年税金 一円五十銭			鯛網 鯵網	手繰網	鯛網 地引網	鯛網
六等 年税金 一円	鯵網	地引網 飯網 鰩(アゴ)網	飯網 田作網	カナギ網	鯵網	
七等 年税金 六十銭		田作網 手繰網	地引網	田作網		
八等 年税金 三十銭	飯(ヤズ)網 鱸網 建網 鯛縄	鯆(コノシロ)網 鯛・鰤縄	カナギ網 鯆網 手繰網 タナゴ網 鯛縄	飯網 鯆網	飯網 鯆網 鯛・鰤縄 鰩網 手繰網	飯網 鯛・鰤縄 手繰網 鯆網

	遠賀郡							
地ノ島	脇田	柏原	波津	芦屋	戸畑	若松	脇ノ浦	岩屋
鮪(シビ)網	鮁網 大敷網 建網	鰯網			鯔網	鯔網	鰤網 大敷網	
							鮁網	
	鰤網	底建網	鰯網	鰯網				
鰤網 タナゴ網		地引網 鱚網		鯛網				
鯛網			鯛網 地引網					建網
カナギ網 鮁網	鱚網		鮁網		手繰網		鱚網 タナゴ網	鰯網
建網 手繰網 鯛・鰤縄	鯛網 鰯網 長縄	鮁網 ゴチ網 流網 長縄	鱚網 鰩網	地引網 鱚網 手繰網	建網 長縄 鰩網	建網 手繰網 魣(イナ)網	手繰網 烏賊網 鰩網	鰤網 鮁網

		粕屋郡					
野北	西浦	弘浦	志賀ノ島	相ノ島	新宮	箱崎	奈多
手繰網　カナギ網	鯛網　カナギ網		鰯網　鯵網　鯖網			引網	
						鯛縄	鰯網
			カナギ網				
			鯛網　建網	鰯網　鯖網	鰯網		
	長縄						
鯛網　鰤網	鰯網	鰆網　鯛・鰤縄	魬網　鯛網　鰩網	鯛網　魬網　鯵網	鯛網	繰網	鯛網　地引網
建網			鰆網　田作網	カナギ網　田作網	地引網	建網　底網	建網　鰩網　田作網　鰮網
地引網　魬網　タナゴ網	鰩網　手繰網		鱅網　手繰網	建網　鯛縄　手繰網　メバル網	カナギ網　魬網　鱅網　建網　鰩網　田作網　手繰網　烏賊網		カナギ網　魬網　鱅網　手繰網

志摩郡								
玄界島	宮ノ浦	岐志	姫島	今津	新町	船越	芥屋	小呂島
			大敷網					
鯛網						手繰網		
		地引網 手繰網			地引網 手繰網			
	鰯網 鰮網			鰮網		地引網		
カナギ網	地引網 カナギ網		鰤網	地引網				鯛網
建網	鯛網	カナギ網	建網	鰯網	カナギ網			
	手繰網 鰩網	鰯網		カナギ網	鰯網 鱅網	鰯網 カナギ網 鰤網	鰯網 カナギ網	マビキ網 鰤網 建網
鰤網 魬網 タナゴ網	鱅網	鯛網 建網 タナゴ網 烏賊網 魬網 鱵(サヨリ)網	魬網 魣(カマス)網	手繰網	魬網 建網 烏賊網	鯵網 建網	建網 田作網 地引網 手繰網	

	福岡区		早良郡		怡土郡						
柄杓田	伊崎	博多	残島	姪浜	鹿家	片山	加布里	福井	吉井	深江	久家
					大敷網		鯆網	大敷網 鰆網			
				地引網	鰯網		地引網	鰯網	鰯網		地引網 手繰網
		地引網									
				カナギ網			手繰網 鯛縄	田作網			
		手繰網		手繰網		手繰網				手繰網	
鰯網			田作網		魬網			魬網	魬網		建網
			鰯網	鰯網 建網	手繰網	鰯網		建網 手繰網	手繰網	鰯網 カナギ網 建網 鯔網	カナギ網
鯛縄 烏賊網 雑魚網 石首魚(グチ)網 鰣(ヒラ)網	鯛・小鯛・瀬縄									魬網 コロリ網	

企救郡					
柄杓田	長浜	平松	田ノ浦	今津	恒見
			魣網		
		ウタセ網	鰯網		
		長縄			
	鯛縄	鮁網	徒歩曳網		徒歩曳網
徒歩曳網 二艘繰網	鰩網 鰆網 小鱶網	底建網 鰆網 雑魚網 小箴(ツヅ)網 鰩網	長縄 手繰網 雑魚網 鱵網 ガハ曳網	鯛縄 鰆網 桝網 鰣網	鯛縄 鰆網 烏賊網 雑魚網 海鰽網(鮩差網) 海老網 鱏(エイ)網 鰣網 魣網

				京都郡	
門司	大里	馬島	藍島	苅田	浜町
巻セ網					
		縄敷網			
鰯網		鰮網			
			鯛縄		
徒歩曳網	鰯網 徒歩曳網		魬網		
長縄 手繰網 魣網 鱵網		鰯網	鱸網	手繰網 烏賊網 海鱅網 石首魚網 海老網 鱏網 鮲（コチ）網 コトウ網 小建干網 堀込幕立網 鮩（アミ）曳網 鰣建網	手繰網 烏賊網 海鱅網 石首魚網 海老網 鱏網 堀込幕建網 鮩曳網

郡		仲津郡						
椎田	湊	松原	稲童	今井	元永	沓尾	蓑島	
							海老網	
烏賊網 雑魚網 海鰆網	烏賊網 雑魚網 石首魚網 白魚網 石干見	石干見	石干見 雑魚網	石首魚網	烏賊網 雑魚網	烏賊網 雑魚網 石首魚網 鱏網 チン縄	石首魚網 雑魚網 チン縄 鰤網 鱧縄 烏賊網	四ツ網

上毛郡				築城郡						
	宇ノ島	小犬丸	小祝	有安	松江	宇留津	西八田	東八田	高塚	
	鮲網									
					桝網					
	手繰網	雑魚網　海鰆網	雑魚網　海鰆網　鮲網	桝網		底建網				
手繰網　烏賊網	石首魚網　桝網　海鰆網	烏賊網　繰網	烏賊網　繰網	烏賊網　石干見	烏賊網　雑魚網　海鰆網　石干見　石首魚網	烏賊網　雑魚網　海鰆網　石干見	石干見	石干見	石干見	石首魚網

郡			三潴郡					上毛郡					
栄	明野	鷹尾	大野島	新田	中古賀	鏡ケ江	青木町	百留	三毛門	四郎丸	広津	沓川	八屋
羽瀬 大網	羽瀬 大網	沖羽瀬											
ゲンジキ網	ゲンジキ網			引網									
							エツ網						
手押網	手押網					エツ網							
手繰網 組引網	手繰網 組引網		ゲンジキ網		ゲンジキ網				笹干見 石干見				
							ゲンジキ網						
潟羽瀬	潟羽瀬	潟羽瀬				ゲンジキ網		巻網		石干見 笹干見	瀬張網	白魚網 石干見	海鱇網 石首魚網 建網 石干見

三池郡								山門					
大牟田	手鎌	唐船	永治	北新田	江ノ浦	南新田	岬	皿垣開	佃	稲荷町	矢留町	中島	沖ノ端
	建網							大網			タタキ網	羽瀬 大網	タタキ網 大網
立切網		立切網					引網 立切網	ゲンジキ網				ゲンジキ網	ゲンジキ網
引網						沖羽瀬	中羽瀬		沖羽瀬				
沖羽瀬	沖羽瀬	沖羽瀬 中羽瀬						手押網		アンコフ網	アンコフ網	手押網 バッシ網	手押網 アンコフ網 バッシ網
								手繰網 組引網	シゲ網	カシ網	カシ網 手繰網	手繰網 組引網	カシ網 組引網 手繰網
中羽瀬	中羽瀬										シゲ網		シゲ網
	潟羽瀬	手押網 潟羽瀬	潟羽瀬	潟羽瀬	潟羽瀬		潟羽瀬 ゲンジキ網	潟羽瀬				潟羽瀬 鮹縄	鮹縄

郡	村	1	2	3	4	5	6	7	8
三池郡	三里		引網			待網 カシ網	潟羽瀬	手繰網	
	横須						中羽瀬		潟羽瀬
	黒崎開								潟羽瀬
	稲荷								潟羽瀬
	川尻		引網			待網	沖羽瀬		
竹野郡	三川								手繰網
	菅原								手繰網
生葉郡	山北								瀬張網
御井郡	大城						鯉網		鮎網
	大石								引網
	大社								引網
山本郡	蜷川								鮎網
	常持								鮎網
	吉木							引網	

第二条　鵜遣ヒハ鵜数鴨網猟ハ網数ニ応ジ之レヲ課シ投網釣漁鰻掻鉾漁貝採藻採ハ一戸ヲ以テ之レヲ課ス其税額左ノ如シ

但投網釣漁鰻掻鉾漁ハ徒歩漁ヲ除ク

第一項　鵜遣　　一羽年税金弐拾銭
第二項　鴨網猟　　一張年税金壱円
第三項　投網釣漁鰻掻鉾漁　　一戸年税金参拾銭
第四項　貝採藻採　　一戸年税金拾銭
但第三項四項ヲ兼業スルモノハ第四項ノ税ハ課セズ
第三条　漁業税ハ前半年度ニ廃業シ或ハ後半年度ニ起業スル者ハ各半額ヲ徴収ス
第四条　営業続ノ者徴税期中ニ廃業シ或ハ新ニ営業スル者十五日以内ニ廃業スルトキハ其税金ハ之レヲ免ズル
第五条　営業者ハ其営業ノ種目住居性名ヲ記シタル看板ヲ添ヘ町村役場ヘ申立其看板ニ検印ヲ受ケ戸外ニ掲グベシ
但廃業スルトキハ検印削除ヲ申立ツベシ

営業税雑種税規則（漁業関係分）

第四条　雑種税ハ其種類ニ依リ各個ニ税額ヲ定ム其目左ノ如シ
一　船五拾石未満ノ海船及川艀漁船ノ類但国税免除ノ船ハ除ク
長五間以上　　年税額　弐拾五銭
長四間以上五間未満　　年税額　拾七銭五厘
長四間未満　　年税額　拾銭

漁業税規則は第一～五条から成っており、第一、二条で各漁業種別税額が示されている。第一条は網・延縄漁業を対象にしており、同条の漁業税目表の中で、筑前・豊前・筑後各海及び千歳川（筑後川）の沿岸延一一四地区（浦）ごとに各漁業種を一～八等にランク付けし、税額を定めている。各等級にランク付けされた延漁業数は、一等三八、二等二七、三等一〇、四等三〇、五等四五、六等六五、七等七五、八等二三六となっている。第二条は、鵜遣・鴨網猟・投網・釣漁・鰻掻・鉾漁・貝採・藻採の各税が定められている。第一条の漁業税目表は、漁業就業状況を調査、検討した結果から設定されたものと思われるが、徴税の面からみれば詳細すぎて非効率的であったと思われる。また漁業税以外に営業税雑種税規則により船税が課税されていた。

二　明治十四年度漁業関係税

明治十三年度通常県会に、明治十四年度漁業税規則改正案が提出された。この審議過程で、数人の議員から特定浦の特定漁業種に対する税額ランク付について異議をとなえ、修正提案がなされたが、最終的には県原案が賛成多数で可決された。

明治十四年六月、福岡県甲第五八号「明治十三年甲第一一八号漁業税規則別紙ノ通修正明治十四年度（十四年七月一日）ヨリ施行候条此旨布達候事」が発せられた。改正内容は基本的枠組みは変わっていないが、漁業種の税額ランク付が広範にわたって修正されている。また漁業税目表の地名欄中の三潴郡以下が削られて筑後海と改められ、そのなかの等級別漁業種も大幅に変わっている。改正された内容は左のとおりである。

漁業税規則

第一条　漁業税ハ八等ニ分チ各村各種ノ税額ヲ定メ之レヲ課ス其目左ノ如シ

但網漁ハ網数ニ長縄漁ハ縄数ニ羽瀬石干見漁ハ箇所ニ拠リ課税ス

漁業税目表

等級＼地名	鹿家	吉井	福井	郡
一等　四円	大敷網	大敷網	大敷網	
二等　三円			鰆網	
三等　弐円五拾銭	鰯網	鰯網	鰯網	巻セ網
四等　弐円				鰯網
五等　壱円五拾銭		魬網、田作網	魬網、田作網	
六等　壱円		カナギ網、鯛網	カナギ網	手繰網
七等　六十銭	手繰網、魬網	手繰網	手繰網、鯛網	カナギ網
八等　三十銭		魣網、ゴロリ網	建網、魣網、ゴロリ網	ゴロリ網

志摩郡					怡土		
姫島	岐志	新町	久家	船越	加布里	片山	深江
大敷網							
	巻セ網	巻セ網		巻セ網			
	鰯網	鰯網	鰯網	鰯網	巻セ網		
	地曳網	地曳網	地曳網	地曳網	地曳網 鰯網	鰯網	
	鯛網						
建網 魬網 鰤網	カナギ網 手繰網	カナギ網 手繰網	カナギ網 手繰網	手繰網 カナギ網	手繰網	手繰網	
	魬網 烏賊網 鱅網	鱅網 魬網 烏賊網	鱅網 烏賊網	鱅網 烏賊網	カナギ網 烏賊網 鱅網 鯛縄	カナギ網	魬網
魣網	建網 タナゴ網 鱵網	建網	建網 底網 鯛網 鰤縄	鯵網 建網 鰤縄 底網	鰤縄 鱵網 アナゴ縄 ゴロリ網 底網 建網	烏賊網	建網 烏賊網 鰤縄

	福岡区		早良郡		志摩郡						
箱崎	博多	伊崎	姪浜	残島	今津	玄界島	宮ノ浦	西浦	小呂島	野北	芥屋
							大敷網	鯛網 カナギ網		カナギ網	
地曳網					巻セ網	鯛網	巻セ網			手繰網	
	地曳網		鰯網	鰯網	鰯網		鰆網 鰯網		マビキ網		
			地曳網		地曳網		鯛網	鰯網		鰯網	鰯網
			カナギ網	田作網	カナギ網	カナギ網	地曳網 カナギ網	鯛縄 鰤縄	鯛網	鯛網 鰤網	地曳網 田作網
繰網 鯛縄	手繰網 繰網	鯛・瀬縄	手繰網		雑魚網	魬網	手繰網				カナギ網 手繰網
建網			建網			建網	魬網	魬網	鰤網	建網	
蛸縄					手繰網	鰤網 タナゴ網 手繰網 魣網 鱵網	鱅網 鰩網 鯖網	鰩網 手繰網	建網	地曳網 魬網 タナゴ網	建網

	粕屋郡						
	志賀島	弘浦	奈多	新宮	相ノ島	下西郷	津屋崎
	鰯網、鯵網、鯖網		鰯網	鰯網		鰯網	
					大敷網		大敷網
	カナギ網						
	鯛網、建網				鰯網、鯖網	鯛網、鰩網	鰯網
							鯛網、鯵網
手繰網	飯網、鯛縄、鰩網	鰆網、鯛縄、鰤縄	鯛網、地曳網	鯛網	鯛網、飯網、鯵網	カナギ網、手繰網、田作網	飯網、田作網
	鰆網、田作網		建網、鰩網、田作網、鰡網	地曳網、田作網	カナギ網、田作網		地曳網
	鱅網、手繰網		カナギ網、飯網、鱅網、手繰網	カナギ網、飯網、鱅網、建網、鰩網、手繰網、烏賊網	建網、鯛縄、手繰網、メバル網	飯網、鱅網	カナギ網、鱅網

	宗像郡					
波津	地島	大島	鐘崎	神ノ港	勝浦	
	鮪網		鰯網		鰯網	
		鰤網 カナギ網 鯛網		鰯網		
		鰯網				
鰯網			鯛網		鯛網	
	鰤網 タナゴ網		カナギ網	鯛網 地曳網	田作網	
鯛網 地曳網	鯛網	鰺網 田作網	地曳網 鮁網 鰩網 田作網	鰺網		
鮁網	カナギ網 鮁網		手繰網			
鱅網 鰩網	建網 手繰網 鯛縄 鰤縄	鮁網 鱸網 建網 鯛縄	鱅網 鯛縄 鰤縄	鮁網 鱅網 鯛縄 鰤縄 鰩網 手繰網	鮁網 鯛縄 鰤縄 手繰網 鱅網	手繰網 タナゴ網 鯛縄

			遠賀郡						
平松	馬島	藍島	戸畑	若松	脇ノ浦	脇田	岩屋	柏原	芦屋
			鰮網	鰮網	鰤網 大敷網	魬網 大敷網 建網		鰯網	
					魬網				
	縄敷網					鰤網			鰯網
ウタセ網	鰮網							地曳網	鯛網
		鯛縄					建網	底建網	
魬網 鯛・鰤縄		魬網	手繰網		鱅網 タナゴ網	鱅網	鰯網	鱅網	鱅網
底建網 鰆網 雑魚網	鰯網	鱸網	建網 鰩網 鯛縄	建網 手繰網 魣網	手繰網 烏賊網 鰩網	鯛網 鰯網 鯛縄	鰤網 魬網 鯛縄	魬網 ゴチ網 流網 鯛・鰤縄	地曳網 手繰網

企救郡						
	長浜	大里	門司	田ノ浦	柄杓田	今津
			巻セ網			
				巻セ網		
			鰯網	鰯網		
					鰯網	
	鯛・鰤縄	鰯網 徒歩曳網	徒歩曳網	徒歩曳網		
小箴網 鰩網	鰩網 鰆網 小鱶網		手繰網 魣網 鱵網 鯛チン縄	手繰網 雑魚網 鱵網 ガハ網 チン縄	鯛縄 烏賊網 雑魚網 石首魚網 鰣網 徒歩曳網 二艘繰網 蛸縄	鯛縄 鰆網 桝網 鰣網

京都郡		
浜町	苅田	恒見
		建網
堀込幕建網	堀込幕建網	
		徒歩曳網
手繰網 烏賊網 石首魚網 海老網 鱏網 鮩曳網 四ツ網 鮩差網 石干見	手繰網 烏賊網 石首魚網 海老網 鱏網 魬網 コトウ網 小建干網 鮩曳網 鰣網 鮩差網	鯛縄 鰆網 烏賊網 雑魚網 海老網 鱏網 鰣網 魣網 鮩差網 笹干見

郡			京都郡					
宇留津	東八田	西八田	松原	稲童	沓尾	元永	今井	蓑島
				桝網				
底建網				底建網 曳網				
烏賊網 雑魚網 石干見	石干見	石干見	石干見	石干見 雑魚網	烏賊網 雑魚網 石首魚網 鱏網 チン縄 白魚網 鮩差網	烏賊網 雑魚網	石首魚網	石首魚網 雑魚網 チン縄 鰣網 鱧縄 烏賊網 海老網 鮩曳網

		築城					
八屋	四郎丸	松江	有安	湊	椎田	高塚	
		桝網	桝網				
烏賊網 石首魚網 建網 石干見 手繰網	石干見 笹干見	烏賊網 雑魚網 石干見 石首魚網 鮩曳網 建網 蛸縄	烏賊網 石干見	烏賊網 雑魚網 石首魚網 白魚網 石干見	烏賊網 雑魚網 石首魚網 鮩曳網	石干見	鮩曳網

	矢部川	千歳川	上毛郡						
			山国川	小祝	小犬丸	三毛門	沓川	宇ノ島	
高津羽瀬									
鷹道羽瀬									
新吾瀬羽瀬									
ゲンジキ網		エツ網 ゲンジキ網						鮍網	
組曳網								鰡網	
		鯉網		雑魚網 鯆網	雑魚網			手繰網	
潟羽瀬	鮎網 懸網	手繰網 瀬張網 鮎網 曳網	瀬張網 巻網	烏賊網 繰網 鮩曳網 鰣網	烏賊網 繰網 鮩曳網	笹干見 石干見	白魚網 石干見	石首魚網 桝網 鮩曳網 鯛縄	鮩曳網 鰣網

筑後海
津ノ上羽瀬 網戸羽瀬 平戸羽瀬 海老戸羽瀬 荒津裾羽瀬 新穀羽瀬 荒津羽瀬 荒津裾並羽瀬 ダクラ羽瀬
宮津羽瀬 袖羽瀬 神楽羽瀬 中津羽瀬 西ノ津羽瀬 折津羽瀬 野田羽瀬 七ッ羽瀬 檀ノ上羽瀬 三里沖羽瀬 大網 タタキ網 建切網 建網
琴ノ羽瀬 ヘタノ羽瀬 中潟羽瀬 バッシ網 アンコフ網 待網 曳網
カシ網
手押網 手繰網 シゲ網
蛸縄

第二条　鵜遣ヒハ鵜数鴨網猟ハ網数ニ応ジ之レヲ課シ投網釣漁鰻掻鉾漁貝採藻採ハ一戸ヲ以テ之レヲ課ス其税額左ノ如シ

但投網釣漁鉾漁ハ徒歩漁ヲ除ク

第一項　鵜遣　一羽年税金弐拾銭

第二項　鴨網・縄猟　一張・筋年税金壱円

第三項　投網釣漁鰻掻鉾漁　一戸年税金参拾銭

第四項　貝採藻採　一戸年税金拾銭

但第三項第四項ヲ兼業スルモノハ第四項ノ税ハ課セズ

第三条　漁業税ハ前半年度ニ廃業シ或ハ後半年度ニ起業スル者ハ各半額ヲ徴収ス

第四条　営業続ノ者徴収期中ニ廃業スルトキハ其税金ハ之レヲ免ズル

第五条　営業者ハ其営業ノ種目住居姓名ヲ記シタル看板ヲ添ヘ町村役場ヘ申立其看板ニ検印ヲ受ケ戸外ニ掲グベシ

但廃業スルトキハ検印削除ヲ申立ツベシ

営業税雑種税規則（漁業関係分）

第四条　雑種税ハ其種類ニ依リ各個ニ税額ヲ定ム其目左ノ如シ

一船五拾石未満ノ海船及川艀漁船ノ類　但国税免除ノ船ハ除ク

長五間以上　　　年税金　弐拾五銭

長四間以上五間未満　　年税金　拾七銭五厘

長四間未満　　　年税金　拾銭

三　明治十五年度漁業関係税

県は、戸数割規則・地価割規則・地方税徴収規則・営業税雑種税規則・漁業税規則を廃止し、これらを一本化した福岡県地方税規則を新たに制定した。十五年一月第三号「地方税規則改正」布告ならびに十五年六月第四四号「地方税規則施行」布達を発した。これら改正にあたって、県会で長期間にわたって審議されたが、漁業関係税に関しても四、五月県会で審議されている。その主な内容を以下に記述する。

⑴川茸採新税に関して

○（九番・野依範治）第二五条第五項ハ川ニ税ヲ課スルガ如シ是等ノ例ハ他ニモアル事ナルヤ

○（番外壱番・高本楯樹）此川茸川ノ川茸ハ旧藩ノ時ニ於テハ遠藤喜惣右衛門ナル者ガ受持テ製造販売スルノ慣例アリタリ、然ル所以ノモノハ此川茸タルヤ天保年中同人ノ発見ニ係ルヲ以テナリ、然ルニ此慣例ヲ破リ明治十年十月ヨリ向五年間ヲ限リ入札払ヲ為シタリ、而シテ其年期ハ本年九月迄ニテ終ルナリ、然ルニ既ニ従前ノ慣例破レタレバ其年期ヲ終ラバ已ニ慣例ナキヲ以テ人々争行テ採取スベシ、斯クナレバ折角有名ノ物産モ竭尽スルニ至ランコトヲ恐ル仍リテ物産保護ノ点ヨリシテ復タ屋永村ト談合ノ上出願セシムル見込ナリ

○（九番・野依範治）然ラバ屋永村ト遠藤喜惣右衛門ト談合シテノ願出ニアラザレバ他ニ出願スル者アルモ許可セザルヤ、果シテ然ラバ何故ニ遠藤喜惣右衛門ト屋永村ニ限ラル、ヤ

○（高本楯樹）其ハ政府ヨリ漁業採藻ノ事ハ慣例ニ依ルベシトノ達アルニ依リ遠藤喜惣右衛門ガ縁故アルト物産ヲ保

護スルノ点ヨリ可及的同人ニ製造セシムルノ見込ナリ、尤屋永村モ遠藤喜惣右衛門モ願出セヌトナラバ他ノ願人ニ許可スベキナリ

○（一七番・岡部啓五郎）是迄ハ川茸川ノ川茸採取ハ一カ年幾何ノ税ヲ出シ居タルヤ

○（高本楯樹）一カ年三百五拾円宛ヲ以テ払下タリ

○（六〇番・小林作五郎）当県下ニ於テ川茸ヲ採ル箇所ハ下座郡川茸川ノミナルヤ

○（番外二番・末田実）彦山近辺ニモ川茸ノ生ズル箇所アレドモ課税スルモノハ独リ川茸川ノミ

○（六〇番・小林作五郎）然ラバ何某ハ何処ノ分ヲ採ルニ依リ其税額何程ト予メ定ムルヤ

○（末田実）該一川ニ付テ総税額ヲ収ル者ナレバ壱人ニ付何程トハ予定セザルナリ

○（九番・野依範治）川茸採ハ願出ル者アレバ誰人ニテモ許可セラル、ヤ

○（末田実）従来ノ慣例ニ依テ許可スル者ニシテ独リ誰人ニテモ許可セザルナリ

○（二一番・入江淡）他ニ川茸ノ立ツ箇所ヲ発見スルモ之ヲ採ルコトヲ許サヾルヤ

○（末田実）出願セシムルハ屋永村ノミニテ他ハ問ハザルナリ

(2) 簗漁について

○（四五番・原田三郎）白魚簗ノ如キハ無税ナルヤ

○（番外二番・末田実）白魚簗ノ如キハ全ク一時ノ事ニシテ年中アルモノニモアラズ且ツ多クハ士族輩ノ遊漁等位ノコトナレバ課税セザルナリ

○（六九番・香月昭三）総テ簗類ハ僅々タルモノ故課税セザルヤ

○（番外一番・高本楯樹）僅々タルモノ故ニ課セザルニアラズ、簗ハ県庁ヨリ許スモ堤防及ビ田地ニ支障アルトキハ差止ルコトモアルヲ以テ課税セザルナリ

○（三番・大野未来）江切及白魚漁ノ如キハ従来ノ通リ払下ゲラル、ヤ

○（末田実）従来入札払ニシタレ共白魚漁、江切漁ノ如キハ実際収利少ク且ツ之レ等ハ凡テ士族等ノ遊漁ニ属スル者ナレバ課税セザルコト、セリ

○（四二番・村上貫一郎）簗ニハ課税セザルカ

○（末田実）簗ハ水利ニ関係アルヲ以テ容易ニ許可セザルナリ、若シ箇所ニ依リ許可スルコトアリトモ都合ニ依リ中途ニ之ヲ差止メルコトモアレバ課税セズ

○（六九番・香月昭三）然ラバ簗ハ先ヅ許可セザルノ意カ将タ許可スルモ水利ニ害アルト認ムル等アレバ之ヲ差止ムルカ

○（末田実）架簗ハ水利ニ害アルヲ以テ従来許可セザルナリ

○（六八番・梅津懋）然ラバ水利ノ妨害ナキ箇所ハ必ズ架簗許可アル者ト心得ベキヤ

○（末田実）許可ノコトハ別段ナレドモ水利ニ害ナキ箇所ハ許可スルコトモアルベシ

○（四八番・福江角太郎）白魚簗ハ課セズトノ答弁ナリシガ豊前沓尾ノ白魚簗ニ課税アルハ如何ナル理由カ

○（末田実）豊前沓尾村ノ白魚網ハ収利稍々多キガ故ニ課税シテ相当ト認定スレバナリ

○（六番・南川正雄）従来入札払ニナリ居タル江切網ヲ今年ヨリ無税トスルト答弁アリシ之ヲ地方税ノ内ニ組込ムコトハ出来ザルカ

○（末田実）出来ヌト云フニハアラザレ共実際収利少ナケレバ課税セザルコト、セリ

(3)漁業許可について

○（四八番・福江角太郎）第二九条ノ郡区役所ニ申立テ鑑札ヲ受ルトアルハ何等ノ為ナルヤ

○（末田実）取締ト漁業者ニ便利ヲ与ユルトニ依リ設ケシナリ

○（九番・野依範治）漁業ヲ新ニ願フ者ハ慣例ニ依テ許可セラル、カ

○（末田実）漁業ノ如キハ慣例確然タレバ故意ニ出願セシメザルナリ

○（九番・野依範治）慣例ニ依テ許可セラル、ハ法律アルニ依ルカ

○（末田実）其ハ政府ノ達アリ

(4)漁業種別課税について

○（六六番・凪斗実）漁業ナル者ハ甚ダ種類多シ若シ幾種ヲモ兼テ営業スル者アレバ矢張リ兼業ト見做スカ

○（末田実）漁業税ニ限リ数種ヲ兼ヌルモ各別ニ課税スルナリ

○（六六番・凪斗実）漁業税ヲ重キニ問ハザルハ一般ノ法律ナルヤ将モ福岡一県ノ定規ナルヤ

○（末田実）当県ノミノ定規ナリ

○（六六番・風斗実）漁業税ヲ重キニ問ハザルハ法律ニ明文アル故カ

○（末田実）漁業税ナル者ハ網縄等ニ課シテ人ニ課セザルガ故ナリ

○（六六番・風斗実）人ニ課セズシテ道具ニ課スルハ何ノ実験ニ依テ定メラレタルヤ

○（末田実）海浜浦々ノ実地ニ付キ能ク調査ノ上網縄等ニ課スルヲ相当ト認定シタレバナリ

○（四三番・岡田孤鹿）只今ノ答弁ノ如キハ第二七条ニアル漁業採藻漁鴨猟云々ノ明文ト相違スルガ如シ

○（末田実）漁業ニ課スルトモ該業ニ限リ器具ニ依テ課税ノ多少ヲ定ムルナリ

○（六六番・風斗実）然ラバ銃猟モ筒数ニ課スルカ

○（末田実）其ハ別段規則アリ此議案ノ外タリ

(5)ゲンジキ網について

○（三五番・江藤明良）千歳川ノゲンジキ網ハ何処辺リニ引ク者ナルヤ

○（末田実）多ク久留米辺デ漁スルガ如シ

○（番外一番・高本楯樹）ゲンジキ網ハ久留米近辺ニテモ漁スベシト雖モ多クハ三潴郡鐘ケ江辺ニテ漁スルナリ

(6)船税について

○（二一番・入江浴）船税ハ国税ニ関係スルヨリ地方税ニ関係スルコト多ク、且ツ従来ニテハ五十石未満ノ船ハ国税ト地方税ヲ二重ニ課セラレ又タ其上ニ此ノ船ヲ以テ漁業スルモノニ課税シ都合三様ノ課税ヲ受クレバ此モ亦タ建言シテ国税ヲ除キ地方税丈ヲ課センコトヲ乞フ可シ

○（四八番・福江角太郎）船ニ至テハ五十石以上ノ船或ハ蒸気船ノ如キハ其来往広ク日本全国ニ関シ地方税ニ関係アリトハ云ヒ難キガ如シ、二一番ノ船税ト称スルハ大中小ノ区別ナク一般ノ船ヲ指スヤ

○（二一番・入江浴）現今国税ト地方税ノ両統ヲ課スル五十石未満ノ船税ヲ称スル也、地方税ヲ課スルハ五十石未満ノ分ノミ也

○（一五番・鐘ケ江義男）然ラバ雑種税中ニ五十石未満ノ海船及川艜云々トアルハ如何

○（二〇番・田中新吾）但書ニ国税免除ノ船ハ除クトアルヲ考ヘラレバ判然スベシ

(7)第十三条について（最終的な公布規則では第十五条となる）

「原案」：第十三条　漁業税ハ八等ニ分チ各村各種ノ税額ヲ定メ之ヲ課ス其目左ノ如シ、但網漁ハ網数ニ長縄漁ハ縄数ニ羽瀬石干見漁ハ箇所ニ拠リ課税ス（税目表ハ略ス）

右の但書の内容について反対意見が多かったため審査委員会を設け、別途「審査案」を作成した。審査委員、岡田孤鹿・多田作兵衛・立花親信・入江淡・師富進太郎

「審査案」：第十三条漁業税ハ八等ニ分チ各村各種ノ税額ヲ定メ之ヲ課ス其目左ノ如シ、但網漁長縄漁（網縄漁ハ種類ニ課シ其数ニ課セス）ハ網縄ニ課スルト雖ドモ兼業スルモノハ其重キモノ一個ニ課シ羽瀬石見ハ箇所ニ拠リ課税ス

両者案を基に審議が左の通りなされた。

○（末田実）先日モ断リタル通リ網ニ課スルモノナレバ一人ニテ二ツモ持チタルモノアレバ必ズ現員ト云フ訳ニハアラズ、又序ニ一言スベシ審査案ハ網ノ種類ニ課シテ網数ニ課セザル主旨ナルガ、先キノ表ヲ修正スルトイヘバ可ナル様ナシトモ原案ノ表ハ総テ何村ノ何網ハ何程収利アル故ニ何程ニ課スルト云フコトヲ取調タルモノナレバ今一種ニノミ課スルトセバ甚ダ不権衡ヲ生ズベシ

○（六九番・香月昭三）手繰網五張所持スルモノモアレバ一張所持スルモノモアルベキニ課税ヲ同一ニセバ五張ヲ所持スルモノニハ寛ナリ一張ヲ所持スルモノニハ酷ナルベシ、又数種ノ網ヲ持ツモノモアレバ一種ノ網ヲ多ク持ツモノモアルベシ、審査案ニ不同意

○（四三番・岡田孤鹿）一人ニテ幾張ヲ持チタルモノカ、一番多キハ幾張カ、又幾人カ

○（末田実）取調テ答フベシ

○（五番・堤小七郎）同種ノ網ヲ幾張モ持ツモノハ少ク数種ノ網ヲ幾張モ持ツモノ多カルベシ、原案ヲ可トス

○（四三番・岡田孤鹿）五番ノ陳述ハ少シク審査案ノ主旨ト違ヒタル如キ所モアリ良ク聞取ラヌ所モアレバ今一応述ベラレタシ

○（五番・堤小七郎）一ノ重キモノニ依リ課スルト云フ所ガ不公平ヲ生ズベシト思惟スルナリ

○（七一番・守田精一）審査案ニ同意ナリ、一人ニテ数網ヲ持ツモノハナシ一戸ヨリ父子漁ニ出ルモ二人ニテ一張ノ

網ヲ曳ク位ナリ、又春ハ白魚網、夏ハ手繰網、秋ハ鰐網、冬ハ何網ト其レ其レ時ニ依リテ用ユル網ヲ異ニスルモノナレバ種類ヲ変タル網ハ毎戸数種ヲ持ツモノナリ、又商業税ノ如キハ呉服屋ト醤油屋ト兼レバ其ノ種ヲ異ニスルモ一ノ呉服商ニ課スレバ醤油商ニハ課セザルナリ、然ルニ漁業ニ限リ船ニモ国税アリ而シテ又網数ニ迄課スルトハ甚ダ不公平ト謂ベシ、漁業税ノ如キモ是非一ノ重キニ課セザルベカラズ

○（六一番・中野塵一）審査案ニ不同意ナリ、原案ハ網ノ種類ニ依リ収利ヲ量リテ税額ヲ定メタルモノナレバ之ヲ変ズルハ不可ナリ、必ズ網数ニ課セザルベカラズ、本員ハ総額即チ一等ヨリ八等迄ヲ合算スレバ拾四円九拾銭ナルヲ以テ拾五円以上ハ課セザルコトニ修正セン

○（四三番・岡田孤鹿）先刻番外ニ問タル如ク一人ニテ一種ノ網ヲ数種モ持ツモノハ実際ニハナシト思フ、果シテアルヤ否ヤ

○（末田実）税帳ニ仍ルモ一人ニテ数張ヲ持ツモノアリ、又事実ニ於テ考ルモ漁人ハ資本ナケレバ網親ナルモノアリテ網ヲ作リテ漁師ハ其ノ漁獲ノ分ケ打ヲ取ル位ノモノニテ網親ナルモノハ幾種モ網ヲ持ツモノナリ、又各個ニ課スルハ苛酷ナリトノ疑モアルベケレドモ春季ニ用ユル網モアリ秋季ニ用ユル網モアリ故ニ鰯網ハ鰯網、手繰網ハ手繰網ニ課セザルベカラズ

○（二三番・朽網浪江）審査案ニ同意ナリ、網数ニ依リ夫々課セザルベカラズトアレドモ漁業ノミ特ニ各個ニ課スベカラズ、仮ニ四季ニ依リテ夫々ノ網ヲ異ニスルモ其ノ内ノ重キ者ニ課セバ可ナリ

○（四八番・福江角太郎）原案ヲ可トスル、追々原案ノ如クセバ営業税ノ重キモノニ課スルト云フ主旨ニ適ハズトノ説モアレドモ漁者ハ仮ニ網ノ種類ハ異ニスルモ春夏秋冬矢張リ網ヲ使用スルナリ、商人ハ春菜ヲ売リテ冬呉服ヲ売ルト云フニハアラザルナリ、原案ニテモ充分ノ取調ヲナシタルモノトハ云フベカラザレドモ、網ノ収利高ニ応ジタ税額ヲ定メタルモノナレバ二ツ三ツ持ツモノニ各個ニ課税スルモ決シテ苛税ニアラザルナリ

○（一一番・佐々木正蔵）漁夫ノ数ヲ問ヒタレバ二千六百余ト答ヘラレタルバ漁戸ノ数ナルヤ

○（末田実）二千六百余人ト答ヘタルハ網漁長縄漁羽瀬漁石干見漁等ノ営業者ノ数ナリ、網ハ一人ニテ二三張ヲ持ツモノモアレバ数人ニテ一張ヲ持ツモアレバ網数ハ二千六百余トハ云フベカラズ、又釣漁其他ニテ戸ニ課スルモノハ二千七百余ナリ

○（四四番・岡有昌）審査案可ナリ、是ハ商業税ニ比スルモ決シテ網数ニハ課スベカラズ

○（六九番・香月昭三）課税ノ完全ハ収利税ニ及クハナシ、原案モ完全トハ云ベカラズト雖夫々ノ取調モ出来タレバ稍々収利説ニ近キ者ナリ然ルヲ一歩ナリ、完全ノ域ニ進マントハセズ之ヲ改テ不完全ナル商業税ト同一ニセン様トハ誠ニ驚キ入タル次第ナリ、本員ハ可及的完全ノ域ニ進ンコトヲ欲スレバ益審査案ヲ不可トシ原案ヲ可トス

○（六番・南川正雄）浦々ニテ網ヲ持ツ者ハ二、三百戸中僅カ六、七名乃至十数名ニ過ギザル網親ナルモノノミ、此網親ナルモノハ常ニ多ク漁夫ヲ雇ヒ捕漁ヲナスモノナレバ数種ノ網ヲ持ツ甚ダ夥ダシ、然ルニ今審査案ノ如ク一ノ重キモノニ課スルトセバ収税額ハ忽チ減少シテ僅々ノモノトナルベシ、審査案ハ実際ヲ知ラザルモノト謂ベキナリ

○（一九番・有吉長乎）六番ノ説ノ如ク本員ガ居ル郡ニモ網親ハアレドモ其出ス所ノ網ハ一等二等ニ位スル大網ノミナレバ、タナゴ網鱅網ノ如キ小網ハ七張十張位ハ持タザルモノナシ、然ルヲ網数ニ課スルトセバ一張七拾銭トスルモ六、七円ノ課税ハ必ズ受クベシ、船税アリ釣税アレバ其課税ノ苛酷ナル他ニ比スベキモノアラザルベシ、六九番ハ一歩ナリトモ完全ノ域ニ進ムベシト云ツテ審査案ハ退歩説ト駁スレドモ商業税モ又詳細ノ調べ出来ザルニ独リ漁業税ノミ詳細ニスルハ却テ不都合ナルベシ

○（高本楯樹）一九番ハタナゴ網鱅網ノ如キハ十張モ持チタルモノアレバ七、八円ノ苛税ヲ徴セラルベシト陳セラレタレドモ十張ヲ持ツモノハ十張ノ権利ヲ得ルナレバ苛税トスルニ足ラザルベシ、又十三年ニ於テ番外ガ各郡村ニ出張シテ取調タルニ、六番ノ陳セラル、如ク漁網ハ誰カ所有スルヤト問フニ網親カ若シクハ数十人申合テ作ルモノニテ一戸ノ漁師ガ持ツモノニアラズ、又商業税ノ重キニ依リテ課スルニ比セバ漁業税ノ各網数ニ課スルハ不公平トノ想像モアルベケレドモ固ヨリ番外ニ於テモ今日ノ税法ヲ以テ最上等ノ法トハ思ハザレドモ他ニ完全ノ法ナキヲ以テ已ヲ得ザルニ出ルナリ、故ニ良ク調査ノ出来ルモノ器械等ノ如キハ皆其数ニ課セリ、漁業税ノ如キモ原案ニテ充分ノ取調ヲ遂ゲタルモノトハ云ヒガタケレドモ審査案ニ比スレバ稍々当ヲ得タルモノト信ズルナリ、然ルニ其取調ノ充分ナラザル迚稍々取調ノ出来ヤルモノ迄悉ク画一税ヲスルガ如キハ番外ノ好ム所ニアラザルナリ、取調ノ充分ナラザルモノハ追々ニ充分ナラシムルノ意ナリ

○（四三番・岡田孤鹿）六番ハ此審査案ヲ作リタルモノハ漁業ノ実況ヲ知ラザルモノト云ハルレドモ本員トテ浦々ニ網親ナルモノアリテ漁業ヲナス位ノコトハ承知セリ、其レヲモ知ラザル位ナラバ審査委員ニ当選スルモ承諾ハセザ

ルナリ、又六九番ハ退歩スル如キコトハ好マズト陳述アレドモ其ノ課税ノ当ヲ得ル様ニスルハ決シテ退歩トハ思ハザルナリ、又四季ニ依リテ甲網ヲ用ユルモアレバ乙網ヲ用ユルモアリ故ニ各個ニ課セザルベカラズトノ説アレドモ仮令ニ四季ニ依リテ甲乙ノ網ヲ用ユルモ其内ノ一番利多キモノ一個ニ課税セバ可ナリ、一々網数ニ応ジテ課スルニハ及バズ、全体漁者ハ此外ニモ船税アリ又己ノ家ニ居レバ其地掛リモ出サヾルベカラズ、斯クテハ漁人ニ限リ独リ苛税ヲ出サヾルヲ得ザルニ至ルベシ

○（九番・野依範治）是非トモ原案通リニ置度精神ナリ、例セバ怡土郡ノ大敷網ハ四円ナリ之ヲ十人ニテ持テバ一人前四拾銭ナリ、然ルニ其十人ノ者ガ各々手繰網ヲ持テバ六拾銭ニシテ大敷網ノ割当ヨリ多シ、故ニ其六拾銭ヲ納ムレバ何ツノ間ニカ消滅スルノ姿ナリ、又春使フ網ト秋使フ網ヲ持テ居ルモ網ノ税丈ケ納ムレバ秋網ハ無税ナリ、斯クテハ甚ダ不都合ナラズヤ権利ニ課スルト云フ原則ニ背クコトナカランヤ

○（一四番・川口東）各員ノ説アレドモ審査案ハ不相当ナルベシ、同種類ノ網ニシテモ所ニ依リテ税額ヲ異ニスルハ其収利ニ差違アルニ因ルヲ以テニアラズヤ、然ラバ網数ヲ多ク持ツモノハ税額ヲ多ク出サヾルベカラズ、又網数ニ課スルト云ヘバ網毎ニ税ヲ出サヾルベカラザル様ナレドモ其実ハ決シテ網毎ニ税ヲ出ス如キ馬鹿ナモノハナシ、原案ニテ可ナリ

○（七一番・守田精一）九番ヨリ大敷網ノ例ヲ引テ云々ト陳述アレドモ其四円ハ網親ガ一人ニテ出スナリ、他ノ手繰網ヲ持ツモノハ各個ニ六拾銭ハ出サヾルベカラズ、又番外ハ小網ニ至ル迄網親ガ仕出ト陳述アレドモ其ハ豊前地方ノ調ガ定ラヌト思フナリ、全体本員ハ漁師原村ニ生レ又甞テ浦役場ニ奉職シタルコトモアルガ、鰯網鰡網ノ如キハ網親ガ仕出ナレドモ他ノ小網ハ一戸一戸ニ持ザルモノハナシ、然ルニ原案ノ如ク網数ニ依リテ課シテハ数多ノ網ヲ持ツモノモ或ハ隠シ或ハ廃業スルガ如キコトアルニ至ルベシ、斯クテハ甚ダ閔然ノ至リナラズヤ、益々前説ヲ支持スル

○（六六番・風斗実）番外二番ハ原案ハ収利ニ依リテ調ヲナシ税額ヲ定メタルモノト陳セラルヽガ然ラバ余程番外ハ取調モ良ク出来テ居ルト思フガ此表中ニテ手繰網ハ三国何レニモアレバ三国各村ニ付テ何村ハ何程ノ収利アル故ニ幾割ヲ課シタルト云フコトヲ一々分明ニ弁ゼラレタシ

○（末田実）固ヨリ漁師ノコトナレバ一々収穫ノ高ヲ帳簿ニ記載シ居ルモノモナシ只戸長ガ漁師等ヲ集テ其ノ云フ所

ニ依リテ取調ベタルモノナレバ悉ク相当シタルモノトハ云フベカラズ、又七一番ハ豊前地方ハ取調ベザル様ニ陳セラルレドモ豊前地方ニモ出張シテ取調ハシテ居ルナリ

○（四三番・岡田孤鹿）大略県下ノ網数又漁者ノ数答弁アリタシ

○（末田実）投網ヲ除キテ二千二百二十張アリ

○（六六番・風斗実）番外ニ収利ノコトヲ問フタレドモ充分ナル答ナシ、然ルニ六九番ノ論ズル如ク本員モ収利ニ課スルコト丈ニ賛成スレドモ奈何セン今日迄ハ収利ノ取調モ充分ナルコト能ハザルヲ然ルニ彼ノ網親等ノ多数ノ網ヲ持タルモノ、為ニハ軽税ナルベキモ網数ニ課シテ廃業スルモノアルガ如キヲ好マズ、故ニ本員ハ寧ロ軽ニ失スルモ重キニ失スルコトナカランコトヲ欲スルナリ

○（六九番・香月昭三）本員ハ決シテ無闇ニ重税ヲ課スルニアラズ、課税ノ法ヲ疎ニスルヨリ密ニスルヲ可トスルノ意ナリ、原案ハ番外ノ陳述モアル如ク戸長漁者等ノ申立ニ依リテ取調ベタルモノナレバ決シテ重キニ失スルノ恐レナシ

○（六番・南川正雄）全体漁業ハ商業ヨリモ取調易キモノナリ、現ニ本員モ取調タルコトアルガ其ハ問屋ナルモノアレバ問屋ノ帳簿ニ就テ調レバ其レ其レノ揚高ハ分ルモノナリ、又此漁業税ノコトハ既ニ稍々課税ノ道モ立居ルニ今亦後戻スルガ如キハ甚ダ不可トスル所ナリ、又漁業ハ随分トモ収利多キモノニシテ現ニ一万三百戸許ノ所ニテ一月ヨリ四月迄ニテ壱万円余ノ利益アリ田畑ヨリモ収利多シ、然ラバ漁者ニモ富者多カルベキ筈ナレドモ其富者ナキハ浦人ノ癖トシテ利ヲ得ルコト多キ時ハ多ク遣ヒ棄テ備蓄スルノ道ヲ知ラザルニ因ルナリ、決シテ税ニ堪ヘヌコトナシ、又五等マデ位ノ網ハ網親アリテ漁者ガ一人々々所持スルニアラズ

○（二三番・朽網浪江）例ヘバ一番ヨリ本員ガ網ヲ借リテ漁業ヲスレバ其網ノ税額ハ誰ニ課スヤ

○（番外一番・高本楯樹）其ハ一番ガ所主ナレバ一番ニ課スルナリ

○（二三番・朽網浪江）只今問ヒタル所今少シ問タシ、然ラバ漁業税トアレドモ漁者ニ課セズ網ヲ所持スルモノニ課スト云ヘバ網税ナルヤ

○（高本楯樹）先ノ答ハ少シク問ヒノ意ヲ間違ヒテ居タリ、網ヲ全ク借リ切リテ漁業ヲスレバ該漁業者ニ課スベキナリ

○（一一番・佐々木正蔵）債々考ルニ審査案ノ如クナラバ実際ニ甚ダ不都合ナラン、例ヘバ一張ノ大網ヲ十人ニテ持テ居リ又其十人ガ各々小網ヲ持テバ小網ノ税ノミニシテ大網税ハ実地ニハ掛ラザルナリ

○（六番・南川正雄）各浦々ヨリ漁業税ノ苛酷ナル為ニ減税ノコトヲ申出タルモノアルヤ、又網数ト人員ヲ問ヒタル人モアレドモ其ニテハ分ラズ、例ヘバ一等ノ網ヲ持ツモノ何人二等ノ網ヲ持モノ何人ト云フコトヲ調ベザルベカラズ

○（末田実）減税ノコトヲ申立タルモノハナシ、又一等ノ網ヲ持タルモノハ五十人ニシテ八等ノ網ヲ持ツモノハ千百八人ナリ

○（六六番・風斗実）六番ハ自分一人漁業ノコトヲ知リテ居ルト云フ様ニ誇顔ニ述ベラレタレドモ本員モ昨日来是ハ余程討論モアリタルコトナレバ其等ノコトハ承知シ居ルナリ、網数ニ課セザル以前ハ本員ガ居郡ニテ或ハ二百戸アル一甼ニテモ手繰網ノ数ハ二百余張アリシヨシ然ルニ之ニ課税スルニ至リ次第ニ他ノ業ニ変ジ目今ニ於テハ僅ニ四張位ナリ、是ヲ見テモ網数ニ課スルノ苛税ニ堪ヘザルヲ知ルベキナリ

○（七一番・守田精一）筑前ニ網親ナルモノアリト聞ク、然ラバ原案モ尤モノコトナレハ変税セント思ヒタレドモ又番外ハ網ヲ借リテ使用スルモノハ使用者ニ課スルトアレバ益々審査案ヲ維持セザルベカラズ

○（一九番・有吉長乎）漁業税ノ網数ニ課ストコトハ営業税ノ重キニ依テ課スルモノト対比セバ何様権衡ヲ得タルモノトハシガタシ、遠賀郡ナドハ獲ル所ノ魚ヲ問屋ニ廻ハスコトモアレドモ家族ニ担ハシテ触売ニ遣ハスモノ多シ、一体漁業税ハ実際ニ苛酷ナルヲ以テ現ニ遠賀郡ノ漁者ヨリハ課税ノ多額ナル旨ヲ県庁ニ訴ヘ居レリ

○（一五番・鐘ケ江義男）審査案ニハ不同意ナリ、同種類ノ網ニツイテハ所有スル網数ニ関係ナク一張分ヲ課シ異種類ノ網ヲ所有スル者ニ限リ種毎ニ課スルモノトシタシ

○（四五番・原田三郎）審査案モ不権衡ナリ、本員ハ志賀島トカ残島トカ地方ニ依テ税額ヲ定メ度キ精神ナレドモ其ハ到底採用セラレザル説トハ思ヘズ銓方ナシ、本員ガ居郡内ノ奈多浜ニテノ実況ヲ見ルニ鰯網ナドハ一季丈ノ漁業ニシテ四季絶間ナク用ユルニアラザレバ一人ニ数種ノ網ヲ所有スルモノ多シ、故ニ種類ニ依テ課スルトセバ網数ヲ減ズル等慇然至極ノコトナレバ将来ハ今少シク減税セント欲スレドモ先ヅ原案ニ賛成ス

○（二六番・佐々木七五三）数種ノ網ヲ幾張モ所有スル者アル状況ヲ思ヘバ審査案ヲ賛成ス

○（五八番・古賀悠吉）原案ハ商業税ノ精神ト不権衡ナリトノ説アレドモ之ハ同一ニ論ズベキニアラズ、原案ヲ可トス

○（議長・入江淡）採決ス、十三条ノ但書ヲ元ノ原案ノ通リニ修正スル説ニ同意者起立スベシ、起立者二十八名、過半数可決

(8)漁業税審議終了後において

○（四三番・岡田弧鹿）来年通常会前ニハ番外ニ於テ此表目等級ノ如キモ充分取調アランコトヲ望ムナリ

○（高本楯樹）四三番ヨリノ注意ハ既ニ了承セシガ、一応是迄ノコトヲ陳シ置クベシ、抑モ何ゴトニテモ初ヨリ完全無欠ノモノハ決テ得ル能ハズ、本案ヲ発スルニハ番外等モ各所ニ出張シ或ハ漁人ニ或ハ実地ニ種々手ヲ尽シ公平ニ得ル様ニ取調ベタレドモ未ダ隔靴ノ嘆ナキ能ハズ、故ニ年ヲ経ルニ従ヒ完全無欠ニ至ラシムルノ精神ナリ

以上の審議を経て、漁業関係税は県原案どおりに可決された。

明治十五年六月十一日　県第四四号布達「明治十三年甲第五九号布達戸数割規則同年甲第六〇号布達地価割規則同年甲第六一号布達地方税徴収規則同年甲第七六号布達営業税雑種税規則同十四年甲第五八号布達漁業税規則本年六月三十日限リ相廃地方税施行規則県会之決議ニ依リ別冊之通相定メ明治十五年度十五年七月一日ヨリ施行候条此旨布達候事　但規則中第一五条ハ追テ何分布達候迄施行見合セ候事」が発せられた。施行見合せの第一五条（漁業税目表）は、第六三号布達で「本則之通施行」となった。漁業関係税の主な改正点は、(1)漁業税は地方税規則のなかに組込まれ雑種税の範疇にはいる、(2)漁船税の増額、(3)川茸採税の新設、(4)漁業税目表中の一部修正等であった。

地方税施行規則

第三章　営業税雑種税

第二節　雑種税

第一四条　雑種税ハ其種目ニ依リ各個ニ課税ス其額左ノ如シ

一　船五拾石未満ノ海船及川艜漁船ノ類　但國税免除ノ船ハ除ク

長五間以上　　　　年税金参拾銭

長四間以上五間未満　年税金弐拾銭

長四間未満　年税金拾銭

第一五条　漁業税ハ八等ニ分チ各村各種ノ税額ヲ定メ之レヲ課ス其目左ノ如シ

但網漁ハ網数ニ長縄漁ハ縄数ニ羽瀬石干見漁ハ箇所ニ拠リ課税ス

漁業税目表

等級＼地名	怡土郡 鹿家	怡土郡 吉井	怡土郡 福井	怡土郡 深江	怡土郡 片山	怡土郡 加布里
一等 六円	大敷網	大敷網	大敷網			
二等 四円五拾銭			鰆網			
三等 三円	鰯網	鰯網	鰯網	巻セ網		巻セ網
四等 弐円				鰯網	鰯網	地曳網
五等 壱円五拾銭		鯫網 田作網	鯫網 田作網			
六等 壱円		カナギ網	カナギ網	手繰網	手繰網	手繰網 鰯網
七等 六十銭	手繰網 鯫網	手繰網 鯛網	手繰網 鯛網	カナギ網 鯫網	カナギ網	カナギ網 烏賊網 鱅網 鯛縄
八等 三十銭		魣網 ゴロリ網	建網 魣網 ゴロリ網	ゴロリ網 建網 烏賊網 鰤縄	烏賊網	鰤縄 鱵縄 アナゴ縄 ゴロリ網 底網 建網

志摩郡								
西浦	小呂島	野北	芥屋	姫島	岐志	新町	久我	船越
鯛網 カナギ網		カナギ網		大敷網				
		手繰網			巻セ網	巻セ網		巻セ網
	マビキ網				鰯網	鰯網	鰯網	鰯網
鰯網		鰯網	鰯網		地曳網	地曳網	地曳網	地曳網
鯛縄 鰤縄 房丈網	鯛網	鯛網 鰤網 房丈網	地曳網 田作網		鯛網			
			カナギ網 手繰網	建網 魬網 鰤縄	カナギ網 手繰網	カナギ網 手繰網	カナギ網 手繰網	手繰網 カナギ網
魬網	鰤網	建網			魬網 烏賊網 鱅網	鱅網 魬網 烏賊網	鱅網 烏賊網	鱅網 烏賊網
鰩網 手繰網	建網	地曳網 魬網 タナゴ網	建網	魣網	建網 タナゴ網 鱵網	建網	建網 底網 鯛網 鰤縄	鰺網 建網 鰤縄 底網

粕屋郡			福岡区		早良郡				
弘浦	志賀ノ島	箱崎	博多	伊崎	姪浜	残島	今津	玄界島	宮ノ浦
	鰯網　鰺網　鯖網								大敷網
		地曳網					巻セ網	鯛網	巻セ網
	カナギ網		地曳網		鰯網	鰯網	鰯網		鰆網　鰯網
	鯛網　建網				地曳網		地曳網		鯛網
					カナギ網	田作網	カナギ網	カナギ網	地曳網　カナギ網
鰆網　鯛縄　鰤縄	魬網　鯛縄　鰩網	繰網　鯛縄　手繰網	手繰網　繰網　底網	鯛・瀬縄	手繰網		雑魚網	魬網	手繰網
	鰆網　田作網	建網			建網			建網	魬網
	鱅網　手繰網	蛸縄					手繰網	鰤網　タナゴ網　手繰網　魣網　鱵網	鱅網　鰩網　鯖網

粕屋郡			郡		
奈多	新宮	相ノ島	下西郷	津屋崎	勝浦
鰯網	鰯網		鰯網		鰯網
		大敷網		大敷網	
		鰯網 鯖網	鯛網 鰩網	鰯網	鯛網
				鯛網 鰺網	田作網
鯛網 地曳網	鯛網	鯛網 鮁網 鰺網	カナギ網 手繰網 田作網	鮁網 田作網	
建網 鰩網 田作網 鰡網	地曳網 田作網	カナギ網 田作網		地曳網	
カナギ網 鮁網 鱅網 手繰網	カナギ網 鮁網 鱅網 建網 鰩網 手繰網 烏賊網	建網 鯛縄 田繰網 メバル網	鮁網 鱅網	カナギ網 鱅網 手繰網 タナゴ網 鯛網	鮁網 鯛縄 鰤縄 手繰網 鱅網

遠賀郡				宗像			
岩屋	柏原	芦屋	波津	地ノ島	大島	鐘崎	神ノ湊
	鰯網			鮪網		鰯網	
					鰤網 カナギ網 鯛網		鰯網
					鰯網		
		鰯網	鰯網			鯛網	
	地曳網	鯛網		鰤網 タナゴ網		カナギ網	鯛網 地曳網
建網	底建網		鯛網 地曳網	鯛網	鯵網 田作網	地曳網 魬網 鰩網 田作網	鯵網
鰯網	鱅網	鱅網	魬網	カナギ網 魬網		手作網 鱸網	
鰤網	魬網 ゴチ網 流網 鯛・鰤縄	地曳網 手繰網	鱅網 鰩網	建網 手繰網 鯛縄 鰤縄	魬網 鱸網 建網 鯛縄	鱅網 鯛縄 鰤縄	魬網 鱅網 鯛縄 鰤縄 鰩網 手繰網

郡					遠賀郡				
大里	長浜	平松	馬島	藍島	戸畑	若松	脇ノ浦	脇田	
					鰮網	鰮網	鰤網 大敷網	魬網 大敷網 建網	
							魬網		
		鰮網							
			縄敷網					鰤網	
		ウタセ網	鰮網						
				鯛縄					
鰯網 徒歩曳網	鯛・鰤縄	魬網 鯛・鰤縄		魬網	手繰網		鱅網 タナゴ網	鱅網	
	鰩網 鰆網 小鱶網	底建網 鰆網 雑魚網 小箴網 鰩網	鰯網	鱸網	建網 鰩網 鯛縄	建網 手繰網 魣網	手繰網 烏賊網 鰩網	鯛網 鰯網 鯛縄	魬網 鰩網

企救				
門司	田ノ浦	柄杓田	今津	恒見
巻セ網				
	巻セ網			建網
鰯網	鰯網			
		鰯網		
徒歩曳網	徒歩曳網			徒歩曳網
手繰網 魣網 鰩網 鯛チン縄	手繰網 雑魚網 鱵網 ガハ網 チン網	鯛縄 烏賊網 雑魚網 石首魚網 鰣網 徒歩曳網 二艘繰網 蛸縄	鯛縄 鰆網 桝網 鰣網	鯛縄 鰆網 烏賊網 雑魚網 海老網 鱏網 鰣網 魣網

郡	村							
	恒見							鮩差網、桝網、笹干見
京都郡	苅田					堀込幕建網		手繰網、烏賊網、石首魚網、海老網、鱏網、魥網、コトウ網、小建干網、鮩曳網、鰤網、鮩差網
京都郡	浜町					堀込幕建網		手繰網、烏賊網、石首魚網、海老網、鱏網、鮩曳網、四ツ網、鮩差網、石干見
郡	蓑島							石首魚網、雑魚網、チン縄、鰤網、鱧縄、烏賊網

築城郡					仲津郡					
椎田	高塚	宇留津	東八田	西八田	松原	稲童	沓尾	元永	今井	
						桝網				
		底建網				底建網 曳網				
烏賊網 雑魚網	石干見	烏賊網 雑魚網 石干見 鮩曳網	石干見	石干見	石干見	石干見 雑魚網	烏賊網 雑魚網 石首魚網 鱏網 チン縄 白魚網 鮩差網	烏賊網 雑魚網	石首魚網	海老網 鮩曳網

築城郡				上毛郡		
椎田	湊	有安	松江	四郎丸	八屋	宇ノ島
						魥網
		桝網	桝網			鰡網
						手繰網
石首魚網 鮩曳網	烏賊網 雑魚網 石首魚網 白魚網 石干見	烏賊網 石干見	烏賊網 雑魚網 石干見 石首魚網 鮩曳網 建網 蛸縄	石干見 笹干見	烏賊網 石首魚網 建網 石干見 手繰網 鮩曳網 鰤網	石首魚網 桝網 鮩曳網 鯛縄

筑後海	矢部川	千歳川	上				
			山国川	小祝	小犬丸	三毛門	沓川
高津羽瀬 津ノ上羽瀬 網戸羽瀬 平戸羽瀬 海老戸羽瀬 荒津裾羽瀬 新穀羽瀬 荒津羽瀬							
鳫道羽瀬 宮津羽瀬 袖羽瀬 神楽羽瀬 中津羽瀬 西ノ津羽瀬 ウルマ羽瀬 野田羽瀬							
新吾瀬羽瀬 琴ノ羽瀬 ヘタノ羽瀬 中潟羽瀬 バッシ網 アンコフ網 待網 曳網							
ゲンジキ網 カシ網		エッ網 ゲンジキ網					
組曳網 手押網 手繰網 シゲ網							
		鯉網		雑魚網 魬網	雑魚網		
潟羽瀬 蛸縄	鮎網 懸網	手繰網 瀬張網 鮎網 曳網	瀬張網 巻網	烏賊網 繰網 鮩曳網 鰣網	烏賊網 繰網 鮩曳網	笹干見 石干見	白魚網 石干見

筑後海	荒津裾並羽瀬 ダクラ羽瀬 崎ケ崎羽瀬 崎ケ崎下羽瀬 峯ノ津上羽瀬 帯津羽瀬	七ツ羽瀬 壇ノ上羽瀬 三里沖羽瀬 大網 タ、キ網 建切網 建網						

第一六条　鵜遣ヒハ鵜数鴨網鴨縄猟ハ網縄数ニ応ジ之ヲ課シ投網釣漁鰻掻鉾漁貝採藻採ハ一戸ヲ以テ之ヲ課シ川茸採ハ戸数人員ニ拘ラズ川ニ依リ其税額左ノ如シ

　但投網釣漁鉾漁ハ徒歩漁ヲ除ク

第一項　鵜遣　　一羽年税金弐拾円

第二項　鴨網・鴨縄猟　　一張・筋年税金壱円

第三項　投網釣漁鰻掻鉾漁　　一戸年税金参拾銭

第四項　貝採藻採　　一戸年税金拾銭

第五項　筑前国下座郡屋永村川茸川川茸採　年税金参拾円

　但シ第一五条ノ漁業者ハ第三項ノ税ヲ課セズ第三項第四項ヲ兼業スルモノハ第四項ノ税ハ課セズ

第二三条　遊芸師匠遊芸稼人相撲行司俳優諸触売網縄漁鉾漁鰻掻鵜遣鴨獵ヲ営業セントスルモノハ郡区役所ヘ申立鑑札ヲ受クベシ　但廃業スルトキハ鑑札返納スベシ

第二四条　営業税雑種税ニ係ル営業ヲ為ス者ハ其課税スベキ種目等級及ビ住所姓名ヲ記載シタル左ノ雛形通リノ看板ヲ添ヘ町村役場ヘ申立其看板ヘ検印ヲ受ケテ之ヲ戸外ニ掲グベシ　但廃業スルトキハ検印削除ヲ申立ベシ

雛形
壱尺

四寸
何等年税 何等何々（卸売・小売・何々）商 何郡何町・村　何ノ誰

第二五条　川茸ヲ採取セントスルモノハ県庁へ願出許可ヲ受クベシ

四　明治十六年度漁業関係税

県は、明治十六年四月県会において地方税施行規則を廃止し、新たに「営業税雑種税課目課額」を提案した。十六年度以降、これに基づいて営業税、雑種税を徴収するというものであった。この審議のなかで、漁業関係税に関連して質疑応答がなされた。特に川茸採について、その許可を特定の者に与えている経緯、賛否、税額等が長時間にわたって論議されたが、最終的には原案どおり可決された。これら審議内容を左に要約しよう。

(1)営業税雑種税の提案説明

営業税雑種税鴨網縄税トモ総テ十五年度ト通更ニ変更スル所ナシ各漁業者ニシテ投網釣漁鉾税鰻掻営業ヲ兼ル者ハ別段其税ヲ課セザル権衡ニヨリ採貝採藻ノ業モ之ニ準ジ課セザルヲ至当ト認メ修正セントス、其他漁業税中僅カニ新起ノ種目ヲ掲載シ且ツ誤謬ヲ訂正シタルノミ

(2)宗像の漁業税修正について

○（五三番・中野塵一）漁業税ニ修正ヲ加ヘント欲スルモノアリ、現今同ジ郡内ニテ漁業ヲナスニ不都合甚シク居郡宗像各漁業者ノ税金ヲ比較スルニ不権衡ノモノアリ、目今新調シタル網ニシテ課税スベキモノアリ故ニ勝浦ニ二種ノ網ヲ設ケ八等ニ建網、七等ニ地曳網ヲ加入スベシ、此等ハ郡役所ヨリモ課税ノ事ヲ上申セシコトモアリシト也、又鰯網ハ二等ニ繰下ゲズンバ決テ鐘崎等ト比スベカラズ、又大島ノ二等ニ掲ゲタルカナギ網ハ数年前大網ヲ以漁業セシモ実地ニ適セザルヲ以テ小網ヲ用ヒ今日ハ其大網ナルモノハアラザルナリ、故ニ二等ノカナギ網ハ削除シタシ、

尤モ原案ニハ別ニ小カナギ網トアルハ目今用ユル処ノモノヲ指スナラン、又三等ノ鰯網ヲ四等ニ六等ノ鰺網ヲ七等ニ繰下ゲ八等ノ鯫網ヲ六等ニ繰上ゲタシ、此ノ如クセバ実際ニ公平至当ヲ得ベシ

○（議長・中村耕介）決ヲ取ルベシ、五三番ノ説同意者ハ起立セヨ、起立者五名、少数廃棄

(3) 川茸採について

○（六五番・仁田原一三郎）川茸ハ昨年ノ儘据置キ発案セラレタルヤ

○（番外二番・末田実）昨年ノ通相違ナク人名ハ遠藤喜三衛門ト其村方ナリ

○（三九番・朽網浪江）川茸ハ川ニ依リ課ストアリ誰人ニテモ之ヲ採取スルコトヲ得ルヤ、将タ遠藤喜三衛門丈ナルヤ

○（末田実）昨年ノ決議通リ従来ノ慣例ニ依リ採取ヲ許スモノニシテ誰人ニテモ採取スルコト出来ザルナリ

○（六五番・仁田原一三郎）川茸ハ天造物ナルニ只ダ一人ニノミ採取セシムルトハ眼前ノ利ヲ取ラザルニ似タリ、投票ヲ以テ落札人ニ採取権ヲ与フルモノトセン

○（五八番・三宅道命）川茸ノ事ニ付テハ昨年モ数日間討論シタリ、今年ハ各員モ黙シテ原案ヲ可トセラレタシ

○（三九番・朽網浪江）一人五拾銭トセン、誰人ニモ採取権ヲ与ユル公平ナリ

○（五八番・三宅道命）川茸ノコトハ五四番ガ詳細ニ承知ノ事ナレバ一応知ラザル議員ノ為メ概略ヲ陳ベラレタシ、本員ハ川茸ハ手ヲ入レザレバ生出スルモノニアラズ、又無闇ニ取レバ根絶ヘスルト云フコトヲ聞キタレバ今年モ矢張遠藤喜三衛門ニ頼ミ置キタシ

○（五四番・多田作兵衛）川茸ハ生ナリニテハ僅カナル代価ニテ収利ト云フ程ノコトナケレドモ、此ノ利益アルハ紫金苔ナルモノニ製造シテ東京大阪等ニ輸出スル故ナリ、此ノ紫金苔ハ東京博覧会ニモ出タルモノニテ元秋月藩ノ名産ナリ、又川ニ依リ課ストノ文字ニ依テ考フレバ大造ニ聞ユレドモ、川茸ノ生ズル所ハ僅カ二百間ニ過ギズ、地租改正以前ナラバ民有ニ帰スベキ位ノ土地ナリ、故ニ之ヲ投票トシ或ハ誰人ニモ採取ヲ許スニ至レバ名産製造法ノ灰滅ニ属スルノミナラズ川茸モ採リ尽シテ又之ヲ見ル能ハザルニ至ルベシ、又多人数ニテ採取スレバ製造法ヲ知ラザル故ニ生ナリニ之ヲ売捌キ収利モ僅少ニ止マルベシ

○（一一番・児島義郎）五四番ノ陳述ヲ信ズ、原案同意ス

○（七〇番・岡田孤鹿）三九番ハ誰人ニテモ採取ヲ許スヤ

○（三九番・朽網浪江）然リ、仮令川茸ノ全テ絶ヘテ終フトモ之レガ為メニ不公平ノ決議ヲナスコトハ好マザルナリ、如何ニ遠藤喜三衛門ガ可哀相ナリトモ愛憎ニ依リ公平ヲ失スルハ甚ダ不可ナリ、又五四番ノ説ノ如ク民有ニ帰シテモ可ナル位ナレバ遠藤喜三衛門ニ願下ゲサスルガ可ナリ、本員ハ誰人ニモ採取ヲ許スヲ欲ス

○（四番・田中新吾）三九番ノ説ハ真ニ公平至当ノ良説ナリ、大ニ之ニ賛成ス、川茸ハ製造スレバ名産ナリ故ニ原案ヲ可トストノ論者モアレドモ遠藤喜三衛門ガ製造セズバ名産ニナラズト云フ理屈ハナシ、他人ガ製造シタルモ矢張名産タルハ失フベカラズ、又誰人ニテモ取レバ根絶ヘスルトノ説アレドモ川茸ハ元々川垢ノ如キモノナレバ如何ニ取ルモ尽キル世話ハナキナリ、取レバ取ル程生ズルモノト信ズ

○（五八番・三宅道命）四番、三九番ハ此事ハ昨年来篤ト承知ノコトナルニ又斯ク喋々セラル、ハ甚ダ迷惑ナリ、昨年モ六、七日モ議シタルコトニアラズヤ、物好キニ喋々スルハ三九番ノ精神ガ別ナラザルナリ、又四番ハ実際ヲ知ラズニ水サヘ流ルレバ水垢ナレバ取ルトモ尽キヌナドト云フハ話ニナラヌ

○（三九番・朽網浪江）昨年ハ妙ナ情実ヨリ原案通ニ可決シタルナリ、何程五八番ガ黙セヨト云フモ道理ノアル所ハ本員ハ何時迄モ喋々スルナリ、五四番ノ如ク民有ニスルコトガ出来ナバ速カニ願下サスルガ可ナリ、五四番ガ如何ニ泣キ付テ情実ヲ述ブルモ本員ハ矢張本員ガ説ヲ主張スルナリ、一体番外ガコンナ原案ヲ発スルガ悪ルキ仕方ナリ、此ノ如キ不公平ノ原案ヲ可決スルハ議員ノ為スベキ処ニアラズ、本員ハ本年負クレバ来年モ亦喋々スルナリ

○（五四番・多田作兵衛）本員ハ決シテ情実ノ為メニ原案ヲ可トスルニアラズ、三九番ヲ除ク外ノ各員ニ対シ其然ラザル所以ヲ陳スベシ、一体西洋ニテモ何事ニ拘ハラズ発明等ヲ為シテ国益ニナルコトアレバ皆ナ之ガ保護ヲ為スハ各国同一ナリ、川茸ニシテモ同様ニテ製造ノ紫金苔ハ各地称誉スル処ノモノナレバ之ガ絶ヘザル様ニスルハ至当ノ事ト謂ベシ、而シテ遠藤喜三衛門及弥永村ノ人民其製造方法ヲ知レリ、是レ本員ガ原案ヲ賛成スル所以ニシテ、決シテ喜三衛門等ノ情実ニ引カサレテ原案ヲ可トスルニハアラザルナリ、又民有地ニシテモ可ナリ云々ト陳ベシハ只譬ヲ以テ其地ノ狭隘ヲ証センノミナリ

○（三九番・朽網浪江）民有地云々ノコトハ譬ヘナリトナラバ最早尤メザルベシ、併シ遠藤喜三衛門ガ此ノ如キ発明ヲ為シタルモ之ヲ遂グルニハ千円ヲ要スルヲ以テ五百円ノ身代ニテハ其志遂ゲガタシト云フ様ノ場合ナレバ五百円

丈ハ地方税ヨリ補助スルモ可ナリ、情実ニ引カサレテ雑種税ニ入レテ喜三衛門独リニ其採取ヲ為サシムルハ甚ダ不可ナリ

○（六五番・田原一三郎）根絶ヘシテモ可ナリトノ三九番説ハ甚不可ナリ、併シ原案ノ如ク遠藤喜三衛門ニ限リ之ガ採取ヲ許スハ不公平ナレバ投票トシテ落札人ニ此ノ採取ヲ許セバ根絶ヘノ心配モナク不公平ノ名モ免ガレルナリ、益々前説ヲ主張ス

○（七〇番・岡田孤鹿）此ノ如キ類外ニモアルヤ、官地ニ生ズルモノヲ採取スルニ其人ニモ課セズ戸ニモ課セズ其官地ニ課税スルノ類外ニアルヤ

○（番外二番・末田実）官地ニ課税スルト云フ事ハ決シテ出来ザルナリ、川ニ就キテ採取スル所ニ課税スルモノナリ

○（七〇番・岡田孤鹿）人ニモ課セズ川ニモ課セズトナラバ何ニ課スルヤ

○（末田実）人員及戸数ノ多少ニ拘ラス川茸ヲ採取スルモノニ課税スルト云フ義ナリ

○（七〇番・岡田孤鹿）然ラバ本員ハ矢張官地ニ課税スルモノト信認スルナリ、番外ニ問フ、誰レデモ取リテ可ナルヤ

○（末田実）漁業採藻等ハ渾テ旧慣ニ依ルノ趣旨ナレバ是亦慣例ニ依リ採取セシムルナリ、故ニ誰人ニテモ取ルコトハ出来ザルナリ

○（七〇番・岡田孤鹿）原案ノ通リニテハ誰人ニテモ取リ得ル様ニ見ユルナリ、故ニ「筑前国下座郡屋永村川茸採年税金三拾円」ト改ムベシ、左スレバ番外ハ旧慣ニ依リテ遠藤喜三衛門ニ採取セシメラレテ可ナリ

○（五五番・中野塵一）税ヲ三拾円トセシハ収利ヲ何程ト見テ定メタルヤ其三拾円ノ算出ヲ聞カン

○（末田実）収利高凡ソ三百円ト見込ミテ其壱割即チ三拾円トセリ

○（三一番・川口東）本員ハ遠藤喜三衛門ハ官地借用願ヲ為シ借受タルモノト思フ果シテ然ルヤ

○（末田実）否ナ借用願ヲナシタルニアラズ

○（七番・岡部啓五郎）川茸ヲ発明シタルモノハ遠藤喜三衛門ニシテ其製造法ハ同人ヨリ他ニ知ルモノアラン若シ之ヲ投票払ニナサバ未ダ其製法ヲ知ラザルモノガ落札セバ真ニ採リ尽シテ其根本ヨリ絶ヘ遂ニ本県ノ名産モ無キニ帰スベシ

○（四番・田中新吾）川茸取ノ税タルモ出サバ誰人ハ這入ルコトハ出来ズ誰人ハ這入リテ良シト云フノ理ナシ、如何ニ採藻ハ旧慣ニ依ルノ制規ニモセヨ此ノ官地ヲ以テ遠藤喜三衛門ガ私有物ノ如クスレバ他ニ続々弊害ヲ生ズベシ、故ニ旧慣ニ依ルノ制規ハアレドモ是非誰人ニテモ取リ得ル様ニセラレタシ、何分天造ノ名産ヲ遠藤喜衛門ニアラザレバ名産トスルニ足ラザル様ニスルハ不都合極マルナリ、本員ハ歎息スルナリ

○（三九番・朽網浪江）六五番説ノ如クスレバ川茸税ハ雑収入ニ入レザルベカラズ、又番外ハ旧慣旧慣ト云ハサル、ガ従来筑後海ニハ区切リヲ立テズ誰人ニテモ採貝セシト聞キシニ拘ハラズ山門ト三池ト揚巻騒動ノ出来タルハ何故ナルヤ

○（末田実）議案外ナレバ説明セズ

○（四五番・加藤新次郎）川茸川ハ川ノ名称アレドモ幅ハ一間乃至二間ニ過ギズ長サハ百五十間内外ナリ、深サモ僅カ足首迄位ナリ、故ニ一時ニ採レバ根絶ヘスル故少々ヅツ取リ居ルナリ、若シ三九番ノ如ク誰人ニモ採取ヲ許セバ二、三日間ニ取リ尽スベシ、左スレバ来年度ヨリハ一人ノ税ヲ出シテ採取スルモノハナカルベシ

○（六四番・凮斗実）旧慣トハ云ヘ旧慣ノ見様ニ依テハ不都合モ生ズルナリ、兎ニ角遠藤喜三衛門ニノミ採取ヲ許スハ不可ナリ、又如何ニ狭マキ川ナリトモ此ク沢山ノ収利ヲ得ル位ナレバ決シテ根絶スルコトハアラン、仮令ヘ根絶スルトモ公平ニハセザルベカラズ

○（議長・中村耕助）決ヲ取ルベシ

三九番ノ説（誰人ニモ採取ヲ許ス）ニ同意スル者起立セヨ、起立者五名、少数廃棄

六五番ノ説（投票ニ依リ落札人ニ採取ヲ許ス）ニ同意スル者起立セヨ、起立者三名、少数廃棄

原案同意者起立セヨ、起立者四十一名、過半数可決

明治十六年六月県布達第四五号「客年第四四号布達地方税施行規則ハ本年六月三十日限リ相廃営業税雑種税課目課額県会之決議ヲ取リ別冊之通相定〆明治十六年度十六年七月一日ヨリ施行候条此旨布達候事、但雑種税漁業税表中、福岡区福岡ノ下三等年税地引網、八等年税鮹縄、博多ノ下八等年税鮹縄、宗像郡大島ノ下一等年税大敷網、二等マビキ網、上毛郡小祝ノ下六等年税建干網ハ更ニ何分布達候マデ施行見合候事」を公布し、さらに同年七月布達第五八号「本年第四五号布達但書ヲ以テ施行見合有之漁業税目ハ自今該規則ノ通リ施行候条税金ノ儀ハ本年八月十日限リ可相納此旨布達候事」を

公布した。

漁業関係税は営業税雑種税課目課額のなかに組み入れられたが、前年度との相違点は、(1)漁業税目表中の漁業種ランク付でいくつか修正されたこと、(2)徴収方法の条項が変わったことである。特に注目すべき点は、従来の「鑑札・看板ヲ受クベシ」の条項がなくなったこと、つまり純然たる漁業税徴収を目的とするものとなり、漁業取締の考えはなくなっている。第三五号「営業税雑種税取締規則」が布達されているが、これは税徴収上の取締規則である。

営業税雑種税課目課額

雑種税

一　船五拾石未満ノ海船及川艜漁船ノ類　但国税免除ノ船ハ除ク

長五間以上　年税金参拾銭

長四間以上五間未満　年税金弐拾銭

長四間未満　年税金拾銭

一　漁業

漁業税目表

等級＼地名	郡　鹿家	郡　吉井	郡　福井
一等一個ニ付 年税金六円	大敷網	大敷網	大敷網
二等〃 四円五拾銭			鰆網
三等〃 三円	鰯網	鰯網	鰯網
四等〃 弐円			
五等〃 壱円五拾銭		魬網 田作網	魬網 田作網
六等〃 壱円		カナギ網	カナギ網
七等〃 六十銭	手繰網 魬網	手繰網 鯛網	手繰網 鯛網
八等〃 三十銭		鮃網 ゴロリ網	建網 鮃網 ゴロリ網

志摩郡					怡土		
姫島	岐志	新町	久我	船越	加布里	片山	深江
大敷網							
	巻セ網	巻セ網		巻セ網			
	鰯網	鰯網	鰯網	鰯網	巻セ網		巻セ網
	地曳網	地曳網	地曳網	地曳網	地曳網	鰯網	鰯網
	鯛網						
建網 魬網	カナギ網 手繰網	カナギ網 手繰網	カナギ網 手繰網	手繰網 カナギ網	手繰網 鰯網	手繰網	手繰網
	魬網 烏賊網 鯆網	鯆網 魬網 烏賊網	鯆網 烏賊網	鯆網 烏賊網	カナギ網 烏賊網 鯆網 鯛縄	カナギ網	カナギ網 魬網
魣網	建網 タナゴ網 鱵網	建網	建網 底網 鯛網 鰤縄	鰺網 建網 鰤縄 底網	鰤縄 鱵縄 アナゴ縄 ゴロリ網 底網 建網	烏賊網	ゴロリ網 建網 烏賊網 鰤縄

岡区		早良郡		志摩郡							
	福岡	姪浜	残島	今津	玄界島	宮ノ浦	西浦	小呂島	野北	芥屋	
						大敷網	鯛網 カナギ網		カナギ網		
				巻セ網	鯛網	巻セ網			手繰網		
地曳網	地曳網	鰯網	鰯網	鰯網		鰆網 鰯網		マビキ網			
		地曳網		地曳網		鯛網	鰯網		鰯網	鰯網	
		カナギ網	田作網	カナギ網	カナギ網	地曳網 カナギ網	鯛縄 鰤縄 房丈網	鯛網	鯛網 鰤網 房丈網	地曳網 田作網	
手繰網	鯛・瀬縄	手繰網			魬網	手繰網				カナギ網 手繰網	鰤縄
		建網			建網	魬網	魬網	鰤網	建網		
蛸縄	蛸縄			手繰網	鰤網 タナゴ網 手繰網 魣網 鱵網	鱅網 鰩網 鯖網	鰩網 手繰網	建網	地曳網 魬網 タナゴ網	建網	

粕屋郡						福
相ノ島	新宮	奈多	弘浦	志賀島	箱崎	博多
	鰯網	鰯網		鰯網、鯵網、鯖網		
大敷網					地曳網	
				カナギ網		
鰯網、鯖網				鯛網、建網		
鯛網、鮁網、鯵網	鯛網	鯛網、地曳網	鰆網、鯛縄、鰤縄	鮁網、鯛縄、鰩網	繰網、鯛縄、手繰網	繰網、底網
カナギ網、田作網	地曳網、田作網	建網、鰩網、田作網、鰡網		鰆網、田作網	建網	
建網、鯛縄、手繰網、メバル網	カナギ網、鮁網、鱅網、建網、鰩網、手繰網、烏賊網	カナギ網、鮁網、鱅網、手繰網		鱅網、手繰網	蛸縄	

	宗像郡					
	大島	鐘崎	神ノ湊	勝浦	津屋崎	下西郷
鮪（シビ）網	大敷網	鰯網		鰯網		鰯網
	鰤網、カナギ網、鯛網、マビキ網		鰯網		大敷網	
	鰯網					
		鯛網		鯛網	鰯網	鯛網、鰩網
鰤網	小カナギ網	カナギ網	鯛網、地曳網	田作網	鯛網、鰺網	
鯛網	鰺網、田作網	地曳網、飯網、鰩網、田作網	鰺網		飯網、田作網	カナギ網、手繰網、田作網
カナギ網		手繰網、鱸網			地曳網	
建網	飯網、鱸網、建網、鯛縄	鰆網、鯛縄、鰤縄	飯網、鰆網、鯛縄、鰤縄、鰩網、手繰網	飯網、鯛縄、鰤縄、手繰網、鰆網	カナギ網、鰆網、手繰網、タナゴ網、鯛網	飯網、鰆網

地ノ島	波津	芦屋	柏原	岩屋	脇田	脇ノ浦	若松	戸畑
遠賀郡								
			鰯網		魬網 大敷網 建網	鰤網 大敷網	鯔網	鯔網
						魬網		
	鰯網	鰯網			鰤網			
タナゴ網		鯛網	地曳網					
	鯛網 地曳網		底建網	建網				
魬網	魬網	鱅網	鱅網	鰯網	鱅網	鱅網 タナゴ網		手繰網
手繰網 鯛縄 鰤縄	鱅網 鰩網	地曳網 手繰網	魬網 ゴチ網 流網 鯛・鰤縄	鰤網 魬網 鰩網	鯛網 鰯網 鯛縄	手繰網 烏賊網 鰩網	建網 手繰網 魣網	建網 鰩網 鯛縄

救郡							
柄杓田	田ノ浦	門司	大里	長浜	平松	馬島	藍島
		巻セ網			鰡網		
	巻セ網					縄敷網	
	鰯網	鰯網			ウタセ網	鰡網	
鰯網							鯛縄
	徒歩曳網	徒歩曳網	鰯網 徒歩曳網	鯛・鰤縄	魬網 鯛・鰤縄		魬網
鯛縄 烏賊網 雑魚網 石首魚網 鰣網 徒歩曳網	手繰網 雑魚網 鱵網 ガハ網 チン網	手繰網 魣網 鰩網 鯛チン縄		鰩網 鰆網 小鱶網	底建網 鰆網 雑魚網 小箴網 鰩網	鰯網	鱸網

企			
	今津	恒見	苅田
		建網	
			堀込幕建網
		徒歩曳網	
二艘繰網 蛸縄	鯛縄 鰆網 桝網 鰤網	鯛縄 鰆網 烏賊網 雑魚網 海老網 鱓網 鰤網 魣網 鮩差網 桝網 笹干見	手繰網 烏賊網 石首魚網 海老網 鱓網 魬網 コトウ網 小建干網 鮩曳網 鰤網 鮩差網

仲津郡					京都郡
稲童	沓尾	元永	今井	蓑島	浜町
桝網					堀込幕網 建網
底建網 曳網					
石干見 雑魚網	烏賊網 雑魚網 石首魚網 鱏網 チン縄 白魚網 鮃差網	烏賊網 雑魚網	石首魚網	石首魚網 雑魚網 チン縄 鰤網 鱧網 烏賊網 海老網 鮃曳網	手繰網 烏賊網 石首魚網 海老網 鱏網 鮃曳網 四ッ網 鮃差網 石干見

築城郡								
松江	有安	湊	椎田	高塚	宇留津	東八田	西八田	松原
桝網	桝網							
					底建網			
烏賊網 雑魚網 石干見 石首魚網 鮃曳網 建網 蛸縄	烏賊網 石干見	烏賊網 雑魚網 石首魚網 白魚網 石干見	烏賊網 雑魚網 石首魚網 鮃曳網	石干見	烏賊網 雑魚網 石干見 鮃曳網	石干見	石干見	石干見

上毛郡							
四郎丸	八屋	宇ノ島	沓川	三毛門	小犬丸	小祝	彦山川、今川、山国川
		鮍網					
		鰮網				建干網	
		手繰網			雑魚網	雑魚網 鮍網	
石干見 笹干見	烏賊網 石首魚網 建網 石干見 手繰網 鮩曳網 鰣網	石首魚網 桝網 鮩曳網 鯛縄	白魚網 石干見	笹干見 石干見	烏賊網 繰網 鮩曳網	烏賊網 繰網 鮩曳網 鰣網	瀬張網 巻網

千歳川	矢部川	筑後海
		高津羽瀬　津ノ上羽瀬　網戸羽瀬　平戸羽瀬　海老戸羽瀬　荒津裾羽瀬　新穀羽瀬　荒津羽瀬　荒津裾並羽瀬　ダクラ羽瀬　崎ケ崎羽瀬　崎ケ崎下羽瀬　峯ノ津上羽瀬　帯津羽瀬
		鳫道羽瀬　宮津羽瀬　袖羽瀬　神楽羽瀬　中津羽瀬　西ノ津羽瀬　ウルマ羽瀬　野田羽瀬　七ツ羽瀬　壇ノ上羽瀬　三里沖羽瀬　大網　タヽキ網　建切網　建網
		新吾瀬羽瀬　琴ノ羽瀬　ヘタノ羽瀬　中潟羽瀬　バッシ網　アンコフ網　待網　曳網
エツ網　ゲンジキ網		ゲンジキ網　カシ網
		組曳網　手押網　手繰網　シゲ網
鯉網		
手繰網　瀬張網　鮎網　曳網	鮎網　懸網	潟羽瀬　蛸縄

鵜遣　一羽ニ付年税金弐拾銭

投網釣漁鉾漁（以上ハ徒歩漁ヲ除ク）鰻掻　一戸ニ付年税金参拾銭

貝採　一戸ニ付年税金拾銭

一　採藻　一戸ニ付年税金拾銭

一　筑前国下座郡屋永村川茸川川茸採　但戸数人員ニ拘ハラズ川ニ依リ課税ス　年税金三拾円

一　鴨網　　　　　　　　　　　　　一張ニ付年税金壱円
一　鴨瀬　　　　　　　　　　　　　一筋ニ付年税金壱円
一　漁業税採藻税鴨網縄税ヲ除ク外一軒内ニ於テ種目二個以上ノ営業ヲ為ス者ハ其税額ノ重キモノ一個ヲ以テ課税ス
一　漁業税採藻税鴨網縄税ヲ除ク外営業者一期中甲業ヨリ乙業ニ転ズルモノハ税額ノ重キニ依リ甲乙税金ノ差異ノミ徴収ス一営業続ノ者徴収期間中ニ廃業シ或ハ新規営業ノ者十五日以内廃業スルトキハ該期ノ税金ハ免除ス
一　前表面ニ掲グル漁業者ニシテ投網釣漁鉾漁鰻掻貝採藻採ヲ兼ルトキハ投網釣漁鉾漁鰻掻貝採藻採税ハ課セズ投網釣漁鉾漁鰻掻ニシテ貝採藻採ヲ兼ルトキハ貝採藻採税ハ課セズ貝採ニシテ藻採ヲ兼ルトキハ藻採税ハ課セズ

五　明治十七〜十九年度漁業関係税

明治十七年五月第三三号「明治十七年度営業税雑種税課目課額県会之決議ヲ取リ別冊ノ通リ相定ム」を布達した。このなかで漁業関係税では、(1)船税を変更、遊船税を新設したこと、(2)漁業税目表中、企救・京都・仲津・築城・上毛各郡を豊前海に一括し、そのなかの一等に「ウタセ網」を加えたこと、(3)漁業種別ランク付を一部修正したこと等が主な改正点である。

営業税雑種税課目課額

雑種税

一　船　日本形船積石五十石未満艀漁船小廻船　但国税免除ノ船ハ除ク
　長三間迄　　　年税金拾五銭
　長三間以上壱間ヲ加フル毎ニ金拾銭ヲ増課ス
一　遊船
　長三間迄　　　年税金弐拾五銭
　長三間以上壱間ヲ加フル毎ニ金拾五銭ヲ増課ス
一　漁業

漁業税目表

等級＼地名	怡土郡						
	鹿家	吉井	福井	深江	片山	加布里	船越
一等一箇ニ付 年税金六円	大敷網	大敷網	大敷網				
二等〃 四円五拾銭			鰆網				巻セ網
三等〃 三円	鰯網	鰯網	鰯網	巻網		巻網	鰯網
四等〃 弐円				鰯網	鰯網	地曳網 鰯網	地曳網
五等〃 壱円五拾銭		魬網 田作網	魬網 田作網				
六等〃 壱円		カナギ網 鯛網	カナギ網	手繰網	手繰網	手繰網	手繰網 カナギ網
七等〃 六拾銭	手繰網 魬網	手繰網	手繰網 鯛網	カナギ網 魬網	カナギ網	カナギ網 烏賊網 鱅網 鯛縄	鱅網 烏賊網
八等〃 三拾銭		魣網 ゴロリ網	建網 魣網 ゴロリ網	ゴロリ網 建網 烏賊網 鰤縄	烏賊網	鰤縄 鱵網 アナゴ縄 ゴロリ網 底網 建網	鯵網 建網 鰤縄 底網

志摩郡									
	宮ノ浦	西浦	小呂島	野北	芥屋	姫島	岐志	新町	久我
	大敷網	鯛網 カナギ網		カナギ網		大敷網			
鯛網	巻セ網			手繰網			巻セ網	巻セ網	
	鰆網 鰯網		マビキ網				鰯網	鰯網	鰯網
	鯛網	鰯網		鰯網	鰯網		地曳網	地曳網	地曳網
カナギ網	地曳網 カナギ網	鯛縄 鰤縄 房丈網	鯛網	鯛網 魣網 房丈網	地曳網 田作網		鯛網		
魬網	手繰網				カナギ網 手繰網	建網 魬網 鰤縄	カナギ網 手繰網	カナギ網 手繰網	カナギ網 手繰網
建網	魬網	魬網	鰤網	建網			魬網 烏賊網 鱅網	鱅網 魬網 烏賊網	鱅網 烏賊網
鰤網	鱅網 鰩網 鯖網	鰩網 手繰網	建網	地曳網 魬網 タナゴ網	建網	魣網	建網 タナゴ網 鱵網	建網	建網 底網 鯛網 鰤縄

粕屋郡				福岡区		早良郡			
奈多	弘浦	志賀ノ島	箱崎	博多	福岡	姪浜	残島	今津	玄界島
鰯網		鰯網 鰺網 鯖網							
			地曳網					巻セ網	
		カナギ網		地曳網	地曳網	鰯網	鰯網	鰯網	
		鯛網 建網				地曳網		地曳網	
						カナギ網	田作網	カナギ網	
鯛網 地曳網	鰆網 鯛縄 鰤縄	鮁網 鯛縄 鰩網	繰網 鯛縄 手繰網	手繰網 操網 底網	鯛瀬縄	手繰網			
建網 鰩網 田作網 鰮網		鰆網 田作網	建網			建網			
カナギ網 鮁網 鱅網 手繰網	カナギ網	鱅網 手繰網	蛸縄	蛸縄	蛸縄			手繰網	タナゴ網 手繰網 魣網 鱵網

像郡				粕屋郡	
神ノ湊	勝浦	津屋崎	下西郷	相ノ島	新宮
	鰯網		鰯網		鰯網
鰯網		大敷網		大敷網	
	鯛網	鰯網	鯛網 鰩網	鰯網 鯖網	
鯛網 地曳網	田作網	鯛網 鰺網			
鰺網		魬網 田作網	カナギ網 手繰網 田作網	鯛網 魬網 鰺網	鯛網
	地曳網	地曳網		カナギ網 田作網	地曳網 田作網
魬網 鱅網 鯛網 鰤縄	魬網 鯛縄 鰤縄 建網 手繰網 鱅網	カナギ網 鱅網 手繰網 タナゴ網 鯛縄	魬網 鱅網	建網 鯛縄 手繰網 メバル網	カナギ網 魬網 鱅網 建網 鰩網 手繰網 烏賊網

遠	賀	郡			宗			
脇田	岩屋	柏原	芦屋	波津	地ノ島	大島	鐘崎	
魬網 大敷網 建網		鰯網			鮪網	大敷網	鰯網	
						鰤網 マビキ網 カナギ網 鯛網		
						鰯網		
鰤網			鰯網	鰯網			鯛網	
		地曳網	鯛網		鰤網 タナゴ網	小カナギ網	カナギ網	
	建網	底建網		鯛網 地曳網	鯛網	鯵網 田作網	地曳網 魬網 鰩網 田作網	
鱅網	鰯網	鱅網	鱅網	魬網	カナギ網 魬網		手繰網 鰮網	
鯛網 鰯網 鯛縄	鰤網 魬網 鯛縄	魬網 ゴチ網 流網 鯛・鰤縄	地曳網 手繰網	鱅網 鰩網	建網 手繰網 鯛縄 鰤縄	魬網 鱸網 建網 鯛縄	鱅網 鯛縄 鰤縄	鰩網 手繰網

遠賀郡 脇ノ浦	遠賀郡 若松	遠賀郡 戸畑	豊前海
鰤網 大敷網	鯔網	鯔網	ウタセ網
魬網			
			巻セ網 大建干網
			縄敷網
			中建干網
			鰯網 桝網 鮁網
鯆網 タナゴ網		手繰網	魬網 鯛・鰤縄 底建網 徒歩曳網 海老繰網 荒目網 曳網
手繰網 烏賊網 鰩網	建網 手繰網 魣網	建網 鰩網 鯛縄	鱸網 鰆網 雑魚網 小箴網 鰩網 小鱶網 手繰網 魣網 鱵網 チン縄 ガハ曳縄 烏賊網 石首魚網 鰣網 繰網 二艘繰網 蛸縄 海老網 鱏網 鮩差網 笹干見

	彦山川、今川、山国川	千歳川	矢部川	筑後海
				高津羽瀬、津ノ上羽瀬、網戸羽瀬、平戸羽瀬、海老戸羽瀬、荒津裾羽瀬、新穀羽瀬、荒津羽瀬、荒津裾並羽瀬、ダクラ羽瀬、崎ケ崎羽瀬
				鴈道羽瀬、宮津羽瀬、袖羽瀬、神楽羽瀬、中津羽瀬、西ノ津羽瀬、ウルマ羽瀬、野田羽瀬、七ツ羽瀬、壇ノ上羽瀬、三里沖羽瀬
				新吾瀬羽瀬、琴ノ羽瀬、ヘタノ羽瀬、中潟羽瀬、ハッシ羽瀬、アンコウ網、待網、曳網
		エツ網、ゲンジキ網		ゲンジキ網、カシ網
				組曳網、手押網、手繰網、シゲ網
		鯉網		
石干見、クチソコ網、コトウ網、小建干網、鮩曳網、四ツ網、鱧網、白魚網、建網	瀬張網、巻網	手繰網、瀬張網、鮎網、曳網	鮎網、懸網	潟羽瀬、蛸縄

崎ケ崎下羽瀬	大網	
峯ノ津上羽瀬	タ、キ網	
帯津羽瀬	建切網	
	建網	

鵜遣　一羽ニ付年税金弐拾銭

投網釣漁鉾漁（以上ハ徒歩漁ヲ除ク）鰻掻　一戸ニ付年税金参拾銭

貝採　一戸ニ付年税金拾銭

一　採藻　一戸ニ付年税金拾銭

筑前国下座郡屋永村川茸川川茸採　但戸数人員ニ拘ハラズ川ニ依リ課税ス　年税金参拾円

一　鴨網　一張ニ付年税金壱円

一　鴨瀬　一筋ニ付年税金壱円

一　漁業税採藻税鴨網縄税ヲ除ク外一軒内ニ於テ種目二個以上ノ営業ヲ為ス者ハ其税額ノ重キモノ一個ヲ以テ課税ス

一　年税ハ後半年度ニ起業シ或ハ前半年度ニ廃業スルモ各半額ヲ徴収ス月税ハ十五日前後ノ別ナク全額ヲ徴収ス

一　漁業税採藻税鴨網縄税及ビ各別課税ノ種目ヲ除ク外営業者一期中甲業ヨリ乙業ニ転ズルモノハ税額ノ重キニ依リ甲乙税金ノ差異ノミ徴収ス

一　前表面ニ掲グル漁業者ニシテ投網釣漁鉾漁鰻掻貝採藻採ヲ兼ルトキハ投網釣漁鉾漁鰻掻貝採藻採税ハ課セズ投網釣漁鉾漁鰻掻ニシテ貝採藻採ヲ兼ルトキハ貝採藻採税ハ課セズ貝採ニシテ藻採ヲ兼ルトキハ藻採税ハ課セズ

明治十八年度営業税雑種税課目課額は同年四月県会に提案された。その審議中、漁業関係税に関して次のような動議が出された。

○（四七番・岡田孤鹿）漁業税目等級表ハ各員御承知ノ常置委員意見（漁業税ヲ船ニ課ス）通リニ修正サレタシ、其理由ハ従来網数ニヨリ課税シ来リシモ各地ヲ巡回シテ能ク実地ヲ取調ブルニ税法当ヲ得ザルガ為メ官吏調査ノトキニ当テハ山林ニ隠レ海中ニ逃レ脱税ヲ計ルモノ夥シク、此儘ニテハ片時モ閣キ難キヲ以テ各浦々ニ出張シ船幅等ヲ取調ベテ此ノ意見ヲ付シタルナリ、是ハ誉々タル事ノ如クナレドモ県下多数漁人ノ為メニハ実ニ急務ナレバ各自熟

考シタ議決アランコトヲ希望ス

○（議長）決ヲ取ルベシ、四七番説即チ常置委員意見通リ漁業税ヲ船ニヨリ課スルト云フニ同意者起立スベシ、起立者十六名、少数廃棄

原案同意者起立スベシ、起立者二十八名、過半数可決

明治十八年四月県会において、十八年度営業税雑種税課目課額が提案され、その審議の中で漁業関係税についても取り上げられた。「漁業税を網ごとに課す」を「漁業税を船に課す」に修正すべしとの動議が出されたが、否決され、明治十八年四月第三八号「明治十八年度営業税雑種税課目課額左ノ通リ相定ム尤年税徴収額ハ課額四分ノ三トス但漁業税ノ中、粕屋郡新宮ノ鰮網・瀬付網、遠賀郡ノ脇田・脇ノ浦ノカナギ網、筑後海ノアンコフ網・手繰網・蛛手網及ヒ投網・釣漁・鉾漁ノ徒歩漁・小網・鴨縄ハ追テ何分布達候迄施行相見合ス」を公布した。その後、同年六月第五〇号「本年三八号布達但書ヲ以テ施行見合セ置候漁業税目ハ該規則之通施行ス」を公布した。十八年度漁業関係税は前年度分と比較すると、⑴漁業種別ランク付を一部修正、⑵鴨縄税の修正、がみられる程度であるので、その一覧表を省略する。

明治十九年度営業税雑種税課目課額は十八年十二月県会に提案された。提案説明の中で漁業関係税について「漁業税ハ従来同種類ノ網ヲ数張所持シ営業スルモノへハ網数ニ依リ各別ニ課税シ来リシモ稍不均衡ヲ覚ルニヨリ同種ノ網へハ一張限リ課税セントス」と変更している。また、漁業者（漁戸）税を今後導入する意向を表明した。十九年二月第一八号「明治十九年度営業税雑種税課目課額県会ノ決議ヲ取リ左ノ通相定ム」が布達された。ここでは、⑴漁業種別ランク付を一部修正、⑵鵜遣税の増額、が主な改正点である。

六　明治二十～二十二年度漁業関係税

明治二十年度営業税雑種税課目課額は十九年十二月県会に提案された。この中、漁業関係税に関しては漁業種別税に漁戸税が加わる等大幅な改正が盛り込まれていた。この県原案（第一次）に対抗して、議員常置委員案が提出された。十二月十六日通常県会（二次会）において、両案をめぐって活発な審議がなされ、結局「県原案を取り下げるよう知事に建議すること」が賛成多数で可決された。翌十七日通常県会（三次会）に常置委員案とほぼ同じ内容の県修正案（第二次）が提案された。この案をもとに再度、審議した結果、一部修正と条件付で可決された。しかし、二十年三月二十二日臨時県

会には、可決案（第二次修正）とは異なる県再修正案（第三次）が提案された。この第三次案の提案理由について「明治二十年度漁業課税法ハ通常県会ノ決議ヲ取リ成規ニ基キ政府ノ裁可ヲ仰ギシ処、漁者各自ニ課出セシムル方法議定ノ上更ニ伺出スベキ旨指揮セラレタリ、依之通常県会決議ノ旨趣ヲ斟酌シ本案ヲ発ス」と説明している。この三次案に対して修正動議等が出され、かなり修正されて可決された。第一、二、三次県案、常置委員案および各県会での審議内容については、県会会議録、決議録に詳しい。

明治二十年三月県令第三四号「明治二十年度営業税雑種税課目課額県会ノ決議ヲ取リ左ノ通リ相定ム但漁業税課目課額ハ追テ何分布達スル迄徴収セズ」を公布し、さらに明治二十年四月県令第六一号「明治二十年度漁業税採藻税課目課額之儀ハ県会ノ決議ヲ取リ其筋ヘ上申候処今般裁可相成候ニ付本年県令第三四号中左ノ通改正追加ス但前半期ニ限リ六月一日ヨリ同三十日限リ之ヲ徴収ス」を公布した。

営業税雑種税課目課額

雑種税

一　船　日本形船積石五十石未満艀漁船小廻船　但国税免除ノ船ハ除ク

長三間迄　年税金拾五銭

長三間以上壱間ヲ加フル毎ニ金拾銭ヲ増課ス

一　遊船

長三間迄　年税金弐拾五銭

長三間以上壱間ヲ加フル毎ニ金拾五銭ヲ増課ス

一　漁業

第一種　網羽瀬賦課税

種目＼税金	一等　一張ニ付年税	二等　仝	三等　仝	四等　仝	五等　仝	六等　仝
	金六円	金四円五十銭	金三円	金弐円	金壱円	金六拾銭

鰯網	鯛網	大敷網	巻セ網	大カナギ網	鰤網	鯖網	マビキ網	鰆網
志賀島　奈多　新宮　下西郷　勝浦　鐘崎　柏原	西ノ浦　勝浦　大島	鹿家　吉井　福井　姫島　宮ノ浦　大島　脇田　脇ノ浦		野北　西ノ浦	脇ノ浦	志賀島		
津屋崎　神ノ港　波津　蘆屋	玄界島	相ノ島　津屋崎	船越　新町　岐志　宮ノ浦　今津	大島	玄界島　地ノ島　大島　岩屋　脇田			福井
鹿家　吉井　福井　船越　久家　新町　岐志　野北　西ノ浦　宮ノ浦　今津　姪ノ浜	宮ノ浦　志賀島　相ノ島　下西郷　鐘崎　地ノ島　波津		深江　加布里　豊前海			相ノ島	大島	宮ノ浦
深江　片山　加布里　芥屋　相ノ島　脇田	岐志　野北　津屋崎　芦屋					弘浦	小呂島	
残ノ島　大島　岩屋	吉井　福井　奈多　新宮　脇田					宮ノ浦		
豊前海	小呂島　久家　神ノ港				小呂島			志賀島　弘浦　豊前海

魬（ヤズ）網	鰡網	鮪（シビ）網	田作網	地曳網	鯵網	大網 タタキ網	大建干網	中建干網	縄敷網
	若松 戸畑	地ノ島			志賀島				
	奈多 新宮 鐘崎 脇ノ浦			宮ノ浦 箱崎 津屋崎 勝浦 神ノ港 鐘崎 波津		筑後海			
脇田 脇ノ浦				加布里 船越 久家 新町 岐志 芥屋 今津 姪ノ浜 福岡 博多 柏原			豊前海		
吉井 福井 西ノ浦 志賀島 下西郷 勝浦 神ノ港 鐘崎 地ノ島 大島 波津			吉井 福井 芥屋 奈多 新宮 下西郷 勝浦 鐘崎	野北 奈多 新宮 蘆屋	津屋崎				豊前海
野北 玄界島 奈多 新宮 相ノ島 津屋崎 柏原 岩屋			残ノ島 志賀島 相ノ島 津屋崎 大島		船越 相ノ島 神ノ港 大島			豊前海	
鹿家 深江 新町 岐志 姫島 宮ノ浦 豊前海									

桝網	羽瀬
	崎ケ崎　崎ケ崎 下　峯ノ津上
	鴈道　ウルマ 高津　新穀　荒 津　荒津裾　荒 津裾並
	津ノ上　平戸 海老戸　ダクラ 帯津　網戸　壇 ノ上　三里
	宮津　神楽　袖 中津　西ノ津 野田　中潟
	新吾瀬　琴ノ ヘタノ　七ツ
豊前海	

第二種　漁戸賦課額

一等　漁業一戸年税 金　五拾弐銭	志賀島
二等　仝 金　四拾五銭	西ノ浦　宮ノ浦 玄界島　奈多　津 屋崎　鐘崎　大島
三等　仝 金　三拾八銭	野北　姪ノ浜　福 岡　博多　箱崎 弘浦　新宮　相ノ 島　下西郷　筑後 海
四等　仝 金　三拾壱銭	鹿家　吉井　福井 深江　片山　船越 久家　新町　岐志 姫島　芥屋　今津 残島　勝浦　神ノ 港　地ノ島　波津 芦屋　山鹿　柏原 岩屋　脇田　脇ノ 浦　若松　戸畑
五等　仝 金　弐拾四銭	加布里　豊前海 （企救郡）　千歳川 矢部川
六等　仝 金　拾七銭	小呂島　馬島　藍 島　豊前海（京都 郡　仲津郡　築城 郡　上毛郡）　彦 山川　今川　山国 川

第三種　漁戸賦課額　男子満五十歳以上十七歳未満ノ者及癈疾ノ者ハ除ク鵜遣ハ此限ニアラズ

種目	人員　漁者一戸ニ付三人以上	仝　二人	仝　一人
投網　釣漁　鉾漁　鰻掻	年税金三拾弐銭	仝　金二拾六銭	仝　金弐拾銭
貝採　小網（子網トモ云フ）	年税金拾八銭	仝　金拾四銭	仝　金拾銭
鵜遣	鵜一羽ニ付年税金三円		

一　藻採　男子満五十歳以上十五歳未満ノ者及癈疾ノ者ハ除ク

種目　人員	採取者一戸ニ付　三人以上	仝　二人	仝　一人
採藻	年税金拾八銭	仝　金拾四銭	仝　金拾銭
川茸採（筑前国下座郡屋永村川茸川川茸採　但戸数人員ニ拘ハラズ川ニ依リ課税ス）　年税金三拾円			

第一項　営業税雑種税ノ種目ヲ四類ニ分チ其課税方ヲ定ムル左ノ如シ

第一類（省略）

第二類（省略）

第三類　同類中ハ幾種目ノ営業ヲナスモ一ノ重キニ従ヒ課税ス但シ異類ヲ兼ルモノハ其類ノ課税方ニ従ヒ類別課税ス

漁業第二種・漁業第三種・鴨網・鴨縄・採藻

第四類　各種目各別ニ課税ス　但異類ヲ兼ルモノハ其類ノ課税方ニ従ヒ類別課税ス

漁業第一種・船（ほか省略）

第一〇項　種目中一ツノ重キニ依リ課税スル種類ニシテ一期中甲業ヨリ乙業ニ転ズルモノハ其税額ノ重キニ依リ甲乙税金ノ差違ノミ徴収ス

第一一項　漁業税第一種第二種ノ課税区町村会或ハ戸長所轄連合町村会ニ於テ適宜各個賦課ノ等級ヲ評決スベシ

但該町村負担ノ額ヲ減ズルヲ得ズ

明治二十年度の主な改正点は、(1)漁戸賦課税を新設したこと、(2)漁業第一種以外のものは同類中を兼ねても一番高額のもののみに課税する、(3)負担総額を減らさない条件で、漁業第一、二種課税の等級評決を地元町村に任せたこと、である。

この漁業関係税体系は明治三十六年度まで継続される。

明治二十一年三月県令第四五号「明治二十一年度営業税雑種税課目課額県会ノ決議ヲ取リ左ノ通リ相定ム」が公布された。漁業関係税については、(1)漁業第一種のなかの羽瀬のランク付で若干、追加修正されたこと、(2)鵜遣に遊漁共が加えられ、一羽に付年税金が三円から二円に減額されたことが改正点で、ほとんど二十年度分と同様であった。

明治二十二年二月県令第三五号「明治二十二年度営業税雑種税課目課額県会ノ決議ヲ取リ左ノ通相定ム」が公布された。このなかで漁業関係税については、船・遊船・漁業第一・二・三種および採藻の各税額が全てにわたって七、八割方減額されている。県は、この減額措置の理由を県会における提案説明のなかで以下のように述べている。「営業税雑種税ノ課税ヲ総テ更正減殺シタルハ明治二十二年四月一日ヨリ市町村制実施ノ予定ニ付区役所ニ属スル経費及戸長以下給料旅費ハ地方税ノ支弁ヲ要セザルニ至ルモノナレバ該減費額ヲ地方税地租割戸数割営業税雑種税ノ負担額ニ応ジ平等減殺セシニ由ル」とあり、この減額措置は漁業関係税に限ったことではなかった。

第三章　明治二十一年市町村制、同二十三年府県制・郡制施行以降の税制　近代化第二次改革

第一節　明治二十三年度以降の地方税制

政府は、明治二十一年四月法律第一号をもって市町村制を公布実施し、三府および人口二万五千人以上を有する市街地を市として市制を布き、小郡府および村落宿駅等に町村制を布いた。また、明治二十三年五月法律第三五号をもって府県制を公布し、法律第三六号をもって郡制を公布するに至り、ここに我が国の地方制度は初めて近代的地方制度の確立をみるに至った。もっとも、府県制の施行は、市町村制の実施が完了した府県から行うこととなっていたから、その完了は明治三十二年にまで及び、同年三月には府県制改正の法律が公布されたが、何れにしても、明治二十一年、同二十三年において、近代的地方制度確立の根本ができあがったことは特記すべきである。

福岡県では、二十二年に福岡、久留米両市が誕生した。また大規模な町村合併が実施され、二十一年末の一九五八町村が翌年末には三八四町村に減少した。なお郡は二十九年四月、三十一郡から十九郡に統合された。

府県財政に関する規定をみると、府県において支出すべき費用は、府県有財産及営造物管理費用、府県会参事界及委員費用、府県吏員の給料、退隠料その他の諸給与、従来法律命令もしくは慣例によりならびに将来法律勅令により府県の負担と定める事件の費用であった。また府県会に対しては府県内郡、市町村の土木工事または府県内の教育衛生勧業及慈善の事業者または営造物に対して補助金を与えることを議決し得る機能を認めた。税制については、従来の地方税を府県税と改称し、その税目および賦課方法は特に府県制に規定するもののほかは、総べて地方税規則によることとした。

府県制の規定による地方財政制度は、概ね明治二十一年以前の地方税規則のとおりであるが、歳出費目においては府県財産費、府県参事会費、府県吏員費の増加を見、また税制に関しては地租の制限率を改め、家屋税賦課認可の区域を拡張し、免税の範囲を拡げ、市郡分離の制を改めて課税率の変化によること、また土木事業に関して不均一の賦課を認めた等が注目される点である。

表二―2　明治二十三年の市制および町村制、府県制および郡制による改正後の地方税一覧

	税目	制限税率	摘要
府県税	地租割（地租付加税）	地租四分の一	府知事県令は、府県会の決議を以て営業税及び雑種税の法定類目中に於て、府県会の議決を以て賦課するものを取捨することができる。
	営業税		
	商業		
	工業（但し国税あるものを除く）		
	雑種税		営業税及び雑種税の法定課税種目の外、地方特別の課税を要するものは、府県会の決議を経て府知事県令より内務、大蔵両大臣に具状し、政府の裁可を受けて特別の課税をすることができる。
	料理屋、待合、茶屋		
	遊船宿、芝居茶屋、飲食店の類		
	湯屋		
	理髪人		
	雇人受宿		
	遊芸師匠、遊芸稼人、相撲、俳優、封間芸妓類		
	市場		郡の支出に充てる費用は財産収入、雑収入をもってこれにあてるほか、これを郡内各町村に各町村前年の直接国税府県税の徴収額に拠って分賦し、各町村は分賦の額を町村税として徴収するものとする。
	演劇其他興行遊覧所		
	遊戯場（玉突大弓揚弓射的吹矢の類）		
	人寄席		
	船（艀漁船川船及五十石未満漁船）	船、車については国税の額	
	車（馬車人力車荷積馬荷積大七大八車荷積中小車荷積牛車の類）		
	水車		
	乗馬		

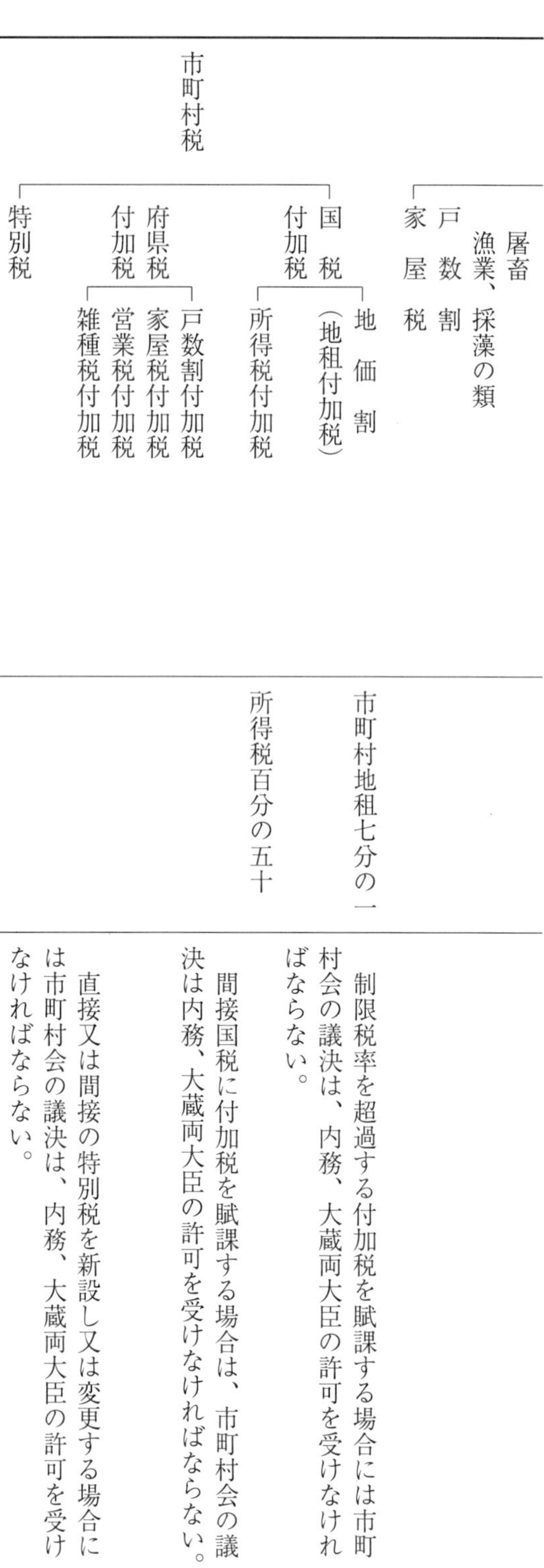

税目	制限	許可
屠畜 漁業、採藻の類 戸数割 家屋税		
市町村税 国税付加税 　地価割（地租付加税） 　所得税付加税 府県税付加税 　戸数割付加税 　家屋税付加税 　営業税付加税 　雑種税付加税 特別税	市町村地租七分の一 所得税百分の五十	制限税率を超過する付加税を賦課する場合には市町村会の議決は、内務、大蔵両大臣の許可を受けなければならない。 間接国税に付加税を賦課する場合は、市町村会の議決は内務、大蔵両大臣の許可を受けなければならない。 直接又は間接の特別税を新設し又は変更する場合には市町村会の議決は、内務、大蔵両大臣の許可を受けなければならない。

地方制度確立後における地方財政制度についてみると、地方制度の改正に伴って財政制度の改正、地方税制の改正は度々行われたが、これらの一貫した流れは国費の膨脹によって租税の増徴あるいは税目の新設等がなされたことである。主な改正点としては、日清戦役後、国費の膨脹によって国税としての営業税を新設するために、明治二十九年営業税法が制定された。その結果、従前の府県税、営業税および雑種税中、国税に移管するものが生じた。そこで地方財源を補充するために、従来国税であった船車税以下の雑税を整理して府県に委譲するとともに、本税十分の二以内の営業付加税を府県に認めることにした。

また、地方費の膨脹も著しかったので、明治三十二年三月の府県制改正を行い、従前地租四分の一を三分の一に拡張し、さらに同年六月の勅令により制限外課税の許可について、本税二分の一以下までは許可を要しないことにした。市町村についても、明治三十二年の市制、町村制の一部改正により従前地租七分の一を五分の一に拡張し、同時に地租二分の一以下の制限外課税の許可は、府県知事に委任された。

明治三十七年、非常特別税法が制定され、国税の増収を図る一方、地方税の増加を防ぐために制限率の改正を行い、併せて制限外課税について厳重な制限が加えられた。三十七、三十八年は一時的な地方財政の縮小時代となった。明治四十一年には「地方税制限ニ関スル法律」が公布され、非常特別税法による制限を若干緩和し、これを恒久化した。

大正時代に入って世界大戦による好況の影響を受けて、農村も活況を呈し、地方財政も著しく膨脹し、地方税制限率の緩和を余儀なくされるに至った。大正八年、「時局の影響に因る地方税制限拡張に関する法律」をもって地方税制限法に改正を加え、臨時手当その他時局の影響に因って膨脹する地方費の財源に充てるために、道府県については地方税制限法の定める制限率または制限額の百分の八十、市町村については同じく百分の六十の制限外課税が認められた。また、大正八年に都市計画法が制定され、地方財源充実のために地方税の制限が緩和拡張され、都市計画特別法の創設をみた。

表二－3　明治四十一年の地方税ニ関スル法律による改正後の地方税制一覧

税目			制限税率	摘要
府県税	国税付加税	地租付加税	地租の百分の六十	地租付加税、営業税付加税及び所得税付加税については、特別の必要がある場合には百分の十二以内に於て、又非常災害等一定の場合に於ては内務、大蔵両大臣の許可を受けて制限を超過して課税することができる（市町村税に於ても同じ）。非常特別税法（明治三十七年法律第三号）による地租、営業税、所得税及び鉱業税の増徴に対しては付加税を課することができない（市町村税に於ても同じ）。
		営業税付加税	営業税の百分の二十五	
		所得税付加税（第二種の所得中無記名債券の所得に係る所得税を除く）	所得税の百分の十	
	鉱業税付加税		鉱業税の百分の十	
	営業税	商業 工業（但し国税あるものは課税せず）		
	雑種税	料理屋、待合、茶屋、遊船宿、芝居、茶屋、飲食店、湯屋		府知事県令は、府県会の決議を以て営業税及び雑種税の法定類目中に於て、賦課する者を取捨することができる。

区分	細目	税率	備考
独立税	理髪人		営業税及び雑種税の法定課税種類の外地方特別の課税を要するものは、府県会の決議を経て府県知事令より内務、大蔵両大臣に具状し、政府の裁可をうけて特別の課税をすることができる。
	雇人受宿		
	遊芸師匠、遊芸人、相撲、俳優、封間芸妓の類		
	演劇其他興行遊覧所		
	遊戯場（玉突大弓揚弓射的吹き矢の類）		
	人寄席		
	船（艀漁船川船及五十石未満海船）	国税の額	
	車（馬車、人力車、荷積馬車、荷積大七大八車、荷積中小車、荷積牛車の類）	国税の額	
	水車		
	乗馬		
	屠畜		
	漁業採藻類		
	戸数割		戸数割の賦課限度及び賦課方法は、従前に同じ。
	家屋税		家屋税賦課の地に於ては戸数割を賦課することはできない。
市町村税			
国税付加税	地租付加税	地租の百分の四十	新たに家屋税を賦課せんとするときは、府県会の議決を経て内務、大蔵両大臣の許可を受けなければならない。
	営業税付加税	営業税の百分の三十五	
	所得税付加税（第二種の所得中無記名債券の所得税に係る所得を除く）	所得税の百分の三十五	
	鉱業税付加税		間接国税に付加税を賦課する場合は、市町村会の議決は内務、大蔵両大臣の許可を受けなければならない。
府県税付加税	道府県営業税付加税		
	雑種税付加税		
	戸数割付加税		
特別税			特別税を新設し変更し又は増額する場合は市町村会の議決は内務、大蔵両大臣の許可を受けなければならない。

第二節　福岡県の漁業関係税

一　明治二十三～二十九年度漁業関係税

明治二十三年二月県令第一三号「明治二十三年度営業税雑種税課目課額県会ノ決議ヲ取リ左ノ通リ相定ム」が公布された。明治二十三年度漁業関係税の内容を左に示す。前年度と変わった点は、第一種のなかに新たに地区名が若干追加されたほか、営業税の小売商等外六等のなかに「漁業採藻者又ハ其家族ニシテ魚類貝類ヲ触売スルモノハ本税（年税金二十銭）ノ半額ヲ課ス」が新設された。

営業税雑種税課目額

営業税

小売商等外　六号

諸品触売　満六十歳以上十五歳未満ノ者及癈疾ノ者ハ課セズ　年税金弐拾銭

漁業採藻者又ハ其家族ニシテ魚類貝藻ヲ触売スルモノハ本税ノ半額ヲ課ス

雑種税

一　船　日本形船積石五十石未満艀漁船小廻船　但国税免除ノ船ハ除ク

長三間迄　年税金拾銭

長三間以上壱間ヲ加フル毎ニ金八銭ヲ増課ス

一　遊船

長三間迄　年税金弐拾銭

長三間以上壱間ヲ加フル毎ニ金拾銭ヲ増課ス

一　漁業

第一種　網羽瀬賦課額

税金＼種目	鰯網	鯛網	大敷網	巻セ網	大カナギ網	鰤網	鯖網	マビキ網
一等 一張ニ付年税 金四円八拾銭	志賀島　奈多　新宮　下西郷　勝浦　鐘崎　柏原	西ノ浦　勝浦　大島	鹿家　吉井　福井　姫島　宮ノ浦　大島　脇田　脇ノ浦		野北　西ノ浦	脇ノ浦	志賀島	
二等 仝 金三円六拾銭	津屋崎　神ノ港　波津　芦屋	玄界島	相ノ島　津屋崎　玄界島	船越　新町　岐志　宮ノ浦　今津	大島	玄界島　地ノ島　大島　岩屋　脇田		
三等 仝 金弐円四拾銭	鹿家　吉井　福井　船越　久家　新町　岐志　野北　西ノ浦　宮ノ浦　今津　姪ノ浜	宮ノ浦　志賀島　相ノ島　下西郷　鐘崎　地ノ島　波津		深江　加布里　豊前海			相ノ島	大島
四等 仝 金壱円六拾銭	深江　片山　加布里　芥屋　相ノ島　脇田	岐志　野北　津屋崎　芦屋					弘浦	小呂島
五等 仝 金　八拾銭	残島　大島　岩屋	吉井　福井　奈多　新宮　脇田					宮ノ浦	
六等 仝 金　五拾銭	豊前海	小呂島　久家　神ノ港				小呂島		

鰆網	魬網	鰡網	鮪（シビ）網	田作網	地曳網	鰺網	鱶網	大網タタキ網	大建干網	中建干網
		若松　戸畑	地ノ島			志賀島				
福井　吉井		奈多　新宮　鐘崎　脇ノ浦			宮ノ浦　箱崎　津屋崎　勝浦　神ノ港　鐘崎　波津			筑後海		
宮ノ浦	脇田　脇ノ浦				加布里　船越　久家　新町　岐志　芥屋　今津　姪ノ浜　福岡　博多　柏原				豊前海	
	吉井　福井　西ノ浦　志賀島　下西郷　勝浦　神ノ港　鐘崎　地ノ島　大島　波津			吉井　福井　芥屋　奈多　新宮　下西郷　勝浦　鐘崎	野北　奈多　新宮　芦屋	津屋崎	岩屋			
	野北　玄界島　奈多　新宮　相ノ島　津屋崎　柏原　岩屋			残ノ島　志賀島　相ノ島　津屋崎　大島		船越　相ノ島　神ノ港　大島				豊前海
志賀島　弘浦　豊前海	鹿家　深江　新町　岐志　姫島　宮ノ浦　豊前海									

縄敷網	桝網	小繰網	羽瀬
			崎ケ崎　崎ケ崎 下峯ノ津上　帯 津下　江戸ノ原
			鴈道　ウルマ 高津　新穀　荒 津裾　荒津　荒 津裾並　ゴミダ チ
			津ノ上　平戸 海老戸　ダクラ 帯津　網戸　壇 ノ上　三里沖
豊前海			宮津　神楽　柚 中津　西ノ津 野田　中潟
			新吾瀬　琴ノ ヘタノ　七ツ 今山
	豊前海	筑後海	

第二種　漁戸賦課額

一等　漁業一戸年税 金　三拾九銭	志賀島
二等　仝 金　三拾四銭	西ノ浦　宮ノ浦 玄界島　奈多　津 屋崎　鐘崎　大島
三等　仝 金　弐拾九銭	野北　姪ノ浜　福 岡　博多　箱崎 弘浦　新宮　相ノ 島　下西郷　筑後 海
四等　仝 金　弐拾四銭	鹿家　吉井　福井 深江　片山　船越 久家　新町　岐志 姫島　芥屋　今津 残島　勝浦　神ノ 港　地ノ島　波津 芦屋　山鹿　柏原 岩屋　脇田　脇ノ 浦　若松　戸畑
五等　仝 金　拾九銭	加布里　豊前海 （企救郡）　千年川 矢部川
六等　仝 金　拾四銭	小呂島　豊前海 （京都・仲津・築 城・上毛郡）　馬 島　藍島　彦山川 今川　山国川

第三種　漁戸賦課額　男子満五拾歳以上十七歳未満ノ者及癈疾ノ者ハ除ク鵜遣ハ此限ニアラズ

種目	人員	
投網　釣漁　鉾漁　鰻搔	漁者　一戸ニ付三人以上	年税金弐拾四銭
	同　二人	同　金　弐拾銭
	同　一人	同　金拾六銭

貝採　小（子）網　艫曳蛛手	年税金　拾四銭	同　金　拾銭	同　金　六銭
鵜遣　遊漁共	鵜一羽ニ付年税金壱円弐拾銭		

一　採藻　男子満五十歳以上十五歳未満ノ者及癈疾ノ者ハ除ク

種　目	人　員　採取者一戸ニ付三人以上	同　二　人	同　一　人
採　藻	年税金　拾四銭	同　金　拾銭	同　金　六銭
川茸採	筑前国下座郡屋永村川茸川茸採但戸数人員ニ拘ハラズ川ニ依リ課税ス　年税金弐拾三円		

第一項　営業税雑種税ノ種目ヲ四類ニ分チ其課税方ヲ定ムル左ノ如シ

第一類　（省略）

第二類　（省略）

第三類　同類中ハ幾種目ノ営業ヲナスモ一ノ重キニ従ヒ課税ス　但シ異類ヲ兼ルモノハ其類ノ課税方ニ従ヒ類別課税ス

　漁業第二種・漁業第三種・鴨網・鴨縄・採藻

第四類　各種目各別ニ課税ス　但異類ヲ兼ルモノハ其類ノ課税方ニ従ヒ類別課税ス

　漁業第一種・船（ほか省略）

第一〇項　種目中一ツノ重キニ依リ課税スル種類ニシテ一期中甲業ヨリ乙業ニ転ズルモノハ其税額ノ重キニ依リ甲乙税金ノ差違ノミ徴収ス

第一一項　漁業税第一種第二種ノ課額市町村会ニ於テ適宜各個賦課ノ等級ヲ評決スベシ

　但該市町村負担ノ額ヲ減ズルヲ得ズ

明治二十四、二十五年度の漁業関係税はともに二十三年度と同様である。明治二十六、二十七年度においては、ともに漁業第一種のなかに若干の追加があったほかは二十三年度と同様である。

明治二十八年二月県令第一五号「明治二十八年度営業税雑種税課目課額県会ノ決議ヲ取リ左ノ通相定ム」が公布された。

同年漁業関係税では、①漁業第一種のなかに一部追加、②第三種の鵜遣税の増額、③採藻の川茸採税の増額、が認められる。鵜遣税の増額は、県会において議員から動議が出され、可決、修正されたものである。明治二十九年度においては、漁業第一種のなかに一部追加があったほかは前年度と同様である。

二　明治三十〜三十四年度漁業関係税

漁業関係税額は明治二十年代においては減額される傾向にあったが、三十年代に入ると増額に転じている。この状況は県原案にもみられるが、議員から増額の動議として提案されるものも多かった。明治二十九年十二月県会において、明治三十年度営業税雑種税審議のなかで漁業関係税について次のような動議がなされた。

(1)鵜遣税について

○（三五番・平島純一）鵜遣税ニ対シテ修正ヲ加ヘント欲ス、此鵜遣ナルモノハ実際ノ有様ヲ見ルニ矢部川ニハ県令ヲ以テ魚児繁殖ノ為メ区域ヲ定メ其区域内ニハ各鵜ノ数ヲ限リアルガ為メ該漁業者ハ制限通リノ鵜ヲ出願シ居レバ他ヨリ鵜遣ヲナスコト能ハズシテ殆ンド株付ノ如クナリテ拾五円内外ヲ以テ此株ヲ売買スルガ如キ有様ニナリ居レリ、殊ニ遊業者ニ於テ右ノ如キコトヲナスモノ少ナカラザレバ、専業者年税金五円、遊業者同拾円ノ増額ニ修正セント欲ス

○（議長）採決スル、三五番説ニ賛成スルモノハ起立セヨ、起立者十二名、少数否決

(2)漁業一種、二種税について

○（三三番・望月蔵平）漁業税ハ魚価ノ騰貴ニ従ヒ之レヲ増税スルノ至当ナルヲ認ムルヲ以テ、第一種一等年税金五円参拾銭ヲ五円八拾銭ニ、二等四円ヲ四円四拾銭ニ、三等弐円六拾銭ヲ弐円九拾銭ニ、四等壱円七拾銭ヲ壱円九拾銭ニ、五等八拾五銭ヲ壱円ニ、六等五拾銭ヲ六拾銭ニ修正シ、第二種一等年税金参拾九銭ヲ四拾参銭ニ、二等参拾四銭ヲ参拾八銭ニ、三等弐拾九銭ヲ参拾弐銭ニ、四等弐拾四銭ヲ弐拾七銭ニ、五等拾九銭ヲ弐拾銭ニ、六等拾四銭ヲ拾六銭ニ修正ス

○（議長）採決スル

三三番説ノ中、第一種ニ付賛成スルモノハ起立セヨ、起立者十四名、正半数ナルヲ以テ原案ヲ採択ス

三三番説ノ中、第二種ニ付賛成者起立セヨ、起立者六名、少数否決

三十年度漁業関係税は前年度と比較して、(1)船、遊船税が大幅に増額されたこと、(2)川茸採の項目が漁業関係税表から削除されたこと、が変わった点である。

営業税雑種税課目額

営業税

一　触売

六等　満六十歳以上十五歳未満ノ者及癈疾ノ者ハ課セズ　年税金弐拾銭

但漁業採藻者又ハ其家族ニシテ魚類貝藻ヲ触売スルモノハ本税ノ半額ヲ課ス

雑種税

一　船　自用共

日本形船積石五拾石未満艀漁船小廻船（積石ニ拘ハラズ）長自舳梁至艫梁三間迄　年税金四拾銭

但三間以上壱間ヲ加フル毎ニ金弐拾五銭ヲ増額ス

遊船　長自舳梁至艫梁三間迄　年税金七拾五銭

但三間以上壱間ヲ加フル毎ニ金参拾五銭ヲ増額ス

一　漁業

第一種　網羽瀬賦課額

税金／種目	鰯網
一等　一張ニ付年税　金四円八拾銭	志賀島　奈多　新宮　下西郷　勝浦　鐘崎　柏　原
二等　仝　金三円六拾銭	津屋崎　神ノ港　波津　芦屋
三等　仝　金弐円四拾銭	鹿家　吉井　福井　船越　久家　新町　岐志　野北　西ノ浦　宮ノ浦　今津　姪ノ浜
四等　仝　金壱円六拾銭	深江　片山　加布里　芥屋　相ノ島　脇田
五等　仝　金　八拾銭	残島　大島　岩屋
六等　仝　金　五拾銭	豊前海

鯛網	大敷網	巻セ網	大カナギ網	鰤網	鯖網	マビキ網	鰆巻セ網	鰆流シ網	鮍網	鰮網
西ノ浦　勝浦　大島	鹿家　吉井　福井　姫島　宮ノ浦　大島　脇田　脇ノ浦		野北　西ノ浦	脇ノ浦	志賀島					若松　戸畑
玄界島	相ノ島　津屋崎　玄界島　志賀島　地ノ島	船越　新町　岐志　宮ノ浦　今津　姪ノ浜	大島	玄界島　地ノ島　大島　岩屋　脇田			福井　吉井			奈多　新宮　鐘崎　脇ノ浦
宮ノ浦　志賀島　相ノ島　鐘崎　地ノ島　波津		深江　加布里　豊前海			相ノ島	大島	宮ノ浦　志賀島		脇田　脇ノ浦	勝浦
岐志　野北　津屋崎　芦屋　下西郷					弘浦	小呂島			吉井　福井　西ノ浦　志賀島　勝浦　神ノ港　鐘崎　地ノ島　大島　波津	
吉井　福井　奈多　新宮　脇田					宮ノ浦				野北　玄界島　奈多　新宮　相ノ島　津屋崎　柏原　岩屋　下西郷	
小呂島　久家　神ノ港				小呂島			弘浦　豊前海	志賀島　弘浦　豊前海	鹿家　深江　新町　岐志　姫島　宮ノ浦　豊前海	豊前海

鮪（シビ）網	田作網	地曳網	鰺網	鱶網	大網タタキ網	大建干網	中建干網	縄敷網	桝網	小繰網	沖取網	羽瀬
地ノ島			志賀島									崎ケ崎　崎ケ崎　下峯ノ津上　帯津下　江戸ノ原
		宮ノ浦　箱崎　津屋崎　勝浦　神ノ港　鐘崎　波津　志賀島			筑後海							鴈道　ウルマ　高津　新穀　荒津裾　荒津　荒津裾並　ゴミダチ
		加布里　船越　久家　新町　岐志　芥屋　今津　姪ノ浜　福岡　博多　柏原				豊前海						津ノ上　平戸　海老戸　ダクラ　帯津　網戸　壇ノ上　三里沖
	吉井　福井　芥屋　奈多　新宮　下西郷　勝浦　鐘崎	野北　奈多　新宮　芦屋　下西郷	津屋崎	岩屋				豊前海				宮津　神楽　袖中津　西ノ津　野田　中潟
	残ノ島　志賀島　相ノ島　津屋崎　大島　神ノ港		船越　相ノ島　神ノ港　大島				豊前海					新吾瀬　琴ノヘタノ　七ツ今山
									豊前海	筑後海	豊前海	

第二種　漁戸賦課額

一等 漁業一戸年税	金 三拾九銭	志賀島
二等 仝	金 三拾四銭	西ノ浦 宮ノ浦 玄界島 奈多 津 屋崎 鐘崎 大島
三等 仝	金 弐拾九銭	野北 姪ノ浜 福 岡 博多 箱崎 弘浦 新宮 相ノ 島 下西郷 筑後 海
四等 仝	金 弐拾四銭	鹿家 吉井 福井 深江 片山 船越 久家 新町 岐志 姫島 芥屋 今津 残島 勝浦 神ノ 港 地ノ島 波津 芦屋 山鹿 柏原 岩屋 脇田 脇ノ 浦 若松 戸畑
五等 仝	金 拾九銭	加布里 豊前海 （企救郡） 千年川 矢部川
六等 仝	金 拾四銭	小呂島 豊前海 （京都・仲津・築 城・上毛郡） 馬 島 藍島 彦山川 今川 山国川

第三種　漁戸賦課額　男子満五拾歳以上十七歳未満ノ者及癈疾ノ者ハ除ク鵜遣ハ此限ニアラズ

種目　人員	漁者 一戸ニ付三人以上	同 二人	同 一人
投網 釣漁 鉾漁 鰻掻	年税金弐拾四銭	同 金 弐拾銭	同 金拾六銭
貝採 小（子）網 鱸曳蛛手	年税金 拾四銭	同 金 拾銭	同 金 六銭
鵜遣 遊漁共	鵜一羽ニ付年税金参圓		

一　採藻　男子満五十歳以上十五歳未満ノ者及癈疾ノ者ハ除ク

種目　人員	採取者一戸ニ付三人以上	同 二人	同 一人
採藻	年税金 拾四銭	同 金 拾銭	同 金 六銭

課税方法

第三条　漁業第二種第三種採藻ハ交互兼業スルモ一ノ重キニ従ヒ課税ス

第一〇条　網鴨網鴨縄税ハ替網替縄ニモ亦之ヲ賦課ス

第一九条　一ノ重ニ依リ課税スル営業ニシテ一期中軽税ヨリ重税ニ転ズルモノハ其差金ノミ徴収ス

同一営業中等差ヲ設ケタルモノ亦同ジ　但船車及ビ漁業第一種ハ此限リニアラズ

第二〇条　漁業税第一種第二種ノ課税ハ市町村会ニ於テ適宜各個賦課ノ等級ヲ評決スルコトヲ得　但該市町村営業者負担ノ総額ヲ減ズルヲ得ズ

以上の漁業関係税体系は明治三十四年度まで継続されるが、税額自体は表二－4のように全般的に増大していった。

明治三十年十二月県会に、前年度並みの税額で提案した明治三十一年度漁業関係税原案は、議員の動議、可決によって漁業税第一、二、三種及び採藻税のすべてが増額修正された。三十一年度漁業関係税額は触売、船、遊船、鵜遣各税は前年度並みで他は増額となった。そのほか、漁業第一種のなかに若干の地区が新たに追加された。

明治三十一年十二月県会においても、三十二年度漁業関係税の全般的にわたる増額の修正動議が出され、いずれも可決された。三十二年度漁業関係税は触売、鵜遣各税が前年度並みのほかはすべて増額となった。ここでも漁業第一種のなかに若干の新たな地区追加がみられた。

さらに明治三十二年十一月県会でも、三十三年度漁業関係税に対して全般にわたって増額の修正動議が出され、いずれも可決された。三十三年度漁業関係税は前年度比、触売、船税で二倍、漁業税第一、二、三種、採藻各税で一・一〜一・二倍の増額となった。ここでも漁業第一種のなかに新たな地区追加がなされた。

明治三十四年度漁業関係税は、三十三年十二月県会において異論なく県原案どおり可決された。触売、船、遊船各税は据え置き、鵜遣税が前年度比一・四倍増、ほかの漁業税第一、二、三種および採藻税は一・二倍程度の増額となった。ここでも漁業第一種のなかに新たな地区の追加とランク付の修正等がかなりなされた。

表二－4　漁業関係税額（年額）の推移

区分	明治三〇年度	明治三一年度	明治三二年度	明治三三年度	明治三四年度
営業税					
一　触売（漁業者半額）	二〇銭	二〇銭	二〇銭	四〇銭	四〇銭
雑種税					
一　船（三間迄、三間以上一間毎に増額）	四〇銭、二五銭	四〇銭、二五銭	五〇銭、三〇銭	五〇銭、三〇銭	五〇銭、一〇銭
遊船（〃）	七五銭、三五銭	七五銭、三五銭	一円、五〇銭	一円、五〇銭	一円、五〇銭
一　漁業					
第一種（網羽瀬）					
一等（一張に付）	四円八〇銭	六円九〇銭	七円五九銭	八円〇〇銭	九円六〇銭
二等（〃）	三円六〇銭	五円二〇銭	五円七二銭	六円〇〇銭	七円二〇銭
三等（〃）	二円四〇銭	三円四〇銭	三円七四銭	四円〇〇銭	四円八〇銭
四等（〃）	一円六〇銭	二円二〇銭	二円四〇銭	二円六〇銭	三円一〇銭
五等（〃）	八〇銭	一円一〇銭	一円二一銭	一円三〇銭	一円五〇銭
六等（〃）	五〇銭	六五銭	七二銭	七五銭	九〇銭
第二種（漁戸）					
一等（一戸に付）	三九銭	五〇銭	五五銭	六六銭	七九銭
二等（〃）	三四銭	四四銭	四八銭	五八銭	七〇銭
三等（〃）	二九銭	三八銭	四二銭	五〇銭	六〇銭
四等（〃）	二四銭	三二銭	三五銭	四二銭	五〇銭
五等（〃）	一九銭	二六銭	二九銭	三五銭	四二銭
六等（〃）	一四銭	二〇銭	二二銭	二六銭	三一銭
第三種（漁戸）					
投網等（一戸に付）					

三人以上	二四銭	三二銭	三五銭	四二銭	五〇銭
二人	二〇銭	二六銭	二九銭	三五銭	四二銭
一人	一六銭	二〇銭	二二銭	二六銭	三一銭
貝採等（〃）					
三人以上	一四銭	一八銭	二〇銭	二四銭	二九銭
二人	一〇銭	一四銭	一五銭	一八銭	二〇銭
一人	六銭	一〇銭	一一銭	一三銭	一六銭
鵜遣等（一羽に付）	三円〇〇銭	三円〇〇銭	三円〇〇銭	三円五〇銭	五円〇〇銭
採藻（漁戸）					
三人以上（一戸）	一四銭	一八銭	二〇銭	二四銭	二九銭
二人（〃）	一〇銭	一四銭	一五銭	一八銭	二二銭
一人（〃）	六銭	一〇銭	一一銭	一三銭	一六銭

三　明治三十五〜三十六年度漁業関係税

明治三十五年度営業税雑種税課目課額は明治三十四年十二月県会に提案されたが、そのなかで漁業関係税は新たな改正案が示された。議員の質問に対して県当局は、その提案理由と内容を以下のように説明している。

漁業税ヲ改正致シタノハ現行ノ漁業税ガ重ニ物件税トシテ賦課シテ居タ、即チ網ヲ目的トシテ賦課シテ居タガ、従来ヨリ取調ベノ結果、町村等ノ状況ニ依ルト此網ニ課税スルコトニハ甚ダ困難ナ面ガアル、網ノ所有者ガ実際通リニ届出テ居ルカドウカ、検査員ガ実地ニ取調ベテモ中々充分ノ把握ガ出来ナイ状況ニアル、何分ニモ此物件ニ課税シテ居ルノデ課税上ノ取締リガ不充分デアル、ソレデ此改正ノ目的デ数年調査シタ結果ガ今回ノ提案デアル、従前ノ課税法ニ比シ余程宜シイト判断シテ居ル次第デアル、此改正案ノ大要ヲ述ベルト、第一種ハ網代税トナツテ居リ網代ニ課税スル、此網代ハ常ニ場所ヲ定メテ漁業ヲスルノデ充分ニ把握出来ルノデアル、ソレカラ第二種ハ漁戸税、ツマリ漁戸ニ賦課致スモノデアル、其漁戸ニハ等級ヲ設ケテアリ、其ノ等級ハ漁場ノ難易トカ漁具漁法ノ種類等ヲ参酌シテ定メタノデアル、ソシテ一等ノ所ニ当タル区域ノ漁戸ハ一等ノ税額ヲ納メルヤウニシテアル、実際ニハ之ハ市町村会辺リデ等級ヲ設ケテ各戸ノ負担ヲ決メテ賦課スル事ガ出来ルト云フ方法ニナツテイル、ソレカラ第三ハ河川ノ漁戸税デアルガ、之ハ従来ノ課税法ト格別変ツタコトハナイ、今回ハ余程ノ改正ニナルノデ一応ハ当業者ノ意見モ聞イテ居ル、漁業組合、当業者ニ於テモ従来ノ方法ニ比スレバ宜ク、等級等ニ付テモ格別不権衡ノ所モナイトノ意見ヲ得タ次第デアル、尚ホ課税率上ノ算出ノ仕方ハ漁獲高ヲ目安トシテ居ル。又遊漁ニツイテハ、之ハ海ト川トヲ問ハズ凡テ遊漁ヲ為ス者ハ該税額ヲ賦課スルト云フ考ヘデアル、色々取調ヲシテ見タガ、何分其区別ヲ立テル事ガ困難デアリ、其取締ガ出来ナイト云フ事カラ已ムヲ得ズ斯ウ云フコトニシタノデアル。

そして原案通りに可決された。改正された三十五年度漁業関係税は左のようになった。

営業税雑種税課目額

営業税

一　行商　沖売共満六十歳以上十五歳未満ノ者及廃疾ノ者ハ除ク

但女子ハ本税ノ六歩ヲ課シ漁業採藻者若クハ其家族ニシテ魚類貝藻ヲ行商スルモノハ本税ノ半額ヲ課ス

五等（生魚等）　年税金八拾五銭

雑種税

一　船

日本形船積石五拾石未満　一艘　年税金壱円弐拾銭

艀漁船小廻船（積石百石以上ノモノヲ除ク）長自舳梁至艫梁壱間迄　年税金五拾銭

但壱間以上壱間ヲ加フル毎ニ年税金拾五銭ヲ増課ス

遊船長自舳梁至艫梁三間迄　年税金壱円

但三間以上壱間ヲ加フル毎ニ年税金七拾銭ヲ増課ス

一　漁業

第一種　網代税

大　敷

一等	一箇所ニ付　税金拾円	洞北村ノ内　脇田　脇ノ浦
二等	同　六円	板櫃村ノ内　馬島　藍島 岬村ノ内　地島 大島村 新宮村ノ内　相ノ島 志賀島村 北崎村ノ内　玄界島 芥屋村ノ内　姫島
三等	同　四円	江川村ノ内　岩屋 山鹿村ノ内　柏原 津屋崎町 福吉村ノ内　鹿家　福井
四等	同　参円	勝浦村 以上ニ掲ゲザル各市町村

桝　網（壺網共）　一箇所ニ付　税金壱円

但沖建ハ本税ノ弐倍ヲ賦課ス

羽　瀬

一等	一箇所ニ付税金　五円	崎ケ崎　崎ケ崎下　峯 ノ津上　帯津下　江戸 ノ原
二等	同　四円	鴈道　ウルマ　高津 新穀　荒津裾　荒津 荒津裾並　ゴミタチ
三等	同　参円	津ノ上　平戸　海老戸 ダグラ　帯津　網戸 壇ノ上　三里沖
四等	同　弐円	宮津　神楽　袖　中津 西ノ津　野田　中潟
五等	同　壱円	新吾瀬　琴ノ　ヘタノ 七ツ　今山　以上ニ掲 ゲザル場所

石干見及笹干見　一箇所ニ付　税金五拾銭

第二種　海面漁業漁戸税　満六十歳以上十七歳未満ノ者及癈疾ノ者ハ除ク

一等	一戸ニ付 年税金弐円拾銭	大島村	
		岬村ノ内	地ノ島
		新宮村ノ内	相ノ島
		津屋崎町	
		志賀島村	
		北崎村ノ内	西ノ浦
		板櫃村ノ内	藍島
二等	同 壱円八拾銭	板櫃村ノ内	馬島
		洞北村ノ内	脇浦
			脇田
		山鹿村ノ内	柏原
		岡県村ノ内	波津
		岬村ノ内	鐘崎
		和白村ノ内	奈多
		北崎村ノ内	玄界島
			宮ノ浦
		野北村	
		芥屋村ノ内	姫島
三等	同 壱円五拾銭	江川村ノ内	岩屋
		芦屋町	
		神湊村ノ内	神湊
		勝浦村ノ内	勝浦
		下西郷村ノ内	福間
		新宮村ノ内	新宮
		姪ノ浜町	
		芥屋村ノ内	岐志
			新町
		深江村ノ内	深江
			片山
		小富士村ノ内	船越
			久家
		福吉村ノ内	吉井
			福井
		門司市ノ内	田ノ浦
		東郷村ノ内	柄杓田
四等	同 壱円参拾銭	戸畑町	
		若松町	
		山鹿村ノ内	山鹿
		箱崎町ノ内	箱崎
		残島村	
		今津村	
		加布里村ノ内	加布里
		福吉村ノ内	鹿家
		小倉市ノ内	長浜
			平松
		松ケ江村ノ内	恒見
			今津
		宇ノ島町	
		八屋町	
五等	同 壱円	福岡市	
		芥屋村ノ内	芥屋
		北崎村ノ内	小呂島
		柳ケ浦村	
		門司市ノ内	旧門司
		苅田村	
		蓑島村	
		今元村	
		仲津村	
		八津田村	
		椎田村	
		西角田村	
		角田村	
		三毛門村	
		東吉富村	
		三川村	
		沖端村	
		川口村	
		大川町	
六等	同 六拾銭	大牟田町	
		手鎌村	
		関村	
		江ノ浦村	
		川沿村	
		鷹尾村	
		塩塚村	
		有明村	
		両開村	
		東宮永村	
		西宮永村	
		城内村	
		浜武村	
		久間田村	
		青木村	
		三又村	
		大野島村	
		以上ニ掲ゲザル各市町村	

第三種　河川漁業漁戸税　満六十歳以上十七歳未満ノ者及癈疾ノ者ハ除ク

科目	人員	漁者一戸ニ付三人以上	同　二人	同　一人
筑後川　矢部川　山国川	年税金	六拾銭	同　五拾銭	同　四拾銭
以上ニ掲ケサル河川池沼	年税金	四拾五銭	同　参拾五銭	同　参拾銭

第四種　遊漁　十五歳未満ノ者癈疾ノ者ハ除ク

遊漁　年税金壱人ニ付参拾銭

一　採藻　満六十歳以上十七歳未満ノ者及廃疾ノ者ハ除ク

種目	人員	採取者一戸ニ付三人以上	同　二人	同　一人
採藻	年税金	六拾銭	同　五拾銭	同　四拾銭

課税方法

第二条　左記ノ業目ハ同類中交互兼業スルモ重キニ従ヒ其一ニ課税ス

第五類　漁業第二種　同第三種　採藻

同一業目中等差ヲ設ケタルモノ、兼業ニ就テモ前項本文ヲ準用ス

第一五条　営業税雑種税ハ総テ前納トス

漁業第一種網代税ハ使用者又ハ使用免許者ニ賦課シ一時ニ全額ヲ徴収ス

前月ニ廃業シ翌月ニ同一ノ営業ヲ起業スルモノハ継続営業者トシテ課税ス

第一六条　一ノ重ニ依リ課税スル業目ニシテ一期中軽税ヨリ重税ニ転ズルモノハ其月ヨリ差金ノミヲ徴収ス

同一業目中等差ヲ設ケタルモノ亦同ジ

第一七条　漁業税第二種第三種ノ漁戸税ハ一戸内ノ戸主家族又ハ同居者ニシテ漁業ヲ為スモノ壱人以上アルトキハ総テ一戸トシ其首長ニ之ヲ賦課ス

但壱戸内ニ同居スト雖モ経済ヲ異ニスル者ハ一戸ト見做シ課税ス

第一八条　漁業税ハ市町村会ノ議決ヲ経テ賦課ノ等級ヲ設ケ徴収スルコトヲ得
　但等級ヲ設クル為納税者負担ノ総額ヲ減ズルコトヲ得ズ

三十五年度改正は徴収技術上の改善にあったと思われる。主な改正点は、(1)従来、すべての網漁具が課税対象となっていたものが、網代税（第一種）として定置型漁具（大敷・桝網・羽瀬・石干見及笹干見）のみが課税対象となったこと、(2)漁戸税を海面漁業（第二種）と河川漁業（第三種）とに分離したこと、(3)遊漁税（第四種）を独自に設定したこと、(4)課税金額を大幅に見直したことなどであった。

この漁業関係税体系は翌三十六年度まで、一部改正があったものの継続された。

四　明治三十七～大正三年度漁業関係税

明治三十七年度営業税雑種税課目課額は明治三十六年十一月県会に提案されたが、そのなかで漁業関係税は新たな改正案が示された。県当局は議員の質問に対して、漁業第一種の網代税を定置漁業税に変更した理由を次のように説明している。

網代税ヲ定置漁業税トシタノハ本年四月カラ施行サレタ漁業法ニ定置漁業ト云フ種目ガ定メラレタガ、此定置漁業ニハ今迄ノ網代税ニ属シテ居タモノガ皆入ルノデ此漁業法ノ名目ニ従ッテナシタノデアル、尚、其他ノ定置漁業ヲ加ヘタノハ漁業法デ認メタ所ノ定置漁業ニハ総テ賦課シタ方ガ宜カラウト云フ考ヘカラデアル。

三十七年度漁業関係税は原案通り可決された。その体系は以下のようになるが、課税方法については前年度と同様であった。

営業税雑種税課目額

営業税
一　行商　沖売共　満六十歳以上十五歳未満ノ者及廃疾ノ者ハ除ク
　漁業採藻者若クハ其家族ニシテ魚類貝藻ヲ行商スルモノハ男女ニ拘ハラズ本税ノ半額ヲ課ス
　五等（生魚等）　年税金八拾五銭

雑種税

一　船

日本形船積石五拾石未満　一艘　年税金壱円弐拾銭

艀漁船小廻船（積石百石以上ノモノヲ除ク）　長自舳梁至艫梁壱間迄　年税金五拾銭

但壱間以上壱間ヲ加フル毎ニ年税金拾五銭ヲ増課ス

遊船　長自舳梁至艫梁三間迄　年税金壱円

但三間以上壱間ヲ加フル毎ニ年税金七拾銭ヲ増課ス

一　漁業

第一種　定置漁業税

大敷

一等　一箇所ニ付　税金拾円	洞北村ノ内　脇田、脇ノ浦
二等　同　六円	板櫃村ノ内　馬島、藍島 岬村ノ内　地島 大島村 新宮村ノ内　相ノ島 志賀島村 北崎村ノ内　玄界島 芥屋村ノ内　姫島
三等　同　四円	江川村ノ内　岩屋 山鹿村ノ内　柏原 津屋崎町 福吉村ノ内　鹿家、福井
四等　同　参円	勝浦村 以上ニ掲ゲザル各市町村

桝網（壺網共）　一箇所ニ付　税金弐円

但沖建ハ一箇所ニ付税金参円ヲ賦課ス

羽瀬

一等	一箇所ニ付税金　五円	崎ケ崎　崎ケ崎下　峯 の津上　帯津下　江戸 ノ原
二等	同　四円	鴈道　ウルマ　高津 新穀　荒津裾　荒津 荒津裾弁　ゴミダチ
三等	同　参円	津ノ上　平戸　海老戸 ダグラ　帯津　網戸 檀ノ上　三里沖
四等	同　弐円	宮津　神楽　袖　中津 西ノ津　野田　中潟
五等	同　壱円	新吾瀬　琴ノ　ヘタノ 七ツ　今山　以上ニ掲 ゲザル場所

烏賊曲網　鱅曲網　其他曲建網　一箇所ニ付税金七拾銭

石干見　笹干見　建干網　張切網　江切網　簗　一箇所ニ付税金五拾銭

其他ノ定置漁業　一箇所ニ付税金五拾銭

第二種　海面漁業漁戸税　満六十歳以上十七歳未満ノ者及癈疾ノ者ハ除ク

一等	一戸ニ付 年税金弐円拾銭	大島村 岬村ノ内　地ノ島 新宮村ノ内　相ノ島 津屋崎町 志賀島村 北崎村ノ内　西ノ浦 板櫃村ノ内　藍島
二等	同　壱円八拾銭	板櫃村ノ内　馬島 洞北村ノ内　脇ノ浦 脇田 山鹿村ノ内　柏原 岡県村ノ内　波津 岬村ノ内　鐘崎 和白村ノ内　奈多 北崎村ノ内　玄界島 宮ノ浦 野北村 芥屋村ノ内　姫島
三等	同　壱円五拾銭	江川村ノ内　岩屋 芦屋町 神湊村ノ内　神湊 勝浦村ノ内　勝浦 下西郷村ノ内　福間 新宮村ノ内　新宮 姪ノ浜町 芥屋村ノ内　岐志 新町 深江村ノ内　深江 片山 小富士村ノ内　船越
四等	同　壱円参拾銭	戸畑町 若松町 山鹿村ノ内　山鹿 箱崎町ノ内　箱崎 残島村 今津村 加布里村ノ内　加布 里 福吉村ノ内　鹿家 小倉市ノ内　長浜 平松 松ケ江村ノ内　恒見
五等	同　壱円	福岡市 芥屋村ノ内　芥屋 北崎村ノ内　小呂島 柳ケ浦村 門司市ノ内　旧門司 苅田村 蓑島村 今元村 仲津村 八津田村 椎田村 西角田村
六等	同　六拾銭	大牟田町 手鎌村 関村 江ノ浦村 川沿村 鷹尾村 塩塚村 有明村 両開村 東宮永村 西宮永村 城内村

		久家	今津	角田村	浜武村
		福吉村ノ内　吉井	宇ノ島町	三毛門村	久間田村
		福井	八屋町	東吉富村	青木村
		門司市ノ内　田ノ浦		三川村	三又村
		東郷村ノ内　柄杓田		沖端村	大野島村
				川口村	以上ニ掲ゲザル各
				大川町	市町村

第三種　河川漁業漁戸税　満六十歳以上十七歳未満ノ者及廃疾ノ者ハ除ク

科目	人員　漁者一戸ニ付三人以上	同　二人	同　一人
筑後川　矢部川　山国川	年税金　六拾銭	同　五拾銭	同　四拾銭
以上ニ掲ゲザル河川池沼其他	年税金　五拾銭	同　四拾銭	同　参拾銭

第四種　遊漁税　十五歳未満ノ者癈疾ノ者ハ除ク

遊　漁　年税金壱人ニ付参拾銭

第五種　採藻税　満六十歳以上十七歳未満ノ者及癈疾ノ者ハ除ク

種目	人員　採取者一戸ニ付三人以上	同　二人	同　一人
採　藻	年税金　六拾銭	同　五拾銭	同　四拾銭

課税方法

第二条　左記ノ業目ハ同類中交互兼業スルモ重キニ従ヒ其一ニ課税ス

第五類漁業　第二種　同第三種　同第五種

同一業目中等差ヲ設ケタルモノ、兼業ニ就テハ前項本文ヲ準用シ同等中ノ兼業ニ就テハ其一ニ課税ス

第一五条　営業税雑種税ハ総テ前納トス

漁業第一種網代税ハ使用者又ハ使用免許者ニ賦課シ一時ニ全額ヲ徴収ス

第一六条　一ノ重ニ依リ課税スル業目ニシテ一期中軽税ヨリ重税ニ転ズルモノハ其月ヨリ差金ノミヲ徴収ス同一業目中等差ヲ設ケタルモノ亦同ジ

第一七条　漁業税第二種第三種ノ漁戸税ハ一戸内ノ戸主家族又ハ同居者ニシテ漁業ヲ為スモノ壱人以上アルトキハ総テ一戸トシ其首長ニ之ヲ賦課ス

但壱戸内ニ同居スト雖モ経済ヲ異ニスル者ハ一戸ト看做シ課税ス

第一八条　漁業税ハ市町村会ノ議決ヲ経テ賦課ノ等級ヲ設ケ徴収スルコトヲ得

但等級ヲ設クル為納税者負担ノ総額ヲ減ズルコトヲ得ズ

この三十七年度の主な改正点は、⑴漁業第一種・網代税を定置漁業税に変更し、そのなかに新たに「其他ノ定置漁業」を設けたこと、⑵「採藻税」を漁業税のなかに組み入れ、第五種としたこと、である。

翌三十八年度においては、一部改正がなされた。すなわち、漁業第一種・定置漁業税の次に「第二種・区劃漁業税（水産動植物ヲ養殖スルモノ）牡蠣・蟶貝・汐吹貝・蛤・海苔　区劃千坪ニ付税金十銭、以上ニ掲ゲザルモノハ本税ノ半額ヲ課ス」を新設し、その以下に、第三種・海面漁業漁戸税、第四種・河川漁業漁戸税、第五種・遊漁税、第六種・採藻税、と繰り下がる。区劃漁業税が新設されたことは、当時の粗放的養殖が漁業として認知されたことを意味する。

三十九年度においては、改正なく前年度と同様であった。

四十年度においては、漁業関係税体系そのものは三十八年度と変わりないが、次のように全般にわたって税額が増加された。

営業税雑種税課目課額

営業税

一　行商　沖売共　満六十歳以上十五歳未満ノ者及廃疾ノ者ハ除ク

漁業者若クハ其家族ニシテ魚類貝藻ヲ行商スルモノハ男女ニ拘ハラズ本税ノ半額ヲ課ス

五等（生魚等）　年税金八拾五銭

雑種税

一　船

日本形船積石五拾石未満　一艘　年税金壱円六拾銭

艀漁船小廻船（積石百石以上ノモノヲ除ク）　長自舳梁至艫梁壱間迄　年税金七拾銭

但壱間以上壱間ヲ加フル毎ニ年税金拾参銭ヲ増課ス

遊船　長自舳梁至艫梁三間迄　年税金壱円参拾銭

但三間以上壱間ヲ加フル毎ニ年税金九拾銭ヲ増課ス

一　漁業

第一種　定置漁業税

大　敷

一等一箇所ニ付	税金拾参円	洞北村ノ内　脇田　脇ノ浦
二等　同	七円八拾銭	板櫃村ノ内　馬島　藍島 岬村ノ内　地島 大島村 新宮村ノ内　相ノ島 志賀島村 北崎村ノ内　玄界島 芥屋村ノ内　姫島
三等　同	五円弐拾銭	江川村ノ内　岩屋 山鹿村ノ内　柏原 津屋崎町 福吉村ノ内　鹿家　福井
四等　同	参円九拾銭	勝浦村 以上ニ掲ゲザル各市町村

桝　網（壺網魚来籠共）　一箇所ニ付　税金弐円六拾銭

但沖建ハ一箇所ニ付税金参円九拾銭ヲ賦課ス

羽　瀬

一等	一箇所ニ付年税金六円五拾銭	崎ケ崎　崎ケ崎下　峯　ノ津上　帯津下　江戸　ノ原
二等	同　五円弐拾銭	鴈道　ウルマ　高津　新穀　荒津裾　荒津　荒津裾並　ゴミタチ
三等	同　参円九拾銭	津ノ上　平戸　海老戸　ダグラ　帯津　網戸　檀ノ上　三里沖
四等	同　弐円六拾銭	宮津　神楽　袖　中津　西ノ津　野田　中潟
五等	同　壱円参拾銭	新吾瀬　琴ノ　ヘタノ　七ツ　今山　以上ニ掲ゲザル場所

烏賊曲網　鯆曲網　其他曲建網　一箇所ニ付税金九拾銭

石干見　笹干見　建干網　張切網　江切網　簗　一箇所ニ付税金七拾銭

其他ノ定置漁業　一箇所ニ付税金七拾銭

第二種　区劃漁業税　水産動植物ヲ養殖スルモノ

牡蠣・蟶貝・汐吹貝・蛤・海苔　区劃千坪ニ付税金拾参銭

以上ニ掲ゲザルモノハ本税ノ半額ヲ課ス

第三種　海面漁業漁戸税　満六十歳以上十七歳未満ノ者及廃疾ノ者ハ除ク

一等	一戸ニ付年税金弐円六拾銭	大島村　岬村ノ内 地ノ島　新宮村ノ内 相ノ島　津屋崎町　志賀島村　北崎村ノ内 西ノ浦　板櫃村ノ内 藍島
二等	同　弐円四拾銭	板櫃村ノ内 馬島　洞北村ノ内 脇ノ浦　脇田　山鹿村ノ内 柏原　岡県村ノ内 波津　岬村ノ内 鐘崎　和白村ノ内 奈多　北崎村ノ内 玄界島　宮ノ浦
三等	同　弐円	江川村ノ内 岩屋　芦屋町　神湊村ノ内 神湊　勝浦村ノ内 勝浦　下西郷村ノ内 福間　新宮村ノ内 新宮　姪ノ浜町　芥屋村ノ内 岐志　新町
四等	同　壱円七拾銭	戸畑町　若松町　山鹿村ノ内 山鹿　箱崎町ノ内 箱崎　残島村　今津村　加布里村ノ内 加布里　福吉村ノ内 鹿家
五等	同　壱円参拾銭	福岡市　芥屋村ノ内 芥屋　北崎村ノ内 小呂島　柳ケ浦村　門司市ノ内 旧門司　苅田村　蓑島村　今元村　仲津村
六等	同　八拾銭	大牟田町　手鎌村　関村　江ノ浦村　川沿村　鷹尾村　塩塚村　有明村　両開村

野北村 芥屋村ノ内　姫島
深江村ノ内　深江 片山 小富士村ノ内　船越 久家 福吉村ノ内　吉井 福井 門司市ノ内　田ノ浦 東郷村ノ内　柄杓田
小倉市ノ内　長浜 平松 松ケ江村ノ内　恒見 今津 宇ノ島町 八屋町
八津田村 椎田村 西角田村 角田村 三毛門村 東吉富村 三川村 沖端村 川口村 大川町
東宮永村 西宮永村 城内村 浜武村 久間田村 青木村 三又村 大野島村 以上ニ掲ゲザル各市町村

第四種　河川漁業漁戸税　満六十歳以上十七歳未満ノ者及廃疾ノ者ハ除ク

科目　人員	漁者一戸ニ付三人以上	同　二人	同　一人
筑後川　矢部川　山国川	年税金　八拾銭	同　七拾銭	同　五拾銭
以上ニ掲ゲザル河川池沼其他	年税金　七拾銭	同　五拾銭	同　四拾銭

第五種　遊漁税

遊漁　十五歳未満ノ者廃疾ノ者ハ除ク　年税金壱人ニ付四拾銭

第六種　採藻税

採藻　満六十歳以上十七歳未満ノ者及廃疾ノ者ハ除ク

種目　人員	採取者一戸ニ付三人以上	同　二人	同　一人
採藻	年税金　八拾銭	同　七拾銭	同　五拾銭

課税方法

第二条　左記ノ業目ハ同類中交互兼業スルモ重キニ従ヒ其一ニ課税ス
　第五類　漁業第三種　同第四種　同第六種
　同一業目中等差ヲ設ケタルモノ、兼業ニ就テハ前項本文ヲ準用シ同等中ノ兼業ニ就テハ其一ニ課税ス
第一五条　営業税雑種税ハ総テ前納トス
　漁業税第一種定置漁業及第二種区劃税ハ漁業者又ハ漁業免許者ニ賦課シ随時全額ヲ一時ニ徴収ス
　臨時開場ノ漁業税第五種遊漁税ハ随時全額ヲ一時ニ賦課ス
第一七条　漁業税第三種第四種ノ漁戸税ハ一戸内ノ戸主家族又ハ同居者ニシテ漁業ヲ為スモノ一人以上アルトキハ総テ一戸トシ其首長ニ之ヲ賦課ス
　但一戸内ニ同居スト雖モ経済ヲ異ニスル者ハ一戸ト看做シ課税ス
第一八条　漁業税ハ市町村会ノ議決ヲ経テ賦課ノ等級ヲ設ケ徴収スルコトヲ得
　但等級ヲ設クル為納税者負担ノ総額ヲ減ズルコトヲ得ズ

明治四十年度漁業関係税の体系、税額は大正三年度まで継続された。この期間内では、明治四十一、四十三年度にごく一部改正がなされた程度である。

五　大正四〜七年度漁業関係税

大正四年度漁業関係税はかなりの改正がみられたが、この県原案に対して県会では特に異論なく、承認されたようである。主な改正点は、⑴行商の項で「漁業者若クハ其家族ニシテ魚類貝藻ヲ行商スル者ハ男女ニ拘ハラズ課税セズ」となったこと、⑵漁業第一種の大敷（含大謀網）等級を四段階から五段階とし、漁場毎の地区別ランク付を見直したこと、⑶漁業第一種の桝網を二分割（沖建桝網および桝網・壺網）にしたこと、⑷漁業第一種の羽瀬における漁場毎の地区別ランク付を見直したこと、⑸第三種海面漁業漁戸税における地区別等級ランク付を見直したこと、⑹第七種・トロール漁業税を新設したこと、である。四年度漁業関係税の内容は左のとおりである。

営業税雑種税課目額

営業税

一　行商

漁業者若クハ其家族ニシテ魚類貝藻ヲ行商スル者ハ男女ニ拘ハラズ課税セズ

雑種税

一　船

積石五拾石未満ノ海船　一艘　年税金壱円弐拾銭

艀漁船小廻船（積石百石以上ノモノヲ除ク）長自舳梁至艫梁壱間迄　年税金七拾銭

但壱間以上壱間ヲ加フル毎ニ年税金拾参銭（艀ハ五銭）ヲ増課ス

遊船　長自舳梁至艫梁三間迄　年税金壱円参拾銭

但三間以上壱間ヲ加フル毎ニ年税金九拾銭ヲ増課ス

一　漁業

第一種　定置漁業税

大　敷（大謀網ヲ含ム）

一　等　一箇所ニ付	二　等	三　等	四　等	五　等
年税金　拾参円	同　八円五拾銭	同　六円五拾銭	同　四円五拾銭	同　参円五拾銭
島郷村ノ内　脇田 脇ノ浦 芥屋村ノ内　姫島 （大謀網ニ限ル）	志賀島村	板櫃村ノ内　馬島 藍島 岬村ノ内　地ノ島 大島村	島郷村ノ内　岩屋 芦屋町大字山鹿ノ内柏原 津屋崎町 福吉村ノ内　鹿家 福吉 勝浦村 小富士村 残島村	以上ニ掲ゲザル市町村

桝網

一　沖建桝網　一箇所ニ付　年税金参円五拾銭

一　桝網　壺網　一箇所ニ付　年税金弐円五拾銭

羽瀬

一等	一箇所ニ付 年税金 六円五拾銭	崎ケ崎　崎ケ崎下　峯ノ津上　帯津下　江戸ノ原
二等	同 五円弐拾銭	高津　新穀
三等	同 参円九拾銭	津ノ上　平戸　海老戸　ダグラ　帯津　網戸
四等	同 弐円六拾銭	宮津　神楽　袖　中津　西ノ津　野田　中潟
五等	同 壱円参拾銭	以上ニ掲ゲザル場所

烏賊曲網　鯆曲網　其他曲建網　一箇所ニ付年税金九拾銭

石干見　笹干見　建干網　張切網　江切網　簗　一箇所ニ付年税金七拾銭

其他ノ定置漁業　一箇所ニ付年税金七拾銭

第二種　区劃漁業税　水産動植物ヲ養殖スルモノ

牡蠣・蟶貝・汐吹貝・蛤・海苔　区劃千坪ニ付　年税金拾参銭

以上ニ掲ゲザルモノハ本税ノ半額ヲ課ス

第三種　海面漁業漁戸税

一等	一戸ニ付年税金 弐円六拾銭	大島村　新宮村ノ内 相ノ島　津屋崎町　志賀島村ノ内 志賀　北崎村ノ内 西ノ浦
二等	同 弐円四拾銭	岬村ノ内 地ノ島　板櫃村ノ内 馬島　島郷村ノ内 脇ノ浦　脇田　山鹿村ノ内 柏原
三等	同 弐円	島郷村ノ内 岩屋　芦屋町大字 芦屋　神湊村ノ内 神湊　勝浦村ノ内 勝浦　福間町ノ内 福間
四等	同 壱円七拾銭	残島村　今津村　加布里村ノ内 加布里　小倉市ノ内 長浜
五等	同 壱円参拾銭	芦屋町大字山鹿ノ内 山鹿　福吉村ノ内 鹿家　福岡市　芥屋村ノ内 芥屋
六等	同 八拾銭	以上ニ掲ゲザル各市町村

玄界島 板櫃村ノ内　藍島
岡垣村ノ内　波津 岬村ノ内　鐘崎 和白村ノ内　奈多 北崎村ノ内　宮ノ浦 野北村 芥屋村ノ内　姫島
新宮村ノ内　新宮 姪ノ浜町 芥屋村ノ内　岐志 新町 深江村ノ内　深江 片山 小富士村ノ内　船越 久家 福吉村ノ内　吉井 福井 門司市ノ内　田ノ浦 東郷村ノ内　柄杓田 若松市 戸畑町 箱崎町ノ内　箱崎 志賀島村ノ内　弘
平松 松ケ江ノ内　恒見 今津 宇ノ島町 八屋町 門司市ノ内　旧門司
北崎村ノ内　小呂島 大里村 苅田村 蓑島村 今元村 仲津村 八津田村 椎田村 西角田村 角田村 東吉富村 三川村（川尻ヲ除ク） 沖端村 川口村 大川町

第四種　河川漁業漁戸税

科目　人員	漁者一戸ニ付三人以上	同　二人	同　一人
筑後川　矢部川　山国川	年税金　八拾銭	同　七拾銭	同　五拾銭
以上ニ掲ゲザル河川池沼其他	年税金　七拾銭	同　五拾銭	同　四拾銭

第五種　遊漁税

遊　漁　十五歳未満ノ者廃疾ノ者ハ除ク　年税金壱人ニ付四拾銭

第六種　採藻税

採　藻　満六十歳以上十七歳未満ノ者及廃疾ノ者ハ除ク

種目	人員	採取者一戸ニ付三人以上	同　二人	同　一人
採藻	年税金	八拾銭	同　七拾銭	同　拾銭

第七種　トロール漁業税

トロール漁業汽船　　一艘ニ付　　年税金百円

課税方法

第二条　左記ノ業目ハ同類中交互兼業スルモ重キニ従ヒ其一ニ課税ス

第五類　漁業第三種　同第四種　同第六種

同一業目中等差ヲ設ケタルモノ、兼業ニ就テハ前項本文ヲ準用シ同等中ノ兼業ニ就テハ其一ニ課税ス

第一五条　営業税雑種税ハ総テ前納トス

漁業税第一種定置漁業及第二種区劃税ハ漁業者又ハ漁業免許者ニ賦課シ随時全額ヲ一時ニ徴収ス

漁業税第五種遊漁税ハ随時全額ヲ一時ニ賦課ス

第一七条　漁業税第三種第四種ノ漁戸税第六種採藻税ハ一戸内ノ戸主家族又ハ同居者ニシテ漁業ヲ為ス者（満六十歳以上十七歳未満及癈疾ノ者ハ除ク）アルトキハ総テ漁戸トシ其首長ニ之ヲ賦課ス

但一戸内ニ同居スト雖モ経済ヲ異ニスル者ハ別戸ト看做シ課税ス

第一八条　漁業税ハ市町村会ノ議決ヲ経テ賦課ノ等級ヲ設ケ徴収スルコトヲ得

但等級ヲ設クル為納税者負担ノ総額ヲ減ズルコトヲ得ズ

この四年度漁業税はそのまま大正七年度まで継続された。

六　大正八〜十年度漁業関係税

大正八年三月県令第一五号「県税営業税雑種税賦課方法」が公布された。このなかで漁業関係税は漁船、遊船、漁業第

一〜六種の各税が軒並みに増額され、漁業第七種・トロール漁業税のみが減額された。八年度漁業関係税の内容は左のとおりである。

営業税雑種税課目額

営業税
一　行商
漁業者若クハ其家族ニシテ魚類貝藻ヲ行商スル者ハ男女ニ拘ハラズ課税セズ
雑種税
一　船
積石五拾石未満ノ海船　一艘　年税金壱円五拾銭
艀　漁船　川船　端艇　長自舳梁至艫梁壱間迄　年税金九拾銭
但壱間以上壱間（一間未満ヲ含ム）ヲ加フル毎ニ年税金拾六銭（川船ハ六銭）ヲ増課ス
遊船　長自舳梁至艫梁三間迄　年税金壱円参拾銭
但三間以上壱間（一間未満ヲ含ム）ヲ加フル毎ニ年税金壱円拾銭ヲ増課ス
一　漁業
第一種　定置漁業税
大　敷（大謀網ヲ含ム）

一　等　一箇所ニ付	二　等	三　等	四　等	五　等
税金　拾五円六拾銭	同　拾円弐拾銭	同　七円八拾銭	同　五円四拾銭	同　四円弐拾銭
島郷村ノ内　脇　田 脇ノ浦 芥屋村ノ内　姫　島 （大謀網ニ限ル）	志賀島村	板櫃村ノ内　馬　島 藍　島 岬村ノ内　地ノ島 大島村	島郷村ノ内　岩　屋 芦屋町大字山鹿ノ内柏原 津屋崎町 福吉村ノ内　鹿　家	以上ニ掲ゲザル市町村

福吉

勝浦村
小富士村
残島村

桝網

一　沖建桝網　一箇所ニ付　年税金四円弐拾銭

一　桝網　壺網共　一箇所ニ付　年税金参円

羽瀬

一等　一箇所ニ付	年税金　七円八拾銭	崎ケ崎　崎ケ崎下　峯ノ津上　帯津下　江戸ノ原
二等	同　六円参拾銭	高津　新穀
三等	同　四円七拾銭	津ノ上　平戸　海老戸　ダグラ　帯津　網戸
四等	同　参円弐拾銭	宮津　神楽　袖　中津　西ノ津　野田　中潟
五等	同　壱円六拾銭	以上ニ掲ゲザル場所

烏賊曲網　鯆曲網　其他曲建網　一箇所ニ付　年税金壱円拾銭

石干見　建干網　張切網　江切網　簗　一箇所ニ付　年税金九拾銭

其他ノ定置漁業　一箇所ニ付　年税金九拾銭

第二種　区劃漁業税　水産動植物ヲ養殖スルモノ

牡蠣・蟶貝・汐吹貝・蛤・海苔　区劃千坪ニ毎（千坪未満ヲ含ム）　年税金拾六銭

以上ニ掲ゲザルモノハ本税ノ半額ヲ課ス

第三種　海面漁業漁戸税

一等	一戸ニ付年税金　参円弐拾銭	大島村 新宮村ノ内　相ノ島 津屋崎町 志賀島村ノ内　志賀 北崎村ノ内　西ノ浦 玄界島 板櫃村ノ内　藍島
二等	同　弐円九拾銭	岬村ノ内　地ノ島 板櫃村ノ内　馬島 島郷村ノ内　脇ノ浦 脇田 芦屋町大字　山鹿ノ内 柏原 岡垣村ノ内　波津 岬村ノ内　鐘崎 和白村ノ内　奈多 北崎村ノ内　宮ノ浦 野北村 芥屋村ノ内　姫島
三等	同　弐円四拾銭	島郷村ノ内　岩屋 芦屋町大字　芦屋 神湊村ノ内　神湊 勝浦村ノ内　勝浦 福間町ノ内　福間 新宮村ノ内　新宮 姪ノ浜町 芥屋村ノ内　岐志 新町 深江村ノ内　深江 片山 小富士村ノ内　船越 久家 福吉村ノ内　吉井 福井 門司市ノ内　田ノ浦 東郷村ノ内　柄杓田 若松市 戸畑町 箱崎町ノ内　箱崎 志賀島村ノ内　弘
四等	同　弐円拾銭	残島村 今津村 加布里村ノ内　加布里 小倉市ノ内　長浜 平松 松ケ江村ノ内　恒見 今津 宇ノ島町 八屋町 門司市ノ内　旧門司
五等	同　壱円六拾銭	芦屋町大字山鹿ノ内 山鹿 福吉村ノ内　鹿家 福岡市 芥屋村ノ内　芥屋 北崎村ノ内　小呂島 大里村 苅田村 蓑島村 今元村 仲津村 八津田村 椎田村 西角田村 角田村 東吉富村 三川村（川尻ヲ除ク） 沖端村 川口村 大川町
六等	同　壱円	以上ニ掲ゲザル各市町村

第四種　河川漁業漁戸税

科目／人員	漁者一戸ニ付三人以上	同　二人	同　一人
筑後川　矢部川　山国川	年税金　壱円	同　九拾銭	同　六拾銭
以上ニ掲ゲザル河川池沼其他	年税金　九拾銭	同　六拾銭	同　五拾銭

第五種　遊漁税

遊　漁　十五歳未満ノ者廃疾ノ者ハ除ク　年税金壱人ニ付金五拾銭

第六種　採藻税

採　藻　満六十歳以上十七歳未満ノ者及廃疾ノ者ハ除ク

種目／人員	採取者一戸ニ付三人以上	同　二人	同　一人
採　藻	年税金　壱円	同　九拾銭	同　六拾銭

第七種　トロール漁業税

トロール漁業汽船　一艘ニ付　年税金六拾円

課税方法

第二条　左記ノ業目ハ同類中交互兼業スルモ重キニ従ヒ其一ニ課税ス

第五類　漁業第三種　同第四種　同第六種

同一業目中等差ヲ設ケタルモノ、兼業ニ就テハ前項本文ヲ準用シ同等中ノ兼業ニ就テハ其一ニ課税ス

第一六条　営業税雑種税ハ総テ前納トス

漁業税第一種定置漁業及第二種区劃税ハ漁業者又ハ漁業免許者ニ賦課シ随時全額ヲ一時ニ徴収ス

漁業税第五種遊漁税ハ随時全額ヲ一時ニ賦課ス

第一八条　漁業税第三種第四種ノ漁戸税第六種採藻税ハ一戸内ノ戸主家族又ハ同居者ニシテ漁業ヲ為ス者（満六十歳以上十七歳未満及廃疾ノ者ハ除ク）アルトキハ総テ漁戸トシ其首長ニ之ヲ賦課ス

但一戸内ニ同居スト雖モ経済ヲ異ニスル者ハ別戸ト看做シ課税ス

第一九条　漁業税ハ市町村会ノ議決ヲ経テ賦課ノ等級ヲ設ケ徴収スルコトヲ得

但等級ヲ設クル為納税者負担ノ総額ヲ減ズルコトヲ得ズ

この大正八年度漁業関係税の体系、税額は九、十年度にそのまま引き継がれた。

七　大正十一～十五年度漁業関係税

大正十一年三月県令第六号「大正八年度福岡県令第一五号県税営業税雑種税賦課方法中改正」が公布された。このなかで漁業関係税においては、漁業第八種・機船底曳網漁業税が新設されたが、それ以外は前年度と同様であった。十一年度漁業関係税の内容は左のとおりである。

営業税雑種税課目額

営業税

一　行商

漁業者若クハ其家族ニシテ魚類貝藻ヲ行商スル者ハ男女ニ拘ハラズ課税セズ

雑種税

一　船

積石五拾石未満ノ海船　一艘　年税金壱円五拾銭

艀　漁船　川船　端艇　長自舳梁至艫梁壱間迄　年税金九拾銭

但壱間以上壱間（一間未満ヲ含ム）ヲ加フル毎ニ年税金拾六銭（川船ハ六銭）ヲ増課ス

遊船　長自舳梁至艫梁三間迄　年税金壱円参拾銭

但三間以上壱間（一間未満ヲ含ム）ヲ加フル毎ニ年税金壱円拾銭ヲ増課ス

一　漁業

第一種　定置漁業税

大　敷（大謀網ヲ含ム）

一等	一箇所ニ付年税金　拾五円六拾銭	島郷村ノ内　脇田　脇ノ浦　芥屋村ノ内　姫島（大謀網ニ限ル）
二等	同　拾円弐拾銭	志賀島村
三等	同　七円八拾銭	板櫃村ノ内　馬島　藍島　岬村ノ内　地ノ島　大島村
四等	同　五円四拾銭	島郷村ノ内　岩屋　芦屋町大字山鹿ノ内柏原　津屋崎町　福吉村ノ内　鹿家　福吉　勝浦村　小富士村　残島村
五等	同　四円弐拾銭	以上ニ掲ゲザル市町村

桝網

一沖建桝網　一箇所ニ付　年税金四円弐拾銭

一桝網　壺網共　一箇所ニ付　年税金参円

羽瀬

一等	一箇所ニ付年税金七円八拾銭	崎ケ崎　崎ケ崎下　峯ノ津下　帯津下　江戸ノ原
二等	同　六円参拾銭	高津　新穀
三等	同　四円七拾銭	津ノ上　平戸　海老戸　ダグラ　帯津　網戸
四等	同　参円弐拾銭	宮津　神楽　袖　中津　西ノ津　野田　中潟
五等	同　壱円六拾銭	以上ニ掲ゲザル場所

烏賊曲網　鱅曲網　其他曲建網　一箇所ニ付　年税金壱円拾銭

石干見　建干網　張切網　江切網　簗　一箇所ニ付　年税金九拾銭

其他ノ定置漁業　一箇所ニ付　年税金九拾銭

第二種　区劃漁業税　水産動植物ヲ養殖スルモノ
牡蠣・蟶貝・汐吹貝・蛤・海苔　区劃千坪ニ毎（千坪未満ヲ含ム）　年税金拾六銭
以上ニ掲ゲザルモノハ本税ノ半額ヲ課ス
第三種　海面漁業漁戸税

等級	税金	区域
一等	一戸ニ付年税金　参円弐拾銭	大島村
		新宮村ノ内　相ノ島
		津屋崎町
		志賀島村ノ内　志賀
		北崎村ノ内　西ノ浦　玄界島
		板櫃村ノ内　藍島
二等	同　弐円九拾銭	岬村ノ内　地ノ島
		板櫃村ノ内　馬島
		島郷村ノ内　脇ノ浦　脇田
		芦屋町大字山鹿ノ内　柏原
		岡垣村ノ内　波津
		岬村ノ内　鐘崎
		和白村ノ内　奈多
		北崎村ノ内　宮ノ浦
		野北村
		芥屋村ノ内　姫島
三等	同　弐円四拾銭	島郷村ノ内　岩屋
		芦屋町大字　芦屋
		神湊村ノ内　神湊
		勝浦村ノ内　勝浦
		福間町ノ内　福間
		新宮村ノ内　新宮
		姪ノ浜町
		芥屋村ノ内　岐志　新町
		深江村ノ内　深江　片山
		小富士村ノ内　船越　久家
		福吉村ノ内　吉井　福井
		門司市ノ内　田ノ浦
		東郷村ノ内　柄杓田
		若松市
四等	同　弐円拾銭	残島村
		今津村
		加布里ノ内　加布里
		小倉市ノ内　長浜　平松
		松ケ江村ノ内　恒見　今津
		宇ノ島町
		八屋町
		門司市ノ内　旧門司
五等	同　壱円六拾銭	芦屋町大字山鹿ノ内　山鹿
		福吉村ノ内　鹿家
		福岡市
		芥屋村ノ内　芥屋
		北崎村ノ内　小呂島
		大里村
		苅田村
		蓑島村
		今元村
		仲津村
		八津田村
		椎田村
		西角田村
		角田村
		東吉富村
		三川村（川尻ヲ除ク）
		沖端村
六等	同　壱円	以上ニ掲ゲザル各市町村

	戸畑町 箱崎町ノ内　箱崎 志賀島村ノ内　弘	
	川口村 大川町	

第四種　河川漁業漁戸税

科目　人員	漁者一戸ニ付三人以上	同　二人	同　一人
筑後川　矢部川　山国川	年税金　壱円	同　九拾銭	同　六拾銭
以上ニ掲ゲザル河川池沼其他	年税金　九拾銭	同　六拾銭	同　五拾銭

第五種　遊漁税

遊　漁　十五歳未満ノ者廃疾ノ者ハ除ク　年税金壱人ニ付金五拾銭

第六種　採藻税

採　藻　満六十歳以上十七歳未満ノ者及廃疾ノ者ハ除ク

種目　人員	採取者一戸ニ付三人以上	同　二人	同　一人
採　藻	年税金　壱円	同　九拾銭	同　六拾銭

第七種　トロール漁業税

トロール漁業汽船　　一艘ニ付　年税金六拾円

第八種　機船底曳網漁業税

機船一艘ニ付年税金　三十五屯以上　金五拾円
二十屯以上　金参拾円
十屯以上　金弐拾円
十屯未満　金　拾円

課税方法

第二条　左記ノ業目ハ同類中交互兼業スルモ重キニ従ヒ其一ニ課税ス

第五類　漁業第三種　同第四種　同第六種

同一業目中等差ヲ設ケタルモノ、兼業ニ就テハ前項本文ヲ準用シ同等中ノ兼業ニ就テハ其一ニ課税ス

第一六条　営業税雑種税ハ総テ前納トス

漁業税第一種定置漁業及第二種区劃税ハ漁業者又ハ漁業免許者ニ賦課シ随時全額ヲ一時ニ徴収ス

漁業税第五種遊漁税ハ随時全額ヲ一時ニ賦課ス

第一八条　漁業税第三種第四種ノ漁戸税第六種採藻税ハ一戸内ノ戸主家族又ハ同居者ニシテ漁業ヲ為ス者（満六十歳以上十七歳未満及廃疾ノ者ハ除ク）アルトキハ総テ漁戸トシ其首長ニ之ヲ賦課ス

但一戸内ニ同居スト雖モ経済ヲ異ニスル者ハ別戸ト看做シ課税ス

第一九条　漁業税ハ市町村会ノ議決ヲ経テ賦課ノ等級ヲ設ケ徴収スルコトヲ得

但等級ヲ設クル為納税者負担ノ総額ヲ減ズルコトヲ得ズ

この十一年度漁業税の体系、税額は大正十五年度までそのまま引き継がれた。

第四章　大正十五年「地方税に関する法律」施行以降の税制

近代化第三次改革

第一節　大正十五年「地方税に関する法律」制定

日清、日露、欧州の三戦役を経て地方財源は付加税制限の拡張、制限外課税の増加によって益々窮乏するに至った。大正八年の臨時財政経済調査会の税制に関する答申、大正十三年六月の税制整理の企画、大正十四年四月の税制調査会の設置、大正十五年一月に税制整理に関する政府法案を五十一議会に提出等を経て、ここに大正十五年三月法律第二四号「地方税に関する法律」および法律第二五号「明治四十一年法律第三七号中改正に関する法律」の公布となったのである。法律第二四号は地方特別税整理を行い地方税に関する基本的規定を制定せんとしたものであり、法律第二五号は国税の整理に伴う国税付加税の改正を目的としたものである。

欧州戦後における日本資本主義の爛熟と共に、政治経済の各方面に生じた新しい問題の一つとして地方財政の整理が登場したのであるが、地方税制は著しく付加税主義の上に立っており、単なる地方財政のみの整理は不可能であり、ここに中央地方一貫した税制整理が企図されたのである。ともあれ、地方財政は第三次の改革の時期を迎えたのであった。

表二―5　大正十五年の地方税ニ関スル法律及び地方税制限ニ関スル法律中改正後の地方税制一覧

税目			制限税率	摘要
府県税	国税付加税	地租付加税	宅地地租の百分の三十四 其他土地地租百分の八十三	
		営業収益税付加税	営業収益税の百分の四十一	
		所得税付加税	所得税の百分の二十四	
		鉱区税付加税	採掘鉱区税の百分の三、試掘鉱区税の百分の七、鉱産税百分の十	
		砂鉱区税付加税	砂鉱区税の百分の十	
		取引所営業税付加税	取引所営業税の百分の十	
	特別税	特別地税	地価百分の三・七	
		府県税 営業税 雑種税（法定） 船、車、水車、市場、電柱、金庫、牛馬、犬、狩猟、屠畜、不動産取得、漁業、芸人師匠、遊芸人、相撲、俳優、芸妓其他の類する者、演劇其他の興行、遊興		家屋税は、内務、大蔵両大臣の家屋税許可を受けて府県が定める。 営業税の課税標準、賦課方法については、当分の間内務、大蔵両大臣の許可を受ける。 法定雑種税の課税種目については、府県に於て取捨することができる。
		特別雑種税		特別の必要がある場合に於ては内務、大蔵両大臣の許可を受けて雑種税を新設することができる。 左に掲げるものは大正十五年以前に設定された雑種税であって許可があったものと見做される（漁業関係以外略）。鵜（鵜遣含む）・船舶取得・遊漁。
		都市計画特別税 地租割 営業収益税割 営業税・雑種税・家屋税	地租の百分の十二・五 営業収益税の百分の二十二 府県税の十分の四	

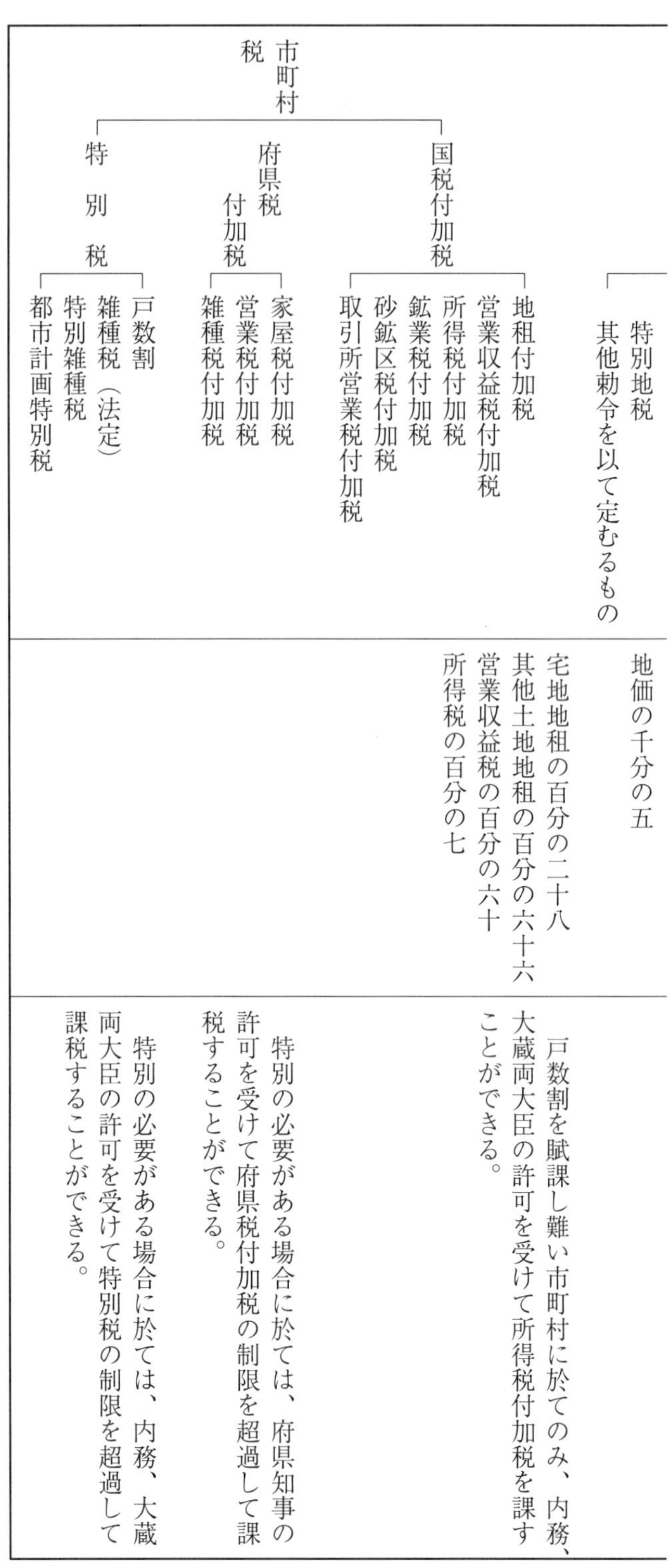

	特別地税	地価の千分の五	
	其他勅令を以て定むるもの		
市町村税 国税付加税	地租付加税	宅地地租の百分の二十八 其他土地地租の百分の六十六	戸数割を賦課し難い市町村に於てのみ、内務、大蔵両大臣の許可を受けて所得税付加税を課すことができる。
	営業収益税付加税	営業収益税の百分の六十	
	所得税付加税	所得税の百分の七	
	鉱業税付加税		
	砂鉱区税付加税		
	取引所営業税付加税		
府県税付加税	家屋税付加税		特別の必要がある場合に於ては、府県知事の許可を受けて府県税付加税の制限を超過して課税することができる。
	営業税付加税		
	雑種税付加税		
特別税	戸数割		特別の必要がある場合に於ては、内務、大蔵両大臣の許可を受けて特別税の制限を超過して課税することができる。
	雑種税（法定）		
	特別雑種税		
	都市計画特別税		

第二節　福岡県の漁業関係税

一　昭和二～五年度漁業関係税

県は昭和二年三月県令第二六号「明治四十五年二月県令第三号県税規則改正」ならびに県令第二七号「県税雑種税課目課額」を公布した。このうち漁業関係税では、遊船の年税が一円三十銭から一円六十銭に改訂されただけで、後は前年度と同様で継続された。この内容は三、四年度においても継続された。

県は昭和五年三月県条例第三号「昭和二年県令第二六号県税規則改正」ならびに県条例第四号「昭和二年県令第二七号県税雑種税課目課額中改正シ昭和五年度所属ノ課税ヨリ施行ス」を公布した。このうち漁業関係税の内容は左のとおりであるが、改正点は船税部門であった。

県税雑種税課目課額

一　船

(2) 船舶法及船鑑札規則ノ適用ヲ受ケザルモノ

(ロ) 其他ノ船（被曳船ヲ含ム）長サ三間迄　一艘ニ付　年税　金八拾銭

但シ三間以上ノモノハ一間又ハ其ノ未満ヲ加フル毎ニ年税金拾銭ヲ増課シ機関ヲ備フルモノハ各本税ノ十分ノ五ヲ増課ス

一　漁業

第一種　定置漁業税

(1) 大敷（大謀網ヲ含ム）壱ケ所ニ付年税金左表ノ通

一等	金　拾五円六拾銭	島郷村ノ内　脇田　脇ノ浦 芥屋村ノ内　姫島（大謀網ニ限ル） 岬村ノ内　地島（大謀網ニ限ル）
二等	同　拾円弐拾銭	志賀島村
三等	同　七円八拾銭	小倉市ノ内　馬島　藍島 岬村ノ内　地ノ島（大敷ノ分） 大島村
四等	同　五円四拾銭	島郷村ノ内　岩屋 芦屋町大字山鹿ノ内柏原 津屋崎町 福吉村ノ内　鹿家　福吉 勝浦村 小富士村 残島村
五等	同　四円弐拾銭	以上ニ掲ゲザル市町村

（2）桝網　沖建桝網　一箇所ニ付　年税金四円弐拾銭

桝網（壺網共）　一箇所ニ付　年税金参円

（3）羽瀬　壱ケ所ニ付年税金左表ノ通

一等	一箇所ニ付年税金七円八拾銭	崎ケ崎　崎ケ崎下　峯 ノ津上　帯津下　江戸 ノ原
二等	同　六円参拾銭	高津　新穀
三等	同　四円七拾銭	津ノ上　平戸　海老戸 ダクラ　帯津　網戸
四等	同　参円弐拾銭	宮津　神楽　袖　中津 西ノ津　野田　中潟
五等	同　壱円六拾銭	以上ニ掲ゲザル場所

（4）烏賊曲網　鯆曲網　其他曲建網　一箇所ニ付　年税金壱円拾銭

（5）石干見　建干網　張切網　江切網　簗

其他ノ定置漁業　一箇所ニ付　年税金九拾銭

第二種　区劃漁業税

（1）牡蠣・蟶貝・汐吹貝・蛤・海苔ヲ養殖スルモノ　区劃千坪又ハ千坪未満毎ニ　年税金拾六銭

（2）右以外ノ水産動物ヲ養殖スルモノ　区劃千坪又ハ千坪未満毎ニ　年税金　八銭

第三種　海面漁業漁戸税

海面漁業漁戸　漁戸一戸ニ付年税金左表ノ通

一等	一戸ニ付年税金　参円弐拾銭	大島村 新宮村　相ノ島 津屋崎町 志賀島村　志賀 北崎村　西ノ浦
二等	同　弐円九拾銭	岬村　地ノ島 小倉市　馬島 島郷村　脇ノ浦 脇田 芦屋町山鹿ノ内　柏原
三等	同　弐円四拾銭	島郷村　岩屋 芦屋町　芦屋 神湊町　神湊 勝浦村　勝浦 福間町　福間
四等	同　弐円拾銭	残島村 今津村 加布里村加布里 小倉市　長浜 平松
五等	同　壱円六拾銭	芦屋町山鹿ノ内　山鹿 福吉村　鹿家 福岡市 芥屋村　芥屋 北崎村　小呂島
六等	同　壱　円	以上ニ掲ゲザル各市町村

小倉市	玄界島 藍島
岡垣村 波津 岬村 鐘崎 和白村 奈多 北崎村 宮ノ浦 野北村 芥屋村 姫島	
新宮村 新宮 姪ノ浜町 芥屋村 岐志 新町 深江村 深江 片山 小富士村 船越 久家 福吉村 吉井 福井 門司市 田ノ浦 東郷村 柄杓田 若松市 戸畑町 箱崎町 箱崎 志賀島村 弘	
松ケ江村 恒見 今津 宇ノ島町 八屋町 門司市 旧門司	
門司市 大里 苅田町 蓑島村 今元村 仲津村 八津田村 椎田町 西角田村 角田村 東吉富村 三川町（川尻ヲ除ク） 沖端村 川口村 大川町	

第四種　河川漁業漁戸税

河川漁業漁戸　漁戸一戸ニ付年税金左表ノ通

科目　人員	漁者一戸ニ付三人以上	同　二人	同　一人
筑後川　矢部川　山国川	年税金　壱　円	同　九拾銭	同　六拾銭
以上ニ掲ゲザル河川池沼其他	年税金　九拾銭	同　六拾銭	同　五拾銭

第五種　遊漁税

遊漁　　一人ニ付　年税　金五拾銭

第六種　採藻税

採藻

(1)採取者三人以上ノモノ　一戸ニ付　年税　金壱円

(2)採取者二人ノモノ　同　同　金九拾銭

(3)採取者一人ノモノ　同　同　金六拾銭

第七種　トロール漁業税

トロール漁業汽船　一艘ニ付　年税　金六拾円

第八種　機船底曳網漁業税

機船　一艘ニ付　年税　三十五屯以上　金五拾円

二十屯以上　金参拾円

十屯以上　金弐拾円

十屯未満　金　拾円

県税規則（漁業関係のみ抜粋）

第三五条　雑種税ハ左ニ掲グル者ヲ以テ納税義務者トス

一　船税、鵜税ハ其ノ所有者

一　漁業税（第三、第四、第六種ヲ除ク）ハ課目規定ノ漁業ニ対スル漁業権者又ハ漁業者

第三、第四、第六種ニ在リテハ海面又ハ河川ノ漁業若クハ採藻ニ従事スル漁戸ノ家長

但シ一戸内ニ同居スト雖家長ト生計ヲ異ニスル者ハ其ノ漁業者

第三六条　雑種税ハ左ニ掲グルモノヲ除ク外四月一日及十月一日ヨリ賦課期日トシ年額ノ各半額ヲ賦課ス

一　漁業税中第一種定置漁業税及第二種区画漁業税、鵜税ハ四月一日ヲ以テ賦課期日トシ年額ヲ一時ニ賦課ス

一　漁業税中第五種遊漁税ハ納税義務発生ノ日ヲ以テ賦課期日トシ年額ヲ一時ニ賦課ス

第三七条　同一人ニシテ雑種税課目中ノ二以上ニ該当スルモノニシテ左ニ掲グルモノハ重キニ従ヒテ其ノ一ニノミ課

税ス

一　漁業税第三種、同第四種、同第六種間兼業

第三八条　船舶ノ積量計算方法ハ船舶積量測度方法ヲ準用ス

第四一条　漁業税ハ市町村会ノ決議ニ依リ其ノ市町村内納税者ノ負担スベキ総額ヲ等級ヲ設ケテ各納税者ヨリ徴収スルコトヲ得

第四五条　雑種税ノ納税義務ヲ有スル者ハ知事ノ定ムル所ニ依リ必要ノ事項ヲ市町村長ニ届出ヅベシ

第四五条ノ二　左ニ掲グル課目ニ付雑種税ノ納税義務アル者ハ知事ノ定ムル所ニ依リ前条ノ届出ト同時ニ市役所町村役場ニ於テ所定ノ鑑札又ハ烙印ヲ受クベシ

船（船舶国籍証書又ハ船鑑札ヲ受ケザルモノ）、遊漁、鵜

第四六条　法令ニ定メアルモノノ外左ニ掲グル者ニ対シテハ雑種税ヲ賦課セズ

二〇　漁業税第三種、第四種ノ漁戸及第六種ノ採藻税課額標準中年齢満六十歳以上十七歳未満及廃疾ノ漁者又ハ採藻者

二　昭和六〜九年度漁業関係税

昭和五年十一月県会において、知事は昭和六年度事業予算説明のなかで漁業関係税の軽減措置について触れているが、それを評価する発言がみられた。

○（知事）雑種税中漁戸税及漁船税ハ、共ニ漁業者ノ負担ニ属スル税デアルガ、其ノ業態ニ鑑ミ之ガ軽減ノ必要ヲ認メタノデ約二割ヲ軽減ヲシタノデアル。之ガ為約六千七百人ニ対シ参千参百余円ヲ減少スルコトニナル

○（一六番・大塚与三郎）県当局ハ吾々ガ常ニ要望シテ居ル処ノ地租軽減、営業税ノ免税点引上ゲ並ニ雑種税ノ中デ漁戸、漁船税及興業税ノ一部軽減ヲ行ハレタノデアルガ、之ハ洵ニ当局ガ今日ノ時勢ニ鑑ミテ税法ノ改正ヲ断行サレタト云フコトハ、最モ敬意ヲ表スル処デアル

県は昭和六年三月県条例第三号で県税規則を、同第四号で県税雑種税課目課額をそれぞれ改正した。漁業関係税については、(1)全般にわたって税額が軽減された、(2)漁業第九種・帆打瀬網漁業税が新設された、ことが改正点である。昭和六

年度漁業関係税は左のとおりである。

県税雑種税課目課額

一　船

(2) 船舶法及船鑑札規則ノ適用ヲ受ケザルモノ

(ロ) 其他ノ船（被曳船ヲ含ム）長三間迄　一艘ニ付　年税金（漁船及渡海船五拾銭　其他八拾銭）

但シ三間以上ノモノハ一間又ハ其ノ未満ヲ加フル毎ニ年税金漁船及渡海船ハ六銭　其他ハ拾銭ヲ増課シ機関ヲ備フルモノハ各本税ノ十分ノ五ヲ増課ス

一　漁業

第一種　定置漁業税

(1) 大敷（大謀網ヲ含ム）壱ケ所ニ付年税金左表ノ通

一等	一箇所ニ付　金拾五円六拾銭	島郷村ノ内　脇田　脇ノ浦 芥屋村ノ内　姫島（大謀網ニ限ル） 岬村ノ内　地島（大謀網ニ限ル）
二等	同　拾円弐拾銭	志賀島村
三等	同　七円八拾銭	小倉市ノ内　馬島　藍島 岬村ノ内　地ノ島（大敷ノ分） 大島村
四等	同　五円四拾銭	島郷村ノ内　岩屋 芦屋町大字山鹿ノ内柏原 津屋崎町 福吉村ノ内　鹿家　福吉 勝浦村 小富士村 残島村
五等	同　四円弐拾銭	以上ニ掲ゲザル市町村

(2) 桝網

沖建桝網　一箇所ニ付　年税金四円弐拾銭

桝網（壺網共）一箇所ニ付　年税金参円

(3) 羽瀬　壱ケ所ニ付年税金左表ノ通

一等	一箇所ニ付 年税金七円八拾銭	崎ケ崎　崎ケ崎下　峯 ノ津上　帯津下　江戸 ノ原
二等	同　六円参拾銭	高津　新穀
三等	同　四円七拾銭	津ノ上　平戸　海老戸 ダクラ　帯津　網戸
四等	同　参円弐拾銭	宮津　神楽　袖　中津 西ノ津　野田　中潟
五等	同　壱円六拾銭	以上ニ掲ゲザル場所

(4) 烏賊曲網　鱅曲網　其他曲建網　一箇所ニ付　年税金壱円拾銭

(5) 石干見　建干網　張切網　江切網　簗　其他ノ定置漁業　一箇所ニ付　年税金九拾銭

第二種　区劃漁業税

(1) 牡蠣・蟶貝・汐吹貝・蛤・海苔ヲ養殖スルモノ　区劃千坪又ハ千坪未満毎ニ　年税金拾六銭

(2) 右以外ノ水産動物ヲ養殖スルモノ　区劃千坪又ハ千坪未満毎ニ　年税金　八銭

第三種　海面漁業漁戸税

海面漁業漁戸　漁戸一戸ニ付年税金左表ノ通

一等	一戸ニ付年税金　弐円六拾銭	大島村	
		新宮村	相ノ島
		津屋崎町	
		志賀島村	志賀
		北崎村	西ノ浦
			玄界島
		小倉市	藍島
二等	同　弐円四拾銭	岬村	地ノ島
		小倉市	馬島
		島郷村	脇ノ浦
			脇田
		芦屋町山鹿ノ内	柏原
		岡垣村	波津
		岬村	鐘崎
三等	同　弐円	島郷村	岩屋
		芦屋町	芦屋
		神湊町	神湊
		勝浦村	勝浦
		福間町	福間
		新宮村	新宮
		姪ノ浜町	
四等	同　壱円七拾銭	残島村	
		今津村	
		加布里村	加布里
		小倉市	長浜
			平松
		松ケ江村	恒見
			今津
五等	同　壱円参拾銭	芦屋町山鹿ノ内	山鹿
		福吉村	鹿家
		福岡市	
		芥屋村	芥屋
		北崎村	小呂島
		門司市	大里
		苅田町	
六等	同　八拾銭	以上ニ掲ゲザル各市町村	

	和白村　奈多	芥屋村　岐志	宇ノ島町	蓑島村	
	北崎村　宮ノ浦	新町	八屋町	今元村	
	野北村	深江村　深江	門司市　旧門司	仲津村	
	芥屋村　姫島	片山		八津田村	
		小富士村　船越		椎田町	
		久家		西角田村	
		福吉村　吉井		角田村	
		福井		東吉富村	
		門司市　田ノ浦		三川町（川尻ヲ除ク）	
		東郷村　柄杓田		沖端村	
		若松市		川口村	
		戸畑町		大川町	
		箱崎町　箱崎			
		志賀島村　弘			

第四種　河川漁業漁戸税

河川漁業漁戸　漁戸一戸ニ付年税金左表ノ通

科目　人員	漁者一戸ニ付三人以上	同　二人	同　一人
筑後川　矢部川　山国川	年税金　八拾銭	同　七拾銭	同　五拾銭
以上ニ掲ゲザル河川池沼其他	年税金　七拾銭	同　五拾銭	同　四拾銭

第五種　遊漁税

遊漁　一人ニ付　年税　金五拾銭

第六種　採藻税

採藻

(1)　採取者三人以上ノモノ　一戸ニ付　年税　金八拾銭

(2)　採取者二人ノモノ　同　同　金七拾銭

(3)　採取者一人ノモノ　同　同　金五拾銭

第七種　トロール漁業税

トロール漁業汽船　一艘ニ付　年税　金六拾円

第八種　機船底曳網漁業税

機船　一艘ニ付　年税　三十五屯以上　金五拾円

二十屯以上　金参拾円

十屯以上　金弐拾円

十屯未満　金　拾円

第九種　帆船打瀬網漁業税

帆船　一艘ニ付　年税　金八円

昭和七年度においても、漁業関係税の軽減措置がなされる。知事は六年十一月県会において、七年度事業予算の説明のなかで漁業関係税軽減の追加措置について触れているが、議員のなかからも軽減すべしとの発言もあった。

○（知事）税負担ノ軽減ヲ策スルコトハ極メテ困難デアルケレドモ県財政ノ許ス範囲ニ於テ、一、営業税ハ主トシテ中小商工業者ノ負担ニ属シ之ガ軽減ノ必要ヲ認ムルニ依リ其ノ課率約一割ヲ軽減シタ、二、雑種税中社会政策的見地ニ基キ負担軽減ノ要アリト認ムル漁業税中ノ漁戸税ハ前年度ニ於テ相当ノ軽減ヲ行ツタケレドモ尚約二割ヲ低減シタ

○（四〇番・武藤登喜次郎）租税改正ニ付テ茲ニ参考意見ヲ述べテ見タイ。第一ニ考ヘラル丶ノハ漁戸税デアル、之ハ当然撤廃スベキモノト思フ。漁戸税ハ形ノ上デハ戸数割ノ重複課税ノヤウニアリ、其ノ実質ハ漁業細民ニ対スル人頭税デアル、又考ヘヤウニ依ツテハ漁業ニ対スル行為税トモ見ラレナイコトモナイ、要スルニ漁業者ニ対スル収益トカ或ハ資産ニハ課ケルモノデハナイ、漁業細民ニ対シテ人頭的ニ課セラル、税金デアル。曾テ福岡県ニハ職工

税ト云フモノガアリ、之ハ甚ダ悪税ダト云フノデ撤廃セラレタガ、之ガ撤廃セラル、以上ハ、或ハ農業行為ニ対シテ農業税ガ課セラレナイ以上ハ、漁業ニ対シテ漁戸税ハ課セラル、ベキデハナイ、斯ヤウニ考ヘテ居ル。板子一枚ハ地獄ト云フ危険ナル仕事ニ携ツテ、身ニハ襤褸ヲ纏フテ乞食ノヤウナ様ヲシテ漁ヲシ、僅カナ魚ヲ獲ツテ一家一族ヲ養ツテ行クト云フ此哀レナ漁業者ニ対シテ税金ヲ課ケルト云フコトハ断ジテ合理的デハナイト考ヘル。而シテ漁業税ハ僅ニ八千五百弐拾円、漁戸税ハ五百余円デ、全部ヲ廃シテモ八千数百円デアル。併シ乍ラ之等ヲ一時ニ廃スルコトハ無理デアラウカラ、仮リニ四分ノ一ヲ減ズレバ弐千数百円デ如何ニ多クノ漁業細民ガ喜ブカ知レナイト思フ

○（知事）漁戸税ト云ヒ其ノ他税目ニ付テ、一ツヲ減ズレバ均衡上他ニモ減税シナケレバナラヌト云フヤウナコトニナリ、他迄減ラスコトニナレバ恒久的財源ヲ失フコト、ナルノデ、其ノ実施ハ困難デアル

○（三一番・徳永勲美）本県ハ長イ海岸線ヲ有シ、多クノ漁業根拠地ガアリ、漁業者ハ一万二千六百三十戸、五万四千五百三十三人デアル。此漁業者ノ収穫ハ一戸当リ一ケ年約一千円デ、最モ苦シキ生活ヲシテ居ル。斯ウ云フ状態ニ対シテ、予算ノ編成ヲ見ルト僅カニ水産試験場費ニ於テ参万七千参百六拾壱円、漁業取締リニ壱万五千四百五十五円、水産奨励補助ニ九千五百四十五円、合計約六万円ヲ投ジテ水産業ノ発展ヲ期シヤウト云フノデアルカラ只事務的ニ囚ハレタヤリ方デアルト考ヘル。此水産助成政策ニ付テノ考ヘヲ御伺ヒシタイ

○（知事）水産行政ニ付テ充分力ヲ入レテ居リ、当予算デハ少イヤフデアルガ、匡救予算トシテハ更ニ色々ナ施設ヲヤツテ居ルノデアル。漁業者ノ生命デアル処ノ機関、船ノ建造ニ対スル多額ナ補助、養殖ニ対スル補助、或ハ技術員ナドノ補助ヲ行ツテ居ル。漁業、漁業組合ナドノ活動ニ付テノ水産振興ヲ図ツテ居ルノデアル

昭和七年三月県条例第三号により県税規則が、同第四号により県税雑種税課目課額がそれぞれ改正された。漁業関係税では、知事の発言どおり第三種・海面漁業漁戸税、第四種・河川漁業漁戸税および第六種・採藻税が平均二割方軽減された。この漁業関係税の体系、税額は翌八年度に継続された。

昭和九年度においては、再度漁業関係税の軽減措置がなされている。昭和八年十一月県会において、知事は九年度事業予算説明のなかで、漁業関係税の軽減措置について「此際負担ノ軽減ニ付最モ緊急ヲ認メル雑種税中ノ一部ニ付イテハ、昨年通常県会デノ希望モアリ、財政困難ノ折柄デアルケレドモ、農業専用ノ荷積小車ハ二割、漁業税中第三種海面漁業漁

戸税、第四種河川漁業漁戸税、第六種採藻税ハ各五割ヲ減ジタノデアル」と述べている。昭和九年二月県条例第一号により県税規則が、同第二号により県税雑種税課目課額がそれぞれ改正され、漁業関係税では知事の説明どおりの軽減措置がなされた。

この期間における漁業関係税額の推移を次表で整理しておく。

表二―6　漁業関係税額の推移

区分	昭和五年度	昭和六年度	昭和七、八年度	昭和九年度
船				
漁船、渡海船	八〇銭、一〇銭（三間迄、三間以上一間毎）	五〇銭、六銭（三間迄、三間以上一間毎）	五〇銭、六銭（三間迄、三間以上一間毎）	五〇銭、六銭（三間迄、三間以上一間毎）
其他	八〇銭、一〇銭	八〇銭、一〇銭	八〇銭、一〇銭	八〇銭、一〇銭
機関付	本税ノ一・五倍	本税ノ一・五倍	本税ノ一・五倍	本税ノ一・五倍
漁業				
第一種・定置漁業税				
大敷網　一等	一五円六〇銭	一五円六〇銭	一五円六〇銭	一五円六〇銭
二等	一〇円二〇銭	一〇円二〇銭	一〇円二〇銭	一〇円六〇銭
三等	七円八〇銭	七円八〇銭	七円八〇銭	七円八〇銭
四等	五円四〇銭	五円四〇銭	五円四〇銭	五円四〇銭
五等	四円二〇銭	四円二〇銭	四円二〇銭	四円二〇銭
桝　網　沖建桝網	四円二〇銭	四円二〇銭	四円二〇銭	四円二〇銭
桝網（壺網共）	三円〇〇銭	三円〇〇銭	三円〇〇銭	三円〇〇銭
羽　瀬　一等	七円八〇銭	七円八〇銭	七円八〇銭	七円八〇銭
二等	六円三〇銭	六円三〇銭	六円三〇銭	六円三〇銭
三等	四円七〇銭	四円七〇銭	四円七〇銭	四円七〇銭
四等	三円二〇銭	三円二〇銭	三円二〇銭	三円二〇銭

五等	一円六〇銭	一円六〇銭	一円六〇銭	一円六〇銭
曲建網類	一円一〇銭	一円一〇銭	一円一〇銭	一円一〇銭
石干見・建干網等	九〇銭	九〇銭	九〇銭	九〇銭
第二種・区劃漁業税	（千坪毎ニ）	（千坪毎ニ）	（千坪毎ニ）	（千坪毎ニ）
貝類、海苔養殖	一六銭	一六銭	一六銭	一六銭
他水産動物養殖	八銭	八銭	八銭	八銭
第三種・海面漁戸税				
一等	三円二〇銭	二円六〇銭	二円一〇銭	一円〇五銭
二等	二円九〇銭	二円四〇銭	一円九〇銭	九五銭
三等	二円四〇銭	二円〇〇銭	一円六〇銭	八〇銭
四等	二円一〇銭	一円七〇銭	一円四〇銭	七〇銭
五等	一円六〇銭	一円三〇銭	一円〇〇銭	五〇銭
六等	一円〇〇銭	八〇銭	六〇銭	三〇銭
第四種・河川漁戸税				
一戸漁者三人以上	一円〇〇銭	八〇銭	六〇銭	三〇銭
〃　二人	九〇銭	七〇銭	五〇銭	二五銭
〃　一人	六〇銭	五〇銭	四〇銭	二〇銭
第五種・遊漁税				
一人ニ付	五〇銭	五〇銭	五〇銭	五〇銭
第六種・採藻税				
一戸採取三人以上	一円〇〇銭	八〇銭	六〇銭	三〇銭
〃　二人	九〇銭	七〇銭	五〇銭	二五銭
一人	六〇銭	五〇銭	四〇銭	二〇銭
第七種・トロール漁業税	六〇円	六〇円	六〇円	六〇円

第八種・機船底曳網漁業税				
三十五屯以上	五〇円	五〇円	五〇円	五〇円
二十屯以上	三〇円	三〇円	三〇円	三〇円
十屯以上	二〇円	二〇円	二〇円	二〇円
十屯未満	一〇円	一〇円	一〇円	一〇円
第九種・帆打瀬網漁業税	―	八円	八円	八円

三　昭和十～十四年度漁業関係税

昭和九年十二月県会において、知事は昭和十年度事業予算説明のなかで雑種税の一部改正について、「雑種税中ニハ廃減ヲ行ハナケレバナラナイ性質ノモノモ尠クナイト思フガ、如何セン今後ノ問題ニ譲ルノ已ムヲ得ザル次第デアル、併シ社会政策的見地ト課税ノ均衡等ニ鑑ミテ、最モ廃滅ノ要急ナルモノニ付テハ此際極力之ガ実現ヲ期シテ、漁業税中ノ海面漁業漁戸税、河川漁業漁戸税、採藻税及鵜税、水車税、搗砕器税ヲ廃止スルコト、シタ」と述べている。

昭和十年二月県条例第一号により県税規則改正が、同第二号により県税雑種税課目課額がそれぞれ改正された。昭和十年度漁業関係税は知事説明のとおり海面漁業漁戸税、河川漁業漁戸税、採藻税が廃止され、その税体系は次のようになった。

県税雑種税課目課額

一　船

(2)　船舶法及船鑑札規則ノ適用ヲ受ケサルモノ

ロ　其他ノ船（被曳船ヲ含ム）長三間迄　一艘ニ付　年税金（漁船五拾銭　其他八拾銭）

但シ三間以上ノモノハ一間又ハ其ノ未満ヲ加フル毎ニ年税金漁船ハ六銭其他ハ拾銭ヲ増課シ機関ヲ備フルモノハ各本税ノ十分ノ五ヲ増課ス

一　漁業

第一種　定置漁業税

(1) 大敷（大謀網ヲ含ム）壱ケ所ニ付年税金左表ノ通

一等	一箇所ニ付年税金　拾五円六拾銭	島郷村ノ内　脇田　脇ノ浦 芥屋村ノ内　姫島（大謀網ニ限ル） 岬村ノ内　地島（大謀網ニ限ル）
二等	同　拾円弐拾銭	志賀島村
三等	同　七円八拾銭	小倉市ノ内　馬島　藍島 岬村ノ内　地ノ島（大敷ノ分） 大島村
四等	同　五円四拾銭	島郷村ノ内　岩屋 芦屋町大字山鹿ノ内柏原 津屋崎町 福吉村ノ内　鹿家　福吉 勝浦村 小富士村 残島村
五等	同　四円弐拾銭	以上ニ掲ゲザル市町村

(2) 桝網　沖建桝網　一箇所ニ付　年税金四円弐拾銭

桝網（壺網共）　一箇所ニ付　年税金参円

(3) 羽瀬　壱ケ所ニ付年税金左表ノ通

一等	一箇所ニ付年税　金七円八拾銭	崎ケ崎　崎ケ崎下　峯 ノ津上　帯津下　江戸 ノ原
二等	同　六円参拾銭	高津　新穀
三等	同　四円七拾銭	津ノ上　平戸　海老戸 ダクラ　帯津　網戸
四等	同　参円弐拾銭	宮津　神楽　袖　中津 西ノ津　野田　中潟
五等	同　壱円六拾銭	以上ニ掲ゲザル場所

(4) 烏賊曲網　鱅曲網　其他曲建網　一箇所ニ付　年税金壱円拾銭

(5) 石干見　建干網　張切網　江切網　簗

其他ノ定置漁業　　一箇所ニ付　年税金九拾銭

第二種　区劃漁業税

(1) 牡蠣・蟶貝・汐吹貝・蛤・海苔ヲ養殖スルモノ　区劃千坪又ハ千坪未満毎ニ　年税金拾六銭

(2) 右以外ノ水産動物ヲ養殖スルモノ　区劃千坪又ハ千坪未満毎ニ　年税金　八銭

第三種　遊漁税

遊漁　一人ニ付　年税　金五拾銭

第四種　トロール漁業税

トロール漁業汽船　一艘ニ付　年税　金六拾円

第五種　機船底曳網漁業税

機船　一艘ニ付　年税　三十五屯以上　金五拾円

二十屯以上　金参拾円

十屯以上　金弐拾円

十屯未満　金　拾円

第六種　帆船打瀬網漁業税

帆船　一艘ニ付　年税　金八円

この漁業関係税の体系、税額は昭和十一〜十四年度にも適用された。

第五章　昭和十五年地方税改革以降の税制

近代化第四次改革

第一節　昭和十五年地方税改革

大正十五年の税制改革による新しい体系を根幹として、昭和に入ってからは地方財政制度は十四年までは著しい変化は行われなかった。しかしながら、地方財政の窮乏は依然としてその深刻化の勢いを止めず、地方財政救済対策は論議の中心になっていた。この情勢はついに昭和十五年三月の帝国議会に提出し通過をみた、国税地方税に関する所謂昭和の大改革である。昭和十五年三月法律第六〇号による地方税法および法律第六一号による地方分与税法の公布に至り、ここに地方財政制度は明治以来第四次の大改革を実現した。

この改革は満洲事変を契機とする国家体制の新動向に即応すると共に、多年懸案の地方財政の均衡調整を一挙に成し遂げんとするものであった。この税制大改革の結果、地方財政制度における最も顕著な点は地方分与税の創設である。これによって、富有な地方からの租税収入をもって貧弱な地方の財源を補うことになった。

昭和十五年の税制改革において、国税地方税一貫の整理改正が行われ、幾度かなすべくして実現し得なかった地方財政の不均衡調整が達成され、全く新しい地方財政制度を確立したことは、地方財政制度の発達史における画期的な事業であったといえる。この新地方税制は、直接課徴形態という本来の税制と、間接課徴というそれまで我が国にみられなかった新機軸の税制の二本建てとなっている。これに、地方税の関係法令を統合し、初めて地方税に関する基本法としての地方税法が制定されたのである。

表二ー7　昭和十五年公布の地方税関係法による地方税体系

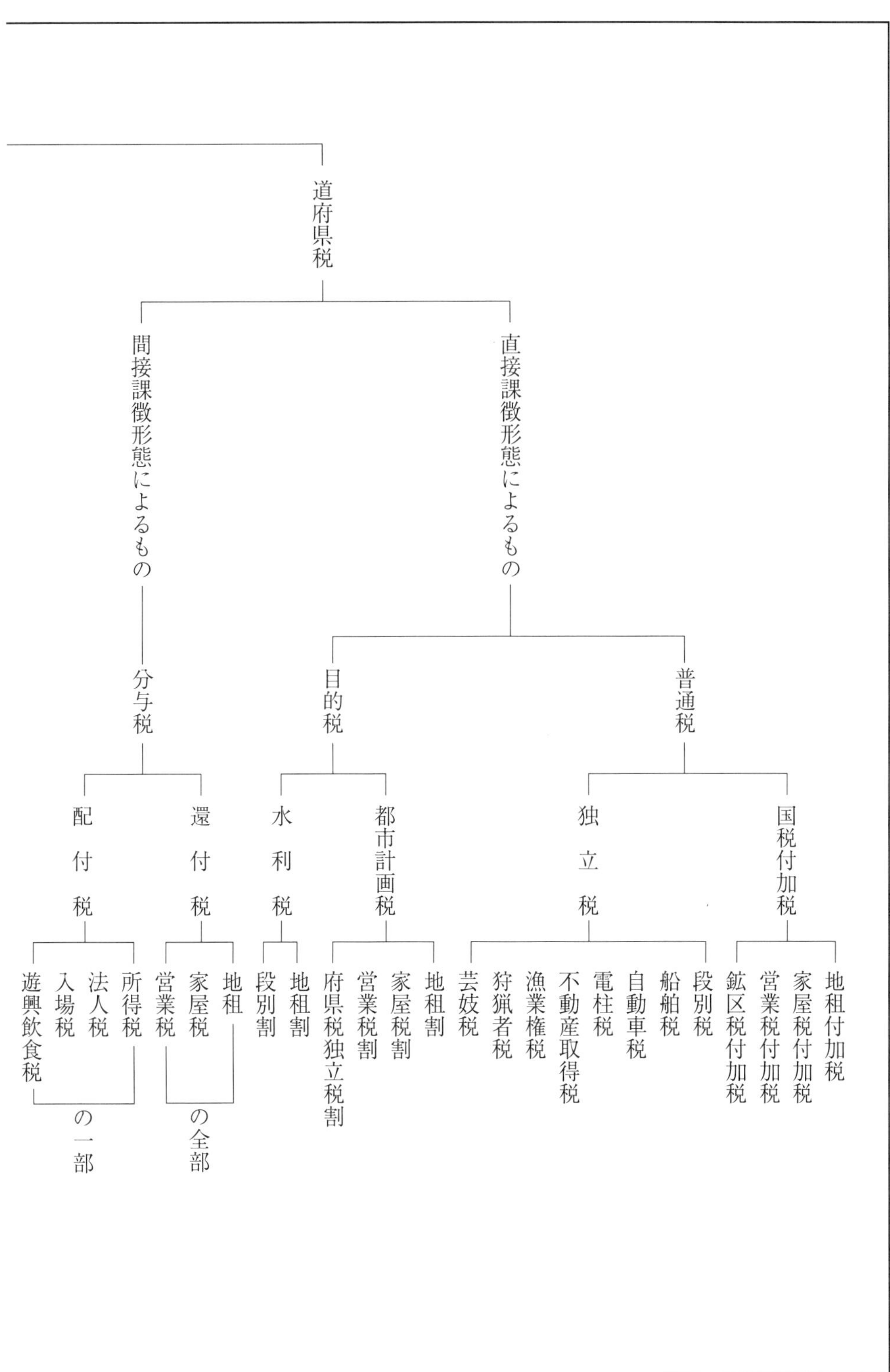

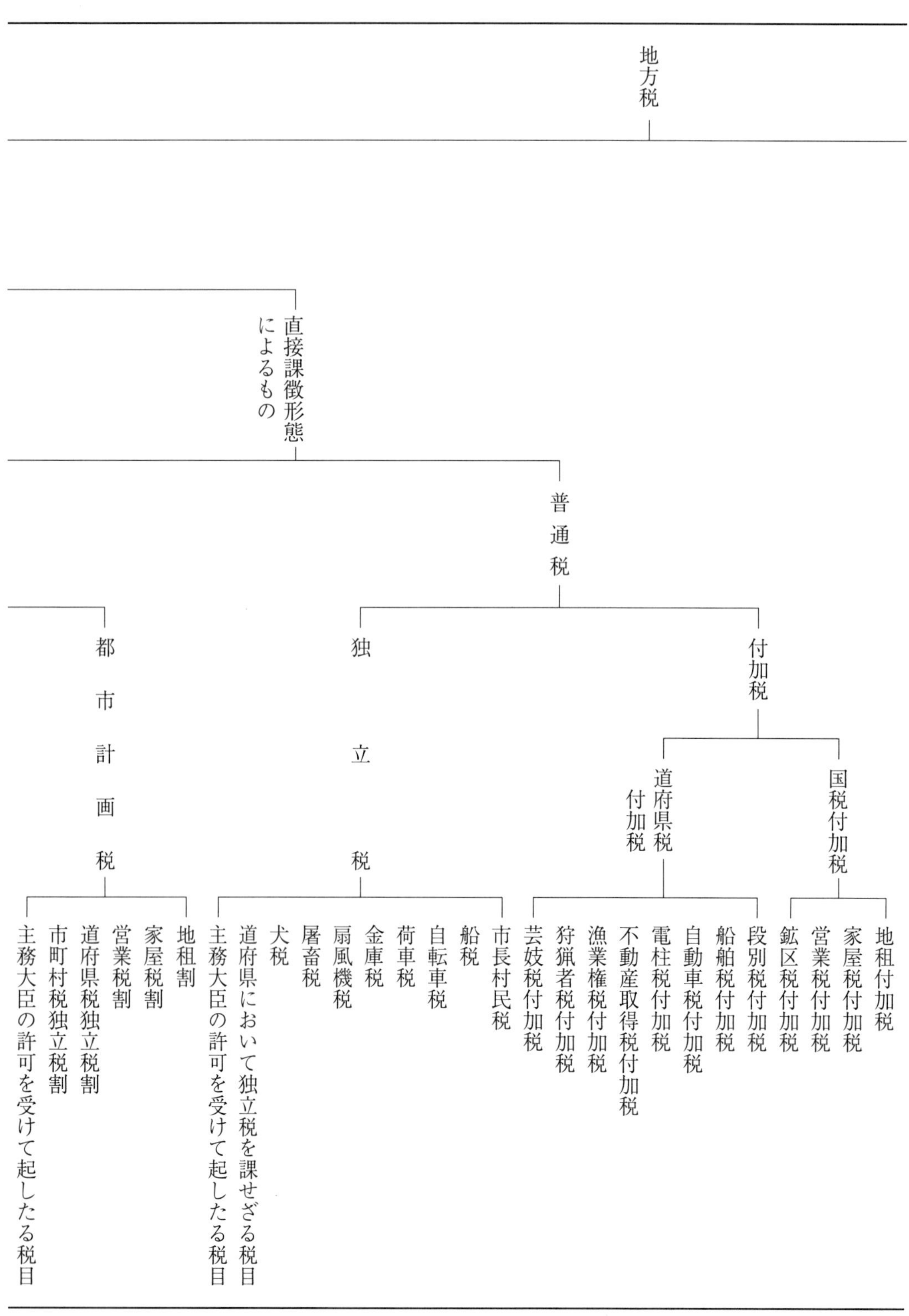
地方税
直接課徴形態によるもの
普通税
付加税
国税付加税
地租付加税
家屋税付加税
営業税付加税
鉱区税付加税
道府県税付加税
段別税付加税
船舶税付加税
自動車税付加税
電柱税付加税
不動産取得税付加税
漁業権税付加税
狩猟者税付加税
芸妓税付加税
独立税
市長村民税
船税
自転車税
荷車税
金庫税
扇風機税
屠畜税
犬税
道府県において独立税を課せざる税目
主務大臣の許可を受けて起したる税目
都市計画税
地租割
家屋税割
営業税割
道府県税独立税割
市町村税独立税割
主務大臣の許可を受けて起したる税目

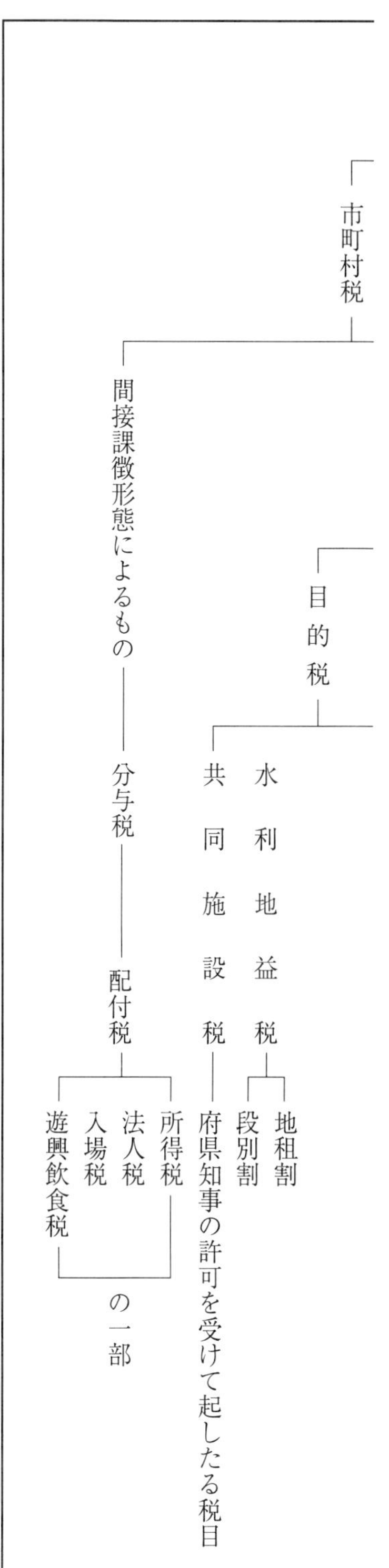

第二節　福岡県の漁業関係税

一　昭和十五〜十八年度漁業関係税

昭和十四年十一月県会において、税制改革について以下のような質疑答弁がなされた。

○（四二番・成重光真）現在ノ税制ニ於テハ、不合理ナル県税雑種税ヲ改廃シ、所得負担ノ不均衡是正等ノ必要ガアルト思フガ、当局ハ之等ノ点ニ付テ何ウ云フ研究、対策ヲ採ラレテイルカ御尋ネスル

○（知事）税ノ問題ニ付テ総括シテ申上ゲルト、現在政府ハ国税、地方税ヲ通ジテ税制改革ヲ企図シテ居ル。其ノ中ニハ当然税負担ノ不均衡ヲ是正スル意味ノ改正モ多分ニ含マレテ居ル、要スルニ今回ノ改正ガ実現セラル、ナラバ、負担ノ不均衡其他ノ問題ハ大部分解消セラル、ノデハナイカト思フ、而シテ来年度ニハ、国税、地方税ノ改正ニ伴ツテ来年度ニ於ケル予算計上ニ際シテハ相当ノ改正ヲナスモノト思フノデ、本年度ハ其ノ儘ニシテ置ク次第デアル

さて国は、昭和十五年三月法律第六〇号により地方税法、法律第六一号により地方分与税法をそれぞれ公布し、わが国の地方財政制度は大改革を実現した。福岡県ではこれら法律に対応して、昭和十五年五月県条例第二号「県税賦課徴収ニ

関スル件」および十五年九月県条例第四号「県税賦課徴収条例」を公布した。この徴収条例により、漁業関係税は県税独立税に属し、船舶税と漁業権税（漁業権ニ対スルモノ、漁業権ノ取得ニ対スルモノ）となった。漁業権税は、特定海面を排他的に占有する定置、区劃の免許漁業が対象となり、それ以外は対象外となった。したがって、遊漁やトロール漁業、機船底曳網漁業、帆打瀬網漁業への課税は船舶税だけとなった。昭和十五年度漁業関係税の体系、税額は次のとおりであるが、前年度に比べて、全般にわたって税額は減額されている。

県税賦課徴収条例

第一章　総　則

第一条　県税ハ法令ニ別段ノ規定アルモノノ外本条ニ依リ之ヲ賦課徴収ス

第二条　県税トシテ賦課スル税目左ノ如シ

一　普　通　税

(1)　国税付加税

地租付加税

家屋税付加税

営業税付加税

鉱区税付加税

(2)　独立税

段別税

船舶税

自動車税

電柱税

不動産取得税

漁業権税

狩猟税

芸妓税
営業税割
都市計画税
二　目的税
第三条　県税ノ賦課ニ付期ヲ以テ課税ヲ為ス場合ノ期間ノ区分ハ前期ハ四月一日ヨリ九月三十日迄後期ハ十月一日ヨリ翌年三月三十一日迄トス
第二章　賦　課
第一節　通　則
第六条　左ニ掲グルモノニ対シテハ県税ヲ賦課セズ
三　所得税法施行規則第一条ニ掲グル諸団体、産業組合、商業組合、工業組合、漁業組合又ハ之ニ準ズルモノノ所有ニシテ直接其ノ業務ニ使用スル物件又ハ不動産ノ取得
五　水難救助ノ目的ノミニ常置スル船舶
一八　堆肥舎、家畜舎、家禽舎及専用ノ収納舎、養蚕室、漁具格納庫其ノ他之ニ類スル家屋ノ取得
二一　時価百円未満ノ漁業権ノ取得
二二　存続期間更新ノ免許ニ因ル漁業権ノ取得
第二節　国　税　付　加　税
第三節　独　立　税
第一四条　船舶税ハ船舶ノ総屯数ヲ標準トシテ之ヲ課ス
前項ノ総屯数ハ船舶積量測度法ニ依ル
第一八条　漁業権税ハ漁業権ニ対シテハ定額ニ依リ漁業権ノ取得ニ対シテハ漁業権ノ価格ヲ標準トシテ之ヲ課ス
前項ノ価格ハ取得当時ノ時価ニ依ル
第二一条　独立税ノ賦課率又ハ賦課定額左ノ如シ
二　船　舶　税　　期税

機関ヲ装置セル船舶　純屯数一屯ニ付　金十五銭
機関ヲ装置セザル船舶　純屯数一屯ニ付　金十銭

六　漁業権税

（1）漁業権ニ対スルモノ　期税

イ　定置漁業

①大敷（大謀網ヲ含ム）　一ケ所ニ付左表ノ通

等級	金額	場所
一等	金五円四拾五銭	志賀島村 芥屋村ノ内　姫島
二等	金参円五拾五銭	若松市ノ内　脇田 脇ノ浦 岬村ノ内　地ノ島
三等	金弐円七拾五銭	小倉市ノ内　馬島 藍島 福吉村ノ内　鹿家 福吉 深江村
四等	金壱円九拾銭	芦屋町ノ内　柏原 勝浦村 大島村
五等	金壱円四拾五銭	以上ニ掲ゲザル市町村

②桝網　沖建桝網　一ケ所ニ付　金壱円四拾五銭
桝網（壺網共）　一ケ所ニ付　金壱円五銭

③羽瀬　一ケ所ニ付左表ノ通

等級	金額	場所
一等	金弐円七拾五銭	崎ケ崎　崎ケ崎下　峯 ノ津上　江戸ノ原　帯 津下
二等	金弐円弐拾銭	高津　新穀
三等	金壱円六拾五銭	津ノ上　平戸　海老戸 ダグラ　帯津　網戸
四等	金壱円拾銭	宮津　中潟　神楽　袖 中津　西ノ津　野田
五等	金五拾五銭	以上ニ掲ゲザル場所

④烏賊曲網、鱅曲網、其ノ他曲網　一ケ所ニ付　金四拾銭
⑤石干見、建干網、張切網、江切網、簗、其ノ他ノ定置網　一ケ所ニ付　金参拾銭
ロ　区劃漁業
①牡蠣、蟶貝、蜊、藻介、蛤、海苔ヲ養殖スルモノ　区劃千坪又ハ千坪未満毎ニ　金六銭
②右以外ノ水産動物ヲ養殖スルモノ　区劃千坪又ハ千坪未満毎ニ　金参銭
(2)　漁業権ノ取得ニ対スルモノ　一時税　漁業権価格ノ千分ノ十六

第三章　徴　収

第一節　通　則

第二三条　県税ノ納税地ヲ定ムルコト左ノ如シ
六　船舶税ハ船舶ノ主タル定繋場所在ノ市町村、主タル定繋場不明ナルトキハ船籍港所在ノ市町村
一〇　漁業権税ハ漁場ガ地先水面トシテ属スル市町村、其ノ二市町村以上ニ亙ル場合ハ主タル地先水面ノ属スル市町村、主タル地先水面ノ明カナラザルモノハ知事ノ指定スル市町村

第二節　普　通　徴　収

第三二条　県税ハ左ノ納期ニ徴収ス
一　地租付加税、段別税、船舶税、自動車税、電柱税、漁業権税（漁業権ノ取得ニ対スル分ヲ除ク）
前期　四月一日ヨリ三十日限
後期　十月一日ヨリ三十一日限

第四章　申告、申請、届出

第四九条　漁業権ヲ取得シタル者ハ直ニ左ノ事項ヲ知事ニ届出ヅベシ
一　漁場ノ所在地
二　漁業権ノ種類、区域及坪数（漁場ガ二市町村以上ニ亙ルトキハ市町村別ニ区分シタルモノ）
三　漁業権ノ免許期間（存続期間更新ノ場合ハ其ノ旨付記）
四　漁業権ノ価格

五　取得事由及年月日

付　則

第六四条　昭和十五年度分ニ限リ第三二条及第六一条第二項ノ規定ニ拘ラズ左ノ納期ニ徴収ス

四　船舶税、自動車税、電柱税、漁業権税（取得ノ分ヲ除ク）

前期　十月一日ヨリ三十一日限

後期　二月一日ヨリ二十八日限

この漁業関係税の体系、税額は十八年度まで継続された。

二　昭和十九〜二十年度漁業関係税

昭和十九年二月県条令第一号により福岡県税賦課徴収条例が改正された。漁業関係税では、船舶税額は据え置かれたが、漁業権税は一転して二倍程度に増額された。

県税賦課徴収条例

第一章　総　則

第一条　県税ハ法令ニ別段ノ規定アルモノノ外本条ニ依リ之ヲ賦課徴収ス

第二条　県税トシテ賦課スル税目左ノ如シ

一　普　通　税

(1)　国税付加税

地租付加税

家屋税付加税

営業税付加税

鉱区税付加税

(2)　独立税

段別税

船舶税
自動車税
電柱税
不動産取得税
漁業権税
狩猟税
芸妓税
二　目　的　税
都市計画税
営業税割
第三条　県税ノ賦課ニ付期ヲ以テ課税ヲ為ス場合ノ期間ノ区分ハ前期ハ四月一日ヨリ九月三十日迄後期ハ十月一日ヨリ翌年三月三十一日迄トス

第二章　賦　課

第一節　通　則

第六条　左ニ掲グルモノニ対シテハ県税ヲ賦課セズ
三　所得税法施行規則第一条ニ掲グル諸団体、産業組合、商業組合、工業組合、漁業組合又ハ之ニ準ズルモノノ所有ニシテ直接其ノ業務ニ使用スル物件又ハ不動産ノ取得
五　水難救助ノ目的ノミニ常置スル船舶
一八　堆肥舎、家畜舎、家禽舎及専用ノ収納舎、養蚕室、漁具格納庫其ノ他之ニ類スル家屋ノ取得
二一　時価百円未満ノ漁業権ノ取得
二二　存続期間更新ノ免許ニ因ル漁業権ノ取得

第二節　国税付加税

第三節　独　立　税

第一四条　船舶税ハ船舶ノ総屯数ヲ標準トシテ之ヲ課ス
前項ノ総屯数ハ船舶積量測度法ニ依ル

第一八条　漁業権税ハ漁業権ニ対シテハ定額ニ依リ漁業権ノ取得ニ対シテハ漁業権ノ価格ヲ標準トシテ之ヲ課ス
前項ノ価格ハ取得当時ノ時価ニ依ル

第二一条　独立税ノ賦課率又ハ賦課定額左ノ如シ

二　船舶税　期税
機関ヲ装置セル船舶　純屯数一屯ニ付　金十五銭
機関ヲ装置セザル船舶　純屯数一屯ニ付　金十銭

六　漁業権税
(1)　漁業権ニ対スルモノ　期税
イ　定置漁業
①大敷（大謀網ヲ含ム）　一ケ所ニ付左表ノ通

一等	金　十円九拾銭	志賀島村 芥屋村ノ内　姫島
二等	金　七円拾銭	若松市ノ内　脇田 脇ノ浦 岬村ノ内　地ノ島
三等	金　五円五拾銭	小倉市ノ内　馬島 藍島 福吉村ノ内　鹿家 福吉 深江村
四等	金　参円八拾銭	芦屋町ノ内　柏原 勝浦村 大島村
五等	金　弐円九拾銭	以上ニ掲ゲザル市町村

②桝網　沖建桝網　一ケ所ニ付　金弐円九拾銭
桝網（壺網共）　一ケ所ニ付　金弐円拾銭
③羽瀬　一ケ所ニ付左表ノ通

等級	金額	場所
一等	金　五円五拾銭	崎ケ崎　崎ケ崎下　峯ノ津上　江戸ノ原　帯津下
二等	金　四円四拾銭	高津　新穀
三等	金　参円参拾五銭	津ノ上　平戸　海老戸　ダグラ　帯津　網戸
四等	金　弐円弐拾銭	宮津　中潟　神楽　袖　中津　西ノ津　野田
五等	金　壱円拾銭	以上ニ掲ゲザル場所

④烏賊曲網、鰆曲網、其ノ他曲網　　一ケ所ニ付　金八拾銭

⑤石干見、建干網、張切網、江切網、簗、其ノ他ノ定置網　　一ケ所ニ付　金六拾銭

ロ　区劃漁業

①牡蠣、蟶貝、蜊、藻介、蛤、海苔ヲ養殖スルモノ　　区劃千坪又ハ千坪未満毎ニ　金拾弐銭

②右以外ノ水産動物ヲ養殖スルモノ　　区劃千坪又ハ千坪未満毎ニ　金六　銭

(2)

漁業権ノ取得ニ対スルモノ　一時税　　漁業権価格ノ千分ノ十六

第三章　徴　収

第一節　通　則

第二三条　県税ノ納税地ヲ定ムルコト左ノ如シ

六　船舶税ハ船舶ノ主タル定繋場所在ノ市町村、主タル定繋場不明ナルトキハ船籍港所在ノ市町村

一〇　漁業権税ハ漁場ガ地先水面トシテ属スル市町村、其ノ二市町村以上ニ亙ル場合ハ主タル地先水面ノ属スル市町村、主タル地先水面ノ明カナラザルモノハ知事ノ指定スル市町村

第二節　普　通　徴　収

第三二条　県税ハ左ノ納期ニ徴収ス

二　船舶税、自動車税、電柱税、漁業権税（漁業権ノ取得ニ対スル分ヲ除ク）　五月一日ヨリ五月三十一日間

第四章　申告、申請、届出

第四九条　漁業権ヲ取得シタル者ハ直ニ左ノ事項ヲ知事ニ届出ヅベシ

一　漁場ノ所在地

二　漁業権ノ種類、区域及坪数（漁場ガ二市町村以上ニ亙ルトキハ市町村別ニ区分シタルモノ）
三　漁業権ノ免許期間（存続期間更新ノ場合ハ其ノ旨付記）
四　漁業権ノ価格
五　取得事由及年月日

以上は昭和十九年度漁業関係税の内容であるが、二十年度においてはこれに比べると、船舶税が二倍に増額された以外はそのまま踏襲された。

第六章　終戦直後における地方税制の改革

第一節　地方税制改革の経緯

太平洋戦争は、わが国に莫大な国富の破壊と損耗をもたらし、昭和二十年八月、無条件降伏で幕を閉じた。当然、戦後の地方財政の実情は困難にあえいでいた。戦災と生産力の激減によって収入減を失うとともに、インフレによって人件費、物件費は急増し、戦災復興、農地改革、食料増産と供出、社会福祉その他の委任事務の増大によって経費は膨張する一方であった。この財政の窮状のなかで、政府は地方財源の拡充、地方財政の自主制強化等を図るために、毎年度にわたり「地方税関連法」の改正を継続的に実施してきた（表二－8）。

表二－8　終戦直後における「地方税関連」年表

年月日		事項
昭和二一年	九月一〇日	地方税法及び地方分与税法の改正
	九月二七日	東京都制・府県制・町村制の改正（第一次地方制度の改正）
	一〇月　五日	地方制度調査会設置（答申一二月二五日）
	一一月　三日	日本国憲法制定（昭和二二年五月三日施行）
昭和二二年	三月三一日	地方税法の改正（地租・家屋税・営業税の道府県移譲）

	〃	地方分与税の改正
	四月一七日	地方自治法制定（昭和二二年五月三日施行）
	一二月三一日	内務省廃止
昭和二三年	一月　五日	地方財政委員会設置
	七月　七日	地方税法の全部改正（事業税等の創設）
	〃	地方配付税法の制定（地方分与税法の廃止）
	〃	地方財政法の制定
昭和二四年	三月	ドッチ・ラインの発表
	四月三〇日	地方配付税特例法の制定
	五月三一日	地方税法の一部改正
	六月　一日	地方自治庁設置
	八月二七日	シャウプ勧告
	一二月二六日	地方行政調査委員会議（神戸委員会）設置
昭和二五年	二月二八日	地方税法の一部改正
	三月三一日	地方税法の一部改正
	五月三〇日	地方財政委員会設置
	〃	地方財政平衡交付金法の制定
	七月三一日	地方税法の制定　シャウプ勧告に沿いつつ、①道府県と市町村との間においてその財源を完全に分離、②地方独立税主義をとり、付加税を全廃、③地方財源、特に市町村税の充実を柱とするものである。
	九月二一日	第二次シャウプ勧告
昭和二六年	三月三一日	地方税法の改正（国民健康保険税の創設）
	九月	サンフランシスコ講和条約締結・日米安保保障条約調印
	九月二二日	地方税制改正に関する税制懇談会の中間答申案
昭和二七年	四月二七日	日本国とアメリカ合衆国との間の安全保障条約第三条に基づく行政協定の実施に伴う地方税法の臨時特例に関する法律の制定

六月二八日	地方税法の一部改正
八月　一日	自治庁の設置
八月一八日	地方制度調査会設置

これら一連の改正のなかで、特に注目すべきは昭和二十三年七月公布の「地方税法」の全部改正、「地方分与税法」廃止、「地方配付税法」制定であり、昭和二十五年公布の「シャウプ地方税制といわれる新地方税法」の制定であった。二十三年改正は「地方自治体の自主課税権の強化や地方財源の拡充と弾力化の見地からみて、終戦からシャウプ勧告までの期間において年々行われた税制改正のうち最も規模が大きく、また数歩の進歩をしたもの」であり、また二十五年改正は「従前の日本の地方税制に比べて、まったく面目を一新し、地方自治の強化と税制の合理化に向かって大きな前進を示し、日本の地方税制史上画期的な意義を持つものである」と評価された（藤田武夫『現代日本地方財政史　上巻』）。

一方、漁業関係税は地方税法の改正に伴って、どのような変遷をたどったかを簡単に整理しておく。

(1)昭和二十一年九月改正　○船舶税、漁業権税は道府県税の法定税目

(2)昭和二十二年三月改正　○船舶税、漁業権税は道府県税の法定税目

　○船舶取得税を道府県独立税として追加し、この付加税として市町村でも課しうること、同時に舟取得税を市町村独立税としたこと

(3)昭和二十三年七月改正　○船舶税、漁業権税は前年度同様、そのほかに事業税（水産事業）の創設

(4)昭和二十四年五月改正　○前年度と同じ

(5)昭和二十五年七月改正　○船舶関連税廃止

　○漁業権税（共同漁業権および入漁権を除く）と事業税（水産業等を営む法人・個人）

(6)昭和二十六年三月改正　○前年度と同じ

(7)昭和二十七年六月改正　○漁業権税廃止

第二節　福岡県漁業関係税

一　昭和二十一年度漁業関係税

国は昭和二十一年九月「地方税法及び地方分与税法改正」を公布したが、それ以前の福岡県では県税徴収の方針を打ち出し得なかった。二十一年四月、福岡県条例第四号「福岡県税賦課徴収条例制定」により「昭和二十一年度ニ属スル県税ハ定期及随時共当分ノ間之ガ賦課徴収ヲ保留ス」を発した。そして、地方税法等の改正後の二十一年十一月、県条例第一九号「福岡県会の議決を経た福岡県税賦課徴収条例の改正条例を定める」を発し、改正内容を明らかにした。

漁業関係税の改正点をみると、船舶税、漁業権税の課税項目は前年度分がそのまま引き継がれたが、各項目の賦課額、賦課率は左のように大幅にアップされた。

船舶税　期税

年度	機関を装置した船舶	機関を装置しない船舶	被曳船
昭和二〇	一トンに付　三十銭	一トンに付　二十銭	一トンに付　七銭
二一	〃　一円五十銭	〃　一円	〃　六十銭

漁業権税

(1)　漁業権に属するもの　期税

第一種　定置漁業

第一類　大敷（大謀網を含む）　一箇所に付

年度	一等	二等	三等	四等	五等
昭和二〇	十円九十銭	七円十銭	五円五十銭	三円八十銭	二円九十銭
二一	五十五円	三十五円	二十五円	二十円	十五円

第二類　桝網　　一箇所に付

年度	沖津桝網	桝網（壺網）
昭和二〇	二円九十銭	二円十銭
二一	十五円	十円

第三類　羽瀬　　一箇所に付

年度	一等	二等	三等	四等	五等
昭和二〇	五円五十銭	四円四十銭	三円三十五銭	二円二十銭	一円十銭
二一	二十五円	二十円	十五円	十円	五円

第四類　烏賊曲網、鯆曲網、其他曲網　　一箇所に付

昭和二〇年度　八十銭　　二一年度　四円

第五類　石干見、建干網、張切網、江切網、簗、其他の定置網　　一箇所に付

昭和二〇年度　六十銭　　二一年度　三円

第二種　区劃漁業

第一類　牡蠣、蟶貝、蜊、藻介、蛤、海苔を養殖するもの　　区劃千坪又は千坪未満毎に

昭和二〇年度　十二銭　　二一年度　六十銭

第二類　右以外の水産動植物を養殖するもの　　区劃千坪又は千坪未満毎に

昭和二〇年度　六銭　　二一年度　三十銭

(2)漁業権に取得に対するもの　一時税　漁業権価格に対する割合
昭和二〇年度千分の十六　二一年度　千分の二十五

二　昭和二十二年度漁業関係税

昭和二十二年七月、福岡県条例第二一号「福岡県税賦課条例」が公布されたが、これは同年三月、地方税法の改正に対応するものであった。この地方税法改正のなかに漁業関係税として「新たに府県の独立税として船舶取得税を追加し、これには市町村で付加税を課しうること、同時に市町村の独立税として舟取得税を追加したこと」であった。
また、本期漁業関係税の賦課額、賦課率はすべての課税項目において前年度よりも大幅にアップされた。

船　舶　税

所有税　年税　トン数を課税標準とし、一トン未満の端数は切捨てる

(1)機関を装置した船舶　一トンに付　金　七　円
(2)機関を装置しない船舶　〃　金　五　円
(3)被　曳　船　〃　金二円五十銭

取得税

船舶取得税価格の千分の二十五

船舶税の不課税　水難救護のために常置する船舶については船舶税を課さない。

漁　業　権　税

所有税　年税

第一種　定置漁業

第一類　大　敷（大謀網を含む）　一箇所に付

一等	金五百円	志賀島村
二等	金四百円	若松市の内　脇田
三等	金三百円	小倉市の内　馬島
四等	金二百五十円	芦屋町の内　柏原
五等	金二百円	以上に掲げない市町村

芥屋村の内　姫島	岬村の内　脇の浦　地島	福吉村の内　藍島　鹿家　福吉 深江村	勝浦村　大島村

第二類　桝網　　一箇所に付

沖建桝網　　金二百円

桝網（つぼ網を含む）　　金百五十円

第三類　羽瀬

一等　金三百円	二等　金二百五十円	三等　金二百円	四等　金百五十円	五等　金百円
崎ケ崎　崎ケ崎下　峰の津上　江戸の原　帯津下	高津　新穀	津の上　平戸　海老津　だくら　帯津　網戸	宮津　中潟　神楽　袖　中津　西の津　野田	以上に掲げない場所

第四類　いかまげ網、たなごまげ網、その他まげたて網　　一箇所に付　金五十円

第五類　石干見、建干網、張切網、江切網、やなその他定置網　　一箇所に付　金四十円

第二種　区劃漁業

第一類　のり養殖　　区劃面積千坪又は千坪未満増すたびに　金五円

第二類　かき、まて貝、あさり貝、蛤、藻介の養殖　　区劃面積千坪又は千坪未満増すたびに　金三円

第三類　第一、二類以外の水産動植物の養殖　　区劃面積千坪又は千坪未満増すたびに　金一円五十銭

第三種　専用漁業

組合員の数、五十人までの組合及び個人　　一権利に付き　金二百円

組合員の数、百人までの組合　　一権利に付き　金四百円

組合員の数、百人を超え五十人を増すたびに金百円を増課す

漁業権の取得税
　漁業権の取得価格の千分の二十五を課税する
漁業権税の不課税　左に掲げるものは漁業権税を課さない
⑴共有権の分割による漁業権の取得、但し持分を超える部分の取得を除く
⑵存続期間更新による漁業権の取得

三　昭和二十三、二十四年度漁業関係税

国は財源拡充と課税自主強化の地方税制改革をめざして、昭和二十三年七月に地方税法の全改正と地方配付税法、地方財源法を制定した。これを受けて、福岡県では同年八月、県例第三六号「福岡県税賦課徴収条例改正」を公布したが、改正の規模は大きなものであった。このうち、漁業関係税は前年度に比べて、課税賦課額、率ともにさらに大幅なアップがなされた。

船舶税
所有税　年税　トン数を課税標準とし、一トン未満の端数は切捨てる
⑴機関を装置した船舶　一トンに付　金三十円
⑵機関を装置しない船舶　〃　金二十円
⑶被曳船　〃　金　十円
取得税
　船舶取得税価格の百分の五
船舶税の不課税　水難救護のために常置する船舶については船舶税を課さない。
漁業権税
所有税　年税
　第一種　定置漁業
　　第一類　大敷（大謀網を含む）　一箇所に付

等級	金額	場所
一等	金千五百円	志賀島村　芥屋村の内　姫島
二等	金千三百円	若松市の内　脇田　脇の浦　岬村の内　地島
三等	金九百円	小倉市の内　馬島　藍島　福吉村の内　鹿家　福吉　深江村
四等	金七百五十円	芦屋町の内　柏原　勝浦村　大島村
五等	金六百円	以上に掲げない市町村

第二類　桝網　一箇所に付

沖建桝網　金七百五十円

桝網（つぼ網を含む）　金　四百円

第三類　羽瀬

等級	金額	場所
一等	金九百円	崎ケ崎　崎ケ崎下　峰の津上　江戸の原　帯津下
二等	金七百五十円	高津　新穀
三等	金六百円	津の上　平戸　海老津　だくら　帯津　網戸
四等	金四百五十円	宮津　中潟　神楽　袖　中津　西の津　野田
五等	金三百円	以上に掲げない場所

第四類　いかまげ網、たなごまげ網、その他まげたて網　一箇所に付　金二百五十円

第五類　石干見、建干網、張切網、江切網、やなその他定置網　一箇所に付　金　百五十円

第二種　区劃漁業

第一類　のり養殖　区劃面積千坪又は千坪未満増すたびに　金七十五円

第二類　かき、まて貝、あさり貝、蛤、藻介の養殖　区劃面積千坪又は千坪未満増すたびに　金　三十円

第三類　第一、二類以外の水産動植物の養殖　区劃面積千坪又は千坪未満増すたびに　金　十五円

第三種　専用漁業

組合員の数、五十人までの組合及び個人　一権利に付き　金三百円

組合員の数、百人を超え五十人を増すたびに金二百円を増課す

漁業権の取得税

漁業権の取得価格の百分の五を課税する

漁業権税の不課税　左に掲げるものは漁業権税を課さない

(1)共有権の分割による漁業権の取得、但し持分を超える部分の取得を除く

(2)存続期間更新による漁業権の取得

また、今期の条例改正における注目すべき点は、従来の「営業税」を廃止して「事業税」を創設し、新たに農業、水産業、畜産業などの原始産業および農業協同組合、産業組合などの特殊法人の事業にも課税（所得金額の百分の五）するようになったことである。しかし、水産業協同組合法に基づく県下の漁業協同組合設立は昭和二十四年度以降であり、二十三年度の漁業会時代に課税対象になったとは思われない。また当時、課税対象となった水産業事業者がどの程度存在したかは分からない。

昭和二十四年度においては、地方税法、福岡県税賦課徴収条例ともに一部改正がなされたが、漁業関係税は前二十三年度分がそのまま引き継がれた。

四　昭和二十五〜二十七年度漁業関係税

国は昭和二十五年七月、シャウプ地方税制ともいえる「新地方税法」を公布したが、これを受けて福岡県は同年九月、県条例第三六号「福岡県税条例」を公布した。これは従来の地方税制に比べて、全く面目を一新するものであったが、漁業関係税においても同様であった。

昭和二十五年度漁業関係税においても同様であった。

(1)　船舶税（取得、所有税）を廃止したこと

(2)　漁業権税を整理し、簡潔にしたこと

①納税義務者　漁業権者

②課税客体　新漁業法に基づく漁業権漁業のうち、共同漁業権及びその入漁権を除き、定置・区画漁業権及び

その入漁権を対象とする。但し、福岡県に存在する定置漁業は共同漁業権漁業に属するものであり、定置漁業権漁業ではない。したがって、課税客体は区画漁業権及びその入漁業権だけとなった。

③課税標準　漁業権の賃貸料または評定賃貸料（知事が定める）を課税標準として課す

④税率　　　百分の十

⑤賦課徴収に関する申告の義務

⑥漁業権税に係る不申告に対する科料　三万円以下

(3)　水産事業所得課税

①納税義務者　事業を行う法人（漁業協同組合等）、水産事業（第二種事業）を行う個人

②課税客体　漁業協同組合等が行う事業、個人の行う水産事業

③税率　　　法人…所得または清算所得の百分の十二　個人…所得または清算所得の百分の八

昭和二十六年度においては、地方税法、福岡県税条例ともに一部改正がなされたが、漁業関係税は前二十五年度分がそのまま引き継がれた。

昭和二十七年六月、地方税制の一部改正がなされ、そのなかで漁業権税、広告税、接客人税については、その税額も僅かであり、普遍的でないという事由で法定普通税から除外廃止された。これを受けて、福岡県では昭和二十七年七月、県例第三九号「福岡県税条例の一部改正」によって「第五節　漁業権税（第六五～七一条）」を削除した。これで漁業権税は廃止され、漁業関係税としては「水産事業所得課税」が残るだけとなった。

第三編　漁業の発展と漁民運動

【中扉写真】

豊前海は瀬戸内海西部に位置し、大小の河川が分布し、これら河口周辺域には干潟が広がっている。沖合は砂泥で覆われ、緩やかな海底傾斜で最深部一五メートル程度である。地先定着性資源に恵まれるとともに幼稚魚の生育場としても重要な役割を果たしている。

（福岡県水産海洋技術センター・豊前海研究所提供）

第一章　明治初期から同三十年まで

第一節　福岡県下の浦、漁業

明治初期の漁村はその成立時期・過程は異なっていても、いずれも近世から受け継がれたものであることは間違いない。高田茂廣氏は「漁村」という呼び方について以下のように述べている。「漁村、漁民という呼び方は、少なくとも近世までは適当ではなかった。漁業以外に軍事・海運・製塩・商業ときには農業なども含めて、村が成立していたことを見逃してはならない。かつて漁村は浦という呼称であり、浦は前述の諸条件を充たすという意味で適当な表現である。つまり、海に生活の場の中心を持つ者の集落、と考えるのが最も適当であると考える」。高田氏の考え方に従うならば、明治初期においても全般的には「浦」と呼ぶ方が適当であろう。

近世後期の沿海各藩領内における浦の存在をみよう（付図1参照）。筑前沿海の浦は次のようなものであった。

対馬藩領─怡土郡：鹿家・吉井・福井・片山

中津藩領─怡土郡：深江

幕府公領─怡土郡：加布里

福岡藩領─怡土郡：横浜

志摩郡：浜崎・今津・宮浦・唐泊・玄界島・西浦・野北・岐志・姫島・新町・久家・船越・福浦・芥屋・小呂島

早良郡：伊崎・残島・姪浜
那珂郡：志賀島・弘
粕屋郡：箱崎・奈多・新宮・相島
宗像郡：福間・津屋崎・勝浦・神湊・江口・大島・鐘崎・地島
遠賀郡：波津・芦屋・山鹿・柏原・岩屋・脇田・脇浦（若松・戸畑は郡方支配）
小倉藩領─企救郡：藍島・馬島・平松・長浜・大里・門司

各浦はその立地条件、発展過程によって性格が大いに異なっているが、筑前の浦の多くは中世の段階ですでに存在していた。「筑前国続風土記」などの記述、伝承などを参照すると、近世になって成立した浦は弘・伊崎・横浜・新町・小呂島の五浦である。姫島・野北・西浦・玄界島・姪浜・伊崎・箱崎・奈多・志賀島・相島・津屋崎・大島・鐘崎・平松・長浜各浦は、純粋な漁村として発展してきた。また筑前の浦は古代から海運業に従事するものが多く、近世においても受け継がれ、少なくとも幕末期まで続いた。博多湾西部の残島・浜崎・今津・宮浦・唐泊の五ケ浦廻船は有名であるが、そのほか、加布里・船越・岐志（新町）・姪浜・福間・津屋崎（渡村）・勝浦・神湊・鐘崎・大島・地島・芦屋・柏原・山鹿・脇浦・若松の各浦は、藩貢米の積出港や各商品の貿易港としての役割を果たしてきた。兼農業の浦は、芥屋・残島・弘・新宮・福間・大島・地島・波津・岩屋・脇田・戸畑・藍島・馬島の各浦であった。蜑漁では特に鐘崎・大島・弘の各浦が盛んであった。近世の筑前沿海では、いわし地曳網、田作地曳網、いかなご網、たい地漕網、やず建網、ぼら網、たい延縄などが各浦で着業されていたが、これらの漁業種は明治期に入っても主要なものであった。田作地曳網の「田作」とは、言葉通り田地作りのための肥料用に供するもので、「カナギ田作」と「シラス田作」とがあった。前者はイカナゴの成長して三寸に及ぶもの（フルコ）を、後者はマイワシ仔・カタクチを煮沸して乾魚としたものである。

豊前沿海における浦は次のように大部分が小倉藩領に属していた。

小倉藩領─企救郡：田野浦・柄杓田・今津・恒見・曾根新田
京都郡：苅田・浜町・蓑島・沓尾・長井・稲童
築上郡：八津田・椎田・西角田・松江
上毛郡：八屋・宇島

中津藩領―上毛郡：三毛門・東吉富

このうち、蓑島・東吉富は藩貢米の積出港、宇島は貿易港であった。豊前旧租要略によれば、漁業の盛んな浦として田野浦・柄杓田・今津・恒見・苅田・浜町・沓尾・蓑島・八屋・宇島の十一浦をあげているが、そのなかでも柄杓田・蓑島・宇島の三浦は純粋な主要漁村として位置付けられる。一方、農業を営む浦は多く、柄杓田（白野江）・曽根新田・長井・稲童（岡部）・八津田・西角田は農主漁従であり、苅田・浜町・沓尾・松江は半農半漁であった。近世の主な漁業は、こういか芝手繰網・石干見・えび繰網・あみ曳網・徒歩曳網・各種延縄などであり、桝網・たい縛網・ぼら網・さわら網・打瀬網などは明治期に入ってから着業された。

筑後沿海における浦は次のようである。

久留米藩領―三潴郡：大野島・三又青木・大川

柳河藩領　―三潴郡：川口・久間田・浜武

　　　　　　山門郡：沖端・西宮永・東宮永・両開・塩塚・中島

　　　　　　三池郡：江ノ浦・開

三池藩領　―三池郡：三浦・大牟田・諏訪・早米来

このうち、近世において漁村と呼べる浦は沖端・中島の二浦で、川口は明治に入ってから漁村として発展した。そのほかは農主漁従の浦が大部分である。近世の漁業は羽瀬を主とし、現敷網・大網・引網・手押網・手繰網・鮟鱇網・組引網・繁網・投網・たこ縄・うなぎ掻など多種に及ぶが、広大な干潟漁場を擁し、着業者数では採介漁が突出して多かった。これらは明治以後にも受け継がれた。

明治期の浦、漁業には、近世期を通して形成されてきた地域的特質が濃厚に残存しているが、まず明治初期における県下各浦、漁業の概況を表三－１に整理した。

表三―1　近世・明治前期における各浦・漁業の状況

浦名	浦の状況	漁業の状況
【筑前地区】 鹿家浦	①鹿家浦は昔、鹿村と唱えしが、何時の時代よりか、今の名に改めたりと云う。 ②本県下最西端にして西は包石を以て佐賀県と接す。串崎の東側に小舟数隻を繋ぐに足る湾入あり。	①本浦漁業は安永年間に始まり、天明三年に至る九年間は串崎の捕鯨、頗る旺盛なりしと云う。文化三～七年に鮪網漁を営みしと云う。 ②以来、漁業は殆ど中絶にて明治に入れり。村民の多くは耕作、採薪、製紙を業とし、漁業は多く行われず。
吉井浦 福井浦 大入浦	①西川の小流を以て吉井・福井の両浦と相隣り、河口に防波堤を設け漁舟の出入に便せり。元禄に築く。 ②福吉浦は明治三十五年漁業組合設立の際、吉井・福井・大入の三浦を合併して新たに起せしものなり。	①古より漁業は行われ、藩政期には鮪大敷網、鰆巻網、鈑旋刺網、鰮巻網等は旺盛なりしと云う。
深江浦 片山浦	①一貴山川を隔て、深江・片山両浦は相対せしが、深江は旧中津藩領、片山は対馬藩領なりき。 ②明治三十五年、深江・片山両浦を合して、漁業組合を組織せり。	①漁業は古来より行われ、田作及鰮地曳網、烏賊芝手繰網等は藩政期に行われしと云う。
加布里浦	①加布里浦は藩政のとき、郡内第一の米穀輸出港たり、良好の港湾なり。 ②往昔幾多領主の変遷あり。元禄四年には徳川幕府の直轄地となる。	①漁業は古来より行われ、その主は鯛延縄、鱸一本釣なり。特に鯛延縄の起源は文久の頃で、慶応年間は二七隻ありしと云う。
久家浦 船越浦	①船越湾は天然の良湾にして、玄洋航海の船舶の避難安碇の一要津なり。廻船業の盛なりし地たり。 ②明治三十五年、久家、船越両浦合併して小富士漁業組合を組織す。	①文政五年、久家、船越両浦より加布里浦との境界協定証文の中に「古来より漁業仕来り候云々」とあり。 ②殊に、二艘鯛網は得意の漁具にして、他浦の模倣し能はざるところなりと云う。
岐志浦 新町浦	①岐志、新町浦は良港湾なるを以て近世、廻船業が盛なり、主に伊万里焼を京阪地方に輸送せしと云う。 ②明治三十五年、岐志・新町両浦合併して一漁業組合を組織す。	①天和二年及び明和八年の古文書に基き、明治十八年、芥屋浦との間に漁場区域を協定し、証文を取替せしと云う。 ②古きより漁業は盛にして、藩政期には旋網、二艘鯛網、鰯揚繰網等、隆盛を極めたりと云う。

芥屋浦 福浦	①芥屋浦は大門のある所にして、西北二面は怒濤常に岸を打って繫船甚だ険悪なり、古来防波堤を設けしも破壊数次に及ぶ。福浦は北風を遮るの便あり。 ②芥屋、福浦両浦は合して芥屋漁業組合を組織す。	①由来、芥屋浦は農によりて生業を立てし所なれば、漁業は甚だ盛ならずと雖も、鰯地曳網は往昔、盛んなり。 ②天和二年の古文書に「芥屋村磯辺寄物の儀は岐志・野北・西浦と同一の権利を得しむる」旨の記載あり。
姫島	①交通甚だ不便なりしが、漁村の経営に至りては頗る至便の地利を占む。 ②往時の島民は、主として農を営み、壮者は五島、壱岐の捕鯨組に出稼をなしたり。	①大敷網は文化十二年、長州小串より伝習し、爾来、当浦の主要漁業となれり。鰤、鯛延縄は文政三年に伝習せり。 ②明治十年、沿岸より四百五十間以内の海面を以て、姫島の所属とす、爾来、漁は漸次発達の機運に向へり。
野北浦	①野北浦は東北の風を防ぐに足ると雖も、西北の二面は風波常に荒く、漁舟の碇繫、甚だ困難なり。古来防波堤を設けたりと雖も年月と共に次第に崩壊して殆ど用うべからざるに至れり。古来の漁村なり。	①古来漁業を営めり、曾て全部、鯛延縄漁に従事せしことありしも元禄八年遭難ありて一時中絶せり。 ②肥前生月なる捕鯨漁に船頭、乗子として出漁せしが、捕鯨の衰退とともに、次第に沿岸漁業に従事するに至る。
西ノ浦	①西ノ浦は西北の二面、玄海の浩濤に臨み、漁舟の碇繫に困難を感ず。藩政時より屢々波止を設けしも、幾度か、破壊に破壊を重ねたり。 ②重要漁村の一なり。	①鯛網は元文二年、鰮大地曳網は寛政二年、玉筋魚大網は寛政十一年に始めしと云う。鯛延縄も古より行われ来り。 ②殊に鯛網を以て名あり、古より藩主に献上なし来り。
唐泊浦 宮浦	①唐泊・宮浦相接して南に向い、蛭子崎東に突出せるを以て、船舶の碇繫、最も安全なり。 ②古来、外船碇繫の要津なりしを知る。近世時より、廻船の業大に開けり。	①鯛地漕網、鰮地曳網、玉筋魚網等は古より行われ来り。一本釣も行われしと云う。 ②天文三年の古文書に、天正年中より鯛地漕網云々の文字あるに拠れば、その由来遠きを知る。
玄界島	①玄界島、険阻にして平坦の地なく、人家はみな山麓より山腹に至る。かつて漁船の碇繫、曳揚に困難なりしも、防波堤を設けしより利便を得たり。 ②土地の狭隘と魚族の豊富で、漁撈は隆盛を来せり。	①鯛網、玉筋魚網は元禄年間、一本釣は安政年間に始まりしと云う。 ②鰤建網は藩政期より行われ、明治初期迄好調なりしも次第に衰退せり。
小呂島	①小呂島は玄界洋心の一孤島にして、近世、罪囚の流刑地たりしを以て、その名世に著る。 ②漁業は、住民と共に開け、頗る古き歴史を有せざるに拘らず、絶海の孤島の為、その発達は遅々たり。	①延宝八年、大村の人が鯨組を創めしも六年中止したり。 ②明和五年、藩の許可を得て鯛網開始せりとの古文書あり。 ③往時、耕地少き故冬季藩主より米を下賜し、之に対し漁業者より毎年、鯛又は鰤を藩主に納めるを常例とせり。

今津浦 浜崎浦 横浜浦	①今津湾は天然の防波堤なりて、この地の廻船業は、その由来甚だ遠し。 ③今津・浜崎各々漁業組合を組織せるも、明治三十五年漁業法実施の際、合して一組合となりし。	①玉筋魚網、鰡旋網は元禄年間、鱸地曳網、田作地曳網は元文年間に始まりしと云う。 ②今津の入江は甚だ広潤ありと雖も浅くして、網漁は振わず一般に釣、延縄を主とす。
姪浜浦	①浦は長柄川の下流、丸隈の山下にあり、往昔、波止を築きて漁舟に便せしが、近年更に改修したり。 ②古来、網漁業を以て起りし純然たる漁村たり。筑前の主たる玉筋魚房丈網は当地で考案せしと云う。	①藩政期より明治初期に亙りては漁業頗る隆盛を極めたりと云う。 ②玉筋魚網、鱸地曳網、魬（ヤズ）旋刺網、鰡巻網等は藩政期より行われ来りと云う。
残島浦	①この浦の浜崎・北浦・西何れも繋船の便なるを以て、古来、廻船の業盛なりし。されども汽船の航行と共に廻船業は一頓挫せり。その為に、俄に釣漁業等を営むもの生ず、これ本浦漁業の濫觴なり。	①島民の多くは半農半漁なるを以て、漁業の発達見られず、網漁経営したることありと雖も成功するに至らず。 ②明治初期、廻船業の衰えると共に漁業者を生じ、十八年頃より次第に発達す。鱸、鯛一本釣は主要漁業たり。
伊崎浦	①内海に瀕し、波浪常に穏にして、古より波止を築きしことなし。 ②福岡城の築設と共に開かれたる漁村なり、藩の御用浦に指定せられ、何れの浦漁場にも出漁を許されたり。	①かつて地曳網、刺網等ありしも廃滅せり。また、明治四十年頃、鵜来島に田作大敷網を布設せしも廃滅せり。 ②漁村の位置は博多湾奥にあり、漁業は鯛延縄を主なるものとせり。
福岡	①福岡市中の海浜にあり、古より漁業振わず、唯黒田藩の船手組を勤めし頃は長崎沿海に至る各浦々にて鯛延縄、一本釣を行う特権を有せしと云う。	①古より釣専門の所にして、遊漁者多く、専業者少し。
箱崎浦	①箱崎浦は内海に瀕して西岸にあり、遠浅なるを以て、干潟頗る広く、蜊貝及び餌虫の繁殖に適せり。 ②海岸に防波堤なきは平素波浪の高からざるによる。これ諸浦と相比し、大に長所とする所なり。	①漁業は一千七百年前の古において、既に発達の蹟あり。漁場は各浦沿海に誇りて最も広し。 ②建網、地曳網等の主要漁業につきては、古より慣行に基き漁業規約を規定し、濫獲を防ぎ魚族の繁殖を計れりと。
奈多浦	①奈多浦は、北方海に面する所にて、風波常に強く、漁舟は砂丘上に押し揚げざるを得ず。 ②往古、香椎宮、献魚のこと掌れりと云い伝えたるよりみて、漁業も已に発達せりと察すべきなり。	①漁業は遠くして、神功の漁場という御瀬、古瀬、こおかい、四ツの網代名今尚存し、香椎宮の献魚古例、現存す。 ②鯛漕網、鱸地曳網、田作地曳網は古来より、玉筋魚大網は安政年間に始まりしと云う。
志賀島浦	①志賀島は、上古より海神の宅止し所なりと雖も、その大	①網漁業は当浦主要の漁具にして、最も古きものは鯛地曳

浦名	概況	漁業
	に世に顕れしは、神功皇后御征韓の時にあり。②県下屈指の漁村にして、就中玉筋魚漁業隆盛なり、田畑少く農業を営むもの甚だ稀なり。	網、次いで鰮曲網、魬網、磯建網、浜建網、飛魚流網、鰮・田作地曳網、玉筋魚網とす。②鯛延縄は藩政期に始まりしと云う。
弘浦	①弘浦、古より防波堤を設けたりと雖も、西北の風強き折は漁舟の出入困難なり。②半農半漁の部落なりて純然たる漁村とは趣を異にす。蜑漁は永祿年間に濫觴し、本浦最古の漁業なり。	①蜑漁は往昔一時発達し、玄界洋は恰も我領界の如き活躍しせり。鮑の長熨斗、火打熨斗は年々藩主に献上せり。②蜑漁に次いで起りたるものは一本釣漁とし、網漁業は明治に入ってからなり。明治五年よりの鰆網が濫觴たり。
新宮浦	①新宮浦は玄界洋に面せる所にあり、北風起れば漁舟は浜に寄せ難く、古より西方山下に避難港を設く。②往時、殆ど漁業専業なりしも次第に農業に精励する状態にあり。	①漁業は往古より鰮大地曳網、鯛地漕網、玉筋魚大網等の網漁業主体で行われ、釣漁は軽視されてきたれり。②藩政期より明治初期迄は漁業頗る盛大を極め、明治四年の如き鰮大地曳網は未曾有の大漁をなしたりと云う。
相島浦	①相島浦は西北の風を防ぎて、繋船の便甚だ良なり。往古歴史上、この良港を利用せしこと虚妄に非ず。②農三漁七の部落にして、近時大に進歩の機運に向へり。県下重要漁村の一たり。	①鯛地漕網、鰮地曳網、玉筋魚網は古くより行われ来りしが、鰮地曳網は明治三十年頃より廃絶し、これに代りて鰮揚繰網が勃興す。延縄は藩政期より盛に行われしが、明治三十六年の難破以来、衰退せり。
福間浦	①福間浦は、近古粕屋郡に属し、西郷福間の庄と云いしことあり。住民は下西郷竈神屋敷に集落せしが、漁業の便悪しとて寛永年間に今の所に移住したり。②漁業は由来古きも農三漁七、純粋の漁村に非らず。	①本浦の漁業は由来古く、鎌倉幕府創始の頃に萌芽を発し、網漁業を主に発達をなしたりと云う。②網の最も古きものを、鰶建網、五智網、飛魚流網の三種とし、次いで鯛地漕網、鰮地曳網とす。
津屋崎浦	①津屋崎浦は、西海岸にあり北東に向って一大入江あり、漁船は概ねこの港湾に碇繋せられる。②往古より喧伝せられ、その地の塩田は九州第一の大塩田として著名なり。塩田の傍ら漁村たりし。	①古来、釣・延縄漁第一にして、次に網漁起る。鰯地曳網、田作地曳網、鯛地漕網、魬曲建網、魬旋刺網等なり。②殊に、鯛延縄は名を以て知られ、明治以後も大いに発達せり。
勝浦浜	①勝浦浜は草崎・四塚が北に突出して、稍北風を防ぐに足る。山麓に防波堤あり、漁舟の避難に適す。②農漁兼業なり。藩政時代には御用港に指定せられ、貢米の運輸に従事す。廻船業の一基地たりし。	①古来、漁業盛にて、鰮地曳網、鯛地漕網、魬網、鯛延縄、田作地曳網、五智網、鯛延縄が行われたり。②就中、鰮地曳網、鯛延縄は当浦の主漁業なりし。鰮地曳網は享保、天明、安政及び明治四年に大漁ありしと云う。

神湊浦 江口浦	①神湊町は湊及び江口に分れ、釣川その中央を貫流す。浦には西北海岸に防波堤三箇所あり。 ②往昔、廻船業甚だ盛にして、宗像郡第一の輸出港たり。	①漁業の起源詳ならざれども、浦の沿革より見れば頗る遠きのことなるべし。延縄漁は古より主とし、就中鯛延縄は藩政の頃より対州方面に出漁す。鰮地曳網は往昔、隆盛を極め、社側の石灯籠に「寛政二年、八張鰯網中」とあり。
大島浦	①大島は周囲三里余あり、西北の洋上二十五海里なる沖島付近は各種漁業の重要漁場にして、本浦所属。 ②本浦は由来、農、商、漁相交わりたる地なりしも、就中、漁業最も発達せり。	①宗像宮祭祀次第記に、慶安年間、大島懸魚の古例を載せたるを見れば、本浦漁業の起源古きこと証するに足る。 ②往時、玉筋魚大網、鰮二艘張網、鯛延縄、柔魚・鯖・小鯛一本釣、鰆曳縄のほか、鉾漁、章魚壺、海士漁あり。
鐘崎浦	①鐘崎浦は岬村の西海岸にあり、玄界の波浪常に高く、漁舟の出入頗る困難を極め、小波止を設けたり。 ②古より純然たる重要漁村として県下に知らる。鐘崎蜑の名、最も世に喧伝せり。	①鐘崎の蜑とて世に名高く、その起源もまた古く、或は住民と共に始ましりものならんと云う。 ②藩政期には蜑漁外に鯛網、鰮地曳網、玉筋魚網、小鯛手繰網、鯛延縄、鯖釣、鰤・鰆曳縄等隆盛を極めたり。
地島浦	①地島には浦が東西二箇所あり、東を京泊、西を豊岡（白浜）と云う。泊浦には北風を凌ぐ定繋場あり。 ②古より農三漁七の部落にして、何れも多少の耕作をなし、漁業上好位置にあるを以て生計豊かなりし。	①文化年間に鮪大敷網始まり一時隆盛を極め、又天保十二年に鯨組を組織なせしことあり。 ②古より飯網、鰤建網、鱮網、五智網、鮪大敷網等があり、次で玉筋魚大網なり。
波津浦	①海蔵寺山の東北の尾海上に突出したる所を波津崎と呼ぶ。古に湾入せる地勢利用した小防波堤を設く。 ②元来、農漁雑居の所なりしも、漁業最も古く行われり。波津城瀬の好漁場ありしに沖合に雄飛せず。	①神功皇后、御征韓のときの遺跡としての御採瀬なるものあるに徴すれば、当時、漁民の住せしことを証するに足る。 ②明治初期迄は鰮地曳網を主とし鯛地漕網、飯旋刺網の外二三の小規模漁業行われしに過ぎさりし。
芦屋浦	①芦屋浦は筑前東部の要津にして、回米の輸送専らこの港によりて行われたり。 ②藩政期には廻船及漁業に従事するもの多き地なりし。	①漁業は浦と共に始まりしと雖も詳ならず。網と釣とを主とし、網は鰮地曳網、鯛網、鰶及飯建網、釣は鯵鯖等なり。 ②維新後、艜業に転ずるもの頗る多く、これが為め大いに漁業者の数を減じたりと云う。
山鹿浦	①山鹿浦は遠賀川口の東岸にあり、川を距て丶芦屋町と相	①漁業は古く行われ来りしが、元禄年中、沖合漁業にて一

	対す。 ②藩政時代、貢米積立港としての黒田氏繋船場の址あり。	時に遭難者百五十人出したことあり、漁業頓に衰えしなり。 ②漁業種は延縄を以て、其主なるものとし他浦の追従を許さずと云う。
柏原浦	①柏原浦は海岸線僅に一里に満たざるも、紆余曲折甚だ多し。浦と堂山の間に古より一箇の波止あり。 ②天明の頃より商船業に従事し、肥前国伊万里の瀬戸物を積みて中国、北国地方に盛に往来せしと云う。	①明暦の頃、柏原・芦屋両浦の漁場紛議につき古記録あり、漁業古るきも、その起源明ならず。 ②維新後、商船業の廃絶に伴い、漸く漁業に力を注ぐに至れり。鰮地曳網、鯛延縄、鰺・鯖釣等を主とす。
岩屋浦	①岩屋浦は、妙見崎の西南、小湾をなせる所にありて、古より一箇の防波堤を築きたり。 ②元来、農漁半ばする所にて、純粋の漁村とは其の趣を異にす。戸数は元禄頃十七戸、享和頃三十四戸。	①明治初期迄は鰮・小鰯地曳網隆盛を極めしと云う。以後、鰮網漁盛なりし。旋網、刺網等も一時好況なりしも廃滅に至れり。鯛・小鯛延縄が本浦唯一の漁業として発達せしは明治期後半に入ってからの如し。
脇田浦	①脇田浦の北三里を隔て、白島あり、白島は本浦及脇ノ浦の共有にして、浦中唯一の漁場たり。 ②由来、農業を営むもの多かりしに、明治初年頃より農業漸次に衰え、今は純粋の漁村となれり。	①白島、脇田浦に専属せしは弘治四年山鹿城主よりの、白島鰤網代に関する古文書や文安文書より立証すべきなり。 ②古来、好漁場を有するにも拘らず、半農半漁を以て生計を立て来りし為め、維新迄、漁業は余り発達せずの如し。
脇ノ浦	①脇ノ浦は、東の小田崎、西の妙見鼻の間、自然の港湾状をなす。ここに古来築造の波止二箇所あり。 ②由来、旅客業を営むもの多く、維新前は商七漁三の部落たり。時勢一変、其後純粋なる漁村となれり。	①明治九年「漁業上海面区劃して借用出願すべし」布達に基き脇田浦・脇ノ浦間で白島漁場の権利に付、協定契約す。 ②歴史的に海技に長せしと雖も、白島を初め近海の漁利豊かなるを以て余り遠く出漁する者なし。古来、鯆漁獲多し。
戸畑浦	①維新前は、農業本位の土地にて、漁戸は僅か二十余に過ぎず、船庄屋を置きて、これを司らしめたり。 ②明和九年、戸畑・若松両浦の漁業入会制定に付古文書あり。本浦漁業の基礎はこの時に定まりしか。	①本浦漁業は延縄、釣を主とし、近年また桝網頗る盛なり。 ②戸畑・若松両組合は別に連合会を組織し、桝網、鰮旋網、飛魚旋網、鰯地曳網等は両組合員の共同経営なり。慣行により、専用漁場からの利益分配は若松六、戸畑四なり。
若松浦	①若松浦は旧黒田藩に属し、藩主より洞海湾口に番所を建て非常を戒めらる。藩の御米積の廻船業に従事するもの	①本浦の古文書に「慶長七年、小鯛子網その他の小漁をなし来りし由」、この地漁業の濫觴は蓋し足利末頃か。

	多し、生計も大に裕なり。 ②漁業の如きは、副業として或時期になすに過ぎず。	②藩政期、洞海内に於て手繰網其他小規模漁業のみに従事せしか、人口増に伴う魚類需要によって漁業発達を促せり。
平松浦	①平松浦は最も古き歴史を有する漁村なり。往古、百済国羅程稀が故国を逃れ、小倉の四丁浜（勝山城下、紫川西岸）に定住し漁業を営したりと云う。是れ西顕寺古文書に見ゆる所にして、本浦漁業の濫觴。	①古より純粋の漁村にして早くより藩公の奨励あり。延縄漁は著しく発達し、壱州・五島等へ出漁せり。 ②慶応三年、長州・小倉戦争の敗戦によって、馬島・藍島が一時占領されしも、漸次旧に復し漁業次第に盛となれり。
長浜浦	①長浜浦の由来頗る遠し。小倉四丁浜に定住した百済国羅程稀の次子が分家して宝町に住したりと云う。 ②小笠原侯入国以来、漁民制度、船持、水夫、漁人の区別を明にし、保護厚く、奨励至りしが基因なり。	①漁業の濫觴は遠く往昔にあり。一本釣の如きは、その伎倆の進歩せること実に驚くの外なしと云う。漁場は遠く蓋井島、六郎瀬付近まで出漁せしなり。重要漁村の一たり。
馬島浦	①馬島は若松の北東凡二里にあり、前浜は天然の入江にて古より波止の設なきも、漁舟の定碇に適せり。 ②半農半漁の部落にして、豊前苅田より移住せしと云う。	①往昔、浦上納として年々海参四百二十五斤宛を納め、付近海域の海参の捕獲を許されたりと云う。 ②何時の頃か詳ならずも、鰮地曳網は一時頗る盛なりし、鯛地曳網、五智網、玉筋魚地曳網は藩政期より行われ来り。
藍島浦	①藍島は若松の北凡三里にあり、地勢平坦にして小湾に富み、人家前の三箇所共に繋舟の便を有せり。 ②早くより一浦として立ち、半漁半農。干鮑・海参を俵物献納として納め、農全然免租なりき。	①元和の頃、細川侯の許可を得て此浦を拓き、蜑漁第一に起り、鮑、海鼠の製造法は大に熟練する所たり。 ②蜑漁に次いで、網漁起り、その主なるものは大敷網、鯛漕網、玉筋魚網なり。
大里浦	①大里浦は藩政の頃、関門の渡海地として此地より行われたるを以て、九州諸大名の参勤交代には久しく滞在するもの等あり、従って大に繁栄を極めたりしも、明治維新と共に趨勢一変し、次第に衰退せり。	①今を去ること一千余年前、大里住民、戸上神社の神体（霊石）を網にて引揚たりと、これ本浦網漁業の起源なるか。 ②藩政期に至り、漁民漸次増加す。一本釣は第一の漁業にして、地曳網等が一時行われしと云う。
旧門司浦	①旧門司浦は筆立・古城二山の下、早鞆瀬戸を隔て下関と対せり。潮流の急なるを以て小笠原藩主の御猟場に指定	①漁業は早くより開けしは、疑わざるもその時期詳ならず。 ②網漁業は藩政期より頗る盛にして、鰮地曳網八張を有し

	せられたりしが、商工業の発展と共に網漁業は特に廃絶に至れり。和布神社の和布有名なり。	たりと云う。その他、鯛地漕網、鰡旋網等行われしが、維新後の築港、海上交通の発達により、次第に衰退せり。
【豊前地区】 田野浦	①田野浦は明治初期、漁業をなすものなく、船舶に対し薪炭、糧食、其他を販売供給するを唯一の事業となせり。その後徒歩曳網等の小規模漁業起こり、漁獲物を此等船舶に供給せしことより漁業始まれり。	①明治十年頃迄、鰮地曳網、徒歩曳網、烏賊芝手繰網盛なりしが、二十年頃より打瀬網漁船の来漁や築港等工事等により次第に衰退す。
柄杓田浦	①柄杓田、白野江の二部落を抱擁せしものにして、柄杓田は純漁村、白野江は農業を主とす。 ②古より発達せる漁村にして、慣行により付近海面に種々の特権を有す。豊前海屈指の大漁村なり。	①藩政期より明治にかけて、主な漁業は鰮地曳網、烏賊芝手繰網、鯛延縄等なり。 ②打瀬網は豊前海において嫌うこと最も激烈なりしも、明治三十六年、県の奨励により起業せり。本県での嚆矢なり。
今津浦	①今津浦は藩政期には、漁業盛なる所なりしと云う。 ②松ケ江村には、今津浦、恒見浦あり。且って各浦に漁業組合ありしが、明治三十七年合併して松ケ江浦漁業組合となるも、経営等、実際は両浦組合の連合会の如き観なり。大正十年には再度分離独立せり。	①鯛・黒鯛・鱧・河豚等延縄を主とし、又、鰆流網も盛なりし。 ②鰆流網の起元は詳にする能わざるも、天保年間に五、六隻あり、明治に入って次第に増加し、三十年には約三十隻となり、上層流網から中層流網へと改良せしと云う。
恒見浦	①恒見浦は藩政期には、漁業盛なる所なりしと云う。 ②明治期入って、石灰山に出稼く者次第に増加し、漁業を営むこと昔日如くならず。石灰運搬業は亦漁業者の副業たり。	①藩政期、烏賊芝手繰網、蝦曳網、徒歩曳網等を主要漁業とす。烏賊芝手繰網は打瀬網により打撃を受けたりと云う。 ②釣漁業を営むものなし。
曾根新田浦	①藩政期、此地方は大なる入江なりしが、之を開作、埋築して、移住させ此浦成る。農主漁従の小漁村。 ②明治十九年に豊前沿海漁業組合が組織されたる際、初め恒見浦に属せしが、明治三十五年に独立して新たに漁業組合を設立せり。	①住民、古より農を主とし、僅に笹干見、採貝等をなし、時に刺網に出漁せしも隣村の抗議に遭って発展せずと云う。
苅田浦	①苅田浦は藩政期には、漁業盛なる所なりしと云う。 ②文久の頃、海岸の埋築をなし水田を拓きて、之を分与せらるにより、農を副業とするに至る。半農半漁と雖も、	①網漁業を主とし、釣、延縄は頗る貧弱なり。 ②烏賊芝手繰網、蝦繰網は起元を詳ならずも古より行われたり。桝網、鰡網、鯛縛網等は明治期に入ってから導入

	漁業専業者も在せり。	されたり。古来、苅田牡蠣と称し名物なりしと云う。
浜町浦	①往昔、馬場村より移り馬場浦と称し、次第に海岸を埋立て戸数増加す、今の浜町浦之なり。②沿岸甚だ遠浅にして着船頗る不便なり。付近漁村中最も不便なりとす。	①かつて漁業を専業とし、採介、烏賊芝手繰網、蝦繰網、あみ曳網、建干網等に従事す。釣、延縄は一切なし。②明治二十八年水田、塩田拓かるるに及んで之を副業とするもの多し。半農半漁若くは塩田の日雇を業とす。
蓑島浦	①蓑島浦は重要漁村にて、古来、漁業盛なる所なり。②繋船に便なるを以て各種通漁船此処に寄港し漁獲物を販売するを常とす。往時貢米の運搬を業とするもの多く、冬期漁閑の際漁業者之に従事する者多し。	①往昔より、烏賊芝手繰網、あみ曳網、蝦繰網、鯛・黒鯛・鱧・河豚延縄等盛なりし。②桝網、鯛縛網、打瀬網、鰆流網等は明治期の起業なり。
沓尾浦	①沓尾浦は藩政の頃、漁業が専業にして漁獲多かりしと雖も、生計厳しき状態なりし。然るに次第に農を副業とするに至り或は柑橘の行商をなす等が行わるゝに至りて苦境を脱するを得たり。	①烏賊芝手繰網、あみ曳網、黒鯛等延縄が主漁業なり。②二艘繰網は明治十六年、打瀬網は十八年、白魚簗漁は二十年、小鰯権現網は二十四年、桝網は二十五年、鱮延縄は三十八年、鯆建網は四十二年に夫々開始されたりと云う。
長井浦	①長井浦は古来、農業を主とし漁業は極僅に過ぎず。②かつて隣村の沓尾浦漁業組合に属せしが、明治三十年、分離独立し一組合になりしと云う。	①明治末迄、地曳網（がんどう網）、鰆流網、二艘繰網、底建網、鱮延縄、蛸壺等多少行はれしが、何れも廃絶に帰し、明治末は桝網のみなりし。
稲童浦	①決して良港たりと云うべからざるも、八屋・蓑島間にて中小漁舟の発着に便なるもの稲童浦あるのみ。②本浦は岡部と浜部とに分れ、浜部は十八戸（他からの移住）の専業にて外は農業を主業とす。	①藩政の頃、農業の傍ら石干見を経営せるに過ぎざりしも、あみ豊漁を契機に漁業移住者あり、手繰網、建網等に従事せしと云う。②明治十年頃、岡建桝網の起業に際し、付近漁村の激烈なる反対に遭い、法廷で争いたることありしと云う。
八津田浦	①八津田は字呂津または宇留津とも云い、天正の頃城塞あり屢々兵戦の行われたる所なり。②往昔、農業を主とするも、漁業盛なりしと云う。	①往昔、建網、蝦曳網、徒歩曳網、鱵延縄盛なりしが、何れも明治期には廃絶し、其の面影なし。
椎田浦	①椎田浦は昔時、安岐港又は湊村と称し、旧築上郡時代漁村としては、郡中一ケ浦ありしのみ。綱敷天神等海、漁業に因める旧跡多し。明治五年迄藩主の貢米倉あり、六	①築上郡中有数の漁業地なるも半農半漁の状態を免れず。②藩政期には烏賊芝手繰網、手繰網、石干見等が主漁業なりし。

	年金納になるに及んで廃せらる。	
西角田浦	①昔時、西角田村は純農村にして、漁業者は字有安の一部落に限れり。②隣村松江浦に付属せしも分れて一ケ浦となれり。	①海岸約二百町歩の干潟を有し漁舟の出入極めて不便なるを以て漁業発展せず。②藩政期には採介、石干見、烏賊芝手繰網に従事す。
松江浦	①松江浦は角田村に属する小漁村にして、藩政の頃より船着の地にして築上郡中最も古き漁村なり。②半農半漁にして、生計稍豊かなり。	①慶応年間、幡州より実業教師を招傭し岡建桝網を行いたるに結果頗る良好にして次第に網数を増加す。明治中頃、苅田浦より沖建桝網伝わりて更に隆盛を極めたり。②藩政期、その外に烏賊芝手繰網、石干見等あり。
八屋浦	①八屋浦は上毛郡において水夫役を務める唯一の浦で、「煎海鼠」上納を請け負い毎年二五斤を納めり。②一に「蜂屋に作る八尋の浜」とも云う。昔時、漁業者八戸足らずことから「八屋」地名起りしと云う。	①藩政期から漁業盛なりし浦の一なりと云う。主な漁業は烏賊芝手繰網、手繰網、建網、石干見等なり。②鯛縛網は本浦を嚆矢とす。明治二十四年より繰網の改良を重ね、三十年教師の進めにて縛網を作成したり。
宇ノ島浦	①文政四年東吉富村小祝浦三百戸の漁民を此地に移転せしむ。宇ノ島浦即ち之なり。豊前海の大漁村。②宇ノ島町は漁村たると共に一大輸出港となり、船舶の出入多く陸上亦繁栄に赴けり。	①藩政期の主な漁業は、烏賊芝手繰網、各種手繰網、建網、あみ曳網、各種延縄、章魚壺等なり。②岡建桝網は明治六年、沖建桝網は同三十二年に起業せしものなり。
三毛門浦	①三毛門村の内、漁業を営むものは大字沓川の一部落なり。②早晩、隣浦と合併すべき運命を有す。	①藩政期の主な漁業は、徒歩曳網、石干見、笹干見、建干網、採介藻等に過ぎず。
東吉富浦	①東吉富浦は山国川の左岸に在り、川を距て、大分県中津町と相対す。日田天領より貢米を積出すため、天保八年今津村より東吉富喜連島に漁業者二十戸を移し此処に浦庄屋を置けり、当漁村の起原となす。	①漁村成立以後、漁業者逐年増加し漁業盛なる浦となれり。②主な漁業は、烏賊芝手繰網、手繰網、あみ曳網、蝦曳網、建網、採介、石干見、石倉等なり。
【有明地区】大野島村	①筑後川の川口に在る三稜洲にして、北を大野島村とし南を佐賀県大詫間村とす、一小溝を以て境せり。②慶長年間、開墾して農民を移し、後ち次第に漁業を営むものありしに至る。	①農主漁従で漁業者の大部分は農業に従事す。②藩政期より、えび現敷網及び鰻掻の二種を主とす。
三又青木	①筑後川の流域に沿い川口迄舟行、数時間を要し、漁業を	①旧時、久留米藩に属し大川町を境として柳河藩に隣せり、

村	営むに最も不便の地位を占む。②三又、青木両村は夫々明治三十六年に漁業組合を設置せしも、同四十五年に合して一組合とせり。	久留米藩は海に出漁するの権利なく、専ら川漁に従事す。②農主漁従なり。主なる漁業は引揚現敷網、攩網、四手網、鰻掻、蛤捕漁なり。
大川町	①大川町は筑後川川口上流一里余の右岸にあり、佐賀県との交通の衝に当り、寧ろ工業の地にして殊に「指物」の生産地として聞ゆる。	①主な漁業は、えび引揚現敷網、攩網、投網、延縄（鯰、はぜ）等なり。②えつ漁は初め引揚現敷網にて行い、後に刺網となし明治三十五年頃迄は盛なりしも、次第に不況に陥りたりと。
川口村	①川口村は筑後川川口に在り、三潴郡第一の漁村にして亦有明海における重要漁村たり。②旧時、柳河藩の治下に属し、漁業者は水夫役を務めたり。	①明治初期迄は僅に鰻掻、攩網、蜆採取行われしが、次第に漁業者、漁業種類共に増加せり。
久間田村	①久間田村は旧来より多くは農を主とす、採介に出漁するに至りしは明治二十四年以後なり。	
浜武村	①沖端川の下流右岸浜武村を地区とせり、明治初期迄は全く農業のみを営みしか次第に採介をなすもの出づるに至り、明治二十年頃より漸く盛となれり。	①採介を主とす。海苔は明治三十年以後、蟶貝は同四十年以後より減少し、これらに替り、たいらぎを主にみろく貝、鳥貝を漁獲す。
沖端村	①沖端村は有明海に面する第一の漁村にして、沿革亦古し、肥後国五家庄より平家の落武者六騎落延び来りて此地に止まり、漁業を創む。六騎の後裔今尚連綿として存す。	①藩政期より明治初期における漁業は、叩網、やえ揚繰網（ろぐり網）、現敷網、羽瀬、手押網、鮟鱇網、ばっし網、かし網、組引網、繋網、蛸縄等多種に及ぶ。②羽瀬は昔六騎の経営せしに始まれり、海賊を捕えたる恩賞として特許せられたり。鮟鱇網は安政年間、肥後国長洲より伝来せしものなり。
西宮永村	①西宮永村は藩政の頃より、農村地域にして、農を主とし漁を副とす。	①農業の余暇に干潟で採介する程度にて、この採介漁の盛なりしも明治期に入ってからのことなり。
東宮永村	①東宮永村は藩政の頃より、農村地域にして、農を主とし漁を副とす。	①羽瀬、採介漁に従事せしも、羽瀬は明治四十年頃迄は五ケ所ありしも次第に減じ大正初期では二ケ所となれり。
両開村	①両開村は藩政の頃より農村地域なるも、最も大にして便利なる干潟を有するを以て徒歩採介漁盛なり。	①採介漁を主に繋網、小網、蜘蛛手網、鰻掻漁等が多少行われり。

大和村塩塚	①藩政の頃より農を主とす。大和村塩塚の一大字にして純農家の散在する部落なり。何ら漁村と認むべきものなし。	①採介漁は明治後半から次第に衰微し、就中蟶貝が不況に陥りてより各種も衰えしと云う。
大和村有明（中島）	①有明海における大漁村にして、漁業者は大和村内、字中島大部分を占め字栄、皿垣、明野にも散在す。 ②かつて塩塚と共に同一漁業組合を組織せしが、明治三十四年に分立し二組合となる。	①藩政期より明治初期に至りては、羽瀬、大網、現敷網、手押網、手繰網、組引網、潟羽瀬、蛸縄及び採介漁等多種に及ぶ。
江ノ浦	①中島川を距て、山門郡大和村に境す、漁業者は大字江ノ浦、町部、徳島の三部落に散在す。	①藩政の頃より羽瀬、採介等は行われしが、農を中心とする者多し。
開村	①此地、文政九年開墾して耕地となせしものにして、開村の名ある所以なり。	①農を中心とせしが、採介漁に副業的に従事す、漁は明治三十六年頃迄は蟶天然介の採取盛にして活気ありしも、蟶の激減と共に衰退す。
三浦（横須、手鎌、唐岬）	①横須、手鎌、唐岬は明治三十六年夫々漁業組合を結成せしが、同四十五年合併して三浦漁業組合とす。 ②農主漁従の地域なり。	①藩政期より明治初期には、採介漁を主に建網、羽瀬（沖、中、潟）、手押網も行われたり。
大牟田	①大牟田町の西南端に在り、近くに三池炭坑あり。三池炭坑は嘉永末に開き、明治六年に官有、二十一年民有となる。漁業者若くは家族は此等に対する副業や魚類需要増をもたらし、多大の影響を受ける。	①農業盛にして漁業を副業とす。 ②藩政期より明治初期における漁業は、採介漁、立切網、引網、羽瀬（沖、中）等なり。
諏訪	①大牟田町の南方諏訪川の川口にあり。沿革三池炭坑等の影響は大牟田に同じ。小漁村なり。	①藩政期より明治初期においては、羽瀬及び採介漁に従事す。
早米来	①本県最南の漁村なり、熊本県玉名郡に接す、三池炭坑及三池港の所在地なるを以て種々の影響を被る。	①藩政期より明治初期においては、採介漁及び徒歩手繰網に従事す。

明治三十年までは、全国的にみても江戸時代から発展してきた沿岸漁業が最盛期に達し、幾分か衰退の傾向を示し始めた時であった。福岡県下の漁業においても、漁船の規模・構造、漁具漁法および漁場利用形態等は藩政時代の状態がそのまま継続され、明治に入ったからといって急速に発達することなく、漁業生産も低位の状態で推移した。明治二十四年の水産事項特別調査によれば、福岡県下の漁船は表三－2にみられるように、長さ三間未満で一枚棚・二枚棚構造の小型船

が圧倒的に多い。漁場利用は各浦地先漁場が主体で、表三―3に示すように磯漁（三里以内）、沖漁（三里以上）に分けて比較すると、磯漁の方が利用度、漁獲高ともに圧倒的に高い。

漁船の取扱い、保存期について、同調査は「漁船は筑前、豊前沿海においては、風波の荒き為、漁業を了りたる後は浜汀岸辺に陸揚するものにして、新造後三年目位より多少修繕を加え八年乃至十年を保存するものとす、又筑後沿海は風波静穏にして且海浜は岩石無く浮泥多き為破損の患は少けれとも、其構造の脆弱なるか為其保存期は七、八年の間に在り、修繕を加ふるは他と異なることなし」と記述している。

表三―2　福岡県下の漁船の構造、規模（明治二十四年）

構造				規模		
伝馬船	一枚棚	二枚棚	計	三間以上	三間未満（海面）	三間未満（淡水）
三八隻（〇・六%）	一、四九九（二三・四）	四、八七二（七六・〇）	六、四〇九（一〇〇・〇）	四二（〇・七）	五、九一六（九二・三）	四五一（七・〇）

（「水産事項特別調査」による）

表三―3　福岡県下の沖漁、磯漁別利用度・漁獲高（明治二十四年）

海区	区分	戸数	人口	漁獲高（円）
筑前・筑後	沖漁	九〇六（一二・九%）	二、四七〇（九・〇%）	五九、七七八（二〇・五%）
	磯漁	六、一五二（八七・一）	二五、〇一四（九一・〇）	二三一、八五九（七九・五）
	計	七、〇六〇（一〇〇・〇）	二七、四八四（一〇〇・〇）	二九一、六三七（一〇〇・〇）
豊前	沖漁	三四八（一八・一%）	四六四（一五・九%）	三五、〇二二（三八・四%）
	磯漁	一、五七一（八一・九）	二、四六二（八四・一）	五六、二六〇（六一・六）
	計	一、九一九（一〇〇・〇）	二、九二六（一〇〇・〇）	九一、二八一（一〇〇・〇）
全体	沖漁	一、二五六（一四・〇%）	二、九三四（九・六%）	九四、七九九（二四・八%）
	磯漁	七、七二三（八六・〇）	二七、四七六（九〇・四）	二八八、一一九（七五・二）
	計	八、九七九（一〇〇・〇）	三〇、四一〇（一〇〇・〇）	三八二、九一八（一〇〇・〇）

（「水産事項特別調査」による）

明治十四年の第四回福岡県勧業年報は、当時の福岡県漁業全体については次のように記述している。

山海高深国家ヲ囲繞シテ無尽ノ徳沢ヲ含ミ、播ズシテ繁リ種ズシテ殖ス。天ノ斯民ヲ愛スル厚哉。然レドモ時勢ノ進歩、人度ノ開達スルヤ、伐ルモノハ多ク捕フルモノハ増ス。世ノ経済ヲ講ズルモノ、之ヲ天然ニ任テ可ナランヤ、宜シク人意ヲ以テ之ヲ補ヒ、繁殖ノ方法ヲ計画シ斯民ヲ利セザル可カラズ。想フニ山林ノ如キハ常ニ眼前ニ其盛衰ヲ目撃感覚スル処多キヲ以テ、之ヲ講ズル易ク、今ヤ漸ク其方法立、維新後ノ衰頽ヲ挽回セントスル期ヲ来セルガ如シ。

水産ノ如キハ古来ヨリ漠トシテ顧ミザルニ似タリ。固ヨリ捕魚採藻其法ナキニアラザルモ蓋シ其漁業場ニ制限ヲ設クル迄ニシテ嘗テ繁殖ヲ講ズルモノ稀ナリ。然ルニ本県三国如キハ三面海ヲ環シ、東端、上毛・築城・京都・仲津ノ諸郡ハ東北面シテ防州灘ニ向ヒ入潟ヲナシ、延テ企救郡ニ面シ馬関海峡ニ相対ス。此大湾ハ風浪常ニ穏ニシテ海底、藻ヲ生ジ魚類ノ繁殖ニ便ナリ。故ニ漁人俗ニ魚類ノ産室ト唱フ。其多量ノ水産ハ烏賊・鮮・竹蟶・鰕・小鯛・石首魚・小雑魚最モ大ナルモノ。筑前国ハ遠賀・宗像・粕屋・那珂・早良・志摩・怡土ノ諸郡、北西ニ面シ東馬関ノ海峡ニ臨ミ北西、玄界ノ大洋ヲ受ケ、島嶼有リ、港湾有リ、其漁場最モ広ク、其水産ノ多量ナルモノハ鯛・カナギ・鰯・田作・鰤・鯖・鰩・鮁等ニシテ、漁業ノ利ハ三国中第一ニ位ス。筑後国ハ九州内海ニ半面シ、三潴・山門・三池ノ三郡、水産ヲ有ス。其海、土泥潟有リ、潮ノ干満遠ク殆ンド二里ニ垂ントス。故ニ其産スル処ノ多量ナルモノハ蟶・姥貝・アサリ貝及種々ノ貝類多シ、魚類ニテハ、ヤスミ・砂魚・鰕或ハ小雑魚多シ。以上陳ズル処ハ其捕獲ノ多量ナルモノ、此ノ外各種ノ漁業、採藻ノ便アリ。是レ此ノ産額ハ三国沿海漁業四千六百余戸、壱万八千四百余人ノ憑ヲ以テ棲息シ、県下百万余人ノ口腹ヲ肥大ナラシメ、余産、海参・鯣・乾脂貝類・乾魚・塩魚等ハ海外及ビ他県ノ需用ニ供スルモノ又少ナシトセズ。然レバ水産ノ広大ニシテ陸産ニ亜キ国家経済上忽諸ス可カラザルヤ論ヲ俟タザレドモ、前弁スル如ク古来ヨリ天然ニ任セ期節ヲ問ハズ自由ニ捕魚採藻シ、嘗テ繁殖ニ意ヲ用ヒズ、其業益々進ムニ随ヒ漁浦ハ却テ衰頽ヲ来ス可キ乎。

第五回福岡県勧業年報には水産産額調査結果が掲載されているが、これらはおそらく福岡県全般にわたる初めての水産業に関する統計表であろう。調査対象種は魚類六十五種、その他水産動物二十九種、藻類十種に及び、これらの総生産額は明治十一年・三二万二五〇八円、同十二年・三四万五九六〇円、同十三年・三八万一八三八円であり、増加傾向がみられる。これら生産額は漁業実態の異なる現在とは厳密に比較できないが、当時の無動力小型船、低性能漁具、主に三里以内の地先漁場利用という条件下にもかかわらず、豊富な生物相とともに卓越種の存在を認めることができる。当時は現在よりもかるかに高い生物生産性を有した漁場であったことは疑いないであろう。

表三－4　福岡県における主要種別生産額

海面漁業　（単位：円）

種類	明治十一年	十二年	十三年
タイ	四三、四五五	四九、五五四	五九、〇二一
イカ	一一、〇九六	一三、九八五	一三、〇〇七
イカナゴ	一一、六四七	一三、九一六	一〇、三九九
グチ	一〇、三三一	八、二八八	一一、一二六
田作	七、二八七	一〇、五六七	一七、六一八
イワシ	七、七六五	一三、二四二	三、九六六
エビ	七、六〇三	七、四六八	八、三三九
サバ	六、八一九	七、四五一	八、六〇七
ハゼ	七、二九六	八、一四三	八、七七六
ブリ	六、八七七	七、三九九	六、八八四
ヤズ（ブリ仔）	三、四四九	四、六三九	四、六七九
トビウオ	七、一七九	二、一八一	三、四七三
メナダ	四、二七四	四、一九四	四、二五〇
コノシロ	三、二九五	三、四四一	四、七六九
スズキ	二、九〇三	四、二二二	四、三九四
サワラ	一、七九八	四、七七〇	四、四〇二
ボラ	三、三七五	二、八六八	三、四五三
カマス	三、三〇一	二、五三五	三、二五二
ナマコ	二、三五九	二、四八四	二、八九七
タコ	三、九二六	三、八四〇	二、三一八
イナ（ボラ仔）	三、〇一三	二、九七五	三、四二六
エイ	二、四九二	一、九九〇	二、八〇九
タチウオ	二、〇四一	二、一六七	二、二八五
ハモ	一、九五八	一、九三六	二、一三一
キス	一、三八一	二、一三八	二、四七七
アジ	一、六八九	一、五四一	一、九〇一
コチ	一、七七〇	一、四一二	一、七九〇
シタビラメ	一、八一二	一、八一二	九二三
マナガツオ	一、三七七	一、三六四	一、五四七
アゲマキ	二五、五二四	三三、三二五	三五、三六五
ウバ貝	六、六五二	五、七七〇	六、六九二
メカンジャ	四、四九四	四、五四四	五、〇四一
カラス貝	二、七〇四	二、五〇七	二、四七二
タイラギ	二、四一一	二、四七〇	二、四九二
ミロク貝	二、一五〇	二、二一一	二、〇二七

アサリ	一、九三九	二、〇三七	二、〇三八
カキ	一、三六一	一、四六五	一、六三三
マテ貝	一、〇四八	一、二一八	一、一二五
シオフキ	七四二	七二五	二、〇二七
コウガイ	六三四	六〇四	六二三
ウミタケ	五三七	五三〇	五七九
サザエ	三九七	四〇二	三二八
ハマグリ	二九七	三六五	五〇二
イタヤ貝	三	二、九四〇	―
アワビ	三五	四一一	三九〇

淡水漁業　（単位：円）

種　類	明治十一年	十二年	十三年
アユ	五、八六四	六、七四三	七、二〇六
カワタケ	一、〇二七	九〇三	一、〇九七
シラウオ	一、〇〇七	四七二	五八六
コイ	四四九	六一六	四七三
エツ	二二一	二五五	二六七
フナ	一八五	一八五	二〇〇
シジミ	一〇〇	一五〇	二五〇
ナマズ	六八	七七	七五
ハエ	二四	三六	三一

（「第五回福岡県勧業年報」による）

第二節　筑前海の漁業

水産事項特別調査によれば、明治二十四年頃、筑前海域における漁業従事数は約三九〇〇戸・約一万四九〇〇人、採藻従事数は約一二〇〇戸・約三一〇〇人、製造従事数は約二一〇〇戸・約五六〇〇人に及ぶ。このうち、漁業従事百戸以上の浦は、西浦・唐泊（含宮浦）・箱崎・奈多・志賀島・大島・津屋崎・鐘崎・山鹿・平松・長浜であり、これら十一浦の合計戸数は全体の半分弱を占める。また漁業従事者四百人以上の浦は、岐志・野北・西浦・唐泊・志賀島・勝浦・大島・津屋崎・鐘崎・波津・芦屋・山鹿・脇浦の十三浦であり、これらの合計数は戸数同様に全体の半分弱を占める。当時の漁業に関する資料は少ないが、明治十一年の「福岡県漁業誌」を基に漁業種別操業状況を整理したのが表三－5（五八三ページ）である。さらに明治十三年度から施行された福岡県漁業税規則の「漁業税目表」を組み替えて「漁業種別ランク付け」に整理したのが表三－6（五八七ページ）である。表三－5では、旧小倉藩領内にあった企救郡藍島・馬島・平松・長浜・大里・門司各浦は豊前地区のなかに含まれ、筑前地区内には入っていない。しかし表三－6では、これら浦を筑前地区に含めて整理してある。

筑前海域における漁業の特徴は、まず対馬海流系の回遊性、定着性資源に恵まれ、これらを対象とした網、釣・延縄、雑漁業が多岐にわたって操業されていることである。表三－5では網漁三十四種、延縄漁七種、釣・曳縄六種、その他五種、合計五十二種があげられている。以上は主たるもので、その他にも採介藻なども存在しており、豊前、筑後有明海域に比べて生産高は最も高い。

第二の特徴は、従事漁船・漁夫数、漁具規模からみて大規模漁業種の多いことがあげられる。いわし網（地曳網・船曳網）、たい網・いかなご網・ぼら網・あじ網・さば網・かます網・大敷網・しいら網・やず網・田作網などである。これら漁業のうち従事浦数、総生産からみて、いわし網・たい網・いかなご網が最も重要であり、これに次いでこのしろ網・ぼら網・やず網などの生産が高い。漁網の材料は麻が主体であるが、定置網は大敷型藁網であった。水産事項特別調査には「各浦とも網具の保存期は種類によりて一様ならずと雖も屢々修繕を加ふる時は平均二年乃至三年の使用に耐ゆ、但大敷網の藁網の如きは皆半年乃至一年間の使用に過ぎざるものとす」と記されており、当時の漁具の耐用年数がいかに短かったかがわかる。利用漁場範囲については、全て三里以内の沿岸域を主漁場とし、季節毎に回遊してくる魚群を対象として操業するものであった。小規模、無動力船による網漁業では地先沿岸域を漁場とせざるを得なかったのである。最も沖合域で操業するシイラ漬漁にしても、根拠地から六里内外にとどまっていた。

第三の特徴は、比較的遠浅で平坦な砂質域に天然礁の多い同海域は、当然のことながら釣・延縄も盛んであった。特に、たい・ぶり延縄は筑前海域の代表的漁業であり、時期によっては、肥前平戸、壱州、対州近海へも出漁していた。釣ではいか釣、さわら・やず曳縄が重要であった。そのほか沿岸域においては、回遊性・地先性魚群を対象とした釣・延縄が多数存在していたことは言うまでもない。釣鉤はほとんど鉄を材料として、漁夫自ら製造した。緡糸の原糸には麻糸・マガイ糸・スガイ糸などがあったが、麻糸を渋染にしたものが最も多く用いられた。天秤釣や擬餌釣も益々発達していった。延縄の幹縄には粗質の麻縄が使用され、沈子の材料には鉛・鉄・銅・石などが用いられた。第四の特徴は、磯漁場にも恵まれ採介藻も盛んであったが、なかでもあわび蜑漁は重要であった。

以上のような漁業による種別漁獲状況を水産事項特別調査を基に整理したのが表三－7（五八九ページ）である。同調査では福岡県海域生産が筑前・筑後両海、豊前海、内水面と三区分され、残念ながら筑前海と筑後海との分離ができない。しかし、魚種別漁獲数量・金額が示されているので、各海域の概括的に把握するうえでは差し支えない。筑前海域の魚種別漁獲高をみると、イワシ・タイ・イカナゴ・ブリ・コノシロ・ボラ・イカ・カレイ・トビウオ・サワラなどで、介類ではアワビ・ナマコ・ハマグリ、海藻類ではワカメ・フノリが主なものであった。地先・定着性のイカナゴ・カレイ・介類・海藻類を除けば全て回遊性種で占められている。

さらに明治十二年の福岡県物産誌には、これら筑前海域における生産魚種のうち、主要なイワシ・タイ・イカナゴ・イカ・ブリ・アワビ・ナマコ・ワカメ・エゴノリの九種について、その産地・産額・消費状況が記載されている。それを整理したのが表三－8（五九〇ページ）であるが、これから各主要漁業の着業状況が把握できる。いわし漁（地曳・沖曳網）は網数七十九張・舟数一〇五九艘・漁夫数三〇九七人、たい網漁は網数三十五張・漁夫数三四九〇余人、いかなご網漁は網数八八八張・漁夫数二四七九人、いか曲網漁は漁夫数一九五九人、ぶり漁（やず網・曳縄）は漁夫数七三〇人、あわび蜑漁は潜女主体で二一〇人、なまこ漁は従業者七四八人、わかめ漁は従業者八四〇人、えごのり漁は従業者四七二人となっている。当時、これら主幹漁業に従事する努力量がいかに大きかったかがわかる。

第二は、表三－8のイワシ産地の項に記載されているように、各浦の地先漁場はそれぞれ区分けされ漁場範囲も明確にされていたことである。おそらく各浦地先漁場の境界や範囲は、藩政期に決められたものが基本的に受け継がれてきたものであろう。当時、網漁業が操業しない沖合海域は釣・延縄を主体とした共同漁場であった。このような漁場利用方式が確立していたことは、すでに第一編・第三章の「明治初期の漁業制度」項のなかでも触れてきたところである。

以上、筑前海域の漁業について概述したが、この期の漁業が順調に発展をたどってきたとは言えない。特に、網漁業にとっては、地先漁場へ回遊して来る魚群量の多寡が死活問題であり、経営的にみても楽なものではなかった。水産事項特別調査のなかに、漁業資金の調達や賃金について次のような記述がみられる。

筑前地方においては、十二月末より翌年一、二月の間において其年間に使用する漁具を準備する為め網具原料購入等の為め資本を要するもの多し。又此地方に在りては、いかなご・いわし漁並に製造の為め豊前地方及他地方より人夫を雇入るゝか為め随て之か賃金の資を要するものとす。これら資本は其地の魚問屋等より「仕込金」と称して借入る丶もの多し。其返却期は短きは三ケ月、長きは一ケ年にして、或地方に在りては其漁獲物は直ちに之を債主なる問屋に送り、仕切金の内の幾割宛を以て返却するものなり。而して其利子の最高は一年三割に上り、最低は一割内外なり。賃金は予め水夫一日拾銭乃至弐拾銭の約を以て前払するあれとも、是等は極て稀にして多くは収穫高の四割を舟主及漁具主の割前とし、其余歩を以て一般水夫に分配するなり。故に地方より入稼の水夫と其間に差なく、雇入、解雇共に甚容易なり。

この期の筑前海域において最も衰退の著しい漁業は、まいわし地曳漁業であった。元来、マイワシは豊凶の長期変動を繰り返す資源である。筑豊沿海志のなかに、いわし地曳網（勝浦浜）の項に「その起原詳ならずと雖も、享保（凡二百年前）、天明（凡百三十年前）、安政（凡六十年前）の諸年及び明治四年に大漁ありしこと、今尚人口に残れり」とある。明治期に入ってからも、全国的に、いわし地曳網漁は活況を呈し同二十四、五年頃までは大きな不漁はなかったと言われる。しかし該漁業の衰退傾向は明治十年代後半から次第に認められ始め、同二十年代後半には決定的となった。明治二十九年度福岡県農事試験場成績報告は、地曳網に代わる改良揚繰網の導入試験報告のなかで以下のように記述している。「本試験は二十九年度の創設にして、その目的は筑豊沿海のいわし沖取漁具として揚繰網の適否を検定するにあり、玄海洋に面したる沿海は其季節に際すれば毎年いわし群夥しく来集すれども、近年海浜近くに来集せずして陸地を距る凡そ一里乃至三里の沖合に群集し、地曳網漁場に群集せず。従来使用せる漁具はいわしの海浜近く群集するに非ざれば使用すること能はざる如き不便なる地曳網あるのみを以て、いわし群は年々才々眼前に来るも手を空しくして之を羨望し、毎年唯不漁の嘆声を聞くのみ。該網は当時千葉県下に於て盛んに使用せる処のいわし沖取揚繰網に倣い、県費千三百余円を投して調製したる網云々」とあり、この漁具は綿糸網で浮方一一〇尋、沈子方一一四尋のものであったと記されている。また福岡県水産試験場第九号報・揚繰網試験結果によれば、「明治二十九年県費千三百余円を投して揚繰網を調製し、之を糸島郡北崎村に貸与して試用せしめしに、大に其効を奏し試験網漁獲高は二千余円に上れり、依って宗像・粕屋・糸島の三郡に一組つつ実施せしものありしに成蹟十分なるを以て爾後各地に貸与し奨励を試みしに昨三十一年漁期前及漁期半に於て十八張の新調を見るに至り」とある。このような奨励試験は漁業者間に揚繰網を積極的に導入させる切っ掛けとなったが、筑豊沿海志は当時の状況を「明治二十八年、榎田某を千葉県に派遣して揚繰網を伝習せしめたるに始まり、翌明治二十九年十二月県有試験網を借受け、これが練習をなし、三十年九月頃より頗る好成績を挙ぐに至りたり、三十一年二張、年々追ふて好況に赴き（唐泊浦）」と記述している。

右の記述では、イワシ魚群が海浜近くに群集しなくなったとあるが、来遊量そのものが減少してきたと解すべきであろう。来遊魚群量の減少が地曳網漁業衰退の第一要因としてあげられよう。さらに廉価な労働力を多数必要とする経営体質もその衰退に拍車をかけたのであろう。経営不振は借入金の返済を滞らせ、問屋と網組との金融及び取引関係を混乱させ、資金融通を欠くに至ったと言われる。

以上のように、いわし漁業は明治三十年頃を境に地曳網主体から揚繰網主体へと転換したが、それを可能にした重要な要因は綿糸網の導入であった。綿糸網が沿岸漁具の全般に普及使用されるのは、明治四十年代にはいってからであるが、漁具性能を飛躍的に高める綿糸網が使用され始めた明治三十年代は、筑前沿海漁業にとっては重大な転換点であったといえよう。

表三－5　筑前海域の漁業概要（明治十一年）

筑前国（西北玄海洋ニ面ス。其沿海ノ郡区ヲ挙クレハ怡土・志摩・早良・福岡・粕屋・宗像・遠賀等ノ八郡区ニシテ、海浜線路凡ソ四十八里、之レニ沿フ島嶼ハ姫島・小呂島・玄界島・残島・相ノ島・大島・地島等ノ七島ニシテ、周囲凡ソ十一里余トス）

漁業種	漁期	漁場	漁船・漁夫・漁具（数字ハ浮子方長・最大網丈）	主漁獲種
かなき網	二下～三下	沖合或ハ海岸深サ八～十二尋、海底ハ平砂	漁船一艘、漁夫五～六人、網（浮子方長九十八尋・網丈五尋）	イカナゴシンコ（シラス）
かなき二艘張網	三下～五中	沖合深サ十三～十五尋、海底ハ平砂	漁船三艘（網船二・漕舟一）、漁夫二十一人、網（八十六尋・五尋）	イカナゴシンコ
夜地引網	四下～五中	海岸深サ五～六尋以内、海底ハ海草繁茂シ泥土多キ所	漁船一艘、漁夫十～十二人、網（九十三尋・五尋）	タコ、サヨリ等
田作網	五中～七下	海岸深サ十三、四尋以内、海底ハ平砂	漁船四艘（網船二・ミト船一・逐船一）、漁夫十八人、網（百尋・六尋）	イカナゴフルコ、イワシ
地引網	周年、主六下～一二上	海岸六～七尋以内、海底平砂	漁船二艘（網船二）、漁夫二十人、網（三百九十尋・四尋）	サバ、ヤズ、コノシロ等
手繰網	五中～一〇下	沖合深サ三～十三尋、海底ハ平砂或ハ泥土	漁船一艘、漁夫二～三人、網（十二尋・三尋）	キスコ、アジコ、カマスコ

鰯地引網	一〇〜一一下	海岸深さ十二尋以内、海底ハ平砂或ハ泥土	漁船三艘（網船二・手舟一）、乗組三十二人・挽子四十人・山見二人、網（二百二十九尋・五尋）	イワシ
鰯沖引網	九下〜一二上	沖合深サ二十尋内外、海底ハ平砂	漁船四艘（網舟二・手船二）、乗組三十六人・山見二人、網（二百十尋・九尋）	イワシ
鯛網	五下〜六中	距岸一里内外ノ沖合、深サ十六尋以内、海底ハ平砂	漁船九艘（網船一・漕船八）、漁夫三十七人、網（七十四尋・五尋）	大タイ
鰶引網	三下〜四上、九下〜一一下	海岸近ク深サ五〜六尋、海底ハ平砂或ハ泥土	漁船一艘、漁夫四人、網（百二十尋・六尋）	コノシロ
鰶曲網	〃　〃	海岸近ク深サ五〜六尋、海底ハ平砂	漁船一艘、漁民四〜五人、網（百十尋・六尋）	コノシロ
鯔網	一一下〜三下	定リナシ、寒気甚ダシキトキ群集ヲ見ル	漁船四艘（網船二・手船二）、漁夫四十二人、網（二百尋・二十一尋）	ボラ
鰆網	一〇下〜一二上	沖合深サ七〜十四尋、海底ハ土砂交リ	漁船四艘（網船二・手船二）、漁夫三十四人、網（三百尋・十六尋）	サワラ
鰆流網	五下〜七下	沖合深サ十五尋内外、海底ハ平砂或ハ岩石、砂土	漁船一艘、漁夫四人、網（十四尋・三尺五寸ヲ一反トシ、六十反ヲ備フ）	サワラ
鮁網	五下〜七下	海岸深サ四〜七尋、海底ハ岩石アル所ヲ好トス	漁船三艘（網船二・手船一）、漁夫十五人、網（二百四十尋・七尋）	ヒラマサ、ブリ（中小）
𩹉引網	六下〜七下	海岸深サ七尋内外、海底ハ岩石アル所ヲ好トス	漁船二艘（網船）、漁夫八人、網（五十尋・三尋半）	アゴ（トビウオ）
𩹉流網	五下〜七下	海岸深サ十五尋内外、海底ハ平砂或ハ岩石	漁船一艘、三人、網（十四尋・三尺五寸ヲ一反トシ六十反ヲ備フ）	アゴ（トビウオ）
烏賊曲網	五下〜七上	海岸深サ四尋以内、海底ハ砂土交リ海草アル所ガ佳シ	漁船一艘、漁夫三人、網ハ建出網（五十尋・三尋）ト曲網（五十尋・六尋）	ミズイカ、コウイカ
鱵網	一一上〜一二下	海岸深サ六尋以内、海底ハ岩石或ハ海草アル所トス	漁船一艘、漁夫三人、網（百二十尋・三尋）	サヨリ
梭魚網	八下〜一一下	海岸深サ三〜五尋、海底ハ岩石多キ所ヲ好トス	漁船六艘（網船二・帆脇船二・逐船一・潮見船一）、漁夫三十二人、漁具ハ網（百四十尋・八	カマス

鱮網	一〇上~四中	海岸深サ二~五尋、海底ハ岩石或ハ平砂	漁船一艘、漁夫四人、網（三十六尋・五尋）ト瀬起シ縄（九尋ヲ十筋）デ構成	タナゴ
鰺網	九下~一二上	海岸深サ三~五尋、海底ハ岩石	漁船十二艘（網船二・ミト船一・手船九）、漁夫五十八人、網（百二十尋・四尋半）	アジ
鱸網	八下~一〇上	海岸岩石多キ所ヲ好トス	漁船一艘、漁夫三人、網（九十尋・二尋）	スズキ
建網	周年、五月ノ頃ガ好シ	沖合或ハ海岸深サ十六~十七尋、海底ハ岩石アル所	漁船一艘、漁夫三人、網（十四尋ヲ一反トシタモノ六十反ヲ備フ）	メジナ、イサキ、ハタ類
鰤建網	二上~四下、一〇上~一中	海岸深サ十~十三尋、海底ハ岩石多キ所	漁船一艘、漁夫五人、網（百四十尋・六尋、大・中・小ノ目合三種アリ）	ブリ（冬大型、春秋中小型）
魥建網	四下~九上	海岸深サ十~二十尋、海底ハ平砂	漁船一艘、漁夫三人、網（十二尋・一尺六寸ヲ一反トシ六十反ヲ備フ）	コチ
目張建網	一二上~下	海岸近ク、海底ハ岩石多キ所	漁船一艘、漁夫二人、網（八十尋・四尋半）	メバル類、カサゴ
鰺挽網	九下~一二上	海岸深サ三~五尋、海底ハ岩石	漁船一艘、漁夫六~七人、網（百二十尋・八尋）	アジ
鱰網	六下~一〇下	海岸ヲ距ル六里内外	漁船三艘（網船二・釣船一）、漁夫十五人、網（百二十尋・十二尋）・縄竹（凡ソ一丁隔テ四~五十ケ所ニ浮ヘ置ク）・釣縄	シイラ
帆立貝網	周年	沖合深サ二十三、四尋、海底ハ平砂	漁船一艘、漁夫三、四人、網（長四尋半・幅三尋）・貝掻ケタ（長二尋）	ホタテ（イタヤカイ）
海鼠網	一一上~五中	海岸深サ五~十三尋、海底ハ岩石多キ所	漁船一艘、漁夫二人、網（長一尋・幅二尋）・ケタ（長一尋）	ナマコ
八駄風呂敷網	七下~九上	沖合深サ十二、三尋内外ニテ海底ハ平砂	漁船十三艘（網船八・焚船五、六）、漁夫五十人、六十尋×四十五尋ノ風呂敷状網ノ八ケ所ニ張網（カリマタ縄・矢縄）付	サバ
大敷網	五下~七下、九上~一二上	海岸ヨリ一里以外ノ暗礁沿ヒノ平砂、深サ十三尋内外	漁船四艘、漁夫十二人、身網（奥行七十尋・網口四十五尋）・壁網（沖側七十尋・地側百側二百十尋）	サバ、イワシ、イカ、イサキ、メバル、ブリ
鮪大敷網	一二上~三下	海岸ヨリ一里以外ノ暗礁沿ヒノ	漁船十艘（網船一・挽船七・タンヘイ船二）、	クロマグロ

			乗組員三十人・魚見（山上）二人、大敷網ノ終漁後ニ網糸ヲ換ヘテ操業ス	
鯛長縄	一二上～四上	肥前平戸島周辺、小呂島周辺、深サ四十～五十尋	漁船一艘、漁夫三人、一甑（コシキ）ヲ本縄八百尋トシ、十甑ヲ備フ	マダイ（大型）
海鱶魚長縄	六下～一〇下	海岸深サ七～八尋、海底ハ泥土	漁船一艘、漁夫三人	アカエイ
小鯛長縄	八上～一〇上	小呂島・姫島・大島周辺、深サ三十～四十尋	漁船一艘、漁夫三人、一甑ヲ本縄五百尋トシ、八甑ヲ備フ	中小型タイ類
魦長縄	七下～一〇下	小呂島・姫島・大島周辺、深サ三十～四十尋	漁船一艘、漁夫三人、一甑ヲ本縄四百尋トシ、四甑ヲ備フ、恒漁トセズ	サメ類
あらあこ長縄	七下～一〇下	小呂島・姫島周辺、深サ二十～三十尋、海底ハ岩石	漁船一艘、漁夫三人、一甑ヲ本縄三百六十尋トシ、三甑ヲ備フ	アラ、ハタ
鰤長縄	二中～四中	定メナシ、沖合深サ二十四尋内外、海底ハ平砂	漁船一艘、漁夫三人、一甑ヲ本縄三百六十尋トシ、七甑ヲ備フ	ブリ（大型）
とをへい長縄	一二上～中	海岸深サ十四内外、海底ハ岩石多キ所	漁船一艘、漁夫三人、一甑ヲ本縄二百五十尋トシ、三甑ヲ備フ	アナゴ
鰆・鰤挽縄	一〇上～一二上	沖合深サ二十～八十尋	漁船一艘、漁夫四人（梶取一・釣子三）、風アルトキハ帆走	サワラ、ブリ
烏賊釣	五下～八上	海岸深サ十尋以内	漁船一艘、漁夫一～二人、鯖釣ト兼業スルモノ多シ	ケンサキイカ
鯖釣	六下～七下	海岸深サ十尋以内	漁船一艘、漁夫一～二人、烏賊釣ト兼業スルモノ多シ	サバ
鱸挽緒	七下～九下	内海又ハ川口ノ深サ四、五尋	漁船一艘、漁夫一人	スズキ
小釣	五下～一〇上	定メナシ、沖合深サ十～四十尋	漁船一艘、漁夫三～四人	昼：アラ、ハタ、タイ、夜：アジ、イカ、イサキ、サバ
竿釣	八下～一〇上	海岸深サ二、三尋	漁船一艘、漁夫二～三人	クロダイ、スズキ
章魚漬	八下～一〇上	泥土多キ海底五～六尋ノ所	漁船一艘、漁夫一～二人、千五百尋ノ藁縄一尋間ニサザエ殻ヲ縛約シタモノ	イイダコ

馬鮫魚鉾	六下～一〇下	海岸深サ五～六尋	漁船一艘、漁夫三人（コギ手二・鉾手一）	サワラ
海鱝魚・鯊鉾	梅雨ノ頃	海岸深サ十五尋	漁船一艘、漁夫三人（コギ手二・鉾手一）	エイ、サメ
石決明鉾	一〇上～三中	海岸近ク、海底岩石多キ所	漁船一艘、漁夫一人	アワビ、ナマコ
石決明海女漁	七下～一〇上	深サ五～九尋ノ海底岩石多キ所	漁船一艘、漁夫（船頭一・海女二～三人）	アワビ

（『福岡県漁業誌』による）

表三－6　漁業税目表から見た漁業種別生産ランク付け（筑前海区、明治十三年度）

漁業種	税目等級 一等	二等	三等	四等	五等	六等	七等	八等	合計	着業浦
鰯網（地曳、沖曳）	六	四	一	六	一	二	九	二	三一	鐘崎、下西郷、神湊、勝浦、柏原、志賀島、奈多、吉井、福井、鹿家、大島、津屋崎、波津、芦屋、新宮、相島、宮浦、西浦、門司、今津、岐志、新町、船越、芥屋、深江、片山、姪浜、残島、大里、馬島、脇田
かなぎ網	二	一	一	二	二	三	七	三	二一	西浦、野北、大島、志賀島、鐘崎、姪浜、玄界島、宮浦、下西郷、岐志、新町、地島、相島、今津、船越、芥屋、久家、深江、津屋崎、奈多、新宮
鯛網	一	一	一	三	四	七		一	一八	西浦、玄界島、大島、鐘崎、下西郷、津屋崎、神湊、勝浦、芦屋、小呂島、地島、波津、奈多、新宮、相島、野北、宮浦、脇田
雑魚地曳網	一	三	四	一	四	三	一	三	二〇	箱崎、久家、加布里、姪浜、大島、岐志、新町、博多、船越、神湊、柏原、今津、鐘崎、波津、奈多、津屋崎、新宮、芦屋、野北、芥屋
手繰網	一	二	二	一	五		六	一二	二九	野北、船越、久家、岐志、新町、加布里、下西郷、深江、片山、姪浜、博多、鐘崎、戸畑、宮浦、吉井、福井、鹿家、津屋崎、神湊、地島、芦屋、若松、奈多、新宮、相島、志賀島、西浦

大敷網	五	一							六	脇田、脇ノ浦、姫島、福井、鹿家、津屋崎
鮪大敷網	一								一	地島
鰤建網	一	一		一	二	一	二	二	一〇	脇ノ浦、大島、脇田、地島、姫島、野北、船越、小呂島、岩屋、玄界島
鮁建網	一	一				六	四	一四	二六	脇田、脇ノ浦、鐘崎、津屋崎、相島、志賀島、吉井、福井、鹿家、地島、波津、平松、藍島、大島、下西郷、神湊、勝浦、柏原、岩屋、奈多、新宮、野北、玄界島、岐志、姫島、新町、深江
底建網	一			二		四	八	一〇	二五	脇田、柏原、志賀島、岩屋、玄界島、姫島、久家、奈多、箱崎、野北、小呂島、深江、福井、姪浜、大島、地島、戸畑、若松、新宮、相島、岐志、新町、船越、芥屋、平松
鰩網				一		二	二	五	一〇	下西郷、鐘崎、志賀島、奈多、宮浦、神湊、波津、脇ノ浦、新宮、西浦
田作網				二		一	五	二	一〇	勝浦、福井、津屋崎、鐘崎、下西郷、奈多、相島、志賀島、新宮、芥屋
鰺網	一					三		一	六	志賀島、相島、大島、神湊、相島、船越
鯖網	一			一					二	志賀島、相島
鰮網	二			二			二		六	戸畑、若松、宮浦、今津、奈多、深江
鱅網	一				一		三	一〇	一五	加布里、柏原、脇田、脇ノ浦、鐘崎、津屋崎、下西郷、神湊、勝浦、波津、芦屋、奈多、新宮、志賀島、宮浦
たなご網					一		一	三	五	地島、脇ノ浦、津屋崎、野北、玄界島
鰆建網	一					一	一		三	福井、弘、志賀島
烏賊柴曳網								四	四	脇ノ浦、新宮、岐志、新町
うたせ網						一			一	平松

魣網							一	一	姫島
鱵網							一	一	岐志
鱸網							一	一	大島
ころり網							一	一	深江
鯛・鰤延縄		一		一	一	二		一二	一七	箱崎、加布里、西浦、志賀島、弘浦、大島、鐘崎、津屋崎、神湊、勝浦、地島、柏原、戸畑、相島、岐志、伊崎、門司

註(1)表中の数字は浦（地区）数を示す。(2)漁業税目中、一等（一網・縄・箇所当り年税金四円）、二等（同三円）、三等（同二円五十銭）、四等（同二円）、五等（同一円五十銭）、六等（同一円）、七等（同六十銭）、八等（同三十銭）。(3)投網・釣漁・鰻掻・鉾漁は一戸当り年税金三十銭。(4)貝採藻採は一戸当り年税金十銭。

表三―7　主要種別漁獲高（筑前・筑後海、明治二十四年）

種類	数量（貫）	金額（円）
イワシ	一、〇一九、一三二	五〇、七〇一
タイ	一一九、一三〇	三四、四〇二
イカナゴ	一三一、三三五	一二、九四〇
コノシロ	四九、三一七	一〇、一二八
ボラ	三二、三九八	九、三六七
イカ	三三、七〇一	七、四三七
エビ	三〇、〇一九	七、一九九
サバ	三七、六五〇	六、四〇九
ヤズ	六一、九七〇	五、八六九
ブリ	二五、五五八	五、八四五
アミ	二二七、五一六	五、五七二
カレイ	二〇、六四七	五、一〇六
トビウオ	一六、九五四	四、四七五
サワラ	一〇、八四六	三、〇四八
ハゼ	一七、七五五	二、八〇七
スズキ	七、七〇二	二、六〇九
イサキ	九、〇九〇	二、一四五
カニ	四〇、九五四	二、〇五六
タチウオ	六、九〇〇	一、九〇四
グチ	六、一八二	一、七〇八
アジ	一一、七九五	一、六九八
キス	五、一六〇	一、五二五
イイダコ	四六、九六一	一、四三二
イシナギ	八、四〇〇	一、四〇〇

タコ	一二、九三八	一、三七七
フカ	六、二九四	一、一二五
サヨリ	一、七三八	七七六
コウイカ	三、一二〇	七五五
シイラ	一〇、〇〇〇	七五一
ウミタナゴ	一、四七二	六五二
フグ	四、二五八	五六八
エイ	三、六七六	四八三
クロダイ	一、六九〇	四五八
メバル	四九八	三七二
コチ	三、五二五	三五六
ワラスボ	三、八一九	三五〇
マナガツオ	七〇六	二七四
アナゴ	七五四	二六三
アコウ	五〇二	一八七
ムツ	三、二八三	九八
キビナゴ	一〇〇	七〇
ニベ	四四〇	六六
アゲマキ	七四一、四六六	二八、一〇一
メカンジャ	一一二、四四八	四、三五三
アワビ	六、八四四	三、七〇八
タイラギ	九九、〇一四	三、五六〇
アサリ	二八四、四二六	二、五六五
ウミタケ	八四、五七四	二、〇一六
カキ	七、八七七	一、五八一
サルボウ	六一、三〇六	一、〇九〇
トリカイ	九、六六三	七六四
ナマコ	一五、〇一三	四六五
クラゲ	一五一、一二五	三七四
ハマグリ	三、四六〇	二八二
サザエ	四五〇	二二
マテ	一三	一五
ワカメ	二二、二七二	八〇六
フノリ	三、八二三	二四九
ノリ	二二五	一八

（「水産事項特別調査」による）

表三―8　筑前国の水産物産状況（明治十二年）

物名	産地	産額	自国消費・輸出	沿革景況
	粕屋郡奈多浦・相島・新宮、宗像郡勝浦・福間・鐘崎、遠賀郡波津浦・柏原浦、志摩郡今津・野北・岐志・新町浦、怡土	明治十年物産表ノ産額乾鰮弐拾万一千八百七拾斤ニシテ、	自国ノ消費ハ凡産額ノ六分ト見做ス可キナリ	生鰮乾鰮共ニ食用トス、又一種カタクチト云アリ是ヲ砂浜ニ干シタルヲ「ホシカ」ト云フ、田圃ノ肥糞ニ用ヒ

イワシ	タイ類
郡深江・加布里、早良郡姪浜・残島、那珂郡志賀嶋ニテ漁業ス 漁場反別ハ奈多浦外海五百九町歩・内海八百六拾四町歩、相島千五百七拾三町歩、新宮弐千四百五拾五町五反壱畝歩、勝浦三拾四町歩、福間浦千三百七拾町六反六畝弐拾歩、鐘崎壱里拾七町歩、波津浦八百四拾町歩、柏原・芦屋両浦入会千弐百四拾町歩、今津壱万三千六百九拾三町七反五畝六歩、野北千弐百町歩、岐志七里三拾二町歩、新町壱里三拾三町歩、深江三里、加布里二里三拾弐町歩、姪浜・残嶋入会千三百三拾四町四反歩、志賀嶋八里ナリ、 該漁ノ用ニ供スル網ハ七十九張ニシテ舟ハ千五十九艘、漁夫ハ三千九十七人ナリ	那珂郡志賀島、粕屋郡奈多浦・新宮・相島、宗像郡津屋崎・神湊・大島・鐘崎・地島・勝浦・福間浦、遠賀郡芦屋浦・波津浦・脇田浦、志摩郡西浦・野北、早良郡伊崎浦等ニテ漁業ス 漁場反別、那珂、粕屋両郡ハ鯔ノ部ニ同シ、宗像郡津屋崎浦一里三十町、神湊六百町、大島千町、遠賀郡芦屋浦・波津浦入会ニシテ三百町、脇田浦一里余沖白島マテ三里、志摩郡西浦一里十八町、早良郡伊崎浦三里ナリ、該漁ニ供スル網数ハ三拾五張、之ニ従事スルノ漁夫ハ三千
其価平均一斤壱銭八厘八毛トスルトキハ其価額三千七百九拾五円拾五銭六厘ナリ、今実地ニ就キ推究スレバ乾鰮ノ外生鰮ニテ販グアリ、其量ハ凡拾六万五百斤ニシテ価平均一斤五厘トスルトキハ其価額八百弐円五拾銭ナリ、前段数量ノ不同有ル所以ハ本県ノ鰮漁ハ常年多少其漁業ヲ成スト雖モ大漁ヲ得ルハ二年ニ一度三年ニ一度位ニテ其余ハ費用ニ供スルニ足ラザル位ナリ	明治十一年漁スル鯛ノ数ハ那珂郡壱万五千尾、粕屋郡壱万七千五百尾、宗像郡六万四千尾、遠賀郡壱万二百尾、志摩郡壱万弐千尾、早良郡弐万尾、合シテ拾三万八千七百尾ニシテ、其価平均一尾八銭トスルトキハ其価額金壱万千九拾六円ナリ
内国輸出ハ馬関及ヒ備前、阿波、肥前、筑後、豊後等ナリ、其数量ハ産額ノ四分ト見做ストキハ其価額三百二十円余ナリ	自国ノ消費ハ凡産額ノ七分ト見做スベキナリ 内国輸出ハ大阪、兵庫及豊後日田、筑後久留米等ナリ、其数ハ凡産額ノ三分ト見做ストキハ其価額三千三百二十円余ナリ
テ最可ナリ、其功能油粕等ニ勝レリト云 其漁業ノ大小ハ種々有リト雖モ其種類ハ地引網ト沖引網ノ二種ナリ、地引網ノ季節ハ小雪ノ頃ニ始メ初冬ノ頃ニ終ル、漁場ハ浜渚ヲ距ル拾丁以内ニ在リ、漁舟三、乗組三十二人、山見二人、網一条ヲ以テ一組トス、沖引網ノ季節ハ秋分ノ頃ニ始メ大雪ノ頃ニ終ル、漁舟四、乗組三十六人、山見二人、網一条ヲ以テ一組トス、其漁業ノ趣向ハ大同小異ナリ、本国ノ鰮漁ハ他国ノ如ク常年ニナシ蓋シ鰮魚遊泳ノ場所ニ乏シキ故ナルカ	海鯽（チヌ）、尨魚（クロダイ）、烏頰魚（スミヤ）、黄穡魚（キハナ）、金糸魚（イトヨリ）等皆鯛ノ種類ナリ、網ニテ漁スルアリ釣ニテ捕ルアリ、網ニテ漁スル魚ハ遠ク一、二里沖ヨリ引キ寄スル故、其魚労シテ味薄シ、福岡区伊崎ノ漁人ハ内海ニ釣ヲ垂レテ捕ル故、新鮮ニシテ食ニ堪タリ 鯛網ノ季節ハ小満ノ頃ニ始メ夏至ノ頃ニ終ル、漁舟九艘、乗組三拾七人、網一張、其網ヲ卸スヤ一里許リノ沖合ヨリ威縄ヲ左右ニ配リテ挽キ寄セ、浜

	四百九十余人ナリ			渚百八拾間位ニ近キ本網ヲ卸スナリ、此ノ漁業ヲ成ス志摩郡西ノ浦ヲ第一トス、此ノ外小鯛ハ立冬ノ頃ヨリ寒露ノ頃迄、大鯛ハ大雪ノ頃ヨリ清明ノ頃迄、遠海近灘等ニテ長縄ト唱ヘ釣ヲ垂ルモノ有リ
イカナゴ（カナギ）	宗像郡津屋崎・鐘崎・大島・地島、早良郡姪浜・残島、志摩郡今津・唐泊・玄界島・野北・芥屋・岐志・新町浦、那珂郡志賀島等ニテ漁業スルナリ 漁場反別ハ鰮網ノ部ニ同ジ故ニ更ニ贅セズ 該漁ニ供用スル網数八百八十八張ニシテ之レニ従事スル漁夫ハ二千四百七拾九人ナリ	明治十一年ノ漁スル高ハ七拾九万九千三拾斤ニシテ価平均一斤一銭四厘トスルトキハ其価額壱万千百八拾七円拾銭ナリ	自国消費ハ凡斤数ノ七分ト見做ス可キナリ 内国輸出ハ肥前、筑後等ナリ、其斤数ハ凡産額ノ三分ト見做ストキハ其価額三千三百五十円余ナリ	漁業ノ季節ハ雨水ノ頃ニ始メ春分ノ頃ニ終ル、漁場ニヨリ季節少異有リ、漁場ハ浜渚幷灘中ニテ八尋乃至十二、三尋位ニシテ海底平砂ノ地ヲ好トス、漁舟一、乗組五、六人、網一条、其網ヲ卸ス新月ノ形ニ配リ舳艫ヨリ之ヲ挽ク、一日二十四、五回ヨリ三十回ヲ挽ク、一回一弐斗ノ量ヲ得ルハ大漁トス
スルメ（サバイカ・ミズイカ・コブイカ）	那珂郡志賀島、粕屋郡相嶋、宗像郡勝浦・津屋崎・鐘崎・大嶋、遠賀郡波津・柏原浦、志摩郡芥屋浦等 漁場反別ハ鯛鰮ノ部ニ出ス、此ノ漁業ニ従事スル漁夫ノ数ヲ挙グレバ那珂三百人、粕屋百五十人、宗像千百八十人、遠賀百六十九人、志摩百六十人、合シテ千九百五十九人ナリ	明治十年物産表ノ産額ハ壱万弐千八百五斤ニシテ、価平均一斤拾七銭六厘トスルトキハ其価額弐千弐百五拾三円六拾八銭ナリ	自国消費ハ凡産額ノ七分ト見做ス可キナリ 内国ノ輸出ハ肥前長崎、筑後久留米等ナリ、其量ハ凡産額ノ三分ト見做ストキハ其価額六百七拾円余ナリ	サバイカヲ以テ鯣ヲ製ス 季節ハ小満ノ頃ニ始メ小暑ノ頃ニ終ル、漁場ハ海浜深サ三、四尋以内ニシテ砂土交リ海草有ル所ヲ好シトス、漁舟ハ三人乗リ、其網ヲ配ルヤ浜ヲ距三、四間ヨリ五十尋ノ網ヲ沖ヘ直線立テ出シ配エ先五尋位ノ手前ヨリ五十尋ノ曲網ヲ輪ノ如ク建テ回シ烏賊ノ陥ル所トス、烏賊ハ海浜ニ遊泳シ帰ントスルトキハ曲網ニ陥ルナリ、一昼夜ニ二百余ヲ得ルトキハ大漁トス、各沿海多分ノ烏賊ヲ漁ルモ鯣ニ製スルモノハ少シ
	宗像郡鐘崎・大島・地島・神湊、遠賀	明治十一年漁スル	自国ノ消費ハ	網ニテ漁スルアリ鉤ニテ捕ルモアリ、

ブリ	アワビ
郡脇田・脇ノ浦、志摩郡小呂嶋等ニテ漁業セリ 漁場反別ハ鯛鰤ノ部ニ同ジキ故爰ニ贅セズ、該漁業ニ供網数ハ拾張、此ノ外鉤ヲ用ユ、此レニ従事スル漁夫ハ凡七百三十人余ナリ	那珂郡弘浦、宗像郡大嶋・鐘崎・津屋崎、遠賀郡柏原浦、志摩郡芥屋・玄界嶋・久我・船越浦等ニテ漁業ス、就中鐘崎ノ石決明ヲ上品トスルナリ 海中岩石多キアラ磯ニ産ス、上等ノ潜女ハ深凡九仞ノ海底ニ入リ捕リ得ルナリ、其面積等詳ニシ難シ、潜女ノ数弘浦七十人、大嶋四十人、鐘崎百人合シテ二百十人ナリ、此漁業潜女ノ業ナリト雖モ其他ノ漁夫モ之ヲ成ス
鰤壱万六千四百尾ニシテ価平均一尾弐拾銭トスルトキハ其価額三千弐百八拾円ナリ	明治十一年ノ産額生鮑弐万千六百九拾斤ニシテ価一斤三銭トスルトキハ其価額六百五拾円七拾銭ナリ、乾鮑ハ五千弐百五拾斤ニシテ価一斤弐拾五銭五厘トスルトキハ其価額金千三百三拾八円七拾五銭ナリ、合シテ其金額千九百八拾九円四拾五銭ナリ
凡産額ノ八分ト見做ス可キナリ 内国輸出ハ馬関及豊前小倉等ナリ、其数ハ産額ノ二分ト見做ストキハ其価額六百五十円余ナリ	自国消費乾鮑ハ産額ノ四分、生鮑ハ七分ト見做ス可キナリ 乾鮑ハ長崎、生鮑ハ馬関ヘ輸出スルナリ、其量詳ナラズ
寒中ニ捕リタルヲ直チニ塩蔵ニシテ貯レバ久シキニ堪ヘ味美ナリ 鰤網ノ季節ハ寒露ノ頃ニ始メ小雪ノ頃ニ終ル、漁舟一、乗組五人、網一条、漁場ハ海底十尋乃至十二、三尋ニシテ岩礁ニ在ル処ニ拋テ網ヲ卸スナリ、日ノ出ヨリ出テ薄暮ニ網ヲ揚グ、一回ニシテ十五、六尾ヲ得ルハ大漁ナリ、釣ハ雨水ノ頃ニ始メ穀雨ノ頃ニ終ル、釣具ハ長縄ヲ用ユ、漁舟一、乗組三人ニシテ未明ニ出テ薄暮ニ返ル、風波ノ日ニ釣魚ノ利多シト云フ	鮑ハ生ニテ販グアリ乾シテ販グモアリ、鐘崎・大嶋ノ蜑人夏月捕テ横ニ切テ干ス是ヲ切ノシト云、又燧ニ似タル故ヒウチノシ共称ス、鮑ヲ切マワシ長クシテ干シタルヲ長ノシト云、鐘崎ニテ製スル熨斗ハ旧藩中幕府ニ献ゼシナリ 漁業ノ季節ハ大暑ノ頃ニ始メ寒露ノ頃ニ終ル、漁場ハ海岸、島嶼深サ五尋乃至九尋ノ海底岩石多キ所ヲ好シトス、漁舟一艘ニ漁夫一人潜女二、三人ヲ乗ス、女ハ裸躰褌帯ヲ着ケ腰ニ稾帯ヲ装ヒ右腰ニ鮑殻ヲ狭ミ左腰ニ鉄篦ヲ挿ス、是レ一ハ海底ノ目標トシ一ハ鮑ヲ衝キ起スノ具タリ、凡一日間六、七十ノ鮑ヲ得ルハ老練ノ潜女トス、本県ノ沿岸漁場少シ故ニ鐘崎ノ潜女ノ如キハ長州地方ノ沿海ニ一期中漁業ニ出ルモノ多シ

ナマコ	産地ハ粕屋郡箱崎・香椎潟、宗像郡津屋崎・鐘崎・大島、遠賀郡若松・戸畑、志摩郡今津、怡土郡深江、早良郡鶯嶋等ナリ 海岸岩瀬ニ付キタルヲ捕ル、漁場ノ面積詳ナラズ、其漁夫ノ概数ヲ挙グレハ粕屋五十人、宗像四百五十人、遠賀六十人、志摩百拾八人、怡土七十人、合シテ七百四拾八人ナリ	明治十一年ノ産額ハ六千七百斤ニシテ、価平均一斤四銭トスルトキハ其価額弐百六拾八銭ナリ	全ク自国消費トス 煎海参ハ長崎へ輸出ス、其量詳ナラズ	海参ノ色赤青ニ二種アリ、煎海参（イリコ）ニ製スルアリ又海参腸（コノワタ）ヲ製スルアリ共ニ生気温補スルノ効用アリ 季節ハ立冬ノ頃ニ始メ小満ノ頃ニ終ル、漁場ハ海浜深サ七尋乃至十二、三尋ニシテ海底ノ岩礁有ル処ヲ好シトス、漁舟一艘二人乗リ網一条ヲ積ミ快晴ノ日ヲ撰テ網ヲ卸ス、其網ヲ卸スニハ始メ瀬際ニ卸シ挽縄ヲ舟艌（フナツエ）ニ約シ岩礁多キ方位ニ向ヒ直線或ハ曲線ト漕ギ回スナリ、此漁ハ頗ル力ヲ労スルモノニシテ老若ハ堪エザルナリ、一日ニ四、五回ヲ挽ク、一回百余ヲ得ルハ大漁ナリ、此ノ外処ニヨリ鋒ヲ以テ捕漁スル有リ
ワカメ	産地ハ宗像郡神湊・大島・地嶋・鐘崎、遠賀郡柏原浦・脇田浦・白嶋、志摩郡玄界島・芥屋、那珂郡弘浦等ナリ、就中地嶋ソ子ノ瀬ノ産最良品トス 海汀ヨリ凡十八町許海中岩瀬ニツキタルヲ採ルナリ、深凡二、三仞ノ処モアリ其面積詳ニシ難シ、採取人員ノ概数ヲ挙グレバ宗像四百五十人、遠賀百三十人、志摩百九十人、那賀七十人、合シテ八百四十人ナリ	明治十年物産表ノ採収高五万三千六百八拾斤ニシテ価平均一斤弐銭トスルトキハ其価額千七拾三円六拾銭ナリ	全ク自国消費トス 輸出ナシ	殊ニ述ブ可キナシ
エゴノリ	産地ハ宗像郡鐘崎・大島・地嶋、遠賀郡波津浦・柏原浦・脇田浦・白島等ナリ 海岸ノ岩石ニ付キタルヲ干満ノ時採収ス、其面積詳ニシ難シ、其採取人ノ概数	明治十年物産表ノ採取高四千三百五拾六斤ニシテ、価平均一斤四銭トスルトキ	自国消費ハ収額ノ六分ト見做ス可シ 内国輸出ハ筑	殊ニ述ブ可キノ条ナシ

（トコロテングサ）	ヲ挙グレバ宗像三百七十人、遠賀百二人、合シテ四百七十二人ナリ	ハ其価額百七拾四円拾四銭ナリ	後久留米、豊後日田等ナリ、其量ハ詳カナラズ

（『福岡県物産誌』による）

第三節　豊前海の漁業

水産事項特別調査によれば、明治二十四年、豊前海域における漁業従事数は二千弱戸・約二九〇〇人、採藻従事数は約九十戸・約一五〇人、製造従事数は約三百五十戸・約九百人である。このうち、漁業従事戸数百戸以上の浦は田ノ浦・柄杓田・苅田・蓑島・八屋・宇島の六浦であり、この六浦の合計戸数は全体の半分強を占める。漁業従事者数が百人以上の浦は柄杓田・苅田・蓑島・宇島であり、これら四浦の合計人数は全体の半分弱を占める。漁業内容をみるため、筑前海域と同様に、それぞれ漁業種別操業状況を表三－9（五九八ページ）に、漁業税による漁業種別ランク付けを表三－10（五九九ページ）に、主要種別漁獲高を表三－11（六〇一ページ）に、水産物産状況を表三－12（六〇二ページ）に示した。

当海域の特徴は、第一に瀬戸内海の西端に位置し、漁場は浅くかつ狭いため大回遊性資源に恵まれず、地先・定着性資源に依存する度合いが強く、突出した漁業種、魚種はみられない。漁業種はこういか柴曳網・石干見・雑網・あみ差（曳）網・ぐち網・手繰網・桝網・こち網・さっぱ網・えい網・えび網・建網・建干網・延縄・釣ならびに採介藻漁など多種に及ぶが、総じて小規模である。魚種はコウイカ・カマス・アミ・ボラ・タイ・エビ・ブリ・タコ・グチ・サワラ・コチ・クロダイなどが主体であるが、注目すべきは当時、地先浅海を漁場としながらも、回遊、地先定着性種等豊富なことである。介藻類ではマテ・シオフキ・ナマコ・ニシ・アワビ・カキ・ノリ・ワカメなどがある。

第二の特徴として、漁場利用においては、漁場範囲が狭いため筑前海域のように各浦が地先漁場を独占できず、原則的には共同利用であった。しかし、漁場を占有する桝網・建干網などの漁業は旧来の慣習が優先し、新設については付近浦の同意を必要としたことは言うまでもない。福岡県漁村調査報告（大正六年）には「今より四十年前、仲津村稲童にて岡建桝網を起業したるに、図らずも付近漁村の激烈なる反対に遭い、遂に法廷に争うこと多年、漸く落着したりと雖も為めに多額の経費を要し、沿岸に鬱蒼たりし松林を悉く伐採して之を償いたり」の記載があり、当漁業の新設が容易でなかったことをうかがわせている。

第三の特徴として、この期にいくつかの漁業が導入、発達したことである。岡建桝網は藩政末期に導入されたが、明治に入って発達し、明治十三年には四浦（今津・稲童・有安・宇島）、十五年には六浦（今津・恒見・稲童・有安・松江・宇島）で操業され、二十五、六年頃まで盛況であった。その後、沖建桝網の導入が試みられ、本格的にそれが操業されたのは三十年代になってからである。そのほか、ぼら網は十四、五年頃、たい縛網は二十四、五年頃に当海域に導入された。

第四の特徴として、他県の打瀬網漁船による侵漁問題があったことを指摘しておく必要があろう。表三－９にも打瀬網がみられるが、他県のそれとは漁業規模、生産性において著しく異なる。福岡県漁村調査報告によれば「明治十年代後半、岡山県若くは広島県地方の打瀬網漁船当地沖合に侵入し来るもの漸く多く、其数実に六、七十隻の多きに達し漁獲亦甚た多く、手繰網其他底漁を目的とする漁業は何れも打撃を蒙むること少からす、即ち之か取締方に関し各浦共に其排斥に勉む」との記述がある。この県内漁民の世論を受けて、県は明治十七年六月三日付、県令布達「打瀬網漁業の義は詮議の次第有之自今禁止す」との禁止の方向を打ち出し、被害隣接県との対策協議を行っている。第十三回福岡県勧業年報によれば「豊前海への打瀬網の凶悪なるは漁民一般の輿論にして明治十七年、山口・大分両県と計り一同之を禁止せしか、山口県は都合に依り二十一年を以て之を解禁せしより、日に月に其員数を増加し、周防洋に於て四千数百艘の多きを見るに至れり。遂に豊前海沿海に侵入し其害毒を被むること不尠より漁民一般該漁具禁止の義を請願し又惣代を上京せしめ親しく難渋の情状を具申すと雖も遂に裁許せられす、故に爾後専ら防禦の方策稽考中にして、自今何等の点に出つへきや深く憂慮する処なり」とあり、結果的に国の方針により禁止措置が取れなかったのである。明治十七～十九年度福岡県漁業税目表には、打瀬網が最高税額一等級に位置付けられているが、二十年度以降は見当らない。この課税対象はおそらく県内漁船ではなく、県内港を寄留地に持つ他県漁船であったと思われる。二十年度以降は県内寄留港をも認めない措置を取ったのであろうか。明治二十九年三月、県令第二五号により「福岡県漁業取締規則」が制定され、帆引網（打瀬網）は全面的に禁止となった。その一方、県内では高生産性の打瀬網漁業の導入を希望する向きもあったようで、三十年代に入ってからは逆に県指導でこれが導入されることになったのである。

本期はのり養殖の草創期でもあった。明治三十二年度福岡県水産試験場第五号報「海苔養殖製造試験」によれば、「海苔養殖事業ハ県下ニ行ハル、モノ企救郡霧岳村吉田、粕屋郡箱崎町、糸島郡加布里村、築上郡東吉富村ノ四ケ所トス、而シテ吉田ハ明治八年ノ創業ニシテ山口県石炭積船ノ此地ニ来リ示導スルニ因テ起業シ、又箱崎ハ明治二十七年本県農事試験場ノ試験ノ結果ニ基キ、加布里ハ明治二十九年同試験場ノ奨励ニ依テ創業シ、東吉富ハ数十年前ヨリ天然海苔ヲ製造スルノ慣習アリテ今日ニ及ビタルモノナルモ、吉田及箱崎ハ広島流、加布里及東吉富ハ一種特別ノ製造法ヲ行ヒ何レモ完全ナル製造ト云フベカラズ、故ニ是等ノ改良ヲ加ヘ及新養殖法ヲ探究スルヲ第一ノ目的トシ、尚県下一般ニ苟モ海苔ノ養殖ニ適スル地方ニハ之ヲ普及セシメントスルヲ最終ノ目的トシテ該試験ヲ実施セリ」とある。この記述から、福岡県ののり養殖は豊前海吉田浦で最初におこなわれたことがわかる。

藤塚悦司氏は「海苔養殖の伝播と技術伝承・6」（「大田区立郷土博物館紀要」第七号）のなかで、吉田浦における海苔養殖の創業経緯について論及している。これによれば、吉田浦の三谷吉太郎が明治十四年に「雨海苔養生ニ付海面拝借願」を県に出して吉田浦ののり養殖漁場が公的に確保されたのである。漁場面積は五町歩であり、吉太郎は資金を出して、下吉田の有志五人を集めて本格的に養殖に着手したという。そしてのり製品は同十六年三月、上野で開催された第一回水産博覧会へ、吉田の「黄金海苔」と称して出品された。出品者は三谷欣三郎（吉太郎の息子）他八名であった。この出品に対して褒賞が授与され、審査評語は「製造頗ル佳ニシテ需要ニ足ル」というものであった。良好な評価を得て、欣三郎は明治十六年六月、同二十一年までの五カ年の海面借用願を出し、認可された。漁場面積は十四年と同様に五町歩であり、その後、関係書類では明治二十六年までは五町歩であったことが確認できる。同四十二年には倍増の約三万坪となっている。この間の経緯は不明であるが、「農閑期での良い稼ぎ」という条件下で次第に発展していったものと思われる。

東吉富においては、桝幾次郎（名主を務めた家系）は明治十五、六年、山国川川口域に広がる干潟の澪筋で養殖試験を始めたといわれるが、その経緯については不明である。水産試験場が養殖試験に着手した明治三十一、二年までは本格的な養殖事業はおこなわれていなかったと思われる。

表三―9　豊前海域の漁業概要（明治十一年）

豊前国（東周防洋ニ面シ、其沿海ノ地ハ上毛・築城・仲津・京都・企救ノ五郡ニシテ、沿岸線路凡ソ二十二里之ニ沿フ、島嶼ハ蓑島・藍島・馬島ニシテ、其周囲六里余トス）

漁業種	漁期	漁場	漁船・漁夫・漁具（数字ハ浮子方長・最大網丈）	主漁獲種
すす流網	六下～九上	海岸深サ三尋内外、海底ハ海草アル所ヲ佳	漁船一艘、漁夫二人、網一条（十八尋・三尺ヲ一反トシ、十三反ヲ連結）	サヨリ
打瀬網	六下～九上	沖合深サ三～四尋、海底ハ平砂或ハ海草アル所	漁船一艘、漁夫三人、網（八尋・五尋）	メバル、タナゴ
烏賊網	二中～六中	海岸深サ九～十五尋、海底ハ泥交リ砂デ海草アル所佳	漁船一艘、漁夫二人、網（九尋・六尋）・烏賊柴三十ケ所位	コウイカ類
鰕網	一一上～一二中	沖合十二尋内外、海底ハ黒砂或ハ泥土	漁船一艘、漁夫二人、網（三尋半・フクロ長三尋）	エビ類
ひら流網	九下～一一上	海岸深サ五尋位、海底ハ泥土	漁船一艘、漁夫二人、網（七十尋・三尋）	サッパ
ふち網	三下～七下	海岸深サ五～十尋、海底ハ泥土	漁船一艘、漁夫三人、網（八尋・六尋）	シログチ
えそ網	四下～六上	海岸深サ五～十尋、海底ハ泥土	漁船一艘、漁夫三人、網（十尋・七尋）	エソ
繰網	二中～一一中	定ナク、集群スル所	漁船三艘（網船二・手船一）、漁夫十人、網（百尋・十尋）	サッパ、イワシ、コノシロ
地引網	二中～六中	海岸深サ五尋以内、海底ハ泥土海草アル所	漁船二艘、漁夫十人、網（百尋・二十尋）	サヨリ、イカ、グチ、キス、エビ、カニ、シャコ
苗鰕挽網	九下～一一七	海岸深サ三尋内外、海底ハ泥土	漁船一艘、漁夫二人、網（奥行三尋・幅六尋ノ袋状）	アミ
海䰾建網	六下～八下	定ナク、集群スル所	漁船一艘、漁夫二人、網（七尋・三尺五寸ヲ一反トシテ六十反ヲ備フ）	エイ
鮍建網	六下～八下	漁期始メハ岸近ク、終期ハ沖合、海底ハ泥土	漁船一艘、漁夫三人、網（十尋・十尺ヲ一反トシテ二百五十反ヲ備フ）	コチ
四網	二中～四中：瀬周辺、六下～八下：沿岸域		漁船一艘、漁夫三人、網ノ構造ハ鱅建網ト同ジ、網目四指ヲ入ルヲ以テ四網ノ名アリ	ウシノシタ、コチ、タイ、ハゼ、エイ、イカ

鯛こち網	六下~八下	沖合深サ十~十五尋、海底ハ泥土	漁船一艘、漁夫三人、網（十四尋・八尋）ガ八~十艘組ニナッテ操業スル	タイ
鱸網	一一上~一一中	深サ七尋位ニシテ海底ハ岩礁或ハ海草アル所	漁船二艘、漁夫六人、網（百二十尋・七尋）	スズキ（セイコ）
桝網	一中~七下	距岸十町内外ニテ深サ五尋位、海底ハ泥砂ノ所佳シ	漁船一艘、漁夫一~二人、桝網惣長四十尋・袖網左右ニテハ八尋	コノシロ、スズキ、タイ、エイ、イカ、トビウオ
蜃珠貝網	一一上~四中	海岸深サ二~三尋、砂石交リデ貝ノ建ツ所	漁船一艘、漁夫一~二人、桁網（竪八寸横二尺五寸ノケタニ、一尋四方ノ網ヲ付）	シンジュガイ
彼の釣	六上~一二上	海岸深サ三~八尋、小石交リ、マテ貝多キ所	漁船一艘、漁夫数人、彼釣綸（イト）一式・マテ突一具、釣餌マテ貝	クロダイ、タイ
蟶（まて）鉾	一一上~四中	海岸深サ三~八尋、海底ハ小石アル所	漁船一艘、漁夫五~六人、各人、マテ刺鉾四手ヲ合セ持チ操業	マテ
岩章魚釣	四中~八上	沖合深サ十四、五尋、海底ハ岩石多キ所	漁船一艘、漁夫一~二人、釣具（綸長三十尋・アワビ貝殻付鉤）	イワダコ（マダコ）
海鰻長縄	一〇上~一一中	海岸深サ五~十尋、海底ハ泥土	漁船一艘、漁夫二人、本縄四百尋ヲ一甑（コシキ）トシ六甑ヲ備フ	ハモ
鱵長縄	三下~六中	距岸四~五丁、二~三尋デ海底ハ泥砂或ハ海草アル所	漁船一艘、漁夫二~三人、本縄四十尋ヲ一甑トシ三甑ヲ備フ	サヨリ

（『福岡県漁業誌』による）

表三―10　漁業税目表から見た漁業種別生産ランク付け（豊前海区、明治十三年度）

漁業種	税目等級									着業浦
	一等	二等	三等	四等	五等	六等	七等	八等	合計	
烏賊柴曳網								一五	一五	柄杓田、恒見、苅田、浜町、蓑島、沓尾、元永、湊、椎田、宇留津、松江、有安、小祝、小犬丸、八屋

石干見						一		一二	一三	三毛門、稲童、松原、湊、高塚、東八田、西八田、宇留津、松江、有安、八屋、沓川、四郎丸
雑魚網							二	一〇	一二	小祝、小犬丸、柄杓田、田ノ浦、恒見、蓑島、元永、稲童、湊、椎田、宇留津、松江
鮃差・曳網							二	七	九	小祝、小犬丸、恒見、苅田、浜町、椎田、宇留津、松江、宇島
石首魚網								一一	一一	柄杓田、苅田、浜町、蓑島、沓尾、今井、湊、椎田、松江、宇島、八屋
手繰網							一	五	六	宇島、田ノ浦、苅田、浜町、八屋、小犬丸
桝網						一	一	二	四	松江、有安、宇島、今津
鯫網					一		一	一	三	宇島、小祝、苅田
鰣網								五	五	柄杓田、今津、恒見、苅田、蓑島
鱏網								四	四	恒見、苅田、浜町、沓尾
海老網							一	二	三	蓑島、恒見、苅田
徒歩曳網							二	一	三	田ノ浦、恒見、柄杓田
笹干見						一		一	二	三毛門、四郎丸
底建網							一	一	二	宇留津、八屋
堀込幕建網								二	二	苅田、浜町
鯛・ちん延縄								五	五	柄杓田、今津、恒見、蓑島、沓尾
鱧延縄								一	一	蓑島
小建干網								一	一	苅田
四つ網								一	一	浜町
魣網								一	一	恒見
鱵網								一	一	田ノ浦
がは曳網								一	一	田ノ浦

巻網								一	一	百留

註(1)表中の数字は浦（地区）数を示す。(2)漁業税目中、一等（一網・縄・箇所当り年税金四円）、二等（同三円）、三等（同二円五十銭）、四等（同二円）、五等（同一円五十銭）、六等（同一円）、七等（同六十銭）、八等（同三十銭）。(3)投網・釣漁・鰻掻・鉾漁は一戸当り年税金三十銭。(4)貝採藻採は一戸当り年税金十銭。

表三―11　主要種別漁獲高（豊前海、明治二十四年）

種類	数量（貫）	金額（円）
コウイカ	五八、六一〇	一六、五六三
カマス	五六、九二六	一〇、五二五
アミ	五五、四三四	一〇、二一六
ボラ	四九、九二〇	八、九三四
タイ	一一、九八四	七、七五五
エビ	一二、一五一	四、七七六
ブリ	四八、〇〇〇	三、六〇〇
タコ	一一、六二六	三、一八五
グチ	三〇、八七三	二、九六六
サワラ	五、八四四	二、六九七
コチ	八、五九八	二、五九八
クロダイ	九、三七七	二、〇九一
スズキ	六、九二五	一、九三七
サバ	七、四二二	一、七九二
アジ	七、九〇二	一、五八〇
ハモ	四、二七〇	一、四五五
エイ	二〇、九一七	一、三八〇
トビウオ	五、六二五	一、二五〇
フカ	一八、三一六	一、〇六九
コノシロ	四、一九〇	一、〇二五
イワシ	一八、一一三	九七〇
キス	二、〇五〇	八五九
アナゴ	四三一	八〇二
イイダコ	一、四五六	七七二
スルメイカ	二五、二八〇	五九〇
マナガツオ	一、七五〇	五三七
サヨリ	七七九	四八五
カレイ	九四六	四四六
ハゼ	一、四八五	四〇四
アコウ	六九七	二六一
カニ	五、二四五	二五四
ニベ	四三二	二二六
イカナゴ	九六〇	二〇一
フグ	一、七九〇	一九四
イサキ	五六六	一八〇
シャコ	一、三五〇	一七八

エソ	六九八	一七五
ウミタナゴ	四一〇	一五〇
アラ	二五〇	一一〇
メバル	二八七	八四
ギンポウ	八二五	七〇
マテ	二二、六一二	一、九二六
シオフキ	一四、七六〇	一、七二七
ナマコ	二二、二七六	一、四八〇
ニシ	三、九〇〇	三九〇
アワビ	一、四八七	三九五

カキ	二、五四一	三六九
サザエ	二、〇一〇	一五六
アサリ	二、七五〇	九八
ハマグリ	六一五	四五
ノリ	一三、三八九	三六四
ワカメ	一五、六五〇	二九〇
アオノリ	一、二七〇	五五
ヒジキ	二〇〇	一二

（「水産事項特別調査」による）

表三—12　豊前国の水産物産状況（明治十二年）

物名	産地	産額	消費・輸出	沿革景況
海産	沿海ノ村落ハ大小漁猟ヲ成スト雖モ名ヲ掲グ可キノ地少シ、其大ヲ掲グレバ企救郡中平松・長浜・大里・柄杓田、上毛郡八屋・宇ノ島・小祝等ナリ、此外沿海ノ村落小ナリ、平松・長浜ノ如キハ其獲ル所ノ魚類大小種々有リ、乾鰕・海参・干鰮・和布・蟶・鯛等ナリ、柄杓田以東ノ村々ハ其漁猟少ナリ、乾鰕、乾アミ、乾烏賊、其外小鰕、魚類ナリ 漁猟場面積ノ如キハ算シ難シ、長浜・平松ノ如キハ馬関ノ瀬戸ニ沿ヒ北海ノ大洋ヲ受ケテ大小ノ魚多シ、柄杓田以東ノ海面ハ東海ノ湾港ニシテ波濤穏ニシテ浅シ故ニ大魚少シ小鰕魚ノミ、俗ニ此ノ湾中ヲ魚類ノ産室ト云フ	明治十年物産表ノ産額ハ乾鰕六千八百三拾七斤（一斤九銭一厘）其価六百二拾二円六銭七厘、海参三千五百斤（一斤二銭五厘）其価八拾七円五拾銭、干鰮九千二百四十斤（一斤二銭五厘）其価二百三拾壱円、乾アミ二千八百斤（一斤五銭七厘五毛）其価百六拾一円、乾烏賊千六百二拾六斤（一斤六銭二厘五毛）其価百一円六拾二銭五厘ナリ、 以上合シテ基金額千二百三円拾九銭二厘ナリ、是ハ其海産中乾物ノミデ漁村収利ノ細分ニシテ此ヲ以テ海産ヲ統ブ可カラズ、其広大ノ利ハ生類ニ有ルモノナリ	概シテ自国消費ト見做ス内外輸出ナシ	漁猟ノ沿革景況述ブ可キナシ、平松・長浜ノ如キ聊カ漁猟ノ体裁大ナリト雖モ其余ハ港湾ノ小漁猟ノミ

（『福岡県物産誌』による）

第四節　筑後有明海の漁業

水産事項特別調査によれば、明治二十五年、筑後有明海域における漁業従事数は約二千戸・約一万人、製造従事数は約八十戸・約五百人である。漁場面積の狭い割には、漁業従事数は多く、特に従事人口の多いのが目立つ。漁業種別操業状況を表三－13（六〇五ページ）に、漁業税による漁業種別ランク付けを表三－14（六〇七ページ）に、主要水産物産状況を表三－15（六〇八ページ）に示す。主要種別漁獲高は筑前海産額と合して表三－7（五八九ページ）に示している。

当海域の特徴をみると、第一に沖端・中島・川口が漁業中心の浦であるほかは、農主漁従の地域であり、漁業従事者の多い割には生産は低い。漁業種は、潮流の激しい内湾で広大な干潟域を有する漁場特性を反映して、羽瀬・現敷網・大網・引網・手押網・手繰網・鮟鱇網・組引網・蛸縄・採貝漁等多種に及ぶが、なかでも羽瀬、採貝漁が最も重要である。羽瀬漁は洲などの浅瀬に竹をV字型に七〇〇本近く建て、左右の翼の中央に「ロウウケ」と称する魚溜りを設け、沖へ出ようとする魚を漁獲する、有明海独特の漁法である。明治十四年度以降の漁業税目表には、一等に高津・津ノ上・網戸・平戸・海老戸・荒津裾・新穀・荒津・荒津裾並・ダグラの各羽瀬、二等に鷹道・宮津・袖・神楽・中津・西ノ津・折津・野田・七ツ・壇ノ上・三里沖の各羽瀬、三等に新吾瀬・琴ノ・ヘタノ・中潟の各羽瀬、合計二十五カ所が記載されており、当時、いかに羽瀬漁が盛んであったかをうかがわせる。

第二の特徴として、漁獲物は貝類を中心とする地先・定着性種への依存度が大きいことである。とりわけ当時はアゲマキの生産が卓越して多い。第九回福岡県勧業年報は漁業の景況として次のように記している。「三池郡西部は海に臨み水産に富めり、数千町歩の干潟あるを以て、沿海部落は老若男女となく漁業を営めり、漁獲中最も収利の多額なるものは蟶貝（アゲマキ）なり。此貝は乾燥機械を以て乾燥し又は太陽に曝し後、仲買業者に販売す。其量頗る多く、代価年計は五万円余の巨額に至れり。此方面に一の会社を団結し、資本を堅固ならしめ器械を完備し、支那地方へ直輸の道を開かば漁民の収利は今日に倍し全郡其余沢に沾ふは期すべきなり」。また、第十一回勧業年報は、農商務省により当海区にアゲマキ試験場が設置され、そこでの試験結果について以下のように記している。すなわち「筑後国山門郡東開村沿海潟地へ過る明治十八年、農商務省水産局より蜌介試験場を設置せられ、其方法たる潟地一万坪を画し之を四区に分ち、其第一区は毎年採取し、自余三区は一区ずつ毎年順次採取し、全く四ケ年を以て其試験を図り、毎区毎年の採介及其製品の数量並に生貝の大小製品の良否を対照比較して、当業者の感覚を喚起せしめんと欲する在り。即ち本年（二十一年）最終の結果は左の如し（表省略）。表の第一区は毎年に、第二区は二年目に、第三区は三年目に、第四区は四年目に採収し、夫々第一区と収利の増減を対照比較し、其損益を示したるものにして、即ち第一区の各二、三、四年累計額と夫々第二、三、四区の採収高との比較結果によれば、数年間生長と蕃殖の猶予を与ふるときは数倍の収利あるを知るべし」とあり、アゲマキ資源の有効利用を図ろうとした意図がうかがえる。県は明治二十八年七月、県令第四〇号により筑後沿海における貝類（蟶貝・牡蠣・タイラギ・ミロク貝・烏貝）採捕禁止期間を制定した。さらに、これら禁止事項は翌二十九年に制定された「福岡県漁業取締規則」のなかに組み込まれたのである。

第三の特徴は、漁場紛議が長期間にわたって起こってきたことである。この期は藩政期から受け継いできた漁場利用秩序が次第に乱れてきており、旧慣秩序に替わる統一的な漁業法典が確立してない時期であった。漁場争いは筑前・豊前両海域でも起こっていたものの一過性であり、有明海のように長期間に及んでいない。漁業従事人口が多い割に漁場面積が狭いことによるものであろう。ここに県内ならびに県間で起こった有明海漁場紛議の事例をみる。

福岡県三池郡誌（大正十五年刊）に次のような記述がある。「由来岬・唐船・手鎌・横須の田隈組沿海各村は、一般に耕地少なく人口多く農業のみを以て生計を営む能はず、漁猟を以て活計を補うの必要なるを以て、上記の各村は約百余年前より地先の潟地は、該村限り漁業をなし、他郡村よりの来漁者は拒絶するの慣例となっている。これは藩札米と称し、年々米一石五升六合を柳河藩庁に納めていた。廃藩置県後も、漁業特権は変わりなく、納米も明治八年迄地租同様納めて来た。尚黒崎開・三里村早米来も岬村等と同様地先潟地の漁猟は村限り専業をなしていた。かゝる慣例を有するに拘らず、右潟地に対し、山門郡漁民より屢々専有権を犯し、殊に明治三十年前後は専有漁業場を暴すこと甚しく、海上時ならぬ、怒濤狂瀾の渦巻くが如き争闘行われ、互に主張を確執し、葛藤久しく解けず、遂に裁判沙汰の騒ぎとなった」。以上は県内の一事例である。

第十三回福岡県勧業年報には県間入会漁業について次のような記述がみられる。「熊本・長崎・佐賀・福岡四県に係る有明海は古来、交互入会漁業の慣行あり、殊に旧佐賀藩地先海面の如きは旧柳河領山門郡・三潴郡漁民等彼我の別なく同等の漁権を有し来りしが、明治二十一年以来佐賀県漁民は故なく山門郡漁民の出漁を拒み延て三豬郡漁民に及び、論争益々塾度を添え或は漁獲を奪い或は殴打を試み、其暴行底止するなく、又筑後川々尻に九十万坪の貝類試験場を設け備潔の機会に換え、本県漁民を厄するが如き措置あるを以て該県に対して百方商議を為すも之に応ぜざるより、止むことを得ず右撤去の義を主務省に稟議し、主務省は当局官吏を派遣し、両県書記官立会実地を検分せり、其争論は目下主務省の覆議中にして何等の判定あるべきや未だ明ならず」、「熊本県沿海に於ても本県漁民入会漁業するの慣行なるに、昨二十二年同県漁民が漁業組合を設置し、漁具を五類に分ち他管漁民に向て金五十銭以上拾円以下の範囲を以て組費を徴収するの制を設け、本県漁民に対し斉しく之を施行せしより、漁民苦情を鳴し旧慣に悖ると抗弁し照会、応答複雑に渉り、終了の期なきを以て更に本県書記官を該県に派し協議に及ぶも議協はざるより之を主務省に稟議し公平の判定を請ひしに、主務省は前項と同じく主任を出張せしめ実地を探検し旧慣を調査せしに、協議円満更に判定を待たずして熟和を告げ、証書を交換し往来漁獲の約を結びたり、是に於て従来の葛藤全く和融を告げ、熊本沿海一方に向ては永遠無事に漁獲するの利源を鞏確せり」。以上の内容は、一つは旧慣による福岡県漁民の佐賀県漁場への入漁が拒絶された事件であり、二つは福岡・熊本両県間の入漁料新設問題である。前者はその後、漁場境界問題も絡み、関係者間協議にも拘らず解決せず、決着は専用漁業権免許に関して協定された明治四十一年まで待たなければならなかった。後者は明治二十三年八月に「福岡熊本両県往来漁業に係る特約書」が締結され、決着した。

表三—13　筑後有明海の漁業概要（明治十一年）

筑後国（南有明洋ニ面ス。其沿海ハ山門・三池・三豬ノ三郡ニシテ海浜線路凡ソ九里）

漁業種	漁期	漁場	漁船・漁夫・漁具（数字ハ浮子方長・最大網丈）	主漁獲種
按考網	三下～一二上	潟ニテ海底ハ泥、深サ六～十四尋	漁船一艘、漁夫二人、網（フクロ長二十尋・口二十尋）	タチウオ、エビ、シタビラメ、サッパ
挽揚げんじき網	九下～一中	干満ニヨリ海浜又ハ河海域トナス所	漁船一艘、漁夫三人、網（七十尋・七尋）	メジナ、メナダ、クロダイ
手押網、繁網	周年	河口、波瀬周辺	漁船一艘、漁夫二人、網（長三間・口一丈八寸）	雑魚

大網、やーやー網	五下～一〇上	潟ノ浜一尋以内或ハ河口	漁船四艘（網船二・逐船二）、漁夫十四人、網（三十尋・十尋）	メナダ
手繰網	四下～一〇上	沿岸域	漁船一艘、漁夫二人、網（八尋・二尺七寸）	エビ、シタビラメ
待網	三下～一一中	沖合深サ五～二十尋、海底ハ土砂交リノ所	漁船一艘、漁夫二人、下敷網二十尋・フクロ長二十七尋・口周囲十三尋	シタビラメ、サッパ、マナガツオ、エイ、サメ、エビ
沖波瀬	三下～一一上	洲脇深サ四尋以内	漁船一艘、漁夫二人、竹編棚（翼長三百間）	スズキ、マナガツオ、シタビラメ、タチウオ、クロダイ
潟波瀬	三下～一一上	海岸深サ一～二尋	漁船一艘、漁夫一～二人、竹編棚（翼長二十五間）	ハゼ、エビ
繰網	六下～一一上	潟ノ浜深サ四～五尋	漁船四艘（網船二・逐船二）、漁夫十六人、網（百尋・十尋）	メナダ
苗鰕網	九下～一一中	海岸深サ一尋以内	漁夫一人、網口二尋ノ掬網	エビ
組引網	一上～一一上	河口	漁船一艘、漁夫二人、網（八十尋・四尋）	メナダ
挽網	三下～一一中	洲脇ノ深サ三尋以内、海底ハ砂土交リ	漁船二艘、漁夫二十人、網（百二十尋・九尺）	ボラ、エビ、メナダ
蟹建網	六下～一〇上	沖合深サ五～十五尋、海底ハ砂土	漁船一艘、漁夫三人、網（二十尋・三尺）	ガザミ
つうそー流網	五下～七上	沿岸域	漁船一艘、漁夫二人、網（五百尋・一尺五寸）	エツ
鯊長縄	六下～一一中	潟深サ二～三尋、海底ハ泥	漁船一艘、漁夫二人、本縄百五十尋ヲ一甑トシ、四甑ヲ備フ	ハゼ
烏賊漬	二中～六中	沖合七～十七尋、海底ハ平砂或ハ泥土	漁船一艘、漁夫二人、本縄七百尋ニ二十六個ノ烏賊漬カゴヲ付ス	コウイカ類
足形漁	六中～一一上	深サ三～四尋、海底ハ泥		シタビラメ、グチ、コチ
たいらぎ漁	一二上～四中	浜渚或ハ潟沖合	漁船一艘、漁夫五～七人、各人打鉤一個・桶一個	タイラギ

海茸漁	一一上～一中	潟ノ浜緒	漁船一艘、漁夫一定セズ、各人撞木一個・桶一個	ウミタケ
あげまき漁	一一上～一中	潟洲脇或ハ河口	漁船一艘、漁夫一定セズ	アゲマキ
徒歩採貝漁	一一上～四中	干潟		ウバ貝、アサリ、ミロク貝

（『福岡県漁業誌』による）

表三―14　漁業税目表から見た漁業種別生産ランク付け（筑後有明海区、明治十三年度）

漁業種	税目等級									着業浦
	一等	二等	三等	四等	五等	六等	七等	八等	合計	
沖羽瀬	四			二	三	一			一〇	鷹尾、明野、栄、中島、佃、南新田、唐船、手鎌、大牟田、川尻
中羽瀬				一	一	一	二		五	岬、唐船、横須、手鎌、大牟田
潟羽瀬						一		一四	一五	三里、鷹尾、明野、栄、中島、皿垣開、岬、江ノ浦、北新田、永治、唐船、手鎌、横須、黒崎開、稲荷
大網	五								五	明野、栄、沖ノ端、中島、皿垣開
現敷網		五				二	一	二	一〇	明野、栄、沖ノ端、中島、皿垣開、中古賀、大野島、青木町、鐘ケ江、岬
引網		四		一					五	新田、岬、三里、川尻、大牟田
叩網	二								二	沖ノ端、矢留町
建網	一								一	手鎌
立切網		三							三	岬、唐船、大牟田
手押網					五			一	六	明野、栄、沖ノ端、中島、皿垣開、唐船
手繰網						六	一		七	明野、栄、沖ノ端、中島、矢留町、皿垣開、三里
かし網					一	三			四	三里、沖ノ端、矢留町、稲荷町

鮟鱇網					三				三	沖ノ端、矢留町、稲荷町
ばっし網					二				二	沖ノ端、中島
待網					二				二	三里、川尻
組引網						五			五	明野、栄、沖ノ端、中島、皿垣開
繁網						一	二		三	佃、沖ノ端、矢留町ち
えつ網				一	一				二	青木町、鐘ケ江
蛸縄								二	二	沖ノ端、中島

註(1)表中の数字は浦（地区）数を示す。(2)漁業税目中、一等（一網・縄・箇所当り年税金四円）、二等（同三円）、三等（同二円五十銭）、四等（同二円）、五等（同一円五十銭）、六等（同一円）、七等（同六十銭）、八等（同三十銭）。(3)投網・釣漁・鰻掻・鉾漁は一戸当り年税金三十銭。(4)貝採藻採は一戸当り年税金十銭。

表三―15　筑後国の水産物産状況（明治十二年）

物名	産地	産額	消費・輸出	沿革景況
乾アゲマキ 乾鰕	筑後国沿海ノ地ハ三潴、山門、三池三郡ニシテ、其漁業海産ニ富メル地ハ三潴郡矢留、山門郡沖ノ端・中島、三池郡早米来、肥後境ニ接ス等ナリ 漁業地ノ面積ハ細別シ難シ、該三郡ノ沿海ハ悉ク干潟ニ在リ、其遠キハ壱里余ニ及ブ有リ、此ノ干潟ニ多小海藻貝類ヲ産スルナリ	海産ノ数量ハ明記シ難シ、其中乾アゲマキノ如キハ七万余斤ヲ製ス、干鰕ハ壱万斤余、乾アゲマキ壱斤十二銭トシ其価額八千四百円、干鰕壱斤三銭トシテ其価額三百円ナリ、其余ノ魚類等ノ価額多数ニ亙ルヲ以テ爰ニ細別シ難シ、将タ貝類、海藻ノ如キハ尤モ多量ヲ得ルモノニシテ海岸ノ村々農家ノ助ケヲ成ス宏大ナリ、或ハ食料ニ充テル有リト雖モ田園肥糞ノ用ニ代用スルモノ尤モ公益ト云ウ可キナリ	魚類・貝類・海藻類ハ概シテ自国ニ消費スルモノト見ル可キナリ 名指シテ内国輸出ス可キノ地ナシ 乾アゲマキノ如キハ悉ク長崎ニ出シテ支那ニ輸出スルモノナリ、其数量七万斤余、其価額八千四百円ナリ	漁猟ノ沿革等別ニ述ブ可キノ条ナシ、其景況ト雖モ又然リ、又実際捕漁ノ設ケハ引網、アンコ、投網、小釣、波瀬ノ類ナリ、貝類、海藻類ハ男女ノ別ナク遠潟ノ場ニ至リ各自小器械ヲ以テ採取スルモノナリ 網釣ニ獲ル所ノ魚類ハ、チン鯛、カレイ、コチ、エイ、タチ魚、ボラ、朱口、グチ、スヽキ、サヨリ其外雑魚ナリ、貝類ハ、アゲマキ、女冠者貝、タヒラ貝、アサリ貝、烏貝、ミロク貝、姥貝等ナリ、又海藻ヲ生ズ

（『福岡県物産誌』による）

第五節　内水面漁業

この期の内水面漁業に関する資料はきわめて少なく、水産事項特別調査にみられる程度である。この調査結果を表三－16に整理した。同調査は河川漁業について次のように記述している。「筑後川、矢部川及星野川においては、流域中適宜の場所を区画する故に或種の魚類の如きは頗る蕃殖せしものありと雖も、沿川地方の漁業者は年々其数を加え従て酷漁の傾を来すのみならず、筑後、矢部の両川においては改修工事の為め流域深浅に多少の変換を生じ従来水族棲息の適所も忽ち之を失い為に一般蕃殖上に著しき障害を与えたり。而して全川を通して漁獲に甚しき盛衰を見ざるは上文漁獲其他の障害と水族保護方法と両々権衡宜を得るに由らずんばあらず。唯年次多少の増減来すは偶洪水等の為め水族の甚しく流下するに在るのみ。山国川、遠賀川において舟筏往来頻繁の為め若くは他県に跨りて取締方法の一致し難きか為めに未だ水族保護法の如きは之を設けずと雖も、河川地方漁業者の数も甚多からず且漁業を以て全く職業と為すものの少数なるが為め、今日に在りて甚しき水族の減耗を見ず、其年々小差異あるは全く気候の関係、出水の多少に存するものなり」

上述のように筑後川・矢部川・星野川においては漁業者が年々増加し酷漁の傾向があるとして、県では以下を布達し、禁止事項を定め自主管理のための組合設置を義務付けた。

○明治十八年三月・福岡県布達第二〇号「矢部川・星野川、水産蕃殖ノ為メ左ノ通保護法ヲ設置ス、但本年ニ限リ来三月十日ヨリ実施ス」

○　〃　〃　〃　第二一号「今般矢部川・星野川、水産保護方法布達候ニ付テハ自今官許ヲ得該川ニ於テ漁業ヲ営マントスルモノハ従来営業ノモノト雖モ組合ヲ設ケ漁業取締並蕃殖ニ関スル規約ヲ設ケ県庁ノ認可ヲ受クベシ」

○明治十八年七月・福岡県布達第六二号「千歳川（筑後川）水産蕃殖ノ為メ左ノ通保護方法ヲ設置シ本年八月一日ヨリ施行ス」

○　〃　〃　〃　第六三号「今般千歳川水産保護方法布達ニ付テハ自今該川ニ於テ漁業ヲ為サント欲スル

モノハ従来営業ノモノト雖モ組合ヲ設ケ漁業取締並蕃殖ニ関スル規約ヲ結ビ県庁ノ認可ヲ受クベシ」

○明治十九年十一月・福岡県令第三〇号「矢部川支流辺春川・飯江川、水産蕃滋ノ為メ保護方法相定ム、但本年十二月一日ヨリ実施ス」

これに関連して、第八回福岡県勧業年報は論じている。「水産を調査し水産保護を講ぜしは明治十一年以来の事にして同十七年に至り号外布達を以て沿海漁業組合準則を発布し、相尋て本年三月矢部川漁業取締方法及同年七月千歳川漁業取締方法を発布したり。故に沿海に於ては三国共漁業組合整頓、矢部川同上、千歳川は其規約稍や整うと雖も佐賀及大分両県の関係有り、本年中認可を与ふるに至らずと雖も最早近きに整頓すべし。夫れ水産の事たる従来漠として之を講ずるものなし、今や幸に漁民の感情酷捕乱漁は漁業上の弊害なることを悟るに至りして、以て河海禁漁場、稚魚漁業の制限、水族蕃殖試験場等を設置して官民其効用を信ずる処あり。自今水産保護の方針を違えず蕃殖に意を用ゆるに至らば河海の水族挙って食う可らざるの盛況を見る難きにあらざるべし」

さらに、県は明治二十五年九月・県令第六六号「矢部川・星野川水産蕃殖保護法改正」を公布しており、このなかで漁区別鵜飼数の制限を決めている。また明治二十七年十一月・県令第六二号「千歳川漁業取締規則」を制定し、このなかに罰則を設けている。

一方、遠賀川・山国川においては舟筏往来の頻繁なことや他県との漁業取締方法の調整がつかないため、筑後川・矢部川のような措置は取られていないが、両川での漁業が活発に行われていたことは明らかである。特に遠賀川では炭坑の石炭水洗によって汚濁される大正末期までは川漁で収入を得ていた人達はかなりいたという。

那珂川・室見川等については、筑紫・早良郡長の申立てにより県が禁漁区設定調査を行い、その結果、明治三十年三月・県令第一六号「福岡県漁業取締規則改正」により那珂川・博多川で二、三の禁止措置が取られた。

明治十三年度漁業税の対象は、千歳川では、えつ網・げんじき網が五等（年一円五拾銭）、鯉網が七等（六拾銭）、手繰網・瀬張網・鮎網・曳網が八等（三拾銭）、矢部川では鮎網・懸網が八等、山国川では瀬張網・巻網が八等にそれぞれ位置付けられていた。また鵜遣税は一羽年税金二拾銭となっていた。

また、福岡県の淡水海苔養殖業としての川茸漁を挙げておかなければならないであろう。当漁業の沿革については、すでに第一編・第四章の「川茸漁業の専用漁業権免許」項で記述しているので、ここでは内容が重複しない程度に、福岡県物産誌（表三－17）および新聞記事を紹介するにとどめる。「福岡日日新聞」は「寿泉苔・翠雲華の由来」と題して当漁業を紹介しているが、その一部を左に記す。

筑前の物産として有名なる寿泉苔は寿苔又は秋月苔と称し（別に花形製、浪の花、松葉苔、紫金苔抔唱うるもあれど皆同種にして異形）、翠雲華（川茸漬なり）と共に、筑前国下座郡金川村大字屋永（旧秋月領）の黄金川と云へる清く浅き河流に生する川茸と唱ふる一種の水苔を原料として製したるものなるが、川茸は又た生にても食すべく塩漬として能く、久しきに堪へ軽便の食料たり。黄金川、川茸の生ずる所は僅かに長さ拾町許りに過ぎずして其の上流にも下流にも絶へて生ずることなきは奇と謂うべし、又た川茸は水底に生ずれども根なく其色は青紫にして其容は凍雲の如し初めは水底に着し漸く大さを増して水面に浮び漂揺して水草に依り亦た流水に従ふ。今の製造家は遠藤喜三右衛門とて旧秋月藩士なり、明治六年中、此業の為めに居を黄金川（川茸の産地）の瀕りに移し、盛んに之れが製造を為せり。村民の此業に衣食するもの亦少からず、遠藤氏之に因りて家運頗る昌んなり。是れ当主の勉励に由ると雖ども亦た祖先の賜の厚きに基せん。

（「福岡日日新聞」明治二十五年七月三日）

表三－16　主要河川の漁業戸数・人口、漁獲高

河川	明治二四年		漁獲高				
	戸数	人口	明治二〇年	明治二一年	明治二二年	明治二三年	明治二四年
筑後川	五八二戸	二、七五二人	三二、一九〇円	三三、五一〇円	三一、五二〇円	三二、一五〇円	二〇、三〇五円
矢部川	五八	三一一	三、〇二八	三、二〇八	三、一一五	三、〇二五	三、〇八四
星野川	四	一五	一九五	一九八	一九五	一八七	一九三
山国川	三〇	五三	五六二	五五二	五一三	五四二	五六五
遠賀川	—	—	一、二二九	一、二八〇	一、一三八	一、二四六	一、二三六

（「水産事項特別調査」による）

表三―17　淡水水産物産状況（筑前国、明治十二年）

物名	産地	産額	自国消費・輸出	沿革景況
寿泉苔	産地ハ下座郡屋永村ノ内川茸川ニ生ズルモノニテ旧藩来秋月ノ名産ナリ、製法セザル前ヲ川茸ト云フ 川茸生産ノ川ハ長七百五拾九間五歩、幅平均四間五歩、其反別壱町弐反五畝拾六歩五厘ナリ、製造所一所五畝歩トス	明治十年ノ産額四百弐拾九斤ナリ、是ヲ枚数ニシテ凡八千枚トス、平均代価壱斤壱円六銭三厘トスルトキハ其価額金四百五拾六弐銭ナリ	自国消費ハ些少ナリ 東京及大阪ヘ輸出ス其数詳カナラズ	宝暦年間夜須郡下秋月村商遠藤喜三右衛門五世ノ祖幸左衛門ナル者発見シ製法良精ヲ得ズシテ止、又其子喜三右衛門父ノ遺嘱ヲ受ケ且旧領主ノ命ヲ蒙リ焦心苦心シテ以テ天明年間少シク製法ノ道ヲ発見シ、寛政年中ニ至リ初テ製法ス、依テ領主ヘ献ゼシニ川ノ名ヲ改メ苔ヲ寿泉苔ト名ヅク、文化中製法ノ秘法ヲ発見シ天保年間ニ至リ旧幕府ヘ献ジ、国産ノ物品ト定メ爾後連綿ス、明治十年十月川茸仕立場五ケ年間、喜三右衛門并屋永村中ヨリ拝借出願御聞置ニ相成リ即今ノ景況稍盛ナリトス

（『福岡県物産誌』による）

第二章　明治三十年から大正十年まで

第一節　全般的漁業動向

わが国漁業はこの期において画期的な変化をとげた。その第一は、江戸時代より明治前期にかけて隆盛をきわめた代表的な沿岸漁業が相続いて衰退し、沖合漁業に代わったことである。衰退したのは、イワシ、カツオ、マグロ、サバ、サンマ、タイ等回遊魚の沿岸域への来遊を前提とする漁業であった。漁具でいえば、地曳網、船曳網、八手網、四艘張網、建切網、地漕網等であった。その主な要因は長年にわたる濫獲の結果、沿岸近くへの来遊量が年一年と少なくなり、もはや沿岸近くで行われる漁具をもってしては往年のような漁獲が期待できなくなったからである。また旧漁業の経営組織も合理的でなく、資金、労働関係において著しく立ち遅れていたことも衰退の要因であったといわれている。これら旧漁業に代わって、いわし巾着網・改良揚繰網、かつお釣、まぐろ流網・延縄、さんま流網、さば流網・釣、たい縛網等が発達した。また打瀬網やタイ、ブリ、カレイ等の釣延縄は沖合漁場で操業していたので転換することなく前期に引き続き盛んに行われた。

第二の変化は、建刺網、台網、旧大敷網等の旧定置網漁業が衰退し、日高式大敷網、同大謀網、上野式大敷網、桝網等の新定置網漁業がこれらに代わって発達したことである。旧定置網漁業は沿岸近くで行われる建刺網か、大敷型の藁製漁網か、麻網でも小型のものであった。これらは魚群が沿岸近くに大量に回遊するときはなお有効な網具であったが、一度その量が減ずると能率的な漁具ではなくなった。

第三の変化は、遠洋漁業の開始されたことである。遠洋漁業が発達した要因は、沿岸漁業の行詰りと外国からの遠洋漁業技術の輸入にあった。ノルウェー式捕鯨業は明治三十年、汽船トロール漁業は明治三十六～四十年、機船底曳網漁業は大正二年頃にそれぞれ開始されたのである。

第四の進展は、日清、日露両戦役の結果、台湾、樺太、朝鮮が領土となり、関東州が租借地となったため、外地漁業が次第に発達したことである。

第五に、漁網及び釣具の原糸が綿糸に変化したことも重要な変化と言えよう。本期に入るや、本目編網機に続いて手動式蛙又編網機も考案された。近代紡績業による綿糸を材料とする機械製漁網の廉価にして大量の生産が可能となり、大正初年頃までには従来の麻網に対し綿糸漁網が支配的となった。さらにラミー・マニラ麻も輸入され、これらを原料とする漁網も出現した。また、縒糸や延縄にも綿糸が次第に使用されるようになり、マニラロープも出現した。

第六として養殖方面では、養鯉、養亀、サケ・マスの孵化放流、カキ・ノリの養殖が盛んに行われるようになった。養鰻業の発達、真珠の人工繁殖の開始、九州有明海のアゲマキ養殖、備前児島湾の灰貝養殖が行われ、アユ・イセエビ等の人工孵化も試みられた。

以上は全国的な動向であるが、福岡県下の沿岸漁業はこの動きのなかで筑前、豊前、有明各漁業が、次項以降で述べるように、その特性に応じて独自の展開をみせた。

行政施策の面からは、勧業奨励の国策に乗って漁業奨励に本格的に取組む時期でもあった。福岡県では明治三十年県令第一二号漁業奨励補助費下付規程を制定し、それ以降、水産業奨励補助規程を明治三十八年第九号、同年第一四号、大正四年第二二号、同年第五五号と改正し、補助事業を充実してきた。大正九年の補助規程による補助対象は漁船新造、機関装備、磯掃除・投石・飼付・築磯の漁場整備、養殖施設、水産加工の機器・設備、冷蔵庫などであった。このような補助事業のほかに、水産試験場（明治三十二年開設）による各種技術の開発・導入試験実施、漁業秩序のための漁業取締規則制定等の法的整備、漁業団体組織の整備強化、遠洋漁業（特に汽船トロール漁業）との紛争対策さらには朝鮮近海への出漁奨励等の諸施策が進められた。漁業界は行政の強い指導、庇護のもとで新規漁業の導入、漁場開拓ならびに新漁業秩序への対応等に努めてきた。

しかしながら、福岡県は海岸線が長く、高豊度漁場を控えながらも、漁場範囲は狭くかつ兼農主体の零細漁民が多いため、漁業は相対的に未発達であったと言えよう。朝鮮近海出漁や漁船動力化では後発県であったし、トロール漁業や機船底曳網漁業も他県人によって開発されてきた。そして筑前海域の漁業はトロール漁業や機船底曳網漁業の漁場侵犯操業によって長期間にわたって大きな打撃を受けたのである。

福岡県漁業の就業戸数、漁船、漁獲の経年変化を表三－18に示す。漁業戸数は明治期には専業、兼業ともに大きな変動がみられず、専業戸数が兼業戸数を上回っていたが、大正期にはいると専業戸数が減少傾向、兼業戸数が増加傾向を示し、大正二年には兼業戸数が逆に上回り、その後、両者の格差は広がっていった。動力漁船が現れ始めたのは大正九年頃からで、本格的な動力化は十年以降であった。漁業生産は明治期までは低位停滞で推移し、上昇が明確に認められたのは大正にはいってからであった。

表三－18　福岡県沿岸漁業の就業戸数・漁船・漁獲量・漁獲高の経年変化（明治三十～大正十年）

年	就業戸数			漁船数			漁獲量				漁獲高
	専業	兼業	計	無動力	動力	計	魚類	貝類	他	計	千円
明治三〇年	—戸	—戸	—戸	—隻	隻	—隻	—屯	—屯	—屯	一九、六三四屯	六六六
三一	—	—	—	—		—	—	—	—	一四、四二六	九四九
三二	—	—	—	—		—	—	—	—	九、五三三	一、〇三六
三三	—	—	—	七、三九七	〇	七、三九七	六、二六〇	四、二九五	一、三二四	一一、八七九	一、〇四七
三四	—	—	—	七、五九九	〇	七、五九九	九、九七二	四、八三八	三、七六四	一八、五七四	八八〇
三五	—	—	—	七、一八八	〇	七、一八八	六、一五四	三、五九八	一、六四一	一一、三九三	七九二
三六	—	—	八、一九一	七、二二五	〇	七、二二五	八、五二六	二、八八二	一、四六六	一二、八七四	六六二
三七	四、六九七	三、五一六	八、二一三	七、一一五	〇	七、一一五	七、六八六	六、一四〇	一、四九四	一五、三一六	八〇〇
三八	五、〇五一	三、七四四	八、七九五	六、五六七	〇	六、五六七	八、二三八	四二、六〇七	一、五五八	五二、四〇三	一、五八〇
三九	四、九五二	三、六三三	八、五八五	六、九〇五	〇	六、九〇五	八、四三四	四五、〇二四	一、一六〇	五四、六四八	一、四九二
四〇	—	—	—	七、〇六六	〇	七、〇六六	七、三三〇	一二、七五〇	一、二〇四	二一、二七四	一、二二七
四一	四、七八一	二、八五五	七、六三六	七、一一八	〇	七、一一九	七、〇七七	一二、二六四	一、一九七	二〇、五三八	一、三一四

四二	四、六五八	三、〇五一	七、七〇九	六、八八一	〇	六、八八二	九、一一六	九、三四五	一、七二五	二〇、一八五	一、三五八
四三	四、五二七	三、二六七	七、七九四	六、八〇八	〇	六、八一三	六、九三三	七、八〇八	一、三七四	一六、一一五	一、二三六
四四	四、六三九	三、二六一	七、九〇〇	六、七五四	〇	六、七六四	七、九七五	七、五五一	二、六七七	一八、二〇三	一、四五三
大正　元年	四、六三三	三、四六三	八、〇九六	六、六四五	〇	六、六四五	九、五二〇	八、六六七	一、九九八	二〇、一八五	一、五四〇
二	四、一八九	五、六七三	九、八六二	六、六二四	〇	六、六二六	一〇、九一九	一一、八一八	二、〇八六	二四、八二三	一、七一〇
三	三、九六八	五、九五一	九、九一九	六、四三二	〇	六、四三二	一四、〇五五	一〇、三〇二	二、八八一	二七、二三八	二、〇五九
四	三、九二三	六、一七一	一〇、〇九四	*六、三〇〇	*〇	*六、三〇〇	二一、一二三	九、〇九〇	三、〇九〇	三三、四五三	二、九七九
五	四、〇五二	六、五八三	一〇、六三五	*六、二六〇	*〇	*六、二六〇	一五、八六六	一九、〇九五	三、〇〇一	三七、九六二	二、四〇三
六	四、〇八三	六、八七一	一〇、九五四	*六、一六〇	*〇	*六、一六〇	一五、三〇〇	一六、一六九	三、四三七	三四、九〇六	二、六七一
七	三、九九九	六、六九七	一〇、六九六	*六、〇四〇	*〇	*六、〇四〇	一二、七〇一	一七、六九八	二、一三五	三二、五三四	三、四九一
八	四、〇七四	六、七五八	一〇、八三二	*六、〇三〇	*〇	*六、〇三〇	一〇、九四一	一六、九四三	一、八九二	二九、七七六	四、八七四
九	三、九三六	六、八七四	一〇、八一〇	*六、〇二〇	*二〇	*六、〇四〇	一五、九四四	一一、九一四	一、三三六	二九、一九四	六、四八一
一〇	三、七九四	六、七八一	一〇、五七五	六、〇〇三	三二	六、〇三五	*一三、四〇八	*八、九六〇	*一、六〇九	*二三、九七七	*六、三二四

註(1)各数値は福岡県統計書による。(2)大正四～九年の漁船数は推定値。(3)大正一〇年の漁獲量・高は内水面分を含む。

第二節　筑前海における漁業および漁場を守る闘い

一　筑前海の漁業

漁網、釣具に綿糸やマニラロープが導入されたことによって、筑前海域の漁船漁業は第一次の発展期を迎えた。漁船が無動力という限界はあったものの、漁具漁法の改良、漁具の大型化が図られ、漁場の沖合化が進んだ。これを一段と加速させたのが、県の積極的な漁業奨励策であった。水産試験場が明治三十一年から大正初期にかけて取組んだ漁具漁法開発導入試験は、揚繰網・棒受網・とびうお流刺網・釣餌・さんま流刺網・巾着網・ふか等延縄・曳縄・台網・いわし流刺網・鯛巾着網・鰺流刺網・鯖流刺網・鯛延縄等試験であった。これら漁撈試験は、漁具を漁業者に貸与して実施させるものと水試が漁業者、漁船を雇って実施するものとがあったが、前者の方が多かった。これら現地試験はすべて導入、定着したわけではなかったが、漁業者の新漁業への開拓意欲を高めるなどの啓蒙の役割を果たした。漁撈試験のほかに、漁網染料試験、魚付林調査、築磯効果試験、漁具実態調査、天然魚礁調査等も実施されているが、これらが漁業の発展に果たした役割は大きかった。大正六年からは、築磯造成六ケ年計画（志賀島浦）が開始され、土管投入による魚礁造成も本格的に開始された。

その一方で漁業紛争は増加し、その調停・協議は不可欠となった。初めて制定された明治二十九年福岡県漁業取締規則では、「第二条　漁場区域ハ特定ノ外総テ地方ノ慣行ニ依ルベシ」、「第三条　漁具漁法等ノ制限禁止ニ係ル地方ノ慣行ハ総テ組合規約ニ規定スベシ」とあるが、次第に慣行では律しきれない状況となっていった。明治四十三年明治漁業法公布、漁業法施行規則改正にともなって、明治四十四年に福岡県漁業取締規則大改正がなされた。ここで漁業の多様化、高性能化に対応して、許可漁業、免許漁業（定置・区画・特別）に区分けし、制限条件を付して漁業秩序を保持しようとしたのである。この間、筑前海域で生じた漁業紛争事件を左に記述する。

明治三〇年　○深江、小富士両漁民間で操業中漁場紛争
三一年　○若松・戸畑漁民と平松・長浜漁民間で打瀬網使用問題で暴力沙汰、県は主務省へ稟議す
三五年　○姪浜浦、残島浦の両漁民、漁場境界問題で数年来相反目せしも漁業法施行を期に和解す
　　　　○脇田浦、脇の浦間で漁場境界問題で紛議生じ、県へ臨検申請をなす
三六年　○奈多浦、志賀島浦間で漁場紛議生ぜしも示談解決す
　　　　○深江浦が大敷網禁止の件で県知事に陳情
四〇年　○唐泊浦、玄界島浦両漁民間でイカナゴ網操業中に紛議生ぜしも、区長、組合長等の調停で和解す
　　　　○脇の浦、平松浦両漁民、藍島付近で漁場争い起こる
　　　　○志賀島浦、唐泊浦間の入漁問題で紛議ありしも解決す
四四年　○平松浦のマテ漁場において長浜浦漁民の鯛延縄の餌虫採取入漁問題が起こる

大正　三年　○新宮浦、相島浦両漁民、漁場侵反問題で海上乱闘を起こす
　　　　　　○長浜浦、平松浦両漁民、漁具の網目問題で紛議生ずる
　　　五年　○若松戸畑連合組合と平松・長浜両組合との共同漁場埋立ならびに入漁問題で対立し紛議を重ねしも解決す
　　　　　　○奈多浦内で鰯網代問題から百余名が乱闘を起こすも警察、区長の調停で一応解決す
　　　九年　○糸島郡の発動機漁船、専用漁場で操業中に宗像郡漁船に捕えられる
　　　　　　○平松、長浜両組合漁船が網目問題で海上乱闘を起こす
　　一〇年　○平松、長浜両組合間のゴチ網網目問題の紛擾、解決せず
　　　　　　○宗像郡六ケ浦の漁業代表者五七名、県に発動機手繰網船取締強化を陳情
　　　　　　○県下の発動機船所有者、福岡県発動機手繰網組合を創設し、自発的防止対策を決める

また、隣接の山口、佐賀両県間の漁場境界、入漁問題は避けて通れない課題となった。明治三十四年漁業法に基づく玄海専用漁業権免許の出願とそのための両県間漁業協定は必要不可欠であった。これらについては、すでに漁業制度編で述べたところであるが、ここではその要点のみを記しておく。

明治三五年　○筑豊沿海漁業組合、五二ケ浦（四六漁業組合）共有専用漁業取得方法ならびに取得後の漁業権行使方法規約を定む
　　三六年　○県、専用漁業免許出願様式を提示
　　　　　　○筑豊各浦漁業組合代表、玄海共同専用漁業権（明治二十四年の慣行査定に基づき作成）を出願
　　四〇年　○福岡、山口両県間の漁場境界問題等は協議せるも協定に至らず
　　四三年　○福岡県八ケ浦漁業組合専用漁場への佐賀県七ケ浦漁業組合からの入漁問題解決す
　　四四年　○筑豊沿海四六ケ浦漁業組合より共同出願せる専用漁場に関し、農商務省技師等の立会いの下で、山口、佐賀両県との交渉会を開催するも協定に至らず
大正　元年　○筑豊六四漁業組合と山口県七二漁業組合との玄海沖合共有専用漁場への入漁問題解決す
　　　　　　○筑豊六四漁業組合と佐賀県一八漁業組合との玄海沖合共有専用漁場への入漁問題解決す

二年　○農商務省、筑豊六四漁業組合に対し玄海共有専用漁業権、玄海沖合存在の瀬方専用漁業権を免許（告示第一六五号）
四年　○福岡、山口両県の行政、漁業者代表が鰮刺網漁業入漁問題で協議
五年　○福岡、山口両県の鰮刺網入漁問題協議せるも不調に終わる
九年　○　同　右

以上のような漁業者間の紛争、調停問題のほかに、汽船トロール船の侵犯操業や爆発物使用密漁問題があって、当域漁業に衝撃を与えた。特に汽船トロール船の侵犯操業による沿岸漁民に与えた影響は大きなものであった。これについては別項で述べることとする。

爆発物使用密漁は明治三十七年頃より朝鮮近海でみられ、同四十年には対馬、壱岐周辺海域でも出没し、次第に大規模となり横行するようになった。大正六年には宗像郡沖島、大島周辺でも横行し、密漁船数隻が拿捕された。この密漁取締には各地元警察署等が当たり、多数の検挙、逮捕者を出している。また密漁者が爆薬投入時に誤って、爆死したり、手を失う等の大怪我をすることも多かった。この密漁は昭和初期まで横行した。

この期間における漁業生産は表三－19（六二二ページ）にみられるように飛躍的に増大した。主要十四種のうち、タイ・イワシ・ブリ・サワラ・イカ・サバ・トビウオ・イサキ・ボラなど回遊性種の占める割合が大きいが、地先性種のイカナゴ・コノシロ・スズキ、定着性種のマテ・アワビも認められる。

福岡県水産試験場は大正二～五年に福岡県漁業基本調査の一環として福岡県漁村実態調査を実施しているが、これは県下における漁村、漁業の総合的実態調査であり、無動力船時代終期の状況を知るうえできわめて貴重な資料である。これによれば、筑前海域における総漁獲金額は約百六十五万五千円であり、漁具分類別割合をみると、釣延縄三二・四%、曳網類二八・二%、刺網類一七・五%、旋網類一〇・五%、定置網類六・二%、雑漁具五・二%となっている。各漁具類の内容は、表三－20（六二三ページ）にみられるように多種多様であり、主なものをあげると、たい延縄、いかなご房丈網、いわし揚繰網、いわし流刺網、一艘曳繰網、たい釣、大敷網、底刺網、たい地漕網、いか釣、すずき釣、いか柴漬、さわら曳釣、二艘曳繰網、あじ釣、さば釣、銛突、大謀網、雑魚地曳網、小いわし地曳網、とびうお流刺網等である。

タイを主漁獲対象とする漁業は、延縄、一本釣、一、二艘曳手繰網（含鯛網、吾智網）、地漕網などで、これらの漁業

により幼魚から成魚まで周年にわたって操業されている。漁場は地先から他県海域まで広範囲におよぶが、特に延縄は小呂島、沖島、壱岐、対馬、五島方面にまで出漁した。前出調査報告は、まだい漁業について以下のように記述している。すなわち大島村の項のなかで「鯛延縄漁業ハ古ヨリ相当隆盛ナリ、甲板張大型漁船奨励ノ結果ト夏季漁獲物貯蔵用氷ノ供給容易トナリタル為メ遠キ漁場マデ出漁スルヲ得ルニ至レリ、加フルニ最近水産試験場ノ指導ニ依リ安価ニシテ適当ナル釣鈎ノ新改善アリ、綃絲ニ綿糸ヲ用ユル等延縄トシテ殆ド全体ニ亙リテ大改良ヲナシタル結果大ニ収益ヲ増スニ至レリ、唯ダ現今餌料ノ供給益々困難ヲ訴ヘツ、アリト雖現在本島ニ於ケル重要漁業タルノミナラズ将来亦有望ナル種類ナリ。小鯛釣ハ明治三十年頃、地ノ島ニ移住セル阿州ノ漁業者ヨリ伝ハリ、今日ノ盛況ヲ見ルニ至リシモノニシテ、其他各種小釣漁業ハ概シテ山口県ノ各地ヨリ来タル漁船ヨリ習得セルモノナリトス、漁場近ク経営容易ニシテ老人小供ト雖従事スルコトヲ得ベク、餌料ノ如キモ自由ニ各自捕獲スルコトヲ得ルノ便アル為メ益々発達隆盛ニ趣キ漁家ノ生計ヲ助クルコト甚ダ大ナリ」と記されている。また神湊町の項のなかでも次のように記されている。「古ヨリ延縄漁業ヲ主トス、就中鯛延縄ハ旧藩ノ頃ヨリ対州方面ニ出漁シ、福岡市伊崎浦ト共ニ並ビ称セラレタリシト雖本漁業ハ夜間ノ操業ニシテ作業頗ル困難ナルニ加ヘテ、明治初年遭難船多カリシヲ以テ次第ニ衰退ニ向ヒ鰤延縄漁業ノ昼間作業タルト漁場ノ近キトノ為メ漸ク之ニ転ズルモノ多シ、然ルニ明治三十五、六年頃ヨリ鯛延縄ノ餌料ニ柔魚油漬ヲ用ヒテ結果極メテ良好ナリシ外、漁具ニモ多少ノ改良ヲ加フルニ及ンデ漁獲頓ニ増加シ、鰤延縄漁業ハ之ニ反シテ豊凶ノ差甚シキモノアリテ経営困難ナルヲ悟リ、又々鯛延縄ニ主力ヲ注ギ漸次盛況ニ向フ、恰カモ本県ニ於テ漁船ニ甲板張其他奨励ノ結果、船体堅牢トナリ、水産試験場ノ指導ニ依リ舵孔（立舵流舵ノ両孔）其他ノ改良アリテ益々遠海ニ活動スルヲ得ルニ至リ、周年鯛及小鯛延縄ニ精励シ、本町総漁獲高ノ七割ハ単ニ此二種漁業ニ依リテ水揚スルノ域ニ達セリ」

いかなご漁業はかなぎ網、かなぎ二艘張網と称して、藩政時代より盛況をきわめてきたが、明治十六、七年頃より房丈網（嚢網付船曳寄網）が考案され、次第にこれに代わっていった。同調査報告の唐泊浦項には「玉筋魚網ハ古ヨリ染網ト称シ稍大形ニシテ、十一人乗ノ漁船ニテ使用シ来リシガ、約三十年前ニ房丈網（染め網ニ対シテ白網ト云フ）之ニ代リテ起リ、以テ今日ニ至ル、近年少シク不漁ナリト雖モ尚本村主要ノ漁業タリ」とある。また姪浜町項のなかでは「筑前沿海ヲ通シテ其主脳漁業タル玉筋魚房丈網ハ実ニ当地ニ於テ考案発明セラレ、次第ニ各漁村ニ伝播シタルモノタルコトハ事実ナルガ如シ、然ルニ近時四囲ノ漁村却ツテ発達シ漁場ノ如キモ湾口付近ノ他漁村沿海ニ出漁セザルベカラザルニ至リ甚シキ衰頽ヲ来セリ、蓋シ地ノ利ヲ得ザルガ為メタリ」。

いわし漁業は明治三十年前後を境に、古来よりの地曳網から揚繰網へと次第に切り代わっていったが、その推移については、すでに前章で述べた。いわし揚繰網の明治三十年以降の動向を奈多浦でみると「鰯地曳網ハ明治三十年ノ頃迄相当漁利ヲ続ケタレドモ、鰯揚繰網ノ起ルニ至リテ殆ンド廃滅シ、鰯ノ漁獲ハ総テ之ヲ三統ノ揚繰網ニ譲ルニ至レル、然ルニ揚繰網モ亦年々漁場遠隔シ加フルニ沖合相ノ島ニ於テ其勃興ヲ見ルニ及ンデハ地ノ利甚ダシキ軒軽アリテ奈多浦ハ到底角遂ノ沙汰ナラズ、明治四十二、三年ノ頃ヨリ次第ニ衰勢ニ傾ケルノ際偶々、高浪ニテ漁具ヲ拉シ去ルノ災ニ遭ヒテ復タ起ツ能ハズ、辛クモ一統ノ揚繰網余命ヲ保テルニ過ギザリシカ、大正三年秋九月、水産試験場ノ指導ニ依リ曳船シテ遠キ漁場ニ出漁シ或ハ漁獲物ヲ運搬スルノ頗ル便ナルヲ実験シ、以テ地ノ利ヲ得ザル不便ヲ補ヒ漁獲七千円ニ達シ、奈多浦ニ於ケル揚繰網トシテハ真ニ未曾有ノ好漁ナリシカバ、倉庫漁具ヲ整フル等俄然復活シテ又々三統相競フテ出漁シ、多年ノ不況ヲ挽回セリ」と記述されている。また大羽いわし刺網は、水産試験場が明治三十五、六年に実施した導入試験の好結果を契機に、明治四十年頃より急増していった。

漁船漁業が発展してきたのに対して、養殖業については未だみるべきものはなかったが、そのなかではのり養殖が発展の兆しをみせていた。筑前海沿海におけるのり養殖は試験場の試験、指導により創業された。明治三十二年度福岡県水産試験場第五号報「海苔養殖製造試験」によれば、当海域では「箱崎（多々羅川々尻）ハ明治二十七年本県農事試験場ノ試験結果ニ基キ、加布里（泉川々尻）ハ明治二十九年同試験場ノ奨励ニ依テ創業シ」とあるが、これらが当海域におけるのり養殖の嚆矢であろう。同三十三年度同場第十五号報「海苔養殖製造試験報告」では、箱崎浦漁場について「多々羅川尻ハ本県農事試験場ニ於テ試験シタル結果、海苔ノ産地タルコトヲ発見セラレ今日ニ至リ、当業者ニ於テ益々養殖製造ノ術ヲ研究シテ営業シツ、アルモノナルガ、本年ニ於テ雌竹二万八千本余ヲ建設シ稍海苔ノ産地トシテ聞ユルニ至リタリ」と記している。加布里浦漁場について「此地ハ県下有数ノ良産地ナルモ、本年ハ海苔場借区ニ付関係者ノ間ニ故障ヲ生ジ為メニ設立期節ハ遅レ」とある。

福岡県漁村調査報告によれば、大正二年ののり養殖生産は加布里浦では約二十万枚、一千円とあるが、箱崎浦では記述されていない。また、浜崎今津浦の項では「海苔養殖（七万坪）ハ大正二年ニ起業セシモ収支償ハズ」の状況であった。

そのほか、かき養殖（加布里浦）、鯔養殖（今津浜崎浦、伊崎浦）やアゲマキ、蛤移殖試験などが行われたが、成果を上げるまでには至っていない。

表三―19　筑前海における漁船漁業の総生産および主要種別生産

魚種	明治三七年 漁獲量	明治三七年 漁獲金額	明治四〇年 漁獲量	明治四〇年 漁獲金額	大正二年 漁獲量	大正二年 漁獲金額	大正九年 漁獲量	大正九年 漁獲金額
主要種	トン	円	トン	円	トン	円	トン	円
タイ	五四三・六	一二三、四九五	五七〇・〇	一九九、八八四	七一二・四	二八七、八八六	六四一・三	五一九、四九七
イワシ	七五六・六	三七、一〇〇	一、四〇二・〇	七一、一一〇	四、六〇四・八	一八四、八六七	五、四一〇・五	六一〇、九五二
イカナゴ	七六二・六	二九、六一〇	二、五三〇・八	一三三、〇一一	一、三四二・九	九九、七六〇	二三一・六	七七、八〇四
ブリ	一六五・五	二九、四七三	一二六・〇	三三、九二七	七四・四	二一、九七八	五八六・五	三一一、九七六
サワラ	七三・〇	一七、一五二	五五・〇	一五、四一九	一一八・八	三二、二五七	五二・八	四〇、一五六
イカ	一七三・三	一五、五七六	二九二・四	三一、五六二	三五六・三	四七、一八七	四二六・二	一四七・〇九二
サバ	六五二・七	一五、一一九	二〇六・九	二七、八二四	一五四・〇	二二、六三三	二、二三七・五	六四〇、〇一九
トビウオ	八六・二	一〇、三五五	二一七・五	二八、八六七	一八五・五	二九、九一二	一三七・七	五八、八九九
ボラ	二二九・二	六、一一三	六一・四	一一、八一八	一〇四・六	一三、三五一	一七六・九	五五、六二五
コノシロ	一七六・七	五、九九五	九二・〇	一五、九六八	一〇三・六	一七、九〇〇	四五二・三	九九、八六五
マテ	三五六・三	五、七三〇	八七・〇	一一、二八〇	七七・六	一六、〇七七	二八七・三	七六、六〇〇
イサキ	六二・一	五、二六二	三五・七	五、四二一	一一七・四	二三、六六六	一四三・〇	七〇、三八八
アワビ	三二・八	五、〇四一	一四九・〇	三、七三四	三四・一	八、五五四	四三・〇	二三、八七二
スズキ	一三・九	二、三七九	四一・九	一〇、七九四	四九・一	一四、四二〇	七〇・八	三九、五四六
海域全体	六、二九二・四	四〇四、七六一	七、〇六三・六	七八三、六六四	一〇、二九一・一	一、二〇八、九四三	—	—

（「福岡県統計書」による）

表三—20　筑前海域における漁業の着業状況（大正初期〔二～五年〕）

漁業名	※漁具員数	漁獲高円	就業主要漁村	漁期（主漁期）
刺網類		二八九、四五〇		
固定式刺網類		七三、四六〇		
底刺網類（浜・瀬）	八〇四	五九、七八〇	長浜、箱崎、大島、玄界島、脇田、脇ノ浦、戸畑、地島、姫島、平松、勝浦、柏原	周年（盛漁期四～六月）
さより刺網	五五	二、五三〇	大島、長浜、鐘崎、玄界島、野北、旧門司、相島	一〇～五月（一～三月）
かに刺網	一	三〇	姪浜	九～一〇月（九月）
こち刺網	七	五〇	新宮	五～一一月（九～一〇月）
ぼら刺網	四六	二、〇八〇	箱崎、姪浜、旧門司	一〇～四月（二月）
すずき刺網	一四	六七〇	戸畑、旧門司、若松、玄界島、姫島、藍島	八～一二月（九～一〇月）
きびなご刺網	二	五〇	岩屋	六～八月（七月）
このしろ刺網	三三	八、二五〇	箱崎	周年（一〇～五月）
あじ刺網	一	二〇	玄界島	九～一一月（一〇月）
曲建網（狩刺）類		四二、〇七〇		
このしろ曲建網	三一四	一二、七八五	波津、新宮、神湊、志賀島、鐘崎、津屋崎、奈多、芦屋、脇田、脇ノ浦、福間、勝浦	三～一〇月（七～八月）
さわら曲建網	三六	二、八二〇	志賀島、波津、岩屋、脇田、脇ノ浦	一〇～一二月（一一月）
とびうお曲建網	三八	一、八八〇	波津、勝浦、神湊、鐘崎	四～六月（五月）
やず曲建網	八五	三、一一〇	志賀島、大島、脇ノ浦、地島、柏原、勝浦、芦屋	四～六月（五月）、一〇～一二月（一一月）
ぶり曲建網	四五	五、九八〇	大島、小呂島、地島、脇ノ浦、岩屋、志賀島、相島	一〇～六月（一～二月）

いか曲建網	二四六	一三、六〇五	脇ノ浦、深江片山、志賀島、野北、小富士、津屋崎、奈多、岐志新町、勝浦、新宮	四~六月（五月）
めばる曲建網	二八	六五〇	大島、脇田、姫島、藍島	周年（一二~二月）
ふか曲建網	一五	一、二四〇	小富士、深江、岐志新町、岩屋、脇田	五~七月（六月）
旋刺網類		三〇、六五〇		
ぼら旋刺網	三七	八、七五〇	小富士、若松、戸畑、馬島、旧門司、勝浦、野北、福吉、今津、深江片山、岐志新町	一〇~三月（一二~一月）
やず旋刺網	九三	九、〇六〇	玄界島、野北、西ノ浦、唐泊、姫島、新宮、波津、奈多、相島、志賀島、岐志新町	四~六月（五月）、一〇~一二月（一一月）
さわら旋刺網	九	二、六五〇	唐泊、福吉、小富士、志賀島	五~一一月（六~七月）
すずき旋刺網	一六	四一〇	大島、地島、志賀島	八~一一月（八月）
かます旋刺網	一〇	一、四一〇	姫島、岐志新町、玄界島、野北	九~一二月（一〇~一一月）
いわし旋刺網	五	一、〇六〇	志賀島、馬島	一〇~一二月（一一月）
このしろ旋刺網	三二	六、七〇〇	姪浜、岐志新町、今津、小富士、深江片山	周年（一〇~一二月）
さより旋刺網	九	六一〇	岐志新町、残島	二~四月（三月）
流刺網類		一四三、二七〇		
いわし流刺網	二二九	一〇五、七三〇	平松、長浜、鐘崎、大島、脇田、脇ノ浦、神湊、岩屋、残島、勝浦、柏原、志賀島	一二~四月（一~二月）
とびうお流刺網	四三一	二〇、一二〇	奈多、平松、鐘崎、長浜、志賀島、福間、新宮、波津、勝浦、唐泊、玄界島、神湊	四~七月（五~六月）
さわら流刺網	五〇	一一、七六〇	長浜、平松、志賀島、弘	五~一〇月（七~八月）
さんま流刺網	二四	九六〇	大島、鐘崎、小呂島	一一~一二月（一二月）
えそ流刺網	一五	二、二五〇	唐泊	六~九月（八月）
さっぱ流刺網	五	三五〇	旧門司	七~九月（八月）
ばしょうかじき流刺網	三	二、一〇〇	残島	八~一二月（一〇~一一月）

曳網類		四六六、四二〇		
地曳網類		九七、八七〇		
いわし地曳網	六一	一一、六〇〇	波津、大島、柏原、唐泊、深江片山、新宮、大里、加布里、芦屋、岩屋	四～一二月（五～六月、九月）
小いわし地曳網	九二	二一、一五〇	今津、姪浜、鐘崎、神湊、芥屋、野北、旧門司、加布里、勝浦、深江片山、小富士	三～六月（四～五月）
たい地曳網(地漕網)	五三	四三、一三〇	鐘崎、奈多、玄界島、新宮、西ノ浦、志賀島、波津、地島、勝浦、津屋崎、相島	四～一一月（五～六月、九～一〇月）
雑魚地曳網	七六	二一、九九〇	箱崎、姪浜、加布里、西ノ浦、岐志新町、深江、今津、鐘崎、志賀島、奈多	周年（四～一〇月）
船曳寄網類		三六一、八一〇		
一艘曳繰網	七七二	一二一、六六〇	姪浜、若松、奈多、小富士、深江、岐志新町、箱崎、福吉、戸畑、西ノ浦、新宮	周年（五～九月）
二艘曳繰網	六四	二七、八〇〇	小富士、岐志新町、深江片山、西ノ浦、野北、福吉	周年（五～六月、一〇月）
いかなご房丈網	九六五	一八二、七一〇	志賀島、奈多、西ノ浦、野北、玄界島、相島、弘、鐘崎、唐泊、大島、岐志、新宮	一～六月（三～五月）
いか柴漬（巣曳網）	三九六	二八、四七五	奈多、小富士、福間、福吉、西ノ浦、箱崎、新宮、旧門司、唐泊、深江、志賀島	二～五月（三～四月）
なまこ桁網	五六	一、一六五	福吉、深江片山、岐志新町、志賀島	一二～五月（一二～四月）
船曳廻網類		六、七四〇		
えび船曳網	四七	六二〇	大里、野北、姫島、鹿家	四～九月（六～七月）
あじ船曳網	四一	三、四二〇	大島、新宮、神湊、津屋崎	八～一二月（一〇～一一月）
小いわし瀬曳網	六	二、七〇〇	相島、福吉	五～七月（六月）
旋網類		一七三、四三〇		

いわし揚繰網	三八	一四七、三〇〇	相島、西ノ浦、野北、玄界島、唐泊、奈多、福間、志賀島、岐志新町、新宮、小富士	二～四月（三月）、九～一二月（一〇月）
さば巾着網	三	八、〇〇〇	唐泊、志賀島、弘	五～六月（六月）、九～一〇月（一〇月）
たい巾着網	一	五〇〇	西ノ浦	一一～一二月（一一月）
しいら旋網	六	一、一五〇	鐘崎、芦屋	五～九月（七～八月）
とびうお旋網	一一七	一二、〇二〇	福吉、鐘崎、脇ノ浦、奈多、深江、脇田、玄界島、岩屋、芥屋、勝浦	四～六月（五月）
たなご旋網	七八	四、四六〇	脇ノ浦、福吉、脇田、野北、玄界島、地島、大島、鐘崎	九～四月（一一月）
定置網類		一〇二、九三〇		
台網類		七八、五〇〇		
大敷網	一八	五三、五〇〇	藍島、福吉、姫島、志賀島、津屋崎、脇田、脇ノ浦、残島、鹿家、鐘崎、馬島、勝浦	周年（五～六月、一〇月）
大謀網	二	二五、〇〇〇	地島、姫島	周年（五～六月、一〇月）
桝網類		二四、四三〇		
桝網・坪網	一二九	二四、四三〇	戸畑、若松、脇田、柏原、小富士、脇ノ浦、志賀島、残島、箱崎、野北、今津、加布里	周年（五～六月）
抄網類		一〇〇		
うなぎ柴漬抄網	一	一〇〇	箱崎	五～一〇月（八～九月）
掩網類		三〇〇		
投網	一八	三〇〇	若松、芦屋、戸畑	周年（六～八月）
釣漁具類		五三六、〇一〇		
一本釣（主要種）		二三九、七七〇		
さば釣	九八六	二五、八四〇	芦屋、大島、山鹿、岩屋、脇田、新宮、波津、鐘崎、西ノ浦、脇ノ浦、勝浦、志賀島	六～一〇月（八～九月）

あじ釣	八九九	二八、二五〇	長浜、平松、新宮、奈多、志賀島、大島、芦屋、山鹿、岩屋、波津、鐘崎、脇田	六～一〇月（八～九月）
いか釣	一、三三七	三七、四八五	長浜、平松、大島、志賀島、芥屋、新宮、藍島、鐘崎、西ノ浦、旧門司、奈多、芦屋	六～一〇月（八～九月）
すずき釣	六二四	三〇、四〇五	長浜、残島、平松、若松、戸畑、旧門司、大里、芦屋、加布里、深江、今津、地島	周年（四～八月）
ぶり釣	二五	四五〇	大島、西ノ浦、岩屋	四～六月（四～五月）
いさき釣	七四九	二一、九五〇	西ノ浦、志賀島、残島、奈多、玄界島、小富士、新宮、岐志、野北、芥屋、津屋崎	七～九月（六月～七月）
たい釣	一、〇三八	七八、二一〇	長浜、平松、残島、鐘崎、地島、大島、西ノ浦、山鹿、志賀島、神湊、岐志、津屋崎	周年（九～一一月）
めばる釣	二七一	七、七七〇	福吉、芥屋、鐘崎、深江、岐志、旧門司、姫島、加布里、大島、姫島、鹿家、唐泊	周年（一二月）
くろだい釣	二二二	五、五四〇	残島、平松、大里、旧門司、戸畑、若松	五～一〇月（八～九月）
きす釣	二七七	三、八七〇	残島、岐志新町、旧門司、芥屋、姫島、鐘崎、大島、波津	四～一一月（五～六月、一〇～一一月）
延縄（主要種）		二六七、八四五		
たい延縄	七九八	二三三、七一〇	津屋崎、大島、平松、長浜、神湊、志賀島、鐘崎、西ノ浦、伊崎、相島、鐘崎、小呂島	周年
ぶり延縄	二二〇	一八、九五〇	長浜、地島、津屋崎、勝浦、加布里、小呂島、姫島、伊崎、鐘崎、神湊、芦屋	一一～四月（一～二月）
ふぐ延縄	五〇	一、八三五	鐘崎、芦屋、柏原、山鹿、岩屋、神湊	一二～三月（一～二月）
さめ延縄	四二	二、六五〇	伊崎、加布里、長浜	八～一一月（九～一〇月）
くろだい延縄	七八	七、三八五	福岡、伊崎、今津浜崎、加布里、戸畑	三～一一月（四月、九～一〇月）
あなご延縄	七六	三、三一五	長浜、戸畑、加布里、今津浜崎、志賀島、姫島、鹿家	四～一一月（五～七月、一一月）

曳縄（主要種）		二八、三九五		
さわら曳縄	二六六	二八、三九五	大島、地島、鐘崎、唐泊、山鹿、弘、岩屋、津屋崎、芦屋、脇田	一〇～三月（一一～一月）
雑漁具類		八六、二六五		
鉾突	五三七	二五、七一〇	長浜、大島、脇ノ浦、新宮、野北、戸畑、地島、若松、津屋崎、芥屋、勝浦、神湊	周年（一二～五月）
裸潜	二四二	一五、四五〇	鐘崎、大島、岩屋、小呂島、姫島、玄界島、柏原、脇田	五～一〇月（七～八月）
まて突	八五	八、四五〇	長浜、平松、大里	一一～五月（一～二月）
たこつぼ	二四九	一五、五六〇	脇田、大島、柏原、鐘崎、藍島、脇ノ浦、箱崎、平松、箱崎、奈多、地島、岩屋	周年（八～一〇月）
採藻	六六〇	一四、九四五	大里、波津、若松、弘、芥屋、姫島、玄界島、鐘崎、玄界島、箱崎、鐘崎	七月（オキウト）、一～三月（ワカメ、テングサ、アマノリ）
うなぎ掻	一〇	一〇〇	芦屋	八～一一月（九～一〇月）
餌虫採	二〇〇	六、〇五〇	長浜、箱崎、奈多	周年

＊漁具員数
(1)多数ノ漁船ト漁夫ヲ以テ一個ノ漁具ヲ使用スルモノハ漁具数（例、地曳網・揚繰網）
(2)一隻ノ漁船ヲ用ヒ多数ノ漁具ヲ使用スルモノハ船数（例、延縄・一本釣）
(3)採藻・採貝ノ如キハ漁船ニテ出漁スルト徒歩ニテ出漁スルトヲ問ハズ人員

（「福岡県漁村調査報告」による）

二　汽船トロール漁業排斥運動

汽船トロール漁業はわが国の資本主義的漁業の代表として発展したが、福岡はその基地の一つとなった。汽船トロール漁業は明治三十八年に初めて試みられたが、成功したのは明治四十一年のことで、英国から購入した深江丸（鋼船一六九屯）が五島沖で操業し好成績をあげた。これを契機とし、また政府の奨励もあって以後、着業隻数は急増した。四十二年九隻さらに四十三年には二六隻となり、この年に下関に日本トロール水産組合が創設される。着業ブームは続き、四十四年に六七隻、五年目の四十五年には一三九隻に達した。トロール漁業の発展は西日本漁業の近代化、そして全国的に展開することになる機船底曳網漁業を誘発させるなど、わが国漁業の総体的近代化の端緒として重大な意義をもっていた。

反面、トロール漁業の出現は沿岸漁民に大きな衝撃を与えた。トロール漁船の基地は、下関、長崎、福岡などであり、当初は禁止区域もなく、沿岸近海で操業したため沿岸漁民による反対運動は高まった。主漁場となった西日本海域では、特に、当時盛んになってきた鯛延縄業者がいたるところで新興トロール業者と衝突した。福岡、山口、佐賀、長崎四県漁民の反対運動はもっとも激烈をきわめたが、福岡県漁民の反対運動はすでに四十一年に起きている。『筑豊沿海志』は以下のように記述している。「明治四十一年頃、一時トロール漁業の勃興するや、日夜沿海に出没して横暴甚しく、沿海漁業者は之に対して決死的反抗運動を惹起し、同年十一月二十七日、筑豊各漁業組合より本組合長に向ってトロール漁業防遏の策を講ぜられんことを要求し来れり。之を本事件の発端となす。其理由とする所は、近時下関、長崎等に於て創立せるトロール漁業は、其収穫の饒多なるを以て頻りに其船数を増加し、我専用漁業権の範囲を蹂躙せんとす。之を自然に放任せんか。直接に漁場を攪乱して漁場の秩序を紊り、権利を侵害し、延いて魚類の減耗を来し、我近海漁業者が蒙るところの損害、実に測るべからざるものあらんとす。換言すれば、該漁業をしてこの儘跋扈せしめんには、啻に玄海漁場の侵害を受くるのみならず、一般漁業者が失業の悲境に陥るは当然の順序なり。されば一日も早く之が救済の道を開き、他日噬臍の悔なからしめんことを願ふにありたり」

トロール漁業の動向、同漁業に対する沿岸漁民の反対運動の取組および行政施策等について列挙する。

明治四一年　○筑豊水産組合四六ケ浦漁業関係者百余名集合し、長崎市に設立されたホープリンガー商会東洋漁業会社所属蒸気トロール漁業の対策を協議し、蒸気トロール網排斥期成同盟会を組織す

四二年　○筑豊沿海漁業組合長、連署をもってトロール漁業禁止方を農商務大臣に請願

○農商務省令第三号をもって汽船トロール漁業取締規則を公布（六月一日施行）、罰則規定

○農商務省告示第一三四号をもってトロール漁業の操業区域を制限

○全国水産大会でトロール漁業禁止を決議

○山口、福岡、佐賀、長崎四県水産組合連合会でトロール漁業絶対反対を決議、主務大臣に請願書を提出

○筑豊水産組合長以下代表がトロール船禁止区域の小呂島、烏帽子島、沖の島周辺への侵犯操業に対する取締強化を県へ陳情
○第十二回関西九州府県連合水産集談会において、トロール漁業禁止、取締強化を主務大臣に建議することを決議
○山口、福岡、佐賀、長崎四県水産組合連合協議会が各県知事にトロール漁船取締強化等を請願
○全国水産業者大会において、トロール漁業反対を決議
○日本汽船トロール業水産組合設立

四三年
○勅令第四一七号をもって遠洋漁業奨励金公布規則を改正し、汽船トロール漁業を奨励下付対象から削除す
○宗像、粕屋、福岡、糸島各郡市沿海の漁業組合長一九名連署にて知事にトロール漁業取締に関する請願書を提出
○関西九州府県連合水産集談会において、トロール漁業取締強化を決議
○山口、福岡、佐賀、長崎四県漁業代表者、海軍大臣にトロール漁業取締稟議書を提出
○宗像、粕屋郡の漁業者代表三九名、知事にトロール漁業取締強化の実行方を陳情
○遠賀郡各漁業組合長連署をもって知事にトロール漁業取締強化を請願
○県知事、主務大臣にトロール漁業取締方法に関する稟議書を提出
○西南地区漁業実業者大会において、トロール漁業禁止を決議し、主務大臣に請願
○山口、福岡、佐賀、長崎四県連合トロール漁業取締協議会において、主務省との稟議交渉の顚末を報告し、貴衆両院に建議するを決議

四四年
○農商務大臣、汽船トロール業水産組合に対して法規に抵触なき措置方を訓令す
○農商務省令第五号・汽船トロール漁業取締規則改正、トロール漁業の定義を明確化、一八〇屯未満は許可しない
○博多汽船漁業会社のトロール船第一博多丸が初航海で博多港を出港す

○全国水産大会において、汽船トロール漁業取締を決議し、貴衆両院関係議員に請願書を提出
○博多商業会議所「全国水産大会決議の汽船トロール漁業に関する事項に反対する建議」等を農商務大臣に提出
○筑豊水産組合長、博多商業会議所が農商務大臣に提出の「博多港をトロール汽船碇泊港に加えたき旨建議」に反対し、全国水産大会の決議を採択されるよう請願
○博多汽船漁業株式会社が創立中の九州トロール株式会社を併合す
○博多港を根拠地とするトロール船は博多汽船漁業株式会社七隻（既存一隻、建造中六隻）、福博遠洋漁業株式会社五隻（既存二隻、建造中三隻）

四五年

○筑豊四六漁業組合「トロール漁業の取締出来ざれば漁業税減税方を請願す」との建議書を県会に提出
○筑豊水産組合長以下各漁業組合代表五〇余名、漁業者四千余戸・約二万人の連署を携えてトロール漁船取締励行方を県に陳情
○漁民の願出により、海軍竹敷要港水雷艇四隻が対馬海峡周辺域でトロール漁船取締を行い、違反漁船数隻を拿捕す
○衆議院汽船トロール漁業作業委員会において、海軍次官は議員の質問に対し「水雷艇による漁業取締は軍隊が徒に民間の営業に干渉するは国家将来にために大に疑義を生ず」と述べる
○二月末現在の汽船トロール船は二府六県にわたり、船主四七人、漁船八五隻に達す、福岡県では船主四人、漁船一四隻
○博多汽船漁業株式会社所有のトロール漁船第一、五博多丸等の六隻が違反操業により六十日間の停船命令を受ける
○農商務省、汽船トロール漁業の取締励行方を各地方長官に通牒す、本県知事は各関係郡市長、警察署にこの件を移牒すると同時にトロール当業者に注意を喚起す
○日本汽船トロール業水産組合臨時総会が福岡市で開催され、そこで本省より当業者に対し、公徳ある行動をとるべしとの訓示あり

大正　元年　○農商務省、トロール船による海底電線切断の件で逓信省から抗議を受ける。農商務省は業者を召喚し注意す
○博多・釜山間定期航路船天祐丸、玄界灘でトロール船と衝突し沈没す
○福博遠洋漁業株式会社の第一、三、五福博丸三隻が禁止区域侵害で罰金四千円の判決を受ける
○全国トロール業者代表臨時委員会を開催し、海底電線取締方の遵守自衛等を決議す
○トロール漁船激増して、大正元年末には一三九隻となる
二年　○農商務省令第四号・汽船トロール漁業取締規則改正、告示第二七号・汽船トロール漁業禁止区域改正、操業区域を東経一三〇度以西海面、海底電線保護区域の設定
○農商務省、汽船トロール漁船の専用監視船速鳥丸（三二五屯）を建造
○トロール漁船第一福博丸が済州島牛島灯台付近で座礁沈没
○筑豊水産組合、農商務大臣に対し、トロール漁業禁止区域縮小反対を請願
三年　○監視船速鳥丸が浜田沖にて、関門水産会社所有トロール船第二関門丸を取締中、同船と衝突
○博多汽船漁業株式会社、福博遠洋漁業株式会社および共同製氷株式会社が合併し、博多遠洋漁業株式会社（資本金一三六万円、二〇隻）となる
○農商務省令第二五号・汽船トロール漁業取締規則改正
四年　○日本汽船トロール業水産組合は客年解散し、九州汽船トロール業水産組合を設立、トロール船数は約五〇隻
○博多商業会議所、県税トロール漁業税廃止を知事に要望
五年　○第一九回関西九州府県連合水産集談会にて、トロール漁業取締強化を主務大臣に建議するを決議
○トロール漁業整理期に入る、一月一二二隻、二月一二〇隻、三月一一五隻、四月一一三隻、五月一〇七隻、六月九八隻、七月九六隻、八月九六隻、九月八八隻（全国）
○博多遠洋漁業株式会社、七月に所有船一九隻のうち七隻を売却し、さらに十二月には残りの一二隻全部を売却し解散す

六年　○博多のトロール漁業全滅で魚価の高騰を招き、蒲鉾業者、製氷業者に打撃を与える
○農商務省令第一号・汽船トロール漁業取締規則改正、一三〇度以西で総隻数七〇隻に制限、新造船は二〇〇屯以上とす
○新たに日本トロール業水産組合設立
○魚価高騰に伴い、トロール船新規出願総数三〇〇隻に達するも、許可されたもの三〇隻
○福岡市の岩崎等三名が木造船五隻のトロール漁業出願に対し、主務省は漁業経営上ならびに取締上の理由により不認可
七年　○福岡市草柳外六名発起人となり、博多水産株式会社を創設す、営業はトロール漁業を主とし水産物の委託販売もなす
八年　○福岡県内よりトロール漁業一八隻の許可申請
九年　○福岡県内のトロール漁船一八隻出願に対し、博多トロール株式会社（博多水産株式会社）四隻許可
○トロール漁業が漸次復活す、九州では二五隻許可される
一〇年　○トロール漁船に無線電話を装置
一一年　○トロール漁船第五博多丸、壱岐沖で沈没
○日本トロール業水産組合、自衛策として船隻制限七〇隻の撤廃等を農商務大臣に陳情
一二年　○トロール漁船数が制限数七〇隻に達す
一三年　○農商務省令第二一号・汽船トロール漁業取締規則改正、許可隻数は七〇隻以内

『筑豊沿海志』は本事件の決着を次のように記述している。「沿海漁民が溢るゝばかりの熱誠は、遂に満天下の与論を喚起し、明治四十五年三月九日、汽船トロール漁業取締に関する建議案は第二八回定国議会に提出せられ、満場一致を以て可決確定するに至り、これが結果として、大正元年八月三十一日、農商務省令第四号を以て、汽船トロール漁業取締規則改正の発布を見るに至る。是に於てか多年の問題たりし、トロール漁業に対する漁場維持の一大事件も全く鎮静に帰し、近海漁業者も始めて秋眉を開くを得たり」。さらに、『筑豊沿海志』は当時のトロール漁業に反対する沿岸漁業者の代表意見として左のように紹介している。

トロール漁業は、現今の儘にては、漁村の維持と相容れざるものなるが故に、従来漁村小漁民の関係すべき力の及ばざる遠洋の遺利を拾ふものとして、極めて推奨すべき漁法なりと雖ども、本邦の如き往古より秩序的に漁村を維持し来りし、歴史ある国状に於ては、近海魚族蕃殖の途を講ぜず、所謂優勝劣敗の見地を以て、漁法の如何を問はず、無暗に之を奨励し、少数の資本家に僥倖の利益を与へ、漁場の荒廃、魚族の減滅を顧みず、二百万の小漁民を圧迫し、遂に生計を困難に導くが如き不仁の政を敢てするに於ては、其結果として実に寒心すべき危険思想の勃興を促すに至るべきは、免るべからざる問題なり。トロール漁業者は、或る地方の魚族が全滅するときは忽ち他の方面に向って転漁することを得るに便なりと雖ども、根底ある漁村の民は、其地方に関係厚き漁場が荒廃に帰するときは、到底一村を挙げて他に転任することは能はざるものなるが故に、如此悲境に陥りたるときに於ては、一身の利害を顧みず、先年千葉県下に於て、演じたる汽船焼打の如き、惨憺たる凶事が頻々として勃発せんことを恐れて止まざるなり。前に述べたる如く、トロール漁業の禁止区域は制定せられたりと雖ども、之を取締る機関なく、殆ど空文に属し、加之世人は、トロール漁業侵害の為大打撃を受けつゝある、従来の漁民を軽視し、反てトロール漁業の発達を助長するに力を尽すもの尠からず。如此は社会政策として其方針を誤りたるものと謂ふべし。要するに、トロール漁業禁止区域を更に大に拡張し、之に対し相当取締機関を設定するは一日も忽にすべからざる緊急問題なり。然らざれば、漁村の維持は忽にして絶滅し、其結果は意外の危険思想を到るところに勃起せしめ、社会の一大問題を惹き起すべき、悲惨なる状態を現出するに至ること、敢て吾人の杞憂のみにあらざるべし。

ところで、汽船トロール漁業は大正二年頃から早くも衰退に向かう。操業区域の拡大によって漁場が遠隔となり航海日数が延びる反面、漁獲物の鮮度低下、資源の減少による漁獲効率の低下さらに供給過剰による魚価の低落が経営を悪化させていったのである。経営の合理化、再建を図るために大正三年に企業合同がなされ、すでに述べたとおり、福岡でも二〇隻を有する博多遠洋漁業株式会社が設立された。

ところが、第一次世界大戦（大正三年）の勃発で汽船トロールは再び脚光を浴びることになった。それは漁業生産としてではなく、ヨーロッパで船舶の需給が逼迫して、トロール船は運搬船や掃海艇としてフランスやイタリヤに売却されたのである。大正五年末には博多遠洋漁業のトロール船は皆無となって解散し、汽船トロール漁業から撤退したのである。

第三節　豊前海の漁業

本期は豊前海域の漁船漁業にとっても発展期であり、漁業種類は増え、生産は増大した。水産試験場は打瀬網（明治三十四年度）、桝網（三十五年度）、築磯（三十六〜三十八年度）、はも曳縄（三十八年度）、油いか餌延縄（三十九年度）等の開発改良試験を行い、漁業発展に一役をかった。

漁業の発展拡張は漁業紛争を惹起させ、豊前海域でも県内、隣接県での漁業調整問題が生じたが、筑前、有明海に比べれば少ない方であった。県内漁民間の主な紛争は、柄杓田・恒見両浦間の漁区侵害（明治三十四年）、柄杓田・今津両浦間の漁場境界問題（同四十二、三年）などがある。また山口県との間では、田の浦・壇の浦間での漁場境界問題は裁判沙汰にまで至っている（同三十〜三十三年）。

また福岡・大分県間の漁場境界・入漁問題は、両県漁民にとって前期から引き継いだ懸案事項であった。その解決策として両県関係漁民合同の豊海漁業組合を結成するという方法をとったのである。すでに、これについては漁業制度編で述べているので、その経緯のみを簡潔に記しておこう。

明治三一年　○前期から引き続き、大分県との間で漁場区域問題で交渉継続

三二年　○福岡県築上郡東吉富村漁民と大分県中津町小祝漁民との間で漁場争いを生じ、福岡県漁民殴打され、漁具を掠奪される

○福岡・大分両県漁業関係者間の交渉協議により多年の漁場紛議を解決するため、両県および農商務省の了解を得て、関係浦からなる豊海漁業組合を結成。九月一日、福岡県告示第一七七号で豊海漁業組合規約を公布。豊海漁業組合組織：本部（大分県下毛郡中津町）、第一支部（大分県西国東郡）、第二支部（大分県宇佐郡）、第三支部（大分県下毛郡）、第四支部（福岡県築上郡）、第五支部（福岡県京都郡及企救郡東郷村以東）

○従来の豊前沿海第一組合（企救、京都郡）、豊前沿海第二組合（築上郡）は解散

三三年　○田野浦は豊海漁業組合に参加せず、独自に田野浦漁業組合を結成
三五年　○豊海漁業組合内で築上、京都、企救郡の一部浦から分離問題が出るも、従来通りで調停なる
　　　　○旧漁業法・旧漁業法施行規則・漁業組合規則施行に伴い、県内漁業組合組織再編の動きに合わせて、豊海漁業組合において「漁業法実施に際し本組合を解散すること」を決議し、「新漁業組合設置の地区は、町村の区域に於て各浦浜漁業者住居の区域に依り之を定むること」を申し合わす
三六年　○各浦単位の漁業組合が結成される
三九年　○福岡・大分両県間の専用漁業境界線協定なる（七月十七日）
四〇年　○農商務省へ提出する専用漁業申請に必要な「福岡・大分両県間の漁場境界に関する付帯契約書」に調印す（十二月四日）
大正　二年　○豊前海共有専用漁業権免許（農商務省告示第一六七号）
　　六年　○築上・京都郡と大分県宇佐・下毛郡間の専用漁場の入漁問題解決す

隣接両県漁業者間で組織された豊海漁業組合はまれな事例であり、しかもその存続期間は二年九ケ月にすぎなかったが、これによって相互理解が深まり、長年懸案の漁場調整問題は解決をみたし、専用漁業権境界線問題も協定に至ったのである。

さて豊前海域における大正初期の漁業生産をみると、表三－21（六四〇ページ）に示すように、主要種は回遊性のコウイカ類・マタイ・ボラ・サワラ・コチ・カマス等および、地先定着性のクロダイ・タコ・スズキ・エビ類・シオフキ等である。当海域は筑前海域に比べて、漁場は狭くて浅く、資源の来遊、分布容量が少ないため、総漁獲の少ない割には年変動が大きい。漁業種別には表三－22（六四〇ページ）に示すように、曳網類五六・七%、定置網類一三・七%、刺網類一〇・七%、釣延縄八・〇%、雑漁具類五・三%、旋網類四・五%である。これを単種別にみると、打瀬網、いか柴手繰網、手繰網、桝網、さわら流刺網、たい縛網が上位を占めている。これら主要漁業種の動向を述べる。

まず打瀬網についてみよう。元来、福岡県では打瀬網の導入については消極的であった。福岡県漁村調査報告の沓尾浦の項で「明治十八年頃岡山県若クハ広島県地方ノ打瀬網漁船当地沖合ニ侵入シ漁獲亦甚ダ多ク其数実ニ六、七十隻ノ多キニ達シ漁獲亦タ多ク手繰網其他底漁ヲ目的トスル漁業ハ何レモ打撃ヲ蒙ムルコト少カラズ、即チ之ガ取締方ニ関シ再三協

議シ各浦共ニ其排斥ニ勉ム」とある。明治二十九年福岡県漁業取締規則第一条二項で帆引瀬（ウタセ）漁を禁止としていたのである。しかし、他県船の好調に刺激されて導入の機運が盛り上がっていった。同調査報告の柄杓田浦の項で以下の記述がある。「抑モ当柄杓田浦ニ於ケル打瀬網経営ノ沿革ヲ稽フルニ漁民ノ総テハ従来岡山県地方ヨリ来漁スル打瀬網漁船ヲ嫌フコト甚シク種々ノ妨害排斥ヲ企ツルニ茲ニ年アリ、然ルニ明治三十六年ニ至リ県ノ熱心ナル奨励勧誘ニ依リ試ミニ之ヲ起業スルモノヲ出セリ、蓋シ本県打瀬網漁業ノ嚆矢トス、而シテ其結果頗ル良好ナリシヲ以テ、船数年ヲ追フテ激増シ明治三十九年ニハ実ニ三十隻ノ多数ニ達シタリ、其後漁獲次第ニ減少シ明治四十二年頃ヨリ船数再ビ減ジ来リ、以テ今日ニ至レルナリ、然リト雖豊前海ニ於テ従前打瀬網漁業ヲ嫌フコト最モ激烈ナリシ本村ガ俄カニ一転シテ県下第一ノ打瀬網漁業地トナリ、爾来斯業ニヨリテ生計ヲ営ミツ、アルハ甚ダ興味アル現象ナリ」。明治四十三年県令第二三号、福岡県漁業取締規則改正によって、第一条二「打瀬網ヲ為サントスル者ハ知事ニ願出鑑札ヲ受クベシ」となり、許可漁業として認知された。また沓尾浦項のなかで、漁期について「打瀬網ハ繁殖保護ノ為メ或ハ他ノ漁業トノ折合、漁期ニ大ナル制限アリテ、操業シ得ル期間ハ六月一日ヨリ八月十日ニ至ル七十日間及九月二十一日ヨリ十二月三十一日ニ至ル七十日間合計百四十日間ニシテ此期間、実際出漁シ得ルハ辛ウシテ其半数七十日内外ニ過ギズ、夫レ一ケ年中僅々七十日間ノ出漁ニテハ経営決シテ容易ナリトセズ、則チ当地当業者ハ八月十一日ヨリ九月二十日ニ至ル四十日間ノ解禁ヲ熱望シツ、アリ」と記している。しかし、漁期は、表三－22にみられるように、さらに短縮されたようである。

いか柴手繰網は、表三－22にみられるように、着業隻数、漁獲ともに高く、古くから豊前海における春期主幹漁業として続けられてきた。同調査報告の苅田浦項のなかで「紀元は殆ド之ヲ詳ニスルニ由ナシ蓋シ甚ダ古キモノナラン、昔時ハ一艘ニ付柴五十個内外ヲ用ユルニ過ギザリシカ、今日ニ於テハ七十個乃至八十個ヲ布設シ且ツ柴ノ大サモ増加セリ、網ハ元、もつこ網ト称シ、形状もつこニ似テ嚢ヲ有セス頗ル幼稚ナルモノナリシナリ、而テ烏賊ハ常ニ潮流ニ向ツテ遁逸スルカ故ニ網尻ニ石ヲ入レ嚢ノ形ヲナサシメ此処ニ溜リヲ作リタリ、今ヲ去ルコト約五十年之ヲ改良シテ現今ノ如キ嚢ヲ付セリ」と記している。また該漁業は打瀬網の進出によって漁獲を減じ、打撃を受けているとの記述もみられる。

手繰網は地先海域でエビ・シャコ・雑魚を漁獲する小規模漁業であるが、着業隻数は最も多く、主幹漁業の一つである。古来から操業されてきた。

桝網についてみよう。同調査報告によれば、岡建桝網は明治六、七年頃に岡山県から豊前海に伝来した。苅田浦では失敗したが、松江、宇島浦では起業したとある。岡建桝網が本格的に操業され始めたのは、同十二、三年頃からで、以後、着業数も増加し、漁具の改良もなされた。沓尾浦項のなかで「明治二十五年岡山県ヨリ実業教師ヲ雇ヒ四角型岡建桝網ヲ経営シテ失敗ス、但シ此桝網ハ嚢ヲ有セズシテ四個ノ魚溜リ（方言牢ト称ス）ヲ有セルモノナリシガ、明治三十二年嚢網ヲ付スルニ至リテ稍好果ヲ収メタリ」と記している。苅田村浜町浦項のなかでは「沖建桝網ハ明治三十一年ノ起業ナリ、従来ノ桝網ハ沿岸、島嶼若クハ暗礁ヲ起点トシ之ヨリ垣網ヲ張リ出シタルモノナリシガ、明治三十一年本県水産試験場ノ指導ニ依リ沿岸ヲ離レ、初メテ沖合ニ布設セリ、然ルニ潮流早ク操業頗ル困難ニシテ往々網ヲ流失セントシ漁業者皆之ヲ危ミシガ、結果意外ニ良好ナリシヲ以テ俄カニ営業者ヲ増セリ、茲ニ於テ之ヲ沖建桝網ト呼ビ、従来ノ桝網ハ之ヲ岡建桝網ト称シテ区別スルニ至レリ、斯クテ四、五年ノ後更ニ布設ノ方法ヲ改メ、従来沿岸ニ並行セシヲ直角トナスニ至リテ結果良好トナル」とある。表三―22では、桝網類は沖建、中建、潟建に分類されているが、沖建は三、四海里沖に、中建は三海里以内沿海に、潟建は干潟にそれぞれ敷設したものである。岡建桝網は中建、潟建各桝網を含めて総称したものであろう。

さわら流刺網は今津浦、蓑島浦で操業されてきたが、その経歴は古い。同調査報告の松ケ江村（今津浦）項のなかで次のように記されている。「鰆流網ノ紀元ハ之ヲ詳ニスル能ハザルモ天保年間既ニ五、六隻ノ経営アリ、明治十六、七年ノ頃ヨリ次第ニ船数ヲ増加シ明治三十年頃ニハ約三十隻トナリ、現今四十隻ノ出漁アリ、当初上層流網ナリシガ、明治三十年頃ヨリ下ゲ網ヲ用ヒテ中層流網トナセリ、蓋シ岡山県地方ヨリ伝ハリタル改良ナルガ如シ、汽船ノ通航ニモ何等被害ノ虞ナキノミナラズ以テ網幅ヲ減ジ積載使網ニ便ニシテ、経済上亦甚ダ有利ニ而カモ漁獲却ツテ増加シ頗ル好果ヲ得タリ、斯クテ出漁船数漸ク増加スルニ及ンデ烏賊柴手繰網ト衝突シ或ハ遠ク他県沖合ニ出漁スルヲ以テ種々ノ紛議ヲ醸セシコトアリ、就中烏賊柴手繰網ハ豊前沿海ニ於ケル普遍的漁業ナルガ故ニ之レトノ衝突ハ慥カニ一大問題タリ、蓋シ五、六年来烏賊柴手繰網漁業ノ次第ニ沖合遠ク出漁スルニ至リテ此衝突ハ益々激烈トナリ、大正二年鰆流網ノ漁期ヲ五月二十日以後ト限定シ漸ク妥協スルヲ得タリ、但シ春期盛漁期ニ於ケル此制限ハ流網漁業者ニトリテハ誠ニ少カラザル苦痛ナルベシ、網ハ麻ニテ買入レ各自自ラ製作ス、多クハ家族ノ事業ナリ」

たい縛網は八屋浦を発祥とする。同調査報告の八屋町項のなかで、次のように記されている。「鯛縛網ヲ使用スルニ至リタル動機ハ明治二十四年かたくち鰯ノ捕獲ヲ目的トシ、前繰網ノ使用ヲ試ミタルノ時ニ濫觴ス、即チ備後鞆ノ津ヨリ実業教師ヲ雇ヒ彼地ニ行ハル、前繰網ヲ移シテ試用セシニ結果良好ニシテ付近漁村之ニ倣ヒ前繰網若クハ権現網ノ起業ヲナスモノ多シ、然ルニ前繰網ノ漁獲物ハかたくち鰯ノ外鰆、まなかつを等亦少カラズ、而モ価格ニ於テ遙カニ鰯ノ及ブ所ニアラザリシナリ、則チ寧ロ縛網ニ依リ大形魚族ノ捕獲ヲ謀ルニ如カズトナシ、明治三十年教師ノ勧メニ従ヒ初メテ二統ノ縛網ヲ作ル、之レ当地ニ於ケル縛網ノ起原ニシテ又豊前沿海ニ於ケル嚆矢トナス、而シテ両三年次第ニ経験ヲ重ヌルニ従ヒ漁獲亦増進シ、一統能ク五千円ヲ獲ルニ至リ網数俄カニ増加シ遂ニ六統ノ多キニ達セリ、豊前各浦又之ニ倣ヒ実業教師トシテ招聘セラレ或ハ網具調製ノ依頼ニ応ズル等当浦漁夫ノ付近ニ迎ヘラル、モノ多ク、陸続キシテ各地ニ起業スルニ至リ漁獲ハ次第ニ減ジタリ、加フルニ打瀬網隆盛ノ影響少カラザルノミナラズ彼ノトロール漁船ノ漁獲物ハ縛網ニ対シテ最モ直接ニ打撃ヲ与ヘタルガ故ニ、経営昔日ノ如クナラズ、漸次網数ヲ減ジ現今四統トナレルナリ」

のり養殖についてみよう。すでに、豊前海ののり養殖は明治八年に吉田浦で、同十五、六年に東吉富浦で創業され、福岡県のり養殖の嚆矢であると述べた。明治三十一年度以降、水産試験場はのり養殖の試験、指導をおこない、吉田浦、東吉富浦漁場の開発をおこなうとともに蓑島地先、椎田町城井川尻の漁場開拓に努めた。明治三十三年度福岡県水産試験場業務報告は「従来県下ノ産地ハ四ケ所（吉田、東吉富、箱崎、加布里）ナリシモ、本場ノ試験ニ於テ京都郡蓑島村ヲ発見シ、当業者ノ企画ニテ築上郡椎田町ヲ増シ、都合六ケ所ノ産地ヲ見ルニ至レリ、而シテ各産地ニヨリ海苔ノ種類、付着時期、成長ノ遅速等ヲ異ニスルヲ以テ担任技手ヲ派シテ実地ヲ観察セシメタリ」と記している。

福岡県漁村調査報告によれば、曾根新田浦（含吉田浦）項で「此付近ノ海苔養殖ハ依然トシテ行ハル、養殖面積一万五千坪（大正四年）」とあり、盛況のうちに継続されてきたことをうかがわせている。椎田町項では「明治三十五、六年頃、県水産試験場ノ指導ニ依リ浅草海苔ノ養殖ヲナセシコトアリ、成績頗ル良好ナリシガ二、三年ニシテ全ク付着セザルニ至リテ廃業セリ、而シテ青海苔ハ以前ナカリシガ之ニ代リテ産出スルニ至ル」とあり、養殖が定着するに至らなかったことを述べている。東吉富浦項では「近年、浅草海苔製造漸ク盛ナラントス、海苔養殖生産一三〇万枚、四千五百九十円（大正四年）」とあり、一定の成果を収めたことを述べている。蓑島浦項ではのり養殖についての記述はなく、当時、定着するまでには至らなかったようである。

また、シオフキ貝・バカガイ・蛤などの移殖試験がおこなわれたが、成果を得るまでには至らなかった。

表三―21　豊前海における漁船漁業の総生産および主要種別生産

魚種	明治三七年 漁獲量	明治三七年 漁獲金額	明治四〇年 漁獲量	明治四〇年 漁獲金額	大正二年 漁獲量	大正二年 漁獲金額	大正九年 漁獲量	大正九年 漁獲金額
主要種	トン	円	トン	円	トン	円	トン	円
イカ	四八七・六	二五、四四三	一七三・七	一二、六五四	一四二・五	一五、三三四	一七四・四	八一、八三四
タイ	八三・三	一五、四六一	四四・六	一三、六八四	三二・四	一〇、八六九	九一・三	一〇三、一九〇
ボラ	一四二・四	一四、三六一	三七・六	七、九二九	五八・二	九、六六六	五七・六	二八、三三〇
クロダイ	五三・七	九、七五四	四七・六	一二、一四二	五六・六	一五、三八三	三八・一	二六、五四五
サワラ	四三・一	七、一一六	四〇・二	九、五五二	三一・五	七、五九一	三四・五	一九、六二八
コチ	三六・六	四、八〇一	二〇・四	四、三九一	三三・五	六、二〇七	三二・一	一三、九三九
タコ	四〇・七	四、六二一	四一・七	四、七八九	三四・四	三、七四〇	三七・六	一七、五九七
カマス	二三・四	三、五四八	二七・〇	五、一七五	八四・一	一八、四一〇	四〇・〇	二一、一二七
スズキ	一四・一	二、九八七	六・七	一、六〇二	一二・〇	二、八七四	一一・九	一一、五二四
エビ	一三・五	二、七一一	一〇六・七	一五、五七一	六九・五	一四、一三四	八五・八	五二、九一一
シオフキ	一・二	一、二二四	六〇六・三	五、八七四	一四八・八	一、七〇六	一三六・四	五、四〇〇
海域全体	六、二九二・四	一三七、二六九	一、八八一・〇	一四八、七〇一	一、六二二・五	一九三、一六五	—	—

（「福岡県統計書」による）

表三―22　豊前海域における漁業の就業状況（大正初期〔二〜四年〕）

漁業名	※漁具員数	漁獲高円	就業主要漁村	漁期（主漁期）
刺網類		五九、四四五		
固定式刺網類				
底刺網（瀬）	三二	一、六二〇	宇ノ島、柄杓田、稲童、長井、八屋	周年（四〜五月）
さより刺網	六	一七〇	田ノ浦、曾根新田	三〜六月（四月）

こち刺網	七〇	八、一五〇	八屋、松ケ江、蓑島、宇ノ島、稲童、苅田、東吉富	四～六月（五月）
かに刺網	七	三一〇	東吉富	四～五月（五月）
曲建網（狩刺）類				
さめ曲建網	七	三五〇	松ケ江、柄杓田	五～八月（六～七月）
旋刺網類				
ぼら旋刺網	一〇	一一、七五〇	松ケ江、椎田、苅田、八屋、宇ノ島、八津田	周年（六～八月）
流刺網類				
さわら流刺網	六三	二六、二五〇	松ケ江、蓑島、苅田、八屋	五～八月（六月）、九～一二月（一〇月）
えそ流刺網	七三	九、二七〇	松ケ江、八屋、宇ノ島、蓑島、東吉富	三～九月（六～八月）
だつ（だいがんぢ）流刺網	九	二五五	八屋、曾根新田、苅田	四～六月（五月）
さっぱ流刺網	二八	一、三二〇	松ケ江、八屋、苅田、柄杓田	九～一一月（一〇月）
曳網類		三一四、九五五		
地曳網類				
いわし地曳網	七	八〇〇	田ノ浦、柄杓田	四～六月（五月）、九～一二月（一一月）
徒歩曳網	六	五、一二〇	曾根新田、苅田、田ノ浦、松ケ江、三毛門、蓑島	周年（八～一〇月）
船曳寄網類				
手繰網	一、二三八	八〇、〇六五	柄杓田、東吉富、宇ノ島、蓑島、八屋、沓尾、松ケ江、苅田　椎田、西角田、田ノ浦	周年（六～八月）
二艘曳手繰網	一一	一〇、四〇〇	苅田、松ケ江、宇ノ島、八屋、柄杓田	四～一〇月（六～八月）
いか柴手繰網	五一八	九六、八六〇	柄杓田、苅田、蓑島、沓尾、宇島、椎田、田ノ浦、八屋、浜町、松ケ江、西角田、東吉富	三～六月（四～五月）

なまこ桁網	一一	二二〇	蓑島、田ノ浦	一〇～二月（一～二月）
介桁網	四〇	二、四〇〇	東吉富	一一～三月（一二～一月）
船曳廻網類				
打瀬網	一五七	一〇九、五五〇	宇ノ島、沓尾、柄杓田、蓑島、八屋、稲童、松江、東吉富、西角田、田ノ浦	六～七月（六月）、九～一一月（一〇月）
あみ船曳網	二四〇	六、九四〇	宇ノ島、八屋、東吉富、苅田、椎田、松江、松ケ江	九～一一月（一〇月）
えび船曳網	九〇	二、六〇〇	東吉富、田ノ浦、宇ノ島、松ケ江	八～一〇月（九月）
旋網類		二四、七四〇		
ぼら旋網	三	二四〇	松ケ江	三～八月（七月）
たい縛網	九	二四、五〇〇	八屋、柄杓田、苅田、蓑島、宇ノ島	四～六月（五月）
定置網類		七六、三〇〇		
桝網類				
中建桝網	一二一	四三、一〇〇	柄杓田、苅田、松ケ江、八津田、宇ノ島、稲童、沓尾、西角田、松江、浜町、長井、蓑島	周年（四～五月、一〇月）
沖建桝網	六五	二五、七五〇	蓑島、苅田、宇ノ島、松ケ江、浜町、柄杓田、沓尾、稲童、椎田、八津田	三～七月（四～五月）、九～一一月（一〇月）
潟建桝網	一八	二、五八〇	浜町、曾根新田、蓑島、長井、苅田、沓尾	周年（五～六月、一〇月）
張網類				
しらうお簗	八	一七〇	椎田、沓尾	二～三月（三月）
建干網類				
建干網	三一	四、七〇〇	宇ノ島、松ケ江、柄杓田、東吉富、八屋、稲童、八津田、松江	周年（八～九月）
抄網類		四、八〇〇		
あみ抄網	二四九	四、三六〇	苅田、浜町、曾根新田、蓑島、長井、松ケ江	周年（九～一〇月）

うなぎ柴漬抄網	一二	四四〇	浜町、苅田、蓑島	五～九月（六～七月）
敷網類		二〇〇		
ぼら側引網（からと網）	一	二〇〇	宇ノ島	一〇～一二月（一一月）
掩網類		一、二九〇		
投網	七七	一、二九〇	苅田、蓑島、松江、浜町、曾根新田、八津田、沓尾	周年（九～一一月）
釣漁具類				
一本釣（主要種）		五、四七五		
すずき釣	二五	一、一二五	田ノ浦	六～九月（七～八月）
あなご釣	二〇	二〇〇	宇ノ島	五～八月（七月）
たこ釣	三五	一、〇五〇	蓑島、浜町	一～四月（二～三月）
めばる釣	五五	一、五五〇	柄杓田、田ノ浦	四～一〇月（六月）
きす釣	六〇	一、五五〇	柄杓田、田ノ浦	四～一〇月（五月）
延縄（主要種）		三八、九〇五		
たい延縄	一二九	一〇、一〇〇	田ノ浦、柄杓田、松ケ江、蓑島、宇ノ島、松江	四～一二月（九～一〇月）
ふぐ延縄	一四八	四、七九〇	松ケ江、蓑島、柄杓田、松江、宇ノ島、田ノ浦	九～一一月（一〇月）
さより延縄	七八	一、七九〇	松ケ江、宇ノ島、八屋、苅田	四～五月（四月）
えい延縄	六五	二、〇五〇	松ケ江、蓑島、八津田	一～六月（四～五月）
さめ延縄	一〇	四〇〇	蓑島	七～九月（八月）
くろだい延縄	一二〇	六、三六〇	蓑島、宇ノ島、松ケ江、柄杓田、沓尾、松江	三～一〇月（五～六月、九月）
はも延縄	一二九	一一、〇七〇	松ケ江、蓑島、宇ノ島、八屋、椎田、松江	五～六月（五月）、九～一〇月（九月）

あなご延縄	四二	二、三四五	田ノ浦、柄杓田、蓑島	一〇～一月(一〇～一一月)
雑漁具類		二九、二四五		
たこつぼ	一八六	一〇、七八〇	柄杓田、松ケ江、宇ノ島、蓑島、田ノ浦、八屋、椎田、浜町、西角田	マダコ：周年（四～五月） イイダコ：一～三月
採貝	七二〇	五、八五五	蓑島、苅田、東吉富、沓尾、浜町、長井、曾根新田、椎田、柄杓田、松江	一〇～三月（一～二月）
採藻	二二〇	六六〇	椎田、八津田、松江、稲童	アマノリ、コブノリ：一二～三月（一月）
餌虫採	三九七	七、二七〇	苅田、曾根新田、浜町、田ノ浦、柄杓田、沓尾	九～四月（一二～三月）
石倉	五九	一、三三〇	東吉富、八津田、曾根新田、浜町、松江、蓑島、柄杓田、稲童	四～一一月（七～八月）
石干見	八九	三、二三〇	椎田、八津田、稲童、三毛門、西角田、松江、東吉富	周年（四～五月、九～一〇月）
笹干見	一	二〇	三毛門	周年（四～五月、九～一〇月）
筌	五	一一〇	椎田、八津田	七～一〇月（八～九月）

（「福岡県漁村調査報告」による）

＊漁具員数
(1)多数ノ漁船ト漁夫ヲ以テ一個ノ漁具ヲ使用スルモノハ漁具数（例、地曳網・揚繰網）
(2)一隻ノ漁船ヲ用ヒ多数ノ漁具ヲ使用スルモノハ船数（例、延縄・一本釣）
(3)採藻・採貝ノ如キハ漁船ニテ出漁スルト徒歩ニテ出漁スルトヲ問ハズ人員

第四節　有明海における漁業と干拓

一　有明海の漁業

有明海では、漁場境界をめぐって長い間、佐賀県と紛争を続けてきた。明治三十一年にも福岡、佐賀両県漁民で漁場紛議が生じ、以後になっても未解決の状態が続いた。明治四十年になって、専用漁業権の出願に際し漁場境界を明確にする必要に迫られ、両県関係者の協議が始まったが、農商務省担当官の調停を受けてようやく同四十年に協定に至った。また熊本県との漁場境界線協定はそれ以前の三十九年に決着をみている。そして同四十一年六月、福岡県有明海共有専用漁業権が免許された。これらの経緯はすでに漁業制度編で述べたところである。漁場境界問題は決着をみたのであるが、以後も近隣県間では漁業入漁問題で紛議、協議が続けられたのである。その主な事件を左に記す。

明治四四年　○長崎県と佐賀・福岡県との間で現敷網漁業入漁問題で紛議
　　　　　　○長崎県いか漁船の佐賀・福岡海域への入漁問題で紛議
大正　二年　○未解決であった福岡、佐賀両県間の潟羽瀬入漁問題が解決、協定覚書を結ぶ
　　　　　　○佐賀県が自県の水域内（筑後川河口）に一六万坪にわたる区画漁業権（アゲマキ養殖場）を同県漁連に免許、福岡県は入漁を拒否されたり、有償になるとして抗議
　　三年　○佐賀県区画漁場一六万坪への福岡県漁民の入漁問題解決せず
　　四年　○福岡県内の三池、山門両郡漁民が漁区侵入問題で紛糾
　　五年　○佐賀県区画漁場への入漁問題解決せざるため、福岡県より農商務大臣に該区画漁業権免許の免許取消を陳情
　　六年　○右問題依然として未解決、福岡県が農商務省へ稟議
　　七年　○佐賀県、区画漁業権の更新に際して一六万坪のうち六万坪についてのみ免許、農商務省も承認し紛争は

一応治まる

主要種の漁業生産を表三－23（六五〇ページ）に整理した。全体としては増加傾向がみられるが、種別には変動が激しい。特に漁獲の主体を占める貝類でその傾向が顕著である。主なものはアゲマキ・ミロク・タイラギ・カキ・トリガイ等の貝類のほか、クツゾコ・スズキ・エビ・タコ・ハゼ等の地先性種である。漁業種別には表三－24（六五一ページ）にみられるように、貝漁の生産が突出して多く、次いで鮟鱇網、羽瀬、うなぎ掻、投網、手繰網、現敷網、たも網類の順である。これら漁業は地先海域に限定して操業できるものではなく、鮟鱇網、手繰網、現敷網、さっぱ流刺網、延縄等は他県海域への出漁であった。特に鮟鱇網の朝鮮近海への出漁は有名である。

本期における主な有明海漁業振興策はあげまき養殖事業化試験とのり養殖開発試験であった。これら試験の経緯と漁業の状況についてみよう。明治四十四年度福岡県水産試験場事業報告は、蟶貝実験所事蹟のなかで、あげまき養殖の沿革とあげまき実験所設置の理由を以下のように記述している。

有明海ノ本県沿岸ニ於ケル蟶貝ハ古来饒産シ之レガ採捕製造ノ途モ夙ニ開ケ既ニ維新前ヨリ乾製シテ清国ニ輸出セリ。而シテ其輸出額ハ需用ニ伴ヒ逐年増加セシガ明治七、八年ノ頃ヨリ濫獲粗製ノ弊起リ、為メニ種貝ニ至ルマテ殆ンド採盡セントスルノ傾向アリタルヲ以テ、之レガ保護蕃殖ノ必要頗ル痛切ニ訴ヘ、明治十六年ニ至リ農商務省ハ当業者ニ其ノ養殖方法ヲ指示シ、山門郡両開村地先ニ於テ之レガ実地試験ヲ施行セシメタリシガ後之レヲ興産義社ニ嘱託セリ。然レドモ其当時ニアリテハ漁民未ダ保護養殖ノ感念ナク寧ロ之レヲ迂遠視シ屢々試験地ヲ侵セル為メ完全ナル成績ヲ挙グルコト能ハザリキ。爾後数年ニシテ養殖ノ成績漸ク挙ガルヤ漁民初メテ其ノ有利ナルヲ悟リ之ニ倣フモノ続出シ、一方輸出額モ亦漸次増加ノ趨勢ヲ示セリ。

明治二十五年ニ至リ本県農事試験場ハ之レガ養殖試験ヲ山門郡有明村地先ニ行ヒ、本場ノ設置セラル、ヤ明治三十三年山門郡西宮永村地先ニ蟶貝養殖試験地ヲ設ケ、爾後数年間之レガ試験ヲ継続施行シ専ラ養殖業ノ指導奨励ニ力メタル結果、当業者モ其成績ニ鑑ミ関係漁業組合ニ於テ養殖地ヲ五ケ所ニ設置スルニ至レリ。

山門郡両開村漁業組合　二万坪宛二ケ所
　同郡有明村漁業組合　二万坪
三潴郡浜武村漁業組合　二万坪

三池郡江浦漁業組合　　　　　　　　二万坪
明治三十五年ニ至リテハ養殖地拡張セラレ総坪数約八〇万坪ヲ算スルニ至レリ。其内訳左ノ如シ
山門郡沖端村漁業組合　　　　四万四千坪
同郡西宮永村漁業組合　　　　二万二千坪
同郡両開村漁業組合　　　　一三万三千四百坪
同郡東宮永村漁業組合　　　　一万七千坪
同郡大和村有明漁業組合　　一〇万坪
同郡　同村塩塚漁業組合　　　一万三千二百坪
同郡　同村漁業奨励協会　　一〇万四千八百坪
三潴郡漁業組合　　　　　　二〇万坪
三池郡漁業組合　　　　　　一六万坪
養殖地ノ増加拡大セラルヽヤ従ツテ其生産額モ愈々増加シ、明治三十七年ニ於ケル其生産額左ノ如キニ至レリ。
　生蟶貝　　五万六千余石　　価格一六万八千円
　乾蟶貝　　九三万三千余斤　価格二七万九千九百円
　輸出俵数　　　六千俵（一俵ニ付一五〇斤）
斯クテ養殖地面積ノ拡張セラルヽニ従ヒ、明治三十六年頃ヨリ漸次稚介ノ不足ヲ来シ、種苗ヲ佐賀県ニ求ムルノ已ムヲ得ザルニ至リ、更ニ明治三十九年ヨリハ養殖蟶貝ノ成育不良トナリテ死滅被害ノ端ヲ発シ、四十年ニ於テハ養殖蟶貝ノ大部分被害斃死シ、更ニ四十一、二年度ニ及ビテハ養殖貝ト天然貝トヲ問ハズ殆ンド全滅ノ惨禍ニ陥リ、一般ノ意気沮喪シテ一大恐慌ヲ生ズルニ至レリ。此於本場ハ四十一年以来、主務省及関係各県ト連絡シ之レガ調査研究ニ従事シタルモ、遠隔ノ地ニ時々出張スル位ニテハ到底所期ノ目的ヲ達スルコト能ハザルニヨリ、四十三年九月地ヲ山門郡沖端村ニ相シ特ニ蟶貝実験所ヲ新設シ、諸般ノ設備ヲ整へ専門技術員ヲ周年蟶貝ノ生活状況ヲ調査セシムルト共ニ実地試験ヲ施行シ、養殖方法ノ改善奨励ニ努メ特ニ被害ノ予防ト其原因トヲ探求セシムルニ至リシナリ。
のり養殖試験は明治三十年頃から開始されたが、のり養殖業として実業され始めたのは大正八、九年頃からであった。

本期はのり養殖業の開発期にあたる。大正七年度福岡県水産試験場業務功程報告は「大牟田市及三池郡地先ニ於ケル海苔養殖試験ハ嘗テ明治三十年頃両三回、三池郡ノ事業トシテ試ムル所アリ、次デ本場ニ於テ明治三十三年三川村地先ニ於テ、三十四、五年手鎌村地先ニ於テ試験ヲ行ヒタルニ、結果甚ダ良好ニシテ製造講習会ヲ開設スルノ運ビニ至リ、遂ニ同試験地ハ手鎌漁業組合ニ於テ区画漁業免許ヲ出願スルニ至リシカバ、本場ハ之ヲ同組合ニ譲リ其後一両年篊建ヲ行ヒタルモ、経営方法良シカラザリシ為カ好成績ヲ見ルニ至ラズ、以後全ク放棄ノ状態ニアリ。然レドモ冬期干潟ニ於ケル羽瀬竹等ヲ見ルニ、付着量甚ダ多ク其品質モ良好ニシテ将来有望ナル海苔場タリ得ルノ見込アルヲ以テ再ビ本試験ヲ企画シ、先ヅ第一着手トシテ海苔着生区域、着生時期、付着層及生育状況ヲ明カニシ併セテ海苔発生条件ヲ究メ、本地海苔養殖業ノ価値ヲ判定センコトヲ期セリ」と記している。同十年度報告はそれ以後の経過を次のように記述している。「大正七年度以来九年度迄三ケ年間継続ノ結果、有明海福岡県地先ニ於ケル海苔養殖ハ極メテ有望ニシテ、其成算確実ナルヲ認知シ得タルヲ以テ民業ノ勃発ヲ見、昨年度ハ約八千円、本年度ハ約一万五千円ノ生産ヲ挙グル至レリ。然レドモ従来ノ試験ハ主力ヲ大牟田市及三池郡地先ニ注ギ、湾奥部ナル中島川尻ヨリ塩塚川尻ヲ経テ沖端川尻ニ至ル方面ハ稍々粗ナルノ傾キアリテ、事業開発上遺憾ナリシヲ以テ本年度ハ主トシテ該方面ニ試験ヲ施行シ、其価値ヲ判定セン事ヲ期セリ」。さらに十一年度報告は、のり養殖業が実業されたことを記している。「有明海福岡県地先ニ於ケル海苔養殖及製造業ハ最近ノ企業ニ係リ、大正八年度ニハ従事者二名、産額二千円、九年度ニハ従事者三名、産額七千円、十年度ニハ従事者一七名、産額七万五千円ヲ挙ゲ、漸ク一般ニ認メラル、ニ至リ、為ニ本年度ハ急激ニ発展シ、大牟田市及三池郡三川町、銀水村、開村、江浦村及山門郡大和村ニ亙リ、事業者一五四名、建込篊数二三二万本ニ達スルニ至レリ」

次に漁船漁業の代表として羽瀬漁を取り上げてみよう。福岡県漁村調査報告の沖端村項のなかに「羽瀬ハ昔六騎ノ経営セシニ始マレリ、海賊ヲ捕ヘタル恩賞トシテ立花家ヨリ其漁業権ヲ特許セラレタリト云ヒ、年々立花家ヨリ使用スル竹材ノ半バヲ付与セラレシト云フ」とある。羽瀬は狭い地先海域のなかで排他的に漁場を独占し、当時の着業統数も多かったので、他の漁業者から反発があった。明治二十九年福岡県漁業取締規則によって、羽瀬漁のうちの潟羽瀬漁は禁止となったが、沖合の羽瀬漁はそのまま存続した。同三十年度漁業税表をみると、羽瀬三十二カ所が第一種・網羽瀬賦課税の対象となっていた。明治三十四年、羽瀬漁利害調査が水産試験場によって実施されたが、これは地元から羽瀬が他種漁業に悪影響を与えているとして、賛否両論に分かれて県に陳情したことから始まる。この内容は明治三十四年度福岡県水産試験場業務報告に記載されているが、当時の有明海漁業を知るうえで興味深いので、以下にその冒頭の部分を紹介しよう。

現在羽瀬数ハ八〇余個ニ昇リ是ガ多数ハ旧来運上ヲ納メ其慣行ニ因リテ営業シ来リ……廃藩置県後、県庁ニ出願許可ヲ受クルニ至リ、爾後新設セルモノモ有リテ有明海ハ一見羽瀬ヲ以テ満タサル、ノ有様ナリ。然ルニ一般ノ漁況ハ年ヲ遂テ減少ノ傾アルニヨリ、当業者ハ、羽瀬ハ有明海ノ入魚ヲ妨ケ、水族蕃殖ヲ害シ、年々亦建場所ヲ転ズルヲ以テ羽瀬竹ノ取残シハ他ノ網漁ニ障害アリトシテ不平ノ声ヲ挙グルニ至リ、是ガ利害ハ遂ニ筑後漁業者間ノ問題トナリタルモ、他漁者ノ無資格無勢力ナルニ反シ、羽瀬業者ノ多クハ地方ニ於ケル有志者ニアラサレバ資産家ナルヲ以テ反対漁者ノ苦情ハ大方圧迫セラル、ヲ常ト見ヘシガ、数年ノ嘆声ハ遂ニ貫徹シ、明治三十三年有明海漁業組合会ノ議ニ上リ、該会ハ決議ヲ以テ羽瀬ノ中ニテ最モ蕃殖ヲ害スベクト目セラル袋付羽瀬ニ制限ヲ付スルノ必要ナルコトヲ建議シ、知事ハ是ヲ適当トシテ毎年六月三十日以前ニハ羽瀬ニ袋ヲ付スルコトヲ得ザルノ条件ヲ付シテ許可セラル、ニ至リタルニ、同年中組合会ハ意外ニモ前建議ヲ取消シ、無条件ノ許可ヲ主張シテ止マザルヲ以テ、其行動ニ信ヲ措ク能ハズ、実地ノ調査ヲ必要トシ、本県庁ハ羽瀬漁ノ利害調査方ヲ本場ニ命ゼラレ、本場ハ三十四年四月ヨリ調査ニ着手シ、同年十二月ニ終了ス。

この調査結果から「(1)羽瀬竹ノ切残リ株ヲ障害ナリト云フモノ、如キハ些々タル関係ニシテ、之レヲ以テ永年継続シ来リタル羽瀬漁ヲ拒絶スルノ理由トシテ取ルニ足ラザルモノトス」、「(2)十六種ノ内五種（コノシロ・ハダラ・イワシ・エタリイワシ・トビエヒ）ヲ放任シ、十一種（アユ・ウナギ・ハゼ・白魚・クツゾコ・ベタクツゾコ・メダカカレイ・スズキ・ボラ・グチ・ヒラ）ヲ保護スルノ必要ヲ認メ、此方針ニ基テ羽瀬漁ノ害否ヲ観察セバ、如何ニ稚魚ヲ多獲スレバトテ直ニ是ヲ禁止スベキモノト認ムル能ハズ、唯羽瀬漁ノ或ル種類ノ稚魚ヲ捕獲スルヲ有害トシ其害アルモノニハ建設場所ニ就キ或ハ網目ニ関シ若クハ使用季節ニ制限ヲ設クルヲ要スルモノナリ」と結論づけた。羽瀬漁はその後も有明海の主幹漁業として継続されていった。

さらに、主要漁業種の一つであった鮟鱇網についても紹介しておこう。福岡県漁村調査報告の沖端村の項（大正五年）では次のような記述がある。

約六十年前肥後国長洲ヨリ綟子鮟鱇網伝来シ、あみノ漁獲ヲナセリ、曽テハ出漁船二十隻ニ達セシモ五、六年前ヨリ減ジテ十隻内外ノ出漁トナレリ。約四十年前ヨリ綟子鮟鱇ニ網地ヲ加ヘテ規模大ニシ、細目鮟鱇起リテ石首魚、鯛ノ類ヲ捕フルコト始マレリ、次イテ「バッシヤ網（道楽網）」等行ハル、ニ至レリ。日露戦争ノ頃ヨリ朝鮮通漁行ハレ結果頗ル良好ナルト、有明海ノ狭隘ナルコトヨリ通漁及移住盛ニ増加セリ。現今移住者三十戸ニ達シ通漁者亦四十五隻ヲ数フ。通漁船ハ肩幅九尺三人乗リニテ、四月出帆シ、鮮人一人ヲ雇ヒ乗組四人ニテ従業シ、八月帰国ス。此間沖出四ケ月平均五百円ノ漁獲アリ。以後秋季三ケ月間島原沖ニ出漁シ平均三百円ヲ水揚ス。朝鮮通漁ヲナサヾルモノモ平均尚ホ荒目鮟鱇ニテ七百円、細目鮟鱇ハ百五十円ヲ水揚ス、漁獲甚ダ多シ。

当時、鮟鱇網には規模、網目の違いによって、荒目鮟鱇網（沖端）、細目鮟鱇網（沖端）、提灯綟子網（沖端・中島・川口）および道楽網（早米来）があったという。

表三―23　有明海における漁船漁業の総生産および主要種別生産

魚種	明治三七年		明治四〇年		大正二年		大正九年	
	漁獲量	漁獲金額	漁獲量	漁獲金額	漁獲量	漁獲金額	漁獲量	漁獲金額
主要種	トン	円	トン	円	トン	円	トン	円
アゲマキ	二、三七四・一	九一、二七三	三、一八九・五	六六、二一三	五九二・三	一九、六五三	七一・七	七、〇三四
クツゾコ	一二五・七	一八、〇五〇	一二九・三	二七、三〇四	一四二・八	二九、〇七四	六五・七	三九、七七三
ミロク	六五九・四	九、九四七	五〇二・六	六、八七九	一、七七九・五	二五、六八三	四八七・〇	二八、八三三
スズキ	四〇・二	八、七四八	三六・三	一〇、〇五四	三九・四	一一、九一一	三五・九	三四、二八一
タイラギ	二六〇・四	七、三六四	四、九二八・九	五二、六五二	四五三・〇	一三、八九六	五一二・三	五〇、四一五
ウナギ	六八・〇	七、二五九	三六・〇	一四、四一四	三二・九	一二、七〇一	二七・一	二九、四一四
エビ	四四・〇	六、七一六	三二・八	四、九六六	五八・二	一一、六三〇	四七・四	三五、二八四
ボラ	三三・八	六、四七八	四六・七	一一、三九三	三八・七	一〇、〇五二	四四・〇	二五、八四三
タコ	四二・七	五、八五一	二二・四	三、三二八	五一・四	七、〇二〇	三九・九	一五、一一六
ハゼ	五一・七	五、〇二九	四三・七	六、八三七	六〇・七	七、九八九	四六・九	一八、五三七
カキ	四・三	一、二〇三	五三六・〇	六、六四七	二、九二七・九	三九、六六七	八、一五八・七	三七〇、三〇六
トリガイ	―	―	一、七五六・六	二三、四八〇	四、〇〇〇・〇	三二、〇〇〇	―	―

海域全体	七、四〇二・五	二五七、七三九	一二、二九三・一	一八六、七五六	一二、五八二・四	三〇三、二五一	—	—

（「福岡県統計書」による）

表三―24　有明海域における漁業の就業状況（大正初期（二〜四年））

漁業名	※漁具員数	漁獲高（円）	就業主要漁村	漁期（主漁期）
刺網類				
流刺網類				
さっぱ流刺網	二〇	二、四〇〇	沖ノ端	三〜一一月（五〜六月、九〜一〇月）
曳網類				
現敷網	七八	一九、一〇〇	大川、川口、中島、大野島、青木三又	周年（一〇月）
地曳網類				
雑魚地曳網	九	二、一七〇	早米ケ浦、大牟田、青木三又、沖ノ端	六〜一〇月（五、一〇月）
船曳網類				
手繰網	一七六	二四、五五〇	沖ノ端、川口、早米ケ浦	三〜一一月（五〜六月、九〜一〇月）
定置網類				
羽瀬	八六	三〇、二五〇	中島、大牟田町横須外二浦、東宮永、諏訪	二〜一一月（四〜五月、八〜一〇月）
鮟鱇網	一八六	七三、六五〇	沖ノ端、中島、早米ケ浦、川口	三〜一一月（五〜七月、一〇月）
抄網類				
たも網（後ずさり網・徒歩押網・小網）	七〇五	一〇、五六四	中島、川口、早米ケ浦、大川、西宮永、青木三又、両開、諏訪、塩塚、東宮永	五〜一〇月（七〜八月）
待網（含しげ網）	一一四	五、八三〇	沖ノ端、早米ケ浦、諏訪、中島、大牟田諏訪、両開	周年（五〜九月）

敷網類				
四手網	一四七	四、五〇五	浜武、沖ノ端、川口、青木三又、江ノ浦、両開、中島、塩塚	周年（六〜九月）
掩網類				
投網	一八八	二七、一五〇	川口、大川、江ノ浦、中島、大牟田、沖ノ端、早米ケ浦	周年
釣漁具				
一本釣（主要種）				
すずき釣	二六	七八〇	大牟田、諏訪	六〜九月（八月）
すずき幼（はくら）釣	三六	一、八四〇	早米ケ浦、大牟田、諏訪	四〜一〇月（七〜八月）
はぜ釣	三八	一、一四〇	江ノ浦、開	七〜一〇月（八〜九月）
ぐち釣	四一	二、一八〇	大牟田、早米ケ浦、諏訪	四〜一〇月（五〜六月）
延縄（主要種）				
たい延縄	一五	一、五〇〇	沖ノ端	九〜一一月（一〇月）
えい延縄	二〇	一、六〇〇	沖ノ端	三〜七月（四〜五月）
くろだい延縄	二五	一、一二五	沖ノ端	三〜五月（四月）
はぜ延縄	八四	七、六〇〇	沖ノ端、大牟田	六〜二月（一〇〜一月）
ぐち延縄	七〇	六、三〇〇	沖ノ端	三〜一〇月（四〜九月）
うなぎ延縄	八〇	六、四〇〇	沖ノ端	二〜六月（三〜四月）
雑漁具類				
いいだこつぼ	一〇七	三、七四五	沖ノ端	一一〜四月（一一〜二月）
うなぎ掻	三〇四	二九、七二五	大野島、川口、江ノ浦、両開、久間田、中島、早米ケ浦、浜武	周年
いかかご	一一	一、二〇〇	早米ケ浦、諏訪	五〜六月

採貝	三、三八五	一三六、四三五	中島、沖ノ端、両開、早米ケ浦、大牟田、浜武、西宮永、諏訪、開、川口、東宮永、塩塚	アゲマキ：一～九月（七～九月）、メカジャ：一〇～四月（三～四月）、ミロク：一〇～四月（一二～四月）、トリガイ：一〇～四月（一二～四月）、ウバガイ：一〇～四月（一二～四月）、アサリ：一〇～四月（一二～四月）、タイラギ：一〇～四月（一二～三月）、ウミタケ：一〇～四月（一二～四月）
手捕漁	四五五	五、六八五	大牟田、諏訪、久間田、浜武	四～一〇月（八～九月）

（「福岡県漁村調査報告」による）

＊漁具員数
(1)多数ノ漁船ト漁夫ヲ以テ一個ノ漁具ヲ使用スルモノハ漁具数（例、地曳網・揚繰網）
(2)一隻ノ漁船ヲ用ヒ多数ノ漁具ヲ使用スルモノハ船数（例、延縄・一本釣）
(3)採藻・採貝ノ如キハ漁船ニテ出漁スルト徒歩ニテ出漁スルトヲ問ハズ人員

二　有明干拓

藩政時代からおこなわれてきた有明海沿岸の干拓は、明治時代になってからも継続され、干潟の陸地化、海岸線の後退はさらに進んでいった。当時の米作中心の農業は、耕地の拡大と食料増産が国民的総意であったので、有明海の広大な干潟を前面に控えた福岡県沿岸は、近代以降も干拓事業の可能性と将来性を秘めた地域であった。明治から大正初期にかけては、公共事業として干拓をおこなう仕組みはできていなかったので、干拓費用はすべて事業主が負担する「私設干拓」であった。もちろん、干拓事業に際しては、官有地取扱規則（明治二十三年勅令第二七六号）、公有水面埋立及使用免許取扱方（明治二十三年内務省訓令第三六号）に基づいて、事前に国、県の認可を必要としたことはいうまでもない。

干拓が公共事業として取り扱われるようになったのは、大正七年の米騒動をきっかけとして、政府が食料増産の基盤作りのため同八年には開墾助成法の制定、耕地整理法の改正をおこない、干拓などの開墾事業に四割以内の国庫補助をなすことになった以後である。さらに、同十年法律第五七号、公有水面埋立法が制定され、福岡県では大正十一年告示第三八一号、公有水面埋立出願手続が示された。これら法的整備によって、干拓事業は拡大の一途をたどるのであるが、福岡県有明沿岸の干拓事業の実績を堤伝著『近世以降柳川地方干拓誌』でみると、その傾向が認められる。

表三－25　明治・大正期の干拓地造成事業（山門郡・三池郡）

名称	完成年	面積	現在地名	事業主
小浜開	明治一四年	七〇・〇ヘクタール	大牟田市小浜町	浜田又平
有明開	二九年	二四・四	同　唐船・手鎌	加藤小文太他
明治開	三二年	三八・〇	柳川市吉富	早野義章
深倉開	三三年	五一・〇	大牟田市唐船	不明
明治開	三四年	四五・〇	同　岬	松岡進士
高田開	三七年	二・七	柳川市七ツ家	高山弥六
宝山開	四二年	一〇・三	同　久々原	梅崎梅蔵他
長栄開	大正　元年	不明	同　吉富	不明
永田開	一一年	五八・四	大和町永田開	永田正登
橋本開	一四年	二三一・〇	柳川市橋本町	橋本信次郎

（『近世以降柳川地方干拓誌』による）

干拓事業の拡大は、当然、漁業者に漁場喪失への危機感を与えた。その状況を当時の新聞記事からみよう。「福岡日日新聞」は左のように報じている。

政府は曩に開墾助成法を発布し、一方、農商務省にては全国に調査班を派して頻に耕地拡張の調査に着手し、福岡県当局と協力して専ら之れが奨励に努めて居るのは、食料増収の方より見て結構な事である。有明海は潮汐干満の差が十八尺を有し内地では第一等であり、干潮時には沿岸一帯は広漠なる一大干潟を露出するので有名であるが、之を干拓して耕地とするには持って来いの海であるので、近頃頻々として埋築計画を行ふものがある。現に山門郡両開村・大和村地先に五百余町歩干拓の出願を為せるを始め、是等の計画続々たる状況である。然るに一方、漁民の方では之を喜ばず、元来有明海の価値は其干潟の豊富なる産物にあり、此処に産する浅蜊貝、牡蠣、玉珧貝、弥勒貝、から す貝、あげまき、海茸等の介類や海苔等は実に有明干潟の生命である。然るに追々此生命を奪はれようといふのだから漁民側は之を一大問題なりとし、殊に山門郡大和村中島や沖端村には専業者が沢山居り、又三潴郡方面にも養殖業者が多いので彼等は之を以て死活問題なりとして、先頃福岡県知事に陳情書を提出して、海面埋立が漁業者に容易ならざる関係あるを陳情した。之と前後して漁業製造業者側でも相連合して同様知事に陳情書を提出し大に其の要求を主張して居る。併し県当局にては未だ何の処置も取らぬので漁民側は憂慮して居る。

「米麦のみを以て国民の食料問題の解決をつけると思ふのは間違ひだ、保健食料として欠くべからざる魚貝類の生産を打ち潰してまで米を作り麦を得る必要はあるまい、荒野、沼沢の開墾は結構だろうが有明海の如きに手を着けるのは実に酷だ」と運動の急先鋒たる某氏は慨いていた。　　　　　　　　　　　　（「福岡日日新聞」大正九年十一月九日）

また、福岡県水産試験場の藤森三郎は、大正十年二～三月の「福岡日日新聞」に「干拓奨励と水産業の衝突・一～六」と題した連載で、干潟の重要性と無制限な干拓事業を批判している。本論文の結論を左に要約する。

主要食品の増産は必要欠く可からざる施設であるけれども、保健食料たる魚貝類の供給も亦重大なる問題であつて、干潟は寧ろ保健供給地として保存し、専ら此の方面の開発を図るを必要とする。然るに養殖的経営に適当の地が亦干拓にも適当である結果として、現今政府に於て頻りに干拓を奨励し、又之に応じて企画出願する所は何れも水産上貴重な干潟のみである。故に今にして適当なる方策を執るでなければ、終に有望なる全国の干潟は全部埋築を見るに至るのは炳として明かであつて、実に不測の憂患は目前に迫りつゝあるものと云はなくてはならぬ。干拓は之を有利と決定すれば、何時でも行ふ事は出来る。然るに一度埋築の後は如何に悔いても復之を如何ともする事は出来ぬ。茲に於て吾人は国家が先づ応急策として、水産上貴重なる海区を選定して、之が埋築を制限するの必要を提唱するものである。

水産上有望なる素質を有する海湾例へば有明海の如きは全く埋築を禁止する必要がある。若し然らずして海区を部分的に見、重要なる発生場付近のみに限りて之を禁止し他を解放するときは、其埋築により蒙る周囲の影響を如何ともする事が出来ないからである。

浅海干潟は邦人の粗食を改善して体質の向上を図り、文化生活に導かんがため天が特に与へたる宝庫である。之を是れ思はず徒らに眼前の問題に眩惑せられて干拓を奨励するが如きは、実に天意を空しうするもので一大錯誤であると云はなくてはならぬ。吾人は国家が速かに干拓禁止区域を設置せられん事を切望するものである。

第五節　内水面漁業

内水面漁業の施策は、採捕漁業に対しては福岡県漁業取締規則により資源の繁殖保護と漁業秩序の維持に努め、養殖業に対しては各種養殖試験、鯉卵・児配布などによりその振興を図ってきた。本期間における採捕漁業総漁獲高は、表三－26（六五八ページ）にみられるように増加傾向を示しているが、魚種別にはそれぞれ異なった変動を示している。アユの漁獲量は経年的には横ばいか落ち込みの傾向がみられる。コイ・フナの漁獲量は全般的に増加傾向がみられる。ナマズの漁獲量は明治四十年を境に、前半で増加、後半で横ばいの傾向がみられる。ウナギの漁獲量は大正四年を境に、前半で増加、後半で横ばいか落ち込みの傾向がみられる。本期は内水面漁業にとっても漁具、漁法の改良発展が進み、前半では漁獲量は顕著に伸びたものの、コイ・フナ以外の魚種では、すでに利用資源量がほぼ限界に達していたようである。

表三－27（六五九ページ）は大正初期に福岡県水産試験場が調査した河川漁業一覧表である。調査対象河川は、豊前の山国川、筑前の遠賀川、有明の筑後川・矢部川である。この「福岡県漁具調査報告」の緒言には、左のような記述がある。

河川ニ使用スル漁具ノ種類ハ総テ四十二種ニシテ網具二十五種、釣具八種及雑漁具九種アリ、而シテ投網ハ孰レニモ盛ニ使用セラレ、其他ノ漁具モ河川ニ於テハ行動比較的敏捷ナル魚類ヲ捕獲スルニヨリ成功ヲ極メ、規模亦大ナラザルニヨリ其材料モ絹糸、麻、まがひ糸等高価ナルヲ厭ハザルモノ多シ。

河川ニ於テ火光ヲ応用スルモノハ古ヨリ行ハレタルモノ、如ク、魚類ガ之レヲ恐怖スルノ性ヲ利用シタルモノニシテ、海洋ニ於テハ多ク火光ヲ慕ヒテ蝟集シ来ル状況ト全ク相反スルガ如シ、是レ蓋シ河川ニ於ケル魚類ハ狭隘ナル瀬淵ニ棲息シ常ニ脅威ト刺激ニ接スル機会多ク些ノ音響、火光ニモ戦々恐々タルニヨリ然ラシメタルモノニハ非ザルナキカ、則チ投網ヲ以テ鮎ヲ捕獲スルニ際シ、鮎ハ巧ニ砂礫ノ間ニ潜伏シテ網ノ引揚ゲラル、ヲ待ツガ故更ラニ松火ノ光ヲ見セ驚キテ網ニ入ラシムル方法ト火振リ網及有名ナル鵜飼ニ於ケル篝火ノ如キ是ナリトス。

養殖業では、フナ・コイ・川茸・ウナギ・スッポンなどが対象となっていたが、前三種が主要なものであった。大正二年度「福岡県統計書」によれば、生産量はフナ八二・〇屯、コイ三一・五屯、川茸二八・七屯、ウナギ九・六屯、スッポン〇・七屯であった。県は養殖業の発展を期して、大正元年、三瀦郡侍島に淡水養魚場を新設したが、大正二年度「福岡県水産試験場事業報告」は、養魚場新設に関連して県内の淡水養殖業の実態を左のように記述している。

県下ニ於テ淡水養殖業ヲ経営スベキ個所トシテハ稲田、溜池、溝渠、河川及池中等トシ、其面積極メテ広漠ナルヲ以テ斯業発展ノ余地ハ頗ル多大ナルモノアリ。近時、溝渠及稲田ニ於ケル鯉児ノ放養事業ハ漸ク各地ニ行ハル、ニ至リシト雖モ往々其方法ヲ誤リ若クバ注意周到ナラザルガ為メ予期ノ成績ヲ見ルモノ少ク、改良ノ必要、開拓ノ余地ハ至ル処ニ之ヲ認ムルノ現況ナリ。今格別ニ記述スレバ左ノ如シ。

稲田養殖：県下ニ於ケル水田総面積ハ一一二、三九〇町歩ニシテ此内稲田養鯉ニ好適ナル面積甚広域ナリト雖モ斯業ノ現況ハ大正元年統計ニヨル時ハ僅ニ利用面積三、〇〇三坪、其生産金額一、一九九円ニ過ギズ、将来斯業奨励ノ急務ナルハ敢テ喋々ヲ要セザルナリ。

溜池利用：灌漑用溜池ノ数ハ甚ダ饒多ニシテ其面積三、五三五町歩ヲ有セリ。之レ等ハ其位置、地勢、水質、水温、天然食餌ノ多寡、池水乾涸ノ有無、汎濫及湛水ノ多寡等ニヨリ優劣ハアリト雖モ何レモ温水性魚類就中鯉ノ養殖ニ好適ナリ。然ドモ未ダ水族ノ養殖ヲ以テ之ガ利用ヲ企画スルモノ殆ドナク徒ニ荒廃ニ帰シツ、アリ。

溝渠利用：灌漑用溝渠ハ恰モ蛛網ノ如ク県下ニ連亙シ、其面積五、二〇〇町歩ノ広キニ達シ、温水性魚族殊ニ鯉魚ノ養殖ヲ営ムニ尤モ好適ナリ。近時各郡ニ於テ区画漁業組合ヲ組織シ、鯉児ノ放養ヲナスモノアルニ至リ、大正元年ニ於テ其面積四〇二・四万坪ニ達セルモ其ノ施設粗雑ナルモノ多ク、従テ収利モ亦少ク、其生産僅カニ八、六四三貫、此価格一三、五一七円ヲ挙グルノミ、現状斯ノ如キヲ以テ之ガ方法ヲ改良シ一層普及ヲ図ルハ最モ急務トスル所ナリ。

河川利用：県内縦横ニ貫流セル大小河川ハ鯉ヲ以テ最適種類トシ、従来県取締規則ニヨリ主ナル産卵場ヲ禁漁区域トシ保護ヲ加ヘツ、アリト雖モ尚年々減少ノ傾向ヲ免レズ、将来之ガ増殖ヲ図リ其生産ヲ増大セシムル事ハ緊急事業トス。

池中養殖：県下ニハ荒蕪地域ハ稲田ヲ利用シテ造池ヲナシ又ハ天然池沼等ニ人工ヲ加ヘテ真正養魚池ニ改造利用スベキ地区少カラザルヲ以テ、此ニ斯業ヲ経営スルハ有利ナル事業トスレドモ未ダ着手セルモノ極メテ稀ニシテ僅ニ鯉児ノ孵化飼育販売ヲ業トスルモノ僅少ヲ数フルニ過ギザル現況ナリ。将来斯業発展ノ余地綽々タルコト以上ノ如ク、而テ其現況ノ不振斯クノ如クナルヲ以テ、本場ニ於テハ斯業奨励ノ急務ナルヲ感ジ従来、津屋崎養魚場ニ於テ鯉児ヲ養成シ配布ヲ行ヒ来リタルモ池ノ構造不備ニシテ鯉児養成上完全ナル成績ヲ挙グルヲ得ザリシヲ以テ、明治四十年度ヨリハ之ヲ廃止シ、鯉卵ノ儘配布ヲ行フ事トシ其後年々継続施行シ来リ。其結果、漸次養魚思想勃興ノ機運ヲ生ジタレドモ、将来一層其高価ヲ挙ゲンガタメニハ優良種親魚ヨリ産卵セラレタル鯉児ヲ養成配布シ、本場指導監督ノ下模範的成績ヲ挙ゲシメ以テ斯業奨励ノ基礎タラシムルヲ肝要トス。

表三－26　福岡県内水面漁業の総漁獲高および主要種別漁獲量、高の推移（明治三十～大正十年）

年次	総漁獲高	アユ 漁獲量	アユ 漁獲高	コイ 漁獲量	コイ 漁獲高	フナ 漁獲量	フナ 漁獲高	ナマズ 漁獲量	ナマズ 漁獲高	ウナギ 漁獲量	ウナギ 漁獲高
	円	トン	円	トン	円	トン	円	トン	円	トン	円
明治三〇年	三〇、九八一	四〇・〇	一一、二三四	九・〇	二、五一六	六・二	一、八一六	〇・九	九一	一五・四	四、四五五
三一	四五、三五六	三九・六	一二、〇九三	九・一	二、九一八	一一・〇	四、二九〇	一・一	一二九	四七・〇	一四、五二五
三二	二七、五七〇	四八・二	一一、二五七	九・八	二、六九九	一四・九	二、五二九	一・四	一九〇	一四・八	二、四七三
三三	二九、八七四	二八・〇	一〇、七五三	六・五	二、三三二	一五六・〇	五、五七六	一・一	一九四	九・一	一、八一七
三四	四四、九九三	二四・一	五、八三五	九・六	三、二八一	五八・三	七、四一四	一・〇	二二一	三〇・五	九、一三〇
三五	六六、六五八	一三八・二	一二、二一六	一五・八	三、〇六〇	八〇・六	八、二七一	二・八	三五一	一九・七	四、九五五
三六	四九、五八七	一二八・一	一四、五七〇	一一・七	三、六九五	八七・四	九、五五〇	三・三	五三〇	二三・六	六、五八五
三七	四五、四〇七	一二三・一	一一、七三六	一一・三	二、七六九	二五・〇	三、六三七	三・六	四三七	二三・三	五、九四一
三八	六五、七九四	二九・八	一一、五六五	二九・七	一〇、〇〇三	四一・九	九、一〇七	二三・四	四、三六二	五一・六	一五、六四四
三九	八二、四八六	四〇・九	一六、八三〇	二九・六	九、八二〇	七二・六	一五、二〇一	二九・七	五、三七四	三八・三	一四、九〇六

四〇	一一七、三七〇	五〇・九	二三、六六七	四〇・六	一五、二八六	一一三・一	二四、四三五	四〇・四	八、一八三	五〇・六	一八、七三六
四一	一五六、二八八	五一・五	三三、〇八一	六八・二	二五、七一〇	一五八・四	三一、四五九	五二・三	一〇、三七五	七六・一	二九、〇五〇
四二	一四二、六四三	四〇・一	一七、三一四	六二・一	二六、一九九	一五八・二	三二、六五三	四四・六	八、五七二	六四・七	二四、一二五
四三	一五五、一六七	四八・六	二一、〇七五	五〇・九	一九、〇九六	一八二・二	三七、〇七一	五六・一	一〇、八三三	七四・三	二七、四二八
四四	一五三、八三九	四五・六	二〇、一一一	五七・九	二〇、九二一	一八九・四	三九、八二四	五一・一	九、八三五	九七・九	三七、五七五
大正　元年	一五九、七四〇	四五・五	二〇、三五〇	六二・七	二四、五七五	一七九・〇	三七、〇三四	五三・九	九、九七二	八八・七	三一、四四七
二	一六三、一九〇	四五・三	二一、六一二	五九・一	三三、八六〇	一八三・四	三八、二九三	五二・〇	九、六〇六	八八・二	三三、九九九
三	一四四、五九三	三四・一	一七、六二六	五六・三	二二、一四三	一六九・一	三四、四七二	四九・九	八、八五八	一〇六・一	三三、四四二
四	一五三、七四一	二九・九	一五、五六七	五四・八	二二、〇二五	一八〇・六	三七、一二五	六〇・三	一〇、〇八七	八八・八	三三、五九四
五	一五九、六七〇	三〇・五	一八、六五九	七八・六	二九、二六五	一七二・三	三四、八九四	五八・七	一〇、三三九	八二・七	三三、九六〇
六	一八二、五一四	三三・八	二二、一〇五	五九・八	二八、九六〇	一五九・九	四一、九五一	四八・二	九、六二一	六九・三	三六、七〇九
七	二六五、七三一	四四・五	三九、九八三	六七・二	四四、四二五	一七五・九	六四、五一九	五一・八	一三、八一四	六六・四	四四、二二九
八	三九七、八五二	三三・三	四八、二〇六	六三・二	七一、〇六九	一八〇・六	一〇五、四〇二	五五・一	二四、四一四	六八・三	七二、九二一
九	三九七、〇三四	二八・九	四八、四七三	六五・四	七三、〇二三	一七一・六	一〇六、六三八	五三・〇	三二、四八五	六三・五	六六、一三九
一〇	―	二一・三	四〇、七二七	一〇五・一	一一七、九三五	―	―	―	―	―	―

（「福岡県統計書」による）

表三―27　福岡県河川漁業の一覧（大正初期）

漁具名	漁期	対象種	操業方法
曳網類			
現敷網	周年、盛漁三～五月、九～一一月	コイ、フナ	○干潮より満潮の間に使用す、網船は網約二十反前後を潟浜の一端潮上より投入し、半円形に引回し、他の一端を浜に寄せ、両端順次引き付け揚網す。
大網	三～四月、一〇～一一月	コイ、フナ、ボラ	○操業方法は現敷網と大差なし、網十数反を繋ぎて川幅を斜めに中断し、魚を集むるの垣網たらしめ、浜よりは他の大網十数反を以て引き廻して捕獲す。

えそ曳網	三～八月中、盛漁四～七月	エソ	○砂浜に立ち網の一端を持し、潮上より網を投入し半円状に打廻し、セコ船は網口より魚を追いつゝ、網中に入り、網船は網の他端尽くる時、浜に着け、漁夫は全部浜に上りて両端より揚網す。
三尺網	周年、盛漁九～一一月	ハエ、アユ、雑魚	○漁船一隻を使用し、網を砂浜の川上より手縄を延して投網し、円形に引廻して、両端より揚網す。
引出し網	六～八月、盛漁七月	アユ、ハエ、コイ	○主として淵の上を立て廻す、袋口を奥の方に向け二反を繋ぎ合せ、漸次浅瀬に曳き出す。
敷網類			
敷網(1)	周年、盛漁九～一〇月（夜間）	コイ、フナ	○岸辺より竿を出し、之が先端に敷網装置を釣り下げる。この装置は網、網拡げ用板（篠竹先端六本付き）、疑餌（粟の穂）よりなる。まず網拡大用板を静かに抜き去り、網を水底に下す。粟の穂に付したる糸を時々微動せしめ、魚の当りで曳き上げる。
敷網(2)	七～一〇月、盛漁九月	アユ	○本漁具は七人にて使用す、淵深き処において周囲を持ち、沈子方を川上に向け全体を沈下し、十五、六分間にて曳き上げる。
蜘蛛手網	周年	エビナ、アカメ、ウナギ	○川岸の位置に据付け、水底に下し二、三十分間毎に引き揚ぐ、簡単容易なるもの。筑後川下流では船にて使用するものあり。
刺網類			
えそ流網	五～七月	エソ	○満潮又は干潮の始めに川流を横切りて投網し、二、三時間にし揚網す。昼夜共に使用す。濁水時に漁獲多し。
さばら網（瀬引）	八～一〇月	アユ、ハエ、イナ	○川底、岩礁、小石の処にて川上に網を半円形に建て廻し、竿に魚を追出して、網に懸るなり。
かし網（かまつか網）	旧三～四月	カマツカ	○夜間専用にして、水流に直角に沈設す、二反を一組とし漁船一隻に五組位を積み、各組十間乃至二十間を隔てゝ敷く、夕方に投網し夜明けに引き揚ぐ。
鮎かし網	旧七～九月	アユ	○漁船一隻に網五、六反を積み各二反を一組としたるものを川流に直角または斜めに沈設す、袋口は川下に向ける。一、二時間の操業の後、他の場所に転じて操業を繰り返す。
囲刺網	周年、盛漁九～一一月	アユ	○網使用に先立ち、がわ曳（二人にて両端を持ち）を以て川幅一杯

			に川下より川上に曳き行く。がわ曳とは幹縄にぶり板を付けた魚のおどしである。百乃至二百間毎に集魚を旋網二、三統を繋ぎて囲い、捕獲す。
張網	六月、一〇月、一二月	フナ、コイ、イダ、アユ	○網目の大小数種あり、初期は細目二十節、高さ三尺位のものを使用し、漸次荒目に移る。網は二～五統を繋ぎ合わせて使用す。
瀬張網	九～一一月、盛漁一〇～一一月	アユ	○船を使用せず、二～三反を浮子方のみを接合し、網は瀬の直上に流れを横切りて建つ、朝より晩まで着け、時々懸鮎を捕る。
建網類 建切飛ばせ網	九～一一月、盛漁一〇月	ボラ	○満潮の初めに露出せる潟地の周囲を建切網で仕切る。建切網は一間置きに立てた篠竹に建網を取り付けてあり、さらに該網の外側（潮上）の周りに飛せ網（棚網）を取り付ける。ボラは潮上に向かって建切網を越えて逃れんとして棚網に落ち捕獲される。
袋網	八～一〇月	ウナギ、カニ	○川の中に棒扦二本を建て置き、そこに二、三尺の篠竹を袋口両側に取り付けたものを縛る。袋は常に川上に向ける。夜間のみ使用す、時々魚の入りたるを見て袋尻を解き取り出す。
江切網	周年	ボラ、スズキ、チヌ、コノシロ	○潮汐干満の影響ある下流において大潮時の昼間に使用す。先ず干潮時に垣網を砂泥中に埋めて設置し、潮の満ち来りて高潮時に近づけば、船を使って網を引起し竹杭（一間半毎に二列）に縁を結び、垣網の用をなす。また垣網の上部に棚網を付す。干潮となり沖に出んとして通路を絶れた魚を徒歩または船にて投網を以て捕獲す。
鰻網	四～五月、九月	ウナギ、カニ	○川中に袖網両端および網中央の二個所を竹杭に結びて網を保つ。漁獲物は袋尻を解きて捕る。
掩網類 投網	周年	コイ、ボラ、アユ、ハエ	○網目はコイ・ボラ用の八～十一節、アユ・ハエ用の二十～三十四節に至る数種あり。
抄網類 綟子たも（追込網）	一〇～一二月	フナ等一定せず	○一人、たも網を持ち、他の一人は川上より竹の先に藁を束ねた嚇し具を打振り魚を威し、狼狽したる魚を抄い捕る。

漁具	漁期	漁獲物	漁法
飛ばせ網	周年（夜間）	アカメ、エビナ、コイ、ボラ	○小舟一隻を要す。一人艪を漕ぎ、一人船首にありて網の柄を持ち、葦または岩礁から飛び出づる魚を突差の間に抄い捕る。
押網	周年、盛漁旧三月	フナ等一定せず	○主として溝または葦の繁りたる中に徒歩にて入り、両手に持ちて抄う。また竹を網の中央に付して抄うこともあり。
突出し網	三〜四月、九〜一一月	ウナギ、コイ、ボラ、フナ	○舟で川岸に沿いながら岸辺を網（竹二本、又木一本より成る三角形抄網）で突き抄う。
じょれん	四〜八月下旬	シジミ、アサリ、アオカイ	○舟は潟近くに繋ぎ、水中に入りて徒歩にて水底を掻き、二、三間掻きては引揚ぐ。
あじかけ（中抄たも）	周年	コイ	○水辺に来るコイ児を抄い捕る。
火振り網	六〜九月、盛漁七〜八月（夜間）	アユ（夜間）	○松火を以てアユを嚇し漁獲す。川の中流より網を下流に向って流し、さらに曳綱を延し其一端を舟首に持ちて、舟は網より先に進まざる如くす。舟上より松火を点火して網に向って振れば、アユは火光に驚きて水面に出て遁れんとして網袋に入れり。
叉手網	周年	ハエ、フナ	○徒歩にて川を渉り、随時淵瀬を抄いて捕獲す。
釣漁具類			
延縄類			
かまつか延縄	三〜八月	カマツカ	○夜のみ使用す。五、六鉢を川を横切りて川底に延べ、夜明けに引揚ぐ。
鰻鯉延縄	六〜八月	コイ、フナ、ナマズ、ウナギ	○舟一隻に二人乗りにて一回八鉢を使用す。
竿釣類			
鮎掛釣	九〜一一月	アユ	○流れの下より鉤を投じ上流に沿うて引き、何回にても之れを繰り返す。餌料を使用せず。
はえ釣（蚊鉤）	三〜一〇月	ハエ	○舟または川中に入り、下流より上流に向って引く、之れを繰り返し鉤に懸りたるハエを漁獲す。
うなぎ釣	五〜八月	ウナギ	○深所は舟に乗り、浅所は川中に徒歩にて瀬または岩礁の間にエビの付きたる鉤を竿と共に差し込みては引揚ぐ。
ぼら釣	九〜一〇月	ボラ	○川岸に立ち、遠方に鉤を投じ上流より流しつつ、釣獲す。

鮎おとり釣	七〜一一月	アユ	○アユの雌一尾を用う、大さは三寸五分乃至四寸大なるを尊ぶ。木綿針を以てアユの鼻に通し而して緡糸に結ぶ、アユの尾は糸を以て軽く結ぶ、鉤は尾端より約一寸外に出づ。
鯉鮒向釣	一〇〜一一月	コイ、フナ	○舟一隻を使用し、船尾、船首共に錨にて川の流れに直角に置きて、漁具凡そ三本位を延ばし一人にて操業す。
なまず釣	七〜九月	ナマズ（夜間）	○釣竿十五尺、緡糸は三味線二の糸長十八尺、ゴマ虫を使用。
雑漁具			
簗	九〜一〇月、一二〜四月	下りアユ、ウナギ、ハエ、雑魚	○簗は大小幾多の種類あり、小なるは長二十間、幅約三尺に満たざるものから筑後川の大なるものまであり。筑後川上流のものもっとも大規模なり、自然の堰堤を利用したり人為的に工作して、水流を一個所に集め、茲に魚類を陥穽する装置なり。
筌	六〜八月	ウナギ	○竹製で、形状は紡錘形をなし、大小は一定せざれとも、潟浜堰および溝渠に使用するものは大形にして、河川用は小形なり。
うなぎ掻	周年、盛漁夏	ウナギ	○漁船一隻に一人乗り、竹先に鉤を付けた漁具を七、八本を準備す。干潮時に漁具を泥中に掻きて捕獲す。
浜堰	三〜一〇月（禁漁期七月）	アユ、フナ、ハエ	○川岸の一部分に十乃至三十坪位の堰切りたる個所を作り、上流、下流に出入口を設け、魚の入れるをみれば一方を塞ぎ、一方の入口を狭め茲に筌を敷設したり等で捕獲す。
鵜飼	七〜一一月（夜間）	アユ	○夜間使用するものは漁船に篝火を焚き一人舟主にありて巧妙なる者は十数羽を使用するあり、普通一人四、五羽を使用す。昼間は藁縄二十尺を川底を曳き、その後を鵜船で追い捕獲す。
うなぎ柴漬	周年、盛漁四〜六月	ウナギ、カニ	○夜間の操業、流路を遮断して投縄す、幹縄の長さ十五尋毎に沈子を付し漁具の流失を防ぐ。一漁船柴束の数有三百乃至四百を使用す。川幅の広狭に従い、連結あるいは数条に分割投縄す。柴束に潜入したるものを捕る。
あぐら	三〜一〇月	ウナギ	○専ら山国川下流にて敷設さる。舟の通路を避け、底質岩礁の個所を選び、丸石数百を二坪位の広さに積み重ねたるものなり。これを三、四間離して同様に積み、此総数三、四百組あり。

（「福岡県漁具調査報告・河川漁具之部」より）

第三章　大正十年から太平洋戦争まで

第一節　福岡県漁業、漁村をめぐる問題

一　全般的漁業動向

本期のわが国漁業は産業革命の洗礼を受け、前期よりさらに高度の発展をとげた。漁船の動力化は著しく進行して沖合漁業は益々盛んとなり、蒸気機関・ディーゼル機関、鋼鉄船、無線電信装備、冷蔵設備、工船等の発達に伴い遠洋漁業は本格的な発達をとげた。朝鮮、樺太、露領極東州等のいわゆる外地漁業も急速に発達した。沿岸漁業においても、漁船動力化の進行、定置漁業の大謀網より落網への進展が行われ、養殖業もさらに発達した。その一方で昭和恐慌による漁村不況を被り、さらに太平洋戦争の突入によって壊滅的な打撃を受けた。

小規模沿岸漁業で成り立つ福岡県漁業においても、全国的な漁業動向と同様な過程をたどる。大正十年より昭和初期にかけては漁船動力化の進行や漁具漁法の改良発達がなされたが、振興施策も積極的に取り組まれた。

この期の漁業発展はなんといっても漁船の動力化にあるが、福岡県における発動機漁船発達の沿革を「福岡県発動機付漁船の現況」から要約してみよう。発動機付漁船の建造は大正六年、福岡市の当業者（県外者）が連子鯛延縄漁業経営の目的で、農商務省より遠洋漁船の交付を受け、二五屯、四〇馬力級の漁船二隻を新造したのが最初である。次で大正八年、機船底曳網漁業の興隆期を迎えて、一五屯、二〇馬力～一九屯、二五馬力の漁船が相競って筑豊沿海各地に続出し、翌九

年にはその数は一躍五九隻にもおよんだが、忽に経営難に陥り、ほとんどが僅か数年の間で廃業の悲運に終った。

これに刺激されて旧来の県内漁船は大いに動力船の効果を悟り、沖合進展の機運が出てきた。県は大正十年、機関購入費補助の途をひらいて漁船動力の促進に努めるとともに、同年、水産試験場は六馬力級の小型発動機船・桜丸を建造し、漁業経済試験を行って良好な模範を示すなど指導奨励に努めた。その結果、漁船動力化の機運が大いに促進された。他の先進県に比してやや遅れたとはいえ、漸次機械化の趨勢をたどり、殊に大正十年以降、顕著なる増加をみたのである。昭和二年末調査によれば、動力漁船を大（一〇～一二尺級）、中（八～九尺級）、小（五～七尺級）の三階級に大別すると、小型一八七隻、中型七九隻、大型四四隻であり、海域別では筑前海二五六隻、有明海四四隻、豊前海一〇隻であった。

さて水産業奨励補助事業においては、従来の県独自の補助事業に加えて、大正十四年には農林省令第二一号、漁業共同施設奨励規則が制定され、船揚場・船溜、水産物の販売、水産物の製造加工処理、貯蔵、漁船・漁具、水産物の運搬、養殖、漁船救難等の諸設備に対する国の奨励金交付事業が開始された。

また業界では、福岡県水産会が大正十年法律第六〇号、水産会法に基づいて同十二年に設立され、県水産業界の代表機関として、同十三年に最初の県下全漁業組合長協議会を開催し、同十四年以降には福岡県水産集談会を毎年開催して漁業振興に関する諮問への答申、建議、陳情などをおこなうようになった。

昭和二年は福岡県水産課が独立創設された年であり、この時期に知事は福岡県水産振興計画を公表した。その水産振興六大目標として、⑴漁業の機械化、⑵船溜設備の完備、⑶漁業組合共同施設の充実、⑷魚市場の改善、⑸水産金融施設の充実、⑹漁村教育の向上、をあげた。漁業就業・生産統計値をみると、表三－28（六七六ページ）のように動力漁船隻数は増加し、漁獲量は増大傾向を示した。また養殖生産も表三－29（六七七ページ）のように増大した。しかし県下漁業は順調に発達していったわけではなく、多くの課題をかかえていたといえよう。「九州日報」は連載もので、福岡県水産業の現状、問題点および振興方針等を取り上げ、左のように論じている。

> 農村振興の唱えられたや久しく、その全国的輿論の旺なのに反し、我が国が漁村振興を唱ふる者はなく、あつても一部具現者に限られ為政者として省りみる者は且つて無かつた。漸く当業者の発奮に依つて最近の輿論が「農村振興」と云ふを「農漁村振興」と併せ唱ふに至り。今春は全国漁業組合連合会の組織せらるあり、内外有識者の努力に輿論が漁村方面の振興に力強くなつたのは一般的に喜ばれて居る。東は豊前海より玄界灘、南の有明海へ至る百十

七里余の沿岸に依る漁場と各河川を有する我が福岡県水産界の課題を一覧したい。

先づ漁村は貧富の差少いが、漁業者としての資本家極めて少く従つて漁業に対する投資も尠い。共同漁業はあるが、名のみで振はず、漁業は小規模で大型漁船無く、漁業の機械化と沖合漁業者少く、専用漁場の如きにも入漁料を得て他県人の経営に委し、且つ漁場の良好な為め他県人の侵略に悩まされ違反船に対する取締を県に要望するのみで策も無く、漁民の生活状態は漸次悲観す可き道程を辿つて窮乏の淵に進んで居る。これが福岡県漁村の状態と云ひ得る。最近の水産業者は五万二千六百十八人、一万四百七戸であるが、これ等の組織する漁業組合数は沿海八三組合（筑前海四六組合、豊前海一九組合、有明海一八組合）と河川其他に関係するもの筑後部の三組合、都合八六組合あり、経費総額三十七万千四百五十一円（一組合当り四千三百十九円）、積立金三十一万八千六百四十六円（一組合当り三千九百三十七円）を以て共同施設事業、共同販売所設置、養殖上の施設、漁業資金貸付等漁村振興を劃する唯一の機関として活動して居るが、指導奨励に緊要な最近智識を有する中心人物の少きに苦しんで居る向きが多い。水産学校、水産講習所設置の声が漸く高くなり、乱打される暁の銃声は沿岸百十余七里各浦々の海波を圧するに至つた。

沿岸各浦の漁獲物は、玄界灘の八十八里の浦に、たい、いさき、いわし、さば、あぢ、ぶり、すゝき、さわら、たこ、いか、豊前海十九里の浜には、えび、さわら、ぼら、いか、有明海の干潟には、たいらぎ、からすがい、あげまき、のり、ぼら、えび等が漁られ、五万余の漁村の人を潤し、県下二百三十五万人の食膳に上つて居る状況である。最近の調査によると、その漁獲高は七百五十六万七千六百七十四円、水産加工物の二百九十七万五五百六十円と併せて千万円に足らず、尚ほ県下の総需要額三千万円に足らざる事尚ほ二千万円余の多きに達し、水産物の自給自足を劃するとせば大型漁船の製造を大いに増加し遠洋、沖合漁業の振興を講ずる必要がある。然らば県下各漁村が有する漁船は如何なる数にあるかと云ふに、大正十四年末で無動力船五、七五八隻、動力船一九七隻、計五、九五五隻にすぎず、一〇、四〇七戸に対し一〇〇戸当り五七隻、即ち一隻の漁船も有せない漁業者が一〇〇戸に就き四三戸の割合となつて居り、殊に二〇屯以上の漁船が一隻も無いと云ふに至つては誠に遺憾といはざるを得ない。

一方、漁場の特徴を観ると、さんま、まぐろ、かつお等の如き大量の生産ある回遊魚族の来遊は殆ど無いが、定着性の魚族は筑前海方面の玄界灘、響灘の如きは海底平坦、遠浅で魚礁多く魚族の蕃殖種類の多き事は全国第一位である。而も周年漁獲の絶ゆる事も無い一方、消費地の交通も至便で魚価は比較的高価であり、理想的の好漁場で而して筑豊四六浦の専用漁業権が設定されて居る。豊前海方面は海底浅く平で、打瀬網の漁場で名があり、有明海は潮の干満の差が甚だしい事、我国第一で干潟の露出広潤の為生産性が高い。斯くの如く沿岸百十七余里の浦々は回遊魚族を目的とする地方と異り年々豊凶無く、漁法も比較的単純で全く天恵の漁場で当業者は安息の生活を営み得るため進んで危険率の多い沖合、遠洋漁法を採る必要無く、桃源の夢に耽つて居る。為めに鮮海、支那海等への出漁に至便の地にありながら、前記の理由により遠洋、沖合漁法が発達しないは無理も無い事ながら、二千万円と云ふ県下水産物の供給を他県より仰がざるを得ないのは誠に遺憾極まりない事であると共に、また当業者の発奮に待たねばならぬ。

現に玄界灘の鰮刺網の如きは福岡県の許可数二〇〇隻中その半数以上は他県人の経営で、規模もまた福岡県人のそれよりも倍して居る。豊前海の打瀬網は県許可数一五〇隻中福岡県人の分は三〇隻に過ぎない有様である。殊に機船底曳網に至つてはその悉くが他県人の経営であり、これ等の機船は禁漁区とされて居る専用漁場内を公然と荒し廻り、為めに今では水産試験場費の半額以上をこの泥棒船の取締に投じて居ると云ふ。実例を前にして繰返し当業者の発奮を促さざるを得ない次第である。斯の如く天恵の漁場を頼んで沿岸漁業以外に手を染ない結果、その沿岸漁業は年々衰微して収穫あがらず、年額何れも百万円を産して居た処の、かなぎ、秋鰮は漁獲激減し、殊に定評のあった筑前「かなぎ」に至つては絶無となり、徒らに当時の成名を偲ぶばかりとなつて居る。

一方、淡水方面は現在の漁獲高は約四、五十万円で主なるものは鯉、鮎である。淡水面積は頗る広袤で即ち、河川八千五百余町歩、溝渠溜池三千五百余町歩（内養殖的利用可能面積二千八百余町歩）、水田十一万二千余町歩（内養殖的利用可能面積三万余町歩）あつて、将来大いに養殖の余地もあり且つその事業も有望で、県では特に奨励に努めて居る。尚ほ淡鹹水面の養殖に於ては、淡水は未だ利用少く現在は養鯉が稍見る可きで産額二十万円に達して居る許しで他は大したものは無い。浅海面の利用に至つては、有明海の海苔が近時著しく増殖し、貝類の養殖も普及の途に就き、その他県下一般を通じて海苔、海羅の養殖が行はれて来た。即ち大正五年度の養殖生産六万六千五百十六円が十年後の大正十四年度には二十六万七千三百四十四円と四倍強に相当して居るを見てもその有望さが推知されよう。十四年生産の内訳は鯉八万五千四百八十八円、亀九百九十七円、鰻八万三千四百四十四円、鰡二千七十円、牡蠣一万五千三十一円、蟶二千五百六十三円、海苔七万百八十一円、其他七千余円。

次に加工方面を観ると、福岡県は鮮魚の需要頗る多い為めか一般加工の余地が少く、僅に蒲鉾、缶詰、擢蝦、海苔等が専業として行はれる外、大半は漁業家の副業として煮干、塩干品等の産出を見るだけである。大正十三年度の製産高は二百万三千六百九十二円に達して居る。最後に如上の漁獲加工品の取引に関しては県下七七の魚市場、二一の共同販売所がありて、その統一機関として水産組合が配給の円滑を計り、県も曩に魚市場規則の改正を行ひ取引機関の改善を企図して居る。

　最後に県水産業の不振の原因を約言すると、漁業組合の不振が根本原因とも謂ふ可く、その組合不振の一因は県の指導に適当さを欠いて居り、組合理事に人材少く一般漁民の教育及び自覚の点に遺憾の点ある事等である。次いでは完全の漁港無く、取引方法不良等が資金難を招来し、科学的の漁法を採用する事の無いと云ふに帰して居る。県に於ても従来水産振興の為めには漁船建造、共同施設、加工、養殖等に対し補助奨励し来り、その大正四年度より大正十四年度に至るまでの補助額を見ると、組合、個人を通じ築瀬、築礁、磯掃除、飼付、改良竈、製缶機、缶詰機に対し、四年度六三一円、五年度七〇〇円、六年度七〇〇円、七年度九九七円、八年度より十年度に至る各年度毎一、二〇〇円、十一年度一、四〇〇円、十二年度二、九四〇円、十三年度二、六四六円、十四年度一、一六〇円、都合一万四千七百七十四円を交付した。造船費に対しても大正四年度より同十四年度に至る間、補助船数九百八十九隻に対し七万六千四百九十九円を交付し、尚昭和二年度より五ケ年計画を以て漁船建造補助費を以下の通り決めて居る。

年次	漁船数	船価	補助額
昭和二年度	六一隻	一、二八五円	七、八四〇円
三	六一	同	七、八四〇
四	六〇	同	七、七一〇
五	六〇	同	七、七一〇
六	六〇	同	七、七一〇
計	三〇二		三八、八一〇

又発動機購入補助として三馬力以上二十馬力までに対して交付する計画である。

年次	機関数	補助額
昭和二年度	五七隻	五、三一〇円

三	五七	五、三一〇
四	五六	五、〇四〇
五	五六	五、〇四〇
六	五六	五、〇四〇
計	二八二	二五、七二〇

資金の融通の為めに大正元年度より農林省低利資金の融資を受けて利用して来たが、その額僅少のため大正十五年度よりは簡易保険金積立金より十万円を借受け利子の補給を行ひ、漁業組合共同施設事業資金に転貸する事となつた。

次に試験方面では、玄界灘に於ては小型発動機船漁業（桜丸、肩幅六尺六寸、大正十年建造）、ぼら飼付、一隻廻揚繰網、鯖鰮流網等の漁業試験、煮干類及ふのり改良試験、築磯、磯掃除、海苔、海羅、餌料等の養殖試験を行ひ、豊前海では、ぼら飼付、網地染料、ふぐ延縄等の試験を行ひ、有明海では浅海利用試験並に其の産出品の加工利用試験を行ひ、淡水では侍島、豊前両養魚場に於て養鯉試験並に鯉児の配布を行つて居り、各方面で実績をあげて居る。尚ほ水産試験場所属の玄海丸、沖ノ島丸、英彦丸、有明丸の如きは、他県人の入漁取締のため左記各灘、海に配置、忙殺され、試験船としての利用が行はれないのは遺憾千万である。主な取締対象は、筑前海方面では玄海丸及び沖ノ島丸を以て機船底曳網、鰮刺網、打瀬網取締であり、豊前海では英彦丸に依る打瀬網、鰆流網取締であり、有明海では臨時傭船又は有明丸を以て潜水器たひらぎ漁業取締である。

次いで県水産界振興を期する行政方針としては県水産界の基本調査を完成し更に不振の原因を極め、次の如き各条に向つて進む可きではあるまいか。

⑴漁撈中心とすること：①遠洋漁業に対しては漁港を設備すること（博多漁港）、魚市場を改善すること、②沖合漁業に対しては機械船の増加を図ること（補助）、船溜、共同購入其他の共同事業を進むること（低資、組合指導及び土木技手）、③沿岸漁業に対しては漁場の移動を調査すること、漁法の改善を研究すること、許可免許漁業を整理すること

⑵漁業組合中心とすること：①事務を整理すること（講習、実地指導及優良組合選定）、②指導系統を作ること、③淡水利用を進むること

(3)行政機関：①本県は水産行政に当る職員相当多きを以て之が組織宜しきを得れば成績を挙ぐべきを信ず、②行政業務と試験業務との関係を明かならしむること、③水産試験場の職務を明かにし之を遂行するに足るべき設備を完備すること、④取締船を運用方法を研究し漁撈試験船を特に定むること、⑤行政及試験業務に当るものの組織及職務を研究すること。

（「九州日報」昭和二年六月七～九日）

昭和四年十月、ニューヨークのウォール街でおこった株式の大暴落をきっかけとして、全世界に大恐慌が勃発し、日本経済はもちろん、この世界恐慌の渦中に巻き込まれた。経済恐慌の負担は多くの労働者と農漁民の肩にかぶせられた。水産物市場は国内、国外ともに著しく狭隘となり、魚価は全面的に暴落し、都市、農村ともに水産物の需要は激減した。農村恐慌は食料水産物ばかりでなく魚肥の需要を減少せしめた。恐慌は昭和四～八年に続き、七年が最も深刻であったといわれる。この期における福岡県下漁村の窮状については漁業制度編でも述べたが、ここでは漁村不況に対する県下漁業界の運動について報じた「福岡日日新聞」の記事を紹介しよう。

未曾有の世界的不況に伴ひ県下の漁村は負担重圧、極端なる魚価の惨落、濫獲に伴ふ魚族の減少により言語に絶する窮状に在る。之が対策を講ずる為め十二日午前十一時から県庁大会議室に於て県下漁業組合長会を開催した。出席者は百余名、先づ樋口県水産会長、議長席につき議事に入る。各海区を代表して、筑前海では一区岩松長浜、二区味永若松、三区長沢相島、永島勝浦浜、四区中島志賀島、五区寺田玄界島の各組合長より現況を説明し、特に密漁船の取締、機船底曳網の全廃等を訴えた。有明海では岡崎大野島組合長が貝の値段の暴落を説き、豊前海では和田苅田組合長が漁民の負債難を力説した。又石川水産試験場技師からも意見を述べた。議事に入り協議の結果、各組合の提出問題は一括して委員会に付託する事になり、筑豊からは岩松、時永、永島、山崎（嘉）、山崎（美）の五氏、豊前から白石、和田、広石の三氏、有明から岡崎、藤田の両氏を選び、午後三時より別室で岩松徳太郎氏を委員長として委員会を開催協議した。斯くて午後四時本会を再開、岩松委員長から報告をなし、満場異議なく全部可決して午後五時散会した。

議決の内容は曩に東京に於て開かれた漁村救済促進会の決議と県水産課の漁村救済対策案の全部を承認可決した。各組合の提出問題で同旨のものは合併以外のものは別個に付議し可決、保留又は否決した。漁村救済促進会決議並びに県水産課漁村救済対策を示せば左の如し。

一、漁村救済緊急対策
(1)漁村負債整理の断行
①預金部資金及び簡易保険積立金の地方貸付については償還を三ケ年延期されたし
②前項以外の負債の整理についても適当の方法を講ぜられたし
(2)漁村失業救済事業の実施
①河川、港湾、道路の工事を以て漁村の失業者を救済されたし
②漁港、船溜その他漁村共同設備の修築造営事業を起されたし
(3)魚価対策の実施
①水産物の保存加工及び配給に関し適切なる施設を行ひ極力魚価の維持を図られたし
②鉄道運賃を一率に逓減されたし
(4)水産金融に関する特殊施設の断行
①水産金融の益々梗塞するに鑑み十分なる低利資金の供給を断行されたし
②特殊銀行及び漁業組合の資金貸付につき政府に於て一定の限度に於ける損失補償を行れたし
(5)漁業組合機能の改革
①速に斯界多年の要望たる現行漁業法の改正を断行され漁業組合の機能を充実し漁村経済中枢機関としての実力を発揮せしめられたし
②漁獲物の共同販売を実行普及徹底せしめ之を中心として負債の整理、資金の融資その他漁村経済の改善に充てしめられたし
③漁業組合の指導奨励及び助成に関し有力なる施設を講ぜられたし
(6)漁船の資金化
①漁船は漁業者の最も重要なる資産に属し之に投下せられたる資本は巨額なるに鑑み、速に漁船保険法を制定し之が資金化を図られたし
(7)機船底曳網取締の励行

①機船底曳網漁業と沿岸漁業の紛争に関し速に根本対策を講じ沿岸漁民の疲弊を匡救されたし

二、県水産課漁村救済対策

(1)漁村自体のもの

①漁村に於ける漁獲物販売方法を改善し直接消費市場へ進出を図ること

②漁業組合に於て漁業用品の共同購入をなし生産費の逓減を図ること

③漁獲物の家族行商を普及徹底せしむること

④県下漁業組合の基金を以て基礎資金とする一個の金融機関を設け資金貸付事業を行ふ途を講ぜしめ資金貸借の簡易化を図ること

⑤漁業組合の申合を以て稚魚の濫獲を防止すること

⑥水産振興に関する官民一致の調査機関を設くること

以上其の実行を期する為地方的に座談会等を開催し大々的組合経済運動を興すこと

(2)県自体のもの

①徹底的に漁業取締を励行し漁場の荒廃を防ぐこと

②機船底曳網漁業の実際的廃滅方針を採ること

③副業的水産物の加工製造を奨励すること

④県営人工魚礁網を計画し之が完成を図ること

⑤漁村船溜を県営に移管し漁村の最大負担を免れしむること

⑥離島に対する県営交通機関を設け（陸に於ける産業道路及林道に準する観念）漁獲運搬の便を図ること

⑦稚魚濫獲を禁止し漁業取締を徹底せしむること

⑧共同購入に要する倉庫並石油槽建設費に対する県費補助の途を拓くこと

⑨漁業組合の基金を以て基礎資金とする金融機関の設立を助成し、県費を以て全額の投資補給をなすこと

以上の内予算に関係を有するものに付ては実施計画案に基き可及的に昭和八年度に其の実現を期すること

(3)国に対するもの

①低利資金の貸付方法を簡易寛大ならしむること
②資金の供給を受け漁村に於て負債整理組合を設け個人に対する高利債の借替をすさしむること
③機船底曳網漁業を廃止し国に於て之が転業補償をなすこと
④遠洋漁業奨励法に依る漁業の奨励方針を改め内地市場に於ける沿岸漁業者の漁獲物との競争を避け主として輸出を目的とする漁獲物の漁業に従事せしむること
⑤政府に於て水産物及輸出水産物の加工化製の企業を奨励し過剰生産物の緩和を図り併せて価格暴落の原因を除去すること
⑥国営を以て大小漁港網を完成し併せて漁村の船溜施設に対し補助を与ふること
⑦漁業組合に対し工業組合法等に準し組合経済化を図る様漁業法の改正を図ること
⑧漁業組合の系統的組織を認め水産団体の単純化を図ること
⑨稚魚濫獲を禁止し増殖施設をなすこと
⑩府県を単位とする各漁業組合の基金を以て基礎資金とする相互組合金融機関設立の途を講じ国庫より投資補給をなし又毎年度維持費の若干を交付すること

三、協議会独自で可決せるものは
①漁業に関する全ての税金軽減の件
②漁業取締規則中蕃殖保護事項に付き隣県との統一を図ること並取締の徹底的断行に関する件
③有明海水産振興のため指導並取締用船有明丸復活に就いて県に要望の件
④有明海全体の羽瀬を全廃すること、但現業者には相当の補償をなすこと
尚自力更生策については適宜方策を採る事とし又委員会としては「低資の償還を五ケ年間延期し其の間の利子は国が補給する様国に要望する事」を決議した。

（「福岡日日新聞」昭和七年七月十三日）

そして、漁村救済全国漁民代表者大会が昭和七年七月二十五日、東京で開催され、左の大会宣言と漁村救済緊急対策七項目が満場一致で可決され、農林・商工・内務・大蔵・鉄道・逓信各省・貴衆両院・内閣府に陳情された。

宣言：海国日本の使命は海洋の資源を開発して国運の進展を期するにあり、海洋資源の開拓、水産国策を確立して漁

村の振興を図るより急なるはなし、今や未曾有の経済国難に当り積年疲弊の極に沈淪せる漁村は将に崩壊の危機に瀕せんとす、茲に於てか吾人は漁村の更生を図るは現下の一大急務なるのみならず、以て海国日本の使命を遂行し国難の打開を期する所以にして、その一大要諦たることを確信するものなり、仍つて茲に全国水産大会を開催し漁村救済の念を政府に愬へその措置に深く期待すると共に吾人の決意の存するところを天下に開明せんとす、敢て宣す

漁村救済緊急対策

第一　負債整理に関する事項

第二　漁村救済事業に関する事項

第三　水産金融緊急施設に関する事項

第四　魚価対策に関する事項

第五　漁場保護に関する事項

第六　漁業組合に関する事項

第七　漁船の資金化に関する事項

（「福岡日日新聞」昭和七年七月二十六日）

福岡県の漁村不況対策への取組状況が「福岡日日新聞」に左のように報じられているが、世界規模の経済不況のなかで本格的対策など取り得るはずもなかった。

軍需景気もどこ吹く風と県下漁村の不況は相変らず深刻である。之が匡救策には関係者いづれも頭を悩ましているが、明年度予算では県財政の逼迫にわざはひされ水産関係の新規事業は殆ど流産となり予算を伴ふ新規の指導奨励は全く絶望となつたので、県水産課では此際経費を要せずして効果ある更生策を樹立すべく鳩首協議中である。而も県下漁村の実態は最近急激な変遷振りを示し、従来の調査では到底間に合はぬところから県水産課では近く課員を総動員して漁村の実態を調査することになつている。即ち二、三両月に亙り水産課、試験場、水産会の関係者が左の如き主要漁村に乗出し水産職員の座談会を開催し、漁業の成績並に趨向とその原因を調査すると共に漁村経済の建直し、漁村の失業者の救済、副業の奨励、漁村教育の振興等につき充分打合せをなし、此等を総合して県水産更生策の確立を期せんとするものである。

筑前海：神湊、津屋崎、姪浜、今津、芥屋、大島、平松、長浜等

豊前海：蓑島、苅田、柄杓田等
有明海：大川、沖端、川口、大牟田等

而して現今の漁村に於ける失業者の増加は注目すべきものあり、全漁業者五万人の中二割に達する有様で之が匡救策こそ最重要とせられ、之には漁業組合の活動によつて金融の円滑、漁具の貸与、共同漁業等の更生法を講じ又副業の奨励によつて漁家経済の改善を図ることになつている。

（「福岡日日新聞」昭和九年一月十五日）

漁業組合法の改正に伴ひ最近、福岡県下漁村の更生気分は急速に構成せられつゝあり、県水産課では之が本格化をはかるために明年度予算編成に当つては深甚の考慮を払つた。査定終了した同課予算を見れば、この気勢が多分に溢れている。即ち漁業組合制度の改善に伴ひ指導の完全化をはかるため指導職員の充実を期すことゝなり、県水産課、郡市水産会、町村技術員の増加をなし、又漁業者自体が共同漁業によつて自営漁業を促進するため奨励費を計上するほか、トラック其他に県費補助を交付して漁業者より消費者への共同出荷を勧奨している。一方、漁村の根本的建直しには漁村の中心人物の養成を必須となし、漁村道場とも云ふべき漁村子弟講習会の充実を期している。次に注目すべきは水産振興計画の樹立に当つて有明海に主力を注いでいる点で、従来缶詰製造を行つていた同地の加工場を独立会計とし、漁業者の利用を中心として魚介類の加工、増産を計画しており、又運転資金六千余円を投じて缶詰、海苔製品の県営検査を執行し、品質の向上に拍車をかけ、更に有明海調査船を新設して目的の達成を図つている。

尚海のギャングとして恐れられている密漁船を駆逐するため県監視船鎮西丸を改造することゝなり、四千余円を投じて操舵装置の改造、探照設備の充実を企図している。他面、漁場の開発を目的とする遠洋漁業の第一線に立たしめるため県水産試験場の昭代丸に三千余円を投じて船体の大改造を加へることになつている。その他現在、県下の大資本を擁する漁業は他府県人に占められている実情に鑑み、之を蚕食するため過渡的便法として漁具漁法の改良補助費を計上しているのも看過出来ない。水産試験場の新規事業として流水式による鮎、鯉混養試験を実施することも興味を以てみられている。

（「福岡日日新聞」昭和九年十一月二十一日）

昭和十年代に入って、ようやく漁村不況から脱出した福岡県漁業界にとって、昭和十二年は福岡県漁業組合連合会が誕生した年でもあり、県水産課独立十周年の記念すべき年でもあった。同十二年十一月、県水産当局は福岡県水産物生産拡充五カ年計画を公表したが、それは現在の水産漁獲物年額二千二百余万円、水産製造物三百五十余万円をそれぞれ五カ年間にその倍額まで拡充せんとするものであった。

その一方、昭和恐慌の打撃から日本経済が脱出する過程は、満洲事変を契機とする戦時体制への移行でもあった。昭和十三年、国家総動員法の公布によって、すべての経済が軍需優先の統制経済に移行し、漁業は衰退の一途をたどることになる。これについては漁業制度編で述べた。

表三―28　福岡県沿岸漁業の就業戸数・漁船数・漁獲量・漁獲高の経年変化（大正十～昭和十七年）

年	就業戸数			漁船数			漁獲量				漁獲高（千円）
	専業	兼業	計（戸）	無動力	動力	計（隻）	魚類	貝類	他	計（屯）	
大正一〇年	三、七九四戸	六、七八一戸	一〇、五七五戸	六、〇〇三隻	三二隻	六、〇三五隻	一三、四〇八屯	八、九六〇屯	一、六〇九屯	二三、九七七屯	六、三二四
一一	三、七〇四	六、八三一	一〇、五三五	六、〇〇九	六六	六、〇七五	一一、六三七	九、六五六	一、七三九	二三、〇三二	六、九〇八
一二	四、二二四	七、二一四	一一、四三八	五、八七一	八五	五、九五六	一一、六九八	三、〇一一	二、一五〇	一六、八五九	六、三五五
一三	四、三七四	七、二八三	一一、六五七	五、六八三	一一四	五、七九七	一一、六一四	五、七五七	一、九三一	一九、三〇二	六、四一三
一四	四、五三七	六、八二一	一一、三五八	五、七五五	一五三	五、九〇八	一一、五一〇	四、六四〇	一、八四一	一七、九九一	六、三七四
昭和元年	四、五二四	七、七七七	一二、三〇一	五、五五七	一八二	五、七三九	一五、六九一	三、六一〇	二、四八八	二一、七八九	六、九九四
二	四、四二七	七、七八九	一二、二一六	五、五二八	二七八	五、八〇六	一六、三八五	五、五五五	三、二〇四	二五、一四四	八、七七九
三	四、四八二	七、六四八	一二、一三〇	五、四二八	三一八	五、七四六	一一、七一七	六、六六八	二、八九五	二一、二八〇	四、六七四
四	四、四二八	七、六一五	一二、〇四三	五、六五八	五一五	六、一七三	一三、三四一	七、三二〇	二、六六六	二三、三二七	四、五二五
五	四、三六一	八、二七二	一二、六三三	五、四六七	七三八	六、二〇五	一一、七〇九	五、二九九	二、六〇四	一九、六一二	四、四九八
六	五、一五三	八、二八九	一三、四四二	五、一八〇	九一九	六、〇九九	一二、九八六	六、一二九	二、九四四	二二、〇五九	三、七三八
七	五、二〇五	八、八二三	一四、〇二八	五、〇三五	一、一四〇	六、一七五	一一、四一五	七、一二八	二、九四八	二一、四九一	三、六八九
八	五、四一三	八、五六一	一三、九七四	五、〇五一	一、二四四	六、二九五	一七、三九六	四、七六四	二、二一九	二四、八七九	三、七四八
九	五、四五四	九、一九七	一四、六五一	四、九九二	一、四〇九	六、四〇一	一四、三二二	四、三一五	三、四一七	二三、〇五四	三、七三八
一〇	五、六二二	九、〇四〇	一四、六六二	四、七五一	一、五一三	六、二六四	二一、六二〇	五、五一四	三、九五一	三一、〇八五	四、九一一

一一	五、六三八	九、一三二	一四、七七〇	四、六九三	一、七三五	六、四二八	一六、六九〇	九、九〇三	四、一四九	三〇、七四二	五、三五〇
一二	五、八二九	九、三〇七	一五、一三六	四、四六九	一、九七四	六、四四三	一四、二〇八	一一、四九一	四、四〇一	三〇、一〇〇	五、六八九
一三	五、八〇八	九、四〇九	一五、二一七	四、〇三三	二、一四七	六、一八〇	一九、五九九	一一、七四一	三、八二四	三五、一六四	七、一六六
一四	五、九〇三	九、〇六六	一四、九六九	三、八二八	二、二〇九	六、〇三七	一五、二一九	一〇、七〇一	四、三九四	三〇、三一四	八、一一〇
一五	—	—	—	三、七〇一	二、二一九	五、九二〇	一四、六七二	九、三三五	四、六三三	二八、六四〇	一〇、五二二
一六	—	—	—	三、六六〇	三、一四九	六、八〇九	三三、三九四	八、二一四	六、八七三	四八、四八一	三七、〇七六
一七	—	—	—	—	—	—	一一、九八六	一二、一四七	九、二四二	三三、三七五	—

註(1)各数値は「福岡県統計書」による。(2)漁獲量・高は内水面分を含む。

表三―29　福岡県養殖業生産の推移（大正十～昭和十五年）

年次	コイ	ウナギ	ボラ	スッポン	カキ	アゲマキ	アサリ	ノリ	その他	計（円）
大正一〇年	五九、四二七	七、五八二	六一九	二、一六〇	二三二、〇四二	一二三	〇	一二、六四七	一、三八三	三七五、六〇一
一四	八五、四八八	八、三四四	二、〇九〇	九九七	二五、〇三一	三、五六三	〇	七〇、一八一	七一、六七〇	二六七、三四四
昭和元年	一〇五、四七〇	五、四五〇	二九〇	—	三六、八六五	—	三四六	九六、七六六	六二、五三二	三〇七、七一九
三	一六五、二七六	九、二四四	一、三三六	—	二七、六三五	—	五五、七五〇	一一〇、五五八	七二、二八四	四四二、〇七三
五	一二九、四七二	四、五二六	一、五六〇	—	一、一二〇	—	四四、八三六	五二、五九〇	五四、五五三	二八八、六五七
一〇	二三六、五一三	二、七七二	二、一〇八	—	一九、〇二八	—	六七、四〇二	五四、八三二	二五、五一二	四〇八、一六七
一五	四六七、三六二	三、四三七	二、一三九	—	一五一、八五〇	—	二七七、八七五	一二、九七九	五〇、九八七	九六六、六二九

（「福岡県統計書」による）

二　漁場汚染と福岡県汚水放流取締規則の制定

戦時体制は軍需景気にあふれた県下の重工業、鉱山等に好況をもたらしたが、その反面、これら工場、鉱山から排出される汚濁水は漁業のみならず、地域住民にも甚大な悪影響を及ぼした。それらの状況を当時の新聞記事からみよう。

全国一をもつて誇る福岡県の鉱、重工業はその反面に於て工場から排出する工場汚水や石炭鉱の洗炭汚水の為め沿岸漁業及び河川漁業は全滅の形に陥り、漁民を死活の岐路に迷はせている。即ち洞海湾を中心とする北九州一帯沿岸、県下浅海漁業の主要区域をなす有明海の魚類衰微、筑後川、遠賀川、那珂川の漁業絶滅、漁業衰微は近時軍需産業が殷賑なるに伴ひ工場、鉱山が拡張増産計画するのにつれて益々被害が大きくなるので、このまゝ放置すれば浅海漁業は将来全く寒心に堪へざるものがある。県当局では重工業殷盛のかげに払はれる犠牲としてこれが漁業者の更生について考慮していたが、やうやくこの問題の解決の曙光を見出したので五月上旬、東京に開かれる地方長官会議において小栗知事が福岡県の特殊産業事情として一席弁じることになつた。すなわち解決案は県水産試験場が洞海湾をはじめ有明海その他漁業被害河川について慎重に水質検査した結果により、直接漁業被害をもたらすと見られる諸工場から補償金をとり、これをもつて疲弊窮乏せる漁業者に転業もしくは沖漁に転換させるといふのが第一である。第二は現在、この工場、鉱山汚水による漁業被害については福岡県水産試験場に委嘱して水質試験等をやつているが、重工業と漁業の関係が深くなるにつれて到底これでは間に合はないので、独立の水質調査機関による水質の水理生物学、化学的調査試験を行うものを設けることである。第三には現行漁業法によれば第三十四条第五号に水質汚損による被害ある場合は県令で取締ることを得るといふ規定があるが、福岡県ではこれに関する県令がない。そこで農林省を動かして単独な水質汚濁防止法を速急に制定し、汚水の排除装置を充満させて、この両産業の相剋する悩みを完全に拭ひ去るといふのである。

因に、後述する洞海湾、有明海の被害状況の外で主なものは以下の如くである。福岡市那珂川は日本足袋工場並に鐘紡工場から排出される悪水によつて白魚が全滅に至つている。筑後川も日本足袋工場から排出される汚水により鮎等への被害が見られている。また遠賀川は福岡県有数の河川でその本支流は鮎の名産地として名高いものであつたが、筑豊炭田地方から流出沈殿する石炭粉のため鮎は溯上し得なくなつた。　　（「九州日報」昭和九年四月二十二日）

鉱工業汚水対策の確立に関しては、さきに県会に於いて十三年度予算可決するに当り、希望五項目の中に明記して当局の対処を要請したが、十五日、県町村会では添田会長名を以て県知事を経由して内務、商工両大臣宛に鉱工業汚水及沈殿物浄化施設に関する法律制定方を要望陳情する処があつた。一方、目下上京中の県町村会吉田主事をして関係当局に同趣旨の説明に当らしめた。筑豊方面の遠賀川々筋は勿論、企救郡方面の曹達工場汚水、筑後部の八女、三井、大牟田、三潴での鉱工汚水関係、特に八女郡星野川筋の金鉱山鉱毒水等によって悩まされている現状を説明した。県民大衆にとっては重大な問題であり、強く関係方面の注意を喚起して対策樹立を急がしめ、筑後の生活安定を期するためこの要望の猛運動を起すことになつたものである。県町村会の要望書大旨は左の通りである。

炭鉱、金銀鉱等の鉱山又は製紙、曹達其他の工業所在地方に於ける河川は、是等鉱工業の汚水放流に依り汚濁し、鉱業地方の河川は茶褐色を呈し或は墨汁色に化し、製紙地方に於ける河川水は藍染排水と撰ぶなく、金銀鉱山地方に於ける河川水は全く泥水化し、曹達製造業地方亦悪水に変し、実に名状すべからざるものあり。随て耕作物の被害は勿論魚類の繁殖を妨げ、甚だしきは魚族其跡を絶たむとするの実況に在り。為に河川を侵し、時としては臭気鼻を衝き衛生上の危険謂ふべからず。往時透明の清流に親しみ且之を日常生活の用に利したるも全く之を奪はれ、山水の風光は痕跡を止めざるまでに汚損破壊する等、関係地方民の苦悩と困惑とは誠に言語に絶するの状態に在り。而も近時愈々其汚濁を濃密ならしめつヽありて一層其度を加へつヽあるに拘はらず之に対応する施設の見るべきものなく、偶々之れあるも殆ど実用を為さず、甚しきに至りては直に河川水に放溢し何等顧みる所なきの観を呈せり。曹達製造業の如きも沈殿物に対する措置遺憾を極めつヽありて、是等汚濁水につき今にして法律の公力に依り制抑するにあらざれば、将来如何なる重大事件を発生するなきを保せず。要は産業の発達に伴ひ工業用として幾多の変化は之を免がれずとするも、現在の制度を以てすれば余りにも関係民の犠牲多大に過ぐるの感有之。況や科学の作用は此被害を殳除するの域に達し、最近の実例に徹するも洗炭汚水の如き簡易なる設備に依り浄化しつヽあるに於てをや。願くは被害の実況を調査せられ、関係民の騒擾を惹起せざる以前に於て相当法律を制定せられむことを茲に本総会一致の決議に基き切実に要請致候。

（「福岡日日新聞」昭和十二年十二月十六日）

工業北九州の躍進に伴ひ水源を遠賀川に仰いでいる八幡、若松、戸畑、直方、飯塚、中間の五市一町は同川流域に放出される坑内汚濁水や洗炭水に非常な脅威を感じ之れが対策に頭を悩ましているが、名和中間町長ほか代表者五名は三十日朝、県庁に赤松知事、土肥土木部長等を訪問、縷々陳情を重ね、前記五市長と中間町長連署の陳情書を赤松知事に提出した。陳情の要旨は左の通りである。

「遠賀川に水源を有する五市一町の生命線たる上水道の水質は最近益々悪化し一立方センチ米中に数百個の大腸菌を検出するに至れり、而して他に水源を求め得ざる五市一町住民の保健衛生上容易ならざる結果を招来し、既設上水道に一大脅威を与ふるのみならず、戦時に伴ひ出炭の激増に連れ、洗炭に由る炭塵の流出益々甚しく、河水の濁度は三千度以上に及ぶこと屢々にして為に微粉は河底に充満し、飯塚市、直方市、中間町の伏流水は殆んど浸透の道を塞がれ、表面水を原水とせる八幡、戸畑、若松三市の既設上水道の設備にては殆ど濾過し能はざる状態迄に進み、眼前渺漫たる水を湛へ乍ら五十有余万人を抱擁する地域の住民は日常生活上、水飢饉に苦しむの奇観を呈し、時節柄軍事上、重工業上最も重要なる北九州各都市の発展を阻害すること甚しく、一刻も閑却すべからざる実情にあるので、速かに実地調査の上住民の一般保健衛生竝に日常生活上の脅威を除去すべき適切なる施設を講ぜられたい」。

右に就き土肥土木部長は「遠賀川の汚濁水で沿岸住民が保健衛生上の脅威を感じているのはかねがね聞いているが、之れに対して適当の施設を講じなければならぬので、折角研究の上何等かの方法で地方民の悩みを解決したいものと考へている」と語つた。又衛生試験細菌室では「遠賀川の水が相当汚濁していることは事実で、之れが対策としては各市町村の下水道設備を完備して浄化した下水を流出すると共に沿岸住民の衛生思想の自覚に俟つより差当り他に適当の方法はあるまい」と語った。

（「福岡日日新聞」昭和十三年五月三十一日）

このような工場、鉱山廃水による海面、河川汚染問題は、昭和七年度以降の県会で再三、取り上げられているが、ここでは昭和九年通常県会での質疑応答を紹介しておこう。

○（四十七番・山崎美太郎）漁業者ハ工業ノ発展ニ伴ツテ各河川ニ流下セラル、悪水ニ依ル被害ヲ受ケテ居リ、海面デハ有明海、北九州方面ノミナラズ博多湾内ニ於テモ此種ノ被害ハ非常ニ多イノデアル。悪水ガ流下シテ漁場ガ荒廃スルコトハ、学理的デナクトモ事実ガ証明シテ居ルノデアル。而シテ相互間ノ調停ヲ行フ際ニ、如何ナル目安、点ニ重心ヲ置テ努力サレテ居ルカヲ承リタイ。単ニ喧嘩仲裁ノヤウナ手打式ノ妥協デハイケナイト思フ。尚又其ノ流悪水ノ問題ノミガ解決シテモ、漁場実態ノ回復ガ解決サレナケレバナラヌ、漁場ハ永久ノモノデアル。近時、有明海ニ於テモ流悪水ニ依ツテ魚介ガ枯死シ漁場ガ荒廃サレテ居ル。之ニハ自然ノ変化ニ依ツテモ予期セザル被害ガアルコトモ想像サレルノデ、全ベテ流悪水ニ責任ヲ転嫁スルモノデハナイガ、ソレデ如何ナル理由ニ依ツテ漁場ガ荒廃サレ、魚介類ガ枯死シタノカニ付テノ研究ヲ勿論希望スル処デアルガ、之ヲ如何ニ復活スルカト云フコトニモ力ヲ注イデ貰ヒタイノガ漁業者凡テノ希望デアル。恰モ農業ニ於ケル小作官ノヤウニ荒廃漁場ノ復活機関トモ云フベキ専任官ヲ置テ、瀕死ノ状態ニアル沿岸漁業者ヲ救済セラル、コトガ行政上最モ必要ナリト信ズルノデアル。唯現在ノ如ク水産課、水産試験場ニ任セテ置ケバヨイト考ヘテ居ルノカ或ハ専任官ヲ配置シテ之ガ荒廃ヲ防止シ、紛争ノ融和ヲ図リ、漁業並ニ産業ヲ発展セシメヤウト云フ意見ヲ持ツテ居ルカ否ウカヲ御伺ヒスル。

○（参与員・岡田聡）工場ノ廃水ニ依ル漁場ノ荒廃ニ関シテハ、長官カラモ御説明ノ通リ非常ニ解決ガ困難ナル問題デアリ、殊ニ海ノ中ノコトデアルノデ陸上ニ比較シテ、其ノ因果関係ヲ決定スルニ困難デアルコト、ソレカラ現在之ヲ律スル法律ガ適切デナイ為、解決ガ非常ニ困難デアル。勿論漁業法ノ中ニ地方長官ハ水産動植物ノ保護繁殖ノ為、害ノアル施設ニ付テ制限又ハ禁止ノ命令ヲ出シ得ルコトニナツテ居ルノデアルガ、併シ実情トシテハ工場ニ依ツテハ完全ナ浄化施設ヲスルコトハ経済上出来ナイコトモアリ、又斯ルコトハ現在ノ技術ヲ以テシテハ完全ナ浄化装置ハ発明サレテ居ナイモノモアル。随ツテ一概ニ工業、漁業間解決ノ為ニ完全ナル浄化装置ヲ此ノ規定ニ依ツテ命ズルコトハ実行上適切デナイ場合モアリ得ルノデアル。斯様ナ事情カラシテ、県デハ工業ト漁業ヲ比較シテ、工場ニ於テ相当ノ設備ヲシタ場合、漁場ガ永久ニ維持セラレ、又工場ニ於テモ其ノ設備費ヲ出ス位ハ困難デナイヤウナ所ニ於テハ容易ニ出来ル。又洞海湾ニ於ケルガ如キ完全ナル汚毒水ノ防止ヲスレバ工場ヲ閉鎖シナケレバナラヌト云フヤウナ所デハ相当考ヘナケレバナラヌト思フ。沿岸一帯ノ工場ヲ閉鎖スルヤウナコトハ常識ヲ以テ考ヘナケレバナラヌ、左様ナ所ニ於テハ成ルベク漁業者ノ例ヘバ沖合漁業ヘノ転業等救済ノ途ヲ図ルト云フ考ヘデ進ンデ居ル訳デアル。更ニ漁場ノ復興ヲ図ルコトニ付テハ、単ニ消極的ニイイ加減ニ其ノ場ヲ濁スノデハナク、積極的ニ取組ンデ行キタイト考ヘテ居ル。本年ハ予算上充分トハ云ヘナイガ、各郡市水産会ニ技術員ノ設置、其ノ他漁業組合ノ奨励等僅カデアルガ計上シ、之ガ目的貫徹ニ努力致シテ居ル次第デアル。

右の県当局の答弁内容からうかがわれるように、戦時体制下においては本格的に水域汚染や漁業被害対策に取り組む余裕はなかったであろう。一部では工場汚水の浄化装置が設置されたり、漁業被害補償などもおこなわれたが、不充分なものであった。しかし遠賀川における炭坑からの微粉炭汚濁対策については、地域住民の生活や農業への深刻な影響さらには北九州地区重工業生産への悪影響も懸念されたために、県当局は取り組まざるを得なかった。汚水放流取締規則制定の検討が昭和十二年から始められている。県は同十八年三月二十三日、県令第一二号により汚水放流取締規則を制定し、同日県告示第二九九号により「遠賀川及其ノ支流川」をその対象河川に指定した。しかし他の海面、河川は対象外であった。

汚水放流取締規則

第一条　本令ニ於テ汚水ト称スルハ洗炭汚水、工場排水、汚泥及屎尿ヲ謂フ、但シ汚物排除法ノ適用ヲ受クル汚泥及屎尿ヲ除ク
第二条　汚水ハ各号ノ標準ニ適合スルモノノ外知事ノ指定シタル河川又ハ之ニ流出スル水路ニ放流シ若ハ廃棄投棄スルコトヲ得ズ、但知事ノ認可ヲ受ケタル場合ハ此ノ限ニ在ラズ
一　異状ノ色相又ハ臭気ヲ有セザルコト
二　透視度二・〇度以上ナルコト
三　浮遊物質百万分中四百分以下ナルコト
四　水素イオン濃度（pH値）六・四乃至八・〇ナルコト
五　一・〇cc以下ニ於テ大腸菌陰性ナルコト
第三条　前条但書ノ規定ニ依リ許可ヲ受ケントスルモノハ左ノ事項ヲ具シ知事ニ願出ヅベシ、但シ鉱山業者ニ在リテハ第四号及第六号ノ事項ハ記載ヲ要セズ
一　申請者ノ住所、氏名（法人ニ在リテハ事務所所在地、名称、代表者氏名）
二　汚水ノ生ズル概況
三　汚水一日ノ最大量及其ノ試験成績書写
四　浄化槽ノ位置、構造（図面添付）一日ノ浄化可能量
五　放流場所
六　汚泥ノ処理
第四条　第二条ノ規定ニ依リ知事ノ指定シタル河川ヲ水源（表面水又ハ伏流水其ノ他ヲ含ム）トシ水道ヲ布設シタル者ハ毎月一回取入口ニ於テ採酌シタル水ニ付検査ヲ施行シ其ノ都度別表ニ依リ其ノ成績ヲ知事ニ報告スベシ
第五条　第二条ノ規定ニ依リ知事ノ指定シタル河川ヲ水源（表面水又ハ伏流水其ノ他ヲ含ム）トスル上水道又ハ簡易水道ノ取入口ヨリ上流二百米以内ニ於テハ水泳、放牧、耕作、洗濯等河水ノ汚染行為ヲ為スコトヲ得ズ
第六条　第二条乃至第五条ノ規定ニ違反シタル者ハ拘留又ハ科料ニ処ス

附　則

第七条　現ニ第二条各号ノ標準ニ適合セザル汚水ヲ放流若ハ廃棄堆蔵シツツアルモノニシテ同条但書ノ規定ニ依リ許可ヲ受ケントスルモノハ昭和十八年四月三十日迄ニ願書ヲ提出スベシ其ノ許否ノ決定アル迄ハ第六条ノ規定ヲ適用セズ

第八条　本令ハ公布ノ日ヨリ之ヲ施行ス

この規則が汚水放流防止にどの程度効果をおよぼしたか不明であるが、戦局が不利に展開するなかで、生産諸資材の不足にもかかわらず増産に躍起となっている非常事態下では、おそらくほとんど機能し得なかったのではないかと思われる。

第二節　筑前海における漁業および漁場を守る闘い

一　筑前海の漁業

漁船の動力化は漁場の拡大と操業時間の延長により漁獲能率をあげ、労力を節約して出漁日数を増加し、さらに人命の安全を期するなど幾多の有利性をもっていた。筑前海区における発動機付漁船（汽船トロールを除く）は、大正六年に福岡市の当業者がレンコ鯛延縄漁業経営の目的で農商務省の遠洋漁船奨励金の交付を受けて、二五屯、四〇馬力級の漁船二隻を新造したのが最初である。レンコ鯛延縄は、第一次大戦中の魚価の高騰と汽船トロールの消滅の間隙をぬって登場したが、福岡県の場合は、漁場が東シナ海で遠いため五島付近を中心とし、続いて勃興してくる機船底曳網に駆逐されてしまう。

次いで大正八年、第一次大戦好況の余波を受けて機船底曳網が勃興し、一五～二〇屯、二〇～二五馬力の漁船が相次いで建造され、翌年には五九隻となった。しかし、戦後不況と過当競争によって脱落者が続出した。これらのなかには県内漁業者もいたが、県外者が大部分を占めていた。県内漁業者による機船底曳網漁業の着手と失敗は、糸島郡唐泊浦や粕屋郡相島浦などでみられた。その後、福岡県では県内漁民による機船底曳網漁業は発達せず、県外船の基地となるにすぎなかった。機船底曳網の登場によって、筑前海漁場への侵犯操業問題が生じてくるのであるが、この件については別項で述べる。

ここで、動力漁船の普及状況を表三－30で地域別に整理した。大正九年はすべて二〇屯未満の六三隻であり、汽船トロールはまだ復活していない。福岡市の動力漁船はほとんどが機船底曳網（県外船）であるが、糸島、粕屋、宗像郡の動力漁船はたい延縄が主体であった。大正十四年の動力漁船は一九七隻となり、その普及は筑前海地区に限られ、漁船屯数は一〇屯未満がもっとも多いが、一〇～二〇屯も五〇隻と比較的多い。福岡市の一〇～二〇屯のほとんどは機船底曳網、二〇屯以上の五隻は汽船トロールである。昭和五年になると、動力漁船は県全体で七八二隻、筑前海地区で五八〇隻と激増する。二〇屯以上の大型船は福岡市の他にも戸畑市、粕屋郡に現れるが、戸畑市が中心となる。戸畑市（基地）へ汽船トロールや機船底曳網の移動が行われた結果である。

県内動力漁船の漁業種類別着業状況（昭和二年末）を表三－31でみると、筑前海全体二五六隻のうち、たい等延縄二五六隻、いわし刺網一八四隻、しいら旋網三隻、さわら流網三隻などで、機船底曳網はみられない。

表三－30　市郡別の動力漁船の規模別隻数

市郡	大正九年*	大正一四年				昭和五年				
		計	一〇屯未満	二〇屯未満	二〇屯以上	計	五屯未満	一〇屯未満	二〇屯未満	二〇屯以上
筑前海										
糸島	一四	二二	一九	三	—	一二八	一一三	一〇	五	—
早良	一	六	四	二	—	六	一	三	二	—
福岡	一五	三〇	—	二五	五	三五	一〇	—	—	二五
粕屋	一〇	四六	三七	九	—	五〇	二九	八	一	一二
宗像	一六	六三	五七	六	—	一三三	九九	三二	二	—
遠賀	—	一〇	一〇	—	—	五三	四八	五	—	—
若松	—	—	—	—	—	二	一	一	—	—
戸畑	—	一	一	—	—	八六	一	—	—	八五
小倉	—	一三	一三	—	—	八四	七三	一一	—	—

区分										
門司	—	—	—	—	—	三	三	—	—	—
豊前海										
企救	一	—	—	—	—	五	五	—	—	—
京都	五	六	—	五	—	二二	二二	—	—	—
築上	—	—	—	—	—	一一	八	二	一	—
有明海										
三潴	—	—	—	—	—	二五	二五	—	—	—
山門	一	—	—	—	—	一二二	八六	三六	—	—
三井	—	—	—	—	—	一四	一四	—	—	—
大牟田	—	—	—	—	—	三	三	—	—	—
計	六三	一九七	一四二	五〇	五	七八二	五四一	一〇八	二	一二三

＊大正九年はすべて二〇屯未満。

（「福岡県統計書」による）

表三—31　郡市別の沿岸漁業種類別着業動力漁船数（昭和二年）

区分	延縄	鰮刺網	羽瀬	鰆流網	魴流網	鰡旋網	採貝	一本釣	桝網	鯖流網	計
筑前海											
糸島	三四	五	—	—	—	—	—	一	—	—	四〇
早良	—	四	—	—	—	—	—	—	—	—	四
福岡	四	—	—	—	—	—	—	—	—	—	四
粕屋	二九	一八	—	—	—	—	—	—	—	—	四七
宗像	一〇三	一〇	—	—	—	三	—	—	—	一	一一七
遠賀	九	一三	—	—	—	—	—	—	—	—	二二
小倉	五	一四	—	三	—	—	—	—	—	—	二二
豊前海											

企救	京都	築上	有明海 山門	三潴	計
―	―	二	一三	―	一九九
―	―	―	―	―	六四
―	―	―	一三	―	一三
一	三	一	―	―	八
―	―	―	五	―	五
―	―	―	―	―	三
―	―	―	一	二	三
―	―	一	―	―	二
―	二	―	―	―	二
―	―	―	―	―	一
一	五	四	四二	二	三二〇

（「福岡県発動機付漁船の現況」による）

漁船の動力化、とくに小型漁船の動力化が急速に進展した理由は、県が大正九年に水産業奨励補助規程を改正して二〇屯未満漁船の新造や機関購入に対する補助を始めたこと、第一次大戦で石油発動機の改良によって故障が少なく取扱いが容易になり、かつ価格の安い軽油発動機が普及したこと、県水産試験場が小型動力漁船の経済性を実証したこと、があげられる。

水産試験場が取り組んだ漁業試験は、大正十年から昭和三年までは小型発動機漁船試験・母船式ふぐ延縄・さば流網・一双廻いわし揚繰網・ふか延縄・底魚延縄・大羽いわし刺網・たい延縄・ぶり延縄・まぐろ延縄・大羽いわし片手廻巾着網等の導入改良試験であった。昭和四〜十年ではこれら漁業種別試験以外に五島、済州島、台湾、関東州方面への漁場開拓試験も行われた。昭和十年代の戦時体制にはいると、漁具などの生産資材の逼迫によって昭和十三年からは規制物資代用品開発試験が開始された。以上のように漁業試験は社会経済情勢に影響を受けて変化してきた。昭和初期までの漁業試験は当海域漁船漁業の発達に寄与したと考えられるが、県外への漁場開拓はほとんどが試験段階で終わっている。漁具資材代用試験に至っては、成果が得られるはずはなかった。

漁業秩序の面においては、かつて漁浦間で多発してきた漁場紛争は、この期になると激減した。漁場利用秩序が確立されてきたといえよう。また隣接の山口、佐賀両県との入漁問題は協議、協定の場がもたれ、紛争まで発展することはなかった。その一方で爆薬密漁は続き、機船底曳網漁船の侵犯操業が横行するようになった。とりわけ機船底曳網侵犯操業は筑前海漁業、特にたい延縄漁にとっては死活問題であった。これについては別項で記述する。

本期間における総漁業生産は前期よりも増大したが、魚種別ではイカナゴが激減したこと、その一方で回遊性、地先性魚種が全般的に増加したこと、があげられる。表三－32（六八八ページ）にみられるように、主要種はイワシ・タイ・イカ・アジ・サバ・ブリ・ボラ・トビウオ・イサキなどの回遊性種、コノシロ・タコ・エビ・クロダイ・スズキなどの地先性種および定着性のアワビなどである。さらに注目されるのは、昭和期のタイ生産が大幅に落ち込んでいることである。タイは生産金額では依然として一位にあるとはいえ、昭和五年の生産量は大正十、十四年のそれに比べると半分以下となっている。

福岡県水産課は昭和二年に漁村調査を実施したが、これは県下漁村、漁業の総合実態調査であり、大正二～五年の漁村調査に匹敵する貴重な資料である。当時、漁船の動力化が進行しつつあったとはいえ、これによれば昭和二年末の筑前海区では総漁船数三、五八七隻中、動力船は二二〇隻（六・一％）に過ぎず、他は帆走船であった。動力漁船数の多い浦は津屋崎三三隻、大島三二隻、相島三〇隻、鐘崎一六隻、長浜一六隻、加布里一二隻であった。筑前海域における漁業種類別就業状況を表三－33（六九〇ページ）に示した。総漁獲金額は約二百八十八万五千円であり、漁具分類別割合でみると、曳網類二三・四％、刺網類二三・三％、延縄二二・〇％、釣（含曳縄）一一・二％、旋網類五・五％、定置網類二・三％、掩網類〇・四％、抄網類〇・二％、雑漁具一一・七％となっている。漁業種類は多種多様であり、主なものをあげると、たい延縄、いわし刺網、一艘曳繰網、採介藻、えび船曳網、底刺網、いか柴漬、いわし揚繰網、たこつぼ、銛突、たい釣、さば釣、このしろ旋刺網、くろだい延縄、くろだい釣、たい地漕網、すずき釣、まて突、雑魚地曳網、ふぐ延縄、いかなご房丈網、とびうお流刺網、ぶり延縄、いか曲建網等である。

本調査結果を大正初期の調査結果と比較してみると、総生産額では約一・七倍強に増加している。刺網類生産額は底刺網、いわし流刺網、いか曲建網、このしろ旋刺網などの生産増によって大幅に増加した。曳網類では、いかなご房丈網生産が大幅に減少したが、一艘曳繰網、えび船曳網の生産増によって全体としてはやや増加した。旋網類では、いわし揚繰網生産が大幅に減少し、さば巾着網、しいら旋網、ぼら旋網の増加があったものの全体としては減少した。定置網類では、桝網の生産増がみられたが、大敷網では減少した。いまだ、定置網のなかに落網型のものはみられない。釣・延縄では、タイがその生産主体であるが、他の多魚種への依存度が高まり、全体生産は大幅に増加した。漁撈技術の向上によるものであろう。同様に雑漁具でも、裸潜以外の生産は伸びている。

本漁村調査報告のなかから、たい延縄、いわし刺網などの沖合漁業に関する記述を以下に紹介しよう。「加布里浦：大正十二年創メテ小型発動機漁船ヲ建造シ鯛延縄漁業ヲ経営セシニ成績良好ニシテ企業者続出シ、現在十二隻ニ及ビ漸次増加ノ傾向アリ、尚鰮刺網漁業ノ如キモ機船ヲ使用セントシツヽアリ」、「伊崎浦：延縄漁業ノ地ニシテ古来沖合出漁ノ盛ナル処ニテ五島付近ニ出漁ス、近時ハ小型発動機船ニ依リ出漁スルモノ続出シ成績頗ル良好ナルヨリ漸次増加ノ傾向アルヲ以テ今後相当ノ発展ヲ見ントス」、「津屋崎浦：鯛延縄漁業盛ニシテ其ノ漁船ノ機械化ハ県下屈指ノ地ニシテ小型機船数三二隻ヲ算シ、主トシテ県下ノ沖合ヲ漁場トシ他県沖合ニ出漁セズ、漁船ハ全部八馬力以内ニシテ一航海十二日ヲ超ユルモノナシ」、「鐘崎浦：大正十二年以降小型発動機漁業ノ勃興ニ伴ヒ漸次発展ノ域ニ進ミ現在一六隻ノ小型機船ヲ有シ、鯛瀬魚延縄及鰆旋網漁業ニ従事ス殊ニ鰆旋網ハ本浦ノ最モ得意トス」、「大島浦：沖合漁業盛ナルコト本県随一ト称セラレ発動機付漁船ノ如キモ三二隻ヲ有シ益々増加ノ傾向アリ、而シテ沖合漁業ノ主ナルモノハ鯛延縄、鰮刺網、鰆旋網漁業等ニシテ沖島付近ヨリ壱岐、対馬乃至五島付近ニ出漁ス」、「芦屋浦：沖合漁業トシテハ鰮刺網、鰆旋網、鯛延縄ヲ主トス」。

のり養殖について触れておこう。昭和四年刊「福岡県ノ水産」によれば、「筑前海ノ海苔養殖ハ糸島郡加布里湾、今津湾、粕屋郡多々良川及洞海湾ノ各地ニ行ハル、モ未ダ優良ナル製品ヲ産スルニ至ラズ、今後ノ研究ニ俟ツモノ多シ、目下施行面積約十一万坪、産額九千円余ナリ」と記しており、起業以降、大きな発展はみられていないことをうかがわせている。

表三－32　筑前海における漁船漁業の総生産および主要種別生産

魚種	大正一〇年		大正一四年		昭和五年		昭和一〇年		昭和一五年	
	漁獲量	漁獲金額	漁獲量	漁獲金額	漁獲量	漁獲金額	漁獲量	漁獲金額	漁獲量	漁獲金額
主要種	（トン）	（千円）	（トン）	（千円）	（トン）	（千円）	（トン）	（千円）	（トン）	（千円）
タイ	一、六二五・三	一、五二二・一	二、〇一四・一	二、五一〇・八	七二二・〇	六三七・七	五四四・一	五五〇・五	四七六・五	九四七・六
イワシ	五、九四八・六	八九一・二	四、二五八・四	四九二・七	五、四二五・〇	二六九・三	一〇、二九六・一	四二二・三	四、二五七・八	六二二・八
イカ	四一二・四	一六九・四	六四九・五	一八九・九	五六三・三	一五四・四	六三〇・五	一四六・四	五九八・二	四五一・七
アジ	二〇七・八	八三・三	三〇〇・二	一二五・一	一九四・八	六二・四	一、八二二・一	二九一・三	一、八二二・一	四三三・二

ブリ	サバ	タコ	エビ	クロダイ	コノシロ	ボラ	サワラ	アワビ	トビウオ	イカナゴ	イサキ	スズキ	カマス	魚類	貝類	その他動物	藻類	合計
一一六・五	六四一・七	一八三・三	二四・三	一二〇・三	三五五・二	一七三・九	四六・八	五二・三	五六・九	六八一・九	一九六・二	五九・六	一〇七・七	—	—	—	—	—
一三三・七	一五一・七	八〇・六	二三・三	七一・三	七一・三	七五・四	四四・八	二八・九	三〇・一	一六三・四	九〇・八	五一・六	五七・五	三、八八〇・一	一二一・〇	三一六・四	三三・二	四、三五〇・七
一二六・七	八四五・四	一七五・〇	五六・六	六〇・五	三五六・八	二〇五・五	四二・九	二八・二	三四八・九	一一二・四	二六五・二	六四・二	一一一・四	—	—	—	—	—
一一四・二	二二八・五	五八・一	六六・六	七七・一	一三八・九	一〇二・四	三五・一	二五・〇	八九・〇	四七・四	一二五・三	六六・八	四九・八	四、三八七・六	一五八・〇	三七九・〇	四八・八	四、九七三・四
二一四・七	二六一・一	三五一・二	七四・一	一三八・八	七〇二・二	三〇二・五	三二・六	二七・一	一三九・六	—	—	—	—	一〇、一一三・四	三六二・四	一、二五八・八	三一五・八	一二、〇五〇・四
一〇〇・三	四八・二	一一四・八	九二・九	六三・七	一〇四・四	九二・九	二四・一	一七・九	三七・一	—	—	—	—	一、二六九・六	七一・三	四五〇・九	四三・六	一、八三五・四
七四八・四	一、五七八・六	六四七・一	九九・八	一五一・四	一、一三七・〇	二九九・七	四〇・二	四六・八	三八五・三	—	—	—	—	一九、二四一・七	六五七・一	一、五九九・八	六〇五・〇	二二、一〇三・六
三三九・五	二二三・二	一八二・〇	九七・三	七〇・七	一一一・四	九六・一	三三・八	三一・六	九四・六	—	—	—	—	二、八八八・六	一〇三・〇	四八七・七	八七・八	三、五六七・一
五七〇・〇	一、二三五・一	六〇一・〇	四五・一	二七六・五	五〇四・八	三七七・七	六四・四	六〇・七	八三・三	—	—	—	—	一三、一八二・〇	九二二・二	一、五八三・五	九〇〇・一	一五、五八七・八
三二八・八	二九〇・七	三二四・六	三〇三・一	二六五・五	一四八・八	一四五・七	八二・一	六五・八	三七・一	—	—	—	—	四、四八八・一	二〇八・三	一、二〇二・四	二三一・一	六、一二九・九

（「福岡県統計書」による）

表三―33　筑前海における漁業の就業状況（昭和二年末現在）

漁業名	統数	漁獲高	就業主要漁村	漁期（主漁期）
刺網類				
固定式刺網類	統	円		
底刺網（浜、瀬）	六九四	一〇七、九一一	箱崎、志賀島、脇田、長浜、平松、玄界島、奈多、戸畑、柏原、藍島、津屋崎、西浦	周年（五～八月）
さより刺網	一八	九三五	藍島、大島、玄界島、野北	一二～三月（一～二月）
こち刺網	三〇	九〇〇	志賀島	五～六月
ぼら刺網	三五	七、八〇〇	戸畑、平松、藍島、若松	一二～四月（一～二月）
すずき刺網	一	三〇	馬島	七～九月
めばる刺網	一八	四二五	大島、柏原、姫島	一二～四月（一二～一月）
かます刺網	一六	五六五	伊崎、鹿家	八～一〇月（九月）
たなご刺網	一六	六六六	伊崎、地島、岩屋	五～九月（六～七月）
とびうお刺網	四	二〇〇	波津	五～六月
曲建網（狩刺）類				
このしろ曲建網	二〇九	一二、一七四	波津、芦屋、奈多、志賀島、深江、神湊、新宮、鐘崎、柏原、津屋崎、勝浦	三～五月、九～一一月
さわら曲建網	三	三〇〇	波津	四～一一月（五、一一月）
とびうお曲建網	三三	二、五九〇	勝浦、波津	五～六月
やず曲建網	一一七	六、三五〇	津屋崎、奈多、大島、勝浦、福間、波津、志賀島、芦屋、脇ノ浦	五～七月、一〇～一一月
ぶり曲建網	三一	五、三二〇	玄界島、大島、志賀島、柏原、脇ノ浦、岩屋	一〇～一一月
いか曲建網	三二四	三一、八二五	志賀島、深江片山、福吉、唐泊、津屋崎、福間、野北、神湊、小富士、西浦、玄界島	三～五月（五月）
ふか曲建網	八	五七〇	岐志新町、小富士、津屋崎	六月

さば曲網	一〇	三五〇	勝浦	五～六月
旋刺網類				
ぼら旋刺網	九	八、七八〇	戸畑、奈多、芦屋、志賀島、馬島	一～四月（三月）
やず旋刺網	六二	四、九九四	西ノ浦、志賀島、新宮、藍島、野北、玄界島、地島	六～七月、九～一〇月
さわら旋刺網	九	二、四一〇	福吉、小富士、志賀島、津屋崎	七～一一月（九～一〇月）
すずき旋刺網	二五	二、〇二〇	地島、志賀島、玄界島、津屋崎、野北	五～九月（六～七月）
かます旋刺網	七	四五〇	福吉、玄界島	八～一一月（九月）
このしろ旋刺網	五二	五九、七一〇	箱崎、姪浜、小富士、加布里、岐志新町	周年（三～四月、九～一〇月）
さより旋刺網	三	四五〇	地島	一二～三月（二月）
たなご旋刺網	一	二〇〇	地島	四～七月（五月）
あじ旋刺網	二	一三〇	玄界島	七～八月
ぶり旋刺網	四	二、〇〇〇	志賀島	九～一一月（一一月）
流刺網類				
いわし流刺網	一四七	三五四、四七〇	相島、長浜、西ノ浦、平松、大島、岩屋、芦屋、唐泊、芦屋、鐘崎、福吉、残島	一二～四月（一～二月）
とびうお流刺網	二八八	三七、二六三	奈多、野北、福間、平松、志賀島、波津、藍島、鐘崎、新宮、玄界島、西浦、勝浦	四～六月（五月）
さわら流刺網	二九	一二、〇二五	長浜、弘、志賀島、平松	九～一二月（一〇月）
さんま流刺網	一八	二二〇	小呂島、大島	一〇～一二月（一一月）
えそ流刺網	六	五四〇	唐泊	七～八月
さっぱ流刺網	四七	一一、二五〇	平松、長浜、戸畑、旧門司	九～一二月（一一月）
ぼら流刺網	六	一、三〇〇	戸畑、大里	一二～四月（一～二月）
せいご流刺網	八	九〇〇	戸畑、若松	八～一二月（九～一〇月）

ふか流刺網	一二	二、二八八	長浜	六月
ぐち流刺網	五	五〇〇	志賀島	五～六月
曳網類				
地曳網類				
いわし地曳網	五四	一一、一七〇	加布里、志賀島、姪浜、神湊、浜崎今津、鐘崎、深江片山、新宮、唐泊、西浦、野北	三～一一月（五～六月、九月）
たい地曳網（地漕網）	三八	四八、五一〇	奈多、野北、鐘崎、新宮、志賀島、藍島、波津、芦屋、勝浦、西浦、津屋崎、玄界島	四～六月、九～一一月
やず地曳網	五	五、〇〇〇	志賀島	六～七月
雑魚地曳網	八八	三八、四一五	姪浜、志賀島、深江、小富士、福間、今津、波津、大里、岐志、奈多、箱崎、加布里	周年（三～四月、九～一〇月）
このしろ地曳網	五	二、〇〇〇	志賀島	七～九月（八月）
千尋網	六	二〇、三〇〇	新宮、神湊、勝浦、波津、津屋崎	三～一二月（八～一〇月）
船曳寄網類				
一艘曳繰網	五六九	二六五、九一五	平松、姪浜、若松、箱崎、小富士、福吉、加布里、福間、戸畑、唐泊、今津、西浦	周年（七～一一月）
二艘曳繰網	五三	四一、五四〇	小富士、岐志、野北、福吉	周年（九～一一月）
いかなご房丈網	三三二	三七、二〇〇	唐泊、箱崎、福吉、深江、姪浜、西浦、志賀島、鐘崎、藍島、岐志、玄界島、野北	一二～四月（一～二月）
いか柴漬（巣曳網）	四八八	七八、〇三三	小富士、奈多、志賀島、脇ノ浦、勝浦、西浦、福間、相島、深江、姪浜、野北、唐泊	二～五月（三～四月）
なまこ桁網	六五	二、四九五	箱崎、旧門司、加布里、福吉、志賀島	二～三月
船曳廻網類				
えび船曳網	四八八	一〇八、八一〇	平松、若松、戸畑、長浜、旧門司、山鹿、玄界島、津屋崎、地島、芦屋	二～一一月（六～九月）

とびうお船曳網	三六	五、五六二	西ノ浦、唐泊、深江片山、福吉、志賀島、野北	五～六月
たなご船曳網	一四	一、〇四一	玄界島、鐘崎、脇ノ浦、勝浦	一二～四月（二～三月）
あじ船曳網	一六	四、二五〇	大島、神湊、志賀島、弘	八～九月
瀬曳網	二九	九八〇	深江片山、新宮、今津	九～一一月（九～一〇月）
小いわし瀬曳網	一六	一、六八〇	福吉、新宮	四～一〇月（四～五月）
かます船曳網	二	五〇〇	野北	九～一〇月
いさき船曳網	二	五〇	玄界島	五～七月（六月）
雑魚船曳網	三三	一、八九〇	福吉、新宮	周年（三～四月）
旋網類				
いわし揚繰網	二三	七六、九五六	玄界島、西浦、唐泊、相島、芦屋、野北、大島、志賀島、深江、今津、福間	九～一二月（九～一〇月）
さば揚繰網	六	一九、〇〇〇	岐志新町、玄界島、志賀島、深江片山	四～七月（五～六月）
しいら旋網	一六	一九、七〇〇	鐘崎、大島、芦屋、岩屋、柏原	六～一一月（八～九月）
とびうお旋網	四六	二五、五四〇	奈多、脇ノ浦、玄界島、新宮、弘、鐘崎、脇田	五～六月
いか旋網	七	八四〇	鐘崎	五～七月（六月）
縫切網	一	六〇〇	神湊	八～一〇月（九月）
ぼら旋網	九	一三、五〇〇	戸畑、岐志、今津、奈多、芦屋	一一～三月（一一～一二月）
たなご旋網	四	四一〇	地島、鐘崎	周年（九～一〇月）
あじ小突網	二	三、五〇〇	藍島	九～一一月（一〇月）
定置網類				
台網類				
大敷網	二	一三、五〇〇	姫島	周年（一二～五月）

小敷網	三一	一九、八五〇	脇ノ浦、脇田、芦屋、地島、柏原、岩屋	四～一〇月（五、九～一〇月）
桝網類				
桝網	一二五	三三、七三〇	脇田、藍島、大里、戸畑、柏原、脇ノ浦、波津、残島、野北、加布里、小富士、姫島	四～一〇月（五、九～一〇月）
抄網類				
うなぎ柴漬抄網	二〇	四、〇〇五	福岡、芦屋、箱崎、長浜、平松、旧門司	五～一〇月（六～八月）
あみ抄網	六	九〇〇	旧門司	八～一〇月（九月）
いかなご抄網	六	一〇〇	旧門司	一二～一月（一二月）
いな鵜縄抄網	五	三〇〇	平松	一一～一月（一二～一月）
掩網類				
投網	七四	一〇、二一八	戸畑、福岡、芦屋、旧門司、山鹿、大里	周年（一一～三月）
釣漁具類				
一本釣（主要種）				
さば釣	五四六	六六、六二〇	西浦、芦屋、岩屋、深江、山鹿、加布里、波津、岐志新町、小富士、柏原、奈多	五～九月（六～八月）
あじ釣	二四四	二〇、九二〇	相島、波津、志賀島、新宮、鐘崎、勝浦、平松、長浜	五～八月
いか釣	五五五	二八、二五六	平松、長浜、志賀島、戸畑、西浦、芦屋、津屋崎、芥屋、野北、唐泊、藍島、奈多	四～九月（五～六月）
すずき釣	三一〇	四二、八四〇	残島、若松、長浜、旧門司、戸畑、津屋崎、大里、小富士、深江、福吉、鹿家	五～一一月（六～八月）
ぶり釣	五六	二、五四〇	平松、玄界島、大島、岩屋	四～九月（五～八月）
いさき釣	八二	五、四一〇	唐泊、玄界島、弘、志賀島、奈多、福間、勝浦、津屋崎、芦屋、相島、山鹿、長浜	五～九月（六～七月）

たい釣	五五四	六八、八六〇	長浜、志賀島、弘、新宮、地島、残島、大島、山鹿、唐泊、芦屋、西浦、加布里	七～一一月（九～一〇月）
めばる釣	九六	八、三八〇	若松、長浜、鹿家、津屋崎、福吉、藍島、深江	一～三月（二月）
くろだい釣	一九五	五一、六七五	平松、長浜、旧門司、残島、奈多	三～一一月（四～五、八～九月）
きす釣	二一一	一三、八五五	長浜、志賀島、岐志、福岡、山鹿、平松、福吉、小富士	四～八月（六～七月）
延縄（主要種）				
たい延縄	二三九	四八三、二七〇	津屋崎、大島、加布里、長浜、伊崎、戸畑、平松、小富士、鐘崎、西浦、相島、奈多	周年（一〇～二月）
ぶり延縄	一一六	三一、三九〇	姫島、脇田、小呂島、伊崎、神湊、長浜、岩屋、藍島、柏原	九～一二月（一〇月）
ふぐ延縄	九九	三八、一六五	長浜、西浦、芦屋、山鹿、柏原、津屋崎、箱崎、志賀島、神湊	一二～四月（一～二月）
さめ延縄	二一	三、五五〇	伊崎、長浜、平松、箱崎、志賀島	五～一一月（九～一〇月）
くろだい延縄	一六五	五四、七九〇	平松、伊崎、福岡、長浜、戸畑	一～一〇月（二～九月）
あなご延縄	一三九	二三、四一〇	戸畑、平松、長浜、藍島、大里、若松、姪浜	四～五月、八～一〇月
曳縄（主要種）				
さわら曳縄	一一〇	一三、三九五	岩屋、弘、芦屋、柏原	周年（一一～二月）
雑漁具類				
鉾突	五八三	七四、〇六五	長浜、波津、伊崎、大島、津屋崎、地島、野北、弘、西浦、神湊、福岡、残島、奈多	周年（一二～三月）
裸潜	二一一	一〇、五一五	鐘崎、岩屋、大島、藍島、小呂島、玄界島、姫島、地島	七～九月（八月）
まて突	七五	三九、八五〇	長浜、大里	一二～五月（二～四月）

たこつぼ	二九一	七五、五五〇	平松、脇ノ浦、藍島、鐘崎、大島、地島、神湊、玄界島、志賀島、脇田、戸畑	周年（八～九月）
採介藻	二、六六四	一一三、七九四	箱崎、平松、鐘崎、弘、伊崎、波津、芦屋、大島、藍島、長浜	周年
うなぎ掻	二〇	七、五〇五	芦屋、山鹿	九～一〇月
餌虫採	二一五	七、〇五〇	箱崎、伊崎、長浜、山鹿	周年

（「福岡県漁村調査」による）

二　機船底曳網漁業排斥運動

旧来の手繰網や打瀬網を動力船で曳く機船底曳網漁業が成立したのは大正二年のことで、茨城県と島根県でほぼ同時に始まった。このうち島根県船は大正六年に動力巻上機を考案して漁獲能率を高め、大正九年には五島沖で二艘曳漁法に成功した。第一次大戦をはさんで漁船の動力化、漁撈作業の機械化、そして二艘曳漁法を確立したのである。

機船底曳網は漁獲能率が高く、小資本でも操業できるのでたちまち全国に広まっていった。当時は起業申請をして船さえ造ったら、許可は簡単に出ていた。大正九年には全国で機船底曳網漁船は約一九〇〇隻にも達した。これら底曳網漁船は当然のことながら沿岸漁民との対立が生じた。筑前海は遠浅で天然礁が多く、底魚資源に恵まれているので、底曳網漁船にとって格好の漁場であった。すでに大正九年には、機船底曳網漁船に対する筑前海漁民の反対運動が左の新聞記事にみられるように起きている。

福岡県下玄海沿岸漁村宗像郡鐘崎、大島、神湊、津屋崎の漁業者は一時トロール漁船のため沿海を荒され屢々問題を惹起し居りしが、欧戦と共に同漁業も閉塞となり、漁民は一息吐き居たるに、最近に至り山口、島根地方に発動機手繰網勃興し、両県共に既に百数十艘の発動機船を有し、是等は漸次福岡県下漁場内に入込み縦横に漁区を犯すに至りたるより、沿岸漁業者は近来殆んど漁獲物無く、漁民中には一家を挙げて筑豊炭坑地に転住するあり、また漁村青年は三三五五炭坑地或市部に出稼ぐより然なきだに漁村疲弊に傾ける折柄更に斯かる現象を生じたるは漁村に取りては由々しき大事なりとて、前記漁業組合にては二十六日、各二十余名の代表者を出し津屋崎並に神湊にて之れが善後策につき緊急協議会を開き其結果、各漁業組合より十余名宛の銓衡委員を選び、二十七日に至り粕屋郡沿岸漁業組合に交渉し、都合六十余名の代表者は同日正午県水産試験場に出頭して吉村属に面会陳情し、同属至急之が対策を講ずべしとの答弁を得た。一同は協議会を開き当局にても同問題につきては予て考慮中なりしが、各浦漁業組合にては数名宛の委員を選び、委員は福岡に留まりて当局に対し徹底的実行を迫る事とし、夜に入りて散会せり。右につき各組合幹部連は「元来、県水産試験場長は発動機手繰網を奨励するのみで県下漁民の保護を怠って居る、尤も目下取締方は考慮中だと言明してるやうであるが、そんな呑気な事では到底駄目である、漁民の困窮は刻々と迫って居る」と語り居たり、因に県下にて発動機手繰網用発動機船の許可されたるは門司二、早良二、福岡五、宗像四、粕屋一許可されたるも、鑑札未下付のもの京都二、粕屋二、糸島一、出願中のもの福岡四〇（出願者は寄留者）、粕屋八、宗像一、京都三なりと。

（「福岡日日新聞」大正九年四月二十九日）

右の陳情により水産試験場所属玄海丸は早速、取締りを実施して、山口・島根県船六隻を検挙し、検事局へ告訴した。告訴の根拠は漁業法第七条「漁業権ハ物権ト看做シ土地ニ関スル規定ヲ準用ス」に依拠する玄海共有専用漁業権侵害であったと思われるが、それに対する罰則は明確ではなかった。筑豊水産組合も自警船を出して取締りを実施した。しかし機船底曳船の筑前海への侵犯操業は今後、増加の一途をたどったのである。大正十年にはいって、沿岸漁民の機船底曳網排斥運動はさらに激化した。「福岡日日新聞」は、沿岸漁民が発動機手繰網撃退の嘆願書を県へ提出したことを左のように報じている。

福岡県宗像郡六ケ浦漁業組合代表者五十七名が去る六日大挙県庁を訪問して発動機取締の陳情をなしたが、今回、手繰網撃退同盟を組織し更に八日午前十一時右代表者大賀、永島、磯部、七田、橋口、今林の六氏は県庁に左の嘆願書を提出した。

嘆　願　書

発動機手繰網漁業者が県会の定むる禁止区域を度外視し、日夜我が筑豊四十六ケ浦の専用漁場の侵害を事とするが為め、漁場は荒廃し魚族は激減剰さえ漁業者に於て唯一の資本と頼める漁具は彼等の横暴なる操業により掃蕩掻去せられ、今や沿岸漁業者は甚しき窮境に陥るに至りたるを以て、関係各浦は再三実状を具陳し発動機漁船侵入に対し厳重なる取締方を嘆願仕り候処、当局に於ても其事実を認められ玄海丸を派して極力取締を施行せられつゝ、あるは吾等の誠に感謝する所に御座候。然るに如何せん広漠たる漁場に一隻の監視船を以てしては到底十分なる効果を期待するを得ず。彼等侵入者は其の処に乗じ東西に出没し殊に月夜の如きは頗る沿岸近所に迄侵入漁業するに至り、今や彼等の暴挙は実に其の極に達すと云ふ可く、然ども漁業者の微力を以てしては到底自衛掃潑し得られざるは明かにして如斯情況を継続せんか漁村は遂に維持し得べからざるの窮境に陥る可きは明かなる実状に有之候条特別の御詮議を以て左記希望事項御受理被成下度右嘆願仕候也。

(1)玄海丸入渠中発動機二隻を以て更に一層厳重なる取締をせられ度き事

(2)玄海丸出動の時間を不定時とする事

(3)玄海丸には関係漁村の組合員を臨時便乗せしめらるゝ事

(4)玄海丸定期検査終了後と雖発動機船一隻を増加せしむる事

(5)犯則者は即時許可を取消し漸次発動機手繰網の許可数を減ぜられたき事

(6)発動機手繰網二隻曳は当初出願の漁業種類に属せざるを以て此を禁止し出願当初の一隻曳に改むるやう直ちに示達されたき事

(7)許可なき発動機の取締を厳重にせられたき事

(8)反則船の制裁を重くし爾今博多港に或期間抑留されたき事

(9)県下漁業組合にして発動機手繰網の違犯行為者に相当処分すべき条項を組合規約に付加するやう命令を発せられたき事

（「福岡日日新聞」大正十年六月九日）

一方、当時存在していた県下の発動機手繰網漁業者は、大正十年に危機感をもって福岡県発動機手繰漁組合を設立し、自発的侵犯防止対策を決めたりしたが、県内漁業者からの抵抗、圧力もあって数年の間に他の漁業種に転向していった。福岡県漁村調査（昭和四年）には、「唐泊浦：大正九、十年ニ亙リ機船底曳網漁業ノ勃興ニ伴ヒ五、六隻ノ企業者アリシモ悉ク失敗ニ帰シ為メニ頓ニ疲弊シ」、「相島浦：機船底曳網ノ勃興当時ハ率先シテ五、六隻ノ企業者ヲ見タルモ不幸失敗ニ帰ス」と記述されている。以来、福岡県の機船底曳網はほとんどが他県人の経営によるものとなった。

大正十年九月、農商務省令第三一号「機船底曳網漁業取締規則」、同告示第二二三号「機船底曳網漁業禁止区域」を公布し、当漁業を地方長官の許可制とし、操業禁止区域を定め罰則規定を設けた。筑前海域では、当然のことながら沖島・

小呂島を含む玄海専用漁業権漁場内は禁止区域となった。

福岡県では、取締強化のために沖ノ島丸のほか大正十一年に水産試験場所属の玄海丸、英彦丸を保安課所属とし、専用取締警官を配置した。また三〇屯級取締船の新造を計画し、同十三年に第二代玄海丸（三八屯、一一ノット）を進水させた。このように取締を強化し、拿捕した密漁船は多数におよぶも山口、島根県等の密漁船は後を絶たなかった。

農商務省当局は大正十三年十月、水産局長名で以下の機船底曳網漁業許可に関する通牒を各府県に発した。「機船底曳網漁業許可ニ関シテハ取締規則発布当時依命及通牒置候如ク在来一般ノ沿岸漁業者トノ利害衝突及魚類蕃殖保護ノ関係ヲ考慮シ適当ナル調節ヲ必要トスル義ニ有之候処、近時同漁業ノ発達ニ伴ヒ其ノ船数著シク増加シ殊ニ支那東海及黄海方面ニ於テハ最近汽船トロール漁業ノ制限隻数七十隻ノ満限ニ達シタルト相前後シテ大型二艘曳底曳網漁業ノ激増シタルガ為蕃殖上ノ影響患フベキモノ有之、汽船トロール漁業ニ付調査スルニ最近同方面ノ漁場ニ於ケル漁獲率漸減ノ傾向ヲ示スノミナラズ特ニ最重要ナル鯛類ニ於テ其ノ傾向最著シク今後尚引続キ底曳網漁船ノ増加ヲ見ルニ於テハ本邦ニ於ケル底魚類ノ漁場トシテ最重要ナル右東海及黄海ノ資源ヲ荒廃ニ帰セシムルノ虞アルノミナラズ、結局汽船トロール漁業者及機船底曳網漁業者共ニ相率ヒテ窮況ニ陥ルベク認メラレ其ノ影響重大ナルモノト存候、就テハ追テ調査ヲ遂ゲ何分決定ヲ見ル迄当分ノ内東経百三十度以西ノ海面ニ操業スベキ機船底曳網漁業ハ新ニ之ヲ許可セザルコトニ御取扱相成度依命此段及通牒候也、追テ此際特別ノ事情ニ依リ許可ヲ要スルモノ有之候バ当局ニ御打合ノ上処分相成度申添候」。つまり許可証の発行は地方長官だが、実質的には許可権限を大臣扱いにし、同時にトロール漁業との紛争を防止するため船体を五〇屯以下に制限したのである。この通牒に対して、機船底曳網当業者からは反対運動が起こり、陳情がなされたのである。例えば山口県機船底曳網漁業協会は農商務大臣に以下の陳情書を提出した。

最近我内地に於ける所謂沿岸漁業は遠洋漁業に甚大なる発達に伴ひ益々不振の状態を示し、我日本の食料政策上から見るも誠に寒心に堪へない有様である。之が為め最近の発動機漁業も漸次遠洋漁業に及び現に下関に船籍を有し支那東海迄出漁しつつある発動機船の数は無慮二千数百隻の多数に上っている有様である。然るに政府当局に於ては今回東経百三十四度以西に於ける発動機漁業の操業を中止し、更に目下建造中の発動機船に対しても建造中止を命ぜらるゝやに伝へられているが、若し本案にして実施せらるゝ事にならんか、事業者の損害は勿論延いて我国の食料政策上に多大の損害を蒙むるに至るべく、宜しく政府当局に於ても此間に事情を調査の上適宜に御配慮あらん事を乞ふ。

（「福岡日日新聞」大正十三年十一月二十六日）

一方、機船底曳網漁船の侵犯操業に苦慮している福岡県筑豊漁業組合は、農商務省の通牒を不満として陳情を起こすのである。「福岡日日新聞」は左のように報じている。

近年、機船底曳網漁業の発達著しく、船舶の小型なるを利用し沿岸と沖合の別なく縦横に航走投網して漁場を荒し魚族の減退を意とせざるのみならず、甚だしきは沿岸漁民の漁具、漁獲物を掠奪し或は脅喝障害を加うる等暴状至らざるなきに鑑み、曩に筑豊四十六ケ浦漁業組合より右機船底曳網禁止区域の設定を請願し漸く其の設定を見たるも、大海面上の設線は容易に底曳網漁業者の注意を惹かず、特に違反処分の軽きに失するを奇貨として以然其の暴状を改めざる有様なるを以て、筑豊漁業組合会長樋口邦彦氏は情を具して三井水産局長及び各政党本部（支部を通じ）に対し漁民の窮状を訴え底曳網取締方を懇請する筈なるが、陳情の要旨は今後の底曳網操業区域に就て、⑴東経百三十度とあるを百三十一度に改訂すること、⑵然らずんば百三十一度以西の操業不許可に関する依命通牒を廃し之に代ゆるに船数制限の制度を布すこと。而して底曳網禁止区域を「山口県見島より対馬北端を見通し更らに対馬両端より白島列島を見通すこと、トロール漁業禁止区域と同一ならしむること」とし、進んで底曳網漁船に対し沿岸漁場の侵入を防ぐ為め「三十屯未満の小型機船底曳網を禁止し」、亦底曳網許可に関する許否処分の統一を期すると共に従来の違反行為に対する処分は甚だ軽きに失し為めに彼等の違反を制裁する力なきを以て、今後「司法処分としては必らず体刑を付加し漁具、漁獲物は悉く之れを没収すべく行政処分としては営業停止と同時に停船処分を併施し累犯者に対しては断じて取消処分を行はれんこと」を期するにあり。右に就き筑豊漁業組合にては九日午後一時より福岡市橋口町海容館に於て実行委員協議会を開き、実行上の打合せを為す筈なるが、実行委員上京期は県選出代議士の意見により決定する筈。

（「福岡日日新聞」大正十三年十二月九日）

右の陳情は受け入れられなかったが、反対運動はさらに拡大していった。九州各県および愛媛・山口県の沿岸漁業者代表が一堂に会して機船底曳網の被害防止対策漁業者大会を大正十四年一月十八日、大分市で開催した。その内容を翌十九日の新聞にみることができる。

愛媛、山口並に九州各県沿岸漁業者大会は大分、福岡両県主催にて十八日午前十一時から大分市県公会堂に於て開会、出席者は福岡県より樋口同県水産会副会長を始め代表者二十七名其他各県並に愛媛、山口両県の外此催しを聞知した島根県よりも和気技師等数名来会して、大分県外より六十余名それに大分県下の当業者五百余名来会した。先づ主催地たる大分県水産会芥川副会長の熱烈なる開会の挨拶ありて、芥川氏議長席に就き、各県代表者夫々各県の取締並に被害状況の報告ありて、正午休憩、午後一時より更に続会、左記宣言決議又は提出問題の審議ありたる後実行委員を選挙し、午後四時閉会したが、同業者死活の問題あるだけ可なり熱心なる協議振りであつた。同大会に於て決議された宣言及機船底曳網漁業の対策は、大分県水産会副会長芥川藤四郎、福岡県水産会樋口邦彦副会長両氏代表者となり関係各大臣（農商務、内務、海軍）及び関係八県知事に建議し尚貴衆両院各政党本部に請願する事になつた。

宣　言

政治の要道は民を治め業を安んずるにあり。然るに過去現在に於ける政府の漁業方針を見るに常に周到徹底を欠けるは吾人の遺憾とする所也。近時、機船底曳網漁業の勃興するや之を地方長官に委して処分に解釈に甚だしき不統一を招来し、禁止区域ありと雖も禁止の実績を挙ぐる能はず徒に彼等の蹂躙に委せて深く之を念とせず、而も一方に禁止区域を設けて他面禁止区域以外に出漁する能はざる小型機船底曳網の操業を許可するの矛盾を敢てし、且つ無制限に之を許可して益々漁場の荒廃、沿岸漁業の衰退を招致し惹いて多数漁民の生活を脅威せしむる等其影響する所営に産業上のみならず社会政策上決して看過すべからざる事に属す。今や機船底曳網漁業者の横暴と兇悪と惨害とは全国沿岸に弥漫し、就中関西に於て最も甚しきものあり。今にして之が対策を講じ国家百年の大計を樹てるにあらずんば独り水産業者のみならず我国産業政策の基礎を危くするに至らん。斯くの如きは国民として忍ふ能はざる所なり、故に吾人は結束して沿岸漁場及び漁船維持の為め機船底曳網漁業に対する徹底制限及び制裁の実現を期し之を宣言す。

対　策

⑴機船底曳網取締規則改正に関する件

①規則第二条第二項を削除する事、②一漁船一根拠地の外二以上の根拠地を有せしめざる事、③新たに停船処分の一項を加へる事、④規則第八条中「常時」の二字を削除し「陸揚」の次に「販売」の二字を加ふる事、⑤規則第一六条中船長の「変更」命令に関する事項を「解雇」と改むる事、⑥規則第一八条及第一九条第一項中「又は百円以下の罰金」とあるを削除し新に営業者に対する体刑及び罰金の処罰事項を加ふる事、⑦三〇屯以下の機船底曳網漁業を禁止する事、但従来許可を得たるものに対しては現在の期間を限り存続営業認むる事、⑧規則第一九条第三項

に於て犯人の所有し又は所持する漁具漁獲物は「之を没収する事を得」とあるを「之を没収す」と改むる事、⑨規則第二〇条を削除し第一九条第五項に移す事
(2)機船底曳網漁業禁止区域をトロール漁業の禁止区域と同一ならしめる事
(3)新に依命通牒以て制限せられたる東経百三十度線を百二十九度線に改め其の以東海面に於ける新規操業を絶対に禁止し併せて其の以西海面に於ける許否其他の処分を主務大臣の主管に移す事
(4)漁業違犯二回に及ぶものは停船又は停止処分を行ひ三回以上のものには許可を取消す事、及陸揚は必ず本船に於て之を行はしむる事
(5)機船底曳網船を機会ある毎に漸次淘汰し一定限度の船数に制限する事
(6)府県、水産会、漁業組合及び連合会に於て監視船舶建造の場合は少くとも其五割以上を国庫より補助し尚之が運用に対して相当補助をなし又十四年度大型漁船建造補助予算十一万五千円を之に転用する事
(7)機船底曳網漁業取締規則を一層励行する事
(8)各府県の監視船は海面を共通して任意取締に従事する事を得せしむる事
(9)機船底曳網漁業取締の為時々駆逐艦、水雷艇を禁止区域に派遣されたき事
(10)運搬船により根拠地以外の地に陸揚する際其の実否を積出地の警察署に向け照会したる時は速に取締を遂げ電報を以て通知されたき事
(11)各府県に於て許可したる又は今後許可又は取消すべき漁船名、営業者名、船長名、許可番号、許可期間及操業区域を根拠地別に謄写し各県水産会相互に報告する事

（「福岡日日新聞」大正十四年一月十九日）

機船底曳網漁船取締対策問題は大正十四年度通常福岡県会でも取り上げられた。その内容は左のとおりであった。

○（十六番・岩松徳太郎）機船底曳網漁業違反船ノ取締ニ付イテ当局ニ質問致ス、此違反船ノ数ハ著シク増加シテ居リ漁場ノ荒廃モ著シイ。本県デハ勿論之ヲ等閑シテ居ル訳デハナク目下玄海丸、沖之島丸ノ二隻ガ専ラ此任ニ当ツテ居ルガ、然ルニコノ二隻ハ八、九節ノ速力デアリ、新式ノ漁船ハ大抵十一、二節ノ速力ヲ持ツテ居ルノデ到底之ヲ捕フルコトハ出来ナイノデアル。然シ此ノ中デモ二十屯以下ノ速力六、七節ノ違反船ハ捕フルコトガ出来ルノデ、毎年検挙スル隻数ハ二百隻ニ上ツテ居ルノデアルガ、恐ラク実際ニ違反シタ漁船数ハ検挙ノ数十倍ノ多キニ上ツテ

居ルト推定サレルノデアル。而シテ此検挙サレタ漁船ガ如何ナル処分ヲ受ケテ居ルカト申スナラバ、法律デハ司法処分トシテ三百円以下ノ罰金若ハ三ケ月以下ノ懲役トナツテ居ルガ、裁判所ノ処分デハ大抵三十円乃至七十円ノ罰金位デアル、而モ七十円ノ罰金ハ大概四、五犯ノ犯罪ニ対スル刑罰デアル。コノヤウナ極メテ軽微ナ金額デハ何等懲罰ノ目的ヲ達シナイノデアル。以前ハ県取締規則ニ依リ五十円以下ノ罰金ニ処スルト云フコトニナツテ居タガ、裁判所ノ判決デハ二十〜三十円ノ罰金ト云フ軽微ナモノデアツタガ、斯様ニ軽微ナモノデハ懲罰ノ目的ヲ達シナイコトカラ吾々水産関係者ハ農商務大臣ニ其ノ事情ヲ具情シタ結果、現在ノヤウナ省令ガ出サレ三百円以下ノ罰金若ハ三ケ月以下ノ懲役ニ処スト云フコトニナツタノデアル。然ルニ裁判所デハ依然トシテ軽微ナ罰金デ処シテ居リ立法ノ精神ヲ徹底スルコトガ出来ナイノデアル。斯様ナ次第デアル故ニ密漁船ハ年々増加シ今日ノ惨状トナツテ居ル、又此ノ状況ハ独リ県下ニ止マラズ九州一円ニ及ンデ居ルノデアル、之ハ国家産業上洵ニ深憂ニ堪ヘナイ次第デアリ、本年一月ニ大分県ニ於テ九州各県、山口県、島根県ノ水産業者集会ヲ開キ被害状況、対策等ヲ攻究シタ所デアル。ソコデ県当局ニ御尋ネスル、今述ベタヤウナ司法処分ノ外ニ行政処分ト云フモノガアリ、之ハ知事ガ違反船ニ対シテ許可ノ取消或ハ停船処分ト云フモノガアルガ本県デハ今日マデ此ノ行政処分ヲヤツタコトガアルカ承リタイ。次ニ長崎、大分、鹿児島各県デハ取締船建造費ヲ本年度予算ニ計上シテ居ルガ、本県ニ於テハ未ダ何等ノ用意ガナイノハ甚ダ遺憾ト思フノデアル。追加予算或ハ明年度予算ニ於テ計画ガアルモノカ若ハ如何ナル方法デ此問題ニ対処サレヤウトシテ居ルノカ御伺ヒシタイ。

○（参与員・三沢寛一）漁場取締ニ関シテ熱心ナル御意見ヲ述ベラレタガ、当局トシテモ素ヨリ同感デアル。取締船ヲ建造シタイト云フ考ヘハ有ルガ、何分立派ナ船一隻ヲ造ルニハ拾万円以上ノ金額ヲ一時ニ要スル為メニ財政ノ振割ニ困難シテ居ル際デアリ、一気ニ此ヲ為シ居ナイノハ遺憾デアルガ、成ルベク近イ機会ニ之ヲ実現スルヤウニ努メタイト思フ、尚違反船ニ対スル行政処分ニ付イテハ今日迄夫ヲ命ジタコトハナイヤウデアル。

翌十五年度通常県会においても、同岩松議員がこの件で再度、県当局の見解を質している。

○（十六番・岩松徳太郎）機船底曳網漁業違反船取締方針ニ付テ当局ノ御考ヘヲ承リタイ。此ノ違反船ハ玄海方面ニ跋扈猖獗ヲ極メ今尚有効ナ対策ガナイ状況ニアル、年々検挙スル数ハ二、三百艘ト多大デアルガ検挙サレナイ数ハ非常ニ多大ナモノト想像サレルノデアル。其等ノ船ハ年々改良サレテ速力ガ上ツテイル為メニ取締ガ困難トナツテ居ル、例へ検挙サレテモ二、三十円ノ罰金デハ何等痛痒ヲ感ジナイノデアル。ソコデ当局ニ対シテ裁判所ト交渉シテ体罰ニ処スルヤウニトノ希望ヲ述ベテ置イタガ其ノ交渉ハサレタカ御伺ヒスル。更ニ快速取締船ノ建造ニ付イテモ急務デアルト述ベテ置イタガ、本年度ノ予算ニ計上アルモノト期待シタガ残念ナガラ見当ラナイノデアル、違反船ノ跋扈跳梁ハ兎ニ角、法ノ威信ニ関スル重大ナ問題デアリ、漁場ノ荒廃ハ産業ノ盛衰ニ関スル重大問題デアリ、個人的ニ見レバ生活ノ脅威ヲ為ス重大問題デアル、当局ハ処罰ヲ厳重ニスルト共ニ快速取締船ノ建造ガ急務ト考ヘルガ当局ノ御意見ヲ承リタイ。

○（参与員・山中恒三）機船底曳網漁船取締ニ対シテハ色々ト研究シテ居リ、御承知ノ通リ法律改正後ニ裁判所ニ交渉致シ、二犯以上ノ者ニハ体罰ヲ科スヤウニ申入レ、厳重ナル取締ヲシテ居ル所デアル。検挙船ノ中県外船ニ付イテハ所属県ニ違反船名、番号、氏名等ヲ通知シ厳重ナル処分ヲ要求シテ居ルノデアル。快速取締船ノ建造ニ依ツテ取締ヲ強化スルコトモ一ツノ方法デアルガ、当面現状ノ取締船ヲ以テ出来得ル限リ努力致シタイ。

機船底曳網密漁船の横行は依然として続き、筑豊漁業組合連合会等沿岸漁民からの取締強化の陳情は後を絶たなかった。福岡県は昭和四年に取締船鎮西丸（六二屯・一一ノット）を、同七年に神風丸（五〇屯・一二ノット）を新造し、取締体制の強化を図った。また取締効果をあげるために、関係県による対策協議会が開催され、各県取締船連合による一斉取締なども行われた。例えば福岡・佐賀・長崎三県は昭和二年、不正漁業取締申合事項を決めて取締効果をあげたが、それを新聞記事でみることができる。

福岡・佐賀・長崎三県が連合して九州西海岸を荒し廻る不正漁業の取締を行ひ相当効果を収めたが、右三県の該検挙に関する申合事項は左の如し。

(1)犯則船を逮捕したる時は、其船長を現行犯として取扱ふ事

(2)共犯者と認むべき船主若くは漁業者は総て被疑者として召喚取調べる事

(3)犯則船を逮捕したる時は、漁業監督員は漁具を取外し証拠品として最寄警察署に引渡すか又は封印を為し之を警察署に引継ぐ事

(4)犯則船を検挙したる時は、其船名、船主其他詳細を記載して三県互に通報する事

(5)犯則者は一犯は三十日以内、二犯は六十日以内の操業停止を為し、三犯は百五十日間の操業停止若くは許可取消を

なす事

(6)山口、島根両県に対し右連絡し取締に加入するやうに勧誘する事

等にして尚同取締を徹底せしむる為曩に三県連合検挙の際、現場に出張せる宮脇農林省技師が該取締規則の改正方に就き本省に対し大要左の如き要望をなし大体本省内の賛同を得たので、近く開催せらるべき各府県水産主任会議に諮問したる上、実施の段取に進むべき模様であると。

(1)機船底曳網営業者は其代人、同居人又は雇人のなしたる違反行為に対しては責任を負ふ事

(2)天候其他の理由に依り碇泊期を変更せんとする時は地方長官の許可を受け其の指導を受ける事

(3)地方長官は農林大臣の認可を得て該漁業取締上必要なる命令を発する事を得る事

(4)底曳網漁業鑑札は船舶番号、屯数、実馬力及び船籍地を記入する事

(5)不正漁業により漁獲したる事を知つて之を販売したる者は百円以下の罰金に処する事

(6)漁業許可期間の五ケ年とあるを五ケ年以内に改むる事

（「福岡日日新聞」昭和二年一月九日）

昭和五年九月十五日、農林省第五号で機船底曳網漁業取締規則が改正された。その主な改正点は、起業認可制採用、指定港以外における漁獲物の陸揚げまたは漁業用品の積込み禁止、屯数の無届増加に対する罰金刑適用、許可期間を五年以内、というものであった。一方で、船体を五〇屯以下とする屯数制限は撤廃された。漁獲競争が激化するに伴って漁場が遠隔化し、また焼玉エンジンの改良、ディーゼルエンジンの導入、船体の鋼鉄化など漁船の性能が向上したためである。だが、この屯数撤廃は一隻の屯数を制限しないだけで、船主が許可を受けている総屯数は変わらない。したがって増屯をすれば、隻数は減少することになった。

大正十三年の農商務省通牒以降、東経百三十度を境として以西海区を漁場とするものは次第に漁船を大型化し、経営形態を近代資本化していった。これに反して、以東を操業区域とするものは、沿岸漁業の漁場と接触し、漁船は三〇屯以下の小型であった。この以東底曳網漁業は隻数の割には漁場が狭く、かつ沿岸漁業と不即不離の立場にあったので侵犯操業を犯す可能性が高かった。

昭和六年九月三日、「九州日報」は「近来底曳網を使用する機船の跳梁は目に余り、其の不正漁撈による沿海漁民の被る損害は実に甚大で、福岡県水産課の如きは其の取締に関する陳情団との応接に連日忙殺されている有様である。しかし

て底曳網による不正漁業の被害は大小の差はあれ、九州各県等しく受けて居る所から、近日中、福岡県の提唱で九州各県連合協議会を開催する。そこで機船底曳網の取締並に不正漁業に対する罰則に就き法令上からも足並を揃へ、各県協力して不正漁業の根絶を期さうとしている」と報じている。そして同年十月二十七日に農林省主催の中国九州密漁取締協議会が福岡県庁で開催されたが、それを「九州日報」は左のように報じている。

農林省主催の密漁取締に関する協議会は二十七日午前十時より福岡県庁新館会議室に於て開催された。農林省より小浜漁政課長の臨席を得て、徳島、島根、山口、福岡、佐賀、長崎、熊本、鹿児島各県より主任者出席し、左記事項を付議した。

(1)総屯数三〇屯未満の船舶の代船名義の変更、満期更新等は一切之を認めざること
(2)小型船整理の件
(3)休業せる機船底曳網漁業者の整理
(4)漁場が何れの地方長官の管轄にも属せざる時は農林大臣の許可制度となす様現行取締規則の改正を望む
(5)機船底曳網漁業の連絡取締
(6)無許可機船底曳網漁業の取締
(7)違反船の追跡拿捕に際し停船命信号に応ぜざる時は或程度迄追撃を認められる様海事部の諒解を得ること
(8)違反船検挙の際は最も簡単に即時互報
(9)違反者処罰の件
　①行政処分を一層厳重にすること
　　イ、同一営業者の各船舶の違反は之を累犯として取扱ふこと
　　ロ、左記の場合は行政処分をなす
　　　○停船信号に応ぜざるもの
　　　○船長更迭の届出を怠りたるもの
　　　○船名、許可番号の表記なきもの
　　　○船名、許可番号の表記を隠蔽せるもの

○漁業根拠地に非ざる地に漁獲物の陸揚をなしたるもの
②司法処分を一層厳重ならしむる様要望
③裏に関係各県に於て協定せし事項以外の処分に就いて
（「九州日報」昭和六年十月二十八日）

また同時期に、沿岸漁業者側では福岡・佐賀・山口県連合機船底曳網被害対策協議会を開催し、陳情事項を決議した。「福岡日日新聞」は左のように報じている。

筑豊漁業組合連合会主催の山口、福岡、佐賀三県連合機船底曳網被害対策協議会は、二十日午前十一時より福岡市仏教青年会館において開催し、各漁業組合代表約百五十名出席した。左記宣言、事項を決議して、関係県及び農林大臣に陳情することにし、午後四時散会した。

宣　言

佐賀、福岡、山口三県の外海部は沿岸漁業者の主要漁場として多年維持し来れる処にして、相互の海況近通し密接の関係を有する海区也。本海区に於る機船底曳網漁業者の侵犯は官憲の取締を顧みず益々頻繁となり、横暴跳躍の限りを尽し、為めに漁場は荒廃し生業の不安と生活の脅威とは日を遂うて甚しきを加へ来れり。茲に於て三県漁業者は之が徹底的取締を要望し、進んで不正漁船を撲滅するの必要を認め、相結束して同一行動に出んことを期す。

昭和六年十一月二十日

決　議　事　項

(1)三〇屯以下の機船底曳網漁船の廃滅を要望
(2)違犯船の初犯は営業停止、二犯以上のものは営業の許可を取消す様要望
(3)地方長官は違犯船発見次第、司法処分を待たずして行政処分に付する様要望
(4)他県の違犯船を発見したる時は当該県に於て行政処分に付せらる、様要望
(5)機船底曳網漁船の新許可をなされざる様要望
(6)休業船は一年一回以上調査の上、当時休業の船は許可を取消さる、様要望
（「福岡日日新聞」昭和六年十一月二十一日）

これら協議会の要望に対して、農林省は昭和七年三月十五日、水産局長名で機船底曳網漁業許可方針に関する通牒を発

し、漸減方針を明らかにした。

機船底曳網漁業許可方針に関する事項（通牒）

(1)現に許可を有する機船底曳網漁船に代る総屯数三〇屯未満の他の漁船につき許可を出願せる際は之を許可せず
(2)純馬力が総屯数に比し其の二倍半を超ゆる機関を備ふる機船底曳網漁業の許可は之を為さざる事、総屯数に比し其の二倍を超ゆる馬力変更の許可も之を為さず
(3)機船底曳網漁業取締規則第七条に違反し禁止区域の侵犯に共用せられたる漁船による機船底曳網漁業許可は之を為さざる事
(4)機船底曳網漁業の取締を容易ならしめるため各県は自県許可に係る機船底曳網漁船の船体を左の如く塗装せしむる事、但し二県以上の許可を有するものは原許可の県に於て塗装せしむる事

○福岡県：船体黒色塗（許可番号及び船名は白色）
○山口県：船体紺青色塗（右同）
○佐賀県：船体クーオサイド塗（右同）
○長崎県：船体緑色塗（右同）
○熊本県：船体白色塗、檣・船橋・煙突・ケーシング等は黄土色塗（許可番号及び船名は黒色）
○鹿児島県：船体白色塗、檣・船橋・煙突・ケーシング等は紺青色塗（右同）

この通牒に次いで、農林省は規則の抜本的改正に着手した。それをうかがわせる内容が新聞にみられる。

機船底曳網と沿岸漁業との利害対立はいよいよ激化し、政府では之が対策の為め従来県にて許可、認可をして居た機船底曳網に対して之が許可、認可を全部農林省にて直接統一的に行ふ事に改正する方針を定めた。準備の為め来る十五、六の両日、山口より熊本に至る海面に操業する機船底曳網の模様を知る可く各関係県主任者を集め諸事項に就き協議する事となつた。尚現在全国の機船底曳網船は三千八百四艘で、玄海付近に操業する分に就いては、熊本県十六艘、佐賀県八十一艘、福岡県百三十艘、山口県三百七十艘、長崎県四百艘、鹿児島県十四艘等である。而して沿岸漁民の保護を強調すれば漁獲高を減少し、当局もここもと痛し痒しの感であるが、結局沿岸漁業保護の側に傾き機船底曳網の取締が一層厳重になる模様である。

（「福岡日日新聞」昭和七年九月十四日）

昭和七年十二月、農林省第三六号により機船底曳網漁業取締規則改正を公布し、八年一月から施行することとなった。その主な改正点は、従来地方長官に委任した許可権限を農林大臣に統一し、東経百三十度以東における夜間操業を禁止し、機関馬力の無断増加を禁じ、無許可操業の結果たる漁獲物の販売には取引業者をも罰することとした、違反漁船に碇泊を命ずることができるなどであったが、この改正によって底曳網漁業は深刻な打撃を受けた。以後、この漁船隻数の増加が止まり、漸減に転じるのである。違反隻数はすぐには減らなかったが、次第に減少に転じていった。昭和九年度通常県会において取り上げられた機船底曳網違反船対策の質疑応答のなかで、漸減してきたことに言及している。

○（四七番・山崎美太郎）機船底曳網違反船取締ニ付テハ、大型取締船二隻其ノ他数隻ヲ以テ之ガ防止、摘発ニ依リ漸次減退ヲ見ツ、アルコトハ非常ニ感謝シテ居ル処デアル。併シ乍ラ此摘発後ノ処分ト云フ点デ物足リナイ場合モアル。最近、行政処分ト司法処分トハ相一致スベキ筈ニモ拘ラズ、司法処分ノ如何ニ依ツテ行政処分ガ解消サレルト云フヤウナ矛盾ガアルト承ツテ居ル。此ノ点ニ付テ行政ノ立場カラ如何ナル見解ニ依ツテ行政処分ヲシテ居ラレルカ承リタイ。

○（参与員・岡田聡）機船底曳網漁業ニ対シテハ、大正十五年農林省令ヲ以テ取締ガ初メテ規定セラレタガ、当時各県ガ区々ニ漁業ノ許可並ニ之ガ違反ニ対シテ行政処分ヲ行ツテ居タガ、弊害ノアルニ鑑ミテ昭和八年ニ至ツテ省令ノ改正ニ依リ農林大臣ガ全部漁業ノ許可並ニ違反ニ対シテ行政処分ヲ行フヤウニナツタノデアル。尤モ知事ニ於テモ違反船ニ対シテ三十日以内ノ碇泊命令ヲ出シ得ルコトニナツテ居ルノデアル。更ニ昭和九年八月漁業法ノ改正ニ際シテ此ノ取締ハ漁業法ノ中ニ規定サレルコトニナツタガ、従来ノ農林省令ノ規定デハ罰則ガ軽イト云フノデ、此ノ度ハ弐千円ヲ限度トスル罰金刑ガ法律ノ中ニ規定サレタノデアル。一方県デハ之ガ取締ニ付テハ極力努力致シテ、本年予算ニモ取締船ノ改造費ヲ提出シテ居ル。従来ノ実績ヲ見ルト、違反船検挙数ハ昭和七年三十六隻、八年二十八隻、九年十二隻トナツテ、違反船ハ漸減シテ居ルノデアル。之ガ処罰ニ付テハ知事ニ於テ三十日以内ノ碇泊命令ヲ出スト同時ニ、農林大臣ガ二十日カラ百日以内ノ碇泊命令ヲ出シ、其ノ間操業ノ中止ヲ命ジテ居ルノデアル。此ノ外ニ先刻申上ゲタ罰則、弐千円以下ノ罰金或ハ三ケ月以内ノ懲役ガアル。大体県デ行政処分ヲシタ場合ニハ、裁判所ニ於テモ之ト並ンデ刑罰ヲ課シテ居ルノガ現状デアル。勿論行政処分ハ刑罰ニ拘束セラル、モノデハナイガ、大体ニ於テ刑罰ト行政処分トハ相一致シテ対処シテ居リ、夫レガ弊害ガナイヤウニ考ヘテ居ル。

さらに農林省は東経百三十度以東における機船底曳網漁船の整理に乗り出すが、それを「九州日報」は左のように報じている。

沿岸漁業荒廃の一大原因をなしている機船底曳網漁船の整理に関しては、農林省もその必要性を痛感し各地方庁と協力して沿岸漁業保護の対策を講じていたが、いよいよ整理七年計画を立て機船底曳網漁船の根本的整理に乗出す事となった。機船底曳網は東経百三十度以東に於て許可されていた関係上、九州、四国、本州、北海道諸地方の日本海、太平洋両沿岸地方に於ては之に従事する漁船が現在凡そ二千艘に及んでいるが、農林省の整理方針は次の通りである。

(1)現在は許可期間が五ケ年であるが、今後は新規の許可をなさず満期のものに対しては二ケ年間の延長期間を認める

(2)期間満了のものより順次整理し、右二千艘中、他沿岸漁業と軋轢を生じない凡そ三百艘を除き凡そ一千七百艘を今後七ケ年に整理完了する

(3)被整理者に対しては転業資金を与へて有望な他漁業へ転ぜしめる。即ち三〇屯乃至五〇屯位の小型遠洋漁業又は一五屯内外の漁船による沿岸漁業に転ぜしめ、漁船を新造する場合は船体、漁具等の補助をし、転業後凡そ一ケ年間位漁業主に対し補助する事

而して右に要する経費の一部は十二年度予算に於て沿岸漁業振興費（百十万円）中に要求されているが、十二、三年度は未だ許可期間中にあり、機船底曳網漁業が多数を占めているので転業資金も少ないが、今後は次第に増額される。尚機船底曳網整理に対しては、生業を奪ふものとして漁業主の反対があるが、農林省は沿岸漁業保護の大乗的立場より既定方策を遂行せんとしている。

（「九州日報」昭和十一年九月一日）

昭和十二年八月九日、農林省令第三二号「機船底曳網漁業整理規則」・農林省第三三号「機船底曳網漁業整理転換奨励規則」が公布された。翌日の「九州日報」は次のように報じている。

機船底曳網漁業整理統制要項成る、禁止区域を拡大、転業を奨励

農林省は沿岸漁業保護のため機船底曳網漁業を整理する事となり、十二年度予算で八万二千円の漁業振興費の成立を見たので、九日付官報で「機船底曳網漁業整理並に転業奨励規則」を公布、十四日より実施することゝなつた。現在許可したる機船底曳網漁船は全国で二千六百四隻に上るが、農林省としては今後昭和二十二年三月まで向ふ十ケ年間に一千二百八十四隻を整理廃止する方針で、その内訳を示せば左の通りである。

区　域	現在隻数	整理数	残存数
東経一三〇度以東	一、九九九	一、二二四	七七五
東経一三〇度以西	六〇一	六〇	五四一
露領沿海州	四	〇	四

又右省令の実施に伴ひ同漁業禁止区域を拡大し、禁止期間を延長する等機船底曳網漁業整理の主旨を徹底せしめるため近く関係農林省告示を行ふ事に決定した。　　　　　　　　　　　　　（「九州日報」昭和十二年八月十日）

機船底曳網漁業はその整理、転業奨励規則の施行を待つまでもなく、戦時体制の荒波のなかで壊滅的打撃を受けたのである。昭和十二年七月に日中戦争が勃発し、十三年四月には国家総動員法が発動され、経済統制は加速度的に進んだ。経済統制の強化さらには漁船の徴用は、底曳網漁業自体を壊滅状態に追いやった。

三　洞海湾の埋立・汚染と漁民

北九州地域は明治、大正、昭和にかけてさまざまな産業経済の変遷を経て、日本の四大工業地帯の一つとして発展した。北九州工業地帯の発展は、その中心であった洞海湾岸域への工場集中によってもたらされたが、その海岸線は相次ぐ埋立地造成によって著しく変貌していった。洞海湾岸では、明治中期に八十万坪、明治四十三年に三十三万坪、大正八年に十万坪、大正九～十四年に七十四万坪が埋め立てられた。

明治三十五年、漁業法に基づいて、明治四十二年十月、免許番号二七五六号により若松・戸畑両浦漁業組合に対して洞海湾内外の漁業区域八七六万一六〇〇坪が専用漁業権漁場として二十年免許期間で免許されたが、大正末期までの総埋立面積一九七万坪は両浦専用漁場区域の約二二％強にあたる。これは五分の一以上の漁場面積が消滅したことになる。さらに洞海湾岸の埋立は計画・工事中のものが六八九坪であったといわれるが、とすれば実に八割近い漁場域が奪われたことになる。これら埋立は漁場を縮小しただけでなく、埋立地に立地した企業によって湾内の汚染を進行させ、漁場条件を悪化させた。

漁民はすでに明治期において、埋立による漁場縮小への危機感を抱き、行動を起こしていた。当時の「福岡日日新聞」はその内容を以下のように伝えているが、その時期は明治三十四年五月、県令第三二号「公有水面ノ埋立並使用規則」公布直後のことである。

若松戸畑両町の漁業者一同が古来唯一の漁田と為す洞海湾内は近年、若松築港会社を初め製鉄所其他の会社に於て漸次其区域を埋築し大に其漁場を狭ならしめ尚ほ今後に於ても益々其事業を拡張せられ、爰に数年を出ずして全く漁場を失ふに至ること疑なし、固より斯る事は社会の進歩に伴ふ自然の趨勢ならば同業者に於ても已を得ざるもの、亦た之れが専業者数百名は遂には生計の途を失ひ測るべからざるの悲運に沈淪する者なきに能はざればとて、此程より種々評議を尽し先づ両町の漁業者百十数名の連署に対し其両漁業組合の亀津頭取及両町同業取締人瓜生生関の両氏は特に副願書を以て之れが救済方を県知事に嘆願したるが、若し知事に於て相当の救途を与へられざるに於ては同業者一同は古来同漁業田に係る重要なる浦証文を携へ主務省に就き之れが裁定を迎かん意気込なりと云ふ。

（「福岡日日新聞」明治十四年六月二十五日）

また大正三年七月二十八日の「福岡日日新聞」は、筑豊水産組合は知事、内務部長宛に「海面及浜地の使用埋築出願に対しては預め関係漁業組合の意見を徴せらるゝ様請願」したことを報じている。これは洞海湾に限らず当時進行していた北九州、博多湾沿岸の埋立に対する漁民側の切実な願いであった。これら漁民の意向は結果的に無視される形で、海面埋立は近代化、第二次産業振興の名のもとで強行されてきた。埋立は漁場を狭め、工場排水は漁場環境を悪化させ、漁民の生活権を侵害していった。そして漁業権補償が表面化したが、企業はそれを安く買いたたき、漁民は切り売りしていかざるを得なかった。漁民にとって、これ以外の途はあり得なかったのである。

洞海湾における漁業権補償の経緯については、『北九州市史　近代・現代　産業・経済Ⅰ』に詳しいが、それを基にして以下に要約する。

(1)明治四十三年三月三日契約の製鉄所埋立三二万六八五〇坪に伴う若松、戸畑漁業組合に対する補償金は六五〇〇円であった。この明治四十三年の漁業権補償以降、補償は慣行契約化したと評価されている。明治四十五年三月に福岡県の認可を受け、埋築工事に着手した。

(2)大正七年四月、右記の埋築工事の「公有船入設置及防波堤并土砂捨場埋立設計ノ一部変更」が提出された。この変更工事に対する漁業補償交渉は行き詰まり、大正八年三月から吉田磯吉が調停に入った。大正八年十二月二十六日に契約に至り、「製鉄所の埋築区域中、二万六〇〇〇坪（漁具及漁獲物の整理場）の埋築権利を若松、戸畑漁業組合に継承する」というものであった。

(3)大正四年五月出願の「戸畑新設航路浚渫・名護屋地先埋立」一〇万〇〇九四坪に対する補償は、大正五年七月に契約され、補償金一五〇〇円、浚渫補償四七〇〇円であった。

(4)大正五年七月契約、埋立面積六〇万坪、補償金二万八三〇〇円

(5)「第四次拡張工事」七四万六七〇〇坪の埋立と三一万七〇〇〇坪の浚渫に対しては、吉田磯吉の立会いで四万五〇〇〇円の補償金、五年賦払いで解決した。

(6)大正七年十月二十八日付で「洞海湾埋立及繋船壁築設ニ関シ漁業制限命令方ノ件」が製鉄所長官白仁武から農商務大臣山本達雄あてに問合せがなされた。そして同年十二月に「軍事上必要ニ付」き、製鉄所付近の漁業区域を削除し、埋立作業を防ぐべからずの通達が発せられた。これに対して、「両漁業組合員等一同迅雷ヲ掩フノ遑ナク驚愕震倒殆ド致命ノ宣言ニ接シタルモノノ如ク手ノ舞ヒ足ノ踏ム所ヲ知ラズ」であったが、如何ともし難かった。この漁業権は軍事目的のために無償で取り上げられた。

(7)久原は、製鉄所設立に伴って名護屋岬から内海一〇万坪、外海六〇万坪の合計七〇万坪の海面埋立権を確保した。若戸連合漁業組合に対する漁業権補償が問題となり、対立した。組合は当初三〇万円を要求した。大正五年六月、福岡県水産試験場長の斡旋となり、組合は六万七〇〇〇円の一括払いで、久原は三、四万円で漁業権免許期間内の十三年分割支払いを主張した。県当局は「先般製鉄所が洞海湾内の埋立をなしたる時は三六万坪に対し六五〇〇円を支出したるに過ぎざるを想へば如何に過大の要求」として「不当の要求は国家的事業に害あれば漁業権を取消べし」という強硬な姿勢を明確にした。こうした中で、内務省は埋立出願手続きには「漁業組合の承諾を要せず」、漁業権の消滅・無視でなく、当事者間における折衝によること、不調の場合には「裁決に仰ぐべし」とした。こうして、同五年七月には、久原製鉄所の戸畑地先海面六〇万坪の埋立、若築会社の同一〇万坪埋立、航路浚渫区域一〇万坪に対する漁業権補償問題は、福岡県内務部長、水産試験場長などの仲介によって総額四万円の補償金で可決した。

洞海湾の工場排水

九州市史によれば、社会労働部「昭和九年度工場監督年報」はその経緯を左のように報告している。洞海湾沿岸工場の排水による漁場汚染問題が表面化するのは、景気が回復した昭和八年以降のことであった。前出の北

洞海湾ヲ囲繞スル若松、戸畑、八幡ノ三市ニ於ケル各種工場ヨリ流出スル汚水ノ影響ハ同湾内外ノ魚族、海産物減滅ニ多大ノ関係アリトナシ、若松、戸畑両漁業組合ハ昭和八年六月頃福岡県水産試験場ニ対シ関係工場排水ノ化学的試験ヲ依頼シ、又昭和八年八月戸畑若松ノ両漁業組合長連署ヲ以テ福岡県水産課宛実地調査方を嘆願セリ、而シテ水産試験場ハ曩ニ組合側ノ依頼ト水産ノ照会ニ依リ、爾来実地調査中ノ処昭和八年末迄ニ同湾ノ一般的並ニ化学的調査ヲ為シ或程度ノ確信ヲ得ル結論ヲ得タリ。

両漁業組合ニ在リテハ種々協議ノ結果昭和九年三月、関係工場タル製鉄工場、製油工場、硝子工場、製薬工場等ニ対シ、同地専用漁業地ノ漁獲物減少ハ組合員ノ死活問題ナレバ相当ノ救済方ヲ陳情シ、九年四月両漁業組合連名ヲ以テ知事並ニ農林大臣宛、救済方ノ嘆願書ヲ提出スルニ至レリ。

同湾内ニ直接間接ニ汚水ヲ排出スル工場ハ前記工場以外ニモ相当アリテ之ガ解決ハ至難ナル状態ナリ。

福岡県水産試験場の調査は工場排水の責任を明確に結論づけた。同水産試験場「洞海湾調査書」は総括して左のように結論づけている。

第一編ニ於テハ養殖并ニ漁撈的見地ヨリシテ洞海湾ノ一般的調査并ニ試験ヲ為シ本海湾ガ漁場トシテ昔日ノ面影ナク年ヲ重ヌルニ従ヒ不振トナリ現状ノ儘ニ之ヲ委スルニ於テハ遂ニ全ク廃滅ニ帰セムトスル実情ニアルコトニ就キ各方面ニ亙リ之ヲ詳述シタルヲ以テ被害ノ如何ニ甚大ナルカハ充分了解シ得ラレタルモノト信ズ而シテ第二編ニ於テハ其ノヨッテ来ル根本原因ガ全ク湾ヲ囲リテ設立セラレアル十数個ノ工場ヨリ排出スル排棄水ニ起因スルモノナルコトニツキ各排水口ヨリ排出スル排棄水ノ分析、是等排棄水ノ海水、底土ニ及ボス悪影響ニ関シ細密ナル化学的調査分析ヲ有セリ。斯クシテ本海湾ガ程度ニ多少差ハアリト雖モ全面的ニ是等各工場ヨリ排棄水ニヨリ汚濁悪変セラレ以テ漁場トシテノ価値ヲ全ク滅却シ或ハ著シク失墜セシメタル事ヲ明瞭ニシタリ。

水産試験場の調査結果を基にした漁民の被害補償交渉および補償を求められた日鉄会社の態度について、「福岡日日新聞」は次のように報道している。

洞海湾内の魚族減滅は全く沿線工場地帯の流下水が原因だと、県水産試験場からの折紙をつけられた関係各漁業組合では日鉄、八幡製鉄所を始め北九州各工場に向つて被害報償乃至同業者の転業資金として応分の弁償金交付を折衝中である。右につき松居日鉄庶務課長は語る。「工場流下水の為めに洞海湾内の魚族が漸次減滅して居るとすれば、寔に気の毒である。だが茲に問題なのは公用水面埋立等の場合は漁区を狭める範囲も決つて居り被害報償の程度も算出出来得るが、今度の様な場合は第一被害の程度がハツキリ決められない。それに独り当社のみならず他の工場関係も多数あるので、却々至難な問題だと思つている。先日も三十名ばかりの人達が見へ、内五、六名の代表者が渡辺所長と会見した。当社としても報償するにはそれ相当の理由をつけなければならず、炭坑地方の鉱害地同様、今では徹底的な取締法規もない此の問題の扱ひに実際困つて居る所である」

（「福岡日日新聞」昭和九年三月三十日）

その後、工場側・漁業組合間において被害補償交渉が持たれたのであるが、その経過を新聞記事で追ってみよう。

(1)鉱工業毒水補償金問題、県が調停に乗出す

若松、戸畑漁業組合の洞海湾鉱業毒水流出被害補償金問題は遂に県当局が乗り出し調停の労をとる事になつた。先づ手はじめに二十三日午前十時から戸畑市役所に於て県当局対関係七工場と懇談会を開く事になつた。同問題に就ては昨秋来、数次に亙る前記両組合の陳情によつて県水産課、水産試験場及び工場課等で鉱毒水流出状況並にこれが魚類に及ぼす被害及び漁獲物減退の実情等に就き調査を進めていたもので、このほどに至りその実情を認め「利害衝突による重大なる社会問題」としていよいよ調停に乗り出す事になつた。これに対する会社側（日鉄、日華製油、旭ガラス、同曹達、日本板ガラス、服部製作所、九州化学工業の七工場）の意向及び実情を聴取し、今後の対策を講ずる訳である。当日は当局から岡田水産課長、渡辺工場課長、岡村水産試験場長、船橋水産技師等で、会社側は各工場代表者及び鶴田戸畑、田中若松両市長が出席する。しかして同問題は両組合員家族千数百名の死活に関する社会問題だが、一方これに関する何等の法理的根拠がない為め、その措置並に成行如何は頗る重大視されている。

（「九州日報」昭和九年六月二十一日）

(2)洞海湾漁業補償第二回懇談会、県も会社側も態度強硬

若松、戸畑両漁業組合対八幡製鉄所以下七大工場間の洞海湾漁業損害賠償並に転業資金百万円要求に対する第二回目懇談会は二十日午前十時から戸畑市役所楼上にて開催した。福岡県庁より水産課長代理馬場主事、糸川属、工場側より前回通り八幡製鉄所、九州化学、旭硝子、同曹達工場、日本板硝子、日華製油、服部製作所の七工場代表の外若松、戸畑両市助役、勧業主任等が列席した。まづ工場側から、かつての申合わせに基き「その後慎重研究を進めては見たが、本問題は単に我々七工場のみが責任を負ふべき性質のものではないと思ふ。即ち洞海湾全域に関係を持つ他

の会社工場その他あらゆる方面を通じて詳に影響の有無を県当局の手で調査されると同時に又漁業組合員一同の資産状態などについても詳細調査されたい。その結果如何によつて我々七会社の態度を定めたい」と主張するところあり、これに対し馬場、糸川両氏より「漁業組合の目標とせる工場は七会社のみであるから、この席上に於て是非、会社の態度を決定して貰ひたい。その結果によつては県当局が正式に調停の労を取つてもよいが、若し工場側の態度が決定せぬやうであれば県としては一歩進めて損害補償金額を七会社に割当るかも計り難い」と高飛車に出た。会社側では案に相違の面持ちで「県当局の態度は第一回と全く異つている。殊に調停説などは今日初めて耳にしたやうな次第で、要するに両氏は我々の意見を上司に報告されるだけでよいのではないか」と逆襲した。馬場主事は重ねて「本日は知事の代理で列席した以上、工場側の態度を是非決定して貰ひたい」と再び考慮を求めたが、会社側では「これ以上の意見はない」と強硬に撥ねつけたので結局何等纏まるところなく午後二時半懇談会を打切つた。斯て会社側の態度硬化によつていよいよ解決困難となる外はない模様で、今後県当局が七工場以外の方面を調査しその結果によつて最終の処置を講ずるか、若しくは飽くまで七工場のみにとどめて折衝を進める事になるか、漁業組合及県当局の今後の態度は頗る注目されている。もし前者を選ぶ事になれば今後解決までには数年間を要すべく見られている。

（「福岡日日新聞」昭和九年七月二十一日）

(3)漁業組合員激昂、工場排水溝閉塞の動き

本年三月、洞海湾をめぐる日鉄ほか六会社工場に対し鉱毒水流出による補償金百万円を要求し再三折衝を重ねている若松、戸畑漁業組合では、会社側の態度が煮え切らず依然として解決の曙光を見出し得ないので、しびれを切らし、七日まで回答されたしとて先月二十七日左記再陳情書を前記各会社工場宛発送した。しかし、七日に至るも何等の回答がないところから組合代表は八日三班に分れて会社側を訪問し、夫々責任ある回答を求めた中、若松市二島日本板硝子会社を訪問した正野若松、北方戸畑組合理事ほか役員七名から「大石工場長不在の為め確答出来ないそうだ」との交渉経過を聞いた組合員六十名は「会社側に誠意なし」とて非常に激昂した。同日午後六時、組合幹部の制止も聞かず若松漁業組合船溜りから艀船十一隻に土俵百表を積込み、栄橋下の同会社排水溝を閉塞せんとしたので狼狽した会社側の急報に接した水、陸両署高等係全員は現場に急行し、いきり立つている組合員を極力慰撫した。その結果、交渉を組合幹部に一任することになつて、同夜八時すぎ漁業組合事務所へ引揚げた。歳末を控へて険悪化した補償金

問題の成行きは頗る憂慮されるに至り、水陸両署では不祥事勃発にそなへて厳重警戒している。

「陳　情　書

洞海湾工場排泄悪水被害に関し本年三月四日付、若松、戸畑両漁業組合員一同連署を以て詳細事情を具し御救済方陳情仕置候についても夫々適当なる御処置御配慮中の事とは拝察仕候へども、今以て何等の御沙汰に接し不申。然るに同湾を唯一の漁場としている漁民の窮状は日一日と深刻化し加之年末も眼前に迫り、このまゝ御措置に接せざる場合は漁民家族一同愈々飢餓に瀕し歳末の路頭に彷徨するの外なき実情に御座候に付、事情御調察上至急漁民の苦境御救済被下度。社業御多端の際誠に御迷惑とは存じ候らへ共、玆に重ねて嘆願仕候次第に付、曩に提出致居候陳情書に対し十二月七日までに何分の御意見御垂示賜り度右奉願候也」

（「九州日報」昭和九年十二月十日）

(4)若松、戸畑漁業組合の転業資金補償問題、吉田翁の調停で解決の曙光見ゆ

工場悪水流出による漁業衰微のため若松、戸畑漁業組合は洞海湾をめぐる諸工場に対して転業資金の補償方を要求し、昨年から工場と組合間に紛争を生じ、県水産課でも解決のため種々工作を施していたが、前代議士吉田磯吉氏が調停の労を執るべく斡旋中で、この難問題に解決の曙光見えたものとして県でも期待している。十一日午前八時、八幡製鉄所金近氏は県庁に上山県水産課長を訪問して、悪水補償問題の最近の経過について報告した。仄聞するところによれば、この難問題も工場側を代表する八幡製鉄所が相当考慮していることと、調停者吉田氏の尽力で漁業組合、工場間の感情も融和し、非常に解決の曙光が見えて来たと云はれている。

（「九州日報」昭和十年五月十二日）

かくして昭和十年五月、吉田磯吉の調停で解決した。製鉄所・旭硝子・旭硝子曹達・日本タール・日本板硝子・九州化学・服部製作所の七工場は、「工場悪水ニ因リ漁獲激減シ……窮状ニ同情セラレ救済ノ意味ヲ以テ」、救漁業者困憊済金二〇万円が支払われた。若松漁業組合（六七名）・戸畑漁業組合（六二名）は、失業救済・転業資金として九〇万円を要求していた。この解決による「誓約書」は重大な条件が含まれていた。組合誓約事項は次の二点である。

(1)将来若松戸畑両漁業組合ノ有スル専用漁場内ニ於ケル貴七社各工場ヨリ排出スル廃液悪水船舶ノ航行碇泊繫留、浚渫埋築、工作物ノ建設修繕其ノ他臨海工事等ニ関シ貴七社各工場（新設増設ヲ含ム）及其継承者ニ対シ一切苦情其他請求申出ザルハ勿論之等ニ関シ官公署ニ対シテ請願届ヲ要スルトキハ無償ニテ直ニ調印スルコト

(2)両組合ノ漁場内ニ於テ漁業ヲナス組合員以外ノモノニ対シテモ前項同様苦情又ハ請求等ヲナサシメザルコト

この結果、その後の埋立契約については、「補償ナシ」となった。製鉄所と組合の埋立契約は、十三年三月の名護屋拡張（三十五万坪埋立）、十四年六月の奥洞海（三十万坪）、十五年七月の名護屋拡張（十六万坪埋立と三十万坪の浚渫）と三度結ばれた。これらのすべてが無償であったし、それは「昭和十年五月十五日付誓約書ノ趣旨ニ基キ契約」されたためである。したがって、洞海湾においては、戦前における漁業権は昭和十年で実質的に消滅したといえる。

第三節　豊前海における漁業および漁場を守る闘い

一　豊前海の漁業

本期の特徴は発動機付漁船の増加にあったが、豊前海での動力化は他の海域に比べて進展していない。当海域は遠浅で、漁場域が狭く、機動力を発揮する必要性が低かったものと思われる。「福岡県発動機付漁船の現況」によれば、昭和三年、豊前海における総漁船数約八八〇隻中、発動機付漁船は十隻にすぎず、その従事漁業種はさわら流網五隻、釣延縄三隻、桝網二隻であった。その後、増加したものの昭和八年では三十余隻程度であった。

水産試験場は、前期においては漁具漁法の開発改良試験を主体に取り組んできたが、本期では干潟浅海域の漁場開発試験に重点を移した。明治三十六年、京都郡行橋町に水産試験場の豊前駐在所を設置し、漁業の調査、指導等に従事してきたが、大正九年に新たに豊前海研究所として発足した。大正九年度水試業務功程報告は「豊前海ニ於テ従来英彦丸ノ担当セル調査試験事業及本年度ヨリ開始セル同海干潟実測其ノ他同方面ニ於ケル水産業開発上、本年度ヲ以テ豊前海研究所ヲ築上郡宇ノ島町ニ設置シ、大正九年六月十七日県告示第三二九号ヲ以テ之ヲ公布セリ」と記している。大正十年度から豊前海干潟利用開発試験が開始され、カキ・ノリ・フノリ・ナマコ・アサリ・モガイ・バカガイ・ハマグリ等の増養殖を目的に試験調査が行われた。昭和十五年に豊前海研究所は豊前支場に改称されるが、支場の重点業務は介類増殖奨励のための試験調査であった。

本海域における漁場紛争問題は前期に比べれば少なくなり、主な紛争事件としては、いわし網漁場をめぐる山口県厚狭郡・企救郡両漁民間の争い（大正十三年）、恒見・今津両漁業組合間の漁場争い（昭和三年）があったが、そのほかでは桝網・延縄間での利害衝突が発生した程度であった。

また漁業調整上の懸案事項は、周防灘三県（山口・福岡・大分）における「打瀬網の統数制限・区域制限問題」と「さわら流網の相互入漁問題」であった。三県協議は重ねられてきたが、大正十三年九月の第四回周防灘水産懇談会で初めて協定に至った。「福岡日日新聞」は、その内容を左のように報じている。

第四回周防灘水産懇談会は三十日に於て開催せるが、協議案は「打瀬網」「さわら流網」である。打瀬網問題は一読会より委員付託として山口、福岡、大分三県より三名宛の委員を設け別室に於て委員会を開き「打瀬網一般数制限問題」に関して容易に意見纏まらざりしも委員相互の譲歩により左の通り決定した。昨年よりの宿題たる「さわら流網漁業区域設定」に就いて、山口県委員は県内さわら流網が福岡県漁区内に流れ入るとも従来の慣例を撤回して之を認むべしと主張し、福岡県委員は十艘位は委員の独断的意見として認める事は出来得るも夫れ以上は各組合の協賛を得ざる限り確答出来難しとて、遂に三県本懇談会は決裂せんとする所、大分県委員の仲裁により協議を翌日に廻し午後六時散会したが、引続き翌一日午前九時より商工会楼上に於て開催した結果、左の通り協定し散会した。

打瀬網漁業協定

(1)打瀬網漁業協定区域は山口県都濃・佐波両郡境より大分県東西国東郡境の見通線以西に於ける周防灘一円

(2)本協議会に於ける打瀬網は三丈曳以上の打瀬網漁業に限り船数を左の通り協定す、山口県六五〇、福岡県一五〇、大分県二〇〇

(3)許可に就ては船数制限区域中の沖合漁業たる事を鑑札に明記する事

(4)許可期間は地船五ケ年、外船一ケ年以内とす

(5)漁業鑑札名義と船体名義と一致ならしむる事

(6)漁業鑑札の貸借を厳禁する事

(7)行政区域の決定は関係三県知事より内務大臣へ行政区域の決定方を申請するやう主催県より請願する事

(8)瀬戸内海漁業取締規則の削除を主催県より主務大臣に申請を申合せて、実行委員を各県一名宛上京せしむる事、尚次回よりは主務省より一名の臨席を望む事

(9)荒目打瀬網に関しては許可出願書より荒目使用方を差控へる旨を記載して出願する事
(10)打瀬網船数は将来に於ては山口県は福岡、大分の両県を合せたる船数を標準として整理する

さわら流網入漁協定

(1)漁業の種類をさわら流網に限定す
(2)各県相互の入漁隻数を二十艘以内とし、当分の間、発動機に依る漁業を排除す
(3)漁期、漁法其他に関し県水産会又は連合会等に於て規定其他申合あるものに就いては其他の当業者と協定する事、但し規定其他申合事項は相互報告するものとす
(4)いか柴つけ其他の漁業に支障を与へざる事、万一之に流れかゝりたる時は自己の利害を捨て既設漁具に損害を与へざるやうな措置をとる事
(5)入漁船に対しては県水産会又は連合会より使用人番号を明記したる木製標札を交付する事
(6)入漁船は前項木製標札を船首両弦に膠着する事
(7)入漁料は相互一艘につき毎年金三十円を県水産会又は連合会に納付する事
(8)本協定は大正十四年度の本会に於て変更することあるべし

（「福岡日日新聞」大正十三年十月二日）

その後も周防灘水産懇談会などを通して三県間の協議・協定はなされてきており、漁業紛争を事前に抑止する役割を果たしてきた。

豊前海域の漁業生産は表三－34（七二二ページ）に示すように、コウイカ類・ボラ・エビ類・クロダイ・サワラ・タイ類・コノシロ・タコ・カマス・スズキおよび介類が主体である。総生産は前期に比べると全般的に伸びているが、魚種別にみるとイカ類・ボラ・クロダイ・エビ類・サワラが増え、タイ類が減っている。昭和二年末、漁業種別就業状況を表三－35に示したが、これから漁業種別生産額をみると、定置網類六七・七%、曳網類二〇・七%、釣延縄四・一%、雑漁具類三・二%、刺網類三・一%、抄網類一・〇%、敷網類〇・二%である。単種別にみると、桝網二一・〇%、いか柴（巣漬）手繰網七・八%、打瀬網五・二%で以下に手繰網、たい縛網、採貝が続く。これを大正初期の調査結果と比較すると、打瀬網の減少と桝網の増加が顕著である。福岡県漁村調査（昭和四年）には「打瀬網漸次減退ノ徴向ヲ示セリ（稲童浦）」、「桝網ハ近時改良シテ漁獲大ニ増加シ全金額ノ半ヲ占メ（蓑島浦）」とあり、その状況を裏づけている。

昭和八年福岡県水産概観には「豊前海方面一帯ハ遠浅ニシテ季節的回遊魚族多ク、沿岸ニ春秋両季ニ於テ小型定置漁業盛ニ行ハレ他ニ操業ノ余地ナキ観アリ、夏季ヨリ秋季ニカケテハ沖合ニ於ケル蝦打瀬網漁業盛ニシテ遠ク香川、岡山、広島各県地方ヨリ出漁スルモノ百二十隻ニ及ブ」とある。すなわち打瀬網漁船約二〇〇隻のうち一五〇隻は「他県人ノ一時的寄留シテ打瀬網ヲ営ムモノ」であった。また桝網においても、「桝網漁場七ケ所ヲ有スルモ資力乏シクテ他県人ノ経営ニ委シ居レリ（今津浦）」、「桝網ノ漁場六ケ所アルモ悉ク他県人ニヨリ経営セシメツ、アリ（柄杓田浦）」とあるように、当時実業していた桝網約一九〇統のうち、他県人や他浦人の経営に委ねたものはかなりの数に上っていたと思われる。

のり養殖についてみると、昭和四年刊「福岡県ノ水産」は「豊前海ニ於テハ疾クモ明治十年ノ頃ヨリ養殖ヲ始メタルモ今猶盛ナラズ、僅ニ築上郡東吉富村及企救郡曾根村地先ニ於テ行フモノハ施行面積約三万坪、産額約八千円ヲ産スルノミ」と記している。また同六年刊「豊前海水産ノ研究」では「豊前海ニ於ケル水産養殖業ハ極メテ不振ニシテ、海苔養殖業トシテハ企救郡曾根村大字吉田部落十一戸余ト簑島一戸ノ当業者アルノミナリ、年産額五千円位ナリ」とあり、衰退の傾向にあったことをうかがわせる。

昭和初期の経済不況は漁村を直撃し漁民生活を窮境に追いやったが、特に資力の乏しい豊前海漁民への打撃は顕著であった。加えて九年秋の台風によって、桝網は多大の被害を受け、まさに窮境のドン底に至ったのである。豊前海漁業組合連合会は漁村救済のため桝網漁業税免除方を知事に陳情した。「福岡日日新聞」は左のように報じている。

農村に於ける旱魃被害の救済に関しては官民一致全幅的努力が払はれているに反し、不況に喘ぐ漁村の救済はいさゝか手ぬるい感が無いでもないが、豊前海沿岸一帯の漁業は昨年九月二十一日の大暴風に依り非常な打撃を蒙り、此際、何等かの救済方法を得なければ益々不況下に沈淪して行くので之が具体策を考究中の処、此際県税の免除を県当局に懇願することに決し、二十一日左の如き陳情書を畑山知事宛提出した。

陳　情　書

近時水産業の不振殊に沿岸漁業の行詰りの結果、豊前海沿岸地方の如き瀬戸内海に面せる漁村に於ては、年々漁獲高の減少となり当地方十八ケ浦漁業者一千五百余名は其生計上頗る悲惨なる状態に有之候。然る処去る九月二十一日の大暴風の為、豊前海の重要漁業たる定置漁業桝網四百余張は多大の損害を蒙り殆ど回復継続困難なる状態に陥り、直接間接の損害に至りては誠に甚大なもの有之候。之を当地の農業方面に於ける旱害に比するも決して劣らざるものと確信するものに御座候。而して農業被害に対しては租税の免除其他相当の救済策を講ぜられ居候に反し漁業方面は放置せられたるの概あり。漁業経営に就ては其の資力状態に比し多大の資金を一時に要す次第にして、之が救済の方法の一つにして足らず候得共、先以て現下の応急対策として桝網の県税を本年度より向ふ三ケ年間御免除相成度御詮議之程願上候。

豊前海漁業組合連合会会長　浦野岩吉

（「福岡日日新聞」昭和十年一月二十二日）

表三－34　豊前海における漁船漁業の総生産および主要種別生産

魚種	大正一〇年		大正一四年		昭和五年		昭和一〇年		昭和一五年	
	漁獲量	漁獲金額	漁獲量	漁獲金額	漁獲量	漁獲金額	漁獲量	漁獲金額	漁獲量	漁獲金額
主要種	（トン）	（円）	（トン）	（円）	（トン）	（円）	（トン）	（円）	（トン）	（円）
イカ	二六三・八	九〇、五六一	三二七・一	七〇、五六二	二七五・〇	七〇、一三三	八三八・九	一一四、〇五三	一、二〇四・六	四一三、九九三
エビ	八六・〇	七九、七四四	四九・四	四四、七二二	一二八・〇	七四、二六一	一一二・九	九六、六五五	一二五・一	三四〇、五一八
ボラ	九七・三	四四、二八七	一二六・二	五〇、二七一	一四六・一	五〇、七四七	一七三・一	五〇、三三八	一八四・九	一一九、六四六
クロダイ	三八・七	二八、八五〇	五六・九	五三、八三七	五二・四	三六、九七六	八〇・〇	四八、五三一	一〇二・六	一七三、八四九
タイ	四六・〇	四六、九六二	六〇・八	六二、一七八	二二・〇	一四、五七三	一八・二	一六、六七五	一七・二	三二、二六八
サワラ	三三・四	二一、五八二	八四・四	六〇、一四八	一五・三	九、八六七	二五・七	一五、九八九	二三・三	二二、三〇五
コノシロ	三四・一	二二、七四二	五二・九	二八、二三四	二九・二	一四、六〇四	二〇・三	九、三三七	一九・六	一〇、二二九
タコ	三五・三	一五、七一二	四一・五	二一、六九三	一九・〇	七、五一五	四四・六	一〇、一五七	四四・九	三二、一二九
カキ	一四〇・四	二九、六八五	八・六	三、四八五	三一・二	四、三五一	六九・六	五、一九二	四〇・八	六、五六〇
カマス	三一・五	一八、一九七	二四・一	一〇、二二六	—	—	—	—	—	—
スズキ	九・五	七、三九四	一五・八	一五、七九〇	—	—	—	—	—	—
魚類	—	三四三、一六〇	—	四一三、二七七	七〇八・四	二九四、三一四	七八四・一	二七三、三六四	九五二・一	九二二、五一〇
貝類	—	五七、八五二	—	七五、六八四	一八四・七	一一、二一三	一、四〇四・八	四六、六〇〇	六二九・九	一一五、〇一九
その他動物	—	二〇五、〇三五	—	一八一、九六五	六〇四・二	一九〇、三八三	一、二八九・二	二八八、九二八	一、五四四・六	八六一、九六八

藻類	—	三、七七八	—	二、九三九	一六・五	一、六四五	一九・三	一、六二三	八・四	二、八二三
合計	—	六〇九、八二五	—	六七二、八六五	一、五一三・八	四九七、五五五	三、四九七・四	六一〇、五一五	三、一三五・〇	一、九〇二、三一〇

（「福岡県統計書」による）

表三－35　豊前海における漁業の就業状況（昭和二年末現在）

漁業名	統数	漁獲高	就業主要漁村	漁期（主漁期）
	統	円		
刺網類				
固定式刺網類				
底刺網（浜、瀬底刺網）	五四	二、六六〇	宇ノ島、柄杓田、稲童	周年（四～五月、一〇～一一月）
こち刺網	三三	一二、九六〇	恒見、沓尾、東吉富、稲童、八屋、蓑島、柄杓田、今津、長井	五～七月（六月）
かに刺網	三五	四、五〇〇	八屋、東吉富	三～四月
旋刺網類				
ぼら旋刺網	二	三、三〇〇	苅田	四～一二月（五、一〇月）
流刺網類				
さわら流刺網	九	四、五〇〇	蓑島、宇ノ島、東吉富、恒見	五～一一月（五、一〇月）
かます流刺網	一〇	八〇〇	宇ノ島	周年（六～七月）
だつ（だいがんぢ）流刺網	二	三四	八屋	四月
さっぱ流刺網	二三	四、一八〇	田ノ浦、今津、東吉富	一〇～一二月（一一月）
曳網類				
地曳網類				
いわし地曳網	四	一二〇	柄杓田	六月
雑魚地曳網	三	三、〇五〇	柄杓田、曾根新田	四～一一月（五月）

徒歩曳網	二六	三、六七五	田ノ浦、曾根新田、長井	二～一〇月（九～一〇月）
うなぎ地曳網	一三	一、二六〇	柄杓田、曾根新田	六～八月（七月）
船曳寄網類				
手繰網	一五〇	一七、一二五	田ノ浦、八屋、椎田、沓尾、蓑島、長井、恒見、苅田、浜町	七～一〇月（八～九月）
二艘曳手繰網	四	三、四五〇	苅田、恒見	四～一二月（五、一〇月）
いか巣漬（巣曳網）	三八八	八四、四四〇	柄杓田、苅田、宇ノ島、沓尾、蓑島、田ノ浦、恒見、椎田、八屋、東吉富、浜町	四～五月（四月）
きす手繰網	六三	六、三七五	蓑島、沓尾、苅田、八屋	六～一一月（六、一〇月）
ぐち手繰網	二〇七	二四、一五〇	宇ノ島、東吉富、沓尾、蓑島、柄杓田、椎田、松江、苅田、八屋、長井、恒見	周年（六～七月）
なまこ桁網	七八	二、九五〇	宇ノ島、蓑島、柄杓田	一二～一月（一月）
介桁網	四〇	三、二〇〇	東吉富	一二～五月（一二月）
瀬手繰網	七	三五	苅田	七～八月（七月）
さっぱ手繰網	八	九六〇	柄杓田	一一～一月（一二月）
船曳廻網類				
打瀬網	二〇一	五五、九三〇	東吉富、柄杓田、宇ノ島、沓尾、田ノ浦、稲童	六～三月（九～一一月）
あみ船曳網	九一	八、〇八〇	宇ノ島、椎田、八屋、東吉富、柄杓田	九～一一月（一〇月）
えび船曳網	四〇	六、五二五	恒見、宇ノ島、八屋	八～九月（八月）
雑魚船曳網	三二	一、〇四五	蓑島、恒見、苅田	周年（三月）
旋網類				
ぼら旋網	一〇	一四、六九〇	宇ノ島、柄杓田、恒見、椎田、東吉富、稲童、沓尾	四～一一月（七～九月）
たい縛網	二	二五、〇〇〇	八屋	五～六月（五月）
定置網類				

桝網類	一八九	二二六、〇四三	蓑島、苅田、宇ノ島、浜町、八津田、恒見、沓尾、椎田、稲童、曾根新田、八屋、西角田、松江、三毛門、東吉富、長井、今津	三～一二月（四～五月、一〇月）
張網類				
しらうお簗	一	一〇	椎田	二～三月
建干網類				
建干網	六	二、九四〇	柄杓田、東吉富、西角田	五～六月、一〇～一一月
抄網類				
あみ抄網類	二七七	九、九二五	沓尾、長井、苅田、曾根新田、浜町、蓑島、柄杓田、西角田、八屋	八～一一月（一〇月）
うなぎ柴漬抄網	一	一、二〇〇	沓尾	六月
敷網類				
四手網	五	九七〇	曾根新田、沓尾	二～一一月（六～七月）
ぼら側引網	七	一、二一五	浜町、沓尾、恒見	九～一一月（一〇月）
掩網類				
投網	一八	三九〇	苅田、曾根新田、蓑島	七～九月（九月）
釣漁具類				
一本釣（主要種）				
すずき釣	二四	七、二〇〇	田ノ浦	五～九月（八月）
あなご釣	一〇	三〇〇	宇ノ島	六～七月
たこ釣	二	二〇	苅田	九～一〇月
くろだい釣	二四	二、四〇〇	田ノ浦	六～一〇月（六～八月）
ぼら掛釣	二〇	一、〇〇〇	宇ノ島	七～一〇月（八～九月）
こち釣	一五	九〇〇	柄杓田	一〇～一一月
延縄（主要種）				

たい延縄	三五	四、八五〇	柄杓田、蓑島、田ノ浦、今津	四~一一月（五、一〇月）
ふぐ延縄	一四	一、二六〇	蓑島、宇ノ島、松江	九~一一月（一〇月）
さより延縄	一五	三〇〇	東吉富	四月
えい延縄	一八	二、八一四	今津、椎田、八津田	六~九月（八~九月）
ふか延縄	一〇	二四〇	苅田、蓑島	七月
くろだい延縄	六三	一二、〇五〇	蓑島、宇ノ島、今津、八屋、沓尾、苅田、椎田	周年（五~八月）
はも延縄	四六	六、九二五	蓑島、今津、柄杓田、椎田、八屋	六~一一月（一〇月）
あなご延縄	三五	三、二六五	田ノ浦、柄杓田、蓑島、椎田	九~一二月（一〇~一一月）
雑漁具類				
たこつぼ	三九	四、六〇一	柄杓田、宇ノ島、椎田、八屋、稲童	周年（六~七月）
採貝	四三九	一五、七七八	苅田、沓尾、蓑島、曾根新田、椎田、浜町、西角田	八~六月（一一~一二月）
採藻	一三八	五、二四五	柄杓田、椎田、沓尾、八津田	一二~三月（二~三月）
餌虫採	八〇	三、二〇〇	曾根新田	二~五月（四~五月）
石倉	八八	一、三五〇	稲童、東吉富、曾根新田、八津田、椎田、松江	周年（九~一〇月）
石干見	五七	四、七八〇	椎田、稲童、八津田、八屋、西角田、松江、東吉富	周年（一〇~一二月）

（「福岡県漁村調査」による）

二　九州曹達苅田工場設立と漁民

昭和七年頃、苅田町長佐藤信寿が日本曹達社長中野有礼を説いて、公有臨海地提供を条件に工場誘致を納得させた。こうして、昭和十年五月、日本曹達と麻生産業セメント鉄道が共同出資して九州曹達（株）が設立され、苅田工場の建設が動き出した。これに対して、豊前海漁民は反対運動を展開したのであるが、その状況を新聞記事で追ってみよう。

(1)一千万円の資金をもつて京都郡苅田町に設立計画中であつた九州曹達株式会社は十日、県工場課に工場設置願ひを提出し愈々表面化した。同工場建設を続つて賛成派である地元苅田町と対立し、昨年来県への陳情、有力者への援助と運動を継続中の豊前海漁業組合連合会十八ケ浦漁業組合（除苅田浦漁業組合）では、同郡蓑島漁業組合長磯田為次郎氏、同郡松ケ江村恒見浦漁業組合長細石伴内氏等が十一日正午、福岡県庁に土居経済部長、渡辺工場課長、上山水産課長らと面会して、工場設置は豊前海沿岸一万五千人の生命にかゝる問題であるから工場設置には絶対反対なる旨を述べて県当局の考慮を求め、土居経済部長に左の決議文を手交して最後的陳情をなした。

決　議　文

豊前海沿岸苅田町に建設されんとする九州曹達株式会社は我々豊前海沿岸漁民の生活を奪はんとするものなり。依つて我等豊前海沿岸漁民は一致協力死を以て之が建設を阻止するものなり。

昭和十年七月十日

蓑島漁業組合長外十五組合長

（「九州日報」昭和十年七月十二日）

(2)福岡県京都郡苅田町に建設計画中の九州曹達株式会社に対し、漁業権擁護の立場から絶対反対の猛運動を続けている豊前海沿岸十六ケ浦の漁民代表三百余名は、二十五日夕刻から二十六日朝にかけて三々五々福岡市に集合し、県庁前の水鏡天満宮に陣取って同日午前十時、一行中の細石伴内、渡辺久吉、鳴海三吉、阿部秀市等十六名は社大党伊藤県会議員の案内で県庁に畑山知事を訪問した。漁民代表は、曹達会社の悪水排泄が漁場を荒廃せしめ、延いて漁民の生存権を脅かすに至るべきことを交々述べ立て、工場設置に絶対反対の旨を力説し、県に於てこれを許可されざるやう陳情した。畑山知事はこれに対して「県水産課並に工場課では目下、曹達会社と漁業との関係、悪水浄化装置の適否等を調査中であるから、今直に許可するか否かは未決定であるが、漁業者の立場は充分考慮している」旨を答へ正午過ぎ会見を終つた。

（「福岡日日新聞」昭和十年七月二十七日）

(3)有明海、洞海湾における汚毒水問題等躍進する化学工業の反面に、その犠牲として沿岸漁業の不振、養殖貝類の死滅を来し、漁村の疲弊に拍車をかけるものとして由々しい社会問題を惹起している。更に京都郡苅田町に建設準備中の九州曹達会社に対しては豊前海十六浦漁業組合が有明海、洞海湾の轍を踏むものとして大挙県庁に押寄せ、或は所轄行橋署に建設中止の陳情をなす等必死の阻止運動を続けている。漁業に関して当業者擁護の立場にある水産試験場では、有明海、洞海湾に於ける問題が事前の水質その他に関する調査不明の為め、漁民の関係工場に対する抗議に何等利益ある材料を提供し得なかつたのに鑑み、今回九州曹達会社の問題に関連して、豊前海一帯に亙る現状調査の精密な記録を作り上げることゝなつた。

調査は現在の豊前海水産物分布、年産額、水質、海底土質の四項目で、この記録を保存するときは将来不幸にして魚貝類の全滅を見ることあれば、直に同事項についての調査をなし何故の結果かを一目瞭然たらしむることが出来、関係漁民の利益が堅固に擁護されるものと期待されている。

（「福岡日日新聞」昭和十年八月二十三日）

(4)京都郡苅田町に建設準備中の九州曹達会社はその流出する汚悪水に依つて魚貝類の全滅を来し豊前海十六浦漁業者の死活問題を招来するものとして、関係漁民の激昂を買ひ、大挙して県庁に押寄せ或は所轄行橋署に陳情をなし、必死の阻止運動を続けて頗る険悪なる事態を現出するに至つた。

福岡県水産会に於ては、今日の豊前海漁業者の運命は将来県下全漁民の運命なりとして、筑豊、有明の全漁業者を動員し、豊前海漁民を応援して曹達会社の排撃に起ち上ることゝなつた。二十七日午後一時から産業会館楼上に於て反対運動第一次役員会を開催した。岩松会長、浦野、岡崎両副会長を始め全役員が出席し、化学工業の汚悪水に依る漁場の荒廃は有明海、洞海湾の例を見て明かなるものであり、九州曹達会社の建設は如何なる事情あるとしても之を排撃することに決定した。運動方法として、県下全漁業者の結束、政治的有力者に応援依頼をなし、情勢の如何に依つては大挙して本省への陳情をも敢行することゝなつたが、尚具体的には三十一日改めて役員の会同を行ひ、直に実行に移ることゝなつた。

（「福岡日日新聞」昭和十年八月二十八日）

(5)京都郡蓑島並に沓尾両漁業組合では豊前海十六ケ浦漁業組合と相呼応して隣浦苅田町の九州曹達会社建設に反対し、曩に委員数名をあげて上京し大蔵、内務、農林各省を歴訪してこれが建設反対の陳情をなした。その後組合側では県議選のために一時運動を阻害された形であつたが、いよいよ県議選も終了したので二十七日午後一時から委員会を蓑島組合事務所において開いた。今後の対策につき協議の結果、来月上旬頃、亀井代議士の来援を求めて行橋町郡公会堂において漁民大会を開催する。その外、徳山、大阪各地の曹達会社の被害状況調査をなすことゝなり、委員に斉藤弥十郎、打崎吉郎、浜田熊太郎、浜島茂一郎、福谷作一、浜島茂一の六氏を挙げて二十八日より三日間に亙つてこれが調査をなすことゝして午後四時散会した。

（「福岡日日新聞」昭和十年九月二十八日）

以上にみられるように、漁民は総力を結集して反対運動を展開したのであるが、農林省水産局長から県あて「漁業被害を補償するならば設立認可差支へなし」の通知によって、九州曹達工場の設立は条件付きで認可させることになった。その経緯は左のようである。

(1)京都郡苅田町に新設される九州曹達会社に対して、同沿岸漁業者は曹達工場の悪水の排出は将来同沿岸の漁業に致命的被害を齎すもの故新設反対を叫んで、県当局に再三陳情すると共に、県水産会もこれを取上げて県下漁業者一丸となつて強硬な反対運動を続けて来た。その後反対陳情団は上京、商工省、農林省等にも陳情するところあり、これが成行は漁業対工業の相剋として各方面から注目を惹いていたが、二十日に至り本省水産局長から県に対して「曹達工場が新設されるに当り沿岸漁業者に対し悪水による漁業被害を補償するなら設立の認可しても差支へなし」の意味の入電があった。

斯くて一千万円の巨額を有する曹達会社設立は近く認可されるが、悪水被害を憂慮して反対陳情し続けた漁業団も将来の補償を認可条件のなかに包含されているため、陳情団の運動も奏効したといふべきであらう。

（「九州日報」昭和十年十月一日）

(2)京都郡苅田町に巨額一千万円をもつて設立されんとする九州曹達株式会社（専務中野友礼氏）に対し、豊前海漁民は曹達工場悪水流出は漁場の荒廃を導き漁民生活権の問題なりとて沓尾、蓑島、松ケ江等の漁業組合員は全農支持下に絶対反対運動を続け、萎靡する漁業と新興工業の相剋として成行を注目されていた。十日午後二時、県は工場設立反対の漁業者代表を招致し、漁業保護の条件下における工場設立を認可する旨を申し渡した。

県庁側は渡辺工場課長、只松課僚、上山水産課長、馬場主事、岡村水産試験場長で、漁業者側は豊前海の反対漁業組合代表者十名、岩松県水産会長、伊藤県会議員、全農田原春次氏等である。渡辺工場課長から九州曹達設立認可に当つて県が工場悪水排出を防ぐために工場側との折衝を述べ、十一項の条件付きで工場を認可するとの方針を示した。その主なものは左の通りである。

①工場悪水沈殿池を六百坪二個に増加すること

②悪水排出するか否か、県指定の監視人を工場に常置すること

③以上の設置でなほ悪水被害あるときは工場は補償する
④損害補償は漁業組合と工場の直接交渉に待ち、纏まらざりし時は知事裁定に一任すること
渡辺工場課長、上山水産課長、岡村水産試験場長は交々に起つて、この条件なら本省水産局長も絶対安全なりと保証していたと種々技術的に説明し、これに対し漁民並に伊藤、田原氏からも質問応酬あって、一先づ退出した。漁業者は県の努力とこの条件に感謝しながらも、実地にあたつて果して工場の誠意如何を危惧している模様で、なほ最後の解答は保留している。然し県はこれを最後で最善の調停案として望む様子で、さしもの九州曹達反対も大詰となつたと見て差支ない。

右につき畑山知事は語る。「あれ以上手の尽しやうがない。漁民の利益を代表する水産局長が沈殿池は一個で結構といふのを二個設備させ、なほ監視人を工場の費用で常置、それでも被害あるときは補償しようといふのである。これが最善の条件と思つている。これ以上は工場設立禁止でもしなきや出来ないのだ」。

工場設立反対漁民は語る。「今まで陳情した結果、県も非常な努力と調停について感謝する。この条件ももしこのまゝ完全に履行されるならば安心出来る。然し資本家には油断できない。今後この条件をどの程度の誠意をもつて履行するかが問題だ。今日承つた県庁の話をよく研究するつもりだ」。

（「九州日報」昭和十年十月十一日）

(3)京都郡苅田町の九州曹達株式会社工場建設に対し県では条件を付し許可することに最後の態度を決定し、近く建設認可の指令を発することになった。県の許可条件に一応回答を保留して退出した豊前海漁業組合代表五十余名は十一日再び県庁を訪問、渡辺工場、上山水産両課長に左の決議文を手交し、尚ほ不安を感ずる旨訴へたが、県当局としては実害を生じた場合等に亙って熟慮した上でのことでもあり、土居経済部長が本省水産局との折衝結果、愈々断行の機熟したと見て、一部の反対は度外視して会社設立認可を近く発することになった。

決　議　文

県当局は九州曹達会社苅田工場設立に対し漁場に被害少なきとするも、我等漁民は右会社の流出汚水の漁場に及ぼす被害甚大なりと信ずるを以て、若し県当局に於て右会社設立を認可せば我等漁民は荒廃漁場によつて生活困難に陥るなり。依つて他に転業するの外なきを以て我等漁民は死を以て右会社の工場設置に対し絶対阻止するものなり。

豊前浦漁業組合代表　　細石伴内外五十四名

（「九州日報」昭和十年十月十二日）

(4)九州曹達株式会社工場設置に対し猛烈に反対運動を続けて来た同郡蓑島村長磯田為四郎氏と外四名の代表者は十四日午前十一時、県当議員伊藤卯四郎氏と同道して県庁を訪問し、畑山知事、土居経済部長及び関係課長等に面会した。そして工場設置に関する県よりの提示条件を無条件に承認し総てを県に一任する旨を述べるに至つた。その成行を憂慮されたさしもの大問題も全く解決を見るに至つたので県当局でも直に工場設置の認可指令を発することになつた。

（「九州日報」昭和十年十月十五日）

その後の経緯については、「十一年十一月から九州曹達工場に監視員を駐在させて悪水分析、放流監視の外、海洋状況調査試験を行はせて、毎月県水産課に状況報告を求めて排水処理の完全を期している」（「福岡日日新聞」昭和十二年一月二十五日）とあることからみて、工場はその頃から操業が開始されたのであろう。

ちなみに九州曹達は戦争のなかで軍需工場となり、陸海両軍の指定工場となった。従業員は多い時では千五百人を超えた。昭和十九年十月に合併されて日本曹達（株）苅田工場となった。二十四年の集中排除法によって日豊化学工業に分離独立したが、事業が振わず二十八年八月、休業するに至った。

第四節　有明海における漁業および漁場を守る闘い

一　有明海の漁業

福岡県漁村調査によれば、昭和二年末、有明海における発動機付漁船は漁船総隻数一、一七四隻のうち、四五隻（三・八％）であり、この従事漁業は羽瀬二三隻、延縄一三隻、流網五隻、採貝等三隻であった。漁業生産は表三－36（七三二ページ）に示すように年変動が著しく、特に生産主体である貝類の変動が大きい。大正十年～昭和十五年の総生産は、五万三〇〇〇～九万八〇〇〇トン、六三万～二三七万円であった。表三－37（七三九ページ）は昭和二年末の漁業就業状況を示しているが、これから漁業種別生産割合をみると、総生産額一一五万円のうち雑漁具六四・七％、定置網類八・三％、刺網類八・二％、釣延縄八・二％、抄網類五・〇％、掩網類四・三％、曳網類一・〇％、敷網類〇・三％である。単種別

表三－36　有明海における採取漁業の総生産および主要種別生産

魚種	大正一〇年 漁獲量	大正一〇年 漁獲金額	大正一四年 漁獲量	大正一四年 漁獲金額	昭和五年 漁獲量	昭和五年 漁獲金額	昭和一〇年 漁獲量	昭和一〇年 漁獲金額	昭和一五年 漁獲量	昭和一五年 漁獲金額
主要種	（トン）	（円）	（トン）	（円）	（トン）	（円）	（トン）	（円）	（トン）	（円）
アサリ	八九三・〇	四三、七七六	三〇九・六	一五、三四二	二四四・八	六〇、七八五	七一五・九	七〇、四三三	三、五九四・一	四四二、六八六
ボラ	四三・九	二四、九〇六	二六・六	一六、〇六一	七九・二	三四、〇八六	三九六・二	八六、九三三	四三一・三	二三〇、三六三
エビ	五六・〇	三七、九九八	三三・九	二三、八〇〇	一四〇・三	八九、三四二	一一二・五	四五、一五八	一八一・九	一六九、三五五
タコ	三〇・七	一〇、九九一	二六・六	一一、五六五	四六・六	一一、五二四	六二・九	一四、一一一	一八九・八	一〇三、〇〇七
ウナギ	五四・〇	七〇、九四二	五四・七	五七、一〇九	四七・三	四一、四三四	二八・五	一九、九三三	三一・二	四〇、八七六
カキ	四、三四三・九	二三二、八三三	五五一・八	二五、九五八	五三・七	二、四八〇	八八四・四	一五、九一九	九一・五	二九、〇七六
カラス貝	一、六三〇・五	八八、九二八	一、二四〇・〇	五一、二二八	—	—	—	—	—	—
タイラギ	四四四・九	六三、四〇一	三八一・九	三七、七一〇	—	—	—	—	—	—
アゲマキ	二三六・三	二五、一二七	七一・〇	八、三八五	—	—	—	—	—	—
ミロク貝	一六〇・五	九〇、九三一	一九〇・〇	一八、七九九	—	—	—	—	—	—
ハゼ	六三・九	二六、三〇四	二二・二	七、三七二	—	—	—	—	—	—
スズキ	二八・七	二四、八一五	一三・六	一二、四八二	—	—	—	—	—	—
魚類	—	四五九、三一五	—	二六四、九八九	七九七・七	二八九、七四五	一、四五八・三	三三一、三一八	一、四一三・八	七六〇、九九六
貝類	—	五六八、七〇〇	—	二〇六、二九六	四、七六三・一	二〇〇、五六二	三、四五一・七	一九八、二〇六	七、七八三・三	一、二四三、七八〇
その他動物	—	七六、六三三	—	六〇、七九六	三九六・八	一三三、六九九	三三五・九	七九、二六六	六〇〇・〇	三六〇、八五三
藻類	—	三七、五〇〇	—	二、五九二	一二・〇	三、八四〇	九〇・六	三〇、一八三	二・七	一、七六四
合計	—	一、一四二、一四八	—	五三四、六七三	五、九六九・六	六二七、八四六	五、三三六・五	六三八、九七三	九、七九九・八	二、三六七、三九三

（「福岡県統計書」による）

には採貝が卓越しており、うなぎ掻、延縄、羽瀬、現敷網、投網、鮟鱇網と続いていた。

本期における有明海漁業について総括的に記述したものとして、「九州日報」が特集「福岡県有明海の水産の現状と将来」と題して論じた延五回の連載ものがある。その主要な部分を左に紹介しよう。

有明海漁業の現状

漁獲高四百三十万円に上る有明海、そして福岡県下に於て漁業組合十八を算し同員数四、八九五人、漁船総数一、四三九隻、沿岸漁業高八十万円、水産養殖高三十万円、同製造高百万円に達する宝庫、有明海の本県関係分に就いて検討してみやう。更めて述べる迄もなく有明海は本邦三大内湾の一つで、面積四七、八九一万坪、熊本沿岸四十五里、長崎県三十里、佐賀県十七里、福岡県七里で、湾口より湾奥迄縦断二十里、幅五里である。福岡県域は大牟田、三池、山門、三瀦一市三郡、地先十八ケ浦共同専用漁場海面が一一、二四七町歩、干潟六、三三二町歩である。県下に於ける主なる漁村は山門郡大和村の専業三百五十戸を筆頭に沖端村の二百六十戸、三瀦郡川口村の百三十戸、大牟田市の百二十戸、其他五百余戸である。

主要漁業を挙げれば次の通りである。

①延縄漁業（自由）：六十隻（沖端村）、漁獲高七万円、くちぞこ・はぜぐち・赤ぐち・ちぬ・真鯛・すずき等
②流網漁業（許可）：約四十隻（沖端村）、ひらまながつを・かざみ等で約四万円
③現敷網漁業（許可）：約六十隻（川口村）、くるまえび約五万円
④鮟鱇網漁業（専用）：朝鮮出漁十五隻、内海七隻で約六万円
⑤羽瀬漁業（免許）：三十隻余（大和村）、各貝・えび類・くらげ等約五万円
⑥其他漁業：手繰網（専用）一万円、繋網一万三千円、提灯振子網二万円、投網二万円、たこ網二万円、一本釣一万円、其他約四十余漁法数万円

養殖漁業は次の通りである。

⑦海苔養殖：名物大牟田海苔は逐年増加し、昭和十年度では篊立面積三十五万坪、篊数百五十万本、一千万枚の収量に達し約十七万円の収穫をあげた。然し本年は悪水流入等の為に全滅的被害を受けて僅々一万円そこそこの収穫しかなく、海苔業者の生命線を脅かして、これが転業まで問題となつている。水産試験場有明分場ではこの対策とし

て悪水の影響ない沖に養殖する事に目をつけ、数十万坪の適当地に沖獲り試験を行つて居り、成功の目鼻がついて居ると云ふ。
⑧あさり貝養殖：山門郡大和村、沖端村、三池郡高田村、銀水村、大牟田地元の約五十万坪に一千名が従事して居るが、約六万円の産額である。いま十日ばかりが稚貝の蒔付け時で、農家の田植にもまして忙がしく、三池郡江の浦組合が四、五千石、山門郡大和村が四、五千石を蒔付けて居る。この稚貝は普通大人の小指爪大のもので一升に三千個を数へ、本年十二月から明春ともなれば市場に出荷する迄に成長する。今年は、大和村古開川及付近に約一割五分方発生して居るのみで後の大部分は熊本県菊池川尻に仰ぎ、蒔終への一升二銭位を要して居る。
⑨みろく貝養殖：養殖は沿岸殆んど行はれて居るが、近来は漸減して二十万坪、四万円の産額を保つて居る。
⑩牡蠣養殖：三瀦郡川口村、大野島、大川町が主で産額五万円
⑪蛤養殖：筑後川尻の七万坪約一万円
⑫あげまき養殖：山門郡地元の十万坪約一万五千円
⑬たひらぎ：山門、三池地元で自然発生の外、県では本年二百万個の養殖を許可して居るが、非常に好成績を収めて居る。八月初めの豪雨続きで浮遊土が堆積したために窒息的症状を呈して大部分が死滅して居ると懸念されたが、斃死地区と云はれた筑後川、矢部川、大牟田川尻を入れても全体としては一割にも達しない斃死率であることが判明し、大いに期待されて居る。
⑭うば貝：昨年大洪水の為地味が冴えたせいか、十年来の大豊作である。缶詰にして現在三万箱（一箱四十八個）以上産して居る。
⑮からす貝：三万石を突破する見込みである。
⑯しがめがき：将来大いに有望と折紙つきである。

有明海漁業の将来

有明海の誇るべき特質は広褒六千三百余坪の干潟と豊富な微生物（食餌）及び疎通良好なる潮流であるから貝類養殖にはこの特点を有効に利用する事は論を俟たない。
①牡蠣養殖：すみのえかきは米国で同業者より強敵として恐れられ、遂に六割五分の重関税を以て排斥された程の優

秀品で、筑後川尻に稚貝を大体一万石以上三万石を産し、佐賀県下に養殖用種苗として移出して居る。まがきは天然生漸く四、五千円に過ぎないが、三池、山門地先の不毛高地帯百万坪にコンクリート等の新規廃材を利用し、経済価値の試験と相俟つて事業化し得る見込みがある。

②あさり貝は大量生産民衆化に適し、豊凶少く安定的で現在の養殖面積五十万坪は百万坪に拡充する適地があり、稚貝の地元発生量増加完成の暁は一層の増産が期待される。

③海苔：有明海には皆無であつたものが大正八年、大牟田・三池地元で養殖が開始され、同十一年より急激に増加したもので、篊竹の共同購入、乾海苔の共同販売、共同倉庫の実施、味付製品化及びストーブ乾燥室の設備が開発された。

④たひらぎ・あげまき・みろく貝・からす貝・うば貝・にし貝等いづれも一層研究を必要とするが、将来が期待される。

又天然漁場に対しては出来得る限り蕃殖保護の施設が必要で、外敵のふか・たこ・えひ・ふぐ・にし類の漁獲を奨励し、へそくり・ひとでの共同駆除を行ひ、稚貝濃密発生地の臨時禁漁、稚魚孵化地域の立入禁止、沖合漁場へ泥土放棄を厳禁する事、くちぞこ・はくら・はぜくち・ひら・まながた・うなぎ・かに・えび等有用魚類の保護方針をとり、漁業開発方策として延縄及一本釣の奨励、延縄餌料の研究、羽瀬の桝網化、湾外出漁の奨励等を図る。県下に於ける水産缶詰は殆んど有明海で占め、蒲鉾も又大牟田、柳河の主産地があり、これに海苔・粕漬其他の加工品を加ふる時はふのり等の一部製品を除き水産製造は有明海の一人舞台である。特に有明海の生命とも云ふべき貝類は殆んど缶詰、佃煮、素乾、煮乾、粕漬等に加工しなければ輸送、貯蔵、販売が出来ない実情より見る時、製造は実に養殖の死活の鍵を握つているものと云ふべきである。即ち製造の飛躍は同時に養殖の振興を刺激する根本問題で県下水産施設上、特に喫緊事の一といふべきである。

（「九州日報」、昭和十一年八月二十三～二十八日）

本期における主な漁業調整上の事件としては、佐賀県海域へのたいらぎ潜水機漁業の許可、入漁問題および佐賀県との現敷網入漁問題があった。

たいらぎ潜水器問題は大正七年、佐賀県が当県内業者にたいらぎ潜水器使用漁業七統を許可したことが発端となった。福岡県有明海水産組合はこれに反対し、「長崎・熊本両県と連合して反対運動に着手せんとせしも、長崎県はすでに潜水て左のように報じている。

には福岡県漁場への他県船潜水器密漁の侵犯操業が増加する事態となった。「九州日報」はこの密漁船対策の状況につい年、福岡県は県令で「玉珧貝保護ノ目的ヲ以テ絶対ニ潜水器使用ヲ許可セザル」方針を改めて打ち出した。しかし結果的がどうなるかという不安があり、一方行政側では資源保護の立場から潜水器使用は許可しない方針を堅持していた。同七懇請した」のである。元来たいらぎ漁場に恵まれない福岡県では、漁民側からすれば佐賀県入漁実績（じょれん、鉾突）器使用の許可を為し熊本県も同様の方針を定めたれば、此際知事に稟申して佐賀県との交渉進捗方と共に県令改正の義を

有明海に佐賀県の玉珧貝密漁船が潜水器を使用して荒し回る為め福岡県の大反対から、佐賀、熊本、福岡三県と農商務省水産局との間に大渦を巻き起し水産局の処置如何では、血の雨を降らすやうな大騒動が持上らうも知れぬ雲行きである。此も事件で最も不利な立場にあるのは福岡県であるから、有明海に於ける福岡県の利益保護上からも一刻も捨て置かれずと三日、水産課から三井水産局長宛に長文の書面を送り農商務省の断然たる処置を求めた。福岡県から水産局長宛の上申書の内容及び福岡、佐賀両県当局が今日までの折衝の経過と有明海の玉珧貝漁業に潜水器の密漁船が跋扈せる状況を記せん。

佐賀県では従来、有明海の玉珧貝漁業に七台の潜水器の使用を許可して居るが、以来潜水器を使用する八十一隻の密漁船が有明海に出没し福岡、熊本両県の権利区域を侵害し、福岡県では去る一月八日以来既に三回に亙つて十数隻の密漁船を検挙し今又去る二日、柳河警察署中村警部補外数名の巡査と福岡県水産試験場の海部技手等が有明海で潜水器を使用せる佐賀県の密漁船七隻を検挙したやうな始末で、佐賀県当局でも持て余して居る状況である。福岡県では佐賀県当局と協力して充分の取締を為すべく郡商工課長、金近水産試験場長は佐賀県当局を訪問して交渉を遂げたが、其後今日に至るまで少しも取締の実を見ること能はず、反つて密漁船の跳梁を見つゝある状況である。熊本県では佐賀県の潜水器船の為めに沿岸一帯を荒し回られるので他県の密漁船に乱獲されるよりはと三台の潜水器船の玉珧貝漁業を許可することになつたので、福岡県では佐賀、熊本両県の潜水器船の為めに今後その権利区域を荒されることを憂慮せられる状態に陥つた。

福岡県では玉珧貝漁業には鋤簾及び鉾突の二種を許可し潜水器を使用すればその繁殖を絶滅するを慮かつて許可し居らず而も今日では多数の鋤簾、鉾突漁を保護の為め潜水器を許可し難き事情がある。此の状況で推移すると、福岡

県に於ける漁業者と佐賀県や熊本県の潜水器漁との間に血の雨を流すやうな大惨事を惹起するに至るやも知れぬ。此場合に際しては到底関係各県の間に於いては各自の利害関係上、有明海の玉珧貝の繁殖の為めに円満なる解決を見ることは困難の見込みであるから水産局長を煩はして解決したいとの意向で上申したのである。

（「九州日報」大正十四年二月四日）

その後、農商務省を加えた福岡、佐賀両県間協議の結果、次のように決着した。

有明海のタイラギ漁業に潜水器を使用する事に就ては、予て福岡、佐賀両県の間に於て交渉中であつたが、今回主務省にて従来の七統を十八統に拡張許可し、佐賀県十五統、福岡県三統の割合を以て何れも佐賀県知事の許可を得て漁業する事に決し一段落を告げた。蓋し同海タイラギ年産額は三十万円で、福岡県漁民の是に従事せる者約五百余名あり、僅々三統の潜水器使用では如何共し難いので、漁業組合以外のタイラギ専漁組合を組織し、其組合が佐賀県知事から潜水器使用許可を得る意向であるが、福岡県では依然潜水器使用を許可しない方針を堅持する訳である。

（「福岡日日新聞」大正十四年十月一日）

以後の課題は許可三統の県内漁業者への配分問題であったが、以下のように解決した。

有明海佐賀県地先に於て潜水器使用の認可があつたが、其認可なるものは大牟田、三池、山門、三瀦一市三郡に三統であって、今度は使用権獲得の争奪が起り屢々各郡漁業組合では協議会を開いたが、最終的に県、郡を含めた関係者協議の結果、県の意向通り大牟田・三池一統、三瀦、山門各一統を使用する事で決した。

（「福岡日日新聞」大正十五年一月二十六日）

一方福岡・佐賀両県入会海域における現敷網の許可隻数問題は長年の懸案事項であったが、両県漁業者間の協議で決着した。「九州日報」は次のように報じている。

福岡、佐賀両県漁業界多年の懸案となつていた福岡・熊本両県境、佐賀・長崎両県境、佐賀・福岡両県境の各点を結ぶ線で囲まれる、所謂有明入会海域における両県現敷網入会問題は、久しく未解決のまゝ紛争を繰返していたが、今年五月両県有明海漁業権者会議での折衝の結果、円満に協定が成立した。両県当局でもこれを認め入漁を許可することになり、福岡県では七日鑑札を交付した。目下同方面は海老の最盛期で、入会海域への出漁船は各県八十隻に県領海出漁船二百余隻、合わせて約三百隻が一斉に出動した。入会海域では両県百六十隻の漁船が入り乱れて功を競ふことになつた。なほ現敷網は海老のほかクチゾコなどの漁獲があり、海老だけでも一日一隻十円の水揚げは確実とされ、春先まで続けられる。

（「九州日報」昭和十四年一月八日）

また県内浦間の漁場紛争事件は前期に比べると著しく減少したが、本期で目立ったものとしては昭和三年の中島、三浦両漁業組合間の漁場侵害事件があった。この事件を新聞記事で追ってみる。

(1)三浦漁業組合では予て山門郡中島の漁夫が大挙して三浦漁業組合の専用漁場たる黒崎岬沖を侵害して居るとの噂に依り之が警戒のため、二十日午前六時、三浦漁業組合員二十四名は二隻の警戒船に分乗して漁場に赴いた処、中島の漁夫二十余名は十数隻の漁船に乗じ盛に馬貝の採取中を発見した。漁場侵害の不法を詰問し抗議を申込んだ処、中島漁夫達は鬨の声を挙げて押しかけ、三浦漁業組合警戒船を取り巻き各々獲物を持つて警戒員を散々殴打暴行を働き、多数の負傷者を出す等海上は大乱闘劇が演ぜられた。三浦漁業組合の警戒員は到底敵する能はず益々危険に瀕したので、一先づ侵害者たる中島漁民に対し謝罪して命からがら逃げ帰り、目下対策考究中で之を探知した大牟田署では極秘裡に真相調査中である。

（「福岡日日新聞」昭和三年十月二十四日）

(2)山門郡大和村中島漁業組合対三池郡銀水村三浦漁業組合との漁場争議は、有明水産会長藤田又六氏と水産試験場海部技手斡旋の下に去月三十日、中島にて第一回協議会を開いたが、妥協成立せず三浦側は告訴するに至つた。之に対し中島側は将来円満に漁業出来さへすれば、出来得る限り譲歩する意向で万事を藤田、海部両氏に一任して居る。三浦側は「数年来蹂躙されてきたのを確認している。今年も既に二回内済にした問題であり、而も今度の事件に対して中島側が反省の意を表さないのであるから、断然たる処置をとる外ない。まして将来の入漁を契約するなどは全然出来ぬ事で、万一入漁を許したりなどすればどんな事になるか知れたものでない」と頗る強硬な態度を持している。調停者側では極力相手方の間を斡旋して解決策を講じて居るが、今のところ殆んど逆賭を免かれない形勢にあると。

（「福岡日日新聞」昭和三年十一月九日）

このように解決は困難な状況であった。しかし斡旋者が御大典前に解決し度しとて極力奔走の結果、十一月九日に覚書を交換し一段落をみるに至った。

表三―37　有明海における漁業の就業状況（昭和二年末現在）

漁業名	統数	漁獲高	就業主要漁村	漁期（主漁期）
刺網類				
旋刺網類	統	円		
小繰網	一	二、〇〇〇	川口	四～七月（五～六月）
流刺網類				
さっぱ流刺網	一三	二、六〇〇	沖ノ端	五～九月
えつ流刺網	四一	一六、五一〇	川口、青木、大川、大野島	五～七月
まながつお流刺網	五四	二二、六〇〇	沖ノ端、有明、大野島	五～一一月（六、一〇月）
現敷網	一〇〇	五一、五四〇	川口、大野島、大川、青木三又、有明、早米ケ浦、大牟田	周年（四～六月、八～一一月）
曳網類				
地曳網類				
雑魚地曳網	一	一〇〇	大牟田	八～三月（一〇～一一月）
船曳寄網類				
手繰網	四〇	一二、〇〇〇	沖ノ端、川口	四～一一月（五、九月）
定置網類				
羽瀬	七一	六四、四〇〇	有明、三浦、諏訪	周年（四～九月）
こうもり網	四	八〇〇	沖ノ端	六～一一月（一〇～一一月）
鮟鱇網	一三八	三〇、五一五	沖ノ端、早米ケ浦、有明、諏訪	四～一一月
抄網類				
後掻網	五五六	九、三一〇	大川、大牟田、青木三又、大野島、諏訪、川口、早米ケ浦、三浦、東宮永	三～一一月
しげ網	一一四	二一、一五〇	沖ノ端、有明、両開、浜武、川口	四～一一月（九～一一月）

小網（含待網、歩行押網）	三〇二	二〇、五九〇	沖ノ端、有明、西宮永、両開、早米ケ浦、三浦、川口、塩塚、久間田、江ノ浦	三～九月（七～八月）
三角綟子網	三〇	二、七〇〇	早米ケ浦	八～一〇月（九月）
とばせ網	二九	四、三五〇	大野島	五～八月
敷網類				
四手網	六六	二、八五九	川口、大野島、江ノ浦、久間田、東宮永、三浦、開	周年
掩網類				
投網	二五〇	四九、二七三	早米ケ浦、川口、大川、沖ノ端、有明、諏訪、江ノ浦、大野島、青木三又、東宮永	周年（八～一〇月）
釣漁具				
一本釣（主要種）				
はぜ釣	一一	八、八〇〇	早米ケ浦	四～一一月（六～七月）
ぐち釣	六二	九、八一四	早米ケ浦、大牟田	四～一二月（六～七月）
ぼら掛釣	一一	八、八〇〇	早米ケ浦	四～一二月（六～七月）
延縄（主要種）				
たい延縄	一一	六、六二五	沖ノ端、早米ケ浦	三～五月、一〇～一一月
えい延縄	一二	一〇、八〇〇	沖ノ端	周年（六～八月）
くろだい延縄	二〇	七、〇〇〇	沖ノ端	三～五月（四月）
はぜ延縄	二一	一一、三〇〇	早米ケ浦、沖ノ端	六～一二月（七～九月）
ぐち延縄	四〇	一二、〇〇〇	沖ノ端	四～六月、八～一〇月
うなぎ延縄	一五	三、三〇〇	沖ノ端、諏訪	六～八月（七月）
くつぞこ延縄	二五	一五、〇〇〇	沖ノ端	九～一一月（一一月）
たなご延縄	五	六〇〇	早米ケ浦	一〇～一二月（一一月）
雑漁具類（主要種）				

いいだこつぼ	二〇	三、〇〇〇	沖ノ端	七~九月（八月）
うなぎ掻	二二四	一七七、二八〇	川口、大野島、江ノ浦、両開、浜武、早米ケ浦、有明、青木三又、久間田、三浦	周年（九~一一月）
いかかご	二〇	四、〇〇〇	早米ケ浦	三~五月
採貝	一〇、九六二	五五五、六五一	有明、浜武、早米ケ浦、諏訪、両開、大牟田、沖ノ端、三浦、大川、大野島、久間田	周年
手捕漁	五六三	六、三四二	大牟田、三浦、早米ケ浦、諏訪、三浦	周年（四~一〇月）

（「福岡県漁村調査」による）

二　大牟田地先海域の汚染と漁民

官営三池炭鉱は明治二十一年、三井に払い下げられたが、その後、近代化、巨大化をとげていった。大正元年、焦媒工場におけるコークス炉を副産物回収型に改めたことが石炭化学工業へ進出する出発点となり、続いてコールタール工場、ガス工場、硫安工場が完成した。ガス工場では、ガス・エンジンによって大正二年より発電が開始され、硫安工場では廃ガスから硫酸によってアンモニアを回収し硫安を製造した。大正三年にはナフタリン工場とアントラセン工場が、四年にはベンゾール工場が完成し、合成染料工業への道が開かれ、アリザリン染料の生産が開始された。また四年には電気化学工業株式会社大牟田工場が設立された。

以上のように、大牟田には第一次大戦期を迎える頃には三池炭鉱を中心とする重化学工業が勃興していた。つまり大正期は三井系の一大石炭化学コンビナートが形成されていく過程であった。炭鉱・工場からの廃水は、諸鉱工業の発展に伴って増加し、大牟田川・諏訪川を経て有明海へ流出された。

当時の有明海は貝類養殖が盛んであり、大牟田地先ではのり養殖業が萌芽発展期にあった。のり養殖業の発展経緯を要約すると、大正七年に県が試験的に種苗の移栽培を行い非常に好成績を得たので、大正八年度に初めて民業に移した。十年度には従業者十六名でその産額も僅か八千円に過ぎなかったが、十一年度には一躍して一二三名の従業者で七万円の収穫を挙げ得た。しかし十二年度は腐食するものが多く、その収穫高五万円に低下した。養殖業者は「大牟田のり腐流の原因は炭鉱工場の鉱毒水に起因するのではないか」との杞憂を抱いていたのである。

一方、大正十一年度に三浦・大牟田・諏訪漁業組合長と三井三池鉱業所との間で「大牟田市、三川町地先水面埋立に関する覚書」が締結された。

覚　書

今般貴社に於て大牟田市及び三川町地先水面埋立施行相成るに付金三万三千円也を左記三組合に提供相成り候に付いては各組合は別記の通り総会に付議決定し、次の件承諾仕り候、後日の為め承諾書如件

(1)本書に於ては三井鉱山株式会社を単に甲と称す、三浦・大牟田・諏訪の三ケ組合を単に乙と称す、乙は甲が埋立をなすに付き埋築工事に要する堤防付近土砂採集に何等異議なく承諾する者とす

(2)本件埋立又は甲が経営する事業に起因し例へば事業所の排水其他若し漁場に損害を及ぼす事あるも異議なきは無論何等要求をなさざる事

(3)組合員其他漁業者等に於前二項の損害に関し異議なきは勿論請求をなさざる事、若し万一後日に至り要求なす者あるとも乙に於て引受け、甲に何等迷惑損害を掛けざる事

(4)適当の箇所に甲に於て昇降階段増築する事

（「九州日報」大正十二年三月二十七日）

この覚書は水面埋立施行に関する締結であるにもかかわらず、排水による損害補償要求の放棄まで言及しており、現業者にとっては到底納得できるものではなかった。この締結に対して、現業者は交渉自体が組合総会の決議を得ていないこと、覚書の内容は全く容認できないとして、三浦漁業組合では内部紛争に発展した。「九州日報」は左のように報じている。

大牟田市、諏訪、三浦の三ケ漁業組合員中の海苔養殖同業組合員五、六十名は去二十三日夜、大牟田市本町三丁目蓮尾太郎方に於て三浦漁業組合長猿渡秀雄、大牟田漁業組合長蓮尾末五郎、諏訪漁業組合長円仏喜一郎各氏と会見して、昨年三池鉱業所が差入れたと云ふ覚書並に総会に於ける決議録の提示を迫つた。然るに三組合長等は炭鉱社員と金受渡をなしたのが有明町の有明旅館内であつたから該書類の写も同旅館に置いて居るから取つて来ると称して蓮尾芳太郎方を出た儘行衛を晦した。組合員等は大に憤慨して三組合長等を捜し回り、漸く夜半に至つて三浦組合長猿渡秀雄氏が自宅に居たのを発見し、談判に及んだが結局不得要領に終つた。茲に於て組合員等は、海苔養殖営業者六十

六名と従業者約三千名の死活に関する大問題であるとし何れも決死の色をなして、大牟田松原町二丁目の事務所に集合、焚出して鳩首善後策を協議した其結果、炭鉱側が三ケ漁業組合から取つて居ると云ふ覚書や決議録は吾々海苔養殖業者の知る所でないと言ふ理由の下で個人五、六十名の当業者が昨二十六日午後一同、三井三池鉱業所に行き厳談する事に一決した。因に今期海苔の被害は二十二万円余に及び損害額実に六十万円に余達すると云ふ。而して炭鉱側では鉱毒の為ではないと云つて居る模様である。

（「九州日報」大正十二　年三月十七日）

三浦漁業組合の役員は総辞職し、新たに新役員が選出され、新役員のもとで三池鉱業所との交渉を開始するのであるが、その経過は左の記事で知ることができる。

大牟田市、三池郡漁業組合の紛争問題につき三浦漁業組合で去る十三日組合事務所に於て第一回役員会を開き、委員六名を挙げて三池炭鉱に交付せる覚書取戻しの交渉を開始すべく申合わせたが、愈々その第一回の交渉を昨十六日午前十時から猿渡孫七組合長外五名、三池炭鉱本社を訪問し交渉を開始した。炭鉱側の久留社員委員に面談し正午まで種々折衝したが、炭鉱側としては猿渡前組合長が炭鉱と交渉した覚書は組合員全部の意志であると信じた故、賠償金を贈呈したのであるから組合長を更迭したからと云つて無条件で覚書を返却する訳に行かぬと云ふ回答であつた。依つて止むなくこれを以て第一回交渉を打切り、愈々前組合長猿渡秀雄氏を文書偽造として告発し、覚書を無効とし更に大々的に交渉を開始することになつた。手続は二十日頃になるであらうと。

（「九州日報」大正十三年一月十七日）

三浦漁業組合対三井炭鉱との紛争問題は折衝亦折衝二ケ年の日子を費したが、結局円満に交渉纏まらず、遂に本月二日役員会議の結果、三浦組合は炭鉱を相手取り訴訟携起の手続を為すに至つたが、大牟田市前代議士野口忠太郎氏は本問題をして此の儘に放任して置いては、大牟田市将来のため面白くないとし去る六日自邸に前記組合の役員六名を招致し、訴訟提起を思ひ止まり何等か円満解決の途なきかを説くところがあつたが、更に近々三池郡の県会議員千田精一氏と談合の上、本問題解決のために力を致す筈だといふが、既に先年も同氏等が仲介者となつて双方の間を奔走する所があつたに拘らず総て徒労に終つて居るに鑑み、今回も氏等の運動により解決を見るは至難のことであらうと云はれて居る。

（「九州日報」大正十三年三月十一日）

この件はどのように決着したか、不明であるが、何らかの妥協が図られたものと推定される。その後、被害交渉は頻繁げる。

に行われるようになり、鉱毒水のみならず工場汚毒水も漁業被害要因として指摘されるようになった。交渉内容を左にあ

(1)大牟田市大字川尻諏訪漁業組合では、三池港第二埋立沖の海苔養殖場に三年前、三池築港より排出する鉱毒の被害の為めに海苔が殆ど全滅状態となり、二、三万円の被害を受けたといふので、其当時は三井三池鉱業所に対し賠償の交渉をなしていたが、三池鉱業所では該被害は濃霧に基くものとして鉱毒の被害を認めず、遂に解決を見るに至らず、一時中絶の状態にあつた。最近に至り再び鉱毒被害の賠償交渉が再燃し、同漁業組合では強硬に三池鉱業所に対し交渉を開始する事となつた。

（「福岡日日新聞」昭和四年十月一日）

(2)大牟田市諏訪川尻、三井貯炭場の鉱毒水が漸次有明海へ流出していた為、魚介類に少なからざる損害を与へた。関係漁業組合と三井との交渉の結果、該悪水の流出を三井側に於て全面的に防止する事となつているに又も数日来の降雨によつて同貯炭場の鉱毒水がすべて有明海へ流出し、海面一帯は云ふに及ばず土砂までが一面暗赤色を帯び、遂に海草は全滅に瀕し魚類も付近に寄りつかず、その被害は養殖中の貝類迄及ぶ状態にあり、大牟田、三川両漁業組合では直にこの旨を市産業課に訴へた。課長等は七日現場の調査をなしたが、両組合では共同の下に三井に抗議を申し込んだ。しかし期限の十五日に至つても遂に三井は要求通り文章による回答をなさなかつた為め、大牟田、諏訪両漁業組合代表者は十六日午後二時より同六時半迄に亙り、三井幹部と三井本社に於て直接面会の上折衝を重ねた結果、三井側では今後貯炭場に悪水を停滞せしめず、直に海中に流出せしめて被害程度を僅少ならしむる為め貯炭場一帯を埋め立つる旨、妥協案を提示したので組合側でも遂に之に同意し、十六日夜一先づ問題の暗渠を開放した。然しそれでも本事件は尚ほ完全なる解決を見たる訳でなく、殊に万田坑の坑内悪水流下問題が未解決の儘残されているので、本問題に関しては中間に熊本県荒尾町が介在せる事とて、三井側にとつては目下の処解決容易ならざるものとして頭を悩ましている模様である。今後尚ほ幾波瀾重ねる事であらう。

（「九州日報」昭和六年七月八、十八日）

(3)最近有明海に於ける三井の鉱毒被害は益々増大し、殊に大牟田川口方面は単に鉱毒水のみならず染料、亜鉛工場より排出さるゝ劇毒は愈々魚貝類に大なる被害を与へつゝある。殊に海苔の如きは光沢を失ひ魚類及び貝類にはすべて石炭酸に似た異臭があり、これが為、山門郡中島町の缶詰会社では大牟田の貝を用ふる事を嫌ふ傾向すらある。自然、漁業組合でもこれが養殖を躊躇するので、市ではこのほど漸く大牟田の特産品化せしむべく補助金を交付して奨励を

なしている際とて、これを重大視しているので、近く漁業組合では三井に対して悪水流下を問題となす模様である。

（「九州日報」昭和六年七月三十一日）

(4)大牟田市横須部落地先の養殖海苔が五割以上の腐敗を来している事が発見されて以来、同地業者等は今年こそは大豊作と喜んでいた矢先の事でもあり非常に悲観して居る。今の模様だと恐らく篊竹代も取り出せないらしく、而して被害原因として「先づ地元同業者等は、横須海岸にある電化工場及び三井硫酸工場一帯からの流出物に目をつけており、夜間など海中に放下される液体は黒色赤色夫れと殆んど無色の三種で、その中でも無色液流出の場合は常に発煙している関係上特に疑問の中心をなし、尚右三種の液は是まで屢々現場から瓶詰として其筋に提出しているが其後どうなつたか未だ曾て試験の結果を聞いた事がない」とこぼしている。一方、市産業課では相変らず原因不明と云つているが、主として潮流の関係だとにらんでいる様だが何れにしても容易ならざる問題として近く課から技術員を派して調査にかかる筈。

（「福岡日日新聞」昭和七年一月十五日）

(5)大牟田市の特産品として最近その声価全国に高まり、前途を有望視されていた海苔養殖業者はその品質の改良向上に努めていると共に、本年はこれが大々的増産を計画し着々その成績を収めていた。突如、数日前より養殖場の海苔が変色し始めその被害も刻々に拡大する一方なので、驚いて同業者が調査して見ると、三井炭坑の鉱毒被害殊に最近炭坑の休坑道の掃除をした事実あり、その際排泄した鉱毒水の為、その被害を被つたものと思はれた。海苔組合では協議の結果、昨四日午前九時、不知火町組合事務所に於て組合長蓮尾梅次郎外七十四名組合員が参集し、直に三井に押しかけ小澄賠償係と会見し事情を述べて三井の善処方を求めた。三井側では鉱山被害とは思はれぬが、何れ調査の上と常道の逃げ腰で取り合はず、数時間に亙り両者が押問答を続けたが、解決未了のまゝ物別れとなつた。然して海苔組合側ではこの問題は組合の死活問題であると同時に大牟田市特産品の消費に関する問題であると強硬な態度を持しているので相当紛糾するものであると見られている。

（「九州日報」昭和八年二月五日）

昭和八年度通常県会において、「近時大牟田方面ニ於ケル魚介類ノ枯渇或ハ悪水ノ排出等ニ付テ何等的確ナル調査ガナイ。之等ハ放任シテ置クベキデハナイ、三井アタリノ悪水ガ原因シテ居ルトスレバ相当ノ補償ヲシテ貰フコトガ当然デハナイカ、知事ノ所見ヲ伺ヒタイ」の質疑に対して、知事は「大牟田ノ被害ニ就イテ相当調査シタノデアルガ、因果関係ガ未ダ充分ニ判然致サナイノデ今後判然トシタラバ、善後措置ヲ致ス積リデアル」と答弁している。この時点では、知事が積極的に対処する姿勢はみられない。しかし、実際の漁業被害は左の記事のように、かなり深刻であった。

有明海に於ては、アサリ、赤貝、カキ、タイラギ等の海産物の収穫高は、貝類の死滅によつて年々減少し、昨年の如きは殆ど全滅の形であつた。しかして其の原因は、①三井の経営する染料工業所、②三井三池鉱業所、③日本窒素会社工場、④亜鉛精錬所等の大工場から排出される工場悪水の被害によるものと一般に観測され、漁業組合側の見るところでは昨年中の被害総額は約百万円に達すると見積られ、少くとも五、六十万円の被害額は一般の認知するところとなつている。これがため漁業組合では有明海に於ける貝類繁殖の将来に殆んど絶望感を抱き、稚貝の繁殖を縮小し浅海漁業を放棄せんとする傾向にあり、殊に近時軍需工業の振興による工場の拡張、増産計画に伴ひこのまゝ放任すれば、被害は益々増大し同方面の浅海漁業の将来は全く寒心に堪へざるものがあるといはれている。大牟田漁業組合を中心とする有明海沿岸の十八組合では、干潟漁業に従事する漁戸五千戸、漁民約二万人の死活問題であるとなして、既に昨年中に於て県水産試験場に対して再三これが被害状況並に原因の調査を陳情していた。試験場では洞海湾の調査が完了したので、今年度は愈々有明海の被害状況につき徹底的調査をなすこととなつた。一方、地元の各漁業組合でもこの調査完了を待つて、一致結束して三井に対して損害賠償の交渉をなすべく計画を進めており、問題の推移は多大の注目を惹いている。

（「九州日報」昭和九年三月十六日）

一方、三井側の態度はどうであったのか、三井側と交渉してきた岡崎有明水産会長は次のように述べている。

昨春以来数十回に亙り面談又は文書を以て三井各工場より排出する大牟田の悪水の浄化方を陳情したが、三井側ではその度毎に大牟田の水は或は魚介類に有害であるかも知れぬが、此水が海水に混入したる場合は如何なる変化をなすか判らぬ、その結果魚介類に被害を与へるかどうかも判らない。確たる証拠がなければ三井としてはどうする事も出来ぬとて、曖昧な態度で些かも誠意を示さない。

（「福岡日日新聞」昭和九年八月五日）

しかしその後、三井側の態度に変化がみられ始める。左の記事のように、まず三井側関係者が被害現場を視察することから始まる。

大牟田、横須両貝類養殖場に於ける赤貝斃死問題に就き、両組合代表八名並に石川水産試験場技師、平木大牟田市技手及び三井三池鉱業所賠償係清田、大田黒、藤吉、小田諸氏等は十二日午後一時半より当業者側の案内に依り養殖場に於ける赤貝斃死の惨状を長時間に亙り種々視察し午後六時半散会した。尚視察の際、三井側関係者より悪水中には酸類は流出せしめて居らぬ筈だとのことだつたそうだが、大牟田港に入港する船は船蟲が一切付着せず且又船の金具類は忽ち腐食して終ふといはれ、又大牟田地先から漁獲される魚貝は石炭類臭くて悪臭を放つため甚だしきは食膳にも上せないものが少くないそうで、之等から察するも如何に悪水が魚貝の生育に悪影響を及ぼしているかが想像するに難くないであらうと地元側では語つている。

（「福岡日日新聞」昭和九年八月十四日）

その後、県水産課の仲介折衝の結果、当面、漁業権補償論議はさしおいて、三井各工場に浄化装置を完備することで一応の解決をみたのである。

福岡県有明海の漁場荒廃問題は沿岸十八ケ浦漁民の生死に関する重要問題として、三井三池染料工場の排出する悪水をめぐり三井対沿岸漁民の間に永年の紛糾を醸し、これが解決は今後の漁場補償問題に大なる影響を与へるものとし各方面より多大の注目を以て見られて居た。今回、福岡県水産課の斡旋により二十一日漸く円満に解決を見る事が出来た。即ち同県水産課ではかねて三井側及び漁村側と協議し、それに県独自の調査結果及び農林省の調査結果を基礎として解決案を作製した。同日に関係漁村代表者十二名を県庁に招致して左の解決案を示した結果、漁村代表者はいづれも同解決案を欣んで承認するところがあつた。解決案は左の如し。

(1)県は来年度から毎年約五千円を投じて新に有明海の水産物、殊に赤貝の斃死原因が果して三井三池染料工場の悪水に因するか否かを調査する

(2)三井側は別に二十万円を投じて直ちに染料等各工場に悪水浄化装置を設ける

(3)三井側は県の調査が完了する迄は毎年五千円を県に寄付し、県はこれを有明海水産業振興費に充てる

(4)有明海のため缶詰製造工場を新設して同海水産物、殊に貝の商品化を強化する

(5)同海水産品に製品の検査を行ひ之が品質の向上と統制を得て一層市場進出の便に備へる

かくて今後は有明海の汚濁せる海水も浄化され一方漁場荒廃原因調査の根本的解決と応急的漁村更生の途が開かれる事となつたわけである。

（「九州日報」昭和九年十一月二十三日）

県水産課は昭和十年度から専任技術職員を配置して工場汚濁水の被害実態調査に着手した。それは左のように報じられている。

海の宝庫有明海の漁場荒廃の原因探求のため、福岡県水産課では愈々来る四月早々より長期間に亙り海面の水理生

物学的並に理化学的調査試験に着手すること、なつた。有明海が貝類、鰕、ヒラメ、海苔その他魚族の群棲地として豊富な漁場であつた昔から、現在は、潮流、気候、工場悪水等に汚涜されて衰微しつ、あることは、沿岸漁民の生命線を奪ふものとして憂慮されている。工場悪水の放出防止のため三池染料会社は本年度に二十五万円の経費を投じて率先浄化装置を設けることになつているもの、、果して漁場衰頽が工場悪水のみに起因するかどうかも、科学的研究をやらなければ確定しない。県当局は如上の意味から十年度に先づ七千円の経費を計上し、専任技術官一名を設置すると共に水産課、水産試験場等が協力し次の方法で悪水調査を行ふはずである。

(1)実験室内の基礎実験：各種成分の定性定量化学分析、水族飼育試験、各成分による水族の影響試験

(2)現場調査試験：有明海各地点の水理生物学的調査、特定の試験地における水族の各種成分に対する影響試験

（「福岡日日新聞」昭和十年三月二十日）

「九州日報」はこの問題を社説で取り上げ、「有明海の漁業問題・鉱毒と漁業」と題して左のように論じ、「三井側は防毒設備の充実や損害補償を積極的に行うべし」と主張した。

佐賀県、福岡県、熊本県の三県に亙つて有明海の魚貝類が死滅し漁業者の減収額莫大なる数に達ししばしば問題化しているが、今日に至るも尚ほ解決を見ない。漁業者側は三井鉱業所の染料其の他鉱毒によるものと主張ししばしば三井側にも当局にも陳情をつづけているが、今日に至るも未だ解決を見ない。三井の鉱毒によるものであると主張されている以上、三井は防毒設備をやつてはどうか。鉱毒であるとか無いとか言つて水かけ論を繰りかへすは無用である。現に漁業者が困つている以上一日も早く、それらしい原因を取り除いて見るのが当然である。しかも三井は今日貧弱な会社ではないのである。三井の大部分の富は大牟田で得ていると伝へられ、しかもその富は三井の努力にも依るが大部分は大牟田の地下に埋蔵する石炭によるものである。此の富の私有を許されている三井は収益の或る部分は社会に捧げてしかるべきでる。況や鉱毒のために魚貝類が死滅すると言はれている以上、それが確定的なものでなくともその疑ひあらば直に防毒設備をほどこすのは当然の事である。

財閥の不当なる行為は今日政党以上に国内の結束を乱している。非常時に当つてつ、しむべきことだ。もし防毒設備をして見て魚貝類が死滅しないとすれば損害賠償すべきだ。日本を救ふには武力と権力の結合が必要だ。かつて政党全盛の頃は権力と金力とが結合していた。そのために財閥は反国家的行為をあへて為し得たのである。今日金力と

権力、この結合が多少あやしくなりつゝある。今一歩進んで武力と権力との結合ができれば金力の反社会的な国家的行為を牽制することができよう。財閥の猛省を求む。

（「九州日報」昭和十年四月十八日）

しかし、その後も工場悪水は流出し、漁業被害は依然として続いていた。昭和十一年一月、海苔不作のため現業者・三池側間で折衝中、三井側担当者は「工場の悪水浄化施設は目下着々進行中であるが、昨年は設備が一層不完備であったに拘らず稀なる豊作を見たし、今年の凶作が如何なる原因にあるか化学的調査の上ならでは損害賠償と云ふが如きことは困難である」（「福岡日日新聞」昭和十一年一月十二日）と述べており、三井側の態度は依然として変わっていなかった。この折衝中、地元県議が調停に乗り出して補償交渉が左のように妥結に至るのである。

有明海の海苔は三井鉱山の悪水流出のため全滅の悲運にあったので、海苔業者は三井に対し補償を要求して紛争を続けて来た。古賀、原田県議は両者調停のため種々奔走中であったが、意見ようやく纏まり十二日、三井と海苔業者の間で円満手打ちした。三井鉱業所田代主事、両県議は十三日午前十一時県庁に郡山経済部長、上山水産課長を訪問し、その報告をなした。解決案としては、

(1)三井より被害をうけた海苔業者百十七人に対し一人五十円づつ、全額五千八百五十円を支給すること

(2)三井は一万円を五年間無利子で海苔業者に貸付け、海苔業者の更生施設にあてること

が提示され、これで円満解決した。

（「九州日報」昭和十一年五月十四日）

昭和十二年六月、水産試験場は「有明海の魚介斃死原因は工場の汚悪水による」との研究結果を公表した。「福岡日日新聞」は左のように報道している。

魚介類の豊富な産高を誇り、かつては海の宝庫と見られていた有明海は昭和八、九両年に亙ってミロク、タヒラギ等の主産物を始め魚介類は多く斃死し、沿岸当業者の死活問題まで惹起するに至つた。福岡県水産試験場では昭和十年に化学部を新設して五ケ年計画で有明海の水質研究を続けてきたが、この結果、昨今漸く魚介類の斃死原因は工場汚悪水にあることが判明した。尤も当時すでに工場悪水が重要な原因であることは予想されていたものであるが、あたかも昭和九年は大旱魃であり、十年以後は時たま被害はあつても斃死魚介類はやゝ復活しつゝあつたので真実の原因が那辺にあるかは依然疑問とされていた。試験場では鋭意探求につとめた結果、工場より排泄する悪水が宝海を荒廃せしめる最大の原因なることをつきとめ得たものである。尚試験結果によると、全ての工場排水が被害を及ぼすも

のでなく、工場から毎月一回か二回排泄するアルカリ若しくは酸性の強いものが原因をなしていることが判明した。
（「福岡日日新聞」昭和十二年六月二十九日）

水産試験場の調査結果は漁民の補償交渉に弾みをつけるものとなった。また追風となったのは、昭和十四年三月、法律第二三号により「鉱業法」が改正され、鉱山廃水の放流が鉱害賠償の対象となったことであった。大牟田地先四漁業組合と三井側との転業賠償金交渉がもたれたが、容易に解決するものではなかった。これは単に当事者間の問題にとどまらず、当時の社会問題まで発展して事態の成り行きが注目されたが、十四年二月に至り、大牟田市長および大牟田商工会議所会頭の斡旋によって解決した。すなわち関係漁業者に対する広範な打ち切り補償金として、総額六〇万九五〇〇円五〇銭が支払われることとなった。その内訳は三－38のとおりである。この締結内容は不明であるが、打ち切り補償であるから、これが最後ということであった。

表三－38　補償金額の内訳

区分	大牟田	三浦	諏訪	早米ケ浦	計
	円	円	円	円	円
漁業組合	二九、一〇〇	六二、四〇〇	二六、一〇〇	二五、〇〇〇	一四二、六〇〇
海苔業者	一〇二、〇八〇	一四一、〇七二	八五、九二〇	三一、三六〇	三六〇、四三二
貝類養殖業者	一八、九六八・五〇	三七、九〇〇	五、七〇〇	—	六二、五六八・五〇
船漁業者	八〇〇	七、二〇〇	八、〇〇〇	一五、二〇〇	三一、二〇〇
網漁業者	—	一、〇〇〇	一、三〇〇	三、四〇〇	五、七〇〇
かき養殖業者	—	一、五〇〇	—	—	一、五〇〇
羽瀬業者	—	三、〇〇〇	—	—	三、〇〇〇
組合役員	—	—	—	二、五〇〇	二、五〇〇
計	一五〇、九四八・五〇	二五四、〇七二	一二七、〇二〇	七七、四六〇	六〇九、五〇〇・五〇

昭和十四年度通常県会においては、本事件に関連して当時の法的、社会的背景まで論じられており、興味深い。

○（一二番・田中松月）第七十四議会ニ於テ鉱業法ガ改正セラレテ、鉱山ノ無過失損害賠償ニ付テハ一応整理セラレタノデアルガ、今日ノ時局デハ急激ナ生産拡充ノ為、各種ノ新興化学工場、重工業工場ノ汚毒水、煤煙等ノ漁山村ニ与フル災害ニ対シテハ未ダ何等ノ規定モナイノデアル。唯問題ガ起ツタ時ニ警察規則ニ依ツテ個々ニ取締ツテ居ルニ過ギナイノデアル。ソレハ消極的ナ微温的デアルカラ、被害者ト工場、鉱山等ノ間ニ問題ガ起ツテ社会問題化シタ時ニ初メテ特高課ノ手デバラバラニ処理セラレテ居ルノデアル。昨年末カラ本年ノ初メニカケテ相当重大化シタ事例トシテ、有明海ニ於ケル海苔養殖業ニ対スル三井三池工業所ノ汚毒水被害賠償問題ガアル。此ノ被害ハ県水産試験場並ニ大牟田市産業課ノ五ケ年ニ亙ル調査ニヨリ明カニ三井ノ鉱業汚水ノ為デアルコトニナツテ居ルニモ拘ラズ、三井ハ言ヲ左右ニシテ之ガ賠償ニ応ジナイノデ、漁民ノ強硬ナ反抗運動ガ起ツテ由々シキ社会問題トナツタノデアル。漸ク警察特高行政事項トシテ此ノ問題ハ解決シタガ、其ノ他一般ノ漁業組合員ノ補償問題ハ尚解決セズ、其ノ為ニ大牟田ノ漁業組合員ノ代表ガ本年春ニ多数上京シテ、不祥事ヲ起シ、警視庁当局ニモ迷惑ヲカケタト聞イテ居ル。斯ウシタ反抗運動ガ起ツテ社会問題トナツテ初メテ特高警察ノオ世話ニナツテ解決ヲ見ルトイフコトハ、洵ニ嘆ハシイ次第デアル。斯ウシタ実例ハ県下各所デ起ツテ居ルト聞ク。問題ガ起ツテ之ガ激化シ社会問題トナツテ、初メテ処理ニ当ルト云フヤウナ消極的方針ヲ棄テラレテ、之ガ被害予防及賠償ニ対スル一定ノ基準ヲ定メテ、現場調査ニ依ツテ円満解決ニ当ラレンコトヲ切望スル次第デアルガ、当局ノ所見ヲ御伺ヒシタイ。

○（参与員・田村浩）工場、鉱山ノ汚毒水ノ件ハ各方面ニ非常ニ迷惑ヲカケテ居ル。特ニ本県ハ軍需工業地帯トシテ、且ツ豊富ナ炭坑地帯トシテ之ガ問題ガ多イノデアル。今回多年ノ懸案デアル鉱業法ガ改正ニナリ、単ニ陥落地ノ被害ノミナラズ鉱毒水モ賠償ノ責ヲ負フコトニ相成ツタノデアル。今後此ノ点ハ賠償責任ノアルモノハ之ニ依ツテ賠償シ、地方ノ被害者ハ之ニ依ツテ救済シ得ラル、モノト思フ。尚日本水質保護連盟ト云フモノガアリ、地方ノ水産業者ガ之ニ加盟シテ将来ハ水質保護法ト云フヤウナ法案ヲ提出スルコトニ相成ツテ居ルノデ、斯様ナ法律ガ出来レバ、特ニ本県ノ如キハ便宜ヲ得ルト思フ。

第五節　筑後川専用漁業権免許をめぐる紛議

一　筑後川専用漁業権の免許

専用漁業は「特定の水面を専用してなす漁業」をいい、その漁業を営む権利（漁業権）は行政官庁（農林省）より漁業組合に免許される。漁業組合は漁業権を取得するが、その漁場管理団体であり自から漁業を営むことはできない。漁業を営むのは組合員個人であるが、その行使方法は組合の定めた規約に従わなければならない。また漁業権の区域、漁業種類、制限条件等に不服あるときは、行政官庁の裁決にまかせ、行政官庁の裁決に不服あるときは行政訴訟にまかせる。さらに漁業権は物権と見做し、漁業権侵害に対しては罰則規定が設けられている。以上は漁業法（明治四十三年改正）に基づく専用漁業権の性格である。

福岡県における海面の専用漁業権は明治末期から大正初期にかけて免許されており、本事件が起きた昭和初期においては海面漁場の利用形態は確立されていた。すでに述べてきたように、海面漁場においても漁業権免許や漁場秩序を獲得するまでには、隣接浦間あるいは県間での境界認定、入漁条件協定等で多くの時間とエネルギーがかけられ、県・国の担当官が立会い、仲裁することも多かったのである。

当時、河川における専用漁業権設定は全国でも稀有な事例であった。河川は海面と異なって、漁業中心で全てを利する訳にはいかなかったのである。

筑後川は、その源を熊本県阿蘇郡南小国町に発し、福岡県南部の筑後平野を貫流して、有明海に注ぐ九州随一の大河川で、一名「筑紫次郎」とも呼ばれ、暴れ川としてもその名を知られている。その流域は、幹川流域延長一四三キロ、流域面積二、八六〇平方キロメートルに達し、その流下過程で大小支流が合流し、大河となって有明海に注ぐ。筑後川は古くは、天正元（一五七三）年から明治二十二（一八八九）年の三一六年の間に、一八三回もの洪水を記録し、今なお残る強固な「水刎（みずはね）」はその時代の治水の面影をとどめている。また、近年に至っても著明な洪水を拾うと、明治十八年、同二十二年、大正三年、同十年、昭和三年、同十年、同十六年、同二十八年の多くを数えており、今なお治水の必要性が指摘されている。その一方で筑後川は多くの産業、文化を育み、特に広大な流域平野部は米、麦、野菜、植木等本邦有数の産地であり、食品加工業、酒造業、木工業等を発達させてきた。つまり筑後川は九州北部における社会、経済生活の基盤をなしており、本水系の治水と利水は大きな意義をもっていた。地域住民にとって、筑後川は畏敬と親愛の共有財産であったといえよう。

漁業面からみると、筑後川にはアユ・コイ・フナ・ウナギ・ハエ・ウグイ・カマカツ・ナマズ・スズキ・スッポン等多種類が生息しており、これらを対象に曳網・敷網・刺網・建網・掩網・抄網・釣・雑漁具（筌・うなぎ掻・鵜飼）が操業

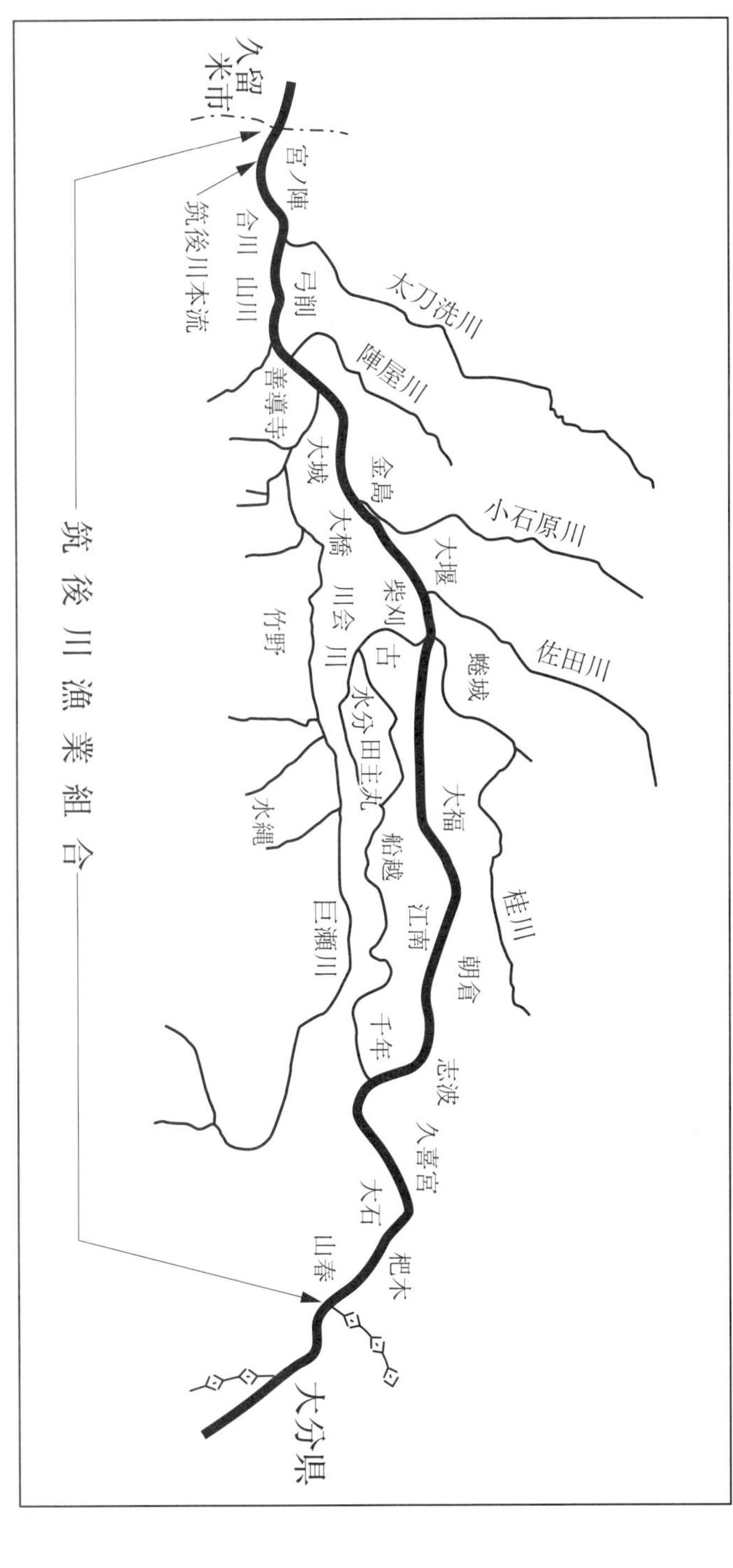

筑後川水系と筑後川漁業組合

されてきた。本河川漁業においては近世までは、漁業者と遊漁者とは長く共存してきた。

明治以降、漁業の近代化を進める一環として、全国統一の漁業法典である明治漁業法が施行され、海面漁業においては、漁場管理主体としての漁業組合組織および漁場利用形態は確立されていった。しかし河川においては、漁場利用は従来の慣習が根強く残る一方で、漁具漁法の進歩による資源への漁獲圧の増大や違反操業の増加がみられ、公的機関による取締では十分に対応できない状況であった。つまり県水産当局は、筑後川において漁業組合を設立し、専用漁業権を免許し、自主漁場管理体制を強化しようとする意図があったとみられる。

筑後川漁業組合設立の表立った動きは、浮羽郡井上外二十六名による設立申請であったが、これ以前に県の指導があったことは疑いない。県はこの申請を受けて関係市町村長にそれに関する意見を求めている。左の記事は久留米市長が県あてに回答したものである。

久留米市東櫛原、小森の両町外筑後川沿岸の朝倉、三井各郡三十四ケ町村の漁業者を以て筑後川漁業組合を設立せんとする計画は、目下浮羽郡水分村井上豊三郎氏外二十六名により県当局に対し組合設立の認可申請中である。之れに対し去る二十九日、県当局より久留米市長の意見を徴して来たので、十二日、市長は大略次の如き回答をする処があつた。「河川使用其他に関する申合せ規約を合理的に確守し、組合員双方の利便を計り其弊害を矯正するに於ては、時宜に適したる企てであると認める。将来、組合員の生産、加工、販売等に関し積極的に改善の途を講じなければ所期の目的は達し難いが、単に規約に依る拘束と組合負担金を以て組合員を苦しむる事にならぬ様には不断の研究を要する」

（「九州日報」昭和四年二月十三日）

久留米市長は「筑後川漁業組合の設立は時宜に適した企てである」と賛同の回答しているが、他町村長の回答はこれとほぼ同様なもので、反対を表明したところはなかったようである。筑後川漁業組合は昭和四年二月に設立認可されたが、五月には左の記事にみられるように、筑後川専用漁業権免許を出願している。

県下筑豊沿岸の専用漁業権は従来百十一件あり、昨年及び本年で殆ど大部分が満二十年間の期限が終了するので期限更新の申請あり、殆ど許可した。其他に漁業権充実の為新に免許を出願するものあり、その主なるものには博多湾一帯に対する伊崎浦漁業組合及び筑後川に対する筑後川漁業組合がある。特に筑後川の淡水漁業に対する専用漁業権出願は全国稀有の例で又福岡県最初唯一のものである。由来筑後川は鮎、鮒、鰻に富んでいたが、遊漁者が贅沢な漁具を使用して自己の興味の為に乱獲する為、最近著しい魚群の減少を来し純粋の漁業者に大恐慌を来さしめているので、魚類繁殖の為、浮羽郡水分村の漁業組合（組合長井上豊二郎氏）が十二日、右の申請をなした訳で、期間は昭和五年五月十二日より昭和二十三年五月三十一日迄である。同組合は筑後川上流の山春村より下流二十六ケ町村を含み、年二十万円の漁獲物をあげ、将来鮎の人工孵化、稚魚の放流等を行ふ計画である。

（「福岡日日新聞」昭和五年五月十五日）

昭和五年八月二十八日、農林省告示第三九九号により筑後川専用漁業権が筑後川漁業組合に対して免許された。免許の有効開始月日は五月十二日であり、免許発布の八月二十八日を約三カ月間もさかのぼっている。おそらく、本専用漁業権免許をめぐって当初予期せぬ紛議が生じたため、農林省はその地元調整がはかられるのを待って、告示期日を遅らせたものと推定される。しかし地元ではすでに五月十二日に免許を得たものと受け止めていたようである。

筑後川専用漁業権免許

農林省告示第三九九号

昭和五年五月十二日左記専用漁業権ヲ免許セリ

昭和五年八月二十八日

農林大臣　町田忠治

免許番号　第五一四二号（地先）

漁業権者　福岡県浮羽郡水分村筑後川漁業組合

漁場ノ位置　福岡県浮羽郡山春村ノ一部、大石村、千年村、江南村、船越村、水分村、田主丸村、水縄村、柴刈村、川会村、竹野村、三井郡大橋村、善導寺村、山川村、合川村、宮ノ陣村、弓削村、大城村、金村、朝倉郡蜷城村、大福村、朝倉村、志波村、久喜宮村、杷木村地先（筑後川本流、巨瀬川、古川、桂川支流、佐田川、小石原川、陣屋川、太刀洗川）

存続期間　自昭和五年五月十二日至昭和二十三年五月三十一日

漁業ノ種類	漁獲物ノ種類	漁業時期
すずき狩刺網漁業	すずき、こひ、ふな	自一月一日至十二月三十一日
はえ刺網漁業	はえ、うぐひ（方言いだ）、かまつか、ふな	同
はえ抄網漁業（竿追攩網）	はえ	自十一月一日至翌年二月末日
投網漁業	こひ、はえ、すずき、うぐひ、ふな、えび、なまづ、いな	自一月一日至十二月三十一日
こひ延縄漁業	こひ、ふな	自四月一日至十一月三十日
うなぎ延縄漁業	うなぎ、なまづ、ぎぎ、すっぽん	自一月一日至十二月三十一日
はえ竿釣漁業	はえ	同
うなぎ筌漁業	うなぎ	自四月一日至十月三十一日
鵜飼漁業	はえ、うぐひ、ふな	同
あゆ漁業	あゆ	自一月一日至十二月三十一日

二　筑後川専用漁業権の免許申請中における紛議

本件に関わる最初の紛議は、県庁内における担当部門権域の衝突という形で現われる。河川課は河川法を盾に、水産課に対して事前合議がなかったことに異議を表明した。その内容を左の記事でみることができる。

県庁内に於ては土木課が河川法を盾にして筑後川専用漁業権免許の失当なる事をあげて水産課に詰寄といふ事態を惹起した。土木課長から水産課長宛に発した抗議的質問は左の如くである。

今般、筑後川筋の漁業免許付与せられたる趣に有之候処、同川は河川法施行河川にして同法第三条により私権の目的に供すること能はず当然無効の免許と存候、然るに本処理に際し本課に合議手続なく支障なき旨を以て農林大臣に願書進達せられたるは如何なる事情に候哉、河川取締上重大問題に付、内務大臣に事情を具し無効取消手続致度候条、取扱上の顚末詳細御通知相煩度、追て御参考迄左記の条文付記致候。「河川法抜粋（明治三十九年四月・法律第七一号）、河川法第三条：河川並に其敷地若くは流水は私権の目的となることを得ず」。

右に対し水産課では「文書で質問を受けたがあまり子供らしい事だから其の儘うつちやらかしにして居る。全国中でも河川法適用の河川に漁業権を免許して居るのは利根川をはじめ沢山あり、免許に就ては農林大臣から内務大臣の了解を得たものと思はれるし、全然問題にならぬ」と軽くあしらつて居り、坂本土木課長は「河川法により筑後川から石や砂を採取したり工事を実施したりする場合は、漁業権と衝突する様な事があれば困るから予め左様な面倒の起るのを防ぎたいと思つたのであるが、水産課に聞けば既に先例があるさうだから、それらの事を考究し漁業権が河川法の妨げとならぬ範囲に止まるとの保障を得るならば、敢て頑張る必要はない」と言つて居るが、相当強硬の態度である。

（「福岡日日新聞」昭和五年六月十二日）

この土木課の抗議と前後して、同庁内の保安課からは遊漁者の取締程度を如何にすべきかと、水産課に協議を求めている。

県庁内の保安課から百田保安課長が自から水産課に訪れて、同課が取締をなす関係上、各地方からの陳情書を携へて該権の意義、範囲等に就き説明を求め、又保安課長自身も遊漁が出来ずとなれば困るとて幾分抗議的質問を発した模様である。之に対して水産課は該権に就き詳細に説明をなすと共に、保安課としては漁業権者から権限侵害の告訴次第取締をされたき旨を答へた。尚各府県の前例を調査の上、更に説明をなす事になった。右につき水産課は語る。「保安課は従来自発的に又は水産課の督促をうけて毒流しや漁具の破損につき取締をなしていたが、色々陳情があるので取締上説明を求められた訳である。農林省の解釈では専用漁業権は他を除去し得るとして居るが、本県はそう堅苦しく云はず、遊漁者が組合に入るか相互に妥協し共々に漁業並に遊漁をさせたい。又共同の利益の為に放魚や禁漁区設立等の繁殖方法を講ずる計画を樹て、いるので、一般遊漁者がこの付設の仲間入りをなす様勧奨する積りである」。

（「福岡日日新聞」昭和五年六月十四日）

県庁内における課間の業務で生ずる問題点は、いずれ協議調整によって解決できるものであるが、権益を異にする住民の利害調整は容易でなく、紛争に発展する可能性が高い。まず筑後川専用漁業権免許に関して疑問が発せられたのは地元町村長からであった。新聞記事からその主な動きを追ってみよう。

⑴曩に福岡県では筑後川漁業組合に対し専用漁業権の申請を受理したが、之は区域が付近の小河川即ち太刀洗川、巨瀬川、陣屋川、桂川等にも及ぶので問題となり、二十三日、佐藤福岡県町村会長は浮羽郡田主丸町長、水分村長其他数ケ村長と県庁を訪れ新宅水産課長に陳情する処があつた。右に拠れば、専用漁業権が付近小河川にまで及ぶとすれ

ば、従来付近の商人、農民等が閑暇の場合に唯一の娯楽とした遊漁が不可能となり農村の娯楽をうばふ事になるのみならず、滅多に海の肴を食する事なき此れ等の人々から鮮魚の供給を奪ふ事になるので、専用漁業権は小河川には及ぼさぬ様にして貰ひたいといふのである。水産課では考究する事になつた。右につき佐藤氏は語る。筑後川の専用漁業権の認可は淡水漁業の発達上決して反対ではないが、小河川付近の農村の人達が楽しみに釣竿一本で魚を釣つたからとて罰せられる様な事になると、農村の娯楽を奪ふことになるので小河川は区域外にされたいと陳情した訳である。

（「福岡日日新聞」昭和五年五月二十四日）

⑵筑後川に漁業組合が生れ、新に専用漁業権の免許を受ける事に対し、三井、浮羽、朝倉三郡町村長の反対起り、免許官庁たる農林省でも全国河川湖三百有余の専用漁業権設定に対し唯一の反対現象として驚いて居ると伝へられ、組合対町村長間の調停を試みた平田福岡県内務部長も遂に手を引くに至つた。町村長側の反対理由は、①一般の娯楽を奪ふ、②関係町村長の意見を徴せざりしは不当なる事、の二点に存し、其善後策として枝流の漁業権放棄を要望して居るが、福岡県水産会会長樋口邦彦氏は漁業組合側の立場から之を弁駁して左の如く語る。

専用漁業権は一般の娯楽を奪ふものではない。筑後川に於ける専用免許の種類は枢要の漁業のみに限定され、爾餘の多くの漁業は一般に開放されて居る。夫れで満足出来ぬ人は相当料金を払って漁業組合の承認を受け、漁業者と同一の漁業を営む事も出来る。自由遊漁の慣習を楯として全漁業の自由経営を主張される向もあるが、苟もソコに多数の職業者があつて、生活安定の必要上、法に依て組合を組織し権利を設定した上は自由遊漁論は無茶である。貧困な漁業者にして尚ほ且つ各自三円以上二十円以下の経費を負担して組合を維持する以上、単に娯楽目的の遊漁者が職業的漁業者の権利に均霑するに対し相当料金を払ふ事は当然で有らう。次に専用権出願当時、関係町村長全部の意見を徴せざりしは単なる手続上の問題に止まり、且つ法規上の根拠も無く、単に組合事務所々在地の役場を経由するのみにて足るものである。

次に善後措置として枝流除外即ち枝川の権利放棄を要望されて居るが、これは無理な注文で所謂強者の圧迫ではあるまいか。鮎、ハエの類を除きたる鯉、鮒、鯰等の重要魚族は多くの場合、枝川乃至用水溝にて産卵成育するものである。泥鰌、鰻等に於てもまた餌料多く、安静に適するこれ等の淡水面にて成長する事前者と同一である。なればこそ福岡県漁業取締規則に於て久しき以前より川口より十町以内の全枝派流に対し幾多の漁具漁法を禁止し保護蕃殖の方法を講じて居るのである。今次漁業組合の獲得した漁場区域は之を多少延長して一層保護蕃殖の徹底を期すると同時に、積極施設として幾万の鯉児を年に放流すべき計画があるのである。而してこの放流されたる鯉児の大部分は餌料を漁りて放流より用水溝に入る事当然であるから、保護蕃殖と相俟ち将来に於ては専用区域以外の枝流其他にも現在に数倍する魚族を増殖させ、大に農家を潤ほす結果を生むのである。即ち本川及枝流にかけ漁業を経営するものあるに、枝流全体の権利放棄を求むるのは難きを強いるものである。尚ほ念のために枝流に対する専用権設定の範囲を云へば、三井郡の太刀洗川、陣屋川、小石原川は何れも下流本川に近き部分のみに止まり、朝倉郡桂川の如きは殆んど問題とするに足らざる近距離に過ぎない。只浮羽郡巨瀬川、古川のみに限り相当上流に及んで居る。此は下流を改修して、大に漁場価値を減少された為めであつて、夫れでも組合地区外には一歩も出でないのである。以上の外、枝流派流は一切無関心であつて豊満川の如きは全然組合の地域外に属し、絶対に無関係である。元来専用漁業権の性質よりすれば、組合地区内の公有水面全部に対し、権利を設定するを通則とするものであつて、大分県三隈川又は駅館川の如き何れも其通りになつて居るが、筑後川漁業組合は当初より其点を大に遠慮して必要欠くべからざる部分のみに局限して居るのである。漁業者の立場は此の如きものであるから、希くば三郡町村長各位にあつても、深く漁業組合乃至漁業権の現状を察し遊漁者と漁業組合との融和を図られん事を御願したい。

（「福岡日日新聞」昭和五年八月十一日）

(3)筑後川専用漁業権問題は度々県当局と折衝を重ねたるも未だ落着を見ず、前回折衝には松本知事が水産課に命じて解決策を作成せしむる旨を答へて一先づ散会したが、十八日には町村長委員が再び県庁を訪れて更に強硬な態度を示すに至つた。沿岸町村長の云ふところに依れば、最初は専用漁業権設定によつて単に遊漁者の漁獲が制限されるものと考へていたが、其後慎重研究の結果、該権の設定は更に沿岸遊漁者の種々の権限を制するものたる事が解つた。即ち海洋の専用漁業権と河川の専用漁業権は大体は趣を同じうするも、只河川が河川法の適用を受くる事に於て異る。海洋に於ては海面埋立、干拓を賠償金の支払によつて為し得る事があるが、河川に於て専用漁業権が設定されるとすれば、護岸工事其他の工作物を設立する事が漁区侵害になりはしないか、又沿岸の公益上に及ぼす障害はないか。

右の如き疑義を生ずるに至つたので、町村長側としては知事の調停を辞し該権の設定を支流のみならず本流に於ても否認する、又場合によつては町村民大会を開いて広く世論に問ふ事になるとの態度を示した。之に対して県当局は

「該権の設定は町村長側の云ふが如く公益上に障害になるものではない。河川に於ける埋立は勿論不可だが、工作物の設立は該権が設立されても問題にならぬ」即ち河川法第三条には「河川及其の敷地若くは流水は私権の目的となす事を得ず」とあり、又漁業法第二四条には「水産動植物の蕃殖保護、船舶の航行、碇泊、係留、水底電線の敷設若くは国防其の他軍事上必要なる時又は公益上害ある時、主務大臣は免許したる漁業を制限し停止し又は免許を取消す事を得、漁業権者にして本法又は本条に基きて発する命令に違反したる時は漁業を制限し又は停止する事を得」とあり、町村長の云ふが如く公益を害するの心配を要せぬと答弁したので、町村長側は更に研究折衝する事として午後四時過ぎ退去した。

（「福岡日日新聞」昭和五年八月十九日）

(4)筑後川沿岸の浮羽、三井、朝倉、三豬、山門各郡町村長は筑後川の漁業専用権が許可せられた為め支流での漁獲の容認運動を行つていたが、こゝに図らずも専用漁業権者が漁業専用権免許奉祝として自転車示威行列に装飾した「無権利者絶対入川禁止」の旗が動機となつて、漁業組合に入会しなければ筑後川に入ることが出来ないとすれば今後一大問題であるとして研究した結果、水利権にも影響を及ぼすが如き不安が生じた。佐藤町村長会長外二十数名の関係町村長は十八日午前より福岡県庁に出頭し、大竹警察部長、新宅水産課長と会見、意見を聴取した上、午後二時より松本知事を訪れ種々陳情した。町村長側は若し専用漁業権と水利権との関係が抵触する様であれば、村民大会を開き水利権擁護、農民の生活権確保の為め農林省に猛運動を起すと息巻いている。尚斯の如き問題は未だ他府県に例なく県としても研究して善処すると語つているが、将来如何なる問題が惹起し不利を蒙らぬとも限らぬとあつて戦々恐々としている。

（「九州日報」昭和五年八月十九日）

(5)筑後川専用漁業権免許に端を発した沿岸町村の不安は極に達しているが、福岡県としても同地方町村の陳情を受けたので二十日午前十時より内務部長応接室に於て、これが審議会を開催した。出席者は地元側代表者として朝倉郡大山杷木村長、古林朝倉村長、浮羽郡倉富船越村長、倉富吉井町長、三井郡実藤大堰村長、田中山川村長、県庁側では平田内務部長、新宅水産、坂本土木、佐藤耕地、宮村農務各課長並に安西水産技師等列席して漁業専用権と河川法其他関係法規の関係を研究し、町村長不安の杞憂なることを極力説明したので、大体意を諒とし午後三時閉会した。猶今後充分の研究を為すことゝなつた。当日の研究要項は次の諸項であつた。

①免許状に関する説明及各府県免許の実例、漁業種類・漁期・漁獲物及漁場

②漁業法に関する説明：漁業権の性質及適用範囲、漁業権に関する法規及条文の引例、内務省の依令通牒
③河川法と漁業法との関係
④公有水面埋立法と漁業
⑤耕地整理法と漁業法との関係
⑥産業衝突に関する事項

（「九州日報」昭和五年八月二十一日）

以上の記述にみられるように、町村長側は当初、「専用漁業権免許は淡水漁業の発展上反対ではないが、支流の小河川における遊漁は除外すべきだ」というものであった。しかし漁業権の法的権限を知るにつれて、漁業権免許そのものに反対する機運となり、「一般の娯楽を奪う、このような重大な問題点をかかえる案件を関係町村長に事前協議しなかったのは不当である」を表明するに至った。当時の松本知事は免許を認可する立場から「この問題はぜひとも解決せねばならない、町村長は専業者と遊漁者の間に立って円満解決を図って頂きたい」と逆に町村長会長に依頼している。しかし農業、工業、蚕業を主産業とする朝倉・浮羽・三井三郡の町村長にとっては、少数派の漁業者を擁護するような仲介はできなかった。一方、農林省は「全国唯一反対が起きたもの」として驚き、また県からの遊漁容認の問いに対しては「正式には法をそのまま適用すべきであると言わざる得ない、元来そんな問題を農林省に持ち込むべきではない、地元で適宜妥協の方法を講じたらよかろう」と口頭で回答したという。その後、市町村長側からは、遊漁問題以外にも農業用水利権や河川法との関係についても疑義が提起された。県ではこれを受けて、八月二十日、地元市町村長代表と県関係課長による「筑後川専用漁業権に関わる諸課題」の研究審議会が開催された。そして約一週間後の昭和五年八月二十八日、筑後川専用漁業権免許が告示されたのである。

三　筑後川専用漁業権の免許告示直後――撤廃期成会の結成と反対運動の激化

筑後川専用漁業権免許が告示されて時を待たず、九月三日、市町村長側は松本知事を訪れて「該漁業権免許の認可取消を農林、内務両大臣に陳情する」ことを通告した。「福岡日日新聞」は左のように報道している。

筑後川専用漁業権問題は、最初は対遊漁者の問題として起つたが、中途から一般治水問題に関係するものとされるに至つた。先般沿岸町村長委員十五名が県庁関係各課長と会合して、専用漁業権の本質又は河川法其他に対する関係

等につき詳細説明を求め、研究中であつたが、結局、県当局の折衝ではあき足らずとし、三日午前、前記委員十五名が県庁に松本知事を訪れ「筑後川に専用漁業権の設定は産業上又は水利其他公益上障害あるものと認むるにより関係町村長連署を以て之が許可取消を農林大臣、内務大臣に陳情書を提出する事」に意見一致したるを以て念の為に知事に事情を説明する旨を申述べた。知事は之に対し「専用漁業権は度々説明せるが如く力強い権利ではない。決して公益を害するものではなく、河川法其他に依て夫々制限され又権限其物に於ても漁法、魚類其他について明かに制限があると共に義務を負はせている。魚族の繁殖等の義務は沿岸町村民は却て欣ふべきものと思ふ。兎に角、専用漁業権の設定は大臣の権限だから大臣の方で何とか処理しよう。町村長会側で大臣に陳情書をどうしても出すと云ふならば止めはしないが、参考のため案の写しを提出して欲しい」と答へた。

町村長会側は知事の言ではあるが、該権の設定が将来、沿岸町村民に対し公益を害しはせぬかの虞ありとて陳情書提出の決心をやめず、午後二時半退出した。町村長会側は既に陳情書の案が出来上つているので沿岸町村長の捺印を求めた上で、不日両大臣に陳情書を送達する事になつた。斯くて専用漁業権設定問題は遂に拡大して主務省に迄持出されるに至つた訳である。

（「福岡日日新聞」昭和五年九月四日）

一方、該権の免許認可および町村長の動きを注視していた一般住民は、「筑後川専用漁業権撤廃期成会」を組織し反対運動に乗り出した。その発起人は浮羽郡の三浦直次郎、林理一、古賀理喜多の三人であり、彼らは当時の政友、民政両党のいずれかの有力者であった。浮羽、朝倉、三井三郡の沿岸町村では次々と住民大会を開き、撤廃期成会を立ち上げていった。これ以後、反対運動の主導は町村長会から撤廃期成会に移っていった。左の記事は田主丸町で開催した様子を報じたものである。

田主丸町では昨十日午後一時から武徳館に於て町民大会を開いた。数名の弁士登壇し、筑後川及び支流の専用漁業権の免許請願手続きが町村長の同意なく殆んど虚構の請願書であること、該組合員が権利を楯に地方民に対して脅喝せしこと、漁業権の専用は地方民唯一の娯楽を奪ひ水利・土木・産業公益上大なる害毒である旨を交互に力説し、多大の感激を与へた。来客者は数千余名に達し非常なる盛況を極めた。浮羽郡各町村に於て目下村民大会を開き、筑後川専用漁業権撤廃の猛運動を開始して居る撤廃期成会の決議は左の通りである。「今般農林大臣より免許されたる筑後川並に支川専用漁業権の設定は地方住民唯一の娯楽を奪ふのみならず、水利、土木にも支障を来し産業、公益を障なものであった。
は政友・民政両党支部、岡野代議士、県知事等を訪れ、撤廃の尽力方を陳情した。陳情団代表の論述する内容は左のよう事遂行上非常なる支障を来す恐れあるため該漁業権認可の撤回を期す」を表明した。反対運動は盛り上がり、撤廃期成会これに呼応するように、福岡県土木請負業連合組合は「筑後川及其の支流区域漁業権認可に就ては請負業者に於て諸工

（「福岡日日新聞」昭和五年九月十一日）

陳情付願其の他適当の措置を取られたし」。
議文を全国町村長会に提出する。「各町村長に於ては筑後川並に支川専用漁業権撤廃の目的達成の為め時機を失せず碍し、永久に地方民生活の基礎を脅威するものと認む、依て之れが即時撤廃を要望す」。尚付帯決議として以下の決

⑴川会村では維新前から慣行として魚簗を架け、近頃は青年団の維持費を之から挙げて居るが、漁業権設定以来組合の干渉を受け抗争を惹起する形勢にあり、大櫃村では簗を撤回せしめられ、善導寺村では組合員が遊漁者より直接二十円の罰金をとり、某所では組合の監視員が久留米土木管区の許可ある砂利採取を差止た等の不穏事が出てきた。

⑵組合が認可迄に使つた金は六千円といふが、組合員には二千円と発表し、之を取立つる為めに鯛生金山から鉱毒の賠償金一万円、しまや足袋会社から五千円を取つて他日配当するから此際払込むべしと勧誘して居た事実がある。海面の漁業組合の中には各種の賠償金をとつて配当して居るものがあるが、筑後川も之に類するようになりはしないか。

⑶組合所在地の水分村長が漁業権出願の際の副申書に捺印した事は、同村長が六ケ月後まで周知しなかつた事であり、同村役場の一吏員が予め作成された勝手な書類に村長印を悪用したものである。

⑷漁業権は河川法及び耕地整理法の条項と扞格する点があるが、漁業法中「錯誤により許可したる場合」、「公益を害する場合」には之を取消すを得るとの規定があるから前記の水分村長関係の偽造的副申書の如きは錯誤に相当し耕地整理に対する支障等は公益を害する箇条に該当する。

⑸一方、県庁では鮎の捕獲期を六月以後と定めながら漁業権には一ケ年中として許可してあり、又県令で定めた禁漁区は何となるか等の矛盾がある。

（「福岡日日新聞」昭和五年九月十八日）

松本知事は事態の悪化を懸念して、田主丸町長を介して町村長側に対し、①支川を除外すること、②加入者の負担金を軽くすること、③水面使用には公益を害せざる程度たらしむること、の三条件を提示して調停に乗り出したが、十九日の

町村長会では、すでに撤廃を目標に邁進している町村民の気勢を緩和出来ないとして、これを拒絶せざるを得なかったのである。

本反対運動の過程で起きた痛ましい事件に触れておかなければならないであろう。撤廃期成会の論述の中に新たな項目として「水分村長不在の際、専用漁業権出願副申書に役場吏員が村長職印を捺印したこと」が判明した。このため、同村役場吏員二名が九月十二日付、責任をとって自発的に辞職し、山本益三郎村長は十八日付、辞任した。吏員の一名は二十六日、自殺するという痛ましい事態に至った。その吏員の始末書は左のようなものであった。

筑後川漁業組合長井上豊三郎より昭和五年二月十日付を以て専用漁業願書に関する漁業書類不備のため訂正願並に村長名副申書を提出し至急申達方を請求せられたるを以て直に受付け村長殿御不在にも拘らず決済を受けず職印捺印の上申達し、何たる報告を致さず怠慢の段不都合に存候、就ては爾今申達書類に関し斯の如き事致す間敷候仍つて仕末書提出候也

昭和五年八月十三日

浮羽郡水分村　　書記　某

（「福岡日日新聞」昭和五年十月一日）

さて、反対運動は中央官庁へも飛火することになる。地元三郡の町村長会は十月八日、「免許取消」陳情書を農林・内務両大臣に提出し、さらに撤廃期成会では代表が上京し、十月二十五日、農林大臣あて地元二十六ケ町村委員連判による訴願を提出した。訴願の内容は「漁業権は不正確なる図面に依つて漁場区域等が表されて居り、錯誤に依つて許可されたものであり、且つ三郡民は殆んど農民であり又漁民であるのに一部の農漁民のみが其権利を獲得する事は治安公益に有害なり」というものであった。これに対して、農林省当局は「該漁業権の認可は何等治安公益を害するものに非されば今更取消す意志なし」と無視される状況であった。この報を受けた撤廃期成会は「農林省当局が筑後川専用漁業権申請の表裏に遺憾がありし点を認めながら誤謬の点のみを訂正して同出願免許は取消さぬ」としたことは、不都合なりとし、徹底的撤廃を期すため内務省へ出向き請願書を提出した。しかし、免許権限をもつ農林省が「今更取消す意志なし」と明言したのであるから反対派は如何ともしがたかった。当時の新聞は撤廃期成会の農林省への陳情内容を左のように報じている。

筑後川に於ける専用漁業権の問題はその後紛糾に紛糾を重ね、当初に於いては一地方問題として事件の発展を見たものであるが、その後関係町村の訴願或は陳情委員の東上等によつて今や該問題は中央の政治問題化されんとする形

勢を招来している。而して「該専用漁業権が極少数の当事者の間にあつて極めて巧妙に隠密の裡に免許決定を見た」といふ、その経過が次第に明るみに持ち出されて来るに従つて、世論は等しくその免許に対して不当なりとの声を放つに至り且又当局者自身もその免許が錯誤に基づけるものなることを気付くに至つたのである。然るに当局者は免許そのものは錯誤に基くものなるもその為めに該漁業権は何等公益公安を紊すものにあらざれば、今更取消すの必要なしと主張し、飽くまで取消しを肯ぜず自己の責任回避を試みんとしている。而して当局者が飽くまで該漁業権の取消しを否定し訴願を蹂躪するに於ては、地方民は愈々最後的手段をとるの外方法なしとして強硬なる決意の程を示している。該漁業権の撤廃主張についいては多々あるも、去る十月二十九日、筑後川専用漁業権撤廃期成会より農林省当局に提出せる訴願につきその内容を見れば大体左の如きものが主張の主なるものである。

(1)農林大臣が筑後川漁業組合に対して専用漁業権の免許を与ふるに当つて只福岡県浮羽郡水分村村長の副申を基礎となせるもの、如くなるも右副申は、

①何等事実の調査に基けるものに非ず又知事の意思意見を表示せるものに非ず。

②且又該副申なるものは水分村長の全然関知せざるものなるのみならずその意思と正反対の副申なり、即ち該出願はその願書の申達及び副申の当初に於て錯誤あり、仮令経由町村長の副申が該願書に添付すべき必要書類に非ずとするも最後まで当初の錯誤が訂正されず、その錯誤に基いて与へられたる免許なるが故に当然該免許は錯誤の免許なり。

(2)右農林省の漁業区域図面は農林大臣が水利土木組合の有する歴史ある権利を無視してその同意を得ることなく既得権を侵害して免許せり。

(3)且又免許された専用漁業権の図面は実地と合致せざる不正確なる地図によつて許可せられたるものであつて、明かに錯誤による免許なるは勿論或は漁業法施行規則第二三条に違反して内容不正確なる免許なるが故に無効なるものなり。

(4)該漁業権の漁場図中には土木組合の共有又は個人の所有に属するものがあるに拘らず、何等これ等の同意を得ることなき該免許の出願に許可を与へたるは違法のものを合法なりと錯誤したるか又は不完備なる願書を完備せりと誤認したるか何れにするも錯誤によつて与へられたる免許である。

(5)該地方は大体に於て農を以て主要生業と為し漁業を以て専業と為すものなるは特別の技術あるものに限り十数万中僅々三百名に充たず、この少数の利益保護と排他的独占とは少なからず関係地方民の感情を害し治安を損ひ地方の公益に反し思想を悪化しつゝあり。

(6)少数者の専用漁業権保護の為めに該地方の主要産業たる農業上に多大の悪影響を与へつゝあり、これ明かに公衆の利益を害するものの免許なり。

(7)その他耕地整理治水工事使用地面の埋立を行ふ場合又は一般土木砂礫の採取、舟筏流木の運搬及び染色製糸、製罐、製紙等の地方工業に対し、その漁業組合が極端にその権利を主張し来たりとせば、その影響するところ殆ど予測すべからざるものあり、即ち平和の楽園を変じて治安公益を損ふに至るものである。

右の訴願は陳情委員の運動もあつて当局の反省を幾分促すところありたるも、未だ農林当局はこれを以て直に公益治安を害するものに非ざれば該専用漁業権は取消す必要なしと主張しているが、世論は日一日その取消しの気運を進めつゝあれば、当局もやむを得ず取消すの外なきに至るやも知れざるの事態に至るべしと云はれている。

（「福岡日日新聞」昭和五年十一月九日）

農林省の拒否にあった反対運動は、その舞台を県内に移すが、関係者によって妥協点をどこに見出すかであった。まず、その打開策に動いたのは地元町村長会であった。町村長会は、地元県会議員の調停斡旋方を依頼し、松本知事もそれを了承する。同地方選出の森部、西原、古賀、橋本四県会議員は町村長会からの依頼で左の仲裁案を提示した。しかし撤廃期成会は調停協議そのものを拒否し、仲裁案は内容を検討することなく葬り去られたのである。仲裁案とは次のようなものであった。

仲　裁　案

(1)河川に関する件：本川のみとして支流は全部除外する事

(2)諸事業に関する件：水利、治水、土木、耕地、整理等の施行に対して一切専用漁業権あるの故を以て損害賠補償又は事業の施行に対して何等障害となるべき異議を申立ざる文書（公正契約証書）を相互に提出する事

(3)漁獲関係：沿岸住民の遊漁に就ては年額一円以内の入漁料を徴収する事、但し左の漁法による漁獲並年少者（十五歳未満）の漁獲は之を無料とする事

①徒歩竿釣（鮎の掛釣を除く）
②徒歩魚介藻草の採取
③鰻籠鰻筒
④渇掬
⑤他地方人の入漁料に於ては漁業組合に於て適宜之を定むる事

（「福岡日日新聞」昭和五年十一月十二日）

県会議員団は再度、調停案を提示したが、町村長会委員のなかからこれも拒絶し、撤廃期成会と行動を共にするという者も出るにおよび、県会議員団は十一月十八日、「今後一切該問題に関しては手を切る旨」を言明するに至った。これに危機感をもった町村長会は左の行動をとった。

十九日、関係町村長委員会では協議を重ねた結果、とうてい此の儘にて進む時は沿岸住民の平和はもとより住民の真の福利のためにも面白からざる結果を来す事を慮かり、十九日午後五時より知事に面会を求めた。県会議員の調停案に応ずる事を条件として、県会議員調停の斡旋方を知事に懇請した。知事もこれを諒として県会議員が調停を斡旋する事になつた。縺れに縺れて来た筑後川専用漁業権問題は漸く其の曙光を見出すに至つた。

（「九州日報」昭和五年十一月二十日）

これで解決の曙光を見出すかと思われたが、あくまで撤廃の初志を貫かんとする期成会の反対にあって御破算となった。ここで町村長会と撤廃期成会とは袂を分けることになる。撤廃期成会は町村長会の態度変化に激怒し、町村長会は「県会議員調停案と手を切ることなく、かつ町村民の意向を確かめつゝ態度を決する」と表明した。しかし町村長会内でも必ずしも意見の一致をみていた訳ではなかったようである。昭和五年十一月末段階では、打開の展望は見出せない状況であった。

四　県会における筑後川専用漁業権問題に関する論議

昭和五年度十二月一日から開催された通常県会では、筑後川専用漁業権問題が最大の論点となった。一日から十日までの間に何回となく取り上げられたが、答弁者は常に松本知事であった。

◎昭和五年十二月一日県会

○（十九番・大塚与三郎）筑後川専用漁業権問題ニ付テ県当局ニ御尋ネシタイ。私ノ知リ得タ範囲デハ、本年五月十二日付ヲ以テ農林大臣ヨリ筑後川ノ本流並ニ其ノ支流ニ専用漁業権ヲ認可セラレタコトニナツテ居ルガ、此出願ノ手続、出願ノ道程ニ於テ果シテ不純或ハ不当ナル手続ハナカツタカ、即チ浮羽郡水分村長ノ不在中、一書記ガ何者カノ強要ニ依ツテ副申書ヲ作ツテ、直ニソレヲ県庁ニ送達シ、県庁ニ於テハ水産課長或ハ之ニ関係ヲ有セラル、処ノ土木課長等ガ何等之ヲ知ル処ナクシテ、書類ヲ本省ニ送達シ、僅カノ期間ニ於テ之ガ認可ニナツタト云フコトヲ耳ニシテ居ルノデアル。先ヅ御尋ネシタイノハ、斯クノ如ク漁業権許可ノ手続上ニ於テ、知事ハ町村監督ノ責任上、之ヲ如何ニ感ゼラル、カデアル。此筑後川ノ漁業ハ沿道二十七ケ町村、十数万人ノ娯楽場トシテ今日迄慣習的ニ行ハレテ来テ居ルノデアル。ソレヲ若シ専用漁業権トシテ之ヲ認可スルコトニナレバ二十七ケ町村、十数万人ノ生活上ノ脅威トナリ、或ハ産業水利ノ発達ヲ阻害スルコト、ナリ其ノ他公安ヲ害スルコトハ洵ニ夥シイ問題デアルト思フ。県当局ハ何等夫等ノコトヲ考慮ニナツタ形跡ハナイノデアル。私ハ県当局ノ本件ニ対スル調査ガ甚ダ杜選デアリ、充分其ノ職責ヲ果シテ居ナイト思フノデアル。故ニ此点ニ付テ充分ナル御答弁ヲ願ヒタイト思フ。此問題ニ付イテハ沿岸住民ノ殆ンドガ一斉ニ立ツテ之ガ撤廃運動ヲシテ居ルノデアルガ、知事ハ此手続上ノ欠陥並ニ其ノ公益公安ヲ害スルモノト認メラル、ナラバ、宜シク之ガ許可取消ニ付イテノ適当ナル処置ヲ講ゼラル、コトガ最モ必要デアルト思フ。然ルニ拘ラズ何等之ニ対スル処置ヲ執ラレナイノハ如何ナル理由ニ基クモノデアルカ、又地方長官トシテノ職責上ノ責任ハ如何ニセラル、カヲ御尋ネシタイ。

○（知事・松本学）筑後川専用漁業権ノ件ニ付テ綱紀粛正ト云フコトデ御尋ネデアルガ、要スルニ何カ綱紀ヲ紊乱シタコトヲ前提ニシテノ御尋ネノヤウデアル。水分村ニ於テ一書記ガ副申書ヲ村長ニ知ラサズシテ堤出シタノハ何者カノ強要ニ依ルモノデアルト云フコトデアルガ、県トシテハ何者カニ強要セラレタト思ツテハ居ナイノデアル。河川ノ漁業権設定ニ付テハ各府県ニ多クノ例ガアルガ、未ダ嘗テ此権利ヲ免許セラレテ問題ノ起ツタコトハナイノデアリ、従ツテ県ノ取扱トシテモ地方民ニ喜バレコソスレ之ニ反対セラル、コトハ毛頭考ヘテ居ナカツタノデアル。漁業権免許ニ付イテハ何等問題ガ起ル処デハナイシ、筑後川ヲ養フ上ニ於テ之位立派ナ権利ヲ与ヘルコトハ非常ニ結構ナコト、思フテ居ルノデ何等特別ナ扱イハシテ居ナイ。第一ノ手続ノコトヲ概要ヲ申上ゲルト、漁業組合所在ノ村長ガ関係町村長ノ意向ヲ聴キ、何等異存ナシト云フコトノ書類ヲ纏メテ県ニ進達サレタモノデアル。其ノ間ニ於テ村長ガ知ツテ居タカ、知ラナカツタカト云フコトニ付イテハ、之ハ後ニ起ツタ問題デアリ、其ノ当時、村長ノ公印ニ拠リ提出セラレタ書類ヲ一応適法ト見ルノハ当然ナルコトデアル、県ニ於テハ進達セラレタ書類ヲ農林大臣ニ副申シナケレバナラヌノデアル。県デハ此書類ノ取扱トシテハ内部部長ガ代決スルコトニナツテ居ルノデ定メラレタ順序ニ依ツテ、当時水産課長ハ病欠シテ居タ為ニ其ノ書類ニ判ヲ押シテ居ナイカモ知ラヌガ、此ノ間何等ノ不正モナケレバ、何等ノ綱紀紊乱モナイノデアル。正シキ取扱ノ順序ヲ経テ、農林大臣ニ副申ヲシテ、農林大臣ハ技術者ノ調査ヲ経テ此ヲ適当ナリトシテ免許ヲ与ヘタノデアル。或ハ此手続ノ中ニ不純ナ点ガアルノデハナイカト云フ疑問ヲ持タレテ居ルガ、県トシテハ何等不純ガアルトハ思フテ居ナイノデアル。専用漁業権ハ適法ニ取扱ハレ、農林大臣ノ免許ヲ受ケテ専用漁業権ガ筑後川ニ設定セラル、コトニナツタノデアル。第二ノ専用漁業権ハ公安ヲ害スルト云フコトデアルガ、私トシテハ公安ヲ害スルトハ受取ツテ居ナイノデアル。専用漁業権ナルモノハ決シテ沿岸遊漁者等ヲ全面的ニ排斥スルヤウナコトハナイノデアリ、漁業権ヲ組合ニ与ヘテ或ル義務ヲ負ハセ、而シテ筑後川ノ魚族ノ繁殖、所謂筑後川ヲ養フト云フコトニナルノデアル。全国各地ノ大キナ河川ニ於テハ既ニ多クノ専用漁業権ガ設定セラレテ居ルノデアル。然ルニ洵ニ遺憾ナコトニハ遊漁者ガ遊漁スル上ニ於テ非常ニ不便ヲ感ズルト云フ処カラ、之ガ撤廃ト云フコトヲ一部ノ者ガ希望シテ居ルノデアル。撤廃スベキカドウカハ余程考ヘテ決メナケレバナラズ、此権限ハ農林大臣ニアル。農林大臣ガ免許シテ居ルノデアルカラ、之ヲ取消スニ付テモ農林大臣ガ取消スノデアルガ、既ニ免許セラレタ権利ヲ取消スコトハ農林当局トシテモ重大ナ問題ト考ヘテ居ル。又之ヲ取消スニシテモ法律ニ依ツテ行ハナケレバナラヌガ、之ハ農林省ニ於テ決定スルコトデアル。農林省ノ意見デハ、法律的ニ解釈シテ撤廃スベキデナイト云フヤウナ意味合ニ受取ツテ居ル。之ハ何ウカシテ円満ニ解決スルヤウニシタイト考ヘテ、或ル人ヲシテ、漁業組合ト撤廃ヲ主張シテ居ル市町村トノ間ニ立タセテ仲裁ヲサセルコトニナツタノデアル。漁業組合モ町村長モ此問題ヲ成ルベク円満ニ解決シタイトノ希望ガアルノデ、仲裁ニ入ツタ方ガ熱心ニ尽力サレ立派ナ仲裁案ヲ作ラレタノデアルガ、処ガ色々ナ事情ニ依ツテ未ダ全部ノ解決ハツイテ居ナイガ、朝倉郡ダケハ既ニ町村会ニ諮問、同意サラレ、各町村トモ仲裁案ヲ認メルコトニナツテ居ル。斯ノ如ク御尋ネニナツタヤウナ手続上デノ不純トカ綱紀紊乱ハ何等ナイコトヲ申シテ置ク、又専用漁業権ハ決シテ公安ヲ害スルモノデナク、将来沿岸民ノ福利ヲ増進スル立派ナ権利デアルカラ、地方長官トシテハ此権利ヲ尊重シテ、之ガ存続ヲ図リ、而シテ両者間ノ円満ナ解決ノ為ニ努力シテ居ルノデアル。

○（三十九番・岡幸三郎）私ハ筑後川専用漁業権問題ニ於テ直ニ公安ヲ害スルトハ考ヘテ居ラズ、河川法ニ対シテ漁業権ノ必要ハアルト考ヘテ居ル。併シ乍ラ専用漁業権ノ免許権ハ農林大臣ニアルトシテモ、漁業権ノ運用ニ付テハ県当局ハ日常監督ニナツテ居ル筈デアル。既ニアレダケ社会ニ耳目ヲ聳動スル問題ガ起ツテ居ルトスレバ、県当局ハ農林省ガ免許シタ以上ハ農林省ノ責任デアルトシテ対岸視スル訳ニハイカナイノデアル。県トシテハ其ノ運用ヲシテ農民多数ガ此遊漁ヲ年中唯一ノ楽シミトシテ繰返シテ居ルナラバ、其ノ農民ノ娯楽ヲ妨ゲナイヤウニ運用スル方法ハ考ヘラレナイノカ、御尋ネスル。先刻知事ヨリ承レバ、朝倉方面デハ解決ニ向カツタトノコトデ多少安心シタガ、尚残リノ問題ニ対シテハ極力平和的解決ヲ希望スル次第デアル。

○（知事・松本学）専用漁業権ノ権利範囲ハ非常ニ狭イノデアル。漁業組合ガ此権利ヲ得テ、或ハ魚族ノ繁殖ナリ其ノ他ノ義務ヲ負フテ、同時ニ一方ニ於テ此権利トシテ或ル種類ノ魚族、漁法、漁期ヲ定メテ漁業ヲナスモノデアツテ、ソレ以外ノ魚族、漁法、時期ニ於テハ何等権利ヲ有シテ居ナイノデアル。筑後川ニ於テハ其ノ範囲ニ属セザルモノハ自由デアルノデ専用漁業権ナルモノガ公安ヲ害スルヤウナコトハ毛頭ナイ。従ツテ公安ヲ害スルト云フ理由デ以テ之ガ撤廃ハ出来ナイ。農林省ノ解釈モ同様デアル、即チ取消スベキモノデナイ。然ラバ如何ニ之ヲ措置スレバ最モ適切デアルカ、之迄慣行トシテ遊漁ガナサレテ来タモノデアルカラ、成ルベク漁業権ヲ侵犯シナイ範囲デ認メタラ何ウカ、組合ニハ権利ヲ在置シテ置テ、折合ヲツケルト云フコトガ所謂仲裁デアル。仲裁ト云フコトハ知事ハ官権ヲ有シテ居ルノデ、或ル人ニ仲裁ニ立ツテ貰ツタノデアル。両当事者ノ間ニ於テ互ニ譲リ合ツテ、円満ニ解決サレルコトヲ希望スルモノデアル。

◎昭和五年十二月三日県会

○（十九番・大塚与三郎）知事ノ御答弁ニ依ルト手続上何等ノ欠陥ハナイ、適法ナル手続ニ於テ許可サレタモノデアリ、県ニ於テモ農林大臣ニ於テモ之ヲ取消ス理由ヲ認メナイ、若シ取消ヤ撤廃ヲスルトセバ法律ニ基イテナス以外ニ途ハナイ、ト云フコトデアツタト記憶シテ居ル。更ニ御尋ネシタイ。元来此漁業権ノ出願ハ、水分村長ノ副申書ヲ基ニ願書ガ農林省ニ提出セラレタノガ手続上ノ第一歩デアル。然ルニ水分村長ガ不在中ニ副申書ガ作ラレタ、即チ係リ以外ノ書記ガ村長不在中ニ而カモ係リノ主任モ居ナイ時ニ副申書ヲ作ツタコトハ、本人ノ始末書及水分村長ノ開陳書ニ依ツテ明確デアル。県当局ハ水分村長ノ副申書ガ出タ当時ニ於テハ正当ナ手続ヲ経タモノデアルト思ハレルノハ当然デアルガ、其ノ後期成会ナルモノガ起ツテ、斯ノ如キ不当ナル手続ニ依ツテ此副申書ガ作成セラレタモノデアルコトヲ県当局ニ開陳致シタ時点ニ於テ、之ニ対スル相当ノ措置ヲ採ラナケレバナラヌト思フ。然ルニ其ノ事実ヲ知リツ、尚且適法ナル手続ニ依ツテ出願サレタモノデアルト暴断スニ至ツテハ、甚シキ取扱上ノ錯覚ヲ来タシテ居ルト思フノデアル。此点ニ付テ知事ハ如何ナル御考ヘデアルカヲ御尋ネスル。

次ニ昭和四年八月ニ農林省ノ技師某ガ実地調査ヲセラレタト云フコトデアルガ、其ノ年月ハ出願以前ノ調査デアル。出願以前ノ調査ニ於テ漁業免許ガナサレタトスレバ、果シテ出願ニ対スル有効ナル調査デアルカ何ウカ、此点ヲ御尋ネシタイ。又知事ハ、若シ水分村ノ一書記ガ村長ノ承諾ヲ経ズシテ副申書ヲ作成シタコトニ対シテ所謂町村監督権ノ上ニ於テ如何ニ其ノ責任ヲ感ゼラル丶カモ併セテ御尋ネスル。殊ニ水分村ノ書記ハ其ノ責任感ニ打タレテ発狂シ遂ニ死ニ至ツタト云フコトデアルガ、即チ書記ハ自己ノ責任ヲ死ヲ以テ果シタト云フコトニナルト思フ。一役場ノ書記ニシテ斯ノ如キ責任感ヲ有シテ居ルノデアリ、况ンヤ一地方ノ長官ニ於テハ此手続ガ人命ヲ損スル迄ニ立入ツテ居ルトスレバ、其ノ責任上充分ナル御覚悟ヲ有スルモノデハナイカト思フノデアル。此点ニ対シテ知事ノ御答弁ヲ煩シタイト思フ。

更ニ御尋ネシタイノハ、県庁内ニ於テハ其ノ副申書ニ基テ内務部長ノ決裁ニ依ツテ主務大臣ニ提出サレタト云フコトデアルガ、県ノ処務規定ニ基キ、又水産課ニ関スル事務ハ夫々課規定ニ依ツテ取扱モ決ツテ居ルノデアル。従ツテ本件ノ如キ問題ハ水産課ニ於テ取扱ハレルモノデアリ、又一面ニ於テハ河川ノ管理責任者タル土木課ニモ斯ノ如キ認可問題ニ対シテハ合議ヲ要スルコトデアルト信ズル。然ルニ水産課長ノ不在中、水産課ノ一職員ガ水分村長ノ副申書ト殆ンド同様ナ副申書ヲ知事ノ名ニ於テ作成シ、何等土木課長ニ合議セズシテ内務部長ノ決裁ヲ経テ書類ノ進達ヲナシタト云フコトデアル。然ラバ県庁内部ノ事務取扱ニ於テハ全ク統一ガトレテ居ナイト感ズルガ、知事ハ事務ノ統一ガ図ラレテ居ルカ、官紀ガ振粛サレテ居ルカニ付テ御尋ネシタイ。又此問題ハ外部ニ対シテハ苟モ知事ノ名ヲ以テ副申サレタ以上ハ、知事ハ総テ外部関係ニ於テハ責任者タルコトハ論ヲ俟タナイノデアルガ、知事ハ外部関係ニ於テ如何ナル責任ヲ感ゼラル丶カ御尋ネシタイ。

次ニ知事ハ一部ニ反対者ガアルト屡々申サレタガ、私ガ見ル処デハ決シテ一部デハナイ、漁業組合員二百五十名ハ勿論賛成デアラウガ、沿岸二十七ケ町村ノ大部分ハ此漁業権設定ニ対シテ絶対的反対者デアル。斯ノ如キ大衆ノ反対ニモ拘ラズ二百五十名ノ少数者ノ利益ヲ図ルコトハ、果シテ之ガ民衆政治ノ根本ニ基ク政策デアルカ疑ハザルヲ得ナイノデアル。殊ニ沿岸二十七ケ町村ニ関係シテ居ルニ拘ラズ、一水分村長ノ副申書ニ基テ漁業権ヲ設定サレテモ差支ナイト云フ暴断ハ甚シク民衆ノ総意ヲ無視シタ取扱デハナイカト思フ。将来ニ於テ斯ノ如キ場合アリトスレバ、知事ハ矢張リ多数ノ利害関係ヲ有スル町村アリトシテモ、一町村長ノ副申ニ依ツテ処理ヲナサレル方針ナノカ、御答弁願ヒタイ。

○（知事・松本学）専用漁業権ニ付テ御心配ヲカケルヤウニナツタコトハ洵ニ遺憾デアル。併シ筑後川ノ漁業権ヲ撤廃スベキモノデアルカ何ウカハ慎重ニ考ヘル必要ガアル。先ヅ第一ニ副申書ガ水分村長ノ知ラナイ中ニ出サレタ件ニ付テハ、前述ト重複スルガ念ノ為ニ申上ゲル。漁業権免許ハ農林大臣ガ権限ヲ以テ致ス事項デアルガ、県ニ於テハ其ノ参考ニナル事項ヲ調査シテ副申スルノデアル。其ノ副申スル時ニ漁業組合ノ所在町村長ニ対シテ漁業権設定ニ付テノ意見ヲ徴スルノデアルガ、其ノ町村長ハ関係町村長ト相談シテ同意ヲ得テ県へ上申スルノデアル。此度ノ場合ハ、水分村長ガ職印ヲ押シテ、沿岸二十七ケ町村全部ニ於テ何等異議ハナイト云フ書類ガ県ニ到達シタノデアリ、県トシテハ此書類ニ依ツテ処置スルノハ当然ノコトデアル。仮ニ町村段階デ錯誤ガアリトシテモ、法律上ノ効力カラ申セバ正式ニ有効ナリト謂ハナケレバナラヌ、若シ此取扱ヲ有効ナラズト云フコトニスレバ法律上ノ取扱ハ収拾出来ナイノデアル。仮ニ重大ナ錯誤ガアツテ事後ニ取消サレルトシテモ其迄ハ有効ナリト云フコトハ法律上ノ論理デアル。従ツテ水分村ノ場合ニ於テモ取消サレル迄ハ法律上ハ有効デアリ、水分村長ハ外部ニ対シテ責任ヲ負フベキモノデアリ、既ニ水分村長ハ立派ニ行政処分ヲシテ居ルノデアル。

而シテ農林省ノ技師ガ予メ調査シタノハ如何ニモオカシイノデハナイカトノ御尋ネデアルガ、既ニ御承知ノ通リ、筑後川ニ於テハ申合組合ガ従来ヨリアリ、又漁業権設定ヲ前ニシテ漁業組合設置ニ付テ沿岸各町村長ノ意見ヲ徴シ、手続ヲ進メテ居ル段階デアリ、幸ニ農林省ノ技師ガ日田ト筑前海ノ漁業調査ニ参ツタノデ此際ニ調ベテ行クノモ当然ノコトデアル。何モ殊更ニ予メ調査シタモノデハナイ、殊ニ筑後川ニ関係スル方々ハ漁業組合ヲ作リ漁業権ヲ設定スベシト云ハレテ居リ、之ハ与論トシテ聴クベキコト、思フノデアル。

次ニ県庁内部ノ手続ノコトヲ御尋ネデアルガ、農林大臣ガ権限ヲ以テ免許スル書類ニ付テハ、其ノ途中ノ手続ヲ県ガ行フ書類ニハ知事ハ判ヲ押サナイコトニナツテ居ル、即チ内務部長ノ委任事項ニナツテ居ルノデ内務部長ノ権限トシテ判ヲ押シテ農林省ニ副申シタノデアル。併シ乍ラ知事トシテ自分ガ判ヲ押サナカツタカラ知ラナイ、責任ハ負ハナイト云フコトハナイ、之ハ当然私ノ責任デアル。ソレカラ専用漁業権ト河川トノコトニ付テ、土木課長ニ合議シナカツタノハ何故カトノ御尋ネデアルガ、専用漁業権ハ河川法ヲ犯スモノデハナイ、河川ハ河川法ニ依ツテ確立サレテ居リ、両者ハ相犯スルモノデハナイ。例ヘテ申セバ漁業権ノ一ツトシテ簗ヲ設置スルヤウナ場合デアルガ、簗ト云フモノハ非常ニ大キナモノデアリ、河川ニ構作物ヲ設ケナケレバナラヌ、其ノ場合ニ於テ河川ノ堤防トカ橋梁トカニ衝突シテ来ル、其ノ時ニハ出願シテ河川法ニ依ツテ河川ノ占用許可ヲ受ケネバナラヌコトニナルノデアル。斯ウ云フ場合ニハ土木課ニ於テ取扱フコトニナルガ、専用漁業権ノ設定ニ付テハ予メ土木課ニ合議スルヤウナ性質ノモノデハナク、ソコニ何等ノ手落ハナイノデアル。

ソレカラ私ガ一部ニ反対ガアルト申シタノニ対シテ、漁業権設定ニ対シテ郡民大衆ノ反対ガアルト云フ御話デアルガ、見解ガ違フヤウデアル。漁業権ヲ撤廃セヨト云フノハ一部ノ人デアル、何トナレバ、現ニ関係町村長全部ガ或人ノ仲裁ヲ認メテ居ル、仲裁スルト云フコトハ漁業権ノ存在ヲ前提ニシナケレバナラヌ、関係市村長ハ漁業権ヲ前提ニ於テ折合ヲツケルヤウニ希望サレテ居リ、現在ソレニ依ツテ進ミツ、アル。左様ナ次第デアルノデ、私ハ大衆ガ反対シテ居ルトハ見テ居ナイ。現ニ朝倉郡デハ大体纏リガツイテ居リ、仲裁ニ応ゼラル、コトニナツテ居ルノデアル。大体二日間ニ亙リ、私ノ知リ得テ居ルコトハ詳シク申上ゲタノデ、御諒解ヲ願ヒタイト思フ。

◎昭和五年十二月四日県会

○（二十七番・高橋権六）更ニ筑後川専用漁業権ニ付テ御尋ネスル。私ノ聴ク処デハ、関係町村長ハ農林大臣ニ対シテ此撤廃希望ノ陳情書ヲ、代表者ヲ東京ニ派遣シテ出シテ居ルノデアル。其ノ副書ハ知事ノ手元ニアルト思フノデアルガ、之ガ事実デアルカ何ウカ、其ノ副書ガ手元ニアルカト云フコトヲ御伺ヒシタイ。

次ニ地元町村長ハ筑後川漁業組合設立ニ対シテハ賛成シタガ、併シ乍ラ専用漁業権設定ニハ決シテ賛成シテ居ナイト云フコトヲ聞イテ居ル。地元町村長ノ一人デアル四十二番議員ハ専用漁業権ニ付テハ賛成シタ覚ヘハナイト云ツテ居ラレル、地元町村長ノ仰ルノガ事実デアルカ、長官ノ仰ルノガ事実デアルカ伺ヒタイノデアル。何トナレバ、一万五千町歩ニ対スル灌漑用水トシテ旧慣的ニ利用シテ来タ筑後川ノ本流、支流ニ於テ専用漁業権ヲ設定スレバ何フナルカト云フコトヲ考ヘナケレバナラナイノデアル。大部分ノ町村長ガ賛成シテ居ルガ如ク見ヘルノハ監督官庁ヲ恐レテノコトデアル。二、三ノ町村長ガ脅カサレテ、期成会ヲ通シテ之ヲ実行シヤウトシテ居ルノハ明ラカデアル。長官ハ、表面ハ何ウデモイ丶、中身ハ骨抜キニシテ従前通リニシテヤルト思フカラ仲裁ニ任セテ呉レト云ハレタトノコトデアル。ソレデ一時ハサウ云フ気ニナツタコトモアルガ、今デハサウデハナイノイデアル。此件ニ付テ色々研究シナケレバナラナイノデアル、土木工事ヲスル場合トカ其ノ他ニ対シテ補償問題ガ起ル、漁業組合員ニ同意ヲ求メナケレバナラヌ、其ノ他色々ナ問題ガ起リハシナイカト考ヘルノデアル。此漁業権免許ニ依ツテ、侵害ノ問題、即チ犯罪行為ノ成立、罪人ヲ作ルト云フコトニナル。今日、魚ヲ食ハナケレバ生キテ居ラレナイ所ハナイノデアル。此ハ我国民ノ重要食物デアル米ニ関係スル問題デアル。先日カラノ御答弁ノ中ニハ、法律トシテ許シタ以上ハ威厳上撤廃セラレナイト仰ツテ居ルヤウデアル。知事ノ御見解ヲ再度伺ヒタイ。

○（知事・松本学）此件ハ既ニ数回御説明申上ゲテ居ルノデ要点ダケヲ御答ヘスル。町村長各位ハ仲裁ヲ認メラレ極力仲裁ヲ御希望ニナツテ居ルノデアル。何カ監督官庁ニ押ヘラレテ仕方ナシニソレニ同意シテ居ルヤウナコトハ万々ナイト思フ。又米ノ問題トシテ水利ノ関係デ用水路規制ヘノ懸念ガ指摘サレタガ、漁業権ノ地域ニハ用水路ハ入ツテ居ナイノデアル。官報ニ明示セラレテ居ル通リ、筑後川ノ本流、支流ダケデ用水路ハ関係ナイ、又一般人民ガ魚ヲ採ラレナイコトハナイノデアリ、漁業権ノ内容ヲ見レバ解ルコトデアル。

◎昭和五年十二月十日県会

○（十二番・森本常太郎）本員ハ海面漁業関係者ノ一人トシテ質問ヲ申上ゲタイ。元来専用漁業権ナルモノハ海面ニ施スベキモノデ、河川ニ付テハ後日ニ至ツテ法文ノ不備ニモ拘ラズ応用シタモノデアル。併シ乍ラ今日ニ於テ河川ニ施ス以上ハ、地元町村長ノ意見ヲ徴スルコトハ当然デアル、然ルニ地元ノ意見ヲ尊重シタ副申書ニ依ツテ県当局ガ手続ヲオ執リニナツタコトニ付テ、当局ガモウ少シ注意ヲ払ヒ、入念ニオ取扱ニナツテ居レバ、斯ル問題ハ起ラナカツタデアラウト感ズルノデアル。而シテ又副申書ノ作成段階デ不純ナルコトガ明ラカトナツタ此問題ニ対シテ、当局ノ答弁デハ、書記ノ過チハ詰リ村長ノ責任デアル、村長ノ監督ガ足リナカツタト云フ意味ノモノデアツタト思フ。唯村長ガ責任ヲ負ヘバヨイト云フコトデハ、甚ダ諒解ニ苦シム、殊ニ近来斯ノ如キ傾向ノアルノヲ慨嘆シテ居ル、官庁デハ一旦発セシ許可若クハ認可等ハ容易ニ取消サナイ傾向ガアル。官庁ノ権威トカ威厳トカ体面トカニ徒ニ重キヲ置テ、事実ニ反シタ処置ヲセラレルコトハ洵ニ慨嘆ニ堪ヘナイ。長官ハ学識ニ於テモ手腕徳望ニ於テモ定評アル方デアリ、県民ノ多クモ良知事トシテ敬慕シテ居ルコトモ事実デアル。然ルニ長官ハ学者デアル為、法律ニ精通セラレテ居ラレルガ、今日ノ答弁ヲ見ルト、県民ノ実状ヨリモ法令ニ重キヲ置タ傾キノアルノヲ遺憾ニ思フノデアル。斯ル問題ハ将来トモ繰返サレルモノト考ヘルノデアルガ、今回ノ問題モ包括シテ知事ノ御見解ヲ伺ヒタイ。

尚之ニ関シテモウ一ツオ尋ネスルノハ、一昨日ノ新聞ニハ告訴トカ告発トカ云フコトガ出テ居タガ、之ハ洵ニ県民トシテ恥カシキ問題デアル。之ガ事実デナイコトヲ切ニ祈ツテ居ル次第デアルガ、若シ事実デアルトスレバ、尚更此問題ハ潔ク解決シナケレバナラヌト思フ。聞ク処ニ依レバ、朝倉郡ガ妥協トカ、或ハ浮羽郡ハ強硬ナリト云フコトヲ耳ニシ、又関係二十六ケ町村ハ当局ニ撤廃ヲ陳情シ、或ハ農林省ニ取消ノ嘆願ヲスルコトデアル。斯ノ如ク問題ハ洵ニ急ニナツテ居ルノニ、知事ハ御処分モナク逡巡セラレテ居ルコトハ、議決機関ノ一人トシテ黙視出来ナイ、之ニ対シテ知事ノ御答弁ヲ拝聴シタイト思フ。

○（知事・松本学）之ハ既ニ数回ニ亙ツテオ答ヘヲ致シタガ、繰返シテ申上ゲル。十二番ハ海岸ニ居ラレル方デアリ、漁業権ニ付テハ充分御承知ノ方デアル。河川ノ漁業権ニ付テハ、農林省ノ方針トシテ全国大キナ河川ニハ専用漁業権ヲ設定スル方針デ進ンデ来テ居ルノデアリ、既ニ全国ノ大河川ニハ漁業権ヲ設定シテ居ル箇所ハ沢山アルノデアル。海域ノ漁業権ニ依ツテ漁業上、利益ヲ受ケテ居ルノト同様ニ、河川ニ漁業権ヲ設定スルコトニ依ツテ河川ガ養ハレ、沿岸町村民ガ之ニ依ツテ利益ヲ受ケルコトハ明ナ事実デアル。要スルニ手続ノ上ニ瑾缺ガアルノデハナイカト云フコトガ御疑問ノ要点デアルガ、之ハ既ニ説明申上ゲタ通リ、法律上ノ処分デ決定シナケレバナラヌコトデアル。只余リ騒グカラトカ、都合ガ悪イカラトカ云フヤウナコトデ取消ス訳ニハ行ナイノデアル、法治国ニ於テハ何ウシテモ法律ニ依ル外ハナイ、法律ヲ無視シタ議論ハ成リ立タナイノデアル。然ラバ手続上、法的ニ瑾欠ガアツタカガ問題デアルガ、十二番ハ何ウ解釈ニナルカ知ラヌガ、之ハナイノデアル。私知事ト致シテハ免許ノ権限モナケレバ取消ノ権限モナイノデアルカラ、体面トカ面目トカニ何等コダハル必要モナイノデアル。専用漁業権ナルモノハ、筑後川全体カラ見テ筑後川ニ損害ヲ与ヘル権利デハナイ、筑後川ヲ養ヒ、魚族ヲ繁殖セシメテ、漁法等ニ付テ制限ヲシテ沿岸民ノ子孫ノ為慶福ヲ残ス、茲ニ根本ノ方針ガアル。従ツテ県ト致シテハ今日如何ナル悪声ヲ立テラレテモ、如何ナル困難ニ遭遇シテモ、此権利、折角貴重ナ権利ヲ得タノデアルカラ適当ナ処置ヲ執ツテ行ク覚悟デアル。漁民ニ権利ヲ与ヘタ為ニ、一方デ一般町村民ニ多少ノ不便ガ生ズルカモ知レナイ、其ノ不便ヲ成ルベク少ナカラシメテ、両者ガオ互ニ相携ヘ共存シ得ルヤウニ折合ヲツケテ行クノガ一番好イト考ヘテ居ル。

以上の論議を通して、松本知事の一貫した論旨は次のようなものであった。

①河川の専用漁業権設定は全国でも多くの事例があり、いずれも問題が起こっていない。

②今回の免許手続き上、何ら問題はなかった、仮に町村段階で錯誤があったとしても法的には有効である。水分村は外部に対して責任を負うとしても、すでにその処分を終えている。

③漁業権免許は農林大臣が権限をもってすることで、知事としては免否の権限はない。

④漁業権は河川法を犯すものではない。漁業権の設定に当たって予め土木課と合議するような性質のものでない。

⑤農業用の水利権との関係では、漁業権は用水路を対象外としており、問題ない。

⑥漁業権は遊漁者を全面的に排除するものではない。組合に義務を負わせ、魚類を繁殖をせしめ、漁法を制限して沿岸民子孫に慶福を残すことに根本方針がある。

五　松本知事の県会発言に反発し、撤廃期成会が県内務部長を告発するとともに知事に公開状を発す

通常県会における知事の筑後川専用漁業権問題に関する答弁内容は、関係者に大きな波紋を与えた。撤廃期成会は県内務部長を公文書偽造で、筑後川漁業組合長と水分村役場元書記を公印盗用・公文書偽造でそれぞれ告発し、知事に公開状を発した。また三郡町村長会のなかで該権反対強硬派である浮羽郡町村長会は、知事発言は事実と異なるとの声明書を発した。この声明書の公表を契機に、三郡町村長会の意見対立は表面化し、該問題に関する三町村長会委員会は解散したのである。「福岡日日新聞」は左のように報じている。

筑後川専用漁業権許可問題は、去る三日の県会における松本知事の答弁に対して同漁業権撤廃期成会では最後の手段として関係吏員を告発する事となり、同委員古賀理喜太氏外十四名の連署にて今八日、内務部長大場鑑次郎氏を公文書偽造として福岡地方裁判所検事局に、また筑後川漁業組合長井上豊三郎氏並に水分村役場元書記田中貞次郎氏を公印盗用並に公文書偽造として久留米支部検事局にそれぞれ告発した。

内務部長に対する告発理由書

去る十月三日、大場内務部長は関係各町村に対して筑後川専用漁業権内容の通牒を送達したるが、其通牒に添付したる漁業図詳釈は最初農林省が漁業組合に与へたる免許図面とは全然相違せり。即ち免許図に於ては三井郡床島水路（大堰村以下七ケ町村を灌漑する重要水路図）の全線は漁業権の範囲内にあるに拘らず大場内務部長の通牒図面に依れば右用水路は全部漁業権の漁場外にある如く装へり。故に之に対して直に公文書偽造の告訴を提起せんとする時、大場部長は又も十一月二十八日付を以て十月三十日の通牒には誤りがあるので訂正する旨を各町村長宛に発した。然るに大場部長は十月三十日には漁業権に関して町村長宛に何等の通牒を発し居らざるを以て其訂正は全く意味不明なり。されど仮りに十月三十日とあるは十月三日の誤りとするも、此の訂正通牒に添付せる図面は更に再び農林省免許図面と相違せり、故に公文書偽造の罪を再犯せるものである。然も其誤りは前通牒に於ける床島用水路遮断点を他の地点に於て遮断せる如くに記載して、同用水路が如何にも漁業権の漁場内に入り居らざるが如く故意に修正したる事明かである。

井上豊三郎、田中貞次郎両氏に対する告発理由書

昭和四年十月十八日、井上豊三郎は筑後川並に其支流の専用漁業権を出願するに当り、未だ曽てかゝる出願を提出したる事なきが故に、水分村役場にては其免許と地方関係町村との利害関係についても曽て調査した事なき事実を承知し乍ら自己に於て勝手に「関係二十七ケ町村を取調べ候処産業治水其他につき支障なきものと認む」との水分村長名義の副申書を作成し来り、急を要するを以て田中書記をして村長の決済を待たず、即座に同副申書に村長の職印を押印せしめ自ら其副申書を願書と共に携帯して県庁に提出したるは、明かに公文書偽造と公印盗用なり。

尚、委員長古賀理喜太氏は語る。「私共は只単に漁業組合を相手に喧嘩するものではない。此の専用漁業権免許が不純なる動機と誤りたる手続とによりて違法的に与へられたのであるから、現内閣の所謂綱紀粛正の為めに戦ふものであるから飽くまでも徹底的にやるつもりである。

（「福岡日日新聞」昭和五年十二月九日）

専漁撤廃期成会から県知事へ公開状

筑後川専用漁業権問題につきては、地元民衆の反対意識益々白熱し、遂に福岡県内務部長を裁判所に告発する迄に至ったが、今回更に専用漁業権撤廃期成会では会長古賀理喜太氏の名を以て左の如き松本知事に対する公開状を発した。関係三郡就中浮羽郡は殆んど挙郡一致の猛運動を続けて居るから其の成行は極めて注目を要するものと見られて

居る。

公　開　状

松本福岡県知事閣下、本会は閣下に向つて本公開状を発表するの已むなきに至れることを遺憾とす。筑後川専用漁業権問題の勃発するや本会は種々の方法を以て該漁業権撤廃につき閣下に進言したり。三郡二十七ケ町村十万人人民之を要望し、地方各政派之に賛同し、中央政府当局は閣下さへ同意せば該免許取消を為さんとまでに明言せしに拘らず、今日に至るも尚その実現を見ざるは何ぞや。或は曰く、知事は徒に面目に拘泥せりと、然るに閣下は断言すらく、決して面目に拘泥するにあらず、専用漁業権の維持は漁業組合員の生活を安定せしむると同時に魚族の繁殖を図り以て地方産業の発展を図らしむるに必要ありと、その説甚しく美なり。然るに漁業組合員たる者の内容を検するに、漁業専業者は僅にその一少部分に過ぎず多くは農業の副業者若くは遊漁者にして、特に一般民衆の既得権を犠牲にして漁業組合を庇護する必要を感ぜざるなり。

昔盗跖人の財を奪ひて貧民に施し、自ら称して美なりといふ閣下の云為するところ何ぞ、それ盗跖に類するの甚しきや。筑後川沿岸の漁権は古来沿岸人民の共有するところ、ただその濫獲を恐れて法令を以て之を取締る、之れ古来聖人の遺法にして遠く支那周代において網の目を制限し定尺に満たざる魚は之を市に売ることを止め、人之を食ふことを禁ぜり。之れ魚族の増殖を図り以て地方人民を利せんがためにして固より当然のことに属す。

然るに閣下の部下に指導を受けつゝありし漁業組合は隠密の間、不当の方法により事実を転倒せる公文書を作製し、漁業組合所有地村長の知らざる間にその公印を押印せしめ、且当局に提出する書類図面と地方人民に提示せる書類図面とを相違せしめ、以て人を欺き世を誤り、茲に容易ならざる事態を惹起せり。然るに閣下は更に県会において議員の質問に答へて曰く、該免許出願の際、願書に添付せられし水分村長の副申書は適法の形式を具備せるにより之を正当と認めて農林省に申達し、之によりて免許ありたるものなれば之を無暗に取消すことは法治国において出来得べからざるところなりと。閣下は何故に後に水分村長より提出せられたる前副申の取消稟議書の趣旨を没却するや、水分村長は明らかに農林大臣及び閣下に向つて前副申書が同村長の不在の際に作製せられたる違法のものなれば、之を稟議せるにあらずや。閣下今その過誤を認識しながら強弁詭語之を糊塗し、地方人民の利害休戚を顧みざらんとす。之れ所謂智は以て諫を防ぐに足るものといふべきか。今や地方人民の怨恨は閣下一人に集中せんとす、閣下之を悟れるや否や。想ふに閣下が中央政府要人の希望に反き地方十万人の請願を排斥し、改過遷善の勇断に出づる能はざる所以のものは、ただ二、三老獪なる策士に強要せられ、県会開会中特に県施設の将来に懸念せるためなるならんや。果して然らば之れ愚の甚しきものといはざるべからず。

熟々世態を観察するに県民の租税負担力は非常に減退せるを以て、昭和六年度の県経済は前年度に比し大削減をなすにあらざれば、予算案を通過せしむるもその実行不能に陥るは火を睹るよりも明らかなり。この時に当り各種施設の予算案の通過に努力するは愚挙にあらずんば徒労のみ。この際閣下の邁進すべきは正義のみ、人道のみ、綱紀粛正のみ。本会の期するところも亦之に他ならず、専用漁業権撤廃の暁、幾多の醜事曝露するを予言するものなり。之れ本会の最も期待し希望するところなり。三郡二十七ケ町村十万人民の既得権を取返し幾多将来の禍根を除き、兼ねて綱紀粛正に資するを得ば豈痛快の至りならずや。閣下夫れ之を憶へ。（「福岡日日新聞」昭和五年十二月十四日）

浮羽郡町村長会声明書

昭和五年十二月三日の県会に於て福岡県知事は筑後川専用漁業権問題に関する県会議員の質問に対し、関係二十六ケ町村の町村長と漁業組合との間には目下妥協の進行中なる事及び町村長が妥協に応じたる事は筑後川専用漁業権の存続を是認したるものなりとの事を答弁せられ居るも、右松本知事の答弁は事実と相違せるに依り、茲に事実の真相を発表して町村長としての立場を明にするものとす。

(1)十一月二十一日、福岡県内に於て開催したる関係町村長の委員十五名の委員会に於て、妥協に就ては関係町村長に報告の上各町村長の意向を確め其賛成を得ざる時は妥協を打ち切る事を決議したる儘なるを以て、目下進行中にあらず

(2)町村長としては筑後川専用漁業権の存続を是認したる事なし、唯該漁業権を撤廃したると殆ど同様の条件を漁業組合に承諾せしむべきを以て妥協に応じては如何との仲裁者の申込に依り無下に拒絶も出来ず、調停会に列席したる迄なりされば、町村長としては該漁業権撤廃の希望は終始一貫変る事なし

右声明す

福岡県浮羽郡町村長会

（「福岡日日新聞」昭和五年十二月九日）

撤廃期成会の県内務部長告発や知事への公開状に対して、県当局は努めて平静を保ち、何ら反論していない。新聞記事

によれば、告発を受けた内務部長は「それは大変な事だね、一向知らない事で身に憶へのない事だから意見の述べようもない、併し段々戦術を変へて来たね」と多く語るを避けていたという。

六　県下全漁業組合が筑後川専用漁業権擁護を宣言し、撤廃期成会と対立す

一方、海面漁業者側は該漁業権擁護に立ち上がるのである。まず筑豊四十一漁業組合長会は「本問題が単なる筑後川漁業権の運命を左右するばかりでなく、一般漁業組合の漁業権に対しても前例となるやも計り難く、仮令、海と河との別はあっても一般漁業組合としては県下一斉に蹶起して筑後川漁業権を擁護すべきである」と県水産会長宛に要望書を提出した。そして筑後川専用漁業権擁護の全漁業組合大会が左のように開催された。

筑後川漁業権に対する朝倉、浮羽、三井三郡の抹消運動と闘ひ飽迄同漁業組合の権利を擁護し県下十数万漁業者の生活的根拠を破壊する悪例を残すなとの雄々しい叫びによって催された福岡県下漁業組合大会は十五日午後一時から県庁新館大会議室で開催された。集まったのは豊前、筑前、筑後の銅色の肌持つ漁師のみ五百名である。樋口県水産会長を座長に選び、筑後川漁業組合長井上豊三郎氏、同小田虎雄氏交々立って、漁業組合が官辺の忠告に従って漁業権抹消運動者の盲動に対して如何に自重したかを営々句々血をにじませて述べ、抹消運動者の反対論の根拠が極めて薄弱なる理由を微細に亙つて証明し、その主張が一般漁業権の不安定を来し延いては全国の数百万漁師の生活に一大脅威を与ふるものなることを立証し、出席者に多大の感銘を与へた。

次いで糸島郡福吉浦漁業組合長長田藤市氏外四十名は県水産会長樋口邦彦氏に「貴下が病軀をおかして筑後川漁業権問題によく尽瘁されたことは深く感謝するが、現情を慮つて推移に任せんことは吾人の忍び難きものがあるから、此秋一段の御奮闘を以て国家の保障によつて確立せられたる筑後川漁業権を擁護されたし」と要望した。樋口氏之を誓ひ議事に入る。出席者は次ぎから次ぎと納弁を振るつて、反対運動に対する官辺の態度が軽佻浮薄の兆あるを難じ、組合には一切の譲歩を廃して正々堂々と闘ひ反対者を圧服せしめよと激励し、当局及び県会に対する実行委員を選んだ。後藤正則（小倉市）、竹内兼蔵（戸畑市）、山崎美太郎（箱崎）、白石藤作（糸島郡）広石松彦（企救郡）、磯村保平（宗像郡）、小島栄太郎（京都郡）、芳司三郎（山門郡）、原田新一（大牟田市）、井上豊三郎（浮羽郡）、花田実（八女郡）

左の如き四つの要望と一つの宣言をなすことになつた。

(1)各郡市選出県会議員に対し当該郡市漁業組合より漁業権擁護の陳情を遂げ、尠くとも県会の議題とせざる様尽力を要望すること

(2)県会正副議長に対して前項同様の要望をなすこと、実行委員樋口会長、江藤福岡組合長

(3)知事、内務部長に同様の陳情をなすこと、実行委員樋口会長、山崎箱崎組合長、広石恒見組合長、芳司沖端組合長

(4)筑後川漁業組合に対して大会の名に於て一切の妥協行為をなさぬ様要望すること

(5)筑後川漁業組合専用漁業権に対して県下漁業組合は協力一致し之が擁護を徹底的に後援することを宣言す

斯くて実行委員は目下県会に出席中の各県議をその宿先に訪問すべく退席し、残り他は感激と昂奮の渦を湧かせ盛況裡に午後四時二十分散会した。

（「九州日報」昭和五年十二月十六日）

以上のような漁業組合側の行動に対して、反対側はどのような運動を展開したのであろうか、まず町村長会の動きをみよう。浮羽郡町村長会と袂を別けた三井、朝倉両町村長会は、おそらく知事の意向に沿ったものと思われるが、十二月十九日、県庁に赴き仲裁案で妥協調印するところまでいくのである。しかし同会のなかからの反対で結局取りやめとなる。これは撤廃期成会側の知ることとなり、憤慨を買うのである。三井郡町村長会委員は改めて、同月二十二日、撤廃期成会委員同伴で知事と会見し、「農林省が専用漁業権を撤廃するか、制限するか、又は漁業組合自身が総会の決議を以て放棄するか、若しくは地方民の満足に値するやうな制限で農林省の認可を得ない限り絶対に妥協せざる事」を通告した。以後、町村長会は該権反対の態度を強めることとなった。

さて撤廃期成会は該権擁護の漁業組合大会が開催された翌日から、各関係町村の町村民大会を開催し、経過報告、今後の運動方針について演説し、撤廃に向けた猛進を決議し、大に気勢をあげていった。さらに県下各漁業組合あてに、該権反対の警告書を発送した。

以上の経緯をたどったのであるが、この問題は解決の展望が開けない膠着状態が続き、松本知事は昭和六年五月、退任し、川淵知事が赴任した。松本知事は該権問題未解決の責任をとっての更迭であったともいわれる。

七　川淵知事の赴任――砂利採取業者と漁業者の衝突

撤廃期成会は知事の更迭をきっかけに、川淵新知事に対する牽制の目的で筑後川遊漁者大会を計画した。これは五月二十五日、デモを含めて浮羽郡柴刈村片野瀬において各界関係者を招待して遊漁者大会を開き、専用漁業権を事実上無効であることを実証しようとするものであった。これを察知した漁業組合側では組合員を総動員して阻止すると宣言した。このまま放置すれば、双方対峙して血の雨を降らす事態にもなりかねないと、各方面から憂慮された。地元選出の岡野代議士は川淵知事と相談のうえ、進んでこの調停に立ち、二十三日、撤廃期成会側に遊漁者大会の中止を要請した。撤廃期成会はこれを受けて、岡野代議士・川淵知事に調停一任か否かについて徹宵論議した結果、二十四日早朝に至って「両氏の意志を尊重して、二十五日の遊漁者大会は無期延期とし、爾余の問題については更に協議をとげ両氏に適当の方策を依頼する」ことに決して、大会は中止となった。岡野代議士は「期成会代表者は我々の調停案を諒とし無期延期となって喜んでいる、今後どんな条件で善処するかは知事とも相談の上でないと言明できないが、組合側の面目もあるから両方の意見を折衷した上で努力したい」と語った。しかしながら、調停案が表立って示されることはなかった。

同年夏期になって、筑後川漁業組合に絡んだ事件が二件発生した。一つは砂利採取業者と漁業者との衝突であった。「九州日報」は事件の経過、問題点を左のように報じている。

砂利採取業者と漁業者が筑後川であはや血の雨

筑後川専用漁業権が設定されて、沿岸の遊漁者と漁業組合の利益が相反するようになり、未だその最後的解決を見ない折柄、更に筑後川によつて生計を立てゝいる七百の砂利採取業者と漁業組合との正面衝突を惹起せんとし、漁業法と河川法の明白なる矛盾が暴露さるゝに至つた。それは筑後部に於ける県営土木工事請負業者が浮羽郡大城村南外浜の砂利を採取せんとした処、漁業組合員多数が押しかけ「そこの砂利を採ると鮎の寄洲が崩壊するから専用漁業権の定むる処によりて吾々は堅く拒否する」と強硬に主張したので、一請負者は県からの認可証を示し「県が河川法第一九条によつて当地の砂利採取を認可しているから差支はない、吾々は法の定むる処によつて河川敷地の占用権を持つている」と主張して譲らず、あはや血の雨を降らさんとする勢ひを示したが、その場は立会警察官の慰撫でおさまつた。漁業組合側では、大城、善導寺、草野、金島の四村長に泣きつき、目下久留米土木管区署と折衝を重ねているが、請負者側でも七百人の従業員の生活問題であるため、解決を見るまで善導寺村鎮西橋下流の砂利を採取することにし、一方県に向つて専用漁業権と河川法の食ひ違ひを明かにすべく陳情をなした。右によつて、もし漁業組合側の云ふ如く専用漁業権が河川を独占し得るものとすれば、河川法第一八条「河川の敷地若しくは流水を占用せんとするものは地方行政庁の許可を受くべし」と云ふのは全く空文となり、第一九条「流水の方向、清潔、分量、幅員、若しくは深浅、又は敷地の現状等に影響を及ぼす恐れある工事、営業その他の行為は命令を以て禁止し若しくは制止し、又は地方行政庁の許可を受けしむことを要す」とあるのが蹂躙されるのみならず、筑後部の国県営工事及び久留米市等の土木工事は筑後川砂利の採取を条件として設計され、予算を組んでいるから大打撃を受けるわけで、目下工事を急いでいる豆津橋架橋工事及び各路線の修築工事、久大線等は一頓挫することになり、この疑義に対する解決は多方面の注目を集めている。

県指定の砂利請負者久留米市平塚氏は語る。「漁業組合の横暴は慨嘆に堪へない。彼等は専用漁業権を履き違へて河川を独占したかのやうに考へ、吾々の作業をたびたび妨害した。私の方では七百船頭の死活問題であるから隠忍して来たが、あまり程度を越えれば漁業法の第二四条を楯にとつて告訴する積りである。船舶の航行を妨害するやうなことがあれば、専用漁業権は停止されるやうにちやんと明文がある。占用と専用とは読んで字の如く、意味が大いに違う」。

尚ほ大城、善導寺、草野、金島の四村長は漁業組合の依頼を受けて久留米土木管区署に斉藤事務所長を訪ひ、漁業に支障を来す箇所の砂利採取停止の抗議を申し込んだ。しかし此の問題に関しては河川法第一八条に疑義を生じたので県当局に諮問した処、同組合は漁業権のみで河川の占用権は認可されていない事が判明したので、右の抗議は陳情の形となつた訳である。右につき斉藤事務所長は語る。「同箇所は費用を投じてでも採取しなければ流水に支障を来たす所であつて、組合側との利害は反するが仕方ない。此方では漁獲物を考慮して出来るだけ迷惑をかけない範囲でやつている。第一八条の疑義は組合では漁業権は持つているが河川の占用権は持たないから解決したが、現場では今も喧嘩をやつているらしい」。

又、右につき小林県内務部長は語る。「漁業組合が砂利の採取を拒否する？　そんなことはない筈だ。専用漁業権が河川の使用に就いて絶対的権利でないことは漁業組合の人は知つている筈だ。昨年の専用漁業権にからまる紛糾に際しても漁業組合側は、その権利が灌漑用水其他の河川利用行為まで拘束する権利でない、単に漁業者の生活擁護の為め、と極力主張してきたと聞いている。或は砂利採取に際して魚類の繁殖を害することがあるのでそんな紛糾を来たしたのだらう。県としては勿論専用漁業権は尊重する、だがそれだからといつて砂利の採取或は灌漑用水利用が偶々魚類の繁殖其他に少しの支障を与へる結果になつたとしてもそれを直ちに専用漁業権の侵害だと云ふ様な解釈はしない、砂利の採取に際し一匹の魚を殺したと云つて直ちに専用漁業権侵害だなんて、そんな馬鹿なことはない。こんな問題は極くデリケートで、一概に抽象的な結論を与へることは出来ぬ。個別の具体的問題に直面したら判然たる判定を下すことが出来る。まあお互ひに与へられた権利の意味を誤解しないで立法の精神に基いて協調して欲しい」

（「九州日報」昭和六年七月二十六日）

その後、この事件はどのように決着したかは不明であるが、漁業権免許当初から危惧されていたことであり、それが具体的に現れたものであった。このような衝突、紛議は新しい秩序方式を確立するための過程であったともいえよう。もう一つの事件は、漁業者の密漁が明るみに出たことであった。漁業組合にとっては、漁業、漁場管理主体としての能力を問われた事件でもあった。

筑後川に毒薬流し不法漁獲、漁業者続々召喚

久留米警察署では五日以来、県刑事課釘島刑事外一名の応援指揮の下に三井郡大堰村の漁業者を続々召喚、秘かに引致し徹宵取調べを進めているが、探聞する所によると事件は去る七月十五日頃、同村を貫流する筑後川に毒薬を流して不法漁獲をなしたもの丶如く、此の噂が高まり、関係者には地方有力者及び公吏も介在しているとの投書を県刑事課へ寄せたのが端緒となつた。七日午後一時頃、釘島（県刑）、高松（久留米刑）の両刑事は大橋村から三名を自動車で引致し取調べを続行しているが、未だ確証を摑むに至らなかつた模様である。

事件は禁猟区、漁業取締法違反及び同川専用漁業権にからむものと見られ、犯行が頗る組織的に仕組まれ益々拡大する模様である。筑後川毒流しの犯人を挙ぐべく午後は県刑事課より磯崎刑事部長も来署して、事件の鍵を握つているると目されている同村石橋某、鹿毛某の両名を始め同村公吏等十一名に就き逐次取調べを進めているが、大体真犯人の目星は付いたらしく、事件は一両日中に解決を見る模様である。

（「九州日報」昭和六年八月八日）

一方、撤廃期成会は遊漁者大会を岡野代議士、川淵知事の要請で中止し知事の斡旋を待ったが、期待通りの展望は開け

なかった。そこで知事に誠意なしとして、撤廃運動を再開した。

漁業権撤廃期成会、知事に誠意なしとて内大臣に請願する

筑後川漁業権撤廃期成会では、本年五月、漁業権の実際上無効である事を証拠立てる為、筑後川に遊漁者大会を開いて魚を漁獲せんとした所、久留米選出岡野代議士が馳せつけて、川淵知事が双方を仲裁し自分もその間に立つて斡旋するからとの懇請に之を信じてその儘猶予して居た。所が今に至るも実現せず、何等誠意の認むべきものがないと云ふので已を得ず、遂に内大臣を経て畏き辺に同権撤廃の請願をなす事となつた。去る十月五日より三井郡善導寺村を振出に大堰、柴刈、川会、竹野、水分、江南の各村に村民大会を開いて、事情を訴へ村民の調印を行ひつゝある。

二十五日は午後三時より大橋小学校にて同村村民大会を開き、石橋孝三郎氏の挨拶に次いで期成会長古賀理喜多氏は「漁業権を実施する範囲が頗る不明なる事より撤廃問題の経過を述べ、此問題に対して県庁側の矛盾と冷淡なる事及び岡野代議士は新任の川淵知事と小林内務部長が此問題を解決するは福岡県に来任した使命の一であると迄約束し乍ら、今に実行せないのは無責任で最早駄目だと見切をつけて、関係他十万人の幸福の為に一致団結して初志を貫徹したい」と悲壮な決心を詳述し、期成会顧問永松勝三、大堰村委員長鵜野効両氏も略同様の説明をなし、殊に鵜野氏は自分及び二、三の有志が期成会を離れて調印を行はず、期成会が分裂したと全く夢にも知らぬ虚構の事を言ひ触らすものありとて頗る憤慨弁明した。

其後満場一致を以て「内大臣府に請願を提出する事、漁業組合長井上氏を公文書偽造として期成会より告発して居る事件は飽く迄徹底を期する事、善導寺村に於ける漁業権侵害として告発されて居る被告に対しては極力応援する事」の三件を可決した。更に古賀会長より請願書を朗読、之又賛成を得て五時散会した。今後引続き三井、浮羽両郡各村で開催し、村民の調印を得たる上直に内大臣に提出するとの事である。

（「福岡日日新聞」昭和六年十月二十七日）

この各村民大会は十二月まで続けられたが、結局内務大臣への請願書は提出されなかった。六年十二月、該権問題を解決するために赴任してきたはずの川淵知事はほぼ六ケ月間の在任で更迭され、中山知事と交替したのであった。この解決は次の新知事に委ねることとなった。

八　中山知事の赴任――地元警察署長の調停案受入れを漁業組合総会で否決

中山知事は赴任早々、地元の吉井、松崎、久留米、甘木四警察署長に該権問題の調停を依頼した。内意を受けた署長は調停に乗り出した。まず撤廃期成会側に、「漁業権適用の範囲を本流のみに限り、支流は除外し用水其他に就ても一切異議を云はず、之を法律的に有効ならしむる方法を執る」という調停案を示した。期成会側では、漁業権の適用が地方の事情と適応するように訂正されるならば目的を達したことになると、これ以上争わぬと回答した。また漁業組合側も異議なしとの内諾を得て、打開の曙光がみえてきたのである。十二月十九日、浮羽、三井、朝倉三郡町村長会が四警察署長同席のうえで開催された。席上、警察署長側は妥協案を提示し、これを満場一致で可決した。調停案の主な内容は左のようなものであった。

(1)専用漁業権は筑後川本流に限り支流に及ぼさず、本支流の境界は地元で協定する
(2)灌漑用水の引用その他公用作業に対しては異議を申立てず
(3)徒歩竿釣（鮎の掛釣及常時従事する鮎の竿釣を除く）、徒歩魚藻採取、鰻籠、鰻筒（筌を含まず）、虜、濁掬ひ、娯楽を目的とする徒歩投網（常時従事するものを除く）による漁獲及び十五歳未満の年少者の漁獲は課税せざること

（「福岡日日新聞」昭和六年十二月二十一日）

この調停案は漁業組合から知事および農林大臣に上申して法律的に効果あるものとして公布する段取りまでいった。しかし昭和七年一月二十六日、漁業組合総会においてこの妥協案が否決されたのである。ここで、この問題はまた白紙に戻り、撤廃期成会は直に声明書を知事に提出し、町村長会は撤廃要望の陳情書を農林大臣に提出するに至った。撤廃期成会の声明書は左の三点であった。

(1)本会は終始一貫、筑後川専用漁業権撤廃の目的に向つて邁進す
(2)本会は未だ曾て何人にも仲裁を依頼し又漁業組合との妥協を承諾したる事なし
(3)本問題解決に関する責任は県当局殊に水産課の責任なりと信ず

（「福岡日日新聞」昭和七年三月二十九日）

その後の経緯について、新聞は左のように報じている。

昭和五年以来の紛糾であり、しかも其の間に幾度かの折衝によつて悪化した結果、政治問題、感情問題となつた筑

後川専用漁業権問題は、一時解決したかの如く表面沈静の感を呈していたが、根強く下ろされた両当事者の反感は最近政変以来デリケートな政党関係を混入して又々爆発するに至つた。政変と共に本省及び県方面の意向が幾分緩和されたのに勢ひを得た筑後川専用漁業権撤廃期成会では関係二十七ケ町村長連名で農林大臣宛に撤廃請願書を提出する一方、委員上京して農林省へ撤廃の猛運動を起す等飽まで撤廃の素志貫徹を期して地元町村民の一致結束を図つた。四月十八日、古賀・林・宇野の三委員代表は三浦県会議員と共に県庁に中山知事を訪ね、東京に於ける運動の経過を報告して、知事の諒解を求めると同時に本問題当時の責任者であつた県水産課安西技師の退職をも迫ると強硬な態度を示している。是に対し全漁業組合側では昨年の県下漁業組合大会で筑後川専用漁業権問題は県下漁民の死活問題なりとして一致して同問題に当ると決議している関係上、漁業組合側としても飽くまで漁業権擁護の運動を起すべく、殊に当局更迭と同時に漁業権取消しの気配さえ見ゆると伝へられる際とて、従来消極的立場に閉じ籠つていた漁業組合側も今回は自衛上の漁業権擁護運動として積極的態度に出づるものと見られ、その推移は撤廃期成会対漁業組合の問題に県当局をまき込み、意外なる紛糾に至るやもはかられぬ事態となつた。殊に県当局としても、中山知事の同問題に対する見解は松本元知事の見解と全然異なり、殆んど正反対の立場を主張する関係もあり、再び憂慮さるべき成行となつた。

右問題につき委員との会見後、中山知事は左の如く語る。「此の問題も玆まで来て最早や県としてはどうにも手がつかぬが、県としては出来る限り騒動が起らぬ様に努めたい。漁業権を取消すか取消さぬかは本省の問題だ。何も前内閣時代に取消不可能とされていても現内閣になつて取消されないとは限らない。そんな前例は沢山ある。然しそれは本省の問題で、県としては若し妥協の途があれば妥協については努力は惜しまぬ積りだ。だけど最早妥協の余地はない様で、実際困つたものだ。こんな漁業権は設定すべきものではないと思う。尚当時、県の手続にも或は遺憾の点があつたのではないかと思う」。

（「九州日報」昭和七年四月十九日）

ここで注目すべき点は、中山知事が該権免許に批判的発言をなしたことである。これは撤廃期成会側を勢いづける反面、漁業組合側を硬化させた。「九州日報」は漁業組合側の動きを左のように報じている。

執拗な軋轢を繰返している筑後川専用漁業権問題は最近政府及び県当局の態度逆転したとの報に、問題は再び急転直下、漁業組合対撤廃期成会の正面衝突となり、従来消極的態度に終始した漁業組合側が硬化して組合員の県当局に対する反感へと転じた。県下漁業組合各連合会長は去る二十二日、県水産試験場に於て対策協議の結果「漁業組合側としては、筑後川専用漁業権に関し譲歩し得る範囲は本年一月十六日、警察署長立会の下に協定した調停事項を以て最大限度となしそれ以上の譲歩或ひは撤廃に対しては飽まで反対の方針」で進むことになつた。現在全国に三千八百の専用漁業権があるが、筑後川専用漁業権に対する徹底運動の要求の如き不可思議なる問題は未だ曽て無い処であり、撤廃運動に対抗して漁民生活擁護のため専用漁業権を死守するは当然の権利であるとの見地から来る五月十六日に水産会役員会を開き、翌十七日は県下漁業組合代表者五百名参集して福岡市西中洲県公会堂に於て筑後川専用漁業権協議会を開き、組合員の一致結束をはかり専用漁業権擁護の為め気勢を挙げると共に具体的運動方針を協議することになつた。撤廃期成会が政治的に解決して撤廃実現の曙光を見出しているに対し漁業組合側でも政治問題には充分応戦の自信ありといきまき、中央に於ては帝国水産会、大日本水産会或ひは貴衆両院議員を以て組織する水産倶楽部にも既に諒解を得ているので、今後尚一層、是と連絡を採り、地方では県会を通じて県当局を追求する方針で、今後両当事者の対立は県当局或ひは政府の態度如何に中心を置いて益々険悪化するに至つた。

（「九州日報」昭和七年四月二十六日）

該権をめぐる撤廃期成会と漁業組合との対立は解けようもなく、五月十七日に開催される第八回福岡県水産集談会を前に緊張の度を強めた。水産集談会は県下全漁業関係団体の代表が集まって、年度の運動方針、諮問答申、建議事項を決定する会議である。従来、比較的静観の立場をとってきた県下漁業組合団体が漁業権擁護の運動を積極的に取り組む方針を本集談会で打ち出そうとしたのである。これを察知した撤廃期成会はこれを阻止すべく、県下全漁業組合に左の意見書を送付した。

(1)撤廃運動は一般漁業組合及び漁業権に対し反対するものにあらざる事
(2)筑後川沿岸には漁業をもつて主要生業となせる一つの漁村又は部落は存在せざる事
(3)筑後川漁業組合員の大多数は漁業者にあらざる事
(4)問題の専漁権は隠密の間に不正なる手段により獲得したるものなる事
(5)同専漁権の存在は地方の産業を阻害し公益公安に害ある事

（「福岡日日新聞」昭和七年五月十七日）

第八回福岡県水産集談会は五月十七日、県公会堂で開催された。会場には撤廃期成会代表約四十名が押しかけて、第二十五議案「筑後川専用漁業権擁護に関する件」を撤回せよと迫った。また中山知事は、委員会付託の予定であった該議案を付議しないようにと要求した。このため、かえって紛糾の激化を招いたのであった。「九州日報」は水産集談会の内容を詳細に報じている。

筑後川専用漁業権擁護の具体的方法を決定すべき水産集談会は十七日午前十一時より開会される筈であったが、当日の会合を聞きつけた専用漁業権撤廃期成会では、三浦県議、林理一、古語理喜多氏をはじめ約四十名の代表者は吉井署員の警戒を受けつゝ早朝より会場たる福岡市西中洲県公会堂に押しかけ会場の傍聴を迫るべく控室に頑張つている。一方県下漁業組合員及び魚市場代表約三百名は続々会場に入場、「期成会員来る」の報に極度に激昂して空気は俄然嶮悪化し、定刻の十一時に至つても開会不可能の状態に陥る。此間期成会側では漁業組合側代表者岩松、山崎両県会議員と面会して会議の傍聴を迫つたが、両氏断固としてその要求を斥けた。組合側では直に県警察に取締方を依頼し、警察では県高等課宮本警部補の指揮で福岡署より私服警官数十名を急派して警戒するに至つた。期成会側では傍聴拒絶にも拘らず、尚ほ控室に陣取つて更に協議事項より筑後川専用漁業権に関する件を除去せよと迫つた。これも組合側の一蹴する処となり、互ひに睨み合ひのまゝ時間を得ること二時間、午後一時に至つても開会出来ぬ状態に漁業組合員は極度に憤慨し、期成会の態度を非難している時に、奇怪、中山知事は漁業組合側に対し「筑後川専用漁業権問題を付議せざる様」にと要求するに至つた。県のこの干渉的態度に不満を感じた組合側では山崎、岡崎、広石の三氏代表として知事室に至り、事態かく急迫した時知事の申し出は妥当でない。此の問題を協議事項より除くとせば、激昂せる組合側は承知せず却つて憂慮すべき紛糾を来たす旨を述べて知事の申し出を拒絶し、断固既定方針通り邁進することになり、期成会側の乱入を拒みつゝ午後一時二十分開会した。

開会と同時に会場を閉して入口に見張を置いて議事に入る。岩松氏を議長に推し協議を進めたが、傍聴を強要する期成会側ではドアを叩き取締警官との間に押問答を重ねるやら窓下より会場を覗くやら正に武装せる期成会であった。極度に緊張せる空気の裏、樋口水産会長より開会遅延事情を述べて議事に入つてからは、一瀉千里で他の議事事項を原案通り可決した。後に筑後川専用漁業権擁護に関する事項に至り、会員は交々に起つて「過般来新聞紙上に見る県知事の態度は前知事時代と逆転している、苟も一県の知事が一旦設定された漁業権をその認可に当つて疑点があるやうに思ふなどと放言する如きは軽率極まる態度である」と県当局を痛撃するやら「本問題に政党的感情を混入させるが如きは県政の本義を滅却するものである」等強硬論続出し、漁業権擁護の具体的運動に就いては委員会に一任することになり、議長指名で十名の議員を選出し午後三時散会した。選出された十名の委員は直に委員会を開いて対策を練ることになつたが、突如、委員会席に雪崩れ込んで来た期成会員に取囲まれ、あはや衝突を演ぜんとし委員会は協議不可能に陥つたが、委員会の腹案は大体左の通りである。

専用漁業権擁護に関する件（委員会私案）

(1)漁業権は絶対に撤廃すべからず、但沿川農業者と共存共栄を期する為め積極的水族の蕃殖を図り漁業権の余沢をして農業用水溝渠に及ぼすべき方法を講ずべし

(2)本県当局に対し漁業権の擁護と無理解且つ不条理なる反対の鎮圧並に関係各河川に対し漁業法及本県漁業取締規則に依る制限禁止事項の徹底的取締を要望すること

(3)各海区漁業組合を代表する上京委員を選出し関係各省及帝国水産会、大日本水産会其他必要の向に対し具さに本件の経過を陳情して漁業権の擁護方を要望すること

(4)全国水産関係の貴衆両院議員に対し前項同様の依頼を為すこと

(5)本件の決議を最も有効確実ならしむる手段として本県水産会長及各海区漁業組合連合会長の銓衡指名による各郡市地方別実行委員を置いて下記の運動を為さしむること

①当該地方選出県会議員に対し本県当局及各政党支部に於て反対鎮撫に関する最善の努力要望を乞ふこと

②当該地方選出貴衆両院議員に対し前項の努力要望を求むる外中央関係各省に対し徹底的漁業権擁護運動を依頼すること

③各実行委員は前二項に対する運動結果を本県水産会に速報し且つ常に実行の如何に留意し極力目的達成に努力すること

④実行委員の運動に要する経費は可成地方漁業組合の厚意に待つこと

(6)以上の運動に便する為め本県水産会の経費を以て本問題の経緯を編述し必要の向に印刷配布すること

一方、撤廃期成会側では委員会終了後、樋口水産会長を取りまき「話があるから」と迫れば病後の体に薬瓶を下げた樋口会長は「他日日を改めて面会しよう」と会談を謝絶した。期成会側では譲らず遂に警官三名が樋口氏を護衛し

て公会堂を出たが、公会堂玄関で期成会側人垣を作つて樋口氏の退出を拒み、護衛の警官との間に小競合を演じつゝ、樋口氏はやうやく自動車に乗車し三名の私服警官と共に市内の鳥飼の自宅に向つた。期成会側では直ちに二隊に分れ、一隊の二十名ばかりは自動車で樋口氏の自動車を追跡する等映画さながらの状態を演じた。樋口氏は自宅に車を飛ばすや直ちに何れかに出掛け、跡をつけて来た期成会側では直ちに面会を求めた。樋口氏宅では警官三名陣取り面会を拒絶し、執拗な期成会側では門前や玄関先に座り込み「面会する迄帰らぬ」と頑張つたが、警官の注意で数時間を経過して退散した。問題は既に核心を離れ純然たる抗争にまで悪化するに至つた。

更に期成会側の他の一隊は三浦県議を先頭に県庁に至り官房にも通せずいきなり二十数名が知事室に乗り込み種々陳情する所あつたが、期成会退出後、中山知事はやゝ興奮の面持で左の如く語つた。「二十名からの人が官房の案内を乞はず部屋に入つて来たが、まあ陳情で示威運動とは思はないが、問題は実に困つたものだ。県としては何とも出来る問題ではない、対策もない。農林省から何か諮問でもあればそれに答申する位はやるが、今のまゝでは県では如何とも出来ない。樋口会長宅に押し掛けたつて？　警官をつけて護衛さして居るから大丈夫だ。二、三時間もすれば期成会側も引き挙げさうなものではないか。私はこの問題には余り多くを話し度くない」。

又漁業組合側幹部は憤慨して語る。「全く無茶苦茶な話だ。水産集談会に無関係の第三者である期成会の人達が傍聴を強要したり、果ては会の決議権にまで立ち入らうとするに至つては話にならない。又知事が『筑後川専用漁業権問題を付議するな』と云ふのも怪しからん要求だ。公正なる県政の運用を阻害する。更に期成会の人達が病後の樋口氏に面会を強要する態度は一種の威脅的行為と云はれても仕方ない。こんなことで恐れない。漁業権擁護は我等組合員の死活問題だ。一路漁業権擁護のため正しい輿論の支持と共にあらゆる手段を採る考へだ」。

（「九州日報」昭和七年五月十八日）

この事件が生じて一カ月間を経たずに、七年六月、中山知事は解任され小栗知事と交替したのである。中山知事の任期は前の川淵知事と同様に約六カ月に過ぎなかった。

九　小栗知事の赴任――筑後川専用漁業権問題が三年振り解決へ

小栗知事が就任した直後の七年七月、福岡県水産会は「筑後川専用漁業権問題に就て」（二四ページにおよぶ小冊子）

を発刊し、漁業組合側の立場からこれを総括した。そして「筑後川漁業組合は決してその権利を振りかざして一般に臨むものではない」ことを明示し、「県下の漁業組合は決して好むものでなく一日も速かに公正にして妥当なる解決を告げるか、或いは斯の如き理由なき反対の終熄を希望してやまない」と主張した。

　昭和五年五月に端を発した筑後川専用漁業権問題は紛糾を重ね、知事は松本、川淵、中山、小栗の四代、内務部長は平田、大場、小林、福卮、戸塚の五代、水産課長は新宅、高田、佐藤の三代を経て、その間に関係書記の自殺事件、大場内務部長の告発等幾多の波乱をみせた。三年間の紛争は撤廃期成会、漁業組合の両者に疲労と虚しさを悟らしめるとともに、妥協の気運を惹起させた。この気運に乗じて、おそらく小栗知事の内意を受けて、地元の松崎、甘木、吉井、久留米署長が調停に乗出すし鋭意折衝に努めた。その結果、九月十五日、小栗知事の調停で大団円を告げるに至った。「九州日報」は調停の様子や内容を次のように報じている。

　地元警察署長の斡旋により組合並に期成会の両者ともほぼ意見の一致を見、昨十五日午後三時より福岡県庁知事室に於いて、組合側より井上、山崎（県議）、期成会側より三浦（県議）、古賀、宇野、長松、石倉、高松の諸氏、県庁より小栗知事、戸塚内務部長、数藤警察部長、佐藤水産課長、安西技師並に高等保安課長及び前記関係各署長以下出席の下に於て、小栗知事よりほぼ和解の機運熟したりと見られるゆえ、もし両者共白紙一任あらば調停の労を執らんと諮りたるに、井上（組合）、古賀（期成会）両者代表より夫々白紙一任を承諾した。こゝに於て午後三時半、知事より左記専用漁業権に対する一部放棄の調停案を提出、之に対して漁業組合側は弊組合享有の筑後川専用漁業権免許第五一四二号の行使に関しては左記条項を堅く遵守履行可致との請書一札を農林大臣及び知事宛名に於て県に提出し、県では之を後日の証拠に保管する事を申し出たるに、両者共に異議なく承諾した。以て更に知事より漁業組合側に於ては支流に於ける漁業権放棄の手続きを直に執る事、同時に期成会側よりは訴願放棄の手続きを執る可き事との申し出に両者何れも承諾した。又県に於ては必ず右両者の行為が併行して効果をあらわすやう善処する事を誓つて、ここに調停者県及び組合並に期成会の三者が手打ちを遂げた。了はつて知事及び山崎（組合代表）、古賀（期成会代表）三氏の感謝挨拶があつた。県調停案は左の如し

⑴漁場に関する件

　専用漁業権行使の区域は筑後川本流及び分流（床島堰より分流して佐田川支流との合流点迄）のみに限り支流に

於ける漁業権の放棄手続きをなすこと

(2)諸事業に関する件

沿川町村民の灌漑用水の引用並に其の目的の為めの浚渫堰上及堰堤の修理、築造其他水利、治水、土木、耕地整理等の施行、県の許可したる条項に適合する砂石の採取、舟筏通行の為めの河底の浚渫、製紙業等産業工場に使用する薬品の従来程度の流下に対し、損害賠償を要求し又は施行に対し障害となるべき異議を申立ざること

(3)漁業組合加入に関する件

漁業組合地区内住民の組合加入に付ては理由なくして之を拒まざること

(4)遊漁料に関する件

浮羽、三井、朝倉三郡地域住民の遊漁料に就ては組合員の負担を基準とし福岡県知事の許可を得て之を定むること、但し左記漁法に依る漁獲並に年少者（十五歳未満の者）の漁獲は之を無料とす

①徒歩竿釣（鮎の掛釣及び常時従事する鯉の竿釣を除く）

②徒手魚介藻草の採取

③鰻籠、鰻筒（筌を含まず）

④濁掬ひ

⑤娯楽を目的とする徒歩投網（常時従事するものを除く、常時とは毎月三回以上遊漁するものを云ふ）

有料遊漁者及び前各号の無料遊漁者に対して毎年本組合より鑑札を交付し之れを携帯せしむるものとす

右会見後、小栗知事は語る。「県より積極的に専用漁業権が悪いから一部制限せよとか云ふわけではなく、両者より自発的に妥協を示したので調停の労を執ったわけで沿岸民の為めにも組合の為めにも又県下漁業組合一般の為めにもかく解決を得た事は悦ばしい事だ」。

（「九州日報」昭和七年九月十六日）

この妥結後、従来から紛糾の種となっていた三井郡大堰村床島水路の境界問題等も関係者の協議によって解決していった。昭和九年二月二十日、農林大臣から知事あてに一切の紛争解決を告げる左記の認可指令が発せられた。

(1)筑後川本流および支流に実施せし専用漁業権は、支流を撤廃する件を免許し且つ本流のみに縮小する

(2)沿岸関係町村代表古賀利喜太外二百七十名より提起の訴訟却下の件を認可する

の二点であった。そして筑後川専用漁業権変更が告示されたのは昭和九年四月十二日であった。

農林省告示第一二八号

昭和九年四月四日左記専用漁業権変更ヲ許可セリ

昭和九年四月十二日

農林大臣　後藤　文夫

免許番号　第五一四二号（地先）

漁業権者　福岡県浮羽郡浮羽町水分村　筑後川漁業組合

変更ノ事項　一　漁場変更

県当局は該権問題の解決により、従来極度に消極的であった河川漁業組合の結成と専用漁業権設定を指導奨励することとなった。また河川関係者の間でも組合結成の機運が濃厚となっていった。昭和八年九月二十九日、水産試験場において河川漁業組合組織打合会が開催され、矢部川漁業組合（矢部川）のほか、未組織の浮羽郡姫治村（隈ノ上川）、朝倉郡三奈木村（佐田川）、筑紫郡筑紫村（那珂川）、鞍手郡吉川村（八木山川）、田川郡彦山村（彦山川）の関係者が集まり、組合組織の手続き、法規上の問題、専用漁業権の権利・義務などについて協議した。この際、筑後川専用漁業権事件の経験が教訓となったことはいうまでもない。

また撤廃期成会はその役目を終え昭和十年四月に解散したが、それまでに要した経費は約四千円であったという。

第四章　終戦直後の漁業

第一節　福岡県全般の状況

太平洋戦争は日本経済および国民生活を破壊しつつ、昭和二十年八月十五日の敗戦をもって終結した。戦争による日本経済および国民生活の破壊は二つの要因によってもたらされたものである。その一つは、戦争目的に沿うために平和時代の経済機構がほとんど軍需経済機構に改組されたものであり、その軍需経済機構も敗戦の時点においては何の目的もなく放置されるところとなったのである。破壊の第二は、戦争末期における連合軍空軍を主体とした日本本土爆撃によるものおよび太平洋上の直接、間接の戦闘行為によってもたらせたものである。これは、軍人、軍属および非戦闘員の死者約二五〇万人、住宅の焼壊三〇〇万戸、船舶の喪失八五〇万トンという数字で示される。

漁業における被害は各産業部門のなかで大きなものの一つであった。その被害の端的にあらわれた漁船についてみると、終戦時に残存した漁船数は、水産局漁船課の推定によると三十一万隻、七九万トンで、これを十五年の三十五万隻、一一〇万トンと比較すると、隻数で一一・五%、トン数で四八・二%減少している。この数字は水産局が議会に報告したものであるが、実際にはもっと被害は大きかったものとみられる。生産の基本となる労働力は、軍隊および徴用船の乗組員として徴用され、この多くが洋上あるいは戦場で戦死した。残った労働力も軍需工場や戦争目的のために動員され、終戦時には若い労働力は漁村にはみられなかった。戦時により漁業労働力がどれほど損失を受けたかは、統計的には不明である。また、終戦直後の占領下において実施された漁業区域の制限は、漁業に大きな痛手を受けた。戦後僅かに残された漁場は日本沿海、東支那海、黄海の一部、対馬海峡の一部だけであり、約四分の三が失われたこととなった。このような悪生産条件のなかで、昭和二十年の生産量は一八二万トンで、これは昭和九～十一年の平常年生産四〇〇万トン台の四五％であった。

しかし、日本経済は昭和二十二年度に入ると早くも上昇に転じ、国民所得は回復し始める。漁業においても、昭和二十三年の魚価統制撤廃と二十五年に勃発した朝鮮戦争を契機とする日本経済の復興が刺激となり、上向きに転じた。輸出の増大により、石油、漁網などの供給が増え、生産量の増加へとつながったのである。

以上は全国的な動向であるが、福岡県下においても同様な傾向をたどったと思われる。

福岡県における戦時、戦後の漁船数を対比すると、昭和十六年の無動力船三六六〇隻、動力船三一四九隻、合計六八〇九隻に対し、二十二年では無動力船二三八〇隻（六五％）、動力船二七四六隻（八七％）、合計五一二六隻（七五％）と未だに落ち込み状態であった。しかし、その後は動力船を中心に大幅な増加がみられ、二十四年には合計八二三〇隻（対十六年比一二一％）、三万九五三九トン（二二五％）となった。

終戦直後の漁業構造を示すものとして、昭和二十二年八月一日現在で実施された「水産業基本調査」がある。それにより当時の福岡県下の状況をみると、二十二年では経営体総数五七四八体、従事者総数一万七五九五人で、十六年の六二七二体、一万七六九五人に比べると、漁船数と同様に未だ下回っている。しかし、二十二年の五七四八体は前年比一九七体（三・八％）の増加したものであり、この時点ですでに増加に転じていた。

また、昭和二十四年、福岡県が実施した「漁村基礎調査」によると、県下沿岸漁業（含内水面）の就業状況は、漁家数が一万一〇五五戸、漁業者数が組合員一万三八五〇人、その他一万三六九八人、合計二万七五四八人、漁船数が七一九二隻となっている。このなかで特に注目されるのは、漁業者数の約半分が組合員外で占められていることであり、戦後、漁村への著しい流入人口のあったことをうかがわせている。

戦時から終戦直後にかけての沿岸漁業生産量の推移をみると、昭和十八～二十五年は二～三万トン台の低位期、二十六年以降は五～六万トン台の高位期となっている。前期は戦後の痛手から立ち直れない状態であり、戦後の食料インフレで漁村が一時的ブームを謳歌する一面もあり、漁船建造も進められたが、全体としては生産資材不足の影響を受けて、生産の技術水準は停滞していた。また、資源に対する濫獲による生産量への影響も認められた。特に地先水域で容易に獲られる貝類、その他動物、藻類において顕著であった。

昭和二十四年に「水産業協同組合法」、二十五年に「漁業法」が施行され、次第に漁業組織の強化と新漁業秩序の確立が図られていったが、二十年代後半以降は漁業生産面では、合成繊維の漁具への導入、魚群探知機の普及、漁船・機関の大型化、無線の普及などの新技術が胎動してきた。漁船漁業生産の上向きとともに、のり養殖業も顕著な発展をみせた。

一方、福岡県における遠洋漁業は、沿岸漁業に先立って逸早く復活した。戦前からの博多、戸畑両港を根拠地とする汽船トロール漁業、以西底曳網漁業は終戦直後から復活に向けて動いた。終戦当時、日本船舶は全面的にその行動を禁止されたが、昭和二十年九月初旬に沿海十二海里以内において機帆船が自由航行し得ることに伴い、漁船も自由に操業することが認められた。その後、漁場拡張は第一次（二十年九月）、第二次（二十一年六月）、第三次（二十四年九月）と許可され、操業面からの障害は取り除かれた。また、GHQの漁船建造許可が二十一年内に第一～三次にわたって認められた。福岡県を根拠地とする遠洋漁業は、二十四年までの統計値が不明であるが、二十五年には以西底曳網漁船二三五隻、汽船トロール漁船一三隻を数え、漁獲量が六万四八四九トンに達した。以後、表三－41（七九九ページ）にみられるように、漁獲量は伸びていった。

終戦直後、昭和二十年十二月の福岡県議会定例会において、遠洋漁業の助長促進を図るべしとの論議がなされているが、その内容を紹介しておこう。

県議会定例会における遠洋漁業振興に関する質疑応答

○質問（稲富稜人）県民ノ栄養失調ヲ救フ為ニモ漁業生産ノ増大ハ不可欠デアルガ、之ハ無限ト云フ程ニ可能デアリ、特ニ遠洋漁業ニ於テハ、努力スレバ努力スル程、其ノ増加ガ期待出来ルノデアル。試ミニ本県ニ於ケル遠洋漁業ノ収穫ヲ見ルト、昭和十六年度千三百五十万貫、十七年度九百七十万貫、十八年度九百二十万貫ト漸減シテ来タガ、十九年度ニ於テハ僅カニ二百三十万貫、二十年度ニ至ツテハ更ニ半減シテ百万貫程度デアル。此ノ遠洋漁業ハモツト県ガ積極的ニ指導助長スルナラバ十六年度漁獲程度ハ容易ニ達スルコトガ出来ルト思フ。然ルニ本年度予算ヲ見ルト、遠洋漁業ニ対シテハ僅カニ弐拾七万円程度デアリ、知事ハ之ヲ以テ如何ニモ漁業対策ヲ講ゼラレル如ク説明サレタノデアル。モツト積極的ニ遠洋漁業ノ助長促進ヲ図ラレル必要ガアルト思フガ、知事ノ考ヘヲ承リタイ。

○答弁（知事・曾我梶松）遠洋漁業ニ対スル意見ハ同感デアル。之ヲ奨励スルコトニハ決シテ等閑視シテ居ナイノデアル。然シ乍ラ承知ノ通リ、漁場ハ日本近海ノ狭イ範囲ニ極限セラレテ居ル状態デアル。是迄、遠洋漁場デアッタ所マデ行ケズ、従ツテ之ノ狭イ範囲デ活動スルコトハ困難デアル。当面、本県トシテハ遠洋漁業ニ主力ヲ置クヨリモ沿岸漁業ニ力ヲ注グ方ガ実際的デハナイカト考ヘル。然カモ今日ノ様ナ統制ノ枠ヲ外サレルト、本県内ニ水産物ヲ持ツテ来ル方法ヲ考ヘルコトガ大切デアリ、其ノ観点カラ大型漁船三隻、小型漁船百隻ノ新造補助ヲ認メタ次第デアル。又水産物ノ生産ヲ上ゲルト云フ観点カラ鯉等養成ノ振興ニモ配慮計画シタ次第デアル。

表三―39　戦時、戦後の福岡県における漁船数、経営体数、漁業従事者数の対比

年	漁船隻数・トン数					経営体数	漁業従事者数（人）
	無動力船（隻）	動力船（隻）	合計隻数	合計トン数	トン／隻		
昭和一六年	三、六六〇（一〇〇）	三、一四九（一〇〇）	六、八〇九（一〇〇）	一七、五五〇（一〇〇）	二・六	六、二七二（一〇〇）	一七、六九五（一〇〇）
二二年	二、三八〇（六五）	二、七四六（八七）	五、二二六（七五）	—	—	五、七四八（九二）	一七、五九五（九九）
二四年	三、七七四（一〇三）	四、四五六（一四二）	八、二三〇（一二一）	三九、五三九（二二五）	四・八	—	—

（昭和一六年「福岡県統計書」、昭和二二年「水産業基礎調査」、昭和二四年「福岡県統計年鑑」による）

表三―40　福岡県沿岸漁業の漁家、漁業者、漁船（昭和二十四年現在）

区分	漁家数（戸）	漁業者数（名）			漁船数（隻）					
		組合員（正、準）	他	合計	動力（五トン未満）	動力（五～二〇トン）	動力（二〇トン以上）	動力計	無動力計	合計
筑前	四、四一〇	五、二三九（五九％）	三、六〇四（四一）	八、八四三（一〇〇）	一、七九一（五一％）	五一（一）	九（〇）	一、八五一（五二）	一、六九一（四八）	三、五四二（一〇〇）
豊前	一、四一〇	一、八八三	一、四七九	三、三六二	六一九	一〇	〇	六二九	四七〇	一、〇九九

		(五六%)	(四四)	(一〇〇)	(五六%)	(一)	(〇)	(五七)	(四三)	(一〇〇)
有明	四、二二八	四、九九三 (三八%)	八、三一三 (六二)	一三、三〇六 (一〇〇)	一、一七三 (六三%)	一四 (一)	一 (〇)	一、二八八 (六四)	七三三 (三六)	二、〇二一 (一〇〇)
小計	一〇、〇四八	一二、一一五 (四七%)	一三、六九六 (五三)	二五、五一一 (一〇〇)	三、六八三 (五六%)	七五 (一)	一〇 (〇)	三、七六八 (五七)	二、八九四 (四三)	六、六六二 (一〇〇)
内水面	一、〇〇七	一、七三五 (八五%)	三〇二 (一五)	二、〇三七 (一〇〇)	一二八 (六%)	〇 (〇)	〇 (〇)	一二八 (六)	四〇三 (九四)	四三一 (一〇〇)
合計	一一、〇五五	一三、八五〇 (五〇%)	一三、六九八 (五〇)	二七、五四八 (一〇〇)	三、七一一 (五三%)	七五 (一)	一〇 (〇)	三、七九六 (五四)	三、二九七 (四六)	七、〇九三 (一〇〇)

(「漁村基礎調査」による)

表三－41　戦時、戦後における福岡県漁業生産量

年	沿岸漁船漁業 魚類	沿岸漁船漁業 貝類	沿岸漁船漁業 他動物	沿岸漁船漁業 藻類	沿岸漁船漁業 小計	養殖業	沿岸漁業合計	沖合、遠洋漁業	合計（トン）
昭和一八年	一一、八六四	二一、四六七	三、六八九	九九八	三八、〇一八	—	—	—	—
一九	一二、四七九	一五、九四三	三、一六六	二、九六五	三四、五五三	—	—	—	—
二〇	七、四三〇	一九、七三九	一、七三九	一、二二三	三〇、一三一	—	—	—	—
二一	一三、四一五	二一、六五九	一、六二四	一、〇五二	三七、七五〇	—	—	—	—
二二	一二、九〇六	一五、〇五八	二、〇五九	七〇二	三〇、七二五	—	—	—	—
二三	九、二六四	一〇、一九八	一、四三八	三〇〇	二一、二〇〇	—	—	—	—
二四	一〇、五一三	一三、〇三四	一、六五七	八九	二五、二九三	—	—	—	—
二五	—	—	—	—	三六、九〇五	—	—	六四、八四九	一〇一、七五七
二六	—	—	—	—	五八、一二三	—	—	七九、一九八	一三七、三二一
二七	—	—	—	—	六六、五九五	—	—	九一、一一五	一五七、七五〇

二八	—	—	—	—	五三、一七〇	二、三六七	五五、五三七	八八、七五二	一四四、二八九
二九	—	—	—	—	五二、二四九	三、五八九	五五、八三八	一〇二、六七六	一五八、五一四
三〇	—	—	—	—	六五、〇六九	五、九九八	七一、〇六七	一一〇、二九九	一八一、三六六

（昭和一八～二四年・昭和二十七年版「福岡県水産事情」、昭和二五～二六年「福岡県統計年鑑」、昭和二七～三〇年「農林統計」による）

第二節　筑前海の漁業

筑前海区における漁業就業状況は昭和二十四年「漁村基礎調査」によれば、漁家数四四一〇戸、漁業従事者数八八四三人、漁船数三五四二隻である。漁業従事者の内訳をみると、正組合員四五五六人（五一・五％）、準組合員六八三人（七・七％）、組合員外三六〇四人（四〇・八％）であり、専業者は四五六五人（五一・六％）である。漁船の内訳は動力船一八五一隻（五二・三％）、無動力船一六九一隻（四七・七％）であり、動力化が進んでいることをうかがわせる。動力船のトン数規模別隻数は五トン未満層一七九一隻、五～二〇トン層五一隻、二〇トン層九隻となっている。

この時期は敗戦の混乱から抜け出し、漁業生産が上向きに転ずるところであった。元来、対馬暖流系外海の回遊資源および沿岸域の地先、定着性資源に恵まれた当海域では、漁業用資材の不足にもかかわらず、逸早く各種漁船漁業が復活した。

漁業生産量は曳網類、旋網類で最も多く、次いで定置網類、釣・延縄、磯漁、敷網類、刺網類の順となっている。これを昭和初期の状況と対比すると、基本的な漁業種別構成は変わっていないが、漁具性能の向上、大型化そして漁場の沖合化が進行してきている。曳網類では、地曳網の生産が低下し、船曳寄網（主に一、二艘吾智網）、船曳廻網（えび漕網、貝桁網）が主生産を占めるようになった。このうち、えび漕網漁船は特に、戦時から終戦直後にかけて急増したため、二十年代後半には博多湾漁場における当漁船の減船措置がなされた。旋網類では、従来の揚繰網に加えて大型の巾着網、縫切網が登場して漁場の沖合化を図り生産量を拡大した。定置網類では、技術革新により従来の台網式から大型の落網、大謀網式に替わった。しかし、地先海域での小型桝網は依然としてかなり着業されている。釣・延縄は、遠浅で天然礁に恵まれた当海域では依然として盛んである。また、磯漁場にも恵まれた地先水域では各種磯漁も盛んであった。潜水器も一部でみられるようになった。敷網類では、集魚灯使用の操業もみられてきた。一方、かつて主体の一つであった刺網類は、生産量の低下が目立った。

この時期の特徴として、戦後の民主化と呼応して比較的大型網漁業において生産組合が積極的に組織されたことがあげられよう。その数は揚繰網十統、巾着網八統、縫切網五統と旋網漁業で最も多く、二艘吾智網十二統、地曳網十統、たい地漕網七統、定置網（落網）二統など総計六十二統におよんだ。これら共同経営が勃興してきたのは、漁業規模の大型化、漁場の沖合化と対応するものであり、当海域漁業の革新発展上、注目すべきことであった。その一方で、無動力船が四七・七％を占めることからもうかがわれるに、依然として地先水域を漁場とする小規模漁業層が多く存在していた。

養殖業では、のり養殖業が博多湾の箱崎漁協一二六漁家、唐津湾の加布里漁協五漁家で着業する程度であったが、以後次第に拡大盛況に向かっていった。

表三―42　筑前海における漁業就業状況（昭和二十四年現在）

漁業名	主対象種	漁期	就業統数	就業漁協
刺網類				
固定式刺網類			統	
底刺網（浜、瀬）	タイ、カレイ、雑魚	周年	一九七	大島、脇田、姫島、箱崎、岐志新町、波津、小呂島、芥屋、地島、鐘崎、勝浦、福吉
かに刺網	カニ	六～一一月	三〇	津屋崎、柏原
くろだい刺網	クロダイ	一〇～四月	二四	鐘崎、脇ノ浦、長浜、旧門司
すずき刺網	スズキ	六～一一月	一一	神湊、地島、平松
さより刺網	サヨリ	周年	七	浜崎今津、地島
えび刺網	エビ	四～一二月	五	唐泊

曲建網（狩刺）類				
いか曲建網	コウイカ類	四〜八月	八六	岐志新町、浜崎今津、勝浦浜、脇ノ浦、新宮、福吉、深江、脇田、藍島
このしろ曲建網	コノシロ	一二〜二月	一五	岐志新町、芥屋、浜崎今津
瀬突網	フグ、タイ、アジ	七〜一二月	一三	新宮、勝浦
ぶり曲建網	ブリ	一〇〜五月	五	小呂島
やず曲建網	ヤズ、ブリ	五〜一二月	六	勝浦、唐泊、地島
旋刺網類				
このしろ旋刺網	コノシロ、ボラ	周年	三五	津屋崎、姪浜
ぶり旋刺網	ブリ	八〜一一月	一九	津屋崎、新宮
やず旋刺網	ヤズ	六〜二月	一八	新宮、神湊、波津、岐志新町、岩屋、若松
あじ旋刺網	アジ	九〜一一月	二	神湊
流刺網類				
とびうお流刺網	トビウオ	五〜七月	一一七	奈多、波津、志賀島、福間、野北、鐘崎、長浜
いわし流刺網	大羽イワシ	一二〜三月	八〇	波津、鐘崎、芦屋、大島、野北、神湊、地島
さわら流刺網	サワラ	一〇〜一二月	五	弘
さんま流刺網	サンマ	一一〜二月	三	神湊
ぼら流刺網	ボラ	一一〜二月	二	岐志新町
曳網類				
地曳網類				
いわし地曳網	小中羽イワシ	周年	七四	姪浜、浜崎今津、神湊、波津、岐志新町、深江、福間、津屋崎、鐘崎、地島、福吉、志賀島、新宮、勝浦
たい地曳網（地漕網）	タイ	四〜一一月	三七	小富士、新宮、鐘崎、野北、岐志新町、奈多、相島、津屋崎、大島、地島、勝浦
雑魚地曳網	雑魚	四〜一一月	一一	姪浜、浜崎今津、深江

このしろ地曳網	コノシロ	七〜一一月	五	深江、岐志新町、加布里
やず地曳網	ヤズ、ブリ	一〇〜一二月	一	勝浦
千尋網	マス、アジ、サバ	九〜一二月	一	津屋崎
船曳寄網類				
いかなご房丈網	イカナゴ	三〜六月	六一四	鐘崎、大島、相島、志賀島、藍島、野北、玄界島、西浦、岐志新町、弘、唐泊、津屋崎、姪浜、奈多、福間
一艘吾智網	タイ、キス	四〜一一月	三二七	姪浜、平松、岐志新町、浜崎今津、馬島、福間、脇ノ浦、鐘崎、柏原、深江、勝浦、加布里、新宮、神湊
たい二艘吾智網	タイ、イサキ	五〜一二月	五五	西浦、唐泊、福吉、新宮、岐志新町、深江、鐘崎
いか柴漬（巣曳網）	コウイカ類	二〜六月	九五	新宮、小富士、深江、姪浜、鐘崎、福吉、相島
たい沖取網	タイ	周年	一	玄界島
船曳廻網類				
えび漕網	エビ	三〜一二月	二九二	勝浦、藍島、津屋崎、弘、神湊、志賀島、岩屋、長浜、姪浜、伊崎、戸畑、大里、小富士、旧門司
貝桁網	イタヤガイ	五〜一〇月	一四六	玄界島、唐泊、西浦、志賀島、浜崎今津、鐘崎、姪浜、箱崎、福吉、岐志新町、弘
夜曳網	コチ、カレイ	周年	三一	岐志新町、野北、相島
打瀬網	キス、カレイ	周年	一一	岐志新町
雑魚船曳網	タイ、雑魚	周年	一一四	箱崎、能古、加布里、長浜、浜崎今津、姪浜、津屋崎、脇ノ浦
旋網類				
いわし揚繰網	イワシ類	七〜三月	一五	小富士、岐志新町、唐泊、芦屋、柏原、福吉、深江、玄界島、浜崎今津、姪浜
巾着網	アジ、サバ	周年	一三	相島、野北、大島、柏原、西浦、志賀島、鐘崎
縫切網	イワシ類	七〜一〇月	九	大島、深江、玄界島、新宮、神湊、鐘崎
とびうお旋網	トビウオ	五〜六月	一五	鐘崎

しいら旋網	シイラ	八～一〇月	一三	鐘崎
このしろ旋網	コノシロ	四～一一月	一六	箱崎、浜崎今津、芦屋、深江
いさき旋網	イサキ	四～五月	三	小呂島
さわら旋網	サワラ	一〇～一月	二	小富士
定置網類				
落網類	アジ、サバ、イワシ	周年	六	深江、姫島、志賀島、地島、岩屋、脇田
大謀網類	イカ、アジ、サバ	四～九月	四〇	志賀島、勝浦浜、神湊、弘
桝網類	イカ、スズキ	周年	一一九	福間、姫島、脇ノ浦、馬島、浜崎今津、小富士、岐志新町、能古、脇田、福吉、深江、津屋崎、戸畑、芥屋
壷網類	イカ、スズキ	四～七月	一八	津屋崎
敷網類				
四ツ張網	イワシ、アジ、サバ	三～一一月	九	福吉、深江、小富士、加布里
八ツ網網	イワシ、アジ、サバ	五～一一月	六	岐志新町、福吉、福間、脇田、藍島
釣漁具類				
手釣、竿釣				
たい、ぶり釣	タイ、ブリ	周年	六七八	相島、長浜、波津、鐘崎、大島、芥屋、弘、勝浦、地島、大里、神湊、志賀島、玄界島、岩屋、岐志新町
あじ、さば釣	アジ、サバ	周年	二三二	柏原、芦屋、鐘崎、新宮、岩屋、深江、戸畑、津屋崎
いか釣	イカ	三～九月	四一四	芥屋、波津、鐘崎、芦屋、神湊、弘、志賀島、新宮、岐志新町、西浦、脇田、唐泊、浜崎今津、加布里
すずき釣	スズキ	四～一一月	一二九	福岡、能古、旧門司、福吉
いさき釣	イサキ	七～八月	七四	志賀島、新宮、岐志新町、西浦
たこ釣	タコ	二～一二月	九〇	伊崎、長浜
めばる釣	メバル	一二～四月	三八	旧門司、姫島、福吉
えそ釣	エソ	八～一〇月	二七	神湊

ふぐ釣	フグ	九～一〇月	二五	新宮
きす釣	キス	四～一〇月	一二	福吉
ぼら釣	ボラ	八～一一月	一〇	浜崎今津、箱崎、加布里
ひらめ釣	ヒラメ	八～九月	二	福吉
延縄				
たい延縄	タイ、アラ	周年	六三七	鐘崎、大島、神湊、柏原、勝浦、津屋崎、脇田、西浦、姫島、奈多、志賀島、岩屋、福間、新宮、相島
ふぐ延縄	フグ	一二～三月	一二五	鐘崎、西浦、芦屋、津屋崎、神湊、勝浦
くろだい延縄	クロダイ	三～八月	一二三	伊崎、鐘崎、加布里、浜崎今津、福岡、長浜、芥屋、深江
ぶり延縄	ブリ、ヒラマサ	一一～四月	五七	鐘崎、浜崎今津、志賀島、津屋崎、小呂島
はも延縄	ハモ	九～一二月	二〇	鐘崎
雑魚延縄	アナゴ、カレイ	周年	一一一	伊崎、加布里、箱崎、平松、深江、新宮
曳縄				
曳縄	サワラ	九～一一月	九〇	鐘崎、弘、志賀島、姫島
	ヤズ	一〇～一月		
雑漁具類				
鉾突	アワビ、サザエ	一〇～三月	一八九	藍島、地島、大島、長浜、福岡、脇ノ浦、小富士、馬島、鐘崎、西浦
裸潜	アワビ、サザエ	六～九月	五九	小呂島、岩屋、姫島、弘、脇田
潜水器	ナマコ	一二～四月	三	姫島、福岡、平松
	タイラギ	一一～五月		
たこつぼ	マダコ	一二～二月	一一四	伊崎、馬島、大島、地島、脇田、姪浜、鐘崎、加布里、姫島、神湊、平松、旧門司、唐泊
	イイダコ	三～五月		
いかかご	コウイカ	三～六月	二四	姪浜、旧門司、浜崎今津、長浜

まて突	マテ	一～四月	二二	長浜、旧門司
うなぎ柴	ウナギ	五～七月	四	長浜
採介採藻	アサリ、タイラギ	三～一一月	七一六	箱崎、姫島、伊崎、芥屋、藍島、鐘崎、伊崎、小呂島、福岡、弘、津屋崎、岩屋、脇田、波津、神湊、加布里、馬島、相島、小富士、奈多、若松
	ワカメ、テングサ	一～六月		
	フノリ	四～五月		
	ノリ	一〇～三月		

（「漁村基礎調査」より作成）

第三節　豊前海の漁業

豊前海区における漁業就業状況は昭和二十四年「漁村基礎調査」によれば、漁家数一四一〇戸、漁業従事者数三三六二人、漁船数一〇九九隻である。漁業従事者の内訳をみると、正組合員一七〇二人（五〇・六％）、準組合員一八一人（五・四％）、組合員外一四七九人（四四％）であり、専業者は一一七〇人（三四・八％）である。漁船の内訳は動力船六二九隻（五七％）、無動力船四七〇隻（四三％）であり、動力船の大部分は五トン未満である。

当海域では、内湾の地先、定着資源および季節的回遊資源を対象として、比較的小規模漁業が行われている。漁業種は桝網、小型底びき網（打瀬網、えび漕網など）、刺網、釣延縄、雑漁具（いかかご、たこつぼ、かにかごなど）、採貝などがあるが、着業統数が卓越して多いのは桝網、小型底びき網である。桝網は二三四統が当海沿岸域の一帯に延々と設置されており、タイ、クロダイ、カマス、スズキ、サワラ、ボラなどの魚類からイカ、エビ、カニなどの多種類を漁獲対象とする。従来から、その統数が多すぎて濫獲のきらいあり、適正規模統数に調整すべしとの指摘を受けてきたが、以後においても、当海域の主幹漁業として持続されていく。小型底びき網の主なものとしては打瀬網一六九統、えび漕網二九六統があり、これら自県船以外に打瀬網の他県入漁船五九統が存在した。これらは戦時から戦後にかけて食料増産のために急増したものが多かったのである。これらはエビ、カレイ、ハモ、イカなど底魚資源全体を漁獲対象としており、当然のことなから、過剰漁獲努力による濫獲の状態であった。昭和二十七年四月、法律第七七号「小型機船底びき網漁業整理特別措置法」が制定により、二十八年よりこれら漁船の減船整理が進められた。

桝網、小型底びき網以外では、刺網類七十統、釣一六三統、延縄一四六統と低調であるが、雑漁具類のいかかご三八三統、かにかご一九一統、たこつぼ一二七統および採貝三三五統が比較的盛況であった。

表三－43　豊前海における漁業就業状況（昭和二十四年現在）

漁業名	主対象種	漁期	就業統数	就業漁協
刺網類			統	
固定式刺網類				
底刺網（浜、瀬）	ボラ、メバル	周年	四四	曾根新田、今津、柄杓田、稲童
こち刺網	コチ、セイゴ	周年	二七	蓑島、恒見、苅田、西八田
かに刺網	カニ	四～一一月	四	苅田
くろだい刺網	クロダイ	五～一一月	二	苅田
旋刺網類				
ぼら旋刺網	ボラ	周年	九	今津、曾根新田、椎田
えび旋刺網	エビ	一〇～一一月	一	宇島
流刺網類				
さわら流刺網	サワラ、サヨリ	五～一二月	八	今津
曳網類				
地曳網類				
雑魚地曳網	ボラ、ウナギ	四～一〇月	三	曾根新田
あみ徒歩曳網	アミ	九～一〇月	六	長井
船曳寄網類				
きす手繰網	キス、カニ、エビ	六～一二月	五六	蓑島、苅田、八屋、田野浦

漁具	魚種	漁期	数	地区
なまこ桁網	ナマコ	一一～一月	一六	沓尾、稲童、稲童第一
しゃこ曳網	シャコ、ハゼ	三～四月	一五	恒見
あみ船曳網	アミ	九～一二月	二八	苅田、八屋、蓑島、曾根新田、椎田
いか柴漬（巣曳網）	コウイカ	四～七月	二	田野浦
船曳廻網類				
打瀬網	エビ、カレイ、ハモ	六～一二月	一六九	沓尾、宇島、吉富、今津、恒見、松江、蓑島、浜町、田野浦、柄杓田、西角田、曾根新田、西八田
えび漕網	エビ	四～一二月	二九六	吉富、宇島、柄杓田、蓑島、沓尾、椎田、稲童、稲童第一、長井
文鎮漕網	コチ	一～三月	八	稲童、稲童第一
旋網類				
ぼら旋網	ボラ、グチ、スズキ	四～一二月	五	恒見、曾根新田、宇島
定置網類				
桝網類	イカ、クロダイ、カニ、タイ	周年	二三四	苅田、柄杓田、宇島、西角田、椎田、恒見、八津田、八屋、浜町、長井、稲童、稲童第一、曾根新田、西八田
敷網類				
四手網	アミ	四～一〇月	二	曾根新田
掩網類				
投網	ボラ、スズキ	九～一一月	一〇	蓑島
釣漁具類				
手釣、竿釣	フグ 雑魚	一〇～一一月 周年	一六三	吉富、蓑島、田野浦、宇島、稲童第一、長井、稲童、西八田
延縄	クロダイ、フグ、アナゴ、サヨリ	周年	一四六	蓑島、今津、椎田、宇島、田野浦、苅田、稲童第一、稲童、西八田、沓尾
雑漁具類				

たこつぼ	マダコ イイダコ	一〇～三月 三～五月	一二七	柄杓田、田野浦、宇島、椎田、稲童第一、苅田、稲童、八屋
いかかご	コウイカ	三～六月	三八三	柄杓田、宇島、沓尾、椎田、苅田、今津、長井、浜町、吉富、稲童第一、稲童、八津田、松江、西角田
かにかご	カニ	四～一〇月	一九一	柄杓田、今津、椎田、八屋、苅田、長井、吉富、稲童、沓尾、稲童第一、八津田、西角田
まて突	マテ	一一～三月	一五	田野浦
潜水器	タイラギ	一二～三月	二	田野浦
石干見	スズキ、ウナギ、ボラ	周年	一	椎田
うなぎ筌	ウナギ	六～一〇月	六	曾根新田
採貝	キヌ貝、アサリ アカガイ、カキ、シオフキ、ハマグリ	周年 一二～三月	三三五	苅田、椎田、蓑島、曾根新田、沓尾、長井、松江、吉富、浜町、稲童、八屋、八津田、西角田
採藻	ノリ	一〇～三月	二四	曾根新田、八津田、西八田、吉富

（「漁村基礎調査」より作成）

第四節　有明海の漁業

福岡県有明海区に漁業就業状況は昭和二十四年「漁村基礎調査」によれば、漁家数四二二八戸、漁業従事者数一万三三〇六人、漁船数二〇二一隻である。漁業従事者の内訳をみると、正組合員四〇八五人（三〇・七％）、準組合員九〇八人（六・八％）、組合員外八、三一三人（六二・五％）であり、そのうち専業者は一九五四人（一三・五％）で専業率が低い。漁船の内訳は動力船一二八八隻（六三・七％）、無動力船七三三隻（三六・三％）であり、動力船の大部分は五トン未満の小型船である。

当海域は広大な干潟を有し、天然貝類の発生が顕著であり、特にアサリ、赤貝、カキなどの素放的養殖が盛んに行われてきた。採貝漁業者の多いことは全国的にも珍しく、昭和二十四年では二八四五統にも達している。それで貝類缶詰の製造も大正末期から昭和十五年、六年頃にかけて盛んに行われ、米国向アサリ水煮缶詰を始め各種貝類の味付缶詰などの生産が二十万函の多きに達したこともあった。さらに当海域は内湾の定着、地先性の魚類、エビ、カニ類の産卵、生育場であり、これらを対象に定置網類（羽瀬、鮟鱇網）、刺網類（現敷網、流刺網）、抄網類（繁網、押網）、曳網類、投網、四手網、釣延縄およびたこつぼ、かに筌、うなぎ掻など多種小規模漁業が行われている。また、のり養殖業は大牟田地先干潟において大正八年から着業され、発展してきた。以来十数年の間に、一時はひび数一五〇万本、年生産一二〇〇万枚を突破したこともあったが、戦時にはほとんど中断の止むなきに至った。戦後復活したものの、二十四年時点では僅かにその面影を残す程度であった。

また、福岡県側は元来、漁場面積が少ないため本県漁民の隣接佐賀県側海域への入漁が多く、かつ両県間の漁場紛争は絶えることがなかった。二十四年当時の福岡県漁民の他県海域への入漁状況を表三－45（八一三ページ）に示す。

戦後、漁業制度の改革を機に福岡、佐賀両県間の漁区紛争が再燃したが、国の裁定によって、漸く一時的な解決をみるに至り、二十七年「漁場計画樹立に関する協定書」が締結された。

表三－44　有明海における漁業就業状況（昭和二十四年現在）

漁業名	主対象種	漁期	就業統数	就業漁協
刺網類				
流刺網			統	
えつ流刺網	エツ	五～八月	七三	三又青木、大川、上新田
現敷網	エビ	周年	四三	大川、皿垣開、東宮永、川口、下新田、大牟田、大和、江浦
えび流刺網	エビ	周年	四一	上新田、大野島
まながつお流刺網	マナガツオ	四～七月	二五	沖端
さっぱ流刺網	サッパ	六～七月	二五	沖端
すずき流刺網	スズキ	三～一〇月	六	三又青木

曳網類				
歩行曳網（ひきたぶ）	クチゾコ	周年	一一一	大川、三又青木
地曳網類				
雑魚地曳網	ボラ	三～一二月	八	三又青木
船曳網類				
手繰網	クチゾコ、カニ	三～一二月	四九	沖端、大和、皿垣開、江浦、川口、上新田
定置網類				
羽瀬	エビ、スズキ、クチゾコ	五～一一月）	四〇	山門羽瀬、山和、山和中島、
鮟鱇網	サッパ、マナガツオ、グチ	（四～一一月）	三六	沖端
敷網類				
四手網	エビ、ボラ	五～一〇月	一〇四	両開村中央、両開村東部、中島、浜武、開、皿垣開、川口
抄網類				
繁網（手押網、待網）	ウナギ、エビ	三～一〇月	三三六	両開村中央、沖端、浜武、三浦、川口、大野島、下新田、大和、大牟田、東宮永、三池、大川
歩行押網（小網）	エビ、カニ、クチゾコ	五～九月	二八九	両開村東部、久間田、西宮永、三浦、皿垣開、早米ケ浦、沖端、三里
三角綟子網	アミ	六～一一月	二四七	有明、沖端、大和、両開村中央、西宮永、両開村東部、早米ケ浦、川口、東宮永
後掻網	クチゾコ	五～九月	三〇	川口
掩網類				
投網	ボラ、スズキ、シクチ	三～一〇月	一五九	両開村中央、大川、三又青木、下新田、開、浜武、沖端、川口、上新田、皿垣開、三池、大牟田、大和、三里

釣漁具類				
手釣、竿釣				
雑魚釣	グチ、スズキ、コチ	周年	九三	大牟田、三池、三里、早米ケ浦
うなぎ釣	ウナギ	六～一二月	一三	川口、下新田
延縄				
うなぎ延縄	ウナギ	四～六月	一〇六	沖端、大川、三池、大牟田
はぜ延縄	ハゼ、クチゾコ	一一～一月	九五	沖端、三浦
すずき延縄	スズキ	三～八月	七五	沖端
ぐち延縄	グチ	四～六月	五三	沖端
あなご延縄	アナゴ、コチ	一一～一月	四八	沖端
くちぞこ延縄	クチゾコ、ハモ	九～一二月	四五	沖端
たい延縄	タイ、サメ	四～二月	二八	沖端、三里
えい延縄	エイ、ハモ	六～七月	二一	沖端
くろだい延縄	クロダイ	四～五月	二〇	沖端
雑漁具類				
いいだこつぼ	イイダコ	九～三月	五一	沖端、早米ケ浦
かに筌	カニ	七～一〇月	五一	沖端
うなぎ掻	ウナギ	六～九月	四五	両開村中央、浜武
潜水器	タイラギ	二～一二月	一	早米ケ浦
採貝	アサリ・アカガイ・アゲマキ等 カキ	周年 一〇～四月	二、八四五	浜武、三浦、開、両開村中央、沖端、大野島、有明、皿垣開、大和中島、久間田、早米ケ浦、下新田、両開村東部、大和、大川、川口、三浦、三里、西宮永、上新田、大牟田、東宮永、三又青木、江浦
採藻	ノリ	一〇～三月	一七	大牟田、三浦、早米ケ浦

（「漁村基礎調査」より作成）

表三―45　福岡県有明海漁民の他県海域への入漁状況（昭和二十四年現在）

漁業名	統数	漁協名	出漁海域
流網	四七	沖端、大野島、三又青木	熊本沿岸、佐賀有明海
現敷網	四一	上新田、川口、大牟田	佐賀有明海、熊本沿岸
ひきたぶ	一六〇	三又青木	佐賀有明海
地曳網	八	三又青木	佐賀有明海
手曳網	三五	上新田	佐賀有明海
鮟鱇網	一	沖端	佐賀有明海
繁網	七	川口	佐賀有明海
小網	二三六	久間田	佐賀有明海
こうもり網	三	沖端	佐賀有明海
くらげ網	一二	沖端	佐賀有明海
投網	三二	三又青木、川口、上新田	佐賀有明海
延縄	二七	沖端、川口、久間田	天草・五島近海、佐賀有明海
潜水器	七	浜武	佐賀有明海

（「漁村基礎調査」による）

第五節　内水面漁業

昭和二十四年当時の内水面漁業協同組合は筑後川、下筑後川、矢部川の三組合であり、漁家数一〇〇七戸、組合員一七三五人、漁船数四三一隻である。漁業従事者は二〇三七人であるが、このうち専業者は二十六人に過ぎない。漁業種は刺網類、曳網類、投網、竿釣、延縄が主体で、コイ、フナ、アユ、ハヤ、ウナギなどを漁獲対象とする。伝統の鵜飼、筌、浜堰漁もみられる。また、筑後川河口の干潟ではアサリ、シジミなどの採貝漁も行われている。

昭和二十三年度の内水面漁業生産は福岡県統計書によれば、採捕漁業が魚類一五・四トン、貝類二二・九トン、計三八・三トン、養殖業が魚類〇・一トン、藻類二二・五トン、計二二・六トンである。このうち、養殖藻類は朝倉郡産の川茸であると思われる。

元来、福岡県は流程一六〇〇キロメートルに及ぶ河川百十余を有し、淡水魚類の養殖利用適地は水田、灌漑用溜め池、炭坑陥没地など合せて二万五〇〇〇町歩にも達す。このような養魚場の条件に恵まれながら、戦後は主に三潴郡の農家による水田養鯉が盛んに行われている以外は低調であった。戦時から戦後にかけての水田養鯉の収穫量をみると、戦時中は主に食用として生産されていたが、戦後、種苗用が主体となると同時に総生産は減少傾向を示した。

表三－46　筑後川、矢部川水系における漁業就業状況（昭和二十四年現在）

漁業名	主対象種	漁期	就業統数	就業漁協
刺網類			統	
囲刺網	アユ、コイ、フナ、ハヤ、イダ	周年	一、〇九〇	矢部川、筑後川
曳網類				
地曳網	コイ、フナ、ハヤ	周年	一〇	筑後川
船曳寄網	ボラ、ヤスミ、エソ、コイ	周年	三〇	下筑後川
敷網類				
敷網	アユ、コイ、フナ、ハヤ	六～九月	四	矢部川
掩網類				
投網	アユ、コイ、フナ、ハヤ	周年	四二〇	筑後川、下筑後川、矢部川
釣漁具類				
竿釣	アユ	六～九月	九五	筑後川
〃	コイ、フナ、ウナギ	周年	七〇	下筑後川
〃	アユ、コイ、フナ、ハヤ	四～九月	二〇〇	矢部川
延縄	コイ、フナ、ウナギ	四～一〇月	三五	下筑後川

雑漁具類				
鵜飼	アユ、フナ	五～一〇月	四	筑後川
筌	ウナギ、エビ、カニ	五～一〇月	七〇	筑後川、矢部川
浜堰	アユ、ハヤ	五～一〇月	二五	筑後川
銛突	ボラ、ヤスミ、フナ、コイ	周年	八	下筑後川
採貝	アサリ、シジミ	周年	一二五	下筑後川

（「漁村基礎調査」より作成）

表三－47　水田養鯉業の収穫（昭和二十三年現在）

年	経営体数	鯉収穫量（トン）		
		計	食用	種苗用
昭和一七	五三七	四二・九	三四・二	八・七
一八	七一八	六〇・六	五一・五	九・一
一九	八六五	九五・六	五三・一	四二・五
二〇	八〇四	七六・九	三八・六	三八・三
二一	一三五	三一・二	五・五	二五・七
二二	二五九	五〇・五	〇・七	四三・四
二三	一一〇	一七・一	〇・四	一六・七

（「福岡県統計書」による）

第四編　朝鮮海出漁

【中扉写真】

全羅南道霊光郡蝟島付近の鮟鱇網漁船（昭和初期）。石首魚漁獲の鮟鱇網漁船の蝟集している状況。明治三十年以来内地人が鮟鱇網を用い、朝鮮人もこれに倣い益々盛んとなった。石首魚は主に朝鮮西海岸域で捕獲するが、毎年四月頃より蝟集島に集まり七山灘より操業を開始する。盛漁期には四〇〇艘ないし六〇〇艘の漁船が蝟集する。

（『日本地理体系　朝鮮編』）

第一章　明治二十年代までの朝鮮海出漁

第一節　わが国漁民朝鮮海通漁の沿革と国の施策

わが国漁民の朝鮮海出漁の沿革は古く、すでに中世末期頃から行われ、徳川初期頃までは特に旺盛であったという。徳川幕府の鎖国政策実施以降、表面上の出漁は厳禁されて中絶したが、西日本の漁民等が依然として密漁的経営をもって明治初年頃まで継続出漁してきた。

明治初期の通漁事情は詳らかでないが、明治三年大分県佐賀関の中家太郎等が、鱶漁業目的で五島・対馬を経て済州島近海に出漁したというのが最も古いようである。

鮮海出漁が急増したのは、明治九年三月「日鮮修好条約」締結からであった。それまで日韓両国の国交は途絶えていたが、修好条約の締結によって国交の回復、通商の再開となった。但し、漁業条約はなく正式にこれを定めたのは明治十六年七月締結の「朝鮮国ニ於テ日本人民貿易ノ規則」第四十一款の実施以降のことである。したがって、これまでの通漁は密漁であった。

明治十年、広島県坂村の平川甚三郎等四名が釜山に渡り付近の漁場調査を試みた。翌年三〜八月、同村中東丈衛門等四名は鯛・鱶漁を目的に釜山に渡り、さらに通訳を伴って仁川まで漁場調査を行った。その結果、翌十二年から釣漁業者の出漁が急増したという。山口県吉母浦の新田助九郎等三名は明治十一年、鯛延縄をもって釜山沖から巨済島方面まで出漁した。また、同県大島郡沖家室島の原勘次郎も翌十二年、釜山近海で好成績をあげ、これが動機となって以来鮮海出漁が次第に増えていった。

この頃になると、各地から各種の漁業者が通漁し、それぞれその開拓者をもって任じている。例えば明治十二年、鹿児島県串木野村浜浦の今村太平次等九名は沿岸漁場衰微の挽回策として鯖漁場探索のため、対馬から釜山近海へ出漁した。これが鮮海鯖釣漁業の開祖といわれた。明治十三年、香川県津田町萱野熊吉と和田某の二名が鯛延縄目的で出漁したのが、同県漁民通漁の濫觴である。同十六年には同県小田村松岡佐吉等二名が鰆流網をもって、さらに同十八年には同人等は縛網をもってそれぞれ釜山近海に出漁して、その有望性を紹介して以来、累年増加し、わが国屈指の鮮海出漁県と発展した。同二十年には岡山県日生村川崎甚平兄弟は鰡巾着網をもって釜山を根拠に発展した。

以上のように、すでに明治初期に南西日本の漁民は朝鮮沿岸に出漁し、その有利性を紹介し、鮮海出漁熱をあおったのである。しかし、この間の通漁は密漁であった。

正式に漁業条約として、明治十六年七月締結され、同年十月に布告された前述の貿易規則第四十一款の内容は左の通りである。

日本国漁船ハ朝鮮国全羅・慶尚・江原・咸鏡ノ四道、朝鮮国漁船ハ日本国肥前・筑前・長門（朝鮮海に面スル所）・石見・出雲・対馬ノ海浜ニ往来捕魚スルヲ聴スト雖、私ニ貨物ヲ以テ貿易スルヲ許サズ、違フ者ハ其品ヲ没収スベシ、但其所獲ノ魚介ヲ売買スルハ此例ニ非ズ、其彼此応納ノ魚税及ビ其他ノ細目ニ至リテハ、遵行両年ノ後其景況ニ随ヒ更ニ協議酌定スベシ。

右条約締結によって初めて正式に鮮海出漁の権利を獲得した。また同時に両国で協議決定された「朝鮮国海岸ニ於テ犯罪ノ日本国漁民取扱規則」も同日付で布達された。然し、当時は朝鮮沿岸の漁場に関する認識が浅く、かつ、わが国沿岸漁業がなお余力を有していたことや、日韓両国漁民の紛争等により鮮海出漁を一時禁止したこと等の理由から、いまだ散発的通漁であり、見るべき突出漁業はなかった。

しかし通漁は年々その数を増すとともに、すでに締結した両国貿易規則第四十一款の末文の趣旨に基づき明治二十二年十一月、「日本朝鮮両国通漁規則」が締結され、同二十三年一月、勅令公布された。本規則は第四十一款の施行細則とでもいうべきもので、以来わが国漁民は全てこれに準拠して出漁経営を営むこととなった。通漁規則は第一～十二条から成り、内容は漁業税・取締規則を定めたものであった。これによってわが国漁民の鮮海通漁の基準が明確になり、通漁はこの範囲内で可能となった。

「福岡日日新聞」は、通漁規則公布以後の鮮海通漁の状況と有望性ならびに済州島が日本漁民に未開放となっている問題点を左のように報じている。

日本朝鮮両国間の通漁規則を公布ありしが、元来朝鮮近海は魚介・海草等種々の海産に富み最も漁業に適すれども、昔時は我が邦漁業の進歩せざりしより遠く同海に漁猟を試むる者もなかりし処、山口県人吉村与三郎氏は八、九年前より率先して朝鮮南方済州島・巨文島・鹿島近傍の漁業に従事し、頗る同近海の状況を究めし趣きより今同氏の話に拠れば、去明治十六年七月、我政府の朝鮮国と貿易規則を締結せし以来、我漁業者の同海へ出漁するもの年一年より増加し、現今に至りては山口・長崎・佐賀・愛媛・広島・熊本等諸県の各地より出漁するもの五、六百余艘に及び尚益々増加の傾きあり、同海にて漁猟する者は重に鱶・鮑・海参・鯛等にして、皆夫々本船を置き、之に薪・炭・飲食物等を準備し、各漁船の猟品は皆本船へ集め且つ海参・鮑は潜水器を用ひて捕獲するよし、又同海の漁業期は毎年三、四月より十月頃迄にて、年々の漁獲も亦頗る巨額に達し、而して右海産は悉く清国へ輸出するものにて其利益も莫大なり、昨年中、吉村氏のみにても已に二万二、三千円の収入あり、其純益も殆ど半額に及ぶ程にて将来同海の漁業は益々多望なるにも拘はらず、爰に一の困難と云へるは彼国にて四道中、全羅道の内済州島へは外国漁業者の碇泊を許さざる事なり、然るに我漁業者の朝鮮近海へ出漁するには必ず同島の左右を通航し、殊に漁船の捕獲処は皆済州島近傍にありて、我が邦漁業者は皆同島を標的となし居るを以て風雨の難は勿論其他飲料水・必要品等同島に資らざるを得ざるの必要あるも、同島は朝鮮より牧司・郡司等を派出して外国船の碇泊を禁ずるを以て年々我幾百艘の漁船が此不便の為め、蒙る所の損失も亦尠少ならざるに付き我漁船は一般に此禁を解かん事を熱望し、又同島民も却て之を望み居る様子なり、同島にして開放せらるゝに至らば、我漁業者の利益は是迄の倍徙に止まらざる趣にて已に我領事館にても会うて此事を談判せし事ありしも、未だに其禁を解くに至らず、然るに我政府は昨秋来同海漁業船の課税に付き朝鮮政府と協議中なれば、同税則の訂定せられし上は同島も開放に至るべく、漁業者は皆寧ろ多少の漁業税を払ふも同島の解禁を望み居る事なるに、此度愈々両国間通漁規則も発布せられ夫々課税する事となりしが、同島の禁は如何なるべき、猶解禁に至らざれば我漁業者の失望も亦大なるべしと云ふ。

（「福岡日日新聞」明治二十三年一月十七日）

以上述べてきたように、日本は朝鮮四道海域における漁業利権を全面的に獲得し、日本漁船の活躍舞台と転化していったのである。福岡県は明治二十五年、勧業試験場技手を朝鮮海漁業実地調査に派遣したが、その結果が明治二十五年八月二十五〜九月四日の「福陵新報」に「朝鮮水産業の概況」と題して連載されている。その内容は地勢・海況・漁業・漁場・出漁船数・収穫・販路および将来と多岐にわたっている。この報文の末尾で将来について、きわめて有望性のあることを強調している。この報文から当時のわが国漁船の鮮海出漁状況について述べてみよう。

釜山港領事館調査によれば、通漁規則実施以降、明治二十三年一月から同二十五年六月迄に漁業免状を下付された県別漁船数は表四－1のようである。漁業鑑札の効力は満一ケ年間となっているが、ほとんどの漁船が引続き漁業を営むため申請し、同一番号の鑑札が再交付されるので、一、六七七艘は二十五年六月迄の純然たる有鑑札船といえる。問題は無鑑札船の多いことで、一、六七七艘を上るも下ることあらざるべし、であった。

韓人は国の沿海到る処、好漁場に富むにも拘はらず水産業に於ては、至つて冷淡にして漁利を収むるには意なきが如し。故に我漁船が該海へ渡航し無鑑札にて窃に漁業を営むものありと雖も、韓人は勿論、官吏に至るまで之を検査することなく、甚しきに至ては駐在の韓官は本邦漁民が漁業鑑札の有無に拘はらず、漁民が寄贈する賄賂を甘受し、此に報酬するに島嶼に納屋を設置するを許し、漁業並に製造の便を与ふる等の情況あるを見れば、仮令漁業鑑札を有せざるも敢て漁業を営むこと能はざるにあらざるを以て、現今我漁業者は鑑札を受くるの煩を避け、無鑑札にて直ちに漁場に出漁するもの往々是あり。

表四－1　鮮海漁業鑑札を下付された県別漁船数

県名	二十三年度	二十四年度	二十五年度六月迄	計
広島	一〇三	二七〇	一八九	五六二
山口	一六九	一一四	六一	三四四
長崎	一二四	四五	四四	二一三
大分	八三	三一	一七	一三一
香川	五三	四五	二一	一一九

岡山	五七	三四	一六	一〇七
熊本	四二	一五	八	六五
愛媛	一四	一五	二七	五六
鹿児島	二	二七	一八	四七
福岡	二	一	八	一一
宮崎	一	〇	〇	一
佐賀	〇	〇	一	一
徳島	〇	〇	一	一
合計	六五六	六〇二	四一八	一、六七七

主な漁業は次のようなものであった。

○鱶漁	延縄	釜山近海、所安島、済州島〜忠清道沖
○鯛漁	延縄、釣	釜山〜晋州
○鰮漁	焚寄網、地曳網	釜山近海、江原道一体、巨済島、丑山
○鯖漁	釣、建網	釜山近海、巨済島沖、慶尚道〜江原道境
○鰤漁	釣、建網	巨済島、丑山近海
○鮑漁	潜水器、裸夫	統営〜済州島
○海参（ナマコ）漁	底曳網、潜水器	統営〜済州島
○雑魚漁	釣、手繰網、帆曳網	沿海一体

通漁規則の締結は、日本漁民の通漁を両国家間で公的に認め、その条件整備がなされたが、これを契機に通漁がさらに増大していったことは、すでに述べた通りである。これら鮮海出漁漁民の出身地は、朝鮮と地理的・歴史的関係が深い西南日本にその重点があった。これら沿岸漁村地帯においては、いまだ無動力和船（帆、櫓）操業であり、地先資源や地先に接岸してくる回遊資源に依存せざるを得ない状況にあったが、これら資源の減少は明治以降、次第に顕著となっていっ

た。当時、地先における資源量が豊富であった朝鮮海は、必然的に日本漁民の進出の対象となった。朝鮮海への通航は困難をきわめたであろうが、一旦漁場に到着すれば得られる漁獲量は莫大であった。

明治二十年代の通漁は、漁民の自主性による自由出漁が主体であり、県等の奨励補助を受けたものは比較的少なかった。政府が鮮海漁業の開発を単なる産業・経済上の問題のみではなく、国家政策的観点から特別な保護奨励を加えて行くのは明治三十年代になってからである。

第二節　通漁漁民に係わる殺傷事件

一　済州島における日鮮漁民間殺傷事件

明治二十四年六月二十三日（陰暦五月十七日）、済州島沿岸で日韓両漁民間の紛争、殺傷事件が発生した。これは当時の両国漁民間における幾多の紛争なかで、その象徴的事件として取り上げられている。当時の新聞記事からこの事件の内容を追ってみよう。事件情報が日本の新聞に掲載されたのは、九月に入ってからであった。

(1)済州島に於て日本漁民四十余名暴殺に逢ふ、其他負傷者多し、此件に付釜山・仁川両領事が軍艦鳥海号にて同島に出張す。

（「長崎新報」明治二十四年九月六日）

(2)奸吏が愚民を煽動し牧使に説きて、日本漁夫放逐の議を以て銃砲刀剣の類を貸与せしかば、島民は隊を成し我が漁舟を進撃し、我が漁夫は防禦に力を尽し三人を斬り斃し、彼等は逃げ失せたる故、我れには別に負傷も無かりし様子なり。

（「時事新報」明治二十四年九月九日）

(3)仁川領事よりの公報によれば、本年八月二十日頃、我が漁民が朝鮮人十六名を負傷せしめ一名を殺したるより漁民一時の争ひに過ぎず騒ぐ勿れ。

（「福岡日日新聞」明治二十四年九月十四日）

(4)長崎警察部に問合せたる回電では、朝鮮の事件は事実なり然れども死傷の数は分からす、釜山領事が軍艦鳥海号にて済州島に向ひし、とある。この夏時、済州島に残繫せるものは僅々五、六艘・二、三十名以下に過ぎず四十名が皆殺しに逢ふとするは事実あるべきことならず。又事件に玄界島漁民云々との流説あれば、念の為め筑豊漁業組合総長黒木氏に問合したるに、氏は、本県の漁民は未だ遠洋漁業として該島付近に赴きたるものなし若し之れあらば山口・広島等の漁船か、若しくは其漁船に雇はれて乗込み居る本県の漁民も無しとは断言されず、故に尚ほ取調べ判然したる上にて確報すべしと。

（「福陵新報」明治二十四年九月十五日）

(5)東京の諸新聞に依ると、八月二十七日、梶山公使よりの電報には、日本漁夫が凶器を以て済州島民に迫り一人を殺し数名を負傷せしめたる旨、朝鮮外衛門よりの通知に依り実況視察の為めに軍艦鳥海に林仁川領事外数名を乗らしめ出発せしめたしと有り。

（明治二十四年九月十八日）

(6)八月二十九日、朝報に依れば、日本人が島民の漁事を掠め、居民三人を殺したる由を記して居り、一も二も日本人の曲なるが如くなれども、聞く所に拠れば争闘の始まりしは州城前の海辺に碇泊せる我漁舟へ彼らより襲撃し来りし為め遂に大事に至り、海上にて一人、陸上にて二人斃したる次第なりと云ふ、日本漁船は孰れも既に退帆して行く所を知らず。

（「福陵新報」明治二十四年九月十八日）

(7)東雲新聞は去十六日の紙上に〈済州島を封鎖せよ〉と題する社説を掲げ以下の結論したり。若し事我れに利あらば如何ん、朝鮮は元これ我に貢を納るゝの国なり、恕して以て独立を認む、猶且公館を火し、官吏を斃し、我恩に仇する多し、怨を忍んで今日に至る、蓋し我れを徳とせざるを得ざるなり、然るに之に加ふるに這般の如き無惨なる殺傷を為す、豈に黙して且つ恕すべけんや、宜しく先づ艦隊を発して済州島を封鎖し以て罪を朝鮮政府に問ふべし、彼れ其罪を謝するに道なくんば、償ふに済州島を以てせしむべし、焉んぞ躊躇するを要せんや、要するに従来我邦の対外政略頗る鈍ぶし、東洋風雲異変あらんとするに際し、其政略を一変して以て、此果断策に出でば、露清或は肝胆を寒からしむるに足らんか、嗚呼亦た痛快ならずや。

（「福陵新報」明治二十四年九月十九日）

(8)済州島事件には朝鮮政府も頗る議論あり、遂に通商条約撤回論を主張するものと尋常の手段を以て徐々事を処せんと云ふとの二派に分れたるを機として、袁世凱は日韓離間のため大院君を煽起せしむるなり。

（「福陵新報」明治二十四年九月二十七日）

以上の新聞記事にみられるように、事件情報は二転三転しており、また事実確認も出来ていない段階で「東雲新聞」の社説のように「済州島を封鎖し罪を朝鮮政府に問ふべし」との煽動論も台頭している。一方朝鮮政府でも、この事件に関紹介する。

心をもっていたことがうかがわれる。
「福陵新報」は「済州島日韓漁民闘争始末」と題して、軍艦鳥海による取調結果を掲載しているので、その全文を左に紹介する。

済州島に於ける日韓漁民闘争事件に付き、朝鮮仁川より直ちに同島へ回航せし軍艦鳥海は、本月四日正午無事長崎に着したり。今同艦に乗組み親しく該地方の視察を遂げし某氏に付き、回航中の顚末を聞き得たれば之れを左に掲ぐべし。初め殺人事件の報、京城公使館に達するや、公使は直ちに朝鮮政府に照会し林仁川領事、京城公使館付武富大尉及び仁川領事館書記生高雄謙三諸氏に出張を命ぜしが、長崎県大村人にして予て韓人と結び済州島の漁業に従事せる朝長次郎氏及び朝鮮外衛門参議朴用元氏亦乞ふて同行せり。斯くて同艦は九月十二日午前八時仁川を発し十四日午後三時処安島に寄泊し、十七日午前五時処安島を発し同十一時済州島に着し、州城を距る凡そ一海里の沖合に泊す。林領事、武富大尉及び鳥海乗組福井大尉、鈴木少尉、三村少主計、高雄仁川領事館書記生、朝長氏其他下士兵卒二十四名及び朴参議は直ちに短艇より建入浦に上陸し、鳥海は二十二日吾照浦に回航して此一行を乗組ましむるを約し近傍某島に引返して碇泊せり。

領事等来着の報、牧使の営門に着するや牧使代理として判官金膺斌兵士二十名を従へて出迎ふ。仍て領事は直ちに殺人事件の顚末を尋ね、夫れより一行を二組に分ち南北二方に向ひ該島を巡回して実際の模様を取調ぶることゝし、武富・福井両大尉及び朝長氏は水兵四人と共に十九日を以て南方に向ひ出発し、林領事其他の人々は何れも二十日を北方に向ひたり。而して双方予期のごとく二十二日を以て吾照浦に会し鳥海亦た来り迎へしを以て、即ち之れに乗組みて長直路に直航し二十三日朝同所に着し夫れより近海の測量に従事すること数日、二十八日早朝、長直路を発し巨済島猪執昧に寄泊し、二十九日釜山に着し林領事、武富大尉、高雄書記生は此より帰任の途に就き鳥海は十月三日午後二時を以て釜山を発し乃ち去四日正午長崎に着したり。

今、右一行の取調べたる日韓漁民闘争の顚末に付き、日本漁民の説く所に依れば陰暦五月十七日、我漁船数艘、建入浦を距る凡そ一海里の場所に於て漁業中、韓人数十名三艘の漁船に乗し砲銃を放ちつゝ我漁船に近づき来りしを以て、潜水器を引上げんとする際、彼らは既に接近し来り槍を揮ふて吾漁民を刺さんとせしかは、我漁民は直ちに之を奪ひ取りしに間もなく彼我打ち混じて殆んど海上に小接戦を生じたり。固より我漁民は戎器の用意なきを以て可成彼れの兵器を奪ひ之れを防がんとて槍を以て彼の船体を突きしに、韓人中石を飛すこと頻りにして我漁民の一人（姓名不詳）之れが為めに頭部に負傷せり。一同大に驚き的を撰ばずして韓船中に槍を投ぜしに、一人之が為めに大傷を負ひ絶倒せり。此に於て韓人大に狼狽し他の二艘は何処ともなく漕去り、他の一艘も間もなく影を匿くしたり。此日、右闘争後、建入浦を距る五里許りの金寧浦に於て我漁民十名許り上陸して、又一場の闘争を生ぜしと雖も、其実況を実見せしものなきを以て未だ之れが詳細を知る能はずも、我漁民は死傷あらざりしは明なり。

又韓人の説に依れば、陰暦五月十七日、韓人三艘の漁船に乗し日本漁夫の漁業を差止めんとせしに、日本漁民争闘を挑み刀剣を揮ひ銃砲を発して韓人を殺傷し、仁順伯なる者之れが為めに死し、高景正なる者は肩に刀傷を負ひ其他身体各部に銃傷を負ひし者十五、六人あり。また同日金寧浦に於て日本漁民十数名上陸し、金銭物品を奪掠するを以て、住民争ふて遁逃す。依て李達善なる者之れを制せんとし其場に至りしに、忽ち一場の争闘を生じ李達善は重傷を負ひ、後九日にして終に死去したり。

而して韓人は更に戎器を携へざりし云々、然れども済州島牧使の談話に拠れば、韓人は牧使に告げずして営門の槍を持ち出したり、尤も銃砲は果して携へしや否やを知らずと断言したりと云へば、彼れに於て戎器を携へざりしと云ふは全く虚説なること推知すべし。又我漁民より手出したりと云ふも事実有り得べき事にあらず。彼韓人等強て差止めんと為して暴力を揮ひしに由るや測知すべきなり。以上の事実に依れば韓人の死者は任順伯、李達善の二人、負傷者は高景正一人にして我漁民は石の為に頭部を負傷せし者一人なりしと判然たり。又韓人中十五六人の銃傷者ありしと云ふも、亦果して悉く我漁民の為めに負傷せしものなるや否や今日に於て判然せず。固より我漁民は最初銃砲を所持せず、彼此相接して争闘するに及び初めて彼れの銃砲を奪ひ得しものにて、後彼れを遂はんとして発砲せしものありと雖ども、韓船三艘は相先後して発砲せしことなれば彼の後者、前者を射しものなるやも知るべからずと云へり。実際の事情果して右の如くなれば、当初此事に関し四十名の日本漁民虐殺されたりなどの報道を掲げて人耳を驚かしたるものありしは、実に虚伝に誤られしなり。我社は始めより深く本件に疑団を存し、成るべく世人をして誤報に驚慌さるゝなからんを期したるが、果せる哉右は全く一時漁民間に起りたる行違ひより小紛争を開きたるものに止まり「四十余名の日本漁民が韓人の為めに虐殺されたり」などの風説は実に跡方なきことなりしなり。

（「福陵新報」明治二十四年十月九日）

以上が済州島日韓漁民闘争事件の経緯であるが、本事件は軍艦による取調で終結され、これ以上の追求は行われなかったようである。両者の言い分では、陰暦五月十七日に海上での闘争事件が生じたことは同一であるが、他の点では明らかに異なっている。

両国通漁規則により、たとえ日本漁民が漁業免許の鑑札を所持していたとしても、免許自体は出漁先漁民の了解を前提としたものではなかった。また出稼漁民には、出稼漁場における資源保護を配慮するような意識はなかった。同規則第五条に「此国ノ漁船彼国三里以内ニ於テ地方ノ禁制ニ背キ魚介其他海産ノ蕃殖ヲ害スベキ方法ヲ用ユルコト勿ル可ク又ハ各地方ニ於テ魚介ノ種類ヲ限リ其捕獲禁制シタル時期ニ方リテハ彼此ノ漁民決シテ該魚介ヲ捕獲スルコト勿ル可シ」とあるが、ほとんどの日本漁船はこれを無視して侵漁を強行していたであろうことは想像できる。特に、鮑等の定着性資源は乱獲による枯渇が懸念され、地元漁民の危機感さらには相排の悪感情は甚だしいものがあったであろう。本事件の発生には以上のような背景があったと思われる。

日本外務大臣は、この事件後に済州島通漁の一時停止命令を発したが、明治二十四年十二月に解除方を各府県に令達した。また外務大臣は関係府県知事に対して「朝鮮近海出稼漁民が鉄砲槍剣等兇器の携帯せざるよう取締方」訓示を発した。これに基づき、福岡県知事は明治二十六年一月十四日、沿海郡市長および沿海警察署長に対して以下の訓令を発した。「本邦漁人の朝鮮近海に出稼するもの、往々銃槍等の兇器相携ひ彼韓人に対し暴行掠奪等の所行を為すもの有之、為めに彼我漁業上一般の不利を招くのみならず、自然国交際上にも関係相及ぼすの恐あり、今後右等漁人の往漁に際しては精々可取締旨、外務大臣より内訓の次第も有之候に付、自今漁民の朝鮮近海出稼を為すものあらば兇器類携帯せしむべからざるは勿論、篤く右の旨を体せしめ行為を慎む可き拠取計ふべし」。このような措置は、政府が両国漁民間の紛争発生に憂慮し、その防止にいかに気を配っていたかをうかがわせるものであろう。

二　竹辺における日本漁民殺傷事件

明治二十九年三月十三日、竹辺において日本漁民十数名が地元住民に襲われ、死亡するという事件が発生した。同年三月十八日、「福岡日日新聞」は「本日、朝鮮より帰航したる品川丸客の談に依れば、去る十三日朝鮮釜山を距る北方七、八十里の竹辺といへる所に於て、我邦人漁業者二十四名は朝鮮暴徒の襲ふ所と為り、内十三名は虐殺せられ、残り九名は辛じて難を遁れ帰りし」と報じている。日本政府は、この事件捜査のため軍艦を派遣した。その記者同行記が「福岡日日新聞」に左のように掲載されている。

三月二十一日、我が釜山領事より巡査一名及び遭難漁夫一名、朝鮮巡検崔敬寿なるものを我艦に便乗せしめ同日午後一時釜山を抜錨したり。二十二日午前十時、竹辺に到着す、時に寒気凛冽にして験温器の水銀は実に零点以下二十二度に降り四山皆な銀色に変せり。竹辺の土人は我艦の至るを見るや妻子を担え糧食を負ひ山に逃れ海に走り、小高き山上には哨兵の如き見張を設けたり。我艦よりは早速端艇を艤し巡査両名、漁夫一名及び半小隊の陸戦隊を乗らしめ竹辺に向つて上陸せしむれば、早や村内には土人の双影だに認めず、彼等が逃足の早きには実に一驚を吃し申候。

巡査及び陸戦隊は山を攀ぢて四、五の暴民を捕え之を訊問せしに、我が漁民を虐殺したる証を得たり。然れども今回は只だ其事実及び場所を確かむるが為にして討伐の為にあらざれば、強いて其魁を窮追せず山を降りて竹辺に出れば、虐殺せられたる我漁夫の持船は早既に破壊せられ、之を薪と為して戸々の軒下に積み居るを見たり。又た船中に備え居たる苧縄及び器具は之を各家に分ち、漁夫が所持し居たる目覚時計の如きは之を府役の宅に持て帰りて飾り居たり。而して玆に最も悲惨なるは我が漁夫等の仮家ありし所に至りたる時なり。地上何と無く怪し気なる所ありしより竹を以て其上を突きたるに、竹頭に黒血の付き来るを見る。是れ虐殺したる漁夫を埋めたるものならんと早速地上を掘り見たるに、果せる哉、目も当てられぬ同胞十四名の死体は恰かも沢庵漬の如く累々之れを埋めあり頭部、面部、四肢総べて傷無きは無く、或は耳を斬られ或は口を裂かれ其残酷嗚呼誰れか之れを見て泣き且つ怒らざらんや。

我が軍医は其死体に付き一々傷を検せしが、死体概ね弾傷、切傷にして手は総べて縄を以て後に縛しありたり、又た此仮家より近き辺の海岸に至りしに、白砂は変じて紅砂と為り鮮血痕を留め虐殺当時の光景転た眼に在るが如くなりき。生存したる一漁夫の口上を左に記さん。

私共二十三名は島原、五島、長崎、広島の者にして四、五年前より毎年此地に鮑を取り汽船中にて之れを製するものなるが、本年も七月迄の見込にてまだ米も七十俵程積み居たり。而して当十三日、一同例の仮家に帰り一杯傾ぶけんとて朝鮮人中の知人を招き居たる所、何やら遠近に人声す思ふ間も無く、火山に火を揚げて近村の者を集め三百余名の暴民は小竹藪より声を揚げつゝ、竹槍提さげて出で来り。我等中の一名は早既に壁越しに殺されたり、其時私は漸く逃れて海岸に出て船に乗らんとする時、韓人は頻りに発砲したれども幸にして当らず、因て苧縄を切りて船を沖に流し居る中、内八名の漁夫は虎口を逃れて海に飛込み我が船に泳ぎ着きしが、途中弾丸に触れたるもあり。今現に釜山病院に入り居れり、斯の如き有様にて私共は韓人の頭一つも叩かず、七十俵の米も亦た船も鮑の獲物も彼等に取られ実に残念で溜りませぬ云々。

一行中、巡査は矢の根の如きもの槍の如きもの等を徴収し、大砲小銃の発火練習を為して、二十五日釜山に帰港したり。（「福岡日日新聞」明治二十九年三月二十九日）

前項で述べた済州島事件が偶発的に起こったものであるのに対して、本事件は大規模かつ計画的に仕組まれたものである感が強い。その後、本事件がどのように措置されたかは不明であるが、同新聞は「朝鮮暴徒の為に害せられし邦人及び其財産は我が領事之を取調べ、公使より朝鮮政府に談判せん手筈となりたるよし」と報じている。

第三節　日本の鮮海通漁政策に対する高秉雲の批判

高秉雲（コビヨンウン）は、その著書『略奪された祖国――日米の朝鮮経済侵略史』の第二章「日本の朝鮮漁業利権収奪と移住漁村建設」のなかで、侵略された立場から日本の鮮海通漁・移住漁村政策を痛烈に批判している。この著書に準拠して、本節では日鮮修好条約（江華島条約）締結から日鮮両国通漁規則締結までの間における論点を紹介しよう。

日本漁業資本の朝鮮沿近海への本格的な侵出、大々的な略奪の始まりは「江華島条約」（一八七六年）を契機として公々然と組織化され、拍車をかけるようになった。日本は、侵略的で不平等条約である「江華島条約」を強要してから七年目の一八八三年「朝鮮国ニ於テ日本人民貿易ノ規則」と「朝鮮国海岸ニ於テ犯罪ノ日本漁民取扱規則」を締結した。

この「朝鮮国ニ於テ日本人民貿易ノ規則」のなかで漁業に関する項目（第四十一款）をみると、その内容は平等な条約のように装っているが、全く正反対である。その第一は、朝鮮漁業資源の宝庫である咸鏡・江原・慶尚・全羅四道の漁業権を獲得したのである。この代わり朝鮮漁民は日本の肥前・筑前・長門（朝鮮に面する）・岩見・出雲・対馬の海浜で捕魚するとなっているが、この日本沿海は、すでに日本漁民の漁撈により資源は減退、枯渇現象が出始めた海である。朝鮮漁民は沿近海にある豊富な資源を差し置いて、日本漁民が見放した日本海浜へ出向いて何を得るというのか、全く正気では考えられないことである。第二は、当時朝鮮の漁船の規模、隻数からしても、日本漁民と朝鮮漁民とが対等に競り合う立場にはなかったことである。

また、この条約を成立させるために「朝鮮国海岸ニ於テ犯罪ノ日本漁民取扱規則」を包括して一括調印していることである。これは、日本漁民が朝鮮海において、いかに横暴に乱獲、殺人など犯罪行為をはたらいていたか、日本自身も認めていたのである。この規則第二条には「朝鮮国官吏は法禁を犯せる日本国人を取押さへるときは其罪証を具録し之を添て其日本人を最寄開港場の日本領事館へ引渡し相当の処分を要求すべし日本領事館は速やかに其要求に応じ之を審査し照律処断すべし但し朝鮮国吏取押さへ又は護送の際苛虐の取扱いをなすこと無るべし」となっていて、日本漁民、日本水産資本擁護のための領事裁判権行使であり、犯罪者の処罰よりも保護を目的とするものであった。

さらに、日本は一八八九年、「朝鮮日本両国通漁規則」を強要調印したのである。この規則は全十二条からなっており、不平等で日本には有利に、朝鮮には不利な略奪的な約条である。

その内容を検討してみると、第一条には「漁業を営まんとする両国漁船は其船の間数所有主の住所姓及び乗組人員を詳記し其船主若くは代理人より願書を認め日本漁船は其領事官を経て開港場地方庁へ、朝鮮漁船は議定地方の郡役所に差し出し該船の検査を経て免許鑑札を受くべし」となっている。日本漁船は、まず日本領事官を経て開港場地方庁（朝鮮）へとなっているのは、治外法権的で日本国内と同様である。朝鮮の地方庁というのは、日本領事官により牛耳られていた時期である。朝鮮漁船は、日本の海浜で漁撈する必要もないし、また漁撈の例もないが、議定地方の日本の郡区役所にて免許鑑札を受くべしとなっていて、実意一方的なものである。

第三条には「其捕獲したる魚介を彼国海浜の地方に於いて販売することを得べし」として、朝鮮の沿近海にて捕獲した魚類を朝鮮で自由販売する権利まで獲得している。また、第六条には「違犯者あれば之を押留することを得但し朝鮮地方官にて日本船を押留したるときは其趣速やかに最寄り日本領事官に通知し該規則に従って処分を求むべし」となっている。これでは、朝鮮国の地方官というのは、主権国家としての自主性もかけらもない。違犯者を逮捕しても最寄りの日本領事官に通知し、領事館への案内役をはたすだけである。

このようにして、日本は朝鮮海域における漁業利権を全面的に獲得し、朝鮮海は日本漁船の活躍舞台と転化したのである。

第四節　福岡県人の鮮海出漁

一　筑豊漁業組合の鮮海出漁伝習試験

福岡県漁民の鮮海出漁は、周辺県に比べて遅い方であった。鮮海出漁問題が具体的に持ち上がったのは、明治二十三年以降である。第十三回福岡県勧業年報（明治二十三年）は「凡ソ漁業者ノ習俗タル徒ニ沿海小漁ニ従事シ僅カニ其生計ヲ営ミ、更ニ勇奮進取ノ気象ナキハ一般ノ常観ナリ、曾テ遠洋漁業ヲ奨励スト雖モ機運未ダ至ラズ荏苒今ニ及シカ、第三回内国勧業博覧会ニ遭遇シ連日参観、大ニ悟了スル処アリ初テ遠洋漁業ノ必要ヲ感ズルニ至レリ、爾来種々画策スル処アルモ漁船漁具ノ構造等固ヨリ資本ヲ要シ、貧困ノ漁民一途出資ヲナシ能ハザルヲ以テ筑豊漁業組合会ニ於テ創業費補給ヲ県会ニ要求シ、県会ニ於テモ其雄図偉業大ニ地方ノ経済ヲ利スルモノトシ金一千九百二十円ヲ補助スルニ可決セリ、此挙ノ成功ハ来期ヲ待ツニアラザレバ其利害ヲ判定シ得ザルナリ」と記している。

明治二十三年十一月、福岡県会議長あてに、筑豊漁業組合遠洋漁業創業委員会名で「遠洋漁業創業費補助」建議書が提出された。その主旨は左のようなものであった。

(1)既ニ山口・愛媛・大分・長崎四県ノ漁業者ハ茲ニ見ル所アリテ漁船漁具ヲ改良製造シ船隊ヲ編制シ、以テ朝鮮海ニ運動シ猶ホ捕獲物販売ノ法ヲ設ケ、其利益ヲ収得スル寡少ナラザルナリ、福井・京都ノ如キハ県会ノ奨励ニ依リ遠洋漁業ノ方法ヲ設ケタリト聞ケリ。

(2)本県下吾輩漁業者ニシテ逡巡躊躇シテ遠洋ノ漁場ハ却テ遠隔ナル他府県ノ同業者ニ占有セラレ、彼ノ後ニ瞠着タルノミナラズ彼等ノ嘲笑スル所トナルハ実ニ遺憾ノ至ニ付、先般来、同盟組合ニ於テ屢々評議ヲ尽シ合資以テ伝習教師ヲ傭聘シ壮健ノ漁夫ヲ養成スルト同時ニ漁船及漁具ヲ改造シ以テ船隊ヲ編成シ、奮起勇躍遠洋ニ航漁セントス。

(3)決議ニ及ブト雖モ何様多額ノ資金ヲ要シ、同業者生計ノ困難ナル加フルニ近年不漁打続キ客年ノ恐慌ニ際シ、米穀物価ノ騰貴ニ従ヒ一層窮厄ニ陥リ殆ド飢餓ニ瀕セントスルノ場合ニ候得バ、該業者ノ遂ニ能ク弁シ得可キ所ニアラザルヲ以テ状ヲ具シ、県知事ニ請願スル所アリシモ未ダ何指令ニ接セズ。

(4)仰ギ願クハ我ガ賢明ナル正副議長及議員諸君吾輩同盟漁業者ノ微衷ヲ愍察セラレ、該改良漁船十六艘構造資金二千九百九十二円ヲ地方税ヲ以テ補助或ハ貸与セラレンコトヲ懇請シテ止マザル所ナリ。

以上の陳情を受けた議会では、建議書調査委員三名を選出し、その委員調査報告を基に審議した。委員の調査報告の要点は左のとおりであった。

(1)遠洋漁業補助ヲ可トスル立場カラ陳述ス。

(2)社会一般ノ民業ニ比シ漁業ハ頗ル遅レテ居ルガ、独リ我県下ノミナラズト雖モ各府県ニ比スルモ本県ノ漁業ハ劣勢ニ位セリ。

(3)今日社会諸般ノ民業ハ改良進歩ヲ図ルニ汲々タレドモ、漁業者ハ近海漁業ノ姑息ナ慣習ニ倫安シ、遠海進取ノ気性ニ乏シク、偶々奮テ漁業ノ面目ヲ開発セント欲スルモ資金ナキタメ如何トモナス能ナリ。

(4)然ルニ有志者ハ之ヲ憂ヒ遠海進出ヲ計画シ、六千余円ノ大金ヲ拠集セントス、然ルニ漁業者ハ僅カニ五千余ニシテ之ニ六千余円ヲ負担スルハ困難ナル到底其目的ヲ達スルハ能ハザルベシ。

(5)組合ハ立テ六千余円ヲ出サンコトヲ奔走スルモ是非常ノ困難ナレバ、其幾分ヲ地方議会ニ請ヒ補助ヲ受ケントナリ、議会ハ補助スルモ可ナリト思フガ、建議ハ船ヲ新造スルノ費用ヲ補助ヲ請フモノナレドモ、実習ノ教員給ガ千九百二十円ヲ要スルノ事ニ付、其金額ヲ補助スルコトト致シタシ。

(6)結論トシテ遠洋漁業伝習補助費金千九百二十円ヲ計上サレタシヲ修正動議トシテ提出ス。

審議は賛否両論に分かれて激論が交わされるが、採決の結果、賛成反対ともに三十三票の同数となるが、議長裁定によりこの修正動議が採択されたのである。また同時期の県会に提出された某水産会社建議書「遠洋漁業費補助之議」は採択されていない。

県は明治二十四年度遠洋漁業伝習補助費支出が確定するや、同二十三年十二月十七日、訓令第一二八三号「遠洋漁業伝習に付て」を発した。これは遠洋漁業伝習実施要綱のようなものであった。また関係各郡市長あてに次のような照会文を発して市郡費補助方を依頼している。

筑豊漁業連合組合に於て遠洋漁業企画致候に付、右創業費御郡市漁民へ組合会に於て賦課致居候、右賦課額の内郡費補助請求致候趣に有之、右は創設の事業にして其成功の如何は地方経済に大に関係を有することも有之候間、定て充分御幇助相成可申候事と被存候、然るに郡費補助は大に該業発達上関係不少候間、会議に付議相成候はゞ原案並に決議は至急御申報相成候様致度此段及御照会候也。

右の県依頼および地区内漁業者の請願を受けて、二十四年四月、福岡市会では「遠洋漁業起業費補助（一金六十一円五十五銭）」が提案、採択されている。その議案説明は左のようなものであった。

遠洋漁業ハ国家経済上忽セニスベカラザル業務ナルヲ以テ、県下筑豊漁業組合ハ之ヲ経書ヲ為シタルニ起業ニ関スル費金六千有余円ヲ要スベシ、依テ同組合ハ客年本県会ニ建議シ教師雇入金一千九百二十円ノ補助ヲ受ケリ、然シテ総金額ヨリ之ヲ控除シタル残額金四千三百余円ヲ各地漁戸ニ配賦スルトキハ、本市漁業者ノ数壱百戸ニシテ則チ一戸ノ負担金一円二十三銭一厘トナリ、現今漁民ノ困難ナル到底負担ノ費ヲ全シガタキヲ憂ヘ、漁人総代結城源六外六名ヨリ戸別割負担ノ半額即チ本項ノ金員市費ヲ以テ補助セラレンコトヲ請願セリ、右ハ各郡ニ於テモ同様各戸負担ノ半額ヲ補助スルニ決議シタル趣ニモ有之、且該漁獲物ハ主トシテ博多港ニ輻輳セシムル規約ニ有之、本市ノ関係尠少ナラザル義ニ付本年度予備費ヨリ補助ヲナサント欲シ、本会ノ意見ヲ問フ。

福岡市と同様に、各郡からの補助金も支出された。最終的に県費補助一九二〇円、郡市補助二〇一五円を得、漁業組合徴収一一五五円九十五銭三厘で、合計五〇九〇円余を集めることができた。漁業伝習漁船はすでに二十四年三月には建造に着手され、同年五月一日に船卸式が挙行された。これら伝習船は第一号筑豊丸～第八号筑豊丸の八艘であった。「福陵新報」は船卸式の景況を左のように報じている。

筑豊漁業組合遠洋伝習船の船卸式は昨日、博多海浜に於て執行せり。来賓は福岡県庁の高等官、常置委員、沿海各郡市長及主任書記、村長、連合会頭取等凡そ百三十名にて、山崎書記官の演説あり。

右了りて、一同船に乗り込み、第二号・第七号の伊崎船は遠洋漁業中、最も必要なる彼の逆風に向ての進行を試み、夫より各船とも十分の技術を演じて、海岸を距る二丁余の沖に於て祝宴を開けり。

偖（さ）て船の構造を見ると、何れも胴幅八尺以上九尺三寸迄にて、船名は都て筑豊丸と称し、第一号、第二号を以て之を分てり、帆は六反、乗組員は五人、櫓は五挺立ちで、製造所は山口県豊浦郡吉母村外筑前沿岸の船大工にて、水産局の取調べに係る設計図に拠て構造したる近来無比の改良形なり。漁具は鯛縄、鱶縄を主とし其他一切の準備尽く整へり、殊に伊崎船の如きは各種の漁具さへ持出して来賓の閲覧に供したるが、船一艘に付て愈々遠洋に向はんとすれば、食物以下都ての準備に三百二十余円を要すと云ふ。而して売捌の問屋は唐津・呼子・伊万里・加布里・姪ノ浜・福岡市・伊崎浦・神ノ港・鐘崎・芦屋・小倉・馬関等は約束整ひ居る趣にて、既成の船長は第一号（遠賀郡柏原・益田米吉）、第二号（福岡市伊崎・権原万三郎）、第三号（宗像郡鐘崎・北崎近蔵）、第四号（怡土郡加布里・西崎虎吉）、第五号（企救郡長浜・福島福松）、第六号（宗像郡地ノ島・大江金次郎）、第七号（福岡市伊崎・川島喜兵衛）、第八号（志摩郡久我・小金丸権右衛門）で、直ちに実地に着手する運びなりとぞ。（「福陵新報」明治二十四年五月二日）

これら八艘伝習船の第一回試験では、五月初旬に出帆しそれぞれ別行動で主に鯛・鱶延縄漁に従事し、八月に帰港した。第二回試験は十月から行われている。この結果は県会に明治二十四年十二月十七日付「遠洋漁業実況申報」として提出されているが、この報文中、後半の出漁結果部分を左に紹介しよう。

発纜式ヲ行ヒ直チニ筑前沖ヨリ壱岐・対馬ノ間ニ於テ出漁セシモ、此時恰モ暑熱ニ際シ遠海ニ於テ獲魚ノ貯蔵ニ苦ムノミナラズ、魚族モ近海ニ回遊ナスガ故ニ爾後ハ専ラ近海ノ漁業ヲ営ミ、八月ニ至リ各船帰航シテ漁具船具ノ修理ニ従事セリ。此期タルヤ実ニ遠洋漁業ノ第一着手ニシテ百事倉皇相整ザルモノアリ、且ツ漁期既ニ後レ僅カニ数回ノ出漁ニ過ギサリシヲ以テ其収利モ言フニ足ラザリシトイヘドモ、此期ニ当リテ大ニ伝習員ノ経験ヲ加ヘタルモ蓋シ少ナシトセズ。而ルニ伝習員ノ中ニハ渺茫典際ノ遠洋ニ慣レズ澎湃タル波濤ニ苦ミテ或ハ前途ノ成功ヲ危ブミ病ニ托シ事ヲ設ケ伝習ヲ辞シタルモノ数名アリシガ、是等ハ総テ其請ヲ許シ更ニ強健有為ノモノト交代セシメ、今秋季ヲ待チ準備ヲ整ヘ去ル十月前後ニ各船纜ヲ解テ対州・朝鮮海ニ各第二回ノ出漁ヲ試ミ、第四号筑豊丸ノ如キハ済州島ニ進ミ、漁場探験ノ為メ発航シ大ニ漁利ノ功ヲ奏ス、爾来各船ノ報道続々トシテ好成績ヲ報ジ相競テ其業ヲ営ムノ状アリ。尚ホ出漁ニ日浅ク未ダ容易ニ其利否ヲ断定シ難シトイヘドモ、今日ノ実況ヲ以テ将来ヲ推セバ、蓋シ十分ノ成功ヲ奏スルヤ敢テ疑フベカラザル事ト信ズ。其経験ニ仍リ習熟ニ随ヒ追次改良漁船ヲ増殖シテ以テ孜々汲々トシテ其功ヲ大成セシメンコトヲ期ス事素ヨリ、創設ニ属シ本期ノ漁業ヲ終リニアラザレバ其利否得失固ヨリ確言シ能ハザル所アリトイヘドモ、賢明ナル県会ノ協賛ヲ享ケ寡額ナラザル補助ヲ蒙リシヲヤ、以テ取敢ヘズ今日マデ従事セシ成蹟ヲ申報シ、猶更ニ本期ノ漁業ヲ終リ各船ニ就キ其捕獲高及漁況等ヲ詳査シ謹テ報道スル所アラントス。

右の報文では、どの程度の漁獲成績を挙げたかは不明である。明治二十四年十一月二十日、「福岡日日新聞」は遠洋漁業の大漁と題して「筑豊漁業組合の設置に係る遠洋漁業船（号名不明）なる宗像郡福間浦の船頭井本梅吉なるもの去る十月二十五日朝鮮近海に出帆し、漁場探検として漢口近海迄進航し、僅か三日間にして鱶大小六百尾余（代価にして百円）を漁獲して、本月十五日無事に福間浦へ帰浦したりと、斯くの如く大漁有りしを以て遠洋漁事伝習生大に競ひて漁具修理の上へ不日出帆せんとの準備中なり」と報じている。船頭の井本梅吉は当時、福間浦に寄留していたが、元来山口県阿武郡鶴江村の出身で、伝習教師として雇われ、鮮海漁業の経験があった人物と思われる。このような好漁もあったが、全般的には予期した成果は得られなかったようである。翌二十五年も遠洋漁業試験は続けられたが、その結果は不明である。二十六年試験に関して、同年六月三日、「福岡日日新聞」に「筑豊漁業組合にては先々年より遠洋漁業試験中なるが、同漁業船七艘（＊八艘でない）は不日大分県佐賀関漁船数艘と一の船隊を組み朝鮮近海へ向ひ出漁する由、因に記す佐賀関の漁業者は数年来、朝鮮近海に出漁せしとなれば、漁場の模様等も知り居るべく、本県漁夫に取ては利益多からん」と記している。この記事からも、今までの漁業試験結果が芳しくなかったことをうかがわせる。

この遠洋漁業伝習試験はいつまで継続されたのか、その成果如何については明確ではないが、目立った成果を見ないうちに終わっている。『筑豊沿海志』は「是れ我が筑豊に於ける朝鮮通漁の嚆矢たり、然るに乗組員一同、朝鮮の地理風土を審にせず且つ言語の通ぜざる等の為め十分なる成績を見る能はずして明治三十年に至る」と記している。また明治三十年十二月十五日、「福岡日日新聞」は「本県の水産業」を論じているなかで、この試験について以下のように記している。「是れ本県に於ける水産奨励補助の嚆矢たり、此試験は将に地方漁者の気象を鼓舞し筑前海の漁況を一変するの緒に就きたりしが、試験船の一隻は帰航の途次、対馬近海に於て難破の不幸に遭遇し乗組の多数は不帰の客となる、此の変事は遂に該試験を中止せしむるの場合に至らしめたり、故を以て当時該試験は恰も失敗に帰したるもの、如くなりしが、敢て然らず、当時乗組の漁者は其後難破の原因は全く漁船の構造薄弱なりしを知り改良を加ふるに於ては冒険をして恐るゝに足らざるを覚り、近来追々自ら出漁を為すに至れるは該試験の成蹟に外ならざるなり」。この遭難の年月については触れていないが、二十六、七年頃であったと推定される。

以上は県・郡市費補助を受けて実施された漁業試験であり、福岡県下における鮮海出漁の嚆矢であるとされているが、これ以外で明治二十年代に出漁したことをうかがわせるものとして、二十五年六月三十日「福陵新報」は次のような記事を掲載している。「元来筑豊漁業組合の漁夫は網漁業に従事し居り、兼て朝鮮近海に出漁せんと望み居りしに、今度、田中慶介氏（福岡県生葉竹野郡長）が同組合事務所に於て同国近海に於ける網漁の実況を説明せられ大に参考となるべき所もあり、旁々出漁を促すに至れり、今現に箱崎・姪浜・唐泊の三浦に於て一組二艘都合三組の漁船隊を成し、網漁の試験及び漁場探検として出漁することに決し、已に箱崎の如きは出漁乗組人を選定し、二艘の内一艘は新調し一艘は堅牢なる者を撰び居れば、漁具数種を積込み昨今出帆の筈なり」。この記事のように、実施されたかどうかは不明であるが、実行されたとしても短期的な試験段階で終わったと思われる。

二　結城寅五郎の水産事業

明治二十年代までの福岡県漁民の鮮海出漁は前項で述べたように、県、郡市補助による試験段階で終わった。では本県においては、広島・山口・長崎等先進県のような自主独立の出漁はみられなかったかといえば、必ずしもそうではなかった。ここでは、福岡県人の結城寅五郎が着手した水産事業を取り上げてみたい。彼は漁業者ではなく、野心的な起業者ともいうべき人物であったと思われる。「福陵新報」は「結城寅五郎の事業」と題して、その事業に至るまでの苦労や事業内容について連載している。その主要部分を以下に紹介する。

筑前沿海の如きは其利最も夥多なりと雖も、今や漁業の漸く盛なると同時に付近沿岸の漁利は次第に減少して其益甚だ尠なく、今後充分なる利益を博せんと欲せば遠洋漁業に若くものなし、而して遠洋漁業に最も適当なるは朝鮮海とす、朝鮮海の漁利に富るは早く已に本邦人の知る所にして、広島・山口其他諸県の漁者にて遠洋漁業に熟練せる者は追々渡航して尠らざる利益を博すこと多し、我県民に於ても之を試むる者尠らずと雖も、如何せん無資の漁民殊に遠洋波浪高く、又往々他の妨害する所ありて未だ充分の希望を達すること能はざるは、惜んで已まざる所なり。

然るに我が福岡の人、結城寅五郎は早くもこゝに見る所あり、自ら実地を探検して其地理人情を詳にして、然ち大に為す所あらんと欲し、二十四年九月を以て単身福岡を発ちまづ釜山に航せり、抑も日本と朝鮮との間に条約せられたる通漁区域は咸鏡・江原・慶尚・全羅の四道沿海にして最も漁利に富めるは全羅道とす、結城は先づ同道に入て為す所あらんと決心し同道に向て出発したり、然るに未開国の常とて航するに大船なく行くに良道なし、只一条の樵路と狭小なる猟船が僅かに此間を往来を通ずるあるのみ、殊に結城は韓語に通ぜざれば其困難一層甚しく、幾多の困苦を嘗め尽して漸やく十月初旬を以て全羅道の順天（スンチョン）府に到着したり。

結城は順天府に留まること数日諸般の取調を終り、金鰲島(クモド)に向て出発す、金鰲島は順天を距ること十二里の沖合にあり、周囲僅かに五里にして面積甚だ広からずといへども良湾多くして深く、波浪穏やかにして魚多く、漁業の利は全道に冠たり。

結城は懸帆半日、同島に達し、先づ其領主たる某氏を訪へり。某は元、京城に在りて官府枢要の地位に在り曾て我邦にも来遊せし人にて一通り日本語にも通ぜるを以て、深く結城の来訪を喜び四方八方の談話に時を移したる末、結城は来意を告るに、同島に於て多少の地面を借受け、以て漁獲品の乾燥場若くは漁者起居の所に充てんことを請へり。

抑も我が漁民が朝鮮海に出漁して其の漁獲多きにも拘はらず、其利益案外に尠なき所以は之を乾燥若くは貯蔵するの場所を有せざるに依るものにして、即ち狭小なる漁船、如何に多量の漁獲あるも之を乾燥するの場所なく之を塩蔵するの余地なく又は之を貯蔵するの地を有せざるを以て、少許の漁獲あれば忽ち満船、早や帰航の途に就かざるべからず、殊に金鰲島沿岸に於て最も多く漁獲せらるゝ鱶の如きは、其形体甚だ長大にして重量亦軽かならざる為め狭小なる漁船は之を搭載すること能はず、僅かに其鰭のみを取りて其他は悉く之を海に投じて顧みず、試みに鱶の全体に就きて如何なる価値を有せるかを一考せよ、鰭の高価なること本より説くを要せずと雖も、その肉を以て製したるモシグシは百斤七、八百円の価を有すべく、臓腑を以て製したる灯油は一斗一円以上を得べく（韓地の相場）、又た頭蓋骨中の明骨は百斤百四、五十円の価をすべし、之れを製造するにもとより多少の費用を要すべしと雖も其利益は決して尠少にあらず。然るに彼れ漁民等は貯蔵するの場所と製造するの場所を有せざるが為め此の利益ある物体を放棄して顧みず。此他に鯛・鮑・海鼠・鰯・オゴ（布苔の原料）海藻等を始めとして貴重すべき海産物は一として之れあらざるなく、又た米・麦・綿・大豆・牛等の陸産物も最も安価にて購入し得らるゝと雖も、如何せん無資の漁民は之を運転利用するの力なく、空しく今日に及びたるは最も惜むべし。是れ結城が先づ金鰲島の領主某に向て地所借入の請求をなしたる所以なり。某は直ちに之を諾し、島中最も便利なる場所数町歩を貸与することを約せり。

此に於て結城は一まづ帰朝して五十余名の漁夫及び漁具を整へ再び渡航したり。然るに土地尚ほ不案内の事なれば、海底の深浅、潮流の遅速若くは変化等明瞭ならざること多く、為めに折角持ち行きたる漁具にして案外其用を為さざるものも尠なからす、又た遠洋波浪高くして不慣の漁夫には充分の働きを為す能はざるものもあり。左れば流石の漁利に富める場所ながらも始めの時は思ふほどの利益もなかりしが、結城は益々奮て屈せず大に資財を投じて海の深浅を探り潮流の遅速を測り、且つ漁具を改良すると同時に漁夫の不慣なるものを解雇して更に熟練敢為なる漁夫を雇入る、等着々改良を加へたるを以て、其事業も大に発達し、近来にては二、三百石積和船数艘を以て時々漁獲品及び米・麦・オゴ・大豆・牛等の諸品を博多港へ輸入し、帰船の際には更に彼地人民の嗜好物品を搭載運搬するに至りたり。右の如く事業追々盛大に赴きたる以上は、結城一人にては両地の事務を処理する能はざるのみならず、彼の地に在ては漁夫の監督、漁獲品製造等殊に繁忙を極むるを以て、七、八名を該島に常住せしめて右諸般の事務に当らしめ、結城は両地の間を往来して一般貿易上の景況を視察すると同時に、一層その事業を拡張して以て彼我の利益を計らんと目下専ら奔走中なりといふ。

嗚呼、結城が多年の酷苦経営は遂に能くこの新金穴を発見したり、是れ豈に結城個人の幸福たるのみならんや、亦た実に我国の一大利益といふべし。

（「福陵新報」明治二十五年八月二十七〜三十日）

移住漁村建設の始まりは明治三十年代後半からといわれ、政府は三十七年十二月農商務省技師を朝鮮に派遣して移住漁村建設に関する実態調査を行っている。結城の水産事業着手はこれを溯ること十年余である。また注目すべき点は事業着手に当り、事前に地元有力者の協力を得て漁業根拠地を確保していたことである。彼の事業がその後どう展開されたかは不明であるが、彼の開拓者としての先見性に敬服するほかない。

第二章　明治三十年代の朝鮮海出漁

第一節　国の鮮海出漁政策と出漁状況

一　農商務省水産局長の韓海漁業視察

明治二十七年日清戦争が勃発するが、日本側の一方的な勝利によって終結し、同二十八年四月、下関で講和条約が調印された。この条約の中で朝鮮の独立が明記され、三十年に国名を「朝鮮」から「大韓帝国」に改名された。しかし、これは朝鮮が日本の植民地になって行く過程でもあった。

政府は鮮海漁業の開発を単なる産業・経済上の問題とするのみでなく、国家政策的観点から特別な保護奨励を加えるようになった。同三十年三月法律第四五号をもって「遠洋漁業奨励法」を発布し、朝鮮・露領沿海州・浦塩・台湾等に出漁する漁船に対し補助を与えてこれを奨励した。しかしこの対象は汽船百屯以上、帆船六十屯以上であり、沿岸漁船ではなかった。

しかし鮮海通漁の発展と朝鮮問題の重要性に鑑み、政府は三十二年六月、時の農商務省水産局長牧朴真等を朝鮮沿海漁業視察のため派遣した。その視察団のなかに福岡県水産試験場長榊原与作、福岡県小倉町広谷政次郎が加わった。視察団は六月十二日に下関を出帆し、釜山・木浦・仁川を経て同二十五日京城に入り、三十日京城を発して右の逆コースをとって釜山に到着した。さらに元山方面をも視察して、釜山・長崎経由で七月二十一日福岡に帰着した。この視察報告は福岡県水試報告第八号「韓海漁業視察報告」としても公刊されている。本報告は左の構成から成っているが、新たに出漁を試みる者にとっては、きわめて貴重な参考資料になったと思われる。

(1)韓海通漁の概況（通漁船艘数・従事漁業種・魚種別販売価格・気候等）
(2)通漁区域別状況
①南海岸の漁業（地勢海況等・韓人の漁業・本邦人の漁業・有望漁業）
②西海岸の漁業（地勢海況等・清人の漁業・韓人の漁業・本邦人の漁業・有望漁業）
③東海岸の漁業（地勢海況等・韓人の漁業・本邦人の漁業・有望漁業）
(3)韓海通漁上の要項
(4)韓海出漁者の心得

右の報文中から明治三十年代前半の通漁実態について要約すると、左のようである。

(1)通漁は明治十八、九年ノ頃ハ百艘内外ニ過ギザリシガ明治二十二年日鮮通漁規則訂約ノ後増加シ、明治二十五、六年ニ至テハ約千六百有余艘、近来ハ二千五百余艘ニ達シ、慶尚・全羅・江原・咸鏡四道ノ沿海到ル処トシテ本邦漁船ノ往来アリ、四道ノ漁権殆ド我ニ帰シ其得ル所ノ利益モ毎年二十五万円以上ノ巨額ニ昇ル。
(2)之等通漁者ノ便宜ヲ与フルヲ目的トシ、明治三十年在釜山邦人ノ発起ニテ「朝鮮漁業協会」ナルモノヲ設置セリ、故ニ通漁者ノ多クハ該会ニ加入ス。
(3)今通漁者ノ員数ヲ知ル為該会ノ調査ニ依ルトキハ昨三十一年中ノ加入数千二百二十三艘、乗組五千四百六十六人アリ、尚此以外ノ漁船ハ漁業ノ便宜上該会ノ手ヲ経ザルモノタリ。
(4)明治三十三年中ノ加入者ハ何レノ地方ヨリ出漁セシカヲ見ルニ、山口一九七、長崎一二五、香川一二一、鹿児島九二、大分八三、岡山七二、愛媛六一、兵庫四二、福岡四一、熊本二七、徳島二五、島根一二、佐賀一一、大阪八、三重七、和歌山二、静岡一。
(5)此等漁船ノ如何ナル漁業ヲ営ムルモノナルカヲ見ルニ、鯛縄二七八、釣船一七一、鰮網一三八、鱶縄一三七、流網一一四、付属船九四、潜水器六二、手繰網六〇、裸潜業四四、鰮網三五、打瀬網三五、活州船一三、鱵網一二、地曳網八、石繰網六、アナゴ網五、無餌延縄四、坪網三、ゴチ網二、縛網二。

(6)主な漁業

魚種	漁具	漁場	漁期	主な出身府県
鱶	延縄	釜山近海、所安島、済州島付近、蔚陵近海	周年	山口、大分
鯛	縛網、延縄、釣	釜山近海から晋州沖までの沿岸域	周年	広島、山口、香川、愛媛
鰤	釣、建網	巨済島、丑山、巨文島近海	一〇～一二月	大分、山口
鰮	焚寄網、地曳網、旋網	釜山近海、刀洗浦、丑山、堺の近海	八～一二月	広島
鱵	鱵網	釜山近海、巨済島、キ山近海	一〇～一二月	広島
魴ぼう	魴ぼう網	釜山近海、巨済島、キ山近海	一〇～一二月	広島
鯔	鯔網	釜山近海、巨済島、キ山近海	一〇～一二月	広島、香川、岡山
鯵	釣	釜山近海	五～七月	広島、香川、岡山
鰆	流網、縛網、鰆網	馬山浦沖、青山島近海	三～五、一〇～一二月	香川、岡山、広島
鮃	手繰網、釣	釜山近海より堺までの間	六～一〇月	
鯖	焚寄網、建網	釜山近海、大島、巨済島沖、堺近海	五～七月	鹿児島、熊本
鮑	潜水器、裸潜	統営、巨済島、堺、竹辺、元山各近海	周年	長崎
海鼠	潜水器、裸潜	釜山近海、其他は鮑漁場に同じ	周年	長崎
鱈	坪網	釜山近海	一〇～一二月	岡山
鰩魚	手繰網、延縄	釜山近海より全羅道近海までの間	六～一〇月	山口、鹿児島、兵庫
鱸	中高網、釣	釜山近海	六～九月	広島、山口
雑魚	釣、打瀬網、手繰網、坪網、中葛網	釜山近海	周年	

また本報文は「韓海通漁上の要領」のなかで、今後、政府がとるべき通漁政策について左のように提言している。

(1)韓海水産ハ本邦以西漁業者ノ宝庫ト称スベキ価値ヲ有スルモノニシテ国家ノ財源トナルベキ事実ヲ有スルニ依リ通漁者ニ対シテハ充分ノ保護ヲ与ルヲ必要トス。

(2)明治二十二年締結ノ日韓通漁規則ヲ改訂シ、北部忠清・京畿・平安・黄海各道沿海モ通漁区域ニ編入センコトヲ希望ス。

(3)取締ヲ要スルコト一、二ニ止ラズ、遂年通漁者ノ増加スルニ従テ無智頑瞑粗暴極悪常ニ謂フベカラザル不正ノ挙動ヲ為スモノヲ生ジ中ニハ罪科ヲ有スル無頼漢モ尠カラズ、之等ハ韓人ニ対シ常ニ恨ヲ買ッテ以テ他ノ通漁者ヲシテ甚ダ迷惑ヲ感ゼシム、以テ相当ノ取締ヲ為サゞルベカラズ。

(4)紛議事件多数アリ、唯韓人トノ間ニ生ズルノミナラズ通漁者間ニ於テ紛争ヲ生ズルコト多キヲ加フ、是皆通漁上ノ障害ニシテ韓海漁業ノ発達ヲ害スルモノナルヲ以テ相当ノ取扱方法ヲ設クルヲ必要トス。

(5)在韓公使及領事ニ対スル希望

①漁獲物ヲ本邦ニ持帰ル場合、韓国ノ干渉ヲ免ガレンコト

②通漁者ノ需要品携帯ニ韓国ノ制限ヲ免ガレンコト

③親船ハ漁船トシテ免許ヲ受ケンコト

④海藻採取ヲ漁業ト見做スベキコト

⑤漁具ヲ本邦ニ送還スル場合、韓国ノ干渉ヲ免ガレンコト

⑥製造場、網乾燥場及貯水ニ要スル土地借入ノコト

(6)韓海通漁ヲ国家ノ利益ト認ムル限リハ其出漁ヲ阻害スベキ課税ヲ廃スルコト。

そして最後の「韓海出漁者ノ心得」のなかで、朝鮮漁業協会に加入すること、各府県で韓海通漁組合を組織すべきことを提言している。

(1)朝鮮漁業協会設立セラレテ以来、本邦ノ出漁者ハ直ニ該会ニ入会シ該会ニ免状下付出願方ヲ依頼スレバ、其会ニ於テ総テ手続ヲナシ当業者ノ不得手ナル煩雑ノ手数ニ苦マザルハ勿論爾後出漁中ノ保護、郵便物ノ取次等便益ヲ得ルコト真ニ少々ニアラズ、故ニ新ニ韓海ニ出漁スル者ハ先ヅ該会ニ入会シ、韓海漁業ノ景況ヲ聞キテ実地ニ向フコト最モ得策ナルベシ。

(2)韓海出漁ノ関係各県ニ於テハ韓海通漁組合ヲ組織シ、其本部ヲ該釜山ニ置キ今日ノ漁業協会ニ於テ為スガ如キ事業ヲ拡張シテ一層精確ニ当業者ノ監督保護ヲナシ其利便ヲ計ルノ企画中ナルヲ以テ、本会成立ノ上ハ当業者出漁上大ニ便益ヲ受クベキヲ信ズ。

牧水産局長一行の韓海漁業視察を契機として、国の通漁奨励政策はより強力に押し進められることになった。

二　朝鮮海漁業者の組織化――朝鮮漁業協会、韓海通漁組合連合会、朝鮮海水産組合

朝鮮海通漁者の増加に伴って、失敗、苦難、摩擦等種々の問題が多発した。漁業者の間から相互扶助のための組織化の声が出てくるのは当然のことであった。そこで、釜山領事の伊集院彦吉らの発起で漁業者の保護監督機関として「朝鮮漁業協会」が誕生した。「福岡日日新聞」は「朝鮮漁業協会の設立」と題して左のように報じている。

朝鮮国沿海の漁業に従事する本邦漁民の監督並に保護に関しては数年来、内外の一問題たりしが、釜山在留の本邦有志者並びに広島・山口・大分・島根等十五県の出稼漁業者総代の種々協議の上、本年二月、本邦漁民の監督保護並びに矯正奨励を目的とし、朝鮮漁業協会なるものを釜山に設立し、会長には釜山港水産会社の取締役某氏を挙げ着々其歩を進め、遂に現在会員二千七百余名、漁船五百五十五艘の多きに達し、尚会員は日を追ふて増加するの状況なり、今同協会の主眼とする取扱事務を聞くに

(1)税関に対する一般手続（例へば税率の標準の如きもの）

(2)漁船と税関間に於ける差縺れの仲裁

等にして我領事の手を経て同地税関長に交渉せしに税関長も直に同意を表し、同協会の取扱ひたるものに対しては特に免許状を下付することとなりし由なり。

（「福岡日日新聞」明治三十年六月二十日）

このように「朝鮮漁業協会」は三十年二月に設立され、関係漁業者の任意団体であったが、会員出漁の手続事務代行、紛争防止等の役割を果たしてきた。しかし当協会は三十三年五月に発展的に解消し、新組織の「韓海通漁組合連合会」に引き継がれたのである。

三十二年六・七月、農商務省水産局長一行の韓海漁業視察後、朝鮮海通漁者による組織化強化の方針が打ち出された。視察団が福岡に帰着した直後の七月二十四、五日に、朝鮮海出漁関係県水産主任官会議が開催された。この会議には行政官のほか漁業代表者も参画した。またこの会議には深野福岡県知事以下首脳部が傍聴していた。この会議の目的は出漁漁業者の組織強化であり、当時の「福岡日日新聞」によれば次の方針が提起された。

(1)各地方出漁者をして一府県毎に漁業組合を組織せしめ各地方に於ける出漁者の保護及監督を為さしむる事

(2)各地方組合を連合して一の連合組合を組織せしめ之を中央機関として本部及支部（又は出張所）を各枢要の場所に設置し以て朝鮮海出漁者全体の保護及監督を為さしむる事

これらの方針は全会一致で議決され、さらに各組織方法についても確認された。組織方法の主な内容は左のようなものである。

一　各地方組合組織方法

(1)出漁者五十名以上ある府県は必ず組合を組織せしむる事、但し一府県出漁者五十名に満たさるときは便宜最寄の府県に合併加入せしむる事

(2)各地方組合は左の目的に依り可成同一の規約を設しむる事

①漁業の発達を図り相互の利益を増進する事

②出漁者の風儀を矯正する事

③出漁者相互遭難救済方法を設くる事

④規約違反者に対する処分方法を設くる事

(3)各地方組合の経費は漁船の種類に依り一定の標準を設け可成各地方同一の徴収及賦課法を設けしむる事

(4)各地方組合の経費を補足するため可成地方税より漁船また漁夫の数を標準とし毎年相当の補助を与ふる事

二　連合組合組織方法

(1)連合組合は本部を釜山に設け支部又は出張所を左の場所に設くる事

馬山浦・木浦・郡山浦・元山

(2)連合組合は左の目的に依り連合規約を設くる事

①出漁者の保護及監督を為すこと

②漁業の発達を図り其弊害を矯正する事

③規約違反者に対する処分方法を設くる事

④出漁者の日需品供給の便宜を計る事

⑤出漁者の遭難救済の方法を設くる事

⑹出漁に関する諸般の代弁をなす事
⑺出漁者の紛議仲裁を為す事
⑻出漁者漁獲物販売の便宜を計る事
⑼漁場の探索を為す事
⑽出漁者の貯金・為替の方法を設くる事
⑾水族の保護蕃殖方法を設くる事
(3)各地方協会員よりは相当費用を徴収賦課し又国庫及地方税よりも毎年相当の補助金を下付する必要ある事
(4)前項各地方税及国庫より補助する金額は可成明年度の予算に編成し明年度より実施する事
(5)各府県組合は農商務省の照会若は訓令に依り速に組織に着手する事
(6)連合組合は議会経過後並に各府県の準備整ひたる上之を開設する事、但し明年三月の予定
(7)連合組合の名称は「韓海通漁組合連合会」とし、各府県九愛の名称は「何府県韓海通漁組合」とする事
(8)連合組合組織に至る迄全般の手続は農商務省水産局に於て取扱ふ事

（「福岡日日新聞」明治三十二年七月二十六日）

同年十月には、外務、農商務大臣名で関係各府県知事あてに「韓海通漁組合設置の件」訓達があり、さらに農商務省水産局長から各府県知事に「韓海通漁組合設置の方針」が通牒された。三十三年三月には各府県韓海通漁組合が設置され、同年五月には「韓海通漁組合連合会」が設立された。

この連合会設立のための各府県韓海通漁組合大会が三十三年五月二十一〜二十三日、福岡で開催された。その内容は二十三日の「福岡日日新聞」に掲載されている。それによれば、席上でまず、外務・農商務両大臣よりの韓海通漁組合連合会規約認可、補助下付命令が提示され、それを基に具体的組織化の協議が行われた。本連合会規約は十四箇条から成るが、主な点は左のとおりである。

第一条　朝鮮海漁業保護取締補助費として明治三十三年度に於て金一万円其会に交付すべし

第六条　其会に本部を釜山に設置するの外当分の内支部を元山、馬山浦、木浦及郡山浦に設置すべし、但し将来本部若は支部の位置を変更し又は支部増減の必要あるときは其の場所及事由を具し外務農商務両大臣の認可を受くべし

第七条　其の会予定の業務施行上に就ては駐在帝国領事の監督を受くべし

第一四条　本命令書に依り外務農商務両大臣に経伺、報告又は届出を要すべき事項は総べて在釜山駐在帝国領事を経由すべし

また、席上では従来、朝鮮その他の海外渡航漁業者は普通人民と同じく海外渡航券を携える必要があったが、外務省と交渉の末「漁業者に限り一切海外旅券を要せず往来し得ること、なった」ことが披露された。

以上のようにして設立された韓海通漁組合連合会は、朝鮮海におけるわが国漁業の改良発達とその共同利益の増進を目的とし、すでに述べたように広範囲の機能を有する韓海出漁の一大水産助長機関であった。三十四年九月二十一日の「福岡日日新聞」は「韓海通漁組合連合会は馬関に大会を開き、韓海漁業者は一致団結して漁業に従事し、連合会を一層拡張して鞏固なる組織となすことに決したるが、此事にして実行せらる、時は尠からざる経費を要する次第となれば本年度より五カ年間年々二万円宛国庫補助を仰ぐ事とし、本年の議会に請願書を提出する事に決す」と記している。これに応ずるように、三十五年五月、外務農商務両大臣名で韓海通漁組合連合会長あてに水発第二八号「朝鮮海漁業保護取締補助費トシテ明治三十五年ヨリ向フ五ケ年間毎年金二万円ヅツ其会ニ交付候条別紙命令書通リ心得ベシ」が発せられた。

韓海通漁組合連合会は国の手厚い後押しによって活動していくが、またも国の方針によって短期間で組織改変に至ったのである。すなわち、三十五年四月、「外国領海水産組合法」が施行され、この法律に基づき韓海通漁組合連合会は解散し、新たに「朝鮮海水産組合」が設立された。

法律第三五号「外国領海水産組合法」は十箇条から成るが、その主旨は次のようなものである。

第一条　条約又ハ許可ニ依リ外国領海ニ於ケル水産動植物ノ採捕其ノ製造又ハ販売ヲ業トスル帝国臣民ハ本法ニ依リ水産組合ヲ設置スルコトヲ得

第四条　組合ノ区域内ニ於テ組合員ト同一ノ業ヲ営ム者ハ其ノ組合ニ加入スベシ但シ営業上特別ノ情況ニ依リ外務農商務両大臣ニ於テ加入ノ必要ナシト認ムル者ハ此ノ限ニ在ラズ

第五条　組合ノ設置アリタルトキハ組合、組合連合会又ハ組合員ノ名ヲ以テスルノ外他人ノ名義ニ依ルト他人ニ雇ハルル者トヲ問ハズ組合ヲ組織セル営業者ト同一種類ノ営業ニ従事スルノ目的ヲ以テ組合ノ営業区域ニ渡航シ又ハ船舶若ハ漁具ヲ回送スルコトヲ得ズ但シ前条但書ニ依リ加入セザル者ハ此ノ限ニ在ラズ

第六条　第四条ノ規定ニ違背シタル者ハ五十円以下ノ過料ニ第五条ノ規定ニ違背シタル者ハ五千円以下ノ過料ニ処ス

この組合法は当面、朝鮮海水産組合を設立することを目的として成立されたものと思われる。右の条項にみられるように、対象地区内で漁業をなす者に対しては強制加入を義務づけ、それに違背した場合には罰則を科すように定めた。さらに三十五年九月、農商務省令第一九号「朝鮮海漁業者ハ外国領海水産組合法ノ規定ニ従ヒ営業区域ニ依リ朝鮮海水産組合ヲ設置スベシ」が発せられた。

これを受けて韓海通漁組合連合会は三十六年二月九〜十四日、下関で朝鮮海水産組合組織会議を開催し、そこで定款、諸規則、事務所建築費、府県通漁奨励事務所設置規定、議事細則、朝鮮海通漁組合連合会残務決算、三十五年度清算報告、三十六年度同会予算等を議決した。「福岡日日新聞」は同会定款を載せているが、それは六〇カ条から成っている。左に主な条項をみる。

第一条　本組合は韓国沿海を以て営業区域とし其区域内に於ける漁業者を以て組織す

第二条　本組合の業務左の如し

一　組合員の保護取締及遭難救済をなす事
二　組合員の通漁出願其他手続に関する諸般の代弁をなす事
三　組合員の漁業に関する通信報告をなす事
四　組合員の通信及貯金為替取扱の代弁をなす事
五　組合員の紛議仲裁及調停に関する事
六　組合員の風儀を矯正し彼我の和睦を図る事
七　漁獲物販売に関する便益を図る事
八　漁船漁具の改良保管をなす事
九　漁場の調査探検及水族の蕃殖保護を図る事
一〇　通漁に関し功績ある者を表彰し又は組合員の通漁中特別の善行ある者に限り賞与をなす事
一一　其他組合員の共同の利益を増進するに必要なる施設をなす事

第三条　本組合は朝鮮海水産組合と称す

第四条　本組合は本部を韓国釜山に置き支部を必要の地に設置する事を得

第五条　本組合は各府県に通漁奨励事務所を置く　但府県の状況により之を置かざるも妨なし

第二四条　代議員は通漁船二十隻又は組合員百名以上の府県に於ては其組合員中より各一名を選出す　但通漁船二十隻又は組合員百名未満の府県は他の府県と合同し二十隻又は百名以上に達したる時は一人を選出する事を得

第三五条　代議員に於て議決すべき事項は左の如し

一　本部又は支部の位置変更若は支部の増減に関する事

二　組合の経費予算及賦課徴収に関する事

三　組合経費及決算認定の事

四　役員の給料及報酬に関する事

五　組合の業務中組長に於て重要と認むる事

六　其他本定款に於て議決を要する事項

第五二条　組合員は本定款の規定を遵守し誠実親睦を旨とし相互に応接するは勿論韓人に接する時は言語動作を慎み苟も粗暴の行為あるべからず

第五四条　組合員にして通漁中左の事項に該当する者あるを認めたるときは其の氏名を糺し便宜の方法に依り本部又は最寄の支部若くは巡邏船に通告すべし

一　通漁規則其の他通漁に関する法令に違背する事

二　韓人に対し暴行強迫を加へ又は物品の強請を為す事

三　上陸の際衣服を着用せざる事

四　妄りに部落に立入り又は韓国婦人のみ居合はする家屋若くは汲水場洗濯場に侵入する事

五　賭博的の行為をなし又は賭博に供する器具を携帯する事　（「福岡日日新聞」明治三十六年二月十五、六日）

朝鮮海水産組合の組長には、韓海通漁組合連合会長入佐清静が引き継いで就任した。この新体制の発足によって、各府県韓海通漁組合は廃止され旧来の組合長の代わりに各府県に代議員を設け、代議員会が新組合の議決機関となった。本組合の目的は前機関の場合と変わらず邦人漁業者の保護監督にあったが、定款のなかでは特に現地韓国人との融和と紛争防止には気を使っていた。

明治三十八年九月、日露講和条約調印によって、日本が朝鮮に対する日本の「指導、保護及監理ノ措置」が承認され、同年十一月、第二次日韓協約によって朝鮮の外交権は剥奪されるに至った。さらに十二月には、勅令第二六七号「統監府及理事庁官制」が公布され、翌三十九年二月に日本統監府が設置された。以後、統監の指揮のもとで、従来の日本領事の一切の職務を執行するようになった。

四十年四月、統監府命令により朝鮮海水産組合定款が変更された。変更規約は九州日報の明治四十年四月十四〜十八日にわたって掲載されているが、その主な変更点は、⑴組長、副組合長、評議員の選任方法が明確でなかったものが明記されたこと（第一二条）、⑵代議員の選出が出身府県別割当から現地組合員のなかから統監府理事官が指名すること（第二二条）、⑶認可権は外務農商務両大臣から統監に移ったこと（第二七、五四条）、である。

第一二条　本組合に左の役員を置く

一　組長一名　　一　副組長二名　　一　評議員二名

組長及副組長は代議員会に於て組合員中より之を選挙す　評議員は代議員会に於て韓国釜山在留の組合員中より之を選挙す

第二二条　代議員の数は本組合事務所の設置ある各理事庁管轄区域内各一名とし其の区域内に通漁又は現住する組合員の中に就き当該理事官の指名したる者を以て代議員とす

第二七条　臨時会を開かんとするときは予め統監の認可を受くべし

第五四条　本定款を変更せむとするときは代議員会の議決を経て統監の認可を受くべし

以後、朝鮮海水産組合は統監府のより強い監督保護下にはいったが、韓国併合後、漁業令および水産組合規則の実施に伴い大正元年七月に定款を変更して名称を朝鮮水産組合と改めるまで存続した。

三　通漁の発展

明治三十年代は通漁漁業の発展期であった。通漁船の増加に伴って、現地朝鮮人との衝突、紛争は増えていったが、その主な要因は邦人出漁者側にあったようである。三十三年十月、在釜山領事館は本邦漁業関係者に対して次のような訓示を発した。

朝鮮出漁者警戒の訓示

(1)日韓両国は交友の邦なり、故に朝鮮人に対しては専ら信義を守り交情を厚くすべし、朝鮮人に対する言語動作を慎み決して乱暴の挙動を為すべからず。

(2)日韓両国は彼我各々風俗習慣の異なるあれば裸体の儘上陸すべからず。

(3)濫りに部落を徘徊し又は婦女子のみ在住する家屋に立入り其感情を害するの所為あるべからず、朝鮮人より薪炭米穀蔬菜其他の物品等購求の際は成るべく温和を主とし、決して強迫強奪に渉る如き所為あるべからず。

(4)朝鮮婦女子酌水洗滌の場合に近接すべからず。

この訓示内容は後ほどの「韓海通漁組合連合会」、「朝鮮海水産組合」の定款のなかに盛り込まれている。

さて日本政府は鮮海漁業開発を単に産業、経済上の発展のみではなく、朝鮮進出の国家的戦略の一環として考えていたので漁業者側の要請もあったが、通漁地区の拡張に努めた。三十三年九月「京畿道沿岸ニ於ケル漁業ニ関スル往復文書」を交換して、従来の全羅・慶尚・江原・咸鏡四道沿海漁業権のほかに京畿沿海漁業権を獲得した。さらに三十七年には「第一次日韓協約」後、三月に「忠清・黄海・平安三道ニ於ケル漁業ニ関スル往復文書」を交換し、外務省告示第三号により上記三道沿海の漁業権を獲得した。これで通漁制限地区はすべて解除され、全鮮の沿海が通漁地区となった。但し、これ以前から公然と未許可の地区にも通漁していたから、事実上の相違はなかった。

三十三年、韓海通漁組合連合会の調査によれば、広島六二六艘、山口二四三、愛媛一八一、香川一六七、長崎一三五、熊本一二一、岡山一一八、鹿児島七八、大分七四、徳島三七、佐賀二九、福岡二五、島根一八の順で、一道一府十九県にわたり合計一八九三艘、八八一二人に達し、十年間に船数は約十二倍に増加している。その後も増加し、その傾向は大正十年頃まで続いた。

三十三年の通漁船数の月別出漁数は、八月（三四六艘）、七月（二八二）、九月（二五二）、五月（二四二）、四月（二一五）、十月（一六八）の順で、一、二、三、六、十一、十二の各月は九十艘以下である。通漁の大部分は四、五月から開始し、夏季三カ月を最盛期とする凡そ半年間の経営であったことが知れる。つまり一漁期一漁業種を目標とするいわゆる、朝出暮帰的な単一経営が主体であった。然るに鮮海事情が明らかになるにつれ、多角的周年性経営の有利性を理解するとともに、それに対応する集約的漁法をもって臨む等、経営の合理化を図っていったのである。

右通漁船の業種別着業数は、鰯網船六一八艘、鯛網船三三六、鰆流船一八一、鯖釣船一三〇、潜水器船九九、鱶延縄船九四、手繰網船八四、裸潜船七三、鰻掻船五三、一本釣船四九、生簀船五五、鰆釣船一九、鮟鱇船六、打瀬網船四等であった。これら通漁船の分布は、慶尚道一、四四四艘、全羅道五八六艘、江原道五八艘、咸鏡道四四艘で、慶尚道が全体の七〇%を占めていた。

初期の通漁者は漁獲物の処理について少なからず苦心した。釜山近海のものは釜山水産会社の市場で取引したが、漁場が消費地に遠い時には塩蔵・乾製にするか、さもなくば朝鮮人の出買船に捨売する以外に方法はなかった。朝鮮人との取引は通貨問題や取引習慣等から種々の不便があった。加工には陸上基地を必要とするが、通漁規則にはその規定がなく、止むなく朝鮮人と契約して簡易な加工場を設け、僅かにその用に供する状態であった。また日本に輸送するには韓国輸出条令によって関税が課せられる等、出漁発展を阻害する諸条件があった。多獲の喜びは反って処理面で泣かされた。しかし、運搬船の登場発達によって魚価は高上し、漁獲物の処理に悩んだ通漁者も漸く救われるのであるが、その方式が確立するのは四十年代になってからであった。

四　移住漁村建設の奨励

政府は移住漁村建設に関する実態調査のために、明治三十七年十二月、農商務省技師下啓助・同技手山脇宗次を朝鮮に派遣した。その結果は翌年四月、韓国水産業調査報告として上申された。その要点を記す。

憶フニ我邦人ノ韓国ニ於ケル漁業ハ、遠ク往時ニ創マリ、近頃著シク発達セルヲ見ル、然レドモ現在ノ通漁者ハ単ニ盛漁期ニ於テ、漁利ノアル所ヲ逐フテ移転スルノミニテ永久ノ漁利ヲ図ル所以ニアラズ、故ニ将来永遠ノ利益ヲ増進シ、彼我ノ幸福ヲ享有セシメントセバ左ノ施設ヲ為スコトヲ要ス

(1)移住民ヲ奨励シ韓国各地ニ日本人ノ聚落ヲ成サシムルコト

(2)韓国沿海ニ吾漁村ヲ組織シ、漁民ヲシテ漸次韓国ノ風習ニ慣熟セシムルト同時ニ韓国民ヲ我国風ニ同化スルコトニ勉ムルコト

(3)前二項ノ目的ヲ達スル為メ左ノ方法ヲ採ルコト

①漁業根拠地ヲ政府ニテ取設クルコト
②監督者ヲ置キ、各地ヨリ移住シ来ル漁民ヲ統一整理シ、秩序アル漁村ヲ形成セシムルコト
③根拠地ハ漁業ノ為メ開市場ト視做シ、日本船舶ノ出入ヲ自由ニスルコト
④韓国移住ヲ望ム地方ヲ統一シテ之ガ団結ヲ図ルコト
⑤前各項ノ目的ヲ達スル為メ、中央政府及地方庁ハ相当ノ費用ヲ支出スベキコト
(4)政府ハ財政ノ都合ニ依リ巨額ノ経費ヲ支出スル能ハズトスルモ、尚ホ左ノ施設ヲ為スノ必要アルコト
①相当ノ船舶ヲ用ヒ専門技術者ヲ乗船セシメ、潮流・底質等漁場ノ状況及水族ノ種類・分布等ヲ調査シ、之ヲ公示シ一般ノ方針ヲ定メシムルコト
②通漁者及移住民ノ組合ヲ結バシムルコト
③移住地ニ於ケル取締監督及業務ノ指導ヲ為スコト

右は南鮮から西鮮にわたる沿岸の主要漁場や魚市場等を調査した結果、移住漁村建設の必要とその具体的な施設経営方法案について具申したものであった。後日、移住漁村経営上の最高指針となった。また政府は遠洋漁業補助規則を朝鮮沿岸からの出漁にも適用し、多額の補助を与えてその発展を図ったが、それは韓海漁業が単に経済的意義のみならず、植民地建設の一環としての国家的意義があったからである。

国の奨励と相呼応して、各府県および水産団体においても積極的に動き出したのである。しかし移住漁村建設が本格的に進められるのは、明治四十年代に入ってからであった。

五　韓人と本邦漁夫との紛争事例

通漁が盛んになるにつれて、本邦出漁者と韓人との間に紛争が生じることも多かった。在韓海本邦人の漁業取締については、韓海通漁組合連合会の釜山出張所、元山浦、馬山両支部等が当たっていたが、日本関係当局は本邦の出漁者が往々些細なことより韓人との間に紛争を惹起こし、韓人に悪感情を与え、漁業の発達を阻害することになるのを最も懸念していた。「福岡日日新聞」は次の二事件を報じ、「これらは本邦漁者の失態を演出したるものにて各県通漁組合たるものは此際大に警戒を加へ、本邦人漁業の発達を図るには漁業者の取締を厳守し尚一層の注意を与ふる事必要なるべし」と警告し

た。

(1)明治三十三年六月二十五日、慶尚道多太浦において起きた事件である。紛争地多太浦は釜山港を去る西方八海里の処にある良港にして、戸数三百、人口千五百余で住民は半農半漁を以て生計す、洞内には清泉の湧出するありて本邦漁船の出入常に絶へず、而して頃来風波を避け此地に寄港せし鹿児島県下出漁の鯖釣船百艘あり、此日汲水の為め上陸して井泉に集りし我漁夫十数名は偶々汲水の為めに来集せし洞内の婦女数名ありしに対し、戯言を発し或は之に近接して其乳房に触るゝ等最も韓人の嫌忌する行為をなし、且内には裸体醜状をなすものあり一層韓人の感情を害せしかは、傍にありし洞民李賛元なるもの之を見るに忍びす手に持たる烟管を以て之を制止せしに、漁夫中同県大竹善太郎、南竹儀二郎なるもの忽然怒て汲水用の柄杓を以て李を一打し前左額に長八分深一分位の傷を負はしめ鮮血淋漓たるを見驚愕して漁船に逃帰せり、茲に於て洞民は一挙して碇泊の我漁船に来襲し瓦石を飛し、此際逃走の機を失し彷徨せし我漁夫の長友重太郎外一名を捕へ韓屋に留置し加害者捜索の便に資せり、之を以て他の漁船は彼等を捨て出港するを得ず、各船々頭等協議し之を本所に届出たるものにして、本所は之を日本警察署に照会し巡査二名及韓国巡検一名の出張を乞ひ、同日午後九時同地着、彼我立会の上事実の取調をなし其結果前述の如き事実なりしを認めたり、依て暴行者南竹・大竹の両人は共に出張の警官をして日本警察署に引致せしめ、尚来会せし漁業者には将来の注意を与へ、若し裸体上陸、婦人接近等組合規約上最も厳守すへき事項を犯すものあるときは充分の制裁を加ふへきを説き、翌二十六日午前二時本所に帰着せり、而して前記両名は警察署に於て尚説諭を加へ宿元浜田吉太郎に引渡し事件の落着を告けたりと。

(2)広島県近藤信太郎（二十五歳）は釜山港在留山崎仙蔵所有潜水器船の雇水夫と為り江原道長鬱里に出漁中、本年五月十六日酒狂の余り、同地碇泊の韓人と大衝突惹起し同地の漁業を中止するに至りたる旨、雇主山崎泉蔵より届出あり、近藤は日本警察署に自首し拘留せらる、依て本所は警察署に照会して闘争地に警官の出張を乞ひ、事実取調候処全く近藤の暴行に起因するものなること判明し、本港領事は本月二十二日を以て説諭退韓を命じたり、故に本所は同人を拘留中より引取り、将来の警告をなし雇主山崎仙蔵に引渡し、本日の漁船便より送還致す様取計候。

（「福岡日日新聞」明治三十三年七月五日）

第二節　福岡県における鮮海出漁施策と出漁状況

一　鮮海漁業探検調査

筑豊漁業組合は鮮海漁業探検隊を編成し、鮮海漁業実態調査と鰮揚繰網現地試験を明治三十一年四～六月に実施した。探検隊は本組合総頭取黒木太郎、取締役太田種次郎を委員とし、当業者十名、試験船二艘で組織し、これに水産試験場技手林駒生と通訳一名が加わった。これは農商務省水産局長一行の現地視察よりも一年前であった。本探検調査結果は福岡県水産試験場事業報告（自明治三十一年・至明治三十三年）に「朝鮮海面漁業探検復命書」として掲載されている。その概要を紹介しよう。

朝鮮国慶尚道江原沿海漁業探検ノ為メ出張ノ命ヲ奉ジ四月二十一日博多ヨリ高知丸ニ投ジ福岡出発同二十三日朝鮮国釜山港ニ着ス、然ルニ別ニ先発シ居リタル本一行ノ漁船二艘ハ北風ノ為メ壱州勝本及芦辺ノ両港ニ吹キ込マレ未ダ当港ニ到着シ居ラザルヲ以テ、探検委員黒木、太田ト共ニ領事館ニ至リ縷々来意ヲ通ジ領事ニ請フテ東莱監理者ノ保護的公文ヲ得、尚漁船ノ到着スル迄ニ出発準備トシテ税関ノ受探、漁業免許ノ下付、漁業協会ヘノ入会等ニ関スル手続ヲ為シ、且ツ釜山水産会社ハ甞テ慶尚道丑山地方ニ於テ鰮・鰤・鯖漁業ニ従事シタルノ経験アルヲ以テ同会社松田某ニ就キ其当事ニ於ケル実況ヲ調査シタリ、同会社及朝鮮漁業協会ハ頗ブル懇切ノ尽力ヲ与ヘラレ大ニ参考トナルベキ材料ヲ得タリ、如斯雑務ニ奔走シツヽ、漁船ノ到着ヲ待チタルニ漸ク同二十八、九日ノ両日ニ至リ二艘共入港シタルニ付、翌三十日税関ノ検査ヲ受ケ漁業免状ヲモ下付セラレタルヲ以テ、同日午後当港ヲ出発シ途中予定ノ調査ヲ遂ゲツヽ、北方ニ向ヒ、五月十二日目的地ナル江原道蔚珍竹辺洞ニ着ス、同地ニ滞在スルコト七日間郡守トノ協議及付近部落ノ調査ヲナシ、同十九日竹辺洞ヲ発シ再ビ沿海村浦ヲ巡探シツヽ、販途ニ就キ同月三十一日釜山港ヘ着時恰モ同近海鯖ノ漁期ナルヲ以テ一応該釣漁業ノ実況調査ヲナシタリ、之レニテ累ボ釜山以北竹辺迄ノ調査ヲ了シタルヲ以テ直チニ皈朝ノ途ニ就カント欲スルモ折悪シク連日ノ逆風及霖雨ニテ到底漁船ノ出帆覚束ナク加フルニ汽船モ亦当港ニ荷物輻輳ノ為メ日本ヘノ航海ヲ見合セ木浦・仁川間ヲ往復スルノ不幸ニ逢ヒ、已ムヲ得ズ空シク当港ニ滞在スルコト十二日間ニシテ、六月十二日当港発同十五日福岡帰着ス。

本調査結果は以下の項目別に整理されている。すなわち、⑴棲息魚類中見込アル魚類、⑵漁場ノ適否、⑶航路ノ難易、⑷製造業ノ難易、⑸糧米及薪水ヲ供給スルノ便否、⑹韓人労役者雇役ノ便否、⑺韓人ノ性質及生活ノ状態、⑻水産物ニ対スル彼等ノ趣好、⑼本邦出稼漁業者ニ対スル韓人ノ感情、⑽朝鮮海北部漁業ノ実況、⑾郡守応対ノ概況であるが、このうち、⑼「本邦出稼漁業者ニ対スル韓人ノ感情」では、当時の日本出稼漁民の言動と韓人の習慣、性格を興味深く記述しているので左に要約する。

朝鮮海魚類ノ饒多ナルコトハ前来記述ノ如クニシテ其将来ニ対スル希望ハ充分アリト雖ドモ、如何セン今日各地ヨリ出漁シ居ル当業者ハ一定ノ取締保護ノ下ニ起タザルモノ多ヲ以テ往々其行為上鄙陋暴戻ノ醜状ヲ免レズ、元来彼等韓人ハ孔孟ノ遺教ヲ頑守シ男女ノ別、長幼ノ序ヲ貴ビ衣冠袴襪ヲ整ヘテ業ニ就ク等ノ礼儀ニ至ツテハ本邦人ノ遠ク及バザル処ニシテ、其皮膚ヲ露出シ服装ヲ乱リテ道路ヲ横行スルガ如キハ彼等ガ野蛮ノ習俗トシテ殆ンド蛇蝎視セル事ナルニモ不拘、本邦ノ出漁者ハ更ニ此等ノ細事ニ頓着ナク汲水其他売買取引等ノ為メ上陸スル場合ハ或ハ裸体ノ儘道路ヲ横行シ、彼地婦人等ニ遭遇シタルトキハ男子ヨリ之レヲ避ルノ礼ナルニモ不拘却テ遊戯的ニ之ヲ進蹋スル等ノ行為ヲナシ、甚シキニ至ツテハ韓人ノ家禽等ヲ掠奪恐嚇スルガ如キ其暴戻実ニ言語ニ絶シタルモノアルヲ以テ彼等ノ眼中ヨリ見ルトキハ実ニ野蛮ノ極ト思惟セラルベク頗ブル軽侮嫌厭ノ念アルモノ、如シ、而シテ又本邦ノ漁業者ニ於テハ彼等魯鈍、懦弱ノ習俗ヲ目シテ野蛮ノ極トナシ特意ノ猛威ヲ逞フスルノ実況ニシテ、要スルニ之レ迄種々ノ葛藤ヲ生ジテ闘争ノ事変ヲ醸シタルハ大体ニ於テ彼我軽蔑ノ衝突ニ外ナラザルベク、又風俗習慣ノ差異、言語ノ不通等ハ彼我感情衝突ノ導火線タルハ蔽ヲ加ラザルノ事実ニシテ真ニ慨嘆ニ堪ヘザルモノアリ。

抑該沿海ノ入漁ニ関シテハ条約上既得ノ権利アルガ故ニ別ニ協議承諾ヲ求ムル等ノ必要ナシト雖ドモ其網干場、製造場等ニ要スル土地使用ノ如キニ至ツテハ条約上別ニ規定ノ権利ナキ以上ハ結局彼我人民間ノ協議ニ因ラザルヲ得ズ、若シ今日ノ如ク彼等ノ感情ヲ害シ一朝彼等ニシテ其納屋掛等ヲ拒絶スルニ於テハ如何ニ朝鮮海豊饒ナリト雖ドモ全ク陸上ノ便ヲ欠キテハ到底該海ノ漁業ヲ開クコト能ハザルベク頗ブル重大ノ問題ナルベキヲ信ズ、依テ余等ハ単ニ海上ノ調査ノミニ止マラズ至ル所本邦人ノ入漁及土地使用等ノ事ニ付テハ、第一ニ彼等ノ感情ヲ糾シタルニ何レモ異口同音ニ答フル所ハ略同一ニシテ従来本邦出稼漁業者ノ暴状ヲ訴ヘ是ガ為メ往昔ヨリ因襲ノ風俗ヲ攪乱セラレ甚シキニ至ッテハ韓人ノ営業ヲ妨ゲラレ其他入漁者ノ跋扈ニヨリ損害ヲ蒙ムルコト少ナカラザルヲ以テ今日ノ儘ニテハ其迷惑実ニ耐忍シ難キモノアリ、然ルニ若シ日本人ニシテ正当ノ徳義ヲ守リ入漁セラル、ニ於テハ仮令風俗言語服装ヲ異ニスル隣交ノ人情ハ解シ居ルヲ以テ寧ロ公等ヲ歓迎スベシ、故ニ将来公等ニシテ相当出漁者ノ取締ヲ与ヘラル、ニ於テハ其入漁ハ勿論土地ノ使用等地元ニ於テ更ニ差支ヲ見ズ、事情前述ノ如キヲ以テ此件ニ付テハ特ニ重キヲ置ク。

彼等ノ内幕ニ入リ詳密ノ調査ヲ遂グルニ実際今日迄ノ葛藤ハ十中七八分迄ハ曲我ニアリテ其漁業上ノ不利不便ハ寧ロ我ヨリ招キ居ルモノト云フモ誣言ニアラザルナリ。

元来彼等ト本邦人トハ国家文明ノ程度ニ於テモ個人智識ノ点ニ於テモ殆ンド天壌ノ差アルヲ以テ、少シク注意ヲ加ヘ撫馴スルニ於テハ其人心ヲ収攬スルコトハ実ニ易々タルモノニシテ又彼等ニ於テモ充分ノ親切心アルヲ見ル、現ニ或ル地方ノ潜水業者ニシテ少シク仁心ヲ以テ彼等ヲ愛撫スルモノニ対シテハ箪食壺漿シテ之ヲ迎ヘ其納屋掛ニ要スル土地ノ如キ、漁期ニ先テ縄張ヲナシ他人ヲ入ズシテ其入漁ヲ待チ居ルノ実況ナリ。

今日彼等ニ対シ斯ク不得策ノ位置ニ立チ居ルハ各地単ニ朝鮮出漁ノ一方ヲ奨励スルノミニシテ彼ノ取締及保護法ヲ忽ニセルガ為ナラン、故ニ今後ハ各県ニ於テ朝鮮出漁組合ヲ組織シ一定ノ規約ノ下ニ束縛シ其組合役員中ヨリ一名ノ監督者ヲ出シテ一般ノ取締ヲ為サシメ、彼地人民及ビ官庁ニ対スル交渉等ハ悉ク此役員ニ於テ其衝ニ当リ漁夫ハ専心漁業ノ一方ニ熱中シテ彼地人民ニ触接セシメザルハ彼我感情ノ調和上尤モ得策ナルベシ。

以上の記述のなかで、鮮海出漁者の監督保護のために朝鮮出漁組合を設立するように提言した。最後に、鮮海漁業の有望性を説き、積極的進出を図るべしと、結論付けている。

該地方実地調査ノ命ヲ奉ジ親シク踏査シタルニ、如何ナル辺ヨリ判断ヲ下スモ該海ノ有望ヲ証スルニ足ルノ事実アルモ其不利絶望ヲ表スルノ事実ハ甚ダ少シ、現ニ目下彼沿海ヨリ本邦出漁者ノ収得スル財ハ年々平均三百万円以上ニシテ其区域ハ全羅道慶尚道ノ半分並ニ釜山北部ノ潜水業者ニアルノミ、故ニ目下ノ漁業ハ本邦人ガ入漁権ヲ有スル四道中ノ半部ヲ開キ居ルニ過ギズ、之レヨリ進ンデ彼大漁業ノ組織ニ適スル北海ノ半部ニ進入シ其採捕ヲ極ムルニ於ハ優ニ一千万円以上ノ利益ヲ挙グルヲ得ベシ。

国家的眼ヲ以テ察スルモ個人的利益ヨリ論ズルモ決シテ今日ノ儘放棄シ置ベキモノニアラザルヲ認ム、爾来一層進ンデ該海ノ調査ヲ確認シ官民一致幾多ノ荊棘ヲ排蕩シテ公共ノ福利及権利ヲ伸暢シ斯業ノ発達ヲ計ルコト真ニ熱望ニ堪へザルナリ。

一方、筑豊漁業組合では、現地で試験船が積荷のために容易に操業できなかったこと、漁獲物の貯蔵運搬にも問題があったことを踏まえて、母船運搬船を加えた出漁船団方式が必要であるとの結論に達し、県にこれら建造費補助を陳情した。県会は三十二年度に従来の奨励補助費のほかに、運搬船建造補助費二五〇〇円を可決している。また、県は三十三年度二月、漁業奨励補助費下付規程を改正し、補助対象に漁船建造費をも加えるようにした。

さらに、筑豊漁業組合は三十一年八月に「福岡県朝鮮海出漁組合」を設立し、その支配人に太田種次郎が就任した。同組合規約は「第一条本組合は福岡県に於ける朝鮮海出漁者を以て組織し筑豊漁業組合の保護監督を受け営業上の弊害を矯正し利益を増進を図るものとす」とうたっており、筑豊漁業組合独自で立ち上げたものであった。しかし三十三年、全国的な韓海通漁組合連合会が設立したのに対応して、その下部組織としての「福岡県韓海通漁組合」に移行した。

明治三十一年鮮海漁業探検調査は国、県の奨励策と相まって、県内漁民の鮮海出漁へのきっかけとなったが、その後は水産試験場「鮮海漁業伝習試験調査」に引き継がれた。試験調査は、募集した伝習生数名を試験船に乗せ、二〜三月間航海で現地漁業実習を体験するものであった。明治三十二年十月〜、三十四年十一月〜、三十六年四月〜、三十七年四月〜、三十八年五月〜と継続的に行われた。本試験が本県鮮海漁業の発展に貢献したことは云うまでもないであろう。

二　鮮海出漁奨励と出漁状況

福岡県の水産業に対する奨励補助事業については、第一編・第七章・第二節「福岡県の漁業奨励施策」で述べたので詳述しない。明治三十年四月「漁業奨励補助費下付規程」が施行され、三十三年二月「同規程」が改正され、さらに三十八年四月、同規程が廃止され、新たに「水産業奨励補助規程」が制定されたのであるが、明治三十年代の奨励補助はいずれの場合でも朝鮮海出漁に対するものが主体であった。つまり朝鮮海出漁奨励が当時の最重点施策であった。遠洋漁業奨励補助費の推移は「三十年度より殊に毎年度二千五百円宛の県費を投じて出漁、造船の事業に対し補助を与へ之を奨励したるが、其結果漸次発達の機運に向ひ、特に客年度より時局の進渉に従ひ益々発展の傾向を呈したるを以て、三十八年度以降は移住出漁補助を加へることゝし、三十八年度四千二百円、三十九年度七千九百円に増額し奨励をなせり」であった。

また県は三十二年十二月、関係各郡市長あて「遠洋出漁の奨励について」通牒を発した。その趣旨は「遠洋漁業の奨励は実に焦眉の急務にして、本県にては明治三十年度以来漁業奨励補助費下付規程を設け、毎年此方針を以て奨励を加へつゝあり、従来の経験に依れば新漁場若しくは新規模の漁業は俄に成績を挙げ難く何れも継続奨励を施すを要し効果を奏するに至難なるを以て、是等は数年を期するにあらざれば施設し難きも、朝鮮海に於ける鰆、鯛釣漁の如きは大分、山口両県漁者に於て他年の実蹟を重たるものにして、大なる利益なき代りに失敗を来すことも亦た尠き確実の事業なるに依り、先づ当業者を此事業に誘導して遠洋漁業の志望を普及せしむるは遠洋出漁奨励の順当なる手段なれば、自今水産奨励の施設上参考として必要事項を提出せん」として、当面の奨励指導方針を提示した。以後、鮮海出漁に対する郡市の奨励補助も行われるようになった。

一方、出漁者組織団体についてみると、明治三十三年「韓海通漁組合連合会」の下部組織として同年三月に「福岡県韓海通漁組合」を設立したが、これは当時の筑豊漁業組合内に設置されていった。三十五年外国領海水産組合法の施行により通漁組合連合会は朝鮮海水産組合に改組されたが、これを契機に県内では筑豊、豊前、有明各水産組合内に鮮海出漁の奨励、指導部門を設けた。県はこれら三組合に対して遠洋漁業奨励事務補助を与えるようになった。これ以外に三十五年三月、山門郡役所内に「韓海出漁奨励協会」が設立され、三十七年三月、社団法人「山門郡韓海出漁奨励協会」として認可され、沖端漁民の鮮海出漁奨励に乗り出していった。

国、県、郡市の一体となった奨励によって、福岡県漁民の鮮海出漁は当初、予想をかなり下回っていたが、徐々に増加していった。特に、三十六年以降に顕著な増加傾向がみられるが、その一つは沖端漁民出漁の増大によるものであり、他は三十七年日露戦争勃発により軍糧供給のため、海軍の保護奨励の下で大連方面および鎭海湾等に大挙出漁したことによるものであった。三十九年には戦争終結により大連、鎭海湾方面の出漁は減ったものの、鮮海通漁はその後も盛況のまま継続された。

表四－2　福岡県漁民の鮮海出漁の推移

年	船数（隻）	乗組人員（名）	漁獲高（円）	移住出漁（戸）
明治三〇	一八	一二一	三、九三七	―
三一	三二	一六九	四、七七八	―
三二	三三	一六五	七、二八八	―
三三	四三	一六五	一〇、六九七	―
三四	五三	一九七	一二、一七〇	―
三五	六五	二七二	三三、〇二三	―
三六	八四	三六四	三三、三三九	―
三七	一四七	五八一	六一、一六七	―
三八	五四三	一、七八五	一三〇、七一六	二〇
三九	二三七	九一八	一〇二、八四七	二三

（明治三〇～三七年は三八年四月一二日付「福岡日日新聞」、明治三八～三九年は「福岡県統計書」による）

右表のうち、三十七年出漁成績の詳細が「福岡日日新聞」に左のように紹介されている。

客年中に於けるヾ本県玄海、豊前、有明三海区各浦より遠洋漁業として出漁したる成績を聞くに、出漁船数百四十七艘、乗組人員五百八十一人、漁獲高六万一千百六十六円五十三銭二厘にして、之を前年に比較すれば六十四艘、二百六十七人、二万七千七百二十七円三十七銭七厘でほぼ倍数に当たれり、各海区別に表示すれば左の如し

	出漁船数	乗組人員	漁獲高
玄海海区	七九	三四五	四二、四八九円
豊前海区	一一	六五	一、二〇九
有明海区	五七	一七一	一七、四六八
	一四七	五八一	六一、一六七

右の内成蹟の最も良好なりし沖端、残島両浦の分を挙ぐれば左の如し、沖端浦は鮟鱇網漁により専ら木浦・群山・仁川間にて、残島浦は長縄漁により釜山沖合にて操業す。

	船数	乗組人員	漁獲高
沖端浦	四三	一二九	一三、六三五円
残島浦	一八	一〇八	一二、八五〇

（「福岡日日新聞」明治三十八年三月七日）

三十年代後半の全般的出漁状況をみると、有明の鮟鱇網を最とし、筑前の鰆曳釣、鯛・鯖釣、鯛・鱶延縄等を主とし、漁場区域は元山津地方より慶尚南北、忠清、全羅の各道を通して遠く黄海道の沖合に至り、さらに安東県の沖合にまで達していた。筑前は北鮮から南鮮を主とし、豊前は南鮮に止まり、有明は南から西海面を主としていた。

また三十年代後半は長期出漁や移住漁村建設が始まった時期でもあった。通漁が漁場の往復に多くの日時を要し、苦労する割には成果が少なく、非合理的経営であることは以前から指摘されていた。福岡県漁民のなかで通漁から移住型出漁に転換する動きをみせたのは、三十六年、沖端出漁団が最初であった。「福岡日日新聞」は報じている。

山門郡沖端村の朝鮮出漁団中、越年従漁の計画あり、該越年団は永住的漁業の方針にて本拠地を群山港と定め土人の家屋を借入れ納屋一棟を仮築し、従来筑後地方に於て使用し来れる沖羽瀬漁に倣ひ羽瀬二ケ所を新設し、漁船六艘、漁者二十四名を以て越年漁業に従事せん目的なるが、借家料、納屋新築費、羽瀬新設費等に一千三十一円余を要するに付、同郡漁業奨励協会長坂本久寿氏より右越年費用補助あらんことを本県知事に申請あり、因に越年漁団の重なる諸氏は、総代・松藤益太郎、取締・吉開卯三郎、船長・松本初次、吉開作蔵、加藤羊次、安永善太郎、徳永久吉外十七名。

（「福岡日日新聞」明治三十六年七月三十一日）

しかし、沖端出漁団の移住漁村計画が実現したのは三十八年になってからであった。また筑豊水産組合では鮮海出漁をさらに発展させるためには漁業根拠地建設が必要であるとの方針を打ち出し、県にそれに対応した奨励補助方を陳情した。「福岡日日新聞」は報じている。

筑豊水産組合にては朝鮮海出漁奨励問題に就き協議した、本年度は頓に出漁船六十艘余を増加したり、組合にては該出漁船との連絡を通ずるの便利を図り漁具若くは金銭の送付方に関し斡旋しつゝあり、然るに出漁者は従来の事実に徹するに、魚群遊泳の時期、潮流の関係及販路等に就き熟知せざる為め出漁を躊躇するの傾向尠からざるより、同組合にては安全に出漁し得る様根拠地を朝鮮海水産組合移住規則に拠り実地に就き適当の漁場を選定して漁業根拠地を定め大に出漁を勧誘奨励し其目的を達せんとするも、如何せん之に要する費用を負担すること能はざる事情あり、去りとて刻下の時機を逸すべきにあらず、右等の事情に対し県は特別の詮議を以て右費用の幾分を補助せられんことを黒木組合長より河嶋知事に出願したり。

（「福岡日日新聞」明治三十七年八月十一日）

これに対して、県は三十八年四月、従来の漁業奨励補助規程を改正し、県令第九号「水産業奨励補助規程」を制定したが、このなかで移住漁村経営に対する奨励補助が正式に認められた。しかし、三十八年度奨励補助費予算をかなり増額したにもかかわらず不足の事態に陥った。「福岡日日新聞」は左のように報じている。

本県水産奨励補助費は四千二百円なるに本年は時局の機に乗じ各郡市競ふて出漁したる結果、前年の二倍以上に達し予算額に不足を告ぐるに至り、止を得ず本月末日迄に願書の県庁に到着したるものにして既に出漁若くは造船に着手したるものに限り補助を与へざることに決定したり、今予算額に準じ九月一日現在に依りて調査したるものに依れば、普通遠洋出漁・漁場調査等約三百艘此補助金一千八百十円、三水産組合補助金五百円、漁船新調十三隻分三百九十円、長期遠洋出漁三十隻に対する補助金一千五百円等に割当れば予算額は皆無となる次第なりと。

（「福岡日日新聞」明治三十八年九月六日）

鮮海漁業開発のために支出した奨励補助金は、当時としては莫大な補助額であった。その初期における使途は専ら通漁奨励であったが、三十八年度以降、移住漁村経営費にかなり重点を置くものとなった。

福岡県における移住漁村の経営に至る方策は、移住根拠地を選定し、土地・漁業権獲得が終了すれば、漁舎等を建設し、同時に移住漁民を募集選考のうえ、県費補助を受けて渡航費や現物を支給して移住させた。つまり補助移住漁村であった。その主導は各海区水産組合と山門郡漁業奨励協会があたった。明治三十九年度における県の遠洋漁業奨励費交付と出漁状況について、「九州日報」は左のように総括的に記述している。

三十九年度に於て本県遠洋漁業奨励費の交付を受けて遠洋に出漁したもの、韓海に百十六艘、関東州沿海に三十五艘、総数百五十一艘、此乗組人員五百六十七人なり。之を郡市別にすれば福岡市二艘（十人）、粕屋郡一艘（九人）、宗像郡六艘（二十四人）、遠賀郡六艘（二十三人）、早良郡十八艘（百八人）、小倉市十八艘（六十五人）、企救郡十艘（四十人）、京都郡二艘（八人）、築上郡四艘（二十八人）、山門郡七十八艘（二百三十六人）、三池郡六艘（十八人）

なり。出漁期間の最も長きは十一ケ月、最も短きは四ケ月にして平均六ケ月なり。漁獲高は八万八千六百六十三円余にして、一艘平均五百八十七円余、一人平均百五、六十円となれり。而して右出漁者に対して下付されたる奨励金は一千七百八十九円なり。又漁業種類は鯛縄、羽魚流網、一本釣、鱶縄、桝網、鰮網、鮟鱇網、えひ空釣縄、建切網、投網等にして最も多かりしは鮟鱇網及び鱶縄なり。

県下各漁業組合より遠洋漁業調査として韓国慶尚、全羅、忠清の諸道方面に調査員を派遣したるもの九人、又同方面に向け鮟鱇網漁業の練習として赴きたるもの六人なるが、右に対して県費より奨励金を下付されたる金額は百九十九円なり。

遠洋漁業の目的を以て新造したる漁船数は県下に於て六十五艘なるが、内縄船二十九艘、一本釣船二艘、鮟鱇網船二十九艘、網釣兼用船五艘なり。郡市別には福岡市一艘、宗像郡二十一艘、遠賀郡一艘、糸島郡四艘、早良郡二艘、京都郡二艘、築上郡三艘、山門郡二十三艘、三池郡八艘にして、右に対する造船補助金は都合三千二百二十八円なり。

長期出漁即ち五ケ年以上出漁の目的を以て移住せるもの県下に於て二十七戸あり、其移住地は巨済島長承浦十四戸、同玉浦湾一戸、釜山付近の牧ノ島一戸、多太浦六戸、群山四戸、仁川一戸なり。之を郡市別すれば早良郡三戸、宗像郡十一戸、糸島郡六戸、山門郡五戸、京都郡一戸にして、右に対する補助金交付額は総計千六百十円なり。

県下水産組合に対し遠洋漁業奨励補助金を交付したるもの五百円なるが、其内訳は筑豊水産組合二百七十二円、豊前水産組合百十八円、有明海水産組合百十円なり。

（「九州日報」明治四十年四月十一日）

福岡県漁民の鮮海出漁は以上述べてきたように、県・郡市の積極的な奨励策に支えられて明治三十年後半から急速な発展をみせたが、四十年以後においてもその傾向は続いた。

三　宗像郡大島出漁船団への操業拒絶事件

明治三十二年九月十三日、宗像郡大島村の屋形実蔵外二名は韓海出漁団（漁船六艘、乗組員三十五名、鰮網一張・鰤網二張・鯛網一張）を組織し、韓国江原道竹辺近海漁場を目ざして出航した。このほか大島村の河野金太郎組（六名、鯛延縄四十五篭、慶尚道鹿島沿海漁場）と鐘崎村の北野茂太郎組（五艘、地曳網・鰮網・鱵網、江原道丑山沿海漁場）も同時に出航した。彼らは渡韓後、まず釜山海関において一定の手続きを終えて、それぞれの漁場に向かった。尾形組は竹辺湾に赴き、投錨の後上陸して監督者（洞守）を訪問し、来航の旨を語り慇懃に協力方を依頼した。

これに対して、洞守は始めの頃は頗る厚意を表していたが、数日後の試漁着手の直前になって拒否の通告をしてきた。洞守の言は「日韓通漁条約が本年七月に改正され、日本人は我朝鮮沿海三里以内において漁業できなくなり、また上陸して納屋等を構えることも一切出来なくなったので早々に立ち去れ」というものであった。我漁業者側は「我々は朝鮮漁業協会、日本領事館は勿論、貴国官衙の海関の許可を受け一定の手続きをして来たもので、その証拠はここに所持している。貴君の唱えるようなことは有り得ない」と抗弁したが、洞守は前言を繰り返すのみで要領を得なかった。

そこで漁業者はさらに転じて蔚珍郡衙を訪いこれを訴えた。しかし郡守金容圭は洞守と同一主張をなして応じる気配はなかった。論難の末、郡守は「貴君らが強いて漁業するというならば、自分より政府に上申して訓令を仰ぐので、その指令あるまで漁業をなして良かろう。指令の如何によって、漁業を続けるなり、停止するなりしよう。それを承知するならば、貴君らの所持する証拠書類を預かり、それを添付して政府に訓令を仰ごう」といった。漁業者側は関係書類を渡し、訓令来着まで三十日程を要するが、それまで漁業しても差し支えないということであったので、郡守から洞守あての公文を携えて竹辺に戻った。

公文を洞守に示したところ、その内容は漁業者との話合いとは正反対の「沿海三里以内には日本人の操業は一切許す可らず」の意味であった。そのため現地では「洞守を始め付近部落の漁民は俄然波止場に群集し、非常の妨害を働き乱暴狼藉殆ど至らざるなき有様となり、今少しく遅疑して去らざらんには、我二十幾名の生命財産は彼等の梶棒若くは瓦礫の下に粉砕せられん形勢なるより一同辛うじて同所を引揚げたり」であった。一同は同所を引き揚げ丑山浦に来たが、ここでも同様に不穏な情況であったので遂に漁業を見合わせ、十月十一日釜山に帰った。巨済島でも同様な動きがみられたという。ことの一部始終を釜山領事館に訴えたが、領事館では警部を事実調査、交渉のため現地に派遣した。

以上の事件は「福岡日日新聞」（明治三十二年九月九日～十月二十日）の記事より抜粋整理したものである。その後の経緯については不明であるが、十一月九日の「九州日報」は「筑豊水産組合出漁船団拒絶事件について本県より朝鮮漁業協会に取調方依頼中なりしに、同協会よりの通報によれば該事件の為め出張中の警部未だ帰着せざるも以て詳細の模様を知る能はざるも、該地方を通過して帰港したる香川県漁夫の語る処によれば、二組（尾形組、北野組）共無事漁業に従事し居り遠からず引揚の予定にて云々」とある。

本事件の発生に関連して、「福岡日日新聞」は「韓海漁業と通漁規則」と題して論じ、本邦人の韓海漁業発展のために通漁規則を改訂すべしと主張している。

(1)是れ本邦の既得権を侵害するものにして、宜しく正当の権利を主張し及び之を保護するために一切斯かる障害を排斥し去るの必要且つ急務なるを認む。

(2)斯の如き出来事は慶尚の沿岸に於ても全羅の群島に於ても屢々起りつゝある事実にして、甚しきは互に殺傷を事とするに至るを耳にせり、之れ日韓両国の交誼を厚くする所以にあらず以て両国の利益を図る良途に非ざるなり。

(3)其原因とも云ふべきは韓民の頑冥にも由らむ、又邦人の不用意もあらむ、然れども其根源は全く日韓通漁規則の欠点にあるなり。

(4)現通漁規則は未だ韓海に於ける我漁業権の発達せざる当時に締結したるものなれば、今日に於ては実際不都合なるや言を俟たず、否事実は既に通漁規則以外に我既得権となりて現行しつゝあるもの頗る多し。

(5)適法に応用し能はざる規則は之を改訂するの外なし、須く両国間の交渉を開始し現存の事実と将来の趨勢に鑑み以て両国の権利と利益を的確明断ならしむべし。

(6)茲に通漁規則の欠点を一々指摘するの煩を避けむ、然れども今の開港地以外に漁船の寄港地を定め、薪水を得るの便を得せしむる更に多大ならんことを望み、又漁獲物の乾燥及び製造のため貸地法を設け、其区域の如き成べく広く能く実際に適合するを要す、又場合によりては監督保護のため絶へず領事館若くは警察官に巡回せしむるの必要もあらむ。

(6)韓海の漁業は前途頗る有望なり、斯の有望なる富源を開発するは日韓両民の利益にして、殊に本県漁業者の如きは其利益に均霑すること多大なるを以て之が発達を図るには先づ其障害を排斥するに如くはなし、是れ其根原と認むる通漁規則の改訂を主張する所以なり。

（「福岡日日新聞」明治三十二年十月二十二日）

本事件が発生した明治三十二年は、両国通漁規則公布（同二十三年一月）以後ほぼ十年間を経過した時期であり、かつ翌三十三年には「京畿道沿岸に於ける漁業に関する往復文書」交換によって朝鮮全海域が完全に日本漁船に占められていく時期でもあった。つまり通漁の拡大期であった。「福岡日日新聞」記事にみられるような日本側の意気込みに反して、進出される韓国側特に地元漁民の反発、危機感は如何ばかりであったか、想像できよう。一方、大漁を夢みて異郷漁場に進出した大島出漁団は操業拒絶という予期せぬ受難に直面したが、このような事件は鮮海出漁開発過程で頻発していたのである。

四　山門郡沖端出漁船団の活躍

福岡県漁民鮮海出漁の歴史上、山門郡沖端漁民が残した足跡は特記されよう。鮮海出漁への進出は筑前漁民に遅れをとったとはいえ、関係者の熱意と協力によって鮮海出漁体制を確立し発展させていったのである。その足跡を簡単にたどってみよう。

鮮海出漁の動きは明治三十三年三月、沖端漁民が郡費補助を受けて漁船四隻の試験操業を実施したことから始まる。その結果は「何分航路並に地理に不案内なるのみならず、目に一丁字なき漁民が言語不通の地に模索したるに過ぎざれば何等得る所なかりしに、図らざりき石首魚群来の地に邂逅し意外の漁獲ありて将来頗る有望なるを知るを得たり」であった。そこで「郡内の有志者相謀り出漁奨励の為め一つの出漁団体を組織せんとせしも、初航の状況斯くの如く不充分なるを以て、更に漁業組合役員並に重立たる漁業者を渡韓実地視察をなすべきこと」が決定された。

同年九月、山門郡各漁業組合役員は水試の試験船名島号に乗組み朝鮮西南沿海における漁業、漁場の視察をなした。「苦心惨憺の末に鮮海西南沿岸の調査を了し、有明海漁民並に本県各漁業者の為めに有望なる好漁場を発見した」のである。

帰朝後、まず有明海沿岸漁民出漁奨励のため三十五年三月「山門郡韓海出漁奨励協会」を設立し、早速出漁船団を出すことになった。この第一次出漁の模様や漁獲成績について、以下に紹介する。大神宮日誌・難波家記録「朝鮮遠洋漁業鮟鱇網船団の記録」は出航の様子を記述している。

　沖端を発祥地として有明海漁業がはじまったのは、六騎の由来又古い文献や言い伝えで明らかである。難波家は有明海の羽瀬漁の権利を他に譲り、朝鮮海出漁のため鮟鱇船団二統を結成す、明治三十五年三月二十二日、朝鮮海出漁者の為めに六騎の造営した大神宮にて祈禱式を執行す、県庁及び郡衙等の奨励により韓海へ出漁する者は沖端村より六十名、両開村より十余名で、これら出漁者の為めに海上安全豊漁の祈禱を韓海出漁奨励協会主催で執行す、当日、県官・郡長・村長・漁業組合頭取其他有志者等及び出漁者七十余名が神前に参集し、煙火二発で動行の式を始む、祈禱式終へて出漁者は守札を授与され且つ神酒を戴き、出漁船団は沖端川三明橋よりアラコの土居迄、矢留校生徒の日の丸万国旗等による見送りの中、満船飾の旗をたて、出航す。

何しろ船は小型木造の和船で、これに帆を立て、天気予報もない時代にただ磁石盤と勘だけで玄海の荒波に雄飛した、当時は朝鮮海域に海賊が出ると云うことで、難波家の宝物日本刀十幾口ある中より一船に二口宛積んで出港した。出航してから島原口の津、玄海灘にさしかかる時、無事航海を祈願するため大神宮に漁業者の家族が参拝する慣しとなった。

出漁船団の成績については、「福岡日日新聞」が左のように報じている。

⑴山門郡沖端村の漁業者は韓海出漁隊を組織し、第一次に二十一艘、第二次三艘が目下出漁中なるが、二十一艘中の五艘組より此程韓海出漁奨励協会へ宛てたる書信に依れば、出漁隊は孰れも能く該協会の規約を遵守し更に漁場を争ふ如きことなく精励従事しつゝあり、漁業は目下石首魚の時季とて漁獲多く、而して漁獲物の販売は朝鮮人又は日本人の買船夥多しい群来し居りて、相場は石首魚一尾に付一厘五毛乃至二厘位にて買船は法聖浦の市場に齎らし一尾二、三銭位にて販売する趣なるが、去月二十三日より同二十九日迄（内一日休業）の間に五艘にて収穫せる金高は四百三十五円二十二銭なりしと、右の収穫金は既に送金し来りし由なるが其他の各船共相応の漁獲ありしと見へ一人にて百円も送金したる者あり、元来該隊出漁の目的は八十八夜後の漁獲時季なる鯛漁に在りて石首魚は言はば付属漁に過ぎざるに尚斯く好成蹟を得たれば、一同は大に勇みたちて倍々奮発勉強し居る由、又後発隊は馬山浦を根拠として羽瀬漁を試むる目的なるが、若し此羽瀬漁にして有望なりせば当業者は家族携帯移住の上永遠に該地に於て漁業を営む筈なりと。

（「福岡日日新聞」明治三十五年五月十四日）

⑵二十一日第二報告到来せるが、其報告に依れば引続き大漁あるも魚価余り低廉なる為め一同聊か失望せり、目下出漁船は一艘に付石首魚五千斤（一斤に付四尾、一尾の値一厘五毛の割に付五千斤にて二万尾此売上金三十円）だけは毎日漁獲あるも、其以外は搭載し能はざるを以て遺憾ながら各船に五、六千斤を積めば其他は一切海中に放棄し居れり、されば不日出漁団体中の難波善吾氏一応帰村の上、運搬船を準備して直に渡韓する手筈なり云々とありて頗る好結果を奏せる由。

（「福岡日日新聞」明治三十五年五月十八日）

第一次出漁船団の総漁獲高は一万余円にも達し、好成績を収めた。当然、三十六年の第二次出漁船団においては五十余艘規模に増大することとなった。また沖端村の難波善吾は遠洋漁業に適する大型漁船（長さ四十五尺、約三万斤以上の漁獲物搭載可能）を建造し、そのほかにも三艘が新造された。三十六年の実績は五十九艘、二百三十余名、一万六千余円に達した。

第一、二次の実績を踏まえ、「協会は益々奨励の必要を認め更に組織を改め定款を変更して社団法人となし、三十七年三月農商務大臣の認可を得たり、爾来引続き期節出漁、周年試業並に長期移住的漁業の奨励斡旋に努め居れり」となり、韓海漁業は益々活況を呈していった。

第五次（三十九年）出漁船団の出発式の様子を「福岡日日新聞」は左のように報じている。

本年の山門郡出漁奨励協会韓海出漁隊は二百六十三名、八十六艘にして、例の柳川旗印の裾黒幟と国旗とを船毎に掲げ山鹿流太鼓と法螺貝に送られ沖の端川を出帆せり、同会の出漁者は年々其の数を増し已に会員の家族と共に群山、江景、龍山、鎮南、木浦地方に移住せしものも少からず、出漁者の為めにも非常に便宜なること多く、又数年間同地の漁業に従事して月々郷里に送金するものも少からず、本年の出発は去る二日にして、小野本県水産技手、坂本山門郡長、平方署長、石川・野田・十時三郡書記、同会役員、同地銀行員、有志家並に本社及柳川新報記者等数十名は矢留大神宮の宣誓式に列したり、出漁者の総監督は水産試験場遠山亀三郎氏にして名島号に座乗し、鮟鱇網隊長は難波善吾氏、長縄隊長は近藤芳太郎氏、鮟鱇隊は十組五十二艘に分乗し長縄隊は六組二十八艘に分乗す、別に母船隊の一組は六艘を以て組織し、捕獲魚族の販路は勿論食料、薪炭、給水、病傷者等の世話総てを担任して出漁者を安堵せしめん組織にしたり、出帆の前日の宣誓式は荘厳を極め、出漁者全員神前に集まり、木下宮司の祈禱、山門郡長の告諭、出漁者総代の誓辞等あり、式後来賓一同には沖端田代町若松楼の大広間にて祝宴ありたり。

（「福岡日日新聞」明治三十九年三月五日）

第五次出漁は、運搬機能を充実させるとともに群山方面への根拠地設営の準備調査をも兼ねていた。運搬船体制を整備した結果、従来小型漁船は豊漁の際、不当に安価で販売せざる得なかったものがなくなった。すなわち買船等に警戒を与え、かって石首魚一尾三、四厘程度のものが一躍一銭二、三厘以上の価格を保つに至ったという。また根拠地設営に関する調査交渉の結果、四十年度において郡山浦根拠地建設計画が具体化した。その概要は、(1)長期移住漁業者三十戸（一八〇坪）建設費・六八四〇円、(2)一時的出漁者八十艘分の仮総納屋（五十坪）建設費・一九〇〇円、(3)物置納屋一棟（二十六坪）建設費・一八〇〇円であった。坂本協会長は、この根拠地設営に関し県費より五千円補助されんことを知事に申請した。そして四十年度には群山根拠地が建設され、以後は長期移住的漁業基地のみでなく短期出漁者の基地としても貴重な役割を果たした。以上は三十九年までの山門郡沖端漁民を中心とした鮮海出漁の沿革であるが、韓海出漁は昭和十五年三月まで続けられた。

最後に沖端出漁者による「矢留大神宮」石鳥居奉納の件を記しておこう。明治三十九年十一月二十三日、矢留大神宮石鳥居の竣工式併奉告祭が挙行された。韓海出漁者（鮟鱇船団）の発起に依り、これまでの木鳥居を石鳥居に改築したもので、式終了後来賓および漁業者一同は宴会場の常願寺に集まり、手踊の奉納あり餅投等あり、夜間は殊に人出多く近来稀なる盛大であったという。

第三章　明治四十年以降の朝鮮海出漁

第一節　国の鮮海出漁政策

一　韓国併合以前

明治三十八年、第二次日韓協約によって朝鮮の外交権は剥奪され、日本統監府が三十九年に設置されて、朝鮮はその保護政治を受けるに至ったが、さらに四十年には第三次日韓協約が締結された。これによって、日本統監による朝鮮の専制的支配者としての地位が確立され、ついには四十三年の「韓国併合」に至るのである。

この四十～四十三年間、国は鮮海出漁奨励のためにその保護統制策を積極的に進めた。四十年三月、統監府は朝鮮海水産組合に対して定款変更命令を出し、その改正を行わせた。主な改正点は、⑴臨時会の開催、定款変更の認可権を外務農商務大臣から統監に変更したこと、⑵新たに第一〇章「組合員の風儀矯正」を設け、特に漁業者の韓人に接する言動を戒めている。この章の第四七条では「組合員は本定款の規定を遵守して誠実誠意を旨とし相互に応接するは勿論韓人に接するときは言動を慎み苟も粗暴の行為あるべからず」と規定している。

鮮海漁業の発達、出漁者の増加に伴って、指導監督官庁、組合が苦労した点は漁業者の素行問題であった。四十一年七月、統監府釜山理事庁は関係各府県あてに「出漁の奨励と共に監督方法に付十分の配意方」を照会したが、福岡県ではこれを県下沿海郡市長に通牒した。

近時韓海出漁者の増加に伴ひ、其根拠地に醜業婦及び博徒の伴随して営業するもの尠からず、折角得たる漁利の大部分を失ひ、甚だしきは漁船、漁具を典じて遂に帰国し得ざるものすら輩出するに至れりと云ふ、斯くの如きは啻に出漁の目的を達し得ざるのみならず、或は花柳病に罹りて終生廃疾に陥り或は正業を失ひて無頼の遊民に化する等其害洵に測るべからざるものあり、加之彼等が素行上の失体は延いて後続の出漁者を阻止逡巡せしめ折角順境に向へる韓海漁業の進運に大障碍来すべきを以て、理事庁に於て相当取締の方法を講じつゝあるも周到を期すること容易にあらず、依て団体毎に監督者を附して此の悪弊を矯正すると共に其利益を貯蓄せしむること最も策の得たるものなるべし、当局者は出漁の奨励と共に一面監督方法を講ずること目下の急務也。（「九州日報」明治四十一年七月七日）

以上は国内向けの動きであったが、対韓国では新たな漁業協定を締結し、より有利な出漁条件を整えた。統監府は明治四十一年、「日韓両国漁業協定」を告示し、同時に韓国政府は「韓国漁業法」を発布した。

日韓両国臣民の漁業に関し統監府及韓国政府は四十一年十月三十一日付、統監府告示第一八六号を以て左の協定を為し韓国漁業法施行の日より之を実施す

(1)日本国臣民は韓国の沿海、江湾河川及湖池に於て、韓国臣民は日本国の沿海、江湾河川及湖池に於て漁業を営むことを得。

(2)両国の一方の臣民にして他の一方の版国内に於て漁業を営む者は其の漁業を営む場に行はるゝ漁業に関する法規を遵守すべし。

(3)韓国に於ける漁業に関する法規中司法裁判所の職権に属すべき事項は日本国臣民に対しては当該日本官庁之を執行す。

(4)明治二十二年十一月十二日、開国四百九十八年十月二十日調印日韓両国通漁規則其の他両国通漁に関する協定は総て之を廃止す。

この協定は翌四十二年四月発効し、邦人は許可された条件内で湖池河川等を含めた全鮮至る所において漁業を営むことができるようになった。同時に発布、施行した韓国漁業法によって朝鮮人同様の漁業権を獲得できるようになった。韓国漁業法は当然、日本側の意向に沿うものであったことはいうまでもないが、その制定の背景には左のような問題点があった。

(1)韓人は次第に日本式漁業経営を見習って漁業を発達しつゝあり、日韓人間で漁業上の衝突が増えてきたこと
(2)邦人は単に目先の利益にはしって操業するので次第に資源の濫獲、枯渇が憂慮され始めたこと
(3)韓国には、これまで漁業に関する法律はなく慣行に依っていたが、今後、漁業開発を図り秩序を保つためには規則制定が不可欠となったこと
(4)従来、宮内府専用の漁場が約一千五百個所あり、昨年七月韓国政府、宮内府ともにこれを開放して公有水面漁場として利用する方針を明らかにしたこと

隆熙二年十一月十一日、韓国法律二九号「漁業法」が公布され、同時に同施行細則も公布された。本法、規則によれば、漁業は免許、許可、届出漁業の三種に区分され、韓人・日本人および公私人を問わず権利を取得できるものとした。その主体である免許漁業は五類に分けられ、免許期間を十年とし、相続・譲渡・共有・担保及貸付の目的となすことが付与された。許可漁業は本来自由漁業であるが、漁業取締・水産繁殖保護の必要上から定めたものであり、届出漁業は上記二種以外のものであった。許可、届出漁業の有効期限は原則として一個年で希望により五個年まで延長できるとした。許否権は免許漁業については韓国農商工部大臣とし、許可漁業については一部が農商工部大臣、一部が理事官（対日本人漁夫）、府尹郡守（対韓人漁夫）とし、届出漁業については理事官（対日本人漁夫）、府尹郡守（対韓人漁夫）とした。本漁業法が発布されるや、特に免許漁業の出願が殺到した。漁業法は四十二年四月一日から実施されるのであったが、漁業権出願数は同年一月末現在で三千件に達していた。しかし本漁業法はほとんど機能しないうちに、四十三年の韓国併合を経て、四十四年「漁業令」公布によって廃止された。

二　韓国併合以後

「韓国併合条約」は明治四十三年八月二十二日に締結され、同二十九日に公表された。名称が「大韓帝国」から再び「朝鮮」となった。そして、従来の日本による統監政治は総督政治に変わって、昭和二十年八月十五日の日本の敗戦まで続いた。朝鮮の法律制定については、「朝鮮ニ施行スベキ法令ニ関スル件」第一条に「朝鮮ニ於テハ法律ニ要スル事項ハ朝鮮総督府ノ命令ヲ以テ之ヲ規定スルコトヲ得」となり、総督の命令を制令と称した。

四十四年六月三日、制令第六号により「漁業令」が公布され、韓国漁業法は廃止された。漁業令の公布と同時に、朝鮮

総督府令第六七号「漁業令施行規則」、府令第六八号「漁業取締規則」が公布され、さらに四十五年二月二十三日には府令第一二号「漁業税施行規則」、府令第一三号「水産組合規則」、府令第一四号「漁業組合規則」が公布された。これら漁業令、諸規則は四十五年四月一日より施行され、朝鮮漁業は新制度のもとで展開することとなった。この漁業令は、昭和四年「朝鮮漁業令」が公布されるまで存続した。

漁業令、同施行規則の内容は、旧韓国漁業法、同施行細則のそれを基に改訂したものであり、漁業取締、水産組合、漁業組合諸規則は初めて制定された。漁業令、漁業令施行規則によれば、漁業種類は左のように区分された。

免許漁業

(1)第一種免許漁業：一定ノ水面ニ漁具ヲ建設又ハ敷設シ一定ノ漁期間之ヲ定置シテ為ス漁業
(2)第二種免許漁業：一定ノ水面ヲ区画シテ養殖ヲ為ス漁業
(3)第三種免許漁業：海浜一定ノ場所ニ於テ一定ノ漁期間繰返シ漁網ヲ曳揚ゲ又ハ曳寄セテ為ス漁業
(4)第四種免許漁業：一定ノ水面ニ於テ一定ノ漁期間繰返シ漁網ヲ建設又ハ敷設シテ為ス漁業
(5)第五種免許漁業：一定ノ水面ニ魚類ヲ集合セシムル設備ヲ為シ経営スル漁業
(6)第六種免許漁業：前各号ニ掲グルモノヲ除クノ外水面ヲ専用シテ為ス漁業

許可漁業

(1)第一種許可漁業：捕鯨業
(2)第二種許可漁業：トロール漁業
(3)第三種許可漁業：潜水器漁業
(4)第四種許可漁業：鯨族以外ノ海獣漁業
(5)第五種許可漁業：風力、潮流又ハ螺旋推進器ニ依リ漁船ヲ運行セシメ嚢網ヲ引曳シテ為ス漁業（除トロール）
(6)第六種許可漁業：海浜ニ於テ場所ヲ一定セズシテ漁網ヲ曳揚ゲ又ハ曳寄セテ為ス漁業及河湖ニ於テ漁網ヲ曳揚ゲ又ハ曳寄セテ為ス漁業
(7)第七種許可漁業：漁船ニ依リ嚢網ヲ張置シ又ハ之ヲ繰寄セテ為ス漁業
(8)第八種許可漁業：漁網ヲ以テ魚類ヲ囲繞シ網裾ヲ引締メ又ハ繰上ゲテ為ス漁業

(9)第九種許可漁業：漁網ヲ張下シ又ハ流下シ魚類ヲシテ網目ニ刺サシメ又ハ纏ハシメテ為ス漁業

届出漁業

(1)第一種届出漁業：一漁船三人以上乗組ミ漁網ヲ使用シテ為ス漁業

(2)第二種届出漁業：一漁船三人以上乗組ミ延縄其ノ他釣漁具ヲ使用シテ為ス漁業

(3)第三種届出漁業：前二号ニ該当セザル漁業

このうち、免許漁業（第一～六種）と第一、二種許可漁業の許認可権は朝鮮総督が、第三～九種許可漁業の許可権は地方長官がそれぞれ有し、届出漁業については府尹、郡守が担当した。免許の存続期間は十年以内、許可・鑑札（届出）の有効期間は五年以内とした。

さて、韓国併合後の新制度となり、日本人の朝鮮出漁にとっては旧来の各種煩雑な手続・制限等から解放され日韓平等的関係となった。これを契機として各府県は通漁は勿論、移住漁村の建設への本格的開発に乗り出し、ここに鮮海漁業開発史上一時代を画するに至った。

各府県は漁業権獲得運動を活発に展開する。明治四十四年三月、九州四県連合（福岡・佐賀・長崎・熊本）においても、朝鮮海漁業権獲得協議会が開かれている。その結果、漁業権を保持していても実際に漁業をしない、幽霊漁業者が増加した。「九州日報」は「朝鮮沿岸に於ける漁業権利獲得者よりは収穫見積額に相当する免許料を一ケ年毎に納める規定なるが、徒らに権利を所有し実際漁業に着手せざるものに対し権利消滅に関する規定甚だ不備なる為め、漁区の空しく荒廃せるも尠からず、近々総督府に於て相当の規定を設くるの都合なり」と報じている。この問題は当初の頃にみられたものであったが、次第に解消していった。

内地人漁業者の不満は、併合前における彼らに対する奨励保護指導とその後におけるそれとの間に大差が出てきたという認識であった。つまり内地人漁業者に対する優遇措置が希薄となったということであった。しかし、これは当然ともいうべきものであった。併合前における統監府の漁業政策は邦人の出漁奨励に主眼があったのに対して、併合後における総督府の漁業政策の重点は朝鮮漁業の総合的振興という大命題に置かざるを得なくなったのである。大正年代に入っても、二年府令第四九号「海藻検査規則」、七年府令第五六号「水産製品検査規則」、十二年号「朝鮮水産会令」が公布施行され、十一年に朝鮮総督府水産試験場が開設されるなど、朝鮮漁業の振興諸施策が展開された。昭和二年朝鮮総督府編「朝鮮要覧」は、併合以後の漁業施策とその成果を左のように要述している。

古来漁政に関する基礎極めて薄弱にして進歩の跡見るべきもの多からざりしが、併合以来当官庁に於て鋭意漁業の発達を図り之が保護取締を周密にし、且つ年々相当の経費を投じて各種の調査及試験を行ひて其の結果を公表し、斯業に関する伝習講習を行ひて当業者の智識技能を啓発し、有望なる事業に対しては金品を補助貸与して其の発達を助長し、漁港及避難港修築の為年々工費の一部を補助し、漁業組合の改善発達を図りて漁民共同の福利を増進し、輸移出水産製品検査を行ひて製品の改良統一を図り、又当業者をして朝鮮水産会を組織せしめ水産業の改良発達に尽さしむる等各種の施設を講じたる結果、漸次発達の域に進み、大正十四年に於ては漁獲高五千百五十五万一千余円、製造高三千二百六万余円に上れり、又同年中に於ける漁業許認可件数は免許七百四十一件、許可九千二百六十件、届出一万六千八百二件なり。

水産業の改良は漁船、漁具及漁法の改良、漁業者の知識技能の養成、水産に関する調査試験の施行、水産物の処理及関係期間の普及発達、販売方法の改善竝販路の拡張、水産物の人工増殖奨励、需給の調節及産額の増進、内鮮人漁業者の移住及内鮮人漁業者間の統一融和、水産会又は漁業組合の設立、漁業者の副業及勤倹貯蓄の奨励等是なり、特に漁船、漁具及漁法の改良普及に関しては極力奨励の結果、朝鮮人漁業者の内地式漁具漁法に依るもの近年著しく増加し、就中一本釣・延縄等の釣漁業最も発達し地曳網・流網・鮟鱇網等の網漁業之に亜ぎ、其の漁獲成績の如きも内地人漁業者に比し甚しき遜色を見ず、又大敷網・巾着網・揚繰網・台網等を経営する者漸次其の数を増加せり、内地型漁船の普及が漁具漁法の改良と共に近来著しく、朝鮮人の使用する内地型漁船数は大正四年に於て二千六百十九隻に過ぎざりしもの同十四年末に於ては八千六百二十四隻に達せり。

朝鮮通漁は大正十二年には二府二十五県、約五五〇〇隻、四万二四〇〇人に達し、最盛期を迎えた。しかしその頃を頂点として減少に転じ、昭和四年までは三千台を維持したが、その翌年からは急速に減少し、昭和十四年には六百余隻となった。そして太平洋戦争の激化とともに、長期にわたった朝鮮通漁も幕を閉じるに至った。激減した理由は左のように要約される。

(1)鮮海における豊富な水産資源も次第に枯渇の傾向がみられ、零細な沿岸漁業者の通漁経営が困難となったこと

(2)産業経済が資本主義的経営の波に乗り、漁船の動力化と漁業の企業化が急速に発達し、通漁者の一部が沖合漁業へと

転換したこと

(3)第一次大戦後、日本式漁法を習得した朝鮮人のうち、漸次独立経営するものが増加し、よって同一漁場・同一漁法では彼らとの競争が困難となったこと

(4)朝鮮統治上、朝鮮人漁業者を保護する見地から内地人の通漁に有形無形の制限を加えたこと

また、移住漁村経営は自治体の保護奨励にもかかわらず、ほとんどが建設後、その成果をみるに至ることなく短期間にして失敗した。補助移住漁村は明治四十四年には二十六カ所、全移住漁村の約四六%を占めていたが、大正十年には十カ所内外に減じ、しかもそのうち二、三カ所を除いてほとんど廃滅状態となった。その後、移住漁村といえばほとんどが自由移住漁村となった。その後においても移住漁村建設の必要性とその経営方策が論議されることはあったが、実現をみるに至らなかった。大正十年朝鮮総督府「朝鮮産業調査書」は左のように論断している。

船数五千隻、二万人（明治四十四年）ノ通漁者ハ鮮海ノ魚類ヲ捕獲シ内地ニ運搬スルニ止マリ、何等鮮内経済財政上ニ貢献スル所ナシトノ理由ニヨリ、移住漁村ハ欲セザルニ非ラザルモ特別ニ便ヲ供与セズ、漁業権ノ如キモ地元漁民ヲ尊重スルノ処分ニ出タルヲ以テ、内地漁民ニ大打撃ヲ与ヘタリ。

朝鮮水産組合ハ韓国政府又ハ統監府当時ニハ、副組合長ニ統監府技師、支部長ニ開港場所在理事庁在勤ノ統監府技手又ハ農商工部技手之ヲ兼任シ、又組合長ハ時ニ統監府理事官兼務シタルコトアリ、経費ヲ要セズ適材ヲ任用シ組合事務ノ円満ヲ見タルノミナラズ、如斯補助金以外ノ援助モ多カリシガ、併合後ハ官制改革ニヨリ之ヲ廃止シ、又本府ノ方針ヲ付度シテ積極的移民奨励ヲ図ラズ、大正元年ソノ組織ヲ変更シ、朝鮮人ヲ組合員トシ会費等ハ内地人ノ四分ノ一ヲ徴収シ、専ラ朝鮮人漁業ノ発達ニ力ムル所アリ、又一層経費膨脹スルニ際シ大正四年国庫補助金ヲ四万円ヨリ三万円ニ減額セリ。

以上ノ理由ニヨリ併合前萌芽ヲ発シタル移住漁村ハ培養宜シキヲ得ズ冷遇ノ境地ニオカレ、水産全般ニ対スル国家施設ノ欠陥ト相俟チテ十分ナル発達ヲ遂グルニ到ラズ、一般在住民ニ比シ遅々タルハ此等ニ起因スルヲ認ム。

また大正十二年朝鮮総督府「朝鮮の水産業」では、移住漁民の減少現象に関して「之が原因と認むべきは当初移住漁民の選定を誤り、或は漁業計画に遺漏あり、或は府県の保護徹底せざりし為失敗の跡を重ねたると、殊に大正七、八年内地経済界の好況に伴ひ帰国又は転業者を生じたる為なるが如し」と記述している。

さらに当時の社会政治情勢に眼を転じると、大正八年は朝鮮の三・一独立運動が起こった年であった。これは三月一日、ソウルで反日独立デモが行われるや、それが地方都市さらに農村にまで波及し、朝鮮全域を包み込んだ事件である。このような物情騒然の社会不安が、移住漁民撤退の遠因としてあったのではないかと推測される。

移住漁村経営の失敗には諸要因が重複していたとは言え、行政に支えられてきた補助移住漁村は所詮、それがなくなれば衰滅の運命をたどらざるを得なかったのである。総督府の振興施策対象からは除外され、内地府県からは奨励施策の手を引き上げられて補助移住漁業、漁村は衰退の一途をたどった。

移住漁村経営は失敗に帰したが、これが朝鮮人漁業の発展に寄与した側面もあった。前出の「朝鮮の水産業」では左のように記述している。

由来朝鮮漁業の開発は内地漁業者殊に移住漁民に負ふ所尠からず、蓋し朝鮮人漁業者は日常接触する間に於て漁船漁具の精巧にして漁利多きを目撃し、或は従業者となりて親しく其の使用法を会得し之を模倣するに至るが為なるべく、而かも内地移住漁民は朝鮮人漁業者の約二十五分の一に過ぎずして、敢て朝鮮漁業者の漁利を損することなくして却て朝鮮人漁業の啓発に資する所多きを認むべし。

第二節　朝鮮沿海における密漁

明治末期以降、鮮海漁業に大きな負の影響を与えたものとして、汽船トロール漁船の侵犯操業と爆薬物密漁があった。これらはいずれも日本側から持ち込まれたものであった。

汽船トロール漁業は明治三十八年から四十一年にかけて日本に導入されたが、すでに四十一年には日本沿岸各地で汽船トロール漁業排斥運動が起こっている。朝鮮沿海への侵犯操業が目立つようになったのは、韓国併合後の四十四年からであった。「九州日報」はトロール漁船の出没状況とその取締について報じている。

釜山近海に出没するトロール船警戒の為め、朝鮮海水産組合は八日、木浦より回航し来れる警備船新高丸に組合職員、慶南道庁職員、釜山警察署警部外二名が乗船し、蔚山・方魚津沿岸方面の取締に向かった。機張を去る三里余の沿岸にトロール船を磯に操業するもの二隻、沖合に九隻を認めたれば、磯のトロール船二隻に命を伝へて午後八時、釜山港へ連れ来れり。

一隻は船籍神戸に在りて第一富丸と言ひ二百五十屯、一隻は船籍大阪に在りて昌漁丸と言ひ二百十屯なり、同船の捕獲せし魚類はニベ・グチ・エイ等の雑魚にして目星しき物なし、警察署にては一応其漁具を押収して証拠品として総督府令により告発する手続を執りたり。

税関側の取締法を聞くに、規則として既に密漁取締あり、要するに外国人に対する概則なれども亦日本人に就て限劃されたる成規なきにあらず、今や諸般の制度は農商工部に移りて方法を実施せんか、農商工部吏・税関吏・警察吏協議に俟たざるべからず、来る四月一日より施行の漁業令に際して一層此取締の厳なるものあるべし。

日本内地に在るトロール船は其数八十隻にして、昨今巨文島、巨済島に顕るゝものは約二十隻内外ならん、而も彼等は立派なる農商務省の免状を有するものなれば、漁区の見解に於て誤れるや唯此有無の点に於て然るなりと、又之を水産当局者に聞くに、現今の気候は魚族の凡てが寒気により暖流を追ひ沿岸よりも成るべく沖合に遊群する時にして、其頃合が恰もトロール漁の従事に適するを以て衝突を来す時機ならんと、其損害を蒙むるべきは鯛延縄にして蔚山若くは方魚津に出漁せる者即ち釜山牧ノ島を根拠とせる小資本の従漁人にして、実地を目撃せし者の情報によればトロール船は海岸二十海里位の沖合に常に出没し作業し居れりと。

（「九州日報」明治四十五年二月十二日）

四十五年四月一日、「漁業令」、「漁業取締規則」が施行され、汽船トロール漁業禁止区域が明確となり、取締りも強化された。これに対してトロール当業者は、朝鮮沿海の操業禁止措置が不当であると朝鮮総督府に抗議するとともに農商務省にも禁止区域縮小を陳情した。そこで農商務省は朝鮮総督府に禁止区域縮小を打診するが、総督府はこれを拒否している。「福岡日日新聞」はその様子を左のように報じている。

内地トロール業者は朝鮮総督府の取締に対して其の不法を詰り大会を開きて農商務省に迫りたる結果、同省より朝鮮総督府に対してトロール禁止区域縮小の余地なきや否やの照会あり。総督府にては右に関し、過般縮小の余地なき旨回答を発すると同時に、担当官を上京せしめ農商務省にトロール業被害の実状を説明すると共に、農商務省に於て当業者に許可せる東経百三十度以西の漁業区域と総督府の禁止区域と多少の抵触する所あるを以て之が善後の策を協定せしめたるが、総督府は朝鮮に於ける産業政策、水産物・漁業者保護等の上より、現在の禁止区域を拡張する事なら兎に角、縮小は全然不同意の旨を表明したり。主務省側も堅く執りて動かず、随つて両者主張の合致するに至る迄には尚研究調査を要するものあるより交渉不調に終りたりと。

（「福岡日日新聞」大正二年六月十四日）

大正二年十二月には朝鮮総督府は海軍省より機関銃を装備した水雷艇三隻を移管し、朝鮮沿海の不正漁業取締強化を図った。これ以後、トロール船の侵犯操業はみられなくなった。

このようにしてトロール船の侵犯操業問題は一応終息したが、これに替わって爆薬使用の密漁問題が浮上してきた。爆発密漁はすでに明治三十年代後半から散発的にみられたが、四十年代後半から目立つようになり、一般漁業者に危機感を与えるようになった。明治四十三年、第三回九州各県連合朝鮮海水産研究会では韓国統韓府に対して「爆発物使用漁業取締の件」を建議した。統韓府は建議に対して「爆発物を使用する漁業者は従来殆んど日本人なるを以て沿海理事庁令を以て之を禁止すと雖も、反則者を処罰する制裁軽きに失する感なき能はず、故に統韓府に於ては韓国政府と協議し、此等の漁業者に対しては厳重に之を取締るの必要を認め目下考案中に属す」と回答した。つまり、何らの具体的対策をとっていなかったことを認めている。韓国併合後の大正二年二月、第六回九州各県連合朝鮮海水産研究会において、長崎県遠洋漁業団は再度、左の議題を提出した。

「巨済島近海春期鯖漁期中、特に警備艇を派遣し爆薬物使用密漁者の取締を励行せられんことを請願の件

理由：朝鮮海に於ける爆薬物使用密漁者甚だ多く、一般漁業者の被害頗る大なるものあり。殊に巨済島近海の鯖漁業は朝鮮海に於ける主要漁業にして内地各県より出漁する者殊に多く、其被害甚大なるを以て該漁期中警備艇を派遣し之が取締に任ぜられんことを建議せんとす」

警備艇による取締は行われたが、密漁は後を絶たず、朝鮮近海に出没する密漁船は大正十年頃には約五百隻にも達したという。朝鮮海水産組合長・林駒生は九州日報に「朝鮮近海の爆薬漁業・一～六」を連載しているが、そのなかで、密漁の実態を述べ、有効な対策がとれない現状を嘆いている。その一部を左に抜粋する。

爆薬漁業の元祖は愛媛県西宇和島郡三崎村大字正野の村民で、此村を一名ダイナマイト村と云ふ。此村民は今から約二十年前、朝鮮の漁業が未今日の様に発達して居ない頃朝鮮に来て爆薬漁業をやつて大成功を博すると、彼等の船に乗り組んで居た鮮人も之を覚えてしまつて、爾来益々猖獗を極めて来た。之を見た内地の代議士の古手とか炭坑師の成上者が後楯になつて資金と爆薬を供給し盛んに濡手に粟を摑んだが、今では漁業者の方に実力がつき、単独でダ

イナマイトを買つて活躍し得る様になった。今日に到つては、不正漁夫と正漁夫の境目が判然とせず手の付け様がない。

彼等は海軍兵の古手等を雇つて孤島の山嶺から見張つて官憲の船が来ると信号を送らせる。これを見た不正漁船は船中の爆薬を海に捨てる。官憲が引捕えても証拠が無いから平気の平左で検事や署長の前で鼻をこすつて帰つて行く。法律上、不正漁業者と見ても爆薬と云ふ直接の証拠が無ければ有罪の宣告を与へる事が出来ない。

一発のダイナマイトを投ずると、正味八間四方の魚を殺し二十間四方の魚を傷つける。殺す魚の数丈けでも一回一、二万尾は下らず、傷つけて病魚にする数に到つては無数と云はねばならぬ。其中で彼等が手に収め得るのは僅に十分の一即ち二千か三千しか無いから、国家の損害といふ点から見てもこれ位甚だしいものはあるまい。現に朝鮮沿海の糠海老の発生は次第に減じつゝあり、こゝ十五年の間に対州鰤を全滅させた。今の通りで行つたならば、こゝ五、六年の裡に朝鮮沿海では鯖が影を絶ち、五百万円の国富を皆無となし数万の正漁夫をして糊口に窮せしめねばならぬ。

尚茲に大々的に呼号し度いのは、官憲が何故に不正漁業の不正なるかを深く理解して居ない事である。普通人も此区別はあまり知らない上に甚だしきに到つては、そんなに儲かるものならば寧の事ドシドシ爆薬漁業をやつたらいゝと極言する者まで居る。

反問し度い。自分はいつも総督府の役人に云ふ。取締らうと思へば訳は無い。発動機船を十艘ばかり集め、之を五艘宛二手に分けて不正漁業者の出没する区域に長くて五十日も続けて往復すれば、彼等は不正漁業が出来なくなる。干上つてしまふ事は請合ひである。これを折々実行すれば、彼等は止む無く、正業に転ずるより他に途はあるまい。いくら彼等を極刑に処しても、又水雷艇を雇つても飯の上の蠅同様である。役人は「経費不足で」と同じ事ばかり云ふ。事茲に到つては、憤慨するより唯情ないと云ふより他は無い。　（「九州日報」大正二年五月三十日〜六月四日）

爆薬密漁船の横行は大正、昭和へと持続するが、その隻数は次第に減少に転じていった。その主な要因は資源量の減少によって不正漁業の旨味がなくなってきたことであった。密漁は自業自得の結果として衰退したが、朝鮮沿海における漁場生産力を低下させ、漁業全体を衰退させる一要因ともなったのである。

第三節　福岡県における鮮海出漁施策と出漁状況

一　韓国併合以前

明治四十年代に入って、国はさらに鮮海出漁奨励策を講じたが、各府県および水産団体ではこれに相呼応して出漁奨励を積極的に進めた。福岡県は四十一年一月に「遠洋漁業奨励に関する要項」を沿海郡市長および筑豊・豊前・有明各水産組合長等に通牒し、さらなる奨励方を促した。「九州日報」はその内容を左のように報じている。

本県の遠洋漁業は多年奨励の結果、稍々発達の気運に向ひしとは云へ尚ほ大に発展すべき余地ありと同時に、追々春季出漁の時期に差向ひたれば此際に於て一層出漁を奨励勧誘すべき旨を通牒したり。

(1)漁村浦に水産談話会を開設し、遠洋漁業に関する思想を涵養すること

(2)新に遠洋漁業を開始せんとする者の漁業の種類は可成従来慣用せる小規模の漁業を先にし、其出漁地方の事情に通ずるに従ひ漸次大規模の漁業に移るの方針を執らしむること

(3)短期出漁を為す団体に於ては、其成功を確実なるしむる為適当なる監督者を設け、其収得したる金員は速に郷里に送付せしむるの方法を講ずること

(4)短期出漁者は漁獲物の販売運搬其他餌料並に需用品等の供給を便ならしむる為運搬船又は母船を加ふるの組織を為さしむること

(5)長期出漁者は堪忍力に富み相当の手腕を有し、其家族共規定の年限以上斯業に従事し、一般出漁者の模範とするに足るべき人物を選択すること

(6)遠洋漁船の構造は漸次其規模を拡張するの方針を執り、材料を精選し工事を堅牢にし完全なる船倉を備へ以て一般漁船の模範とするに足るべきことを期せしめ併て普通漁船改良の動機を与ふること

(7)遠洋漁業者に対しては当該漁業組合に於ては可成助力を与へ、解纜式の如きも最寄組合共同して之を行ひ其行を壮

にすると共に、出漁者をして組合に対する責任として必らず成功を期せしむるの観念を深からしめんことを講ずること

⑻水産業奨励補助願に関する文書は可成漁業組合に於て之を作製し、郡市町村役場に於ては努めて簡易敏捷を旨とし、之を規程に照して照会往復の煩なからしめ当業者をして其手数を感ぜしめざる様注意すること

（「九州日報」明治四十一年一月二十二日）

また本期は韓国併合以前の統監府統治時代であり、各府県は韓国漁業法の発布に伴って漁業利権の獲得運動に狂奔した一時期でもあった。その運動は福岡県でも展開された。「福岡日日新聞」は左のように報じている。

本県水産業の発展を期する為め最も重きを置くべきは対韓漁業にして、県下筑豊、有明、豊前各水産組合の如きも組合唯一の事業として出漁根拠地を経営し専ら奨励に努め、又数年間、県費を以て之に補助を与へつゝあるに際し、今回日韓両臣民の漁業に関し統監府及び韓国政府との間に協定の結果、本年十一月十三日付を以て韓国漁業法を発布せられ、両国臣民は彼我の沿海江湾河川及湖池に於て漁業を営むを得ること、なり、亜で同十一月二十七日付を以て漁業法施行細則を発布せられ、其施行期日は勅令を以て遠からざる内に発布を見る可し。

此際に於て本県漁業者は時機を失せず漁権の獲得に努むると同時に、根拠地の施設経営等に関しては最も遺憾なからしめざる可らず、右に就ては県庁は明十日、各水産組合長を会し奨励の施設順序に就き充分の協定を為し着々其実行を期する筈なり。

目下各組合の根拠地は筑豊水産組合では長承浦、多太浦、太辺、牧嶋にして現時の移住漁業者は三十九戸なるも尚追々増加の見込なり、豊前水産組合では長承浦、牧嶋を根拠地として移住者は十七戸にして是又漸次増加すべく、山門郡漁業奨励協会の根拠地は群山、木浦、仁川地方にして現時に移住者は二十八戸なるも、今後新根拠地の選定と共に多数の移住者を見るべき予定なりと言ふ。

（「福岡日日新聞」明治四十一年十二月九日）

福岡県では、県担当課長、水試場長、三海区水産組合長が相次いで漁業権獲得、移住根拠地調査のために渡韓している。しかし、この漁権獲得運動は四十三年八月「韓国併合」、翌年の漁業令発布を境に次第に沈静化し、一時的な流行事で終わった。

県の奨励策の一つとして、水試の遠洋漁業講習事業があった。県は四十年県告示第九八号「水産試験場遠洋漁業講習生

規程」を定め、遠洋漁業者の養成を図った。規程の主な内容は次のようなものであった。

第一条　主要漁業ノ実地講習ヲ為シ遠洋漁業者ヲ養成スルヲ目的トス

第二条　講習期日ハ四月二十日ニ始マリ十二月二十日ニ終ル

第三条　講習生ハ二十名ヲ以テ定員トス

第四条　講習生ハ本県内ニ在籍シ年齢二十歳以上四十五歳以下身体強壮品行方正ニシテ一ケ年以上漁業ニ従事シタル者ニ限ル

第六条　講習生ハ糧食手当トシテ一名毎月六円を支給ス

この講習事業は四十、四十一年に実施された。四十年の講習内容は新聞に左のように報じられている。

初め講習に応募されたるは二十名、去る四月三十日、水試の土井・浅山両技手引率の下に白金号・黄金号・鉄号の実習船（八尺形）三隻に乗組み、別に漁船具等を積込みたる第一・二名嶋号二隻を従へて津屋崎を抜錨し、韓国慶尚・全羅両道の沿海に於て十一月二十一日帰場するに至る迄二百三十三日間、鯛縄・鰤網・鰯網・鱧引網・打瀬網・鰆網・羽魚網・烏賊釣・石首魚引網・鱧縄・蛸壺・鯖釣・手繰網・えい懸・瀬刺網等の漁業試験講習を為したるものにして、初め応募せし二十名中、八名は中途病気の為め帰国したり。

因に今回の講習生等は白金号・黄金号の二隻を借受け、来月一日再び韓海又は対州沖合にて鯛縄・鰤縄に従事することとなりたり。講習終了者は以下の如し、寺本富蔵（宇島）・川口藤市（宇島）・酒井勘治（八屋）・浜田初太郎（蓑島）・西住正蔵（津屋崎）・中島甚太郎（福間）・衣笠景知（鞍手郡）・木戸源太郎（西浦）・山本清吉（岐志）・土井良漁助（岐志）・岡崎鉄太郎（岐志）・横田市三郎（玄界島）（「福岡日日新聞」・「九州日報」明治四十年十一月二十六日）

四十一年の試験講習は名島号（新造船）を母船とし白金号・黄金号・鉄号を実習船とし、講習生十二名、雇漁夫七名、水試二名の構成で実施された。講習生のうち、十一名は豊前地区の漁業者で占められていた。

県は四十二年四月、水産業奨励補助規程を改正して、補助対象を整理し、五カ年以上の長期移住漁業者に主点を置き、漁船建造補助では肩幅六尺以上から七尺以上とし大型化を図った。

以上、諸奨励策の経緯を述べてきたが、福岡県漁民の鮮海出漁状況について整理しておこう。県は「四十二年度における福岡県の朝鮮漁業実蹟」を四十三年九月に公表したが、その内容を左に紹介する。

⑴短期の出漁

本県より毎年朝鮮海に通漁するものの船数は、四十二年度より短期補助を廃止せるにより之を推定するの外なく精確を期し難きも、約百隻と推定したり。其内訳及び通漁方面左の如し。

漁業種別	船数	漁場	郡市別
鮟鱇網	八十隻	群山沖	山門・三池
鰆曳釣	七十隻	迎日湾付近	宗像
延縄・手繰網・鯖網・鰆網・桝網	五十隻	南部沿岸	福岡・京都・築上・糸島・遠賀・宗像

漁況は一般の不振に伴ひ充分の漁獲を得ざりしが如く、就中群山沖の鮟鱇網は稀有の不漁にして例年一隻平均七百円を得るもの本年は四百円に達せざりし。只此団体の中にありて鯛延縄に従事したるものは却て好成績を得たりと。迎日湾付近の鰆曳釣は宗像郡大島漁業者多数を占め、前年の豊漁は本年此種出漁の激増を告げ蔚山以北二哥老沖合に至り各県多数の通漁業者を見たるも、漁況頗る不漁にして殊に漁期中天候不順操業充分なる能はず大抵失敗に終れり。此他巨済島沿岸に於ける各種の釣漁・手繰網、老羅島に於ける蝦漁、釜山沿岸の桝網の如きは例年並の漁獲あり相当の利益を見たるが如し。此等は畢竟前記の鮟鱇網の如く二、三ケ月の短漁期に依らずして春秋両期の長期間に亙るが為め、一時の損失は他漁期に於て回復するの余裕あるを以てなり。

要するに四十二年中の漁況は大体に於て一般不振たるを免れざりしも、追年魚価の上昇に依り依然通漁の価値を保持し船数増加の好況に在り。且つ朝鮮海漁業の豊凶は多年の経験上の豊凶相次ぐの実例にして、四十一年の豊漁は本年の凶漁の順序なるを予想せられ、本年の凶漁必ずや四十三年の豊漁を予想せらると。

⑵長期出漁（移住漁業）

長期出漁即移住漁業の状況は朝鮮漁法の実施に際会し之に応ずべき設備経営の急施を要するものあり、極力之が奨励に努め、水産組合に対する根拠地経営費に多額の補助金を交付し、尚漁業権の獲得に関しても遺漏なきを期せんが為め経費を補助し主任官を派遣して交渉要求したるもの尠らず。然れども各根拠地の家屋建築時期遷延し、十一月或は年末に於て竣成するもの多かりしが為め漁期を逸し出発を見合せたるものあり。加之先住者に流行病発生し、糸島郡北崎村より方魚津に移住せる青柳一家の如きは全滅の惨事を演出し、太辺に於ける脇田・脇浦移住者間にも死亡者数名に及び一時根拠地全部の交通遮断を受け名状す可らざる困難に際会せし。為め本年の移住者に恐怖の念を起さしめ遂に予定戸数（百戸）を見るに至らざりしも、尚且四十六戸の移住者を年内に収容するを得たりしは些か自ら満足する所なりとす。

而して其漁況は入佐村は同地近海の鱈漁・手繰・蛸壺に従事し、太辺は鯛縄、方魚津は鰯漁の桝網、群山は鯛縄・鮟鱇網・鯊縄、仁川は鯊縄、龍山及び夢灘浦（木浦）は河川の諸漁業に従事したり。何れも相当の漁獲ありしも、一般に薄漁の影響を蒙りし事は短期出漁と同様にして、只短期に比し往復の雑用時日を利するの目的たる長期漁業の真価は本年の如き不漁の時に於て実視せられ、一般に対し移住の有利なる事を知覚せしむるを得て各根拠地の移住者も将来に多大の希望を有し、皆嬉々として漁業に従事するの現状なり。四十二年度中に於ける移住者の郡市別左の如し。

郡市別	入佐村	多太浦	太辺	方魚津	群山	其他	計
糸島郡	―	四	―	九	―	―	一三
福岡市	―	―	二	―	―	―	二
宗像郡	一	―	―	三	―	―	四
遠賀郡	―	―	五	―	―	―	五
山門郡	―	―	―	―	一〇	三	一三
京都郡	六	―	―	―	―	―	六
築上郡	三	―	―	―	―	―	三
計	一〇	四	七	一二	一〇	三	四六

(3)漁業根拠地経営

筑豊水産組合は明治三十八年に入佐村、多太浦の二根拠地を開設し、四十一年太辺を増設し、又本年蔚山、方魚津を新設せり。豊前水産組合は従来特定の根拠地を有せざりしも、本年入佐村、臥島（固城郡）の二根拠地を選定せり。山門郡漁業奨励協会は四十年に群山に根拠地を設定し、本年羅老島、仁川の二ケ所を増設せり。此他に龍山（京城）、夢灘浦（木浦）には筑後川流域の漁民が四、五年以前より自由に移住を試み河川の漁業に従事し居れり。

而して本年四月漁業法の実施に伴ひ各根拠地設備の充実を急要せし事情は屢々前述するが如く、県に在ても更に補助金を追給して其促進を図りたるが為め本年中に新に百七の漁戸及び二棟の共同納屋を建設し、従来借用せし敷地は買収せり。殊に方魚津の如きは根拠地後方隣地の旧牧場十町歩を国有未墾地利用法により貸下を出願し、既に其許可を得れり。本年中に於ける建築戸数の詳細左の如し。

組合名	建築戸数	経営費概算	補助金
筑豊水産組合	入佐村五戸・太辺三十一戸・方魚津三十一戸	九、九四六円	六、〇〇〇円
豊前水産組合	入佐村二十五戸・臥島十戸	六、八八六円	四、五〇〇円
山門郡漁業奨励協会	仁川五戸・羅老島二棟（納屋）	三、七六〇円	三、二〇〇円
計	漁戸百七戸・納屋二棟	二〇、五九二円	一三、七〇〇円

(4)漁業権獲得

韓国漁業法実施前四十一年二月、本県は各府県に率先して漁業権獲得に関し実地調査の必要上、商工課長・水産試験場長・主任技手を派遣し、同時に各水産組合長は現業者を随伴して之に同行し各根拠地に必要欠くべからざる漁業免許の出願に尽力し、又京城本部に出頭して其情況を陳述し免許の目的を到達せられん様反復交渉の結果努むる所ありたり。次で四月実施後、数回主任技手を派遣し現場立会を試み、各県競願の間に在りて幾分の遺漏なきを期し、一面水産組合に対し其獲取に要する経費の補助をなせり。即ち筑豊千五百円、豊前千円、協会八百円、合計三千三百円を一般経営費以外に特に支給せり。内外相応して機敏の処置に出でたるを以て大抵予期の漁場は本県移住漁民の手中に掌握するの見込みなるも尚次年に亙り引続き画策中に属す。

(5)漁船の改良

遠洋漁業の発達を企図するに於て造船の改良は忽諸に付す可らざる、勿論本県に於ては明治三十年以来種々の規定を設けて専心其改良を奨励したる結果、近年沿海到処漁船の構造を一変し全く面目を一新したるの観あり。而して従来県費の補助を支給すべき漁船は船幅六尺以上及三ケ所以上の水密甲板を有するの改良形漁船に限定したるも、今日に在ては遠洋漁船として六尺の漁船は寧ろ狭少に過ぐるの恐れあるを以て、本年度より其船幅を七尺以上に改正し特別理由あるものに限り六尺形をも補助することとなしたるも、尚多数新造船の出願あり、総計七十五隻、補助金四千四百五十円を支給せり。

（「九州日報」・「福岡日日新聞」明治四十三年九月二十二〜二十六日）

二　韓国併合以後

県は明治四十二年「水産業奨励補助規程」を改正し、朝鮮出漁関係補助では短期通漁補助を廃止し、長期移住・根拠地経営補助および漁船・母船建造補助のみを対象とすることとした。この規程は大正四年の改正まで続いた。したがって、韓国併合以後の鮮海出漁奨励施策は根拠地経営の育成強化に絞られたが、その一環としてその経営主体が従来、筑豊・豊前・山門三団体に分かれていたものを統一団体にしようとする協議が進められた。「福岡日日新聞」はその目的、経緯について左のように報じている。

福岡県の朝鮮出漁根拠地経営の方針に関して筑豊、豊前、山門の三団体長が昨日午前、県庁に会合し、四十五年度以後に於ける根拠地経営方針の具体的成案に就き協議する所あり、三団体は三十八年以来、県費の補助を得て朝鮮根拠地の経営に従事したるが、此間多少の困難に遇ひ事業上に蹉跌を来したることありしに拘らず、前進勇往能く出漁者をして奮闘せしめたる結果、好成績を挙げつゝ四十五年度にて予定の三ケ年計画終了を告ぐることとなりたるを以て、四十五年度以降に対する方針を確定し益々健全有利なる基礎を樹立せんと欲するものなり。

三国団体は依然継続の意思を有するも、如何せん内地漁業の大勢を見るに、トロール漁の勃興、他府県入漁者の濫漁、鯉貝の全滅等、朝鮮根拠地経営の為めに顧るに暇なかりし漁村維持の急務は到底放任すべからざるの時機に遭遇し、内外の経営に従事すべき経費に余裕を許さざるのみならず、組合員の負担亦之に堪へざるを以て已を得ず一時朝鮮根拠地の経営事業の総てを挙げて県団体に引譲り、統一せる一新団体を組織し、既に移住せる漁業者及将来の移住者を以て之れが団員とし、筑豊・豊前・山門三団体の役員及有力者を以て幹部とし、県・郡・市の当局者之に加り、内務部長を主裁に仰ぎ総ての事務を一任し、根拠地に対する監督経営の方法を一定し、全根拠地に対する将来の整理と拡張とを実行し、将来の経営者は単にこれが諮問機関たらしめんとするにあり、其新団体に関する利益及従来の財産処分方法は左の如し。

新団体の利益

(1)県全体を一団体とし勢力を拡大且つ充実し活動する方が漁業発展上有利なること

(2)経営及監督の方法を統一せられ事務の敏捷を得ること
(3)県庁が団体を指導監督する上に於て便宜なること
(4)根拠地監督費及人員を節減し得ること
(5)保護及監督の周到塾切厳正を期し得ること
(6)根拠地の整理を得て将来自立の基礎を作り得ること
(7)根拠地経営は各府県共に県直営又は県団体に依り経営するに比し、本県独り区々に亙るは事業進展上不利なること

財産引継の方法

(1)明治四十四年度内に於て各組合は財産目録を新団体に引譲りの手続をなすこと
(2)新団体は之を引受け管理方法を定め之を整理し経営すること
(3)新団体解散の場合は幹部の決議に依り知事の認可を得て正当に処分すること

（「福岡日日新聞」明治四十四年四月十七日）

この統一団体への動きは進められ、同年八月九日に関係者の協議がなされたが、それを「福岡日日新聞」は左のように報じている。

朝鮮海漁業根拠地の経営、事業の監督を県統一団体に移し県監督の下に事業の経営をなすの利益なるを認め、昨日前三組合長及県当局者は福岡市に会合し協議する所ありしが、種々利害研究の結果、其大体は県団体に於て是が指導経営をなすを最も効果あるものと断定し、県団体長には内務部長を、副団体長には商工課長を推し、県水産係を以て理事に、従来の三組合役員を以て評議員とし、諸般の業務を整理すると同時に朝鮮各根拠地に専務、監督者乃至嘱託員等を設置し、県団体指導の下に活動し、根拠地に於ける漁業の統一整理を督励し、前途益々多忙ならんとする遠洋漁業の大経営を最も有効に施設せんとするの方針を採れり、而して是と同時に各根拠地に於ける重要なる漁業及将来に於ける出漁家屋建設の計画をも設計しありと。

（「福岡日日新聞」明治四十四年八月十日）

しかし、県統一団体は実現するに至らず、明治四十五年度以降においても従来通り三団体が県費補助を受けてそれぞれの根拠地経営、監督を行っている。統一団体への移行が実現しなかった理由は不明であるが、元々この件が浮上してきたのは業界側の要望によるものであったから、県側の何らかの事情、意向によるものと推定される。

当時の福岡県漁民の移住状況をみると、補助移住戸数は明治四十三年一五四戸、四十四年一六二戸、大正元年一七〇戸、二年一七四戸と増加していた。大正二年における移住戸数を団体別、移住地別にみると表四－3のとおりである。二年の総移住戸数百九十戸のうち、自由移住戸数は十六戸に過ぎず、ほとんどが補助移住である。

表四－3　福岡県漁民の移住戸数（大正二年）

移住地名	移住総戸数				補助移住戸数				組合建設の移住家屋数			
	筑豊	豊前	山門	計	筑豊	豊前	山門	計	筑豊	豊前	山門	計
多太浦	一〇			一〇	一〇			一〇	一〇			一〇
長承浦	一九	五二		七一	一六	五二		六八	一七	五二		六九
太辺浦	一九			一九	一九			一九	二五			二五
方魚津	三一			三一	三一			三一	三四			三四
烽燧里	六			六	六			六	一〇			一〇
東川里		二		二		二		二	三	二		五
松真浦		六		六		六		六		六		六
仁川			六	六			三	三			五	五
群山			三五	三五			二五	二五			三四	三四
羅老島			二	二			二	二			二	二
木浦			二	二			二	二	二			
合計	八五	六〇	四五	一九〇	八二	六〇	三二	一七四	九九	六〇	四一	二〇〇

（福岡県調査資料）

大正三年一月十二日、「福岡日日新聞」は「朝鮮海漁業では根拠地経営が最も有望と称せられて居り、総じて筑後及豊前は充溢せる漁業者を送りて漁場の安全と永久的漁利の確実を企図し、筑前は一葦帯水の関係に於て多々益々通漁者を奨励し、漁場の拡張を謀り同時に之れが維持に努むるは根拠地の安全を保護する上に於て確実なる政策である」と論じている。しかし、福岡県漁民の出漁者・隻数は大正元年を境に急速に減少に転じ、また移住戸数も二年を境に減少した。

大正三年十二月通常県会において、朝鮮漁業奨励補助に関する質疑応答がなされたが、このなかで県当局は長期移住・根拠地経営に対する奨励補助から手を引くと答弁している。

○（四十六番・中村清造）水産業奨励補助ニ付テ当局ノ方針ヲ御伺ヒスル、最近十年位ノ当局ノ水産業ニ対スル指導方針ハ朝鮮海出漁ガ主目的デアツタ、即チ朝鮮海ヘノ長期出漁ヲ奨励シ或ハ朝鮮根拠地漁業経営ニ向ツテ力ヲ入レテ毎年度参千円程度ノ費用ヲ使ツテ来タト思フ、之ヲ合計スレバ頗ル多額ニナツテ居ルト考ヘルガ其結果ハ如何デアルカ、当局ハ当初期待シタ成績ヲ収メタト御考ヘナノカ、吾々ガ聞ク所ニ依レバ失敗ニ終ツタノデハナイカト思フ、其ハ独リ当局ヲ責メルノハ酷カモ知レナイガ事前調査ヤ指導ガ不十分デアツタ為デハナイカト思フ、此奨励補助費ガ昨年度以来減ジテ居ルノハ成功シタ為ニ減ジタノデハナク寧ロ失敗シタ為ニ段々ト手ヲ引イテ居ルノデハアルマイカト思フ。

而シテ当局ガ朝鮮海ノ漁業ニ力ヲ入レテ居ル間ニ彼ノ「トロール漁船」ガ本県海域デ威力ヲ逞シクシタノデアル、故ニ当局モ此ノ「トロール」取締リノ為ニ造船費補助ノ計上ニ至ツタト思フ、今後ハ朝鮮海ノ漁業奨励カラ手ヲ引クト同時ニ最モ有望ナル玄界灘ニ対シテ力ヲ入レルノガ本県水産業奨励ノ大方針デハアルマイカト思フ、当局ノ御考ヘヲ伺ヒタイ。

○（参与員・井本満助）今回、朝鮮漁業奨励補助費カラ千円削減シタノハ、長期移住補助八百円ヲ廃止シタコトト根拠地経営補助カラノ弐百円減デアル、長期移住補助ヲ廃シタノハ既ニ根拠地漁業ガ充実シタノデ多クノ奨励ノ必要性ガナクナツタト判断シタカラデアル、将来ハ此進出ノ余地ガナイノデ補助シテマデモ奨励スル意義ヲ認メナイト考ヘル、又根拠地経営補助ヲ減ジタノハ既ニ此ガ固定化シタノデ独立サセタイト云フ志望カラデアルガ、未ダ監督員ノ給料、旅費其他漁具ノ改良等ニ補助ノ必要ガアルノデ減ジテ残シタ。

朝鮮デノ漁業経営ハドウナツテ居ルカトノ御尋ネデアルガ、根拠地経営デ最モ早ク発達シタノハ山門郡奨励会ノ群山根拠地、続イテ筑豊組合ノ多太浦根拠地ガ起リ其翌年ニ筑後、豊前組合ノ巨済島入佐村根拠地ガ起リ、ソレカラ五、六年ニ掛ケテ他ノ根拠地ガ起ツテ来タノデアル、此根拠地経営ノ情勢ハ朝鮮ガ日本ニ合併前ト後トデ変ツタコトデアル、最初ハ根拠地ヲ拵ヘテ永住スルナラバ漁業権ヲ与ヘ便宜ヲ計ルト云フ事デ当時朝鮮統監府ノ技師ガ本県ノミナラズ全国ヲ廻ツテ説キ歩イタノデアル、ソコデ漁業ノ特権ヲ得ル積リデ朝鮮根拠地経営ニ向ツタノデアルガ、所ガ合併シ総督府ヲ置クヤウニナツテカラ朝鮮ノ住民ニモ保護ノ必要ガアル為、朝鮮ノ旧慣ニ依ル既得権ヲ保護スル事ニナツテ、其余リヲ内地人ニ割当ルト云フヤウニナツタノデアル、朝鮮デノ漁業ハ政府ノ政略変更ニ依ツテ一頓挫ヲ来シタノデアル、ソレデ漁業経営規模ハ拡張出来ズ、補助額モ減ジテ居ルノデアル、但シ本県ハ他県ヨリ以上ニ成功シテ居ル、此根拠地ノ中デ最モ成績ノ良イノハ群山、多太浦、入佐村（長承浦）、方魚津デアル

群山ニ於テハ三十五戸ノ移住ガアリ、鉄道開通以来、魚価ハ良ク漁場モ宜シク最モ成功シタ所デアル、其漁業ノ重ナルモノハ鯛延縄、鮟鱇網等デアル、ソレカラ豊前組合デ最モ成功シタノハ入佐村デアリ、戸数ハ七十戸モアル、漁業ハ専ラ鯖巾着網ヲヤツテ居リ、昨年ノ如キハ五百円ノ補助ヲ元ニシテ九百五十円ノ古イ巾着網ヲ使用シテ共同経営ヲ行ヒ約四千五百円ノ収入ヲ得テ純収入一戸宛六十四円ヲ分配シタトノコトデアル、筑豊組合デハ多太浦、方魚津デアリ、多太浦ハ移住戸数ハ僅カデアルガ漁場ガ宜イノト釜山ニ近イノデ魚価モ高イ、漁業ハ鰯引網デ其ノ成績ハ良好デアル、方魚津デハ移住戸数ガ三十戸アリ、漁業ハ鯖巾着網、鰯・鰊地引網、手繰網、延縄デアル、其外ニ五、六箇所アルガ地理、海況条件ノ具合デ成功シテ居ルト云フマデニハ至ツテイナイノデアル、尤モ北ノ方ニ当ル烽燧津ノ如キハ将来漁業ノ中心トシテ期待デキルト思ツテ居ルノデアル。

朝鮮漁業ヲ狭メルト同時ニ内地ノ漁業ニ力ヲ入レタラドウカト云フ御意見ニハ当局トシテモ同感デアリ、筑豊海デハ鯛漁場開発、鯛曳網試験、定置漁業調査等、豊前海デハ調査船ヲ配備シ打瀬網ノ指導取締等ヲ行ヒ、内地ノ漁船建造ニモ補助ヲ進メタイ、建造補助ハ一時ニ経費ヲ高メル訳ニ行カナイノデ兎ニ角前年度通リ参千円ヲ計上シタ

県は大正四年八月県令第二二号により「水産業奨励補助規程」を改正し、鮮海出漁奨励補助関係費は完全にその補助対象から除外された。『筑豊沿海志』によれば「既に移住民が独立して自から経営し得る程度に達したる以上は、従前の如く指導を認めざるにより監督の制度を撤去したるものなり、されば将来鮮海漁業の進歩発達は専ら我移住民の自奮に俟たざるべからずに至れり」となった。しかし、これ以後における福岡県漁民の移住、通漁漁業は共に衰退の一途をたどった。大正六年福岡県漁村調査報告と昭和四年福岡県漁村調査から鮮海出漁状況を整理して左表に示したが、大正期から昭和期にかけて急速に衰退していった様子がうかがわれる。

表四－4　朝鮮移住、通漁の状況（大正二～五年調査）

浦名	移住・通漁の規模	移住・出稼地	漁業種類	備考
筑前				
福吉	六戸（男六人・女五人）	方魚津	手繰網、鰆網	
深江片山	四戸	方魚津	一本釣	漁獲物ノ販売困難ナリ
西浦	―	―	―	以前行ハレシモ失敗シテ現今ナシ
唐泊	八戸	方魚津、多太浦、能所浦	地曳網、鰆釣、桝網、鱈坪網	
〃	一隻、四人（通漁）	巨済島・蔚山・方魚津	鯖巾着網	
玄界島	一戸（男六人・女三人）	多太浦	地曳網、一本釣	
小呂島	一戸	方魚津	鰆曳縄	
今津	七戸	多太浦	地曳網、手繰網、小釣	
姪浜	七戸（男一四人・女二〇人）	方魚津	桝網、手繰網、鰯地曳網、雑魚刺網	
残島	二戸	太辺、長承浦	桝網	
伊崎	二戸	太辺	鯛延縄	
箱崎	二戸	釜山、多太浦	鯛延縄、鰯地曳網	
奈多	一戸	鎮海	サメ製造	
志賀島	一戸	高梁郡墨湖	イカ釣	
〃	一隻（通漁）	朝鮮南岸～対州壱州	鯖巾着網	
弘	一戸	方魚津	鯖曳網、小釣	
〃	四隻（通漁）	朝鮮南岸～対州壱州	鯖巾着網、鰯刺網	
津屋崎	一戸	方魚津	鰆曳縄	
神湊	一戸	大連老虎灘	鯛延縄	
〃	三隻（通漁）	方魚津、木浦	鯛延縄	

大島	一一戸（鎮海二戸・方魚津三戸・烽註津六戸）		鰆曳縄、鯛延縄	
〃	三五隻（通漁）	方魚津	鰆曳縄	漁期ハ十一〜十二月
鐘崎	五戸	巨済島入佐村	鯖巾着網乗子	
〃	三一隻（通漁）	朝鮮、五島、山口	鯛延縄、鰆曳縄、海女漁	
地島	八戸	方魚津、入佐村	鯖釣、鰆曳縄、鯖巾着網乗子	明治四十二年、地島泊部落ガ火災ヲ受ケ、加フルニ米高騰ニ依リ苦境ニ陥リ、一〇戸ガ朝鮮へ移住ス
〃	三〜三〇隻（通漁）	クネン浦	鰆曳縄	
波津	二戸	鎮海、方魚津	—	
柏原	四戸	太辺	—	
岩屋	—	—	—	朝鮮、大連方面ニ鰆曳網ニ出漁セシコトアリシモ失敗ニ終レリ
脇田	一戸	大連	—	
戸畑	一戸	太辺	漁業被雇	
豊前				
苅田	一二戸	入佐村	鯖巾着網乗子	
蓑島	二一戸	入佐村	鯖巾着網乗子其他	
沓尾	五戸	入佐村	鯖巾着網乗子其他	
八津田	三人	フイリッピン群島	打瀬網、桝網	明治三十六年、水試指導ニヨリ十名出漁セシモ失敗帰国シ、尚ホ三名在留シテ漁業ニ従事ス
西角田	一戸	松真浦	漁業被雇	
松江	一戸	入佐村	—	
八屋	一戸	入佐村	—	
有明				

大野島	三戸	莱東里	―	
沖端	三〇戸	仁川、群山、羅老島	鮟鱇網、鱝（エイ）延縄	
〃	五五隻（通漁）	朝鮮西海	鮟鱇網、鱝延縄	
早米来	一戸	仁川	鯛延縄、鱝延縄	
〃	二隻（通漁）	朝鮮西海	鮟鱇網	

（「大正六年福岡県漁村調査報告」による）

表四－5　鮮海通漁の状況（昭和二年末調査）

浦名	隻数	漁業種類	漁場	漁期	一隻平均漁獲高
筑前 姪浜	一隻	鰮刺網	朝鮮南方	四～六月	二三〇〇円
大島	四隻	鰮刺網	〃	五～六月	四〇〇〇円
有明 沖端	二一隻	鮟鱇網	朝鮮西海岸	三～八月	二〇〇〇〇円
〃	五隻	鱝延縄	群山	四～八月	五〇〇〇円
〃	二隻	〃	木浦安東県	〃	一五〇〇〇円

（「昭和四年福岡県漁村調査」による）

朝鮮海漁業組合長・林駒生は「九州日報」に「朝鮮の漁業界」と題して談話を乗せているが、そのなかで福岡県の鮮海出漁が失敗であったとして左のように痛烈に批判している。林は福岡県水産試験場技手、韓国統監府技師さらに朝鮮海漁業組合役員、組合長へと渡り歩いた経歴の持ち主であり、鮮海漁業については精通し、福岡県の内情についてもある程度把握していたと思われる。

福岡県は内地漁夫の朝鮮漁業の発展に関して苦き経験を有せり、第一は通漁事業の失敗にして、第二は漁業者移住の失敗なり。第一の通漁の失敗は吾日本政府の政策の矛盾に起因す、政府は朝鮮に対して財政の独立を命じつゝ、一方で内地漁夫の鮮海漁業発展を奨励せり。財政上独立の責任を有する朝鮮総督府が内地より朝鮮沿海の富源を荒し去る漁業者を継子扱ひ否泥棒待遇を為すは理の当然にして、之が発展奨励に力を致したる内地各県の当局が幾度か失敗を重ねたる後、手を引きたるも当然の事也。今日迄、鮮海の通漁が微々として発展せざるも亦止むを得ざるものと云ふべく、役人仕事の弊とは云へ誠に遺憾痛惜に堪えざる次第なり。

朝鮮漁業の発展には第二の移住を撰むより方法無かるべしが、之に対して最も甚だしき失敗の歴史を有するは独り吾が福岡県あるのみにして、他県に於ては着々成果を収め今後尚益々発展隆盛を来す見込なるもの少からず。福岡県当局が何故に漁業者移住に失敗せるかと云ふに、其最大原因は移住者の選択と世話の不行届きとに起因するものと認む。朝鮮の如き言語風俗を異にせる処に漁業者を移住せしむるに其待遇は厄介払ひ的意義を以て取扱ひつゝあり、故に移住に応ずるもの、種類も極端に低下して内地に於てすら独立糊口するを得ざる怠惰無頼の徒のみが応募するに過ぎず、しかも之を統一指揮すべき主体者無く唯雑然たる貧民団を朝鮮海岸に上陸せしむるを以て能事了れりとなすが如き残酷無責任なる方法を以て県人の対韓漁業の発展を期すると得べけんや。

私見を述ぶれば、各地方の漁業組合を以て主体とし之に県の補助を与へて移民の種類を選択し一人前以上の能力ある者のみを集め、之に相当の頭脳と手腕とを有する統御的中心人物を加へ一団となして移住せしめ、爾後数年若しくは十数年の間保護指導を与へて県民同様の待遇を与ふべし。此の如くにしてこそ初めて実績を挙げ得べきものなり。

（「九州日報」大正九年五月二十三、二十四日）

以上が林の論旨であるが、このなかで福岡県の移住者が怠惰無頼の徒であったという批判には疑問が残る。大部分の移住者は生計維持、家族を養うために出稼ぎにきた善良な漁民であったのである。その反面、福岡県漁民に限らず、大部分の移住漁民は国家戦略的視点から移住漁村を積極的に維持、発展させようとする意欲と能力を有しているわけではなかった。これは否定できないであろう。福岡県は県―三団体（筑豊・豊前各水産組合、山門漁業奨励協会）―各移住根拠地（漁業者）の指導体制できており、県は補助金を出すが、指導監督を直接行うことはなかったようである。それが林の批判につながったのであろう。福岡県漁民の補助移住漁村は大正四年度以降、鮮海出漁奨励補助制度の廃止によって衰退の度を強めていった。昭和初期には福岡県漁民の移住漁村は消滅したが、季節的な通漁は僅かながらも継続されていた。

通漁が最も長く続いたのは沖端の鮟鱇網船団で、昭和六年には二十艘が出漁した。しかし好況を呈していたわけではなく、出漁前に「鮟鱇網漁業不況打開策協議会」が県、村、漁業関係者によって開催されている。不況は近年における不漁に加えて魚価の低迷が要因であり、その打開策として新漁場の開拓、発動機装備による性能向上、資材の共同購入、資金貸付、共済制度の必要性等が検討された。鮟鱇網船団の出漁がその後、どの程度続けられたかは不明である。

一方、県は漁村不況対策の一環として、昭和四〜九年度に水試調査船による朝鮮、関東州近海における漁業試験を実施したり、時には漁船を先導した漁業試験を実施したが、それらが新たな漁業開拓に繫がることはなかった。

第四節　福岡県漁民の移住根拠地

福岡県漁民の移住状況について根拠地ごとに整理しておこう。以下の内容は、吉田敬市『朝鮮水産開発史』の資料編「朝鮮主要移住漁村年表」を土台にして、福岡県刊行諸資料および新聞などの情報を加えて整理したものである。福岡県漁民の移住根拠地のすべてを網羅しているとはいえないが、ほぼ全体像を示しているとみて差し支えないであろう。

(1) 長承浦（チャンスンポ）・入佐村――筑豊水産組合

同根拠地は慶尚南道巨済島の東南に位し、三面山を負ひ湾口南に向ひ、遠く我対馬と相対す。漁業の種類は湾口で地曳網、桝網の使用に適し、外海は鰮・鯖・鯛・鱶・鰡・鱈の各種漁業にして、販路は釜山に輸送し生売し、又出買船に即売するを常とす。同処は明治三十七年十二月一日、朝鮮海水産組合が開村したるものにて当時の組合長入佐清静の性を採り入佐村と命名したるものなるが、三十八年に漁業根拠地の移住を奨励募集せしに際し率先之に応じ、三月、十二戸の移住ありしを嚆矢とす。是れ鎮海湾防備隊付御用「筑紫組」と称し、太田種次郎の引率せし漁業者中より家族を有せるものゝ移住したるものにして、彼等家族は同地の日丸缶詰所に雇はれ斯業に従事したり。然るに同年五月二十七日、日本海々戦勝利に伴ひ、移住者十六名の中僅に三名を除くの外は何れも本国に帰還したり。其理由とする所は入佐村移住宅地の設備不完全なりとの口実なるも、実は未だ韓海漁業に熟せず且つ進取的気性と忍耐力に乏しき為、遂に移住の素志を翻したるに基因し、誠に痛嘆に堪へざる所なり。

斯く移住者の帰国する者あるに拘はらず、本組合は創業の容易ならざるを知悉し、奨励至らざる所なかりし故にや、其翌明治三十九年七月に至り、また続々として移住者の渡来あり、景況稍々振ふ。是に於て本組合は同年十月、移住家屋を建設する等大に其設備に努めたり。而して移住者の大部分は宗像郡地島の出身者にして、同年末には筑豊水産組合員のみにても已に十四戸の多きに及び、其後明治四十二年度に至り漸次移住者の増加に伴ひ漁舎の増築を実行したり。而して同四十三年度には移住者十六戸、同四十四年度には十九戸、大正元年度には二十一戸を計上するに至り、爾来、大正前半まで大なる変遷なく至れり。

而して此地の移住民は福岡県最多数を占め、宛然福岡県の入佐村たるの観を呈せり。この近海方面の漁業は鯖網を以て主なるものとせり。毎年春季の鯖漁期に到れば、通漁者も俄に増加し土地一般に殷賑を極むるに至るといふ。本根拠地は朝鮮全道を通じて最も盛なる移住地と謂ふべきなり。

明治四十二年は既に一府十七県の漁夫を網羅し八十戸の定住者あり、日本人会、警察官駐在所、郵便受取所、税関出張所、公医等各種の設備完全せり（大正五年現在）。

大正七年度末の状況を見ると、移住者戸数百六十五戸・人口男女合計六百九十三人（筑豊・豊前及び長崎県）に達し、漁業者の外仲買、問屋、運送、水産製造、旅館、料理店、雑貨店まで具備す。入佐尋常高等小学校の設備もあるが、長承浦根拠地に於ける七年度鯖共同販売高は百一万余円に上る。鯖の移出は鮮魚が氷詰とし発動機船にて塩製品が帆船にて下関、博多、京阪方面へ送るものにして、朝鮮沿岸漁業は将来益々有望なれども早や通漁時代は去りて漁業経営上土着を必要とするに至れりと。

(2)　多太浦（タテポ）――筑豊水産組合

慶尚道東萊郡の西部に位し、湾内屈曲多く半島並列の状あり、西一地峡を以て洛東江口に境す。湾内は鰊大敷網・鰮地曳網、外洋は各種の釣漁に適し、漁獲物中鰮の如きは製造を施し、其他の漁獲物は生鮮の儘共に釜山に販売せり。明治三十九年、筑豊水産組合は漁舎九戸を建設して移住を奨励す。此年糸島郡より一時に六戸の移住ありしが、彼等は言語の不通又は地理不案内の為、甚しき困難と悲境に陥れりが、偶々糸島郡出身木村鶴吉、福岡市出身小金久七の鰮地曳網及び鰊桝網に成功するあり、初めて蘇生の思ひをなすに至る。爾来基礎漸く鞏固となり、移住者の戸数寡しと雖も、本県根拠地中最も堅実なる発達を遂ぐるに至り、模範と推賞せられ、優に独立経営をなし得るに至れり。しかし木村らの漁業経営は大正四年頃まで継続したが、成績不良となり一部は巨済島に転出、一部は帰国し、ほとんど廃滅に帰す。

⑶　太辺（テビョン）――筑豊水産組合

慶尚南道機張郡東部に位し、三面山を繞らし湾口南東に開放し、湾内は鰮地曳網・桝網の漁業に適し、外洋は鰆・鯛・鯖・鱧・鰈・刀魚等の釣網各種漁業盛なり。販路は釜山に生売し或は活州船に放売して販路極めて便利なり。内地人の此地に通漁を始めしは明治二十五年の頃なりしが、其後明治四十一年、筑豊水産組合は移住漁舎十二戸を建設し、監督員を常置したり。翌四十二年に至り更に漁舎十二戸を増築して大に移住を奨励したる結果、明治四十四年頃には二十二戸を数へしことありしと雖も、漸次予期の成績を挙ぐる能はず、大正四年一月の頃には戸数減じて僅に十戸を算するに至りたり。元来、本根拠地は創業以来経営に全力を注ぎたりと雖も、却て衰退に趣くに至れり。蓋し是れ当初移住民の選択を誤りたる為なるを以て、大正三年度通常県議員会の決議に基き、同地前監督入江鎮雄に対し同根拠地を売却し、以後専ら同氏の力により一切を経営することゝなれり（大正五年現在）。

⑷　方魚津（バンウチン）――筑豊水産組合

慶尚南道蔚山郡蔚山湾の東端にあり、蔚山岬の一角洋に延長し其一部の湾入せるもの、湾口は岩礁散布し外洋の激波を防止す。鰆流網・手繰網・曳釣の好漁場として有名なり。其他鯖・鰮・刀魚・鰤・鮑・海藻類の漁業最も有望なり。販路は秋季には出買船、生州船に販売す。平時は蔚山内海に設置せる魚市場に販売するを常とせり。

方魚津は入佐村及び釜山と共に南鮮に於ける三大漁業根拠地になり。明治四十二年三月、筑豊水産組合長以下当業者一行視察調査の結果、将来の発展を見込み選定したる新根拠地にして、県費の補助を得て宅地、畑地並に風防林として未墾地九町八反余の貸付を申請し、同時に四千五百余円を投じて移住家屋三十戸及び監督事務所一戸を新設す。同四十三年四月、未墾地貸付の許可あり、移住者を督励して之を開墾す。同年移住俄に増加し、家屋全部を充たして猶ほ不足を訴ふるの盛況を呈せしかば、同年七月更に八百六十円を投じて移住漁舎四戸及び作業場一所を増設せり。然るに元来十分の覚悟なかりし彼等移住者は一、二漁業の失敗を見るや、忽ち望郷の念を起し、加ふるに幾多事情の纏綿する所となり、逐次帰国するもの多く、大正三年末には僅に十四戸を残せるのみ。しかし開墾未済地一万二千余坪は同年度に於て其全部を開拓したり。

由来本浦は西南の大風に際すれば洪濤襲来し、安んじて碇泊する能はず、殊に本県の移住家屋は風波を正面に受くる位置にあるを以て被害多し。斯くて風波の害屢々至るを以て、本浦民一同協力し、明治四十三年に工費六千二二百円を投じて防波堤を築堤したるも、大正三年暴風の為に殆ど破壊せられたるは甚だ惜むべし。

大正四年度、此地漁舎三棟が空屋となりしものを香川県出漁団の懇請を容れて之を売却せり。而して尚ほ未墾地の整理と開墾地払下手続等の為に、特に監督員を置きて之を整理せしめつゝあり（大正五年現在）。大正六年には十四戸に減少し、地曳網・鰆曳釣・鯖網等に従事す。

(5) 烽燧津（ポンスチン）——筑豊水産組合

大正元年四月十二日付にて県費一千百五十円の指定補助ありたるを以て、宗像郡大島村出漁者の乞を容れて江原道高城郡烽燧津に根拠地を増設す。即ち同年度に於て移住家屋十戸を建設し、以て朝鮮北海出漁者の移住奨励を図りたり。蓋し鮮海漁業の中心が漸次北進するに伴ひ益々好況に向ひつゝあるなり（大正五年現在）。

(6) 東川里（トンチヨンリ）——筑豊水産組合

大正二年七月三日付を以て県費一千二百五十円の指定補助ありたり。以て本組合は其指定に従ひ鎮海湾内東川里に於ける朝鮮海水産組合の経営に係る、各県連合根拠地の割当漁舎三戸を建設し新根拠地を設く。此地は鎮海鎮守府に接続し、将来大に発展の余地ありと認めらる（大正五年現在）。大正六年には移住者十戸なり。

(7) 長承浦（チヤンスンポ）——豊前水産組合

此地の位置、地勢、交通、漁業上の関係は筑豊水産組合の項で前出せるを以て略す。明治三十八年、朝鮮海水産組合が漁業根拠地として移住者を募集せしに応じ、七戸の移住者を送りたるを初めとして、翌三十九年度に二戸、四十年度に三戸、四十一年度に六戸、合計十八戸の移住者を送り出したり。組合自らの経営は四十二年度より着手せんとし、海岸の地三百坪を埋築し之に十五戸建築をなす予定なりしが、移住希望者は既に十五戸移転の申込び接し居れり。四十三、四十四年に於ける根拠地の発達は自然に放任するも敢て差支なかるべし。其理由は本浦の発達は既に完成に近づきたるものと認めらるればなり（明治四十二年現在）。

(8) 玉浦（オツポ）——豊前水産組合

慶尚南道巨済島の東端に位し、湾は東方に発展して加徳島と相対し、湾内沿岸には多数の韓人部落を有せるが、漁業種類及販路は長承浦と同様なり。同浦は組合が漁業法実施に伴ふ発展上より新に選定したる根拠地にして、先づ四十二年度に於て十戸の建築をなし十戸の移住者を移し、使用土地は百八十坪を買収せり。監督は長承浦の所属とし、別に専任者を置かず、四十三年度には他の根拠地の経営上、本浦に於ける設備を見合すべき予定なるが、四十四年度に於て十戸の建築と移住を為さしむる予定なり。四十四年度末には二十戸の家屋及び移住者を有し、長承浦発展の余得により自然独立を得る見込なり（明治四十二年現在）。

(9) 竹林浦（チユクリンポ）——豊前水産組合

慶尚南道巨済島竹林湾内にあり、巨済島西南部を占めたる一大湾にして前面に数個の島嶼並列し風波常に平穏なり。開港場との直接交通の便あらざるも、海上五里にして此地に到れば日用品の購求、魚類の販売に不便を感ずることなし。然して湾内は鰮地曳網・桝網の漁業に適し、外洋は鯛縄・鰆流網・鱶釣・鰆釣其他各種の沖漁に適せり。

本浦も玉浦と同じく明治四十二年度に新に選定せし根拠地なるも、他県より移住者既に二十戸現在せるを以て本組合に於ては明治四十二年及び四十三年の二年度に於て移住戸数を十戸宛建築し、四十三年度末には二十戸の移住者を得る見込みなり（明治四十二年現在）。

(10) 固城（コソン）——豊前水産組合

慶尚南道固城郡に属し、固城島の一部にして大陸に湾入せる一大湾口にあり。馬山には陸路十里、釜山には同二十五里を距て交通不便なるも、此地を距る五里なる三千浦（普州）には定期汽船の出入あり。而して将来此地の発展に伴ひ汽船寄航の日に遭遇するは遠きに非ざるべし。

湾内は鰮地曳網・桝網の漁業に適し、外洋は蛇梁島、欲智島等の各島嶼を控へて鱧の饒産地なるを以て豊前漁夫の好漁場と為せり。又鯛の沖取網・打瀬網にも有望なり。販路は鱧は本邦活州船に放売し、其他の雑魚は付近韓人の大部落に近きを以て販路極めて広し。本浦も前記の各根拠地と同じく四十二年度より新に経営せらるべき根拠地にして、他県の移住者、商人を合せ七十戸の多数に達し一般の設備稍々整ひ居るを以て、組合に在ては四十二年度に於て単に移住者を援助するに努め、四十三、四十四年の二年度に於て十戸宛の建築を増設する計画なり（明治四十二年現在）。

(11) 長岩里（チヤンアムセン）――山門郡漁業奨励協会

同地は忠清南道舒川郡に属し、錦江の右岸にあり、錦江河の北岸に横たはる一面の干潟地にして付近に竹島、開也島、煙島の好漁場あり。また謂島七山灘にも連続し、鮟鱇網・建干網・鯛網・鰆流網の漁業に適せり。販路は群山、江景の大市場あり、又日出買船の輻輳すること多く、販路極めて広し。

明治三十八年初めて群山居留地内に二戸の移住者を移し、次て三十九年に四戸、四十一年に一戸を増加し合計七戸の移住者を見たるにより、協会は将来の発展を見込み四十二年度に於て新に二十戸の建築をなし、敷地百三十三坪の民有地を借入れたり。尚ほ四十二年四月より韓国漁業法実施に際し、漁権獲得上及び国有未墾地利用法出願上（長岩里の地六十二万坪貸下出願中）の都合により群山根拠地を対岸の長岩里に移転するの利益なるを発見したるを以て、四十二年度に於ては僅に事務所一棟新築するの設計をなし、四十三年度二十戸、四十四年度二十戸の設備をなすの計画なり。四十四年度末に於ては建築戸数六十戸、敷地千七百三十三坪（内百三十三坪は借地、千六百坪は自費埋築地）を有し、根拠地の後方六十六万坪の開拓も漸次着手するに至るべしと（明治四十二年現在）。大正六年に於いては当業者が二十五戸・百五十人で鱇延縄・鯛延縄漁に従事せり。

(12) 永宗島（ヨンスンド）――山門郡漁業奨励協会

仁川港前面四海里の沖合にある一小島にして、仁川港に近距離なるを以て日用品の需用、漁獲物の販売に差支なし。漁業種類は建干網・延縄・投網に適せり。本島は四十二年度に於て新に選定したる根拠地にして同年度内に五戸の移住者を移すの計画なり（明治四十二年現在）。大正二年には移住者五戸あり、釣・延縄・投網・流網等で主として湾内漁業に従事す。

⒀　羅老島（ナコド）――山門郡漁業奨励協会

全羅南道突山郡に属する島嶼にして、韓国南部諸島の中央に位す。島は内外の二島に分れ、其間の海峡は漁船の碇泊安全なり。而して釜山より海上六十里、木浦より四十里にあり、韓南汽船会社の寄航地なるを以て交通便利なり。漁業種類は蝦の饒産地を以て著名なるが、又鰆・鯛・鱧の網漁、釣漁の漁場でもある。主要漁獲物の蝦は煮乾となし製品として本邦に輸送するか又は生鮮の儘、本島定住の岡崎合名会社に特売するも可なれども、将来は協会に於て共同納屋を設置し共同製造を試みるの企図なり。其他の漁獲物は本邦出買船又は韓人に放売する等需要極めて広し。又此地は明治四十二年度より新に根拠地として設備を施す処にして、元来付近の漁業は総て許可或は届出に属する漁業なるを以て、共同的出漁及製造販売の必要あり。依って四十二年度に於ては共同の一大納屋を設備し、四十三年度に於ても前年度同様の施設をなす筈なりと（明治四十二年現在）。大正二年には移住者二戸で、蝦製造に止まり漁業発展の余地尠し。

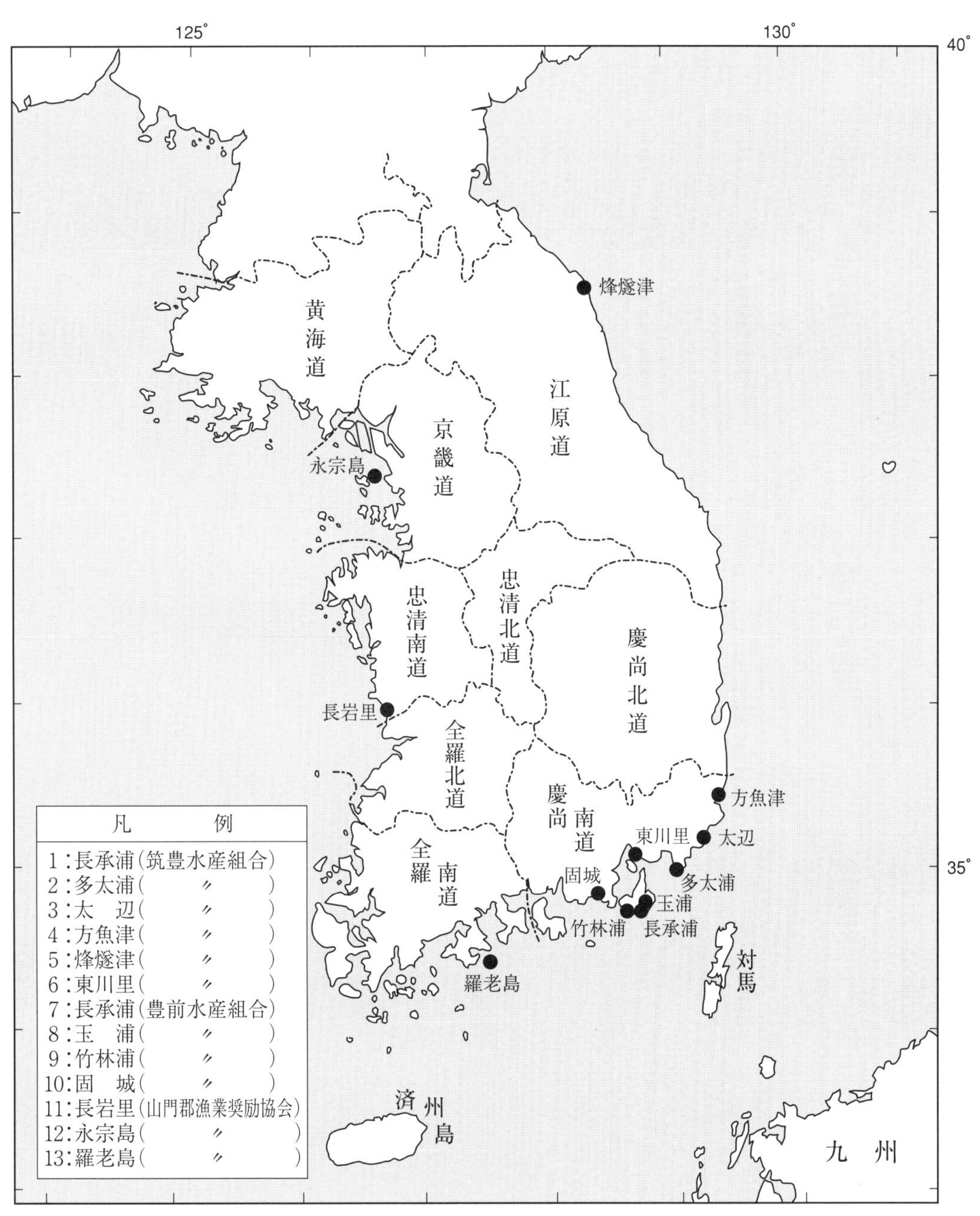

図IV－1　福岡県漁民の朝鮮海通漁、移住基地

まとめ

第一編　漁業制度――漁民組織と漁業秩序

わが国の漁業は、近代のスタートから、漁業秩序を維持するためには藩政時代の旧体制を無視できなかった。明治八年海面官有を宣言し、借区の方法によって制度改革を意図した明治政府が、翌九年には漁業取締は旧慣行によるべきことを示達し、また十九年公布の漁業組合準則により創設された漁業組合（漁場管理団体）が、ほとんど例外なく旧来の慣習秩序を踏襲したのである。

明治三十四年公布の旧漁業法は、旧慣行の総決算ないし転換を意図するはずであったが、実際には、旧秩序を温存継承しつつ漁業権の独占排他権・財産権的性質を認めることによって、漁業近代化の法制的基礎を固めようとするものとなった。

この漁業法公布によって近代的統一漁業法が誕生し、明治四十三年公布の明治漁業法、さらに昭和八年の漁業法大改正によって漁業の発展に伴う近代的法体系への仕上げがなされ、漁業団体組織の充実、統一的漁業秩序法の確立が図られ、漁業振興策も展開されるようになった。

このように明治以降に積み上げてきた漁業の組織、秩序は、戦時体制に入り一変した。昭和十三年国家総動員法により、わが国経済は全面的な統制経済に入り、昭和十六年には太平洋戦争に突入し、昭和十八年には水産業団体法が成立し、これに基づき漁業組合は解散、漁業会として再発足した。そして、戦争は昭和二十年、国民生活を破壊しつつ敗戦をもって終結した。漁業が壊滅的打撃を受けたのはいうまでもない。

このような全国的な変遷に対応させて、福岡県における漁業制度に対する施策展開を簡単に要約すると、漁業組合組織に関しては、①漁業組合準則に基づく漁業組合、②旧漁業に基づく漁業組合、③昭和八年大改正法に基づく漁業協同組合、④水産業団体法に基づく漁業会、の四期に区分できる。漁業秩序法規（漁業取締規則）については、①漁業組合準則に基づく明治二十一、二十四年令達（旧慣行遵守の基本方針）、②初めての福岡県漁業取締規則、明治二十九年制定（旧慣行遵守）、③旧漁業法に基づく明治三十六年大改正（統一的基準による取締方針への転換）、④明治漁業法に基づく明治四十四年大改正（操業実態への対応措置）、⑤昭和十三年大改正（操業実態への対応措置、瀬戸内海漁業取締規則との整合）の五期に区分できる。

戦後、わが国経済は昭和二十二年には早くも上昇に転じ、国民所得は回復し始める。二十三年の魚価統制撤廃と二十五年に勃発した朝鮮戦争を契機とする経済の復興が刺激となり、上向きに転じた。国の漁業政策面では、漁業組織の強化と新漁業秩序の確立に向けて、昭和二十四年に水産業協同組合法、昭和二十五年に漁業法、昭和二十六年に水産資源保護法が施行された。これらに対応して、福岡県では新漁業協同組合の設立（二十五、六年）、三海区漁業調整委員会発足（二十五年）、内水面漁場管理委員会発足（二十五年）、漁業調整規則制定（二十六年）、内水面漁業調整規則制定（二十六年）などが矢継ぎ早に進められた。

第二編　漁業税制

明治政府はその成立当初から、近代的国家の体制確立のためにあらゆる困難と闘ってきたが、これらの努力は少なくとも明治中期頃までは、政治的には中央政府の信用獲得と権力拡張のために、また経済的には資本主義生産方法の移植を中心とするものであった。地方制度の整備は、明治中期に至って漸く確立された。すなわち、明治二十一年の市町村制公布、同二十三年の府県制及郡制公布がそれであり、また地方財政もこの時に初めて近代的制度のもとに体系的に整えられた。

近代における地方財政を制度面からみると、明治二十一〜二十三年を境にして、その前後に大別できる。これ以前は尚前時代制度の踏襲ないし近代的制度確立の準備期であるのに対して、以後は近代的地方財政が確立された時期であるといえよう。前近代的制度時代は、さらに明治初期から明治十年に至る間（藩政時代の踏襲）および明治十一年の地方税規則公布（第一次改革）以後とに分けられる。近代的制度時代は、それぞれ明治二十一年市町村制・二十三年府県制及郡制の公布（第二次改革）、大正十五年地方税に関する法律の施行（第三次改革）、昭和十五年の地方税改正以降（第四次改革）を契機として発展してきた。さらに、戦後は地方財政の自主性強化と地方財源の拡充に向けた新たな地方税改革が進められた。以上のような発展過程のなかで、福岡県の漁業税が地方税のなかでどのように位置づけられ、その内容がどのような変遷をたどったかを明らかにした。

第三編　漁業の発展と漁民運動

漁業生産は明治三十年代までは低位生産の横這い状態にあったと推定されるが、明治末から上昇に転じ、大正・昭和初めにかけて大幅に増加した。漁業生産の増大のためには、それに対する社会的需要が不可欠の前提であるが、生産側からみれば、漁業技術の革新が最大の要因と思われ、その代表として綿漁網の普及、漁船の動力化があげられよう。

一方、この時期は資本主義的漁業の開拓、発展期にもあたり、これら漁業は、操業秩序が確立しない初期段階では沿岸漁場へ侵漁し、零細な沿岸漁業に打撃を与えた。汽船トロール漁船侵犯操業（明治四十一年～大正初期）、機船底曳網漁船侵犯操業（大正十年～昭和初期）がその代表であったが、そのほかに爆薬物使用による密漁（大正九年～末期）も横行した。当然のことながら、福岡県漁民の反対運動は激烈をきわめた。これらがとくに、外海の筑前海における漁業生産に与えた負の影響は多大なものであったと思われる。また当時、殖産興業とくに鉱工業の発展は最重要国策であったが、福岡県においても、これら各種工場が洞海湾沿岸を中心とする北九州地域（明治三十年代以降）、大牟田地域（明治二十年代以降）、苅田地先（昭和十年以降）などに出現した。なかでも、北九州地域はわが国の四大工業地帯の一つとして、大牟田地域は一大石炭化学コンビナートとして発展した。これら工場の進出によって、地先漁場は埋立、喪失され、さらには工場廃水によって漁場環境を悪化させた。これらは近代化、第二次産業振興の名のもとで強行され、漁民の生活権を侵害していった。

昭和四年十月、ニューヨークのウォール街で起こった株式の大暴落をきっかけとして、全世界に大恐慌が勃発し、わが国経済もその渦中に巻き込まれた。水産物市場は著しく狭隘となり、水産物の需要は激減し、魚価は全面的に暴落した。本県の漁業生産額は昭和四年以降急落し、昭和九年まで低落傾向を示した。昭和十年以後には、生産量・額ともに増加に転じ、その傾向は昭和十五、六年頃まで続いた。この昭和恐慌から、わが国経済が脱出する過程は、満洲事変を契機とする戦時体制への移行でもあった。昭和十三年の国家総動員法発布によって、すべての経済が軍需優先の経済統制に移行し、漁業は次第に衰退の一途をたどることになった。本県の漁業生産は昭和十五、六年頃を境に低落したと推定される。

第四編　朝鮮海出漁

わが国漁民の朝鮮海通漁の沿革は古く、すでに中世末期頃から行われ、徳川初期頃までは特に旺盛であった。徳川幕府の鎖国政策実施以降、表面上の通漁は厳禁されて中絶したが、西日本の漁民等が依然として密漁的経営をもって明治初期頃まで継続出漁してきた。鮮海通漁が急増したのは、明治九年の日鮮修好条約締結からであった。通漁とは、わが国漁民が朝鮮沿海へ季節的に出漁した出稼漁業をいう。

明治政府は鮮海漁業の開発を単なる産業、経済上の観点のみでなく、国家的政略面から特別な保護奨励策をとった。鮮海出漁の奨励には国、各府県、朝鮮海通漁組合連合会、府県の水産組合等が共同あるいは単独で当たった。

福岡県漁民の鮮海通漁は、立地的に近いにもかかわらず、本格的には明治二十年代に入ってからであった。明治二十年代、同三十年代および同四十年代以降（韓国併合以前、以後）に区分して、福岡県における奨励策および福岡県漁民の通漁、移住漁業がどのような変遷をたどったかを明らかにした。

本書は以上の四編から成り立っているが、それぞれ異なった視点から整理した。いずれも明治維新から終戦直後までにおける福岡県漁業史の一分野を成すものであり、先人たちが積み上げてきた事蹟でもある。多少なりとも「温故知新」となれば幸いである。これ以後の現代期における福岡県漁業史への取り組みは、今後に残された重要な課題である。

現代のわが国漁業は、占領下の苦難な時代から始まり、昭和二十七年の講和条約発効後は「沿岸から沖合へ、沖合から遠洋へ」の掛け声のもとで急速な発展を遂げたが、その後、昭和五十年代前半には二〇〇海里時代が到来し、外国漁場からの撤退を余儀なくされ、さらに、国連海洋法条約の発効により本格的な二〇〇海里体制を迎え、わが国漁業は再編を迫られるに至った。平成十三年には水産基本法が制定された。これは昭和三十八年制定の沿岸漁業等振興法以来の新たな水産政策の理念を明確にし、その基本的施策の方向付けを行ったものである。

このような現代期の動向のなかで、福岡県の水産行政、試験研究、業界がどのような課題に直面し、これにいかに取り組んだか、さらには福岡県漁業がどのような軌跡をたどってきたかを明らかにすることは、これからの水産業、水産行政・試験研究および水産業界のあり方を考えるうえできわめて大切である。「現代福岡県漁業史」の発刊を期待する所以である。

年表

【中扉写真】

筑後川は、源を熊本県阿蘇郡南小国町に発し、山岳地帯を流れて、日田盆地・夜明峡谷を過ぎ、筑紫平野を貫いて有明海に注いでいる。幹川流路延長一四三キロ、流域面積二八六〇平方キロメートルは九州一の大きさである。

（国土交通省九州地方整備局・筑後川工事事務所提供）

年次	福岡県の漁業関連事項	全国の漁業関連事項	政治・経済・社会
明治元年 1868	○志摩郡西浦に魚市場開設 ○志摩郡玄界島浦に水難救護組を設立、その後各浦で水難救護組が設立される	○東京本郷に水産社結成、水産書籍発刊と振興運動	○戊辰戦争起こる ○新政府、政体書を発布 ○土地の私有を公認
明治2年 1869		○民部省勧業局設置 ○水産事務は勧業局で掌る	○戊辰戦争終わる ○農工商の身分撤廃
明治3年 1870			○藩籍奉還
明治4年 1871	○県治条例により庁中の事務を分けて、庶務、聴訟、租税、出納の四課とす	○勧業局に生産掛を置く	○県治条例布告、廃藩置県 ○新貨条例布告 ○船税規則制定 ○小倉・福岡・三潴三県に再編
明治5年 1872	○旧福岡県法度の部（川漁、鮑漁）告示 ○租税課の事務内容：正税・雑税・豊凶の事を取扱い、開墾・通船・培植・漁猟・山林・堤防・営繕・社倉等を掌る ○旧慣租税方改正之見込書を大蔵省へ稟議	○違式詿違条例制定の動き	○地所永代売買を解禁 ○地券制度を創設 ○太陽暦を採用 ○『福岡県地理全誌』編纂始まる
明治6年 1873	○各課に分科を設く、租税課の各科：正租科、雑税科、土木科、地券科、印紙科 ○粕屋郡志賀島浦、弘浦間の漁場境界紛議起こる ○福岡県「浦々漁場規則取締之心得」布達	○内務省設置 ○藤川三渓、開洋社を創設し米国式捕鯨経営臘虎猟を官営とす ○ウィーン万国博覧会に田中芳男、関沢明清を派遣し、水産技術の吸収に努める	○徴兵制布告 ○地租改正条例公布 ○筑前竹槍一揆起こる ○三池炭鉱官営となる

明治7年 1874	○違式詿違条例公布（福岡県布達） ○旧三潴雑税（川漁税）更正之儀を大蔵省へ稟議	○地方違式詿違条例布告 ○日本橋魚市場の規則定む ○内務省に勧業寮を設置	○艀漁船ならびに海川小廻船の船税規則制定 ○貯金規則制定
明治8年 1875	○太政官布告第二三号もって雑税廃止の儀に付、管下諸商工職業とも本年一月一日より税金廃止候事（福岡県布達第一九四号） ○志摩郡唐泊地先にイルカ大群寄せる ○豊前国企救郡吉田浦で海苔養殖が初めて行われる	○太政官布告第二三号によって徳川時代の小物成（漁業税を含む）浮役などの雑税が廃止となる ○内務省勧業寮第二課に魚猟掛を置く ○太政官布告第一九五号発布され「海面官有の宣言」 ○太政官達第二一五発布、今後漁業のため海面を使用するときは政府の許可と使用料の納付を必要とした（海面借区制）	○貨幣条例公布 ○漸次立憲政体樹立の詔勅を発布 ○府県職制条例公布 ○樺太・千島交換条約 ○福岡・島根・岐阜・大分などの諸県で、地租改正に反対する農民一揆起こる ○烏帽子島灯台に点火す
明治9年 1876	○府県条例の改正で「勧業課」が置かれ、その所掌業務は動植物、諸製造業、商務、鉱山、博物、博覧、授産の七部門となる ○違式詿違条例（改正）布達（福岡県布達第五七八号） ○豊前国小倉・長門国赤間関の海上境界に付、両県令間条約協議	○外国猟船駆逐のため北海道漁猟取締規則制定 ○太政官達七四号をもって海面借区制を廃止し、漁場使用の旧慣を認め漁業者に府県税を納付せしめる ○河川は海面に準ずる旨を府県へ通達	○日鮮修好条約調印（漁業進出） ○元老院に憲法起草を命ず ○府県条例改正 ○豊前全八郡のうち宇佐・下毛の両郡を大分県に割属し、残り六郡と旧三潴県所轄筑後全一〇郡を福岡県に合併す ○秋月の乱起こる
明治10年 1877	○県職制章程を改正し、勧業課を第二課とす ○「捕魚採藻営業税之儀」公布（福岡県布達甲第一一六号）、県税則付録を提示 ○『福岡県漁業誌』編纂企画 ○農工業の芸業熟練者の取調書出旨相達候事（御布令丙第二九号） ○第二課に土木、地理を合併して「勧業科」、「土木科」、「地理科」を設く	○内務省、勧業寮を廃し勧農局を設置しそのなかに水産掛を設く ○第一回内国勧業博覧会東京上野で開催 ○勧農局、府県通信仮規則を達（いわゆる農事通信、農林統計の先駆、明治一一年一月一日施行） ○ラッコ猟取締令公布 ○政府、漁業税・採藻税は各地の慣例によ	○地租減租の詔勅 ○西南戦役の勃発、鎮定 ○福岡県会仮規則制定 ○太政官、郡区町村編制法（大区小区制を廃し郡町村を復活）・

明治11年 1978	明治12年 1879	明治13年 1880	
○勧業掛条例制定（福岡県布達乙第一七五号） ○勧業集会が開始され、水産講話も行われる ○『福岡県漁業誌』編纂のため漁業調査開始 ○『福岡県物産表』編纂 ○『漁業誌』調査結果の一部、漁業名目表（漁業種類別漁期一覧）を公表 ○福岡県産物（含海産物）輸出内訳表作成 ○県、海面借用制廃止に伴う通達を出す	○福岡県勧業試験場を創設 ○勧業掛集会心得制定（福岡県発令乙第三〇号） ○『漁業誌』編纂の草稿を起こす、捕魚採藻の方法図解等の作成 ○各浦魚漁の種類、漁獲高等取調について（布達）	○勧業試験場に農学所が付設され、明治二〇年三月まで勧業試験場兼農学校として存続。農業を対象とした勧業施策遂行のための行政組織ならびに技術的試験・指導体制がほぼ整備される。水産業は対象外であった ○県下水産統計関係調査準備 ○明治十年甲第一一号県税則付録を廃し、漁業税規則を定める（甲第一二八号）	○水産統計関係調査開始（漁業方策、魚図と解説、水産製法・統計）
って地方税として徴収し、その例規を改めるとき、または新法を設けるときは、府県知事、県会から内務・大蔵大臣に稟議すべしと布告	○『水産志料』編纂さる ○森本駿「漁業保険制度の必要」を論ず ○漁業組合の名称の団体各地漁村に結成される	○内務省勧農局の水産掛を水産課に昇格 ○ベルリンの万国博覧会に松原新之助派遣され、水産物を出品 ○平野武治郎、海苔養殖方法を改良す ○水産事項調査のため官民から水産委員を任命	○内務省は乙第に号達をもって「漁業保護・水産繁殖をはかる件」を布達
府県会規則・地方税規則（地方税を地租五分の一以内並びに営業税・雑種税・戸数割とする）のいわゆる三新法を布告 ○太政官、府県官職制を達（府県職制および事務章程を廃止） ○第一回福岡県会議員選挙 ○「めさまし新聞」（翌年「筑紫新報」へ改題）発刊	○太政官、琉球藩を廃し沖縄県とする旨布告 ○太政官、学制を廃し教育令を布告（学区制などの画一主義をやめ、民度に適合した教育の普及をめざす） ○徴兵令改正（兵役年限を延長、免役範囲を縮小、海軍徴兵を別に定めるなど） ○第一回福岡県会を開会	○集会条例制定 ○太政官、区町村会法を布告 ○太政官、歳計を節約し紙幣消却の元資を増加し、地方政務を改良すべき旨布告（いわゆる紙幣整理に着手） ○「筑紫新報」を改題、県内初の日刊紙「福岡日日新聞」発刊	○国会開設の詔勅下る ○政府紙幣整理に着手、松方正義

年			
明治14年 1881	○福岡県物産表（含海産物）作成 ○福岡県海陸輸出入表作成 ○漁業税規則改正（甲第五八号布達） ○違警罪目制定（県警甲第一二二号）	○第二回内国勧業博覧会東京上野で開催 ○農商務省設置され、農務局水産課創設 ○違式詿違条例廃止 ○郡部漁業税賦課規則制定	大蔵卿に就任
明治15年 1882	○明治一一～一三年の福岡県水産価格（魚種別生産金額）比較表作成 ○第四四号布達により漁業税規則を廃止し、地方税規則公布、但規則中の第一五条（漁業税）は追て布達迄施行見合候事	○大日本水産会創設 ○農商務省達第五号により、鮑等捕獲のため潜水器機を使用することを制限 ○大日本会『大日本水産会報告』創刊	○軍人勅諭 ○伊藤博文、憲法取調のため渡欧 ○集会条例を改め、集会結社の取締を厳にす ○日本銀行条例布告 ○第一回九州沖縄八県連合共進会長崎で開催
明治16年 1883	○全国水産博覧会への参加、福岡県から六三種出品、「福岡県漁業誌」出品 ○明治一五年第四四号布達但書を以て施行見合有之漁業税目は自今該規則の通り施行候事（第五八号） ○遠賀郡八ケ村漁業取締規則を制定、漁業組合設置を企てる ○箱崎村漁場海面に養殖試験区の設定	○第一回水産博覧会、東京上野で開催（巾着、あぐり網出品） ○魚児介苗採捕制限の件布達 ○日鮮通商条約で、日本人漁夫の朝鮮出漁許可される ○ロンドンの万国漁業博覧会に参加・出品 ○平野武次郎、海苔養殖法を創始 ○オランダのハーグで国際漁業会議開催	○徴兵制改正（兵役年限の延長など） ○経済不況深化 ○「官報」第一号を発行 ○博多港、朝鮮貿易特別港となり長崎税関出張所が置かれる ○福岡県の林遠里、勧農社を設立し、農業技師の教育機関とする
明治17年 1884	○筑後国千歳川水産資源に関する福岡・佐賀・大分三県協議 ○筑後国矢部川、星野川水産保護方法実地調査に着手 ○筑前、筑後、豊前各沿海における資源保護、漁業調整の評議機関としての漁業組合連合会設立に関する協議開始 ○福岡・山口・大分三県協議により周防灘における打瀬網漁業禁止を決める ○沿海漁業組合設置準則公布（無号布達）	○農商務省令第三七号により同業組合準則公布（同業組合の組織奨励のため、その準拠を示す） ○東京湾漁業組合設立される（同業組合準則によるもの） ○第一回農商務省統計表完成 ○スコットランド人、函館に来て綿網を売り込み、綿網が北海道沿岸に普及 ○太政官布告でラッコ・オットセイ猟を特許制度とする	○経済不況をきわめ、会社、銀行の倒産多し、農民騒動多発 ○地租条例を布告（地租改正条例を廃止） ○区町村会法全文改正（会期・議員数などの規則は府知事・県令が定めるなど、戸長公選制を廃止し官選とする）

	明治18年 1885	明治19年 1886
○ウタセ網漁業禁止公布（無号布達） ○潜水器取締規則公布（第九二号）	○矢部川・星野川に係る水産蕃殖のため保護方法設置公布（第二〇号） ○千歳川に係る水産蕃殖のため保護方法設置公布（第六二号） ○筑後国山門郡東開村沿海潟地の農商務省水産局による蟶介試験地設置、明治二一年度まで実施 ○沿海漁業組合設置準則により、山門・三潴・三池の三郡沿海漁業組合および矢部川漁業組合を設け、水族の蕃殖保護に取組む ○県下三国の沿海及千歳川・矢部川等は悉く組合を設け保護法の取組漸次其緒につく ○筑前沿海連合漁業組合設立	○水産保護のため筑前沿海（若松湾、今津浜崎沿海）に禁漁場を設置（第一一号） ○筑後国矢部川支流の辺春川・飯江川に水産蕃殖のため保護方法を定む（第三〇号） ○潜水器取締規則中改正（第三三号） ○県令第三五号により、漁業組合準則並付則を定む、明治一七年無号布達を廃す ○県令第三五号施行以前、既に組合を設け該県令に抵触せざるものは従前の儘継続履行すべし（告示第四一号） ○豊前沿海への打瀬網漁船侵入問題について山口県へ申入れ ○筑後国山門郡漁民の佐賀県地先海域入漁問題で佐賀県と協議 ○企救郡長浜浦漁民、愛媛・広島県海域等へ
	○日鮮修交条約成立し、日本漁船の朝鮮領海への出漁増加 ○農商務省に水産局を設置（漁撈、製造、試験、庶務の四課を設置） ○東京湾周辺漁業者六十余名が参集し、湾内の捕魚採藻上の重要事項について水産諮問会開催 ○官民とも魚類の移植孵化事業盛んになる	○農商務省令第七号をもって漁業組合準則公布（わが国における漁業立法の先駆） ○魚児介苗等採捕制限の農商務省令第九号布達（各府県で漁業取締規則制定する） ○水産巡回教師派遣細則を制定 ○農商務省『日本水産捕採誌』、『日本水産製品誌』、『日本有用水産誌』を編纂（明治二八年脱稿） ○東京上野公園で初めて「大日本水産会主催水産共進会」開催 ○千葉県浦安村地先で海苔養殖を開始 ○千葉県の千本松喜助、改良揚繰網を考案
	○日本銀行、兌換銀行券発行開始 ○太政官を廃止、内閣制度創設 ○太政官布達により「官報」による公布制度確立	○北海道庁設置される ○経済不況回復に向かう ○地方官官制（府知事・県令の名称を知事に統一）

	明治20年 1887	明治21年 1888	明治22年 1889
約定に基づき竹蟶漁入漁 ○筑前宗像沖でイタヤ貝大発生	○福岡県勧業試験場として再発足（告示第七七号）水産業に関する試験項目を取上げる ○漁業税採藻税課目課額を改定（第六一号） ○筑前沿海連合漁業組合、豊前国企救郡沿海漁業第一組を加入せしめ筑前国沿海豊前国門司以西漁業組合連合会と改称す	○漁業組合設置の漁場において従来の慣行に依り漁業を営んとするもの又は遊楽、自用の為に捕魚採貝採藻を為さんとするものは、其地組合規約に遵ふべし（県令第四一号） ○筑後国山門郡沿海潟地における農商務省設置の蟶介試験場の試験結果発表 ○宗像郡宮地村、手光村間の溜池漁業紛議 ○山口県、周防洋における打瀬網漁業を県内事情により解禁す ○有明海で佐賀県漁民、本県漁民来漁を拒む	○粕屋郡志賀島浦、弘浦間の漁場境界問題が解決 ○福岡・佐賀両県産蟶介製品の品評書公表 ○有明海において、熊本漁民が漁業組合を設置し組費徴収の制を設け、本県漁民にも之を施行す
	○漁業組合準則に基づく農商務省認可組合数全国で八九組合に及ぶ ○大日本水産会主催、第一回水産品評会開催 ○藤川三溪、大日本水産学校創立 ○大日本海産会社、大日本帝国水産会社設立される ○東京帝国大学、三崎に臨海実験所を設置	○水産予察調査開始される（全国を五漁区に分けて海中生物関係調査） ○大日本水産会の建議により東京農林学校に水産簡易科設置 ○国立の千歳中央孵化場を開設（サケの人工孵化放流事業の本格的実施） ○四日市で本目結編機考案、綿漁網普及の先駆	○全国漁業組合数三九二となる ○大日本水産会水産伝習所創設（水産講習所の前身、のちの東京水産大学） ○日本朝鮮両国通漁規則調印 ○水産予察調査（一府一〇県対象） ○藤川三溪『水産図解』上下二巻を刊行 ○フィラデルフィアで万国大博覧会開催 ○パリ万国博覧会開催
	○保安条例公布 ○第五回九州沖縄八県連合共進会を開催（福岡東中洲） ○「福陵新報」（「九州日報」の前身）創刊	○市制・町村制公布（明治二二年四月一日施行） ○枢密院設置 ○枢密院で憲法制定会議	○大日本帝国憲法発布 ○議員法・衆議院議員選挙法公布 ○国税徴収法（国税は地方税・備儲蓄金・市町村税） ○土地台帳規則（地券制度廃止、地租は土地台帳に登録した地価によって徴収） ○土地収用法、地租条例改正 ○福岡・久留米で市制施行

	明治23年 1889	明治24年 1891
	○山口県、打瀬網漁業を解禁せしにより豊前沿海における被害増大し、本県漁民、該漁具禁止の義を請願（惣代上京） ○有明海における佐賀・熊本県との入会漁業問題、県間で解決せず主務省に稟議す ○有明海四県（長崎・熊本・佐賀・福岡）連合漁業会議開催 ○福岡・熊本両県往来漁業に係る特約書締結 ○筑豊漁業組合連合会、問屋及仲買人等を網羅した海産商会を設立 ○遠洋漁業伝習について知事訓示（対筑豊漁業組合連合会） ○筑豊漁業組合連合会、遠洋漁業についての建議書を議会に提出（減額修正で承認） ○梅津懋ほか（漁業組合員外）遠洋漁業費補助之義に付建議書を議会に提出（不承認）	○漁業組合設置漁場における漁業の際には其組合規約に遵ふべし（県令第三九号） ○「福岡県魚市場取締規則」公布（県令第五六号） ○筑豊漁業組合連合会規約認可 　〃　水産物取扱規定認可 　〃　漁場取締規定認可 ○県が筑豊漁業組合連合会に対し遠洋漁業伝習生補助一九二〇円を支出 ○県から各郡市長へ「筑豊漁業組合連合会の遠洋漁業起業」に付、照会と補助費協力の依頼
	○東京上野で第三回内国勧業博覧会開催 ○三崎臨海実験場で集魚灯を試験 ○農商務省水産局廃止、所管事項は農務局に移し、水産課を設置 ○改良揚繰網考案さる ○定置漁業において藁網を綿糸網に改良（宮崎県日高氏親子）、三〇年頃から全国に普及 ○アラスカの鮭鱒漁業に建網を使用	○農商務省『水産予察調査報告』を刊行 ○魚市場規則改正 ○紡績業の発達、編網機の考案によって綿糸普及し始める、石油ランプ使用始まる ○米国式巾着網漁業導入 ○沿岸漁業不振化 ○漁場紛争各地で起こる ○政府、信用組合法を提案（不成立） ○農商務大臣「漁業上立法の要旨」を述べ漁業立法の公表を行う。これにより農商務省は漁業法案の草案作成に着手す ○済州島で日韓漁民間紛争が生じ、殺傷事
○博多港が特別輸出港に指定、門司港特別輸出港として発足	○金融恐慌起こる（経済界不況） ○府県制・郡制施行（地方自治制の確立） ○水利組合条例公布 ○第一回衆議院議員選挙 ○銀行条例・貯蓄銀行条例公布 ○教育勅語発布 ○第一回帝国議会開催 ○各地に米騒動	○日本鉄道、上野－青森間開通 ○足尾銅山（渡良瀬川）鉱毒問題起こる ○九州鉄道、博多－門司間開通、博多－高瀬間開通

明治24年 1891	明治25年 1892
○筑豊漁業組合連合会に対し遠洋漁業起業費補助を福岡市、企救郡等が支出 ○筑豊漁業組合連合会、県へ遠洋漁業の教師の件に付、認可申請 ○筑豊漁業組合連合会が遠洋漁業伝習船八隻を建造 ○遠洋漁業伝習船（宗像郡）、朝鮮近海の初航海で大漁す ○筑豊漁業組合連合会、県議会に「遠洋漁業実況申報」提出（一二月一七日） ○済州島通漁を悶着のため一時停止していたが、解除する旨外務大臣より各府県に達す ○蟶介輸出会社設立 ○九州鉄道線路敷設地埋立により魚餌採取場所を失った企救郡長浜漁民が弁償方取計るよう県に陳情 ○農商務省金田技手を招き県下の漁具漁法等調査を実施す ○農商務省金田技手の調査結果に基づき「水産事業拡張の方針（諮問）」作成 ○有明海において、福岡・佐賀両県漁民間で漁場紛議起こる ○県知事より筑豊漁業組合連合会に対し「輸出製品検査の法、漁村経済維持の方法」に関する訓示 ○勧業試験場内に水産掛一名を置く	○水産試験が本格的に取組まれ、水産談話会が各郡市で行われる ○扶桑海産会社より県議会に「遠洋漁業（捕鯨）費補助費」請願（不承認）
件起こる	○漁具をめぐる紛争激化（三州打瀬網紛争の暴動化、九十九里浜での地曳網と改良揚繰網との紛争等） ○水産保護に関する建議案、貴族院で可決
	○第四帝国議会において軍事予算成立す ○安場県知事、県会で第二回総選挙での選挙干渉について追及さ

年			
明治25年 1892	○豊前沿海漁業組合（仲津郡沓尾浦）、鰯沖取網試験実施 ○筑豊漁業組合連合会（箱崎・姪浜・唐泊浦）、一組二艘都合三組の漁隊船を成し朝鮮近海へ出漁 ○勧業試験場技手、朝鮮海へ渡航、実地調査 ○矢部川、星野川水産蕃殖保護法改定（県令第六六号） ○三池郡三村沖で海苔養殖試験実施 ○有明海における佐賀漁民との紛争続く ○博多魚市場株式会社開設	○水産事項特別調査行わる ○日高親子、日高式ブリ大敷網を考案 ○御木本、真珠養殖に着手 ○漁業組合総数五四五、組合員四三万〇五七三人となる、水産物製造組合数七一 ○明治二五年訓令第四一号をもって、「漁業組合規約を組合員外の者に及ぼす件に関する訓令」を発す ○シカゴ世界博覧会に水産物を出品	れ辞職
明治26年 1893	○筑前国沿海豊前国門司以西漁業組合連合会（通称、筑豊漁業組合連合会）を筑豊沿海漁業組合と改称、組合臨時総会で規約改正（組織等）で紛議起こる ○知事より沿海郡市長および沿海警察署長あて「朝鮮近海へ漁人出稼」に付訓令 ○有明海における佐賀漁民との紛争続く、山門郡長、漁業組合頭取等が県に出頭し協議 ○福岡県水産協会発起会が開かれ、創立趣旨書、規則草案作成される ○福岡県水産協会の発企に係る水産幻灯会開催される	○水産調査所および水産調査委員会設置（水産局の実質的代行機関となる） ○貴族院議員村田保、漁業法案を第五帝国議会に提出、審議未了に終る ○御木本、半円真珠養殖成功 ○英国漁業博覧会に水産物を出品 ○漁具をめぐる紛争各地で頻発 ○『朝鮮通魚事情』、『水産学大意』、『水産規則全書』刊行	○この年より六年間毎年宮廷費三〇万円、議員歳費・官吏俸給の一〇分の一を建艦費に充てる旨の詔勅がある ○防穀令に関する日韓談判終了し日本に賠償金支払いを約定す ○竹槍騒動、久留米に起こる
明治27年 1894	○筑後沿海三瀦郡漁業組合規約更正の件を認可（告示第四六号） ○筑豊沿海漁業組合規約更正の件を認可（告示第五七号） ○筑前、有明、豊前各海区に一名の水産技手を駐在させる ○千歳川第三区漁業組合設置について、福岡	○水産調査所『水産事項特別調査』を刊行 ○日本最初の水産試験場が愛知県に開設 ○地方漁業取締規則の認可 ○漁業法制定の調査 ○『有用水産誌』、『水産捕採誌』、『水産製品誌』完成	○日英通商航海条約締結 ○日清戦争勃発 ○日米通商航海条約締結

明治27年 1894	明治28年 1895	明治29年 1896
・佐賀両県関係者が会合し決議 ○豊前沿海漁業組合連合会の頭取ほか、県に第一、二組間の鯛縛網の件で陳情 ○矢部川・星野川漁業組合幹事会において規約修正の件で紛議 ○福岡県水産協会を福岡県水産会に改め、県下水産業の改良発達を図るを目的とし、役員、運動方針を決める ○千歳川漁業取締規則制定（県令第六二号） ○勧業試験場、多々羅川口で海苔養殖試験を実施	○勧業試験場を農事試験場と改め場務規程を定める（告示第二七号）、業務内容の中に漁具の用法及適否・水産物の漁獲採収及蕃殖・水産物の製造が盛込まれる ○筑豊沿海漁業組合、農商務省水産調査所備付鯖巾着網（綿糸製）を借受け、玄海沿海で試験操業を行う ○有明海における福岡・佐賀両県漁民間の漁場紛争は落着を見ず殴打事件起こる ○三潴・山門・三池郡沿海における貝類採捕禁止期間公布（県令第四〇号）	○豊前海において、福岡・大分両県漁民間の漁場紛争で殴打事件起る、両県関係者の協議行われる ○怡土郡加布里、志摩郡今津、宗像郡津屋崎各浦で海苔養殖試験行われる ○「福岡県漁業取締規則」制定（県令第二五号） ○大日本水産会福岡支部の発会式挙行される
	○村田保、再び三七カ条から成る漁業法案を第八帝国議会に提出、不成立 ○農商務省『旧藩時漁業裁許令』刊行 ○ラッコ・オットセイ法公布 ○第四回内国勧業博覧会開催 ○水産調査所官制改正 ○地方漁業取締規則及水族蕃殖保護命令認可の制を訓令す ○漁業法制定の調査 ○米式巾着網の本格試験が福岡・山口・千葉県下で行われる	○北海道における水産事務所管を拓務省に移す ○水産調査所『欧米漁業法令彙報』を発刊 ○水産調査会、遠洋漁業奨励法案・水産調査所拡張方法・水産講習所設立等の件を諮問す ○長崎県漁民、朝鮮慶尚南道において暴徒により二四名殺され九名重傷を受ける
	○日清講和条約調印（朝鮮の独立承認、遼東半島・台湾の割譲） ○食品市場取締規則公布 ○日露通商航海条約締結 ○博多港特別輸出港となる	○造船奨励法、航海奨励法公布 ○日本勧業銀行法、農工銀行法、農工銀行補助法公布 ○民法公布 ○河川法公布（国直轄または国庫補助で改修工事を施行） ○日清通商航海条約締結 ○日仏通商航海条約締結

年			
明治29年 1896	○福岡県漁業製造連合組合設立 ○豊前沿海漁業組合第二組規約更正（告示第七六号） ○矢部川・星野川漁業組合規約更正（告示第九三号） ○千歳川第一、二区漁業組合規約認可（告示第一七〇号） ○福岡県水産奨励会創設（第二回水産博覧会開設に関連して） ○「漁業奨励補助費下付規程」議案提出 ○農事試験場「改良揚繰網貸与規程」制定（告示第一七四号） ○企救郡馬島・山口県豊浦郡彦島海士郷間「漁業定約（馬島海面入漁）」を締結 ○企救郡藍島・山口県豊浦郡彦島海士郷間「漁業定約（藍島海面入漁）」を締結		
明治30年 1897	○「漁業奨励補助費下付規程」公布（県令第一一号） ○第二回水産博覧会出品其他の件に関し、県内部部長より各郡市長あて照会 ○第二回水産博覧会出品物差出期限及運搬に関する件（告示第四七号） ○漁業取締規則追加更正（県令第一六号） ○豊前沿海漁業組合第一組規約追加更正（告示第七六号） ○筑豊沿海漁業組合規約追加更正（告示第九九号） ○筑豊沿海漁業組合第二組（遠賀）、漁業奨励費補助出願 ○三潴郡沿海漁業組合、漁業奨励費補助出願	○政府、産業組合法を提案（審議未了） ○水産調査会、漁業法制定・遠洋漁業奨励法施行に関する命令等について諮問す ○大日本水産会の水産伝習所を継承して官立水産講習所設立 ○遠洋漁業奨励法公布 ○遠洋漁業船艤装規定公布 ○勅令第一八三号をもって農商務省制を改正し、水産局を復活 ○水産諮問会設置 ○神戸で第二回水産博覧会開催 ○石油集魚灯の使用各地に広まる ○朝鮮漁業協会設立	○八幡製鉄所設立 ○貨幣法公布、金本位制確立 ○日本勧業銀行設立 ○足尾鉱毒事件の農民騒動 ○博多電灯会社開業、福岡市に電灯がともる

明治30年 1897	明治31年 1898
○大日本水産会福岡支部、水産試験場設置の建議書を県知事に提出 ○門司田の浦と下関壇の浦との間で漁場紛争起こる、裁判沙汰に及ぶ ○改良揚繰網の操業試験を行い（唐泊、玄界島）好成績を収める、以後各浦で鰯揚繰網が着業されるようになる ○怡土郡深江浦・小富士浦両漁民間で操業中、紛争生じる ○筑豊沿海漁業組合、従来の五二浦を四六浦に減じる、合併分は岐志新町、久我舟越、深江片山、福井吉井、今津浜崎の五カ所にて、廃止分は博多一カ所 ○早良郡残島浦漁民が朝鮮海出漁に着手 ○那珂川漁業組合設立	○福岡県水産試験場開設（告示第六三号） ○有明海漁業組合の規約認可（告示第一六号）、本組合は筑後沿海各漁業組合で組織 ○筑豊沿海漁業組合、韓海漁業探検隊を派遣 ○筑豊沿海漁業組合第一組に対し打瀬網使用停止の件を認可（告示第九一号） ○田の浦・壇の浦間の漁場紛争、依然として解決せず ○有明海で佐賀県漁民との漁場紛議が再発 ○遠賀郡若松・戸畑漁民と企救郡平松・長浜漁民との間で打瀬網使用の件で暴力沙汰に及ぶ、県は主務省に稟議す ○大日本水産会福岡支部、漁獲競進会開設趣旨・規則および水難救護会設立趣旨・規則を作成
	○水産諮問会開催 ○遠洋漁業奨励法実施 ○ノルウェーのベルゲンで開催の万国博覧会に参加、出品 ○地方水産試験場及地方水産講習所規定の制定 ○漁業法原案の検討（水産調査会廃止のため第三回農商工高等会議にかけられる）
	○民法施行 ○戸籍法施行 ○地租条例改正（田畑地租を地価の二・五％から三・三％に引上げ）、田畑地価修正法施行 ○「福陵新報」を「九州日報」に改称

明治31年 1898	明治32年 1899
○漁業取締規則を改正追加し、千歳川漁業取締規則を廃止す（県令第三六号） ○筑豊沿海漁業組合、福岡県朝鮮海出漁組合規約を締結 ○豊前海において大分県との間で漁場区域問題で交渉継続 ○筑豊沿海漁業組合、他県侵漁船の取締規程を定め、県に認可申請 ○水産試験場「漁具貸与規程」を定む（告示第二六七号）	○鰮揚繰網試験操業、糸島郡（船越、吉井、岐志、新町、深江各浦）で大漁 ○宮崎県漁業組合の発起により「九州漁業連合組合」組織される、本県漁業組合参加 ○本県沿海中、目下海苔養殖の産出あるは企救郡霧岳村、築上郡東吉富村、粕屋郡名島、糸島郡加布里村の四カ所に過ぎず ○水産試験場の水産講習所が粕屋、宗像、築上、三瀦、三池の五郡で開設される ○議会、普通補助費のほかに「漁船建造補助費二五〇〇円」を可決 ○農商務省水産局長朝鮮漁業視察、本県から水試場長ほか一名が同行 ○農商務省水産局主催の朝鮮海通漁関係各県主任会議が福岡市で開催される ○鯛縛網の試験操業が昨年から糸島郡西浦、粕屋郡奈多、宗像郡相島、津屋崎等各浦で実施され、本年に西浦で改良網（えびす網）により大漁す ○朝鮮近海出漁（昨年一〇月出港本年一月帰
	○政府、閣議決定を経て、第一三帝国議会に二〇カ条から成る漁業法案を提出 ○遠洋漁業奨励法改正 ○日本遠洋漁業株式会社設立 ○府県水産試験場規程・府県水産講習所規程施行 ○朝鮮沿海通漁組合設置心得を制定（水第七五八号） ○在釜山領事館、朝鮮出漁警戒の訓示をなす
	○所得税法改正 ○商法施行 ○農会法公布 ○船舶法・船員法公布 ○府県制・郡制改正（府県を法人と規定し直接選挙制を採用等） ○府県農事試験場国庫補助法施行 ○府県農事試験場規程・府県農事講習所規程施行 ○福岡電話交換局が業務を開始

明治32年 1899	
港）は船隻三五艘、漁夫百八十余名に及ぶ ○有明海における佐賀県漁民との漁場紛争は依然として解決せず ○山口県壇の浦との漁場紛議依然として続く ○豊前海において、築上郡東吉富村漁民と大分県中津町小祝漁民との間で漁場紛争生じ、本県漁民殴打され漁船漁具を掠奪される ○福岡・大分両県漁業関係者の交渉協議により多年の漁業紛議が落着をみる、豊海漁業組合会結成され、協定書締結 ○豊海漁業組合規約を認可、但し豊前沿海第一、第二両漁業組合規約は消滅す（告示第一七七号） ○田の浦漁業組合規約改正（告示第一七六号） ○大日本水産会福岡支会大会開催 ○水産試験場試験船、朝鮮近海への漁業試験に出発 ○宗像郡鐘崎・大島漁民、朝鮮江原道竹辺湾で操業を拒否される ○本県内務部長、沿海郡市長に「遠洋漁業の奨励」通牒を発す ○第一回全国水産連合大会開催、福岡県より四名出席	○明治三三年度県税営業税雑種税課目課額を定む（県令第六号）、漁業税の改正 ○漁業取締規則改正（県令第一〇号） ○宗像郡地島、太田種次郎の遠洋出漁漁船筑紫丸（帆走船）総四七屯余は遠洋漁業奨励法規程に適合したものと認められ、大臣よ
	○第一回全国水産連合会開催 ○政府、三三カ条から成る第二次漁業法案を第一四回帝国議会に提出し、貴族院では可決したが衆議院で否決 ○議会に水産銀行設置の件建議される ○朝鮮海通漁組合連合会創立
	○土地収用法施行 ○治安警察法施行（政治・労働・農民等各運動の取締を規程） ○農工銀行法改正 ○農会令施行（農会法に基づき農会の区域・会員資格・設立要件

明治33年 1900	明治34年 1901
り船舶認証、奨励金を下付される ○漁業奨励補助費下付規程の改正（県令第一八号） ○筑豊沿海漁業組合規約の改正認可（告示第八三号） ○筑豊沿海漁業組合、韓海通漁規約を設ける ○水産講習所規則を廃止（県令第三〇号）、水産講習会規程を定む（告示第一二八号） ○豊海漁業組合、築上・京都・企救の一部から分離問題提出されるも調停成る ○漁業取締規則改正（県令第五一号） ○関西九州韓海通漁組合連合会大会、福岡市で開催される ○山口県壇の浦・田の浦間の漁場紛議事件落着をみる ○小倉市平松浦・山口県豊浦郡彦島海士郷浦間「入漁承約証」締結（平松浦海面入漁） ○本邦漁民、韓人と紛議を起こし、退韓処分を受ける ○韓海通漁組合、県に補助申請をなす ○水産試験場遠洋漁業試験船「名島号」進水 ○関西九州連合水産共進会、山口県赤間関市で開催される ○水産試験場、鯉児下付規程を定む ○水産試験場、有明海三池、山門郡地先海域で海苔養殖試験開始、好望なるを認む	○水産試験場、有明海蟶貝養殖事業に取組む ○三潴郡長、県知事に花宗川の稚鰻禁止に付上申 ○漁業取締規則改正（県令第二七号）
○パリ万国博覧会に参加し、編網機を出品 ○十和田湖にマスを放流	○第二回全国水産連合会開催 ○第三次漁業法案として第一五帝国議会に政府案と議員提案が提出される ○漁業法公布、施行（いわゆる旧漁業法、
等を規定） ○産業組合法施行 ○重要物産同業組合法施行	○金融恐慌拡大 ○八幡製鐵所操業開始

明治34年
1901

○企救郡柄杓田・恒見両漁民間で漁区侵害問題で紛争起こる
○水産試験場、筑前、豊前海で打瀬網試験操業を行う
○若松、戸畑両漁民代表、県に洞海湾埋立進行に対する救済方を嘆願
○主務省勅令により県は漁業法実施準備に関する臨時議員設置
○農商務省より岸上博士外二名、漁業法実施前調査のため来県
○筑前・豊前・筑後三国漁業組合長、県に漁業税賦課額の軽減方を陳情
○県、糸島郡今津湾の真珠貝採取禁止保護令を出す
○県、漁業税規則改正に付調査実施
○山門郡第一、二、三漁業組合、韓海漁業視察団を派遣
○千歳川漁業組合頭取、同第三区における建干網使用禁止を県に出願
○福岡水族館設置に付、県会に陳情
○漁業奨励補助費下付規程の一部改正
○県、漁業法実施準備調査に着手
○大日本水産会大会、関西九州水産集談会が福岡で開催される
○遠洋出漁の増加、四月中で韓海沿海等に向け出漁補助許可を得たもの一五七人、四三隻で補助金一九一五円に達す
○水産試験場、宗像郡津屋崎町渡に新築移転
○山門郡沖端の韓海出漁隊、好成績をあげる
○県、漁業法施行準備打合会を各地で開催

沿岸漁業に関し四種の漁業権を設定
○水産学校規程制定（文部省令第一六号）
○中央、地方の官庁で養殖試験盛んとなる
○法律第三五号をもって外国領海水産組合法公布
○農商務省令第七号をもって漁業法施行規則制定、農商務省令第八号をもって漁業組合規則公布、同準則廃止
○農商務省令第九号をもって水産組合規則公布
○農商務省水産局、漁業組合模範規約および水産組合模範定款を提示する
○農商務省水産局に漁政、水産、調査、庶

○日英同盟条約締結
○日本興業銀行設立
○国勢調査ニ関スル法律（一〇年ごとに国勢調査を行う、第一回は三八年と予定、のち延期され結局大正九年実施）

明治35年 1902	明治36年 1903
○早良郡姪浜及残島両浦の漁業者、数年来相反目せるも今回の漁業法施行を期に和解す ○県内務部長名、各郡市長宛通牒で漁業法実施に対する尽力方を訓示す ○筑後千歳川第一、二区漁業組合、漁業法により筑後川水産組合と改称し継続の儀を知事に申請 ○企救郡東郷村以東築上郡東吉富村に至る沿海各町村長総代、県知事に打瀬網解禁を申請 ○筑豊沿海漁業組合、豊前沿海漁業組合、有明海連合組合は新法に伴う組織、規則改正等のために臨時総会を開く ○新漁業組合設置認可、相次ぐ ○遠賀郡脇田、脇の浦両間で漁場境界につき紛議が生じ、県に臨検申請をなす ○糸島郡船越の漁業者七名は韓国釜山近海で暴風により遭難、一名死亡、三名行方不明 ○筑豊沿海漁業組合、五二ケ浦（四六漁業組合）共有専用取得方法並に取得後漁業権行使方法の規約を定む ○豊前水産組合（八月）、有明海水産組合（九月）、筑豊水産組合（一一月）に改称 ○漁業に関する出願申請届出手続を定む（県告示第三三五号）	○豊前水産組合長ほか、打瀬網禁止の件等で県知事に陳情 ○粕屋郡奈多浦、志賀島浦間の漁場紛議生ぜしも示談解決す ○県、専用漁業免許出願の様式を提示
務の四課を設置 ○朝鮮水産組合設立 ○全国漁業者有志大会を開催し、旧漁業法の改正を求める ○ロシアのペテルスブルグの万国漁業博覧会に参加し、万国漁業会議にも参加	○焼津漁業組合遭難救恤規程施行 ○農商務省令第五号をもって漁業法施行規則中改正 ○第五回内国勧業博覧会大阪で開催（冷蔵・冷凍施設異彩を放つ）
	○日本勧業銀行法改正

明治36年 1903	明治37年 1904
○豊前海京都郡仲津村沖合で大鯨を捕獲し、長井浦で解体す ○糸島郡深江浦漁業組合総代、大敷網禁止の件を県知事に陳情 ○漁業取締規則改正（県令第三二号） ○筑後川筋で三潴郡漁民、久留米地方漁民の入漁を妨害する事件が発生するも郡市間の協議で解決す ○筑豊各浦漁業組合代表、玄海共同専用漁業権（明治二四年の慣行査定に基づき作成）を出願 ○一～六月に県に出された漁業免許出願数は慣行専用漁業八四件、定置漁業六五六件、区画漁業一〇二件、特別漁業一〇九件、慣行入漁申請一二六件、契約入漁申請四件 ○山門郡沖端村の朝鮮出漁船団、永年漁業の県費補助申請をなす ○県内務部長、関係郡市長に漁業組合費出納監督について照会 ○糸島郡西浦で火災、民家三五戸、納屋四戸消失	○水産試験場、蟶水煮缶詰の海外試売を行う ○三海区（玄海、有明、豊前）毎に水産試験場職員を駐在せしむ ○漁業取締規則改正（県令第三三号） ○有明海における蟶養殖場の取締対策等について、三郡内の関係漁業組合長及郡主任書記は会し協定をなす ○本年より遠洋漁業奨励補助方法を改め、筑豊・有明・豊前の三水産組合に対し漁船数、
○寒天水産組合設立される ○水産局、カツオ漁船に発動機を製備する可否について試験 ○高知県水産組合でアセチレンガスの集魚灯使用 ○外国領海水産組合法により朝鮮海通漁組合を朝鮮海水産組合に改称す	○三重県人見瀬氏、真円真珠養殖に成功 ○鳥取県人奥田氏、木造船新造トロールで操業 ○静岡県人片山氏、石油発動機船の建造に努力 ○移住漁業のため韓国の調査を実施 ○漁村産業組合はその数一〇に過ぎず
	○日露戦争勃発 ○日韓議定書調印、第一次日韓協約調印 ○非常特別税法施行（戦費調達のための増税案で地租・営業税・所得税などの一一種目の増税）

	明治38年 1905
漁業組合数、韓海出漁船前三カ年平均数、認定の四項により補助率を定め、筑豊二三九円、有明海一七六円、豊前八五円を分配補助す	○三井郡、筑後川における魚族蕃殖のため鵜飼禁止、禁漁場の拡大等を県に申請 ○筑豊水産組合の黒木組合長・太田評議員、同組合員の韓海移住漁業の件で朝鮮水産組合本部と交渉のため渡韓す ○豊前水産組合の小畑組合長、同組合員の韓海移住漁業の件で渡韓す ○客年の本県遠洋出漁成績が公表される、出漁船数一四七隻、乗組員数五八一人、漁獲高六万一一六七円 ○水産業奨励補助規程（県令達第九号）定む ○県、黒木筑豊・小畑豊前・増尾有明の三水産組合長を招集し遠洋出漁奨励を指示 ○三水産組合長、遠洋出漁発展のために県費補助増額を連署で申請 ○県、水産組合規則に基づく水産組合報告事項の報告徹底を通達 ○水産試験場名島第一号、第二号が韓海試験操業に出発 ○本県水産奨励補助費四二〇〇円、出漁船が前年の二倍以上となったため不足する ○有明海の蟶養殖、周到なる取締方法を講じたため好成績を収める ○筑豊水産組合、遠洋漁業遭難救助規程・遠洋漁業功労者表彰規程を定む ○本年の韓海漁業成績：移住者は有明四戸・
	○水産銀行設立の建議を第二一帝国議会に提出 ○水産業経済調査を実施し、日本水産銀行法案を起草のうえ、大蔵省に回付す ○水産銀行法案提出、審議未了 ○遠洋漁業奨励法の全面改正、法律第四〇号をもって改正、遠洋漁業奨励法公布 ○社団法人大日本産業組合中央会設立 ○中部氏、石油発動機付鮮魚運搬船を建造 ○勅令第七号をもって専用漁業免許処分調査のため臨時職員を配置 ○遠洋漁船検査規程制定
	○第二回日英同盟協約調印 ○日露講和条約（ポーツマス条約）調印 ○日比谷焼打事件（講話反対の暴動） ○第二次日韓協約調印 ○日露戦争講和反対福岡県大会開催される

	明治39年 1906	
豊前七戸・筑豊六戸、通漁は有明一〇一艘・豊前三七艘・筑豊一九二艘	○豊前水産組合、遠洋漁業功労者表彰規程・遠洋漁業遭難救助規程を定む ○県、郡市役所に対し、漁業組合経費予算等の進達に際し精査指導方を通牒 ○有明海水産組合、遠洋漁業遭難救助規程・遠洋漁業功労者表彰規程・蟶稚貝採捕取締規約を定む ○関東州水産組合、同海域出漁者の注意事項を本県沿海郡市長に配布 ○筑豊水産組合、韓海移住所規程および移住所監督規程を定む ○三八年度後期に係る漁業組合基金総高は一万三二六三円余、県下八六ケ浦中基金を所有しないもの二七ケ浦 ○豊前海における福岡・大分両県間の専用漁業境界線協定なる（七月一七日） ○豊前海で油漬烏賊餌の延縄試験を行い、好成績を挙げる ○豊前水産組合長、水産教育に関する建議書を県知事に提出 ○有明海における福岡・熊本両県間の漁業境界線協定なる（一二月三日）	○糸島郡唐泊浦、玄界島浦両漁民がカナギ網漁中に紛争を生ぜしも区長、組合長等関係者の調停で和解なる ○北風突風のため西浦沖で多数の漁船が遭難し、沈没船数隻、死亡者一〇名に達す（一月一七日）
	○農商務省、水産銀行法案設立を立案 ○日本水産銀行法案議員提出、衆議院可決、貴族院廃案 ○省令第七号をもって漁業法施行規則中に改正を加う（入漁登録規定を含む） ○漁業組合の施設及業務施行に関し、事実上の不備があるため、省令第三二号をもって漁業組合規則中に改正を加う ○静岡県水産試験場、石油発動機付漁船富士丸を建造し、漁船動力化に成功（最初の動力漁船） ○勅令第六七号をもって朝鮮海水産組合の監督は統監の職権に属す ○第二回水産博覧会、神戸で開催 ○漁民遭難死亡統計及漁船保険に関する調査 ○遠洋漁業奨励に関する臨時職員配置 ○朝鮮水産組合設置の巨済島長承浦模範根拠地において、移住漁民が同地の衛生、教育、交通上の設備不完全なるを不平として紛議生じたるも穏便に落着す	○日本水産銀行法案提出、審議未了 ○志賀重昂「漁船保険の必要を論ず」 ○帝国冷蔵会社、大日本捕鯨株式会社設立 ○遠洋漁船検査規定改正（省令第一三号）及遠洋漁業奨励法施行細則中改正（省令第一五号）
	○非常特別税法改正（戦時増税の継続措置、大正二年四月八日廃止） ○鉄道国有法発布 ○博多ガス会社により、福岡で最初のガスが点火される ○鉄道公有化により九州鉄道が買収指定を受け、翌年七月帝国鉄道と改称	○株式市況暴落、不況進む ○足尾銅山に大暴動起こる ○海員協会設立 ○小学校令改正（尋常小学校六年、高等小学校二年に延長） ○日仏協約調印（清国における両

明治40年
1907

○県下漁業組合基金について、基金を有する組合数は八六組合中七〇組合、基金総額二万〇四二四円で前年よりも三七三三円増、一組合平均基金額は二九一円で九七円増
○粕屋郡志賀島漁船、玄界島・相島間でカナギ漁中、突風時化のため遭難し五名死亡す（三月四日）
○水産試験場遠洋漁業講習生規程を定む（県告示第九八号）
○遠洋漁業講習生三〇名が水産試験場船五隻（第一、二名島号、黄金、白金、黒金）に分乗し、八カ月間の漁業実習に向う
○県、漁業組合基金報告様式を定め関係郡市長に通牒す
○第二回関西九州府県連合水産共進会規則を定む（県告示第一八六号）
○農商務省熊木技師が専用漁業免許願調査のため来県に際し、県が本調査の注意事項を沿海郡市長に通牒す
○遠賀郡脇ノ浦、小倉市平松浦両漁民が藍島付近で闘争事件を生ず
○県、三水産組合（筑豊、有明、豊前）に遠洋出漁奨励補助費として五〇〇円を補助し遠洋漁業に関する遵守事項を命令す
○有明海における福岡・佐賀両県間の漁場境界問題は紛議の末、関係者の努力により協定なる（一一月二〇日）
○玄界洋における福岡・佐賀両県間の漁場境界問題は紛議の末、関係者の努力により協定なる（一一月二五日）
○本県漁民の関東州出漁は一一隻、三九名

○農商務省令第一九号をもって漁業法施行規則中改正（有毒物又は爆発物使用漁業に対する制裁の改正）
○漁獲物運搬船、有漁丸冷蔵機を使用
○第一紀州丸建造され、小型漁船焼玉エンジンを初めて装備
○統監府の命により朝鮮海水産組合規約改正
○爆発物密漁は三年前より朝鮮近海で行われるようになったが、本年より対馬、壱岐でも見られるようになる

国の勢力範囲を確定）
○日露通商航海条約および日露漁業協約調印
○田川郡明治豊国炭鉱で死者三六四人にのぼる明治期最大のガス爆発事故発生
○福岡市内で初めて自動車が走る

明治40年 1907	明治41年 1908
（関東州水産組合調） ○専用漁業権申請に提出すべき「豊前海における福岡・大分両県間の漁場境界に関する付帯協約書」に調印す（一二月四日） ○玄界洋における福岡・山口両県間の漁場境界問題は協議せるも協定に至らず ○粕屋郡志賀島浦・糸島郡唐泊浦間の入漁に関する紛議解決す	○有明海における三池・山門両郡間漁場区域調査時の朔望問題解決す（一月二〇日） ○県、遠洋漁業奨励に関する要項を沿海郡市長に通牒 ○漁業取締規則改正（県令第二八号） ○韓国釜山理事庁、爆発物漁業対策の一環として爆発物の積出、捕獲物の販売等に関し充分の取締あらんことを本県に依頼す ○佐賀・長崎・熊本・福岡四県連合蟶貝研究会開催され、国立水産生物実験所設置を決議し、その件を農商務大臣に建議す ○水産試験場、魚付林調査を筑前、豊前海で実施す ○韓国郡山沿岸において暴風のため本邦漁船遭難し一四名が行方不明となる、この中に山門郡沖端の漁民含まれる ○本県遠洋漁業連合会、韓海出漁根拠地郡山の対岸にあたる長厳漁村内敷地六百余坪を買収す ○有明海における福岡・佐賀両県専用漁場境界標建設上の協議纏まる ○有明海専用漁業権免許（農商務省告示第一
	○日本水産銀行法案提出、審議未了 ○第二回全国水産大会「水産銀行の速成を促す件」を決議 ○底曳漁業に対する沿岸漁民の反感高まり、千葉県銚子で海光丸焼打事件起こる ○長崎汽船漁業株式会社、イギリスのトロール漁船深江丸（一六九トン）を購入 ○遠洋漁業奨励法施行規則中改正（省令第九号） ○冷蔵貨車により焼津発京都、大阪行きの鮮魚輸送開始 ○日韓漁業協定調印 ○田村市郎、大阪鉄工所で最初の国産鋼鉄トロール船第一丸（一九九トン）を建造 ○帝国帆船保険会社、本邦最初の漁船保険を扱う ○牧朴真「漁船保険論」執筆
	○ロシアと樺太境界定旨調印 ○経済恐慌激しく、各種商店の破産休業多し

明治41年 1908	明治42年 1909
四三号） ○有明海の蟶貝養殖地域五万坪において被害顕著、その害因は病原菌によるものと推定 ○筑豊水産組合四六ケ浦漁業関係者百余名集合し、長崎市に設立されたホープリンガー商会東洋漁業会社所属蒸気トロール漁業の対策を協議し、蒸気トロール網排斥期成同盟会を組織す	○筑豊沿海各漁業組合長、連署をもってトロール漁業禁止措置方を農商務大臣に請願 ○関東州水産組合、移住漁業者の勧誘奨励を通知 ○本県商工課長、水産試験場長、三水産組合長以下、四班に分れて韓国漁業調査を行う ○全国水産大会でトロール漁業禁止可決されたが、本県から筑豊水産組合代表出席す ○門司市田の浦漁業組合で役員対組合員の対立紛擾事件生じ、組合員側は役員認可取消願を提出す、後に豊前水産組合副組合長等の仲裁で解決す ○粕屋郡奈多浦の烏賊釣漁船、突風時化のため転覆し一名行方不明となる ○韓国漁業法施行に伴う漁業権獲得出願が本県漁業団体からなされる ○山口・福岡・佐賀・長崎四県水産組合連合会でトロール漁業絶対反対の決議をなし、主務大臣に請願書を提出す ○博多湾沿海の箱崎、志賀、弘、残島、福岡、伊崎、姪浜各浦漁業組合役員十数名が粕屋郡西戸崎ライジングサン石油精製会社の原
	○農商務省、漁業組合模範規約を発表し遭難救済事業を認む ○法律第一七号をもって外国領海水産組合法改正 ○水産局、「漁業組合模範例」を発刊 ○農商務省令第三号をもって汽船トロール漁業取締規則を公布（六月一日施行） ○農商務省告示第一一〇号をもってトロール漁業の操業区域を制限 ○法律第三七号をもって遠洋漁業奨励法を改正 ○産業組合法改正、連合会および中央会を認む（九月一日施行） ○農商務省令第一八号をもって漁業組合規則中改正 ○東洋捕鯨株式会社設立 ○農商務省、漁業基本調査を開始 ○鯨漁取締規則公布 ○瀬戸内海漁業制限規程公布（省令第五六号） ○全国漁業組合総数三五四〇組合 ○北海道の滝尾氏、汽船を使用して初めて
	○地方貸付資金取扱順序制定、預金部普通地方資金貸出開始 ○国鉄鹿児島本線が全通 ○西戸崎にライジングサン石油会社創立

明治42年 1909
油漏洩による漁場汚染対策について県に陳情 ○漁業組合基金（昨年八月）：基金を有するもの八七組合中七四組合、積金総額三万〇〇二七円、一組合平均四〇五円 ○水産業奨励補助規程定む（県令第一四号） ○企救郡柄杓田浦、今津浦間で漁業紛擾起る ○農商務省水産局長より本県知事に漁業基本調査の件に付通牒あり ○有明海における福岡・佐賀両県専用漁場境界標木の建設なる（五月末） ○有明海四県連合蟶貝研究会開催す ○西戸崎ライジングサン石油会社の石油精製滓を海中に投下するため漁業被害が甚大として、再度、水産組合長以下代表が県に対策救済方を陳情 ○ライジングサン石油会社、博多湾漁業関係者に七年間の損害賠償として金一八〇〇円を支出す ○筑豊水産組合長以下代表がトロール船の禁止区域の小呂島、烏帽子島、沖の島周辺への侵犯操業に対する取締強化を県に陳情 ○山口・福岡・佐賀・長崎四県連合協議会、各県知事にトロール漁船取締強化等を請願 ○朝倉郡金川村屋永地先「川茸漁業」専用漁業権免許（農商務省告示第一一〇号） ○三潴郡大川町外一町一七ケ村、「三潴堀」に第二種共同区画漁業設定の認可を得、申合規約を定む ○県及黒木筑豊・小畑豊前・石川山門組合長、
手繰網漁業を行う ○第一二回関西九州府県連合水産集談会において、トロール漁業禁止取締の実行方を主務大臣に建議することを決議す ○産業組合中央会設立 ○全国水産業者大会開かれ、トロール漁業反対を決議 ○日韓捕鯨協定成立
○勧銀法改正 ○農・拓銀行法改正 ○拓殖局官制即日施行（内閣総理大臣に属し、韓国・台湾・樺太

明治43年
1910

韓海漁業権獲得の件及根拠地施設の件で協議す

○山口・福岡・佐賀・長崎四県漁業代表者、海軍大臣にトロール漁業取締稟議書を提出

○福岡・佐賀・長崎・熊本四県韓海出漁研究会開催される

○関西九州府県連合水産集談会において、トロール漁業取締の件を決議

○企救郡今津・柄杓田両浦間の漁場境界問題で紛議生じるも門司水上警察署、小倉警察署の仲介により落着す

○県会参事会、有明海における蟶貝死滅の原因及保護方法究明のため水産試験場費追加予算一八五〇円支出を決議

○韓国統監府より九州各県連合韓海水産研究会に、漁業保護取締のため警察官吏を置く件、爆発物使用漁業取締の件等の通牒あり

○有明海の蟶貝死滅原因調査のため本県、農商務省水産局が連合して調査所を沖の端村に設置し、調査に着手す

○漁業取締規則改正（県令第二三号）、打瀬網、揚繰網漁業願出の件

○漁業組合基金：総額三万四三〇三円余、基金を有する組合数は八七組合中七五組合

○県費より韓海漁業根拠地経営費補助として筑豊水産組合及有明漁業奨励協会に各二六〇〇円、豊前水産組合に二三〇〇円を支出す

○宗像、粕屋、福岡、糸島の各郡市沿海の漁業組合長一九名連署して、知事にトロール漁業取締に関する請願書を提出

○法律第二〇号をもって遠洋漁業奨励法を改正

○日本汽船トロール水産組合設立

○勧農・農工・拓銀法の改正により漁業権の抵当、漁業組合又は漁業者一〇人以上申合の連帯責任にて貸付の途開かる

○法律第五八号をもって改正漁業法を公布、漁業組合の共同施設を認む

○勅令第四一七号をもって遠洋漁業奨励金交付規則を改正し、汽船トロールを奨励下付対象から削除す

○勅令第四二九号をもって漁業組合令を公布

○勅令第四三〇号をもって漁業登録令公布

○勅令第二五二号をもって漁業法施行規則改正

○農商務省分課規定が改正され、水産局を漁政、水産の二課に改組

に関する事項を所管

○韓国併合に関する日韓条約締結

○朝鮮総督府官制

○福博市内電車開通

明治43年 1910	明治44年 1911
○宗像・粕屋郡の漁業者総代三九名、知事にトロール漁業取締強化の実行方を陳情 ○遠賀郡各漁業組合長連署をもって知事にトロール漁業取締を請願 ○知事、主務大臣にトロール漁業取締方法に関する稟請書を提出す ○佐賀・長崎・熊本・福岡・岡山五県連合蟶生産研究会において、蟶養殖業に係る漁業税減免の件を決議し、本県関係者この件の建議書を知事に提出す ○玄海洋における福岡県八ケ浦漁業組合専用漁場への佐賀県七ケ浦漁業組合からの入漁問題解決す ○水産試験場、鯛巾着網の試験操業で大鯛六百匹を捕獲す ○山口・福岡・佐賀・長崎四県連合水産当業者のトロール漁業取締協議会、主務省に稟請交渉の顚末を報告し、貴衆両院に建議するを決議す	○博多汽船漁業会社のトロール船第一博多丸、初航海に博多港を出港す ○門司市田の浦・山口県豊浦郡長府村両漁業組合、従来の慣行により両組合専用漁場入漁協定を結ぶ ○企救郡藍島浦の鰯網漁船、暴風のため転覆沈没し、八名の中七名が死亡、行方不明となる ○有明海において長崎県と佐賀・福岡県間でゲンシキ網漁業に関して紛議生じる ○博多商業会議所、全国水産大会決議汽船ト
	○全国水産大会において、汽船トロール漁業取締の件等を決議し、貴・衆議院の関係議員に請願書を提出す ○農商務大臣、汽船トロール漁業組合に対して法規に抵触なき措置方を訓令す ○汽船トロール漁業取締規則改正 ○訓令第一号をもって、漁業組合および漁業組合会の共同施設事項の実行に際し周到なる監督の下に堅実なる発展を期すべき旨を各地方庁に通牒す ○勅令第二七号をもって漁業監督吏員の件
	○勧農法改正、産組連合会又連合会未加入産組への無担保貸付認めらる ○勧・農・拓銀法改正 ○朝鮮銀行法公布 ○工場法公布（大正五年実施）

明治44年
1911

ロール漁業に関する事項に反対する建議を農商務大臣に提出す
○小倉市平松浦の漁船、沖の島付近で鯛漁中暴風のため転覆沈没し、六名中四名が行方不明となる
○知事、改正漁業法に関し漁業組合共同施設事項の実行に遺憾なきを期すよう各郡市役所に訓令す（訓令第八号）
○長崎・熊本・佐賀・福岡四県韓海漁権獲得に関する協議会開催される
○漁業組合基金：基金総額三万七九三七円余、基金を有する組合は八七組合中七七組合
○有明海において、長崎県烏賊漁船の佐賀・福岡海域への入漁問題で紛議生じる
○筑豊水産組合長、博多商業会議所が農商務大臣に提出の「博多港をトロール汽船碇泊港に加えたき旨建議」に反対し同大臣に全国水産大会反対決議を採納されるよう請願
○県、官に属する公有水面埋立並使用規則を公布、施行す（県令第二四号）
○水産動植物採捕禁止の件（県令第二九号）
○漁業組合及漁業組合連合会監督規程（県令第三二号）
○九州製肥会社が出願せる田の浦・笠石地先海面埋立に対して漁業に悪影響あるので許可なきよう、田の浦漁業組合が知事に具申書を提出す
○小倉市平松浦の竹蟶漁場への長浜浦の鯛餌虫採取（蠕虫掛）入漁問題で紛議生じる
○遠賀郡脇の浦において、旧魚問屋派と共同販売所派（新魚問屋）が対立し格闘騒ぎ生

公布
○朝鮮漁業令制定（総督府令第六八号）
○水産局調査による遭難救済事業取扱組合数四三七と判明
○漁業組合に対し、預金部資金による低利資金の貸付開始

明治44年 1911	明治45年・大正元年 1912
じるも若松町漁業組合長等の仲裁で和解す ○博多汽船漁業株式会社、創立中の九州トロール株式会社を併合す ○博多港を根拠地とするトロール船は博多汽船漁業株式会社七隻（既一隻、建造中六隻）、福博遠洋漁業会社五隻（既二隻、建造中三隻）となる ○明治三六年県令第三二号の福岡県漁業取締規則を大改正（県令第四〇号） ○本県連合鯉生産研究会開催される ○筑豊沿海四六ケ浦の漁業組合より共同出願せる専用漁場に関し、農商務省技師等の立会いの下で、山口・佐賀県との交渉会を開催するも協定に至らず ○筑豊沿海四六ケ浦漁業組合、トロール漁業取締出来ざれば漁業減税方を請願する建議書を県会に提出す	○筑豊水産組合長以下各漁業組合代表五十余名、筑豊四六ケ浦の漁業者四千余戸、約二万人の連署を携え、トロール漁業取締励行方を県に陳情 ○二月末現在の汽船トロール船は福岡県外二府六県に渉り船主四七人、八五隻に達す、福岡県で船主四人、一四隻 ○博多汽船漁業株式会社所有のトロール漁船第一、五博多丸等六隻、違反操業により六〇日間の漁業停止を命ぜらる ○農商務省、汽船トロール漁業に対する取締励行方を各地方長官に通牒、本県知事は各郡市長・警察署にこの件を移牒すると同時
	○朝鮮総督府制令第一号をもって、鮮海漁業税令一四箇条を公布 ○ラッコ・オットセイ猟禁止に関する法律公布（法律第二号） ○農商務省生産調査会を開催、魚市場法制定の件その他を諮問 ○九州地方にトロール漁業禁止区域の拡大要求運動起こる ○トロール漁船激増して大正元年末には一三九隻となる ○漁民の願出により、海軍竹敷要港部水雷艇四隻が対馬海峡周辺域でトロール漁船取締を行い違反船数隻を拿捕す
	○明治天皇崩御、新帝即位、大正と改元 ○日本ほか四二カ国による国際紛争の平和的処理条約を批准

明治45年・大正元年 1912	大正２年 1913
にトロール当業者に注意す ○日本汽船トロール業水産組合臨時総会が福岡で開催される、ここで本省より斯業者に対し公徳ある行動をとるべしとの訓示あり ○三潴、山門両郡間のミロク貝採捕時期問題解決す ○筑豊六四漁業組合と山口県下七二漁業組合との玄海共同専用漁場入漁問題解決す ○博多・釜山間定期航海船天祐丸、玄界洋でトロール船と衝突し沈没す ○玄海洋における福岡・佐賀両県における玄海共同専用漁場入漁協定が成立 ○福博遠洋漁業株式会社の第一、三、五福博丸（トロール漁船）三隻、禁止区域侵害で罰金四〇〇〇円の判決を受ける	○農商務省、筑豊四六浦に対し玄海共同専用漁業権、玄海沖合散在の瀬方専用漁業権を免許（農商務省告示第一六五号） ○トロール漁船第一福博丸、済州島牛島灯台付近で座礁沈没す ○有明海における福岡・佐賀両県間の高羽瀬漁業紛擾問題解決し、協定覚書を結ぶ ○糸島郡西浦漁船、壱岐芦辺沖にて暴風のため遭難、四名行方不明となる ○筑豊水産組合、知事に対し水産試験場玄海丸を漁場取締並に海底・魚族調査に充てられんことを請願す ○小倉市平松浦の漁船六隻が沖の島付近で操業中、暴風雨に遭い六名が行方不明となる ○有明海漁業組合連合会設立の協議
○衆議院汽船トロール漁業作業委員会に於いて、海軍次官、議員の質問に対し「水雷艇による漁業取締は軍隊が徒に民間の営業に干渉するは国家将来のために大に疑義を生ず」と述べる ○農商務省令第四号をもって汽船トロール漁業取締規則を改正、同告示第三六九号をもって同漁業禁止区域の改正を公布 ○山口県水試船に動力式ウインチを装置 ○農商務省、トロール船による海底電線切断の件について逓信省から抗議を受ける、業者を召喚し忠告す ○全国トロール業者代表臨時委員会を開催し、海底電線取締方の遵守自衛等を決議す	○農商務省、汽船トロール漁船の専用監視船速鳥号を建造 ○農商務省、大日本水産会に委託して漁業組合に関する講習会を開催 ○島根・茨城両県に機船底曳網漁業起こる ○大正二年、発動機付漁船数一六七四隻 ○養殖業全国的に勃興し全国養殖業者大会開かる ○『日本水産製品誌』刊行 ○朝鮮総督府、農商務省に対しトロール禁止区域縮小の余地なき旨回答す
	○産組中央会、勧銀の産組貸付仲介開始 ○大阪毎日新聞社、日本近海の海流調査

大正2年 1913	大正3年 1914
○筑豊水産組合、農商務大臣に対しトロール漁業禁止区域縮小の反対を請願 ○筑豊水産組合役員会において、山口県漁船の大羽鰮刺網入漁許可方針を決める ○粕屋郡奈多、和白浦で大火災二〇〇戸焼失 ○豊前海専用漁業権免許（農商務省告示第一六七号）	○粕屋郡志賀島浦で大火災により全焼二六九戸、カナギ網の全部を失う ○博多汽船漁業株式会社（資本金六六万円）、福博遠洋漁業株式会社（同一〇〇万円）合併し博多遠洋漁業株式会社となる ○粕屋郡新宮浦・相島両漁民が漁場侵入問題から海上で衝突乱闘を起こす、水産組合役員等の調停で解決す ○小倉市平松浦漁船、山口県沖で暴風雨に遭い沈没し二名死亡 ○有明海における佐賀県海域に設定した貝類区画漁場一六万坪への福岡漁民の入漁問題は、依然として解決せず ○小倉市長浜浦・平松浦両漁民が漁具の網目問題から紛擾を生ずる ○糸島郡姫島前面に沈没した汽船引揚げに使用する爆発物が漁業に被害を与えるとして芥屋以西七ケ浦の漁業組合が連署をもって爆発物使用禁止方を知事に陳情す ○博多遠洋漁業株式会社、共同製氷株式会社を買収合併す ○福岡県水産試験場鯉児鯉卵配布規程定む（県告示第二九二号）
	○水産局、第二次漁業組合模範例公布 ○法律第七号をもって、遠洋漁業奨励法を改正 ○朝鮮漁業従事船舶規則公布 ○第一七回関西九州連合水産集談会、水産会法の制定その他を決議 ○農商務省令第二五号をもって、汽船トロール漁業取締規則を改正 ○機船底曳網漁業の創業期 ○大日本水産会、農商務省の委託を受け第一回漁業組合講習会を東京に開催
	○第一次世界大戦勃発（八月二三日参戦）、経済界大動揺 ○諸株大暴落、金融恐慌 ○対独宣戦布告 ○三菱方城炭鉱で死者六六七人を出したガス爆発事故発生

大正３年 1914	大正４年 1915
○漁業組合基金：組合数八三、総額四八、四四九円、一組合平均五八三円 ○那珂川上流で毒薬密漁中の七名が福岡署に検挙される ○有明海水産組合が復活組織される ○筑豊水産組合、海面及浜地の使用埋築出願に際し予め関係漁業組合の意見を徴すよう、知事に陳情す ○福岡県水産組合連合会創立される、加入組合は筑豊水産組合、豊前海水産組合、有明海水産組合、筑後川本支流水産組合 ○魚類取引手数料問題で博多遠洋漁業会社と魚類商同業組合とが対立せしも調停なる	○漁業組合基金：組合数八三、総額四万七七七三円、一組合平均五七五円 ○九州汽船トロール業水産組合設立される、九州のトロール船数は約五〇隻 ○福岡・山口両県の行政、漁業者代表が鰮刺網漁業問題で協議 ○筑豊水産組合議員会において、代議員選出の件で悶着す ○福岡県水産組合連合会定時総会開催される ○博多遠洋漁業株式会社、利益金処分問題で重役側と株主側が対立紛擾するも調停なる ○福岡県水産組合連合会主催の造船技術講習会が開催される ○筑豊水産組合、御大典記念事業として『筑豊水産組合沿革史』編纂を決める ○水産業奨励補助規程定む（県令第二二号） ○福岡県水産組合連合会、漁場取締保護のた
	○大日本水産会主催、全国水産大会を東京に開き農商務省の諮問に係る漁業組合振興並びに水産統計改善に付答申、その他を決議 ○大日本水産会、農商務省の委託を受け第二回漁業組合講習会を東京に開催 ○日本勧業銀行『水産金融に関する調査』を公刊し「漁船保険の必要性」を論ずる ○唐津における第一八回関西九州連合水産集談会で水産会法制定その他を決議 ○朝鮮総督府、海洋調査事業開始 ○母船式カニ漁業取締規則公布 ○農商務省水産試験場設置
	○日華新条約調印（二一カ条要求を中国が承認） ○東京株式暴騰、世界大戦による未曾有の好況 ○無尽法公布

大正4年 1915	大正5年 1916
め沿海郡市に特設巡査駐在方を知事に請願 ○第三回有明海水産研究会開催される ○博多商業会議所、県税トロール漁業税廃止方を知事に要望 ○三池・山門両郡漁民が漁区侵入問題で紛擾	○筑豊水産組合、沿海各浦漁業組合長を会同し、鯛延縄漁業に関する弊害並びにカナギ販売について、問屋の苦情に対して善後策を協議し、協定を結ぶ ○博多湾築港株式会社設立される ○博多遠洋漁業株式会社、トロール漁船一九隻の内七隻を売却す ○筑豊鉱業組合総長麻生太吉、北九州の工業用水、福博の水源として筑後川引水を談す ○朝鮮総督府、「近年朝鮮海通漁者で許可状を所持せず漁業に従事するものありその旨なきよう関係者へ注意ありたく」本県に照会あり ○博多港において鯨肉販売で紛争ありしも、県の仲裁で新旧両魚市場株式会社及博多鯨肉販売合名会社所属仲買人間で協定なる ○山門郡沖端浦の漁船、朝鮮海で暴風のため難破、四名死亡 ○遠賀郡の若松戸畑連合漁業組合、共同漁場埋立並び平松・長浜漁業組合との入漁協定の件等に関し紛議を重ねしも解決す ○筑豊水産組合、筑前沿海への鯛延縄入漁を五〇隻を限度として許可し居たるも、近年瀬戸内海方面からの密漁船増加のため取締強化を県に要望
	○帝国水産連合会第一回大会を東京で開催 ○下関で第一九回関西九州連合水産集談会を開催し水産記念日の設定その他を決議 ○農商務省令第一四号をもって外国領海水産組合法施行規則公布 ○農商務省令第一五号をもって、水産組合規則を改正 ○大日本水産会、第三回漁業組合講習会を仙台で開催 ○鮑及海鼠製品取締規則改正 ○トロール漁業整理期に入る、一月一二三隻、二月一二〇隻、三月一一五隻、四月一一三隻、五月一〇七隻、六月九八隻、七月九六隻、八月九六隻、九月八八隻 ○第一九回関西九州府県連合水産集談会において朝鮮水産組合費低減の要望、トロール取締励行強化を主務大臣への建議を決議
	○経済調査会設置（欧州戦争に伴い、戦時経済政策に関する事項を調査審議） ○福岡市の非差別部落の民衆、差別記事に抗議して博多毎日新聞社を襲撃

大正5年 1916	大正6年 1917
○有明海における佐賀県一六万坪区画漁場への入漁問題解決せざるため、本県より農商務大臣に向け佐賀県該免許取消を申請 ○有明海の蟶死滅原因が外海高塩分水にあるとして種貝発生地の外側に大規模な外柵防潮装置を設置、主務省より五〇〇円補助す ○門司石炭商同業組合および門司市商工会、門司港内における漁業権撤廃問題の件を内務、農商務両大臣に陳情書を提出 ○農商務大臣、旧門司漁業組合に対し船舶係留の必要上、専用漁業を制限する旨命令す ○門司市商工会、門司港内における漁業権撤廃に関する陳情書を逓信大臣に提出 ○福岡・山口両県間鰮刺網入漁協定の件が協議されるも不調に終わる ○宗像・粕屋両郡漁業組合、嘉穂・鞍手・田川三郡魚市場同業組合間で口銭問題生じるも解決す ○博多遠洋漁業株式会社、所有船一二隻全部を売却し解散す ○粕屋郡奈多浦で鰯網代問題から百余名が乱闘を起こすも警察、区長等の調停で解決す	○福岡県水試、『漁業基本調査第一報・福岡県漁村調査報告』刊行 ○博多のトロール漁業全滅で魚価の高騰を招き、蒲鉾製造業者、製氷業に打撃を与える ○福岡県水産組合連合会、魚市場法制定に関し農商務省大臣へ建議書を提出 ○二月一八～二〇日、西北風が激しく巨濤が襲来したため福岡伊崎浦から大濠に通ずる
	○農商務省令第一号をもって、汽船トロール漁業取締規則を改正、一三〇度以西七〇隻に制限、新造船は二〇〇屯以上とす ○帝国水産連合会、第二回大会を東京に開催 ○大日本水産会、第四回漁業組合講習会を兵庫明石に開催 ○トロール水産組合設立
	○米国、対独断交、第一次世界大戦に参戦 ○内閣に拓殖局を設置（朝鮮・台湾・樺太・関東州および満鉄に関する事務を管掌） ○大蔵省、金本位制停止施行 ○ロシア一〇月革命 ○大蔵省、勧農両銀行合併案・産

大正6年
1917

水道で鹹潮が原因と思われる鮒、鯔の大量死認められる
○有明海における佐賀県専用漁場区域内の一六万坪漁場への本県漁業者の入漁問題は、依然として進展せず、主務省に稟議す
○宗像郡大島・沖島周辺で爆薬使用の密漁が横行す、数隻を拿捕す
○小倉市平松漁業組合、漁業区域権売渡金の分配で紛議す
○県、筑後川・矢部川の懸り網は河川漁業取締法で規定する囲刺網と認定し、該漁業をなすときは許可を必要とする旨を各郡市長に通牒す
○有明海の蟶貝全滅す、晩春以来非常の旱魃にて海水塩分濃度が極めて高かったためと推定される
○県下漁業組合の積立金・組合数八三、総額七万五一七八円（基金六万四八九七円、事業費一万〇二八一円）
○県下の海苔養殖は築上郡東吉富村、企救郡曾根村、糸島郡加布里村、大牟田市等で行われているが、大牟田海苔養殖は将来大いに有望視される
○水産試験場主催による玄海洋上の鯛釣競争が行われ、残島組が優勝す
○福岡県水産組合連合会、県下水産業振興策に関し一五項の建議、要望を県知事に提出
○豊前海における福岡県築上郡外一郡、大分県宇佐・下毛郡間の専用漁場入漁問題解決
○旧門司漁業組合の漁業権抛棄問題、交渉纏まり組合と門司市との間で契約書締結す

○島根で底曳漁船に捲揚機をとりつける
○発動機付漁船三一八〇隻に達す
○魚価高騰に伴いトロール船新造出願総数三〇〇隻に達するも、許可されたもの僅かに三〇隻に過ぎず

組中央銀行設立案を農銀大会委員に内示
○農商務省、臨時産業調査局設置
○農業倉庫法施行（産組等による共同保管・共同販売によって米価変動の調節を企図）
○暴利取締令（米穀などの売惜しみ、買占めを取締る）
○県内で労働組合が結成されていく（友愛会八幡支部結成等）

大正6年 1917	大正7年 1918
○福岡県魚市場業水産組合設立 ○福岡市箱崎浦漁業組合、漁場補償金問題等で紛擾す ○福岡市の岩崎等三名の木造船五隻のトロール漁業出願に対し主務省より、漁業経営上並に取締上不適当として不認可の指令あり ○筑後川沿い三井・浮羽・朝倉三郡の各町村長、当業者総代が鮎禁漁期短縮を県に陳情 ○筑豊水産組合、『筑豊沿海志』刊行 ○博多湾築港が起工され、捨石埋立や航路浚渫工事始まる ○福岡市伊崎海岸二八四〇万坪埋立られる ○粕屋郡志賀島で築磯（恩賜瀬）六カ年計画開始される ○筑前海で土管投入による魚礁造成が本格的に始まる ○福岡水試、『漁業基本調査第一報・福岡県漁村調査報告』刊行	○宗像郡鐘崎・地島両魚市場間で紛擾続くも筑豊水産組合長等の調停により解決す ○福岡県魚市場業水産組合評議会、県の魚市規則改正に関する諮問に対して答申 ○宗像郡勝浦村の天野六太郎氏、集魚灯使用縫切網漁業の鼻祖として筑豊水産組合長より表彰状を贈られる ○福岡市草柳外六名発起人となり博多水産株式会社を創設す、営業目的はトロール漁業を主とし水産物の委託販売とす ○本県有明海水産組合、タイラギ潜水漁業に対して佐賀・長崎両県が許可をなし熊本県
	○法律第一一号をもって、遠洋漁業奨励法を改正 ○帝国水産連合会、第三回大会を東京で開催 ○政府、地方長官会議に産業組合中央銀行法案をはかる ○農商務省水産局は本年度より漁業組合講習会を計画的に実施する旨地方長官に通報 ○漁業組合講習会において、福田徳三「組合制度概論」を論ず ○農商務省、工事費の半額を補助し、漁港
	○シベリア出兵宣言 ○富山県の漁民米騒動を起こす、全国に波及 ○第一次大戦終了 ○休戦による反動景気始まる ○軍需工業動員法 ○戦時国民経済調査会設置（米価調節制度の諮問機関） ○穀類収用令（農商務大臣は米・穀類を強制買収しうる） ○県下でも米騒動発生、添田町峰地炭鉱、三井三池炭鉱では軍隊

大正7年 1918	大正8年 1919
も許可方針を定めたるにより、県知事に稟申し該漁業許可の規則改正を陳情す ○第五回佐賀・福岡・熊本・長崎四県連合有明海水産研究会開催 ○小倉市平松漁業組合内の紛擾は二年間に亘るも解決せず、筑豊水産組合長調停に入る ○水産試験場、有明海大牟田市及三池郡地先の海苔養殖開発試験に取組む ○八幡製鐵所、洞海湾四二万坪の大埋立計画を出願 ○政府、八幡製鐵所の洞海湾一部埋立遂行上該海域の漁業権停止を発布	○福岡県水試、『漁業基本調査第二報』刊行 ○漁業組合及漁業組合連合会規則公布（県令第九号） ○洞海湾一部の漁業権停止命令書、若松市役所経由で若松・戸畑漁業組合へ通牒される ○若松漁業組合、八幡製鐵所計画の四二万坪の内二〇万坪は漁業区域として権利を有し重要漁場であるので死活問題として政府に開陳すべく上京せしむを決議す、一方若松東海岸小田岬約六万坪の埋立出願の諮問に対しては網代補償金を前提としているため異議なき旨を答申す ○朝鮮巨済島長承浦の移住漁業発展、移住者総戸数一六五戸、人口男女計六九三人に達し、仲買問屋、運送、水産製造、旅館、料理店、雑貨店のほかに入佐小学校を具備す ○福岡県水産研究会開催される ○福岡県水産連合会通常総会開催され、会報
修築を奨励 ○数年来の懸案たる漁業組合改良奨励費予算成立 ○相慶生「漁業者救済策としての漁船保険の必要性」を論ずる ○漁船用発動機の使用全国に広まる ○対馬周辺を中心に爆発物使用密漁が横行す	○帝国水産連合会第四回大会を東京で開き水産会法の制定その他を決議 ○農商務省第一回優良漁業組合及組合功労者を選奨 ○農商務省主催水産事務協議会において漁業法の改正につき諮問 ○産組中央会、産組に対し勧銀への資金運用委託および有価証券買入れの仲介あっせん取扱開始 ○水産講習所に海洋調査部設置 ○島根県の漁船二隻、五島沖で以西底曳網漁業を始める ○サンマ漁業制限令公布 ○対馬沖で爆発物密漁数十隻を検挙、取締警官に爆薬投げつける、爆薬密漁者が爆死す
と激しく衝突	○京城などで朝鮮独立宣言（いわゆる三・一運動起こる） ○講和条約の国際連盟規約調印（ベルサイユ講和条約） ○臨時財政経済調査会設置（財政経済に関する諮問機関、諮問第一号は「糧食ノ充実ニ関スル根本方策如何」） ○シベリア出兵 ○八幡製鐵所職工を中心に日本労友会結成

大正8年 1919	大正9年 1920
の増数、講習会の充実等を決める ○有明海水産組合、深所のタイラギ生産状況および潜水器漁業の得失を把握する目的で潜水器二台による試験調査を行う ○第六回有明海四県連合水産研究会開催、重要貝類の人工採苗、分布調査等を協議 ○筑前海におけるイカナゴ漁が絶望的不漁 ○鮑漁が年々濫獲のため減少傾向にあり、水産試験場では鮑の成長、養殖試験に着手す ○浮羽郡巨瀬川で電気密漁中の三名を逮捕す ○福岡県よりトロール漁一八隻の許可申 ○福岡水試、『漁業基本調査第二報・福岡県河川漁具調査報告』刊行	○福岡県内のトロール船出願一八隻に対し博多トロール株式会社の四隻許可される ○福岡県水産試験場鯉児鯉卵配付規程を定む（県告示第二五六号） ○島根・山口県の発動機手繰網船が玄海漁場荒す、宗像・粕屋郡漁民六〇名が取締強化を県に陳情 ○糸島郡の発動機手繰網漁船、専用漁場で操業中に宗像郡漁船に捕えられる ○福岡県下の発動機漁船は既製船一四隻、目下許可を得て起工せるもの二六隻、合計四〇隻に達す、これら漁船は造船奨励費を受けて建造せるもので漁業奨励と取締の矛盾が表面化する ○県水産当局、ワカサギ移殖養成試験の結果好成績を得、来年度より大々的に副業奨励を行う方針を打出す
	○帝国水産連合会第五回大会を東京に開催し水産会法の制定その他を決議 ○農商務省第二回優良漁業組合及組合事業功労者を選奨 ○産組中央会、産組の販売・購買の仲介あっせん業務開始 ○早鞆水産研究会創立（民間水産研究会の嚆矢） ○製氷業のみ空前の好況（大正一一年迄） ○機船底曳漁船、一九〇〇隻に達す ○トロール漁業漸次復活す、九州では二五隻許可される ○朝鮮、対馬近海で大規模な爆薬密漁が横行す、取締強化により多数検挙される
	○国際連盟発足 ○株式・期米・綿糸等市場大暴落、反動恐慌始まる ○第一回メーデー開催（東京上野公園、参加一万余人） ○第一回国勢調査実施（内地人口五五九六万人） ○九州普通選挙期成同盟会、普通選挙促進大会開催 ○八幡製鐵所労働争議、大ストライキ起こる

大正9年 1920	大正10年 1921
○福岡・山口両県間の相互入漁問題、協議するも纏まらず ○小倉市の平松・長浜両漁業組合の漁船が網目問題で紛擾、海上で格闘となる ○有明海漁業関係者、有明海干拓事業による海面埋立は死活問題として反対運動を起こす、知事に陳情書を提出す ○水産業奨励補助規程公布（県令第五五号）	○有明海大牟田町、三池郡沿海の水産試験場養殖試験漁場三五〇万坪の海苔生産、極めて好成績を収める ○小倉市長浜・平松両漁業組合間のゴチ網の網目問題の紛擾、未だに解決せず ○水産試験場、遠洋漁業船の連絡手段としての伝書鳩導入試験に着手 ○筑前海区の関係漁業者、発動機手繰網漁船撃退期成同盟を組織し代表者が県に嘆願書を提出 ○県当局、本県では専用漁場の利害関係から水産会法の適用は困難と語る ○福岡市伊崎浦漁業組合で横領問題起こる ○埋立による浅海漁場、水産業の廃滅を危惧し、福岡・熊本・佐賀・長崎四県連合の主唱で浅海水産研究会が設立される ○宗像郡地島、鐘崎、神湊、大島、津屋崎、勝浦六ケ浦の漁業代表者五七名、県に発動機手繰船取締強化を陳情（玄海丸一隻では取締不充分につき発動機取締船二隻増等） ○県下の発動機船所有者、福岡県発動機手繰漁組合を創立し自発的防止対策を決める
	○朝鮮南沿海における鯖漁期（昨年秋～今冬）に検挙した爆弾密漁船は七〇隻に達す、朝鮮～対馬一帯での密漁船は五〇〇隻にも達すると推定 ○爆弾密漁船ブラックリストが各地の警察署に配布される ○政府、水産会法を衆議院に提出成立、法律第六〇号をもって水産会法公布、施行 ○帝国水産連合会第六回大会を開き水産銀行設立決議 ○農商務省水産事務協議会を開き漁業免許制度につき諮問し、水産会法の実施につき協議 ○公有水面埋立法公布（法律第五八号） ○勅令第三六一号をもって、水産会法第二六条による異議申立訴願および行政訴訟に関する件公布、水産会法施行規則公布（省令第一七号）、水産会補助金交付規則制定（農商務省令第一八号） ○水産組合規則を改正（農商務省令第二六号） ○機船底曳網漁業取締規則制定（農商務省
	○市制・町村制改正（直接市税・直接町民税を納める者を公民として町村の等級選挙を廃止等） ○郡制廃止ニ関スル法律施行 ○度量衡法改正施行（メートル法を基本とする） ○日英同盟条約廃棄 ○勧農合併法提案に際し産組中央銀行設立の構想示さる ○勧農合併法公布 ○貯蓄銀行法公布

大正10年 1921	大正11年 1922
○県、水産会法による水産会設立に関し関係者間と協議を始める	○佐賀・福岡・熊本・長崎四県連合の第四回有明水産研究会開催される ○県、漁業取締強化のため水産試験場所属の玄海丸、英彦丸二隻を保安課所属とするとともに三〇屯級の新造船を建造し、警官四名を配置す ○筑豊水産組合総会において、平松・長浜・大島・鐘崎四ケ浦漁業組合が鰮刺網入漁協定中止の建議案を提出 ○佐賀県浜漁業組合漁船二〇隻が姫島漁業組合漁区内で鰯網操業中、九隻が玄海丸に拿捕される ○県、河川に禁漁区を設け新標識杭を建てる、禁漁区数：筑後川六カ所、星野川二カ所、矢部川八カ所、室見川二カ所、那珂川一カ所、および沖端川、中島川、塩塚川 ○四月の帝国水産会発会式に本県では水産会の創設ができず出席せず ○各市郡で水産会設立の協議がなされ、組織化の機運熟す ○発動機底曳網船二隻が沖の島南西の禁漁区、で操業中、玄海丸に拿捕される ○小倉市平松漁業組合、漁業権海面埋立補償
令第三一号、許可制、操業禁止区域設定） ○トロール漁船に無線電信を使用 ○日本海員組合設立 ○大日本水産会、水産経済懇談会を開き水産金融問題の研究に着手 ○漁業用海岸局開設	○帝国水産連合会第七回大会を東京に開き水産会補助額増額その他を決議 ○農商務省第四回優良組合及組合事業の功労者を選奨 ○帝国水産会創立準備協議会を農商務省で開催 ○公有水面埋立法施行令公布（勅令第一九号） ○帝国水産会創立（農商務省令第一二号により水産会法施行規則を改正） ○農商務省、第五回漁業組合中央講習会を開催 ○帝国水産会機関紙として月刊「帝水」創刊 ○漁業登録令（勅令第五一六号）および同施行規則（農商務省第二八号）を改正 ○静岡県水産会漁業遭難救済規程施行 ○ディーゼルエンジン付の民間初の鋼船、明照丸（九七トン）建造される ○長崎で電気集魚灯実用化される ○日本トロール組合、自衛策として船隻制限（七〇隻）を撤廃するなと農商務大臣に陳情書を提出
	○海軍軍備制限条約成立 ○株式一斉に暴落、不況慢性化 ○郡制廃止法律公布 ○銀行界動揺、米価変動激化

大正12年 1923	大正11年 1922
○小倉市東西両海面埋立問題（小倉鉄道対長浜漁業組合、川崎造船対平松・長浜漁業組合）益々紛糾す ○県下の郡市水産会がほぼ設立される（一月末）、筑前海：糸島・博多湾・宗像・東筑、豊前海：北豊・豊前、有明海：八女 ○宗像郡地島漁船等二隻が鐘崎沖で暴風のため難破転覆し二名死亡、六名行方不明 ○島根・山口・福岡・佐賀・長崎・朝鮮一道五県連合の玄海灘水産集談会第一回総会開催される ○有明海海苔漁場における鉱害問題が三井三池鉱業所によるものとして、三浦・大牟田・諏訪三漁業組合員が紛議す	金問題で紛紜起こす ○トロール漁船第五博多丸、壱岐沖で沈没 ○玄海丸に無線装置を装備す ○下関・門司両水上署が関門海峡で雑魚釣小型漁船取締に当り不正漁船一六〇隻を検挙 ○有明海の海苔生産豊作に伴い水産試験場、大森海苔製造所より教師二名を招聘し各地で海苔改良製造講習会を開催す ○本県の淡水養魚事業は盛況となり一一年度の鯉仔卵配布は四市一三郡、七〇カ所に亙り、鯉仔一一万尾、鯉卵八万粒に達す ○福岡・山口両県間の鰮刺網入漁問題で、下関水産組合が「筑豊水産組合・豊浦郡連合水産組合間だけで話合い、該組合漁船の福岡県海域への入漁を一二隻に止めたことに反発し紛擾す
○帝国水産連合会第八回大会を東京に開き自今全国水産大会と改称することを決議 ○朝鮮水産会令公布施行 ○農商務省、第五回優良漁業組合及事業功労者選奨 ○中央会、政府に産組中央金庫設立に関する要綱を建議 ○金庫法、衆議院にて修正可決、貴族院にて修正可決 ○産業組合中央金庫法公布施行 ○帝国水産会都道府県水産会事務協議会開催 ○全購販連設立 ○第一回玄海水産集談会を下関で開催	
○勧銀法改正、産業債権の引受認める ○産業債権令公布 ○関東大震災 ○支払延期緊急勅令公布施行 ○震災善後公債法公布施行 ○全九州水平社、福岡県水平社創立	

大正12年 1923	大正13年 1924
○県下の郡市七水産会を基礎とした福岡県水産会創立総会が開かれ、組織化を可決す、発会式が七月一六日に挙行される ○筑豊水産組合、総会において解散を決議し引続き筑豊四六ケ浦漁業組合連合会を創設し定款、役員を決める（九月三日） ○一府一一県より成る瀬戸内海水産研究会、同水産連合会が福岡で開催される ○三浦漁業組合において、役員が文書偽造し三井三池鉱業所・組合間で覚書を交し鉱毒被害に対する漁場権利を失わしたとして紛擾し、総会で役員は総辞職す	○三浦漁業組合の紛擾、益々増大す ○山口・島根県等の機船底曳網が本県筑前海禁止区域に盛んに侵犯す、拿捕される密漁船多数に及ぶも密漁は絶えず ○福岡県水産研究会、筑豊漁業組合連合会総会、福岡県水産会総会が開催される ○九州沖縄各県水産製造研究会、熊本で開催 ○福岡・熊本・佐賀・長崎四県連合有明海水産研究会、福岡で開催される ○福岡県魚市場業水産業組合総会において、水産会法の規程では魚市場水産組合の目的、手段を全部包括できないので水産会が出来ても組合は現状維持することを決議す ○筑前海のカナギ漁が昨年来不漁続きとなる ○水産試験場の二代目玄海丸進水（三七七屯、一一ノット） ○小倉市長浜海岸地先埋立に対し長浜浦漁民二百余人が集合し反対の気勢を上げる
○工船蟹漁業取締規則公布施行 ○遠洋漁業奨励法改正（法律第三七一号） ○中央卸売市場法公布（法律第三二号） ○水産冷蔵奨励規則公布施行（農商務省令第一一号） ○トロール漁船取締規則による制限隻数七〇隻に達す ○対馬船越沖で不正漁船が取締警官に爆薬を投げつけ抵抗するも七名逮捕される	○帝国水産会主催大講演会を大阪で開催 ○産組中央金庫設立登記完了、業務細則制定、金庫業務開始 ○農商務省第六回優良漁業組合及組合事業功労者選奨 ○帝国水産会都道府県水産会を開催 ○農商務省、漁業組合中央講習会を開催 ○社団法人漁船機関士協会設立 ○汽船トロール漁業取締規則を改正（農商務省令第二一号） ○漁船統計書刊行
	○三月から年末にかけて各種相場続落 ○第五回国際連盟総会において軍縮決議可決 ○日本農民組合福岡県連合会結成、県内農民組合の組織整備さる

大正13年
1924

○宗像郡七浦、四〇年振りのイタヤ貝豊漁で活気づく
○県が県下漁業組合長協議会を開催し、漁村振興、水産業発達の企図すべき事項、漁業組合の改善発達方法につき諮問す
○福岡県水産会が水産教育振興と矢部川・星野川に河川巡査常駐の件を知事に建議す
○瀬戸内海において鰯網漁業の漁場境界問題で企救郡漁民、山口県厚狭郡漁民間の紛議起こる
○山口・福岡・大分三県の第四回周防灘水産懇談会において、ウタセ網制限、サワラ網漁区の件について協定纏まる
○小倉市平松浦漁業組合で紛議起こるも、戸畑氏・県の仲裁で和解なる
○有明海における一三年度海苔生産、漁業戸数一二五名、四五〇万枚、七万円、全国有数の好漁場となる
○イルカ大群が四〇年振りに博多湾箱崎沖合に打ち寄せ、五八頭が捕獲される、入札で五一頭が三千八百余円で売れる
○筑豊漁業組合連合会臨時総会において、北豊・東筑・宗像・博多湾・糸島の五水産会を一丸として筑豊水産会を設立すると共に筑豊漁業組合連合会を解散することに決す
○筑豊漁業組合連合会、機船底曳網問題で主務大臣に要望書を提出
○対馬での爆薬密漁船が鯖千八百貫を積載し博多港に入港し検挙される
○県下の漁業組合状況：八六組合、組合員数一万〇五八四名、積立金二万五三八二円

大正14年
1925

○九州・中国・四国水産会および水産団体代表者会議（福岡・大分両県主催）において、機船底曳網の漁業被害防止に対する根本的改善策要求を決議し、政府、衆貴両院および各県当局に陳情す
○県、有明海におけるタイラギ潜水器密漁船取締、対策について農林省水産局長宛に上申書を提出
○農林省、沿岸漁場整理準備のため福岡県下の漁場、漁業実況調査を行う
○糸島郡宮の浦、西の浦漁民百二十余名が漁船一六隻で博多湾口において鰯網漁操業中暴風のため遭難し一一隻が行方不明となる
○筑後川、矢部川において電気捕魚器使用漁が横行し、県が農林省に漁業取締規則改正方を申請す、農林省より認可の指令あり（農林省指令水第一三〇四号）
○粕屋郡多々良・比恵両川で炭坑排出の鉱毒によると思われる魚類斃死現象があり、水産試験場が調査す
○第一回福岡県水産集談会が開催され、県諮問事項等を協議す
○宗像産イタヤ貝の缶詰製造始まる
○浅野対長浜漁業組合間の埋立問題、知事の調停で解決し、小倉築港協定成る
○小倉築港問題解決と共に平松漁業組合から浅野に対し入漁権補償金を要求す、問題解決せず起工遅れるも商業会議所の調停で解決す
○長浜漁業組合、補償金分配法で紛擾す

○農商務省優良漁業組合及組合事業功労者選奨
○漁業財団抵当法公布施行（法律第九号）
○農商務省は農林省と商工省に分離、水産局は農林省に所属
○第八回瀬戸内海水産連合会を山口に開き瀬戸内海生産維持調査その他を決議
○帝国水産会主催、道府県水産会協議会を開催
○漁業共同施設奨励規則公布施行（農林省令第二一号）
○遠洋漁業奨励に関する制限を廃止（勅令第三二六号）
○焼津で全国漁業組合大会を開催
○農林省、漁業組合中央講習会を開催
○ディーゼル底曳漁船あらわれる

○日ソ基本条約調印（国交回復）
○治安維持法施行
○衆議院議員選挙法改正（男子二五歳以上の普通選挙実現、次の選挙より施行）
○第二回国勢調査実施（内地人口五九七四万人）

大正14年
1925

○県、初めて県下の水産製造業者実態調査を行う、専業二八六戸、副業一二九一戸

○福岡県下の六魚市場が存立の必要なしとして許可を取消さる

○主務省の裁定で、有明海のタイラギ潜水器漁業許可を七台を一八台に拡張し、佐賀一五台、福岡三台（新規入漁）とし何れも佐賀県知事認可とす、福岡県では依然として許可しない方針を堅持す

○福岡県水産組合、魚市場規則改正方を県に具申

○若松市若松漁業組合、組合長改選で紛擾す

○福岡県水産組合、魚市場規則を速やかに改正せよと具申書を県に提出

○洞海湾における八幡製鐵所の埋立、築堤工事が九分通り竣工す

○博多魚市場株式会社、博多旧魚市場株式会社間の紛擾問題、知事の仲裁で解決し覚書を交わす

○玄海における福岡・佐賀両県水産懇談会の初会合が唐津で開かれ、肥前水産懇談会と称し、両県間の漁業問題協議の場とす

○福岡・山口両県の大羽鰮入漁協定と機船底曳網漁業対策協議会が湯本で開催される

○機船底曳網問題、県会で取上げられる

○平松漁業組合、入漁補償金分配で東西組に分かれて紛擾す、総会で格闘し重傷者出る

○県下の漁業組合状況：八六組合、積立金三〇万三一五七円、負債五万〇三三八円

○全国水産会および全国水産大会（於東京）

○大日本水産会、全国水産大会を東京で開

○郵便年金法及郵便年金特別会計

昭和元・大正15年
1926

に福岡県水産会代表者が出席す

○福岡県、腸チブス予防のため熊本県沿海全郡の牡蠣移入を禁止す（県令第一号）

○第一三回有明海四県水産研究会、佐賀で開催される

○有明海におけるタイラギ潜水器問題、県の意向通りに解決す、佐賀県への入漁三隻は潜水器組合を組織し対応す

○戸畑漁業組合漁業者、洞海湾の海苔養殖に本格的に取組む

○北豊・筑東・博多湾・宗像・糸島五水産会を合併した筑豊水産会の設立が認可される（一月二五日）、組合員数三七八〇名

○小倉市平松漁業組合における入漁権補償金分配問題解決す

○三〇屯未満の機船底曳網の博多港への出入禁止処置に対し、博多両魚市場関係者が従来通り許可せられたき旨を連署をもって知事に陳情す

○福岡県水産会総会、開催される（筑豊水産会、豊前水産会で構成）

○箱崎漁業組合総会において、組合規約で禁止していた網目制限の撤廃問題で紛糾し総会は流会となる、反対派が県に陳情す

○佐賀県東松浦郡漁業組合代表者、発動機漁船の福岡県海域への入漁公認を県に陳情す

○福岡県第二回水産集談会開催される、県水産会・筑豊水産会・豊前水産会・県魚市場業水産組合・県下各浦漁業組合等の代表者約百名が出席す

○福岡県水産会、水産試験場増設等を知事宛

催

○台湾トロール漁業、機船底曳網漁業、捕鯨業各取締規則公布施行

○産業組合法改正、施設の員外利用を認む

○産業学校開設

○第九回瀬戸内海水産連合会を松山に開催

○大日本水産会、漁船無線通信士養成講習会を開催

○水産増殖奨励規則公布施行（農林省令第六号）

○農林部門臨時職員設置制度改正（勅令第八〇号、漁業用発動機検査、増殖奨励等の職員措置）

○漁業法規則第四三条を改正（農林省第一四号）

○漁業用発動機検査規則制定（農林省令第一五号）

○帝国水産会、道府県水産会長会議を開催、全国漁業組合長会議を開催

○大日本水産会全国水産大会を東京に開催

○玄海水産集談会を京城に開催

法公布

○震災手形特融期間再延長法公布

○大正天皇崩御

○福岡第二六連隊で差別事件発覚し、水平社による糾弾闘争の中、福岡連隊爆破陰謀事件が捏造され、松本治一郎ら検挙される

昭和元・大正15年 1926	昭和2年 1927
建議書を提出 ○福岡県魚市場規則改正（県令第一二三号） ○第四回玄海水産集談会が京城で開催され、機船底曳網の制限緩和問題で折合う ○有明海のタイラギ漁が保護区域を開放して始まり、好成績を上げる ○第六回九州沖縄水産製造研究会、福岡で開催される ○筑豊三郡の魚類仲買人、県令第一二三号による魚市場規則改正中「戻り金制度廃止」に反発し同盟休業す ○三潴・山門・三池各郡および大牟田市を地区とした有明水産会の設立が認可される、一一月三〇日（県告示第八七四号）	○機船底曳網密漁船（二〇〇隻）が依然として九州西岸域を荒し廻る、長崎・福岡・佐賀三県連合の不正漁船取締事項を申し合せる ○県、河川禁漁区改正のため筑後・矢部・星野・那珂・多々良・岩岳各河川の堰状況等の調査に着手す ○有明海の海苔養殖は篊竹建込総数一四七万本、作柄は平年並 ○福岡市の河川（那珂・博多・石堂新川）に風致保存のため禁漁区を設ける ○第四回全国漁業組合大会が福岡で開催され、漁業組合中央会設立が決議される、該会理事長に樋口福岡県水産会副会長が就任す ○漁業組合状況：水産業者一万〇四〇七戸、沿海八三組合（筑前四六、有明一八、豊前
	○帝国水産会より漁船保険実施方建議 ○漁業組合中央会問題につき帝国水産会および大日本水産会代表者懇談 ○年賦貸付を認める金庫法改正案提出（不成立） ○帝国水産会より国会あて漁船保険制度につき請願 ○帝国水産会主催道府県水産会長会議開催、日銀より応急資金四百万円を借入、預金利率引下げ、貸出利率引下げ ○瀬戸内海漁業取締規則改正（農林省令第一一号） ○漁業登録施行規則改正（農林省令第一二号） ○全国漁業組合大会を福岡で開き漁業組合中央会の創立を決議
	○金融恐慌起こる ○銀行法・震災手形補償公債法・震災手形善後処理法公布 ○三週間のモラトリアム銀行の休業続出 ○日銀特融及損失補償法公布施行 ○普通選挙による初めての福岡県会議員選挙が実施される

昭和2年 1927	昭和3年 1928
一九)、河川他三組合、経費総額三七万一四五一円、積立金三一万八六四六円 ○第三回福岡県水産集談会において、漁業組合合併に関し県が諮問・指示事項を提出す ○福岡県漁業取締規則が改正され、河川の禁漁区を一〇カ所増設し総計三一カ所となる(県令第五八号) ○博多漁港速成同盟会が組織される。参加者は博多トロール会社、新旧博多魚市場、製氷会社、東洋捕鯨会社、両魚市場所属問屋業者、筑豊漁業組合連合会等の代表者 ○県会で機船底曳網漁業取締対策が再度取上げられる ○河川の利用による漁業影響調査を実施、県下六河川(筑後・矢部・那珂・遠賀・今川・山国各河川)、一一魚種(白魚、ニノハ、鮎、鰻、鯉、鮒、鯰、鯔、ハヤ、イダ、カマツカ)対象	○大牟田市、海苔養殖業発展の資金調達のため福岡県信用組合連合会に融資方を依頼す ○福岡県水産関係諸会(県水産会評議員会、同総会、筑豊水産会評議員会、同総会、筑豊漁業組合連合会役員会、同総会、魚市場業水産組合役員会、同総会)を三月三〜八日に開催 ○トロール船総数七〇隻(共同漁業三〇、日本トロール一四、博多トロール五、樺太トロール五、長崎海運四、長崎山田屋三、他)のうち、五五隻が共同漁業の実質的運営であることから、漁業組合中央会理事長・博
○最初のディーゼルトロール船釧路丸竣工 ○最初の中央卸売市場を京都に開設 ○漁業手数料令改正(勅令第三四七号) ○冷凍事業に漁業資本進出、共同漁業系戸畑冷蔵株式会社設立 ○瀬戸内海水産連合会より漁船保険制度につき建議 ○対馬琴村で一〇名の警官が変装して、爆薬密漁船一一隻を検挙す	○帝国水産会、農林大臣あて漁船保険制度必要性を答申 ○第五回漁業組合大会を東京に開き、農林省諮問「水産知識ノ普及並漁民教育上施設スベキ事項」の答申を決議 ○日ソ漁業条約調印される ○帝国水産会第七回総会で農林省諮問の「水産金融改善策」答申を決議(単独水産銀行の設置と漁業組合中央金庫の設置) ○金庫貸出利率引下げ ○帝国水産会、道府県水産会協議会を開催
	○最初の普通衆議院議員選挙施行 ○共産党員大量検挙(三・一五事件) ○治安維持法改正(勅令)即日施行(死刑・無期刑を追加) ○三・一五事件後、文部省による断圧で向坂逸郎ら九州大学法文学部三教授辞任

昭和3年
1928

多トロール会社取締役の樋口邦彦がトロール業統一の必要性を強調
○既設小倉魚類市場を市営市場とする小倉市案に対し鮮魚業者一斉に反対す
○県、専用漁業権更新に備え全県下の漁場境界調査に着手す
○玄海の福岡・佐賀両県共同慣行専用漁場問題で両県意見が対立す
○筑前海のカナギ漁、十数年振の豊漁となる
○大牟田海苔水産組合（二五名）の設立申請に対し、県は将来、隣接町村合同の組合組織を希望すると共に大牟田漁業組合の意向を尊重して認可せず
○筑豊漁業組合連合会、機船底曳網密漁に対する自警船の運営経費補助を県知事に申請
○大牟田漁業組合、貝類（アゲマキ、タイラギ、アサリ、カラス貝、立貝）の養殖（移植と漁場監視）に着手す
○久留米魚市場の株式会社移行に伴う仲買人側の決済方法をめぐって会社側、仲買小売人間で対立す、県の仲裁で解決す
○梅雨期洪水に依り有明海漁業への直接被害約一〇万円と見積られる
○有明海の専用漁業権存続期間更新（農林省告示第二〇〇号）
○若松地先の八幡製鐵所鉱滓捨場七〇万坪埋立区域拡張に対し、若松・戸畑両漁業組合が補償金を前例（小倉築港埋立・坪八〇銭、浅野セメント地埋立・坪六〇銭）で要求
○第四回福岡県水産集談会において、県に対し快速監視船建造の請願書を採択

○第一一回瀬戸内海水産連合会を大阪で開催し、帝国水産会、特殊銀行に水産部設置を提議
○道府県水産会より、蔵相、農相あて漁船保険実施方陳情
○帝国水産会第三回水産事務講習会開催
○帝国水産会、漁業組合中央金庫設立を農林省に答申
○静岡県水試鰹魚群発見に陸上飛行機使用

昭和3年 1928	昭和4年 1929
○水産試験場、『福岡県発動機付漁船の現況』を刊行 ○御大典用の干鯛一〇枚、県献上の焼鯛三〇枚を津屋崎漁業組合より納入することに決し、同組合総会で漁獲用漁船二隻の新造経費予算三二八〇円を可決す ○門司市外松ケ枝村の恒見、今津両漁業組合間で漁場境界争いが表面化す ○山門郡中島漁業組合、三池郡三浦漁業組合間で漁場争議起こるも有明水産会長及水産試験場の仲裁で解決す	○博多湾残島漁民八名、妻子帯同の上移住方式で台湾近海の羽魚突棒漁業に従事す ○福岡署、博多港入港のダイナマイト一三〇本所持漁船を検挙す ○大牟田市、三川町、銀水村、開村、江浦村を連合統一した有明海海苔養殖連合組合が発会す（一月二一日）。組合員約一二五〇名 ○福岡・大分・山口・広島・愛媛五県連合、取締船七艘による機船底曳網密漁船の一斉取締りを行う ○山門郡沖端村漁民、朝鮮海出漁に従事す、鮟鱇網船二三隻、延縄船二隻 ○遠賀郡芦屋町で火災、全焼一三〇戸に及ぶ ○三池鉱業所、石炭採掘を有明海底へも進出 ○豊前海水産組合員集談会、行橋で開催 ○福岡・佐賀・長崎・熊本・山口・島根六県機船底曳網漁業協議会、唐津で開催 ○水産試験場、四月三日に福岡市須崎裏へ新築移転（県告示第四八三号）
	○朝鮮漁業令大改正（勅令第一号） ○金庫預金利率引下げ・貸出利率引下げ、旧債整理に関する資金貸出開始 ○漁業組合中央金庫の件は、衆議院請願が採択され、貴族院も漁業組合の整備充実する件の中で採択 ○国立水産試験場設立 ○勅令第一三六号をもって、農林省内臨時職員設置制を改正（水産物利用、漁村振興、南方漁場調査の職員増置） ○西部日本水産会より農相あて漁船保険制度確立方建議 ○帝国水産会、蔵相・農相あて漁船保険実施方建議 ○帝国水産会第四回水産事務講習会を開催 ○母船式鮭鱒漁業取締規則制定（農林省令第一二号） ○工船蟹漁業取締規則改正（農林省令第二八号）
	○政府、中華民国国民政府を承認 ○米価・株価暴落、世界恐慌の発端となる ○大蔵省、金解禁に関する件施行（金本位制に復帰） ○福岡・東京間定期航空旅客輸送開始

昭和4年
1929

○福岡市会で博多漁港修築促進の建議案が全会一致で可決される
○共同漁業会社、豊洋漁業会社等のトロール船、機船底曳網船が戸畑市に船籍移転
○福岡県水産集談会において、「船溜場造成の際に漁業組合に直接補助の途を開くべし」を決議
○北九州海岸（戸畑～小倉）埋立約一四〇万坪に達す（浅野二八・四万坪、九軌四八・二万坪、東洋製鉄六二・九万坪）
○九軌の発電所敷地埋立に対し長浜漁業組合から入漁権補償金四・五万円要求
○有明海の貝類養殖、好成績を収める
○九州沖縄八県連合水産製造研究会、大分で開催される
○県漁業取締船鎮西丸（六二屯、一一ノット）進水、博多港回航早々密漁船四隻拿捕す
○大牟田市諏訪漁業組合、鉱毒による海苔被害の賠償交渉を三池鉱業所と行う
○三潴郡浜武村地先百数町歩埋立に対する漁業権買収交渉が開発者、浜武漁業組合間で妥結す
○水産試験場、鰤八八尾の標識放流を白島女島付近で実施す
○筑豊漁業組合連合会、『玄海専用漁業権総覧』を刊行
○県水産課、『福岡県漁村調査』を刊行
○糸島郡深江浦の漁船（一三屯）、機関故障のため遭難し、四名が凍死・行方不明とな

○高知県の機船底曳網漁業全廃運動、暴動化する
○天気集魚灯の使用始まる
○大日本水産会、水産金融懇談会を開催
○帝国水産会道府県水産会開催

○金解禁実施
○米価大正元年以来の大暴落、農

昭和5年 1930
り、半死の四名を乗せた状態で芥屋海岸に漂着す ○有明海の貝類養殖（横須・大牟田・諏訪・早米来組合）に対して県、大牟田市が補助 ○糸島郡玄界島漁民八名、発動船二隻をもって台湾近海のトビウオ流網漁に従事す ○筑前沿海の大羽鰮が豊漁で、価格は昨年の半値となる ○山門郡沖端漁業組合総会で三潴郡地先大干拓事業（計画中）に反対を決議す ○福岡・佐賀・長崎・熊本・鹿児島五県連合第一五回有明海水産研究会において、国立水産試験場分場設置建議を可決す ○福岡・佐賀・長崎・熊本四県連合第二回有明海漁業協議会において、「漁業権の尊重上海面埋立及浚渫に対する研究を議ずる様県当局に建議の件」を決議す ○大牟田市諏訪川尻五万坪の養殖海苔が全滅す、その原因は三井万田坑の排水か ○筑豊漁業組合連合会総会において、県諮問「沖合専用漁場鰮巾着網許否処分の件」を決議答申す ○県下の漁業：漁村数八三ケ浦、漁業者一万六九〇〇余人、漁船数五六四一隻、漁獲高四九〇余万円、副業生産九七万円 ○密漁船は依然として筑前海で多し、昨年度中の筑前・豊前・有明三海区での密漁船逮捕数一〇五隻（一昨年一三〇隻） ○第六回福岡県水産集談会において、県の諮問「漁業組合改善発達の方途如何」を協議 ○筑豊沿岸の専用漁業権全部が再認可される、
○第一二回瀬戸内海水産連合会を神戸で開催 ○漁業組合中央会、全国漁業組合大会を東京で開催 ○機船底曳網漁業取締規則改正（農林省令第五号）が行われ、一、起業認可制採用、二、指定港以外における漁獲物の陸揚げまたは漁業用品の積込み禁止、三、屯数の無届増加に対する罰金型の適用、許可期間を五年以内となす、ことになる ○帝国水産会道府県水産会長会議を開催 ○漁村の不況深刻化し、漁家負債一億円に達す ○瀬戸内海漁業取締規則改正（農林省令第六号） ○貴族院本会議で「水産国策樹立に関する建議案（近衛文麿外一一名提出）」が満場一致で可決される
業恐慌深刻 ○第三回国勢調査（内地人口六四四五万人） ○日本放送協会福岡放送局開局、ラジオ放送始まる

昭和5年
1930

新たに博多湾、筑後川の専用漁業権等も認可される
○農林省告示第三九九号「筑後川専用漁業権」が筑後川漁業組合に免許され（五月一二日）、これに対して浮羽・三井・朝倉三郡町村長会が反対を表明し、さらに地元住民による該権撤廃期成会が結成され反対運動が激化
○七月一八日、西日本一帯を襲った台風により県下海上被害甚大、死者・行方不明二八名、沈没船一三八隻、総損害額三六万五九一五円（県水産課調査）
○博多湾沿海漁業組合連盟で「今津湾の干拓計画（一三八町五反歩埋立）」反対を県に陳情
○豊前海における打瀬網、爆薬・毒薬使用密漁船一斉取締を門司水上署長以下六〇名が六隻監視船に乗込み行う
○小倉市藍島漁業組合内で漁業権貸付料の分配に関し新旧両派に分かれて紛争す、県水産会長等の仲裁でも物別れとなる
○四県有明海浅蜊缶詰業水産組合創立総会が福岡で開催される
○筑後川沿岸町村長会、北九州工業用水分水反対を決議
○第三回肥筑水産懇談会が唐津で開催され、機船底曳網違反船対策、共同漁場免許第四二七六号大羽鰛刺網漁業許可問題等が協議される
○長崎・佐賀・福岡・山口・熊本五県機船底曳網漁業取締規則改正打合会議が長崎で開

昭和5年 1930	昭和6年 1931
催される ○筑豊漁業組合連合会、山口県豊浦郡漁業組合連合会は鰮刺網漁業の漁区、出漁船数等を協約し、機船底曳網及無許可巾着網に対する徹底的検挙、行政処分励行を関係知事へ請願することを決める	○県水産課に漁業用発動機船監督指導専任技手を置く、県下の発動機船（五年度末）四〇七隻、六年度末には約五〇〇隻の見込み ○鮟鱇網漁業不況対策協議会（県内）を山門郡沖端村で開催し、新漁場開拓、該組合活動充実、漁業用資材の共同購入、共済制度の必要制等が協議される ○豊前海沿岸鹹水養魚池において昨年から試みた蟹（ガザミ）養殖は大阪、東京方面への移出結果、好成績を収める ○寿泉苔（川茸苔）の商標権範囲確認審判請求訴訟が朝倉郡金川村業者から久留米市業者を相手取りなされる ○福岡大分両県淡水漁業組合協議会、三潴郡木佐木村侍島淡水養魚場で開催 ○福岡県の玄界灘を中心とする機船底曳網漁業許可に対し山口県機船底曳網漁業組合連合会が抗議す ○水産試験場、稚鮎一八万尾を筑後川、矢部川、星野川、六田川で放流 ○有明海缶詰業水産組合総会、山門郡沖端の水産試験場で開催 ○県下二五屯以上の大型機船底曳網漁業者による福岡県遠洋漁業底曳網水産組合の創立
	○第一回全国水産養殖会を東京水産会主催により開催 ○第七回全国漁業組合大会を東京で開催 ○水産国策樹立に関する建議案、衆議院で可決 ○日ソ漁業問題暫定協約成立 ○第一四回瀬戸内海水産連合会を岡山で開催 ○金庫法改正（年賦貸付、保護預り、委託売買認めらる） ○帝国水産会道府県水産会協議会開催 ○帝国水産会、大日本水産会、漁船保険法を発表 ○大阪中央卸売市場開業
	○重要産業統制法公布施行、政府産業合理化を推進 ○全国信連協会設立 ○農林審議会設置 ○満洲事変勃発 ○金輸出再禁止 ○ブリヂストンタイヤ設立、久留米で自動車タイヤ生産始まる ○筑豊炭田大争議、各坑でストライキなされる

昭和6年
1931

総会が開催される

○九州沖縄各県水産会長会議が鹿児島で開催され、水産会の振興策、機船底曳網漁業対策等が協議される

○県水産振興協議会を開催し、各海区の振興方法を策定す

○小倉市平松漁業組合、若松沖～藍島漁場で操業支障を来している門司市塵芥船の投棄対策を県知事に陳情

○水産試験場玄海丸、台湾東海岸の移住漁場適否調査に向かう、漁業者四名便乗

○県、不況に喘ぐ漁村対策として行商、漁獲物加工、漁場拡張等の方針を打出す

○筑後川専用漁業権問題は地元の代議士、県会議員、警察署長らの仲介にもかかわらず解決せず

○福岡県水産集談会が開催され、県諮問事項等を協議し、筑後川漁業権擁護を決議す

○有明海缶詰業水産組合臨時大会を開催し、不況打開策を協議す

○三井の鉱毒水が有明海に流出し魚貝類、海苔の損害甚大、大牟田・三川両漁業組合が三井鉱業所に抗議す

○県、稚魚保護上禁漁区を一五カ所を追加設定、県下全部で禁漁区四五カ所となる

○久留米署、筑後川の組織的な毒薬不法漁業を取調べる

○県、博多・今津湾に禁漁区を設定

○博多新・旧魚市場合併問題が五年越しに解決し、一〇月一日から新会社で出発する予定

○九月一一日、大型台風により県下の漁業、

昭和6年 1931	昭和7年 1932
漁村に甚大なる被害を受け、多くの遭難行方不明者を出す ○福岡市築港委員会、博多築港に基因する漁業権補償金交付を決定 ○宗像郡漁業者代表、機船底曳網密漁船取締方を県に陳情 ○農林省主催の密漁取締協議会が中国、九州各県関係者出席の上、福岡で開催される ○山口・福岡・佐賀三県連合機船底曳網被害対策協議会が福岡で開催される ○小呂島、沖の島各二カ所で「ブリ」飼付漁業が着手される ○山門郡沖端漁民一三名（四隻）が県費補助を得て五島近海への延縄漁業に出漁す	○山門郡漁業者二名、県補助を得てボルネオ東海岸タラオに延縄漁業従事のため出発 ○有明海苔養殖水産組合（大牟田）に上海から七〇〇〇枚、アメリカから一万二〇〇〇枚の注文あり ○筑後川専用漁業権問題は地元警察署長の調停を経てようやく解決に向かう（九月一五日） ○博多新旧魚市場合併し、株式会社福岡魚市場誕生す（三月三一日） ○農林省水産局長通牒により機船底曳網漁船を各県毎に色別塗装となる ○福岡県遠洋漁業機船底曳水産組合（県庁内、管下漁船数七十余隻）、漁業専用無線局設置を熊本逓信局に申請 ○県、水産補習学校を宗像二、粕屋二、京都
	○神戸で全国市水産会長会議に対する帝国水産会の諮問事項に答申（市水産会制度並運用上改善を要する事項、水産物需要改善上市水産会として取るべき方策） ○日本水産学会設立 ○帝国水産会、蔵相・農相あて漁船保険制度につき建議 ○帝水、大水共催水産懇談会、水産講演会を開催 ○農村審議会第二回総会にて漁船保険制度にふれる ○水産事務協議会にて漁船保険制度ふれる ○全国産組大会において産業組合拡充五カ年計画を審議、金庫を通ずる特需資金供給を決議 ○第一五回瀬戸内海水産連合会を高知で開
	○上海事件勃発 ○満洲国建国 ○五・一五事件起こる ○商業組合法公布 ○不動産融資及損失補償法公布 ○金銭債務臨時調停法公布 ○東北・北海道凶作、農村経済危機深刻化 ○日銀引受による国債発行開始、また金利低下を進め、政府統制インフレーション政策に転換す ○上海事変において、久留米工兵隊の三兵士事故死、爆弾三勇士の軍国美談として喧伝される ○「福岡日日新聞」社説で五・一五事件を批判

昭和7年
1932

一、築上一の六カ所に加え糸島郡二カ所（北崎、芥屋村）に増設
○糸島郡漁船六隻が水産試験場昭代丸を先導で大連方面へ出漁す
○小型底曳網密漁取締のため筑豊東部沿海の漁業組合、自警取締連合会を組織す
○山口県宇部付近の漁業者一五〇名、門司市の塵芥海上投棄により漁業に支障を来すとして該市役所に押掛ける、市当局が海上投棄廃止、焼却処分方を声明す
○県漁業取締船「神風丸（五〇屯、一二ノット）」新造就業す
○県、漁業界不振打開の一策として漁業組合合併を奨励す、まず有明海方面から取組む方針を打出す
○福岡県水産会、県下漁業組合長を招集し漁業界不況対策を協議す、負債整理、魚価対策、水産金融、救済事業等
○県、県下沿岸一帯で「稚魚愛護週間」を実施（九月中旬）
○県、水産振興のため漁業取締規則を改正し、禁漁場を増設（県令第四四号）
○戸畑市の共同漁業株式会社トロール船、黄海で遭難、二四名行方不明となる
○宗像郡津屋崎の県営漁港起工式挙行される
○県、糸島郡芥屋で鯛蓄養場（約六〇〇坪）を建設
○博多魚市場営業規定改正促進（買受人制度改革）委員会設置される

催
○帝国水産会道府県水産会協議会開催
○帝国水産会漁村救済全国水産大会開かれる
○遠洋漁業奨励法改正（法律第一四号）
○水産増殖奨励規則改正（農林省令第一六号）
○水産物輸出奨励規則制定（農林省令第一七号）
○魚糧製造奨励規則公布（農林省令第一九号）
○帝国水産会、大日本水産会連名で漁業法の改正に付政府に建議
○帝国水産会、漁船保険制度確立に関し蔵相・農相に建議、全国水産大会の名で農相あて実施方嘆願
○金庫法改正（有価証券保有範囲拡張）
○帝国水産会・大日本水産会、燃料問題懇談会を開催
○産業組合中央金庫特別融通及損失補償法公布
○水産局、漁船保険制度要綱作成、漁船保険実施準備のための予算計上
○産業組合拡充五カ年計画決定
○勅令第二五九号で農林省内に経済更生部を設置
○全国漁業組合大会
○「農山漁村経済更生計画ニ関スル件」を訓令し、経済更生に関する漁村の方針が指示される
○農山漁村経済更生計画助成規則施行、農

昭和8年 1933
○共同漁業トロール漁船、支那東海、南洋、台湾方面へ大挙出漁 ○福岡県底曳遠洋水産組合、短波長無線電信電話を装置 ○有明海海苔生産は年間五〇〇～一〇〇〇万枚、一〇～二〇万円に達す、本年は東京本場の不作から有明海苔は当り年となる ○県、農林省更生計画指示に基き県下の漁村更生事業計画を策定、主な事業：築磯、船溜改修、機関付漁船の新造補助等 ○大牟田海苔養殖業者、海苔の鉱毒被害を三井炭坑に抗議 ○宗像郡鐘崎漁港防波堤の起工式を挙行す ○有明海のタイラギ漁、九年振りの大漁 ○博多湾香椎潟一六万七〇〇〇坪の埋立工事（総工費一〇七万三〇〇〇円、三カ年継続事業）認可 ○福岡魚市場株式会社が正式に認可される（一月一三日）問屋制は一年後に全廃とす ○県、鯉児三万尾、若鮎一〇万尾を県下の河川に放流 ○有明海漁業組合連合会及有明水産会、大牟田で開催 ○筑前海の鯛網漁（大島、新宮、相島、奈多、志賀島、玄界島、野北、芥屋）が大豊漁 ○県下鉱工業排水による漁業被害が顕著、深刻化する
山漁村経済更生運動開始 ○機船底曳網漁業取締規則改正（農林省令第三六号）、許可権は農林大臣に移る ○大日本連合青年団第一回漁村青年指導者講習会を尾道で開催 ○帝水・大水、漁村経済更生計画協議会開催 ○農漁業災害保険法案、漁船保険法案、帝国議会に提出され両者合併の上審議未了となる ○帝水・大水に農林省より漁村経済状況調査を委嘱 ○漁業法改正（法律第三三号）により次の六組合ができることになる 一、漁業組合 二、無限責任漁業組合 三、保証責任漁業組合 四、無限責任漁業協同組合 五、有限責任漁業協同組合 六、保証責任漁業協同組合 ○水産局、漁船保険実施要綱作成 ○船舶安全法公布（法律第一一号） ○第一六回瀬戸内海水産連合会を徳島で開催 ○漁船技術員養成所設立（水産講習所官制改正） ○茨城県三浜漁船保険組合設立 ○法律第五六号をもって水産会法を改正、水産会法施行規則改正 ○漁業共同施設奨励規則改正（農林省令第
○ヒトラー、独首相に就任 ○国際連盟総会、四二対一で日本軍の満洲撤退対日勧告案を可決 ○三陸地方大地震、流失・倒壊・焼失六七〇〇戸、死者行方不明者四二〇〇人、津波による被害甚大 ○政府、国際連盟脱退を声明 ○農村負債整理組合法公布、施行 ○米穀統制法、農業動産信用法公布 ○外国為替管理法公布 ○農村対策根本方針決定（農民精神の作興、農村協同組織の普及、農村の工業化など） ○福岡県を中心に、全九州にわたり共産党をはじめ左翼勢力への大弾圧加えられる（二・一一事件）

昭和８年 1933
○水産試験場、洞海湾内外の工場廃水調査を実施す ○糸島郡加布里漁港竣工 ○第九回福岡県水産集談会が開催され、県諮問事項（地先水面利用開発に関する方途如何、沿岸漁業の基礎をして益々鞏固ならしむる方途如何）が協議される ○農林省が筑後川専用漁業権問題に関する一切の紛争解決を告げる指令を出す（九月） ○筑後川専用漁業権確認後、水産試験場が河川漁業組合結成を積極的に指導奨励 ○水産試験場、鯉と泥鰌の水田混養試験実施 ○博多湾水難救護組合発会式挙行さる ○県、稚魚愛護週間を実施（九月一日～） ○水産試験場、廃塩田（京都郡小波瀬村）を利用した汽水魚養殖試験に取組む ○有明海の赤貝がほとんど全滅す、原因不明、数十年来の珍現象、その一方でタイラギ漁大豊漁 ○漁業生産団体、福岡市の単一魚市場制度反対の声明書を知事に手交す ○共同漁業の新造トロール船、南支那海で操業中大波をくらって転覆沈没す ○県、漁船保険設定準備調査を三漁村（山門郡沖端、糸島郡北崎村、宗像郡神湊）で開始される ○水産試験場の指導により宗像郡津屋崎漁業組合、地先干潟で蛤放養試験を行い、一年間で三倍以上の収益をあげる ○水産試験場有明海研究所加工場落成 ○有明海水産物加工座談会、開催される
一二号） ○帝水・大水、水産緊急事項につき農林大臣に建議 ○帝国水産大会、漁船燃料鉱油免税事務懇談会を開催 ○輸出蟹缶詰取締規則公布、施行 ○秋刀魚漁業制限規則公布 ○母船式鮭鱒漁業水産組合設立 ○産業組合中央会漁村産業組合協議会開催 ○農林省分課規程を改正、水産局に漁政、監督、海洋の三課を設置 ○帝国水産会道府県水産会協議会開催 ○帝国水産会水産学校長懇談会開催 ○帝国水産会・大日本水産会、漁村経済更生指導者協議会を開催 ○大日本青年団幹部講習会を松山で開催 ○産組の購販売事業の伸張、一方反産運動激化す ○漁業技術員協会設立

昭和9年
1934

○県、水産更生策のため漁村実態調査を実施
○県、北九州沿岸・洞海湾の工場廃水及影響調査報告をまとめる、最も甚だしいのは八幡製鐵所の船溜り奥の廃水口付近と洞ヶ岡硫酸工場廃水口付近、次が戸畑魚市場付近、繃帯工場、日華製油各廃水口付近、第三は若松二島の日本硝子工場付近、旧若松港、若戸船場若松水上署付近、平瀬付近
○県下の魚市場統制成り、市町村営三、株式三七、合資一〇、合計五〇魚市場となる
○栃木商事会社所有手繰網漁船第一二若松丸が生月沖で座礁沈没し、一〇名が行方不明
○筑後川専用漁業権問題につき、新たに農林省認可（農林省告示第一二八号）、（筑後川専用漁業権は支流への適用を撤廃、本流だけに縮小される）
○福岡市議会で「福岡港を漁港に改修し発展させる」建議案を可決
○若松・戸畑両漁業組合、洞海湾の鉱毒水は死活問題でありとし転業資金を関係七会社（八幡製鐵所、旭ガラス、旭曹達、九州化学、日華製油、日本板ガラス、服部製作所）に要請
○県下の漁場が工場廃水の被害を受ける、有明海貝類・海苔：三井経営の染料工業所・三井三池鉱業所・日本窒素会社工場・亜鉛精錬所等、豊前海苅田の貝類・海苔：豊国セメント工場、那珂川の白魚：日本足袋工場・鐘紡工場
○県、若鮎二〇万尾を県下各河川に放流
○豊前海の漁業取締船第三英彦丸（一九・

○帝国水産会第一三回通常総会で、水産金融問題調査会設置、水産金融問題調査会第一回例会を開催
○漁業安全法、漁船特殊規則、木船構造規則施行
○沿海州出漁の機船底曳網漁業に対する農林省の許可方針決まり、東経一三一度線、東経一三三度線および北緯四二度線によって囲まれた海区への出漁は六〇隻に限定
○輸出水産物取締法公布、施行
○帝国水産会道府県水産会協議会開催
○水産金融問題全国代表者協議会を東京で開催
○輸出水産物検査規則公布
○農林省、汽船捕鯨船数を二五隻に制限（農林省令第三一七号）、鯨漁業取締規則改正（農林省令第一一号）
○大日本連合青年団活動促進協議会を開催
○第一七回瀬戸内海水産連合会を大阪で開催
○漁業法改正法律の施行期日を公布（勅令第二三一号）
○漁業組合令改正（勅令第二三二号）施行
○漁業組合の漁業自営に関する公布（勅令第二三四号）、施行
○母船式漁業取締規則公布、施行
○農林次官、漁業組合改組方針を通牒
○帝国水産会・大日本水産会は漁村の金融機関の完備を期する目的で水産金融調査会を設置し第一回協議会を開催した

○室戸台風、関西に来襲、死者行方不明者三千余人、家屋流失・全壊四万三千余戸
○政府、ワシントン海軍条約の破棄を通告
○東北・北海道地方大冷害、凶作
○八幡製鐵所、官営から日本製鉄株式会社へ移行

昭和9年
1934

七屯、一〇ノット）竣工
○有明海水産共進会、有明海産水産加工品審査会を行う
○農林省主催の五県連合（山口・福岡・佐賀・長崎・熊本）汽船底曳網漁業取締協議会、唐津で開催す
○県水産会主催、県後援の「水産デー」挙行される、スローガン「日本の強味は水産から」を掲げ、福岡玉屋で水産展示即売会を開催（四月一三～一五日）
○筑豊漁業組合連合会、『玄海専用漁業権及び入漁権総覧』を刊行
○五県連合の機船底曳網密漁船取締を実施す、本県監視船が八隻を捕う
○若松市脇ノ浦漁業組合、八幡製鐵所に対し、若松港地先埋立地に多量の鉱滓投棄により魚介類に悪影響ありとして善後策を陳情
○若松・戸畑漁業組合代表者、転業資金・漁業補償問題解決のため県に調停方を嘆願、県が調停に乗出し関係工場との第一回洞海湾懇談会を戸畑で開催す（六月二三日）
○大分・福岡・山口三県下漁業組合連合会による第一回周豊水産懇談会、中津で開催す
○洞海湾漁業補償第二回懇談会開催するも県、会社側とも態度強硬、まとまらず散会（七月二〇日）
○有明海水産業者大会において、悪水問題を交渉委員八名に善処方一任を決議す
○三井三池鉱業所側、養殖場の赤貝斃死状況を視察
○県、稚魚愛護週間を実施（九月一日～）、

○全国漁業組合大会で遊漁者取締要望試案を採択
○帝国水産会・大日本水産会、漁村指導者講習会を開催
○帝国水産会道府県水産会長会議を開催
○帝国水産会・大日本水産会、漁業組合連合会を開催
○全国漁業組合大会及水産増殖大会を千葉県天津町で開催
○産業組合中央会第二回漁村産業組合協議会を開催
○第四回西部水産大会を朝鮮羅南で開催
○産業組合が漁業組合に対する漁業資金の貸出を開始し、漁業金融に対する積極的態度に出る（昭和一一年における産業組合の貸付漁業組合数は八〇一、漁業用貸付金額は一一〇五万五六二円となる）
○日本捕鯨（株）、初めて南氷洋捕鯨を行う
○農林省、声明を発して母船式サケ・マス漁業者の合同を奨励

昭和9年 1934	昭和10年 1935
県下六カ所で座談会を開催 ○県の漁村更生事業として実施した築磯の効果が各地で認められる ○有明海の工場悪水問題解決す（一一月二一日）、三井側が三〇万円で浄化装置を付ける、県と三井とで毎年一万円を支出し水産業奨励費に当てる ○若松・戸畑漁業組合、関係会社に工場廃水問題について陳情書を提出するも回答なく、漁業者側は誠意なしと激昂し工場廃水溝閉鎖等の実力行使に出る（一二月八日） ○徳島機船底曳網出漁団、福岡移転開始	○有明海大牟田海苔養殖の第一回収穫量は三一万枚で予想一五万枚の倍額以上となる、第二回では一五〇万枚で前年の三割増示す ○県水産課、佐世保鎮守府司令長官に魚礁用として廃艦の払い下げを申請 ○県当局、三井鉱山株式会社三池鉱業所に悪水排水による貝類被害甚大としてその救済方を厳談す ○県水産課、落網奨励講習会を筑前海各地で実施 ○豊前海漁業組合連合会、県知事に台風による漁村被害の救済策として桝網県税の免除方を陳情 ○粕屋郡相島漁業救難組合が組織される ○遠賀川流域三郡漁業組合代表、二瀬鉱業外各炭坑に鉱毒被害救済方を陳情 ○福岡県水産製品検査規則を制定（県令第二四号）
	○帝国水産会、水産会法改正委員会開催、水産金融問題実行委員会開催 ○北洋漁業の統制方針決定 ○東京中央卸売市場開場 ○日魯漁業(株)、母船式サケ・マス漁業を独占 ○産業組合中央金庫特別融通及損失補償法改正、取扱期間三カ年に延長 ○帝国水産会道府県水産会長会議を開催 ○大日本連合青年団漁村青年指導懇談会を開催 ○函館高等水産学校開校 ○帝国水産会・大日本水産会、水産学校長懇談会を開催 ○日ソ漁業条約改訂交渉開始 ○帝国水産会、水産教育振興懇談会を開催 ○水産局長、帝国水産会に対し漁獲物及漁業用品配給改善調査委託の旨通牒、帝国
	○高橋蔵相、公債発行漸減方針を言明 ○農村工業奨励規則公布 ○農家経済上昇に向う ○第四回国勢調査実施（内地人口六九二五万人） ○国防婦人会福岡県本部発会式

昭和10年 1935
○県、各河川に稚鮎二〇万尾を放流 ○福岡県水産会一〇年度事業として、潜水講習・新聞発刊（年六回）・水産物の販売斡旋等を決める ○筑後川漁業権撤廃期成会解散 ○水産デー（四月一三、四日）において、県下漁民大集談会と漁業権祝賀会開かれる ○漁業組合・工場間で長年紛糾の洞海湾悪水問題解決のため吉田磯吉氏（民政党福岡支部長前代議士）調停に乗出す ○福岡城濠埋立工事に湾内一〇ケ浦漁業組合が反対す ○有明海大牟田海苔養殖の総収穫一一〇〇万枚、一三万余円に及ぶ ○六月末の水害により県下の水害総被害二三〇〇万円、水産関係二〇万円に達す ○県水産課、改正漁業法による協同漁業組合の設立勧奨のため各地で懇談会を開催す ○豊前海一八ケ浦漁業組合、京都郡苅田町に計画中の九州曹達株式会社工場設立反対決議文を県経済部長に手交す ○玄海域の福岡・佐賀両県漁民の漁場交渉は馬渡島入漁問題で決裂す ○四県有明海沿岸貝類死滅対策協議会、沖の端で開催 ○県下農山漁村経済更生運動として漁業組合改組協議会開催される ○九州曹達工場の設立が一一項目の条件付きで認可される、漁民側も県の提示条件に満足を示す ○県会で機船底曳網密漁対策問題を取上げる
水産会、漁船燃油及漁業用氷配給問題調査会設置 ○帝国水産会、沿岸漁業懇談会を開催 ○東京湾で漁業者と遊漁者の間に紛争起こる

昭和11年
1936

○有明海大牟田市の海苔養殖生産が大減少、大牟田・横須・早米来・諏訪の四海苔養殖組合員五十数名、海苔不作の原因は工場悪水として三池鉱業所へ実状調査と賠償を要求す
○豊前海八屋漁業組合、農林省の補助を受け蟹（ガザミ）蓄養場を新設
○漁業法、漁業組合法改正に伴う県下漁業組合組織改善運動が進められる
○県、全国における工場汚悪水による漁場荒廃問題に関する資料を収集
○徳島県出漁団、長崎県に「博多・若松両港に移動したが福岡県は船籍を与えぬ」と救済方陳情
○筑豊漁業組合連合会、徳島漁業団の根拠地を福岡に移動することは沿岸漁民の死活問題として反対を表明
○有明海における貝類稚貝の繁殖が確認され、養殖用に採取許可される
○全国水産デー（四月一三日）に合わせ有明海水産業者大会等が開催される
○第一九回瀬戸内海水産連合大会が福岡で開催され、福岡県より水産汚濁防止法制定の件等が提出される
○県水産製品検査所の有明産貝類缶詰検査総数が八五五六四箱、価格約五一万円に達す（一〇年五月～一一年三月）
○県購販連、漁村への雑貨（鉱油漁網等）配給拡充に乗出す
○玄海における佐賀県馬渡島・加唐島・小川島三島沿岸の漁業権問題が福岡・佐賀両県

○北海道機船底曳網漁業水産組合漁船共済会設立
○母船式漁業取締規則改正
○漁船保険制度実施について、第一九回瀬戸内海水産連合大会で要望、帝国水産会で国会へ請願、北日本六県水産連合第一八回大会で決議、水産事務協議会で答申
○漁業共同施設奨励規則改正（農林省第三号）
○帝国水産会同府県水産協議会開催
○日ソ漁業条約および付属文書の効力延長に関する議定書成立
○農山漁村経済更生特別助成規則公布（農林省令第一〇号）
○帝国水産会、水産学校長懇談会を開催
○鯨漁取締規則の一部改正、沿岸捕鯨は大型捕鯨業と小型捕鯨業に分けられる
○水産物加工奨励規則公布（農林省令第一六号）
○帝国水産会および大日本水産会の金融調査会は結論を出し漁業組合中央金庫の創設を陳情
○水産局、漁船保険実施計画要綱作成
○帝国水産会・大日本水産会、第三回漁村指導者養成講習会を開催
○帝国水産会、漁船用燃料免税撤廃の課程対策協議会のための道府県水産会長会議を開催
○帝国水産会、税制改革につき政府に陳情
○第二回漁船燃料問題対策委員会開催
○農林省、諸外国の漁船保険制度発表

○政府、ロンドン軍縮会議脱退
○陸軍皇道派青年将校によるクーデター起こる（二・二六事件）
○馬場蔵相、財政三原則を声明
○商工組合中央金庫法公布
○改正重要産業統制法施行
○農山漁村経済更生特別助成規則施行
○日独防共協定締結
○関門海底トンネルの起工式挙行
○県内で初めてのデパート、小倉に井筒屋、福岡に岩田屋が開店

昭和11年 1936	
間で妥結協定を見る ○帝国水難救済会福岡支部大会、会員四百五十余名出席の下で開催される ○三井鉱業所、海苔養殖業者に対して、①鉱山悪水被害補償金として一人当り五〇万円、全額五八五〇円を支給す、②三井は一万円を五〇年間無利子で海苔養殖業者に貸付け海苔業者の更生施設にあてること、で妥結す ○筑後川漁業組合長、県に筑後川の鮎解禁日を六月一日から五月一九日とし、即時決行を懇請 ○福岡県釣倶楽部、検察局・県・警察に稚鮎の濫獲、毒流しの取締方を要望 ○福岡県水産会主催の第一一回県集談会が開催され、漁業組合連合会組織に関する件（諮問）、漁業振興要望案等が協議される ○福岡漁業組合総会で福岡市の遊漁税に反対を表明 ○佐世保海軍工庁より払い下げの廃艦二隻（一八五屯、四一八屯）を筑前海域の大島、志賀島沿海に沈設し魚礁とす ○第六回西部日本水産大会が長崎で開催され、鉱油輸入税廃止を決議す ○福岡市築港委員会、博多築港工事に伴う漁業権問題の解決策を研究す	○県、筑後川の鮎解禁日を一五日繰り上げ（五月一五日）を本省へ正式に認可申請す ○県下最初の水難組合会連合出初式を挙行す ○「福岡県単一漁業組合連合会結成会」が一
○日ソ漁業第二次暫定協定成立 ○漁業用鉱油免税撤廃問題起こる	○漁船保険法公布（法律第二三号）施行 ○政府、余裕資金運用拡大のため金庫法改正案を議会に提出 ○預金部資金による農山漁村経済更生資金
	○興銀、軍需工業への積極的融資方針を決定 ○日支事変勃発 ○日銀、国債担保貸付利率を商手

昭和12年 1937
二月一六日に開催され、県当局、各海区代表委員等約二〇名出席の上、満場一致で単一漁連結成を決議、結成後の事業は販売、購買、金融の三事業を漸次経営することとなる ○水産試験場、工場汚濁水放流監視調査を開始す ○県、漁業取締規則（明治四四年公布、昭和七、一〇年一部改正）の全面的改正検討に入る ○若松・戸畑漁業組合、洞海湾修築工事に伴う損害補償額が少額であるとして県および内務省に増額を要求す ○糸島郡西ノ浦百余戸、フグ豊漁で賑わう ○県、一二年度漁業共同施設補助として、共同販売所、養蓄殖用施設、製造施設、重油タンク等一〇事業四万九〇〇〇円を進達 ○県、漁業取締規則の全面的な改正を機会に工場汚悪水の放出取締りに関する規則を制定する方針を打出す ○粕屋郡古賀の花鶴川流域に東京大川製紙会社の設立計画に対して、粕屋、宗像の九浦漁業組合が反対を表明し、県水産課、工場課に嘆願書を提出 ○有明海筑後川口にミロク貝の大量発生が確認され、漁業者が県特別許可を得て採取移植を行う ○水産試験場の五年掛りの研究で、有明海の魚介類斃死の原因は工場汚悪水によるものと判明す ○県水産課独立一〇周年記念水産大会が七月
貸出の取扱開始 ○産組大会で第二次産組拡充三カ年計画決議 ○都市水産会指導職員設置助成規則制定（農林省令第二七号） ○機船底曳網漁業整理規則公布（農林省令第三一号） ○機船底曳網整理転換奨励規則公布（農林省令第三二号） ○水産増殖奨励規則改正（農林省令第三五号） ○機船底曳網漁業取締規則改正（農林省令第四一号） ○漁業経営費低減補助金交付規則制定（免税撤廃の代案） ○全国漁業組合協会設立 ○日本淡水漁業振興会設立 ○漁船保険組合補助規則制定 ○帝国水産会・大日本水産会、漁業組合中央講習会を開催 ○帝国水産会、漁業安定策に付道府県水産会に通牒 ○日ソ漁業第三次暫規則成立 ○瀬戸内海漁業取締規則制定（農林省令第四七号） ○重要農水産物増産助成規則制定 ○海産物輸出統制令公布 ○マニラ麻漁網統制規則制定 ○日本海産物統制販売株式会社設立
割引率と同率に引下げ、国債消化を図る ○農村負債整理資金特別融資及損失補償法公布、施行 ○閣議、国民精神総動員実施要綱決定 ○輸出入品ニ関スル臨時措置ニ関スル法律施行（事変に関連し経済統制上必要な物品を指定し、輸出入製造、配給、譲渡、使用、消費等についての広範囲な統制権限を政府に与える） ○国際連盟総会、日本の行動を非難決議 ○日独伊防共協定締結 ○南京陥落 ○労働争議参加、戦前最高 ○県、時難突破の参謀本部「県総動員委員会」を設置

一三日、県庁で開催され、関係者百八十余名が出席し工場悪水、漁業用氷の価格低減、共同製氷開設等が協議される
○豊前海漁業組合連合会、県水産試験場豊前分場設置を県へ陳情
○農林省主催の瀬戸内海関係一府一〇県主任官（行政、試験研究）会議が開催され、機船底曳網の整理、魚族の繁殖保護等を協議
○県水産課の提唱による「漁民の愛国献金運動（一日の漁獲高拠出）」が具体化し、八六組合、一万三〇〇〇人が参加予定
○糸島郡漁業組合長、糸島農学校に水産学科の設置方を県に陳情
○氷の杜絶で東支那近海出漁船が立往生、県水産会長が県へ対策を陳情
○築上郡東吉富町、椎田町、京都郡行橋町、門司市柄杓田町の関係漁業組合が稚魚の愛護運動に取組む
○県水産会、県の漁業振興策の諮問に対して答申す、自治的協同主義による漁民精神の作興を根幹とし荒廃漁場の復興、漁業の統制、経営組織および方法の改善等が盛り込まれる
○博多湾追加修築工事に関わる漁業権補償問題は市と近郊一〇ケ浦漁業組合との間で妥協なる
○農林省、徳島出漁船団の福岡市根拠地を許可す
○県、福岡県水産物の倍増生産拡充五年計画を公表す
○県会、一三年度予算可決するに当たり「鉱

昭和12年 1937	昭和13年 1938
工業汚水対策の確立」を県当局に要請決議 ○県市町村長会長、「鉱工業汚水及沈殿物浄化施設に関する法律制定方」を知事経由で内務、商工両大臣宛に陳情 ○福岡・佐賀・長崎・熊本四県有明海水産振興協議会が山門郡沖端で開催され、国立水産試験場分場の新設、漁政庁設置等の実現に向けた運動を決議	○水試、漁村青年講習会（漁村中堅青年の養成、水産教育、日本精神の養成）を開催 ○県、筑後川・星野川・矢部川で二〇万尾の稚鮎を放流す ○県、国家総動員運動の趣旨徹底のため漁業者懇談会を県下九カ所で実施す ○有明海の海苔養殖、アサリ等の鉱山、工場汚毒水被害問題が深刻化している状況に際して、県は緊急対策協議会を開催す ○県、漁船燃料節約のため一番錨船（市場係留）争いに対して警告を発す ○農林省、本県漁業取締規則改正に際して、鮎解禁繰上げを認めず、従来通り六月一日とする条件付で認可す ○福岡県漁業取締規則を制定し旧規則（明治四四年九月制定）を廃止す、県令第八号、三月一日公布実施 ○保証責任福岡県漁業組合連合会、三月七日付で設立認可される ○県燃料購買券規則発令に伴い、県水産課が揮発油並びに石油消費節約協議会を開催す、漁業用油にも購入切符が必要となる
	○漁業法改正（法律第一三号）漁業組合の産業組合中央金庫加入および組合の貯金業務認められる ○金庫法改正、漁業組合加入および余裕金運用の拡大を認む ○綿糸配給統制規則制定、切符制の採用 ○揮発油販売取締規則公布 ○農林省令第八号をもって水産食料供給確保施設補助を制定 ○国際捕鯨会議に、日本初めて正式代表を送る、国際捕鯨協定成立 ○農林省令第二三号をもって漁業経営費低減補助金交付規則改正（補助対象拡大） ○農林省、水産物販売統制方針成案 ○綿製品の製造、加工、販売等の取締規則制定 ○漁業組合と漁業組合連合会、金庫加入 ○定置漁業の整理統合および漁業関係者の総動員に関する地方長官通牒公示される ○石油統制令公布 ○全国漁業組合連合会設立、全漁連初代会長に戸田保忠、副会長に高草美代蔵就任
	○国家総動員法公布（議会の審議を経ることなく国家権力の発動により、人的物的資源の統制運用を行いうることとなる） ○日米通商条約廃棄を米国が通告

昭和13年
1938

○有明四県第一八回有明海水産研究会において、「国立水産試験場設置」、「有明海漁業取締規則」要望を決議す
○県、八山川、小石原川、那珂川、室見川で二〇万尾の稚鮎を放流す
○四県連合有明海水産振興大会が福岡県主催で開催され、有明海漁業取締の統一、国立水産試験場設置、水質汚濁防止に関する制度確立が決議される
○筑後川の鮎解禁は漁業取締上の便法で五月二〇日となる
○遠賀川悪水対策について沿岸五市一町代表者が県に陳情す
○石油・綿糸・麻等の国家統制対応策として県下漁業組合が出漁の合理化、漁網の保存法等を考究す
○門司港に発生したコレラ防止対策として、七月三〇日付で楯崎・大島・沖島線以西を禁止区域、それ以東を注意区域とす、約半月間禁止措置が継続される
○県水産課、灯火管制時にも使用できる集魚灯を考案す
○水試、漁網やマニラロープ等の代用品研究に取組む
○県経済部長名、各市町村長宛に漁業用物資配給に関する件を通達（水第一二九四号、一〇月四日）
○県、文部省等の共催で漁村社会教育振興協議会を開催し、事変下における漁業生産力維持増進、漁村における生活刷新、銃後の誇りと漁村振興、社会教育等が協議される
○社団法人全国漁業組合協会の解散に伴い同会の有する一切の権利義務を全漁連に承継、同会機関紙「漁村」を昭和一三年一二月以降、全漁連が継続発行
○全漁連・帝水、漁船船員保険制度の適用につき他団体と共同して政府に意見具申
○全漁連、国民精神総動員中央連盟に加入
○母船式漁業取締規則中改正公布、許可制実施
○綿撚糸、マニラ麻製品等直接割当方針決定
○全漁連、農林大臣に対し漁業経営費低減補助金（漁獲物の市況通報と漁獲物の配給状況調査事業費）交付申請書を提出
○全漁連、他団体と共同して漁船船員保険制度に関し、政府に上申書を提出
○金庫、漁業用統制資材共同購入資金貸出開始
○全漁連、農林大臣より昭和一三年度漁業用資材統制普及宣伝に関する事業委託の指令を受く
○第二〇回瀬戸内海水産連合会が山口で開催され、水質汚濁防止法制定方建議、沿岸漁業調整法制定方請願等三〇件が可決される

昭和14年 1939	
○県漁連、主務省の漁業経営費低減施設費補助約八〇〇〇円を得、約一万円をもって漁船発動機関修理工場を新設 ○綿糸配給統制対策として漁網保存施設に県費を補助す ○県水産課、県下漁業組合長を徴集招集して水産関係事業懇談会を開催し、漁業用品物資統制対策について協議す ○糸島郡姫島大敷網に二月上旬より鮪の大漁がみられる ○県、漁村経済更生策として漁業指導員を二名に増やし、県下八六組合の事務、技術の指導に当たらせる ○福岡県最初の筑前漁船保険組合創立総会が三月二日に開催される、四五ケ浦（組合員一〇二〇名）・動力漁船一〇四八隻 ○筑前沿海で鰤、鰮の大漁がみられる（昨年末～今春） ○三井鉱山の鉱毒流出による大牟田海苔業者の転業資金問題は一年三カ月に亙り紛糾せしも、市長等の調停により解決す、大牟田・三浦・早米来・諏訪四組合に転業・賠償費等として総額六〇万円が支払われる ○筑後川の鮎漁は九州のトップを切り五月一〇日から解禁される ○時局下、石炭増産に伴う遠賀川の汚濁は甚だしく、沿岸五市一町住民が死活問題として上記市町村連名で関係大臣、県知事、鉱	○福岡県漁業組合連合会の製氷工場が新設される、明春操業予定
○全漁連、漁業用資材統制協議会を福岡・長崎・熊本・大分等各地で開催 ○全漁連、水産物輸出奨励金・漁業用資材配給統制施設助成金・漁業経営費低減補助金等の交付を受く ○生産資材確保につき全漁連外二団体、政府に陳情 ○全漁連、漁業組合改組促進に関し農林省水産局漁政課長より通報あり ○全漁連、漁業用石油取扱に関し商工大臣に申請書提出 ○北洋出漁者届出規則公布、施行 ○日ソ漁業第四次暫定協定成立 ○水産用灯油軽油の配給割当要綱決定 ○全漁連、第一回漁業組合大会を東京に開催 ○帝国水産会、全漁連、日本定置漁業研究会、院内水産之会、マニラ麻増配につき政府に陳情 ○農林水産物および農林水産用品販売取締規則公布 ○全漁連、第二回漁業組合中央講習会を一カ月開催 ○石油配給統制規則公布、中央の一元的配給機関として石油共販株式会社を創立 ○全国石油販売業者連合会、石油配給機構修正に反対を声明 ○国家総動員法に基づく価格等統制令施行、	
○国民総動員強化方策決定 ○保険業法公布 ○船員保険法公布 ○物価統制大綱発表 ○ノモンハン事件起る ○戦時保険料大幅値上げ ○国民徴用令施行 ○独ソ不可侵条約調印 ○第二次世界大戦勃発 ○価格等統制令公布 ○福岡工場懇話会を福岡産業報国会と改称、産業報国運動に取り組む	

昭和14年 1939	
山監督局長宛に善処方の陳情書を提出す ○福岡鉱山監督局、関係鉱山に対して遠賀川の浄化のため新施設装備の命令を発す ○水産試験場、綿糸網の代用品として絹糸網使用試験や電動力利用地引網試験等を行う ○宗像郡津屋崎沖で津屋崎漁民と大島漁民とが漁場争いから海上で乱闘事件を起こす ○県漁業組合連合会の製氷工場（伊崎浦）が完成す、製氷能力一日一五屯、年間四五〇〇屯 ○水産試験場、魚肉ソーセージを試作し、玉屋 百貨店で試販す ○博多湾箱崎沿海にタイラギの棲息が認められる ○福岡県地区は八・一九物価停止令の対象除外となったため鮮魚・野菜が大暴落す ○有明海の福岡・佐賀両県間で未解決のまま紛争を繰返してきたゲンシキ網入漁問題が五月両県有明海漁業権者会議において協定成立す、両県当局もこれを認め両県同数無償で入漁許可す	○商工、農林両省主催の九州沖縄地区物価統制連絡会議が一月一五日、福岡で開催され、低物価政策・生鮮食料品価格公定に協力することを決議 ○全九州魚市場代表会議が福岡で開催され、生鮮物配給統制に対し業者の既得権および市場経営権を確保すべく、販売手数料引下げ撤廃・漁連共販所の開設反対等を決議 ○福岡市産業委員会、県漁連出願の魚類共同
水産物（加工品）協定価格実施 ○全漁連、全国漁連会長会議を開催し石油共販問題その他資材問題につき協議 ○全国漁連会長会議の結果、石油統制問題につき農林、内務、司法各大臣および企画院総裁に対し陳情書を提出 ○農林水産物価格等統制に関する農林省通牒公布 ○農村、漁村用生産資材配給統制要綱決定 ○カツオぶし、缶詰の協定価格決まる、水産物公定価格の初め ○徴用機船底曳網漁船代船取扱令出る ○産業組合中央会議において全国農山漁村民大会を開催、全漁連より緊急動議として石油配給に関する決議案を提出し可決せらる	○「生鮮食料品の配給並に配給統制に関する応急対策要綱」閣議決定 ○漁網綱配給統制規則の改正公布 ○「生鮮食料品の卸売価格の統制に関する件」商工省決定 ○漁村経済更生指導者協議会を開催 ○全漁連、農林省の委託により全国一道二五県にわたり漁業経営改善講習会六〇回を開催す
	○地方税制改革案要綱決定 ○屑鉄輸出許可半減 ○日伊独三国同盟調印 ○船員徴用令公布 ○銀行等資金運用令公布 ○賃金統制令公布 ○紀元二六〇〇年祝賀 ○各政党県支部、解散合流し大政翼賛会福岡県支部が発足

昭和15年
1940

販売所に賛意を表し、福岡魚市場を買収した中央売市場市営構想の調査研究に着手す
○全漁連、魚類冷凍加工場建設のため福岡市西公園下の市有地払下げ方を出願
○県、海産乾物類等三〇〇種の新公認協定価格を設定し、四月一二日から実施す
○福岡魚市場、姪浜魚市場の福岡市中央部進出の阻止策として姪浜町の魚類買出人に売止を断行す、地元市議の仲介により両市場とも既定方針を白紙に戻す
○糸島郡姫島大敷網の鮪漁および有明海の貝類（浅利・赤貝・うば貝等）が豊漁
○博多魚類商組合（小売商組合）、国の鮮魚価格統制に対して「鮮魚の公定値は利益率決定が良策」と県に申出る
○宗像郡漁業組合長の防空協議会が開催され、集魚灯・船舶灯・海上標識灯の管制等を協議す
○山国川における鯛生金山鉱業所の鉱毒問題は、鉱業所が大溜池造り濾過することで一応解決す
○福岡漁業組合が日本足袋福岡工場からの毒水が那珂川の魚族を死滅させたとして、漁民抗議大会を開催す
○国の生鮮魚貝類七七種の公定価格（六大都市の中央価格）が九月二一日から実施されるに際し、県では当面、中央価格（福岡県の現在価格より二、三割安）を適用し、今後検討の上、地方価格（中央価格より安値）を決定することを表明す
○県漁連の共同販売所設立を認可（一一月）

○全漁連、全国六七カ所において漁業用資材統制協議会を開催し、配給その他に関し協議を行う
○全漁連・帝水、漁船燃料石油につき陳情
○全漁連、農林大臣より漁業用資材合理化使用消費普及宣伝事業委託費・生鮮魚介類出荷統制助成金・農山漁村経済更生助成金・漁業用資材配給統制施設助成金・漁業従事者素質改善委託事業費等の交付を受く
○全漁連、第二回全国漁業組合大会を開催
○帝国水産会の提唱により水産団体連合新体制協議会を開催、水産団体統合案を決定、発表
○全漁連、道府県漁連会長会議を開催し、生鮮食料品配給統制並びに統制団体の生鮮魚介類の責任出荷等を決議
○全漁連、漁業組合と産業組合との集荷分野に関する協議を行う
○全漁連、漁業組合中央講習会を開催す
○帝水・大水・日本缶詰会・海洋漁業会・全漁連・日本冷凍協会を母体として水産食料問題協議会を設立
○海洋漁業資材配給協会による統制始まる
○水産物缶詰販売制限規則公布
○価格統制令により食用塩干魚介類公正価格設定
○生鮮魚介類出荷統制施設助成規則公布
○食用生鮮魚介類販売価格決定
○米・英・ソ三国政府にオットセイ条約の廃棄を通告

昭和15年 1940	昭和16年 1941
○県、明年度水産物生産目標（網数・漁船隻数・従業人員・漁獲量）を国に報告	○福岡県における生鮮魚介類の地方公定価格が決定し、一月一五日から実施される、六○種の魚介類をA・B・Cの三階級に分け、Aは県内で獲れ県外へ移出されるもので中央価格より一割下げ、Bは県内で獲れ県内で消費されもので同じく五分下げ、Cは他府県から移入されるもので中央価格通りとす ○福岡魚市場と県漁連共販所との対立問題は地元県議の調停で一応解決す ○県漁連、傘下の各漁業組合を漁業報国としての常会組織編成を検討す ○農林省、漁連共販所に対して「配給は中央市場を中心とする一本建、生産者はあくまで生産圏内で」との方針を示す、県では当面、魚市場との集荷争奪や魚価競り上げなどの弊害は見られないとして静観す ○福岡魚市場と漁連共販所とのもつれは魚不足も加わって拡大す ○福岡市産業委員会、福岡魚市場・漁連共販所間の魚騒動を円満に解決されるように県警察部長に陳情 ○福岡県税賦課徴収条例の改正に伴い漁業関係税も大幅に改訂される ○農林省は鮮魚介類配給統制規則（四月一日
○全国水産配給業者組合設立 ○地方税を改正して、漁業権税、船舶税を新設 ○魚油配給統制規則制定 ○日本遠洋底曳網水産組合連合会設立	○日本海洋学会創立 ○全漁連、農林大臣より漁業経営費低減指導職員設置補助金、生鮮魚介類出荷統制助成金等の交付を受ける ○全漁連、漁村経済更生協議会を開催 ○全漁連、全国一道二四県に亙り漁業経営改善講習会を開催 ○全漁連、全国一道四〇県に亙り漁業用資材統制協議会を開催、資材配給方法その他に関し協議をなす ○国家総動員法に基づく生活必要物資統制令（後に物資統制令）により鮮魚介配給統制規則公布、施行（農林省令第一四号） ○魚類統制連合会設立 ○農林省、地方主任官、道府県水産会長、道府県漁連会長等を招集し水産緊急対策を協議 ○帝国水産会、増殖指導員講習会を開催 ○農林省、石油重点配給および漁業協同組合化促進につき地方長官に通牒 ○全漁連、全国漁業組合学校を開設 ○帝国水産会、道府県水産会協議会を開き創立二〇周年記念式典を挙行 ○産組法施行規則改正公布、施行、系統余
	○閣議、人口政策確立要綱を決定、内地人口の四割を農業で保有することを目標に掲げる ○治安維持法改正（予防拘禁制を追加） ○兌換銀行券臨時特例法公布、管理通貨制度へ移行 ○国民更生金庫法公布 ○国民貯蓄組合法公布 ○生活必需物資統制令公布 ○船舶保険法公布、施行 ○大都市に米穀通帳制度実施 ○日ソ中立条約締結 ○財政金融基本方策要綱決定 ○米・英・蘭・加四カ国、日本の資産を凍結 ○時局共同融資団結成 ○重要産業団体令公布 ○太平洋戦争勃発 ○戦時非常金融対策要綱決定 ○言論・出版・集会・結社等臨時取締法施行 ○八幡製鐵所産業報国会発足 ○福岡県庁で翼賛九州大会開催 ○福岡県会で「聖戦達成決議」を

昭和16年 1941	昭和17年 1942
公布）に基づく福岡県下の指定陸揚地を戸畑一カ所とす、県では戸畑に鮮魚介類出荷統制組合（生産者・仲買人・運送業者）、関門地区鮮魚介類配給統制協会を設置す ○筑後川漁業組合は県の協力を得て筑後川に鯉児二万四〇〇〇尾を放流す ○水産試験場、糸島郡深江海岸で電力利用地曳網試験を実施す ○博多港が魚介類陸揚地の指定から洩れたため水揚量が揚がらず、福岡市産業委員会において市場関係者は陸揚地指定の陳情を要望す、農林省に陳情す ○筑後川漁業組合漁民、筑後川の鮎が鯛生金山からの鉱毒により斃死したとして対策を県に陳情 ○福岡市大濠公園の堀に突然赤潮が発生し、イナ、鯉、鮒等が浮上斃死（七月三〇日） ○九州地方物価連絡協議会が福岡で開催され、鮮魚介類公定価格について協議す ○県会において魚の集荷、配給統制の件が取上げられる ○県、草魚三万尾を県下各河川、沼池に放流	○水産物販売統制規則の主旨徹底を期して県経済保安課が全県的に水産物販売状況の一斉取締りを断行 ○水産試験場、筑前海の磯漁場増産を目的に岩面掻破機使用の講習会を実施す ○水産試験場、有明・豊前海の貝類増殖を目的に耕耘機による海底の耕耘掃除を実施す ○水産試験場、糸島郡芥屋海岸の海草繁殖を
裕金の上級団体への集中をはかる ○水産統制令の実施要綱閣議で決定、水産統制会設立 ○第七次日ソ漁業協約第六次暫定協定成立	○水産物配給統制規則公布（農林省令第一号）施行 ○水産統制令公布（勅令第五二〇号）施行 ○一七年一月の一般的行政事務簡捷に関する「行政事務簡捷」に基づく、既存水産関係法規全部にわたっての部分的改廃があり、引き続き全般的補助規則が整理統合されて漁業の生産奨励規則（農林省令
全会一致で可決	○大東亜建設宣言 ○大日本翼賛壮年団結成 ○戦時金融金庫法、南方開発金庫法公布 ○日本銀行法公布 ○金融統制団体令公布、施行 ○企業整備令公布 ○全国金融統制会設立

昭和17年 1942	
図るため一〇〇〇坪余にわたり岩面掻破を行う ○九州各県物価統制協力会議連絡会において水産食料品価格是正について検討す ○関門地区魚類配給統制協会、鮮魚の末端配給機構整備について協議 ○農林省・県の斡旋により福岡魚市場・県漁連魚市場・姪浜魚市場の経営を統合し「福岡市魚配給株式会社」を設立す ○福岡検察局、鮮魚闇取引事件で小売業者・蒲鉾業者百五十余名を国家総動員法違反として起訴す ○福岡市、福岡市魚配給株式会社（三市場統合）における買受人（小売業者）統制のため福岡市魚類買受人組合を結成させる ○県、関門指定消費地区における魚類の適正配給を図るため北九州・福岡・嘉穂・鞍手・遠賀五地区毎に魚類買受人組合を設置 ○宗像郡大島村翼賛壮年団、銃後の漁業増産・職域奉公と闇取引根絶を宣言 ○県、鮮魚配給の整備強化を図るため農林省指定地域以外の全県下に適用する福岡県鮮魚介配給統制規則公布（県令第一一九号）、一一月一二日から施行 ○県会で漁業増産施策の件が取上げられる	○県、汚水放流取締規則を公布（県令第一二号）、対象河川に遠賀川を指定 ○福岡市、県下のトップを切り春吉校区を対象に鮮魚の末端配給制を試験的に実施す ○鮮魚配給制（鮮魚仲買人から直接隣組へ割
第六一号）が公布された。この規則で廃止された省令は、水産増殖奨励規則、重要農林水産物増殖助成規則、漁業経営費低減補助金交付規則、漁業共同奨励規則、漁業用無線普及補助金交付規則、農林水産用瓦斯発生装置設置奨励規則である。 ○水産統制令に基づく統制会社として 一、帝国水産統制株式会社 二、北太平洋漁業統制株式会社 三、日本海洋漁業株式会社 四、西太平洋漁業統制株式会社 五、日蘇漁業統制株式会社が設立決定 ○中国・四国・九州一六県からなる「西日本鮮魚介出荷統制組合連合会」を設立 ○機船底引網漁業臨時許可要綱公布され、昭和一三年以来行われてきた機船底曳網漁業の整理は中止される ○カツオ・マグロ漁業届規則公布（農林省第七九号）施行 ○帝国水産統制株式会社設立 ○東洋レーヨン(株)、アミランテクスを製造、全漁連を通じて市販	○水産業団体法公布（法律第四七号） ○水産業団体法施行令公布（勅令第六七号）、水産業団体法施行規則公布（農林省令第六七号） ○産組金庫法改正、改称および森林団体加
○ミッドウェー沖海戦、日本艦隊敗北 ○軍需保証手形制度実施 ○政府方針により「福岡日日新聞」、「九州日報」合併、「西日本新聞」創刊 ○福岡県内五私鉄が統合され、西日本鉄道が発足 ○福岡県会で「聖戦達成決議」が全会一致で可決	○日本軍、ガダルカナル島撤退開始 ○生産増強に対する緊急物価対策要綱、価格報奨制度要綱制定 ○納税準備預金制度創設

昭和18年
1943

当配給）を県下の一〇市二町で実施す
○宗像郡玄海七ケ浦漁業組合長連合協議会、鮮魚闇取引の絶滅並び違反の仲買・小売業者に対して即時取引停止を決議す
○水産業団体法（九月一一日施行）に基づき県下水産業者の大同団結により県水産業会とその傘下単位漁業会として発足することとなる
○県翼賛壮年団、鮮魚適正配給確保に乗出す、県保官・業者代表・翼壮幹部からなる闇撲滅専門委員会を設ける
○県翼賛壮年団配給消費委員会、鮮魚配給機構の簡素強力化・末端配給機構の整備等に取組む
○県、阪神方面へ流出するフグを県内に確保するため公定価格の指定を廃止す
○農林省、水産業団体法に基づき本県に対して県水産業会の設立と既存団体の解散命令を発す（一〇月二七日）、解散命令法人は福岡県水産会、保証責任福岡県漁業組合連合会、筑豊水産会、豊前水産会、有明水産会、八女郡水産会
○福岡県水産業会の創立総会が開催される（一二月一一日）、事業は水産業の指導奨励・調査研究、業者の指導教育・統制・生産強化、魚介類の加工・保蔵・運搬・販売、会員に対する資材配給、製氷
○県、明年度の漁業振興策として魚床増設、鰯の人工孵化、共同曳船の建造、海底開発（耕耘機による海底掻き）等を打出す

入認められる
○生鮮食料品価格対策要綱決定
○日本海洋漁業統制株式会社設立
○食料増産応急対策要綱決定
○第二次食料増産対策要綱決定
○漁業組合学校を「漁業会学校」と改称
○産業組合中央金庫、農林中央金庫と改称
○重油、揮発油、ガソリンの切符制施行
○中央水産業会設立、中央水産業会は帝国水産会および全漁連の事業を継承するのみでなく、水産物生産の計画化、漁業報国精神の昂揚をはじめ諸施設の積極的強化を実施するとともに、魚油および魚粕の集荷に関する中央統制機関となる。日本油脂販売会社の事業を吸収継承するほか、従来二元的になされてきた漁業資材の配給は、中水が一元的に取扱う
○機船底曳網漁業整理転換規則廃止
○カムチャッカ西岸地で冬季のトロール漁業行われる
○朝鮮のイワシ漁業全面的停止
○西日本漁業組合連盟水産会総会が唐津で開催され、時局下の水産物増産確保、資材配給、漁場の整理統合、新漁場開拓、水産団体の統合、水産製品の配給統制等を協議す

○国債貯金規則公布、施行
○イタリア無条件降服
○統制会社令公布
○軍需会社法公布、施行
○第一回学徒兵入隊（学徒出陣）
○閣議、都市疎開実施要綱を決定
○福岡県内初めの満蒙開拓義勇軍二七〇名出発
○福岡県でも学徒出陣壮行会が行われる

昭和19年 1944	
○知事、水産業団体法第八九条により県下漁業協同組合等に対し解散命令を発す ○県内の一般家庭における魚不足が続く ○県、県下一一市一町において鮮魚登録配給制の実施に向け検討協議す ○県、食料増産のために県民に一層の努力を促す ○県翼賛壮年団、魚不足打開のため県下四四市町村の翼壮団長に対し魚不足実態調査を実施す ○県会、福岡市会等で鮮魚不足対策が取上げられる ○県、公定価格のない大衆魚介類に自粛価格を設定することを検討す ○県協力会議、中央に魚類公定価格の是正方を申入れる ○機船底曳網漁業の臨時措置（農林省令）に基づき西日本各県知事が機船底曳網漁業の連携効率的操業を申合す ○県水産会、戦時食料増産運動を展開す	○水産業団体法施行法細則制定（県令第五号、一月一五日） ○B29、博多湾に機雷投下、五月二七日 ○重要水産物生産令施行規則により県下の対象重要漁業を指定す、県告示第四六四号、六月一六日 ○敵潜水艦が潜む中、空爆の合間を縫って鰯巾着網等が操業される ○小呂島で空爆により大部分の家屋が焼失す
○南日本漁業統制株式会社設立 ○日ソ漁業協定成立 ○以東底曳網漁業の許可権、地方長官に移管 ○「生鮮食料品の出荷配給機構の整備強化に関する件」閣議決定 ○農商省、戦時食料増産推進本部を設置 ○南満洲海洋漁業統制株式会社設立 ○「水産物配給統制規則」公布実施（農商務省令第八六号）、鮮魚介および加工品を一本にまとめた統制 ○漁村金融協会設立	○重要水産物生産令公布（勅令第八八号） ○重要水産物生産令施行規則公布（農商務省令第九号） ○重要水産物生産令施行規則第二条による対象漁業の指定（農商務省告示第一五五号） ○重要水産物生産令施行規則第一条第一項第二号による対象漁業の指定（農商務省令第二〇八号）
○閣議、緊急国民勤労動員方策（女子挺身隊への強制加入法制化）・緊急学徒勤労動員方策要綱（動員期間を年間四カ月間継続して行う）を決定 ○決戦非常措置要綱決定 ○高級娯楽飲食等禁止 ○割増金附預金規則公布 ○サイパン島陥落 ○勧業銀行、残存農工銀行五行を合併、農工銀行消滅 ○閣議、国内防衛方策要綱を決定 ○北九州に初めて空襲、八幡以下五市学童疎開の指定を受ける ○福岡県内四銀行間で合併、翌年福岡銀行誕生 ○福岡県会で「聖戦達成決議」を全会一致で決議	○B29、東京を大空襲 ○米軍、沖縄本島に上陸 ○ソ連、日ソ中立条約の不延長を通告 ○閣議、国民義勇軍隊結成を決定 ○九州大学医学部で米軍捕虜の生体解剖事件 ○福岡市大空襲、以後県内各地で大規模な空襲が続く ○戦時緊急措置法施行、内閣に裁権付与

昭和20年
1945

○戦争終結と同時に沿岸各地で漁業増産に邁進す
○福岡県水産会長、応徴船の復帰・資材整備等により漁業増産・食膳への鮮魚増の見通しを語る
○九州地方総監府、九州各県経済部長会議を福岡で開催し、食料増産の具休的指針等について討議す、その中で漁業増産も討議される
○中央水産会福岡支所、全九州の水産業現状の聞取調査を実施した結果、資材不足と価格低廉が漁業増産の最大のネックとなっていることが判明す
○県、明年度予算に漁船新造費補助二七万八五〇〇円を計上す
○福岡市・福岡市魚類小売商組合等が協議の結果、市内九カ所でアジ・サバ等鮮魚を廉価で自由販売す
○中央水産会福岡支所、全国農業会九州支部と交渉し、漁業用燃料として松根油を精製し各地区に提供す
○県会で遠洋漁業振興、鮮魚供給体制問題等が取り上げられる
○県会で「県立水産学校設置方に関する意見書」が採択される

○沿海一二海里以内機帆船自由航行、GHQの非公式了解
○魚介類青果物の統制撤廃に関し閣議決定
○第一次漁区拡張（マッカーサー・ライン正式設定）
○トルーマン「漁業資源保存水域設定に関する宣言」
○漁船航行禁止緩和（覚書八〇号）
○農林省、臨時漁船取締規則（五トン以上漁船登録）
○水産統制令撤廃（勅令第六三号）
○戦時中の「石油配給統制規則」および購買券制度廃止
○中央水産業会「水産業団体法改正に対する要望事項」を発表
○日本漁民組合結成
○野菜鮮魚統制撤廃（農林省令第一七号）
○水産統制施行規則廃止（農林・司法省令第一号）
○鮮魚介の価格統制および配給統制撤廃（農林省告示第四〇号）、水産加工品は統制存続
○小笠原近海捕鯨許可
○重要水産物生産統制令廃止（勅令第六七二号）

○広島に原子爆弾投下
○ソ連、対日宣戦布告
○長崎に原子爆弾投下
○政府、ポツダム宣言受諾、太平洋戦争終了（八・一五）

○米艦ミズーリ号上にて、降伏文書に調印
○GHQ一〇〇トン以上船舶航行禁止
○トルーマン大統領、日本占領方式発表
○東久邇内閣成立
○ソ連、全千島の領有布告
○米大統領日本管理政策発表
○全日本海員組合結成
○幣原内閣成立
○マッカーサー司令部、必需物資輸入措置令
○マッカーサー司令部、国内貯蔵全石油民需向指令
○GHQ財閥解体指令
○マッカーサー司令部、農地改革を指令
○国家総動員法等廃止
○労働組合法公布（戦後初の民主化立法）
○農地調整法一部改正法公布（第一次農地改革）
○福岡県会で知事「敗戦責任について」言及

昭和22年 1947	昭和21年 1946	昭和20年 1945
○国の措置に対応して「福岡県鮮魚介配給規則」（県令第六六号）を制定し「福岡県水産物統制規則」廃止 ○福岡市で「魚菜を与えよ」デモ開催 ○県議会で「生鮮食料品確保、適正配給」決議案が緊急動議で可決される ○漁民団体「配給統制機構撤廃と公定価格制度廃止」を表明 ○生鮮食料品価格に対する県下一斉取締が行われるも、開店休業戦術で魚は雲隠れ	○「福岡県水産物統制規則」（県令第四四号）制定、陸揚地・出荷機関・配給荷受機関等を指定 ○生鮮魚の品不足、ヤミ値横行 ○コレラ発生のため筑前海沿海（遠賀郡遠見鼻～糸島郡仏崎、博多湾を含む）で漁業使用禁止となる（八月）	
○水産局、漁業法案（第一次案）・漁業協同組合法案（第一次案）を公表 ○「鮮魚介配給制度」（省令第二八号）実施 ○水産用石油割当実施要領公布 ○水産物統制令廃止（政令第一五五号） ○農林省、GHQに対し漁業法改正第三次案提出	○米国国務省「対日漁業基本政策」発表 ○「水産物統制令公布」（勅令第一四五号）、生鮮食料品再統制 ○水産業団体法中改正法律（勅令第三四号）施行 ○中央水産業会、漁業制度改正の審議開始 ○GHQの指示により水産局は水産業団体制度、漁業法改正の立案に着手 ○中央水産業会臨時総会「漁業協同組合法案要項案」を決定	○漁業用燃油初輸入 ○水産業団体法中改正法律案要綱発表 ○第二帝国議会で水産業団体法等改正案の提案理由説明 ○水産業団体法の一部改正（法律第五九号）即日施行 ○木造船一二万トン、鋼船二一万トン建造計画閣議決定 ○商工省「石油配給統制要綱」を発表、水産用石油は切符制となる
○衆議院解散（帝国議会の終幕） ○初の公選知事、市町村選挙実施 ○第一回国会開会 ○初代公選福岡県知事に杉本勝次（社会党）が当選	○GHQ軍国主義者の公職追放、超国家主義団体の開放を指令 ○新旧円交換 ○憲法改正の勅語発表 ○復興金融金庫報公布 ○第二次農地改革 ○日本国憲法公布	

昭和23年 1948	昭和24年 1949	昭和25年 1950
○「西日本新聞」社説（一一月一二日付）で「生鮮食料品統制を完遂せよ」と主張 ○漁業生産の増大、流通条件の改善および公定価格の値上げによってヤミ価格は低下し、都市への水産物入荷は次第に増加す ○粕屋郡相島漁業組合所属の三生産組合漁船が出漁中、突風により遭難、七隻が転覆沈没し三〇名の死者を出す（一二月一四日）	○「西日本新聞」社説（九月五日付）で「食料統制解除の機運」を論ず ○県下の漁業協同組合の設立登記は五～一一月でほぼ終了す ○「西日本新聞」社説（一一月二八日付）「漁村民主化の方向」で水産業協同組合法施行に伴う課題を論ず	○福岡県漁業取締規則（昭和一三年県令第八号）の一部改正（規則第一六号） ○水産物統制の全面的撤廃 ○福岡県漁業調整委員の選挙が行われ、筑前・豊前・有明三海区漁業調整委員会発足 ○福岡県内水面漁場管理委員会設立 ○各海区、内水面における漁場計画作成基本方針の検討始まる ○「西日本新聞」社説（八月一九日付）「漁調委の運営に臨む」で漁業制度改革における漁調委の重要性を論ず
○全国海苔増殖協会創立 ○水産庁設置法公布（法律第七八号） ○漁業法案、漁業法施行法案第三次案が経済閣僚懇談会で否決 ○水産業協同組合法公布（法律第二四二号）、水産業団体の整理等に関する法律公布（法律第二四三号）	○水産業協同組合法施行、水産業団体法廃止 ○漁業法改正第四次案閣議決定 ○水産業団体整理特別措置法（法律第九〇号）成立 ○漁業法（法律第二六七号）、漁業法施行法（法律第二六八号）公布	○済州島漁船だ捕事件発生 ○以西底曳漁船、マッカーサー・ライン侵犯しきり ○水産庁長官「都道府県の漁業取締規則の改正に関する件（第六八七号）」通達 ○漁業法（政令第三〇号）、漁業法施行規則（省令第一六号）公布 ○漁港法（法律第一三七号）公布 ○水産資源枯渇防止法（法律第一七一号）、同施行法公布 ○水産業協同組合育成対策協議会開催（資金対策、出資の充実、貯蓄の増強、組合の運営対策について協議）
○李承晩「大韓民国」の独立宣言 ○朝鮮民主人民共和国独立 ○極東裁判判決、全員有罪 ○福岡県出身の広田弘毅、A級戦犯として絞首刑に処せられる	○下山事件・三鷹事件発生 ○西独政府成立 ○中華人民共和国成立 ○東ドイツ成立宣言	○トルーマン大統領、対日講和交渉の早期開始を要望する旨声明 ○朝鮮動乱勃発 ○朝鮮動乱の特需景気続く

参考文献

第一編

(1)「漁業組合範例・第二次」農商務省水産局、一九一四年
(2)「漁業組合関係地方例規」農商務省水産局、一九一四年
(3)「水産組合要覧」農商務省水産局、一九一九年
(4)「福岡県史稿・制度之部」福岡県立図書館蔵
(5)「第二〜二十四回福岡県勧業年報」福岡県、一八七九〜一九〇三年
(6)「福岡県漁村調査報告・漁業基本調査・第一報」福岡県水産試験場、一九一七年
(7)「福岡県要覧・第一輯」福岡県水産試験場、一九二六年
(8)「福岡県漁村調査」福岡県水産課、一九二九年
(9)「漁村基礎調査」福岡県水産課、一九五〇年
(10)「福岡県水産事情」福岡県水産課・福岡市経済課・福岡商工会議所、一九五二年
(11)『福岡県物産誌』九州近代史料刊行会、一九五六年
(12)福岡県警察史編纂委員会『福岡県警察史・明治大正編』福岡県警察本部、一九七八年
(13)『福岡県農業試験場百年史』福岡県立農業試験場、一九七九年
(14)『福岡県史・近代史料編・農務誌・漁業誌』福岡県、一九八二年
(15)『福岡県水産試験研究機関百年史』福岡県水産海洋技術センター、一九九九年
(16)(財)福岡筑前海沿岸漁業振興協会『福岡市漁村史』福岡市漁業協同組合、一九九八年
(17)「漁場区域査定書」筑豊漁業組合、一八九一年
(18)筑豊水産組合編『筑豊沿海志』(復刻版)文献出版、一九七六年
(19)「玄海専用漁業権及入漁権総覧」筑豊漁業組合連合会、一九三四年
(20)「水産業協同組合制度史・I〜IV」全国漁業協同組合連合会、一九七一年

(21)「大日本水産会報告・第三十六号」大日本水産会、一八八五年
(22)海妻猪勇彦「福岡県地方税沿革」福岡県、一八九〇年
(23)楠美一陽『山口県豊浦郡水産史』（復刻版）マツノ書店、一九八〇年
(24)浅野陽吉「佐嘉・久留米両藩の筑後川漁場論争」（『筑後』第六巻・第一号、一九三八年）
(25)清水弘・小沼勇『日本漁業経済発達史序説』潮流社、一九四九年
(26)潮見俊隆『日本における漁業法の歴史と性格』日本評論社、一九五一年
(27)近藤康男編『日本漁業の経済構造』東京大学出版会、一九五三年
(28)岡本信男『近代漁業発達史』水産社、一九六五年
(29)金田禎之『漁業紛争の戦後史』成山堂書店、一九七九年
(30)羽原又吉『日本近代経済史・上巻』岩波書店、一九八一年
(31)片山房吉『大日本水産史』（復刻版）有明書房、一九八三年
(32)ＮＨＫ産業科学部『証言・日本漁業戦後史』日本放送出版協会、一九八五年
(33)清水照夫・岩崎寿男『水産政策論』恒星社厚生閣、一九八六年
(34)小沼勇『漁業政策百年――その経済史的考察』農文協、一九八八年
(35)高橋美貴『近世漁業社会史の研究』清文堂、一九九五年
(36)荒居英次『近世の漁村』吉川弘文館、一九九六年
(37)青塚繁志「明治漁業布告法の研究・Ⅰ」（『長崎大学水産学部研究報告』第一六号、一九六三年）
(38)青塚繁志「明治漁業布告法の研究・Ⅱ」（『長崎大学水産学部研究報告』第一七号、一九六四年）
(39)青塚繁志「明治漁業布告法の研究・Ⅲ」（『長崎大学水産学部研究報告』第一八号、一九六五年）
(40)青塚繁志「明治漁業布告法の研究・Ⅳ」（『長崎大学水産学部研究報告』第一八号、一九六五年）
(41)青塚繁志「明治漁業布告法の研究・Ⅴ」（『長崎大学水産学部研究報告』第一九号、一九六五年）
(42)青塚繁志「明治漁業布告法の研究・Ⅵ」（『長崎大学水産学部研究報告』第一九号、一九六五年）
(43)水産庁編『水産関係法令集・漁業制度編』水産週報社、一九五六年
(44)水産法令研究会『漁業基本制度法令集』成山堂、一九八八年
(45)藤本俊史「福岡県における地方条例としての違式詿違条例――本松文書を中心として」（〔財〕西日本文化協会福岡県地域史研究所編『福岡県地域史研究』第三号、福岡県、一九八四年）

(46)平野邦雄・飯田久雄『福岡県の歴史』山川出版社、一九七四年
(47)川添昭二ほか『福岡県の歴史』光文館、一九九〇年
(48)川添昭二ほか『福岡県の歴史』山川出版社、一九九七年
(49)『福岡県史・近世史料編・福岡藩浦方(一)』福岡県、一九九八年
(50)支倉サツキ・末田和代「スイゼンジノリ(川茸)の研究――郷土料理材料としての沿革」(『食生活研究』五(六)、一九八四年)
(51)「福岡県信漁連二十年史」福岡県信用漁業協同組合連合会、一九七一年
(52)「創立三十周年記念――福岡県漁連の歩み」福岡県漁業協同組合連合会、一九八〇年
(53)「漁連の概要」福岡県有明海漁業協同組合連合会
(54)「法令全書」、「官報」
(55)「福岡県公報」
(56)「詳説福岡県議会史　明治・大正・昭和各編」
(57)「福岡県会会議録」
(58)「福岡県統計書・勧業編」
(59)『築上郡志・上巻』福岡県教育会築上支会、一九一二年
(60)『三池郡誌』三池郡役所、一九二六年
(61)『福岡県三潴郡誌』三潴郡役所、一九七三年
(62)『大川市誌』福岡県大川市役所、一九七七年
(63)『川副町誌』川副町、一九七九年
(64)『豊前市史・上巻』豊前市、一九九一年
(65)『豊前市史・下巻』豊前市、一九九一年
(66)『大和町史・通史編・上巻』大和町、二〇〇一年
(67)『新柳川明証図会』柳川市、二〇〇二年
(68)「奈多文書」福岡市漁業協同組合奈多支所蔵
(69)「山坂文書」福岡県立図書館蔵
(70)「唐泊文書」福岡市漁業協同組合唐泊支所蔵
(71)「福陵新報」

(72)「福岡日日新聞」
(73)「九州日報」
(74)「西日本新聞」

第二編

(1)海妻猪勇彦「福岡県地方税沿革」福岡県、一八九〇年
(2)「福岡県史稿・制度租税法　上・中・下」福岡県立図書館蔵
(3)羽原又吉『日本近代漁業経済史・上巻』岩波書店、一九五七年
(4)青塚繁志「明治初期漁業布告法の研究・Ⅱ」(「長崎大学水産学部研究報告」第一七号、一九六四年)
(5)土方成美『財政史』(現代日本文明史・第六巻)東洋経済新報社、一九四〇年
(6)藤田武夫『現代日本財政史・上巻』日本評論社、一九七六年
(7)丸山高満『日本地方税制史』ぎょうせい、一九八五年
(8)川添昭二ほか『福岡県の歴史』光文館、一九九〇年
(9)「法令全書」、「官報」
(10)「福岡県公報」
(11)「福岡県会会議録」
(12)「福岡県会決議録」

第三編

(1)「第四〜十一回福岡県勧業年報」福岡県、一八八一〜八八年
(2)「水産事項特別調査」農商務省農務局、一八九四年
(3)「福岡県水産試験場第五号報・海苔養殖製造試験報告」福岡県水産試験場、一八九九年
(4)「福岡県水産試験場第九号報・飛魚刺網試験・揚繰網試験」福岡県水産試験場、一八九九年
(5)「第十五報・海苔養殖製造試験報告・第二回」福岡県水産試験場、一九〇〇年
(6)「明治三十四年度福岡県水産試験場業務報告」福岡県水産試験場、一九〇一年
(7)「福岡県漁村調査報告・漁業基本調査・第一報」福岡県水産試験場、一九一七年

(8)「福岡県漁具調査報告・漁業基本調査・第二報」福岡県水産試験場、一九一九年
(9)「明治四十三年度福岡県水産試験場事業報告」福岡県水産試験場、一九一〇年
(10)「大正二年度福岡県水産試験場業務功程報告」福岡県水産試験場、一九一三年
(11)「大正七年度福岡県水産試験場業務功程報告」福岡県水産試験場、一九一八年
(12)「大正十年度福岡県水産試験場業務功程報告」福岡県水産試験場、一九二一年
(13)「大正十一年度福岡県水産試験場業務功程報告」福岡県水産試験場、一九二二年
(14)「福岡県発動機付漁船の現況」福岡県水産試験場、一九二六年
(15)「福岡県水産要覧・第一輯・法規集」福岡県水産試験場、一九二六年
(16)「福岡県漁村調査」福岡県水産課、一九二九年
(17)「有明海水産ノ研究」福岡県内務部、一九三一年
(18)「豊前海水産ノ研究」福岡県内務部、一九三一年
(19)「筑後川専用漁業権問題に就て」福岡県水産会、一九三二年
(20)「福岡県水産概観」福岡県内務部、一九三三年
(21)「洞海湾調査書」福岡県水産試験場、一九三三年
(22)「玄海専用漁業権及入漁権総覧」福岡県、一九三四年
(23)「漁村基礎調査」福岡県水産課、一九五〇年
(24)「福岡県水産事情」福岡県水産課・福岡市経済課・福岡商工会議所、一九五二年
(25)「福岡県政白書」福岡県、一九五五年
(26)『福岡県物産誌』九州近代史料刊行会、一九五六年
(27)「昭和四十七年度福岡水産試験場研究業務報告」福岡県福岡水産試験場、一九七三年
(28)「福岡県漁業誌」(『福岡県史・近代史料編・農務誌・漁業誌』福岡県、一九八二年)
(29)『福岡県水産試験研究機関百年史』福岡県水産海洋技術センター、一九九八年
(30)筑豊水産組合編『筑豊沿海志』(復刻版)文献出版、一九七六年
(31)『三池郡誌』三池郡役所、一九二六年
(32)『大牟田市史・補巻』大牟田市、一九六九年
(33)『苅田町誌』苅田町、一九七〇年

(34)『水産業協同組合制度史・Ⅰ』全国漁業協同組合連合会、一九七一年
(35)『豊前市史・上巻』豊前市、一九九一年
(36)『北九州市史・産業経済・Ⅰ』北九州市、一九九一年
(37)『北九州市産業史』北九州市、一九九八年
(38)『大和町史・通史編・上巻』大和町、二〇〇一年
(39)山口和雄『日本漁業史』生活社、一九四七年
(40)神田献二『トロール漁業・水産講座漁業編・第七巻』一九五三年
(41)岡本信男『近代漁業発達史』水産社、一九六五年
(42)堤　伝『近世以後柳川地方干拓誌』九州干拓協会、一九六八年
(43)「筑後川――その治水と利水」国土開発調査会、一九七九年
(44)「徳水三十五年の歩み」徳水株式会社、一九八五年
(45)小島恒久『九州における近代産業の発展』九州大学出版会、一九八八年
(46)高田茂廣『近世筑前海事史の研究』文献出版、一九九三年
(47)伊藤和子「公有水面埋立法の沿革・海と川をめぐる法律問題」河中自治振興財団、一九九六年
(48)藤塚悦司「海苔養殖の伝播と技術伝承(6)」(「大田区立郷土博物館紀要」第七号、一九九六年)
(49)高田茂廣「近世における浦の実態」(『福岡県史・近世研究編・福岡藩(四)』福岡県、一九九九年)
(50)片岡千賀之「水産業の資本主義的発展」(『福岡県史・通史編・近代産業経済Ⅱ』福岡県、二〇〇〇年)
(51)「法令全書」、「官報」
(52)「福岡県公報」
(53)「福岡県統計書」
(54)「福岡県会会議録」
(55)「福岡日日新聞」
(56)「九州日報」

第四編

(1)「福岡県勧業年報」福岡県、一八九〇~九二年

(2)「朝鮮海面漁業探検復命書」（明治三十一～三十三年度福岡県水産試験場事業報告）福岡県水産試験場、一九〇一年
(3)「韓国沿海漁業視察復命書」（明治三十三年度福岡県水産試験場第八号報）福岡県水産試験場、一九〇一年
(4)『福岡県の実業』福岡県、一九一七年
(5)「福岡県漁村調査報告」福岡県水産試験場、一九一七年
(6)「福岡県漁村調査」福岡県水産課、一九二九年
(7)「朝鮮産業調査書」朝鮮総督府殖産局、一九二一年
(8)「朝鮮の水産業」朝鮮総督府殖産局、一九二三年
(9)『朝鮮要覧』朝鮮総督府、一九二七年
(10)筑豊水産組合編『筑豊沿海志』（復刻版）文献出版、一九七六年
(11)吉田敬市『朝鮮水産開発史』朝水界、一九五四年
(12)楠美一陽『山口県豊浦郡水産史』（復刻版）一九八〇年
(13)「大神宮日誌・朝鮮遠洋漁業あんこう船団の記録」福岡県立図書館蔵
(14)藪景三『朝鮮総督府の歴史』明石書店、一九九四年
(15)高秉雲『略奪された祖国・日米の朝鮮経済侵略史』雄山閣、一九九五年
(16)李進熙・姜在彦『日朝交流史』有斐閣、一九九五年
(17)「法令全書」、「官報」
(18)「福岡県公報」
(19)「福岡県会会議録」
(20)「福岡日日新聞」
(21)「九州日報」

年表編

(1)『水産業協同組合制度史・Ⅲ』全国漁業組合連合会、一九七一年
(2)筑豊水産組合編『筑豊沿海志』（復刻版）文献出版、一九七六年
(3)楠美一陽『山口県豊浦郡水産史』（復刻版）マツノ書店、一九八〇年
(4)『福岡市史・第一巻・明治編』福岡市、一九五九年

(5)岡本信男『近代漁業発達史』水産社、一九六五年
(6)岡本信男『日本漁業通史』水産社、一九八四年
(7)川添昭二ほか『福岡県の歴史』光文館、一九九〇年
(8)「法令全書」、「官報」
(9)「福岡県公報」
(10)「福岡県会会議録」
(11)「福岡県勧業年報」福岡県、一八七八〜一九〇三年
(12)「福岡日日新聞」一八八〇〜一九四二年
(13)「福陵新報」一八八七〜九八年
(14)「九州日報」一八九八〜一九四二年
(15)「西日本新聞」一九四二〜四九年

付表

付表1　筑豊沿海漁業組合漁場区域画定（明治二十四年十二月、福岡県知事認可）

一　対象浦

筑前国怡土、志摩、早良、粕屋、宗像、遠賀六郡、福岡一市ノ四十五ケ浦共同漁場

二　漁場区域（付図2参照）

(1)西筑前国怡土郡福吉村大字鹿家字包石ヨリ沖合亥ノ六厘見通シ線名島ニ至リ、北ニ折レ志摩郡小呂島西海岸ヨリ五里沖合ヲ経テ、宗像郡沖ノ島西北海岸ヨリ五里沖合ニテ右ニ折レ、遠賀郡雄白島ト山口県二追島（蓋井島）トノ中央見通シ、米瀬・白州中間ヨリ二追島字金比羅山見通シ線ニ接ス

(2)東筑前国遠賀郡戸畑村字境川（筑前・豊前両国境界）中央ヨリ豊前国企救郡馬島見通シ（子ノ十八度二十分）千八十間出テ左ニ折レ、遠賀郡雄白島二歩柱島八歩ノ間ヲ正鵠トシ、筑前国白島東方米瀬五歩五厘・豊前国藍島西方ノ白州四歩五厘中間ヨリ山口県二追島字金比羅山見通シ線ニ接シ右ニ折レ、該線ニ沿ヒ北境ノ線端（怡土郡字包石ヨリ小呂島、沖ノ島ヲ週帀シ北境ヲ画スル線）ニ結ス、但豊前国漁場区域境界線ニ沿フ

(3)本区域内ニテ各浦専有漁場及入会漁場ヲ除ク外ハ古来ノ慣行ニ拠リ四十五ケ浦共同漁場トス

三　各画定漁場の概要

漁場番号	区　域	専有・入会
第一号	「包石（福岡、佐賀県界）」ヨリ怡土郡福吉村「乙ケ瀬」ニ至ル間ノ地先	(1)鹿家、吉井、福井三ケ浦専有漁場場
第二号	包石ヨリ串崎ニ至ル間ノ沖合三角形海域	(1)鹿家、吉井、福井三ケ浦専有漁 (2)慣行ニヨリ姫島、岐志、新町、久家、船越、加布里、片山、深江、芥屋九ケ浦ノ諸漁入会漁場
第三号	怡土郡福吉村「乙ケ瀬」ヨリ深江村「カリマタ瀬」ニ至ル間ノ地先	(1)深江、片山両浦専有漁場 (2)福井浦ハ長崎鼻ヨリ乙カセ迄入会、但シ明治十九年一月結約書ニ依ル (3)加布里、久家、船越三ケ浦ノ諸漁入会、但シ大網ヲ除ク

第四号	怡土郡深江村「カリマタ瀬」ヨリ泉川口ノ怡土、志摩郡界標ニ至ル間ノ地先	(1)加布里浦専有漁場 (2)深江、片山、久家、船越各浦ノ諸漁入会、但シ大網ヲ除ク (3)妙見網代ニ於テ深江、片山浦ハ鰮網ヲ先網張ヲ除キ使用スルコト得ル (4)妙見網代ニ於テ久家、船越浦ハ地引網ヲ使用スルコト得ル
第五号	志摩郡泉川口ノ怡土、志摩郡界標ヨリ小富士村御床ノ大道口ニ至ル間ノ地先	(1)船越、久家両浦専有漁場 (2)女瀬ヨリ泉川ニ至ル間：加布里浦諸漁入会 (3)鷺ノ首以東ノ船越湾：①岐志、新町、深江、片山各浦ノ諸漁入会、但シ大網ヲ除ク、②岐志、新町浦ノ鰆網ハ相互入漁、③加布里浦ハ底網漁ヲナスコトヲ得ル (4)筒瀬周辺：①加布里浦ハ釣・長縄漁入会、②深江、片山浦ハ飯網・釣漁入会、③吉井、福井、鹿家浦ハ釣漁・ナマコ漁入会
第六号	志摩郡小富士村御床ノ大道口ヨリ芥屋村ノ大戸鼻ニ至ル間ノ地先	(1)岐志、新町、芥屋三ケ浦専有漁場、但シ芥屋浦ハ明治十八年約定書ニ依ル (2)久家、船越両浦ハ大網ヲ除キ諸漁入会、但シ鰆網ハ相互入会
第七号	志摩郡芥屋村姫島巨岸四百八十間ノ周辺地先（含姫島曾根）	(1)姫島浦専有漁場 (2)北部海域ハ鹿家、吉井、福井、深江、片山、加布里、船越、久家、新町、岐志、芥屋十一ケ浦ノ入会 (3)西側ノシロ網代ハ各十一ケ浦ノ時引網ニ限リ慣行ニ依リ入会 (4)南東側ハ各十一ケ浦カナギ漁・手繰漁ニ限リ入会
第八号	福岡、佐賀県界包石ヨリ志摩郡芥屋村ノ大戸鼻ニ至ル間ノ沖合 (1)包石ヨリ名島見通線、(2)大戸鼻ヨリ烏帽子島・小呂島間中央見通線、(3)高島出シヨリ小川島見通線、以上三線デ囲レタ区域 (2)第一～六号区域ヲ除ク	(1)鹿家、吉井、福井、深江、片山、加布里、船越、久家、新町、岐志、芥屋、姫島十二ケ浦ノ入会漁場
第九号	志摩郡芥屋村ノ大戸鼻ヨリ野北村ノ三ッ瀬ニ至ル間ノ地先	(1)野北浦専有漁場 (2)西浦ハ長縄・釣漁・手繰網・カナギ網・小釣漁入会 (3)箱崎浦、志賀島浦ハ建網入会

号	区域	内容
		(4)伊崎浦、弘浦ハ長縄入会 (5)旧船手組ハ小釣漁入会（未済）
第一〇号	志摩郡野北村ノ三ッ瀬ヨリ小田村西浦岬ニ至ル間ノ地先	(1)西浦専有漁場 (2)野北浦ハ手繰網・釣・カナギ網・鯛網入会、「京地（カナギ漁場）」ハ西浦、野北両浦ノ入会漁場 (3)玄界浦ハ建網入会、「小長間瀬」ハ西浦、玄界島両浦ノ入会漁場 (4)「三崎網代」ハ西浦、唐泊両浦ノ入会漁場 (5)箱崎、志賀島両浦ノ建網入会 (6)伊崎、弘両浦ノ長縄入会 (7)浜崎浦ハカナギ染網漁入会、網代ハ「天下岳大瀬」ニ限ル (8)旧船手組ハ小釣入会（未済）
第一一号	志摩郡小田村西浦岬ヨリ津舟山ニ至ル間ノ地先	(1)唐泊浦専有漁場 (2)浜崎浦ハカナギ網入会、網代ハ「ミヨ網代」ニ限ル (3)玄界浦ハヤズ網・建網入会 (4)姪浜浦ハカナギ網（網代ハ巨岸四百五十間以外）・手繰網（網代ハウチバタ限リトス）入会 (5)箱崎浦ハ建網入会 (6)残島浦ハ小釣入会、網代ハ「メソ瀬」ヲ除ク (7)旧船手組ハ小釣入会、網代ハ「ノウ瀬」、「カメ瀬」ヲ除ク (8)伊崎浦ハ長縄入会
第一二号	志摩郡津舟山地先ノ三角形海域	(1)唐泊浦、今津・浜崎浦間紛議中ノ入会漁場 (2)唐泊浦ハ「津舟山ヨリ残島スガ鼻見通線」ヲ、今津・浜崎浦ハ「津舟山ヨリ志賀鼻見通線」ヲ主張シ協議整ハズ、依テ双方協議整フ迄ハ入会漁場トス
第一三号	志摩郡津舟山ヨリ宝島ヲ経テ志摩、早良郡界ニ至ル間ノ地先	(1)今津、浜崎浦専有漁場 (2)姪浜浦ハカナギ網・手繰網入会 (3)箱崎浦ハ建網・ナマコ漁入会 (4)伊崎浦ハ長縄入会

		(5)志賀島浦ハ建網・ナマコ漁入会 (6)旧舟手網、残島浦ハ小釣入会
第一四号	志摩、早良郡界ヨリ福岡市室見川川尻ニ至ル間ノ地先	(1)姪浜浦専有漁場 (2)箱崎浦ハ建網入会 (3)伊崎浦ハタコ漁入会
第一五号	福岡市室見川川尻ヨリ浮島ヲ経テ荒津山北西端ニ至ル間ノ地先	(1)伊崎、博多、箱崎、姪浜四ケ浦入会漁場 (2)旧舟手組ハ小釣入会
第一六号	福岡市荒津山北西端ヨリ妙見ヲ経テ粕屋郡香椎村長崎鼻ニ至ル間ノ地先	(1)箱崎浦、博多大浜入会漁場 (2)旧舟手組ハ小釣入会
第一七号	粕屋郡香椎村長崎鼻ヨリ志賀島村三本松ニ至ル間ノ地先	(1)奈多、箱崎、博多大浜三ケ浦入会漁場
第一八号	粕屋郡志賀島村三本松ヨリ西戸崎ニ至ル間ノ地先	(1)志賀島、箱崎、博多大浜三ケ浦入会漁場
第一九号	粕屋郡志賀島村戸崎ヨリ「マナイタ瀬」ニ至ル間ノ地先	(1)志賀島浦専有漁場、明治二十二年十月約定書ニ依ル (2)箱崎、姪浜、伊崎、博多大浜各浦ハ慣行ニ依リ諸漁入会
第二〇号	粕屋郡志賀島村マナイタ瀬ヨリ大崎鼻ニ至ル間ノ地先	(1)弘浦専有漁場、明治二十二年十月約定書ニ依リ左ノ漁事ヲ将来相営ムモノトス (2)姪浜浦：カナギ網・手繰網 (3)箱崎浦：建網・手繰網・長縄 (4)今津、浜崎浦：カナギ網・手繰網 (5)伊崎浦：長縄 (6)残島浦、旧舟手組ノ内：釣漁
第二一号	粕屋郡志賀島村大崎鼻ヨリ明神鼻ニ至ル間ノ地先	
第二二号	早良郡残島周辺地先	(1)残島、姪浜両浦入会漁場 (2)残島浦漁業ハ地引網・ナマコ漁・チン縄・アナゴ縄・サヨリ縄・釣漁・貝採 (3)姪浜浦漁業ハ地引網其他諸漁 (4)明治二十一年六月約定書ニ依リ左ノ各浦漁業ニ対シテハ残島、姪浜浦ノ地引網操業ニ支障ヲ来ス節ハ拒絶スルモノトス

		⑸弘浦：サワラ網・カナギ網・鮑採 ⑹箱崎浦：建網・手繰網・コノシロ網・ナマコ網・長縄・採藻 ⑺伊崎浦：長縄・釣漁、サヨリ縄 ⑻今津、浜崎浦：カナギ網・手繰網・長縄・コノシロ網・ヤズ網・巻セ網 ⑼唐泊浦：サワラ網・手繰網・巻セ網 ⑽志賀島浦：タタキ網・スズキ網・ナマコ網・イカマケ・ヤズ網・建網・鮑ツキ・コノシロ網・サワラ網・カナギ網・手繰網・巻セ網 ⑾旧舟手組ノ内：釣漁・サヨリ網
第二二三号	志摩郡小田村玄界島周辺地先	⑴玄界浦専有漁場 ⑵玄界島南東側ハ唐泊、姪浜、浜崎各浦ハカナギ網ニ限リ入会 ⑶小曾根瀬ハ西浦入会、唐泊浦ハ時網入会 ⑷玄界島北側 ①西浦：長縄・鯛二艘張網・時網・鯛網・鰤網、②弘浦：釣漁・長縄、③伊崎浦：長縄、④志賀島浦：長縄・建網・鰤流網、唐泊浦：手繰網・長縄・鰤流網・釣漁・鯖網・時網、⑥箱崎浦：長縄・建網、⑦残島浦：釣漁、⑧旧船手組：小釣
第二二四号	志摩郡小田村小呂島周辺地先	⑴小呂島浦専有漁場 西浦、伊崎、弘浦、箱崎各浦入会
第二二五号	博多湾海域（除第一一～二二号）	⑴玄界浦、弘浦、志賀島浦、箱崎浦、博多津、伊崎浦、姪浜浦、今津浦、浜崎浦、旧舟手組、残島浦、唐泊浦ノ入会漁場
第二二六号	粕屋郡志賀島村ノ明神鼻ヨリ塩屋崎ニ至ル間ノ地先	⑴志賀島浦専有漁場
第二二七号	粕屋郡志賀島村ノ塩屋崎ヨリ谷口松ニ至ル間ノ地先	⑴志賀島、奈多両浦ノ諸漁入会漁場
第二二八号	粕屋郡志賀島村ノ谷口松ヨリ尾掛松ニ至ル間ノ地先	⑴奈多浦（諸漁一切）、志賀島浦（エビ網、建網）ノ入会漁場
第二二九号	粕屋郡志賀島村ノ尾掛松ヨリ和白村ノ黒山ニ至ル間ノ地先	⑴奈多浦専有漁場

第三〇号	粕屋郡志賀島村ノ尾掛松ヨリ和白村ノ黒山ニ至ル間ノ沖合（第二九号ノ沖合）	(1)奈多浦付属入会漁場 ①奈多浦：諸漁一切、②新宮浦：手繰網、小釣、カナギ網、③相島浦：タコ縄、長縄、④津屋崎浦：長縄
第三一号	粕屋郡和白村ノ黒山ヨリ席内村ノ東田川ニ至ル間ノ地先	(1)新宮浦専有漁場
第三二号	粕屋郡和白村ノ黒山ヨリ席内村ノ東田川ニ至ル間ノ沖合（第三一号ノ沖合）	(1)新宮浦付属入会漁場 ①新宮浦：諸漁一切、②奈多浦：手繰網、カナギ網、長縄、③津屋崎浦：小釣、長縄、④相島浦：タコ縄、長縄
第三三号	粕屋郡席内村ノ東田川ヨリ宗像郡宮地村ノ今川ニ至ル間ノ地先	(1)福間浦専有漁場
第三四号	粕屋郡席内村ノ東田川ヨリ宗像郡宮地村ノ今川ニ至ル間ノ地先（第三三号ノ沖合）	(1)福間浦付属入会漁場 ①福間浦：諸漁一切、②津屋崎浦：小釣、建網、飯網、鰮流網、鯛網、タコ縄、③相島浦：長縄
第三五号	粕屋郡新宮村相島周辺地先	(1)相島浦専有漁場
第三六号	粕屋郡新宮村相島周辺沖合（第三五号ノ周辺）	(1)相島付属入会漁場 ①相島浦：諸漁一切、②津屋崎浦：小釣、手繰網、長縄、鯛網（孫蔵瀬）、③新宮浦：手繰網、鯖釣、イッサキ釣、鯛網、④福間浦：鰮流網、手繰網、鯛網、⑤奈多浦：手繰網、建網、鯖釣、長縄、鯛網
第三七号	宗像郡宮地村ノ今川ヨリ宗像郡勝浦村ノ六人塚ニ至ル間ノ地先	(1)津屋崎浦専有漁場
第三八号	宗像郡宮地村ノ今川ヨリ宗像郡勝浦村ノ六人塚ニ至ル間ノ沖合（第三七号ノ沖合）	(1)津屋崎浦付属入会漁場 ①津屋崎浦：諸漁一切、②勝浦浜：鯛網、小釣、手繰網、長縄、鰮流網、夜漕網、底網、カナギ網（底網、カナギ網ハ鼓島・「ツツラ瀬」見通線以南ニハ入漁不可）、③神湊浦：小釣、長縄、手繰網、④福間浦：カナギ網、手繰網、鰮流網、小釣、⑤相島浦：長縄、⑥奈多浦：底建カク網、⑦新宮浦：底建カク網

第三九号	宗像郡勝浦村ノ六人塚ヨリ神湊町ノ辰神瀬ニ至ル間ノ地先、含「上今瀬」、「下今瀬」	⑴勝浦浜専有漁場
第四〇号	宗像郡勝浦村ノ六人塚ヨリ神湊町ノ辰神瀬ニ至ル間ノ沖合（第三九号ノ沖合）	⑴勝浦浜付属入会漁場 ①勝浦浜：諸漁一切、②地島浦：手繰網、長縄、小釣、③津屋崎浦：手繰網、夜漕網、鰕網、鯆流網、蛸貝、小釣、鯛網、浜漕網、イカ引網、④神湊浦：手繰網、長縄、小釣り、鯆流網、⑤鐘崎浦：手繰網、長縄、小釣、鰕網
第四〇A号	宗像郡草崎、勝馬間（第三九号、第四一号ノ間）	⑴神湊浦、勝浦浜入会漁場
第四一号	宗像郡神湊村ノ辰神瀬ヨリ古川尻ニ至ル間ノ地先	⑴神湊浦専有漁場
第四二号	宗像郡神湊村ノ古川尻ヨリ向浜ニ至ル間ノ地先	⑴神湊、鐘崎両浦入会漁場
第四三号	宗像郡神湊村ノ向浜ヨリ岬村ノ黒崎鼻ニ至ル間ノ地先	⑴鐘崎浦専有漁場
第四四号	宗像郡大島村ノ周辺地先	⑴大島浦専有漁場 ①地島浦：建網、鯛網
第四五号	倉良瀬戸ノ中央西口（第四一号、第四四号間）	⑴大島、神湊両浦入会漁場 ①大島、神湊両浦：諸漁一切、②津屋崎浦：長縄、小釣、③勝浦浜：長縄、小釣、④鐘崎浦：手繰網、長縄、小釣、⑤地島浦：手繰網、長縄、小釣
第四六号	宗像郡岬村地島ノ周辺地先	⑴地島浦専有漁場
第四七号	宗像郡鐘崎、地島間（第四三号、第四六号間）	⑴鐘崎、地島両浦入会漁場
第四八号	宗像郡勝島、地島間（第四一号北東側）	⑴神湊、鐘崎、地島三浦入会漁場 ①勝浦浜：鰕網
第四九号	宗像郡勝島、地島間（第四六号、第四八号間）	⑴鐘崎、地島両浦入会漁場 ①勝浦浜：鰕網
第五〇号	宗像郡地島、大島間（第四四号、第四六号間）	⑴神湊、大島、地島三浦入会漁場 ①勝浦浜：カナギ網十五艘以内

番号	位置	漁場
第五一号	宗像郡大島ノ周辺沖合（第四四号ノ沖合）	⑴大島浦専有漁場 ①大島浦：諸漁一切、②神湊浦：長縄、小釣、手繰網、鰕網、③勝浦浜：小釣、長縄、鰕網、④福間浦：手繰網、⑤地島浦：長縄、手繰網、小釣、鰕網、⑥津屋崎浦：長縄、手繰網、小釣、鰕網、⑦鐘崎浦：長縄、手繰網、小釣、鰕網
第五二号	宗像郡地島北側沖合（第四六号ノ北側）	⑴地島浦専有漁場 ①地島浦：諸漁一切、②鐘崎浦：諸漁一切
第五三号	宗像郡鐘岬ヨリ黒崎鼻ニ至ル間ノ沖合（第四六号、第四七号ノ北側）	⑴鐘崎、地島両浦入会漁場
第五四号	宗像郡岬村黒崎鼻ヨリ遠賀郡岡垣村汐入川ニ至ル間ノ地先	⑴波津専有漁場
第五五号	遠賀郡岡垣村汐入川ヨリ矢矧村矢矧川ニ至ル間ノ地先	⑴波津、芦屋両浦入会漁場
第五六号	遠賀郡矢矧村矢矧川ヨリ芦屋町遠賀川ニ至ル間ノ地先	⑴芦屋浦専有漁場 ①漁場内ノ「甲山瀬」「今瀬」「横瀬」ハ芦屋、山鹿、柏原三浦入会漁場
第五七号	遠賀郡芦屋村遠賀川口ノ地先	⑴山鹿浦専有漁場
第五八号	遠賀郡芦屋村遠賀川ヨリ江川村ノクジ浜水流ニ至ル間ノ地先	⑴柏原浦専有漁場 ①漁場内ノ「マクチ瀬」、「子口瀬」、「白瀬」ハ柏原、山鹿、芦屋三浦入会漁場
第五九号	遠賀郡江川村ノクジ浜水流ヨリ洞北村ノ烏帽子鼻ニ至ル間ノ地先ル間ノ地先	⑴岩屋浦専有漁場 ①烏賊瀬（第五七号、第五八号内）ハ岩屋、柏原両浦入会漁場
第六〇号	遠賀郡洞北村ノ烏帽子鼻ヨリ池尻ニ至ル間ノ地先	⑴岩屋、脇田両浦入会漁場
第六一号	遠賀郡洞北村ノ池尻ヨリ長ノ崎ニ至ル間ノ地先	⑴脇田浦専有漁場
第六二号	遠賀郡洞北村ノ長ノ崎ヨリ石峯村カナソベ川ニ至ル間ノ地先	⑴脇ノ浦専有漁場
第六三号	遠賀郡洞北村ノ白島周辺地先	⑴白島付属漁場（脇田浦、脇ノ浦入会漁場）

第六四号	遠賀郡沖合ノ「六郎瀬」	(1)遠賀九ケ浦入会漁場 波津、芦屋、山鹿、柏原、岩屋、脇田、脇ノ浦、若松、戸畑浦
第六五号	遠賀郡石峯村カナソベ川ヨリ遠賀、企救郡界ニ至ル間ノ地先（含洞海湾）	(1)若松、戸畑両浦入会漁場
第六六号	企救郡板櫃村馬島周辺地先	(1)馬島専有漁場 山口県長門各浦入会
第六七号	企救郡板櫃村藍島周辺地先	(1)藍島専有漁場 山口県長門各浦入会
第六八号	遠賀、企救郡界ヨリ小倉市紫川ニ至ル間ノ地先及ヒ馬島南西沖合、藍島周辺沖合	(1)平松浦専有漁場 ①平松、藍島、馬島、長浜、門司、大里各浦諸漁入会、②山口県長門各浦入会
第六九号	小倉市紫川ヨリ企救郡柳ケ浦村新町ノ追分橋ニ至ル間ノ地先	(1)長浜浦専有漁場 山口県長門各浦入会
第七〇号	企救郡柳ケ浦村新町ノ追分橋ヨリ門司市白木崎一ッ石ニ至ル間ノ地先	(1)大里浦専有漁場 山口県長門各浦入会
第七一号	門司市白木崎一ッ石ヨリ大戸口ノ滑石ニ至ル間ノ地先	(1)門司浦専有漁場 山口県長門各浦入会
第七二号	筑前、肥前境界ヨリ筑前、長門境界ニ至ル間ノ筑前沖合全域	(1)筑前沿海四六ケ浦入会漁場 鹿家、吉井、福吉、深江、片山、加布里、久家、船越、新町、岐志、姫島、芥屋、野北、西ノ浦、玄界島、小呂島、唐泊、今津、浜崎、姪浜、残島、伊崎、旧船手之組、大浜町、箱崎、奈多、志賀島、弘、新宮、相島、福間、津屋崎、勝浦浜、神湊、大島、鐘崎、地島、波津、芦屋、山鹿、柏原、岩屋、脇田、脇ノ浦、若松、戸畑各浦

＊(1)本表の漁場番号は付図2「筑豊沿海漁場区域画定図　明治二十四年十二月」と対照できるように、著者が付した。
(2)資料「漁場区域査定書」（明治二十五年三月）

付表2　玄海専用漁業権免許、入漁権設定状況（大正二年五月現在）

専用漁業権				入漁状況（入漁権設定、条件制限条項）
免許	漁業権者	漁場位置	漁業種類	
第二七〇一号（明治四十二年十月、慣行免許）	福吉、鹿家両浦漁業組合共有	福吉村福井乙ケ瀬ヨリ福岡・佐賀県界包石ニ至ル間地先	網漁業二二種、延縄三種、釣一二種、雑磯浜漁一一種	第六九一号（芥屋浦）、第六九二号（小富士村）、第六九三号（姫島浦）、第六九四号（加布里浦）、第六九五号（深江片山浦）、第六九六号（岐志新町浦）、第一五二三号（佐賀県唐房浦）、第一五二四号（同県妙見浦）、第一五二五号（同県満島村）、第一五二六号（同県浜崎・淵上浦）以上慣行入漁権
第二七〇二号（明治四十二年十月、慣行免許）	深江片山浦漁業組合	深江村カリマタ瀬ヨリ福吉村福井乙ケ瀬ニ至ル間地先	網漁業一五種、延縄二種、釣九種、雑磯浜漁一二種	第六九七号（小富士村）、第六九八号（加布里浦）、第六九九号（福吉浦・鹿家浦）、第一五二七号（佐賀県妙見浦）以上慣行入漁権
第二八三八号（明治四十二年十一月、慣行免許）	深江片山浦（代表）、福吉浦、鹿家浦、加布里浦、小富士村、岐志新町浦、芥屋浦、姫島浦各漁業組合共有	芥屋村大戸鼻ヨリ福吉村鹿家ノ包石ニ至ル間沖合	網漁業一六種、延縄八種、釣一三種、雑磯浜漁七種	第一〇二九号（佐賀県満島村）、第一〇三〇号（同県妙見浦）、第一〇三一号（同県湊浜）、第一〇三二号（同県相賀）、第一〇三三号（同県湊岡）、第一一九五号（同県呼子）、第一一九六号（同県加部島）、第一一九七号（同県小川島）、第一五七〇号（同県神集島）、第一五七一号（同県浜崎・淵上浦）、第一五七二号（同県湊浜）、第一五七三号（同県屋形石）、第一五七四号（同県相賀）、第一五七五号（同県妙見浦）、第一五七六号（同県唐房浦）、第一六二五号（同県湊岡）、第一九三七号（同県満島村）以上慣行入漁権
第二八三九号（明治四十二年十一月、慣行免許）	福吉浦、鹿家浦、加布里浦、深江片山浦、小富士村、岐志新町浦、芥屋浦、姫島浦、佐賀県唐房浦（代表）、淵上浦、	福岡、佐賀県界包石ノ沖合	網漁業一六種、雑磯浜漁六種	無シ

	浜崎、満島村、妙見浦、相賀、湊浜、湊岡、屋形石、神集島各漁業組合共有			
第二七六〇号（明治四十二年十月、慣行免許）	加布里浦漁業組合	加布里村千早新田ノ北東角ヨリ深江村カリマタ瀬ニ至ル間地先	網漁業一六種、延縄五種、釣一〇種、雑磯浜漁二二種	第八〇八号（深江片山浦）、第八〇九号（小富士村）以上慣行入漁権
第二七〇三号（明治四十二年十月、慣行免許）	小富士村漁業組合	小富士村辺田ノ泉川ヨリ同村御床ノ大道口ニ至ル間地先	網漁業二〇種、延縄五種、釣七種、磯浜漁一二種	第七〇〇号（深江片山浦）、第七〇一号（加布里浦）、第七〇二号（福吉浦）、第一二二三号（伊崎浦）、第一二二四号（福岡）以上慣行入漁権
第二七〇四号（明治四十二年十月、慣行免許）	姫島浦漁業組合	芥屋村姫島ノ地先	網漁業七種、延縄六種、釣九種、磯浜漁一四種	第七〇三号（小富士村）、第七〇四号（深江片山浦）、第七〇五号（福吉浦）、第七〇六号（岐志新町浦）、第七〇七号（鹿家浦）、第七〇八号（芥屋浦）、第七〇九号（加布里浦）、第一二二五号（伊崎浦）、第一二二六号（福岡）、第一四九三号（佐賀県呼子）、第一四九四号（同県唐房浦）慣行入漁権
第二七〇五号（明治四十二年十月、慣行免許）	岐志新町、芥屋両浦漁業組合共有	芥屋村大戸鼻ヨリ小富士村御床ノ大道口ニ至ル間地先	網漁業二一種、延縄四種、釣一〇種、雑磯浜漁一七種	第七一〇号（小富士村）、第七一一号（野北浦）、第一二二七号（伊崎浦）、第一二二八号（福岡）、第一四四九号（佐賀県呼子）、第一五三二号（同県妙見浦）、第一五三三号（同県満島村）、第一五三四号（同県唐房浦）、第一五三五号（同県浜崎、淵上浦）以上慣行入漁権
第二七〇六号（明治四十二年十月、慣行免許）	野北浦漁業組合	野北村三ツ瀬ヨリ芥屋村大戸鼻ニ至ル間地先	網漁業一八種、延縄三種、釣七種、雑磯浜漁一五種	第七一二号（志賀島浦）、第七一三号（箱崎浦）、第七一四号（弘浦）、第七一五号（伊崎浦）、第七一六号（芥屋浦）、第七一七号（唐泊浦）、第七一八号（加布里浦）、第七一九号（小富士村）、第七二〇号（西浦）、第七二一号（岐志新町浦）、第一二二九号（福岡）以上慣行入漁権

第二七〇七号（明治四十二年十月、慣行免許）	西浦漁業組合	北崎村西浦岬ヨリ野北三ツ瀬ニ至ル間地先	網漁業一八種、延縄二種、釣八種、雑磯浜漁一五種	第七二二号（志賀島浦）、第七二三号（箱崎浦）、第七二四号（弘浦）、第七二五号（伊崎浦）、第七二六号（玄界島）、第七二七号（浜崎今津浦）、第七二八号（野北浦）、第一一二三号（唐泊浦）、第一一三〇号（福岡）以上慣行入漁権
第二七〇八号（明治四十二年十月、慣行免許）	唐泊浦漁業組合	北崎村西浦岬ヨリ今津村津舟山出鼻ニ至ル間地先	網漁業二三種、延縄三種、釣一四種、雑磯浜漁一三種	第七二九号（箱崎浦）、第七三〇号（残島浦）、第七三一号（伊崎浦）、第七三二号（福岡）、第七三三号（姪浜浦）、第七三四号（玄界島）、第七三五号（浜崎今津浦）、第七三六号（志賀島浦）以上慣行入漁権
第二七〇九号（明治四十二年十月、慣行免許）	唐泊浦、浜崎今津浦両漁業組合共有	今津村津舟山ノ地先	網漁業一四種、延縄七種、釣九種、雑磯浜漁二種	無シ
第二七一〇号（明治四十二年十月、慣行免許）	浜崎今津浦漁業組合	今津村津舟山出鼻ヨリ糸島・早良郡境界標ニ至ル間地先	網漁業一五種、延縄九種、釣一二種、雑磯浜漁一五種	第七三七号（箱崎浦）、第七三八号（残島浦）、第七三九号（姪浜浦）、第七四〇号（伊崎浦）、第七四一号（福岡）、第一五三六号（志賀島浦）以上慣行入漁権
第二六二〇号（明治四十二年十月、慣行免許）	玄界島漁業組合	北崎村玄界島ノ南東沖合（フカリ網代）	玉筋魚房丈網	第六八八号（姪浜浦）、第六八九号（浜崎今津浦）、第六九〇号（唐泊浦）以上慣行入漁権
第二七一一号（明治四十二年十月、慣行免許）	玄界島漁業組合	北崎村玄界島ノ地先	網漁業一九種、延縄三種、釣一一種、雑磯浜漁一三種	第七四二号（箱崎浦）、第七四三号（弘浦）、第七四四号（残島浦）、第七四五号（伊崎浦）、第七四六号（浜崎今津浦）、第七四七号（唐泊浦）、第七四八号（西浦）、第七四九号（唐泊浦）、第七五〇号（志賀島浦）、第一一三一号（福岡）以上慣行入漁権
第二七一二号（明治四十二年十月、慣行	小呂島浦漁業組合	北崎村小呂島ノ地先	網漁業六種、延縄一種、釣三種、雑磯浜漁七種	第七五一号（箱崎浦）、第七五二号（弘浦）、第七五三号（伊崎浦）、第七五四号（唐泊浦）、第七五五号（玄界島）、第七五六号（西浦）、第一一三二号（福岡）以上慣行入漁権

免許）				
第二七一三号（明治四十二年十月、慣行免許）	姪浜浦漁業組合	姪浜町ノ庄ノ須賀ヨリ早良・糸島郡境界標ニ至ル間地先	網漁業一六種、雑磯浜漁二種	第七五七号（箱崎浦）、第七五八号（伊崎浦）、第九〇一号（福岡）以上慣行入漁権
第二七一四号（明治四十二年十月、慣行免許）	姪浜浦（代表）、福岡、伊崎浦、箱崎浦各漁業組合共有	福岡市荒津崎ヨリ姪浜町ノ庄ノ須賀ニ至ル間地先	網漁業一九種、延縄七種、釣九種、雑磯浜漁六種	無シ
第二七一五号（明治四十二年十月、慣行免許）	残島村（代表）、姪浜浦両漁業組合共有	残島村地先	網漁業一五種、延縄六種、釣一三種、雑磯浜漁一五種	第七五九号（箱崎浦）、第七六〇号（弘浦）、第七六一号（志賀島浦）、第七六二号（浜崎今津浦）、第七六三号（伊崎浦）、第七六四号（唐泊浦）、第九〇二号（福岡）以上慣行入漁権
第二七一六号（明治四十二年十月、慣行免許）	福岡（代表）、志賀島浦、弘浦、箱崎浦、伊崎浦、姪浜浦、浜崎今津浦、残島村、唐泊浦、玄界島各漁業組合共有	博多湾北部沖合	網漁業二一種、延縄七種、釣一〇種、雑磯浜漁一種	無シ
第二七一七号（明治四十二年十月、慣行免許）	福岡（代表）、志賀島浦、弘浦、箱崎浦、伊崎浦、姪浜浦、浜崎今津浦、残島村、唐泊浦、玄界島各漁業組合共有	博多湾西部沖合	網漁業一五種、延縄七種、釣九種、雑磯浜漁一種	無シ
第二七一八号	福岡（代表）、	博多湾東部沖合	網漁業一五種、	第一一二四号（奈多浦）慣行入漁権

（明治四十二年十月、慣行免許）	玄界島、志賀島浦、箱崎浦、弘浦、伊崎浦、姪浜浦、残島村、浜崎今津浦、唐泊浦各漁業組合共有		延縄九種、釣九種、雑磯浜漁二種	
第二二一八号（明治四十二年八月、慣行免許）	福岡漁業組合	福岡市西中島橋及東中島橋ヨリ那珂川尻ニ至ル間地先	船打投網、蝦歩行抄網、鰻掻漁	無シ
第二七一九号（明治四十二年十月、慣行免許）	箱崎浦（代表）、福岡、奈多浦各漁業組合共有	志賀島村三本松ヨリ香椎村長崎鼻ニ至ル間地先	網漁業二〇種、延縄八種、釣一五種	無シ
第二七五七号（明治四十二年十月、慣行免許）	箱崎浦（代表）、福岡両漁業組合共有	香椎村長崎鼻ヨリ福岡市荒津崎ニ至ル間地先	網漁業二五種、延縄七種、釣一一種、雑磯浜漁一五種	第七九五号（伊崎浦）、第七九六号（姪浜浦）以上慣行入漁権
第二七五八号（明治四十二年十月、慣行免許）	箱崎浦（代表）、志賀島浦、福岡各漁業組合共有	志賀島西戸崎ヨリ同村三本松ニ至ル間地先	網漁業二三種、延縄八種、釣一一種、雑磯浜漁一二種	第七九七号（奈多浦）、第七九八号（姪浜浦）以上慣行入漁権
第二七二〇号（明治四十二年十月、慣行免許）	志賀島浦漁業組合	志賀島村南浦ノ狙瀬ヨリ西戸崎ニ至ル間地先	網漁業二一種、延縄三種、釣七種、雑磯浜漁一四種	第七六五号（箱崎浦）、第七六六号（箱崎浦）、第七六七号（残島村）、第七六八号（姪浜浦）、第七六九号（姪浜浦）、第七七〇号（浜崎今津浦）、第七七一号（伊崎浦）、第九〇三号（福岡）以上慣行入漁権
第二七二一号	弘浦漁業組合	志賀島村明神鼻	網漁業一五種、	第七七二号（箱崎浦）、第七七三号（残島村）、第七七四号（姪

（明治四十二年十月、慣行免許）		ヨリ組瀬ニ至ル間地先	延縄六種、釣一〇種、雑磯浜漁一〇種	浜浦）、第七七五号（福岡）、第七七六号（伊崎浦）、第七七七号（浜崎今津浦）、第一一二五号（唐泊浦）以上慣行入漁権
第二七二二号（明治四十二年十月、慣行免許）	志賀島浦漁業組合	志賀島村明神鼻ヨリ塩屋崎ニ至ル間地先	網漁業二三種、延縄五種、釣一一種、雑磯浜漁一一種	第七七八号（玄界島）、第七七九号（唐泊浦）、第七八〇号（奈多浦）、第七八一号（伊崎浦）、第一一二六号（福岡）以上慣行入漁権
第二七二三号（明治四十二年十月、慣行免許）	奈多浦（代表）、志賀島浦両漁業組合共有	志賀島村ノ尾掛松ヨリ塩屋崎ニ至ル間地先	網漁業二四種、延縄七種、釣一〇種、雑磯浜漁一一種	第九〇四号（福岡）慣行入漁権
第二七二四号（明治四十二年十月、慣行免許）	奈多浦漁業組合	和白村ノ黒山ヨリ志賀島村ノ尾掛松ニ至ル間地先	網漁業二〇種、延縄六種、釣一〇種、雑磯浜漁一〇種	第一一三三号（伊崎浦）、第一一三四号（福岡）以上慣行入漁権
第二七二五号（明治四十二年十月、慣行免許）	新宮浦漁業組合	席内村ノ東田川ヨリ和白村ノ黒山ニ至ル間地先	網漁業一九種、延縄二種、釣一一種、雑磯浜漁一三種	第一一三五号（福岡）慣行入漁権
第二七二六号（明治四十二年十月、慣行免許）	奈多浦（代表）、新宮浦、相島浦、津屋崎浦各漁業組合共有	和白村ノ黒山ヨリ志賀島村ノ尾掛松ニ至ル間沖合	網漁業一三種、延縄八種、釣一二種、雑磯浜漁二種	無シ
第二七二七号（明治四十二年十月、慣行免許）	新宮浦（代表）、相島浦、奈多浦、福間浦、津屋崎浦各浦漁業組合共有	席内村ノ東田川ヨリ和白村ノ黒山ニ至ル間沖合	網漁業一三種、延縄八種、釣一二種、雑磯浜漁二種	無シ

第二七二八号（明治四十二年十月、慣行免許）	相島浦漁業組合	新宮村相島ノ地先	網漁業一三種、延縄三種、釣八種、雑磯浜漁一七種	第七八二号（新宮浦）、第七八三号（新宮浦）、第一一三六号（伊崎浦）、第一一三七号（福岡）以上慣行入漁権
第二七二九号（明治四十二年十月、慣行免許）	相島浦（代表）、新宮浦、奈多浦、福間浦、津屋崎浦各漁業組合共有	新宮村相島ノ沖合	網漁業一〇種、延縄七種、釣一〇種、雑磯浜漁二種	無シ
第二七三〇号（明治四十二年十月、慣行免許）	相島浦（代表）、新宮浦、奈多浦、福間浦、津屋崎浦各漁業組合共有	新宮村相島南部ノ沖合	玉筋魚房丈網	無シ
第二七三一号（明治四十二年十月、慣行免許）	相島浦漁業組合	新宮村相島北部ノ沖合	玉筋魚房丈網	無シ
第二七三二号（明治四十二年十月、慣行免許）	福間浦漁業組合	下西郷村及席内村ノ東田川以東ノ地先	網漁業一二種、延縄一種、釣七種、雑磯浜漁五種	無シ
第二七三三号（明治四十二年十月、慣行免許）	津屋崎浦漁業組合	勝浦村六人塚ヨリ宮地村ノ今川ニ至ル間地先	網漁業二〇種、延縄五種、釣一一種、雑磯浜漁一九種	第一一三八号（福岡）慣行入漁権
第二七三四号（明治四十二	福間浦（代表）、津屋崎浦、勝浦	津屋崎町渡ブクシ鼻ヨリ席内村	網漁業一三種、延縄四種、釣一	無シ

年十月、慣行免許）	浜、相島浦、新宮浦各漁業組合共有	花見東田川尻ニ至ル間沖合	二種、雑磯浜漁二種	
第二七三五号（明治四十二十月、慣行免許）	津屋崎浦（代表）、勝浦浜、福間浦、神湊町、相島浦、新宮浦、奈多浦各漁業組合共有	勝浦村六人塚ヨリ宮地村今川ニ至ル間沖合	網漁業一三種、延縄八種、釣一〇種、雑磯浜漁二種	無シ
第二七三六号（明治四十二年十月、慣行免許）	勝浦浜漁業組合	神湊町辰神瀬ヨリ勝浦村六人塚ニ至ル間地先	網漁業一七種、延縄五種、釣一二種、雑磯浜漁一六種	無シ
第二七三七号（明治四十二年十月、慣行免許）	神湊町（代表）、勝浦浜両漁業組合共有	神湊町辰神瀬ヨリ草崎鼻ニ至ル間地先	網漁業八種、延縄四種、釣一一種、雑磯浜漁八種	無シ
第二七三八号（明治四十二年十月、慣行免許）	神湊町漁業組合	神湊町高土手ヨリ草崎鼻ニ至ル間地先	網漁業二一種、延縄七種、釣一五種、雑磯浜漁二〇種	無シ
第二七三九号（明治四十二年十月、慣行免許）	大島浦漁業組合	大島村大島地先	網漁業二二種、延縄八種、釣一四種、雑磯浜漁一九種	第七八四号（地島浦）慣行入漁権
第二七五九号（明治四十二年十月、慣行	大島浦漁業組合	大島村ノ沖島地先	網漁業一二種、雑磯漁一四種	無シ

免許）				
第二七四〇号（明治四十二年十月、慣行免許）	勝浦浜（代表）、津屋崎浦、神湊町、福間浦、鐘崎浦、大島浦、地島浦各漁業組合共有	神湊町辰神瀬ヨリ勝浦村六人塚ニ至ル間沖合	網漁業一七種、延縄七種、釣一二種、雑磯浜漁八種	無シ
第二七四一号（明治四十二年十月、慣行免許）	大島浦（代表）、地島浦、鐘崎浦、神湊町各漁業組合共有	大島村、神湊町及岬村地島ノ沖合	網漁業一六種、延縄七種、釣一三種、雑磯浜漁六種	第七八五号（勝浦浜）慣行入漁権
第二七四二号（明治四十二年十月、慣行免許）	大島浦（代表）、地島浦、鐘崎浦、神湊町、津屋崎浦、勝浦浜、福間浦各漁業組合共有	大島村ノ曾根鼻ヨリ神崎ヲ経テ加代鼻ニ至ル間沖合	網漁業一六種、延縄五種、釣一一種、雑磯浜漁六種	無シ
第二七四三号（明治四十二年十月、慣行免許）	大島浦（代表）、神湊町、鐘崎浦、地島浦、勝浦浜、津屋崎浦各漁業組合共有	大島村南東及神湊町勝島ノ沖合	網漁業一七種、延縄九種、釣一五種、雑磯浜漁一〇種	無シ
第二七四四号（明治四十二年十月、慣行免許）	神湊町（代表）、鐘崎浦両漁業組合共有	神湊町ノ向浜ヨリ高土手ニ至ル間地先	網漁業一二種、延縄四種、釣一一種、雑磯浜漁三種	無シ
第二七四五号（明治四十二	鐘崎浦漁業組合	岬村ノ黒埼鼻ヨリ神湊町ノ向浜	網漁業二二種、延縄八種、釣一	第七八六号（地島浦）、第七八七号（波津浦）以上慣行入漁権

年十月、慣行免許）		ニ至ル間地先	五種、雑磯浜漁二〇種	
第二七四六号（明治四十二年十月、慣行免許）	地島浦漁業組合	岬村地島ノ地先	網漁業一九種、延縄八種、釣一五種、雑磯浜漁一九種	第七八八号（鐘崎浦）、第七八九号（鐘崎浦）以上慣行入漁権
第二七四七号（明治四十二年十月、慣行免許）	地島浦（代表）、鐘崎浦、神湊町各漁業組合共有	神湊町東部ノ沖合	網漁業一五種、延縄八種、釣一三種、雑磯浜漁四種	無シ
第二七四八号（明治四十二年十月、慣行免許）	鐘崎浦（代表）、地島浦両漁業組合共有	岬村ノ沖合	網漁業一八種、延縄九種、釣一二種、雑磯浜漁一〇種	無シ
第二七四九号（明治四十二年十月、慣行免許）	波津浦漁業組合	岡垣村矢矧川ヨリ黒埼鼻ニ至ル間地先	網漁業一六種、延縄五種、釣一一種、雑磯浜漁一八種	第七九〇号（鐘崎浦）、第七九一号（芦屋浦）以上慣行入漁権
第二七五〇号（明治四十二年十月、慣行免許）	芦屋浦漁業組合	芦屋町遠賀川ヨリ岡垣村矢矧川ニ至ル間地先	網漁業一八種、延縄六種、釣一三種、雑磯浜漁九種	第七九二号（山鹿浦）、第七九三号（柏原浦）以上慣行入漁権
第二七六一号（明治四十二年十月、慣行免許）	山鹿浦漁業組合	芦屋町山鹿ノ帯瀬ヨリ鶴ケ浜ニ至ル間地先	網漁業九種、延縄六種、釣一三種、雑磯浜漁七種	第八一〇号（芦屋浦）、第八一一号（柏原浦）以上慣行入漁権
第二七六二号（明治四十二	柏原浦漁業組合	江川村ノクジ浜水流ヨリ芦屋町	網漁業一八種、延縄六種、釣一	第八一二号（芦屋浦）、第八一三号（岩屋浦）、第一一一七号（山鹿浦）以上慣行入漁権

年十月、慣行免許）		山鹿ノ帯瀬ニ至ル間地先	三種、雑磯浜漁一八種	
第二七五一号（明治四十二年十月、慣行免許）	岩屋浦漁業組合	江川村ノクジ浜水流以東ノ地先	網漁業一九種、延縄六種、釣一三種、雑磯浜漁一三種	第七九四号（柏原浦）慣行入漁権
第二七五二号（明治四十二年十月、慣行免許）	脇田浦（代表）、岩屋浦両漁業組合共有	洞北村ノ池尻ヨリ烏帽子鼻ニ至ル間地先	網漁業一〇種、延縄二種、雑磯浜漁一一種	無シ
第二七五三号（明治四十二年十月、慣行免許）	脇田浦漁業組合	洞北村ノ長ノ崎ヨリ池尻ニ至ル間地先	網漁業二〇種、延縄五種、釣一二種、雑磯浜漁一二種	無シ
第二七五四号（明治四十二年十月、慣行免許）	脇ノ浦漁業組合	石峯村ノカナソベ川ヨリ洞北村ノ長ノ崎ニ至ル間地先	網漁業一九種、延縄五種、釣一四種、雑磯浜漁一二種	無シ
第二七五五号（明治四十二年十月、慣行免許）	脇田浦（代表）、脇ノ浦両漁業組合共有	洞北村ノ白島ノ地先	網漁業一五種、延縄五種、釣一五種、雑磯浜漁一七種	第一四七〇号（山口県下関）、第一四七一号（同県安岡浦）、第一五七七号（同県吉見浦）以上慣行入漁権
第二七五六号（明治四十二年十月、慣行免許）	若松町（代表）、戸畑浦両漁業組合共有	石峯村ノカナソベ川ヨリ遠賀・企救郡界ニ至ル間地先	網漁業一七種、延縄八種、釣一二種、雑磯浜漁一四種	無シ
第三三四五号（明治四十三	平松浦漁業組合	小倉市紫川ヨリ企救・遠賀郡界	網漁業一七種、延縄六種、釣一	第一一三〇号（馬島）、第一一三一号（藍島）、第二〇一二号（長浜浦）、第一五六八号（山口県下関）以上慣行入漁権

年一月、慣行免許）		ニ至ル間地先	三種、雑磯浜漁七種	
第三八五三号（明治四十三年四月、慣行免許）	平松浦（代表）、長浜浦、大里浦、旧門司、馬島、藍島各漁業組合共有	企救郡板櫃村藍島ノ沖合	網漁業五種、雑磯漁浜漁六種	無シ
第三三四四号（明治四十三年一月、慣行免許）	長浜浦漁業組合	企救郡柳ケ浦村新町ノ追分橋ヨリ小倉市紫川ニ至ル間地先	網漁業九種、延縄一〇種、釣一二種、雑磯浜漁八種	第九三九号（旧門司）、第一一二九号（大里浦）、第一六二六号（平松浦）、第一五四一号（山口県下関）以上慣行入漁権
第三三四六号（明治四十三年一月、慣行免許）	馬島漁業組合	企救郡板櫃村馬島ノ地先	網漁業一六種、延縄五種、釣九種、雑磯浜漁一〇種	第九四〇号（平松浦）、第一一三二号（大里浦）、第一五四二号（長浜浦）、第一五四九号（山口県下関）以上慣行入漁権
第二八三七号（明治四十二年十月、慣行免許）	藍島漁業組合	企救郡板櫃村藍島ノ地先	網漁業一六種、延縄五種、釣八種、雑磯浜漁一〇種	第八七八号（旧門司）、第八七九号（平松浦）、第九〇五号（大里浦）、第一五三八号（長浜浦）、第一五三九号（山口県下関）以上慣行入漁権
第二八三六号（明治四十二年十月、慣行免許）	大里浦漁業組合	門司市葛葉ノ一ツ石ヨリ柳ケ浦村新町ノ追分橋ニ至ル間地先	網漁業一八種、延縄六種、釣一二種、雑磯浜漁六種	第八七七号（旧門司）、第一五四〇号（長浜浦）、第一五三七号（山口県下関）以上慣行入漁権
第三三三一号（明治四十三年一月、慣行免許）	旧門司漁業組合	門司市大戸口ノ滑石ヨリ葛葉一ツ石ニ至ル間地先	網漁業一四種、延縄九種、釣二三種、雑磯浜漁一一種	第九〇六号（田野浦）、第一一二八号（大里浦）以上慣行入漁権

沖合共有専用漁業権漁場

免許番号	共有者	位置	漁業ノ種類	条件及制限条項
第四二六九号（大正二年五月、慣行免許）	唐泊浦（代表）、箱崎浦、志賀島浦、弘浦、福岡、伊崎浦、姪浜浦、残島村、浜崎今津浦、玄界島、西浦、小呂島、野北浦十三漁業組合共有	糸島郡北崎村北西沖合（見付曾根ヨリ下ノ瀬ニ至ル間）	いさき時曳網、蝦漕網、磯建網、鯛延縄、磯魚延縄、鯛一本釣、鰤一本釣、鯖一本釣、いさき一本釣、磯魚一本釣、柔魚釣	条件及制限条項（入漁協定）ニ基ク入漁 (1)山口県佐波郡富海村漁業組合外五組合（明治四十五年締結） (2)山口県吉敷郡大海浦漁業組合外四組合（明治四十五年締結） (3)山口県厚狭郡宇部村漁業組合外七組合（明治四十五年締結） (4)山口県大津郡瀬戸崎浦漁業組合外十二組合（大正元年締結） (5)山口県豊浦郡王司村漁業組合外二十一組合（大正元年締結） (6)佐賀県東松浦郡浜崎漁業組合外十七組合（大正元年締結）
第四二七〇号（大正二年五月、慣行免許）	箱崎浦（代表）、志賀島浦、弘浦、福岡、伊崎浦、姪浜浦、残島村、浜崎今津浦、唐泊浦、玄界島、西浦、小呂島、野北浦十三漁業組合共有	糸島郡玄界島沖合（鏡合セヨリ下ノ原瀬ニ至ル間）	いさき時曳網、蝦漕網、磯建網、鯛延縄、磯魚延縄、鯛一本釣、鰤一本釣、鯖一本釣、いさき一本釣、磯魚一本釣、柔魚釣	条件及制限条項（入漁協定）ニ基ク入漁 (1)山口県佐波郡富海村漁業組合外五組合（明治四十五年締結） (2)山口県吉敷郡大海浦漁業組合外四組合（明治四十五年締結） (3)山口県厚狭郡宇部村漁業組合外七組合（明治四十五年締結） (4)山口県大津郡沖家宝島漁業組合（大正元年締結） (5)山口県大津郡瀬戸崎浦漁業組合外十二組合（大正元年締結） (6)山口県豊浦郡王司村漁業組合外二十一組合（大正元年締結） (7)山口県阿武郡鶴江浦漁業組合外十四組合（大正元年締結） (8)佐賀県東松浦郡浜崎漁業組合外十七組合（大正元年締結） (9)佐賀県東松浦郡浜崎漁業組合外三組合（大正元年締結）
第四二七一号（大正二年五月、慣行免許）	津屋崎浦（代表）、鐘崎浦、地島浦、大島浦、神湊町、勝浦浜、福間浦、新宮浦、相島浦、奈多浦、箱崎浦、志賀島浦、弘浦、福岡、伊崎浦、姪浜浦、	粕屋郡相島ノ沖合（国ノ守網代）	いさき時曳網、蝦漕網、磯建網、鯛延縄、磯魚延縄、鯛一本釣、鰤一本釣、鯖一本釣、いさき一本釣、磯魚一本釣、柔魚釣、鮑漁、栄螺漁、貽	条件及制限条項（入漁協定）ニ基ク入漁 (1)山口県佐波郡富海村漁業組合外五組合（明治四十五年締結） (2)山口県吉敷郡大海浦漁業組合外四組合（明治四十五年締結） (3)山口県厚狭郡宇部村漁業組合外七組合（明治四十五年締結） (4)山口県大津郡瀬戸崎浦漁業組合外十二組合（大正元年締結） (5)山口県豊浦郡王司村漁業組合外二十一組合（大正元年締結）

	残島村、浜崎今津浦、唐泊浦、玄界島、西浦、野北浦二十二漁業組合共有		介漁	
第四二七二号（大正二年五月、慣行免許）	津屋崎浦（代表）、鐘崎浦、地島浦、大島浦、神湊町、勝浦浜、福間浦、新宮浦、相島浦、奈多浦十漁業組合共有	宗像郡大島ノ北西沖合（吉井岳合セノ瀬ヨリ地ノ広曾根ニ至ル間）	いさき時曳網、蝦漕網、磯建網、鯛延縄、磯魚延縄、鯛一本釣、鰤一本釣、いさき一本釣、磯魚一本釣、柔魚釣	条件及制限条項（入漁協定）ニ基ク入漁 (1)山口県下関漁業組合（明治四十五年締結） (2)山口県佐波郡富海村漁業組合外五組合（明治四十五年締結） (3)山口県吉敷郡大海浦漁業組合外四組合（明治四十五年締結） (4)山口県厚狭郡宇部村漁業組合外七組合（明治四十五年締結） (5)山口県大島郡沖家宝島漁業組合（大正元年締結） (6)山口県豊浦郡王司村漁業組合外二十一組合（大正元年締結） (7)山口県大津郡瀬戸崎浦漁業組合外十二組合（大正元年締結） (8)山口県阿武郡鶴江浦漁業組合外十四組合（大正元年締結） (9)佐賀県東松浦郡浜崎漁業組合外三組合（大正元年締結）
第四二七三号（大正二年五月、慣行免許）	津屋崎浦（代表）、鐘崎浦、地島浦、大島浦、神湊町、勝浦浜、福間浦、新宮浦、相島浦、奈多浦、波津浦、芦屋浦、山鹿浦、柏原浦、岩屋浦、脇田浦、脇ノ浦、若松町、戸畑浦十九漁業組合共有	宗像郡大島ノ北西沖合（沖ノ長次兵衛瀬ヨリ北曾根ニ至ル間）	いさき時曳網、蝦漕網、磯建網、鯛延縄、磯魚延縄、鯛一本釣、鰤一本釣、いさき一本釣、磯魚一本釣、柔魚釣	条件及制限条項（入漁協定）ニ基ク入漁 (1)山口県下関漁業組合（明治四十五年締結） (2)山口県佐波郡富海村漁業組合外五組合（明治四十五年締結） (3)山口県吉敷郡大海浦漁業組合外四組合（明治四十五年締結） (4)山口県厚狭郡宇部村漁業組合外七組合（明治四十五年締結） (5)山口県大島郡沖家宝島漁業組合（大正元年締結） (6)山口県大津郡瀬戸崎浦漁業組合外十二組合（大正元年締結） (7)山口県豊浦郡王司村漁業組合外二十一組合（大正元年締結） (8)山口県阿武郡鶴江浦漁業組合外十四組合（大正元年締結）
第四二七四号（大正二年五	脇田浦（代表）、戸畑浦、若松、	遠賀郡白島（雄）ノ北西沖	蝦漕網、鯛延縄、鰤延縄、磯魚延	条件及制限条項（入漁協定）ニ基ク入漁 (1)山口県大島郡沖家宝島漁業組合（明治四十五年締結）

免許番号	漁業権者	漁場区域	漁業種類	条件及制限条項
月、慣行免許）	脇ノ浦、岩屋浦、柏原浦、山鹿浦、芦屋浦、波津浦九漁業組合共有	合（六郎瀬ヨリ浅曾根ニ至ル間）	縄、鯛一本釣、鰤一本釣、いさき一本釣、磯魚一本釣、柔魚釣、狗母魚一本釣	(2)山口県下関漁業組合（明治四十五年締結） (3)山口県佐波郡富海村漁業組合外五組合（明治四十五年締結） (4)山口県吉敷郡大海浦漁業組合外四組合（明治四十五年締結） (5)山口県厚狭郡宇部村漁業組合外七組合（明治四十五年締結） (6)山口県大津郡瀬戸崎浦漁業組合外十二組合（大正元年締結） (7)山口県豊浦郡王司村漁業組合外二十一組合（大正元年締結） (8)山口県阿武郡鶴江浦漁業組合外十四組合（大正元年締結）
第四二七五号（大正二年五月、慣行免許）	筑前海区全四十五漁業組合（代表・津屋崎浦）共有	糸島郡大戸鼻ヨリ遠賀郡白島ニ至ル間沖合	鯖焚入敷網、玉筋魚房丈網、いさき時曳網、鯛二艘五智網、五智網、蝦漕網、板屋介漕網、磯建網、浜建網、鯛延縄、鰤延縄、鱶延縄、河豚延縄、磯魚延縄、鯛一本釣、鰤一本釣、鯖一本釣、いさき一本釣、磯魚一本釣、柔魚釣	条件及制限条項（入漁協定）ニ基ク入漁 (1)山口県下関漁業組合（明治四十五年締結） (2)山口県佐波郡富海村漁業組合外五組合（明治四十五年締結） (3)山口県吉敷郡大海浦漁業組合外四組合（明治四十五年締結） (4)山口県厚狭郡宇部村漁業組合外七組合（明治四十五年締結） (5)山口県大島郡沖家宝島漁業組合（大正元年締結） (6)山口県大津郡瀬戸崎浦漁業組合外十二組合（大正元年締結） (7)山口県豊浦郡王司村漁業組合外二十一組合（大正元年締結） (8)山口県阿武郡鶴江浦漁業組合外十四組合（大正元年締結） (9)佐賀県東松浦郡浜崎漁業組合外十七組合（大正元年締結） (10)佐賀県東松浦郡浜崎漁業組合外三組合（大正元年締結） (11)前各項ノ外従来ノ慣行又ハ契約ニ依リ入漁スル者ガ入漁ノ申込アルトキハ其ノ慣行又ハ契約ニ依リ入漁セシムベシ
第四二七六号（大正二年五月、慣行免許）	筑前海区全四十五漁業組合（代表・津屋崎浦）、佐賀県東松浦郡十二漁業組合、同県唐津市二漁業組合、同県名護屋村四漁業組	糸島郡ノ大戸鼻ヨリ包石ニ至ル間沖合	いさき時曳網、鯛二艘五智網、五智網、蝦漕網、板屋介漕網、磯建網、浜建網、鯛延縄、鰤延縄、磯魚延縄、鯛一本釣、鰤一本釣、	条件及制限条項（入漁協定）ニ基ク入漁 (1)山口県佐波郡富海村漁業組合外五組合（明治四十五年締結） (2)山口県吉敷郡大海浦漁業組合外四組合（明治四十五年締結） (3)山口県厚狭郡宇部村漁業組合外七組合（明治四十五年締結） (4)山口県大島郡沖家宝島漁業組合（大正元年締結） (5)山口県大津郡瀬戸崎浦漁業組合外十二組合（大正元年締結） (6)山口県豊浦郡王司村漁業組合外二十一組合（大正元年締結） (7)山口県阿武郡鶴江浦漁業組合十四組合（大正元年締結）

	合、総計六十三組合共有		鯖一本釣、いさき一本釣、磯魚一本釣、柔魚釣	(8)前各項ノ外従来ノ慣行又ハ契約ニ依リ入漁スル者ガ入漁ノ申込アルトキハ其ノ慣行又ハ契約ニ依リ入漁セシムベシ
豊前海域への入漁				
第四〇六八号（明治四十四年九月、慣行免許）	築上郡宇島浦漁業組合（代表）外十七組合共有	福岡・大分県界ヨリ門司市大戸口ノ滑石ニ至ル間地先	網漁業一八種、延縄一〇種、釣一四種、雑磯浜漁一五種	旧門司漁業組合（入漁登録番号第二〇七五号）、網漁業一種・延縄七種・釣一二種、入漁区域ハ田野浦地先ニ限ル　慣行入漁権
佐賀県海域への入漁				
第一四三一号（明治四十一年十月、慣行免許）	佐賀県東松浦郡名護屋村漁業組合	東松浦郡波戸岬ヨリ名護屋ノ北東角ニ至ル間地先	網漁業五種、雑磯浜漁二種	第五八四号（唐泊浦、玉筋魚房丈網）慣行入漁権
第二八四〇号（明治四十二年十月、慣行免許）	佐賀県東松浦郡唐房浦（代表）外九漁業組合共有	東松浦郡ノ土器崎ヨリ包石ニ至ル間沖合	網漁業一五種	第一一一九号（小富士村、磯建網）、第一一二〇号（岐志新町浦、磯建網）、第一一二一号（芥屋浦、磯建網）、第一一二二号（姫島浦、磯建網）以上慣行入漁権
第三六六〇号（明治四十三年三月、慣行免許）	佐賀県東松浦郡浜崎浦漁業組合	東松浦郡玉島村及浜崎村ノ黒子松以東ノ地先	網漁業二種、雑磯浜漁九種	第一五七八号（福吉村、鰮地曳網）慣行入漁権
山口県海域への入漁				
第三五五八号（明治四十三年二月、慣行免許）	山口県豊浦郡彦島漁業組合（代表）	彦島村地先及下関市亀山鼻ヨリ豊浦郡生野村・豊西下村界ニ至ル地先	網漁業九種	第二〇四四号（長浜浦、藻建網）慣行入漁権

第三五六一号（明治四十三年二月、慣行免許）	山口県下関市下関漁業組合	彦島村地先及下関市亀山鼻ヨリ豊浦郡生野村・豊西下村界ニ至ル地先	網漁業三種、延縄五種、釣一六種、雑磯浜漁一六種	第二〇四一号（長浜浦、延縄三種・釣一一種・雑磯浜漁四種）慣行入漁
第三五六二号（明治四十三年二月、慣行免許）	山口県下関市下関漁業組合	彦島村地先及下関市亀山鼻ヨリ豊浦郡生野村・豊西下村界ニ至ル地先	鰆流網	第二〇七六号（長浜浦、鰆流網）慣行入漁権
第三五六四号（明治四十三年二月、慣行免許）	山口県下関市下関漁業組合	豊浦郡長府村宮崎鼻ヨリ下関市亀山鼻ニ至ル地先	延縄一種、釣一〇種	第一八一三号（長浜浦、鯵一本釣）慣行入漁権

＊(1)本表は付図3「玄海専用漁業権漁場連絡図　大正二年五月」に対応するものである。
(2)資料「法令全書」

付表3　玄海専用漁業権免許、入漁権設定状況（昭和八年五月現在）

専用漁業権				入漁状況（入漁権設定、契約書ニ依ル）
免許	漁業権者	漁場位置	漁業種類	
第五一二〇号（昭和四年十月、地先免許、第二七〇三号引直）	小富士村漁業組合	糸島郡小富士村辺田ノ泉川ヨリ同村御床ノ大道口ニ至ル間ノ地先	網漁業一六種、延縄四種、釣七種、磯浜漁一一種	第二六一一号（深江片山浦）、第二六一二号（福岡）、第二六一三号（福吉村）、第二六一四号（岐志新町浦）、第二六一五号（加布里浦）、第二六一六号（芥屋浦）、第二六一七号（伊崎浦） 以上入漁権設定 契約書ニ依ル入漁（佐賀県妙見浦

第五一一六号（昭和四年十月、地先免許、第二七〇四号引直）	姫島浦漁業組合	糸島郡芥屋村姫島ノ地先	網漁業七種、延縄六種、釣八種、磯浜漁一四種	第二五八五号（小富士村）、第二五八六号（加布里浦）、第二五八七号（深江片山浦）、第二五八八号（福岡）、第二五八九号（岐志新町浦）、第二五九〇号（福吉村）、第二五九二号（芥屋浦）、第二五九五号（伊崎浦）以上入漁権設定 契約書ニ依ル入漁（佐賀県浜崎外五ケ浦）
第五一四七号（昭和五年六月、地先免許、第二七〇六号分割）	野北浦漁業組合	糸島郡野北村三ツ瀬ヨリ可也村、芥屋村界ニ至ル間ノ地先	網漁業二六種、延縄六種、釣一一種、磯浜漁二一種	第二六四一号（志賀島浦）、第二六四二号（箱崎浦）、第二六四三号（伊崎浦）、第二六四四号（芥屋浦）、第二六四五号（芥屋浦）、第二六四六号（加布里浦）、第二六四七号（岐志新町浦）、第二六四八号（西浦）、第二六四九号（福岡）、第二六五〇号（弘浦）、第二六六八号（小富士村）以上入漁権設定
第五一二一号（昭和四年十月、地先免許、第二七〇七号分割）	西浦漁業組合	糸島郡北崎村西浦ノ火床切付ヨリ北崎村、桜井村界ニ至ル間ノ地先	網漁業二五種、延縄六種、釣九種、磯浜漁一九種	第二六一八号（志賀島浦）、第二六一九号（弘浦）、第二六二〇号（伊崎浦）、第二六二一号（玄界島）、第二六二二号（浜崎今津浦）、第二六二三号（箱崎浦）、第二六二四号（福岡）、第二六二五号（唐泊浦）以上入漁権設定 契約書ニ依ル入漁（野北浦）
第五一一九号（昭和四年十月、地先免許、第二七〇八号変更）	唐泊浦漁業組合	糸島郡今津村津舟崎ヨリ北崎村西浦ノ火床切付ニ至ル間ノ地先	網漁業二〇種、延縄三種、釣一一種、磯浜漁一一種	第二六〇三号（箱崎浦）、第二六〇四号（残島村）、第二六〇五号（福岡）、第二六〇六号（浜崎今津浦）、第二六〇七号（姪浜浦）、第二六〇八号（玄界島）、第二六〇九号（志賀島浦）、第二六一〇号（伊崎浦）以上入漁権設定
第五一一八号（昭和四年十月、地先免許、第二七一一号引直）	玄界島漁業組合	糸島郡北崎村玄界島ノ地先	網漁業一八種、延縄四種、釣九種、磯浜漁一五種	第二五九三号（箱崎浦）、第二五九四号（弘浦）、第二五九五号（残島村）、第二五九六号（浜崎今津浦）、第二五九七号（西浦）、第二五九八号（唐泊浦）、第二五九九号（福岡）、第二六〇〇号（唐泊浦）、第二六〇一号（志賀島浦）、第二六〇二号（伊崎浦）以上入漁権設定
第五一一七号（昭和四年十月、地先免許、第二七一二号	小呂島漁業組合	糸島郡北崎村小呂島ノ地先	網漁業一〇種、延縄四種、釣六種、磯浜漁一三種	第二六五九号（箱崎浦）、第二六六〇号（福岡）、第二六六一号（伊崎浦）、第二六六二号（弘浦）、第二六六三号（西浦）、第二六六四号（唐泊浦）以上入漁権設定

変更）				
第四四七六号（大正五年六月、地先免許）	福岡漁業組合	福岡市伊崎浦荒津山北端	石花菜漁	
第五一三七号（昭和五年二月、地先免許）	伊崎浦漁業組合	福岡市荒津崎ヨリ福岡市、早良郡界ニ至ル間ノ地先	網漁業四種、延縄三種、釣七種、磯浜漁一五種	第二五七五号（姪浜浦）、第二五七六号（福岡）、第二五七七号（箱崎浦）以上入漁権設定
第五一四八号（昭和五年六月、地先免許、第二七二二号分割）	志賀島浦漁業組合	粕屋郡志賀島村ノ明神鼻ヨリ塩屋崎ニ至ル間ノ地先	網漁業二四種、延縄八種、釣一五種、磯浜漁一九種	第二六五一号（奈多浦）、第二六五二号（福岡）、第二六五三号（伊崎浦）以上入漁権設定
第五一一二号（昭和四年十月、地先免許二七二一号引直）	弘浦漁業組合	粕屋郡志賀島村勝馬ノ明神鼻ヨリ志賀島ノ俎瀬ニ至ル間ノ地先	網漁業一九種、延縄三種、釣九種、磯浜漁一八種	第二五七八号（箱崎浦）、第二五七九号（残島村）、第二五八〇号（福岡）、第二五八一号（浜崎今津浦）、第二五八二号（唐泊浦）、第二五八三号（姪浜浦）、第二五八四号（伊崎浦）、以上入漁権設定
第五一四九号（昭和五年六月、地先免許、第二七二八号引直）	相島浦漁業組合	粕屋郡新宮村相島地先	網漁業一六種、延縄九種、釣一〇種、磯浜漁一五種	第二六五四号（新宮浦）、第二六五五号（福岡）、第二六五六号（伊崎浦）、第二六五七号（新宮浦）以上入漁権設定
第五一二三号（昭和四年十月、地先免許、第二七三八号引直）	神湊町漁業組合	宗像郡神湊町ノ新川崎ヨリ同町草崎鼻ニ至ル間ノ地先	網漁業二一種、延縄七種、釣一七種、磯浜漁二六種	

第五一二二号（昭和四年十月、地先免許、第二七三九号引直）	大島浦漁業組合	宗像郡大島村地先	網漁業一四種、延縄七種、釣一四種、磯浜漁一八種	第二六二六号（地島浦）入漁権設定
第五一二五号（昭和四年十月、地先免許、第二七五九号引直）	大島浦漁業組合	宗像郡大島村ノ沖島ノ地先	網漁業八種、延縄六種、釣七種、磯浜漁一一種	第二六二九号（鐘崎浦）、第二六三〇号（神湊町）、第二六三一号（福間浦）、第二六三二号（津屋崎浦）、第二六三三号（地島浦）、第二六三四号（勝浦浜）、第二六三五号（新宮浦）、第二六三六号（相島浦）、第二六三七号（奈多浦）以上入漁権設定
第五一二四号（昭和四年十月、地先免許、第二七四六号引直）	地島浦漁業組合	宗像郡岬村ノ地島ノ地先	網漁業二三種、延縄六種、釣一二種、磯浜漁二一種	第二六二七号（鐘崎浦）、第二六二八号（鐘崎浦）以上漁業権設定 契約書ニ依ル（大島浦、鐘崎浦、神湊町、勝浦浜、津屋崎浦、福間浦、新宮浦、相島浦、奈多浦）
第五一二七号（昭和四年十月、地先免許、第二七四九号引直）	波津浦漁業組合	遠賀郡岡垣村糠塚矢矧川ヨリ遠賀郡、宗像郡界ニ至ル間ノ地先	網漁業二〇種、延縄五種、釣一二種、磯浜漁二一種	第二六三九号（芦屋浦）、第二六四〇号（鐘崎浦）以上入漁権設定
第五一二六号（昭和四年十月、地先免許、第二七五二号・第二七五三号合併引直）	脇田浦漁業組合	遠賀郡島郷村城ノ崎ヨリ同村安屋烏帽子鼻ニ至ル間ノ地先	網漁業二四種、延縄四種、釣一一種、磯浜漁一六種	第二六三八号（岩屋浦）漁業権設定
沖合共有専用漁業権漁場				
第四二六九号	筑豊漁業組合連	糸島郡北崎村北	いさき時曳網、	条件及制限条項（入漁協定）ニ基ク入漁

（大正二年五月、慣行免許、昭和六年七月、漁業権移転）	合会	西沖合（見付曾根ヨリ下ノ瀬ニ至ル間）	蝦漕網、磯建網、鯛延縄、鯛一本釣、鰤一本釣、いさき一本釣、磯魚一本釣、柔魚釣	(1)山口県佐波郡富海村漁業組合外五組合（明治四十五年締結） (2)山口県吉敷郡大海浦漁業組合外四組合（明治四十五年締結） (3)山口県厚狭郡宇部村漁業組合外七組合（明治四十五年締結） (4)山口県大津郡瀬戸崎浦漁業組合外十二組合（大正元年締結） (5)山口県豊浦郡王司村漁業組合外二十一組合（大正元年締結） (6)佐賀県東松浦郡浜崎漁業組合外十七組合（大正元年締結）
第四二七〇号（大正二年五月、慣行免許、昭和七年二月、漁業権移転）	筑豊漁業組合連合会	糸島郡玄界島沖合（鏡合セヨリ下ノ原瀬ニ至ル間）	いさき時曳網、蝦漕網、磯建網、鯛延縄、磯魚延縄、鯛一本釣、鰤一本釣、鯖一本釣、いさき一本釣、磯魚一本釣、柔魚釣	条件及制限条項（入漁協定）ニ基ク入漁 (1)山口県佐波郡富海村漁業組合外五組合（明治四十五年締結） (2)山口県吉敷郡大海浦漁業組合外四組合（明治四十五年締結） (3)山口県厚狭郡宇部村漁業組合外七組合（明治四十五年締結） (4)山口県大津郡沖家宝島漁業組合（大正元年締結） (5)山口県大津郡瀬戸崎浦漁業組合外十二組合（大正元年締結） (6)山口県豊浦郡王司村漁業組合外二十一組合（大正元年締結） (7)山口県阿武郡鶴江浦漁業組合外十四組合（大正元年締結） (8)佐賀県東松浦郡浜崎漁業組合外十七組合（大正元年締結） (9)佐賀県東松浦郡浜崎漁業組合外三組合（大正元年締結）
第四二七一号（大正二年五月、慣行免許、昭和七年二月、漁業権移転）	筑豊漁業組合連合会	粕屋郡相島ノ沖合（国ノ守網代）	いさき時曳網、蝦漕網、磯建網、鯛延縄、磯魚延縄、鯛一本釣、鰤一本釣、鯖一本釣、いさき一本釣、磯魚一本釣、柔魚釣、鮑漁、栄螺漁、貽介漁	条件及制限条項（入漁協定）ニ基ク入漁 (1)山口県佐波郡富海村漁業組合外五組合（明治四十五年締結） (2)山口県吉敷郡大海浦漁業組合外四組合（明治四十五年締結） (3)山口県厚狭郡宇部村漁業組合外七組合（明治四十五年締結） (4)山口県大津郡瀬戸崎浦漁業組合外十二組合（大正元年締結） (5)山口県豊浦郡王司村漁業組合外二十一組合（大正元年締結）
第四二七二号（大正二年五	筑豊漁業組合連合会	宗像郡大島ノ北西沖合（吉井岳	いさき時曳網、蝦漕網、磯建網、	条件及制限条項（入漁協定）ニ基ク入漁 (1)山口県下関漁業組合（明治四十五年締結）

月、慣行免許、昭和六年七月、漁業権移転）		合セノ瀬ヨリ地ノ広曾根ニ至ル間）	鯛延縄、磯魚延縄、鯛一本釣、鰤一本釣、鯖一本釣、いさき一本釣、磯魚一本釣、柔魚釣	(2)山口県佐波郡富海村漁業組合外五組合（明治四十五年締結） (3)山口県吉敷郡大海浦漁業組合外四組合（明治四十五年締結） (4)山口県厚狭郡宇部村漁業組合外七組合（明治四十五年締結） (5)山口県大島郡沖家室島漁業組合（大正元年締結） (6)山口県豊浦郡王司村漁業組合外二十一組合（大正元年締結） (7)山口県大津郡瀬戸崎浦漁業組合外十二組合（大正元年締結） (8)山口県阿武郡鶴江浦漁業組合外十四組合（大正元年締結） (9)佐賀県東松浦郡浜崎漁業組合外三組合（大正元年締結）
第四二七三号（大正二年五月、慣行免許、昭和七年二月、漁業権移転）	筑豊漁業組合連合会	宗像郡大島ノ北西沖合（沖ノ長次兵衛瀬ヨリ北曾根ニ至ル間）	いさき時曳網、蝦漕網、磯建網、鯛延縄、磯魚延縄、鯛一本釣、鰤一本釣、鯖一本釣、いさき一本釣、磯魚一本釣、柔魚釣	条件及制限条項（入漁協定）ニ基ク入漁 (1)山口県下関漁業組合（明治四十五年締結） (2)山口県佐波郡富海村漁業組合外五組合（明治四十五年締結） (3)山口県吉敷郡大海浦漁業組合外四組合（明治四十五年締結） (4)山口県厚狭郡宇部村漁業組合外七組合（明治四十五年締結） (5)山口県大島郡沖家室島漁業組合（大正元年締結） (6)山口県大津郡瀬戸崎浦漁業組合外十二組合（大正元年締結） (7)山口県豊浦郡王司村漁業組合外二十一組合（大正元年締結） (8)山口県阿武郡鶴江浦漁業組合外十四組合（大正元年締結）
第四二七四号（大正二年五月、慣行免許）	脇田浦（代表）、戸畑浦、若松、脇ノ浦、岩屋浦、柏原浦、山鹿浦、芦屋浦、波津浦九漁業組合共有	遠賀郡白島（雄）ノ北西沖合（六郎瀬ヨリ浅曾根ニ至ル間）	蝦漕網、鯛延縄、鰤延縄、磯魚延縄、鯛一本釣、鰤一本釣、鯖一本釣、いさき一本釣、磯魚一本釣、柔魚釣、狗母魚一本釣	条件及制限条項（入漁協定）ニ基ク入漁 (1)山口県大島郡沖家室島漁業組合（明治四十五年締結） (2)山口県下関漁業組合（明治四十五年締結） (3)山口県佐波郡富海村漁業組合外五組合（明治四十五年締結） (4)山口県吉敷郡大海浦漁業組合外四組合（明治四十五年締結） (5)山口県厚狭郡宇部村漁業組合外七組合（明治四十五年締結） (6)山口県大津郡瀬戸崎浦漁業組合外十二組合（大正元年締結） (7)山口県豊浦郡王司村漁業組合外二十一組合（大正元年締結） (8)山口県阿武郡鶴江浦漁業組合外十四組合（大正元年締結） 共同専用六郎瀬周辺海面漁場ニ付漁業権者相互間ノ規約（昭和六年十二月締結）
第四二七五号	筑豊漁業組合連	糸島郡大戸鼻ヨ	鯖焚入敷網、玉	条件及制限条項（入漁協定）ニ基ク入漁

（大正二年五月、慣行免許、昭和七年二月、漁業権移転）	合会	リ遠賀郡白島ニ至ル間沖合	筋魚房丈網、いさき時曳網、鯛二艘五智網、五智網、蝦漕網、板屋介漕網、磯建網、浜建網、鯛延縄、鰤延縄、鱶延縄、河豚延縄、磯魚延縄、鯛一本釣、鰤一本釣、鯖一本釣、いさき一本釣、磯魚一本釣、柔魚釣	(1)山口県下関漁業組合（明治四十五年締結） (2)山口県佐波郡富海村漁業組合外五組合（明治四十五年締結） (3)山口県吉敷郡大海浦漁業組合外四組合（明治四十五年締結） (4)山口県厚狭郡宇部村漁業組合外七組合（明治四十五年締結） (5)山口県大島郡沖家宝島漁業組合（大正元年締結） (6)山口県大津郡瀬戸崎浦漁業組合外十二組合（大正元年締結） (7)山口県豊浦郡王司村漁業組合外二十一組合（大正元年締結） (8)山口県阿武郡鶴江浦漁業組合外十四組合（大正元年締結） (9)佐賀県東松浦郡浜崎漁業組合外十七組合（大正元年締結） (10)佐賀県東松浦郡浜崎漁業組合外三組合（大正元年締結） (11)前各項ノ外従来ノ慣行又ハ契約ニ依リ入漁スル者ガ入漁ノ申込アルトキハ其ノ慣行又ハ契約ニ依リ入漁セシムベシ
第四二七六号（大正二年五月、慣行免許、昭和七年二月、漁業権持分移転）	筑豊漁業組合連合会（代表）、佐賀県東松浦郡十二漁業組合、同県唐津市二漁業組合、同県名護屋村四漁業組合、総計六十三組合共有	糸島郡ノ大戸鼻ヨリ包石ニ至ル間沖合	いさき時曳網、鯛二艘五智網、五智網、蝦漕網、板屋介漕網、磯建網、浜建網、鯛延縄、鰤延縄、磯魚延縄、鯛一本釣、鰤一本釣、鯖一本釣、いさき一本釣、磯魚一本釣、柔魚釣	条件及制限条項（入漁協定）ニ基ク入漁 (1)山口県佐波郡富海村漁業組合外五組合（明治四十五年締結） (2)山口県吉敷郡大海浦漁業組合外四組合（明治四十五年締結） (3)山口県厚狭郡宇部村漁業組合外七組合（明治四十五年締結） (4)山口県大島郡沖家宝島漁業組合（大正元年締結） (5)山口県大津郡瀬戸崎浦漁業組合外十二組合（大正元年締結） (6)山口県豊浦郡王司村漁業組合外二十一組合（大正元年締結） (7)山口県阿武郡鶴江浦漁業組合十四組合（大正元年締結） (8)前各項ノ外従来ノ慣行又ハ契約ニ依リ入漁スル者ガ入漁ノ申込アルトキハ其ノ慣行又ハ契約ニ依リ入漁セシムベシ

＊(1)大正二年五月以後、改訂されたもののみを掲載した。(2)これ以外は、大正二年五月現在に表示されたものがそのまま再免許、継続されている。(3)免許番号が変更となったものは、海面を引直して従来の慣行漁業権から地先漁業権として新たに免許された。(4)沖合共有漁場（除第四二七四号）の漁業権者は、漁業組合名から筑豊漁業組合連合会名に変更された。(5)本表は付図４「玄海専用漁業権漁場連絡図　昭和八年五月」と対応するものである。(6)資料『玄海専用漁業権及入漁権総覧』（昭和九年八月）

付表4　筑前海区における共同、区画漁業権免許一覧　新漁業法に基づく第一次免許（昭和二十六～二十七年）

免許番号	漁業権者	漁場の位置	漁業の種類
共同漁業権（昭和二六年九月一日免許）			
筑共第　一号	代表・加布里漁業協同組合他六組合	福岡・佐賀両県界（包石）から糸島郡芥屋村（黒瀬）までの間の地先	第一種：なまこ漁業他三四種、第二種：磯建網漁業他七種、第三種：雑魚地びき網漁業他五種
筑共第　二号	代表・加布里漁業協同組合他六組合	糸島郡芥屋村大字姫島地先	第一種：たこ漁業他二四種、第二種：磯建網漁業他四種
筑共第　三号	代表・西ノ浦漁業協同組合他二組合	糸島郡桜野村、北崎村、可也村地先	第一種：たこ漁業他一二種、第二種：いか曲建網漁業他五種、第三種：いわし地びき網漁業他六種
筑共第　四号	野北村漁業協同組合	糸島郡桜野村灯台瀬周辺	第一種：たこ漁業他八種、第二種：磯建網漁業他二種、第三種：雑魚瀬びき網漁業
筑共第　五号	西ノ浦漁業協同組合	島郡北崎村大字西ノ浦沖合	第一種：たこ漁業他三種、第二種：磯建網漁業他一種、第三種：ぶり飼付漁業
筑共第　六号	小呂島漁業協同組合	糸島郡北崎村大字小呂島地先	第一種：なまこ漁業他八種、第二種：磯建網漁業他三種、第三種：ぶり飼付漁業
筑共第　七号	代表・加布里漁業協同組合他六組合	糸島郡芥屋村大字姫島烏帽子島周辺	第一種：なまこ漁業他四種、第二種：磯建網漁業他一種
筑共第　八号	玄界島漁業協同組合	糸島郡北崎村大字玄界島地先	第一種：たこ漁業他一一種、第二種：磯建網漁業他三種、第三種：たい地漕網漁業他二種
筑共第　九号	玄界島漁業協同組合	糸島郡北崎村大字玄界島北方沖合	第一種：なまこ漁業他三種、第二種：磯建網漁業他一種
筑共第一〇号	代表・姪浜漁業協同組合他七組合	福岡市及び粕屋郡多々良町、香椎町、和白村、志賀島村地先	第一種：なまこ漁業他三九種、第二種：磯建網漁業他六種、第三種：いわし地びき網他七種
筑共第一一号	弘漁業協同組合	粕屋郡志賀島村大字勝馬地先	第一種：なまこ漁業他三〇種、第二種：雑魚ます網漁業他三種、第三種：築磯漁業他三種

番号	組合	区域	漁業種類
筑共第一二号	志賀島漁業協同組合	粕屋郡志賀島村地先	第一種：なまこ漁業他一三種、第二種：磯建網漁業他七種、第三種：雑魚地びき網漁業他二種
筑共第一三号	奈多漁業協同組合	粕屋郡和白村地先	第一種：あさり漁業他四種、第二種：磯建網漁業他二種、第三種：たい地漕網漁業他一種
筑共第一四号	新宮漁業協同組合	粕屋郡新宮村大字新宮地先	第一種：なまこ漁業他四種、第二種：いか曲建網漁業他三種、第三種：瀬びき網漁業他四種
筑共第一五号	相島漁業協同組合	粕屋郡新宮村大字相島地先	第一種：なまこ漁業他八種、第二種：磯建網漁業他五種、第三種：たい地漕網漁業他二種
筑共第一六号	代表・相島漁業協同組合他六組合	粕屋郡新宮村大字相島沖合	第一種：なまこ漁業他五種、第二種：磯建網漁業他一種
筑共第一七号	福間漁業協同組合	宗像郡福間町地先	第一種：なまこ漁業他二種、第二種：磯建網漁業他四種、第三種：雑魚地びき網漁業他三種
筑共第一八号	津屋崎漁業協同組合	宗像郡津屋崎町地先	第一種：なまこ漁業他一六種、第二種：磯建網漁業他五種、第三種：雑魚地びき網漁業他四種
筑共第一九号	勝浦漁業協同組合	宗像郡勝浦村地先	第一種：なまこ漁業他二〇種、第二種：磯建網漁業他六種、第三種：ぶり地びき網漁業他二種
筑共第二〇号	神湊漁業協同組合	宗像郡神湊町地先	第一種：なまこ漁業他二一種、第二種：磯建網漁業他七種、第三種：いわし地びき網漁業他三種
筑共第二一号	鐘崎漁業協同組合	宗像郡岬村及び池野村地先	第一種：なまこ漁業他一七種、第二種：磯建網漁業他二種、第三種：いわし地びき網漁業他三種
筑共第二二号	代表・鐘崎漁業協同組合他一組合	宗像郡岬村沖合	第一種：なまこ漁業他七種、第二種：磯建網漁業他一種
筑共第二三号	地島漁業協同組合	宗像郡岬村大字地島地先	第一種：なまこ漁業他一二種、第二種：磯建網漁業他五種、第三種：あじ地びき網漁業他一種
筑共第二四号	大島漁業協同組合	宗像郡大島村地先	第一種：なまこ漁業他七種、第二種：磯建網漁業他二種、第三種：たい地びき網漁業

筑共第二五号	大島漁業協同組合	宗像郡大島村南方沖合	第一種：なまこ漁業他四種、第二種：磯建網漁業
筑共第二六号	大島漁業協同組合	宗像郡大島村西方沖合	第三種：ぶり飼付漁業
筑共第二七号	代表・大島漁業協同組合他六組合	宗像郡大島村沖ノ島地先	第一種：たこ漁業他五種、第二種：磯建網漁業、第三種：ぶり飼付漁業
筑共第二八号	波津漁業協同組合	遠賀郡岡垣村地先	第一種：なまこ漁業他一二種、第二種：磯建網漁業他五種、第三種：たい地びき網漁業他二種
筑共第二九号	波津漁業協同組合	遠賀郡岡垣村沖合	第一種：なまこ漁業他五種、第二種：磯建網漁業他一種
筑共第三〇号	芦屋漁業協同組合	遠賀郡芦屋町大字芦屋地先	第一種：はまぐり漁業、第二種：浜建網漁業他四種、第三種：雑魚地びき網漁業他一種
筑共第三一号	柏原漁業協同組合	遠賀郡芦屋町大字山鹿及び柏原地先	第一種：たこ漁業他一九種、第二種：磯建網漁業他四種
筑共第三二号	岩屋漁業協同組合	若松市大字有毛地先	第一種：なまこ漁業他一〇種、第二種：磯建網漁業他三種
筑共第三三号	脇田漁業協同組合	若松市大字安屋地先	第一種：なまこ漁業他二九種、第二種：磯建網漁業他六種、第三種：築磯漁業
筑共第三四号	脇田漁業協同組合	若松市大字安屋沖合	第一種：いせえび漁業他一〇種、第二種：磯建網漁業他四種
筑共第三五号	脇田漁業協同組合	若松市白島南方沖合	第一種：なまこ漁業他六種、第二種：磯建網漁業他六種、第三種：築磯漁業
筑共第三六号	代表・脇田漁業協同組合他一組合	若松市白島周辺	第一種：たこ漁業他二六種、第二種：磯建網漁業他七種、第三種：たい地漕網漁業他一種
筑共第三七号	代表・脇田漁業協同組合他四組合	若松市白島北方沖合	第一種：なまこ漁業他二種、第二種：磯建網漁業他二種
筑共第三八号	脇ノ浦漁業協同組合	若松市大字小竹地先	第一種：なまこ漁業他二一種、第二種：磯建網漁

			業他一二種、第三種：あじ地びき網漁業他三種
筑共第三九号	脇ノ浦漁業協同組合	若松市大字小竹沖合	第一種：たこ漁業他五種、第二種：磯建網漁業他一種
筑共第四〇号	代表・若松漁業協同組合他一組合	若松市及び戸畑市地先	第一種：なまこ漁業他二一種、第二種：磯建網漁業他三種、第三種：ぼら飼付漁業
筑共第四一号	平松漁業協同組合	小倉市大字平松地先	第一種：たこ漁業他七種、第二種：磯建網漁業他一種
筑共第四二号	長浜漁業協同組合	小倉市大字長浜地先	第一種：なまこ漁業他六種、第二種：磯建網漁業他二種
筑共第四三号	馬島漁業協同組合	小倉市大字馬島地先	第一種：なまこ漁業他三〇種、第二種：磯建網漁業他五種、第三種：雑魚地びき網漁業
筑共第四四号	代表・平松漁業協同組合他三組合	小倉市白州周辺	第一種：なまこ漁業他一四種、第二種：雑魚ます網漁業他四種、第三種：ぼら飼付漁業
筑共第四五号	藍島漁業協同組合	小倉市大字藍島地先	第一種：なまこ漁業他九種、第二種：磯建網漁業他一種
筑共第四六号	代表・平松漁業協同組合他五組合	小倉市大字藍島東北方沖合	第一種：なまこ漁業他五種、第二種：磯建網漁業他一種
筑共第四七号	大里漁業協同組合	門司市大字大里地先	第一種：たこ漁業他五種、第二種：磯建網漁業他二種、第三種：いわし地びき網漁業
筑共第四八号	旧門司漁業協同組合	門司市大字門司地先	第一種：なまこ漁業他六種、第二種：磯建網漁業他二種
筑共第四九号	野北漁業協同組合	糸島郡桜野村沖合	第三種：築磯漁業
筑共第五〇号	野北漁業協同組合	糸島郡桜野村沖合	第三種：築磯漁業

区画漁業権（昭和二六年九月一日免許）

筑区第　一号	小富士漁業協同組合	糸島郡小富士村地先	第一種：のりひび建養殖業
筑区第　二号	小富士漁業協同組合	糸島郡小富士村大字辺田地先	第一種：かき養殖業
筑区第　三号	小富士漁業協同組合	糸島郡小富士村大字辺田地先	第一種：かき養殖業
筑区第　四号	加布里漁業協同組合	糸島郡前原町大字加布里地先	第一種：のりひび建養殖業
筑区第　五号	加布里漁業協同組合	糸島郡前原町大字加布里地先	第一種：のりひび建養殖業
筑区第　六号	浜崎今津漁業協同組合	福岡市今津地先	第一種：のりひび建養殖業
筑区第　七号	浜崎今津漁業協同組合	福岡市今宿地先	第一種：のりひび建養殖業
筑区第　八号	浜崎今津漁業協同組合	福岡市今宿地先	第一種：のりひび建養殖業
筑区第　九号	代表・姪浜漁業協同組合 他一組合	福岡市姪浜、室見川尻地先	第一種：のりひび建養殖業
筑区第一〇号	伊崎漁業協同組合	福岡市伊崎浦地先	第一種：のりひび建養殖業
筑区第一一号	箱崎漁業協同組合	福岡市箱崎大字箱崎地先	第一種：のりひび建養殖業
筑区第一二号	箱崎漁業協同組合	福岡市箱崎大字箱崎地先	第一種：のりひび建養殖業
筑区第一三号	箱崎漁業協同組合	福岡市箱崎大字箱崎地先	第一種：のりひび建養殖業
筑区第一四号	箱崎漁業協同組合	福岡市箱崎多々良川尻地先	第一種：のりひび建養殖業
筑区第一五号	箱崎漁業協同組合	粕屋郡多々良町地先	第一種：のりひび建養殖業
筑区第一六号	箱崎漁業協同組合	福岡市箱崎、粕屋郡多々良町地先	第一種：のりひび建養殖業
筑区第一七号	箱崎漁業協同組合	粕屋郡多々良町地先	第一種：のりひび建養殖業
筑区第一八号	箱崎漁業協同組合	粕屋郡多々良町大字名崎地先	第一種：のりひび建養殖業
筑区第一九号	箱崎漁業協同組合	粕屋郡香椎町浜男地先	第一種：のりひび建養殖業
筑区第二〇号	箱崎漁業協同組合	粕屋郡和白村大字和白地先	第一種：のりひび建養殖業
筑区第二一号	代表・箱崎漁業協同組合	粕屋郡和白村大字和白字塩浜地先	第一種：のりひび建養殖業

	他五組合		
筑区第二二号	奈多漁業協同組合	粕屋郡和白村大字塩浜地先	第一種：のりひび建養殖業
筑区第二三号	奈多漁業協同組合	粕屋郡和白村大字奈多地先	第一種：のりひび建養殖業
筑区第二四号	箱崎漁業協同組合	粕屋郡和白村大字奈多雁の巣地先	第一種：のりひび建養殖業
筑区第二五号	箱崎漁業協同組合	粕屋郡志賀島村大字西戸崎地先	第一種：のりひび建養殖業
筑区第二六号	津屋崎漁業協同組合	宗像郡津屋崎町地先	第一種：のりひび建養殖業
筑区第二七号	神湊漁業協同組合	宗像郡神湊町釣川地先	第一種：のりひび建養殖業
区画漁業権（昭和二七年一一月二五日免許）			
筑区第二八号	小富士村漁業協同組合	糸島郡小富士村地先	第一種：のりひび建養殖業
区画漁業権（昭和二九年一〇月一〇日免許）			
筑区第二九号	姪浜漁業協同組合	福岡市西新町地先	第一種：のりひび建養殖業
筑区第三〇号	伊崎漁業協同組合他三組合	福岡市地行地先	第一種：のりひび建養殖業
筑区第三一号	伊崎漁業協同組合	福岡市伊崎浦埋立地地先	第一種：のりひび建養殖業
筑区第三二号	奈多漁業協同組合	粕屋郡和白村大字奈多地先	第一種：のりひび建養殖業
筑区第三三号	奈多漁業協同組合	粕屋郡和白村大字奈多字開地先	第一種：のりひび建養殖業
筑区第三四号	箱崎漁業協同組合	粕屋郡志賀町大字西戸崎地先	第一種：のりひび建養殖業

付表5　豊前海区における共同、区画漁業権免許一覧　新漁業法に基づく第一次免許（昭和二十六～二十九年）

免許番号	漁業権者	漁場の位置	漁業の種類
共同漁業権（昭和二六年九月一日免許）			
豊共第　一号	代表・椎田漁業協同組合他一八組合	福岡、大分両県界から福岡県門司市大戸口標柱までの地先	第一種：なまこ漁業他二〇種、第二種：雑魚桝網漁業他八種、第三種：いわし地曳網漁業他六種
豊共第　二号	代表・柄杓田漁業協同組合他一組合	門司市門司崎灯台から同市大戸口滑石標柱までの地先	第一種：なまこ漁業他四種
区画漁業権（昭和二六年九月一日免許）			
豊区第　一号	曾根漁業協同組合	小倉市曾根町竹馬川口	第一種：のりひび建養殖業
豊区第　二号	蓑島漁業協同組合	京都郡蓑島村西端	第一種：のりひび建養殖業
豊区第　三号	八屋漁業協同組合	築上郡八屋町八屋地先	第一種：のりひび建養殖業
豊区第　四号	吉富漁業協同組合	築上郡吉富町佐井川口	第一種：のりひび建養殖業
豊区第　五号	吉富漁業協同組合	築上郡吉富町大字高浜	第一種：のりひび建養殖業
区画漁業権（昭和二七年九月一日免許）			
豊区第　六号	沓尾漁業協同組合	京都郡今元村沓尾祈祷岩標柱	第一種：のりひび建養殖業
区画漁業権（昭和二九年一〇月一〇日免許）			
豊区第　七号	椎田漁業協同組合	築上郡椎田町地先	第一種：のりひび建養殖業
豊区第　八号	松江漁業協同組合	築上郡角田村地先	第一種：のりひび建養殖業
豊区第　九号	松江漁業協同組合	築上郡山田村及び角田村地先	第一種：のりひび建養殖業
豊区第一〇号	蓑島漁業協同組合	京都郡蓑島村西端地先	第一種：のりひび建養殖業
豊区第一一号	八屋漁業協同組合	築上郡八屋町大字八屋地先	第一種：のりひび建養殖業

付表6　有明海区における共同、区画漁業権免許一覧　新漁業法に基づく第一次免許（昭和二十七～三十年）

免許番号	漁業権者	漁場の位置	漁業の種類
共同漁業権（昭和二七年六月二六日免許）			
有共第　一号	代表・沖端漁業協同組合他二二組合	筑後川から福岡、熊本両県境界までの地先	第一種：あさりがい漁業他二〇種、第二種：竹羽瀬漁業他七種、第三種：がたびき網漁業
共同漁業権（昭和二七年七月四日免許）			
農共第　二号	代表・佐賀県有明海漁業協同組合連合会他二三組合	福岡県及び佐賀県の地先（有明海）	第一種：あさりがい漁業他二〇種、第二種：竹羽瀬漁業他七種、第三種：がたびき網漁業
区画漁業権（昭和二七年七月四日免許）			
農区第　四号	佐賀県大詫間村漁業協同組合他二組合	福岡県三潴郡大川町、佐賀県佐賀郡大詫間村、中川副村地先	第一種：かきひび建養殖業
農区第　五号	佐賀県大詫間村漁業協同組合他二組合	福岡県三潴郡大川町、川口村、佐賀県佐賀郡大詫間村地先	第一種：かきひび建養殖業
農区第　七号	佐賀県大詫間村漁業協同組合他一組合	福岡県三潴郡川口村、佐賀県佐賀郡大詫間村地先	第一種：かきひび建養殖業
農区第　九号	佐賀県中川副村漁業協同組合他三組合	福岡県三潴郡大川町、川口村、佐賀県佐賀郡大詫間村、中川副村地先	第一種：かきひび建養殖業
農区第一一号	佐賀県大詫間村漁業協同組合他一組合	福岡県三潴郡川口村、佐賀県佐賀郡大詫間村地先	第一種：かきひび建養殖業
農区第一三号	佐賀県大詫間村漁業協同組合他一組合	福岡県三潴郡川口村、佐賀県佐賀郡大詫間村地先	第一種：かきひび建養殖業
農区第一四号	佐賀県大詫間村漁業協同組合他二組合	福岡県三潴郡川口村、佐賀県佐賀郡	第一種：かきひび建養殖業

		中川副村、大詫間村地先	
農区第一五号	三潴郡川口村漁業協同組合他一組合	福岡県三潴郡川口村、佐賀県佐賀郡大詫間村地先	第一種：かきひび建養殖業
農区第一六号	三潴郡川口村漁業協同組合	福岡県三潴郡川口村地先	第一種：かきひび建養殖業
農区第一八号	三潴郡大川漁業協同組合他一組合	福岡県三潴郡大川町、川口村地先	第一種：かきひび建養殖業
区画漁業権（昭和二七年一二月二三、二七日免許）			
有区第　一号	沖端漁業協同組合	柳川市地先	第三種：あげまき養殖業
有区第　二号	代表・沖端漁業協同組合他一組合	柳川市地先	第三種：あさり養殖業
有区第　三号	代表・両開漁業協同組合他三組合	柳川市地先	第三種：あさり養殖業
有区第　四号	代表・有明漁業協同組合他四組合	山門郡大和町地先	第三種：あさり養殖業
有区第　五号	代表・大和漁業協同組合他三組合	山門郡大和町地先	第三種：あさり養殖業
有区第　六号	代表・中島漁業協同組合他三組合	山門郡大和町地先	第三種：あさり養殖業
有区第　七号	代表・江浦漁業協同組合他二組合	三池郡高田村地先	第三種：あさり養殖業
有区第　八号	代表・三浦漁業協同組合他一組合	三池郡高田村地先	第三種：あさり養殖業
有区第　九号	代表・開漁業協同組合他一組合	三池郡高田村地先	第三種：あさり養殖業
有区第一〇号	三浦漁業協同組合	大牟田市地先	第三種：あさり養殖業
有区第一一号	代表・手鎌漁業協同組合他一組合	大牟田市地先	第三種：あさり養殖業
有区第一二号	大牟田漁業協同組合	大牟田市地先	第三種：あさり養殖業
有区第一三号	代表・三里漁業協同組合他一組合	大牟田市地先	第三種：あさり養殖業
有区第一四号	福岡県有明海漁業協同組合連合会	柳川市地先	第一種：のりひび建養殖業
有区第一五号	福岡県有明海漁業協同組合連合会	柳川市地先	第一種：のりひび建養殖業
有区第一六号	福岡県有明海漁業協同組合連合会	山門郡大和町地先	第一種：のりひび建養殖業

有区第一七号	福岡県有明海漁業協同組合連合会	柳川市地先	第一種：のりひび建養殖業
有区第一八号	福岡県有明海漁業協同組合連合会	大牟田市地先	第一種：のりひび建養殖業
有区第一九号	福岡県有明海漁業協同組合連合会	大牟田市地先	第一種：のりひび建養殖業
有区第二〇号	福岡県有明海漁業協同組合連合会	大牟田市地先	第一種：のりひび建養殖業
有区第二一号	福岡県有明海漁業協同組合連合会	大牟田市地先	第一種：のりひび建養殖業
有区第二二号	久間田漁業協同組合	三潴郡昭代村地先	第一種：かきひび建養殖業
有区第二三号	大川漁業協同組合	三潴郡昭代村地先	第一種：かきひび建養殖業
有区第二四号	代表・川口漁業協同組合他二組合	三潴郡昭代村地先	第一種：かきひび建養殖業
有区第二五号	川口漁業協同組合	三潴郡昭代村地先	第一種：かきひび建養殖業
有区第二六号	有明漁業協同組合	山門郡大和町地先	第一種：かきひび建養殖業
有区第二七号	有明漁業協同組合	山門郡大和町地先	第一種：かきひび建養殖業
有区第二八号	有明漁業協同組合	山門郡大和町地先	第一種：かきひび建養殖業
区画漁業権（昭和二八年一一月五日免許）			
有区第二九号	福岡県有明海漁業協同組合連合会	柳川市地先	第一種：のりひび建養殖業
有区第三〇号	福岡県有明海漁業協同組合連合会	柳川市地先	第一種：のりひび建養殖業
有区第三一号	福岡県有明海漁業協同組合連合会	柳川市地先	第一種：のりひび建養殖業
有区第三二号	福岡県有明海漁業協同組合連合会	山門郡大和町地先	第一種：のりひび建養殖業
有区第三三号	福岡県有明海漁業協同組合連合会	山門郡大和町地先	第一種：のりひび建養殖業
有区第三四号	福岡県有明海漁業協同組合連合会	山門郡大和町地先	第一種：のりひび建養殖業
有区第三五号	福岡県有明海漁業協同組合連合会	山門郡大和町地先	第一種：のりひび建養殖業
有区第三六号	福岡県有明海漁業協同組合連合会	三池郡高田村地先	第一種：のりひび建養殖業

有区第三七号	福岡県有明海漁業協同組合連合会	三池郡高田村地先	第一種：のりひび建養殖業
有区第三八号	福岡県有明海漁業協同組合連合会	大牟田市地先	第一種：のりひび建養殖業
有区第三九号	福岡県有明海漁業協同組合連合会	三池郡高田村地先	第一種：のりひび建養殖業
有区第四〇号	福岡県有明海漁業協同組合連合会	三池郡高田村地先	第一種：のりひび建養殖業
有区第四一号	福岡県有明海漁業協同組合連合会	大牟田市地先	第一種：のりひび建養殖業
有区第四二号	福岡県有明海漁業協同組合連合会	大牟田市地先	第一種：のりひび建養殖業
有区第四三号	福岡県有明海漁業協同組合連合会	大牟田市地先	第一種：のりひび建養殖業
有区第四四号	福岡県有明海漁業協同組合連合会	大牟田市地先	第一種：のりひび建養殖業
有区第四五号	福岡県有明海漁業協同組合連合会	大牟田市地先	第一種：のりひび建養殖業
有区第四六号	福岡県有明海漁業協同組合連合会	大牟田市地先	第一種：のりひび建養殖業
区画漁業権（昭和三〇年一一月八日変更免許）			
有区第三五号	福岡県有明海漁業協同組合連合会	山門郡大和町地先	第一種：のりひび建養殖業
有区第三七号	福岡県有明海漁業協同組合連合会	山門郡大和町地先	第一種：のりひび建養殖業
有区第三八号	福岡県有明海漁業協同組合連合会	山門郡大和町地先	第一種：のりひび建養殖業
有区第四六号	福岡県有明海漁業協同組合連合会	大牟田市地先	第一種：のりひび建養殖業
有区第四七号	福岡県有明海漁業協同組合連合会	大牟田市地先	第一種：のりひび建養殖業
有区第四八号	福岡県有明海漁業協同組合連合会	大牟田市地先	第一種：のりひび建養殖業
有区第四九号	福岡県有明海漁業協同組合連合会	大牟田市地先	第一種：のりひび建養殖業
有区第五〇号	福岡県有明海漁業協同組合連合会	大牟田市地先	第一種：のりひび建養殖業
有区第五一号	福岡県有明海漁業協同組合連合会	大牟田市地先	第一種：のりひび建養殖業
有区第五二号	福岡県有明海漁業協同組合連合会	大牟田市地先	第一種：のりひび建養殖業

区画漁業権（昭和三〇年一一月二四日変更免許）			
有区第二九号	福岡県有明海漁業協同組合連合会	柳川市地先	第一種：のりひび建養殖業
有区第三〇号	福岡県有明海漁業協同組合連合会	柳川市地先	第一種：のりひび建養殖業
有区第三一号	福岡県有明海漁業協同組合連合会	山門郡大和町地先	第一種：のりひび建養殖業
有区第三二号	福岡県有明海漁業協同組合連合会	山門郡大和町地先	第一種：のりひび建養殖業
有区第三三号	福岡県有明海漁業協同組合連合会	山門郡大和町地先	第一種：のりひび建養殖業
有区第三四号	福岡県有明海漁業協同組合連合会	山門郡大和町地先	第一種：のりひび建養殖業
有区第三六号	福岡県有明海漁業協同組合連合会	山門郡大和町地先	第一種：のりひび建養殖業
有区第三九号	福岡県有明海漁業協同組合連合会	三池郡高田村地先	第一種：のりひび建養殖業
有区第四〇号	福岡県有明海漁業協同組合連合会	三池郡高田村地先	第一種：のりひび建養殖業
有区第四一号	福岡県有明海漁業協同組合連合会	三池郡高田村地先	第一種：のりひび建養殖業
有区第四二号	福岡県有明海漁業協同組合連合会	大牟田市地先	第一種：のりひび建養殖業
有区第四三号	福岡県有明海漁業協同組合連合会	大牟田市地先	第一種：のりひび建養殖業
有区第四四号	福岡県有明海漁業協同組合連合会	大牟田市地先	第一種：のりひび建養殖業
有区第四五号	福岡県有明海漁業協同組合連合会	大牟田市地先	第一種：のりひび建養殖業
有区第五三号	福岡県有明海漁業協同組合連合会	大牟田市地先	第一種：のりひび建養殖業
有区第五四号	福岡県有明海漁業協同組合連合会	大牟田市地先	第一種：のりひび建養殖業
有区第五五号	福岡県有明海漁業協同組合連合会	大牟田市地先	第一種：のりひび建養殖業

付表7　内水面における共同、区画漁業権免許一覧　新漁業法に基づく第一次免許（昭和二十六～二十七年）

免許番号	漁業権者	漁場の位置	漁業の種類
共同漁業権（昭和二六年九月一日免許）			
内共第　一号	田川郡津野村、津野漁業協同組合	津野村今川水系本流及び同支流	第五種：こい漁業他三種
内共第　二号	鞍手郡吉川村、八木山川漁業協同組合	吉川村八木山川水系本流及び同支流	第二種：かに筌漁業他二種、第五種：うなぎ漁業他六種
内共第　三号	福岡市北湊町、福岡漁業協同組合	福岡市那珂川水系本流及び同支流	第一種：餌虫漁業
内共第　四号	福岡市姪浜町、姪浜中部漁業協同組合	福岡市姪浜町陥没池（野添、百防、手代熊、内浜）	第五種：ぼら漁業他二種
内共第　五号	糸島郡一貴山村、一貴山川漁業共同組合	糸島郡一貴山川本流	第二種：梁漁業、第五種：あゆ漁業他一種
内共第　六号	糸島郡福吉村、佐波漁業共同組合	糸島郡福吉村加茂川本流	第二種：梁漁業、第五種：あゆ漁業他一種
内共第　七号	三潴郡木室村、木室村漁業共同組合	三潴郡木室村地区内の用水堀	第二種：四手網漁業、第五種：こい漁業他一種
内共第　八号	三潴郡木佐木村、八丁牟田漁業共同組合	三潴郡木佐木村八丁牟田地区内の用水堀	第五種：こい漁業他一種
内共第　九号	三潴郡木佐木村、蛭池漁業共同組合	三潴郡木佐木村蛭池内の用水堀	第五種：こい漁業他一種
内共第一〇号	三潴郡木佐木村、侍島漁業共同組合	三潴郡木佐木村侍島内の用水堀	第五種：こい漁業他一種
内共第一一号	三潴郡大莞村、大莞村漁業共同組合	三潴郡大莞村地区内の用水堀	第二種：四手網漁業、第五種：こい漁業他一種
内共第一二号	三池郡高田村、開河川漁業共同組合	三潴郡高田村開地区内の用水堀	第二種：四手網漁業、第五種：こい漁業他二種
内共第一三号	八女郡水田村、二川漁業共同組合	八女郡水田村下富久、四ケ所、江口	第五種：こい漁業他一種

		地区内の用水堀	
内共第一四号	八女郡水田村、水田漁業共同組合	八女郡水田村島田、井田地区内の用水堀	第五種：こい漁業他一種
共同漁業権（昭和二七年一月一日免許）			
内共第一五号	三潴郡大川町、大川内水面漁業協同組合	三潴郡大川町地区内の用水堀	第二種：四手網漁業、第五種：こい漁業、ふな漁業
区画漁業権（昭和二七年一月一日免許）			
内区第　一号	築上郡南吉富村中村、中野進	築上郡南吉富村、溜池六、三〇〇坪	第二種：こい養殖業
内区第　二号	築上郡葛城村坂本、久本一九	築上郡葛城村、溜池六、〇〇〇坪	第二種：こい、ふな養殖業
内区第　三号	小倉市曾根新田、曾根新田漁業協同組合	小倉市曾根新田貫川を中心とし北の汐溜九、三四九坪	第二種：こい、ふな、うなぎ、ぼら養殖業
内区第　四号	小倉市曾根新田、曾根新田漁業協同組	小倉市曾根新田貫川を中心とし南の汐溜二五、九〇五坪	第二種：こい、ふな、うなぎ、ぼら養殖業
内区第　五号	小倉市曾根、畠中茂登喜	小倉市貫、汐溜一〇、六一八坪	第二種：こい、ふな養殖業
内区第　六号	小倉市長野、青木荒太郎	小倉市長野、溜池二、〇八八号	第二種：こい、ふな養殖業
内区第　七号	小倉市朽網、平井光延	小倉市朽網、朽網池三〇、〇〇〇坪	第二種：こい、ふな養殖業
内区第　八号	八幡市折尾町陣原、福田開蔵	八幡市折尾、用水堀一六、一一八坪	第二種：こい、ふな、ぼら、うなぎ養殖業
内区第　九号	八幡市上津役引野、松永勝次	八幡市引野、猿田池四、二〇〇坪	第二種：こい養殖業
内区第一〇号	八幡市上津役引野、松永勝次	八幡市引野、長池九、〇〇〇坪	第二種：こい養殖業
内区第一一号	宗像郡神湊町、神湊漁業協同組合	宗像郡神湊町新川崎、溜池六〇〇坪	第二種：こい養殖業
内区第一二号	粕屋郡新宮村、酒井伊蔵	粕屋郡和白村、大蔵溜池一七、二二〇坪	第二種：こい、ふな養殖業

内区第一三号	福岡市鹿原一番丁、野瀬源太郎	福岡市鹿原、下田池二、二〇六坪	第二種：こい、ふな養殖業
内区第一四号	糸島郡元岡村桑原、中村恒喜	糸島郡元岡村、平川溜池三、五七八坪	第二種：こい養殖業
内区第一五号	糸島郡元岡村桑原、中村恒喜	糸島郡元岡村、立浦溜池三、三二〇坪	第二種：こい養殖業
内区第一六号	糸島郡元岡村桑原、中村恒喜	糸島郡元岡村、錦田溜池一、六五〇坪	第二種：こい養殖業
内区第一七号	糸島郡元岡村桑原、中村恒喜	糸島郡元岡村、金屑溜池一、九二一坪	第二種：こい養殖業
内区第一八号	糸島郡元岡村桑原、高田重雄	糸島郡元岡村今出、溜池二四、〇〇〇坪	第二種：こい、ふな養殖業
内区第一九号	糸島郡元岡村元岡、浜地新太郎	糸島郡元岡村元岡、溜池二、八八五坪	第二種：こい、ふな養殖業
内区第二〇号	糸島郡元岡村元岡、浜地新太郎	糸島郡元岡村元岡、溜池七五〇坪	第二種：こい、ふな養殖業
内区第二一号	糸島郡元岡村元岡、浜地新太郎	糸島郡元岡村元岡、溜池一、〇八九坪	第二種：こい、ふな養殖業
内区第二二号	糸島郡元岡村元岡、浜地新太郎	糸島郡元岡村元岡、溜池一、五七四坪	第二種：こい、ふな養殖業
内区第二三号	糸島郡元岡村元岡、浜地新太郎	糸島郡元岡村元岡、溜池五、五七七坪	第二種：こい、ふな養殖業
内区第二四号	糸島郡元岡村元岡、浜地新太郎	糸島郡元岡村元岡、溜池二、八八五坪	第二種：こい、ふな養殖業
内区第二五号	糸島郡元岡村元岡、浜地新	糸島郡元岡村瑞梅寺川	第三種：しじみ養殖業
内区第二六号	糸島郡前原町東、波多江国雄	糸島郡前原町東、午水溜池四五〇坪	第二種：こい、ふな養殖業
内区第二七号	糸島郡前原町東、柴田八兵衛	糸島郡前原町東、奥ケ浦溜池五、一	第二種：こい養殖業

		〇〇坪	
内区第二八号	糸島郡前原町千早、津田作助	糸島郡前原町千早、弁田小瀬八、一三〇坪	第二種：ぼら養殖業
内区第二九号	糸島郡前原町岩本、泊正人	糸島郡前原町岩本、小瀬三、九〇〇坪	第二種：ぼら養殖業
内区第三〇号	糸島郡前原町前原、吉村重助	糸島郡前原町、泉川・長野川	第三種：しじみ養殖業
内区第三一号	糸島郡前原町泊、田中伴右衛門	糸島郡前原町泊、大塚溜池一五、七五六坪	第二種：こい養殖業
内区第三二号	糸島郡前原町波多江、波多江寿恵生	糸島郡怡土村、井田溜池五、七九〇坪	第二種：こい養殖業
内区第三三号	糸島郡北崎村草場、楢崎熊七	糸島郡北崎村草場、溜池九三二坪	第二種：こい養殖業
内区第三四号	糸島郡雷山村香力、山下長五郎	糸島郡雷山村、雷山溜池五七、〇〇〇坪	第二種：こい、ふな養殖業
内区第三五号	糸島郡雷山村高上、清水新作	糸島郡雷山村、屋敷溜池九一四坪	第二種：こい養殖業
内区第三六号	糸島郡雷山村三坂、高武国太郎	糸島郡雷山村、三坂溜池四、三〇三坪	第二種：こい養殖業
内区第三七号	糸島郡桜野村桜井、牟田正	糸島郡桜野村、溜池三、八六〇坪	第二種：こい、ふな養殖業
内区第三八号	糸島郡桜野村野北、平野魁蔵	糸島郡桜野村野北、矢田溜池一四、四九九坪	第二種：こい養殖業
内区第三九号	糸島郡桜野村野北、富永満雄	糸島郡桜野村野北、水谷溜池六、三三九坪	第二種：こい養殖業
内区第四〇号	糸島郡福吉村福井、青木正吾	糸島郡福吉村、鳥の巣溜池一、九一九坪	第二種：こい養殖業
内区第四一号	糸島郡福吉村福井、青木正吾	糸島郡福吉村、井ノ口溜池二、七〇五坪	第二種：こい養殖業

内区第四二号	筑紫郡那珂町麦野、吉村倉吉	筑紫郡那珂町、中尾溜池二、九三一坪	第二種：こい、ふな養殖業
内区第四三号	筑紫郡那珂町麦野、吉村倉吉	筑紫郡那珂町、中尾溜池五、三五九坪	第二種：こい、ふな養殖業
内区第四四号	筑紫郡那珂町麦野、吉村倉吉	筑紫郡那珂町、井尻溜池二、三一九坪	第二種：こい、ふな養殖業
内区第四五号	筑紫郡那珂町麦野、吉村倉吉	筑紫郡那珂町、夫婦池六、三三二坪	第二種：こい、ふな養殖業
内区第四六号	筑紫郡那珂町麦野、吉村倉吉	筑紫郡那珂町、井相田溜池二、七三九坪	第二種：こい、ふな養殖業
内区第四七号	筑紫郡那珂町麦野、吉村倉吉	筑紫郡那珂町、井相田溜池六、四一三坪	第二種：こい、ふな養殖業
内区第四八号	嘉穂郡庄内村綱分、花岡正己	嘉穂郡庄内村、溜池二四、〇〇〇坪	第二種：こい養殖業
内区第四九号	嘉穂郡桂川町土師、伊藤武俊	嘉穂郡桂川町、炭坑陥没地一、〇二〇坪	第二種：こい、ふな養殖業
内区第五〇号	嘉穂郡穂波村安恒、岡松正義	嘉穂郡穂波村、溜池三、〇〇〇坪	第二種：こい養殖業
内区第五一号	朝倉郡金川村屋永、遠藤金寿	朝倉郡金川村、黄金川区域	第一種：すいぜんじのり養殖業
内区第五二号	久留米市諏訪野町、緒方時蔵	久留米市諏訪野町、堂女木溜池三、〇〇〇坪	第二種：こい、ふな養殖業
内区第五三号	三潴郡大野島村、大野島漁業協同組合	三潴郡大野島村地先	第二種：しおまねき養殖業
内区第五四号	八女郡長峰村豊福、立石与作	八女郡長峰村、溜池一、九七二坪	第二種：こい、ふな養殖業
内区第五五号	八女郡長峰村豊福、樋口新	八女郡長峰村、溜池一、二二二坪	第二種：こい、うなぎ養殖業
内区第五六号	大牟田市久福木、塚原健蔵	大牟田市久福木、星塚溜池三、〇〇〇坪	第二種：こい、ふな養殖業
内区第五七号	大牟田市久福木、塚原辰次郎	大牟田市久福木、長浦溜池二、一〇	第二種：こい、ふな養殖業

		〇坪	
内区第五八号	大牟田市久福木、坂井惣八	大牟田市久福木、辻後溜池一、五〇〇坪	第二種：こい、ふな養殖業
内区第五九号	大牟田市久福木、塚崎信樹	大牟田市久福木、庵ノ浦溜池一、二〇〇坪	第二種：こい、ふな養殖業
内区第六〇号	大牟田市新町、草場治吉	大牟田市宮部、妙見溜池三、六四五坪	第二種：こい養殖業
内区第六一号	大牟田市新町、草場治吉	大牟田市上内、吉ケ谷第一溜池一九、三八〇坪	第二種：こい、ふな養殖業
内区第六二号	大牟田市新町、草場治吉	大牟田市上内、吉ケ谷第二溜池五、一三〇坪	第二種：こい、ふな養殖業
内区第六三号	大牟田市歴木、坂井又雄	大牟田市歴木、散田溜池一〇、八七五坪	第二種：こい、ふな養殖業
共同漁業権（昭和二七年三月一五日免許）			
内共第一六号	三潴郡大川町、大川漁業協同組合	筑後川水系	第一種：しじみ漁業、第二種：四手網漁業他二種、第三種：地曳網漁業他一種、第五種：こい漁業他四種
内共第一七号	三潴郡城島町、下筑後川漁業協同組合	筑後川水系	第一種：しじみ漁業、第二種：こい敷網漁業他九種、第三種：地曳網漁業他一種、第五種：あゆ漁業他八種
内共第一八号	山門郡大和町、中島漁業協同組合	矢部川及び沖端川水系	第二種：こい刺網漁業他三種、第三種：地曳網漁業他一種、第五種：こい漁業他四種
内共第一九号	八女郡水田村、矢部川漁業協同組合	矢部川水系	第二種：あゆ漁業他八種、第三種：地曳網漁業他一種、第五種：こい漁業他六種

区画漁業権（昭和二七年三月一五日免許）			
内区第六四号	京都郡小波瀬村与原、大島茂男	京都郡小波瀬村与原、溜池六一七坪	第二種：こい養殖業
内区第六五号	京都郡小波瀬村二崎、崎田与三郎	京都郡小波瀬村二崎、溜池二、五六一坪	第二種：こい養殖業
内区第六六号	京都郡小波瀬村二崎、崎田与三郎	京都郡小波瀬村二崎、溜池二、五四七坪	第二種：こい養殖業
内区第六七号	京都郡小波瀬村与原、大島茂男	京都郡小波瀬村下新津、葉山池五、九六四坪	第二種：こい、ふな養殖業
内区第六八号	京都郡小波瀬村与原、大島茂男	京都郡小波瀬村下新津、新開池六、一二〇坪	第二種：こい、ふな養殖業
内区第六九号	京都郡小波瀬村与原、大島茂男	京都郡小波瀬村与原、溜池五六五坪	第二種：こい養殖業
内区第七〇号	京都郡小波瀬村与原、大島茂男	京都郡小波津村与原、溜池一、五三四坪	第二種：こい養殖業
内区第七一号	京都郡小波瀬村新津、藤木才次郎	京都郡小波瀬村新津、大池四、一七五坪	第二種：こい、ふな、うなぎ養殖業
内区第七二号	京都郡小波津村新津、藤木才次郎	京都郡小波津村新津、溜池一、三七九坪	第二種：こい、ふな、うなぎ養殖業
内区第七三号	京都郡犀川町上高屋、岩城平蔵	京都郡犀川町、犀川溜池五四、〇〇〇坪	第二種：こい、ふな養殖業
共同漁業権（昭和二七年七月五日免許）			
内共第二〇号	京都郡行橋町、京二川漁業共同組合	京都郡祓川本流及び同支流	第二種：あゆ刺網漁業他一種、第五種：あゆ漁業他四種
内共第二一号	京都郡行橋町、京二川漁業共同組合	京都郡今川本流及び同支流	第二種：あゆ刺網漁業他一種、第五種：あゆ漁業他三種

内共第二二号	遠賀郡岡垣村、岡垣村漁業共同組合	遠賀郡汐入川上流	第五種：こい漁業他一種
内共第二三号	鞍手郡宮田町、千石漁業共同組合	鞍手郡八木山川本流	第二種：はや刺網漁業他三種、第五種：あゆ漁業他六種
内共第二四号	田川郡添田町、添田漁業共同組合	田川郡彦山川上流の本流及び同支流	第五種：あゆ漁業他三種
内共第二五号	福岡市、室見川漁業協同組合	福岡市室見川本流及び同支流	第二種：あゆ刺網漁業他一種、第五種：あゆ漁業他六種
内共第二六号	三潴郡城島町、下筑後川漁業協同組合	三潴郡筑後川本流以南の城島町、三潴村草場、原田地区内の用水堀	第二種：四手網漁業、第五種：こい漁業他一種
内共第二七号	三潴郡蒲池村、蒲池村漁業共同組合	三潴郡蒲池村地区内の用水堀	第二種：四手網漁業、第五種：こい漁業他一種
区画漁業権（昭和二七年七月五日免許）			
内区第七四号	小倉市下吉田、各務利光	小倉市曾根の潮溜九、五〇〇坪	第二種：うなぎ養殖業
内区第七五号	田川郡赤池町上野、唐生鋭夫	田川郡遠賀川水系福智川	第二種：こい、ます養殖業
内区第七六号	遠賀郡岡垣村野間、辻守壮	遠賀郡岡垣村、溜池一、九七五坪	第二種：こい養殖業
内区第七七号	遠賀郡岡垣村野間、辻守壮	遠賀郡岡垣村、溜池一、九四〇坪	第二種：こい養殖業
内区第七八号	筑紫郡那珂町麦野、城戸松次郎	筑紫郡那珂町、溜池九、〇七一坪	第二種：こい、ふな養殖業
内区第七九号	糸島郡前原町神在、中庭薫	糸島郡前原町、赤坂溜池一、二一八坪	第二種：こい養殖業
内区第八〇号	糸島郡怡土村井原、三苫豊	糸島郡怡土村、牟田溜池一六、九七四坪	第二種：こい、ふな養殖業
内区第八一号	糸島郡雷山村篠原、吉富八郎	糸島郡雷山村、溜池八、九七五坪	第二種：こい養殖業
内区第八二号	朝倉郡甘木町菩提寺、上野正喜	朝倉郡甘木町、溜池六、〇二九坪	第二種：こい、ふな養殖業
内区第八三号	朝倉郡大福村大庭、立石兵吾	朝倉郡夜須村、松延溜池三〇、〇〇〇坪	第二種：こい、ふな養殖業

内区第八四号	久留米市上津町、藤吉種吉	久留米市上津町、池田池一、五三八坪	第二種：こい、ふな養殖業
内区第八五号	久留米市藤山町、中尾良太郎	久留米市藤山町、刈又池二、二一五坪	第二種：こい養殖業
内区第八六号	三潴郡木室村下八院、広松嘉一	八女郡羽犬塚町、溜池二、五二〇坪	第二種：こい養殖業
内区第八七号	八女郡福島町新庄、服部為吉	八女郡岡山村、溜池六、〇〇〇坪	第二種：こい養殖業
内区第八八号	三池郡高田村上楠田、今福実	三池郡高田村、溜池二、九四五坪	第二種：こい、ふな養殖業
内区第八九号	三池郡高田村今福、古賀虎彦	三池郡高田村、溜池二、一〇〇坪	第二種：こい養殖業
内区第九〇号	三池郡高田村上楠田、角能五郎	三池郡高田村、溜池三、〇〇〇坪	第二種：こい、ふな養殖業
内区第九一号	三池郡高田村岩津、山下不一	三池郡高田村、溜池七二〇坪	第二種：こい、ふな養殖業
内区第九二号	三池郡高田村下楠田、河野儀助	三池郡高田村、溜池二、七四四坪	第二種：こい、ふな養殖業
内区第九三号	三池郡高田村下楠田、岡崎望久太郎	三池郡高田村、溜池一、三六〇坪	第二種：こい、ふな、うなぎ養殖業
内区第九四号	山門郡東山村山門、石橋貞衛	山門郡東山村、溜池七五〇坪	第二種：こい養殖業
内区第九五号	大牟田市恵比須町、江崎恵吉	大牟田市唐船、溜池二、〇六六坪	第二種：こい養殖業
内区第九六号	大牟田市唐船、奥園栄	大牟田市唐船、溜池一、三五〇坪	第二種：こい養殖業
区画漁業権（昭和二七年九月一日免許）			
内区第九七号	田川郡採銅所村野中、林長平治	田川郡採銅所村、溜池一、〇五三坪	第二種：こい養殖業
内区第九八号	田川郡採銅所村大坪、岡崎栄治	田川郡採銅所村、溜池四五四坪	第二種：こい養殖業
内区第九九号	嘉穂郡二瀬町伊川、桝崎武松	嘉穂郡二瀬町、溜池一、四四〇坪	第二種：こい養殖業

三井田恒博（みいだ・つねひろ）
1934年，新潟県柏崎市に生まれる。1957年，農林省水産講習所漁業学科卒業，福岡県に就職。主に水産試験研究業務に従事。漁政課技術補佐，豊前水産試験場長，福岡水産試験場長，水産海洋技術センター所長を歴任。1993年，退職。以後，1997年まで(財)福岡県筑前海沿岸漁業振興協会事務局長，福岡県水産団体指導協議会専務理事を務める。福岡市在住。

近代福岡県漁業史（きんだいふくおかけんぎょぎょうし）

■

2006年8月4日　第1刷発行

■

編著者　三井田恒博
発行者　西　俊明
発行所　有限会社海鳥社
〒810-0074 福岡市中央区大手門3丁目6番13号
電話 092(771)0132　FAX 092(771)2546
http://www.kaichosha-f.co.jp
印刷　有限会社九州コンピュータ印刷
製本　日宝綜合製本株式会社
ISBN 4-87415-587-1
[定価は表紙カバーに表示]